Optimierung der Tragfähigkeit von Zahnwellenverbindungen

Jochen Wild

Optimierung der Tragfähigkeit von Zahnwellenverbindungen

 Springer Vieweg

Jochen Wild
Kirn, Deutschland

Dissertation Technische Universität Clausthal 2021

ISBN 978-3-658-36960-6   ISBN 978-3-658-36961-3   (eBook)
https://doi.org/10.1007/978-3-658-36961-3

Die Deutsche Nationalbibliothek verzeichnet diese Publikation in der Deutschen Nationalbiblio-
grafie; detaillierte bibliografische Daten sind im Internet über http://dnb.d-nb.de abrufbar.

Planung/Lektorat: Stefanie Eggert
Springer Vieweg ist ein Imprint der eingetragenen Gesellschaft Springer Fachmedien Wiesbaden
GmbH und ist ein Teil von Springer Nature.
Die Anschrift der Gesellschaft ist: Abraham-Lincoln-Str. 46, 65189 Wiesbaden, Germany

Meinen Eltern
Rita und Otfried Wild

Vorwort

Die vorliegende Dissertation entstand während meines Promotionsstudiums von Profilwellenverbindungen mit dem Fokus auf evolventisch basierten Zahnwellenverbindungen an der Technischen Universität Clausthal im Studiengang Maschinenbau. Ihre Ziele wurden vollständig erreicht.

Grundlage für die Bearbeitung der vielfältigen Problemstellungen des vorliegenden Werkes sind ausgeprägte Kenntnisse zur Durchführung experimenteller als auch numerischer Analysen. Diese konnte ich mir während meiner Tätigkeit als wissenschaftlicher Mitarbeiter am Institut für Maschinenwesen der Technischen Universität Clausthal aneignen. Hierbei bedanke ich mich sehr für die mir gegebenen Möglichkeiten zur persönlichen und fachlichen Weiterentwicklung durch die Übernahme von Verantwortung über alle Disziplinen in Lehre, zahlreichen Industrievorhaben sowie mehreren staatlich geförderten Forschungsvorhaben. Mein besonderer Dank gilt hierbei den Herren Prof. Dr.-Ing. Armin Lohrengel, Institutsleiter und Doktorvater, sowie Dr.-Ing. Günter Schäfer, akademischer Oberrat. Gewährten sie mir doch ihre bedingungslose Unterstützung, wann immer dies erforderlich war. Darüber hinaus bedanke ich mich für die mir am Institut für Maschinenwesen der Technischen Universität Clausthal gegebene Möglichkeit zur Durchführung der experimentellen Untersuchungen zur Absicherung des in Kapitel 6.3.4 numerisch geführten Profilformvergleichs. Herrn Prof. Dr.-Ing. Alfons Esderts danke ich für die Übernahme des Amts der Zweitgutachtung.

Ein wesentlicher Teil dieser Dissertation ist die mathematische Formulierung verschiedener geometrischer und technischer Sachverhalte. Dies betrifft sowohl das in Kapitel 3.3 angeführte System zur Profilgenerierung evolventisch basierter Zahnwellenverbindungen als auch die Generierung mehrdimensionaler Näherungsgleichungen nach der Methode der kleinsten Abstandsquadrate. Die hierfür grundlegend notwendige Mathematik wurde mit Herrn Dr. rer. nat. Henning Behnke erörtert. Die freundliche und äußerst fachkompetente Unterstützung, die er auf so unkompliziert Art und Weise gewährte, war eine große Hilfe. Dafür bedanke ich mich sehr bei ihm.

Wie bereits oben erwähnt, durfte ich an staatlich geförderten Forschungsvorhaben mitarbeiten. Hierbei können die IGF-Vorhaben 16661 BG, vgl. [FVA 467 II], sowie 18406 BG, vgl. [FVA 742 I], benannt werden. Ihre Bearbeitung erfolgte in enger Zusammenarbeit mit Vertretern einer Vielzahl von Industrieunternehmen und Universitäten im projektbegleitenden Ausschuss, dem Arbeitskreis sowie im Rahmen der FVA-Informationstagung. Für die innerhalb dieser Gremien und Veranstaltungen erfahrene Unterstützung bedanke ich mich ausdrücklich. Besonders hervorheben möchte ich dabei die Zusammenarbeit mit den Herren Dr.-Ing. Michael Senf sowie Dr.-Ing. Jörg Wendler im kooperativen Forschungsvorhaben [FVA 467 II], die ich als außerordentlich positiv und gleichermaßen produktiv empfand.

Abschließend bedanke ich mich bei allen Mitarbeitern des Instituts für Maschinenwesen der Technischen Universität Clausthal für die erfahrene Unterstützung und die gemeinsam verbrachte Zeit. Mein besonderer Dank gilt hierbei Frau Dipl.-Ing. Martina Wächter und den Herren Dr.-Ing. Tobias Mänz sowie M. Sc. Viktor Martinewski.

Kurzfassung

In der Antriebstechnik ist die Übertragung dynamischer und oft stoßartig auftretender Torsionsmomente M_t von einer Welle zur Nabe oder umgekehrt eine häufige Problemstellung. Hierfür sind Profilwellenverbindungen im Allgemeinen besonders geeignet. Als Resultat ihrer fertigungsbedingt wirtschaftlichen Vorteile finden in weiterführender Konkretisierung evolventisch basierte Zahnwellenverbindungen nach [DIN 5480] für die genannten Anforderungen gegenwärtig breite Anwendung. Sie stellen den Stand der Technik dar.

In Folge der stetig zunehmenden Leistungsdichte werden bei evolventisch basierten Zahnwellenverbindungen nach [DIN 5480] kerbwirkungsbedingt immer häufiger die Tragfähigkeitsgrenzen erreicht. In diesem Zusammenhang zeigen Untersuchungen, dass die Gestaltfestigkeit derartiger Verbindungen von der Wahl des Wellenfußrundungsradiusverhältnisses ρ_{f1}/m sowie des Moduls m abhängig ist und folglich durch sie günstig beeinflusst werden kann. Während dieser Sachverhalt für das Wellenfußrundungsradiusverhältnis ρ_{f1}/m eingeschränkt erfasst ist, ist dieser für den Modul m nicht beschrieben. Die Möglichkeit zur weiterführenden Berücksichtigung bei der nennspannungsbasierten Gestaltfestigkeitsquantifizierung existiert hingegen für beide Parameter nicht. Hieraus resultiert die Motivation für diese Dissertation zur systematischen Analyse der die Profilform evolventisch basierter Zahnwellenverbindungen bestimmenden Parameter. Ziele hierbei sind, neben der Untersuchung des allgemeinen Systemverhaltens, die parameterspezifische Bestimmung von Gestaltfestigkeitsoptima sowie deren mathematische Beschreibung durch Näherungsgleichungen. Für Parameter ohne Optimum sind Gestaltungsempfehlungen zu definieren. Darüber hinaus sind Näherungsgleichungen zu entwickeln, die die nennspannungsbasierte Quantifizierung der Gestaltfestigkeit quasi optimal gestalteter evolventisch basierter Zahnwellenverbindungen ermöglichen.

Voraussetzung zur systematischen Realisierung der im vorhergehenden Absatz benannten Zielsetzungen dieser Dissertation ist der Vollzugriff auf alle die Geometrie beschreibenden Parameter sowie der Fähigkeit des Systems zur Profilgenerierung evolventisch basierter Zahnwellenverbindungen zur freien Parametervariation. Beides ist mit der [DIN 5480] nicht gegeben. Zudem ist die Entwicklung neuer Funktionen zur Profilformbeeinflussung erforderlich, um, ausgehend vom Stand der Technik, weitere signifikante Tragfähigkeitspotenziale technisch nutzbar zu machen. Damit kann die [DIN 5480] nicht Basis dieser Dissertation sein. In Konsequenz ist die Entwicklung einer neuen Systematik zur Profilgenerierung evolventisch basierter Zahnwellenverbindungen und, durch ihre mathematische Formulierung, eines entsprechenden Systems Gegenstand des vorliegenden Werkes. Die aus ihm resultierenden Verbindungen werden mit Verweis auf Kapitel 3.3 bezeichnet.

Grundlage zur Realisierung der Zielsetzungen dieser Dissertation sind selektive Ergebnisse umfangreicher numerisch durchgeführter Parameteranalysen an der in Kapitel 6.1 definierten Grundform evolventisch basierter Zahnwellenverbindungen nach Kapitel 3.3. Diese sind unter anderem durch Experimente abgesichert. Weiterführend werden auf Basis von im Forschungsvorhaben [FVA 467 II] durchgeführten experimentellen Untersuchungen an Zahnwellenverbindungen nach [DIN 5480] jenseits der in Kapitel 6.1 definierten Grundform allgemeine konstruktive Empfehlungen zur günstigen Gestaltung derartiger Verbindungen abgeleitet. Sowohl zur Durchführung der numerischen als auch der experimentellen Untersuchungen waren spezifische Definitionen, Entwicklungen und Betrachtungen erforderlich. Diese werden zunächst dargelegt, so dass alle in dieser Dissertation angeführten Ergebnisse technisch nachvollzogen und darüber hinaus die im Ausblick angeführten weiterführenden wissenschaftlichen Fragestellungen ergebniskonsistent beantwortet werden können.

Mit Verweis auf die oben angeführten Gründe wird in dieser Dissertation nicht die Profilform der [DIN 5480], sondern jene nach Kapitel 3.3 geometrisch optimiert. Aus gegebener Praxisrelevanz zuvor benannter Norm wird die systematische Analyse der die Geometrie bestimmenden Parameter zunächst allerdings unter Berücksichtigung der Restriktion der vollständigen Profilformkompatibilität, vgl. Kapitel 3.3.5, durchgeführt. Hierdurch sind der Bezugsdurchmesserabstand A_{dB}, der Aufteilungsschlüssel der Reduzierung der wirksamen Berührungshöhe A_{hw}, die wirksame Berührungshöhe $h_w(R_{hw} = 0)$, der Reduzierfaktor der wirksamen Berührungshöhe R_{hw} sowie die Initiationsprofilverschiebungsfaktoren x_I definiert, vgl. Tabelle 6.1. Dies gilt ebenfalls für den Bezugsdurchmesser d_B sowie den Modul m beziehungsweise die Zähnezahlen z, für die beiden letztbenannten Größen allerdings in technisch sinnvoller Erweiterung nach Reihe I der [DIN 780]. Ausnahme hierbei bildet explizit der Flankenwinkel α, dessen Einfluss in dieser Dissertation ausführlich diskutiert wird. Unter Berücksichtigung des zuvor Benannten ist die bauteilspezifische Austauschbarkeit zwischen Zahnwellenverbindungen nach [DIN 5480] und jenen nach Kapitel 3.3 folglich möglich, sofern bei zuletzt benannter Profilform ein Flankenwinkel α von 30 ° zugrunde gelegt wird.

Wenn existierend, werden für alle verbindungs- und wellenbezogenen, die Geometrie bestimmenden Parameter die Gestaltfestigkeitsoptima bestimmt sowie mathematisch durch Näherungsgleichungen beschrieben. Weisen Parameter keine Optima auf, werden Gestaltungsempfehlungen ausgesprochen. Darüber hinaus werden auf Basis des gewonnenen Systemverständnisses prognosebasierte Empfehlungen für die nabenspezifischen Geometrieparameter abgeleitet. Für die Welle werden weiterführend alle zur nennspannungsbasierten Gestaltfestigkeitscharakterisierung erforderlichen Größen für die quasi optimalen evolventisch basierten Zahnwellenverbindungen nach Kapitel 3.3 gemäß Tabelle 6.1 mathematisch formuliert. Alle gewonnenen Erkenntnisse und insbesondere die entwickelten Gleichungen werden in einer Auslegungsroutine

zusammengefasst. Die Anwendung dieser fordert vom Anwender, sofern Geometriekompatibilität zur [DIN 5480] angestrebt wird und die getroffenen Gestaltungsempfehlungen beachtet werden, lediglich noch die Wahl des Bezugsdurchmessers d_B. Die
resultierenden evolventisch basierten Zahnwellenverbindungen nach Kapitel 3.3 sind
mit Anwendung der Auslegungsroutine immer optimal gestaltet.

Es ist bekannt, dass mit anderen Profilformen, wie beispielsweise der in [DiWa 05] am
Institut für Maschinenwesen der Technischen Universität Clausthal für Steckverzahnungen adaptierte kreisbogenbasierte Laufverzahnung nach Wildhaber-Novikov, vgl.
[Novi 56] und [Wild 26], oder aber jener der komplexen Trochoiden, vgl. [Ziae 06],
deutlich größere Gestaltfestigkeiten als mit Zahnwellenverbindungen nach [DIN 5480],
und dies trotz bereits nicht normkonform optimiertem Wellenfußrundungsradiusverhältnis ρ_{f1}/m, realisiert werden können. Für die Profilform der komplexen Trochoiden
wurde dies in [FVA 742 I] durch einen Quervergleich zwischen der für einen Hülldurchmesser von 25 mm als optimal ausgewiesenen komplexen Trochoiden M – T046, z18
sowie ihrem Pendant der [DIN 5480] mit optimiertem Wellenfußrundungsradiusverhältnis ρ_{f1}/m festgestellt. Hierbei ist jedoch zu berücksichtigen, dass die wellenbezogen
höhere Gestaltfestigkeit der Profilform der komplexen Trochoiden mit einer Verbindung
realisiert wurde, die eine, mit Verweis auf die allgemeine Kerbtheorie, deutlich günsti-
gere Geometrie aufwies. Geometrieäquivalenz bestand nicht. Mit dem System zur Bezugsprofilgenerierung evolventisch basierter Zahnwellenverbindungen der [DIN 5480]
ist diese allerdings auch nicht realisierbar. Mit dem in dieser Dissertation in Kapitel 3.2
entwickelten und in Kapitel 3.3 Dargelegten hingegen ist dies mit der dort implementierten Funktion der sogenannten Profilmodifizierung möglich. In diesem Zusammenhang wird der Einfluss der nunmehr weiterführend zur Verfügung stehenden, die Geometrie der Profilform bestimmenden Parameter zunächst allgemein analysiert und
diskutiert. Darüber hinaus wird im Sinne einer Grenzwertbetrachtung untersucht, ob
die Profilmodifizierung Einfluss auf den optimalen Modul m_{Opt} sowie die flankenwinkelbezogen getroffenen Empfehlungen und Aussagen hat. Zudem wird die Profilmodifizierung für einen numerisch geführten Profilformvergleich zwischen der im Forschungsvorhaben [FVA 742 I] für einen Hülldurchmesser von 25 mm als optimal
ausgewiesenen komplexen Trochoiden M – T046, z18 und ihrer quasi geometrieäquivalenten evolventisch basierten Zahnwellenverbindung nach Kapitel 3.3 bei weiterführend tendenzbasiert experimenteller Absicherung mit statischen und zudem dynamischen Torsionsversuchen genutzt.

Im Rahmen des Forschungsvorhabens [FVA 467 II] wurden unter anderem umfangreiche experimentelle Untersuchungen an Zahnwellenverbindungen nach [DIN 5480]
bei statischer Torsion in Kombination mit dynamischer Biegung (Umlaufbiegung)
durchgeführt. Ausgehend von der dort definierten Standardkonfiguration wurden Einflüsse der Geometrie (Auslaufform, Nabenlage, Nabenbreite, Nabenrestwandstärke),

des Lastverhältnisses M_{ba}/M_{tm} sowie des Oberflächenzustands (Kaltwalzen, Einsatz-härten) auf die Gestaltfestigkeit derartiger Verbindungen analysiert. Den Ergebnissen dieser Experimente können wertvolle Empfehlungen zur konstruktiv günstigen Gestal-tung evolventisch basierter Zahnwellenverbindungen entnommen werden. Dies kom-plettiert die oben benannten, an der Grundform gemäß Kapitel 6.1 derartiger Verbin-dungen nach Kapitel 3.3 mit der in Tabelle 6.1 dargelegten Charakteristik erarbeiteten, wissenschaftlichen Erkenntnisse.

Zur Quintessenz dieser Dissertation gehören die entwickelte Systematik zur Profilge-nerierung evolventisch basierter Zahnwellenverbindungen sowie das aus ihrer mathe-matischen Formulierung resultierende System, vgl. Kapitel 3.3, die Definition der unter dem Aspekt der Gestaltfestigkeit optimalen Geometrien der dem zuvor benannten Sys-tem entstammenden Profilformen in geometrischer Kompatibilität zur [DIN 5480] und darüber hinaus Näherungsgleichungen für all ihre zur nennspannungsbasierten Aus-legung erforderlichen Grundgrößen. Letzteres ist sogar für Flankenwinkel α jenseits zuvor benannter Norm im Intervall $20° \leq \alpha \leq 45°$ gegeben. Abschließend seien die neuen Funktionen des nunmehr zur Verfügung stehenden Systems zur Profilgenerie-rung evolventisch basierter Zahnwellenverbindungen, vgl. Kapitel 3.3, hervorgehoben. Hier gilt es insbesondere jene der Profilmodifizierung zu benennen. Mit ihr können die durch die geometrische Optimierung in Kompatibilität zu evolventisch basierten Zahn-wellenverbindungen nach [DIN 5480] realisierbaren erheblichen Gestaltfestigkeitsstei-gerungen nochmals signifikant gesteigert werden.

Abstract

In the drive technology the transmission of dynamic and often abruptly occurring torsional moments M_t from a shaft to the hub or vice versa is a common issue. For this profile shaft connections are in general particularly suitable. As a result of their production-related advantages, gear shaft connections according to [DIN 5480] are currently widely used for the above-mentioned requirements. They represent the state of the art.

As a result of the constantly increasing power density, the load capacity limits of involute splined shaft connections according to [DIN 5480] are reached more and more frequently. In this context, investigations show that the shape stability of such connections depends on the choice of the shaft root rounding radius ratio ρ_{f1}/m and the module m and can therefore be positively influenced by them. While this fact is recorded with restrictions for the shaft root rounding radius ratio ρ_{f1}/m, it is not described for the module m. However, the possibility for further consideration in the nominal stress-based shape stability quantification does not exist for both parameters. This results in the motivation for this dissertation to systematically analyse the parameters determining the profile shape of involute-based splined shaft connections. Beside the investigation of the general system behaviour, the aims are the parameter specific determination of the shape stability optima and their mathematical description by approximation equations. For parameters without an optimum, design recommendations are defined. Beyond that, approximate equations are developed which enable the nominal stress-based quantification of the shape stability of quasi optimally designed involute-based splined shaft connections.

Prerequisite for the systematic realisation of the objectives of this dissertation mentioned in the previous paragraph is the full access to all the geometry describing parameters as well as the ability of the system to generate profiles of involute-based splined shaft connections for free parameter variation. Neither is given with the [DIN 5480]. In addition, the development of new functions for influencing the profile shape is necessary in order to make further significant carrying capacity potentials technically usable, based on the state of the art. Therefore, the [DIN 5480] cannot be the basis of this dissertation. Consequently, the development of a new systematics for the profile generation of involute-based splined shaft connections and, through its mathematical formulation, a corresponding system is subject of this work. The connections originating from it are designated with reference to chapter 3.3.

The basis for the realisation of the objectives of this dissertation are selective results of extensive numerically performed parameter analysis on the basic form of involute-based splined shaft connections defined in chapter 6.1 according to chapter 3.3. These are secured by experiments, among other things. Furthermore, based on experimental investigations carried out in the research project [FVA 467 II] on splined shaft connec-tions according to [DIN 5480], general constructive recommendations for the favoura-ble design of such connections beyond the basic form defined in chapter 6.1 are de-rived. For both the numerical and the experimental analysis, specific definitions, developments and considerations were required. These are presented first so that all the results given in this dissertation can be technically reproduced and, in addition, the further scientific questions mentioned in the outlook can be answered consistently.

With reference to the above-mentioned reasons, it is not the profile shape of the [DIN 5480] which is geometrically optimised within the framework of this dissertation, but that of chapter 3.3. Due to the given practical relevance of the previously mentioned standard, the systematic analysis of the parameters determining the geometry is ini-tially carried out, however, under consideration of the restriction of complete profile shape compatibility, cf. chapter 3.3.5. This defines the reference diameter distance A_{dB}, the distribution key of the reduction of the effective contact height A_{hw}, the effec-tive contact height $h_w(R_{hw} = 0)$, the reduction factor of the effective contact height R_{hw} and the initiation profile shift factors x_I, cf. Tabelle 6.1. This also applies to the refer-ence diameter d_B as well as the modulus m respectively the number of teeth z, but for the last two parameters mentioned before in a technically reasonable extension ac-cording to series I of [DIN 780]. An explicit exception is the flank angle α, the influence of which is discussed in detail in this dissertation. Considering the above-mentioned, the part-specific interchangeability between splined shaft connections according to [DIN 5480] and those according to chapter 3.3 is therefore possible, provided a flank angle α of 30 ° is used as the basis for the last named profile shape.

If existing, for all connection- and shaft-related parameters determining the geometry the shape-stability optima are determined and mathematically described by approxi-mation equations. If parameters have no optima, design recommendations are pro-vided. Furthermore, prognosis-based recommendations for the hub-specific geometry parameters are derived based on the gained system understanding. For the shaft, all variables required for the nominal stress-based shape stability characterisation for the quasi-optimal involute-based splined shaft connections according to chapter 3.3 as per Tabelle 6.1 are further mathematically formulated. All knowledge gained and in partic-ular the developed equations are summarised in a design routine. The application of this only demands the selection of the reference diameter d_B from the user, if geometry compatibility to the [DIN 5480] is aspired and the design recommendations made are observed. The resulting involute-based splined shaft connections according to chapter 3.3 are always optimally designed with the application of the design routine.

It is known that with other profile shapes, for example those in [DiWa 05] at the Institute of Mechanical Engineering of the Technical University of Clausthal for plug-in gearings adapted circular arc-based running gearings according to Wildhaber-Novikov, cf.

[Novi 56] and [Wild 26], or those of the complex trochoids, cf. [Ziae 06], significantly higher shape stabilities can be achieved than with splined shaft connections according to [DIN 5480], and this in spite of an already nonstandard optimised shaft root rounding radius ratio ρ_{f1}/m. For the profile shape of the complex trochoids, this was determined in [FVA 742 I] by a transverse comparison between the complex trochoid M – T046, z18, which was designated as optimal for an outer diameter of 25 mm, and its counterpart of the [DIN 5480] with optimised shaft root rounding radius ratio ρ_{f1}/m. Here, however, it must be considered that the shaft-related higher shape stability of the profile shape of the complex trochoids was realised with a connection that, with reference to the general notch theory, had a significantly more favourable geometry. Geometric equivalence did not exist. With the system for profile generation of involute-based splined shaft connections according to [DIN 5480], however, this is also not realisable. With that one developed in this dissertation in chapter 3.2 and presented in chapter 3.3 it is possible with the there implemented function of the so-called profile modification. In this context, the influence of the now further available parameters determining the geometry of the profile shape is first generally analysed and discussed. In addition, it is examined in the sense of a limit value consideration whether the profile modification has an influence on the optimal module m_{Opt} as well as the recommendations and statements made concerning the flank angle α. Furthermore, the profile modification is used for a numerically performed profile shape comparison between the complex trochoid M – T046, z18, which was identified as optimal in the research project [FVA 742 I] for an outer diameter of 25 mm, and its quasi geometry-equivalent involute-based splined shaft connection according to chapter 3.3, with continuing tendency-based experimental validation by static and dynamic torsion trials.

Within the framework of the research project [FVA 467 II], among other things, extensive experimental investigations were carried out on splined shaft connections according to [DIN 5480] under static torsion in combination with dynamic bending (circular bending). Based on the standard configuration defined there, influences of the geometry (runout shape, hub position, hub width, hub wall thickness), the load ratio M_{ba}/M_{tm} and the surface condition (cold rolling, case hardening) on the shape stability of such connections were analysed. The results of these experiments provide valuable recommendations for the design of involute-based splined shaft connections. This completes the above-mentioned scientific knowledge developed on the basic form defined in chapter 6.1 of such connections according to chapter 3.3 with the characteristics specified in Tabelle 6.1.

The quintessence of this dissertation includes the developed systematics for the profile generation of involute-based splined shaft connections as well as the system resulting from its mathematical formulation, cf. chapter 3.3, the definition of the optimal geometries of the profile forms originating from the above-mentioned system under the criterion of shape stability in geometric compatibility with the [DIN 5480] and, in addition, approximate equations for all their basic variables required for the nominal stress-based dimensioning. The latter is even given for flank angles α beyond the previously mentioned standard in the interval $20\,° \leq \alpha \leq 45\,°$. Finally, the new functions of the now available system for profile generation of involute-based splined shaft connections, cf. chapter 3.3, should be emphasized. Here it is particularly important to mention that of profile modification. With it, the considerable increases in shape stability that can be achieved by geometric optimisation in compatibility with involute-based splined shaft connections according to [DIN 5480] can be significantly increased once again.

Inhaltsverzeichnis

Symbole, Benennungen und Einheiten

Auf Grundlage lateinischer Großbuchstaben

Symbol	Benennung	Einheit
$\bar{\bar{A}}$	Matrix A	/
A_{dB}	Bezugsdurchmesserabstand	mm
A_{hw}	Aufteilungsschlüssel der Reduzierung der wirksamen Berührungshöhe h_w	/
$\vec{E}$	Vektor der Evolvente	mm
$\vec{E}_n$	Normalenvektoren der Evolvente	mm
$\vec{E}_{n1}$	Wellennormalenvektor der Evolvente	mm
$\vec{E}_{n2}$	Nabennormalenvektor der Evolvente	mm
$\vec{E}_t$	Tangentenvektor der Evolvente	mm
F_H	Kraft in horizontaler Richtung	N
F_{nE}	Ersatznormalkraft	N
F_{nEH}	Horizontalkomponente der Ersatznormalkraft	N
F_{nEV}	Vertikalkomponente der Ersatznormalkraft	N
$F_{N\sigma GEHMax}$	Wirksame Zahnnormalkraft am Ort der nach der GEH bestimmten maximalen Vergleichsspannung	N
F_Q	Querkraft	N
$F_{Q\sigma GEHMax}$	Wirksame Zahnquerkraft am Ort der nach der GEH bestimmten maximalen Vergleichsspannung	N
F_{rE}	Radiale Komponente der Ersatznormalkraft	N
F_{tE}	Tangentiale Komponente der Ersatznormalkraft	N
F_V	Kraft in vertikaler Richtung	N
G	Schubmodul	N/mm²
G	Spannungsgefälle	N/mm³
G'	Bezogenes Spannungsgefälle	1/mm
G'_{GEH}	Auf Basis der GEH bestimmtes bezogenes Spannungsgefälle G'	1/mm
G'^{FE}_{GEH}	Numerisch bestimmt bezogenes Spannungsgefälle G'_{GEH}	1/mm

Fortsetzung auf Folgeseite

Symbol	Benennung	Einheit
$G_{GEH}^{\prime r}$	Analytisch bestimmt bezogenes Spannungsgefälle $G_{GEH}^{\prime}$	1/mm
$G_{\sigma 1}^{\prime *}$	Auf Basis der ersten Hauptspannung σ_1 bestimmtes bezogenes Spannungsgefälle $G^{\prime}$ (Näherung)	1/mm
I_t	Torsionsträgheitsmoment	mm^4
$K_{F\sigma}$	Gesamteinflussfaktor für Biegung bzw. Zug/Druck	/
$K_{F\tau}$	Gesamteinflussfaktor für Torsion	/
$K_{G\prime GEH}^{cF1}$	Korrekturwert zur Berücksichtigung des Einflusses des Wellenformübermaßverhältnisses c_{F1}/m auf das auf Basis der GEH bestimmte bezogene Spannungsgefälle $G_{GEH}^{\prime}$	1/mm
$\vec{K}_M$	Fußkreismittelpunktvektoren	mm
$\vec{K}_{M1}$	Wellenfußkreismittelpunktvektor	mm
$\vec{K}_{M2}$	Nabenfußkreismittelpunktvektor	mm
K_V	Einflussfaktor der Oberflächenverfestigung	/
$\vec{K}$	Fußkreisvektoren	mm
$\vec{K}_1$	Wellenfußkreisvektor	mm
$\vec{K}_2$	Nabenfußkreisvektor	mm
$K_1(d_{eff})$	Technologischer Größeneinflussfaktor	/
$K_2(d)$	Geometrischer Größeneinflussfaktor (für die ungekerbte, polierte Rundprobe)	/
$K_{\alpha ktGEHdB}^{cF1}$	Korrekturwert zur Berücksichtigung des Einflusses des Wellenformübermaßverhältnisses c_{F1}/m auf die Torsionsformzahl $\alpha_{ktGEHdB}$	/
$K_{\alpha ktGEHdB}^{xI1}$	Korrekturwert zur Berücksichtigung des Einflusses des Wellenprofilverschiebungsfaktors x_1 auf die Torsionsformzahl $\alpha_{ktGEHdB}$	/
$K_{\alpha ktGEHdB}^{z1}$	Korrekturwert zur Berücksichtigung des Einflusses der Wellenzähnezahl z_1 auf die Torsionsformzahl $\alpha_{ktGEHdB}$	/
$K_{\alpha ktGEHdh1}^{cF1}$	Korrekturwert zur Berücksichtigung des Einflusses des Wellenformübermaßverhältnisses c_{F1}/m auf die Torsionsformzahl $\alpha_{ktGEHdh1}$	/

Fortsetzung auf Folgeseite

Symbol	Benennung	Einheit
$K_{aktGEHdh1}^{xl1}$	Korrekturwert zur Berücksichtigung des Einflusses des Wellenprofilverschiebungsfaktors x_1 auf die Torsionsformzahl $\alpha_{ktGEHdh1}$	/
$K_{aktGEHdh1}^{z1}$	Korrekturwert zur Berücksichtigung des Einflusses der Wellenzähnezahl z_1 auf die Torsionsformzahl $\alpha_{ktGEHdh1}$	/
K_σ	Gesamteinflussfaktor für Biegung bzw. Zug/Druck	/
K_τ	Gesamteinflussfaktor für Torsion	/
M	Allg. Moment	Nm
M_b	Biegemoment	Nm
M_{ba}	Amplitude des Biegemomentes M_b	Nm
M_{bm}	Mittelwert des Biegemomentes M_b	Nm
M_{FnEV}	Aus F_{nEV} resultierendes Deviationsmoment M	Nm
M_t	Torsionsmoment	Nm
M_{ta}	Amplitude des Torsionsmomentes M_t	Nm
M_{tm}	Mittelwert des Torsionsmomentes M_t	Nm
$M_{\sigma GEHMax}$	Wirksames Moment M am Ort der nach der GEH bestimmten maximalen Vergleichsspannung	Nm
N	Schwingspielzahl	/
P	Allg. Stützpunkt	/
R	Wurzel des Bestimmtheitsmaßes	/
R_b	Nennspannungsverhältnis bei Biegebelastung	/
R_{hw}	Reduzierfaktor der wirksamen Berührungshöhe h_w	/
R_t	Nennspannungsverhältnis bei Torsionsbelastung	/
R_m	Zugfestigkeit	N/mm²
$R_{p0,2}$	Dehngrenze	N/mm²
S	Sicherheit	/
S^{exp}	Experimentell bestimmte Sicherheit S	/
S_{Hyp}^{rl}	Hypothesenspezifische Sicherheit S der Auslegungsrichtlinie	/
S_{Soll}	Sollsicherheit	/

Fortsetzung auf Folgeseite

Symbol	Benennung	Einheit
S_{vorh}	Vorhandene Sicherheit S	/
W_t	Torsionswiderstandsmoment	mm³
W_{tW}	Torsionswiderstandsmoment einer ungekerbten Welle	mm³
W_{tZW}	Torsionswiderstandsmoment der Zahnwelle	mm³

Auf Grundlage lateinischer Kleinbuchstaben

Symbol	Benennung	Einheit
b	Nabenbreite	mm
$b_{\sigma GEHMax}$	Zahnbreite im Querschnitt der maximalen Beanspruchung	mm
c	Allg. Koeffizient	/
c	Kopfspiele	mm
c_1	Wellenkopfspiel	mm
c_2	Nabenkopfspiel	mm
$\bar{c}$	Vektor c	/
c_F	Formübermaße	mm
c_{F1}	Wellenformübermaß	mm
c_{F2}	Nabenformübermaß	mm
c_{Fmin}	Mindestformübermaß	mm
c_{FP}	Formübermaße des Bezugsprofils	mm
c_{FP1}	Wellenformübermaß des Bezugsprofils	mm
c_{FP2}	Nabenformübermaß des Bezugsprofils	mm
c_h	Geometriefaktoren	/
c_{h1}	Wellengeometriefaktor	/
c_{h2}	Nabengeometriefaktor	/
c_P	Kopfspiele des Bezugsprofils	mm
c_{P1}	Wellenkopfspiel des Bezugsprofils	mm
c_{P2}	Nabenkopfspiel des Bezugsprofils	mm
d	Allg. Durchmesser	mm
d	Teilkreisdurchmesser	mm
d	Stufensprung, vgl. Hück sowie Modulreihe	%
d_a	Kopfkreisdurchmesser	mm
d_{a1}	Wellenkopfkreisdurchmesser	mm
d_{a2}	Nabenkopfkreisdurchmesser	mm

Fortsetzung auf Folgeseite

Symbol	Benennung	Einheit
d_B	Bezugsdurchmesser der Zahnwellenverbindung	mm
d_B	Werkstoffbezugsdurchmesser nach [DIN 743]	mm
d_b	Grundkreisdurchmesser	mm
d_E	Koordinate der Evolvente in radialer Richtung	mm
d_{e2}	Nabenaußendurchmesser	mm
d_f	Fußkreisdurchmesser	mm
d_{f1}	Wellenfußkreisdurchmesser	mm
d_{f2}	Nabenfußkreisdurchmesser	mm
$d_{f1}^{DIN5480}$	Nach [DIN 5480] berechneter Wellenfußkreisdurchmesser d_{f1}	mm
d_{Ff}	Fußformkreisdurchmesser	mm
d_{Ff1}	Wellenfußformkreisdurchmesser	mm
d_{Ff2}	Nabenfußformkreisdurchmesser	mm
d_h	Ersatzdurchmesser nach [Naka 51]	mm
d_{h1}	Wellenersatzdurchmesser nach [Naka 51]	mm
d_{h2}	Nabenersatzdurchmesser nach [Naka 51]	mm
d_i	Innendurchmesser	mm
d_m	Flankenmittendurchmesser	mm
d_{Nenn}	Nenndurchmesser	mm
d_w	Durchmesser der Welle nach dem Zahnauslauf	mm
d_w	Wirkdurchmesser	mm
$d_{\sigma Max}$	Koordinate der gestaltfestigkeitsrelevant hypothesenspezifisch maximalen Beanspruchung in radialer Richtung	mm
$d_{\sigma GEHMax}$	Koordinate der gestaltfestigkeitsrelevant nach der GEH bestimmt maximalen Beanspruchung in radialer Richtung	mm
$\vec{e}_{En}$	Einheitsnormalenvektoren der Evolvente	/
$\vec{e}_{En1}$	Welleneinheitsnormalenvektor der Evolvente	/
$\vec{e}_{En2}$	Nabeneinheitsnormalenvektor der Evolvente	/
$\vec{e}_K$	Allg. Einheitsnormalenvektor eines Kreises	/

Fortsetzung auf Folgeseite

Symbol	Benennung	Einheit
e_2	Nabennennzahndicke	mm
h_{aP}	Kopfhöhen des Bezugsprofils	mm
h_{aP1}	Wellenkopfhöhe des Bezugsprofils	mm
h_{aP2}	Nabenkopfhöhe des Bezugsprofils	mm
h_{aP0}	Kopfhöhe des Werkzeugbezugsprofils	mm
h_{FnEH}	Wirksamer Hebelarm der Horizontalkomponente der Ersatznormalkraft	mm
h_{FnEV}	Wirksamer Hebelarm der Vertikalkomponente der Ersatznormalkraft	mm
h_{fP}	Fußhöhen des Bezugsprofils	mm
h_{fP1}	Wellenfußhöhe des Bezugsprofils	mm
h_{fP2}	Nabenfußhöhe des Bezugsprofils	mm
h_P	Zahnhöhen des Bezugsprofils	mm
h_{P1}	Wellenzahnhöhe des Bezugsprofils	mm
h_{P2}	Nabenzahnhöhe des Bezugsprofils	mm
h_w	Wirksame Berührungshöhe	mm
j	Polynomgrad	/
l	Allg. Länge	mm
m	Modul	mm
m_g	Basisbezogen nächstgrößerer genormter Modul	mm
m_k	Basisbezogen nächstkleinerer genormter Modul	mm
m_{Opt}^{FE}	Numerisch optimaler Modul	mm
m_{Opt}^{p}	Prognostiziert optimaler Modul	mm
m_{Opt}^{r}	Rechnerisch optimaler Modul	mm
m_{Opt}^{rp}	Rechnerisch prognostiziert optimaler Modul	mm
n	Anzahl der Stützstellen (2D)	/
n	Stützziffer	/
$n \cdot m$	Anzahl der Stützstellen (3D)	/
p	Teilung	mm

Fortsetzung auf Folgeseite

Symbol	Benennung	Einheit
s_1	Wellennennzahndicke	mm
t	Allg. mathematische Variable	Spez.
t	Tiefenrichtung	mm
u_E	Laufvariable der Evolvente	/
u_{E1}	Laufvariable der Wellenevolvente	/
u_{E2}	Laufvariable der Nabenevolvente	/
u_K	Laufvariable eines Kreises	/
u_{K1}	Laufvariable des Wellenfußkreises	/
u_{K2}	Laufvariable des Nabenfußkreises	/
x	Allg. mathematische Variable	Spez.
x	x-Richtung	mm
x	Profilverschiebungsfaktoren	/
x_1	Wellenprofilverschiebungsfaktor	/
x_2	Wellenprofilverschiebungsfaktor	/
x_E	Koordinate der Evolvente in x-Richtung	mm
x_K	x-Koordinate eines Kreises	mm
x_{KM}	x-Koordinate des Mittelpunkts eines Kreises	mm
x_I	Initiationsprofilverschiebungsfaktoren	/
x_{I1}	Welleninitiationsprofilverschiebungsfaktor	/
x_{I2}	Nabeninitiationsprofilverschiebungsfaktor	/
x_M	Modifizierungsprofilverschiebungsfaktoren	/
x_{M1}	Wellenmodifizierungsprofilverschiebungsfaktor	/
x_{M2}	Nabenmodifizierungsprofilverschiebungsfaktor	/
y	Allg. mathematische Variable	Spez.
y	y-Richtung	mm
y	Profilmodifizierungsfaktoren	/
y_1	Wellenprofilmodifizierungsfaktor	/
y_2	Nabenprofilmodifizierungsfaktor	/
$\bar{y}$	Vektor y	/

Fortsetzung auf Folgeseite

Symbol	Benennung	Einheit
y_E	Koordinate der Evolvente in y-Richtung	mm
y_K	y-Koordinate eines Kreises	mm
y_{KM}	y-Koordinate des Mittelpunkts eines Kreises	mm
z	Allg. mathematische Variable	Spez.
z	z-Richtung	mm
z	Zähnezahlen	/
z_1	Wellenzähnezahl	/
z_2	Nabenzähnezahl	/
z_{Opt}	Optimale Zähnezahlen	/
z_{NK}	Lage der Nabenkante in z-Richtung	mm
$z_{\sigma GEH}$	Lage der relevant nach der GEH bestimmten Beanspruchung in z-Richtung	mm
$z_{\sigma GEHMax}$	Lage der gestaltfestigkeitsrelevant nach der GEH bestimmt maximalen Beanspruchung in z-Richtung	mm
$z_{\sigma Max}$	Lage der gestaltfestigkeitsrelevant hypothesenspezifisch maximalen Beanspruchung in z-Richtung	mm
$z_{\sigma MaxDruck}$	Lage der druckseitig gestaltfestigkeitsrelevant hypothesenspezifisch maximalen Beanspruchung in z-Richtung	mm
$z_{\sigma MaxZug}$	Lage der zugseitig gestaltfestigkeitsrelevant hypothesenspezifisch maximalen Beanspruchung in z-Richtung	mm
$z^*_{\sigma 1Max}$	Lage der gestaltfestigkeitsrelevant ersten Hauptspannung σ_1 in z-Richtung (Näherung)	mm

Auf Grundlage griechischer Kleinbuchstaben

Symbol	Benennung	Einheit
α	Flankenwinkel	Rad
α_k	Formzahl	/
α_{kb}	Biegeformzahl	/
$\alpha_{kbGEHdB}$	Auf Basis der GEH sowie des Bezugsdurchmessers d_B bestimmte Biegeformzahl α_{kb}	/
$\alpha_{kbGEHdh1}$	Auf Basis der GEH sowie des Wellenersatzdurchmessers d_{h1} nach [Naka 51] bestimmte Biegeformzahl α_{kb}	/
α_{KM}	Koordinate des Fußkreismittelpunkts in rotatorischer Richtung	Rad
α_{KM1}	Koordinate des Wellenfußkreismittelpunkts in rotatorischer Richtung	Rad
α_{KM2}	Koordinate des Nabenfußkreismittelpunkts in rotatorischer Richtung	Rad
α_{KM}^V	Koordinate des Fußkreismittelpunkts in rotatorischer Richtung bei maximal realisierbarem Fußrundungsradius ρ_f^V (Vollausrundung)	Rad
α_{KM1}^V	Koordinate des Wellenfußkreismittelpunkts in rotatorischer Richtung bei maximal realisierbarem Wellenfußrundungsradius ρ_{f1}^V (Wellenvollausrundung)	Rad
α_{KM2}^V	Koordinate des Nabenfußkreismittelpunkts in rotatorischer Richtung bei maximal realisierbarem Nabenfußrundungsradius ρ_{f2}^V (Nabenvollausrundung)	Rad
$\alpha_{k\sigma}$	Normalspannungsbasierte Formzahl	/
α_{kt}	Torsionsformzahl	/
$\alpha_{kt\sigma1}$	Auf Basis der ersten Hauptspannung σ_1 bestimmte Torsionsformzahl α_{kt}	/
α_{ktGEH}	Auf Basis der GEH bestimmte Torsionsformzahl α_{kt}	/
$\alpha_{ktGEHdB}$	Auf Basis der GEH sowie des Bezugsdurchmessers d_B bestimmte Torsionsformzahl α_{kt}	/

Fortsetzung auf Folgeseite

Symbol	Benennung	Einheit
$\alpha_{ktGEHdB}\big|_{m_{Opt}^{FE}}$	Auf Basis der GEH sowie des Bezugsdurchmessers d_B bestimmte Torsionsformzahl α_{kt} einer ZWV mit numerisch ermittelt quasi optimalem Modul m_{Opt}	/
$\alpha_{ktGEHdB}\big|_{m_{Opt}^{p}}$	Auf Basis der GEH sowie des Bezugsdurchmessers d_B bestimmte Torsionsformzahl α_{kt} einer ZWV mit analytisch ermittelt quasi optimalem Modul m_{Opt}	/
$\alpha_{ktGEHdB}^{E}$	Extremwert des Wertebereichs der optimalen Verbindungen der Grundgesamtheit der Torsionsformzahl $\alpha_{ktGEHdB}$	/
$\alpha_{ktGEHdB}^{FE}$	Numerisch bestimmte Torsionsformzahl $\alpha_{ktGEHdB}$	/
$\alpha_{ktGEHdB}^{r}$	Analytisch bestimmte Torsionsformzahl $\alpha_{ktGEHdB}$	/
$\alpha_{ktGEHdh1}$	Auf Basis der GEH sowie des Wellenersatzdurchmessers d_{h1} nach [Naka 51] bestimmte Torsionsformzahl α_{kt}	/
$\alpha_{ktGEHdh1}^{E}$	Extremwert des Wertebereichs der optimalen Verbindungen der Grundgesamtheit der Torsionsformzahl $\alpha_{ktGEHdh1}$	/
$\alpha_{ktGEHdh1}^{FE}$	Numerisch bestimmte Torsionsformzahl $\alpha_{ktGEHdh1}$	/
$\alpha_{ktGEHdh1}^{r}$	Analytisch bestimmte Torsionsformzahl $\alpha_{ktGEHdh1}$	/
$\alpha_{kt\sigma1dB}^{*}$	Auf Basis der ersten Hauptspannung σ_1 sowie des Bezugsdurchmessers d_B bestimmte Torsionsformzahl α_{kt} (Näherung)	/
$\alpha_{kt\sigma1dh1}^{*}$	Auf Basis der ersten Hauptspannung σ_1 sowie des Wellenersatzdurchmessers d_{h1} nach [Naka 51] bestimmte Torsionsformzahl α_{kt} (Näherung)	/
α_E	Evolventenumlegungswinkel	Rad
α_{Er}	Winkel zwischen x-Achse und Evolvente am Teilkreis	Rad
α_S	Sektorwinkel	Rad
α_{s1}	Wellenzahndickenwinkel am Teilkreis	Rad
α_w	Wirkwinkel	Rad
β_k	Kerbwirkungszahl	/
β_{kt}	Torsionskerbwirkungszahl	/

Fortsetzung auf Folgeseite

Symbol	Benennung	Einheit
$\beta_{ktGEHdB}$	Auf Basis der GEH sowie des Bezugsdurchmessers d_B bestimmte Torsionskerbwirkungszahl β_{kt}	/
$\beta_{ktGEHdh1}$	Auf Basis der GEH sowie des Wellenersatzdurchmessers d_{h1} nach [Naka 51] bestimmte Torsionskerbwirkungszahl β_{kt}	/
β_σ	Kerbwirkungszahl für Biegung bzw. Zug/Druck	/
β_τ	Kerbwirkungszahl für Torsion	/
ρ_f	Fußrundungsradien	mm
ρ_{f1}	Wellenfußrundungsradius	mm
ρ_{f2}	Nabenfußrundungsradius	mm
ρ_{f1}^{it}	Iterativ realisierter Wellenfußrundungsradius	mm
ρ_{f1}^{itMax}	Iterativ maximal realisierter Wellenfußrundungsradius	mm
ρ_{f1}^{r}	Rechnerisch bestimmter Wellenfußrundungsradius	mm
ρ_{f1}'	Bezogener Wellenfußrundungsradius	/
ρ_f^V	Maximal realisierbare Fußrundungsradien (Radien bei Vollausrundung)	mm
ρ_{f1}^V	Maximal realisierbarer Wellenfußrundungsradius (Radius bei Wellenvollausrundung)	mm
ρ_{f2}^V	Maximal realisierbarer Nabenfußrundungsradius (Radius bei Nabenvollausrundung)	mm
ρ_{fP}	Fußrundungsradien des Bezugsprofils	mm
ρ_{fP1}	Wellenfußrundungsradius des Bezugsprofils	mm
ρ_{fP2}	Nabenfußrundungsradius des Bezugsprofils	mm
σ	Allg. Normalspannung	N/mm²
σ_B	Zugfestigkeit	N/mm²
σ_{bADK}	Spannungsamplitude der Bauteildauerfestigkeit für bestimmte Mittelspannung bei Biegebelastung	N/mm²
σ_{ba}	Biegespannungsamplitude	N/mm²
σ_{bFK}	Bauteilfließgrenze bei Biegebelastung	N/mm²
σ_{bW}	Werkstoffwechselfestigkeit bei Biegebelastung	N/mm²

Fortsetzung auf Folgeseite

Symbol	Benennung	Einheit
σ_{bWK}	Bauteilwechselfestigkeit bei Biegebelastung	N/mm^2
σ_{bWK01}	Erste Nullstelle der Bauteilwechselfestigkeit bei Biegebelastung	N/mm^2
σ_{bWK02}	Zweite Nullstelle der Bauteilwechselfestigkeit bei Biegebelastung	N/mm^2
σ_{GEH}	Auf Basis der GEH bestimmte Vergleichsspannung	N/mm^2
σ_{GEHdB}	Auf Basis der GEH sowie des Bezugsdurchmessers d_B bestimmte Nennvergleichsspannung	N/mm^2
σ_{GEHMax}	Gestaltfestigkeitsrelevant nach der GEH bestimmt maximale Vergleichsspannung	N/mm^2
$\sigma_{GEHNenn}$	Nach der GEH bestimmte Nennvergleichsspannung	N/mm^2
σ_{Max}	Maximale Normalspannung	N/mm^2
σ_{mv}	Normalmittelvergleichsspannung	N/mm^2
σ_{Nenn}	Nennnormalspannung	N/mm^2
σ_S	Streckgrenze	N/mm^2
σ_v	Allg. Vergleichsspannung	N/mm^2
$\sigma_x, \sigma_y, \sigma_z$	Richtungsspezifische Normalspannungen	N/mm^2
σ_{zda}	Zug-/Druckspannungsamplitude	N/mm^2
σ_{zdFK}	Bauteilfließgrenze bei Zug-/Druckbelastung	N/mm^2
σ_{zdW}	Werkstoffwechselfestigkeit bei Zug-/Druckbelastung	N/mm^2
σ_{zdWK}	Bauteilwechselfestigkeit bei Zug-/Druckbelastung	N/mm^2
σ_{zdWK01}	Erste Nullstelle der Bauteilwechselfestigkeit bei Zug-/Druckbelastung	N/mm^2
σ_{zdWK02}	Zweite Nullstelle der Bauteilwechselfestigkeit bei Zug-/Druckbelastung	N/mm^2
$\sigma_1, \sigma_2, \sigma_3$	Hauptspannungen	N/mm^2
σ_{1Max}^{*}	Gestaltfestigkeitsrelevant erste Hauptspannung σ_1 (Näherung)	N/mm^2
τ	Allg. Schubspannung	N/mm^2
τ_{Max}	Maximale Schubspannung	N/mm^2

Fortsetzung auf Folgeseite

Symbol	Benennung	Einheit
τ_{mv}	Schubmittelvergleichsspannung	N/mm²
τ_t	Torsionsschubspannungsamplitude	N/mm²
τ_{tADK}	Spannungsamplitude der Bauteildauerfestigkeit für bestimmte Mittelspannung bei Torsionsbelastung	N/mm²
τ_{ta}	Torsionsspannungsamplitude	N/mm²
τ_{tFK}	Bauteilfließgrenze bei Torsionsbelastung	N/mm²
τ_{tNenn}	Nenntorsionsschubspannung	N/mm²
τ_{tW}	Werkstoffwechselfestigkeit bei Torsionsbelastung	N/mm²
τ_{tWK}	Bauteilwechselfestigkeit bei Torsionsbelastung	N/mm²
τ_{tWK01}	Erste Nullstelle der Bauteilwechselfestigkeit bei Torsionsbelastung	N/mm²
τ_{tWK02}	Zweite Nullstelle der Bauteilwechselfestigkeit bei Torsionsbelastung	N/mm²
$\tau_{xy}, \tau_{yx}, \tau_{xz},$ $\tau_{zx}, \tau_{yz}, \tau_{zy}$	Ebenenspezifische Schubspannungskomponenten	N/mm²
φ	Allg. Winkel	Rad
φ	Verdrehwinkel	Rad
φ_E	Koordinate der Evolvente in rotatorischer Richtung	Rad
μ	Reibwert	/
$\psi_{b\sigma K}$	Einflussfaktor der Mittelspannungsempfindlichkeit bei Biegebelastung	/
ψ_{tK}	Einflussfaktor der Mittelspannungsempfindlichkeit bei Torsionsbelastung	/
$\psi_{zd\sigma K}$	Einflussfaktor der Mittelspannungsempfindlichkeit bei Zug-/Druckbelastung	/

Tiefgestellte Indizes

Index	Benennung
A	Verbindung A
B	Verbindung B
GEH	Basis ist die GEH
$G'GEH$	Korrigiert wird das bezogene Spannungsgefälle G'_{GEH}
Hyp	Hypothesenspezifisch
i	Lauf- bzw. Dimensionsvariable
j	Lauf- bzw. Dimensionsvariable
k	Lauf- bzw. Dimensionsvariable
Max	Maximum
Min	Minimum
m	Lauf- bzw. Dimensionsvariable
n	Lauf- bzw. Dimensionsvariable
Opt	Optimum
$PGA1$	Auf Basis der Pfadgenerierungsart 1 bestimmt, vgl. Kapitel 4.2.3.1
$PGA2$	Auf Basis der Pfadgenerierungsart 2 bestimmt, vgl. Kapitel 4.2.3.1
u	Lauf- bzw. Dimensionsvariable
v	Lauf- bzw. Dimensionsvariable
x	In x-Richtung
xy	In xy-Ebene
xz	In xz-Ebene
y	In y-Richtung
yz	In yz-Ebene
z	In z-Richtung
$\alpha ktGEHdB$	Korrigiert wird die Formzahl $\alpha_{ktGEHdB}$
$\alpha ktGEHdh1$	Korrigiert wird die Formzahl $\alpha_{ktGEHdh1}$
$\sigma 1$	Basis ist die erste Hauptspannung σ_1

Hochgestellte Indizes

Index	Benennung
cf	Korrektur der Einflüsse der Formübermaße c_F
$cf1$	Korrektur des Einflusses des Wellenformübermaßes c_{F1}
$cf2$	Korrektur des Einflusses des Nabenformübermaßes c_{F2}
E	Extremwert
exp	Experimentell bestimmt
FE	Numerisch bestimmt
i	Lauf- bzw. Dimensionsvariable
it	Iterativ bestimmt
j	Lauf- bzw. Dimensionsvariable
k	Lauf- bzw. Dimensionsvariable
Max	Maximum
n	Lauf- bzw. Dimensionsvariable
p	Prognostiziert
r	Rechnerisch bestimmt
rl	Richtlinien- bzw. Normbasiert bestimmt
V	Voll-
xl	Korrektur des Einflusses der Initiationsprofilverschiebungsfaktoren x_l
$xl1$	Korrektur des Einflusses des Welleninitiationsprofilverschiebungsfaktors x_{l1}
$xl2$	Korrektur des Einflusses des Nabeninitiationsprofilverschiebungsfaktors x_{l2}
z	Korrektur des Einflusses der Zähnezahlen z
$z1$	Korrektur des Einflusses der Wellenzähnezahl z_1
$z2$	Korrektur des Einflusses der Nabenzähnezahl z_2
α	Flankenwinkelspezifisch
$'$	Bezogene Größe
$*$	Näherung

Abbildungsverzeichnis

Tabellenverzeichnis

Abkürzungsverzeichnis

Abkürzung	Bedeutung
Allg.	Allgemein
APDL	ANSYS Parametric Design Language
DMS	Dehnungsmessstreifen
FEM	Finite-Elemente-Methode
FVA	Forschungsvereinigung Antriebstechnik e. V.
GEH	Gestaltänderungsenergiehypothese
IABG	Industrieanlagen-Betriebsgesellschaft mbH
K_1	Wellenfußkreis
K_2	Nabenfußkreis
K_{M1}	Mittelpunkt des Wellenfußkreises
K_{M2}	Mittelpunkt des Nabenfußkreises
Max.	Maximum
Min.	Minimum
NL 0	Nabenlage 0
NL 1	Nabenlage 1
NSH	Normalspannungshypothese
PGA1	Pfadgenerierungsart 1 (Generierung des Auswertepfades auf Basis der nach der GEH bestimmt maximalen Vergleichsspannung im gestaltfestigkeitsrelevanten Bereich (Oberfläche) einer Zahnwellenverbindung
PGA2	Pfadgenerierungsart 2 (Generierung des Auswertepfades auf Basis der nach der GEH bestimmt maximalen Vergleichsspannung im Querschnitt der Nabenkante (Oberfläche)
q. e. d.	Quod erat demonstrandum
SSH	Schubspannungshypothese
var.	Variiert
ZN	Zahnnabe
ZW	Zahnwelle
ZWV	Zahnwellenverbindung

1 Einleitung

1.1 Problemstellung

In der Antriebstechnik ist die Übertragung dynamischer und oft stoßartig auftretender Torsionsmomente M_t von einer Welle zur Nabe oder umgekehrt eine häufige Problemstellung. Hierfür sind Profilwellenverbindungen im Allgemeinen besonders geeignet. Als Resultat ihrer fertigungsbedingt wirtschaftlichen Vorteile, finden in weiterführender Konkretisierung evolventisch basierte Zahnwellenverbindungen nach [DIN 5480] für die genannten Anforderungen gegenwärtig breite Anwendung. Ihre Gestaltfestigkeitsgrenzen werden in der Praxis allerdings immer öfter erreicht. Problem hierbei ist oftmals die hohe zugseitige Spannungskonzentration im Zahnfuß der Welle, vgl. Abbildung 1.1.

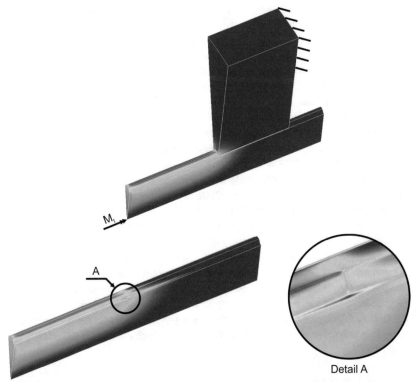

Detail A

Abbildung 1.1: Charakteristische Beanspruchung (GEH) einer näherungsweise zur [DIN 5480] geometrisch äquivalenten torsionsbelasteten evolventisch basierten ZWV nach Kapitel 3.3 am Beispiel der ZWV Kapitel 3.3 – 45 x 1,5 x 28 (gemäß Tabelle 6.1; $c_{F1}/m = 0,12$; $\alpha = 30\,°$; $\rho_{f1}/m = 0,16$)

© Der/die Autor(en) 2022
J. Wild, *Optimierung der Tragfähigkeit von Zahnwellenverbindungen*,
https://doi.org/10.1007/978-3-658-36961-3_1

1

Die Ergebnisse verschiedener vorangegangener Untersuchungen zeigen mit auf ihren jeweiligen Untersuchungsbereich beschränkter Gültigkeit auf, dass die Gestaltfestigkeit evolventisch basierter Zahnwellenverbindungen nach [DIN 5480] eine Funktion des Moduls m ist. Es existiert ein Optimum. Dies wurde ebenfalls in nicht normkonformer Modifikation derartiger Verbindungen für den Wellenfußrundungsradius ρ_{f1} herausgefunden. Eine mathematische Beschreibung dieser Sachverhalte gibt es bislang nicht, zumindest jedoch nicht in ausreichendem Maße, so dass sie gegenwärtig auch nicht beziehungsweise nur bedingt technisch nutzbar sind. Die Möglichkeit zur Quantifizierung der Gestaltfestigkeit entsprechend resultierender Verbindungen mit einem Nennspannungskonzept existiert in Gänze nicht. Selbstredend ist die Bezugsprofilform evolventisch basierter Zahnwellenverbindungen nach [DIN 5480] durch den Modul m und den Wellenfußrundungsradius ρ_{f1} nicht vollständig definiert. Vielmehr ist sie von weiteren ihre Geometrie bestimmenden Parametern abhängig. Damit erscheint zunächst, wenn denn existent, die Bestimmung der Optima, und wenn denn nicht existent, das Treffen von Gestaltungsempfehlungen für alle die geometriebestimmenden Parameter, ihre mathematische Formulierung sowie die Entwicklung von Näherungsgleichungen für ihre zur nennspannungsbasierten Auslegung erforderlichen Grundgrößen erstrebenswert. Grundvoraussetzung hierfür wäre allerdings der uneingeschränkte Zugriff auf alle die Profilform bestimmenden Parameter, so dass entsprechende Parameterstudien möglich sind. Diesen gewährt das System zur Bezugsprofilgenerierung evolventisch basierter Zahnwellenverbindungen der [DIN 5480] nicht. Jenseits dessen existieren Profilformen, mit denen, trotz bereits optimalem Modul m_{Opt} sowie nicht normkonform optimiertem Wellenfußrundungsradius ρ_{f1}, signifikant höhere Gestaltfestigkeiten realisierbar sind. Benannt werden können in diesem Zusammenhang beispielsweise die in [DiWa 05] am Institut für Maschinenwesen der Technischen Universität Clausthal für Steckverzahnungen adaptierte kreisbogenbasierte Laufverzahnung nach Wildhaber-Novikov, vgl. [Novi 56] und [Wild 26], sowie die Profilform der komplexen Trochoiden, vgl. [Ziae 06]. Ursache hierfür sind hauptsächlich bezugsprofilformbedingte Restriktionen evolventisch basierter Zahnwellenverbindungen nach [DIN 5480], durch die die Generierung geometrisch äquivalenter Verbindungen zu Ungunsten der zuvor benannten evolventischen Profilform schlicht nicht möglich ist. Damit wird schlussendlich die dieser Dissertation übergeordnete Problemstellung als Optimierung der Gestaltfestigkeit evolventisch basierter Zahnwellenverbindungen in möglichst allgemeingültiger Form, also explizit nicht nach [DIN 5480], formuliert.

1.2   Zielsetzungen

Grundvoraussetzung zur Lösung der in Kapitel 1.1 formulierten Problemstellung dieser Dissertation ist die Entwicklung einer neuen Systematik zur Profilgenerierung evolventisch basierter Zahnwellenverbindungen. In Weiterführung ist diese durch ihre mathematische Formulierung in ein neues System zur Profilgenerierung evolventisch basierter Zahnwellenverbindungen zu überführen, welches den uneingeschränkten Zugriff auf alle die Geometrie bestimmenden Parameter ermöglicht. Bei dessen Entwicklung ist zwingend zu berücksichtigen, dass mit ihm zu evolventisch basierten Zahnwellenverbindungen nach [DIN 5480] geometrieäquivalente sowie geometriekompatible Verbindungen generierbar sind. Diese Anforderungen resultieren aus der gegenwärtigen Relevanz von Profilwellenverbindungen nach zuvor benannter Norm. Durch sie ist sichergestellt, dass vorhandenes Wissen über evolventisch basierte Zahnwellenverbindungen nach [DIN 5480] weiterhin nutzbar ist. Dies ist insbesondere für das Versagenskriterium Verschleiß gegenwärtig noch von besonderer Bedeutung. Jenseits dessen ist durch die entsprechenden Anforderungen die Austauschbarkeit von Verbindungspartnern existierender Produkte und damit die verbindungspartnerspezifische Optimierung im Nachhinein möglich. Wie in Kapitel 1.1 dargelegt, sind mit anderen Profilform, vgl. [DiWa 05] sowie [Ziae 06], höhere Gestaltfestigkeiten als mit zur [DIN 5480] geometriekompatibel volloptimierten evolventisch basierten Zahnwellenverbindungen nach Kapitel 3.3 realisierbar. Hieraus leitet sich die Zielsetzung zur Integration weiterer Möglichkeiten zur Profilformbeeinflussung ab, so dass weitere Tragfähigkeitspotenziale nutzbar werden.

Nach der Entwicklung einer neuen Systematik und weiterführend eines neuen Systems zur Profilgenerierung evolventisch basierter Zahnwellenverbindungen ist die Frage nach der optimalen geometrischen Gestaltung einer quasi endlos verzahnten Welle mit zugehöriger Nabe zu beantworten, wobei hierbei Nabenrestwandstärke sowie Nabenbreite so zu wählen sind, dass ihr Einfluss auf die Gestaltfestigkeit ihrem jeweils asymptotischen Bereich entstammt, vgl. Kapitel 2.5.1. Derartige Verbindungen werden in dieser Dissertation als Grundform evolventisch basierter Zahnwellenverbindungen bezeichnet. Diese ist eindeutig in Kapitel 6.1 quantifiziert. Vordergründig ist die geometrische Optimierung für das Kriterium der Gestaltfestigkeit ausgehend von den Restriktionen der [DIN 5480] in der Art durchzuführen, so dass zur zuvor benannten Norm in guter Näherung geometrisch äquivalente und kompatible Verbindungen Bestandteil des Untersuchungsbereichs sind. Dies ist mit der bereits im vorhergehenden Absatz erwähnten gegenwärtigen Bedeutung derartiger Verbindungen in der Praxis sowie der ebenfalls dort benannten sich daraus ergebenden Vorteile zu begründen. Diese Optimierungsart entspricht der Optimierung ohne Profilmodifizierung. Hierbei sind, wenn denn existent, die parameterspezifischen Optima zu bestimmen, und wenn denn nicht existent, Gestaltungsempfehlungen zu treffen. Entsprechende Effekte sind durch deren mathematische Beschreibung technisch nutzbar zu machen. Darüber hinaus sind Näherungsgleichungen für die zur nennspannungsbasierten Gestaltfestigkeitsbewertung erforderlichen Grundgrößen der optimalen Verbindungen zu entwickeln. Jenseits der Optimierung evolventisch basierter Zahnwellenverbindungen ohne Profilmodifizierung ist diese ebenfalls durch Profilmodifizierung, also durch Veränderung der wirksamen Berührungshöhe h_w, durchzuführen. Alle weiteren Restriktionen der [DIN 5480] sind hierbei nach wie vor zu berücksichtigen. Dem Umfang der für diese Dissertation bereits definierten Ziele geschuldet, ist die Optimierung durch Profilmodifizierung nicht vollumfänglich, sondern lediglich beispielbasiert durchzuführen. Sie dient folglich nicht mehr zur parameterspezifischen Quantifizierung der Optima sowie ihrer mathematischen Beschreibung. Demzufolge hat sie auch nicht den Anspruch zur Entwicklung von Näherungsgleichungen für die zur nennspannungsbasierten Gestaltfestigkeitsbewertung erforderlichen Grundgrößen der optimalen Verbindungen. Vordergründig dient sie vielmehr dazu, die Leistungsfähigkeit profilmodifizierter Verbindungen durch Extremwertbetrachtungen aufzuzeigen und darüber hinaus zu überprüfen, ob die Profilmodifizierung Einfluss auf die an evolventisch basierten Zahnwellenverbindungen nach Kapitel 3.3 ohne Profilmodifizierung bestimmten parameterspezifischen Optima beziehungsweise entsprechend getroffene Gestaltungsempfehlungen hat. Darüber hinaus ist ein Profilformvergleich für das Kriterium der Gestaltfestigkeit der in [FVA 742 I] als optimal ausgewiesenen komplexen Trochoiden M – T046, z18 mit ihrer geometrieäquivalenten evolventisch basierten Zahnwellenverbindung nach Kapitel 3.3 vorzunehmen. Dieser ist numerisch durchzuführen und experimentell abzusichern.

Im Rahmen des Forschungsvorhabens [FVA 467 II] wurden vom Autor dieser Dissertation zahlreiche experimentelle Untersuchungen mit Stichprobencharakter an evolventisch basierten Zahnwellenverbindungen nach [DIN 5480], also nicht nach Kapitel 3.3, durchgeführt. Hierbei wurde explizit nicht die in Kapitel 6.1 definierte Grundform analysiert. War doch unter anderem die Bestimmung übergeordneter Einflüsse auf die Gestaltfestigkeit derartiger Verbindungen Ziel dieses Forschungsvorhabens. Obwohl die Experimente lediglich zur Absicherung der am Institut für Maschinenelemente und Maschinenkonstruktion der Technischen Universität Dresden durchgeführten numerischen Analysen dienten, erlauben es die Ergebnisse ausgewählter Versuche, konstruktive Empfehlungen qualitativer Art zur zumindest vorteilhaften Gestaltung evolventisch basierter Zahnwellenverbindungen nach [DIN 5480] über die Grundform hinaus abzuleiten. Zugrunde legend, dass diese für evolventisch basierte Zahnwellenverbindungen in allgemeiner Form adaptierbar sind, sind die entsprechend resultierenden Gestaltungsempfehlungen eine wertvolle Ergänzung zu den an der Grundform evolventisch basierter Zahnwellenverbindungen nach Kapitel 3.3 gewonnenen Erkenntnisse. Folglich sind sie in diese Dissertation zu integrieren. Diese Art der Optimierung wird als weiterführende Optimierung bezeichnet.

1.3   Vorgehensweise

Zur geometrischen Optimierung evolventisch basierter Zahnwellenverbindungen für das Kriterium der Gestaltfestigkeit werden zahlreiche Definitionen getroffen, umfangreiche Entwicklungen realisiert sowie Betrachtungen durchgeführt. Dies betrifft die Kategorien Geometrie, Numerik sowie Experiment und ist Gegenstand der Kapitel 3, 4 und 5. Als besonders bedeutsam werden hierbei die in Kapitel 3.2 entwickelte und in Kapitel 3.3 anwendungsfreundlich dargelegte Profilform evolventisch basierter Zahnwellenverbindungen, das zur stark automatisierten Durchführung numerischer Analysen entwickelte APDL-Skript, vgl. Kapitel 4.2, sowie die hergeleiteten Gleichungen zur Berechnung experimenteller Kerbwirkungszahlen β, vgl. Kapitel 5.3, bewertet. Mit den entsprechend getroffenen Definitionen, realisierten Entwicklungen und durchgeführten Betrachtungen sind die Grundlagen geschaffen, um evolventisch basierte Zahnwellenverbindungen insbesondere nach Kapitel 3.3 gemäß den in Kapitel 1.2 definierten Anforderungen numerisch und experimentell zu analysieren und auf Grundlage dessen geometrisch für das Kriterium der Gestaltfestigkeit zu optimieren. Unterschieden wird hierbei zwischen der Optimierung ohne Profilmodifizierung, vgl. Kapitel 6.2, sowie der Optimierung durch Profilmodifizierung, vgl. Kapitel 6.3. Abschließend werden die im Forschungsvorhaben [FVA 467 II] ausgearbeiteten Gestaltungsempfehlungen adaptiert. Die zuvor beschriebene Vorgehensweise zur Optimierung der Gestaltfestigkeit evolventisch basierter Zahnwellenverbindungen nach Kapitel 3.3 zeigt Abbildung 1.2.

Abbildung 1.2: Vorgehensweise zur Optimierung der Gestaltfestigkeit evolventisch basierter ZWV nach Kapitel 3.3

2 Stand der Technik

Wie Kapitel 1.1 entnommen werden kann, ist die geometrische Optimierung evolventisch basierter Zahnwellenverbindungen für das Kriterium der Gestaltfestigkeit das mit dieser Dissertation übergeordnet zu lösende Problem. Zu optimieren sind jedoch explizit nicht die dem Stand der Technik entsprechenden Verbindungen nach [DIN 5480]. Kann mit ihnen doch mitnichten das volle Gestaltfestigkeitspotenzial evolventisch basierter Zahnwellenverbindungen genutzt werden. Hier leistet das in Kapitel 3.2 entwickelte und in Kapitel 3.3 zur einfachen Anwendung dargelegte System zur Profilgenerierung Abhilfe. Es sind die diesem System entstammenden Verbindungen, deren Optimierung Ziel des vorliegenden Werkes ist. Dem daraus resultierend hohen Innovationsgrad dieser Dissertation geschuldet, ist die für evolventisch basierte Zahnwellenverbindungen nach [DIN 5480] vorhandene umfangreiche Wissensbasis nur noch bedingt, wissenschaftlich grundlegend relevante Definitionen und Verfahren hingegen nach wie vor uneingeschränkt nutzbar. Hierauf wird im Nachfolgenden genauer eingegangen.

Wie bereits erwähnt, ist die geometrische Optimierung evolventisch basierter Zahnwellenverbindungen nach Kapitel 3.3 essenzielles, jedoch nicht alleiniges, Ziel dieser Dissertation. So sind weiterführend die zur nennspannungsbasierten Gestaltfestigkeitscharakterisierung erforderlichen Grundgrößen der Optima zu ermitteln. Diese Anforderung ist auf die Vorteile derartiger Verfahren zurückzuführen, die auch ihren Anwendungsbereich definieren. Nach dem Stand der Technik werden zur nennspannungsbasierten Gestaltfestigkeitscharakterisierung bewährte Nennspannungskonzepte angewendet. Auf Sie wird in Kapitel 2.1 eingegangen.

Zur nennspannungsbasierten Gestaltfestigkeitscharakterisierung kerbwirkungsbehafteter Bauteile sind im Allgemeinen die Grundgrößen Formzahl α_k und bezogenes Spannungsgefälle G' erforderlich. Durch sie wird die lastartspezifische kerbwirkungsbedingte Beanspruchungsüberhöhung quantifiziert. Die Formzahl α_k wird hierbei für den statischen Nachweis benötigt. Mit Verweis auf Kapitel 2.1 sind hiervon allerdings die Nennspannungskonzepte der [DIN 743] sowie der FKM-Richtlinie, vgl. [FKM 12], auszunehmen. Das bezogene Spannungsgefälle G' dient mit einem geeigneten Ansatz zur Überführung der Formzahl α_k in die Kerbwirkungszahl β_k. Sie ist generell für den dynamischen Nachweis erforderlich. Aus gegebener Relevanz für diese Dissertation werden die zuvor benannten Größen in Kapitel 2.2 definiert und ihre Zusammenhänge dargelegt.

Das vorliegende Werk beschränkt sich nicht auf die Darlegung gewonnener Ergebnisse. Vielmehr werden mit ihnen weiterführend Näherungsgleichungen zur mathematischen Formulierung der die optimalen Verbindungen charakterisierenden Geometrieparameter evolventisch basierter Zahnwellenverbindungen nach Kapitel 3.3 sowie ihre

J. Wild, *Optimierung der Tragfähigkeit von Zahnwellenverbindungen,* die zur nennspannungsbasierten Charakterisierung erforderlichen Grundgrößen entwickelt. Die hierfür erforderlichen mathematischen Grundlagen werden in Kapitel 2.3 erläutert.

Wie bereits zuvor erwähnt, sind die zur nennspannungsbasierten Gestaltfestigkeitscharakterisierung erforderlichen Grundgrößen lastartspezifisch. Grundlegend wird in dieser Dissertation das Themengebiet der Gestaltfestigkeit evolventisch basierter Zahnwellenverbindungen nach Kapitel 3.3 bei Torsion behandelt. Für evolventisch basierte Zahnwellenverbindungen nach [DIN 5480] war dies bereits Untersuchungsgegenstand vieler vorangegangener Forschungsvorhaben. In Konsequenz existiert hierfür eine umfangreiche Wissensbasis. Prognostiziert ist diese jedoch, dem hohen Innovationsgrad dieser Dissertation geschuldet, nur noch bedingt von Relevanz. Auf diesen Sachverhalt wie auch auf die gegenwärtig zur Verfügung stehenden Möglichkeiten zur Abschätzung der Gestaltfestigkeit evolventisch basierter Zahnwellenverbindungen nach [DIN 5480] wird in Kapitel 2.4 eingegangen. Kann dieser doch zumindest noch zur Ergebnisabsicherung genutzt werden. Jenseits dessen können und werden gestaltfestigkeitsrelevante Effekte zur Definition geometrischer Randbedingungen der in dieser Dissertation analysierten Verbindungen nach Kapitel 3.3 genutzt. Diese werden in Kapitel 2.5 beschrieben.

Zur Übertragung hoher dynamischer Torsionsmomente M_t stellen evolventisch basierte Zahnwellenverbindungen nach [DIN 5480] den Stand der Technik dar. Sie sind durch ihr System zur Profilgenerierung definiert. Dieses wird, in Vorbereitung seiner in Kapitel 3.1 geführten kritischen Diskussion, welche unter anderem die Entwicklung eines neuen Systems zur Profilgenerierung evolventisch basierter Zahnwellenverbindungen begründet, in Kapitel 2.6 im Detail dargelegt und erläutert. Abschließend wird in Kapitel 2.7 auf einige für diese Dissertation relevante geometrische Definitionen eingegangen. Diese fanden so bereits in der Vergangenheit Anwendung und werden für dieses Werk unverändert übernommen.

2.1 Anwendungsbereich von Nennspannungskonzepten

Zur Auslegung von Wellen und Achsen können örtliche Konzepte und Nennspannungskonzepte verwendet werden. Grundvoraussetzung für die zuerst benannte Kategorie ist eine FE-Simulation. Nennspannungskonzepte hingegen können rein analytisch, oder aber häufig wahlweise auf Basis von Tabellen und Diagrammen, angewendet werden. Aus diesen essenziellen Unterschieden resultiert, dass örtliche Konzepte in aller Regel genauer, aber auch deutlich aufwändiger in der Anwendung sind. Diese Argumente gelten in umgekehrter Weise für Nennspannungskonzepte. Sie sind also sehr leicht durchführ-, programmier- und damit automatisierbar, jedoch nicht so genau. Zu den Nennspannungskonzepten nach dem Stand der Technik zählen die [DIN 743] und das Nennspannungskonzept der FKM-Richtlinie, vgl. [FKM 12].

Die [DIN 743] sowie das Nennspannungskonzept der FKM-Richtlinie, vgl. [FKM 12], leisten beide den statischen und dynamischen Tragfähigkeitsnachweis. Vergleichsbasis hierfür ist häufig die an einer Normzugprobe nach [DIN 50125] ermittelte Festigkeit. Diese wird auf das reale Bauteil durch Berücksichtigung zahlreicher Tragfähigkeitseinflüsse adaptiert. Die Tragfähigkeitsaussage liefert die Gegenüberstellung mit der Nennbelastung. Oberflächlich betrachtet sind die Unterschiede zwischen der [DIN 743] und der FKM-Richtlinie, vgl. [FKM 12], in entsprechend benannter Disziplin relativ gering. Aus diesem Grund wird in den Kapiteln 2.1.1 sowie 2.1.2 in Weiterführung des zuvor Angeführten ohne strikte Abgrenzung von Norm und Richtlinie, jedoch in Differenzierung des statischen und dynamischen Tragfähigkeitsnachweises, auf deren Funktionsweise sowie ihre Besonderheiten eingegangen. Für weiterführende Informationen sei auf die entsprechenden Werke verwiesen.

2.1.1 Statischer Festigkeitsnachweis

Die Adaptierung der Festigkeit der Normzugprobe auf das real vorliegende Bauteil erfolgt durch die Berücksichtigung des technologischen Größeneinflusses, des Anisotropiefaktors (nicht in [DIN 743] implementiert), der statischen beziehungsweise plastischen Stützwirkung sowie des Einflussfaktors der Fließgrenze bei Umdrehungskerben (nicht in die FKM-Richtlinie, vgl. [FKM 12], implementiert). Bei der statischen Bauteilauslegung werden also weder bei der [DIN 743] noch bei der FKM-Richtlinie, vgl. [FKM 12], kerbbedingte Spannungsspitzen, vgl. Kapitel 2.2, durch die Einbindung lastartspezifischer Formzahlen α_k, vgl. Kapitel 2.2.1, berücksichtigt. In Ergänzung gilt es hervorzuheben, dass die Bezugsgröße zur Adaptierung der Festigkeit bei der [DIN 743] die Streck- beziehungsweise Fließgrenze, bei der FKM-Richtlinie, vgl. [FKM 12], hingegen die Zugfestigkeit ist. Zwischenergebnisse sind die lastartspezifischen statischen Bauteilfestigkeiten. Diese werden den auf Basis der maximalen Lasten berechneten Nennspannungen gegenübergestellt, um schlussendlich die Bauteiltragfähigkeit zu bewerten. Damit wird zusammengefasst und explizit betont, dass sowohl die [DIN 743] als auch die FKM-Richtlinie, vgl. [FKM 12], bei der statischen Auslegung plastische Verformungen zulassen.

2.1.2 Dynamischer Festigkeitsnachweis

Die Adaptierung der Festigkeit der Normzugprobe auf das real vorliegende Bauteil erfolgt durch die Berücksichtigung des technologischen sowie des geometrischen Größeneinflusses, der Oberflächenrauheit, des Anisotropiefaktors (nicht in [DIN 743] implementiert), des Einflussfaktors der Oberflächenverfestigung und der Kerbwirkung. Dies führt zur lastartspezifischen Wechselfestigkeit des Bauteils, für das der dynamische Tragfähigkeitsnachweis zu erbringen ist. Weiter ist bekannt, dass mit zunehmender Mittelspannung die maximal ertragbare Amplitudenbeanspruchung des Bauteils sinkt. Dieser Effekt wird durch den sogenannten Mittelspannungseinfluss berücksichtigt. Zwischenergebnis ist die für jede Lastkomponente vorliegende ertragbare Dauerfestigkeitsamplitude des gekerbten Bauteils. Zur abschließenden Beurteilung der Tragfähigkeit werden die Nennspannungskomponenten berechnet und in Relation zu den zuvor bestimmten ertragbaren Beanspruchungen gesetzt. Den zuvor beschriebenen Ablauf visualisiert Abbildung 2.1.

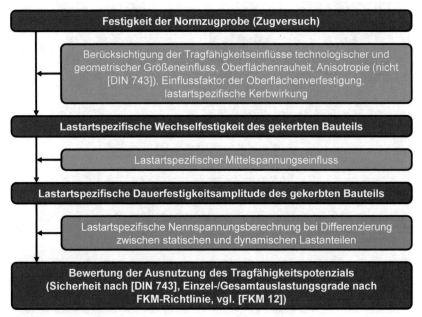

Abbildung 2.1: Allgemeine Systematik zur nennspannungsbasierten Bauteilauslegung nach [DIN 743] sowie der FKM-Richtlinie, vgl. [FKM 12]

2.2 Definition der Kerbwirkung

Im Kerbgrund eines gekerbten Bauteils herrscht bei entsprechender Belastung in der Regel ein mehrachsiger Spannungszustand. Zudem resultiert hierbei eine, im Vergleich zur Nennspannung und der Kerbschärfe korrelierende, Spannungsüberhöhung. Diesen Effekt nennt man Kerbwirkung. Ausgehend vom Kerbgrund senkrecht in das Bauteilinnere hinein fällt die Spannung dabei nichtlinear ab, bis sie sogar Werte unterhalb der Nennspannung annimmt, vgl. Abbildung 2.2. Um den Effekt der Kerbwirkung bei nennspannungsbasierten Bauteilauslegungen berücksichtigen zu können, wird dieser geometriebezogen auf Basis der Grundgrößen Formzahl α_k, vgl. Kapitel 2.2.1, und bezogenes Spannungsgefälle G', vgl. Kapitel 2.2.5.2, angegeben. Diese sind lasthöhen- und werkstoffunabhängig. Sie werden im Allgemeinen dazu genutzt, die werkstoffabhängige Kerbwirkungszahl β_k, vgl. Kapitel 2.2.4, zu bestimmen. Dies ist über entsprechende Gesetzmäßigkeiten möglich, vgl. Kapitel 2.2.5.

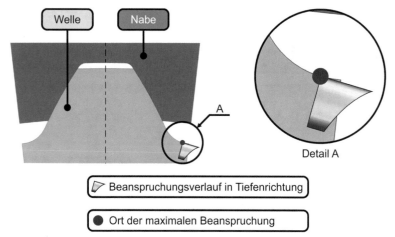

Abbildung 2.2: Wellenbezogene kerbwirkungsbedingte Spannungsüberhöhung am Beispiel der ZWV Kapitel 3.3 – 45 x 1,5 x 28 (gemäß Tabelle 6.1; $c_{F1}/m = 0{,}12$; $\alpha = 30\,°$; $\rho_{f1}/m = 0{,}48$)

Wesentliches Ziel dieser Dissertation ist die numerisch basierte Bestimmung jener geometriebestimmenden Parameter evolventisch basieren Zahnwellenverbindungen nach Kapitel 3.3 gemäß Tabelle 6.1, die zu einer für das Kriterium der Gestaltfestigkeit optimalen Tragfähigkeit führen. Zu diesem Zweck ist die Tragfähigkeitsbeurteilung einer Vielzahl derartiger Verbindungen, vgl. die Kapitel 6.2.2 sowie 6.3.2, unter Berücksichtigung der wissenschaftlichen Vergleichbarkeit, vgl. Kapitel 3.5, unabdingbar. Diese erfolgt mit Verweis auf Kapitel 6.2.3.5.1 nicht auf Basis der Kerbwirkungszahl β_k, sondern der Formzahl α_k. Aufgrund der für diese Dissertation gegebenen Relevanz von Formzahl α_k, Kerbwirkungszahl β_k sowie deren Zusammenhang wird auf diese Größen im Nachfolgenden eingegangen.

2.2.1 Formzahl α_k

Der in Kapitel 2.2 beschriebene Effekt der Spannungsüberhöhung an gekerbten Bauteilen wird in Nennspannungskonzepten mit der Formzahl α_k berücksichtigt. Mathematisch ist sie als Quotient der im Kerbgrund vorherrschenden Spannungsspitze σ_{Max} und der Nennspannung σ_{Nenn} definiert, vgl. Gleichung (1). Sie ist lastartspezifisch und demnach für Zug/Druck, Biegung, Torsion und Querkraftschub gesondert zu ermitteln.

$$\alpha_k = \frac{\sigma_{Max}}{\sigma_{Nenn}} \tag{1}$$

Nach dem Stand der Technik erfolgt die Bestimmung der Formzahl α_k gemäß Abbildung 2.3.

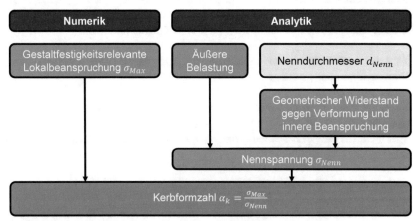

Abbildung 2.3: Allgemeine numerisch basierte Bestimmung der Formzahl α_k

Wie in Abbildung 2.3 dargestellt, ist zur Bestimmung der Formzahl α_k die Höhe der gestaltfestigkeitsrelevanten Lokalbeanspruchung σ_{Max} erforderlich. Für ihre Ermittlung sind bei evolventisch basierten Zahnwellenverbindungen die an ihrem Wirkort vorherrschenden Beanspruchungskomponenten auf geeignete Weise zu einer Vergleichsspannung zu überführen. Kommt es hier doch in aller Regel zu einem mehrachsigen Spannungszustand, was zu berücksichtigen ist. Zur Überführung fragmentaler Beanspruchungen zur einer einzigen Normalspannung stehen unterschiedliche Hypothesen zur Verfügung. Nach dem Stand der Technik werden hierbei die klassischen Theorien des Maschinenbaus, also die Normal- beziehungsweise Hauptspannungs-, die Schubspannungs- sowie die Gestaltänderungsenergiehypothese, entsprechend ihrem Gültigkeitsbereich zugrunde gelegt.

Die Abbildegenauigkeit der oben angeführten Vergleichsspannungshypothesen definiert ihren allgemeinen Anwendungsbereich. Sie ist Resultat des für die Definition der jeweiligen Hypothese zugrunde gelegten Versagensmechanismus. Im Falle der Normal- beziehungsweise Hauptspannungshypothese und der Schubspannungshypothese wird die Art des Bauteilversagens (spröde, zäh) zugrunde gelegt, bei der Gestaltänderungsenergiehypothese die Gestaltänderungsenergie. In den Kapiteln 2.2.1.1 bis 2.2.1.3 wird auf die Hypothesen, ihre Anwendungsbereiche und in Weiterführung auf deren Adaptierung zur Bestimmung der Formzahl α_k sowie deren Besonderheiten eingegangen. Bezüglich des zugrunde gelegten Versagensmechanismus der Normalbeziehungsweise Hauptspannungshypothese und der Schubspannungshypothese wird vorab angemerkt, dass das Versagen des realen Bauteils nicht nur eine Frage des Werkstoffs ist. Ob das Bauteil spröde oder zäh versagt ist von weiteren Einflussfaktoren abhängig. So kann es zu einem spröden Bauteilversagen bei einem mehrachsigen Spannungszustand, vgl. Zugversuch, durch Werkstoffalterung, vgl. Thomasstahl, durch schlagartige Belastung sowie bei Stählen mit kubisch raumzentrierter Gitterstruktur bei tiefen Temperaturen, vgl. Liberty-Frachter, kommen.

2.2.1.1 Definition der Formzahl α_k auf Basis der Normal- bzw. Hauptspannungshypothese

Bei der Normal- beziehungsweise Hauptspannungshypothese wird davon ausgegangen, dass die betragsmäßig größte Normalspannung zum Bauteilversagen führt. Sie stellt somit die Vergleichsspannung dar. Mathematisch formuliert gilt damit Gleichung (2).

$$\sigma_{Max} = \sigma_v = Max(|\sigma_1|; |\sigma_2|; |\sigma_3|) \tag{2}$$

Bei Zugversuchen an Normzugproben nach [DIN 50125] sind die Belastungsrichtung und die Richtung der größten Hauptspannung gleich. Bei spröden Werkstoffen stellt sich charakteristisch ein Trennbruch senkrecht zur Belastungsrichtung ein. Hieraus resultiert, dass ein derartiger Bruch auch Normalspannungsbruch genannt wird. Aus diesen Kenntnissen kann der Anwendungsbereich der Normal- beziehungsweise Hauptspannungshypothese abgeleitet werden. So findet sie genau dann Anwendung, wenn ein Versagen durch Sprödbruch erwartet wird. [Glock 08]

Die Berechnung der Formzahl α_k erfolgt häufig auf Grundlage der ersten Hauptspannung σ_1 als maximale Kerbspannung σ_{Max}, vgl. Gleichung (1). Als Beispiel kann diesbezüglich die Bestimmung der normalspannungsbasierten Formzahl $\alpha_{k\sigma}$ nach der [DIN 743] benannt werden. Diese Vorgehensweise wurde für das Forschungsvorhaben [FVA 467 I] übernommen. Allerdings ist hier, im Gegensatz zur normalspannungsbasierten Formzahl $\alpha_{k\sigma}$ nach der [DIN 743], nicht eine entsprechend definierte Nennnormalspannung σ_{Nenn} Bezugsgröße, sondern die Nennschubspannung τ_{tNenn}. Dies ist unkonventionell und führt in aller Regel zu einer größeren Spanne zwischen der maximalen Spannung σ_{Max} und der Nennspannung σ_{Nenn}. Resultat sind größere Formzahlen α_k, die bei entsprechender Verwendung in Formalismen zum Nachweis der Bauteiltragfähigkeit einfließen. Maßnahmen zur Kompensation des zuvor Beschriebenen sind hier nicht, zumindest nicht immer, vorgesehen. Somit führen nach Gleichung (3) bestimmte Formzahlen α_k zu teils stark konservativen Auslegungen.

$$\alpha_{kt\sigma1} = \frac{\sigma_1}{\tau_{tNenn}} \tag{3 [FVA 467 I]}$$

2.2.1.2 Definition der Formzahl α_k auf Basis der Schubspannungshypothese

Bei der Schubspannungshypothese wird davon ausgegangen, dass die größte Schubspannung Ursache für das Bauteilversagen ist. Es wird jedoch nicht die maximale Schubspannung τ_{Max}, sondern ihr Zweifaches als Vergleichsspannung σ_v definiert. Für den dreidimensionalen Fall geht aus dem Mohrschen Spannungskreis hervor, dass die Vergleichsspannung σ_v damit durch Differenzwertbildung der Hauptspannungen bestimmbar ist. Mathematisch gilt demzufolge Gleichung (4).

$$\sigma_{Max} = \sigma_v = 2 \cdot \tau_{Max} = Max(|\sigma_1 - \sigma_2|; |\sigma_2 - \sigma_3|; |\sigma_3 - \sigma_1|) \tag{4}$$

Bei Zugversuchen an Normzugproben nach [DIN 50125] sind die Belastungsrichtung und die Richtung der größten Hauptspannung σ_1 gleich. Bei zähen Werkstoffen stellt sich charakteristisch ein Gleit- oder Schiebungsbruch unter 45° zur Belastungsrichtung ein. Aus diesen Kenntnissen kann der Anwendungsbereich der Schubspannungshypothese abgeleitet werden. So findet sie genau dann Anwendung, wenn ein Versagen durch Gleitbruch erwartet wird. An dieser Stelle sei angemerkt, dass die Schubspannungshypothese nur noch geringe Bedeutung hat. Grund hierfür ist unter anderem der große Gültigkeitsbereich der Gestaltänderungsenergiehypothese. [Glock 08]

Die Adaptierung der Schubspannungshypothese zur Berechnung von Formzahlen α_k erfolgt durch ihre Anwendung zur Bestimmung der maximalen Spannung in der Kerbe σ_{Max}. Die Nennspannung σ_{Nenn} als Bezugsgröße ist die Nennschubspannung τ_{tNenn}. Die mathematische Formulierung zeigt Gleichung (5).

$$\alpha_{kt} = \frac{\tau_{Max}}{\tau_{tNenn}} \tag{5}$$

Im Gegensatz zur adaptierten Normal- beziehungsweise Hauptspannungshypothese werden bei der Berechnung von Formzahlen α_k unter Anwendung der Schubspannungshypothese nach Gleichung (5) nur Spannungen einer Kategorie, genauer nur Schubspannungen τ zueinander in Beziehung gesetzt. Dies entspricht einer konventionellen Vorgehensweise. Allerdings werden nicht alle Spannungskomponenten berücksichtigt. Die in Gleichung (5) angeführte Definition ist in exakt dieser Form in der [DIN 743] angeführt. Sie wurde weiterführend in [Weso 97] in breiter Anwendung zur Berechnung von Formzahlen α_k genutzt.

2.2.1.3   Definition der Formzahl α_k auf Basis der Gestaltänderungsenergie-hypothese

Bei der Gestaltänderungsenergiehypothese wird davon ausgegangen, dass es zum Bauteilversagen kommt, wenn die Gestaltänderungsenergie einen bestimmten Grenz-wert überschreitet. Die Gleichung zur Berechnung der Vergleichsspannung wird aus Gründen der Vollständigkeit nachfolgend einmal komponentenweise, vgl. Gleichung (6), und einmal hauptspannungsbasiert, vgl. Gleichung (7), angegeben.

$$\sigma_{Max} = \sigma_v$$
$$= \sqrt{\sigma_x^2 + \sigma_y^2 + \sigma_z^2 - \sigma_x\sigma_y - \sigma_x\sigma_z - \sigma_y\sigma_z + 3\left(\tau_{xy}^2 + \tau_{xz}^2 + \tau_{yz}^2\right)} \tag{6}$$

$$\sigma_{Max} = \sigma_v = \sqrt{\frac{1}{2}[(\sigma_1 - \sigma_2)^2 + (\sigma_2 - \sigma_3)^2 + (\sigma_3 - \sigma_1)^2]} \tag{7}$$

In direkter Gegenüberstellung zur Normal- beziehungsweise Hauptspannungshypo-these sowie zur Schubspannungshypothese hat die Gestaltänderungsenergiehypo-these den größten Gültigkeitsbereich. Dies kann der einschlägigen Literatur entnom-men werden. Die Anwendung der anderen Hypothesen ist nur in den Randbereichen, also bei sehr spröden beziehungsweise sehr zähen Werkstoffen sinnvoll. [Glock 08]

Bei der Anwendung der Vergleichsspannungshypothese zur Bestimmung von Form-zahlen α_k wird die entsprechende Hypothese sowohl zur Bestimmung der maximalen Spannung in der Kerbe σ_{Max} als auch zur Berechnung der Nennspannung σ_{Nenn} ge-nutzt. Im Gegensatz zu der in Kapitel 2.2.1.1 angeführten Möglichkeit zur Formzahl-bestimmung auf Basis der adaptierten Normal- beziehungsweise Hauptspannungshy-pothese werden also ausschließlich Normalspannungen zueinander in Beziehung gesetzt. Weiterführend werden entgegen der in Kapitel 2.2.1.2 dargelegten Variante zur Bestimmung von Formzahlen α_k bei zugrunde gelegter Schubspannungshypo-these alle Spannungskomponenten berücksichtigt. Die mathematische Formulierung zur Berechnung von Formzahlen α_k unter Verwendung der Gestaltänderungsenergie-hypothese zeigt Gleichung (8). Diese Art der Formzahlbestimmung wurde unter ande-rem in den Forschungsvorhaben [FVA 467 I], [FVA 742 I] sowie [FVA 700 I] angewen-det.

$$\alpha_{ktGEH} = \frac{\sigma_{GEHMax}}{\sigma_{GEHNenn}} \tag{8}$$

2.2.1.4 Abbildegenauigkeit der unterschiedlichen Formzahlen

Wie in Kapitel 2.2.1 beschrieben, ist die Abbildegenauigkeit der Vergleichsspannungshypothesen Normal- beziehungsweise Hauptspannungshypothese, Schubspannungs- sowie Gestaltänderungsenergiehypothese vom zugrunde gelegten Versagensmechanismus abhängig. Somit ergeben sich in der Praxis hypothesenspezifische Anwendungsbereiche. Bei der jeweiligen Adaptierung zur Formzahlberechnung, vgl. die Kapitel 2.2.1.1 bis 2.2.1.3, gelten diese weiterführend ebenfalls für die resultierenden Formzahlen α_k. Neben dem zuvor Benannten gilt es jedoch weiterführende Aspekte zu beachten, die ebenfalls Einfluss auf die formzahlbasierte Abbildegenauigkeit der maximalen Beanspruchung in der Kerbe nehmen. So ist zu berücksichtigen, dass die Vergleichsspannungshypothesen Normal- beziehungsweise Hauptspannungshypothese, Schubspannungs- sowie Gestaltänderungsenergiehypothese für statische Belastungen und den daraus resultierenden konstanten Beanspruchungssituationen entwickelt wurden. Dies gilt folglich wiederum für die in den Kapiteln 2.2.1.1 bis 2.2.1.3 beschriebenen aus den zuvor benannten Hypothesen resultierenden Methoden zur Berechnung von Formzahlen α_k. Die Übertragung der angeführten Möglichkeiten zur Formzahlbestimmung auf dynamische Belastungsfälle ist nach [Esde 16] nur für den Sonderfall der proportionalen Beanspruchung uneingeschränkt möglich. Die Hauptspannungsrichtung darf sich also nicht ändern.

Die Abbildefähigkeit der Vergleichsspannungshypothesen für dynamische Belastungen ist experimentell basiert zu überprüfen. Für einen entsprechenden Fähigkeitsnachweis wird die Dauerfestigkeitsbelastung benötigt. Diese kann und wurde unter anderem in den Forschungsvorhaben [FVA 467 II], [FVA 742 I] sowie dieser Dissertation gemäß Kapitel 5 bestimmt. Aus den Experimenten ist weiterführend die experimentelle Sicherheit S^{exp} von 1 bekannt. Die Überprüfung der Abbildegenauigkeit unterschiedlicher Vergleichsspannungshypothesen erfolgt durch die Anwendung einer Auslegungsrichtlinie, beispielsweise der [DIN 743]. In diese wird die zu Beginn dieses Absatzes benannte Belastung bei Dauerfestigkeit eingesetzt. Zudem sind Formzahl α_k und bezogenes Spannungsgefälle G' erforderlich. Diese werden vergleichsspannungsspezifisch numerisch bestimmt. Der Auslegungsrichtlinie entstammt die hypothesenspezifische Sicherheit S_{Hyp}^{rl}. Die Abbildegenauigkeit der jeweiligen Vergleichsspannungshypothese ergibt sich aus der Gegenüberstellung der experimentell und der durch Anwendung der Auslegungsrichtlinie bestimmten Sicherheiten, vgl. Gleichung (9).

$$Hypothesenabbildegenauigkeit = \left| S^{exp} - S_{Hyp}^{rl} \right| \tag{9}$$

Die oben beschriebene Vorgehensweise wurde in dem Forschungsvorhaben [FVA 467 II] zur Bewertung der Abbildegenauigkeit der auf Basis der Haupt- beziehungsweise Normalspannungshypothese sowie der Schubspannungshypothese bestimmten Formzahlen α_k am Beispiel evolventisch basierter Zahnwellenverbindungen nach [DIN 5480] mit Auslauf angewendet. Bei auf Grundlage der Normal- beziehungsweise Hauptspannungshypothese berechneten Formzahlen α_k wird die bereits in Kapitel 2.2.1.1 beschriebene konservative Erfassung der Kerbsituation deutlich. Die Abweichung zwischen der experimentell und der mit der [DIN 743] berechneten Sicherheit ist relativ groß, wobei die der Norm entstammende Sicherheit kleiner ist als jene des Experiments. Nach Kapitel 2.2.1.2 bestimmte Formzahlen α_k, also auf Basis der Schubspannungshypothese, zeigen eine relativ gute Fähigkeit zur Abbildung des realen Sachverhalts. Sie sind bei dem in [FVA 467 II] diskutierten Beispiel jedoch leicht unsicher.

Über das im vorhergehenden Absatz Dargelegte hinaus, wurde bei der in [FVA 467 II] angeführten Fähigkeitsbetrachtung ein in [FVA 700 I] entwickeltes System zur Abbildung der realen Kerbsituation berücksichtigt. Kern hierbei ist, dass die in Kerben vorherrschende Beanspruchungssituation belastungs- und beanspruchungskomponentenspezifisch erfasst wird. Hieraus resultierend sind, bei drei möglichen Grundlasten (Zug/Druck, Biegung, Torsion) sowie jeweils drei zu berücksichtigenden Beanspruchungskomponenten, bis zu neun Faktoren bei einem entsprechenden Tragfähigkeitsnachweis zu berücksichtigen. Er wird also, im Vergleich zu den gegenwärtig gängigen Verfahren, sehr viel aufwändiger. Weiterführend sei an dieser Stelle angemerkt, dass die Faktoren zur Berücksichtigung der Kerbsituation des in [FVA 700 I] entwickelten Systems nicht nur kleiner als 1, sondern sogar negativ sein können. Somit wird der Begriff der Formzahl α_k in seinem Zusammenhang bewusst nicht verwendet. Die Gegenüberstellung der experimentell sowie der nach dem in [FVA 700 I] entwickelten System bestimmten Sicherheit zeigt allerdings eine sehr gute, tendenziell geringfügig konservative Übereinstimmung. Umfangreiche experimentelle Untersuchungen in [FVA 467 II] bestätigen dies für unterschiedliche geometrische Konstellationen von Zahnwellenverbindungen sowie verschiedene Kombinationen aus Beanspruchungs- und Lastart.

Zur Bewertung von Abbildegenauigkeiten realer Beanspruchungssituationen im Kerbgrund mit Formzahlen α_k beziehungsweise entsprechender Äquivalente wurden im Forschungsvorhaben [FVA 700 I] weitere Betrachtungen durchgeführt, diese jedoch lediglich rein theoretisch, das heißt ohne Berücksichtigung experimenteller Ergebnisse. Einander gegenübergestellt wurden Sicherheiten S, die auf Basis von mit der Normal- beziehungsweise Hauptspannungshypothese sowie der Gestaltänderungsenergiehypothese bestimmten Formzahlen α_k und den zugehörigen bezogenen Spannungsgefällen G' berechnet wurden. Darüber hinaus wurde hierbei selbstredend der im Forschungsvorhaben [FVA 700 I] entwickelte Ansatz berücksichtigt. Die Betrachtung erfolgte am Beispiel evolventisch basierter Zahnwellenverbindungen mit Ab-

satz und Presssitz bei unterschiedlichen Belastungen. Die theoriespezifischen Sicherheiten S wurden bei dynamischer Torsion mit statischem Mittellastanteil, bei Umlaufbiegung sowie bei Kombination der zuvor benannten Belastungen bei einem Amplitu-
denverhältnis σ_{ba}/τ_{ta} von 1 betrachtet.

Der im vorgehenden Absatz erläuterten und in [FVA 700 I] geführten Fähigkeitsüber-
prüfung zur Abbildung der realen Beanspruchungssituation durch die entsprechend
benannten Theorien kann entnommen werden, dass bei komplexen Kerbsituationen
bei rein dynamischer Torsionsbelastung eine gute Abbildegenauigkeit durch nach der
Normal- beziehungsweise Hauptspannungshypothese sowie nach der Gestaltänderungsenergiehypothese bestimmten Formzahlen α_k gegeben ist. Es sei an dieser
Stelle jedoch auf die in Kapitel 2.2.1.1 beschriebene Problematik der konservativen
Beschreibung der Kerbsituation durch die Normal- beziehungsweise Hauptspannungshypothese hingewiesen. So ist bei nach dieser Theorie bestimmten Formzahlen
α_k häufig keine sehr gute Übereinstimmung zu erwarten. Bei dynamischer Biegebelastung ergeben sich erste Abweichungen. Während die auf Basis der Gestaltänderungsenergiehypothese sowie der in [FVA 700 I] entwickelten last- und komponenten-
spezifischen Variante berechneten Sicherheiten S nahezu deckungsgleich sind, weicht
die auf Basis der Normal- beziehungsweise Hauptspannungshypothese berechnete
Sicherheit S nennenswert ab. Erwartungsgemäß ist die entsprechende Tragfähigkeitsbewertung konservativer. Große Abweichungen ergeben sich bei kombinierter Belastung. Davon ausgehend, dass die in [FVA 700 I] entwickelte Methode eine relativ genaue Vorhersage der Tragfähigkeit liefert, vgl. diesbezüglich [FVA 467 II], führt die
Verwendung der nach der Normal- beziehungsweise Hauptspannungshypothese sowie der Gestaltänderungsenergiehypothese bestimmten Formzahlen α_k zur Sicher-
heitsberechnung zu sehr viel höheren Sicherheiten S bei nahezu gleichem Niveau un-
tereinander.

2.2.2 Maximale Kerbspannung σ_{Max}

Während die Nennspannung σ_{Nenn}, vgl. Kapitel 2.2.3, maßgeblich Definitionssache
und daraus resultierend ihre Ermittlung relativ einfach ist, stellt die Bestimmung der
maximalen Kerbspannung σ_{Max} eine größere Herausforderung dar. Sie kann im Wesentlichen auf drei Arten erfolgen, nämlich spannungsoptisch, experimentell mit Hilfe
von Dehnungsmessstreifen oder aber durch die FEM. Hierbei ist die Spannungsoptik
von untergeordneter Bedeutung. Es ist auf den technischen Fortschritt zurückzuführen, dass sie nur noch in sehr speziellen Fällen angewendet wird. Weiter sind die Ergebnisse experimenteller Untersuchungen durch die integrierende Wirkung der Dehnungsmessstreifen in ihrer Anwendbarkeit auf größere Geometrien beschränkt und
aus gleichem Grund in ihrer Genauigkeit eingeschränkt. Nach dem Stand der Technik
wird im Allgemeinen die FEM zur Beanspruchungsanalyse und damit eben auch zur

Bestimmung der maximalen Kerbspannung σ_{Max} bei stichprobenartig experimenteller Modellabsicherung verwendet.

2.2.3 Nennspannung σ_{Nenn}

2.2.3.1 Auf Basis der im Kontakt wirkenden Lasten

Hauptfunktion evolventisch basierter Zahnwellenverbindungen ist die Übertragung von Torsionsmomenten M_t. Diese bewirken hierbei im Ersatzkontakt zwischen Welle und Nabe eine normal auf der Zahnflanke stehende Ersatznormalkraft F_{nE}. Ihr Kraftangriffspunkt wird dabei in der Mitte der Kopfkreise der Verbindungspartner angenommen. Weiterführend ist eine Besonderheit der Evolvente, dass die Wirklinie der Ersatznormalkraft F_{nE} tangential zum Grundkreis verläuft. Somit sind die Kräfteverhältnisse durch die geometrischen Verhältnisse des durch den Angriffspunkt der vorherig benannten Ersatzkraft, den Berührpunkt ihrer Wirklinie mit dem Grundkreis sowie den Mittelpunkt der Verbindung festgelegten rechtwinkligen Dreiecks beschrieben, vgl. Abbildung 2.4. Konkret wird für deren Charakterisierung der sogenannte Wirkwinkel α_w zugrunde gelegt. Damit sind die geometrischen Verhältnisse an flankenzentrierten evolventisch basierten Zahnwellenverbindungen mathematisch durch die nachfolgenden Gleichungen formuliert, vgl. hierbei unter anderem die [DIN 5466].

$$r_m = \frac{d_{a1} + |d_{a2}|}{4} \tag{10}$$

$$cos\alpha_w = \frac{r_w}{r_m} \tag{11}$$

Für den Spezialfall der Evolvente gilt weiter Gleichung (12).

$$r_w = r_b \tag{12}$$

Der Grundkreisdurchmesser d_b, der bekanntlich jenen Kreis beschreibt, an dem die Evolvente ihren Ursprung hat, wird nach der im Fachgebiet der Verzahnung allgemein bekannten Gleichung (13) berechnet.

$$d_b = 2 \cdot r_b = m \cdot z \cdot cos\alpha \tag{13}$$

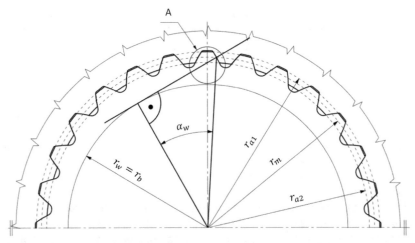

Abbildung 2.4: Geometrische Verhältnisse an flankenzentrierten ZWV am Beispiel der ZWV Kapitel 3.3 – 45 x 1,5 x 28 (gemäß Tabelle 6.1; $c_{F1}/m = 0,12$; $\alpha = 30\,°$; $\rho_{f1}/m = 0,48$) (mit Änderungen entnommen aus [Diet 78])

Mit den in Abbildung 2.4 aufgezeigten geometrischen Verhältnissen an flanken-zentrierten evolventisch basierten Zahnwellenverbindungen können die Kräfteverhält-nisse derartiger Verbindungen hergeleitet werden. Kann mit ihnen doch die Ersatznor-malkraft F_{nE} in ihre Radialkomponente F_{rE} und ihre Tangentialkomponente F_{tE} zerlegt werden. Dies visualisiert Abbildung 2.5, vgl. hierbei unter anderem die [DIN 5466].

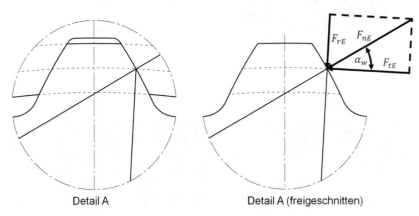

Detail A   Detail A (freigeschnitten)

Abbildung 2.5: Kräfteverhältnisse an flankenzentrierten ZWV am Beispiel der ZWV Kapitel 3.3 – 45 x 1,5 x 28 (gemäß Tabelle 6.1; $c_{F1}/m = 0,12$; $\alpha = 30\,°$; $\rho_{f1}/m = 0,48$) (mit Änderungen entnommen aus [Zapf 86])

Die Kräfteverhältnisse an flankenzentrierten evolventisch basierten Zahnwellenverbindungen sind damit mathematisch durch die nachfolgenden Gleichungen formuliert, vgl. hierbei unter anderem die [DIN 5466].

$$F_{nE} = \frac{M_t}{r_w \cdot z} \tag{14}$$

$$F_{tE} = \cos\alpha_w \cdot F_{nE} \tag{15}$$

$$F_{rE} = \sin\alpha_w \cdot F_{nE} \tag{16}$$

Die in Abbildung 2.5 aufgezeigten Kräfteverhältnisse sind in der Tragfähigkeitsberechnung von Zahn- und Keilwellenverbindungen nach [DIN 5466] sowohl Grundlage zur Beurteilung der Flanken- als auch der in zug-/druckseitiger Differenzierung durchgeführten Zahnfußtragfähigkeit. Für das im Fokus dieser Dissertation stehende zuletzt benannte Versagenskriterium muss allerdings festgehalten werden, dass dies einer Approximation entspricht. Für eine exakte Bewertung ist die Ersatznormalkraft F_{nE} auf andere Art und Weise zu zerlegen. So müssen ihre in Relation zur zahnspezifischen Achse Horizontalkomponente F_{nEH} und Vertikalkomponente F_{nEV} rechnerisch berücksichtigt werden. Dies zeigt Abbildung 2.6.

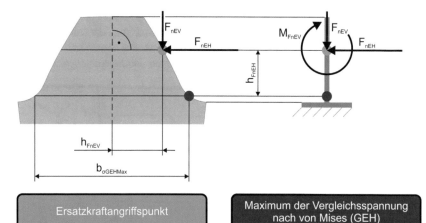

Abbildung 2.6: Kräfteverhältnisse an flankenzentrierten ZWV am Beispiel der ZWV Kapitel 3.3 – 45 x 1,5 x 28 (gemäß Tabelle 6.1; $c_{F1}/m = 0,12$; $\alpha = 30\,°$; $\rho_{f1}/m = 0,48$) zur exakten Bestimmung der Zahnfußbeanspruchung

Häufige Problemstellung in der technischen Mechanik ist die nennspannungsbasierte Bestimmung der Beanspruchung eines belasteten Bauteils. Der Fokus liegt hierbei im

Allgemeinen auf dem am höchsten beanspruchten Ort. Wird hier doch das Bauteilversagen erwartet. Für evolventisch basierte Zahnwellenverbindungen ist dieser in rudimentärer Formulierung im Zahnfuß lokalisiert. Seine exakte Lage variiert in axialer und radialer Richtung in Abhängigkeit der jeweiligen Verzahnungsgeometrie und ist damit eine verbindungsspezifische Größe, vgl. Kapitel 6.2.3.2.2. Der klassische Weg zur Bestimmung der Bauteilbeanspruchung an einem spezifischen Ort führt über die komponentenweise Betrachtung. Für ihre Ermittlung müssen oftmals zunächst Teilsysteme freigeschnitten werden. So sind für den konkreten Fall einer evolventisch basierten Zahnwellenverbindung Welle und Nabe zu separieren. Hierdurch werden die Kräfte im Kontaktbereich sichtbar, vgl. Abbildung 2.5. Nach der Bestimmung der Ersatznormalkraft F_{nE} kann diese in die zur Symmetrieebene eines Zahns ausgerichtete Horizontalkomponente F_{nEH} und Vertikalkomponente F_{nEV} zerlegt werden, vgl. Abbildung 2.6 links. Daran anknüpfend wird der reale Sachverhalt nach gängiger Praxis in ein mechanisches Ersatzbild überführt, vgl. Abbildung 2.6 rechts. In diesem Zusammenhang wird die Kraft F_{nEV} parallel verschoben. Hierdurch ist das Biegemoment M_{FnEV} zwingend zu berücksichtigen. In Vorbereitung eines dynamischen Gestaltfestigkeitsnachweises ist hierbei die Differenzierung zwischen statischen und dynamischen Lastanteilen bereits von Beginn an sinnvoll. Nachdem nun alle äußeren Lasten hinreichend genau bekannt sind, können die Schnittlasten, also jene Lasten bestimmt werden, die am Ort der gestaltfestigkeitsrelevanten Lokalbeanspruchung vorherrschen. Mit einem geeigneten Tragsystem, vgl. Abbildung 2.8, können mit diesen die nennspannungsbasierten Beanspruchungskomponenten berechnet und schlussendlich mit einer geeigneten Vergleichsspannungshypothese zusammengeführt werden. Den oben beschriebenen Ablauf zeigt Abbildung 2.7.

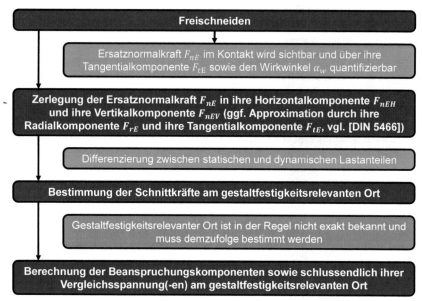

Abbildung 2.7: Komponentenweise Bestimmung der Beanspruchung

In der technischen Mechanik wird zwischen den in Abbildung 2.8 angeführten Trag-systemen unterschieden. Hierbei resultiert eine Differenzierung aus der unterschiedli-chen Übertragungsart der Kräfte im Inneren des Werkstoffs, also der Spannungen, und der entsprechend unterschiedlichen Verformung. Eine Unterscheidung und Be-rücksichtigung durch Anwendung der tragsystemspezifischen Theorie ist in aller Regel jedoch erst bei der Ermittlung von Spannungen und Verformungen von Relevanz. Bei der Bestimmung von Schnittkräften ist die Form des Tragsystems von untergeordneter Bedeutung. [Glock 01]

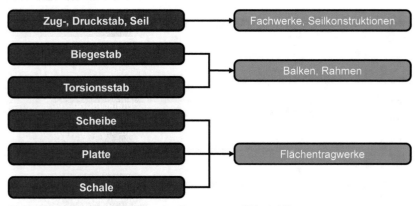

Abbildung 2.8: Differenzierung der Tragsysteme [Glock 01]

Bei der Auslegung von Wellen und Achsen wird häufig von Balken ausgegangen und demnach auch die sogenannte Balkentheorie zugrunde gelegt. Vor ihrer Anwendung ist zu prüfen, ob bei dem zu analysierenden Sachverhalt alle Annahmen und getroffenen Vereinfachungen erfüllt sind. Eine dieser Annahmen ist, dass die Längenabmessung größer als das zehnfache der Querabmessung ist, vgl. [Glock 01].

Um die im vorliegenden Werk beschriebenen Effekte an Zahnwellenverbindungen besser verstehen zu können, sind grundlegende Kenntnisse bezüglich der vorherrschenden Kräfteverhältnisse hilfreich. So werden diese auf Basis der bislang in diesem Kapitel dargelegten Informationen, getroffenen Näherungen etc. nachfolgend nach den Regeln der technischen Mechanik diskutiert.

Für die über die Welle in axialer Richtung eingeleitete Torsion gilt, dass die Bedingungen der Balkentheorie erfüllt sind und diese damit Anwendung finden darf. Den Zahn einer Zahnwelle im Kontaktbereich fokussierend, ergibt sich eine signifikant geänderte Belastungssituation, vgl. Abbildung 2.6. Hier gilt es zu bedenken, dass die Höhe eines Zahns nicht dem zehnfachen seiner Querabmessung entspricht. Somit sind die Bedingungen zur Anwendung der Balkentheorie nicht erfüllt. Sollte sie trotzdem Anwendung finden, ist eine Fehlerbetrachtung empfehlenswert. Nach [Glock 01] ist jedoch bekannt, dass der Zusammenhang zwischen äußeren und inneren Lasten, den sogenannten Schnittlasten, trotzdem hinreichend genau beschrieben wird. So werden nachfolgend die Schnittlasten auf Basis von Abbildung 2.6 im Querschnitt des Maximums der Vergleichsspannung nach von Mises (GEH) diskutiert.

Im Zweidimensionalen gibt es drei Gleichgewichtsbedingungen, die Summe der Kräfte in horizontaler und vertikaler Richtung sowie die Summe der Momente um die Achse senkrecht zur Zeichnungsebene. Sie werden mit den Gleichungen (17) bis (19) formuliert.

$$\sum F_H = 0 \rightarrow F_{Q\sigma GEHMax} = F_{nEH} \tag{17}$$

$$\sum F_V = 0 \rightarrow F_{N\sigma GEHMax} = F_{nEV} \tag{18}$$

$$\sum M = 0 \rightarrow M_{\sigma GEHMax} = M_{FnEV} - F_{nEH} \cdot h_{FnEH} = F_{nEV} \cdot h_{FnEV} - F_{nEH} \cdot h_{FnEH} \tag{19}$$

Für die Abschätzung der Zahnfußbeanspruchung werden in der [DIN 5466] die folgenden Näherungen getroffen:

$$F_{nEH} \approx F_{tE} \tag{20}$$

$$F_{nEV} \approx F_{rE} \tag{21}$$

Damit folgen aus den Gleichungen (17) bis (19) unter Verwendung der Gleichungen (10) bis (16) die Gleichungen (22) bis (24).

$$F_{Q\sigma GEHMax} \approx F_{tE} = \cos \alpha_w \frac{M_t}{r_w \cdot z} \tag{22}$$

$$F_{N\sigma GEHMax} \approx F_{rE} = \sin \alpha_w \frac{M_t}{r_w \cdot z} \tag{23}$$

$$M_{\sigma GEHMax} \approx \frac{M_t}{r_w \cdot z} (\sin \alpha_w \cdot h_{FnEV} - \cos \alpha_w \cdot h_{FnEH}) \tag{24}$$

Somit kann zusammengefasst werden, dass das in eine Zahnwellenverbindung eingeleitete, in seiner Höhe bekannte Torsionsmoment M_t im versagensrelevanten Zahnfuß zu den Grundbeanspruchungsarten Zug/Druck, Biegung, Torsion sowie Querkraftschub führt. Ohne weitere Näherungen geometrischer Art gelingt die Berechnung ausnahmslos aller oben benannten Beanspruchungsarten nur bei genauer Kenntnis über die Lage des zugseitigen Spannungsmaximums im Zahnfuß sowohl in radialer als auch in axialer Richtung. Noch ist hierfür eine FE-Simulation im Vorfeld der Anwendung des entsprechenden Nennspannungskonzepts erforderlich. Die Anwendung eines derartigen Konzepts hat aber unter anderem das Ziel keine FE-Analyse durchführen zu müssen. Hieraus resultierend ist es sinnvoll, eine andere Vorgehensweise zu verfolgen, um auf einfache und damit schnelle Art und Weise eine Tragfähigkeitsaussage mit hinreichender Genauigkeit treffen zu können. Hierbei sei auf Kapitel 2.2.3.2 verwiesen.

2.2.3.2   Auf Basis der eingeleiteten Lasten

Resultierend aus den in Kapitel 2.2.3.1 geschilderten Problemen bei der komponentenweisen nennspannungsbasierten Bestimmung der resultierenden Beanspruchung am gestaltfestigkeitsrelevanten Ort, wird nach dem Stand der Technik eine andere Vorgehensweise zugrunde gelegt. Hierbei werden lediglich die äußeren Lasten zur Nennspannungsberechnung berücksichtigt. Für den Lastfall der Torsion gilt folglich Gleichung (25).

$$\tau_{tNenn} = \frac{M_t}{W_t} \tag{25}$$

Das Torsionswiderstandsmoment W_t berechnet sich dabei nach der in der technischen Mechanik allgemein bekannten Gleichung (26).

$$W_t = \frac{\pi}{16} \frac{(d_{Nenn}^4 - d_i^4)}{d_{Nenn}} \tag{26}$$

Für den Nenndurchmesser d_{Nenn} wird nach dem Stand der Technik wellenbezogen der Wellenersatzdurchmesser d_{h1}, vgl. [Naka 51], eingesetzt. Auf dessen Bedeutung wird nachfolgend eingegangen.

Der Wellenersatzdurchmesser d_{h1} nach [Naka 51] beschreibt den Durchmesser einer ungekerbten Welle, die das gleiche Torsionswiderstandsmoment W_t wie die Zahnwelle hat. Er nimmt damit immer einen Wert zwischen Wellenfußkreisdurchmesser d_{f1} und Wellenkopfkreisdurchmesser d_{a1} an. Erfahrungsgemäß ist er bei evolventisch basierten Zahnwellenverbindungen nach [DIN 5480] geringfügig größer als der Wellenfußkreisdurchmesser d_{f1}, da der Anteil der Verzahnung am Torsionswiderstandsmoment W_t relativ klein ist, vgl. Abbildung 2.9.

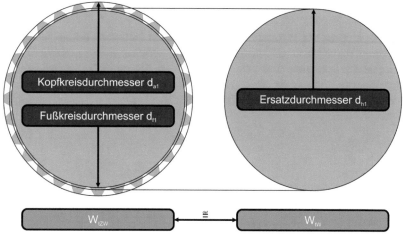

Abbildung 2.9: Definition des Wellenersatzdurchmessers d_{h1} nach [Naka 51] am Beispiel der ZWV Kapitel 3.3 – 45 x 1,5 x 28 (gemäß Tabelle 6.1; $c_{F1}/m = 0,12$; $\alpha = 30\,°$; $\rho_{f1}/m = 0,48$)

Der Wellenersatzdurchmesser d_{h1} nach [Naka 51] errechnet sich nach Gleichung (27).

$$d_{h1} = d_{f1} + c_{h1} \cdot \frac{d_{f1}}{d_{a1}} \cdot \left(d_{a1} - d_{f1} \right) \qquad\qquad (27)\ [\text{Naka 51}]$$

Der sogenannte Wellengeometriefaktor c_{h1} wird nach Gleichung (28) bestimmt.

$$c_{h1} = 1,3 \cdot z^{-1,2} + 0,06 \cdot \frac{\rho_{f1}}{m} + 0,23 \qquad\qquad (28)\ [\text{Naka 51}]$$

Analog wurde von [Naka 51] auch eine Gleichung zur Berechnung des Nabenersatzdurchmessers d_{h2}, vgl. Gleichung (29), sowie des hierfür erforderlichen Nabengeometriefaktors c_{h2}, vgl. Gleichung (30), entwickelt.

$$d_{h2} = \left| d_{f2} \right| - c_{h2} \cdot \frac{d_{a2}}{d_{f2}} \cdot \left| d_{a2} - d_{f2} \right| \qquad\qquad (29)\ [\text{Naka 51}]$$

$$c_{h2} = -0,15 \cdot z^{-0,8} + 0,06 \cdot \frac{\rho_{f2}}{m} + 0,23 \qquad\qquad (30)\ [\text{Naka 51}]$$

2.2.4 Kerbwirkungszahl β_k

Bei dynamischer Beanspruchung wirkt sich der in Kapitel 2.2.1 mit der Formzahl α_k formulierte Kerbeinfluss nicht in vollständiger Höhe aus. Dies zeigen unter anderem experimentelle Untersuchungen in Gegenüberstellung mit numerischen Analysen und ist allgemein bekannt. Diesem Sachverhalt wird bei der Auslegung entsprechend beanspruchter Bauteile durch die Verwendung der Kerbwirkungszahl β_k anstelle der Formzahl α_k begegnet. Auf ihre Bedeutung wird im Nachfolgenden eingegangen. Es sei an dieser Stelle darauf hingewiesen, dass für die zu Beginn dieses Absatzes benannten experimentell-numerischen Gegenüberstellungen Gesetzmäßigkeiten verwendet werden können und auch wurden, die den Zusammenhang zwischen der Formzahl α_k und der Kerbwirkungszahl β_k beschreiben. Hierauf wird in Kapitel 2.2.5 eingegangen.

Die Kerbwirkungszahl β_k ist als Quotient der Wechselfestigkeit der ungekerbten Probe σ_{bW} und der Wechselfestigkeit der gekerbten Probe σ_{bWK} definiert, vgl. Gleichung (31) sowie Kapitel 5.3.

$$\beta_k = \frac{\sigma_{bW}}{\sigma_{bWK}} \tag{31}$$

Mit der allgemeinen Definition der Formzahl α_k kann mit den oben angeführten Ausführungen zur Kerbwirkungszahl β_k Ungleichung (32) formuliert werden.

$$1 < \beta_k < \alpha_k \tag{32}$$

2.2.5 Zusammenhang zwischen Formzahl α_k und Kerbwirkungszahl β_k

Für die nennspannungsbasierte Abschätzung der Gestaltfestigkeit von Bauteilen bietet sich die Verwendung von Formzahlen α_k für statische und von Kerbwirkungszahlen β_k für dynamische Beanspruchungsfälle an. Wie bereits dargelegt, ist die Formzahl α_k hierbei ausschließlich von der Geometrie, die Kerbwirkungszahl β_k hingegen auch vom Werkstoff abhängig. Zwischen den beiden zuvor benannten Kennzahlen existiert dabei ein funktionaler Zusammenhang. In Konsequenz kann die Formzahl α_k mit einem geeigneten Formalismus in die Kerbwirkungszahl β_k überführt werden. Eine Möglichkeit hierfür ist die Verwendung der in [SiSt 55] entwickelten Ansätze. Hier wird der verminderte Kerbeinfluss bei dynamischer Beanspruchung auf die Stützwirkung des Werkstoffs zurückgeführt. Formal wird er, wie Gleichung (33) entnommen werden kann, über die in Kapitel 2.2.5.1 definierte Stützziffer n berücksichtigt. Die entsprechende Ziffer ist dabei eine Funktion des bezogenen Spannungsgefälles G', vgl. Kapitel 2.2.5.2, sowie eben des zugrunde gelegten Werkstoffs. Damit kann schlussendlich zusammengefasst werden, dass die unter anderem vom Werkstoff abhängige Kerbwirkungszahl β_k über die in [SiSt 55] entwickelten Ansätze mit den ausschließlich von der Geometrie abhängigen Größen Formzahl α_k und bezogenes Spannungsgefälle G' bestimmt werden kann. Deren Dokumentation ist also eine grundlagenorientierte und damit sinnvolle Vorgehensweise, um dem geneigten Anwender die Berücksichtigung des Effekts der Kerbwirkung zu ermöglichen. Abschließend sei darauf hingewiesen, dass für genauere ebenfalls nennspannungsbasierte Auslegungen entsprechende Normen beziehungsweise Richtlinien angewendet werden. Für Wellen und Achsen gehören hier die [DIN 743] und die FKM-Richtlinie, vgl. [FKM 12], zum Stand der Technik. Die zuvor benannten Werke ermöglichen beide den statischen und dynamischen Tragfähigkeitsnachweis. Als Besonderheit bei der statischen Auslegung ist hierbei hervorzuheben, dass plastische Verformungen explizit zugelassen werden. Im Zuge dessen fließen bei beiden Verfahren keine Formzahlen α_k zur Berücksichtigung der kerbwirkungsbedingten Spannungsüberhöhung ein. Bei den dynamischen Nachweisen hingegen finden diese Berücksichtigung, dienen hier jedoch nur zur Berechnung der Kerbwirkungszahlen β_k. Auf diesen Sachverhalt wird in Kapitel 2.1 genauer eingegangen.

$$\beta_k = \frac{\alpha_k}{n} \qquad\qquad\qquad (33)\ [\text{SiSt 55}]$$

2.2.5.1   Stützziffer n

Für vergütete, normalisierte oder einsatzgehärtete Bauteile ohne aufgekohlte Konturen und Vergleichbares kann die Stützziffer n nach Gleichung (34) berechnet werden.

$$n = 1 + \sqrt{G' \cdot mm} \cdot 10^{-\left(0,33 + \frac{\sigma_S(d)}{712\ N/mm^2}\right)} \qquad (34)\ [\text{SiSt 55}]$$

Bei Bauteilen mit harter Randschicht ist die Abschätzung der Stützziffer n mit Gleichung (35) möglich.

$$n = 1 + \sqrt{G' \cdot mm} \cdot 10^{-0,7} \qquad\qquad (35)\ [\text{SiSt 55}]$$

Das bezogene Spannungsgefälle G' wird hierbei in Kapitel 2.2.5.2 definiert.

2.2.5.2   Bezogenes Spannungsgefälle G'

Die Definition des bezogenen Spannungsgefälles G' erfolgt nachfolgend in Weiterführung des in Abbildung 2.2 angeführten Beispiels. Grundlage hierfür ist der vom Ort der gestaltfestigkeitsrelevanten Lokalbeanspruchung ausgehende Beanspruchungsverlauf senkrecht zur Oberfläche. So zeigt Abbildung 2.10 den entsprechenden Verlauf der mit der Gestaltänderungsenergiehypothese gebildeten Vergleichsspannung.

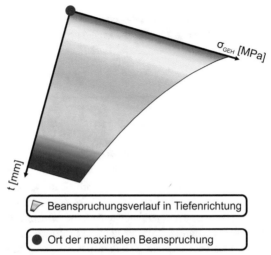

Beanspruchungsverlauf in Tiefenrichtung

● Ort der maximalen Beanspruchung

Abbildung 2.10: Vergleichsspannungsverlauf (GEH) in Tiefenrichtung zur Definition des bezogenen Spannungsgefälles G' auf Basis des in Abbildung 2.2 gezeigten Beispiels

Grundvoraussetzung zur mathematischen Bestimmung des bezogenen Spannungsgefälles G' ist es, den Beanspruchungsverlauf ausgehend vom Ort der gestaltfestigkeitsrelevanten Lokalbeanspruchung senkrecht zur Bauteiloberfläche in das Bauteilinnere hinein hinreichend genau zu formulieren. Zunächst ist also Gleichung (36) gesucht.

$$\sigma = f(t) \text{ bzw. } \sigma \approx f(t) \tag{36}$$

In Weiterführung ist die Steigung des Beanspruchungstiefenverlaufs an der Bauteiloberfläche zu bestimmen. Diese kann bekanntlich mit der ersten Ableitung von Gleichung (36) berechnet werden, vgl. Gleichung (37).

$$\sigma' = f'(t) = \frac{df(t)}{dt} \tag{37}$$

Das noch lastabhängige Spannungsgefälle G resultiert aus der Auswertung von Gleichung (37) an der Stelle t gleich 0, vgl. Gleichung (38).

$$G = f'(t = 0) \tag{38}$$

Das lasthöhenabhängige Spannungsgefälle G wird zum lasthöhenunabhängigen bezogenen Spannungsgefälle G', indem es auf die maximale Beanspruchung σ_{Max} des jeweiligen Spannungstiefenverlaufs, vgl. Abbildung 2.10, bezogen wird. Somit kann für das bezogene Spannungsgefälle G' abschließend in mathematischer Formulierung Gleichung (39) festgehalten werden.

$$G' = \frac{G}{\sigma_{Max}} \tag{39}$$

2.3   Bestimmung von Näherungsgleichungen

Häufige Problemstellung in der Wissenschaft ist die Einflussanalyse. Hierbei wird bestimmt, wie sich beispielsweise die Veränderung des Eingangsparameters x auf den Ausgangsparameter y als Ergebnisparameter auswirkt. Den technischen Möglichkeiten geschuldet, werden derartige Untersuchungen diskretisiert, das heißt für im Vorfeld definierte Stützstellen 0 bis n, durchgeführt. Die Definition dieser Stellen sollte in Anzahl und Verteilung der Grundregel „So wenige wie möglich, so viele wie nötig!" erfolgen. Grundlage hierfür sind das ökonomische Prinzip sowie die sichere Erfassung des, sofern existierend, technisch funktionalen Zusammenhangs zwischen den analysierten Parametern.

Die Ergebnisse der Einflussanalyse sind in ihrer Gültigkeit auf die jeweiligen Stützstellen 0 bis n begrenzt. Allerdings erlaubt die Grundgesamtheit der Stützpunkte $P_i = \{P_0, ..., P_n\}$, sofern die entsprechende Diskretisierung technisch sinnvoll vorgenommen ist, die Approximation des real funktionalen Zusammenhangs zwischen dem Eingangsparameter x und dem Ausgangsparameter y durch eine Näherungsgleichung. Mit dieser ist nunmehr zumindest die Interpolation möglich und folglich der Zusammenhang zwischen den Parametern x und y innerhalb der Grenzen des Analysefelds x_0 bis x_n analog beschrieben. Er kann damit technisch berücksichtigt werden. Ob über das zuvor Benannte hinaus die Extrapolation zulässig ist, ist kritisch zu prüfen.

Zur Entwicklung von Näherungsgleichungen auf Basis stützstellenbasierter Ergebnisse stehen verschiedene Verfahren zur Verfügung. Hier können unter anderem das Interpolationsverfahren, das Interpolationsverfahren von Newton sowie die Methode der kleinsten Abstandquadrate benannt werden. Die verschiedenen Verfahren haben spezifische Vor- und Nachteile. Auf ihrer Grundlage wird im Nachfolgenden die für die mannigfaltigen Problemstellungen dieser Dissertation sinnvollste ausgewählt. Die in diesem Zusammenhang durchgeführte Differenzierung wird auf Basis des zweidimensionalen Falls sowie einer zugrunde gelegten Menge an Stützpunkten $P_i = \{P_0, ..., P_n\}$, vgl. Gleichung (40), durchgeführt. Hierbei ist x Eingangs- und y Ausgangsparameter. [Papu 01] [Behn 17]

$$P_0 = (x_0, y_0), \ P_1 = (x_1, y_1), \ P_2 = (x_2, y_2), \ ... \ , P_n = (x_n, y_n) \tag{40}$$

2.3.1 Interpolationsverfahren

Grundlage des Interpolationsverfahrens ist die polynomiale Ansatzfunktion in ihrer allgemeingültigen Form, vgl. Gleichung (41). Besonderheit dieses Verfahrens ist, dass die ihm entstammende Näherungsgleichung exakt durch die für ihre Bestimmung verwendeten Stützpunkte $P_i = \{P_0, \dots, P_n\}$ verläuft.

$$f(x) = c_0 + c_1 \cdot x + c_2 \cdot x^2 + \cdots + c_n \cdot x^n \tag{41}$$

Die Koeffizienten $c_i = \{c_0, \dots, c_n\}$ von Gleichung (41) werden dadurch bestimmt, dass für die Parameter x und y die Stützpunkte $P_i = \{P_0, \dots, P_n\}$ eingesetzt werden. Hieraus resultiert das Gleichungssystem (42). Dieses ist genau dann lösbar, wenn alle Gleichungen voneinander linear unabhängig sind. Gegeben ist dies dann, wenn jede Stützstelle $x_i = \{x_0, \dots, x_n\}$ exakt einmal verwendet wird. Eine Überprüfung ist durch die Berechnung der Determinante möglich. Lineare Unabhängigkeit aller Gleichungen des Gleichungssystems (42) ist dann gegeben, wenn diese einen Wert ungleich von 0 annimmt. Lösbar ist Gleichungssystem (42) mit dem Gaußschen Algorithmus.

$$
\begin{aligned}
c_0 + c_1 \cdot x_0 + c_2 \cdot x_0^2 + \cdots + c_n \cdot x_0^n &= y_0 \\
c_0 + c_1 \cdot x_1 + c_2 \cdot x_1^2 + \cdots + c_n \cdot x_1^n &= y_1 \\
c_0 + c_1 \cdot x_2 + c_2 \cdot x_2^2 + \cdots + c_n \cdot x_2^n &= y_2 \\
&\vdots \\
c_0 + c_1 \cdot x_n + c_2 \cdot x_n^2 + \cdots + c_n \cdot x_n^n &= y_n
\end{aligned}
\tag{42}
$$

Mit Verweis auf die oben dargelegte Funktionsweise des Interpolationsverfahrens ist als vorteilhaft hervorzuheben, dass dieses Verfahren in seiner Systematik sehr einfach und damit leicht zugänglich ist. Als nachteilig ist allerdings zu benennen, dass es insbesondere wegen des Gaußschen Algorithmus sehr aufwändig ist. Darüber hinaus muss es immer wieder neu durchgeführt werden, wenn sich vorhandene Stützpunkte ändern oder aber sich sogar deren Anzahl ändert. Weiterführend ist die Welligkeit der resultierenden Näherungsgleichung hervorzuheben. Diese resultiert daraus, dass die entsprechende Gleichung exakt durch alle zugrunde gelegten Stützpunkte $P_i = \{P_0, \dots, P_n\}$ verläuft, deren Bestimmung im Allgemeinen allerdings fehlerbehaftet ist und somit nicht exakt den praktischen Zusammenhang ergeben. Ein gewisser Grad ausgleichenden Charakters führt damit oftmals zu einer besseren Beschreibung des funktionalen Zusammenhangs zwischen dem Eingangsparameter x und dem Ausgangsparameter y. Abschließend ist für Näherungsgleichungen im Allgemeinen essenziell, dass sie praktikabel sind. Mit Verweis auf Gleichung (41) entspricht bei dem Interpolationsverfahren die theoretisch maximale Anzahl der Koeffizienten c jener der zur Bestimmung der Näherungsgleichung zugrunde gelegten Stützpunkte $P_i = \{P_0, \dots, P_n\}$. Die zuvor geforderte Praktikabilität ist damit sehr schnell nicht mehr gegeben. [Papu 01] [Behn 17]

2.3.2 Interpolationsverfahren von Newton

Das Interpolationsverfahren von Newton ist eine Weiterentwicklung des Interpolationsverfahrens, vgl. Kapitel 2.3.1. Grundlage dabei ist die polynomiale Ansatzfunktion gemäß Gleichung (43). Wie auch beim Interpolationsverfahren verläuft die ihm entstammende Näherungsgleichung exakt durch die für ihre Bestimmung verwendeten
Stützpunkte $P_i = \{P_0, \dots, P_n\}$.

$$f(x) = c_0 + c_1(x - x_0) + c_2(x - x_0)(x - x_1) + c_3(x - x_0)(x - x_1)(x - x_2)$$
$$+ \cdots + c_n(x - x_0)(x - x_1)(x - x_2) \cdots (x - x_{n-1}) \tag{43}$$

Die Koeffizienten $c_i = \{c_0, \dots, c_n\}$ von Gleichung (43) können mit dem sogenannten
Steigungs- oder Differenzenschema berechnet werden.

Im Vergleich zu dem in Kapitel 2.3.1 beschriebenen Interpolationsverfahren ist das in
diesem Kapitel vorgestellte weiterentwickelte Interpolationsverfahren von Newton pra-
xisfreundlicher. Die Koeffizienten $c_i = \{c_0, \dots, c_n\}$ können effizienter berechnet werden.
Darüber hinaus kann die Anzahl der Stützpunkte $P_i = \{P_0, \dots, P_n\}$ variiert werden, ohne
dass alle Koeffizienten $c_i = \{c_0, \dots, c_n\}$ neu berechnet werden müssen. Die Welligkeit
der Näherungsgleichung, die fehlende Ausgleichsfunktion und insbesondere die hohe
Anzahl an Koeffizienten bleiben allerdings als Nachteile erhalten. Derartige Näherungsgleichungen sind damit ebenfalls schnell nicht mehr praktikabel. [Papu 01]
[Behn 17]

2.3.3 Methode der kleinsten Abstandsquadrate

Bei den in den Kapiteln 2.3.1 sowie 2.3.2 beschriebenen Interpolationsverfahren ist
besonders nachteilig, dass die resultierenden Näherungsgleichungen so viele Koeffizienten $c_i = \{c_0, \dots, c_n\}$ wie Stützpunkte $P_i = \{P_0, \dots, P_n\}$ haben. Hierdurch sind die diesen Verfahren entstammenden Näherungsgleichungen schnell nur noch schwer hand-
habbar. In diesem Zusammenhang ist ein Verfahren gesucht, bei dem dies nicht so
ist. Allerdings ist zu berücksichtigen, dass damit ein Gleichungssystem mit weniger
gesuchten Koeffizienten $c_i = \{c_0, \dots, c_j\}$ als existierende Stützpunkte $P_i = \{P_0, \dots, P_n\}$ resultiert. Es sind also mehr Gleichungen als gesuchte Größen vorhanden. Das Gleichungssystem ist überbestimmt. Derartige Systeme sind normalerweise nicht lösbar.
Abhilfe liefert die Numerik.

Für die im vorhergehenden Absatz dargelegte Problematik leistet die Methode der
kleinsten Abstandsquadrate Abhilfe. Zwar ist dieses Verfahren im Vergleich zu den in
den Kapiteln 2.3.1 sowie 2.3.2 beschriebenen Interpolationsverfahren etwas komplexer. Aufgrund seiner Vorteile ist es jedoch Bestandteil des Stands der Technik. Neben

den Ergebnissen, für die eine Näherungsgleichung zu entwickeln ist, ist zur Anwendung dieses Verfahrens die mathematische Formulierung eines mit dem Vektor $\bar{c}$ gewichteten Gleichungssystems $\bar{\bar{A}} \cdot \bar{c}$, vgl. Gleichung (44), erforderlich.

$$\bar{\bar{A}} \cdot \bar{c} = \bar{y} \qquad (44)$$

Gleichung (44) ist durch eine Überführung in ein Minimierungsproblem lösbar. Minimiert wird die Summe der quadrierten Residuen beziehungsweise der ergebnisspezifische Unterschied zwischen den im Vektor $\bar{y}$ zusammengefassten Eingangswerten y_u und den zugehörigen Ergebnissen des gewichteten Gleichungssystems $\bar{\bar{A}} \cdot \bar{c}$. Das vorhergehend Dargelegte vereinfacht sich durch die Verwendung der euklidischen Vektornorm. Die Quadrierung verhindert vorzeichenbedingte Fehler bei der Summenbildung. Mathematisch formuliert das zuvor Beschriebene Gleichung (45) in allgemeiner Form.

$$\left| \bar{y} - \left(\bar{\bar{A}} \cdot \bar{c} \right) \right|^2 \rightarrow Min. \qquad (45)$$

Die Kleinste-Quadrate-Lösung ist über die Normalgleichung berechenbar. Besser ist allerdings die QR-Zerlegung der Matrix $\bar{\bar{A}}$ zu verwenden. Die Lösung des mit Gleichung (45) formulierten Problems berechnet MATLAB mit Kommandozeile (46).

$$\bar{c} = \bar{\bar{A}} \backslash \bar{y} \qquad (46)$$

Bislang ist die mathematische Ansatzfunktion noch nicht festgelegt. Möglich sind hier diverse Funktionstypen. In diesem Zusammenhang ist die grafische Darstellung der generierten Ergebnisse Entscheidungsgrundlage. Im Allgemeinen kann dieser bereits ein qualitativ funktionaler Zusammenhang entnommen werden. Die Ansatzfunktion ist Bestandteil der Matrix $\bar{\bar{A}}$. Im Rahmen dieser Dissertation sind polynomiale Ansatzfunktionen ausnahmslos zielführend. Daher wird nachfolgend an ihrem Beispiel genauer auf Gleichung (44) eingegangen. Hierbei wird zwischen zwei- und dreidimensionalen mathematischen Problemstellungen differenziert.

Für den zweidimensionalen Fall formuliert das polynomial mathematische Modell Gleichung (47) in allgemeiner Form. Der Parameter j beschreibt hierbei den maximalen Polynomgrad. Dieser kann frei variiert werden. Er ist bei der Entwicklung der entsprechend gesuchten Näherungsgleichung so abzustimmen, dass die Anzahl der Koeffizienten $c_i = \{c_0, ..., c_j\}$ nicht zu hoch und damit die Gleichung praktikabel ist. Bei geringer Dichte der Stützpunkte $P_i = \{P_0, ..., P_n\}$ stellt dies tendenziell kein Problem dar. Hier liegt die Herausforderung viel mehr darin, dass der Grad j des Polynoms nicht zu hoch gewählt werden darf, damit der technische Sachverhalt richtig beschrieben wird.

$$f(x) = \sum_{i=0}^{j} c_i \cdot x^i \tag{47}$$

Die Anwendung von Gleichung (47) auf Gleichung (44) führt zu Gleichung (48). Auf Vereinfachungen wird hierbei explizit verzichtet.

$$\begin{bmatrix} x_0^0 & x_0^1 & \cdots & x_0^j \\ x_1^0 & x_1^1 & \cdots & x_1^j \\ \vdots & & & \\ x_n^0 & x_n^1 & \cdots & x_n^j \end{bmatrix} \begin{bmatrix} c_0 \\ c_1 \\ \vdots \\ c_j \end{bmatrix} = \begin{bmatrix} y_0 \\ y_1 \\ \vdots \\ y_n \end{bmatrix} \tag{48}$$

Wie zuvor bereits angemerkt, liefert MATLAB mit Gleichung (46) die Lösung der Methode der kleinsten Abstandsquadrate für die Koeffizienten $c_i = \{c_0, \ldots, c_j\}$. Der hierfür erforderliche Programmieraufwand kann für zweidimensionale mathematische Problemstellungen weiter reduziert werden, indem die Funktion POLYFIT genutzt wird.

Aus gegebener Relevanz für diese Dissertation wird nachfolgend auf die Bestimmung von Näherungsgleichungen mit der Methode der kleinsten Abstandsquadrate bei dreidimensionaler mathematischer Problemstellung eingegangen. In diesem Zusammenhang definiert Gleichung (49) die hierfür zugrunde gelegte Datenbasis.

$$P_{00} = (x_0, y_0, z_{00}), \ldots, P_{uv} = (x_u, y_v, z_{uv}), \ldots, P_{mn} = (x_m, y_n, z_{mn}) \tag{49}$$

Das Minimierungsproblem ist unverändert durch Gleichung (45) beschrieben. Die polynomiale Ansatzfunktion für das entsprechende Problem zeigt Gleichung (50). Für diese gelten die im Zusammenhang mit Gleichung (47) angeführten Anmerkungen gleichermaßen.

$$f(x, y) = \sum_{i=0}^{j} \sum_{k=0}^{i} c_{ik} \cdot x^{i-k} \cdot y^k \tag{50}$$

Die Anwendung von Gleichung (50) auf Gleichung (44) führt zu Gleichung (51). Auf Vereinfachungen wird hierbei explizit verzichtet.

$$\begin{bmatrix} (x^0 \cdot y^0)_{00} & (x^1 \cdot y^0)_{00} & \cdots & (x^0 \cdot y^j)_{00} \\ \vdots & & & \\ (x^0 \cdot y^0)_{uv} & (x^1 \cdot y^0)_{uv} & \cdots & (x^0 \cdot y^j)_{uv} \\ \vdots & & & \\ (x^0 \cdot y^0)_{mn} & (x^1 \cdot y^0)_{mn} & \cdots & (x^0 \cdot y^j)_{mn} \end{bmatrix} \begin{bmatrix} c_{00} \\ c_{10} \\ \vdots \\ c_{jj} \end{bmatrix} = \begin{bmatrix} z_{00} \\ \vdots \\ z_{uv} \\ \vdots \\ y_{mn} \end{bmatrix} \tag{51}$$

Lösung von Gleichung (51) liefert MATLAB mit der Kommandozeile (46). [Behn 17]

2.4   Aussagen zur Gestaltfestigkeit von ZWV nach [DIN 5480]

Die Bestimmung der Grundgrößen zur nennspannungsbasierten Beurteilung der Gestaltfestigkeit evolventisch basierter Zahnwellenverbindungen nach [DIN 5480] war in der Vergangenheit bereits häufig Gegenstand einer Vielzahl von Forschungsvorhaben. Mit Verweis auf die Zielsetzung dieser Dissertation ist allerdings bekannt, dass evolventisch basierte Zahnwellenverbindungen ein zumindest größeres Gestaltfestigkeitspotenzial haben, als mit der [DIN 5480] nutzbar ist. Dies als Anlass nehmend, wurde im Rahmen dieser Dissertation unter anderem ein System zur Profilgenerierung für derartige Verbindungen, vgl. Kapitel 3.3, entwickelt, dass die zuvor erwähnte Problematik durch die mit ihm nunmehr gegebenen beziehungsweise entwickelten Möglichkeiten zur geometrischen Optimierung zu lösen vermag. Bei dessen Entwicklung wurde als Anforderung die Kompatibilität zur Profilform der [DIN 5480] berücksichtigt. Die für ihre Realisierung zu wählenden Geometrieparameter sind in Tabelle 6.1 zusammengefasst. Es sei an dieser Stelle explizit hervorgehoben, dass die Analyse von zur [DIN 5480] kompatiblen evolventisch basierten Zahnwellenverbindungen nach Kapitel 3.3 Gegenstand weiter Bereiche dieser Dissertation ist. Zusammengefasst sind diese in Kapitel 6.2.

Obwohl die praktische Bedeutung evolventisch basierter Zahnwellenverbindungen nach [DIN 5480] mit Veröffentlichung der Ergebnisse dieser Dissertation als nur noch gering eingeschätzt wird, ist mit der im vorhergehenden Absatz erwähnten Kompatibilität zwischen der Profilform zuvor benannter Norm mit jener von Kapitel 3.3 sichergestellt, dass die vorhandene enorme Wissensbasis für Verbindungen nach [DIN 5480] weiterhin nutzbar ist. Dies ist insbesondere für eine potenzielle Übergangsphase von besonderem Vorteil. Kann die vorhandene Wissensbasis doch unter anderem dazu genutzt werden, weiterführende Untersuchungen an Zahnwellenverbindungen nach Kapitel 3.3, und somit auch jene dieser Dissertation, abzusichern. Darüber hinaus sei erwähnt, dass die zur [DIN 5480] kompatible geometrische Optimierung der Gestaltfestigkeit evolventisch basierter Zahnwellenverbindungen nach Kapitel 3.3, vgl. Tabelle 3.7, prognostiziert dazu führt, dass Aussagen zur Verschleißfestigkeit derartiger Verbindungen mit hinreichender Genauigkeit weiterhin gültig sind.

Mit Verweis auf die oben dargelegte Bedeutung der Wissensbasis über evolventisch basierte Zahnwellenverbindungen nach [DIN 5480] wird in den nachfolgenden Kapiteln ein rudimentärer Überblick über die gegenwärtig gegebenen Möglichkeiten zur Abschätzung ihrer Gestaltfestigkeit gegeben. Ziel hierbei ist nicht ihre konkrete Benennung. Vielmehr sollen die angeführten Ausführungen dazu befähigen, die fallspezifisch korrekte Basis zur Ergebnisabsicherung zu wählen. In diesem Zusammenhang werden die Normen [DIN 743] und [DIN 5466] sowie essenzielle Werke seit 1997 in chronologischer Reihenfolge berücksichtigt.

2.4.1 [DIN 743]

Die [DIN 743] hat die Berechnung der Tragfähigkeit von Wellen und Achsen zum Gegenstand. Hierbei können verschiedene einflussnehmende Sachverhalte, und so auch
jener von Zahnwellenverbindungen nach [DIN 5480], berücksichtigt werden. Die zu
diesem Zweck in Teil 2 der [DIN 743] angeführten Kerbwirkungszahlen β_k beinhalten
allerdings nicht den Nabeneinfluss, der im Allgemeinen die Gestaltfestigkeit signifikant
herabsetzt. In Konsequenz führt die Verwendung der in Teil 2 der [DIN 743] angeführten Kerbwirkungszahlen β_k zur nennspannungsbasierten Beurteilung der Dauerfestigkeit, nur hier wird die Kerbwirkung berücksichtigt, oftmals zu einer massiven Über-
schätzung der Sicherheit S.

2.4.2 [DIN 5466]

Während die [DIN 743] der Tragfähigkeitsberechnung von Wellen und Achsen bei gegebener Möglichkeit zur Berücksichtigung des Einflusses von Zahnwellenverbindungen nach [DIN 5480] dient, wurde die [DIN 5466] explizit für die Tragfähigkeitsberechnung von Zahn- und Keilwellenverbindungen entwickelt. Teil 2 der [DIN 5466] ist
allerdings gegenwärtig zurückgezogen. Dies ist auf Unsicherheiten des entsprechenden Verfahrens zurückzuführen. Die Bewertung der Gestaltfestigkeit von Zahnwellenverbindungen nach [DIN 5480] unter Anwendung der [DIN 5466] ist gegenwärtig also
nicht möglich. Ungeachtet des zuvor Beschriebenen, stellt [Weso 97] einen essenziellen Beitrag für die [DIN 5466] dar. Die in diesem Werk gegebenen Möglichkeiten zur
Abschätzung der Gestaltfestigkeit evolventisch basierter Zahnwellenverbindungen
nach [DIN 5480] sind damit in Teilen trotzdem zugänglich. Auf diese wird in Kapitel
2.4.3 eingegangen.

2.4.3 [Weso 97]

Wesentliches Ziel in [Weso 97] war die Entwicklung eines allgemeingültigen Verfahrens zur Charakterisierung der potenziell kritischen Lokalbeanspruchungen drehmomentbelasteter Zahnwellenverbindungen nach [DIN 5480] mit endlos verzahnter Welle
und zugehöriger Nabe. Grundlage hierbei ist die zunächst verbindungsunabhängige
Formulierung der resultierenden Beanspruchungssituation auf Basis der durch die äußere Belastung induzierten Beanspruchungskomponenten. Diese erfolgt in Differenzierung für das torsionsbelastete sowie das mit der zugehörigen Flankennormalkraft
belastete Bauteil bei anschließender Superposition. Die Normalspannungskompo-
nente in axialer Richtung wird vernachlässigt. Die Berücksichtigung der auf die Gestaltfestigkeit einflussnehmenden Größen erfolgt durch diverse Faktoren in stark diffe-
renzierter Form. Zumindest in Teilen werden diese unter Verwendung der maximalen
Schubspannung, vgl. Kapitel 2.2.1.2, formuliert. Die Zusammenführung von Beanspruchungskomponenten erfolgt auf Basis der Gestaltänderungsenergiehypothese, vgl.

Kapitel 2.2.1.3. Darüber hinaus sind die Ersatzdurchmesser d_h nach [Naka 51] Basis zur Nennspannungsberechnung.

Aus dem im vorhergehenden Absatz Dargelegten kann abgeleitet werden, dass das in [Weso 97] entwickelte Nennspannungskonzept zur Berechnung der Tragfähigkeit von Zahn- und Keilwellenverbindungen nennenswerte Unterschiede zu den klassischen Verfahren wie beispielsweise jenem nach [DIN 743] aufweist. Es sei hervorgehoben, dass die Wahl des Nenndurchmessers d_{Nenn} hiervon auszunehmen ist. Können doch mit unterschiedlichen Nenndurchmessern d_{Nenn} bestimmte Einflussfaktoren im Allgemeinen problemlos ineinander überführt werden. Alle übrigen Unterschiede führen allerdings unter anderem dazu, dass ein Vergleich der Torsionsformzahlen α_{kt} zumindest nur schwierig zu realisieren ist. Dies ist insbesondere auf die in [Weso 97] stark differenzierte Form zur Berücksichtigung der auf die Gestaltfestigkeit einflussnehmenden Faktoren zurückzuführen. Indes ist eine Gegenüberstellung von mit unterschiedlichen Nennspannungskonzepten berechneten Sicherheiten beziehungsweise Auslastungsgraden und darüber hinaus bei vorausgesetzt bekannter realer Bauteilsicherheit eine Beurteilung der Treffsicherheit möglich. In diesem Zusammenhang sei hervorgehoben, dass die [DIN 5466], deren Basis weitreichend in [Weso 97] entwickelt wurde, zurückgezogen ist. Dies ist auf Unsicherheiten des entsprechenden Nennspannungskonzepts zurückzuführen.

2.4.4 [FVA 591 I]

Gegenstand des Forschungsvorhabens [FVA 591 I] war die numerische Analyse des Systemverhaltens evolventisch basierter Zahnwellenverbindungen nach [DIN 5480] mit teils nicht normkonform modifiziertem Wellenfußrundungsradiusverhältnis ρ_{f1}/m bei teilplastischem Werkstoffmodell an wenigen ausgewählten Verbindungen. In dem zugehörigen Abschlussbericht sind auf Basis der Gestaltänderungsenergiehypothese sowie des Wellenersatzdurchmessers d_{h1} nach [Naka 51] berechnete Torsionsformzahlen $\alpha_{ktGEHdh1}$ angeführt. In diesem Zusammenhang ist anzumerken, dass die Berechnung von Formzahlen α_k auf Grundlage numerisch bestimmter Beanspruchungen mit lokaler Plastifizierung formal zwar möglich, im Allgemeinen allerdings nicht empfehlenswert ist. Kann hier doch die Formzahl α_k über die Belastungshöhe manipuliert werden. So ist die Berechnung von Torsionsformzahlen $\alpha_{ktGEHdh1}$ auf Basis numerischer Ergebnisse von Modellen mit teilplastischem Werkstoffverhalten genau dann zulässig, wenn es zu keinen nennenswerten und darüber hinaus im gestaltfestigkeitsrelevanten Bereich zu keinen teilplastischen Verformungen kommt. Hieraus resultiert, dass die Verwendung eines derartigen Werkstoffmodells zur numerischen Bestimmung von Formzahlen α_k im Allgemeinen mit einem entsprechenden Mehraufwand verbunden ist. Muss doch je Simulationsergebnis sichergestellt sein, dass die vorherig benannten Bedingungen erfüllt sind. Von der Verwendung eines teilplastischen Werkstoffverhaltens wird daher abgeraten, wenn das Ziel die Bestimmung von Torsionsformzahlen $\alpha_{ktGEHdh1}$ ist. Besser ist die kategorische Unterbindung teilplastischer Verformungen durch das Zugrunde legen eines linearelastischen Werkstoffmodells. Dies entspricht dem Stand der Technik. Abschließend kann festgehalten werden, dass mit teilplastischem Werkstoffverhalten bestimmte Torsionsformzahlen α_{kt} immer kleiner und maximal gleich ihrem mit Linearelastizität bestimmten Pendant sind. Schlussendlich sind Quervergleiche zwischen den im Forschungsvorhaben [FVA 591 I] berechneten Torsionsformzahlen $\alpha_{ktGEHdh1}$ und jenen dieser Dissertation, die ausschließlich mit linearelastischem Werkstoffmodell bestimmt wurden, nur bedingt zulässig. Hieraus resultierend werden in diesem Werk keine Ergebnisse des Forschungsvorhabens [FVA 591 I], zumindest nicht in quantitativer Form, verwendet. Ausnahme hierbei bildet die in Kapitel 4.2.1.3 literaturbasiert geführte Absicherung der numerischen Ergebnisse dieser Dissertation.

2.4.5 [FVA 467 I]

Primärerer Untersuchungsgegenstand des Forschungsvorhabens [FVA 467 I] war die Bestimmung des Einflusses der Auslaufform auf die Gestaltfestigkeit von Zahnwellenverbindungen nach [DIN 5480] bei Torsions- und Biegebelastung ohne deren Kombination. Hierbei sind im zugehörigen Abschlussbericht Näherungsgleichungen für die zur nennspannungsbasierten Charakterisierung der Gestaltfestigkeit derartiger Verbindungen angeführt. Weiterführend wurde in diesem Forschungsvorhaben der Einfluss der Nuten für Sicherungsringe nach [DIN 471] auf die Tragfähigkeit von Zahnwellenverbindungen nach [DIN 5480] analysiert. Die zugehörigen Analysen wurden primär auf Basis der Normal- beziehungsweise Hauptspannungshypothese, vgl. Kapitel 2.2.1.1, durchgeführt.

2.4.6 [FVA 467 II]

Wie aus der Bezeichnung des Forschungsvorhabens [FVA 467 II] geschlussfolgert werden kann, handelt es sich bei ihm um das Folgevorhaben des in Kapitel 2.4.5 rudimentär beschriebenen Vorhabens. Infolgedessen war auch die Analyse weiterführender Einflüsse dessen Inhalt. Im Fokus befand sich die Bestimmung des Einflusses der kombinierten Belastung auf evolventisch basierte Zahnwellenverbindungen nach [DIN 5480] mit Biegung und Torsion. Dies ist nicht Gegenstand dieser Dissertation. In Konsequenz sind keine Quervergleiche möglich. Ausnahme hierbei bildet eine bei dynamischer Torsion durchgeführte Versuchsreihe. Ihr schlussendliches Ergebnis, vgl. Kapitel 5, wird zur Absicherung der numerischen Ergebnisse dieser Dissertation genutzt, vgl. Kapitel 4.3.2 sowie Kapitel 11.1.1.1. Es sei jedoch hervorgehoben, dass auf Basis experimenteller Ergebnisse des Forschungsvorhabens [FVA 467 II] essenzielle Gestaltungsregeln für evolventisch basierte Zahnwellenverbindungen jenseits ihrer Grundform, vgl. Kapitel 6.1, abgeleitet werden können. Dies ist Gegenstand von Kapitel 7.

2.4.7 [FVA 700 I]

Mit dem Forschungsvorhaben [FVA 700 I] wurde eine Möglichkeit zum Führen eines Ermüdungsfestigkeitsnachweises mehrfach gekerbter Wellen und Achsen in den Formalismus der [DIN 743] integriert. Dieser ist damit auch zur Auslegung evolventisch basierter Zahnwellenverbindungen anwendbar. Handelt es sich bei ihnen doch um mehrfach gekerbte Wellen. Mit Verweis auf Betrachtungen im Forschungsvorhaben [FVA 700 I] ist die Anwendung des dort entwickelten Formalismus jedoch erst bei mehrfach dynamischer Belastung erforderlich. In allen anderen Fällen führt die klassische Vorgehensweise zu hinreichenden Ergebnissen. Der entsprechende Nachweis ist im Forschungsvorhaben [FVA 700 I] geführt. Experimentell analytische Übereinstimmung zwischen der in [FVA 700 I] entwickelten Methode sowie unter anderem dem in Kapitel 4.3.2 sowie Kapitel 11.1.1.1 dargelegten Versuch des Forschungsvorhabens [FVA 467 II] ist gegeben, vgl. [FVA 700 II]. Mit diesem Versuch erfolgte auch die experimentelle Absicherung der numerischen Ergebnisse dieser Dissertation. Somit müssten diese, zumindest jedoch jene für evolventisch basierte Zahnwellenverbindungen nach [DIN 5480], mit der im Forschungsvorhaben [FVA 700 I] entwickelte Methode nachvollzogen werden können, was zu beweisen ist. Erst bei mehrfach dynamischer Belastung sind Unterschiede zu erwarten, vgl. Kapitel 2.2.1.4. In diesem Zusammenhang sei auf Kapitel 4.5.1 verwiesen. Dort wird eine Empfehlung zur weiteren Vorgehensweise zur nennspannungsbasierten Charakterisierung der Gestaltfestigkeit evolventisch basierter Zahnwellenverbindungen getroffen.

2.4.8 [FVA 742 I]

Im Forschungsvorhaben [FVA 742 I] wurden vom Autor dieser Dissertation Zahnwellenverbindungen nach [DIN 5480] numerisch analysiert. Betrachtet wurden hierbei alle nach zuvor benannter Norm für einen Bezugsdurchmesser d_B von 25 mm definierte Moduln m im Intervall $0,5\ mm \leq m \leq 2,5\ mm$. Entgegen der durch die [DIN 5480] gegebene Restriktion für das Wellenfußrundungsradiusverhältnis ρ_{f1}/m wurde dieses variiert. Ziel des Forschungsvorhabens [FVA 742 I] war allerdings nicht die Tragfähigkeitsquantifizierung. Vielmehr galt es die aus Sicht der statischen Gestaltfestigkeit optimale Verbindung zu bestimmen. Bei vorausgesetzt gleicher Belastung ist hierfür die Höhe der gestaltfestigkeitsrelevanten Lokalbeanspruchung bereits zielführend. Aus darstellerischen Gründen wurde allerdings weiterführend die Torsionsformzahl $\alpha_{ktGEHdB}$ berechnet. Das bezogene Spannungsgefälle G'_{GEH} wurde zielorientiert nicht bestimmt. Die Charakterisierung der Gestaltfestigkeit evolventisch basierter Zahnwellenverbindungen nach [DIN 5480] sowie [DIN 5480] mit modifiziertem Wellenfußrundungsradiusverhältnis ρ_{f1}/m ist mit den Ergebnissen des Forschungsvorhabens [FVA 742 I] demzufolge nur stark eingeschränkt beziehungsweise nicht möglich. Formal können sie jedoch zur Absicherung der Resultate dieser Dissertation verwendet werden. Bei allerdings gleichem Urheber und ähnlicher Vorgehensweise zur Bestimmung wäre dies aus wissenschaftlicher Sicht jedoch nur wenig belastbar. Hiervon wird folglich abgesehen.

Über das oben Beschriebene hinaus wurde im Forschungsvorhaben [FVA 742 I] unter anderem die Zahnwellenverbindung [DIN 5480] (mod.) – 25 x 1,25 x 18 (wälzgefräste Zahnwelle mit modifiziertem Wellenfußrundungsradiusverhältnis ρ_{f1}/m von 0,40, geräumte Zahnnabe) experimentell analysiert. Eine sehr ähnliche Verbindung wurde für diese Dissertation numerisch analysiert. Könnte nun doch theoretisch das Ergebnis des Forschungsvorhabens [FVA 742 I] zur Absicherung der numerischen Ergebnisse des vorliegenden Werkes verwendet werden. Mit Verweis auf Kapitel 6.3.4.3 wurde zur Prüflingsherstellung allerdings das Drahterodieren verwendet. Dem nicht hinreichend genau bekannten signifikanten Einfluss dieses Fertigungsverfahrens auf die Gestaltfestigkeit geschuldet, ist allerdings keine Gegenüberstellung zwischen Experiment und Numerik sinnvoll.

2.5 Gestaltfestigkeitsrelevante Effekte bei ZWV nach [DIN 5480]

Grundlegend ist bei der wissenschaftlichen Bestimmung von Einflüssen zu berücksichtigen, dass sich bei entsprechender Parametervariation immer nur eine Größe ändern darf, so dass das Ergebnis der Einflussanalyse dem entsprechend untersuchten Sachverhalt explizit zugeordnet werden kann. In Kapitel 1 wird hervorgehoben, dass die in dieser Dissertation angestrebte gestaltfestigkeitsbezogene Optimierung der Tragfähigkeit evolventisch basierter Zahnwellenverbindungen nach Kapitel 3.3 mit Fokussierung auf die verbindungs- sowie wellenspezifischen Größen erfolgt. In Konsequenz bedeutet dies, dass sich die Einflussnahme der ausschließlich nabenbezogenen Geometrieparameter auf die Gestaltfestigkeit der entsprechenden Verbindungen über alle Untersuchungen nicht verändern darf. In diesem Zusammenhang ist die anforderungsgerechte Definition der Nabenbreite b sowie des Nabenaußendurchmessers d_{e2} erforderlich. Für alle weiteren Größen sei auf Kapitel 4.2.1.1.2 verwiesen.

Der Einfluss der Nabenbreite b sowie der Nabenrestwandstärke, vgl. Kapitel 2.7.2, auf die Gestaltfestigkeit evolventisch basierter Zahnwellenverbindungen nach [DIN 5480] wurde für Torsion bereits umfassend untersucht. Die hier gewonnenen wissenschaftlichen Erkenntnisse ermöglichen die im vorhergehenden Absatz geforderte Definition gemäß der gestellten Anforderung sowohl der Nabenbreite b als auch des Nabenaußendurchmessers d_{e2}, so dass die im Rahmen dieser Dissertation analysierte Grundform, vgl. Kapitel 6.1, vollständig bestimmt ist. Auf die hierfür zugrunde gelegten Ergebnisse wird konkret in Kapitel 2.5.1 eingegangen. Mit Verweis auf den Stand der Technik sei vorab erwähnt, dass der Einfluss der Nabenbreite b sowie des Nabenaußendurchmessers d_{e2} auf die Gestaltfestigkeit evolventisch basierter Zahnwellenverbindungen nach [DIN 5480] bislang in aller Regel unabhängig voneinander betrachtet wird. Allerdings ist der Einfluss der Nabe auf ihre Steifigkeit zurückzuführen, die eine Funktion des Lastfalls, der Länge, des Flächenträgheitsmoments sowie des Werkstoffs ist. In diesem Zusammenhang sei auf Kapitel 9.1.5 verwiesen. Dort wird die Einflussbestimmung der Nabe auf die Gestaltfestigkeit evolventisch basierter Zahnwellenverbindungen nach Kapitel 3.3 auf Grundlage ihrer mathematisch mechanisch korrekt beschriebenen Steifigkeit empfohlen. Jenseits dessen sei vorab angemerkt, dass die in der Literatur angeführten wissenschaftlichen Erkenntnisse zur Definition der Grundform, vgl. Kapitel 6.1, hinreichend sind.

Über das oben Beschriebene hinaus sind bereits gewonnene Erkenntnisse zur aus Sicht der Gestaltfestigkeit optimalen Wahl der die Geometrie bestimmenden Parameter von Relevanz für diese Dissertation. Wie zuvor erwähnt, ist die hierbei existierende Wissensbasis allerdings äußerst gering. Anhand vorhandener Forschungsergebnisse wurden jedoch erste Aussagen zum Einfluss des Moduls m beziehungsweise der Zähnezahlen z auf die Gestaltfestigkeit abgeleitet. Darüber hinaus können der Literatur rudimentäre Aussagen mit zunächst signifikant einzuschränkender Gültigkeit zur optimalen Wahl des Wellenfußrundungsradiusverhältnisses ρ_{f1}/m entnommen werden. Auf das zuvor Beschriebene wird in Kapitel 2.5.2 eingegangen.

2.5.1 Zur Definition der Grundform

2.5.1.1 Nabenbreite b

Der Einfluss der Nabenbreite b auf die Höhe der gestaltfestigkeitsrelevanten Lokalbeanspruchung bei Torsion wurde unter anderem in [Weso 97] analysiert. Hierfür wurde das Verhältnis von Nabenbreite b und Bezugsdurchmesser d_B betrachtet. Erwartungsgemäß kann den Ergebnissen entnommen werden, dass die Höhe der gestaltfestigkeitsrelevanten Lokalbeanspruchung mit steigendem Verhältnis sinkt und sich darüber hinaus asymptotisch einem Grenzwert annähert. Damit ermöglicht die Definition eines Grenzgradienten weiterführend die Bestimmung eines Grenzverhältnisses von Nabenbreite b und Bezugsdurchmesser d_B, welches besagt, dass Nabenbreiten b, die das entsprechende Grenzverhältnis gerade erfüllen oder aber breiter sind, in guter Näherung keinen weiteren Einfluss mehr auf die Höhe der gestaltfestigkeitsrelevanten Lokalbeanspruchung haben. In [Weso 97] wird bei der Angabe des entsprechenden Grenzverhältnisses zwischen zwei Fällen unterschieden. So wird für kleine bis mittlere Zähnezahlen z ein Wert von 0,5 angegeben. Für große Zähnezahlen z ist dieses etwas höher. [Weso 97]

2.5.1.2   Nabenaußendurchmesser d_{e2}

Der Einfluss des Nabenaußendurchmessers d_{e2} auf die Höhe der gestaltfestigkeitsrelevanten Lokalbeanspruchung bei Torsion wurde unter anderem in [Weso 97] untersucht. Hierfür wurde das Verhältnis von Nabenaußendurchmesser d_{e2} und Bezugsdurchmesser d_B analysiert. Für geräumte Naben beschreibt dieses die
Nabenrestwandstärke evolventisch basierter Zahnwellenverbindungen nach
[DIN 5480]. In diesem Zusammenhang sei auf die Kapitel 2.7.2 sowie 3.6 verwiesen.
Erwartungsgemäß kann den in [Weso 97] angeführten Ergebnissen entnommen werden, dass die Höhe der gestaltfestigkeitsrelevanten Lokalbeanspruchung mit steigendem Verhältnis d_{e2}/d_B, also anteilsmäßig zunehmendem Nabenaußendurchmesser
d_{e2}, steigt und sich darüber hinaus asymptotisch einem Grenzwert nähert. Damit ermöglicht die Definition eines Grenzgradienten weiterführend die Bestimmung eines
Grenzverhältnisses von Nabenaußendurchmesser d_{e2} und Bezugsdurchmesser d_B,
welches besagt, dass Nabenaußendurchmesser d_{e2}, die das entsprechende Grenzverhältnis gerade erfüllen oder aber größer sind, in guter Näherung keinen Einfluss
mehr auf die Höhe der gestaltfestigkeitsrelevanten Lokalbeanspruchung haben. In
[Weso 97] wird für das Grenzverhältnis d_{e2}/d_B konkret ein Wert von 2 angegeben.
[Weso 97]

2.5.2 Gestaltfestigkeitsoptima

2.5.2.1   Modul m bzw. Zähnezahlen z

Sowohl in [Garz 96] als auch in [Weso 97] wird die wellenbezogen zugseitige nach der
Gestaltänderungsenergiehypothese bestimmte Vergleichsspannung für jeweils drei
unterschiedliche Zähnezahlen z diskutiert. Auch wenn auf Basis der in diesen Werken
angeführten Beanspruchungsverläufe bereits zu erkennen ist, dass optimale Zähnezahlen z_{Opt} existieren und es demzufolge auch einen zugehörig optimalen Modul m_{Opt}
geben muss, wird diese wissenschaftliche Aussage weder in [Garz 96] noch in
[Weso 97] abgeleitet. In Konsequenz existiert auch keine Quantifizierung dieses Effekts.

2.5.2.2   Wellenfußrundungsradiusverhältnis ρ_{f1}/m

In [FVA 591 I] wurde unter anderem der Einfluss des Wellenfußrundungsradiusverhältnisses ρ_{f1}/m auf die Höhe der gestaltfestigkeitsrelevanten Lokalbeanspruchung numerisch am Beispiel der Zahnwellenverbindung [DIN 5480] – 45 x 2 x 21 (wälzgefräste
Zahnwelle, geräumte Zahnnabe) analysiert. Es ist besonders hervorzuheben, dass für
die entsprechende Parameteranalyse die Simulation nicht normkonformer Geometrien
erforderlich war. Auf Grundlage der entsprechenden Untersuchungen wurde festgestellt, dass ein Wellenfußrundungsradiusverhältnis ρ_{f1}/m existiert, bei dem die Höhe

der gestaltfestigkeitsrelevanten Lokalbeanspruchung ein absolutes Minimum, also für das Kriterium der Gestaltfestigkeit ein Optimum aufweist. In weiterführender Konkretisierung wird in [FVA 591 I] ein optimales Wellenfußrundungsradiusverhältnis $(\rho_{f1}/m)_{Opt}$ von 0,48 angegeben. Aus wissenschaftlicher Sicht ist dieses Ergebnis zunächst auf die eingangs dieses Absatzes benannt analysierte Zahnwellenverbindung zu begrenzen. Zudem sind hierbei die Ausführungen in Kapitel 2.4.4 zu berücksichtigen.

In Weiterführung sei auf das Forschungsvorhaben [FVA 742 I] verwiesen. Im Rahmen dessen wurde vom Autor dieser Dissertation eine umfangreiche numerische Parameterstudie an evolventisch basierten Zahnwellenverbindungen nach [DIN 5480] – 25 x var. x var. (wälzgefräste Zahnwelle, geräumte Zahnnabe) durchgeführt. Neben dem Modul m beziehungsweise den Zähnezahlen z wurde hierbei das Wellenfußrundungsradiusverhältnis ρ_{f1}/m variiert. Für den zuletzt benannten Parameter sei explizit hervorgehoben, dass die Simulation nicht normkonformer Geometrien Bestandteil der Parameteranalyse war. Ergebnis der entsprechenden Untersuchungen ist zunächst, dass für jeden analysierten Modul m ein optimales Wellenfußrundungsradiusverhältnis $(\rho_{f1}/m)_{Opt}$ existiert. Darüber hinaus wurde festgestellt, dass dessen Betrag mit eindeutiger Tendenz zumindest geringfügig eine Funktion des Moduls m ist und mit Gültigkeit für das untersuchte Parameterfeld in etwa Werte im Intervall $0,40 \leq (\rho_{f1}/m)_{Opt} \leq 0,48$ annimmt. Hierbei gelten die kleineren Verhältnisse für größere Moduln m und umgekehrt. Die im Forschungsvorhaben [FVA 742 I] bestimmten Ergebnisse bestätigen folglich jene des Forschungsvorhabens [FVA 591 I], lassen jedoch darüber hinaus vermuten, dass eine Konkretisierung der in [FVA 591 I] getroffenen wissenschaftlichen Aussage erforderlich ist.

2.6   Bezugsprofilgenerierung nach [DIN 5480]

Evolventisch basierte Zahnwellenverbindungen nach [DIN 5480] sind durch ihr System zur Bezugsprofilgenerierung definiert. Dieses ist, nebst weiteren systemrelevanten Größen, in Tabelle 3 des ersten Teils entsprechender Norm angeführt. Aus gegebener Relevanz für diese Dissertation wird der Inhalt dieser Tabelle nachfolgend dargelegt und erläutert. Basis hierfür ist das sogenannte Bezugsprofil, vgl. Abbildung 2.11.

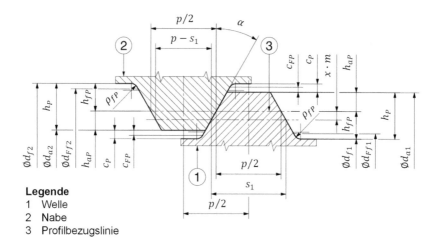

Legende
1 Welle
2 Nabe
3 Profilbezugslinie

Abbildung 2.11: Bezugsprofil nach [DIN 5480] (mit Änderungen entnommen aus [DIN 5480])

Über alle in der [DIN 5480] genormten Bezugsdurchmesser d_B variiert der Modul m zwischen 0,5 mm und 10 mm bei entsprechend definierten Stützstellen, vgl. Gleichung (52). Bezugsdurchmesserspezifisch ist der Definitionsbereich jedoch weiter eingeschränkt. So hat der Modul m beispielsweise für den kleinsten Bezugsdurchmesser d_B von 6 mm einen Definitionsbereich von 0,5 mm bis 0,8 mm. Für den größten Bezugsdurchmesser d_B sind Moduln m von 6 mm bis 10 mm definiert. Bei größeren Bezugsdurchmessern d_B verschiebt sich der Definitionsbereich also hin zu größeren Moduln m. Für die Anzahl der Moduln m je Bezugsdurchmesser d_B gilt, dass diese tendenziell ausgehend vom kleinsten Bezugsdurchmesser d_B von 6 auf 13 ansteigt und danach wieder abfällt.

$$m = \left\{ \begin{array}{l} 0{,}5;\ 0{,}6;\ 0{,}75;\ 0{,}8;\ 1{,}0;\ 1{,}25;\ ... \\ ...\ 1{,}5;\ 1{,}75;\ 2;\ 2{,}5;\ 3;\ 4;\ 5;\ 6;\ 8;\ 10 \end{array} \right\}$$

(52) [DIN 5480]

Mit der in der [DIN 5480] angeführten Begründung, dass Flankenwinkel α von 37,5 ° sowie 45 ° in der [ISO 4156] enthalten sind, beschränkt sich die [DIN 5480] auf einen Flankenwinkel α von 30 °, vgl. Gleichung (53). Es ist jedoch bereits im Vorwort der [DIN 5480] hervorgehoben, dass Zahnwellenverbindungen nach den zuvor benannten Normen nicht modular sind, ihre Verbindungspartner also nicht gegeneinander ausgetauscht werden können. Hierfür ist als Grund benannt, dass das System zur Bezugsprofilgenerierung evolventisch basierter Zahnwellenverbindungen der [ISO 4156] auf Modulreihen, jenes der [DIN 5480] hingegen auf vom Modul m unabhängig definiert gestuften Bezugsdurchmessern d_B basiert.

$$\alpha = 30° \hspace{4cm} \text{(53) [DIN 5480]}$$

Die Teilung p berechnet sich nach der im Fachgebiet der Verzahnung allgemein bekannten Gleichung (54).

$$p = m \cdot \pi \hspace{5cm} \text{(54)}$$

Eine Besonderheit der [DIN 5480] ist, dass in Analogie zur Laufverzahnung die Profilverschiebung genutzt wird. Trotz prinzipiell gleicher Funktionsweise ist die Motivation zur Anwendung eine andere. So dient die Profilverschiebung nicht dazu Achsabstand und Zahnform durch entsprechende Aufteilung auf die beiden Kontaktpartner einer Getriebestufe einzustellen. Vielmehr wird sie dazu genutzt, den Wellenkopfkreisdurchmesser d_{a1} in fest definierte Relation zum Bezugsdurchmesser d_B zu bringen. Dies wird nachfolgend genauer ausgeführt.

Wie bereits oben erwähnt, basiert die [DIN 5480] auf gestuften Bezugsdurchmessern d_B. Diese entsprechen den Innendurchmessern von Wälzlagern. Aus dem übergeordneten Ziel des Systems zur Bezugsprofilgenerierung evolventisch basierter Zahnwellenverbindungen der [DIN 5480], dass die Montage von Wälzlagern über die Verzahnung der Welle hinweg immer möglich sein muss, resultiert, dass sich der Wellenkopfkreisdurchmesser d_{a1} aus dem Bezugsdurchmesser d_B durch dessen betragsmäßige Verringerung berechnet. In diesem Zusammenhang kann mit Verweis auf Abbildung 2.12 aus den Gleichungen (71), (72) sowie (76) hergleitet werden, dass der Wellenkopfkreisdurchmesser d_{a1} immer um 20 % des Moduls m kleiner als der Bezugsdurchmesser d_B ist, vgl. Gleichung (87).

Bei gewähltem Bezugsdurchmesser d_B und Modul m ist zwar der Wellenkopfkreisdurchmesser d_{a1} bestimmt, vgl. Abbildung 2.12, die Zähnezahlen z und Profilverschiebungsfaktoren x sind allerdings noch immer frei wählbar. Es ist also noch keine eindeutige geometrische Festlegung möglich. Dies ist quasi erst durch die Definition eines Wertebereichs für die Profilverschiebungsfaktoren x gegeben. So gelten hierbei für die Welle die Bedingungen (56) und (58). Das entsprechende Gültigkeitsintervall ist dabei so gewählt, dass es genau einem Zahn entspricht. Hierdurch ist sichergestellt, dass zumindest immer eine Wellenzähnezahl z_1, in Ausnahmefällen maximal zwei Wellenzähnezahlen z_1 existieren, die die Randbedingungen erfüllen, vgl. Gleichung (229).

$$z_1 = z_1 \hspace{4cm} \text{(55) [DIN 5480]}$$

$$-0,05 \leq x_1 \leq +0,45 \ (\textit{Ausnahmen bis} + 0,879) \hspace{1.5cm} \text{(56) [DIN 5480]}$$

In Analogie zur [DIN 3960] werden für Hohlräder negative Vorzeichen für die Naben-
zähnezahl z_2 sowie den Nabenprofilverschiebungsfaktor x_2 eingeführt. Somit resultieren aus den Gleichungen (55) und (56) die Gleichungen (57) und (58).

$$z_2 = -z_1 \qquad\qquad\qquad\qquad\qquad\qquad\qquad\qquad \text{(57) [DIN 5480]}$$

$$x_2 = -x_1 \rightarrow +0{,}05 \geq x_2 \geq -0{,}45 \ (Ausnahmen\ bis - 0{,}879) \qquad \text{(58) [DIN 5480]}$$

Im Gegensatz zur [DIN 3960] werden die Kopfhöhen des Bezugsprofils h_{aP} nicht dem
Modul m gleichgesetzt, sondern nach Gleichung (59) definiert. Sie sind folglich 55 %
kleiner.

$$h_{aP} = 0{,}45 \cdot m \qquad\qquad\qquad\qquad\qquad\qquad\qquad \text{(59) [DIN 5480]}$$

Die Fußhöhen des Bezugsprofils h_{fP} werden in Abhängigkeit des Fertigungsverfahrens definiert, vgl. die Gleichungen (60) bis (63).

$$h_{fP} = 0{,}55 \cdot m \ \text{(Räumen)} \qquad\qquad\qquad\qquad\qquad \text{(60) [DIN 5480]}$$

$$h_{fP} = 0{,}60 \cdot m \ \text{(Wälzfräsen)} \qquad\qquad\qquad\qquad\qquad \text{(61) [DIN 5480]}$$

$$h_{fP} = 0{,}65 \cdot m \ \text{(Wälzstoßen)} \qquad\qquad\qquad\qquad\qquad \text{(62) [DIN 5480]}$$

$$h_{fP} = 0{,}84 \cdot m \ \text{(Kaltwalzen)} \qquad\qquad\qquad\qquad\qquad \text{(63) [DIN 5480]}$$

Die Kopfhöhen des Werkzeugbezugsprofils h_{aP0} sind den Fußhöhen des Bezugsprofils h_{fP} gleichgesetzt, vgl. Gleichung (64).

$$h_{aP0} = h_{fP} \qquad\qquad\qquad\qquad\qquad\qquad\qquad\qquad \text{(64) [DIN 5480]}$$

Die Zahnhöhen des Bezugsprofils h_P ergeben sich folglich jeweils als Summe der
Kopfhöhe des Bezugsprofils h_{aP} sowie der Fußhöhe des Bezugsprofils h_{fP}, vgl. Gleichung (65).

$$h_P = h_{aP} + h_{fP} \qquad\qquad\qquad\qquad\qquad\qquad\qquad \text{(65) [DIN 5480]}$$

Die Kopfspiele des Bezugsprofils c_P ergeben sich jeweils als Differenz von der Fußhöhe des Bezugsprofils h_{fP} und der Kopfhöhe des Bezugsprofils h_{aP}, vgl. Gleichung
(66). Sie beschreiben damit jenen Bauraum, der verbindungspartnerspezifisch für den
Fußrundungsradius des Bezugsprofils ρ_{fP} sowie das Formübermaß des Bezugsprofils
c_{FP} zur Verfügung steht.

$$c_P = h_{fP} - h_{aP} \qquad\qquad\qquad\qquad\qquad\qquad\qquad \text{(66) [DIN 5480]}$$

Die Fußrundungsradien des Bezugsprofils ρ_{fP} ergeben sich in Abhängigkeit des Fertigungsverfahrens als Fixum gemäß den Gleichungen (67) und (68). Eine freie Variation ist also nicht vorgesehen.

$$\rho_{fP} = 0{,}16 \cdot m \text{ (Zerspanen)} \qquad\qquad (67) \text{ [DIN 5480]}$$

$$\rho_{fP} = 0{,}54 \cdot m \text{ (Kaltwalzen)} \qquad\qquad (68) \text{ [DIN 5480]}$$

Der Teilkreisdurchmesser d berechnet sich nach der im Fachgebiet der Verzahnung allgemein bekannten Gleichung (69).

$$d = m \cdot z \qquad\qquad (69)$$

Der Grundkreis d_b, also jener Kreis, an dem die Evolvente beginnt, wird nach der ebenfalls im Fachgebiet der Verzahnung allgemein bekannten Gleichung (70) berechnet.

$$d_b = m \cdot z \cdot \cos \alpha \qquad\qquad (70)$$

Die Profilverschiebungsbeträge $x \cdot m$ beschreiben den verbindungspartnerspezifisch vorzeichenkorrigierten Abstand zwischen der Profilbezugslinie und dem Teilkreis. Dies zeigt Abbildung 2.12 am Beispiel der Welle. In mathematischer Formulierung gilt damit Gleichung (71).

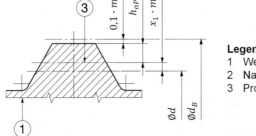

Legende
1 Welle
2 Nabe (nicht dargestellt)
3 Profilbezugslinie

Abbildung 2.12: Zur Bestimmung der Profilverschiebungsbeträge $x \cdot m$

$$2 \cdot x_1 \cdot m = d_B - 2 \cdot 0{,}1 \cdot m - 2 \cdot h_{aP} - d \qquad\qquad (71) \text{ [DIN 5480]}$$

Gleichung (71) führt zu Gleichung (72). Mit ihr kann unter Berücksichtigung von Ungleichung (56) der Wellenprofilverschiebungsfaktor x_1 sowie die zugehörige Wellenzähnezahl z_1 (in Ausnahmefällen jeweils im Plural) bestimmt werden.

$d_B = m \cdot z_1 + 2 \cdot x_1 \cdot m + 1{,}1 \cdot m$, Durchmesser mit Normzahlen nach [DIN 323] und Wälzlager-Bohrungs-Durchmesser, im Bereich $d_B < 40\ mm$ und $m \leq 1{,}75\ mm$ ganzzahlig mit 1 mm gestuft. $\qquad$ (72) [DIN 5480]

Auf Basis von Abbildung 2.11 kann Gleichung (73) zur Berechnung des Nabenkopfkreisdurchmessers d_{a2} hergeleitet werden.

$$d_{a2} = m \cdot z_2 + 2 \cdot x_2 \cdot m + 0{,}9 \cdot m \qquad (73)\ [DIN\ 5480]$$

Zur Abschätzung des Nabenfußkreisdurchmessers d_{f2} wird in der [DIN 5480] die im Fachgebiet der Verzahnung allgemein bekannte Gleichung (74) zugrunde gelegt. In dieser ist über die Fußhöhe des Bezugsprofils h_{fP}, dessen Bestandteil das Kopfspiel des Bezugsprofils c_P ist, zwar Bauraum für den Fußrundungsradius des Bezugsprofils ρ_{fP} sowie das Formübermaß des Bezugsprofils c_{FP} vorgesehen, dies allerdings nur mit zumindest empirischem Charakter. Mit Verweis auf Abbildung 3.13 sind alle zuvor benannten Parameter als nabenspezifische Größen zu verstehen.

$$d_{f2} = m \cdot z_2 + 2 \cdot x_2 \cdot m - 2 \cdot h_{fP} \text{ (siehe 7.1 der [DIN 5480])} \qquad (74)$$

Der Nabenfußformkreisdurchmesser d_{Ff2} kann mit Ungleichung (75) bestimmt werden.

$$d_{Ff2} \leq -(d_{a1} + 2 \cdot c_{Fmin}) \qquad (75)\ [DIN\ 5480]$$

Zur Bestimmung des Wellenkopfkreisdurchmessers d_{a1} ist Gleichung (76) angegeben. Ihre Gültigkeit kann auf Basis von Abbildung 2.11 nachvollzogen werden.

$$d_{a1} = m \cdot z_1 + 2 \cdot x_1 \cdot m + 0{,}9 \cdot m \qquad (76)\ [DIN\ 5480]$$

Zur Abschätzung des Wellenfußkreisdurchmessers d_{f1} wird in der [DIN 5480] die im Fachgebiet der Verzahnung allgemein bekannte Gleichung (77) zugrunde gelegt. Diese weist die gleiche Struktur wie jene zur Berechnung des Nabenfußkreisdurchmessers d_{f2} auf, vgl. Gleichung (74), und hat damit auch die gleichen Eigenschaften.

$$d_{f1} = m \cdot z_1 + 2 \cdot x_1 \cdot m - 2 \cdot h_{fP} \text{ (siehe 7.1 der [DIN 5480])} \qquad (77)$$

Der Wellenfußformkreisdurchmesser d_{Ff1} kann mit Ungleichung (78) bestimmt werden.

$$d_{Ff1} \leq |d_{a2}| - 2 \cdot c_{Fmin} \qquad (78)\ [DIN\ 5480]$$

Die [DIN 5480] definiert zwar für verschiedene Fertigungsverfahren Formübermaße des Bezugsprofils c_{FP} in Relation zu der mit ihnen im Allgemeinen realisierbaren Fertigungsgenauigkeit, vgl. die Gleichungen (79) bis (82). Es ist allerdings hervorzuheben, dass sie nicht Bestandteil des Systems zur Bezugsprofilgenerierung sind.

$$c_{FP} = 0,02 \cdot m \text{ (Räumen)} \tag{79}$$

$$c_{FP} = 0,07 \cdot m \text{ (Wälzfräsen)} \tag{80) [DIN 5480]}$$

$$c_{FP} = 0,12 \cdot m \text{ (Wälzstoßen)} \tag{81) [DIN 5480]}$$

$$c_{FP} = 0,12 \cdot m \text{ (Kaltwalzen)} \tag{82}$$

Das Mindestformübermaß c_{Fmin} ist in Tabelle 4 des ersten Teils der [DIN 5480] definiert.

$$c_{Fmin} \text{ (siehe Tabelle 4 der [DIN 5480])} \tag{83) [DIN 5480]}$$

Die Nabennennzahnlücke e_2 entspricht der Wellennennzahndicke s_1, vgl. Gleichung (84).

$$e_2 = s_1 \tag{84) [DIN 5480]}$$

Die Wellennennzahndicke s_1 ist nach der im Fachgebiet der Verzahnung allgemein bekannten Gleichung (85) zu berechnen.

$$s_1 = m \cdot \pi/2 + 2 \cdot x_1 \cdot m \cdot \tan \alpha \tag{85}$$

2.7 Weiterführende geometrische Randbedingungen

Aufgrund ihrer Relevanz für diese Dissertation werden in den nachfolgenden Kapiteln die gegenwärtig gültige Definition der Nabenbreite b und des Nabenaußendurchmessers d_{e2}, der Nabenrestwandstärke, der Auslaufform sowie abschließend der Nabenlage vorgenommen.

2.7.1 Nabenbreite b und Nabenaußendurchmesser d_{e2}

Die Definition der Nabenbreite b sowie des Nabenaußendurchmessers d_{e2} kann Abbildung 2.13 entnommen werden. Es sei darauf hingewiesen, dass die Nabe aus darstellerischen Gründen im Vergleich zu Abbildung 11.478 vereinfacht und zudem im Durchmesser verkleinert dargestellt ist.

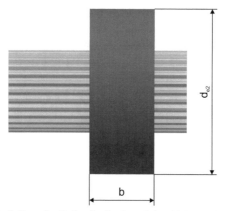

Abbildung 2.13: Definition der Nabenbreite b und des Nabenaußendurchmessers d_{e2} am Beispiel der ZWV Kapitel 3.3 – 45 x 1,5 x 28 (gemäß Tabelle 6.1; $c_{F1}/m = 0,12$; $\alpha = 30°$; $\rho_{f1}/m = 0,48$)

2.7.2 Nabenrestwandstärke

Nach dem Stand der Technik wird zur Charakterisierung der Nabenrestwandstärke evolventisch basierter Zahnwellenverbindungen nach [DIN 5480] das Verhältnis aus Nabenaußendurchmesser d_{e2}, vgl. Kapitel 2.7.1, und Bezugsdurchmesser d_B verwendet. Hierbei sei darauf hingewiesen, dass dies nur dann zur exakten Beschreibung des entsprechenden Sachverhalts führt, wenn dem Nabenprofil die normativ für das Räumen definierten geometrischen Randbedingungen zugrunde gelegt werden. Dies kann in allgemeiner Form mathematisch bewiesen werden. Zu diesem Zweck ist die Gleichung zur Berechnung der Fußhöhe des Bezugsprofils h_{fP} bei geräumter Nabe, vgl. Gleichung (60), in die Gleichung zur Berechnung des Nabenfußkreisdurchmessers d_{f2}, vgl. Gleichung (74), einzusetzen. Nach Bildung des Absolutwerts entspricht das resultierende Ergebnis der Gleichung zur Berechnung des Bezugsdurchmessers d_B, vgl. Gleichung (72).

2.7.3 Auslaufform

Es werden zwei Arten des Verzahnungsauslaufs unterschieden. Es handelt sich hierbei um den freien und den gebundenen Auslauf. Diese zeigt Abbildung 2.14.

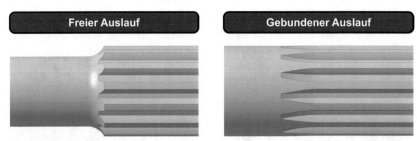

Abbildung 2.14: Arten des Verzahnungsauslaufs am Beispiel der ZWV [DIN 5480] – 25 x 1,75 x 13, links wälzgefräste ZW nach Abbildung 11.475, rechts wälzgefräste ZW nach Abbildung 11.477

2.7.4 Nabenlage

Aus der allgemeinen Kerbtheorie ist bekannt, dass abrupte Steifigkeitsveränderungen zu Spannungsüberhöhungen führen. Die Zahnnabe bewirkt eine solche Veränderung, so dass deren Lage, mit Verweis auf die Trennung potenzieller Kerbeinflüsse, von Bedeutung sein kann. Um dies zu analysieren, wurde unter anderem in [FVA 467 II] die in Abbildung 2.15 aufgezeigte Lagedefinition getroffen. Im Vergleich zur Nabenlage 0 (NL 0) ist die Zahnnabe bei Nabenlage 1 (NL1) um den Betrag des Bezugsdurchmessers d_B vom Auslauf entfernt positioniert. Aus gegebener Relevanz für diese Dissertation beschränkt sich die Darstellung auf den freien Auslauf, vgl. Kapitel 2.7.3. Sie gilt jedoch gleichermaßen für den gebundenen Auslauf.

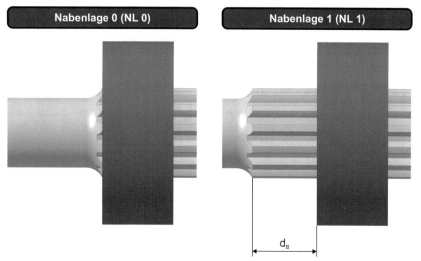

Abbildung 2.15: Definition der Nabenlage am Beispiel der ZWV [DIN 5480] – 25 x 1,75 x 13, wälzgefräste ZW nach Abbildung 11.475, geräumte ZN nach Abbildung 11.478 (vereinfacht dargestellt)

3 Geometriebezogene Definitionen, Entwicklungen und Betrachtungen

Gegenstand der geometriebezogen getroffenen Definitionen, realisierten Entwicklungen und durchgeführten Betrachtungen ist zunächst die kritische Analyse sowohl der Systematik als auch des Systems zur Bezugsprofilgenerierung evolventisch basierter Zahnwellenverbindungen der [DIN 5480]. Im Rahmen dieser werden funktionale Probleme und geometrische Restriktionen aufgezeigt. Möglichkeiten zur mathematischen Vereinfachung werden ausgearbeitet. Wie unter anderem in Kapitel 1.2 dargelegt, sind allerdings die ebenfalls dort formulierten Zielsetzungen dieser Dissertation nicht mit dem System zur Bezugsprofilgenerierung evolventisch basierter Zahnwellenverbindungen der [DIN 5480] realisierbar. Dies als Anlass nehmend, wird in Kapitel 3.2 eine neue Systematik und, durch deren mathematische Formulierung, ein neues System zur Generierung derartiger Verbindungen entwickelt, wobei hierbei auf [Wild 21] sowie [Wild 22] verwiesen sei. Dessen anwendungsfreundliche Darlegung ist Gegenstand von Kapitel 3.3. Aus gegebener Relevanz wird in Kapitel 3.4 das mit evolventisch basierten Zahnwellenverbindungen nach Kapitel 3.3 maximal realisierbare Wellenfußrundungsradiusverhältnis ρ_{f1}^V/m diskutiert und mit den korrespondierend normativen Restriktionen der [DIN 5480] verglichen. Dies dient dazu festzustellen, ob die in Kapitel 3.1 beschriebenen geometrischen Anomalien, die bei dem System zur Bezugsprofilgenerierung evolventisch basierter Zahnwellenverbindungen der [DIN 5480] auftreten können, mit dem in Kapitel 3.3 Dargelegten beschreibbar sind. Jenseits dessen wird im Vorfeld der eigentlichen Untersuchungen geklärt, welche geometriebezogenen Randbedingungen einzuhalten sind, so dass Gestaltfestigkeitsvergleiche zwischen unterschiedlichen Verbindungen über von der Belastungshöhe unabhängige Formzahlen α_k durchgeführt werden dürfen. Dies ist Gegenstand von Kapitel 3.5. Abschließend wird im Rahmen der geometriebezogen getroffenen Definitionen, realisierten Entwicklungen und durchgeführten Betrachtungen die gegenwärtig angewendete Definition zur Charakterisierung der Nabenrestwandstärke diskutiert. Es wird aufgezeigt, dass diese den realen Sachverhalt nur mit großer Einschränkung tatsächlich korrekt beschreibt. In Verbindung mit der neu entwickelten Profilform sowie den nunmehr mit ihr gegebenen Möglichkeiten zur Profilformvariation ist eine neue Definition der Nabenrestwandstärke äußerst sinnvoll. Diese wird in Kapitel 3.6 empfohlen.

3.1 Kritische Diskussion der [DIN 5480]

Bereits die detaillierte Analyse des in Kapitel 2.6 dargelegten Systems zur Bezugsprofilgenerierung evolventisch basierter Zahnwellenverbindungen der [DIN 5480] offenbart Optimierungspotenziale, die alleinig durch die Änderung der mathematischen Formulierung einiger elementarer Profilformbestandteile realisierbar sind. Die Herleitung der entsprechenden Gleichungen erfolgt in Kapitel 3.1.1. Darüber hinaus deuten wissenschaftliche Untersuchungen darauf hin, dass die mit dem System zur Bezugspro-

© Der/die Autor(en) 2022
J. Wild, *Optimierung der Tragfähigkeit von Zahnwellenverbindungen*,
https://doi.org/10.1007/978-3-658-36061-3_3

filgenerierung evolventisch basierter Zahnwellenverbindungen der [DIN 5480] generierbaren Profile signifikante Potenziale insbesondere zur Gestaltfestigkeitssteigerung haben. Diese können allerdings nicht mit dem zuvor benannten System erschlossen werden. Zurückzuführen ist dies auf seine grundlegende Systematik, die die hierfür erforderliche geometrische Variation der Profilform in weiten Bereichen nicht ermöglicht. Außerdem sind weiterführende Funktionen erforderlich, um das volle Potenzial derartiger Verbindungen nutzen zu können. Auf diese Sachverhalte wird in der in Kapitel 3.1.2 geführten kritischen Diskussion der Systematik des Systems zur Bezugsprofilgenerierung evolventisch basierter Zahnwellenverbindungen der [DIN 5480] eingegangen.

Während die in Kapitel 3.1.1 vorgeschlagenen mathematischen Vereinfachungen des Systems zur Bezugsprofilgenerierung evolventisch basierter Zahnwellenverbindungen der [DIN 5480] sehr einfach umsetzbar sind, ist zur Abhilfe der in Kapitel 3.1.2 angeführten Kritikpunkte an seiner zugrunde gelegten Systematik ein grundlegend anderes Vorgehen und damit verbunden eine gänzlich andere mathematische Formulierung seiner elementaren Bestandteile erforderlich. Dies ist gleichbedeutend mit der Entwicklung eines neuen Systems zur Profilgenerierung derartiger Verbindungen, was, mit Verweis auf [Wild 21] sowie [Wild 22], Gegenstand von Kapitel 3.2 ist. Das resultierende Arbeitsergebnis wird anwendungsfreundlich in Kapitel 3.3 dargelegt.

3.1.1 Mathematische Vereinfachungen

Wie in Kapitel 2.6 dargelegt, ist eine Besonderheit des Systems zur Bezugsprofilgenerierung evolventisch basierter Zahnwellenverbindungen der [DIN 5480], dass der Wellenkopfkreisdurchmesser d_{a1} als Wellenaußendurchmesser in der Art definiert ist, dass Wälzlager über die Wellenverzahnung hinweg montierbar sind. Realisiert wird dies dadurch, dass der Bezugsdurchmesser d_B dem Wälzlagerinnendurchmesser entspricht und der Wellenkopfkreisdurchmesser d_{a1} durch Profilverschiebung immer leicht kleiner ist. Dies mündet in die mathematische Formulierung der Kopf- und Fußkreisdurchmesser in Abhängigkeit des jeweiligen Profilverschiebungsfaktors x entsprechender Komplexität, vgl. die Gleichungen (73), (74), (76) sowie (77). Allerdings können für die zuvor benannten Größen sehr viel einfachere Funktionen, und dies ausschließlich auf Basis des Systems zur Bezugsprofilgenerierung evolventisch basierter Zahnwellenverbindungen der [DIN 5480] beziehungsweise seiner Bestandteile, hergeleitet werden, die sogar zudem die Profilverschiebungsfaktoren x nicht beinhalten. Dies ist Gegenstand der Kapitel 3.1.1.1 sowie 3.1.1.2. Vorab sei an dieser Stelle angemerkt, dass die in diesem Kapitel durchgeführten Betrachtungen von entsprechender Relevanz für das im Rahmen dieser Dissertation in Kapitel 3.2 entwickelte sowie in Kapitel 3.3 dargelegte System zur Profilgenerierung evolventisch basierter Zahnwellenverbindungen sind. Genauer sind diese für die Entwicklung der sogenannten Profilmodifizierung, vgl. Kapitel 3.2.3.2.2, erforderlich. Hierfür ist unter anderem die mathematische Formulierung des Wellenkopfkreisdurchmessers d_{a1} unabhängig vom Wellenprofilverschiebungsfaktor x_1 notwendig.

3.1.1.1 Kopfkreisdurchmesser d_{a1} und d_{a2}

Der Bezugsdurchmesser d_B ist eine fest definierte Größe. Per Definition ist er in seinem Betrag dem Lagerinnendurchmesser gleichgesetzt. Weiterführend ist der Wellenkopfkreis immer geringfügig kleiner, so dass eine Lagermontage über die Verzahnung hinweg stets sichergestellt ist. Hieraus resultierend existiert zur Berechnung des Wellenkopfkreisdurchmessers d_{a1}, entgegen der in der [DIN 5480] angegebenen Gleichung, vgl. Gleichung (76), eine weitere mathematische Formulierung, bei der der Wellenprofilverschiebungsfaktor x_1 nicht Bestandteil ist. Diese ist entgegen der in der [DIN 5480] angegebenen Gleichung deutlich kompakter und lässt zudem die Funktionsweise der entsprechenden Norm eher erkennen. Ihre Herleitung ist Gegenstand des Nachfolgenden. Ausgehend vom Bezugsdurchmesser d_B kann von diesem der Betrag der Kopfrücknahme subtrahiert werden, der sich wiederum aus der Differenz von Bezugsdurchmesser d_B und Wellenkopfkreisdurchmesser d_{a1} ergibt, vgl. Gleichung (86).

$$d_{a1} = d_B - (d_B - d_{a1}) \tag{86}$$

Setzt man für die Variablen innerhalb des Klammerausdrucks von Gleichung (86) die in der [DIN 5480] gegebenen Bestimmungsgleichungen ein, folgt Gleichung (87). Damit ist der Wellenkopfkreisdurchmesser d_{a1} deutlich einfacher bei gleicher Funktion und zudem unabhängig vom Wellenprofilverschiebungsfaktor x_1 definiert.

$$\begin{aligned} d_{a1} &= d_B - \big((m \cdot z_1 + 2 \cdot x_1 \cdot m + 1{,}1 \cdot m) - (m \cdot z_1 + 2 \cdot x_1 \cdot m + 0{,}9 \cdot m)\big) \\ &= d_B - 0{,}2 \cdot m \end{aligned} \tag{87}$$

Die wirksame Berührungshöhe h_w als projizierte Kontaktfläche zwischen Welle und Nabe ist in der [DIN 5480] als das Zweifache der Kopfhöhe des Bezugsprofils h_{aP} definiert, vgl. Gleichung (59). Damit kann aus Gleichung (87) auf sehr einfache Art und Weise der Nabenkopfkreisdurchmesser d_{a2} unabhängig vom Nabenprofilverschiebungsfaktor x_2 formuliert werden, vgl. Gleichung (88). Die in der [DIN 5480] getroffene Vorzeichenkonvention wird hierbei beibehalten.

$$d_{a2} = -d_{a1} + 4 \cdot h_{aP} = -d_B + 0{,}2 \cdot m + 4 \cdot 0{,}45 \cdot m = -d_B + 2 \cdot m \tag{88}$$

Um die [DIN 5480] zu vereinfachen, ist eine Substitution der gegenwärtig in der Norm angegebenen Gleichungen zur Berechnung der Kopfkreisdurchmesser d_a durch die Gleichungen (87) und (88) sinnvoll. Im Hinblick auf die im Rahmen dieser Dissertation entwickelte Funktion der Profilmodifizierung, vgl. die Kapitel 3.2.3.2.2 sowie 6.3, ist die Implementierung von Gleichung (87) zur Berechnung des Wellenkopfkreisdurchmessers d_{a1} zwingend erforderlich. Hier muss der Wellenprofilverschiebungsfaktor x_1 als Einflussgröße eliminiert werden. Zur Berechnung des Nabenkopfkreisdurchmessers d_{a2} hingegen muss ein Derivat von Gleichung (73) implementiert werden, indem der Nabenprofilverschiebungsfaktor x_2 als Einflussgröße erhalten bleibt. Die entsprechende Gleichung wird in Kapitel 3.2.3.2.2 entwickelt, vgl. Gleichung (146). Das im Rahmen dieser Dissertation entwickelte System zur Profilgenerierung evolventisch basierter Zahnwellenverbindungen ist in Kapitel 3.3 dargelegt.

3.1.1.2   Fußkreisdurchmesser d_{f1} und d_{f2}

Wohl wissend um die normativen Schwächen, werden aus Gründen der Vollständigkeit trotzdem die alternativen Definitionen zur Berechnung der Fußkreisdurchmesser d_{f1} und d_{f2} nach dem Stand der Technik angeführt. So können die entsprechenden Durchmesser jeweils als Summe der korrelierenden Kopfkreis-Kopfspiel-Paarung formuliert werden, vgl. die Gleichungen (89) und (90). Die in der [DIN 5480] getroffene Vorzeichenkonvention wird hierbei beibehalten.

$$d_{f1} = -d_{a2} - c_{P1} \tag{89}$$

$$d_{f2} = -d_{a1} - c_{P2} \tag{90}$$

Mit Verweis auf die Gleichungen (87) und (88) sowie (93) bis (96) sind mit den Gleichungen (89) und (90) von den Profilverschiebungsfaktoren x unabhängige Formulierungen für die Fußkreise d_{f1} und d_{f2} entwickelt.

3.1.2 Systematik zur Profilgenerierung

Das in Kapitel 2.6 dargelegte System zur Bezugsprofilgenerierung evolventisch basierter Zahnwellenverbindungen der [DIN 5480] beschreibt die geometrischen Verhältnisse derartiger Verbindungen nicht vollständig mathematisch geschlossen fundiert. Während die Kopfkreisdurchmesser d_a exakt beschrieben sind, werden die Fußkreisdurchmesser d_f ausgehend von den Kopfkreisdurchmessern d_a mittels empirischer Elemente berechnet. Diese sind Bestandteil der Fußhöhen des Bezugsprofils h_{fP}. Die empirischen Anteile der Fußhöhen des Bezugsprofils h_{fP} sind in der [DIN 5480] als Kopfspiele des Bezugsprofils c_P definiert. Sie können alternativ zur in der entsprechend benannten Norm angeführten Definition durch Subtraktion der korrelierenden Kopf-Fußkreis-Paarung berechnet werden. Mit den Kopfspielen des Bezugsprofils c_P sind geometrische Bereiche für die Fußrundungsradien des Bezugsprofils ρ_{fP} und die

Formübermaße des Bezugsprofils c_{FP} in das System zur Bezugsprofilgenerierung evolventisch basierter Zahnwellenverbindungen der [DIN 5480] pauschal implementiert, also ohne die entsprechenden Größen parametrisch zu berücksichtigen. Bei gegebenen Kopf- und Fußkreisen werden folglich ohne konkrete Beachtung der geometrischen Verhältnisse die Fußausrundungen vorgenommen. Die Formübermaße des Bezugsprofils c_{FP} sind damit sich ergebende beziehungsweise redundante Maße. Der zuvor beschriebene Sachverhalt kann mit Abbildung 2.11 am Bezugsprofil, besser jedoch mit Abbildung 3.1 am Nennprofil, nachvollzogen werden.

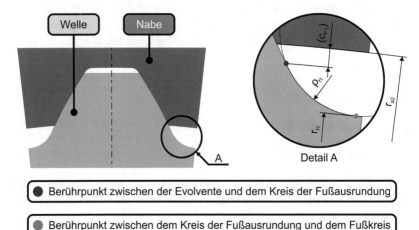

● Berührpunkt zwischen der Evolvente und dem Kreis der Fußausrundung

● Berührpunkt zwischen dem Kreis der Fußausrundung und dem Fußkreis

Abbildung 3.1: Geometrische Zusammenhänge evolventisch basierter ZWV nach [DIN 5480] im Wellenfußbereich am Beispiel der ZWV Kapitel 3.3 – 45 x 1,5 x 28 (gemäß Tabelle 6.1; $c_{F1}/m = 0,12$; $\alpha = 30\,°$; $\rho_{f1}/m = 0,48$)

Im vorhergehenden Absatz wird behauptet, dass in der [DIN 5480] mit den Kopfspielen des Bezugsprofils c_P pauschal geometrische Bereiche für die Fußrundungsradien des Bezugsprofils ρ_{fP} und die Formübermaße des Bezugsprofils c_{FP} definiert sind, ohne die entsprechenden Parameter direkt zu berücksichtigen. Dies wird im Nachfolgenden bewiesen. Vorab sei an dieser Stelle angemerkt, dass in der [DIN 5480] weder für die Fußhöhen des Bezugsprofils h_{fP} noch für die Kopfspiele des Bezugsprofils c_P eine Differenzierung zwischen Welle und Nabe vorgesehen ist, vgl. Abbildung 2.11. Es wird lediglich nach dem angewendeten Fertigungsverfahren unterschieden. Da in aller Regel die Verbindungspartner auf unterschiedliche Art und Weise hergestellt werden, ist eine Differenzierung in Analogie zu anderen Parameterdefinitionen sinnvoll. Eine entsprechende Festlegung wird mit Abbildung 3.13 vorgenommen. Sie wird bereits im Nachfolgenden berücksichtigt.

Verbindungspartnerspezifisch ergeben sich für die Kopfspiele des Bezugsprofils c_P in mathematischer Formulierung die Gleichungen (91) und (92).

$$c_{P1} = -d_{a2} - d_{f1} = -0,9 \cdot m + 2 \cdot h_{fP1} \tag{91}$$

$$c_{P2} = -d_{f2} - d_{a1} = 2 \cdot h_{fP2} - 0,9 \cdot m \tag{92}$$

Die in der [DIN 5480] fertigungsverfahrensspezifisch definierten Kopfhöhen des Bezugsprofils h_{fP} berücksichtigend, vgl. die Gleichungen (60) bis (63), folgen aus den Gleichungen (91) und (92) die Gleichungen (93) bis (96) zur fertigungsverfahrens- und verbindungspartnerspezifischen Bestimmung der Kopfspiele des Bezugsprofils c_P.

$$c_P = 0,2 \cdot m \text{ (Räumen)} \tag{93}$$

$$c_P = 0,3 \cdot m \text{ (Wälzfräsen)} \tag{94}$$

$$c_P = 0,4 \cdot m \text{ (Wälzstoßen)} \tag{95}$$

$$c_P = 0,78 \cdot m \text{ (Kaltwalzen)} \tag{96}$$

Mit den Gleichungen (93) bis (96) ist aufgezeigt, dass die Abstände zwischen den Kopf- und Fußkreisen, in die es spezifisch für Welle und Nabe die Fußrundungsradien des Bezugsprofils ρ_{fP} und die Formübermaße des Bezugsprofils c_{FP} einzupassen gilt, nicht von diesen Parametern abhängig sind. Somit kann, dem empirischen Charakter der [DIN 5480] geschuldet, eine freie Variation zuvor benannter Parameter nur dann möglich sein, wenn dies in entsprechender Form in die Koeffizienten der Gleichungen (93) bis (96) eingeflossen ist. Dies ist nicht der Fall. Ergab sich doch im Zuge numerischer Voruntersuchungen für diese Dissertation, dass es bereits bei Verbindungen ohne Parametervariation, das heißt in absoluter Übereinstimmung mit der [DIN 5480], zu geometrischen Anomalien kommen kann. So kann es, mit Verweis auf Abbildung 3.1, zum einen zur geometrischen Durchdringung zwischen Welle und Nabe kommen, wenn sich der Berührpunkt zwischen Evolvente und Fußausrundung im Kontaktbereich von Welle und Nabe befindet. Zum anderen kann eine Tangentenunstetigkeit im Zahnfuß resultieren, wenn der Berührpunkt zwischen der Fußausrundung und dem Fußkreis jenseits des Zahnsegments liegt. Es sei abschließend hervorgehoben, dass der Flankenwinkel α, wie auch bereits die Fußrundungsradien des Bezugsprofils ρ_{fP} und die Formübermaße des Bezugsprofils c_{FP}, nicht in allgemeiner Form in das System zur Bezugsprofilgenerierung evolventisch basierter Zahnwellenverbindungen der [DIN 5480] einfließt. Es ist folglich zu erwarten, dass eine Variation dieses Parameters jenseits der in diesem Zusammenhang normativ gegebenen Restriktion, vgl. Gleichung (53), ebenfalls schnell zu geometrischen Anomalien führt.

Wie in Kapitel 2.6 dargelegt, ist eine Besonderheit der [DIN 5480], dass der Wellen-kopfkreisdurchmesser d_{a1} als Wellenaußendurchmesser in der Art definiert ist, dass Wälzlager über die Wellenverzahnung hinweg montierbar sind. Realisiert wird dies dadurch, dass der Bezugsdurchmesser d_B dem Wälzlagerinnendurchmesser ent-spricht und der Wellenkopfkreisdurchmesser d_{a1} durch Profilverschiebung immer leicht kleiner ist, vgl. Gleichung (76). Diesbezüglich kann mit den Gleichungen des Systems zur Bezugsprofilgenerierung evolventisch basierter Zahnwellenverbindungen der [DIN 5480] hergeleitet werden, dass der Wellenkopfkreisdurchmesser d_{a1} immer um das 0,2-fache des Moduls m kleiner ist als der Bezugsdurchmesser d_B, vgl. Glei-chung (87). Damit nimmt also der Modul m Einfluss auf das Nennspiel zwischen dem Wälzlagerinnendurchmesser und dem Wellenaußendurchmesser. In Abhängigkeit des Fertigungsverfahrens kann diese Definition sowie ihre fixe Implementierung sinnvoll sein. Allerdings existieren auch Fälle, in denen andere Festlegungen vorteilhaft sind. Damit ist die Möglichkeit zur freien Variation des Wellenkopfkreisdurchmessers d_{a1} in Relation zum Bezugsdurchmesser d_B erstrebenswert. Dies gilt ebenfalls für die wirk-same Berührungshöhe h_w.

In diversen Veröffentlichungen, vgl. unter anderem [Maiw 08] sowie insbesondere [DFG ZI 1161] wird angeführt, dass mit komplexen Trochoiden signifikant größere Ge-staltfestigkeiten realisierbar sind als mit den gegenwärtig häufig in der Praxis ange-wendeten und etablierten Zahnwellenverbindungen nach [DIN 5480]. Von diesem Sachverhalt ausgehend wurde im Forschungsvorhaben [FVA 742 I] numerisch be-stimmt und darüber hinaus experimentell abgesichert, wie groß die zu erwartenden Tragfähigkeitsvorteile bei einem Hülldurchmesser von 25 mm sind. Einander gegen-übergestellt wurden hierbei die Gestaltfestigkeiten der profilformspezifischen Optima. Auf die quantitativen Unterschiede hier nicht eingehend muss qualitativ festgehalten werden, dass mit der komplexen Trochoiden eine nennenswert höhere Gestaltfestig-keit als mit der evolventisch basierten Zahnwellenverbindung nach [DIN 5480] bei zu-dem bereits nicht normkonform optimiertem Wellenfußrundungsradiusverhältnis ρ_{f1}/m realisiert wurde. Es ist allerdings besonders hervorzuheben, dass im For-schungsvorhaben [FVA 742 I] profilformspezifische Optima, nicht aber geometrisch äquivalente Zahnwellenverbindungen verglichen wurden. So bestanden signifikante geometrische Unterschiede zu Ungunsten der evolventisch basierten Zahnwellenver-bindung nach [DIN 5480]. Dies ist spätestens mit den Ergebnissen dieser Dissertation beurteilbar. Unterschiede bestanden unter anderem bei den geometrischen Einfluss-größen Wellenkopfkreisradius r_{a1}, Wellenfußkreisradius r_{f1}, Flankenwinkel α sowie Wellenfußrundungsradius ρ_{f1}, vgl. Abbildung 3.2. Sie sind das Resultat der durch das System zur Bezugsprofilgenerierung evolventisch basierter Zahnwellenverbindungen der [DIN 5480] gegebenen Möglichkeiten. Seitens der evolventischen Profilform nach [DIN 5480] war eine weitere Optimierung nicht möglich.

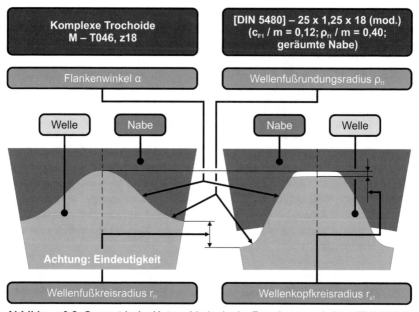

Abbildung 3.2: Geometrische Unterschiede der im Forschungsvorhaben [FVA 742 I] einander gegenübergestellten Profilwellenverbindungen (gleicher Maßstab)

3.2   Entwicklung eines Systems zur Profilgenerierung evolventisch basierter Zahnwellenverbindungen

Abhilfe bezüglich der insbesondere in Kapitel 3.1.2 angeführten Kritikpunkte am System zur Bezugsprofilgenerierung evolventisch basierter Zahnwellenverbindungen der [DIN 5480] ist nicht durch entsprechende Anpassungen möglich. Vielmehr ist die Entwicklung eines neuen Systems erforderlich. Dies ist auf die zu realisierende Hauptfunktion des uneingeschränkten Zugriffs auf alle die Geometrie derartiger Verbindungen bestimmenden Parameter zurückzuführen. Im Detail sind dies nach gegenwärtigem Stand der Technik der Bezugsdurchmesser d_B, die Formübermaße c_F, der Modul m beziehungsweise die Zähnezahlen z, der Flankenwinkel α sowie die Fußrundungsradien ρ_f. Diesen Parametern sind, aufgrund der nunmehr zusätzlich zu realisierenden Unterfunktionen, weitere hinzuzufügen. Dies sind der Bezugsdurchmesserabstand A_{dB}, der Aufteilungsschlüssel der Reduzierung der wirksamen Berührungshöhe A_{hw}, die wirksame Berührungshöhe $h_w(R_{hw} = 0)$ sowie der Reduzierfaktor der wirksamen Berührungshöhe R_{hw}. Motivation zur Realisierung der Hauptfunktion ist die funktionale Erschließung des vollständigen Potenzials evolventisch basierter Zahnwellenverbindungen beziehungsweise anders formuliert, die Möglichkeit zur geometrischen Anpassung derartiger Verbindungen an die an sie gestellten Anforderungen. Hierfür ist eine grundlegend andere Systematik erforderlich, als dem System zur Bezugsprofilgenerierung der [DIN 5480] zugrunde liegt. Diese ist in Kapitel 3.2.1 dargelegt.

Wie bereits erwähnt, sind, zusätzlich zur im vorhergehenden Absatz benannten Hauptfunktion, mehrere Unterfunktionen in das neue System zur Profilgenerierung evolventisch basierter Zahnwellenverbindungen zu implementieren. Hierzu zählt zunächst, dass der Abstand des Wellenkopfkreisdurchmessers d_{a1} als äußerer Durchmesser der verzahnten Welle zu einem vom Anwender frei wählbaren Bezugsdurchmesser d_B ebenfalls frei wählbar sein muss. Diese Funktion substituiert nicht nur die in die [DIN 5480] durch Profilverschiebung implementierte Besonderheit, dass Wälzlager über die Verzahnung hinweg montierbar sind. Vielmehr erweitert sie diese in zudem allgemeingültiger Form. Darüber hinaus ist, mit Verweis auf die ebenfalls zu implementierende Funktion der Profilmodifizierung, die Definition des Wellenkopfkreises unabhängig von der Profilverschiebung zwingend erforderlich.

Die wirksame Berührungshöhe $h_w(R_{hw} = 0)$ ist fix in die [DIN 5480] eingebunden. Eine freie Variation ist somit nicht möglich. In Konsequenz ist die allgemeingültige Einbindung dieses Parameters in das System zur Profilgenerierung evolventisch basierter Zahnwellenverbindungen eine weitere Anforderung.

Mit Verweis auf die auf Basis von Abbildung 3.2 angeführten Ausführungen ist der Wellenfußkreis so zu formulieren, dass er unabhängig von der restlichen Profilform variiert, und damit eben auch vergrößert werden kann. Dies gilt weiterführend ebenfalls für den Wellenfußrundungsradius ρ_{f1}. Der Rotationssymmetrie einer Zahnwellenverbindung geschuldet, geht mit der Vergrößerung des Wellenfußkreises allerdings auch eine Vergrößerung des maximal realisierbaren Wellenfußrundungsradius ρ_{f1}^V einher. Somit erfüllt die Möglichkeit zur Vergrößerung des Wellenfußkreises beide Anforderungen. Mit Verweis auf die der Entwicklung des Systems zur Profilgenerierung evolventisch basierter Zahnwellenverbindungen zugrunde gelegte Systematik ist dieser allerdings nur noch indirekt über den Nabenkopfkreis beeinflussbar. Es sei vorab angemerkt, dass dessen Variation mit der Funktion der Profilmodifizierung realisiert wird. Ihre Implementierung hat Auswirkung auf die mathematische Formulierung beider Kopfkreise. Die Fußkreise hingegen sind mit Verweis auf die nunmehr zugrunde gelegte Systematik zur Profilgenerierung evolventisch basierter Zahnwellenverbindungen, vgl. Kapitel 3.2.1, ohnehin gänzlich anders formuliert als in der [DIN 5480].

Die mathematisch geschlossene Herleitung von Gleichungen zur Berechnung der die Elemente der Profilform evolventisch basierter Zahnwellenverbindungen charakterisierenden Größen unter Berücksichtigung der zuvor beschriebenen Funktionen ist Ge-

genstand der Kapitel 3.2.2 sowie 3.2.3. Sie werden in Kapitel 3.3 als finales Arbeitsergebnis zum System zur Profilgenerierung evolventisch basierter Zahnwellenverbindungen zusammengefasst.

3.2.1 Systematik

Grundlage des Systems zur Profilgenerierung evolventisch basierter Zahnwellenverbindungen ist dessen sequenziell unidirektionale Generierung ausgehend vom Wellenkopfkreisdurchmesser d_{a1}, der in letzter Instanz auf dem Bezugsdurchmesser d_B
basiert. Dies wird nachfolgend auf Grundlage des Nennprofils in Differenzierung zwischen der Wellen- sowie der Nabenprofilform genauer ausgeführt.

Die Wellenprofilform wird in radialer Richtung unidirektional nach innen generiert. Basis ist der Bezugsdurchmesser d_B. Ausgehend von ihm wird der Wellenkopfkreisdurchmesser d_{a1} lediglich mit Hilfe des Bezugsdurchmesserabstands A_{dB} bestimmt. Der
Wellenkopfkreisdurchmesser d_{a1} ist folglich vom Wellenprofilverschiebungsfaktor x_1
unabhängig. Mit Verweis auf die neu entwickelte Funktion der Profilmodifizierung, vgl.
Kapitel 3.2.3.2.2, ist dies zwingend erforderlich. Weiterführend ergibt sich der Nabenkopfkreisdurchmesser d_{a2} initiativ durch Profilverschiebung. In zweiter Instanz ist hier
die Funktion zur Profilmodifizierung implementiert, die, wie in Kapitel 3.2.3.2.2 dargelegt, eine Kombination aus Profilverschiebungs- und Profilmodifizierungsfaktor sein
kann. Von dem Nabenkopfkreisdurchmesser d_{a2} ausgehend, wird der Berührpunkt
zwischen der evolventischen Wellenzahnflanke und der Wellenfußausrundung durch
das Wellenformübermaß c_{F1} definiert. Unter Berücksichtigung eines tangentenstetigen
Übergangs sowohl zwischen der evolventischen Wellenzahnflanke und der Wellenfußausrundung als auch zwischen der Wellenfußausrundung und dem Wellenfußkreis resultiert bei durch den Anwender festgelegtem Wellenfußrundungsradius ρ_{f1} der Wellenfußkreisradius r_{f1} als redundantes Maß, vgl. Abbildung 3.3. Dies steht im
Gegensatz zur [DIN 5480], vgl. Abbildung 3.1. Es sei angemerkt, dass die zuvor beschriebene Systematik sowohl für den Fall der Teil- als auch jenen der Vollausrundung
Gültigkeit hat. Bei vollausgerundeter Welle wird der Wellenfußkreis lediglich zum redundanten Konstruktionselement.

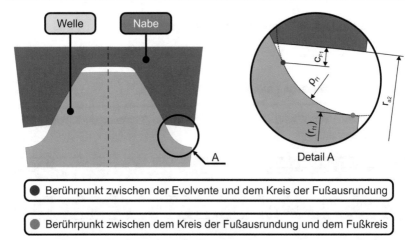

● Berührpunkt zwischen der Evolvente und dem Kreis der Fußausrundung

● Berührpunkt zwischen dem Kreis der Fußausrundung und dem Fußkreis

Abbildung 3.3: Grundlegende Systematik des in dieser Dissertation entwickelten Systems zur Profilgenerierung evolventisch basierter ZWV am Beispiel der ZWV Kapitel 3.3 – 45 x 1,5 x 28 (gemäß Tabelle 6.1; $c_{F1}/m = 0,12$; $\alpha = 30\,°$; $\rho_{f1}/m = 0,48$)

Mit Verweis auf die obigen Ausführungen ist durch die Generierung des Wellenprofils bereits ein Teil des Nabenprofils, nämlich der Nabenkopfkreis, definiert. Noch offen ist die Bestimmung der Nabenfußgeometrie. Diese wird in radialer Richtung unidirektional nach außen generiert. Basis hierfür ist allerdings nicht der durch den Bezugsdurchmesser d_B beschriebene Kreis, sondern der Wellenkopfkreis. Die Generierung der Nabenfußgeometrie erfolgt in Analogie zur Wellenfußgeometrie. So wird ausgehend vom Wellenkopfkreis der Berührpunkt zwischen der evolventischen Nabenzahnflanke und der Nabenfußausrundung durch das Nabenformübermaß c_{F2} definiert. Unter Berücksichtigung eines tangentenstetigen Übergangs sowohl zwischen der evolventischen Nabenzahnflanke und der Nabenfußausrundung als auch zwischen der Nabenfußausrundung und dem Nabenfußkreis resultiert bei durch den Anwender festgelegtem Nabenfußrundungsradius ρ_{f2} der Nabenfußkreisradius r_{f2} als redundantes Maß. Es sei angemerkt, dass die zuvor beschriebene Systematik sowohl für den Fall der Teil- als auch jenen der Vollausrundung Gültigkeit hat. Bei vollausgerundeter Nabe wird der Nabenfußkreis lediglich zum redundanten Konstruktionselement.

3.2.2 Mathematische Formulierung der Grundgeometrie

3.2.2.1   Evolvente

3.2.2.1.1   Kartesische Formulierung

Allgemein kann eine Evolvente parametrisch mit den Gleichungen (97) und (98) beschrieben werden.

$$x_E = r_b(\cos u_E + u_E \sin u_E) \tag{97}$$

$$y_E = -r_b(\sin u_E - u_E \cos u_E) \tag{98}$$

Am Beispiel der Zahnwellenverbindung Kapitel 3.3 – 45 x 1,5 x 28 (gemäß Tabelle 6.1; $c_{F1}/m = 0{,}12$; $\alpha = 30\,°$; $\rho_{f1}/m = 0{,}48$) ergibt sich die in Abbildung 3.4 gezeigte Evolvente.

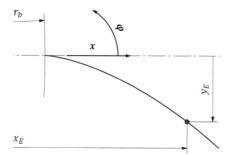

Abbildung 3.4: Evolvente am Beispiel der ZWV Kapitel 3.3 – 45 x 1,5 x 28 (gemäß Tabelle 6.1; $c_{F1}/m = 0{,}12$; $\alpha = 30\,°$; $\rho_{f1}/m = 0{,}48$)

3.2.2.1.2   Polare Formulierung

Im Zuge nachfolgender Herleitungen ist die Evolvente in polarer Formulierung erforderlich. Zu diesem Zweck wird die in Kapitel 3.2.2.1.1 angeführte parametrische Form entsprechend überführt. Basis hierfür ist Abbildung 3.5.

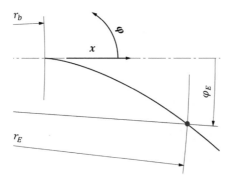

Abbildung 3.5: Evolvente am Beispiel der ZWV Kapitel 3.3 – 45 x 1,5 x 28 (gemäß Tabelle 6.1; $c_{F1}/m = 0{,}12$; $\alpha = 30°$; $\rho_{f1}/m = 0{,}48$)

Mit dem Satz des Pythagoras kann für den Radius der Evolvente r_E Gleichung (99) formuliert werden.

$$r_E = \sqrt{\left(x_E = f(u_E)\right)^2 + \left(y_E = f(u_E)\right)^2} \tag{99}$$

Das nachfolgend angeführte Additionstheorem

$$\sin^2 u_E + \cos^2 u_E = 1 \tag{100}$$

erlaubt dabei die weiterführende Entwicklung von Gleichung (101).

$$r_E = r_b \sqrt{(1 + u_E^2)} \tag{101}$$

Eine entsprechende Umformung von Gleichung (101) ermöglicht die Berechnung der Laufvariablen u_E bei vorgegebenem Radius r_E, vgl. Gleichung (102). Diese Gleichung ist in den nachfolgenden Kapiteln von besonderer Bedeutung.

$$u_E = \sqrt{\left(\frac{r_E}{r_b}\right)^2 - 1} \tag{102}$$

Für den Umlegungswinkel der Evolvente φ_E kann mit den Regeln der Trigonometrie Gleichung (103) aufgestellt werden.

$$\tan \varphi_E = \frac{y_E}{x_E} = \frac{-r_b(\sin u_E - u_E \cos u_E)}{r_b(\cos u_E + u_E \sin u_E)} \tag{103}$$

Mit

$$\tan u_E = \frac{\sin u_E}{\cos u_E} \tag{104}$$

folgt aus Gleichung (103) Gleichung (105).

$$\tan \varphi_E = \frac{-\tan u_E + u_E}{1 + u_E \cdot \tan u_E} \tag{105}$$

Die geeignete selektive Erweiterung von Gleichung (105) macht deutlich, dass diese durch ein Additionstheorem vereinfacht werden kann, vgl. Gleichung (106).

$$\tan \varphi_E = \frac{\tan(\tan^{-1} u_E) - \tan u_E}{1 + \tan(\tan^{-1} u_E) \cdot \tan u_E} = \tan(\tan^{-1} u_E - u_E) \tag{106}$$

Somit kann der Umlegungswinkel der Evolvente φ_E schlussendlich mit Gleichung (107) berechnet werden.

$$\boxed{\varphi_E = \tan^{-1} u_E - u_E \tag{107}}$$

3.2.2.1.3   Tangente

Die Gleichungen zur parametrischen Bestimmung der Evolvente, vgl. die Gleichungen (97) und (98), können in eine vektorielle Schreibweise überführt werden. Hierdurch resultiert Gleichung (108).

$$\vec{E} = \begin{pmatrix} x_E \\ y_E \end{pmatrix} = r_b \begin{pmatrix} \cos u_E + u_E \sin u_E \\ -\sin u_E + u_E \cos u_E \end{pmatrix} \tag{108}$$

Es ist allgemein bekannt, dass die Steigung der Tangente einer gegebenen Funktion mit deren Ableitung nach ihrer unabhängigen Größe u_E in jedem Punkt berechnet werden kann, vgl. Abbildung 3.6.

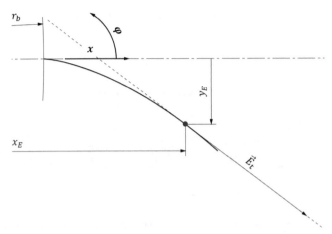

Abbildung 3.6: Tangente durch den Punkt P(x_E, y_E) der Evolvente am Beispiel der ZWV Kapitel 3.3 – 45 x 1,5 x 28 (gemäß Tabelle 6.1; $c_{F1}/m = 0{,}12$; $\alpha = 30\,°$; $\rho_{f1}/m = 0{,}48$)

Folglich gilt für den Tangentenvektor der Evolvente $\vec{E}_t$ Gleichung (109).

$$\vec{E}_t = \vec{E}' = \frac{d\vec{E}}{du_E} = \begin{pmatrix} dx_E/du_E \\ dy_E/du_E \end{pmatrix} = \begin{pmatrix} x'_E \\ y'_E \end{pmatrix} \tag{109}$$

Seine weiterführende Bestimmung erfolgt also durch komponentenweise Differenziation. Hierbei kann für die Ableitung der Koordinate der Evolvente in x-Richtung x'_E Gleichung (110) aufgestellt werden.

$$x'_E = \frac{dx_E}{du_E} = \frac{d\big(r_b(\cos u_E + u_E \sin u_E)\big)}{du_E} \tag{110}$$

Die mathematische Umsetzung von Gleichung (110) gelingt mit Summen- und Produktregel. Es resultiert Gleichung (111).

$$x'_E = r_b(-\sin u_E + \sin u_E + u_E \cos u_E) = r_b u_E \cos u_E \tag{111}$$

Für die Ableitung der Koordinate der Evolvente in y-Richtung y'_E gilt in Analogie zu Gleichung (110) Gleichung (112).

$$y'_E = \frac{dy_E}{du_E} = \frac{d\big(-r_b(\sin u_E - u_E \cos u_E)\big)}{du_E} \tag{112}$$

Die mathematische Umsetzung von Gleichung (112) gelingt mit Summen- und Produktregel. Es resultiert Gleichung (113).

$$y'_E = -r_b(\cos u_E - \cos u_E + u_E \sin u_E) = -r_b u_E \sin u_E \tag{113}$$

Schlussendlich ist der Tangentenvektor der Evolvente $\vec{E}_t$ mit Gleichung (114) formuliert.

$$\vec{E}_t = \vec{E}' = \frac{d\vec{E}}{du_E} = \begin{pmatrix} dx_E/du_E \\ dy_E/du_E \end{pmatrix} = \begin{pmatrix} x'_E \\ y'_E \end{pmatrix} = \begin{pmatrix} r_b u_E \cos u_E \\ -r_b u_E \sin u_E \end{pmatrix} = r_b u_E \begin{pmatrix} \cos u_E \\ -\sin u_E \end{pmatrix} \tag{114}$$

3.2.2.1.4   Einheitsnormalenvektor

Aus der Kenntnis über die Tangente in jedem Punkt der Evolvente, vgl. Gleichung (114), kann die Richtung der Normalen durch Vertauschen der x'_E- und y'_E-Koordinate beziehungsweise ihrer Bestimmungsgleichungen sowie einer plausibilitätsbasierten Vorzeichenanpassung von der Tangente der Evolvente abgeleitet werden, vgl. Abbildung 3.7.

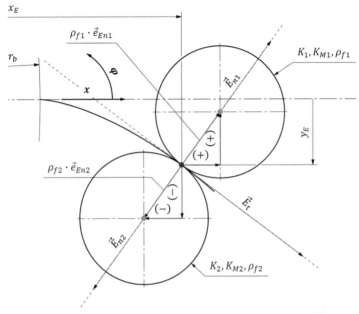

Abbildung 3.7: Von der Tangente abgeleitete Normale durch den Punkt $P(x_E, y_E)$ der Evolvente am Beispiel der ZWV Kapitel 3.3 – 45 x 1,5 x 28 (gemäß Tabelle 6.1; $c_{F1}/m = 0,12$; $\alpha = 30\,°$; $\rho_{f1}/m = 0,48$)

Wie aus Abbildung 3.7 hervorgeht, existieren zwei Normalenvektoren, die sich lediglich in ihren Vorzeichen unterscheiden. Die Vorzeichenwahl richtet sich nach dem jeweiligen Anwendungsfall. Wenn sich der tangentenstetig an die Evolvente anzulegende Kreis außerhalb der Evolvente befindet, vgl. Index 1, ergibt sich für den Normalenvektor Gleichung (115).

$$\vec{E}_{n1} = r_b u_E \begin{pmatrix} \sin u_E \\ \cos u_E \end{pmatrix} \tag{115}$$

Ist ein tangentenstetiger Kreis innerhalb der Evolvente zu generieren, vgl. Index 2, so gilt für den Normalenvektor Gleichung (116).

$$\vec{E}_{n2} = -r_b u_E \begin{pmatrix} \sin u_E \\ \cos u_E \end{pmatrix} \tag{116}$$

Die durch die Gleichungen (115) und (116) beschriebenen Normalvektoren sind für den konkreten Anwendungsfall, nämlich zur Bestimmung des jeweiligen Kreismittelpunkts K_M, nur in ihrer Richtung maßgebend. Ist doch ihr Betrag, also ihr Abstand vom

Berührpunkt, durch die Kreisradien ρ_f gegeben. Mathematisch ergeben sich die zur Beschreibung der Kreismittelpunkte K_M erforderlichen Ortsvektoren aus dem Produkt von den die Richtung definierenden Einheitsvektoren der Länge 1 und eben den Kreisradien als Skalare, vgl. Abbildung 3.7. Zu diesem Zweck werden nachfolgend die Einheitsvektoren berechnet.

Zur Berechnung des jeweiligen Einheitsvektors sind die spezifischen Normen erforderlich. Diese berechnen sich nach dem Satz des Pythagoras, so dass Vorzeichenunterschiede entfallen. Als Folge sind die Normen der Normalenvektoren gleich. Unterscheiden sie sich doch lediglich durch ihr Vorzeichen, vgl. die Gleichungen (115) und (116). Die gemeinsame Norm der Normalenvektoren ergibt sich folglich nach Gleichung (117).

$$\left| \vec{E}_{n1} \right| = \left| \vec{E}_{n2} \right| = \left| \vec{E}_n \right| = \sqrt{(r_b u_E \sin u_E)^2 + (r_b u_E \cos u_E)^2} = r_b u_E \qquad (117)$$

Somit folgt schlussendlich für den Einheitsvektor eines tangentenstetig von außen an die Evolvente angelegten Kreises, vgl. Index 1, Gleichung (118).

$$\vec{e}_{En1} = \frac{\vec{E}_{n1}}{\left| \vec{E}_n \right|} = \begin{pmatrix} \sin u_E \\ \cos u_E \end{pmatrix} \qquad (118)$$

Analog hierzu resultiert für einen tangentenstetig von innen an die Evolvente angelegten Kreis, vgl. Index 2, Gleichung (119).

$$\vec{e}_{En2} = \frac{\vec{E}_{n2}}{\left| \vec{E}_n \right|} = -1 \begin{pmatrix} \sin u_E \\ \cos u_E \end{pmatrix} \qquad (119)$$

3.2.2.2   Gleichung eines zur Evolvente tangentenstetigen Kreises

Ein Kreis ist in seiner allgemeinen Form durch seinen Kreismittelpunkt K_M sowie seinen Kreisradius ρ_f charakterisiert. Mathematisch kann er vollständig beispielsweise in parametrischer Form in vektorieller Schreibweise mit Gleichung (120) formuliert werden.

$$\vec{K} = \vec{K}_M + \rho_f \cdot \vec{e}_K = \begin{pmatrix} x_K \\ y_K \end{pmatrix} = \begin{pmatrix} x_{KM} \\ y_{KM} \end{pmatrix} + \rho_f \begin{pmatrix} \cos u_K \\ \sin u_K \end{pmatrix} \qquad (120)$$

Den Definitionsbereich der Laufvariablen u_K zeigt Ungleichung (121).

$$(0 \le u_K \le 2\pi) \qquad (121)$$

Die Kreismittelpunktvektoren können, für den hier betrachteten Anwendungsfall der Generierung eines Kreises mit tangentenstetigem Übergang zur Evolvente, durch Vektoradditionen jeweils zweier Ortsvektoren bestimmt werden, vgl. Gleichung (122) sowie Abbildung 3.8.

$$\vec{K}_M = \vec{E} + \rho_f \cdot \vec{e}_{En} \tag{122}$$

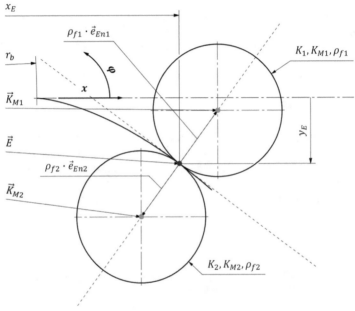

Abbildung 3.8: Kreisgleichungen am Beispiel der ZWV Kapitel 3.3 – 45 x 1,5 x 28 (gemäß Tabelle 6.1; $c_{F1}/m = 0{,}12$; $\alpha = 30\,°$; $\rho_{f1}/m = 0{,}48$)

Damit folgt für die mathematische Beschreibung des Mittelpunkts eines tangentenstetig von außen an die Evolvente angelegten Kreises, vgl. Index 1, Gleichung (123).

$$\vec{K}_{M1} = r_b \begin{pmatrix} \cos u_E + u_E \sin u_E \\ -\sin u_E + u_E \cos u_E \end{pmatrix} + \rho_{f1} \begin{pmatrix} \sin u_E \\ \cos u_E \end{pmatrix} \tag{123}$$

In Weiterführung beschreibt Gleichung (124) den vollständigen Kreis.

$$\vec{K}_1 = r_b \begin{pmatrix} \cos u_E + u_E \sin u_E \\ -\sin u_E + u_E \cos u_E \end{pmatrix} + \rho_{f1} \begin{pmatrix} \sin u_E \\ \cos u_E \end{pmatrix} + \rho_{f1} \begin{pmatrix} \cos u_{K1} \\ \sin u_{K1} \end{pmatrix} \tag{124}$$

Für die mathematische Beschreibung des Mittelpunkts eines tangentenstetig von innen an die Evolvente angelegten Kreises, vgl. Index 2, gilt dabei Gleichung (125).

$$\vec{K}_{M2} = r_b \begin{pmatrix} \cos u_E + u_E \sin u_E \\ -\sin u_E + u_E \cos u_E \end{pmatrix} - \rho_{f2} \begin{pmatrix} \sin u_E \\ \cos u_E \end{pmatrix} \tag{125}$$

In Weiterführung beschreibt Gleichung (126) den vollständigen Kreis.

$$\vec{K}_2 = r_b \begin{pmatrix} \cos u_E + u_E \sin u_E \\ -\sin u_E + u_E \cos u_E \end{pmatrix} - \rho_{f2} \begin{pmatrix} \sin u_E \\ \cos u_E \end{pmatrix} + \rho_{f2} \begin{pmatrix} \cos u_{K2} \\ \sin u_{K2} \end{pmatrix} \tag{126}$$

3.2.3 Mathematische Formulierung systemspezifischer Elemente

3.2.3.1 Winkel

Für die Geometriegenerierung von Zahnwellenverbindungen als Basis numerischer Untersuchungen ist es sinnvoll, lediglich einen halben Sektor zu modellieren und diesen durch Spiegeln zu einem vollständigen Sektor weiterzuentwickeln. Hierfür sind der Umlegungswinkel der Evolvente α_E sowie der Winkel eines halben Sektors α_S erforderlich. Diese werden nachfolgend auf Basis von Abbildung 3.9 bestimmt.

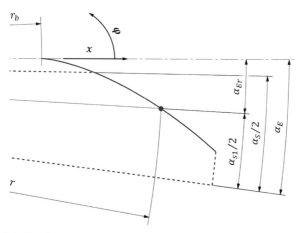

Abbildung 3.9: Bestimmung des Winkels α_E am Beispiel der ZWV Kapitel 3.3 – 45 x 1,5 x 28 (gemäß Tabelle 6.1; $c_{F1}/m = 0,12$; $\alpha = 30\,°$; $\rho_{f1}/m = 0,48$)

Aus Abbildung 3.9 geht hervor, dass der Umlegungswinkel der Evolvente α_E sich als Summe der Hälfte des Winkels α_{s1} sowie des Winkels α_{Er} ergibt, vgl. Gleichung (127).

$$\alpha_E = \frac{\alpha_{s1}}{2} + \alpha_{Er} \tag{127}$$

Der Winkel α_{s1} ist hierbei jener Winkel, der mit der Zahndicke (Bogen) am Teilkreisradius r korrespondiert. Er kann nach Gleichung (128) berechnet werden. Die hierfür erforderlichen Eingangsgrößen resultieren aus den Gleichungen (69) und (85).

$$\alpha_{s1} = \frac{s_1}{r} \tag{128}$$

Aus Gleichung (102) folgt für den Teilkreisradius r Gleichung (129).

$$u_E(r_E = r) = \frac{\sqrt{1 - \cos^2 \alpha}}{\cos \alpha} \tag{129}$$

Das Einsetzen von Gleichung (129) in Gleichung (107) liefert damit den gesuchten Winkel α_{Er}, vgl. Gleichung (130).

$$\alpha_{Er} = \left| \varphi_E\big(u_E(r_E = r)\big) \right| = \left| \tan^{-1}\left(\frac{\sqrt{1 - \cos^2 \alpha}}{\cos \alpha} \right) - \frac{\sqrt{1 - \cos^2 \alpha}}{\cos \alpha} \right| \tag{130}$$

Zuletzt gilt es noch den Sektorwinkel α_S, also jenen Winkel, zu berechnen, bei dem sich die kleinste vollständige Einheit der Periodizität einer Profilwelle ergibt. Dies gelingt mit Gleichung (131).

$$\alpha_S = \frac{2\pi}{z_1} \tag{131}$$

3.2.3.2 Kopfkreise

Bei der mathematischen Formulierung der die Kopfkreise charakterisierenden Kopfkreisdurchmesser d_a ist hervorzuheben, dass die Profilverschiebungsfaktoren x nicht mehr Einflussgröße zur Berechnung beider Kopfkreise sein dürfen. Genauer ist deren Einflussnahme auf den Nabenkopfkreisdurchmesser d_{a2} zu beschränken. Der Wellenkopfkreisdurchmesser d_{a1} hingegen ist unabhängig vom Wellenprofilverschiebungsfaktor x_1 zu formulieren. Die zuvor dargelegten Anforderungen resultieren aus der zu realisierenden Funktion der Profilmodifizierung. Auf diese wird in Kapitel 3.2.3.2.2 eingegangen.

3.2.3.2.1 Wellenkopfkreisdurchmesser d_{a1}

Basis zur Bestimmung des Wellenkopfkreises ist der durch den Bezugsdurchmesser d_B beschriebene Kreis. Mit Verweis auf Kapitel 3.2.3.2 ist sein Durchmesser unabhängig vom Wellenprofilverschiebungsfaktor x_1 zu formulieren. Dies macht die zu implementierende Funktion zur Profilmodifizierung erforderlich. In Konsequenz wird der Zusammenhang zwischen dem Bezugsdurchmesser d_B und dem Wellenkopfkreisdurchmessers d_{a1} mit dem neu eingeführten Parameter Bezugsdurchmesserabstand A_{dB} hergestellt, der, wie seine Bezeichnung bereits impliziert, ihren Abstand definiert, vgl. Abbildung 3.10.

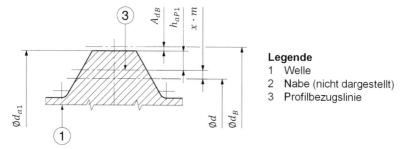

Legende
1 Welle
2 Nabe (nicht dargestellt)
3 Profilbezugslinie

Abbildung 3.10: Bestimmung des Wellenkopfkreises

Mathematisch ist der Wellenkopfkreisdurchmesser d_{a1} folglich durch Gleichung (132) formuliert.

$$d_{a1} = d_B + 2 \cdot A_{dB} \qquad\qquad (132)$$

Gleichung (132) kann entnommen werden, dass der Bezugsdurchmesserabstand A_{dB} die gleiche Charakteristik wie die Profilverschiebung hat. Er ist also radial wirksam. Darüber hinaus bewirkt ein negativer Wert eine Verringerung, ein positiver hingegen eine Vergrößerung des Wellenkopfkreisdurchmessers d_{a1}. Wird der Bezugsdurchmesserabstand A_{dB} 0 gesetzt, entspricht der Wellenkopfkreisdurchmesser d_{a1} dem Bezugsdurchmesser d_B. Für den Parameter können Konstanten, aber auch Gleichungen eingesetzt werden.

3.2.3.2.2 Nabenkopfkreisdurchmesser d_{a2}

Wie in Kapitel 3.2.1 dargelegt, erfolgt die Bestimmung des Nabenkopfkreises grundlegend ausgehend vom Wellenkopfkreis. Seine initiative Lage ist Resultat der durch den Anwender gewählten wirksamen Berührungshöhe $h_w(R_{hw} = 0)$. Mit Verweis auf die dem neu entwickelten System zur Profilgenerierung evolventisch basierter Zahnwellenverbindungen zugrunde gelegte Systematik, vgl. Kapitel 3.2.1, ist der Nabenkopfkreis jenes Element der Profilform, bei dessen mathematischer Formulierung die Funktion zur Profilmodifizierung zu implementieren ist. Dies ist damit zu begründen, dass über diesen die Lage des Wellenfußkreises indirekt definiert wird. Die Vergrößerung des Wellenfußkreisdurchmessers d_{f1} ist genau Gegenstand der Profilmodifizierung. In Konsequenz muss die finale Lage des Nabenkopfkreises eine Funktion von den die Profilmodifizierung steuernden Parametern sein. Die Entwicklung der Gleichung zur Berechnung des Nabenkopfkreisdurchmessers d_{a2} ist also von besonderer Bedeutung und Gegenstand des Nachfolgenden.

Wellenbezogen bedeutet ein positiver Wellenprofilverschiebungsfaktor x_1, dass das Werkzeug nach außen verschoben wird. Grundlegend resultiert hieraus eine Vergrößerung des Wellenfußkreises, der Wellennennzahndicke s_1 und der mit ihr verbundenen Nabennennzahnlücke e_2. Der maximal realisierbare Wellenfußrundungsradius ρ_{f1}^V allerdings ändert sich nicht beziehungsweise nicht wesentlich. Bleibt doch der zur Wellenausrundung zur Verfügung stehende Raum zumindest in guter Näherung unverändert. Zur für das Kriterium der Gestaltfestigkeit günstigen Gestaltung der Welle ist jedoch genau dessen Vergrößerung erstrebenswert. Realisiert werden kann dies durch die Einführung der sogenannten Profilmodifizierungsfaktoren y. Im Gegensatz zur Wirksamkeit der Profilverschiebungsfaktoren x wird durch sie die Position des zur Verzahnung genutzten Werkzeugs nicht geändert, sondern seine Eingriffstiefe durch selektive Geometrieveränderung zielorientiert verringert. Sie führen hierbei zur Vergrößerung des Absolutwertes des Nabenkopfkreisdurchmessers d_{a2} und damit des mit ihm mathematisch verbundenen Wellenfußkreisdurchmessers d_{f1}. Wellennennzahndicke s_1 und Nabennennzahnlücke e_2 bleiben unbeeinflusst. Hieraus resultiert die angestrebte Vergrößerung des zur Gestaltung des Wellenfußbereichs zur Verfügung stehenden Raums und damit schlussendlich ein größerer maximal realisierbarer Wellenfußrundungsradius ρ_{f1}^V. Dies visualisiert Abbildung 3.11 in Kombination mit Tabelle 3.1.

Zusammenfassend kann festgehalten werden, dass die Profilmodifizierung als Bestandteil des entwickelten Systems zur Profilgenerierung evolventisch basierter Zahnwellenverbindungen, vgl. Kapitel 3.3, zwei Möglichkeiten der Modifizierung umfasst. So kann diese durch Verwendung der Modifizierungsprofilverschiebungsfaktoren x_M, die, und dies sei an dieser Stelle hervorgehoben, ihrerseits Bestandteil der Profilverschiebungsfaktoren x sind, sowie der Profilmodifizierungsfaktoren y erfolgen. Darüber hinaus ist die Kombination dieser Größen nicht nur möglich, sondern explizit vorgesehen. Sowohl die Modifizierungsprofilverschiebungsfaktoren x_M als auch die Profilmodifizierungsfaktoren y nehmen ausschließlich direkten Einfluss auf den Nabenkopfkreisdurchmesser d_{a2} und wirken sich darüber hinaus indirekt auf den

Wellenfußkreisdurchmesser d_{f1} aus. Während jedoch die Anwendung der Modifizierungsprofilverschiebungsfaktoren x_M dazu führt, dass größere Nabenfußrundungsradien ρ_{f2} bei hierbei nahezu unveränderter Situation bei den Wellenfußrundungsradien ρ_{f1} realisierbar sind, bewirkt die Anwendung der Profilmodifizierungsfaktoren y Gegenteiliges. In der Praxis kann sowohl die Welle als auch die Nabe, beispielsweise bei dünnwandiger Ausgestaltung, der schwächere Verbindungspartner sein. Die Motivation zur Implementierung beider eingangs dieses Absatzes dargelegten Möglichkeiten zur Profilmodifizierung entstammt unter anderem dem Ziel der fallspezifischen Abstimmung der Auslastungsgrade beider Verbindungspartner und der damit verbundenen optimalen Nutzung der Zahnwellenverbindung. Es ist also sinnvoll eine Kombination beider Varianten der Profilmodifizierung formeltechnisch nutzbar zu machen. Dies wird nachfolgend umgesetzt.

Egal ob die Modifizierungsprofilverschiebungsfaktoren x_M oder die Profilmodifizierungsfaktoren y zur Profilmodifizierung genutzt werden, die entsprechende Modifizierung bedeutet immer eine Veränderung, genauer gesagt eine Verringerung, des projizierten Kontaktes zwischen Welle und Nabe in radialer Richtung. Diese Größe ist unter anderem bereits in der [DIN 5466] als wirksame Berührungshöhe der Flanken in radialer Richtung h_w definiert. Mathematisch ausgedrückt gilt für sie Gleichung (133).

$$h_w = \frac{d_{a1} - |d_{a2}|}{2} \qquad\qquad (133)\,[\text{DIN 5466}]$$

Wie bereits erwähnt wird erwartet, dass eine Kombination der oben beschriebenen Möglichkeiten zur Profilmodifizierung sinnvoll ist. Um dem Konstrukteur die Anwendung zu vereinfachen, werden bei der mathematischen Umsetzung die Modifizierungsprofilverschiebungsfaktoren x_M und die Profilmodifizierungsfaktoren y nicht direkt, sondern indirekt über zwei neue Größen gesteuert. So wird zunächst der Reduzierfaktor der wirksamen Berührungshöhe R_{hw} eingeführt. Einen Wert größer oder gleich 0 und kleiner als 1 annehmend, drückt er aus, um welchen Anteil die wirksame Berührungshöhe h_w reduziert werden soll, vgl. Gleichung (134).

$$0 \leq R_{hw} < 1 \qquad\qquad (134)$$

Mit dem Reduzierfaktor der wirksamen Berührungshöhe R_{hw} ist noch nicht definiert, ob die Profilmodifizierung durch die Modifizierungsprofilverschiebungsfaktoren x_M, die Profilmodifizierungsfaktoren y oder aber eine Kombination dieser beiden Größen realisiert werden soll. Um dies auf einfache Art und Weise zu ermöglichen, wird der Aufteilungsschlüssel der Reduzierung der wirksamen Berührungshöhe A_{hw} eingeführt. Auch diese Größe hat Faktorcharakter und nimmt Werte größer oder gleich 0 sowie kleiner oder gleich 1 an, vgl. Gleichung (135). Ein Wert von 1 bedeutet hierbei, dass die Profilmodifizierung vollständig über die Modifizierungsprofilverschiebungsfaktoren

x_M realisiert wird. Wird der Aufteilungsschlüssel der Reduzierung der wirksamen Berührungshöhe A_{hw} zu 0 gewählt, erfolgt die Profilmodifizierung ausschließlich über die Profilmodifizierungsfaktoren y.

$$0 \leq A_{hw} \leq 1 \tag{135}$$

Mit dem oben eingeführten Reduzierfaktor der wirksamen Berührungshöhe R_{hw} sowie dem Aufteilungsschlüssel der Reduzierung der wirksamen Berührungshöhe A_{hw} ist die vollständige Funktion der Profilmodifizierung gemäß den obigen Ausführungen gegeben. Abschließend sei hervorgehoben, dass bei ihrer formeltechnischen Umsetzung eine weiterführende Besonderheit berücksichtigt wird. So entsprechen die Profilverschiebungsfaktoren x des neuen Formelmechanismus jenen der [DIN 5480], wenn keine Profilmodifizierung durchgeführt, der Reduzierfaktor der wirksamen Berührungshöhe R_{hw} also zu 0 gewählt wird. Dies wird dadurch erreicht, dass die Profilverschiebungsfaktoren x sich nunmehr als Summe zweier unterschiedlicher Profilverschiebungsfaktoren ergeben. Die wellenbezogenen Summanden sind hierbei der Welleninitiationsprofilverschiebungsfaktor x_{I1} sowie der Wellenmodifizierungsprofilverschiebungsfaktor x_{M1}, vgl. Gleichung (136).

$$x_1 \cdot m = (x_{I1} + x_{M1}) \cdot m \tag{136}$$

In der [DIN 5480] wird der Zusammenhang zwischen dem Modul m und der Wellenzähnezahl z_1 bezugsdurchmesserspezifisch mit dem Wellenprofilverschiebungsfaktor x_1 hergestellt, vgl. Gleichung (72). Diese Vorgehensweise wird in allgemeingültiger Formulierung adaptiert. Resultierend wird der Zusammenhang zwischen dem Modul m und der Wellenzähnezahl z_1 bezugsdurchmesserspezifisch nunmehr mit dem Welleninitiationsprofilverschiebungsfaktor x_{I1} hergestellt. Es gilt Gleichung (137).

$$x_{I1} \cdot m = \frac{d_B - d - h_w(R_{hw} = 0) + 2 \cdot A_{dB}}{2} \tag{137}$$

In Analogie zur [DIN 5480] ist der Welleninitiationsprofilverschiebungsfaktor x_{I1} so zu wählen, dass er in dem durch Ungleichung (138) definierten Intervall liegt. Die dort festgelegte Spanne von 0,5 entspricht dabei genau einem Zahn. Im Extremfall sind folglich zwei Wellenzähnezahlen z_1 möglich. Weiterführend wird von der [DIN 5480] adaptiert, dass Primzahlen zu vermeiden und gerade Zähnezahlen z vorzuziehen sind. Darüber hinaus definiert die [DIN 5480] für Zähnezahlen z größer oder gleich 60 Wellenprofilverschiebungsfaktoren x_1 größer als 0,45 als Ausnahme. Diese ist aber für das vorliegende Werk nicht von Relevanz und wird in Konsequenz nicht übernommen. Sind doch die optimalen Zähnezahlen z_{Opt}, vgl. Kapitel 6.2.3.5.3, deutlich kleiner. Ist

keine Übereinstimmung zur [DIN 5480] angestrebt, kann der Welleninitiationsprofilverschiebungsfaktor x_{I1} quasi frei gewählt werden.

$$-0{,}05 \cdot m \leq x_{I1} \cdot m \leq 0{,}45 \cdot m \tag{138}$$

Der Wellenmodifizierungsprofilverschiebungsfaktor x_{M1} ergibt sich nach Gleichung
(139).

$$x_{M1} \cdot m = A_{hw} \cdot h_w(R_{hw} = 0) \cdot R_{hw} \tag{139}$$

Mit den Gleichungen (136) bis (139) sind damit alle erforderlichen Definitionen bezüglich des Wellenprofilverschiebungsfaktors x_1 getroffen. Noch offen ist allerdings die
Definition des Wellenprofilmodifizierungsfaktors y_1. Er ist nach Gleichung (140) zu bestimmen.

$$y_1 \cdot m = (1 - A_{hw}) \cdot h_w(R_{hw} = 0) \cdot R_{hw} \tag{140}$$

Die in der [DIN 3960] getroffene Vorzeichenkonvention von Hohlrädern ist in analoger
Form in die [DIN 5480] implementiert. Dies dient dazu, die Berechnung von Zahnwellenverbindungen unter Verwendung von Computern zu vereinfachen. Realisiert ist dies
dadurch, dass die Absolutwerte der wellen- und nabenbezogenen Zähnezahlen z und
der Profilverschiebungsfaktoren x einander entsprechen, die Vorzeichen der nabenbezogenen Größen jedoch negativ sind. Die oben beschriebene Vorzeichenkonvention wird bei der im Rahmen dieser Dissertation erarbeiteten funktionalen Erweiterung
beibehalten. Hieraus resultierend können aus den Gleichungen (136) bis (140) die nabenbezogenen Größen trivial durch entsprechende Vorzeichenanpassungen abgeleitet werden, vgl. die Gleichungen (141) bis (145).

$$x_2 \cdot m = -x_1 \cdot m \tag{141}$$

$$x_{I2} \cdot m = -x_{I1} \cdot m \tag{142}$$

$$0{,}05 \cdot m \geq x_{I2} \cdot m \geq -0{,}45 \cdot m \tag{143}$$

$$x_{M2} \cdot m = -x_{M1} \cdot m \tag{144}$$

$$y_2 \cdot m = -y_1 \cdot m \tag{145}$$

Die abschließende mathematische Einbettung beider Möglichkeiten zur Profilmodifizierung gemäß den obigen Ausführungen in die [DIN 5480] erfolgt über die in entsprechend benannter Norm gegebene Möglichkeit zur Berechnung des Nabenkopfkreisdurchmessers d_{a2} durch entsprechende Anpassung, vgl. Gleichung (146).

$$d_{a2} = m \cdot z_2 + 2 \cdot x_2 \cdot m + 0,9 \cdot m + 2 \cdot y_2 \cdot m \qquad (146)$$

Abschließend soll an dieser Stelle nochmals hervorgehoben werden, dass der in Gleichung (146) einfließende Nabenprofilverschiebungsfaktor x_2 nicht jenem der [DIN 5480] entspricht, sondern nach Gleichung (141) zu bestimmen ist. Weiterführend gilt es zu berücksichtigen, dass der Wellenkopfkreisdurchmesser d_{a1} mit Gleichung (87) sowie die Fußkreisdurchmesser d_f beider Verbindungspartner mit Hilfe der in Kapitel 3.2 entwickelten Gleichungen zu berechnen sind. Erst durch ihre Verwendung hat der Nabenprofilverschiebungsfaktor x_2 ausschließlich Einfluss auf den Nabenkopfkreis. Der Wellenprofilverschiebungsfaktor x_1 dient damit lediglich noch zur Bestimmung des Nabenprofilverschiebungsfaktors x_2. Die entsprechend beschriebenen Besonderheiten der Profilverschiebungsfaktoren sind Grundvoraussetzung für deren Anwendung zur Profilmodifizierung. Die in den Kapiteln 3.1.1 und 3.2 angeführten Entwicklungen wurden zu einem neuen System zur Profilgenerierung evolventisch basierter Zahnwellenverbindungen zusammengefasst, vgl. Kapitel 3.3.

Wie oben erläutert, erfolgt die Profilmodifizierung über den Reduzierfaktor der wirksamen Berührungshöhe R_{hw} sowie den Aufteilungsschlüssel der Reduzierung der wirksamen Berührungshöhe A_{hw}. Nachfolgend wird der Einfluss dieser Größen an einer Beispielverbindung aufgezeigt. Ausgehend von der nicht profilmodifizierten Verbindung, vgl. Abbildung 3.11, werden der Reduzierfaktor der wirksamen Berührungshöhe R_{hw} sowie der Aufteilungsschlüssel der Reduzierung der wirksamen Berührungshöhe A_{hw} variiert, vgl. Tabelle 3.1.

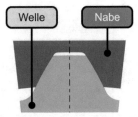

Abbildung 3.11: Nicht profilmodifizierte ZWV am Beispiel der ZWV Kapitel 3.3 – 45 x 1,5 x 28 (gemäß Tabelle 6.1; $c_{F1}/m = 0,12$; $\alpha = 30\,°$; $\rho_{f1}/m = 0,48$) (gleicher Maßstab wie Abbildungen von Tabelle 3.1)

Tabelle 3.1: Einfluss der über die Parameter R_{hw} sowie A_{hw} gesteuerte Profilmodifizierung auf die Profilform am Beispiel der ZWV Kapitel 3.3 – 45 x 1,5 x 28 ($A_{dB} = -0,1 \cdot m$; $A_{hw} = var.$; $c_{F1}/m = 0,12$; $h_w(R_{hw} = 0) = 0,9 \cdot m$; $R_{hw} = var.$; $\alpha = 30°$; $\rho_{f1}/m = 0,48$) (gleicher Maßstab wie Abbildung 3.11)

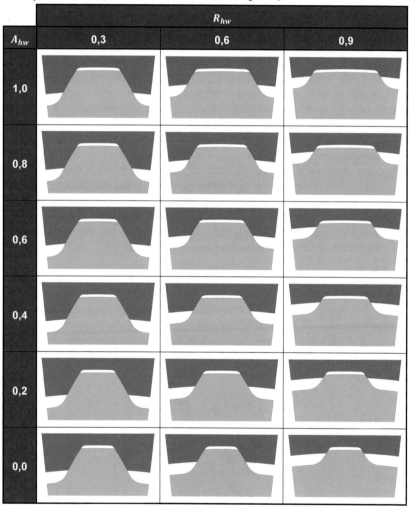

Per Definition reduziert sich mit größer werdendem Reduzierfaktor der wirksamen Berührungshöhe R_{hw} der projizierte Kontaktbereich zwischen Welle und Nabe. Der Aufteilungsschlüssel der Reduzierung der wirksamen Berührungshöhe A_{hw} teilt die Reduzierung der wirksamen Berührungshöhe auf die zur Profilmodifizierung genutzten

Profilverschiebungsfaktoren x und Profilmodifizierungsfaktoren y auf. Es sei an dieser Stelle nochmals darauf hingewiesen, dass die Profilverschiebungsfaktoren x nicht mehr jenen der Laufverzahnung entsprechen, da sie sich nicht auf die gesamte Profilform erstrecken und auch nicht erstrecken dürfen, vgl. diesbezüglich Kapitel 3.1.1. Je nach gewählter Profilmodifizierungsart wird jedoch nach wie vor die Position des Werkzeugs in radialer Richtung verändert. Ein Aufteilungsschlüssel der Reduzierung der wirksamen Berührungshöhe A_{hw} von 1,0 bedeutet wie bereits oben erläutert, dass ausschließlich die Profilverschiebungsfaktoren x zur Profilmodifizierung genutzt werden. Anhand der in Tabelle 3.1 angeführten Abbildungen wird deutlich, dass durch diese Maßnahme primär die Lücke der Nabe größer wird. Folglich wird damit die Möglichkeit zur Realisierung größtmöglicher Nabenfußrundungsradien ρ_{f2} eröffnet. Jedoch steht bei evolventisch basierten Zahnwellenverbindungen häufig die Tragfähigkeit der Welle im Fokus. Zur Steigerung dieser sind in aller Regel große Wellenfußrundungsradien ρ_{f1} erforderlich. Wie Tabelle 3.1 entnommen werden kann, ermöglicht ein Aufteilungsschlüssel der Reduzierung der wirksamen Berührungshöhe A_{hw} von 0 ihre größtmögliche Gestaltung durch Freigabe der hierfür notwendigen geometrischen Bereiche.

Schlussendlich wird bei der praktischen Anwendung der Profilmodifizierung erwartet, dass zur Maximierung der Verbindungsgestaltfestigkeit tendenziell kleine Aufteilungsschlüssel der Reduzierung der wirksamen Berührungshöhe A_{hw} zu wählen sind, dies jedoch in der Regel größer als 0. Wird doch davon ausgegangen, dass der entsprechende Faktor, zumindest bei dünnwandigen Naben, und es sind genau diese, die in der Praxis oftmals verwendet werden, nicht minimal gewählt werden darf, um eine Schwachstellenverlagerung von der Welle zur Nabe zu vermeiden. Grundlegend sollte die Tragfähigkeit der Verbindungspartner aufeinander abgestimmt sein, um jene der gesamten Verbindung zu maximieren. Für genauere Aussagen zu realisierbaren Tragfähigkeiten sei unter anderem auf die Kapitel 6.2 sowie 6.3 verwiesen.

3.2.3.3   Zahnfußgeometrie

Die Zahnfußgeometrien von Zahnwellenverbindungen nach [DIN 5480] ergeben sich durch tangentenstetige Anbindung von Kreisen an eine Evolvente. Dieser Sachverhalt wird in Vorbereitung bereits ausführlich in Kapitel 3.2.2 in allgemeiner Form diskutiert. Es wurden Gleichungen hergeleitet, die bei bekannten Berührpunkten eine vollständige mathematische Beschreibung der Kreismittelpunkte und fortführend der Kreise ermöglichen. Die Lage der Berührpunkte zwischen der Evolvente und den zur Generierung der Fußausrundungen verwendeten Kreisen ist bei Zahnwellenverbindungen nach [DIN 5480] durch den jeweiligen Radialabstand zum Wellenursprung bekannt, vgl. Abbildung 3.12. Mit dieser Information sind mit Gleichung (102) die entsprechenden Laufvariablen der Evolvente u_E berechenbar. Für die Welle gilt:

$$u_{E1} = u_E\big(r_E = (-r_{a2} - c_{F1})\big) = \sqrt{\left(\frac{-r_{a2} - c_{F1}}{r_b}\right)^2 - 1} \tag{147}$$

Durch Einsetzen von Gleichung (147) in die Gleichungen (123) und (124) sind Kreismittelpunkt und Kreis als Basis für den Wellenfußrundungsradius ρ_{f1} allgemeingültig und vollständig beschrieben. Es gilt:

$$\vec{K}_{M1} = r_b \begin{pmatrix} \cos u_{E1} + u_{E1} \sin u_{E1} \\ -\sin u_{E1} + u_{E1} \cos u_{E1} \end{pmatrix} + \rho_{f1} \begin{pmatrix} \sin u_{E1} \\ \cos u_{E1} \end{pmatrix} \tag{148}$$

$$\vec{K}_1 = r_b \begin{pmatrix} \cos u_{E1} + u_{E1} \sin u_{E1} \\ -\sin u_{E1} + u_{E1} \cos u_{E1} \end{pmatrix} + \rho_{f1} \begin{pmatrix} \sin u_{E1} \\ \cos u_{E1} \end{pmatrix} + \rho_{f1} \begin{pmatrix} \cos u_{K1} \\ \sin u_{K1} \end{pmatrix} \tag{149}$$

Analog gilt für die Nabe:

$$u_{E2} = u_E\big(r_E = (r_{a1} + c_{F2})\big) = \sqrt{\left(\frac{r_{a1} + c_{F2}}{r_b}\right)^2 - 1} \tag{150}$$

Durch Einsetzen von Gleichung (150) in die Gleichungen (125) und (126) sind Kreismittelpunkt und Kreis als Basis für den Nabenfußrundungsradius ρ_{f2} allgemeingültig und vollständig beschrieben. Es gilt:

$$\vec{K}_{M2} = r_b \begin{pmatrix} \cos u_{E2} + u_{E2} \sin u_{E2} \\ -\sin u_{E2} + u_{E2} \cos u_{E2} \end{pmatrix} - \rho_{f2} \begin{pmatrix} \sin u_{E2} \\ \cos u_{E2} \end{pmatrix} \tag{151}$$

$$\vec{K}_2 = r_b \begin{pmatrix} \cos u_{E2} + u_{E2} \sin u_{E2} \\ -\sin u_{E2} + u_{E2} \cos u_{E2} \end{pmatrix} - \rho_{f2} \begin{pmatrix} \sin u_{E2} \\ \cos u_{E2} \end{pmatrix} + \rho_{f2} \begin{pmatrix} \cos u_{K2} \\ \sin u_{K2} \end{pmatrix} \tag{152}$$

Die Zahnfußgeometrien von Zahnwellenverbindungen nach [DIN 5480] sind, ausgehend von den Kopfkreisen r_a, durch die Formübermaße c_F sowie die Fußrundungsradien, die tangentenstetig an die Evolvente angelegt sind, eindeutig bestimmt. Die Fußkreise r_f ergeben sich auf Basis zuvor benannter Größen, da diese erneut einen Berührpunkt mit den Fußrundungsradien haben, vgl. Abbildung 3.12.

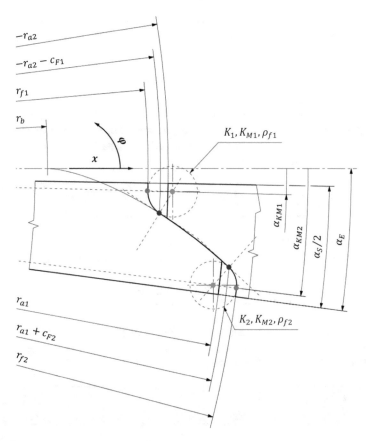

Abbildung 3.12: Entwicklung von Gleichungen zur analytischen Bestimmung der Wellen- und Nabenfußkreisdurchmesser d_f am Beispiel der ZWV Kapitel 3.3 – 45 x 1,5 x 28 (gemäß Tabelle 6.1; $c_{F1}/m = 0{,}12$; $\alpha = 30°$; $\rho_{f1}/m = 0{,}48$)

Bei der Anwendung der Gleichungen (148), (149), (151) sowie (152) gilt es zu berücksichtigen, dass die zunächst frei wählbaren Fußrundungsradien ρ_f immer kleiner sein müssen als jene der maximal realisierbaren Fußrundungsradien ρ_f^V. Diese Bedingung resultiert daraus, dass der Übergang zwischen den Zahnsektoren tangentenstetig erfolgen muss. Mathematisch kann dies durch Ungleichung (153) formuliert werden.

$$0 < \rho_f \leq \rho_f^V \tag{153}$$

Es ist folglich sinnvoll, vor der Wahl der Fußrundungsradien ρ_f zunächst die maximal realisierbaren Fußrundungsradien ρ_f^V zu berechnen, damit Ungleichung (153) berücksichtigt werden kann.

3.2.3.3.1 Maximal realisierbare Fußrundungsradien ρ_f^V

Die Fußrundungsradien ρ_f sind per Definition genau dann maximal ausgeführt, wenn die Kreismittelpunkte der zur Ausrundung genutzten Kreise auf der zugehörigen Begrenzung des Sektors liegen, vgl. Abbildung 3.12. So muss hierbei für die Welle Gleichung (154) gelten.

$$\alpha_{KM1} \stackrel{\text{def}}{=} \alpha_{KM1}^V = (-1) \cdot \left(\alpha_E - \frac{\alpha_S}{2} \right) \tag{154}$$

Mit Gleichung (123) kann mit Hilfe der Trigonometrie eine Gleichung zur Berechnung der Winkellage des Kreismittelpunkts hergeleitet werden, vgl. Gleichung (155).

$$\tan(\alpha_{KM1}) = \frac{r_b(-\sin u_{E1} + u_{E1} \cos u_{E1}) + \rho_{f1} \cos u_{E1}}{r_b(\cos u_{E1} + u_{E1} \sin u_{E1}) + \rho_{f1} \sin u_{E1}} \tag{155}$$

Das Umstellen von Gleichung (155) nach dem Wellenfußrundungsradius ρ_{f1} bei zusätzlicher Berücksichtigung von Definition (154) ermöglicht die Berechnung des maximal realisierbaren Wellenfußrundungsradius ρ_{f1}^V, vgl. Gleichung (156).

$$\rho_{f1}^V = \frac{r_b(\tan(\alpha_{KM1}^V)(\cos u_{E1} + u_{E1} \sin u_{E1}) + \sin u_{E1} - u_{E1} \cos u_{E1})}{\cos u_{E1} - \tan(\alpha_{KM1}^V) \sin u_{E1}} \tag{156}$$

Zur Bestimmung des maximal realisierbaren Nabenfußrundungsradius ρ_{f2}^V muss Bedingung (157) erfüllt sein.

$$\alpha_{KM2} \stackrel{\text{def}}{=} \alpha_{KM2}^V = (-1) \cdot \alpha_E \tag{157}$$

Mit Gleichung (125) kann mit Hilfe der Trigonometrie eine Gleichung zur Berechnung der Winkellage des Kreismittelpunkts hergeleitet werden, vgl. Gleichung (158).

$$\tan(\alpha_{KM2}) = \frac{r_b(-\sin u_{E2} + u_{E2} \cos u_{E2}) - \rho_{f2} \cos u_{E2}}{r_b(\cos u_{E2} + u_{E2} \sin u_{E2}) - \rho_{f2} \sin u_{E2}} \tag{158}$$

Das Umstellen von Gleichung (158) nach dem Nabenfußrundungsradius ρ_{f2} bei zusätzlicher Berücksichtigung von Definition (157) ermöglicht die Berechnung des maximal realisierbaren Nabenfußrundungsradius ρ_{f2}^V, vgl. Gleichung (159).

$$\rho_{f2}^V = \frac{r_b(\tan(\alpha_{KM2}^V)(\cos u_{E2} + u_{E2} \sin u_{E2}) + \sin u_{E2} - u_{E2} \cos u_{E2})}{\tan(\alpha_{KM2}^V)\sin u_{E2} - \cos u_{E2}} \tag{159}$$

3.2.3.3.2 Fußkreisradien

Wie beschrieben gilt es bei der Wahl der Fußrundungsradien ρ_f zwingend Ungleichung (153) zu erfüllen, vgl. Kapitel 3.2.3.2. Ist dies gewährleistet, können die Fußkreisradien r_f wie folgt berechnet werden:

Mit Abbildung 3.12 wird ersichtlich, dass der Wellenfußkreisradius r_{f1} als einfache Subtraktion formuliert werden kann, vgl. Gleichung (160).

$$r_{f1} = |\vec{K}_{M1}| - \rho_{f1} \tag{160}$$

Der Minuend $|\vec{K}_{M1}|$ berechnet sich auf Basis von Gleichung (148) nach Gleichung (161).

$$|\vec{K}_{M1}| = \sqrt{\begin{array}{l}\left(r_b(\cos u_{E1} + u_{E1} \sin u_{E1}) + \rho_{f1} \sin u_{E1}\right)^2 + \\ +\left(r_b(-\sin u_{E1} + u_{E1} \cos u_{E1}) + \rho_{f1} \cos u_{E1}\right)^2\end{array}} \tag{161}$$

Mit Abbildung 3.12 wird ersichtlich, dass der Nabenfußkreisradius r_{f2} als einfache Addition formuliert werden kann, vgl. Gleichung (162).

$$r_{f2} = |\vec{K}_{M2}| + \rho_{f2} \tag{162}$$

Der Summand $|\vec{K}_{M2}|$ berechnet sich auf Basis von Gleichung (151) nach Gleichung (163).

$$|\vec{K}_{M2}| = \sqrt{\begin{array}{l}\left(r_b(\cos u_{E2} + u_{E2} \sin u_{E2}) - \rho_{f2} \sin u_{E2}\right)^2 + \\ +\left(r_b(-\sin u_{E2} + u_{E2} \cos u_{E2}) - \rho_{f2} \cos u_{E2}\right)^2\end{array}} \tag{163}$$

3.3 System zur Profilgenerierung evolventisch basierter Zahnwellenverbindungen

In Kapitel 3.2 wird auf Grundlage der in Kapitel 3.2.1 beschriebenen Systematik ein neues System zur Profilgenerierung evolventisch basierter Zahnwellenverbindungen entwickelt, wobei hierbei auf [Wild 21] sowie [Wild 22] verwiesen sei. Das resultierende Arbeitsergebnis wird in diesem Kapitel anwendungsfreundlich dargelegt. In Analogie zur [DIN 5480] dient das in Abbildung 3.13 gezeigte, und im Vergleich zu Abbildung 2.11 überarbeitete, Bezugsprofil als Basis für dessen Definition. Wie aus einem entsprechenden Quervergleich zwischen den benannten Abbildungen hervorgeht, wird nunmehr strikt zwischen wellen- und nabenspezifischen Größen differenziert. Von den in Kapitel 3.3.1 benannten Eingangsparametern des entwickelten Systems zur Profilgenerierung evolventisch basierter Zahnwellenverbindungen, vgl. Kapitel 3.3, betrifft dies die Fußrundungsradien des Bezugsprofils ρ_{fP} sowie die Formübermaße des Bezugsprofils c_{FP}.

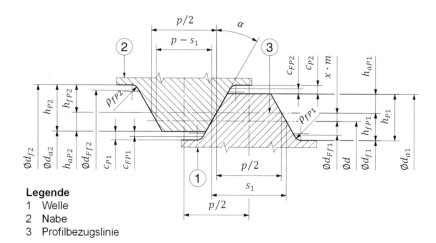

Legende
1   Welle
2   Nabe
3   Profilbezugslinie

Abbildung 3.13: Angepasstes Bezugsprofil der [DIN 5480]

Die Steuerung des entwickelten Systems zur Profilgenerierung evolventisch basierter Zahnwellenverbindungen, vgl. Kapitel 3.3, erfolgt durch die in Kapitel 3.3.1 angeführten Parameter. Hierbei sei angemerkt, dass einige von ihnen neu eingeführt sind, so dass deren Funktion noch nicht allgemein bekannt ist. Diesbezüglich gilt es den Bezugsdurchmesserabstand A_{dB}, vgl. Kapitel 3.2.3.2.1, die wirksame Berührungshöhe der Flanken in radialer Richtung ohne Profilmodifizierung $h_w(R_{hw} = 0)$, vgl. Kapitel 3.2.3.2.2, sowie die die Profilmodifizierung steuernden Parameter Reduzierfaktor der wirksamen Berührungshöhe R_{hw} und Aufteilungsschlüssel der Reduzierung der wirksamen Berührungshöhe A_{hw}, vgl. Kapitel 3.2.3.2.2, zu benennen. Weiterführend sind alle Formeln zur Berechnung der elementaren Bestandteile des entwickelten Systems zur Profilgenerierung evolventisch basierter Zahnwellenverbindungen in Kapitel 3.3.2

kumuliert. Aus Gründen der Vollständigkeit sind in Kapitel 3.3.3 Gleichungen zur Berechnung weiterer geometrischer Größen mit lediglich beschreibendem, nicht aber mit die in Kapitel 3.3.2 dargelegte Profilform bestimmendem Charakter angeführt. Deren Anwendung ist folglich optional. Bei der Entwicklung des in Kapitel 3.3.2 angeführten Systems zur Profilgenerierung evolventisch basierter Zahnwellenverbindungen wurde berücksichtigt, dass Verbindungen der [DIN 5480] nach wie vor generierbar sind. So ist in diesem Zusammenhang lediglich zu definieren, wie die in Kapitel 3.3.1 angeführten Eingangsparameter zu wählen sind, so dass Geometrieäquivalenz resultiert. Die entsprechenden Werte sind in Kapitel 3.3.4 zusammengefasst. Mit Verweis auf die in dieser Dissertation angeführten Ergebnisse zur Gestaltfestigkeit evolventisch basierter Zahnwellenverbindungen nach Kapitel 3.3 kann allerdings auch lediglich die Generierung geometrisch kompatibler Verbindungspartner nach Kapitel 3.3 mit jenen nach [DIN 5480] sinnvoll sein. Die hierfür für die in Kapitel 3.3.1 angeführten Eingangsparameter einzusetzenden Werte sind in Kapitel 3.3.5 angeführt.

Bezüglich des in Kapitel 3.2 entwickelten und in Kapitel 3.3 dargelegten Systems zur Profilgenerierung evolventisch basierter Zahnwellenverbindungen sei angemerkt, dass bei einer potenziell normativen Überführung die Definition von Vorzugsgrößen für die in Kapitel 3.3.1 benannten Eingangsparameter sinnvoll ist, um beispielsweise die Austauschbarkeit beziehungsweise Reproduzierbarkeit von Verbindungspartnern zu gewährleisten. Die Unterbreitung von Vorschlägen für derartige Konventionen ist jedoch nicht mehr Gegenstand dieser Dissertation und folglich weiterführend zu leisten.

3.3.1 Eingangsparameter

Die Steuerung des entwickelten Systems zur Profilgenerierung evolventisch basierter Zahnwellenverbindungen nach Kapitel 3.3 erfolgt vollständig durch die in Tabelle 3.2 zusammengefassten Eingangsparameter.

Tabelle 3.2: Eingangsparameter des Systems zur Profilgenerierung evolventisch basierter ZWV von Kapitel 3.3

Symbol	Verzahnungsdaten und Berechnungsgleichungen
A_{dB}	Frei wählbar (radiale Wirksamkeit)
A_{hw}	Im Intervall $0 \leq A_{hw} < 1$ frei wählbar
c_{F1}	Frei wählbar
c_{F2}	Frei wählbar
d_B	Frei wählbar
$h_w(R_{hw} = 0)$	Frei wählbar
m	Frei wählbar
R_{hw}	Im Intervall $0 \leq R_{hw} < 1$ frei wählbar
z_1	Frei wählbar
z_2	$-z_1$
α	Frei wählbar
ρ_{f1}	Im Intervall $0 \leq \rho_{f1} \leq \rho_{f1}^V$ frei wählbar
ρ_{f2}	Im Intervall $0 \leq \rho_{f2} \leq \rho_{f2}^V$ frei wählbar

3.3.2 Berechnungsgleichungen

Das entwickelte System zur Profilgenerierung evolventisch basierter Zahnwellenverbindungen ist mit den in Tabelle 3.3 f. angeführten Gleichungen vollständig definiert. Diese sind in der Art zusammengestellt, dass, bei entsprechend gewählten Eingangsdaten, vgl. Kapitel 3.3.1, die Gleichungen lediglich in sequenzieller Abfolge angewendet werden müssen. Einzige Ausnahme hierbei ist die Berechnung der maximal realisierbaren Fußrundungsradien ρ_f^V. Hier wird empfohlen, diese immer vor der Wahl der Fußrundungsradien ρ_f zu bestimmen, so dass sichergestellt ist, dass die vom Anwender gewählten Radien kleiner als diese und damit technisch sinnvoll realisierbar sind.

Tabelle 3.3: System zur Profilgenerierung evolventisch basierter ZWV von Kapitel 3.3

Symbol	Verzahnungsdaten und Berechnungsgleichungen
d	$m \cdot z_1$
$x_{I1} \cdot m$	$\dfrac{d_B - \mathrm{d} - h_w(R_{hw} = 0) + 2 \cdot A_{dB}}{2}$
$x_{I2} \cdot m$	$-x_{I1} \cdot m$
$x_{M1} \cdot m$	$A_{hw} \cdot h_w(R_{hw} = 0) \cdot R_{hw}$
$x_{M2} \cdot m$	$-x_{M1} \cdot m$
$x_1 \cdot m$	$(x_{I1} + x_{M1}) \cdot m$
$x_2 \cdot m$	$-x_1 \cdot m$
$y_1 \cdot m$	$(1 - A_{hw}) \cdot h_w(R_{hw} = 0) \cdot R_{hw}$
$y_2 \cdot m$	$-y_1 \cdot m$
p	$m \cdot \pi$
s_1	$\dfrac{p}{2} + 2 \cdot x_1 \cdot m \cdot \tan \alpha$
α_{s1}	$\dfrac{s_1}{r}$
α_{Er}	$\left\| \tan^{-1}\left(\dfrac{\sqrt{1 - \cos^2 \alpha}}{\cos \alpha} \right) - \dfrac{\sqrt{1 - \cos^2 \alpha}}{\cos \alpha} \right\|$
α_E	$\dfrac{\alpha_{s1}}{2} + \alpha_{Er}$
α_S	$\dfrac{2\pi}{z_1}$
d_b	$d \cdot \cos \alpha$
d_{a2}	$-d + 2 \cdot x_2 \cdot m + h_w(R_{hw} = 0) + 2 \cdot y_2 \cdot m$
u_{E1}	$\sqrt{\left(\dfrac{-r_{a2} - c_{F1}}{r_b} \right)^2 - 1}$
α_{KM1}^V	$(-1) \cdot \left(\alpha_E - \dfrac{\alpha_S}{2} \right)$

Tabelle 3.4: System zur Profilgenerierung evolventisch basierter ZWV von Kapitel 3.3 (Fortsetzung von Tabelle 3.3)

Symbol	Verzahnungsdaten und Berechnungsgleichungen
ρ_{f1}^V	$\dfrac{r_b \left(\begin{array}{c} \tan(\alpha_{KM1}^V)\,(\cos u_{E1} + u_{E1}\sin u_{E1}) + \\ + \sin u_{E1} - u_{E1}\cos u_{E1} \end{array} \right)}{\cos u_{E1} - \tan(\alpha_{KM1}^V)\sin u_{E1}}$
d_{a1}	$d_B + 2 \cdot A_{dB}$
$\left\| \vec{K}_{M1} \right\|$	$\sqrt{ \begin{array}{l} \left(r_b(\cos u_{E1} + u_{E1}\sin u_{E1}) + \rho_{f1}\sin u_{E1} \right)^2 + \\ + \left(r_b(-\sin u_{E1} + u_{E1}\cos u_{E1}) + \rho_{f1}\cos u_{E1} \right)^2 \end{array}}$
d_{f1}	$2 \cdot \left(\left\| \vec{K}_{M1} \right\| - \rho_{f1} \right)$
u_{E2}	$\sqrt{ \left(\dfrac{r_{a1} + c_{F2}}{r_b} \right)^2 - 1 }$
α_{KM2}^V	$(-1) \cdot \alpha_E$
ρ_{f2}^V	$\dfrac{r_b \left(\begin{array}{c} \tan(\alpha_{KM2}^V)\,(\cos u_{E2} + u_{E2}\sin u_{E2}) + \\ + \sin u_{E2} - u_{E2}\cos u_{E2} \end{array} \right)}{\tan(\alpha_{KM2}^V)\sin u_{E2} - \cos u_{E2}}$
d_{f2}	$(-1) \cdot 2 \cdot \left(\left\| \vec{K}_{M2} \right\| + \rho_{f2} \right)$
$\left\| \vec{K}_{M2} \right\|$	$\sqrt{ \begin{array}{l} \left(r_b(\cos u_{E2} + u_{E2}\sin u_{E2}) - \rho_{f2}\sin u_{E2} \right)^2 + \\ + \left(r_b(-\sin u_{E2} + u_{E2}\cos u_{E2}) - \rho_{f2}\cos u_{E2} \right)^2 \end{array}}$

3.3.3 Ergänzende Geometrieparameter

Über die in den Kapiteln 3.3.1 sowie 3.3.2 angeführten Parameter hinaus können weiterführende geometrische Größen mit lediglich beschreibendem, also nicht mit die Profilform nach Kapitel 3.3 beeinflussendem Charakter angegeben werden. Ihre Berechnung ist folglich optional. Ohne Anspruch auf Vollständigkeit sind diese in Tabelle 3.5 definiert.

Tabelle 3.5: Weiterführende, nicht die dem System zur Profilgenerierung evolventisch basierter ZWV von Kapitel 3.3 entstammende Profilformen beeinflussende, geometrische Parameter

Symbol	Verzahnungsdaten und Berechnungsgleichungen
c_1	$\dfrac{-d_{f1} - d_{a2}}{2}$
c_2	$\dfrac{-d_{a1} - d_{f2}}{2}$
d_{Ff2}	$-(d_{a1} + 2 \cdot c_{F2})$
d_{Ff1}	$-d_{a2} - 2 \cdot c_{F1}$
e_2	s_1
h_w	$h_w = \dfrac{d_{a1} - \lvert d_{a2} \rvert}{2}$
h_1	$\dfrac{d_{a1} - d_{f1}}{2}$
h_2	$\dfrac{-d_{f2} + d_{a2}}{2}$

3.3.4 Geometrieäquivalenz mit Zahnwellenverbindungen nach [DIN 5480]

Bei dem in Kapitel 3.2 entwickelten System zur Profilgenerierung evolventisch basierter Zahnwellenverbindungen, vgl. Kapitel 3.3, ist berücksichtigt, dass zur [DIN 5480] geometrisch äquivalente Verbindungspartner generierbar sind. In diesem Zusammenhang ist zu definieren, wie die in Kapitel 3.3.1 angeführten Eingangsparameter zu wählen sind, so dass Geometrieäquivalenz zwischen den zuvor benannten Profilformen resultiert. Die entsprechenden Definitionen sind in Tabelle 3.6 angeführt.

Tabelle 3.6: Definition der in Kapitel 3.3.1 angeführten Eingangsparameter des Systems zur Profilgenerierung evolventisch basierter ZWV, vgl. Kapitel 3.3, für Geometrieäquivalenz mit Verbindungen nach [DIN 5480]

Symbol	Verzahnungsdaten und Berechnungsgleichungen
A_{dB}	$-0{,}1 \cdot m$
A_{hw}	/
$c_{F1} = c_{FP1}$	Durch Gleichsetzen der Wellenfußkreisdurchmesser d_{f1} berechenbar
$c_{F2} = c_{FP2}$	Durch Gleichsetzen der Nabenfußkreisdurchmesser d_{f2} berechenbar
d_B	Gem. [DIN 5480] auswählen
$h_w(R_{hw} = 0)$	$0{,}9 \cdot m$
m	Gem. [DIN 5480] auswählen
R_{hw}	0
x_{I1}	$-0{,}05 \le x_{I1} \le 0{,}45$
x_{I2}	$-x_{I1}$
z_1	Gem. [DIN 5480] auswählen
z_2	$-z_1$
α	30 °, vgl. [DIN 5480]
$\rho_{f1} = \rho_{fP1}$	Gem. [DIN 5480], vgl. die Gleichungen (67) und (68)
$\rho_{f2} = \rho_{fP2}$	Gem. [DIN 5480], vgl. die Gleichungen (67) und (68)

3.3.5 Geometriekompatibilität mit Zahnwellenverbindungen nach [DIN 5480]

Zwar ist unter Berücksichtigung der in Kapitel 3.3.4 angeführten Inhalte Geometrieäquivalenz zwischen Zahnwellenverbindungen nach Kapitel 3.3 sowie nach [DIN 5480] möglich. Allerdings kann mit Verweis auf die Ergebnisse dieser Dissertation auch lediglich die Generierung der Kompatibilität zwischen diesen Profilformen bei weiterführend optimal geometrischer Gestaltung der Verbindungspartner Ziel sein. Unter dem Aspekt der Gestaltfestigkeit ist dies zu empfehlen. So ist Geometriekompatibilität zwischen Zahnwellenverbindungen nach [DIN 5480] und jenen nach Kapitel 3.3 gegeben, wenn die in Tabelle 3.7 angeführten Randbedingungen eingehalten werden.

Tabelle 3.7: Definition der in Kapitel 3.3.1 angeführten Eingangsparameter des Systems zur Profilgenerierung evolventisch basierter ZWV, vgl. Kapitel 3.3, für Geometriekompatibilität mit ZWV nach [DIN 5480]

Symbol	Verzahnungsdaten und Berechnungsgleichungen
A_{dB}	$-0,1 \cdot m$
A_{hw}	$/$
d_B	Gem. [DIN 5480] auswählen
$h_w(R_{hw} = 0)$	$0,9 \cdot m$
m	Gem. [DIN 5480] auswählen
R_{hw}	0
x_{I1}	$-0,05 \leq x_{I1} \leq 0,45$
x_{I2}	$-x_{I1}$
z_1	Gem. [DIN 5480] auswählen
z_2	$-z_1$
α	30 °, vgl. [DIN 5480]

3.4   Maximal realisierbare Fußrundungsradiusverhältnisse ρ_f^V/m

In Kapitel 3.1.2 wird darauf hingewiesen, dass mit dem System zur Bezugsprofilgenerierung evolventisch basierter Zahnwellenverbindungen der [DIN 5480] geometrische Anomalien auftreten können. So kann es zur Durchdringung im Kontakt zwischen Welle und Nabe und darüber hinaus zur Tangentenunstetigkeit im Zahnfuß kommen. Die Ursache für beide Anomalien ist systembedingt und rudimentär weiterführend eingrenzend auf zu groß definierte Fußrundungsradien ρ_f zurückzuführen. Das vom Autor dieser Dissertation in Kapitel 3.2 entwickelte und in Kapitel 3.3 dargelegte System zur Profilgenerierung evolventisch basierter Zahnwellenverbindungen weist diese Probleme nicht auf. Entgegen jenem der [DIN 5480], in dem die Fußausrundungen bei fest definierten Fußrundungsradien ρ_f in fix vorgegebene geometrische Räume eingepasst werden, wird hier die Profilform mathematisch exakt beschrieben. Damit ist nun unter anderem die Berechnung der maximal realisierbaren Fußrundungsradien ρ_f^V beziehungsweise der maximal realisierbaren Fußrundungsradiusverhältnisse ρ_f^V/m möglich. Die Diskussion des zuletzt benannten Verhältnisses ist dabei Gegenstand dieses Kapitels. Vorab sei angemerkt, dass, obwohl die in Kapitel 3.2 hergeleiteten Gleichungen (156) und (159) alle die maximal realisierbaren Fußrundungsradien ρ_f^V beeinflussenden Parameter berücksichtigen, die in diesem Kapitel geführte Betrachtung auf einige wenige Parameterkombinationen im Sinne einer Stichprobenanalyse beschränkt ist. Hieraus resultierend wurden Säulendiagramme zur Ergebnisdarstellung gewählt, um keine vereinfachte Beziehung zwischen den analysierten Parametern zu suggerieren. Die angeführten Ergebnisse dienen lediglich der groben Abschätzung.

Die Anwendung von Gleichung (156) zur Berechnung des maximal realisierbaren Wellenfußrundungsradius ρ_{f1}^V auf jene Verbindungen des Parameterfelds von Kapitel 6.2.2 mit optimalem Modul m_{Opt} beziehungsweise optimalen Zähnezahlen z_{Opt} nach Kapitel 6.2.3.5.2.1 liefert nach weiterführender Normierung auf den Modul m Abbildung 3.14. Entgegen der in der [DIN 5480] fertigungsverfahrensspezifisch getroffenen konstanten Definition des Wellenfußrundungsradiusverhältnisses ρ_{f1}/m offenbart eine Analyse über den Bezugsdurchmesser d_B, dass das entsprechend benannte Verhältnis nicht konstant ist. Zur vollständigen Funktionsfähigkeit des Systems zur Profilgenerierung evolventisch basierter Zahnwellenverbindungen der [DIN 5480] müsste bei unveränderter Art der dort getroffenen Definition der über die gesamte Norm größtmöglich zu erwartende Wellenfußrundungsradius ρ_{f1} zur fertigungsverfahrensspezifischen Konstanten- beziehungsweise Koeffizientenbestimmung berücksichtigt worden sein. Wie in Kapitel 3.1.2 beschrieben, ist dies nicht der Fall. Darüber hinaus kann pauschal für den Einfluss des Flankenwinkels α festgehalten werden, dass, je größer dieser ist, desto kleiner das maximal realisierbare Wellenfußrundungsradiusverhältnis ρ_{f1}^V/m ist.

Ein größerer Flankenwinkel α wirkt sich also verkleinernd auf den zur Ausgestaltung des Wellenfußbereichs zur Verfügung stehenden geometrischen Raum aus. Dies visualisiert Abbildung 6.4. Weiterführend zeigt sich, dass bei einem Wellenformübermaßverhältnis c_{F1}/m von 0,12 das in der [DIN 5480] für das Kaltwalzen definierte Fußrundungsradiusverhältnis ρ_f/m von 0,54 bei mathematisch exakter Geometriegenerierung nach Kapitel 3.3 nicht umsetzbar ist. Sind doch die maximal realisierbaren Wellenfußrundungsradiusverhältnisse ρ_{f1}^V/m kleiner. Diese Erkenntnis ist zwar kein Beweis dafür, dass die in Kapitel 3.1.2 beschriebenen Anomalien auftreten müssen. Allerdings deuten sie auf entsprechende Unsicherheiten hin.

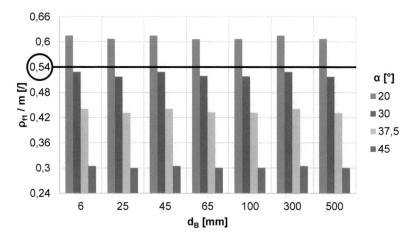

Abbildung 3.14: Realisierbare Wellenfußrundungsradiusverhältnisse ρ_{f1}/m als Funktion des Bezugsdurchmessers d_B sowie des Flankenwinkels α am Beispiel der ZWV Kapitel 3.3 – var. x m_{Opt} x z_{Opt} (gemäß Tabelle 6.1; $c_{F1}/m = 0,12$; $\alpha = var.$; $\rho_{f1}/m = Max.$)

In Analogie zu Abbildung 3.14 zeigt Abbildung 3.15 das maximal realisierbare Nabenfußrundungsradiusverhältnis ρ_{f2}^V/m für jene Verbindungen des Parameterfelds von Kapitel 6.2.2 mit optimalem Modul m_{Opt} beziehungsweise optimalen Zähnezahlen z_{Opt} nach Kapitel 6.2.3.5.2.1. An dieser Stelle gilt es besonders hervorzuheben, dass für das Nabenformübermaßverhältnis c_{F2}/m nicht der charakteristische Wert von 0,02, sondern, aus Gründen der Vergleichbarkeit, von 0,12 zugrunde gelegt wurde. Hierdurch ist ein Quervergleich zwischen Abbildung 3.14 und Abbildung 3.15 möglich. Eine entsprechend rudimentäre Analyse zeigt, dass die maximal realisierbaren Fußrundungsradiusverhältnisse ρ_f^V/m von Welle und Nabe eine ähnliche Größenordnung haben. Über diese Feststellung hinaus gelten für die in Abbildung 3.15 gezeigten maximal realisierbaren Nabenfußrundungsradiusverhältnisse ρ_{f2}^V/m die gleichen Aussagen, die bereits für jene der Wellen auf Basis von Abbildung 3.14 getroffen wurden.

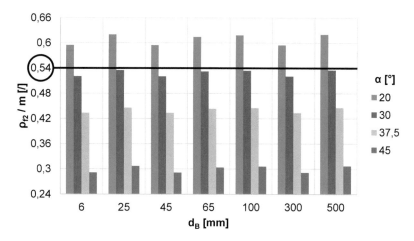

Abbildung 3.15: Realisierbare Nabenfußrundungsradiusverhältnisse ρ_{f2}/m als Funktion des Bezugsdurchmessers d_B sowie des Flankenwinkels α am Beispiel der ZWV Kapitel 3.3 – var. x m_{Opt} x z_{Opt} (gemäß Tabelle 6.1; $c_{F2}/m = 0{,}12$; $\alpha = var.$; $\rho_{f2}/m = Max.$)

In Weiterführung zu den auf Basis von Abbildung 3.14 und Abbildung 3.15 geführten Diskussionen wird mit Abbildung 3.16 der wellenbezogene und mit Abbildung 3.17 der nabenbezogene Einfluss des jeweiligen Formübermaßverhältnisses c_F/m auf die maximal realisierbaren Fußrundungsradiusverhältnisse ρ_f^V/m analysiert. Eine differenzierte Betrachtung wird hierbei nicht vorgenommen, da sich keine unterschiedlichen wissenschaftlichen Erkenntnisse ergaben. Zum Einfluss der Formübermaßverhältnisse c_F/m kann festgehalten werden, dass sich größere Werte verkleinernd auf die maximal realisierbaren Fußrundungsradiusverhältnisse ρ_f^V/m auswirken. Dies entspricht den Erwartungen, da größere Formübermaße c_F den zur Ausgestaltung der Fußbereiche zur Verfügung stehenden geometrischen Räume einschränken, vgl. Abbildung 6.6. Darüber hinaus wird an dieser Stelle nochmals auf das Problem der in Kapitel 3.1.2 beschriebenen, bei Anwendung des Systems zur Bezugsprofilgenerierung evolventisch basierter Zahnwellenverbindungen der [DIN 5480] auftretenden, Anomalien eingegangen. Sie sind im Wesentlichen das Resultat von zu groß definierten Fußrundungsradiusverhältnissen ρ_f/m. In der [DIN 5480] ist hierbei für das Kaltwalzen ein Wert von 0,54 definiert. Für Zahnwellenverbindungen nach Kapitel 3.3 zeigt sich mit Abbildung 3.16 und Abbildung 3.17, dass diese Fußrundungsradiusverhältnisse ρ_f/m sehr wohl realisierbar sind, jedoch nicht für jedes Formübermaßverhältnis c_F/m. Diesbezüglich liegt der Grenzwert verbindungsspezifisch zwischen 0,07 und 0,12.

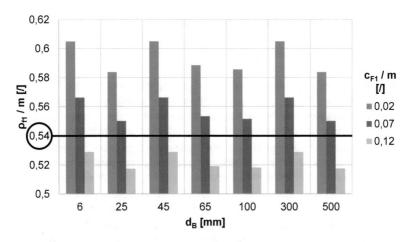

Abbildung 3.16: Realisierbare Wellenfußrundungsradiusverhältnisse ρ_{f1}/m als Funktion des Bezugsdurchmessers d_B sowie des Wellenformübermaßverhältnisses c_{F1}/m am Beispiel der ZWV Kapitel 3.3 – var. x m_{Opt} x z_{Opt} (gemäß Tabelle 6.1; $c_{F1}/m = var.$; $\alpha = 30\,°$; $\rho_{f1}/m = Max.$)

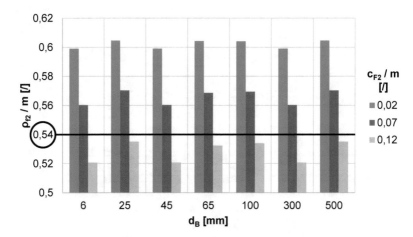

Abbildung 3.17: Realisierbare Nabenfußrundungsradiusverhältnisse ρ_{f2}/m als Funktion des Bezugsdurchmessers d_B sowie des Nabenformübermaßverhältnisses c_{F2}/m am Beispiel der ZWV Kapitel 3.3 – var. x m_{Opt} x z_{Opt} (gemäß Tabelle 6.1; $c_{F2}/m = var.$; $\alpha = 30\,°$; $\rho_{f2}/m = Max.$)

3.5 Vergleichbarkeit von Gestaltfestigkeiten

3.5.1 Beanspruchungsbasiert

Im Rahmen des Forschungsvorhabens [FVA 742 I] wurden vom Autor dieser Dissertation zahlreiche FE-Berechnungen sowohl zur Absicherung numerischer Ergebnisse
beziehungsweise der Abbildegenauigkeit der entsprechenden Modelle als auch zur
Bearbeitung aller numerischen Projektinhalte seitens des Instituts für Maschinenwesen der Technischen Universität Clausthal durchgeführt. Essenzieller Bestandteil dieser Untersuchungen war die Bestimmung der optimalen evolventisch basierten Zahnwellenverbindung für einen Bezugsdurchmesser d_B von 25 mm bei durch die
[DIN 5480] definiertem Flankenwinkel α von 30 °. Variiert wurden der Modul m und das
Wellenfußrundungsradiusverhältnis ρ_{f1}/m. Um hierbei die Optima zu erkennen, kann
selbstredend die Bauteilbeanspruchung diskutiert werden, vgl. Abbildung 3.18. Voraussetzung dafür ist allerdings, dass die Bauteilbelastung bei den numerischen Analysen konstant ist. Unter Berücksichtigung dessen lässt sich aus Abbildung 3.18 die
wissenschaftliche Aussage ableiten, dass sowohl für den Modul m als auch für das
Wellenfußrundungsradiusverhältnis ρ_{f1}/m ein Optimum existiert.

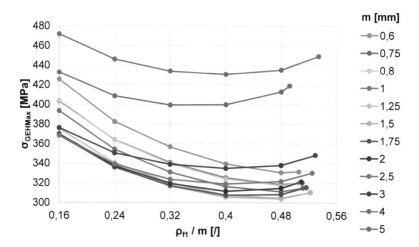

Abbildung 3.18: Gestaltfestigkeitsrelevante Lokalbeanspruchung σ_{GEHMax} als Funktion des Moduls m sowie des Wellenfußrundungsradiusverhältnisses ρ_{f1}/m am Beispiel der ZWV Kapitel 3.3 – 45 x var. x var. (gemäß Tabelle 6.1; $c_{F1}/m = 0,12$; $\alpha =$
30 °; $\rho_{f1}/m = var.$)

Mit den oben angeführten Ausführungen wird der Nachteil einer beanspruchungsbasierten Betrachtung offenkundig, nämlich die Lasthöhenabhängigkeit. So ist die Verwendung einer lasthöhenunabhängigen Größe absolut empfehlenswert. Die entsprechende Größe resultiert aus der Normierung der gestaltfestigkeitsrelevanten Lokalbeanspruchung als Ergebnis der FE-Berechnung auf die Nennspannung σ_{Nenn}. Die resultierende Größe wird Formzahl α_k genannt, vgl. Kapitel 2.2.1. Bestandteil der Nennspannung σ_{Nenn} ist der Nenndurchmesser d_{Nenn}. Dieser ist Definitionssache.

3.5.2 Wellenersatzdurchmesserbasierte Torsionsformzahl $\alpha_{ktGEHdh1}$

Für evolventisch basierte Zahnwellenverbindungen nach [DIN 5480] werden nach gegenwärtigem Stand der Technik die Ersatzdurchmesser d_h nach [Naka 51] zur Bestimmung von Torsionsformzahlen α_{kt} verwendet. Diese verändern sich jedoch von Verbindung zu Verbindung, vgl. Kapitel 2.2.3.2. Bei Quervergleichen zwischen unterschiedlichen Verbindungen gleichen Bezugsdurchmessers d_B ist jedoch erforderlich, dass sich die geometrische Basis nicht ändert. Wird dies nicht berücksichtigt, so können die wissenschaftlich abgeleiteten Erkenntnisse falsch sein. Dies verdeutlicht Abbildung 3.19. Hier wurden die wellenbezogenen Torsionsformzahlen α_{ktGEH} auf Grundlage des Wellenersatzdurchmessers d_{h1} nach [Naka 51] berechnet. Auf Basis des entsprechenden Diagramms könnte die wissenschaftliche Aussage abgeleitet werden, dass, je kleiner der Modul m ist, desto geringer die Formzahl $\alpha_{ktGEHdh1}$ beziehungsweise desto größer die Gestaltfestigkeit ist. Die Gültigkeit dieser Aussage kann bereits durch eine Plausibilitätskontrolle ausgeschlossen werden. Mit dem wellenbezogenen Hintergrundwissen, dass die Zähne ausgehend vom Wellenkopfkreisdurchmesser d_{a1} in das Welleninnere hinein generiert werden, würde ein immer größerer Modul m, also ein immer größerer Zahn, zu einer ansteigenden Schwächung des ungestörten Wellenquerschnitts führen. Extremwert wäre ein Wellenfußkreisdurchmesser d_{f1} von 0. Die Aussage, dass die Gestaltfestigkeit evolventisch basierter Zahnwellenverbindungen mit zunehmendem Modul m steigt, ist folglich unplausibel. Spätestens jedoch mit Abbildung 3.18 ist sie gänzlich auszuschließen. [LSW 16]

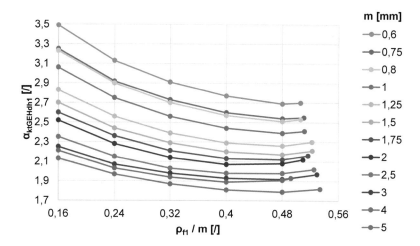

Abbildung 3.19: Torsionsformzahl $\alpha_{ktGEHdh1}$ als Funktion des Moduls m sowie des Wellenfußrundungsradiusverhältnisses ρ_{f1}/m am Beispiel der ZWV Kapitel 3.3 – 45 x var. x var. (gemäß Tabelle 6.1; $c_{F1}/m = 0{,}12$; $\alpha = 30\,°$; $\rho_{f1}/m = var.$)

Um das oben angeführte formale Problem zu lösen, wurde vom Autor dieser Dissertation zur Formzahlbestimmung bereits für das Forschungsvorhaben [FVA 742 I] ein Nenndurchmesser d_{Nenn} definiert, der sich über die zu vergleichenden Verbindungen nicht ändert. Gewählt wurde hierbei der Bezugsdurchmesser d_B, der gegenüber den Ersatzdurchmessern d_h nach [Naka 51] zudem den Vorteil hat, dass er nicht berechnet werden muss. Die auf Basis dieses Durchmessers sowie der für diese Dissertation durchgeführten FE-Berechnungen ermittelten Formzahlen $\alpha_{ktGEHdB}$ zeigt Abbildung 3.20. Dabei geht aus einem Quervergleich der dort angeführten Ergebnisse mit jenen von Abbildung 3.18 hervor, dass die Verwendung des Bezugsdurchmessers d_B als Nenndurchmesser d_{Nenn}, entgegen dem Wellenersatzdurchmesser d_{h1} nach [Naka 51], die eingangs dieses Kapitels angeführte wissenschaftliche Aussage, nämlich dass ein optimaler Modul m_{Opt} existiert, nicht verändert. Dieser Sachverhalt wurde bereits in [LSW 16] vorveröffentlicht. [LSW 16]

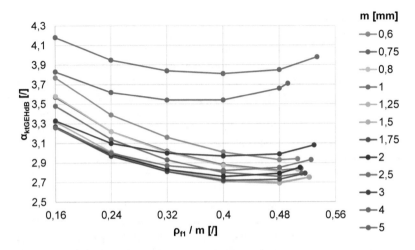

Abbildung 3.20: Torsionsformzahl $\alpha_{ktGEHdB}$ als Funktion des Moduls m sowie des Wellenfußrundungsradiusverhältnisses ρ_{f1}/m am Beispiel der ZWV Kapitel 3.3 – 45 x var. x var. (gemäß Tabelle 6.1; $c_{F1}/m = 0{,}12$; $\alpha = 30\,°$; $\rho_{f1}/m = var.$)

Aus Gründen der Vollständigkeit sei auf weitere Probleme der Ersatzdurchmesser d_h nach [Naka 51] verwiesen. So sind einige Parameter zur Generierung von Zahnwellenverbindungen nicht Bestandteil der entsprechenden Berechnungsgleichungen. Es gilt somit den Gültigkeitsbereich der gegenwärtig vorliegenden Gleichungen zu überprüfen. Weiterführend wird beispielsweise nach dem Wellenersatzdurchmesser d_{h1} nach [Naka 51] der Durchmesser einer ungekerbten Welle bestimmt, die dann das gleiche Torsionswiderstandsmoment W_t wie die verzahnte Welle hat, vgl. Kapitel 2.2.3.2 für weitere Informationen. Obwohl seine Anwendung formal immer möglich ist, ist dies voraussichtlich nur für Betrachtungen in vom Kontakt zwischen Welle und Nabe ungestörten Wellenquerschnitten sinnvoll, vgl. die Kapitel 6.2.3.1 sowie 6.2.3.2.2.1.1. Würde seine Verwendung in den entsprechend beeinflussten Querschnitten doch seiner grundlegenden Theorie, nämlich den exakten Bauteilwiderstand gegen die vorherrschenden Belastungen bei nennspannungsbasierten Betrachtungen zugrunde zu legen, widersprechen, vgl. Kapitel 2.2.3.1.

3.5.3 Bezugsdurchmesserbasierte Torsionsformzahl $\alpha_{ktGEHdB}$

In Kapitel 3.5.2 wird dargelegt, dass sich der zugrunde gelegte Nenndurchmesser d_{Nenn} bei Tragfähigkeitsvergleichen zwischen verschiedenen evolventisch basierten Zahnwellenverbindungen innerhalb eines Bezugsdurchmessers d_B nicht verändern darf. Weiterführend sind Vergleiche zwischen unterschiedlichen Bezugsdurchmessern d_B zur entsprechenden Einflussanalyse möglich und, mit Verweis auf den Effekt der geometrischen Ähnlichkeit, vgl. Kapitel 6.2.3.3, äußerst gewinnbringend. Im Sinne einer wissenschaftlich sauberen Vorgehensweise gilt es bei derartigen Vergleichen, und selbstredend auch im Allgemeinen, zu berücksichtigen, dass sich nur ein Parameter verändern darf. Dies ist bei Betrachtungen über verschiedene Bezugsdurchmesser d_B entweder bei konstantem Modul m oder aber eben bei konstanten Zähnezahlen z, das heißt bei geometrischer Ähnlichkeit, vgl. Kapitel 6.2.3.3, vermeintlich gegeben. Die Initiationsprofilverschiebungsfaktoren x_I hier nicht betrachtend, ändert sich jedoch bei Variation des Bezugsdurchmessers d_B bei beispielsweise konstantem Modul m zudem der Teilkreisdurchmesser d und damit verbunden der Grundkreisdurchmesser d_b als Definitionsgrundlage der Evolvente, so dass sich diese ebenfalls verändert. Dies hat Einfluss auf das verbindungspartnerspezifische Kopfspiel c. Wellenbezogen kann allgemein festgehalten werden, dass je größer der Bezugsdurchmesser d_B ist, desto kleiner ist das Wellenkopfspiel c_1 beziehungsweise desto größer ist der Wellenfußkreisdurchmesser d_{f1}. Für die Nabe kehrt sich diese Aussage um. Ob, beziehungsweise bis zu welcher Durchmesserdifferenz, bezugsdurchmesserbezogene Einflussanalysen durchgeführt werden können, ist im Rahmen einer fallspezifischen Fehlerbetrachtung zu klären. Zur groben Einordnung des auftretenden Fehlers sind in Tabelle 3.8 zwei Verbindungen einander gegenübergestellt.

Tabelle 3.8: Beispiel eines evolventenbasierten geometrischen Fehlers bei der Einflussanalyse des Bezugsdurchmessers d_B

	Verbindung	
	A	**B**
	Kapitel 3.3 – 100 x 10 x 8	**Kapitel 3.3 – 500 x 10 x 48**
Symbol	**gemäß** Tabelle 6.1; $c_F/m = 0,12$; $\alpha = 30°$; $\rho_f/m = 0,48$ (Anmerkung: $x_{I1} = -x_{I2} = 0,45$)	
r_{f1}	36,386	236,400
r_{a2}	-40,000	-240,000
r_{a1}	49,000	249,000
r_{f2}	-51,643	-252,360
c_1	3,614	3,600
c_2	2,643	3,360
$c_{1B} - c_{1A}$	(-) 0,014 (Abnahme des Wellenkopfspiels c_1 bei steigendem Bezugsdurchmesser d_B)	
$c_{2B} - c_{2A}$	(+) 0,717 (Zunahme des Nabenkopfspiels c_2 bei steigendem Bezugsdurchmesser d_B)	

3.5.4 Umrechnung von Torsionsformzahlen α_{kt} auf andere Nenndurchmesser d_{Nenn}

Anhand der in Kapitel 2.2.1 angeführten Definition der Formzahl α_k wird in Verbindung mit Kapitel 2.2.3.2 ihre Abhängigkeit vom Nenndurchmesser d_{Nenn} ersichtlich. Mit Verweis auf den in Kapitel 3.5.2 dargelegten Sachverhalt, kann dessen Wahl von besonderer Bedeutung sein. In diesem Zusammenhang ist hervorzuheben, dass die Umrechnung von mit unterschiedlichen Nenndurchmessern d_{Nenn} bestimmten Formzahlen α_k möglich ist. Die Herleitung des hierfür erforderlichen mathematischen Zusammenhangs ist Gegenstand dieses Kapitels. Es sei angemerkt, dass eine Anpassung der zur Bestimmung der Formzahl α_k zugrunde gelegten Vergleichsspannungshypothese im Allgemeinen nicht möglich ist.

Grundlegende Idee der Formzahl α_k ist die nennspannungsbasierte Beschreibung der gestaltfestigkeitsrelevanten Lokalbeanspruchung, vgl. Gleichung (1). Bei gegebener Kerbgeometrie sowie entsprechender Belastung ändert sich diese Beanspruchung folglich nicht bei Veränderung des Nenndurchmessers d_{Nenn}. Damit kann die zur Herleitung des mathematischen Zusammenhangs zur Überführung der auf Basis des Nenndurchmessers A $(d_{Nenn})_A$ bestimmten Formzahl $(\alpha_k)_A$ zum Nenndurchmesser B $(d_{Nenn})_B$ grundlegend erforderliche Bedingung formuliert werden, vgl. Gleichung (164).

$$(\sigma_{Max})_A = (\sigma_{Max})_B \qquad (164)$$

In allgemeingültiger Form ist der gesuchte Zusammenhang nur sehr oberflächlich formulierbar. Er ergibt sich durch Einsetzen von Gleichung (1) in Gleichung (164), vgl. Gleichung (165).

$$(\alpha_k \cdot \sigma_{Nenn})_A = (\alpha_k \cdot \sigma_{Nenn})_B \qquad (165)$$

Im Zuge der weiterführenden Konkretisierung von Gleichung (165) ist Gleichung (166) essenziell. Dies leitet sich aus Gleichung (164) ab.

$$(Belastung)_A = (Belastung)_B \qquad (166)$$

Die in dieser Dissertation angeführten Formzahlen α_k wurden primär auf Basis der Gestaltänderungsenergiehypothese, vgl. Kapitel 2.2.1.3, für ausnahmslos torsionsbelastete zylindrische Bauteile bestimmt. Unter diesen Randbedingungen wird eine fallspezifisch weiterführende Konkretisierung von Gleichung (165) vorgenommen. Mit Verweis auf die Gleichungen (6), (25), (26) sowie (166) resultiert zur Überführung der auf Basis der Gestaltänderungsenergiehypothese sowie des Nenndurchmessers A

$(d_{Nenn})_A$ bestimmten Torsionsformzahl $(\alpha_{ktGEH})_A$ zum Nenndurchmesser B $(d_{Nenn})_B$ Gleichung (167).

$$(\alpha_{ktGEH})_A \cdot \frac{((d_{Nenn}^4)_B - d_i^4)}{(d_{Nenn})_B} = (\alpha_{ktGEH})_B \cdot \frac{((d_{Nenn}^4)_A - d_i^4)}{(d_{Nenn})_A} \tag{167}$$

Liegt eine Vollwelle vor, kann Gleichung (167) weiter vereinfacht werden. Es folgt Gleichung (168).

$$(\alpha_{ktGEH})_A \cdot (d_{Nenn}^3)_B = (\alpha_{ktGEH})_B \cdot (d_{Nenn}^3)_A \tag{168}$$

Zur Charakterisierung der Gestaltfestigkeit evolventisch basierter Zahnwellenverbindungen werden gegenwärtig der Bezugsdurchmesser d_B sowie die Ersatzdurchmesser d_h nach [Naka 51] als Nenndurchmesser d_{Nenn} genutzt. Ein mathematischer Zusammenhang zwischen den auf ihrer Basis bestimmten Torsionsformzahlen α_{ktGEH} ist damit von besonderer Bedeutung. Ausgehend von Gleichung (168) kann hierfür Gleichung (169) formuliert werden.

$$\alpha_{ktGEHdh} = \alpha_{ktGEHdB} \cdot \left(\frac{d_h}{d_B}\right)^3 \tag{169}$$

3.6   Definition der Nabenrestwandstärke

In Kapitel 2.7.2 wird die nach dem Stand der Technik verwendete Definition der Nabenrestwandstärke angeführt. Sie wird durch das Verhältnis von Nabenaußendurchmesser d_{e2}, vgl. Kapitel 2.7.1, sowie den Bezugsdurchmesser d_B formuliert. Diese Definition fußt auf dem System zur Bezugsprofilgenerierung evolventisch basierter Zahnwellenverbindungen der [DIN 5480] und beschreibt die Nabenrestwandstärke nur dann richtig, wenn die Nabengeometrie einer geräumten Nabe nach [DIN 5480] entspricht. Mit Verweis auf die in Kapitel 1.2 definierte Zielsetzung zur Gestaltfestigkeitssteigerung evolventisch basierter Zahnwellenverbindungen durch geometrische Optimierung sowie auf die im Rahmen dieser Dissertation erarbeiteten Ergebnisse ist die Entwicklung eines neuen Systems zur Profilgenerierung evolventisch basierter Zahnwellenverbindungen logische Konsequenz. Dies wird im vorliegenden Werk in Kapitel 3.2 geleistet. Das hierbei resultierende Arbeitsergebnis ist in Kapitel 3.3 angeführt. Die Anwendung dieses Systems wird an dieser Stelle nochmals ausdrücklich empfohlen. Die damit einhergehende Möglichkeit zur Variation der Profilform führt jedoch dazu, dass die in Kapitel 2.7.2 ohnehin mit ausschließlich eingeschränkter Gültigkeit behaftete getroffene Definition zur Charakterisierung der Nabenrestwandstärke mit äußerst geringer Wahrscheinlichkeit zutrifft. Abhilfe leistet eine geringfügige Veränderung der Definition der Nabenrestwandstärke. Ist diese doch immer durch das Verhältnis von

Nabenaußendurchmesser d_{e2} und Nabenfußkreisdurchmesser d_{f2} richtig beschrieben. Dabei ist die exakte Berechnung des Nabenfußkreisdurchmessers d_{f2} mit der im Rahmen dieser Dissertation entwickelten Gleichung (162) nunmehr problemlos möglich. Hierbei sei allerdings darauf hingewiesen, dass die Nabenrestwandstärke zwar Einfluss auf die Nabensteifigkeit nimmt, diese aber alleinig nicht vollständig beschreibt. Hier sind zudem Belastungsfall, Werkstoff sowie Nabenbreite b zu berücksichtigen. In diesem Zusammenhang sei auf Kapitel 9.1.5 verwiesen. Zur exakten Beschreibung der Nabensteifigkeit kann darüber hinaus die Weiterverfolgung des in [Naka 51] entwickelten Ansatzes, vgl. Kapitel 2.2.3.2, also die Verwendung des Nabenersatzdurchmessers d_{h2} nach [Naka 51], sinnvoll sein.

4 Numerikbezogene Definitionen, Entwicklungen und Betrachtungen

Um für evolventisch basierte Zahnwellenverbindungen nach Kapitel 3.3, wenn denn existent, geometrieparameterspezifische Optima für das Kriterium der Gestaltfestigkeit bestimmen beziehungsweise, wenn denn nicht existent, Empfehlungen für ihre günstige Gestaltung definieren zu können, ist die Ermittlung der entsprechenden Festigkeit zahlreicher derartiger Verbindungen Grundvoraussetzung. Mit den in diesem Zusammenhang festgelegten Parameterfeldern, vgl. die Kapitel 4.3.1, 6.2.2 sowie 6.3.2, kann der zu bewältigende enorme Arbeitsaufwand grob abgeschätzt werden. Nicht angeführt sind hierbei weitere mannigfaltige Voruntersuchungen. So wird aus Gründen der Effizienz die Gestaltfestigkeit zahlreicher evolventisch basierter Zahnwellenverbindungen nach Kapitel 3.3 durch numerische Untersuchungen in zudem möglichst stark automatisierter Art und Weise bei entsprechend stichprobenartiger Ergebnisabsicherung ermittelt. Diese Vorgehensweise entspricht dem Stand der Technik. Die hierbei numerikbezogen getroffenen Definitionen, realisierten Entwicklungen sowie durchgeführten Betrachtungen werden in diesem Kapitel dargelegt.

Damit die für diese Dissertation generierten numerischen Ergebnisse reproduzierbar sind und somit auch erweitert werden können, ist, obwohl sicherlich von geringerer Bedeutung, die für die FE-Simulationen verwendete Hardware zu beschreiben, in jedem Fall aber die genutzte Software zu benennen. Dies ist Inhalt von Kapitel 4.1. Darüber hinaus sind, mit Verweis auf die im vorhergehenden Absatz bereits benannten umfangreichen Parameterfelder, mannigfaltige geometrisch sehr ähnliche Verbindungen zu untersuchen. Um dies möglichst effizient zu realisieren, wurden Automatismen zur Generierung von FE-Modellen (Preprocessing), zum Durchführen der Analysen (Solution) sowie insbesondere zur Erhebung von Daten nach erfolgter FE-Simulation (Postprocessing) entwickelt. Hierauf wird in Kapitel 4.2 eingegangen, dies allerdings mit Beschränkung auf die für das vorliegende Werk ergebnisrelevant funktionalen Aspekte. Grundlegend ist bei numerischen Analysen sicherzustellen, dass das Modell den realen Sachverhalt hinreichend genau abbildet. Problemspezifisch für diese Dissertation wird dies in Kapitel 4.3 abgesichert. Bei der Interpretation numerischer Ergebnisse sind im Allgemeinen oftmals einige Besonderheiten zu beachten. Jene der evolventisch basierten Zahnwellenverbindungen nach Kapitel 3.3 werden in Kapitel 4.4 diskutiert. Nach der Durchführung einer numerischen Simulation ist das Ergebnis entsprechend der gesuchten Ergebnisgröße auszuwerten. In diesem Zusammenhang sind alle für dieses Werk relevanten Informationen in Kapitel 4.5 angeführt.

4.1 Hard- und Softwarespezifika

Um die numerischen Simulationen für diese Dissertation in adäquater Qualität und Zeit durchführen zu können, wurde vom Autor dieses Werkes in leistungsstarke Hardware investiert. Neben ihrer ausgeprägten Leistungsfähigkeit ist hierbei ihre Fähigkeit zur

J. Wild, *Optimierung der Tragfähigkeit von Zahnwellenverbindungen,*

Fehlererkennung sowie zur Fehlerkorrektur gemäß den technologisch gegebenen Möglichkeiten hervorzuheben. Letzteres resultiert dabei im Wesentlichen aus dem Zusammenspiel von Mainboard und RAM. Die simulationsrelevanten Komponenten des für die numerischen Analysen genutzten Rechners zeigt Tabelle 4.1.

Tabelle 4.1: Simulationsrelevante Komponenten des genutzten Rechners

Pos.	Komponente	Bezeichnung	Menge	Anmerkung
1	Mainboard	ASUS Z10PE – D16 WS, Intel C612 Mainboard – Dual – Sockel 2011 – V3	1	
2	CPU	Intel Xeon E5 – 2687W V4 3,0 GHz (Broadwell – EP) Sockel 2011 – V3 – boxed	2	
3	RAM	Kingston Server DIMM, ECC REG, DDR4 – 2133, CL15 – 32 GB	16	
4	Festplatte	Intel DC P3500 SSD, PCIe 3,0 x4 – 2 TB	1	Für optimales Speichermanagement genutzt, vgl. Kapitel 4.2.2

Abschließend sei erwähnt, dass alle numerischen Analysen mit ANSYS in der Programmversion 17.1 durchgeführt wurden.

4.2   Entwicklung von Automatismen

Bestandteil von ANSYS ist eine eigene Programmiersprache namens APDL. Weiterhin stehen dem Anwender mit dieser Software zwei verschiedene Benutzeroberflächen zur Verfügung, die als Workbench und Classic bezeichnet werden. Ausschließlich in Classic gibt es hierbei die Möglichkeit zur vollumfänglichen Modellgenerierung durch APDL-Programmierung, und zwar inklusive der Geometrie. Damit sind alle für eine erfolgreiche FE-Simulation erforderlichen Schritte bei vollumfänglich funktionalem Zugriff innerhalb eines Programms von höchster Genauigkeit automatisierbar. In Konsequenz wurde zur Generierung der numerischen Ergebnisse für diese Dissertation ein entsprechendes APDL-Skript für ANSYS Classic entwickelt. Dieses wurde hierbei modular programmiert, so dass es eher als APDL-Skriptkonglomerat zu bezeichnen ist. Dessen Steuerung erfolgt ausschließlich ausgehend von einer Hauptdatei, der klassischen MAIN. Nach erfolgter Simulation wurde diese mit dem jeweiligen Simulationsergebnis archiviert und damit vollständig dokumentiert. In diesem Kapitel wird nicht auf den Quellcode des APDL-Skriptkonglomerats eingegangen. Vielmehr werden jene Dinge beschrieben, die erforderlich sind, um die in dieser Dissertation angeführten Ergebnisse zu reproduzieren beziehungsweise wissenschaftlich nachzuvollziehen. Damit ist die Möglichkeit ihrer Weiterentwicklung sichergestellt.

4.2.1 Preprocessing

4.2.1.1 Geometriegenerierung

In Kapitel 2.6 wird das System zur Bezugsprofilgenerierung evolventisch basierter Zahnwellenverbindungen der [DIN 5480] diskutiert und im Detail analysiert. In diesem Zusammenhang wird dargelegt, dass keine freie Parametervariation zulässig und quasi auch nicht möglich ist. Zum Erreichen der in Kapitel 1.2 definierten Zielsetzung ist dies aber zwingend erforderlich. In Konsequenz wurde eine neue Systematik zur Profilgenerierung evolventisch basierter Zahnwellenverbindungen und, unter anderem durch deren mathematische Formulierung, ein entsprechendes System entwickelt, vgl. Kapitel 3.2. Das schlussendlich in Kapitel 3.3 dargelegte resultierende Arbeitsergebnis ist allerdings nicht Grundlage zur Generierung der für diese Dissertation numerisch analysierten evolventisch basierten Zahnwellenverbindungen. Vielmehr wurden diese iterativ mit einem eigens dafür programmierten APDL-Algorithmus generiert. Dass das in Kapitel 3.3 dargelegte System zur Profilgenerierung evolventisch basierter Zahnwellenverbindungen, welches ein Vielfaches einfacher und darüber hinaus ohne etwaige Entwicklungstätigkeit anwendbar gewesen wäre, nicht zugrunde gelegt wurde, ist mit der Entstehungsgeschichte dieses Werkes zu begründen. So war seine Entwicklung die aus fachlicher Sicht letzte Tätigkeit. Die Darlegung der Systematik zur iterativen Generierung der Profilform evolventisch basierter Zahnwellenverbindungen ist folglich von besonderer Relevanz.

Der Fokus dieser Dissertation liegt auf der wellenbezogenen Analyse der Gestaltfestigkeit evolventisch basierter Zahnwellenverbindungen. So werden lediglich verbindungs- und wellenbezogene Parameter variiert. Demzufolge wurde ausschließlich die Wellenprofilform iterativ generiert. Die hierfür angewendete Vorgehensweise wird in Kapitel 4.2.1.1.1 detailliert beschrieben. Die Nabenprofilform hingegen wurde nicht iterativ, sondern unter Anwendung des Systems zur Bezugsprofilgenerierung evolventisch basierter Zahnwellenverbindungen der [DIN 5480] generiert. Im Detail wird hierauf in Kapitel 4.2.1.1.2 eingegangen. Mit Verweis auf Kapitel 3.3 stellt sich abschließend die Frage der Treffsicherheit des verwendeten Algorithmus zur iterativen Generierung der Wellenprofilform. Dieser Sachverhalt wird in Kapitel 4.2.1.1.3 analysiert und diskutiert.

4.2.1.1.1 Welle

Der erste Schritt der angewendeten Methode zur iterativen Geometriegenerierung ist die Erzeugung der Evolvente in ihrer Ursprungsform. Angewendet wurde diesbezüglich die in der einschlägigen Literatur zu findende kartesisch parametrische Formulierung, vgl. die Gleichungen (97) sowie (98). Ausgehend vom Grundkreisradius r_b ist zunächst einzige Restriktion, dass die Evolvente über den Wellenkopfkreisradius r_{a1} geführt werden muss. Der entsprechende Radius wurde gemäß [DIN 5480] nach Gleichung (76) berechnet. Diesbezüglich sei auf die Vereinfachungen in Kapitel 3.1.1, problemspezifisch genau auf Gleichung (87), verwiesen. Das Ergebnis des ersten Schrittes zur iterativen Geometriegenerierung zeigt Abbildung 4.1.

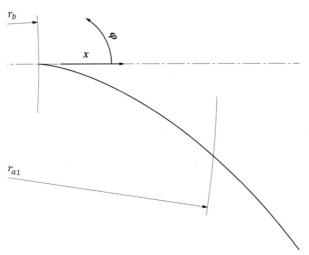

Abbildung 4.1: Grundform der Evolvente zur iterativen Geometriegenerierung einer ZW am Beispiel der ZWV Kapitel 3.3 – 45 x 1,5 x 28 (gemäß Tabelle 6.1; $c_{F1}/m = 0{,}12$; $\alpha = 30\,°$; $\rho_{f1}/m = 0{,}48$)

Weiterführend wurde die Evolvente um den Umlegungswinkel α_E gegen den Uhrzeigersinn rotiert, vgl. Abbildung 4.2. Dieser kann nach Gleichung (127) berechnet werden. Durch diese Vorgehensweise wird eine kartesische Hauptebene zur Symmetrieebene eines Sektors. Selbstredend gilt dies für die Welle und die Nabe.

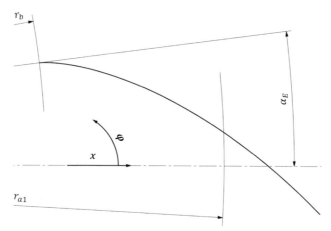

Abbildung 4.2: Gegen den Uhrzeigersinn um den Umlegungswinkel α_E rotierte Evolvente zur iterativen Geometriegenerierung einer ZW am Beispiel der ZWV Kapitel 3.3 – 45 x 1,5 x 28 (gemäß Tabelle 6.1; $c_{F1}/m = 0,12$; $\alpha = 30°$; $\rho_{f1}/m = 0,48$)

Die Verschneidung der Evolvente mit dem Wellenkopfkreisradius r_{a1} und darüber hinaus einer vom Ursprung des Hauptkoordinatensystems ausgehenden, mit der Symmetrieebene des Sektors kongruenten Geraden mit dem Wellenkopfkreisradius r_{a1} definiert die Wellenkopfgeometrie eines halben Sektors, vgl. Abbildung 4.3.

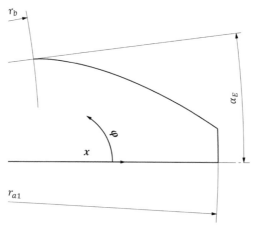

Abbildung 4.3: Wellenkopfgeometrie eines halben Sektors am Beispiel der ZWV Kapitel 3.3 – 45 x 1,5 x 28 (gemäß Tabelle 6.1; $c_{F1}/m = 0,12$; $\alpha = 30°$; $\rho_{f1}/m = 0,48$)

Nunmehr ist noch die Wellenfußgeometrie zu generieren. Unabhängig davon, ob eine Teil- oder aber einer Vollausrundung zu erzeugen ist, wird der zur Wellenfußausrundung genutzte Kreis mit dem Wellenfußrundungsradius ρ_{f1} unter Berücksichtigung der in Kapitel 3.2 getroffenen Definitionen zur Geometriegenerierung tangentenstetig an die Evolvente angelegt. In Weiterführung wird der Wellenfußkreisradius r_{f1} wiederum tangentenstetig an den zur Wellenfußausrundung genutzten Kreis angebunden. Abschließend begrenzt eine vom Hauptkoordinatensystem ausgehende Gerade mit dem Winkel $\alpha_S/2$ zur Symmetrieebene des Sektors das halbe Sektormodell. Die in diesem Absatz beschriebene Vorgehensweise zur Fußgeometriegenerierung nutzt selbstredend nur jene Geometrieelemente, die unmittelbar Bestandteil des halben Sektors sind. Den vollständigen Sektor liefert eine Spiegelfunktion um die Symmetrieebene. Das entsprechende Arbeitsergebnis zeigt Abbildung 4.4.

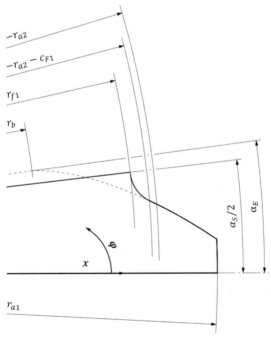

Abbildung 4.4: Wellenfußgeometrie eines halben Sektors am Beispiel der ZWV Kapitel 3.3 – 45 x 1,5 x 28 (gemäß Tabelle 6.1; $c_{F1}/m = 0{,}12$; $\alpha = 30\,°$; $\rho_{f1}/m = 0{,}48$)

Der Wellenfußrundungsradius ρ_{f1} wurde iterativ eingepasst. Mit Hilfe eines entsprechenden Algorithmus in ANSYS Classic wurden ausgehend von Initiationswerten für Wellenfußrundungsradius ρ_{f1} (quasi minimal) sowie Wellenfußkreisradius r_{f1} (quasi maximal) quantitativ monodirektionale Veränderungen dieser Parameter vorgenommen, um den jeweils geforderten Wellenfußrundungsradius ρ_{f1} näherungsweise zu realisieren. Unterschieden wurde hierbei zwischen der Wellenteilausrundung sowie der Wellenausrundung nahe der Vollausrundung. Gesteuert wurde der Algorithmus ausrundungsartspezifisch klassisch über entsprechend definiert und ausgewertete Abbruchkriterien. Somit unterliegt die iterative Vorgehensweise zur Geometriegenerierung wie jede Näherungslösung einer entsprechenden Unsicherheit. Das oben beschriebene Vorgehen zur iterativen Wellenfußgeometriegenerierung zeigt Abbildung 4.5.

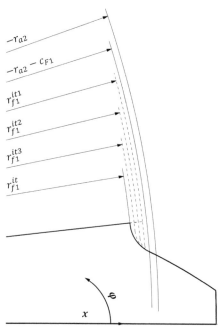

Abbildung 4.5: Vorgehensweise zur iterativen Generierung der Wellenfußgeometrie am Beispiel der ZWV Kapitel 3.3 – 45 x 1,5 x 28 (gemäß Tabelle 6.1; $c_{F1}/m = 0,12$; $\alpha = 30\,°$; $\rho_{f1}/m = 0,48$)

Wie bereits oben erwähnt werden vom Autor dieser Dissertation in Kapitel 3.2 unter Anwendung der Vektoralgebra Gleichungen hergeleitet, die die vollständige analytische Bestimmung der Geometrie evolventisch basierter Zahnwellenverbindungen ganzheitlich ermöglichen. Somit können die geometrischen Fehler iterativ bestimmter Geometrien ermittelt und schlussendlich diskutiert werden. Dies ist Gegenstand von Kapitel 4.2.1.1.3. Resultat hierbei ist, dass die iterativ bestimmten Geometrien äußerst gut mit den analytischen Ergebnissen übereinstimmen. Daher wird im vorliegenden Werk von einer Differenzierung zwischen Iteration und Analytik bei der Bezeichnung evolventisch basierter Zahnwellenverbindungen abgesehen.

4.2.1.1.2   Nabe

Die Nabengeometrie wurde streng nach den in der [DIN 5480] angeführten Gleichungen generiert, vgl. Kapitel 2.6. Zugrunde gelegt wurde diesbezüglich das Zerspanen, genauer das Räumen. Mit diesen Angaben ist die Bezugshöhe des Bezugsprofils h_{fP}, vgl. Gleichung (60), und weiterführend der Nabenfußkreisdurchmesser d_{f2}, vgl. Gleichung (74), definiert. Ebenfalls festgelegt ist damit der Nabenfußrundungsradius des Bezugsprofils ρ_{fP2}, vgl. Gleichung (67). Die Überführung des Bezugsprofils zum digitalen Bauteil erfolgte in guter Näherung durch Gleichsetzen. Dies bedeutet, dass das Nabenformübermaß c_{F2}, gemäß den in Kapitel 3.1.2 angeführten Ausführungen, eine sich ergebende Größe ist. Rudimentäre Sensitivitätsstudien haben gezeigt, dass der Einfluss des Nabenformübermaßes c_{F2} auf die wellenseitig gestaltfestigkeitsrelevante Lokalbeanspruchung äußerst gering ist. Es kann allerdings erwartungsgemäß folgende Tendenz festgehalten werden: Je größer das Nabenformübermaß c_{F2} ist, desto geringer ist die wellenseitig gestaltfestigkeitsrelevante Lokalbeanspruchung.

4.2.1.1.3   Fehleranalyse der iterativen Wellengeometriegenerierung

Zur Analyse der durch die iterative Wellengeometriegenerierung nach Kapitel 4.2.1.1.1 auftretenden Fehler wird nachfolgend eine Gegenüberstellung ihrer Ergebnisse mit jenen der in Kapitel 3.3 angeführten Analytik für die Parameter Wellenfußrundungsradius ρ_{f1} sowie Wellenfußkreisradius r_{f1} in prozentualer Form vorgenommen. In exakt mathematischer Formulierung werden für die stichprobenbezogen optimalen Verbindungen die Gleichungen (170) und (171) betrachtet. Hierbei wird zwischen der Wellenteilausrundung und der iterativ maximal realisierten beziehungsweise der maximal realisierbaren Wellenausrundung differenziert. Wurden doch zur iterativen Geometriegenerierung nach Kapitel 4.2.1.1.1 fallspezifische Algorithmen und Abbruchkriterien verwendet.

$$\Delta\rho_{f1} = \frac{\left|\rho_{f1}^{r}/m - \rho_{f1}^{it}/m\right|}{\rho_{f1}^{r}/m} \cdot 100\,\% = \frac{\left|\rho_{f1}^{r} - \rho_{f1}^{it}\right|}{\rho_{f1}^{r}} \cdot 100\,\% \tag{170}$$

$$\Delta r_{f1} = \frac{\left|r_{f1}^{r} - r_{f1}^{it}\right|}{r_{f1}^{r}} \cdot 100\,\% \tag{171}$$

Die Anwendung von Gleichung (170) liefert für den prozentualen Unterschied zwischen den iterativ und den analytisch bestimmten Wellenfußrundungsradien $\Delta\rho_{f1}$ bei

Teilausrundung Abbildung 4.6. Mit ihr wird ersichtlich, dass dieser geringer ist als 0,08 %. Dies wird vom Autor dieser Dissertation als hinreichend genau, die Approximation des realen mathematisch geschlossenen Sachverhalts nach Kapitel 3.3 durch Iteration also als zulässig erachtet.

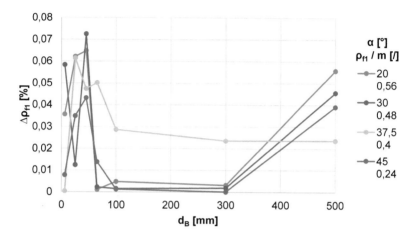

Abbildung 4.6: Prozentualer Unterschied zwischen den iterativ und den analytisch bestimmten Wellenfußrundungsradien $\Delta\rho_{f1}$, vgl. Gleichung (170), bei Wellenteilausrundung als Funktion des Bezugsdurchmessers d_B sowie des Flankenwinkels α am Beispiel der ZWV Kapitel 3.3 – var. x var. x var. (gemäß Tabelle 6.1; $c_{F1}/m = 0,12$; $\alpha = var.$; $\rho_{f1}/m = Opt.$)

Als Folge der sequenziellen Geometriegenerierung, vgl. Kapitel 4.2.1.1.1, ist der Wellenfußkreisradius r_{f1} systembedingt vom Wellenfußrundungsradius ρ_{f1} geometrisch abhängig. Somit wird auch er zur systematischen Absicherung der für diese Dissertation erarbeiteten Ergebnisse diskutiert. Die nach Gleichung (171) berechneten teilausrundungsbezogen prozentualen Unterschiede zwischen den nach Kapitel 4.2.1.1.1 iterativ bestimmten und den nach Kapitel 3.3 analytisch berechneten Wellenfußkreisradien Δr_{f1} zeigt Abbildung 4.7. Wie auch bereits bei den teilausrundungsbezogenen Abweichungen der Wellenfußrundungsradien $\Delta\rho_{f1}$, vgl. Gleichung (170) sowie Abbildung 4.6, wird die äußerst geringe Abweichung zwischen Iteration und Analytik deutlich. Ist diese doch kleiner als 0,08 %.

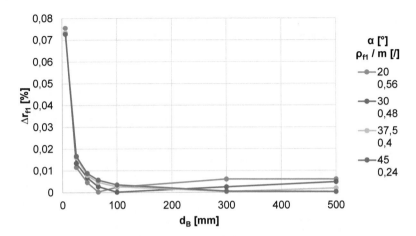

Abbildung 4.7: Prozentualer Unterschied zwischen den iterativ und den analytisch bestimmten Wellenfußkreisradien Δr_{f1}, vgl. Gleichung (171), bei Wellenteilausrundung als Funktion des Bezugsdurchmessers d_B sowie des Flankenwinkels α am Beispiel der ZWV Kapitel 3.3 – var. x var. x var. (gemäß Tabelle 6.1; $c_{F1}/m = 0,12$; $\alpha = var.$; $\rho_{f1}/m = Opt.$)

Die oben angeführten Betrachtungen zur Bestimmung der geometrisch auftretenden Fehler bei der iterativen Geometriegenerierung teilausgerundeter Wellen evolventisch basierter Zahnwellenverbindungen können selbstredend auch für Verbindungen mit nach Kapitel 4.2.1.1.1 iterativ maximal realisierten und nach Kapitel 3.3 maximal realisierbaren Wellenfußrundungsradien $\Delta \rho_{f1}$ geführt werden. Hierbei resultiert aus der Anwendung von Gleichung (170) Abbildung 4.8. Aus ihr geht hervor, dass der prozentuale Unterschied zwischen den iterativ maximal realisierten und den analytisch maximal realisierbaren Wellenfußrundungsradien $\Delta \rho_{f1}$ deutlich größer ist als jener bei Wellenteilausrundung. Dies ist auf die Verwendung systembedingt ausrundungsspezifischer Algorithmen zur iterativen Geometriegenerierung und damit einhergehend unterschiedlichen Abbruchkriterien zurückzuführen. Für die Bestimmung von Optima und weiterführend von Näherungsgleichungen ist die exakte Abbildung des maximal realisierbaren Wellenfußrundungsradius ρ_{f1}^{V} allerdings auch nicht erforderlich. Müssen hierfür doch lediglich die Minima der Verläufe der Formzahl $\alpha_{ktGEHdB}$ zuverlässig abgebildet werden, da sich über sie definiert, ob die Qualität der iterativ maximal realisierten Wellenfußrundungsradien ρ_{f1}^{itMax} hinreichend ist. Um dem oben beschriebenen Unterschied zwischen der nach Kapitel 4.2.1.1.1 iterativ generierten und jener nach Kapitel 3.3 analytisch berechneten Geometrie im vorliegenden Werk Sorge zu tragen, werden die durch Iteration maximal realisierten Wellenfußrundungsradien, sofern von technischer Relevanz, nicht als Vollausrundung, vgl. ρ_{f1}^V, sondern als iterativ bestimmtes Maximum, vgl. ρ_{f1}^{itMax} beziehungsweise $\rho_{f1} = Max.$, bezeichnet.

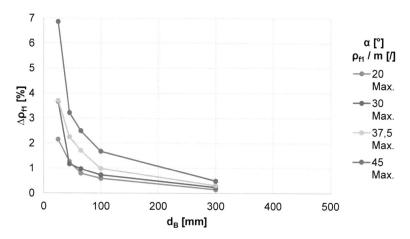

Abbildung 4.8: Prozentualer Unterschied zwischen den iterativ maximal realisierten und den analytisch maximal realisierbaren Wellenfußrundungsradien $\Delta\rho_{f1}$, vgl. Gleichung (170), am Beispiel der ZWV Kapitel 3.3 – var. x var. x var. (gemäß Tabelle 6.1; $c_{F1}/m = 0,12$; $\alpha = var.$; $\rho_{f1}/m = Max.$)

In Analogie zur Wellenteilausrundung wird der prozentuale Unterschied zwischen den iterativ und den analytisch bestimmten Wellenfußkreisradien Δr_{f1} auch bei iterativ maximal realisierten Wellenfußrundungsradien ρ_{f1}^{itMax} beziehungsweise maximal realisierbaren Wellenfußrundungsradien ρ_{f1}^V diskutiert. Hierbei resultiert aus der Anwendung von Gleichung (171) Abbildung 4.9. Aus ihr geht hervor, dass die prozentualen Unterschiede zwischen Iteration und Analytik deutlich geringer sind als jene der Wellenfußrundungsradien $\Delta\rho_{f1}$.

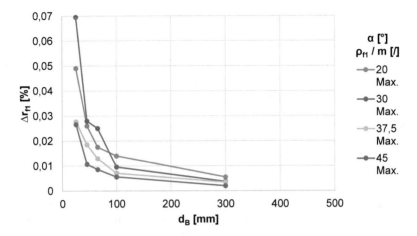

Abbildung 4.9: Prozentualer Unterschied zwischen den iterativ maximal realisierten und den analytisch maximal realisierbaren Wellenfußkreisradien Δr_{f1}, vgl. Gleichung (171), am Beispiel der ZWV Kapitel 3.3 – var. x var. x var. (gemäß Tabelle 6.1; $c_{F1}/m = 0{,}12$; $\alpha = var.$; $\rho_{f1}/m = Max.$)

4.2.1.2   Vernetzung

Wesentlicher Bestandteil zur Durchführung von FE-Simulationen ist die Netzgenerierung, die häufig, und so auch im Rahmen dieser Dissertation, geometriegestützt erfolgt. Bezüglich der Geometriegenerierung sei auf die Kapitel 4.2.1.1.1 sowie 4.2.1.1.2 verwiesen. Die für FE-Analysen erforderliche Geometriediskretisierung kann im Wesentlichen mit den Elementkategorien Tetraeder und Hexaeder erfolgen. Bei der Wahl der entsprechenden Kategorie gilt es zu berücksichtigen, dass Tetraeder jede Geometrie abbilden können. Mit ihnen ist also stets die automatisierte Vernetzung mittels entsprechender Algorithmen möglich. Resultat ist jedoch ein unstrukturiertes Netz. Im Gegensatz zu Tetraedern können mit Hexaedern nicht alle Geometrien vernetzt werden. Häufig müssen diese hierfür durch geschicktes Zerschneiden in einfache Teilkörper aufgeteilt werden, so dass eine Vernetzung möglich wird. Allgemein gilt, dass die zerschnittenen Teilgeometrien genau dann strukturiert vernetzbar sind, wenn ihre Grundflächen in etwa der Kontur eines Rechtecks entsprechen. Über die erwähnte Geometrievorbereitung durch Zerschneiden hinaus sind gegebenenfalls weiterführende Maßnahmen wie beispielsweise Linienunterteilungen erforderlich, damit eine Vernetzung bei vollständigem Zugriff auf die Netzqualität gelingt. Resultat ist ein strukturiertes Netz entsprechend hoher Güte. Dessen Erstellung wird jedoch schnell sehr aufwändig. Insbesondere bei der Vernetzung evolventisch basierter Zahnwellenverbindungen als relativ komplexe Geometrie ist dies der Fall.

Über die oben dargelegte Elementkategorie hinaus ist die Elementansatzfunktion zu wählen. In ANSYS stehen hierfür der lineare und der quadratische Ansatz zur Verfügung. Der Dokumentation von ANSYS, vgl. [ANSYS 16], als auch der einschlägigen Literatur kann entnommen werden, dass es für nichtlineare Strukturanalysen im Allgemeinen aus Gründen der Effizienz sinnvoller ist, einen linearen Ansatz mit, um die schlechtere Abbildegenauigkeit zu kompensieren, feinerem Netz zu verwenden.

Mit Verweis auf die einschlägige Literatur und die darin beschriebenen Nachteile der linearen Tetraeder wurde die Verwendung des entsprechenden Elementtyps SOLID285 kategorisch ausgeschlossen. Ob nun quadratische Tetraeder oder lineare Hexaeder zur Vernetzung Anwendung finden sollten, ist unter dem Aspekt der Wirtschaftlichkeit zu bewerten. Werden stark unterschiedliche Geometrien einmalig berechnet, ist die Verwendung quadratischer Tetraeder sinnvoll. Diese Vorgehensweise wurde durch den Autor dieser Dissertation im Forschungsvorhaben [FVA 742 I] zur Durchführung der Toleranzanalysen angewendet. Sind jedoch sehr ähnliche Analysen in sehr großem Umfang durchzuführen, wie dies zur Erarbeitung der in dieser Dissertation angeführten Ergebnisse der Fall war, ist der große Aufwand zur strukturierten Vernetzung gerechtfertigt. Ermöglicht sie neben dem vollumfänglichen Zugriff auf die Vernetzung doch auch, dies zumindest bei gut durchdachter Geometrievorbereitung, die Positionierung von Knoten auf Knoten im Kontakt zwischen Welle und Nabe, und zwar ohne weitere Vorkehrungen treffen zu müssen.

Die FEM zählt zu den numerischen Verfahren. Ihre Ergebnisse sind also immer eine Approximation und weisen folglich gegenüber der jeweils exakten Lösung einen Fehler auf. So stellt sich nach entsprechender Simulation immer die Frage nach der Treffsicherheit der simulativ gewonnenen Näherungslösung. Diese ist, nachdem die Ansatzfunktion festgelegt wurde, im Wesentlichen noch von der Bauteilvernetzung abhängig. Hierbei ist schlussendlich zu bestimmen, wie fein vernetzt werden muss, um Ergebnisse ausreichender Güte zu realisieren. Entsprechende Analysen zur Ergebnisabsicherung werden Netzkonvergenzstudien genannt. Die Art des Abbruchkriteriums, beispielsweise der Unterschied zwischen Knoten- und Elementlösung, Ergebnisgröße-Netzdichteverläufe etc., wie auch die Ergebnisqualität sind vom Bearbeiter zu wählen. Die zur Absicherung der numerischen Ergebnisse dieser Dissertation durchgeführten Netzkonvergenzanalysen sind in Kapitel 4.3.1 zusammengefasst. Darüber hinaus wurden hierbei weiterführende Maßnahmen ergriffen. Zu benennen gilt es diesbezüglich die experimentelle Absicherung, vgl. Kapitel 4.3.2, sowie Quervergleiche mit in anderen Quellen angeführten numerischen Ergebnissen, vgl. Kapitel 4.3.3.

Die erforderliche Netzdichte ist vom Spannungsgradienten abhängig. In Bereichen großer Gradienten ist eine hohe Diskretisierungsdichte zu wählen. Mit dem Wissen, dass die Rechenzeit progressiv mit der Anzahl der Summenfreiheitsgrade des Modells korreliert, die weiterführend durch die Netzdichte und die vergebenen Randbedingungen bestimmt werden, ist aus Gründen der Wirtschaftlichkeit das Ziel, in allen Bereichen des Modells genau jene Netzdichte zu realisieren, die zu einem hinreichend genauen Ergebnis im Auswertebereich führt. Von essenzieller Bedeutung ist hierbei, dass Verformungen im Gegensatz zu Beanspruchungen mit einer relativ groben Vernetzung zuverlässig abgebildet werden können, vgl. Submodelling. So ist es in der Numerik üblich, all jene Bereiche, in denen Spannungen auszuwerten sind, fein zu vernetzen. In allen übrigen Bereichen wird ein gröberes Netz verwendet.

Auf Basis der oben angeführten allgemeinen Informationen wurden, zur Vernetzung der für diese Dissertation analysierten Geometrien, lineare Hexaeder, also der Elementtyp SOLID185, verwendet. Bei der aufwändigen Geometrievorbereitung wurde entgegen der allgemeinen Vorgehensweise, dass nur die Kerbe im Zahnfuß fein zu vernetzen ist, da dort erwartungsgemäß die gestaltfestigkeitsrelevante Lokalbeanspruchung auftritt, der gesamte Zahnfuß als eine Einheit gestaltet. Hierdurch ist sichergestellt, dass die Geometrie der Zahnwellenverbindung vollständig variiert werden kann, ohne dass Vernetzungsprobleme bei der automatisierten Modellgenerierung durch das Erreichen geometrischer Grenzen auftreten. Abbildung 4.10 zeigt die Geometrievorbereitung in radialer und tangentialer Richtung. Aus benannter Abbildung geht hervor, dass Welle und Nabe in der Art zerschnitten sind, dass gleiche Flächen im Kontaktbereich vorliegen. Sofern gleiche Linienunterteilungen gewählt sind, und dies wurde durch mathematische Zusammenhänge in entsprechendem APDL-Skript sichergestellt, können im Kontaktbereich Knoten auf Knoten positioniert werden, ohne weitere Funktionen nutzen zu müssen.

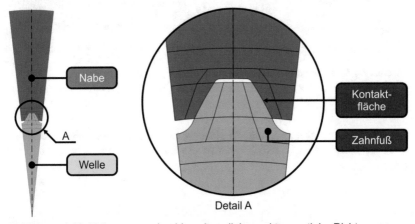

Detail A

Abbildung 4.10: Volumenzerschneidung in radialer und tangentialer Richtung am Beispiel der ZWV Kapitel 3.3 – 45 x 1,5 x 28 (gemäß Tabelle 6.1; $c_{F1}/m = 0{,}12$; $\alpha = 30\,°$; $\rho_{f1}/m = 0{,}48$)

Abbildung 4.11 zeigt die Geometrievorbereitung in axialer Richtung. Auch hier wurde die Geometrieunterteilung in der Art vorgenommen, dass im Kontaktbereich Knoten auf Knoten liegt. Darüber hinaus ist aus zahlreichen vorangegangenen Untersuchungen bekannt, dass bei Zahnwellenverbindungen nach [DIN 5480] das Spannungsmaximum lasteinleitungsseitig im Bereich der Nabenkante und dort im Zahnfuß auftritt. Die Lasteinleitungsseite ist in Abbildung 4.13 definiert. Der entsprechend potenzielle Anrissort ist auch durch viele Experimente bereits abgesichert, vgl. unter anderem [FVA 467 II]. Somit ist eine feine Vernetzung des entsprechend beschriebenen Bereichs sinnvoll. Die Volumenunterteilung um die Nabenkante herum auf der Gegenseite der Lasteinleitung (rechts) wurde in Vorbereitung potenziell weiterführender Analysen, vgl. Lastdurchleitung, vorgenommen. Für die in Abbildung 4.13 gezeigten Randbedingungen, die im Rahmen dieser Dissertation ausschließlich analysiert wurden, ist diese nicht erforderlich.

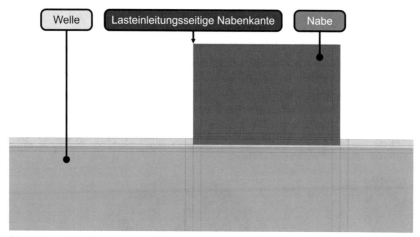

Abbildung 4.11: Volumenzerschneidung in axialer Richtung am Beispiel der ZWV Kapitel 3.3 – 45 x 1,5 x 28 (gemäß Tabelle 6.1; $c_{F1}/m = 0,12$; $\alpha = 30$ °; $\rho_{f1}/m = 0,48$)

Die resultierende Netzqualität zeigt Abbildung 4.12 am Beispiel der Zahnwellenverbindung Kapitel 3.3 – 45 x 1,5 x 28 (gemäß Tabelle 6.1; $c_{F1}/m = 0,12$; $\alpha = 30$ °; $\rho_{f1}/m = 0,48$).

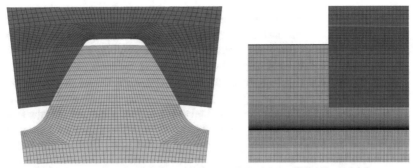

Abbildung 4.12: Resultierende Netzqualität am Beispiel der ZWV Kapitel 3.3 –
45 x 1,5 x 28 (gemäß Tabelle 6.1; $c_{F1}/m = 0,12$; $\alpha = 30\,°$; $\rho_{f1}/m = 0,48$) (gleicher
Maßstab)

4.2.1.3 Werkstoffmodell

In dem entsprechend entwickelten APDL-Skript ist bislang ein linearelastisches als
auch bilineares Materialverhalten implementiert. Eine Erweiterung zu einem multiline-
aren Materialverhalten ist sehr einfach möglich. Hier gilt es lediglich weitere Punkte
des wahren Spannungs-Dehnungs-Diagramms zu hinterlegen. Bei allen Berechnungen, die zur Generierung der in dieser Dissertation angeführten Ergebnisse durchgeführt wurden, wurde, wie auch bei jenen des Forschungsvorhabens [FVA 742 I], ein
linearelastisches Werkstoffverhalten bei einem Elastizitätsmodul E von 210.000 MPa
und einer Poissonzahl v von 0,3 zugrunde gelegt. Darüber hinaus wurde von Isotropie
ausgegangen. Zwar ist die Elementarzelle von Stahl in ihren Eigenschaften anisotrop,
das heißt richtungsgebunden. Jedoch sind Stähle in ihrer Grundgesamtheit polykris-
talline Werkstoffe, wobei die einzelnen Kristalle, die sogenannten Körner, in ihrer Ori-
entierung statistisch verteilt sind. Hieraus resultierend wird bei ihnen in der Regel von
Quasiisotropie gesprochen und auch oftmals ausgegangen. Die Besonderheit der Tex-
tur, also dem gerichteten Erstarren des Werkstoffs oder aber dem fertigungsverfah-
rensbedingten Ausrichten der Körner durch beispielsweise Kaltwalzen, wird hier nicht
näher betrachtet. Es sei abschließend erwähnt, dass eine entsprechende Korrektur
der Annahme der Quasiisotropie beispielsweise in der FKM-Richtlinie, vgl. [FKM 12],
durch den sogenannten Anisotropiefaktor erfolgen kann.

4.2.1.4 Kontakteinstellung

Um technisch komplexe Sachverhalte bei entsprechender Ergebnisgüte zuverlässig
analysieren zu können, sind in aller Regel experimentelle Voruntersuchungen erforderlich. Die entsprechenden Versuche dienen dazu, in das FE-Modell implementierte

Faktoren und Konstanten zu bestimmen, so dass Numerik und Praxis stützstellenbasiert und, so die Theorie, auch darüber hinaus übereinstimmen. Für die für diese Dissertation zur Ergebnisgenerierung durchgeführten statisch-mechanischen Strukturanalysen mit Kontakt zwischen Welle und Nabe bedeutet der numerisch-experimentelle Abgleich die Abbildung des Kontaktverhaltens. Dieses wurde über den Normalkontaktsteifigkeitsfaktor, die Kontaktdurchdringungskonstante sowie den Reibwert eingestellt. Auf die entsprechenden Größen wird im Nachfolgenden eingegangen. Die Ergebnisse des zur experimentell-numerischen Abstimmung zugrunde gelegten Versuchs sind in Kapitel 11.1.1.1.3 angeführt. Das Resultat des Abgleichs ist in Kapitel 4.3.2 beschrieben.

Nach dem Stand der Technik wurde für alle Berechnungen die Kontaktdetektionsmethode Knoten normal projiziert zum Kontakt und weiterführend der Kontaktalgorithmus Augmented Lagrange verwendet. Diesbezüglich wurde ein Normalkontaktsteifigkeitsfaktor von 0,01 und eine Kontaktdurchdringungskonstante von 0,004 mm zugrunde gelegt.

Der einschlägigen Literatur kann entnommen werden, dass der Reibwert μ eines Stahl-Stahl-Kontakts ohne Trennung der Oberflächen bei 0,1 bis 0,2 liegt. Dieser Wert sinkt bei vollständiger Trennung der Oberflächen auf bis zu 0,001. Hierfür erforderlich ist jedoch ein Gleitlager, eine Relativgeschwindigkeit entsprechender Höhe zwischen den Kontakt- beziehungsweise Gleitpartnern und ein sich verengender Spalt. Aus Gründen der Vollständigkeit sei an dieser Stelle erwähnt, dass der funktionale Zusammenhang zwischen Reibwert μ und Relativgeschwindigkeit v durch die Stribeck-Kurve beschrieben ist.

Dynamisch beanspruchte Bauteile können verschleiß- oder aber gestaltfestigkeitsbedingt versagen. Bei der experimentellen Charakterisierung eines spezifischen Versagensmechanismus gilt es zu berücksichtigen, dass im praktischen Anwendungsfall im Allgemeinen Mischzustände auftreten. Zur wissenschaftlichen Erfassung und Beschreibung des jeweiligen Mechanismus ist eine separate Analyse sinnvoll und Stand der Technik. Die versagensmechanismusspezifischen Effekte und Gesetzmäßigkeiten werden bei ihrer praktischen Anwendung zur Bauteilauslegung superpositioniert beziehungsweise querverglichen. Ist also die Gestaltfestigkeit von Zahnwellenverbindungen experimentell wissenschaftlich zu bestimmen, muss der Verschleiß im theoretischen Grenzfall vollständig vermieden, realitätskonform so gut wie möglich unterbunden werden.

Um dem oben beschriebenen Sachverhalt der möglichst reinen experimentellen Erfassung der Gestaltfestigkeit gerecht zu werden, wurden unter anderem in den Forschungsvorhaben [FVA 467 I], [FVA 467 II], [FVA 742 I] sowie im Rahmen dieser Dissertation, vgl. die Kapitel 6.3.4.3.2 und 11.3.4, alle Dauerversuche im Ölbad durchgeführt. Analysiert wurden hierbei unter anderem Wellen und Naben aus 42CrMo4+QT, dies auch in direkter Paarung. Unter Berücksichtigung, dass Adhäsion bei Werkstoffen auftritt, die affin zueinander sind, was bei ähnlichen Werkstoffen, in jedem Fall jedoch bei gleichen Werkstoffen, gegeben ist, war eine sichere Trennung der Bauteiloberflächen also zwingend erforderlich. Wäre dies nicht berücksichtigt worden, wären bereits nach wenigen Schwingspielen massive Schäden im Kontaktbereich die Folge gewesen, vgl. diesbezüglich [WSW 16]. Dies war in den eingangs dieses Absatzes benannten Forschungsvorhaben nicht der Fall. Somit war die Trennung der Kontaktflächen sichergestellt.

Auf Basis der oben angeführten Überlegungen zum Kontaktzustand zwischen Welle und Nabe wird geschlussfolgert, dass der Reibwert μ deutlich kleiner als 0,1, jedoch auch deutlich größer als 0,001 sein muss. In Weiterführung wurde eine numerisch geführte Sensitivitätsstudie zur Bestimmung des Reibwerteinflusses beziehungsweise der entsprechend induzierten Schubbeanspruchung im Kontakt auf die gestaltfestigkeitsrelevante Lokalbeanspruchung durchgeführt. In entsprechender Studie wurde die Zahnwellenverbindung [DIN 5480] – 25 x 1,75 x 13 (wälzgefräste Welle, geräumte Nabe) analysiert. Resultat ist, dass eine Reduzierung des Reibwertes μ von 0,1 auf 0,001 eine Verringerung der Formzahl $\alpha_{ktGEHdB}$ von lediglich 0,03 bewirkt. Es soll an dieser Stelle hervorgehoben werden, dass der Abstand zwischen Zahnfuß und Kontakt bei der in der Sensitivitätsstudie analysierten Zahnwellenverbindung relativ gering, demzufolge der Einfluss des Kontaktbereichs auf die Höhe der gestaltfestigkeitsrelevanten Lokalbeanspruchung entsprechend groß ist. Zu diesem Sachverhalt sei auf Kapitel 6.2.3.2.2 verwiesen. Für optimal gestaltete Verbindungen ist die Distanz der beiden sich beeinflussenden Bereiche deutlich größer. Damit ist auch der Einfluss des Kontakts auf die Höhe der gestaltfestigkeitsrelevanten Lokalbeanspruchung prognostiziert signifikant reduziert. Der Einfluss des Reibwertes μ auf die für diese Dissertation analysierten Bereiche ist zusammenfassend also äußerst gering. Auf Basis der oben angeführten Überlegungen und Analysen wurde für alle numerischen Berechnungen, die zur Ergebnisgenerierung für diese Dissertation durchgeführt wurden, ausnahmslos ein Reibwert von 0,01 zugrunde gelegt.

Eine weitere Möglichkeit zur Absicherung der eigenen FE-Modelle beziehungsweise der daraus resultierenden Ergebnisse sind Quervergleiche mit in der Literatur angegebenen Resultate. Entsprechende Vergleiche sind in Kapitel 4.3.3 angeführt.

4.2.1.5   Lastrandbedingung

Zur strukturmechanischen Analyse von Zahnwellenverbindungen mit Hilfe der FEM ist die Definition von Lastrandbedingungen erforderlich. Diese dienen dazu, die Belastung in das Modell ein- beziehungsweise durchzuleiten. In Weiterführung ist die eindeutige

Lagedefinition der Bauteile im Raum erforderlich. Dies ist durch weiterführende Randbedingungen möglich. Selbstredend gilt es diesbezüglich jedoch zu berücksichtigen, dass derartige zusätzliche Randbedingungen das physikalische Ergebnis nicht, zumindest nicht nennenswert, beeinflussen dürfen. In diesem Kapitel werden die für ausnahmslos alle für diese Dissertation durchgeführten FE-Berechnungen getroffenen Randbedingungen dargelegt. Es sei an dieser Stelle erwähnt, dass die entsprechenden Definitionen vom Autor dieser Dissertation ebenfalls bei allen für das Forschungsvorhaben [FVA 742 I] durchgeführten numerischen Analysen angewendet wurden. Dass die entsprechenden Festlegungen getroffen werden dürfen, zeigt die hinreichend genaue Übereinstimmung zwischen Experiment und Numerik, vgl. Kapitel 4.3.2, sowie die Gegenüberstellung mit in der Literatur zu findenden Ergebnissen, vgl. Kapitel 4.3.3.

Vor der Erläuterung der getroffenen Randbedingungen auf Basis von Abbildung 4.13 sei angemerkt, dass der Nabenaußendurchmesser d_{e2} in entsprechendem Bild aus darstellerischen Gründen verkleinert gezeigt wird. Der tatsächlich zugrunde gelegte Wert ist in Abbildung 6.1 dokumentiert.

Vorab sei erwähnt, dass alle Randbedingungen über Pilotknoten appliziert wurden. Diese wurden in Relation mit allen in den grün hervorgehobenen Bereichen liegenden Knoten gesetzt. Die Einleitung des Torsionsmomentes M_t erfolgte linksseitig an Position 1 in der in Abbildung 4.13 aufgezeigten Drehrichtung. Weitere Randbedingungen wurden hier nicht definiert. Das Torsionsmoment M_t wurde an Position 2 vollständig ausgeleitet. Zu diesem Zweck wurden alle Knoten im grün hervorgehobenen Bereich der Nabe in rotatorischer Richtung um die z-Achse über den zugehörigen Pilotknoten gesperrt. Damit sind theoretisch alle zur numerischen Analyse von Zahnwellenverbindungen erforderlichen Randbedingungen bei Torsionsbelastung unter Verwendung der zyklischen Symmetrie, vgl. CPCYC, getroffen. Wie oben erläutert, ist jedoch die eindeutige Definition aller Bauteile im Raum zu empfehlen. Hierfür wurden zusätzlich bei allen Knoten in den grün hervorgehobenen Bereich der Positionen 2 und 3 die translatorischen Freiheitsgrade in z-Richtung über die jeweiligen Pilotknoten gesperrt.

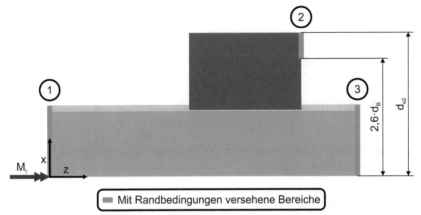

Abbildung 4.13: Definition der Randbedingungen aller zur Ergebnisgenerierung dieser Dissertation durchgeführten numerischen Analysen am Beispiel der ZWV Kapitel 3.3 – 45 x 1,5 x 28 (gemäß Tabelle 6.1; $c_{F1}/m = 0{,}12$; $\alpha = 30\,°$; $\rho_{f1}/m = 0{,}48$)

4.2.1.6 Lasthöhe

Wesentlicher Bestandteil dieser Dissertation ist es, unterschiedliche Zahnwellenverbindungen bezüglich ihrer Tragfähigkeit miteinander zu vergleichen und auf Basis dieser Vergleiche Gesetzmäßigkeiten zur optimalen Gestaltung derartiger Verbindungen abzuleiten. Eine entsprechende Tragfähigkeitsbewertung kann auf unterschiedliche Art und Weise erfolgen. Nach dem Stand der Technik wird hierfür die Formzahl α_k zugrunde gelegt, vgl. Kapitel 2.2.1. Diese Größe bietet den Vorteil, dass sie unabhängig von der eingeleiteten Lasthöhe ist. Es sei an dieser Stelle besonders hervorgehoben, dass zur Bestimmung von Tragfähigkeitsunterschieden durch die Gegenüberstellung von Formzahlen α_k gewisse Randbedingungen einzuhalten sind. Diese sind in Kapitel 3.5 diskutiert. Zur numerisch basierten Bestimmung der Formzahlen α_k sind jedoch Eingangslasten erforderlich, vgl. Kapitel 4.2.1.5. In das entsprechend entwickelte APDL-Skript zur stark automatisierten Generierung von FE-Modellen wurde zur entsprechenden Lastdefinition eine Gleichung implementiert. Grundlegende Bedingung zu deren Herleitung, die im Nachfolgenden dargelegt wird, ist die bezugsdurchmesserbasierte Nennspannungskonstanz, vgl. Gleichung (172).

$$(\sigma_{GEH})_A \stackrel{\text{def}}{=} (\sigma_{GEH})_B \tag{172}$$

Die Gestaltänderungsenergiehypothese für den allgemeinen Spannungszustand nach Gleichung (6) vereinfacht sich durch die in Kapitel 2.2.3.2 dargelegte Konvention gemäß dem Stand der Technik. Die Berechnung der Vergleichsspannung erfolgt resultierend nach Gleichung (173).

$$\sigma_{GEH} = \sqrt{3 \cdot \tau_t^2} \tag{173}$$

Mit der allgemein bekannten Gleichung zur torsionsmomentinduzierten Nennspannungsberechnung, vgl. Gleichung (174),

$$\tau_t = \frac{M_t}{W_t} \tag{174}$$

sowie Gleichung (175) zur Berechnung des Torsionswiderstandsmoments W_t auf Basis des Bezugsdurchmessers d_B

$$W_t = \frac{\pi}{16} \cdot \frac{(d_B^4 - d_i^4)}{d_B} \tag{175}$$

folgt für Gleichung (172) Gleichung (176).

$$\left(M_t \cdot \frac{d_B}{(d_B^4 - d_i^4)} \right)_A = \left(M_t \cdot \frac{d_B}{(d_B^4 - d_i^4)} \right)_B \tag{176}$$

Für die Vollwelle kann Gleichung (176) vereinfacht werden. Resultierend ergibt sich Gleichung (177) als Berechnungsvorschrift für das Torsionsmoment M_t der Verbindung B ausgehend von Verbindung A.

$$(M_t)_B = (M_t)_A \cdot \left(\frac{(d_B)_B}{(d_B)_A} \right)^3 \tag{177}$$

Basis für ausnahmslos alle zur Ergebnisgenerierung für diese Dissertation durchgeführten numerischen Analysen ist der Bezugsdurchmesser $(d_B)_A$ von 25 mm bei einem Torsionsmoment $(M_t)_A$ von 200 Nm.

Die Verwendung des oben hergeleiteten Algorithmus und dessen Implementierung in das für diese Dissertation zur stark automatisierten Durchführung und Auswertung numerischer Berechnungen entwickelte APDL-Skript hat zum Vorteil, dass der Grad der Automatisierung der FE-Berechnungen erneut gesteigert werden konnte. Darüber hinaus erleichtert die entsprechend systematische Vorgehensweise die Dokumentation. Auch wenn sich gegenwärtig nicht abzeichnet, dass die zugrunde gelegten Lasten nachvollzogen werden müssen, so erfordert eine saubere wissenschaftliche Vorgehensweise das Bewahren der entsprechenden Möglichkeit. Darüber hinaus können durch Lastapplizierung gemäß Gleichung (177) sofort nach der numerischen Simulation Beanspruchungen von Zahnwellenverbindungen des gleichen Bezugsdurchmessers d_B miteinander verglichen werden.

4.2.2 Solution

ANSYS bietet die Möglichkeit des HIGH PERFORMANCE COMPUTING (HPC). Durch dieses Verfahren kann die Simulationszeit durch die parallele Nutzung mehrerer physikalischer Prozessoren beziehungsweise Kerne signifikant verringert werden. Hierbei wird zwischen den Varianten USE SHARED-MEMORY PARALLEL (SMP) sowie USE DISTRIBUTED COMPUTING (MPP) unterschieden. Während bei der ersten Variante die Problemstellung von der definierten Menge physikalischer Kerne gemeinschaftlich gelöst wird, wird diese bei der zweiten Variante real aufgeteilt. Insbesondere bei Modellen mit sehr vielen Freiheitsgraden bietet das MPP-Verfahren Geschwindigkeitsvorteile. Bei einer geringeren Anzahl hingegen ist das SMP-Verfahren schneller, da hier keine zusätzlichen Operationen zwischen Teilmatrizen erforderlich sind. Der hohen Netzdichte geschuldet, wurde im Rahmen dieser Dissertation ausschließlich die HPC-Variante USE DISTRIBUTED COMPUTING (MPP) verwendet. Obwohl ANSYS die netzwerkgestützte Verteilung eines numerisch zu lösenden Problems auf mehrere kommerziell verfügbare Rechner unterstützt, wurden die Simulationen ausschließlich lokal auf dem in Kapitel 4.1 beschriebenen Rechner mit entsprechend hoher Anzahl an physikalischen Kernen durchgeführt. Mit Verweis auf die Schnittstellenproblematik sowie die Größe der numerisch zu lösenden Probleme sind hierdurch erwartungsgemäß signifikant höhere Simulationsgeschwindigkeiten realisierbar. Über das zuvor Beschriebene hinaus wurde der MPI Typ INTEL MPI verwendet. Dies entspricht der Standardeinstellung. Weiterführend wurde der SPARSE DIRECT SOLVER bei optimalem Speichermanagement und paralleler Gleichungsneuordnung verwendet.

Verschiebungen sind an den Knoten bekannt, Beanspruchungen hingegen an den Gaußpunkten, das heißt im Elementinneren. Somit ist eine geeignete Übertragung des entsprechenden Ergebnisses auf die jeweilige Elementgrenze erforderlich. Standardmäßig wird in diesem Zusammenhang in ANSYS elementspezifisch zwischen zwei Fällen unterschieden. Ist das jeweilige Element ausschließlich elastisch verformt, so werden dessen Ergebnisse extrapoliert. Weist dieses allerdings Anteile plastischer Verformung auf, so werden die Ergebnisse der Gaußpunkte kopiert. Einflussnahme hierauf kann über den Befehl ERESX genommen werden. Mit Verweis auf Kapitel 4.2.1.3 wurde bei den für diese Dissertation durchgeführten numerischen Analysen ein linearelastisches Werkstoffmodell zugrunde gelegt. Mit Verweis auf Kapitel 2.4.4 ist dies aber auch so zu empfehlen. Steht doch die Diskussion der Grundgrößen einer nennspannungsbasierten Auslegungsrichtlinie, nämlich der Formzahl α_k sowie des bezogenen Spannungsgefälles G', im Fokus. In Konsequenz wurden bei ausnahmslos

allen Simulationen für diese Dissertation die Ergebnisse der Gaußpunkte auf die Ele-
mentkante extrapoliert. In diesem Zusammenhang sei auf die den Simulationen zugrunde gelegte lineare Elementansatzfunktion verwiesen, vgl. Kapitel 4.2.1.2.

4.2.3 Postprocessing

4.2.3.1 Erhebungsort

In dem zur Generierung der numerischen Ergebnisse für das vorliegende Werk verwendeten APDL-Skript wurden zwei unterschiedliche Arten der Pfadgenerierung, nämlich die Pfadgenerierungsart 1 (PGA1) sowie die Pfadgenerierungsart 2 (PGA2), programmiert. Während für die erste Pfadgenerierungsart gemäß dem Stand der Technik
der Ort der gestaltfestigkeitsrelevanten Lokalbeanspruchung als Basis für weiterführende Pfadauswertungen definiert ist, wird die geometrische Basis der zweiten Pfadgenerierungsart in z-Richtung vorgegeben. Diese ist frei wählbar. Für beide Pfadgenerierungsarten ist die Beanspruchungsart beziehungsweise eine Komponente als
Basis zur Bestimmung des Beanspruchungsmaximums frei wählbar. Unter Berücksichtigung der zug-/druckseitigen Differenzierung zeigt Abbildung 4.14 qualitativ die
oben beschriebenen Pfadgenerierungsarten PGA1 in rot sowie PGA2 im Querschnitt
der Nabenkante NK in grün.

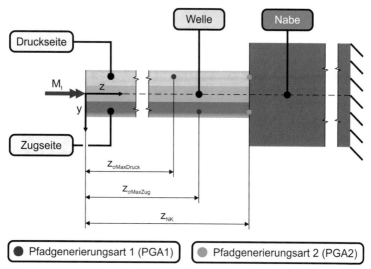

Abbildung 4.14: Definition der Pfadgenerierungsarten PGA1 (rot) sowie PGA2
(grün) bei zug-/druckseitiger Differenzierung am Beispiel der ZWV Kapitel 3.3 –
45 x 1,5 x 28 (gemäß Tabelle 6.1; $c_{F1}/m = 0,12$; $\alpha = 30\,°$; $\rho_{f1}/m = 0,48$)

Unter anderem in den Forschungsvorhaben [FVA 467 I] sowie [FVA 467 II] wurde herausgefunden, dass die Anwendung der Gestaltänderungsenergiehypothese nach von Mises (GEH) zu einer guten Übereinstimmung zwischen Theorie und Praxis führt. Hierbei wurde in Gegenüberstellung festgehalten, dass die Hauptspannungshypothese zu einer konservativen Auslegung führt. In Konsequenz wurde für diese Dissertation die Gestaltänderungsenergiehypothese als Basisbeanspruchung zur Bestimmung des Auswerteortes zugrunde gelegt.

4.2.3.2　Erhebungsart

Zur Auslegung dynamisch beansprucht gekerbter Bauteile nach einem Nennspannungskonzept sind die unter anderem von der Beanspruchungsart abhängigen Grundgrößen Formzahl α_k sowie bezogenes Spannungsgefälle G' erforderlich. Während die Formzahl gekerbter Bauteile α_k vom numerischen Ergebnis an der Bauteiloberfläche abgeleitet wird, vgl. Kapitel 2.2.1, muss für die Bestimmung des bezogenen Spannungsgefälles G' der formzahlspezifische Spannungstiefenverlauf senkrecht zur Bauteiloberfläche ausgewertet werden, vgl. Kapitel 2.2.5.2. Zu diesem Zweck wurde für alle der in Kapitel 4.2.3.1 angeführten Orte der Datenerhebung ein entsprechender Pfad der Länge 0,5 mm bei automatisiertem Datenexport erstellt, vgl. Abbildung 4.6. Über die Pfadlänge wurden 100 Werte bei gleichmäßiger Verteilung erfasst. Die sich hieraus ergebende Ergebnisdichte kann, wenn diese zu gering gewählt ist, Auswirkungen auf die Generierung von Näherungsgleichungen haben, ist doch die Ableitung der entsprechenden Näherungsgleichung an dem Punkt auf der Oberfläche, also das Spannungsgefälle G zunächst gesucht. Abschließend sei angemerkt, dass für die Generierung eines senkrecht von der Oberfläche ausgehenden Pfades vom Autor dieser Dissertation ein eigener Algorithmus unter Berücksichtigung und Kompensation etwaiger Fehlereinflüsse entwickelt wurde, vgl. Winkelkompensation.

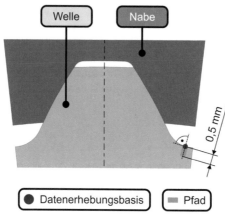

Abbildung 4.15: Erfassung des Spannungstiefenverlaufs zur Bestimmung des bezogenen Spannungsgefälles G' am Beispiel der ZWV Kapitel 3.3 – 45 x 1,5 x 28 (gemäß Tabelle 6.1; $c_{F1}/m = 0,12$; $\alpha = 30°$; $\rho_{f1}/m = 0,48$)

Um weiterführende Aussagen zum Systemverhalten der in Kapitel 3.2 entwickelten Profilform auf Basis der Evolvente treffen zu können, wurden neben den oben beschriebenen, zur Bestimmung des bezogenen Spannungsgefälles G' zwingend erforderlichen, Pfadanalysen in Tiefenrichtung zudem entsprechende Analysen in axialer Richtung durchgeführt, vgl. Abbildung 4.16. Die Orte zur entsprechenden Datenerhebung sind in Abbildung 4.14 definiert. Die Pfadlänge um den entsprechenden Ort betrug +/- 2,5 mm. Wie bereits bei den Analysen zur Tiefenrichtung wurden gleichmäßig über die Pfadlänge verteilt 100 Werte erfasst. Die sich hieraus ergebende Ergebnisdichte ist also geringer, ist jedoch für entsprechende Betrachtungen bei weitem hinreichend. Hierbei sei auf die zu erwartenden Gradienten verwiesen, vgl. Kapitel 6.2.3.1.

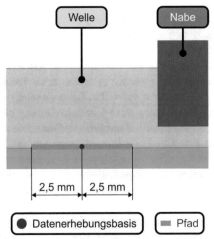

Abbildung 4.16: Erfassung des Spannungsverlaufs in axialer Richtung am Beispiel der ZWV Kapitel 3.3 – 45 x 1,5 x 28 (gemäß Tabelle 6.1; $c_{F1}/m = 0,12$; $\alpha = 30\,°$; $\rho_{f1}/m = 0,48$)

Resultat von FE-Berechnungen ist, Netzkonvergenz und die geeignete Wahl der Randbedingungen etc. vorausgesetzt, dass die Beanspruchungen beziehungsweise ihre Komponenten an den Integrations- beziehungsweise Gaußpunkten bekannt sind. Die Wahrscheinlichkeit, dass die oben benannten Pfade durch diese verlaufen und damit eine Ergebnisdarstellung möglich wird, ist relativ gering. Hieraus resultierend ist die Ergebnisinterpolation erforderlich. In ANSYS Classic leistet dies der Befehl PDEF, LAB, ITEM, COMP, AVGLAB, vgl. [ANSYS 16] für weitere Informationen. Er wurde folglich genutzt.

4.2.3.3 Gegenstand der Datenerhebung

Wie insbesondere aus den Kapiteln 6.2.2 sowie 6.3.2 hervorgeht, wurden für diese Dissertation zahlreiche numerische Untersuchungen bei zudem sehr hoher Modellqualität durchgeführt. Letzteres kann Kapitel 4.2.1.2 in Verbindung mit Kapitel 4.3.1 entnommen werden. In Konsequenz ist die den entsprechenden Simulationen entstammende Datenmenge von enormem Ausmaß, so dass ihre Handhabung eine besondere Herausforderung darstellt. Darüber hinaus ist der Datenzugriff an die Verfügbarkeit der Software ANSYS gebunden und zudem sehr zeitaufwändig. Auf Basis des zuvor Dargelegten werden die Anforderungen zur Reduzierung der Datenmenge sowie der softwarebezogenen Autonomie an das Postprocessing abgeleitet. Realisierbar sind diese dadurch, dass zum Erreichen der Ziele dieser Dissertation nicht alle Ergebnisse der jeweiligen Simulation erforderlich sind. Folglich erfüllt der Export zielorientiert selektierter Daten in Dateien mit quasi fundamentalem Dateiformat, konkret

*.PNG sowie *.TXT, die an das Postprocessing gestellten Anforderungen. Hierauf wird im Nachfolgenden genauer eingegangen.

Grundvoraussetzung jeder Simulation sind die in den Kapiteln 4.2.1 sowie 4.2.2 beschriebenen Bestandteile. Diese werden in dem entwickelten APDL-Skript in weiten Bereichen über skalare Parameter definiert beziehungsweise gesteuert. Darüber hinaus werden diese zur Berechnung weiterführender Größen gleicher Art verwendet. Dies steht insbesondere im Zusammenhang mit der Geometriegenerierung. Durch den konsequenten Export aller skalaren Parameter jeder durchgeführten Simulation sind folglich weite Bereiche der numerischen Analyse dokumentiert. Von besonderer Bedeutung ist hierbei allerdings die Ausgabe alle geometrischen Größen. Diese sind teils zur Bestimmung weiterführender Ergebnisgrößen erforderlich, vgl. [Naka 51].

Über das im vorhergehenden Absatz Beschriebene hinaus empfiehlt sich die visuelle Dokumentation der analysierten Geometrie, des der Simulation zugrunde gelegten Netzes sowie der resultierenden Ergebnisse. Insbesondere durch das zuletzt Benannte sind bei der eigentlich angestrebten, wertbasierten Auswertung der numerischen Ergebnisse barrierefreie Überprüfungen beziehungsweise Plausibilitätskontrollen möglich. Zu diesem Zweck wurden mannigfaltige Bilder von Welle, Nabe als auch der resultierenden Verbindung automatisiert generiert. Ergebnisbezogen wurden hierbei alle Komponenten des allgemeinen Spannungstensors, vgl. Gleichung (178), sowie die Gestaltänderungsenergiehypothese berücksichtigt.

Obwohl für den Lastfall der Torsion der Ort der gestaltfestigkeitsrelevanten Lokalbeanspruchung und damit der Auswerteort numerisch analysierter Modelle in umfangreich experimenteller Absicherung hinreichend genau bekannt ist, vgl. unter anderem Kapitel 4.4.4, kann die wissenschaftliche Analyse weiterführender Orte sinnvoll sein. Im Wesentlichen sind diese in Kapitel 4.2.3.1 definiert. Für alle dort dargelegt potenziell relevanten Orte wurden die Ergebnisse gemäß Kapitel 4.2.3.2 erhoben. Folglich wurden je Simulation acht Ergebnisdateien automatisiert exportiert. Hierbei beinhaltet jede dieser Dateien neben den Raumkoordinaten alle Komponenten von Gleichung (178) und in Ergänzung zudem die auf ihrer Basis berechnete Vergleichsspannung nach der Gestaltänderungsenergiehypothese. Die Überprüfung beanspruchungskomponentenbasierter Vorgehensweisen zur Bewertung der Gestaltfestigkeit evolventisch basierter Zahnwellenverbindungen wie beispielsweise [Weso 97], [DIN 5466] und nunmehr auch [FVA 700 I] ist mit den für diese Dissertation generierten Ergebnissen also problemlos möglich. Ihrem Umfang geschuldet werden sie jedoch nicht mit diesem Werk veröffentlicht.

$$\sigma = f \begin{bmatrix} x \\ y \\ z \end{bmatrix} = \begin{bmatrix} \sigma_x & \tau_{xy} & \tau_{xz} \\ \tau_{yx} & \sigma_y & \tau_{yz} \\ \tau_{zx} & \tau_{zy} & \sigma_z \end{bmatrix} = \begin{bmatrix} \sigma_1 & 0 & 0 \\ 0 & \sigma_2 & 0 \\ 0 & 0 & \sigma_3 \end{bmatrix} \qquad (178)$$

4.3 Ergebnisabsicherung

4.3.1 Netzkonvergenz

Bei der FEM handelt es sich um ein numerisches Verfahren. Es wurde für diese Dissertation ausgiebig genutzt, um Beanspruchungen und Beanspruchungsverläufe an einer Vielzahl von Zahnwellenverbindungen zu bestimmen. Wesen eines jeden numerischen Verfahrens ist, dass die exakte Lösung nur angenähert wird. Somit ist jedes Ergebnis fehlerbehaftet. Für seine Absicherung ist der resultierende Fehler zu quantifizieren und bei Bedarf zu reduzieren. In der FEM werden zu diesem Zweck sogenannte Netzkonvergenzbetrachtungen durchgeführt. Auf diesen Begriff wird im Nachfolgenden eingegangen.

Basis der FE ist die örtliche Diskretisierung beziehungsweise Stützstellendefinition. Diese wird durch den Prozess der Vernetzung vorgenommen. In welcher Qualität die unbekannte physikalische Größe durch das Netz tatsächlich mit der FEM abgebildet wird ist damit von der Netzqualität abhängig. Die Höhe der Qualität der Ergebnisse ist hierbei kein Wunsch, sondern ein Erfordernis, um Vergleichbarkeit zwischen unterschiedlichen Ergebnissen zu gewährleisten. Wenn also eine höhere Genauigkeit erforderlich ist, da das numerische Ergebnis mit dem physikalisch gesuchten Wert noch nicht in hinreichendem Maße übereinstimmt, muss die Abbildegenauigkeit des Modells verbessert werden. Dies kann durch die Erhöhung der Netzdichte oder aber alternativ durch Erhöhung der Ordnung der Ansatzfunktion erreicht werden. Der oben beschriebene Prozess zur Bestimmung der erforderlichen Netzdichte zur hinreichend genauen quantitativen Abbildung der gesuchten physikalischen Größe wird Netzkonvergenzbetrachtung genannt.

Die Abbildegenauigkeit eines Netzes korreliert umgekehrt proportional mit dem Gradienten des numerisch abzubildenden physikalischen Sachverhalts. Damit folgt: Je größer der Gradient ist, desto feiner muss das Netz oder aber desto höher muss die Ordnung der Ansatzfunktion bei unveränderter Netzdichte sein, damit sich die Abbildegenauigkeit nicht verändert. Die modellglobale Verbesserung der netzbasierten Diskretisierung hat jedoch signifikanten Einfluss auf die Berechnungsgeschwindigkeit. Somit ist aus Effizienzgründen eine örtlich begrenzte Erhöhung der Netzabbildegenauigkeit unter Berücksichtigung lokaler Gradienten, insbesondere bei großen Parameterstudien, empfehlenswert und entspricht dem Stand der Technik. Mit Bezug

auf statisch-mechanische Analysen, die für diese Dissertation ausschließlich durchgeführt wurden, kann die Modelleffizienz bei quasi gleicher Ergebnisgüte weiter gesteigert werden. So werden Verformungen, als Basis zur Bestimmung von Beanspruchungen, bereits bei sehr grober Netzabbildegenauigkeit zuverlässig bestimmt. Für die
näherungsweise exakte Ermittlung von Beanspruchungen hingegen sind deutlich höhere Netzqualitäten erforderlich. Hieraus resultierend werden Bereiche, in denen die
Auswertung von Beanspruchungen vorgesehen ist, in Abstimmung auf den abzubildenden Beanspruchungsgradienten mit höherer, die übrigen Bereiche in Abstimmung
auf den abzubildenden Verformungsgradienten mit geringerer Netzqualität diskretisiert. Es sei an dieser Stelle erwähnt, dass der zuvor benannte Sachverhalt Grundlage
für die Anwendung des sogenannten Submodelling ist. Zudem sei auf Kapitel 4.2.1.1.3
verwiesen, in dem die für diese Dissertation durchgeführten numerischen Untersuchungen getroffenen Geometrievorbereitungen zur örtlich differenzierten Vernetzung
gemäß den obigen Ausführungen beschrieben sind.

Die gestaltfestigkeitsrelevante Lokalbeanspruchung einer evolventisch basierten
Zahnwellenverbindung nach Kapitel 3.3 liegt oftmals im Zahnfuß der Welle, und dies
in aller Regel zugseitig. Daraus resultierend wird er in dieser Dissertation nahezu ausschließlich diskutiert. Zur Absicherung der für diese Arbeit durchgeführten numerischen Analysen wurde eine umfangreiche Netzkonvergenzstudie durchgeführt. Ihre
Ergebnisse werden nachfolgend dargelegt. Mit Verweis auf Kapitel 3.5 wurden bewusst keine Beanspruchungen, sondern die Torsionsformzahlen $\alpha_{ktGEHdB}$ und bezogene Spannungsgefälle G'_{GEH} betrachtet.

Bei den für diese Dissertation durchgeführten numerischen Analysen wurde die Vernetzung der Geometrie nicht durch die direkte Steuerung der Elementdichte, sondern
über die Anzahl der Elemente im kritischen Bereich, also dem Zahnfuß um die Nabenkante, definiert. Die Feinheit der Vernetzung ist damit ein sich aus der Größe des zu
vernetzenden geometrischen Bereichs und der dafür genutzten Anzahl der Elemente
ergebender Wert. Da sich der kritische Zahnfuß bei der Variation von Geometrieparametern verändert, ändert sich damit zwangsläufig auch die Elementdichte.

Um die Netzkonvergenzstudie als relativ aufwändige Analyse in Vorbereitung einer
Parameterstudie nur einmalig durchführen zu müssen, ist es zu empfehlen, diese an
der kritischen Verbindung durchzuführen und das ihr entstammende Ergebnis in Form
der Elementdichte beziehungsweise -anzahl für alle Simulationen des Parameterfelds
zu verwenden. Dadurch sind weniger kritische Verbindungen zwar zu fein vernetzt,
allerdings rechtfertigt die hieraus resultierende höhere Berechnungszeit im Vergleich
zu einer optimalen Diskretisierung, das heißt eine Vernetzung so fein wie nötig, in aller
Regel keine weitere Konvergenzstudie. Es sei angemerkt, dass eine höhere Elementdichte, bei vorausgesetzter Netzkonvergenz, im Allgemeinen nahezu keinen nennenswerten Einfluss auf das Ergebnis hat. Mit Verweis auf das im vorhergehenden Absatz

Beschriebene ist die kritische Verbindung jedoch unbekannt. Es ist nämlich möglich, dass durch die dort beschriebene Vorgehensweise zur Vernetzung nicht jene Verbindung mit der schärfsten Kerbe, sondern eine andere den kritischen Fall darstellt. Allerdings können für das in Abbildung 6.11 aufgezeigte Parameterfeld zwei Fälle definiert werden, die die kritische Verbindung beinhalten. Diese werden im Folgenden dargelegt.

Als Fall 1 wurde die Analyse des jeweils kleinsten Moduls m aller Bezugsdurchmesser d_B des in Abbildung 6.11 angeführten Parameterfelds bei einem Flankenwinkel α von 20 ° sowie kleinstem Wellenfußrundungsverhältnis ρ_{f1}/m von 0,16 definiert. Hier sind tendenziell die größten Gradienten des Analysebereichs zu erwarten, da der resultierende Wellenfußrundungsradius ρ_{f1} aufgrund seiner vom Modul m abhängigen Definition für den in Abbildung 6.11 aufgezeigten Untersuchungsbereich Kleinstwerte annimmt. Darüber hinaus nimmt der Wellenfußbereich durch den kleinen Flankenwinkel α für die entsprechenden Moduln m Größtwerte an. Somit wird mit Fall 1 die schärfste Kerbe bei geringster Elementdichte bei kleinstem Modul m des oben benannten Parameterfelds analysiert.

Als Fall 2 wurde die Analyse des jeweils größten Moduls m aller Bezugsdurchmesser d_B des in Abbildung 6.11 angeführten Parameterfelds bei einem Flankenwinkel α von 20 ° sowie kleinstem Wellenfußrundungsverhältnis ρ_{f1}/m von 0,16 definiert. Hier sind tendenziell die größten Gradienten des Analysebereichs zu erwarten, da der resultierende Wellenfußrundungsradius ρ_{f1} aufgrund seiner vom Modul m abhängigen Definition für den in Abbildung 6.11 aufgezeigten Untersuchungsbereich Kleinstwerte annimmt. Darüber hinaus nimmt der Wellenfußbereich durch den kleinen Flankenwinkel α für die entsprechenden Moduln m Größtwerte an. Somit wird mit Fall 2 die schärfste Kerbe bei geringster Elementdichte bei größtem Modul m des oben benannten Parameterfelds analysiert.

Nachfolgend werden die Ergebnisse der Netzkonvergenzbetrachtung für die oben definierten Fälle 1 und 2 angeführt. Diskutiert werden in diesem Zusammenhang die Formzahl $\alpha_{ktGEHdB}$ sowie das bezogene Spannungsgefälle G'_{GEH}. Die auf sie beschränkte Netzkonvergenzbetrachtung ist für alle für diese Dissertation generierten Ergebnisse hinreichend. Beweisen sie doch als beanspruchungsbasierte Größen repräsentativ die geeignete numerische Abbildung aller für das vorliegende Werk analysierten Geometrien.

Abbildung 4.17 zeigt die Abhängigkeit der Formzahl $\alpha_{ktGEHdB}$ von der Anzahl der Elemente im Wellenfußbereich, vgl. Abbildung 4.10 in Kombination mit Abbildung 4.12. Erwartungsgemäß zeigt sich für ausnahmslos alle betrachteten Verbindungen der charakteristisch asymptotische Verlauf der Ergebnisgröße bei Erhöhung der Elementanzahl. Auf Basis der in Abbildung 4.17 angeführten Ergebnisse kann die kritische Verbindung von Fall 1 bestimmt werden. Dies ist jene Zahnwellenverbindung, bei der der als Abbruchkriterium definierte Formzahlgradient seinen festgelegten Maximalwert bei der höchsten Anzahl der Elemente im Zahnfuß unterschreitet. Aus Abbildung 4.17 geht hervor, dass die gradientbezogenen Unterschiede zwischen den Zahnwellenverbindungen von Fall 1 nicht sehr groß sind. Eine grafische Bestimmung der kritischen Verbindung ist damit schwierig, jedoch vollkommen ausreichend. Diesbezüglich wird für Fall 1 jene Zahnwellenverbindung mit einem Bezugsdurchmesser d_B von 500 mm zugrunde gelegt. Es kann festgehalten werden, dass 24 Elemente im Zahnfuß die Formzahl $\alpha_{ktGEHdB}$ bereits gut beschreiben. Zur Sicherheit wird eine Elementanzahl von 28 als Zwischenergebnis der Netzkonvergenzstudie festgehalten.

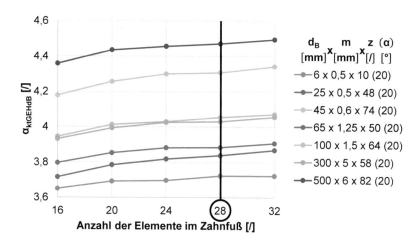

Abbildung 4.17: Torsionsformzahl $\alpha_{ktGEHdB}$ als Funktion der Anzahl der Elemente im Wellenzahnfuß der ZWV Kapitel 3.3 – var. x $m_{Min}^{DIN5480}$ x var. (gemäß Tabelle 6.1; $c_{F1}/m = 0,12$; $\alpha = 20\,°$; $\rho_{f1}/m = 0,16$) (Fall 1)

Die Auswertung des bezogenen Spannungsgefälles G' der zur Netzkonvergenzbetrachtung für Fall 1 durchgeführten numerischen Analysen ist in Abbildung 4.18 dargestellt. Die Analyse des Gradienten dieser Größe über alle betrachteten Zahnwellenverbindungen zeigt, dass bereits bei einer Elementanzahl von 16 eine relativ gute Abbildegenauigkeit gegeben ist. Das auf Basis der Formzahl $\alpha_{ktGEHdB}$ von Fall 1 bestimmte Zwischenergebnis für die erforderliche Anzahl der Elemente im Zahnfuß von 28, vgl. Abbildung 4.17, ist damit auch für die numerische Abbildung des bezogenen Spannungsgefälles G' gültig.

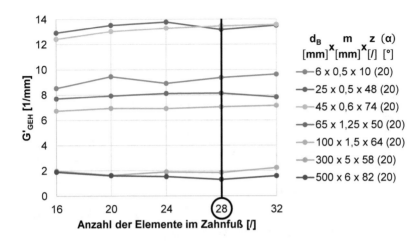

Abbildung 4.18: Bezogenes Spannungsgefälle G'_{GEH} als Funktion der Anzahl der Elemente im Wellenzahnfuß der ZWV Kapitel 3.3 – var. x $m_{Min}^{DIN5480}$ x var. (gemäß Tabelle 6.1; $c_{F1}/m = 0,12$; $\alpha = 20°$; $\rho_{f1}/m = 0,16$) (Fall 1)

Abbildung 4.19 zeigt die Abhängigkeit der Formzahl $\alpha_{ktGEHdB}$ als Funktion der Anzahl der Elemente im Zahnfuß für Fall 2. Durch einen Quervergleich mit Abbildung 4.17 wird offensichtlich, dass dieser Fall weniger kritisch als Fall 1 ist. Dies ist daran zu erkennen, dass der Formzahlgradient bei deutlich geringeren Elementanzahlen bereits kleinere Werte annimmt als bei Fall 1 bei 28 Elementen im Zahnfuß. Auf Basis dieser Erkenntnis wäre also eine auf Fall 1 begrenzte Netzkonvergenzbetrachtung ausreichend gewesen.

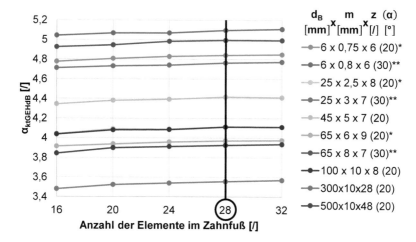

Abbildung 4.19: Torsionsformzahl $\alpha_{ktGEHdB}$ als Funktion der Anzahl der Elemente im Wellenzahnfuß der ZWV Kapitel 3.3 – var. x $m_{Max}^{DIN5480}$ x var. (gemäß Tabelle 6.1; $c_{F1}/m = 0{,}12$; $\alpha = 20\,°$; $\rho_{f1}/m = 0{,}16$) (Fall 2)

Obwohl das resultierende Arbeitsergebnis der Netzkonvergenzstudie mit den auf Basis von Abbildung 4.17, Abbildung 4.18 und Abbildung 4.19 geführten Diskussionen bereits feststeht, wird aus Gründen der Vollständigkeit abschließend das bezogene Spannungsgefälle G' für Fall 2 angeführt, vgl. Abbildung 4.21. Erwartungsgemäß zeigt sich, dass der Gradient dieser Ergebnisgröße bei einer Elementanzahl im Zahnfuß von 28 sehr zuverlässig abgebildet wird.

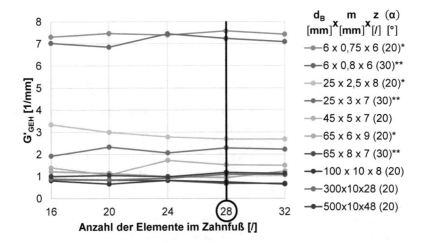

Abbildung 4.20: Bezogenes Spannungsgefälle G'_{GEH} als Funktion der Anzahl der Elemente im Wellenzahnfuß der ZWV Kapitel 3.3 – var. x $m_{Max}^{DIN5480}$ x var. (gemäß Tabelle 6.1; $c_{F1}/m = 0{,}12$; $\alpha = 20\,°$; $\rho_{f1}/m = 0{,}16$) (Fall 2)

Auf Basis der oben angeführten Ergebnisse der Netzkonvergenzstudie zur Ergebnisabsicherung der für diese Dissertation durchgeführten numerischen Untersuchungen kann zunächst festgehalten werden, dass die kritische Zahnwellenverbindung im Untersuchungsumfang von Fall 1 enthalten ist. Repräsentativ kann diesbezüglich die Verbindung Kapitel 3.3 – 500 x 6 x 82 (gemäß Tabelle 6.1; $c_{F1}/m = 0{,}12$; $\alpha = 20\,°$; $\rho_{f1}/m = 0{,}16$) benannt werden. Resultierendes Arbeitsergebnis ist, dass 28 Elemente im Zahnfuß der Welle zu einer ausreichenden Elementdichte führen, um die an Zahnwellenverbindungen real vorherrschende Beanspruchungssituation in diesem geometrischen Bereich mit numerischen Analysen in der für eine Quantifizierung erforderlichen Qualität zu simulieren. Es sei nochmals hervorgehoben, dass diese Aussage zunächst auf das in Abbildung 6.11 angeführte Parameterfeld beschränkt ist.

4.3.2 Modellverifizierung

Die in Kapitel 4.3.1 beschriebene Netzkonvergenzstudie ist aus numerischer Sicht notwendig, um quantitative Erkenntnisse ableiten zu können. Sie führt zu einer numerisch geschlossenen Betrachtungsweise, gewährleistet jedoch nicht die Übereinstimmung zwischen Simulation und Praxis. Wie in Kapitel 4.2.1.4 dargelegt, ist die Abbildefähigkeit numerischer Modelle bei gegebener Netzkonvergenz stützstellenbasiert experimentell zu überprüfen und bei nicht ausreichender Übereinstimmung eine Modellanpassung über systemspezifische Parameter vorzunehmen. Ein richtig erstelltes

Werkstoffmodell vorausgesetzt, ist mit Bezug auf die für diese Dissertation durchgeführten Analysen ein entsprechender Abgleich über die Kontakteinstellungen vorzunehmen.

Der oben beschriebene Abgleich wurde vom Autor dieser Dissertation bereits für das
Forschungsvorhaben [FVA 742 I] durchgeführt. Die Abstimmung erfolgte rein kontakt-
basiert über den Reibwert μ, den Normalkontaktsteifigkeitsfaktor sowie die Kontaktdurchdringungskonstante auf Basis eines in [FVA 467 II] durchgeführten Experiments.
Die Ergebnisse des entsprechenden Versuchs sind in Kapitel 11.1.1.1.3 angeführt. Der
in [FVA 742 I] bestimmte Normalkontaktsteifigkeitsfaktor wie auch die Kontaktdurchdringungskonstante wurden bei den für diese Dissertation durchgeführten numerischen Analysen ebenfalls verwendet. Der Reibwert μ wurde angepasst. Die entsprechenden Kontakteigenschaften können bei technischer Begründung Kapitel 4.2.1.4
entnommen werden. Die numerische Berechnung der im Experiment analysierten
Zahnwellenverbindung wurde für die experimentell-numerische Gegenüberstellung
neu durchgeführt. Tabelle 4.2 zeigt die entsprechenden Ergebnisse.

Tabelle 4.2: Gegenüberstellung experimentell und numerisch bestimmter
Torsionskerbwirkungszahlen β_{ktGEH} am Beispiel der ZWV [DIN 5480] –
25 x 1,75 x 13 (wälzgefräste Welle, geräumte Nabe)

Symbol	Experiment	Numerik
$\alpha_{ktGEHdB}$ [/]	/	3,43
$\alpha_{ktGEHdh1}$ [/]	/	2,31
G'_{GEH} [1/mm]	/	4,63
$R_{p0,2}$ [MPa]	/	833,0 [FVA 467 II]
n [/]	/	1,068 gem. Gleichung (34)
$\beta_{ktGEHdB}$ [/]	3,04 [FVA 467 II]	3,21
$\beta_{ktGEHdh1}$ [/]	1,98 [FVA 467 II]	2,16

Die Gegenüberstellung der in Tabelle 4.2 gegebenen experimentell und numerisch
bestimmten Kerbwirkungszahlen $\beta_{ktGEHdB}$ beziehungsweise $\beta_{ktGEHdh1}$ zeigt auf, dass
die Simulation zu einem um 0,17 höheren Wert führt, im Allgemeinen eine nicht zu
vernachlässigende Diskrepanz. Allerdings gilt es zu berücksichtigen, dass sowohl bei
der experimentell als auch der numerisch basierten Bestimmung der Kerbwirkungszahl
$\beta_{ktGEHdB}$ zahlreiche Fehlereinflüsse existieren. Diese führen dazu, dass eine exakte
Übereinstimmung von Experiment und Numerik äußerst unwahrscheinlich ist. Dies berücksichtigend, wird vom Autor dieser Dissertation auf Basis der in Tabelle 4.2 ange-

führten Kerbwirkungszahlen $\beta_{ktGEHdB}$ beziehungsweise $\beta_{ktGEHdh1}$ eine hinreichend genaue Fähigkeit der FE-Modelle zur Abbildung des realen Sachverhalts festgehalten. Zur weiteren Absicherung der für diese Dissertation generierten numerischen Ergebnisse sei auf Kapitel 4.3.3 verwiesen. Dort werden Quervergleiche mit in der Literatur zu findenden Simulationsergebnissen durchgeführt.

Die im oberen Absatz erwähnten Fehlereinflüsse wurden vom Autor dieser Dissertation bereits in [FVA 742 I 16-1] beschrieben. Aus gegebener Relevanz werden sie im Nachfolgenden dargelegt. Zur versuchsbasierten Berechnung der Torsionskerbwirkungszahl β_{kt} ist die Wechselfestigkeit der ungekerbten, polierten Probe τ_{tW} erforderlich, vgl. Kapitel 5.3.2. Diese wurde mit der in Teil 3 der [DIN 743] gegebenen Gleichung auf Basis der Zugfestigkeit R_m abgeschätzt. In Weiterführung wurde der Versuch schwellend bei einem Torsionsspannungsverhältnis R_t von 0,2 durchgeführt. Für die Berechnung der Torsionskerbwirkungszahl β_{kt} wird jedoch nicht die torsionsinduzierte Spannungsamplitude der Bauteildauerfestigkeit für eine bestimmte Mittelspannung τ_{tADK}, sondern die Torsionswechselfestigkeit des gekerbten Bauteils τ_{tWK} benötigt. Die gesuchte Größe wurde durch Umrechnung des Versuchsergebnisses unter Verwendung des in der [DIN 743] gegebenen Mittelspannungseinflusses berechnet. Beide zuvor beschriebenen Fehler können durch eigenständige Versuchsreihen behoben werden, deren Ergebnisse die rudimentären Abschätzungen substituieren würden. Die vollständig experimentelle Vorgehensweise ohne die Nutzung vorhandenen Wissens ist jedoch äußerst aufwändig. So empfiehlt sich eine Nutzwertanalyse vor der Anwendung dieser Strategie. [FVA 742 I 16-1]

Über das oben Beschriebene hinaus unterliegen die Bauteile der Prüfverbindung wie jedes Produkt geometrischen Toleranzen. Während bei der Zahnwellenverbindung [DIN 5480] – 25 x 1,75 x 13 (wälzgefräste Welle, geräumte Nabe) geringe Fußkreisabweichungen tendenziell keinen ausgeprägten Tragfähigkeitseinfluss haben, ist dies bei Abweichungen des Wellenfußrundungsradius ρ_{f1} zu erwarten. Ursache ist, dass in der entsprechenden Norm für das Wälzfräsen ein äußerst kleiner Radius definiert ist. Dies resultiert in einem großen Spannungsgradienten in der Kerbe als gestaltfestigkeitsrelevanter Versagensort. Damit führt eine kleine geometrische Änderung bereits zu einer sehr großen Veränderung der Tragfähigkeit. Abschließend gelten die allgemeinen Unsicherheiten bei der Durchführung der Experimente wie beispielsweise der Justiergenauigkeit. Seitens der FEM sei auf den allgemein auftretenden Fehler numerischer Betrachtungsweisen verwiesen, vgl. Kapitel 4.3.1. Die aus ihm resultierende Unsicherheit ist bei gegebener Netzkonvergenz jedoch tendenziell um Größenordnungen kleiner zu bewerten als die experimentbezogenen Unsicherheiten. [FVA 742 I 16-1]

Experimentelle Untersuchungen ermöglichen nicht nur die quantitative Absicherung numerischer Ergebnisse. In Weiterführung liefern sie ebenfalls den Ort des Anrisses.

Dieser kann schon vor der quantitativen Auswertung der numerischen Analyse für Plausibilitätskontrollen verwendet werden. Abbildung 4.21 zeigt ein repräsentatives Schadensbild der im Forschungsvorhaben [FVA 467 II] analysierten Zahnwellenverbindung [DIN 5480] – 25 x 1,75 x 13 (wälzgefräste Welle, geräumte Nabe). Ihr kann entnommen werden, dass der Anriss zugseitig im Zahnfuß an der Nabenkante seinen Ursprung hat. Das numerische Ergebnis muss folglich, jenseits etwaiger Singularitäten, in diesem Bereich ein lokales Beanspruchungsmaximum haben. Aus Abbildung 1.1 geht hervor, dass dies der Fall ist.

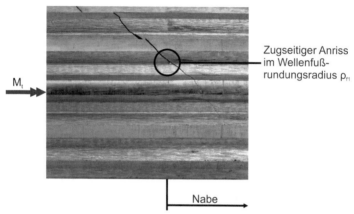

Abbildung 4.21: Ort des Anrisses an einem repräsentativen Schadensbild (Dynamische Torsion ($R_t = 0,2$), ZWV [DIN 5480] – 25 x 1,75 x 13, NL 1, wälzgefräste ZW (42CrMo4+QT) nach Abbildung 11.1, geräumte ZN (42CrMo4+QT) nach Abbildung 11.2) [FVA 467 II]

4.3.3 Literaturauswertung

Um die Qualität und Treffsicherheit eigener Ergebnisse zu überprüfen und abzusichern, sind stichprobenartige Quervergleiche zu bereits veröffentlichten wissenschaftlichen Erkenntnissen zu empfehlen. Diese Aussage gilt gleichermaßen für experimentelle und numerische Resultate. Zur Absicherung der für diese Dissertation für evolventisch basierte Zahnwellenverbindungen nach Kapitel 3.3 generierten numerischen Ergebnisse eignen sich mutmaßlich die in Kapitel 2.4 angeführten Werke. Eine genaue Analyse offenbart jedoch, dass häufig keine quantitativen und teils auch keine qualitativen Vergleiche möglich sind. Gründe hierfür sind, dass oftmals der Nabeneinfluss nicht berücksichtigt, teilplastische Materialmodelle zugrunde gelegt, komplexere Kerbsituationen als lediglich jene der evolventisch basierten Zahnwellenverbindung nach [DIN 5480] gemäß Kapitel 6.1, also ohne weitere Kerbeinflüsse wie beispielsweise jener der Auslaufform, vgl. Kapitel 2.7.3, untersucht sowie andere Hypothesen

zur Formzahlbestimmung zugrunde gelegt wurden, vgl. Kapitel 2.2.1. Zudem sei erwähnt, dass oftmals nicht alle geometrischen Randbedingungen der analysierten
Zahnwellenverbindungen angegeben sind, so dass der Grad der Unsicherheit bei entsprechenden Quervergleichen erhöht ist. Weiterführend erschwert die Stützstellen-
problematik entsprechende Vergleiche. So müssen streng genommen zwei exakt miteinander übereinstimmende Verbindungen vollständig unabhängig voneinander von
unterschiedlichen Wissenschaftlern analysiert worden sein, so dass eine Absicherung
durch Gegenüberstellung möglich wird. Diese Problematik entschärft sich, wenn für
die entsprechenden Sachverhalte Näherungsgleichungen entwickelt wurden und damit zumindest Interpolationen, gegebenenfalls sogar Extrapolationen, möglich sind.
Diesbezüglich gilt es lediglich noch die Fehleranfälligkeit der entsprechenden Gleichungen zu beachten.

Die Quellen [FVA 742 I 16-2] sowie [FVA 742 I] wurden zur Absicherung der für diese
Dissertation erarbeiteten numerischen Ergebnisse durch Gegenüberstellung bewusst
nicht berücksichtigt, obwohl die darin enthaltenen Resultate eine sehr gute Vergleichsbasis darstellen würden. Grund hierfür ist, dass die in den entsprechend benannten
Quellen enthaltenen numerischen Ergebnisse des Instituts für Maschinenwesen der
Technischen Universität Clausthal für evolventisch basierte Zahnwellenverbindungen
ausnahmslos vom Autor dieser Dissertation generiert wurden und die Vorgehensweisen zur Durchführung numerischer Berechnungen sich nur geringfügig unterscheiden.

Unter Berücksichtigung des oben Aufgeführten ist eine Gegenüberstellung numerischer Ergebnisse zur Ergebnisabsicherung mit Resultaten des Forschungsvorhabens
[FVA 591 I] eingeschränkt möglich. Abweichungen ergeben sich prognostiziert primär
aus dem in diesem Vorhaben für numerische Untersuchungen zugrunde gelegten teilplastischen Werkstoffmodell. Es sei an dieser Stelle erwähnt, dass eine Bestimmung
von Formzahlen α_k jenseits des linearelastischen Werkstoffverhaltens unkonventionell
ist. Weitere Abweichungen ergeben sich durch die grafische Entnahme der Ergebnisse. Dies ist den Möglichkeiten geschuldet. Darüber hinaus sind geringfügige geometrische Unterschiede aufgrund fehlender Angaben in [FVA 591 I] möglich. Dies betrifft das Wellenformübermaß c_{F1} sowie alle nabenbezogenen Größen. Die
entsprechende Gegenüberstellung zur literaturbasierten Absicherung numerischer Ergebnisse zeigt Tabelle 4.3.

Tabelle 4.3: Literaturbasierte Absicherung numerischer Ergebnisse

$\begin{array}{ccc} d_B \\ [mm] \end{array} x \begin{array}{c} m \\ [mm] \end{array} x \begin{array}{c} z \\ [/] \end{array}$	$\frac{\rho_{f1}}{m}$ [/]	$\alpha_{ktGEHdh1}$ [/]	
		ZWV nach [DIN 5480] [FVA 591 I]	ZWV nach Kapitel 3.3
	0,16	2,3 bis 2,4 (*)	2,52
	0,24	2,14 (*)	2,28
45 x 2 x 21	0,32	2,0 (*)	2,14
	0,40	1,93 (*)	2,07
	0,48	1,89 (*)	2,08
	0,5093	1,91 (*)	2,12
(*) Teilplastisches Werkstoffmodell zugrunde gelegt; Ergebnis grafisch entnommen; Geometrieangaben fehlen (Wellenformübermaß, Nabengeometrie)			

Mit Tabelle 4.3, in der numerisch bestimmte Formzahlen α_k des Forschungsvorhabens [FVA 591 I] und dieser Dissertation einander gegenübergestellt sind, wird ersichtlich, dass jene des Vorhabens [FVA 591 I] immer leicht kleiner sind. Mit Verweis auf die oben beschriebenen Unsicherheiten ist aber auch genau dies zu erwarten. Schlussendlich wird festgehalten, dass die für diese Dissertation numerisch generierten Ergebnisse in ihrer Qualität dem Stand der Technik zumindest entsprechen und damit zu dessen Erweiterung nutzbar sind.

4.4   Relevante Aspekte zur Ergebnisinterpretation

Um die in Kapitel 1.2 definierte Zielsetzung dieser Dissertation zu erreichen, wurden unter anderem umfangreiche numerische Parameterstudien durchgeführt, vgl. die Kapitel 6.2.2 sowie 6.3.2. Analysiert wurden in diesem Zusammenhang als Grundform bezeichnete, vgl. Kapitel 6.1, ausnahmslos torsionsbelastete evolventisch basierte Zahnwellenverbindungen nach Kapitel 3.3. Aus Gründen der Effizienz ist bei numerischen Analysen mit der FEM die Ausnutzung von Symmetrien zu empfehlen. Es gilt jedoch zu berücksichtigen, dass hierfür nicht nur die Geometrie, sondern auch die Belastung symmetrisch sein muss. Im Gegensatz zu den vom Autor dieser Dissertation für das Forschungsvorhaben [FVA 742 I] durchgeführten numerischen Toleranzanalysen an evolventisch basierten Zahnwellenverbindungen nach [DIN 5480] mit nicht normkonform modifiziertem Wellenfußrundungsradiusverhältnis ρ_{f1}/m bei Torsion, in denen zwar die Belastung, nicht aber die Geometrie symmetrisch war, sind bei den für dieses Werk durchgeführten Analysen an entsprechenden Verbindungen nach Kapitel

3.3 alle Randbedingungen zur Ausnutzung der zyklischen Symmetrie gegeben. Infolgedessen wurden hierbei lediglich Sektormodelle mit entsprechenden Lastrandbedingungen, vgl. Kapitel 4.2.1.5, analysiert. Abbildung 4.22 zeigt die nach der Gestaltänderungsenergiehypothese ermittelte Vergleichsspannung am Beispiel der Zahnwellenverbindung Kapitel 3.3 – 45 x 1,5 x 28 (gemäß Tabelle 6.1; $c_{F1}/m = 0{,}12$; $\alpha = 30\,°$; $\rho_{f1}/m = 0{,}48$) als Ergebnis einer derartigen Simulation.

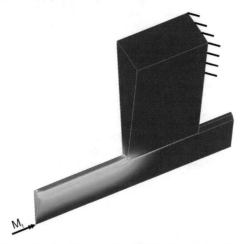

Abbildung 4.22: Charakteristische nach der GEH bestimmte Vergleichsspannung eines torsionsbelasteten Sektormodells am Beispiel der ZWV Kapitel 3.3 – 45 x 1,5 x 28 (gemäß Tabelle 6.1; $c_{F1}/m = 0{,}12$; $\alpha = 30\,°$; $\rho_{f1}/m = 0{,}48$)

Evolventisch basierte Zahnwellenverbindungen nach Kapitel 3.3 versagen gestaltfestigkeitsbedingt durch den schwächeren Verbindungspartner. Bei den gegenwärtig sich in breiter Anwendung befindlichen Zahnwellenverbindungen nach [DIN 5480] mit wälzgefräster Welle und geräumter Nabe ist dies bei Naben mit geometrischen Verhältnissen gemäß Abbildung 6.1 bei vorausgesetzt ähnlichem Werkstoffverhalten der Verbindungspartner oftmals die Welle. Hieraus resultierend liegt der Fokus in dieser Dissertation auf ihr beziehungsweise ihrer gestaltfestigkeitsrelevanten Lokalbeanspruchung. Um das wellenbezogene Systemverhalten analysieren zu können, wird die Nabe ausgeblendet, vgl. Abbildung 4.23. Dadurch werden einige Besonderheiten ersichtlich, auf die in den Kapiteln 4.4.1 bis 4.4.4 eingegangen wird.

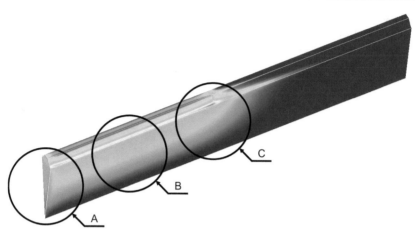

Abbildung 4.23: Charakteristische nach der GEH bestimmte Vergleichsspannung eines torsionsbelasteten Sektormodells am Beispiel der ZWV Kapitel 3.3 – 45 x 1,5 x 28 (gemäß Tabelle 6.1; $c_{F1}/m = 0,12$; $\alpha = 30\,°$; $\rho_{f1}/m = 0,48$) bei ausgeblendeter Nabe

4.4.1 Lasteinleitung

Abbildung 4.24 zeigt Detail A von Abbildung 4.23. Es handelt sich hierbei um den wellenbezogenen Lasteinleitungsbereich, vgl. Kapitel 4.2.1.5 und dort insbesondere Abbildung 4.13. In Abbildung 4.24 wird ersichtlich, dass es an der Lasteinleitungsseite zu Beanspruchungsanomalien kommt. Diese sind reines Lasteinleitungsproblem und damit nicht auf technische Sachverhalte evolventisch basierter Zahnwellenverbindungen nach Kapitel 3.3 zurückzuführen. Sie sind jedoch der Grund dafür, dass ein Mindestabstand zwischen der Lasteinleitung und dem Analysebereich einzuhalten ist, vgl. Abbildung 6.1, so dass die oben erwähnten Anomalien nicht in den auszuwertenden Bereich einstreuen. Diesbezüglich sei auf das Prinzip von de Saint-Venant verwiesen, vgl. Kapitel 4.4.2.

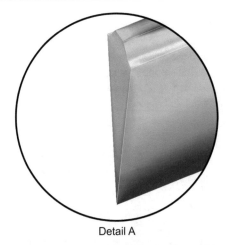

Detail A

Abbildung 4.24: Charakteristische nach der GEH bestimmte Vergleichsspannung eines torsionsbelasteten Sektormodells im Bereich der Lasteinleitung am Beispiel der ZWV Kapitel 3.3 – 45 x 1,5 x 28 (gemäß Tabelle 6.1; $c_{F1}/m = 0{,}12$; $\alpha = 30\,°$; $\rho_{f1}/m = 0{,}48$)

4.4.2 De Saint-Venant

Das Prinzip von de Saint-Venant besagt Folgendes:

„Statisch äquivalente Kraftsysteme, die innerhalb eines Bereiches angreifen, dessen Abmessungen klein gegen die Abmessungen des Körpers sind, rufen in hinreichender Entfernung von diesem Bereich annähernd gleiche Spannungen und Verformungen hervor." [Selk 13]

Aus dem oben angeführten Zitat resultierend, sind die in Kapitel 4.4.1 beschriebenen, durch die Einleitung der Belastung hervorgerufenen Beanspruchungsanomalien nach hinreichender Distanz zur Lasteinleitungsseite abgeklungen und es stellt sich ein von ihnen unbeeinflusster Beanspruchungszustand ein. Dass dieser Sachverhalt erfüllt ist, wird durch einen Quervergleich zwischen Abbildung 4.25, die Detail B von Abbildung 4.23 zeigt, und Abbildung 4.24 deutlich. So sind in Abbildung 4.25 keine zunächst unplausibel wirkenden Beanspruchungsveränderungen mehr zu erkennen und es bilden sich gemäß der Nennspannungstheorie für torsionsbelastete Wellen ausnahmslos Linien gleicher Beanspruchung in axialer Ausrichtung aus.

Mit dem Hintergrundwissen, dass dunkelblau hervorgehobene Geometriebereiche sehr gering und rot eingefärbte Bereiche sehr hoch ausgelastet sind, kann Abbildung 4.25 weiterführend entnommen werden, dass das eingeleitete Torsionsmoment M_t im von der Nabe unbeeinflussten Bereich eine maximale Beanspruchung im Zahnfuß hervorruft. Der Verlauf unterhalb entspricht dem in den Lehrbüchern angegebenen Beanspruchungsverlauf einer ungekerbten, tordierten Welle. Oberhalb jedoch nimmt die aus der Lasteinleitung resultierende Beanspruchung schnell sehr stark ab. Der Einflussbereich des eingeleiteten Torsionsmomentes M_t ist also begrenzt und erstreckt sich nicht über die gesamte Zahnwelle.

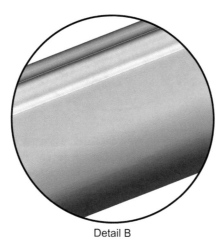

Detail B

Abbildung 4.25: Charakteristische nach der GEH bestimmte Vergleichsspannung eines torsionsbelasteten Sektormodells im quasi ungestörten Wellenbereich am Beispiel der ZWV Kapitel 3.3 – 45 x 1,5 x 28 (gemäß Tabelle 6.1; $c_{F1}/m = 0{,}12$; $\alpha = 30\,°$; $\rho_{f1}/m = 0{,}48$)

4.4.3 Nicht gestaltfestigkeitsrelevante Lokalbeanspruchungen

Abbildung 4.26 zeigt Detail C von Abbildung 4.23. In dieser Abbildung sind zwei charakteristisch ausgeprägte Lokalbeanspruchungen im Kontaktbereich der Verbindungspartner zu erkennen. Genauer treten diese an den Zahnkopfkanten von Welle und Nabe auf. In ihrer Ausprägung sind diese Lokalbeanspruchungen häufig dominierend, das heißt höher als die Beanspruchung am Ort der gestaltfestigkeitsrelevanten Lokalbeanspruchung, vgl. Kapitel 4.4.4. Das Auftreten dieser Maxima ist so zu erwarten und darüber hinaus experimentell nachvollziehbar. Allerdings ist zu überprüfen, ob diese in entsprechender Quantität am realen Bauteil vorherrschen. Dies ist jedoch primär für die Disziplin zur wissenschaftlichen Erfassung und Beschreibung der kontaktbasierten Verschleißfestigkeit von Relevanz. Mit Verweis auf Kapitel 4.2.1.4 würde, um die Abbildegenauigkeit in diesem Zusammenhang sicherzustellen, eine Abstimmung zwischen Realität und Simulationsmodell mit Hilfe der Kontaktparameter durchgeführt. Jenseits der sich hieraus ergebenden experimentellen Herausforderung haben diese

Parameter, wie in Kapitel 4.2.1.4 dargelegt, einen Einfluss auf die gestaltfestigkeitsrelevante Lokalbeanspruchung, deren Höhe mit dem Abstand korreliert. Es ist allerdings hervorzuheben, dass dieser bei evolventisch basierten Zahnwellenverbindungen nach Kapitel 3.3 bereits bei kleinen Distanzen sehr gering ist. Dies ergaben unveröffentlichte umfangreiche numerische Voruntersuchungen des Autors dieser Dissertation für das Forschungsvorhaben [FVA 742 I]. Weiterführend sei angemerkt, dass der Abstand zwischen dem Kontaktbereich von Welle und Nabe und dem Ort der gestaltfestigkeitsrelevanten Lokalbeanspruchung bei optimaler geometrischer Gestaltung evolventisch basierter Zahnwellenverbindungen nach Kapitel 3.3 deutlich zunimmt und damit der Einfluss noch sehr viel geringer wird. Auf Basis der oben angeführten Ausführungen kann abschließend festgehalten werden, dass die in Abbildung 4.26 hervorgehobenen Lokalbeanspruchungen in mannigfaltig experimenteller Absicherung nicht gestaltfestigkeitsrelevant sind. Somit werden sie in dieser Dissertation nicht weiter betrachtet.

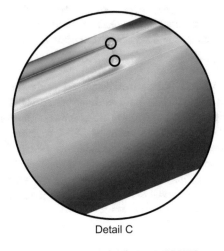

Detail C

$\boxed{\bigcirc \text{ Lokalbeanspruchungsmaximum}}$

Abbildung 4.26: Nicht gestaltfestigkeitsrelevante Lokalbeanspruchungen (GEH) am Beispiel der ZWV Kapitel 3.3 – 45 x 1,5 x 28 (gemäß Tabelle 6.1; $c_{F1}/m = 0{,}12$; $\alpha = 30\,°$; $\rho_{f1}/m = 0{,}48$) bei ausgeblendeter Nabe

4.4.4 Gestaltfestigkeitsrelevante Lokalbeanspruchung

Abbildung 4.27 zeigt Detail C von Abbildung 4.23. Die dort am Beispiel der Zahnwellenverbindung Kapitel 3.3 – 45 x 1,5 x 28 (gemäß Tabelle 6.1; $c_{F1}/m = 0{,}12$; $\alpha = 30\,°$; $\rho_{f1}/m = 0{,}48$) hervorgehobene zugseitige Lokalbeanspruchung herrscht in mannigfaltig experimenteller Absicherung am praktischen Versagensort vor und ist damit die

Gestaltfestigkeitsrelevante. Dies geht unter anderem aus der in Kapitel 4.3.2 angeführten Abbildung 4.21 hervor. Weiterführend sei diesbezüglich auf die experimentellen Untersuchungen des Forschungsvorhabens [FVA 467 II] verwiesen.

Das in Abbildung 4.27 aufgezeigte Beanspruchungsmaximum ist Grundlage der in Kapitel 4.2.3.1 definierten zugseitigen Pfadgenerierungsart 1 (PGA1) als Basis zur Erhebung numerischer Daten. Zwar erfolgte die Datenerhebung für ausnahmslos alle für diese Dissertation durchgeführten numerischen Analysen sowohl zug- als auch druckseitig für beide in zuvor benanntem Kapitel dargelegten Pfadgenerierungsarten, vgl. insbesondere Abbildung 4.14. Allerdings werden Ergebnisauswertung und -darstellung in diesem Werk, dem Umfang geschuldet sowie aus Gründen der Praxisrelevanz, nahezu ausnahmslos auf Basis der Pfadgenerierungsart 1 (PGA1), also der in Abbildung 4.27 aufgezeigten gestaltfestigkeitsrelevanten Lokalbeanspruchung diskutiert. Ausnahmen hierbei sind die zugseitige Gestaltfestigkeitsdifferenzierung des Querschnitts der gestaltfestigkeitsrelevanten Lokalbeanspruchung und jenes an der Nabenkante, vgl. Kapitel 6.2.3.2.4, sowie die zug-/druckseitige Tragfähigkeitsdifferenzierung, vgl. Kapitel 6.2.3.4.

Die Erhebung numerischer Ergebnisse erfolgte wie oben dargelegt auf Grundlage der Pfadgenerierungsart (PGA) und weiterführend, wie in Kapitel 4.2.3.2 definiert, auf Basis von Pfaden in axialer Richtung sowie in Tiefenrichtung. Die in diesem Zusammenhang im Detail erhobenen Daten sind in Kapitel 4.2.3.3 beschrieben. In Kapitel 4.4.4.1 wird auf die resultierenden Beanspruchungsverläufe auf Basis der nach der Gestaltänderungsenergiehypothese bestimmten Vergleichsspannung in axialer Richtung sowie in Kapitel 4.4.4.2 auf das entsprechende Pendant in Tiefenrichtung am Beispiel der Zahnwellenverbindung Kapitel 3.3 – 45 x 1,5 x 28 (gemäß Tabelle 6.1; $c_{F1}/m = 0{,}12$; $\alpha = 30\,°$; $\rho_{f1}/m = 0{,}48$) eingegangen.

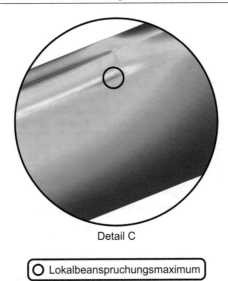

Detail C

⊙ Lokalbeanspruchungsmaximum

Abbildung 4.27: Zugseitig gestaltfestigkeitsrelevante Lokalbeanspruchung (GEH) am Beispiel der ZWV Kapitel 3.3 – 45 x 1,5 x 28 (gemäß Tabelle 6.1; $c_{F1}/m = 0,12$; $\alpha = 30\,°$; $\rho_{f1}/m = 0,48$) bei ausgeblendeter Nabe

4.4.4.1   Axialer Beanspruchungsverlauf

Abbildung 4.28 zeigt einen charakteristischen, vom Ort der gestaltfestigkeitsrelevanten Lokalbeanspruchung ausgehenden, auf Basis der Gestaltänderungsenergiehypothese bestimmten Beanspruchungsverlauf in axialer Richtung am Beispiel der Zahnwellenverbindung Kapitel 3.3 – 45 x 1,5 x 28 (gemäß Tabelle 6.1; $c_{F1}/m = 0,12$; $\alpha = 30\,°$; $\rho_{f1}/m = 0,48$). Die Analyse solcher Verläufe ist zur Bestimmung optimaler Geometrieparameter für evolventisch basierte Zahnwellenverbindungen nach Kapitel 3.3 oder aber für deren Tragfähigkeitsquantifizierung nicht erforderlich. Sie liefert jedoch einen wesentlichen Beitrag zum Systemverständnis derartiger Verbindungen und ist damit zur wissenschaftlichen Begründung auftretender Effekte und zum Erkennen von Tragfähigkeitstendenzen relevant. In Kapitel 6.2.3.1 werden axiale Beanspruchungsverläufe gemäß Abbildung 4.28 analysiert, diskutiert und wissenschaftliche Erkenntnisse abgeleitet.

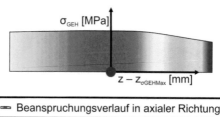

Abbildung 4.28: Charakteristischer, vom Ort der zugseitig gestaltfestigkeitsrelevanten Lokalbeanspruchung ausgehender, Beanspruchungsverlauf in axialer Richtung (GEH) am Beispiel der ZWV Kapitel 3.3 – 45 x 1,5 x 28 (gemäß Tabelle 6.1; $c_{F1}/m = 0,12$; $\alpha = 30\,°$; $\rho_{f1}/m = 0,48$)

4.4.4.2   Beanspruchungsverlauf in Tiefenrichtung

Der Beanspruchungsverlauf in Tiefenrichtung wird zur Charakterisierung der Kerbwirkung verwendet, vgl. Kapitel 2.2. Entgegen jenem in axialer Richtung, vgl. Kapitel 4.4.4.1, ist er zur Tragfähigkeitsquantifizierung essenziell. Ist er doch Grundlage zur Bestimmung des bezogenen Spannungsgefälles G', vgl. Kapitel 2.2.5.2. Abbildung 4.29 zeigt einen charakteristischen, vom Ort der zugseitig gestaltfestigkeitsrelevanten Lokalbeanspruchung ausgehenden, auf Basis der Gestaltänderungsenergiehypothese bestimmten, Beanspruchungsverlauf in Tiefenrichtung am Beispiel der Zahnwellenverbindung Kapitel 3.3 – 45 x 1,5 x 28 (gemäß Tabelle 6.1; $c_{F1}/m = 0,12$; $\alpha = 30\,°$; $\rho_{f1}/m = 0,48$).

$\triangleright$ Beanspruchungsverlauf in Tiefenrichtung

● Ort der maximalen Beanspruchung

Abbildung 4.29: Charakteristischer, vom Ort der zugseitig gestaltfestigkeitsrelevanten Lokalbeanspruchung ausgehender, Beanspruchungsverlauf in Tiefenrichtung (GEH) am Beispiel der ZWV Kapitel 3.3 – 45 x 1,5 x 28 (gemäß Tabelle 6.1; $c_{F1}/m = 0,12$; $\alpha = 30\,°$; $\rho_{f1}/m = 0,48$)

4.5　Auswertung numerischer Ergebnisse

In Kapitel 4.2.3 wurde beschrieben, welche FE-Ergebnisse erhoben wurden. Die Auswertung der entsprechenden Daten ist Gegenstand dieses Kapitels.

4.5.1　Zur Wahl der Vergleichsspannungshypothese

In Kapitel 2.2.1 sind verschiedene Vergleichsspannungshypothesen beschrieben, die nach dem Stand der Technik zur Berechnung von Formzahlen α_k evolventisch basierter Zahnwellenverbindungen genutzt werden. Es handelt sich hierbei um die Normal- beziehungsweise Hauptspannungshypothese, die Schubspannungs- sowie die Gestaltänderungsenergiehypothese. Weiterführend werden in Kapitel 2.2.1.4 die Fähigkeit der aus den spezifischen Hypothesen resultierenden Formzahlen α_k zur Abbildung der an einem realen Bauteil kerbbedingt vorherrschenden maximalen Beanspruchung σ_{Max} diskutiert. Es sei an dieser Stelle erwähnt, dass auf das in zuvor benanntem Kapitel ebenfalls aufgegriffene, in [FVA 700 I] entwickelte Verfahren nicht weiter eingegangen wird. Dies ist auf die zeitlich dicht aufeinanderfolgende Entstehung des Abschlussberichts zum Forschungsvorhaben [FVA 700 I] sowie dieser Dissertation beziehungsweise ihrer grundlegenden Ergebnisse zurückzuführen. In Weiterführung werden zusätzliche Absicherungen bei dem in [FVA 700 I] entwickelten Verfahren vor dessen Anwendung in der Breite als sinnvoll erachtet. Dies betrifft beispielsweise die Gültigkeitsüberprüfung bei einsatzgehärteten evolventisch basierten Zahnwellenverbindungen beziehungsweise entsprechender Verbindungen mit sprödem Systemverhalten. Darüber hinaus handelt es sich bei dem in [FVA 700 I] entwickelten System zwar um eine nennspannungsbasierte Vorgehensweise, allerdings mit im Vergleich zum Stand der Technik deutlich erhöhtem Aufwand. Die in Kapitel 2.1 zur aufwandbasierten Abgrenzung der Nennspannungskonzepte von den örtlichen Konzepten geführte Argumentation aufgreifend, wird das in [FVA 700 I] entwickelte System zwischen den beiden benannten klassischen Varianten eingeordnet. Abschließend wurde in Kapitel 2.2.1.4 zusammengefasst, dass die aus der Anwendung der Gestaltänderungsenergiehypothese resultierenden Formzahlen α_k den realen Sachverhalt nicht nur bei statischer Bauteilbelastung, sondern zudem bei rein dynamischer Belastung, das heißt bei rein dynamischer Torsion oder aber rein dynamischer Biegung, sehr gut abbilden. Nur bei kombiniert dynamischen Belastungen gibt es entsprechende Diskrepanzen, wobei die durch die Gestaltänderungsenergiehypothese bestimmten Formzahlen α_k die Kerbsituation sogar unsicher beschreiben. So wird die Bestimmung eines Faktors zur Korrektur des Einflusses kombiniert dynamischer Belastungen empfohlen. Dies entspricht der allgemeinen Vorgehensweise zur Berücksichtigung mannigfaltiger Einflüsse, vgl. diesbezüglich unter anderem [Weso 97], [DIN 5466] sowie die in dieser Dissertation entwickelten Gleichungen zur Einflussberücksichtigung. In der Annahme, dass das in [FVA 700 I] entwickelte System die Beanspruchungssituation vollständig richtig abbildet, kann der Tragfähigkeitseinfluss kombiniert dynamischer Belastungen bereits mathematisch exakt durch Differenzwertbildung der konventionellen Tragfähigkeitscharakterisierung, empfohlen jene nach der Gestaltänderungsenergiehypothese, mit jener des in [FVA 700 I] entwickelten Systems an geeigneter Stelle des Tragfähigkeitsnachweises berechnet werden. Großer Vorteil dieser Vorgehensweise wäre, dass die Berücksichtigung des kerbbedingten Tragfähigkeitseinflusses bei hinreichend hoher Fähigkeit zur Abbildung des realen Sachverhalts durch den Verfasser dieser Dissertation prognostiziert deutlich einfacher ist und zudem existierende Formzahlen α_k weiterverwendet werden können. Sollte die Genauigkeit der Tragfähigkeitsbewertung von Zahnwellenverbindungen nach dem klassischen Konzept nicht hinreichend sein, sei auf örtliche Konzepte verwiesen.

Rudimentär zusammengefasstes Ergebnis der in Kapitel 2.2.1.4 geführten Analyse zur Abbildegenauigkeit von nach Normal- beziehungsweise Hauptspannungshypothese, Schubspannungs- sowie Gestaltänderungsenergiehypothese bestimmten Formzahlen α_k ist, dass die Gestaltänderungsenergiehypothese die reale Beanspruchungssituation bei statischer sowie auch bei rein dynamischer Biegung und rein dynamischer Torsion zuverlässig vorhersagt. In diesem Umfang leisten dies die nach den beiden anderen benannten Hypothesen bestimmten Formzahlen α_k nicht. Allerdings gilt es bei den nach der Gestaltänderungsenergiehypothese bestimmten Formzahlen α_k zu berücksichtigen, dass diese bei kombiniert dynamischer Bauteilbelastung, das heißt beispielsweise bei dynamischer Biegung in Kombination mit dynamischer Torsion, das kerbbedingte Beanspruchungsmaximum σ_{Max} nicht mehr hinreichend genau und sogar unsicher beschreiben, vgl. [FVA 700 I]. Der Gültigkeitsbereich derartig bestimmter Formzahlen α_k ist damit solange einzuschränken, bis der Einfluss dynamisch kombinierter Lasten berücksichtigt werden kann. Aufgrund der hohen Abbildegenauigkeit für statische sowie rein dynamische Belastungen wird im Rahmen dieser Dissertation die Gestaltänderungsenergiehypothese zur Bestimmung von Formzahlen α_k zugrunde gelegt, vgl. Kapitel 2.2.1.3. Mit Verweis auf das Forschungsvorhaben [FVA 467 I], in dem entsprechende Betrachtungen und Diskussionen primär auf Basis der Normalbeziehungsweise Hauptspannungshypothese durchgeführt wurden, findet die entsprechende Hypothese in dieser Dissertation im Sinne einer groben Näherung zusätzlich Berücksichtigung. Die aus Gründen der Effizienz vorgenommene Abschätzung resultiert aus der Art der numerisch basierten Datenerhebung, vgl. Kapitel 4.2.3, sowie der anschließenden, in Kapitel 4.5 dargelegten, Ergebnisauswertung. So wurden die pfadspezifischen Ergebnisse ausschließlich auf Basis der gestaltfestigkeitsrelevanten Lokalbeanspruchung nach der Gestaltänderungsenergiehypothese bestimmt. Damit ist streng genommen lediglich die Auswertung nach eben dieser Hypothese zulässig, da die Maxima anderer Spannungen beziehungsweise Spannungskomponenten nicht an gleichem Ort oder aber entlang des zur Datenerhebung genutzten Pfades zu erwarten sind. In Konsequenz sind alle in dieser Dissertation angeführten normal- beziehungsweise hauptspannungsbasierten Ergebnisse Näherungen. Dies wird durch die Markierung mit einem Stern, also *, hervorgehoben. Darüber hinaus kann es durch die Näherung zur Übersteuerung des Auswertebereichs kommen. Dies ist immer genau dann der Fall, wenn das Ergebnis von Formulierung (182) größer als die oder gleich der Hälfte des zur Datenerhebung genutzten Pfades ist, vgl. Abbildung 4.16. Vor der Analyse der in dieser Dissertation angeführten normal- beziehungsweise hauptspannungsbasierten Ergebnisgrößen ist also zu prüfen, ob Ergebnisse der Formulierung (182) größer oder gleich 2,5 mm sind. Ist dies der Fall, sind weiterführende Ergebnisse der betroffenen Verbindungen mit Ungleichungscharakteristik zu verstehen. Ein Beispiel zu diesem Sachverhalt ist in Kapitel 6.2.3.2.2.1.3 diskutiert.

4.5.2 Quervergleich des Wellenfußkreisdurchmessers d_{f1}

In Konsequenz der in Kapitel 3.1 erörterten Schwachstellen des Systems zur Bezugsprofilgenerierung evolventisch basierter Zahnwellenverbindungen der [DIN 5480] und darüber hinaus wird vom Autor dieser Dissertation in Kapitel 3.2 ein neues System entwickelt und in Kapitel 3.3 dargelegt. Mit Verweis auf die unterschiedliche Systematik zur Profilgenerierung beider Systeme ergeben sich bei gleicher Parameterwahl, sofern dies seitens der [DIN 5480] möglich ist, trotzdem geometrische Unterschiede. Dies betrifft im Wesentlichen die Fußkreisdurchmesser d_f. Während das in Kapitel 3.2 entwickelte und in Kapitel 3.3 dargelegte System zur Profilgenerierung evolventisch basierter Zahnwellenverbindungen mathematisch geschlossen hergeleitet ist und damit per se immer korrekte Profilformen resultieren, weist jenes der [DIN 5480] Unregelmäßigkeiten auf, vgl. die in Kapitel 3.1.2 dargelegten geometrischen Anomalien. Mit dem Ziel diese festzustellen, wird in dieser Dissertation die Differenz der nach [DIN 5480] sowie der nach dem in Kapitel 3.3 dargelegten System berechneten Wellenfußkreisdurchmesser d_{f1} diskutiert, vgl. Formulierung (179).

$$d_{f1}^{DIN5480} - d_{f1} \qquad (179)$$

4.5.3 Ort der maximalen Spannungskonzentration

Evolventisch basierte Zahnwellenverbindungen nach Kapitel 3.3 sind Bauteile mit komplexer Kerbsituation. Hierbei führen eine Vielzahl unterschiedlicher Kerbeinflüsse, vgl. hierzu ebenfalls Kapitel 6.2.4.2, zu einer resultierenden gestaltfestigkeitsrelevanten Lokalbeanspruchung, vgl. Kapitel 4.4.4. Mit Verweis auf die allgemeine Kerbtheorie kann ihre Höhe grundlegend durch die Trennung der einzelnen Einflüsse beziehungsweise der durch sie induzierten fraktionalen Beanspruchungen reduziert werden. Zur näheren Analyse dieses Sachverhalts wird in dieser Dissertation die Lage der gestaltfestigkeitsrelevanten Lokalbeanspruchung in Abhängigkeit unterschiedlicher der auf ihre Höhe einflussnehmenden Faktoren in axialer und radialer Richtung diskutiert. Die zu diesem Zweck definierten Größen werden in den Kapiteln 4.5.3.1 sowie 4.5.3.2 beschrieben.

4.5.3.1 Lagecharakterisierung in axialer Richtung

Basis zur Lagecharakterisierung des Beanspruchungsmaximums in axialer Richtung sind die in Abbildung 4.14 getroffenen Definitionen. In Weiterführung erfolgt die entsprechende Charakterisierung, ohne die Einführung neuer Variablen, durch die Formulierungen (180) bis (182). Formulierung (180) beschreibt dabei den Abstand der auf Basis der Gestaltänderungsenergiehypothese bestimmten gestaltfestigkeitsrelevanten Lokalbeanspruchung σ_{GEHMax} von der Nabenkante. Dies wurde in gleicher Weise für das Beanspruchungsmaximum nach der Normal- beziehungsweise Hauptspannungshypothese σ_{1Max}^{*} mit Formulierung (181) definiert.

$$z_{\sigma GEHMax} - z_{NK} \tag{180}$$

$$z_{\sigma 1Max}^{*} - z_{NK} \tag{181}$$

Den Formulierungen (180) und (181) kann in Kombination mit Abbildung 4.14 entnommen werden, dass bei negativen Ergebnissen das jeweilige Beanspruchungsmaximum in Lasteinleitungsrichtung vor der Nabenkante liegt. Für positive Werte liegt es hinter ihr. Die zuvor erläuterten Definitionen visualisiert Abbildung 4.30.

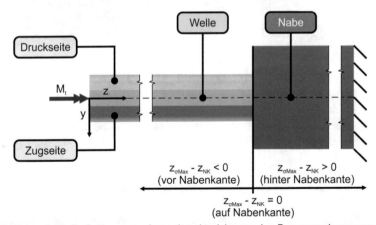

Abbildung 4.30: Definitionen zur Lagecharakterisierung des Beanspruchungsmaximums in axialer Richtung am Beispiel der ZWV Kapitel 3.3 – 45 x 1,5 x 28 (gemäß Tabelle 6.1; $c_{F1}/m = 0{,}12$; $\alpha = 30\,°$; $\rho_{f1}/m = 0{,}48$)

In Ergänzung wird in dieser Dissertation der angenäherte Abstand zwischen dem auf Basis der Gestaltänderungsenergiehypothese bestimmten Beanspruchungsmaximum und der angenäherten maximalen Hauptspannung, die gemäß Gleichung (2) der Vergleichsspannung nach der Normal- beziehungsweise Hauptspannungshypothese entspricht, diskutiert. Hierfür wird Formulierung (182) getroffen. Die Definition des in Abbildung 4.14 gezeigten Koordinatensystems hat für ausnahmslos alle aus den numerischen Analysen resultierenden Daten Gültigkeit.

$$z^*_{\sigma1Max} - z_{\sigma GEHMax} \tag{182}$$

Mit Abbildung 4.14 kann geschlussfolgert werden, dass für den Fall positiver Ergebnisse von Formulierung (182) das mit der Gestaltänderungsenergiehypothese bestimmte Beanspruchungsmaximum σ_{GEHMax} in Lasteinleitungsrichtung vor der angenähert maximalen ersten Hauptspannung σ^*_{1Max} liegt. Diesen Fall zeigt auch Abbildung 4.31. Bei einem negativen Vorzeichen von Formulierung (182) gilt das Gegenteil.

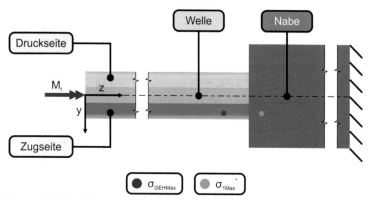

Abbildung 4.31: Definition des Vorzeichens zur Diskussion des Abstands zwischen dem nach der GEH sowie der Hauptspannungshypothese bestimmten Beanspruchungsmaximums in axialer Richtung, vgl. Gleichung (182), am Beispiel der ZWV Kapitel 3.3 – 45 x 1,5 x 28 (gemäß Tabelle 6.1; $c_{F1}/m = 0,12$; $\alpha = 30\,°$; $\rho_{f1}/m = 0,48$)

4.5.3.2   Lagecharakterisierung in radialer Richtung

Basis zur Lagecharakterisierung des Beanspruchungsmaximums in radialer Richtung sind die in Abbildung 4.32 getroffenen Definitionen. So wird die Lage des Spannungsmaximums in Relation zum Nabenkopfkreisradius r_{a2} sowie zum Wellenfußkreisradius r_{f1} analysiert.

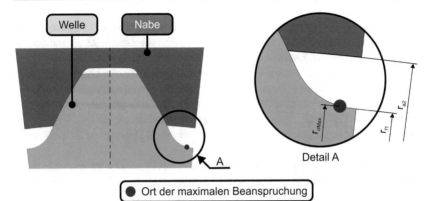

Detail A

● Ort der maximalen Beanspruchung

Abbildung 4.32: Definitionen zur Lagecharakterisierung des Beanspruchungsmaximums in radialer Richtung am Beispiel der ZWV Kapitel 3.3 – 45 x 1,5 x 28 (gemäß Tabelle 6.1; $c_{F1}/m = 0{,}12$; $\alpha = 30\,°$; $\rho_{f1}/m = 0{,}48$)

Die Bestimmung des Abstands des Beanspruchungsmaximums vom Nabenkopfkreisradius r_{a2} erfolgt durch entsprechende Differenzwertbildung, vgl. Formulierung (183).

$$-r_{a2} - r_{\sigma GEHMax} \tag{183}$$

Die Analyse des Einflusses der die Geometrie evolventisch basierter Zahnwellenverbindungen bestimmenden Parameter auf den Abstand des Beanspruchungsmaximums vom Wellenfußkreisradius r_{f1} erfolgt prozentual nach Formulierung (184). Bezugsgröße ist die radiale Distanz zwischen dem Nabenkopfkreisradius r_{a2} und dem Wellenfußkreisradius r_{f1} als größtmöglicher Abstand der maximalen Beanspruchung von der Nabenkante. Ein nach Formulierung (184) bestimmter Wert von 100 % besagt folglich, dass das Beanspruchungsmaximum σ_{Max} auf dem Wellenfußkreisradius r_{f1} liegt. Bei kleineren Werten liegt es näher am Nabenkopfkreisradius r_{a2}.

$$\frac{-r_{a2} - r_{\sigma GEHMax}}{-r_{a2} - r_{f1}} \cdot 100\,\% \tag{184}$$

4.5.4 Kerbwirkung am Ort der maximalen Beanspruchung (PGA1)

4.5.4.1 Torsionsformzahlen α_{kt} und ihre Differenzen

Mit Verweis auf die Kapitel 2.2.1.4 sowie 4.5.1 erfolgen Diskussion und Dokumentation der realen Beanspruchungssituation evolventisch basierter Zahnwellenverbindungen in dieser Dissertation unter Verwendung der Gestaltänderungsenergiehypothese, vgl.

Kapitel 2.2.1.3. Darüber hinaus werden die auf Basis der Normal- beziehungsweise Hauptspannungshypothese bestimmten Grundgrößen diskutiert, dies jedoch mit Näherungscharakter, vgl. Kapitel 4.5.1. Die zusätzliche Analyse der normal- beziehungsweise hauptspannungshypothesenbasierten Grundgrößen erfolgt hierbei nicht separat, sondern nur in direkter Gegenüberstellung mit ihren auf Grundlage der Gestaltänderungsenergiehypothese bestimmten Pendants. Die entsprechenden Differenzen dienen der Analyse der im Kapitel 2.2.1.1 angeführten Konservativität der nach der Normal- beziehungsweise Hauptspannungshypothese bestimmten Grundgrößen.

Wie in Kapitel 2.2.1 dargelegt, sind Formzahlen α_k als Quotient der maximalen Beanspruchung σ_{Max} und der Nennspannung σ_{Nenn} definiert. Essenziell zur Berechnung der Nennspannung σ_{Nenn}, vgl. Kapitel 2.2.3, ist der Nenndurchmesser d_{Nenn}. Nach dem Stand der Technik ist diesbezüglich der Wellenersatzdurchmesser d_{h1} nach [Naka 51] zugrunde zu legen, vgl. Kapitel 2.2.3.2. In Kapitel 3.5 wird allerdings aufgezeigt, dass bei Verwendung dieses Durchmessers zur Berechnung der Nennspannung σ_{Nenn} und weiterführend der Formzahl α_k die Vergleichbarkeit unterschiedlicher Zahnwellengeometrien bei gleichem Bezugsdurchmesser d_B auf Basis der Formzahl α_k nicht gegeben ist. Zur formzahlbasierten Bestimmung von Tragfähigkeitsoptima, als essenzieller Bestandteil dieser Dissertation, ist dies jedoch zwingend erforderlich. Um dieses Problem zu lösen, ist der Bezugsdurchmesser d_B als Nenndurchmesser d_{Nenn} definiert und wird für die Formzahlberechnung verwendet. Darüber hinaus sind die nach dem Stand der Technik zu bestimmenden Formzahlen α_k angegeben.

Auf Basis der oben angeführten Ausführungen werden in dieser Dissertation konkret die Formzahlen beziehungsweise Formzahldifferenzen $\alpha_{ktGEHdB}$, $\alpha_{ktGEHdh1}$, $\alpha^*_{kt\sigma1dB} - \alpha_{ktGEHdB}$ sowie $\alpha^*_{kt\sigma1dh1} - \alpha_{ktGEHdh1}$ analysiert.

4.5.4.2   Bezogene Spannungsgefälle G' und ihre Differenzen

Die in Kapitel 2.2.5.2 angeführte Definition des bezogenen Spannungsgefälles G' erfordert zur konkreten Bestimmung dieser Größe die mathematische Beschreibung des Spannungsverlaufs entlang des von der gestaltfestigkeitsrelevanten Lokalbeanspruchung σ_{Max} ausgehenden und senkrecht zur Bauteiloberfläche in das Bauteilinnere hinein verlaufenden Pfades, vgl. Gleichung (36). Die Bestimmung einer entsprechenden zweidimensionalen Näherungsgleichung erfolgte mit der Methode der kleinsten Abstandsquadrate, vgl. Kapitel 2.3.3, mit einem Polynom sechster Ordnung, vgl. Gleichung (47). Die hohe Ordnung des Polynoms resultiert aus der erforderlichen Abbildegenauigkeit des Spannungsgradienten in Oberflächennähe bei selbst scharfen Kerben, das heißt sehr hohen Gradienten. Aus der fallspezifischen Adaptierung von Gleichung (47) gemäß Abbildung 2.10 folgt Gleichung (185).

$$\sigma = f(t) = c_0 + c_1 \cdot t + c_2 \cdot t^2 + c_3 \cdot t^3 + c_4 \cdot t^4 + c_5 \cdot t^5 + c_6 \cdot t^6 \tag{185}$$

Wie in Kapitel 2.2.5.2 beschrieben, ist zur Bestimmung des Spannungsgefälles G Gleichung (185) abzuleiten und an der Stelle t von 0 auszuwerten. Die Ableitung führt zu Gleichung (186).

$$f'(t) = \frac{df(t)}{dt} = c_1 + 2 \cdot c_2 \cdot t + 3 \cdot c_3 \cdot t^2 + 4 \cdot c_4 \cdot t^3 + 5 \cdot c_5 \cdot t^4 + 6 \cdot c_6 \cdot t^5 \qquad (186)$$

Die Auswertung von Gleichung (186) an der Stelle t gleich 0 zeigt Gleichung (187).

$$G = f'(t = 0) = c_1 \qquad (187)$$

Damit wird deutlich, wieso die Wahl eines Polynoms zur mathematischen Beschreibung des Spannungsverlaufs entlang des von der gestaltfestigkeitsrelevanten Lokalbeanspruchung σ_{Max} ausgehenden und senkrecht zur Bauteiloberfläche in das Bauteilinnere hinein verlaufenden Pfades sinnvoll ist. Der resultierenden Näherungsgleichung, vgl. Gleichung (185), kann nämlich sofort das Spannungsgefälle G an der Bauteiloberfläche, also an der Stelle t gleich 0 entnommen werden. Dieses entspricht nach Gleichung (187) dem Koeffizienten c_1. Abschließend kann das lasthöhenunabhängige bezogene Spannungsgefälle G' nach Gleichung (39) durch Normierung des lasthöhenabhängigen Spannungsgefälles G auf die maximale Beanspruchung σ_{Max} berechnet werden. Fallspezifisch gilt folglich Gleichung (188).

$$G' = \frac{c_1}{\sigma_{Max}} \qquad (188)$$

In den Kapiteln 2.2.1.1 bis 2.2.1.3 werden verschiedene Vergleichsspannungshypothesen zur Formzahlbestimmung diskutiert. Auf Grundlage der in Kapitel 2.2.1.4 angeführten Informationen zur Abbildegenauigkeit von auf Basis dieser Hypothesen bestimmten Formzahlen α_k wurde für diese Dissertation die Verwendung der Gestaltänderungsenergiehypothese zur Charakterisierung der Kerbwirkung über die entsprechenden Grundgrößen als Standard definiert. In Weiterführung ist die Bestimmung des bezogenen Spannungsgefälles G' an die gleiche Beanspruchung, also die Vergleichsspannung nach von Mises, gekoppelt. Ausnahme hierbei bilden Betrachtungen auf Grundlage der Normal- beziehungsweise Hauptspannungshypothese. In diesem Fall ist die erste Hauptspannung Basis sowohl für die Formzahl α_k als auch für das bezogene Spannungsgefälle G'.

In Analogie zur Betrachtung der Differenz zwischen den nach der Normal- beziehungsweise Hauptspannungshypothese und den nach der Gestaltänderungsenergiehypothese bestimmten Formzahlen α_k wird in dieser Dissertation ebenfalls der Unterschied zwischen den bezogenen Spannungsgefällen $G'^{*}_{\sigma 1} - G'_{GEH}$ analysiert.

4.5.5 Querschnittbezogene Gestaltfestigkeitsdifferenzierung

In Kapitel 4.2.3.1 werden zwei unterschiedliche Arten der Datenerhebung definiert, nämlich Pfadgenerierungsart 1 (PGA1) und Pfadgenerierungsart 2 (PGA2). Während bei der ersten Methode zur Erhebung numerischer Daten (PGA1) die gestaltfestigkeitsrelevante Lokalbeanspruchung in zug-/druckseitiger Differenzierung zugrunde gelegt wird, ist bei der zweiten Datenerhebungsmethode (PGA2) die Suche der Maximalbeanspruchung im Zahnfuß als Auswertebasis, mit Verweis auf Kapitel 4.5.1 also die Vergleichsspannung nach von Mises, auf den Querschnitt der Nabenkante beschränkt. Die entsprechenden Ergebnisse werden zur Differenzierung der Tragfähigkeiten des Querschnitts der gestaltfestigkeitsrelevanten Lokalbeanspruchung und der Nabenkante verwendet. Hierfür werden die Formzahldifferenzen $\alpha_{ktGEHdBPGA1} - \alpha_{ktGEHdBPGA2}$ und $\alpha_{ktGEHdh1PGA1} - \alpha_{ktGEHdh1PGA2}$ sowie weiterführend die Differenzen der bezogenen Spannungsgefälle $G'_{GEHPGA1} - G'_{GEHPGA2}$ betrachtet. Die entsprechenden Analysen sind praxismotiviert. Hierauf wird in Kapitel 6.2.3.2.4 eingegangen.

4.5.6 Zug-/druckseitige Differenzierung

Die [DIN 5466] wurde explizit zur Beurteilung der Tragfähigkeit von Zahn- und Keilwellenverbindungen entwickelt. Ihr Verfahren sieht die zug-/druckseitige Differenzierung vor. Der Tragfähigkeitsbeurteilung wird dabei jeweils die maximale Vergleichsspannung der fraktionalen Beanspruchungen zugrunde gelegt. Dies wird in dieser Dissertation zum Anlass genommen, eine numerisch basierte Beanspruchungsanalyse bei zug-/druckseitiger Differenzierung durchzuführen. Hierbei werden die Lage der relevanten Lokalbeanspruchungen in Relation zur Nabenkante nach Formulierung (180), die Formzahlen $\alpha_{ktGEHdB}$ und $\alpha_{ktGEHdh1}$ sowie das bezogene Spannungsgefälle in Kapitel 6.2.3.4 analysiert.

5 Experimentbezogene Definitionen, Entwicklungen und Betrachtungen

Wie bereits in Kapitel 4 erläutert, ist die Durchführung von FE-Simulationen bei lediglich stichprobenartig experimenteller Ergebnisabsicherung eine in der Wissenschaft und Technik bewährte Strategie zur systematischen Analyse strukturmechanischer Sachverhalte. Dies ist auf ihre Effizienz zurückzuführen. Aus diesem Grund findet sie auch zur Ergebnisgenerierung für diese Dissertation Anwendung, wodurch für diesen Zweck geeignete experimentelle Ergebnisse zwingend erforderlich sind. Zudem werden für das vorliegende Werk experimentell gewonnene Erkenntnisse des Forschungsvorhabens [FVA 467 II] adaptiert, um Aussagen zur günstigen Gestaltung evolventisch basierter Zahnwellenverbindungen nach Kapitel 3.3 über die in Kapitel 6.1 definierte Grundform hinaus treffen zu können. Somit werden in diesem Kapitel die in diesem Zusammenhang experimentbezogen getroffenen Definitionen, realisierten Entwicklungen und durchgeführten Betrachtungen zur Durchführung und Auswertung der für diese Dissertation relevanten dynamischen Versuche, vgl. die Kapitel 4.3.2, 6.3.4.3.2, 7, 11.1.1.1, 11.3 sowie 11.4, dargelegt. Im Wesentlichen wurden diese im Forschungsvorhaben [FVA 467 II] insbesondere vom Autor dieser Dissertation erarbeitet. Es sei erwähnt, dass sie ebenfalls im Forschungsvorhaben [FVA 742 I] Anwendung fanden.

Die in diesem Werk angeführten experimentellen Ergebnisse bei dynamischer Belastung wurden durch einstufige Versuche ermittelt. Hierfür wurden die in Kapitel 5.1 dargelegten beziehungsweise benannten Versuchseinrichtungen genutzt. Zur Versuchsdurchführung und -auswertung stehen mehrere Verfahren zur Verfügung. Einige bedeutende werden in Kapitel 5.2 diskutiert. Dies dient der Auswahl entsprechender Verfahren für die für diese Dissertation relevanten Experimente. Es sei vorgegriffen, dass die Versuche schlussendlich nach dem sogenannten Treppenstufenverfahren durchgeführt und nach der IABG-Methode ausgewertet wurden. Resultat der Versuchsauswertung nach der IABG-Methode ist die in Abhängigkeit des Versuchsumfangs mehr oder weniger gut statistisch abgesichert ertragbare Last. Im Allgemeinen ist jedoch weniger diese Belastung, sondern vielmehr die Kerbwirkungszahl β_k von Interesse. Die Last kann jedoch, so lange nicht zwei Lastarten dynamisch vorherrschen, mit der [DIN 743] in diese Kennzahl überführt werden. Die zur Berechnung der lastartspezifischen Kerbwirkungszahl β_k erforderlichen Gleichungen werden in Kapitel 5.3 hergeleitet. Es sei erwähnt, dass entsprechende Herleitungen ebenfalls mit der FKM-Richtlinie, vgl. [FKM 12], möglich sind. Hierauf wird in [MWW 14] eingegangen.

Bei Experimenten mit statischer Belastung erfolgt die Ergebnisdarstellung oftmals versuchsspezifisch unmittelbar auf Basis der im Experiment gewonnenen Daten. Für den Fall der Torsion also wird oftmals das Torsionsmoment M_t als Funktion des Verdrehwinkels φ dargestellt, vgl. beispielsweise [FVA 467 I]. Bei diesen Randbedingungen

© Der/die Autor(en) 2022
J. Wild, *Optimierung der Tragfähigkeit von Zahnwellenverbindungen*,
https://doi.org/10.1007/978-3-658-36961-3_5

besteht folglich lediglich noch die Herausforderung in der mechanischen und mess-technischen Souveränität. Die zuvor dargelegte Art der Ergebnisdarstellung wird auch für die für diese Dissertation relevanten Versuchsergebnisse, vgl. die Kapitel 6.3.4.3.1 sowie 11.3.3, genutzt. In Konsequenz ist die Diskussion von Strategien zur Versuchs-durchführung und -auswertung statischer Versuche nicht Gegenstand dieses Werkes.

5.1   Versuchseinrichtungen

Auf die Beschreibung der zur Durchführung experimenteller Untersuchungen genutz-ten Versuchseinrichtungen wird an dieser Stelle nicht eingegangen. Vielmehr wird auf Literatur verwiesen, in der dies bereits erfolgt ist. So ist der zur Durchführung statischer Torsionsversuche, vgl. die Kapitel 6.3.4.3.1 sowie 11.3.3, genutzte, vom Autor dieser Dissertation im Rahmen eines Industrievorhabens konstruierte und projektierte, Prüf-stand unter anderem in [MöSc 16] sowie [FVA 742 I] beschrieben.

Zur experimentellen Analyse von Zahnwellenverbindungen bei dynamischer Torsion fand ein Unwuchtmasseprüfstand Anwendung. Dieser ist unter anderem in [FVA 467 II], [Mänz 17] sowie ebenfalls in [FVA 742 I] beschrieben.

Die in [FVA 467 II] bei statischer Torsion in Kombination mit dynamischer Biegung durchgeführten Experimente, auf die in diesem Werk in Auszügen in Kapitel 7 sowie Kapitel 11.4 eingegangen wird, wurden auf einem Prüfstand mit geschlossenem Tor-sionsverspannkreis durchgeführt. Die Beschreibung der Versuchseinrichtung ist in [FVA 467 II] angeführt.

5.2   Versuchsdurchführung und -auswertung

Jenseits etwaiger Unsicherheiten bei der Versuchsdurchführung unterliegen experi-mentelle Ergebnisse einer stochastischen Streuung, so dass, um entsprechend be-lastbare Aussagen ableiten zu können, eine statistische Absicherung unabdingbar ist. Folglich sind Stichproben mit entsprechendem Mindestumfang erforderlich. Hierdurch wird die Bestimmung der Verteilungs- beziehungsweise Wahrscheinlichkeitsfunktion möglich. Viele technische und physikalische Sachverhalte sind durch die sogenannte Normalverteilung beschrieben. Dies gilt ebenfalls für die Wahrscheinlichkeitsverteilung der Dauerfestigkeit. Charakterisiert ist die Normalverteilung durch den Mittelwert sowie die Standardabweichung. Sie sind somit die experimentell gesuchten Schätzwerte. In diesem Zusammenhang gilt im Allgemeinen, dass der Mittelwert bereits bei relativ ge-ringer Versuchsanzahl abgeschätzt werden kann. Zur Abschätzung der Standardab-weichung hingegen sind tendenziell deutlich mehr Versuche erforderlich. Dies kann beispielsweise [Hück 83] entnommen werden, ist allerdings, mit Verweis auf die beab-sichtigte mathematische Beschreibung der entsprechenden Gaußschen Normalvertei-lungsfunktion, grundlegend plausibel. In Konsequenz kann es aus wirtschaftlichen

Gründen sinnvoll sein, nur den Mittelwert zu bestimmen und auf die Ermittlung der Standardabweichung zu verzichten. Selbstredend ist hierdurch die Gültigkeit der experimentellen Ergebnisse auf eine Überlebenswahrscheinlichkeit von 50 % begrenzt. Für die Umrechnung auf andere Überlebenswahrscheinlichkeiten ist zwingend die Standardabweichung erforderlich.

Zur Bestimmung von Mittelwert und Standardabweichung können verschiedene Strategien zur Versuchsdurchführung sowie teils für deren Auswertung angewendet werden. Bei vorausgesetzt konstanter Versuchsanzahl ist die Qualität der Schätzwerte von den für ihre Bestimmung zugrunde gelegten Methoden abhängig. Hierbei sind mögliche Verfahren zur Versuchsdurchführung unter anderem das Treppenstufenverfahren [DiMo 48], das Abgrenzungsverfahren [Maen 77], das kombinierte Verfahren nach Klubberg [Klub 95] sowie das Probitverfahren [Finn 47]. Die Auswertung erfolgt verfahrensspezifisch. Für das Treppenstufenverfahren ist hierbei zwischen unterschiedlichen Möglichkeiten zur Auswertung zu differenzieren. Zu benennen gilt es in diesem Zusammenhang unter anderem Dixon-Mood [DiMo 48], IABG [Hück 83], Maximum-Likelihood [DiMo 48] [Liu 01], Deubelbeiss [Deub 74].

In [Müll 15] wird die Qualität der unterschiedlichen Möglichkeiten zur stichprobenbasierten Schätzung von Mittelwert und Standardabweichung bei vorausgesetzt logarithmischer Normalverteilung diskutiert. Zusammenfassend wird dort für Experimente im Langzeitfestigkeitsgebiet geschlussfolgert, dass das Treppenstufenverfahren in Kombination mit der IABG-Methode gut geeignet ist, wenn nur der logarithmische Mittelwert abgeschätzt werden soll. Ist zudem die Schätzung der logarithmischen Standardabweichung erforderlich, wird in [Müll 15] die Verwendung des Abgrenzungsverfahrens empfohlen, wenn der Stichprobenumfang weniger als 40 umfasst. Darüber hinaus liefern Abgrenzungsverfahren und die IABG-Methode vergleichbare Ergebnisse. [Müll 15]

Grundlage aller in dieser Dissertation angeführten experimentellen Untersuchungen zur Bestimmung der Dauerfestigkeit von Profilwellenverbindungen ist das Treppenstufenverfahren. Hierbei wurde die logarithmische Normalverteilung zugrunde gelegt. Die Auswertung erfolgte nach der IABG-Methode. Mit Verweis auf die oben angeführten Informationen ist in [Müll 15] bewiesen, dass dies für den entsprechenden Anwendungsfall einer günstigen Wahl entspricht.

5.3 Berechnung experimenteller Kerbwirkungszahlen β

Die Berechnung von Kerbwirkungszahlen β auf Basis experimenteller Ergebnisse erfolgt durch die Anwendung einer Norm respektive einer Richtlinie zur nennspannungsbasierten Bauteilauslegung. Für Wellen und Achsen stehen hierfür unter anderem die [DIN 743] sowie die FKM-Richtlinie, vgl. [FKM 12], zur Verfügung. Im Gegensatz zur klassischen Anwendung der zuvor benannten Werke sind aber keine Sicherheiten oder Auslastungsgrade gesucht, sondern eben jene Größe, die die kerbbedingte Spannungsüberhöhung bei dynamischer Belastung beschreibt. Um diese bestimmen zu können, sind formale Anpassungen erforderlich. Diese führen genau dann zu einer eindeutigen Lösung, wenn nur eine Lastart dynamisch ist. Weisen dieses Attribut mehrere Lastarten auf, so ist das Resultat eine Gleichung mit ebenso vielen Unbekannten. Diese ist dann bekanntlich nicht eindeutig lösbar. Statische Einflüsse sind hierbei deswegen nicht von Belang, da diese vollumfänglich über die Mittelspannung berücksichtigt werden.

In diesem Kapitel wird dargelegt, wie die Berechnung experimenteller Kerbwirkungszahlen β nach [DIN 743] gelingt. Hierbei ist zunächst hervorzuheben, dass die entsprechend benannte Norm dem geneigten Anwender die Bauteilauslegung für die Lastarten Zug/Druck, Biegung und Torsion ermöglicht. So kann ihre zur Realisierung des eingangs dieses Absatzes benannten Ziels erforderliche formale Anpassung auch nur für diese Lasten erfolgen. Für Biegung wird sie in Kapitel 5.3.1 ausführlich vorgenommen. Da sie für Torsion sehr ähnlich, für Zug/Druck hingegen absolut identisch durchzuführen ist, werden für diese Lastarten in den Kapiteln 5.3.2 und 5.3.3 lediglich die resultierenden Ergebnisse angeführt.

Aus gegebener Relevanz für diese Dissertation, genauer die in Kapitel 7 angeführt adaptierten Ergebnisse des Forschungsvorhabens [FVA 467 II], sei an dieser Stelle darauf hingewiesen, dass bei der experimentellen Bestimmung der Gestaltfestigkeit flankenzentriert evolventisch basierter Zahnwellenverbindungen bei statischer Torsion in Kombination mit dynamischer Biegung die Reihenfolge bei der Lasteinleitung prognostiziert von nennenswerter Bedeutung ist. Wird die torsionsbedingte Zentrierwirkung, die dem Kantentragen an der Nabenkante und den daraus gegebenenfalls resultierend plastischen Verformungen genau dann entgegenwirkt, wenn diese durch etwaig wirkende Querkräfte nicht überschritten wird, doch erst bei Torsionsbeaufschlagung wirksam. Es ist zu erwarten, dass dieser Effekt bei weiterführend berechneten Biegekerbwirkungszahlen β_σ erkennbar ist. Dieser Sachverhalt wird in [FVA 467 II] sowie [WSW 16] ausführlicher diskutiert.

5.3.1 Biegebelastung

Nach der [DIN 743] wird die Biegewechselfestigkeit des gekerbten Bauteils σ_{bWK} wie folgt berechnet: [FVA 467 II]

$$\sigma_{bWK} = \frac{\sigma_{bW}(d_B) \cdot K_1(d_{eff})}{K_\sigma} \qquad \text{(189) [DIN 743]}$$

„K_σ stellt die Kumulation aller auf die Tragfähigkeit des realen Bauteils einflussnehmenden Größen dar und wird Gesamteinflussfaktor genannt." [FVA 467 II] Er wird nach Gleichung (190) berechnet.

$$K_\sigma = \left(\frac{\beta_\sigma}{K_2(d)} + \frac{1}{K_{F\sigma}} - 1 \right) \cdot \frac{1}{K_V} \qquad (190) \text{ [DIN 743]}$$

Bei der hier angeführten Herleitung zur Bestimmung experimenteller Kerbwirkungszahlen β wird der Einflussfaktor der Oberflächenverfestigung K_V für den nicht einsatzgehärteten Werkstoff (42CrMo4+QT) 1 und jener zur Berücksichtigung der Oberflächenrauheit $K_{F\sigma}$ in guter Näherung 1 gesetzt. Der technologische Größeneinfluss $K_1(d_{eff})$ ist nach [DIN 743] 1 zu wählen, wenn von der tatsächlichen Festigkeit des Werkstoffs ausgegangen wird. Somit folgt aus den Gleichungen (189) und (190) Gleichung (191) als Berechnungsvorschrift für die Biegekerbwirkungszahl β_σ. [FVA 467 II]

$$\beta_\sigma = \frac{\sigma_{bW}(d_B) \cdot K_1(d_{eff}) \cdot K_2(d)}{\sigma_{bWK}} = \frac{\sigma_{bW} \cdot K_2(d)}{\sigma_{bWK}} \qquad (191) \text{ [DIN 743]}$$

Folglich gilt es zunächst zwei Eingangsgrößen zu bestimmen, nämlich die Biegewechselfestigkeit der ungekerbten, polierten Probe σ_{bW} sowie die Biegewechselfestigkeit der gekerbten Probe σ_{bWK}. [FVA 467 II]

5.3.1.1   Biegewechselfestigkeit der ungekerbten, polierten Probe σ_{bW}

Aus Zeit- und Kostengründen ist die experimentelle Bestimmung der Biegewechselfestigkeit der ungekerbten, polierten Probe σ_{bW} oft nicht Gegenstand des jeweiligen Forschungsvorhabens. Stattdessen wird sie häufig über einen in Teil 3 der [DIN 743] gegebenen Zusammenhang abgeschätzt. Grundlage hierfür ist die Zugfestigkeit σ_B des Prüflingswerkstoffs. Es gilt: [FVA 467 II]

$$\sigma_{bW}(d_B) \approx 0{,}5 \cdot \sigma_B(d_B) \qquad (192) \text{ [DIN 743]}$$

Gleichung (192) gilt für Bezugsdurchmesser d_B kleiner gleich 7,5 mm. [DIN 743] Bei größerem Durchmesser ist zu berücksichtigen, dass der Spannungsgradient abnimmt und sich damit verbunden die Stützwirkung verringert. Dieser Effekt ist bei inhomogenen Beanspruchungen, also bei Biege- als auch bei Torsionsbeanspruchungen, zu berücksichtigen. Der geometrische Größeneinflussfaktor $K_2(d)$ hat genau dies zur Aufgabe. Nach der [DIN 743] berechnet sich dieser Faktor für Durchmesser größer gleich 7,5 mm und kleiner als 150 mm nach Gleichung (193). [FVA 467 II]

$$K_2(d) = 1 - 0.2 \cdot \frac{lg\left(\frac{d}{7.5\,mm}\right)}{lg20} \tag{193} \text{[DIN 743]}$$

5.3.1.2   Biegewechselfestigkeit der gekerbten Probe σ_{bWK}

Die nachfolgend hergeleitete Gleichung zur Berechnung der Biegewechselfestigkeit der gekerbten Probe σ_{bWK} gilt nur für den Fall, dass σ_{mv}/σ_{ba} konstant ist. Zudem muss die Bedingung [FVA 467 II]

$$\frac{\sigma_{mv}}{\sigma_{ba}} \leq \frac{\sigma_{bFK} - \sigma_{bWK}}{\sigma_{bWK} - \sigma_{bFK} \cdot \psi_{b\sigma K}} \tag{194} \text{[DIN 743]}$$

erfüllt sein. Mit den Gleichungen

$$\sigma_{bADK} = \frac{\sigma_{bWK}}{1 + \psi_{b\sigma K} \cdot \frac{\sigma_{mv}}{\sigma_{ba}}} \tag{195} \text{[DIN 743]}$$

und

$$\psi_{b\sigma K} = \frac{\sigma_{bWK}}{2 \cdot K_1\left(d_{eff}\right) \cdot \sigma_B(d_B) - \sigma_{bWK}} \tag{196} \text{[DIN 743]}$$

folgt:

$$\sigma_{bADK} = \frac{\sigma_{bWK}}{1 + \frac{\sigma_{bWK}}{2 \cdot K_1\left(d_{eff}\right) \cdot \sigma_B(d_B) - \sigma_{bWK}} \cdot \frac{\sigma_{mv}}{\sigma_{ba}}} \tag{197} \text{[FVA 467 II]}$$

Bei der experimentellen Bestimmung der Dauerfestigkeit wird jener Punkt gesucht, bei dem die Amplitudenwechselfestigkeit der gekerbten Probe σ_{ADK} der tatsächlichen Amplitudenbeanspruchung σ_a entspricht, bei der die Welle-Nabe-Verbindung also versagt. Unter Anwendung der Formel zum Nachweis der Sicherheit S gegen Überschreiten der Dauerfestigkeit der [DIN 743] gilt folglich: [FVA 467 II]

$$S = \frac{\sigma_{bADK}}{\sigma_{ba}} \stackrel{\text{def}}{=} 1 \tag{198} \text{[DIN 743]}$$

Aus den Gleichungen (197) und (198) folgt:

$$\sigma_{ba} = \frac{\sigma_{bWK}}{1 + \frac{\sigma_{bWK}}{2 \cdot K_1\left(d_{eff}\right) \cdot \sigma_B(d_B) - \sigma_{bWK}} \cdot \frac{\sigma_{mv}}{\sigma_{ba}}} \tag{199} \text{[FVA 467 II]}$$

Gleichung (199) entsprechend aufgelöst führt zur folgenden Darstellung:

$$\sigma_{bWK}^2 + \sigma_{bWK} \cdot [-\sigma_{ba} + \sigma_{mv} - 2 \cdot \sigma_B(d_B)] + 2 \cdot \sigma_B(d_B) \cdot \sigma_{ba} = 0 \qquad \text{(200) [FVA 467 II]}$$

Hierbei sind die Gleichungen (201) und (202) zunächst die mathematischen Lösungen zur Berechnung der Biegewechselfestigkeit der gekerbten Probe σ_{bWK}.

$$\sigma_{bWK01} = \frac{1}{2}[\sigma_{ba} + 2 \cdot \sigma_B(d_B) - \sigma_{mv}]$$
$$- \sqrt{\frac{1}{4}[\sigma_{mv} - \sigma_{ba} - 2 \cdot \sigma_B(d_B)]^2 - 2 \cdot \sigma_B(d_B) \cdot \sigma_{ba}} \qquad \text{(201) [FVA 467 II]}$$

$$\sigma_{bWK02} = \frac{1}{2}[\sigma_{ba} + 2 \cdot \sigma_B(d_B) - \sigma_{mv}]$$
$$+ \sqrt{\frac{1}{4}[\sigma_{mv} - \sigma_{ba} - 2 \cdot \sigma_B(d_B)]^2 - 2 \cdot \sigma_B(d_B) \cdot \sigma_{ba}} \qquad \text{(202) [FVA 467 II]}$$

Die Lösung σ_{bWK02} führt jedoch zu Biegewechselfestigkeiten der gekerbten Probe σ_{bWK}, die über jenen der ungekerbten, polierten Probe σ_{bW} liegen. Dies würde zu Biegekerbwirkungszahl β_σ kleiner als 1 führen und ihrer Grundidee widersprechen. Folglich ist σ_{bWK01} die einzig sinnvolle Lösung der technischen Problemstellung. [FVA 467 II]

5.3.2 Torsionsbelastung

Analog zur in Kapitel 5.3.1 geführten Herleitung zur Berechnung experimenteller Biegekerbwirkungszahlen β_σ gilt für die experimentelle Bestimmung von Torsionskerbwirkungszahlen β_τ: [FVA 467 II]

$$\beta_\tau = \frac{\tau_{tW}(d_B) \cdot K_1(d_{eff}) \cdot K_2(d)}{\tau_{tWK}} = \frac{\tau_{tW} \cdot K_2(d)}{\tau_{tWK}} \qquad \text{(203) [DIN 743]}$$

5.3.2.1   Torsionswechselfestigkeit der ungekerbten, polierten Probe τ_{tW}

Die Torsionswechselfestigkeit der ungekerbten, polierten Probe τ_{tW} kann, wie auch bereits jene der Biegewechselfestigkeit σ_{bW}, vgl. Gleichung (192), über einen in Teil 3 der [DIN 743] gegebenen Zusammenhang auf Grundlage der Zugfestigkeit σ_B des Prüflingswerkstoffs abgeschätzt werden. Es gilt: [FVA 467 II]

$$\tau_{tW}(d_B) \approx 0{,}3 \cdot \sigma_B(d_B) \qquad \text{(204) [DIN 743]}$$

Gleichung (204) gilt für Bezugsdurchmesser d_B kleiner gleich 7,5 mm. [DIN 743] Der geometrische Größeneinflussfaktor $K_2(d)$ wird nach Gleichung (193) berechnet.

5.3.2.2 Torsionswechselfestigkeit der gekerbten Probe τ_{tWK}

Die nachfolgend angegebene Gleichung zur Berechnung der Torsionswechselfestigkeit der gekerbten Probe τ_{tWK} gilt nur für den Fall, dass τ_{mv}/τ_{ta} konstant ist. Zudem muss die Bedingung [FVA 467 II]

$$\frac{\tau_{mv}}{\tau_{ta}} \leq \frac{\tau_{tFK} - \tau_{tWK}}{\tau_{tWK} - \tau_{tFK} \cdot \psi_{tK}} \qquad (205) \text{ [DIN 743]}$$

erfüllt sein. Die Herleitung der Torsionskerbwirkungszahl β_τ erfolgt analog zu jener der Biegekerbwirkungszahl β_σ. Somit sind die Gleichungen (206) und (207) zunächst die mathematischen Lösungen zur Berechnung der Torsionswechselfestigkeit der gekerbten Probe τ_{tWK}. [FVA 467 II]

$$\tau_{tWK01} = \frac{1}{2}[\tau_{ta} + 2 \cdot \sigma_B(d_B) - \tau_{mv}]$$
$$- \sqrt{\frac{1}{4}[\tau_{mv} - \tau_{ta} - 2 \cdot \sigma_B(d_B)]^2 - 2 \cdot \sigma_B(d_B) \cdot \tau_{ta}} \qquad (206) \text{ [FVA 467 II]}$$

$$\tau_{tWK02} = \frac{1}{2}[\tau_{ta} + 2 \cdot \sigma_B(d_B) - \tau_{mv}]$$
$$+ \sqrt{\frac{1}{4}[\tau_{mv} - \tau_{ta} - 2 \cdot \sigma_B(d_B)]^2 - 2 \cdot \sigma_B(d_B) \cdot \tau_{ta}} \qquad (207) \text{ [FVA 467 II]}$$

Die Lösung τ_{tWK02} führt jedoch zu Torsionswechselfestigkeiten der gekerbten Probe τ_{tWK}, die über jenen der ungekerbten, polierten Probe τ_{tW} liegen. Dies würde zu Torsionskerbwirkungszahlen β_τ kleiner als 1 führen und ihrer Grundidee widersprechen. Folglich ist τ_{tWK01} die einzig sinnvolle Lösung der technischen Problemstellung.

5.3.3 Zug-/Druckbelastung

Dieser Lastfall wurde nicht experimentell untersucht. Aus Gründen der Vollständigkeit werden nachfolgend nichtsdestotrotz alle Gleichungen angeführt beziehungsweise hergeleitet, so dass Zug-/Druckkerbwirkungszahlen β_σ barrierefrei berechnet werden können. Analog zur in Kapitel 5.3.1 geführten Herleitung zur Berechnung experimenteller Biegekerbwirkungszahlen β_σ gilt für die experimentelle Bestimmung von Zug-/Druckkerbwirkungszahlen β_σ:

$$\beta_\sigma = \frac{\sigma_{zdW}(d_B) \cdot K_1(d_{eff}) \cdot K_2(d)}{\sigma_{zdWK}} = \frac{\sigma_{zdW} \cdot K_2(d)}{\sigma_{zdWK}} \qquad \text{(208) [DIN 743]}$$

5.3.3.1   Zug-/Druckwechselfestigkeit der ungekerbten, polierten Probe σ_{zdW}

Die Zug-/Druckwechselfestigkeit der ungekerbten, polierten Probe σ_{zdW} kann, wie auch bereits jene der Biegewechselfestigkeit σ_{bW}, vgl. Gleichung (192), über einen in Teil 3 der [DIN 743] gegebenen Zusammenhang auf Grundlage der Zugfestigkeit σ_B des Prüflingswerkstoffs abgeschätzt werden. Es gilt:

$$\sigma_{zdW}(d_B) \approx 0{,}4 \cdot \sigma_B(d_B) \qquad \text{(209) [DIN 743]}$$

Für Zug/Druck gilt für den geometrischen Größeneinflussfaktor $K_2(d)$ Gleichung (210).

$$K_2(d) = 1 \qquad \text{(210) [DIN 743]}$$

5.3.3.2   Zug-/Druckwechselfestigkeit der gekerbten Probe σ_{zdWK}

Die nachfolgend angegebene Gleichung zur Berechnung der Zug-/Druckwechselfestigkeit der gekerbten Probe σ_{zdWK} gilt nur für den Fall, dass σ_{mv}/σ_{zda} konstant ist. Zudem muss die Bedingung

$$\frac{\sigma_{mv}}{\sigma_{zda}} \leq \frac{\sigma_{zdFK} - \sigma_{zdWK}}{\sigma_{zdWK} - \sigma_{zdFK} \cdot \psi_{zd\sigma K}} \qquad \text{(211) [DIN 743]}$$

erfüllt sein. Die Herleitung der Zug-/Druckkerbwirkungszahl β_σ erfolgt analog zu jener der Biegekerbwirkungszahl β_σ. Somit sind die Gleichungen (212) und (213) zunächst die mathematischen Lösungen zur Berechnung der Zug-/Druckwechselfestigkeit der gekerbten Probe σ_{zdWK}.

$$\sigma_{zdWK01} = \frac{1}{2}[\sigma_{zda} + 2 \cdot \sigma_B(d_B) - \sigma_{mv}]$$
$$- \sqrt{\frac{1}{4}[\sigma_{mv} - \sigma_{zda} - 2 \cdot \sigma_B(d_B)]^2 - 2 \cdot \sigma_B(d_B) \cdot \sigma_{zda}} \qquad \text{(212)}$$

$$\sigma_{zdWK02} = \frac{1}{2}[\sigma_{zda} + 2 \cdot \sigma_B(d_B) - \sigma_{mv}]$$
$$+ \sqrt{\frac{1}{4}[\sigma_{mv} - \sigma_{zda} - 2 \cdot \sigma_B(d_B)]^2 - 2 \cdot \sigma_B(d_B) \cdot \sigma_{zda}} \qquad \text{(213)}$$

Die Lösung σ_{zdWK02} führt jedoch voraussichtlich zu Zug-/Druckwechselfestigkeiten der gekerbten Probe σ_{zdWK}, die über jenen der ungekerbten, polierten Probe σ_{zdW} liegen. Dies würde zu Zug-/Druckkerbwirkungszahlen β_σ kleiner als 1 führen und ihrer Grundidee widersprechen. Folglich wird erwartet, dass σ_{zdWK01} die einzig sinnvolle Lösung der technischen Problemstellung ist.

6 Optimierung der Grundform

Wesentlicher Bestandteil dieser Dissertation ist die Optimierung evolventisch basierter Zahnwellenverbindungen nach Kapitel 3.3 mit quasi endlos verzahnter Welle für das Kriterium der Gestaltfestigkeit, wobei Nabenbreite b sowie Nabenrestwandstärke so gewählt sind, dass sie ihrem jeweils asymptotischen Einflussbereich entstammen, vgl. Kapitel 2.5.1. Derartige Verbindungen werden in diesem Werk als Grundform evolventisch basierter Zahnwellenverbindungen bezeichnet. Ihre exakte Definition ist essenziell und demnach Gegenstand von Kapitel 6.1. Wie bereits Kapitel 1.3 entnommen werden kann, gliedert sich die Optimierung der Grundform evolventisch basierter Zahnwellenverbindungen nach Kapitel 3.3 in die Optimierung ohne Profilmodifizierung, vgl. Kapitel 6.2, sowie die Optimierung durch Profilmodifizierung, vgl. Kapitel 6.3, wobei das Hauptaugenmerk auf der zuerst benannten Variante liegt. Beiden Optimierungsarten gemein ist, dass sie ausgehend von den Restriktionen der [DIN 5480] durchgeführt werden. Für die in Kapitel 6.2 vorgenommene Optimierung ohne Profilmodifizierung ist hierdurch gewährleistet, dass zu evolventisch basierten Zahnwellenverbindungen nach [DIN 5480] in guter Näherung geometrieäquivalente sowie geometriekompatible Verbindungen Bestandteil der analysierten Parameterfelder sind, vgl. Kapitel 6.2.2. Hieraus resultierend können die auf Basis der entsprechenden Analysen gewonnenen Erkenntnisse unmittelbar und barrierefrei auf die gegenwärtig weitverbreitet genutzten Verbindungen nach [DIN 5480] angewendet werden. In diesem Zusammenhang ist als besonders bedeutsam hervorzuheben, dass der an evolventisch basierten Zahnwellenverbindungen nach [DIN 5480] enorme Kenntnisstand zum verschleißbedingten Verbindungsversagen mit hoher Wahrscheinlichkeit nach wie vor nutzbar ist. Das vorherig Dargelegte gilt nicht mehr für die in Kapitel 6.3 durchgeführte Optimierung durch Profilmodifizierung, da die entsprechende Profilformveränderung zu evolventisch basierten Zahnwellenverbindungen nach Kapitel 3.3 führt, die zu jenen nach [DIN 5480] nicht geometriekompatibel und schon gar nicht geometrieäquivalent sind. Ausnahmen ergeben sich hier lediglich aus Gründen der Vollständigkeit bei den geführten Einflussdiskussionen. Dass weder Geometriekompatibilität noch Geometrieäquivalenz existieren, resultiert aus der Funktionsweise der Profilmodifizierung. Sieht diese doch die gezielte Veränderung der wirksamen Berührungshöhe h_w auf verschiedene Art und Weise vor, um weitreichende Gestaltfestigkeitspotenziale zu erschließen. Ihre Auswirkung auf die Verschleißfestigkeit von evolventisch basierten Zahnwellenverbindungen nach Kapitel 3.3 ist noch zu erforschen.

6.1 Definition der Grundform

Um das in Kapitel 1.2 definierte Ziel dieser Dissertation zur Steigerung der Tragfähigkeit evolventisch basierter Zahnwellenverbindungen nach Kapitel 3.3 durch geometrische Optimierung zu erreichen, wurden umfangreich numerische Analysen an derartigen Verbindungen in ihrer sogenannten Grundform durchgeführt. Hierunter wird eine

© Der/die Autor(en) 2022
J. Wild, *Optimierung der Tragfähigkeit von Zahnwellenverbindungen*,
https://doi.org/10.1007/978-3-658-36961-3_6

quasi endlos verzahnte Welle mit zugehöriger Nabe verstanden, wobei die die äußere Nabengeometrie charakterisierenden Parameter Nabenbreite b und Nabenrestwandstärke, vgl. d_{e2}/d_{f2}, so gewählt wurden, dass sie ihrem spezifisch horizontalen Einflussbereich entstammen, vgl. die Kapitel 2.5.1.1 und 2.5.1.2. Dies erfüllten bereits die unter anderem im Forschungsvorhaben [FVA 467 II] für die experimentellen Analysen genutzten Nabenprüflinge, vgl. Abbildung 11.478. Somit ist, um maximale Vergleichbarkeit sicherzustellen, genau ihre Geometrie verbindungspartnerspezifische Grundlage des vorliegenden Werkes. Schlussendlich zeigt Abbildung 6.1 die für diese Dissertation als Grundform definierte evolventisch basierte Zahnwellenverbindung unter Angabe ihrer geometrischen Randbedingungen.

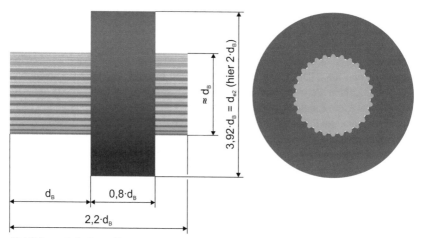

Abbildung 6.1: Grundform einer ZWV am Beispiel der ZWV Kapitel 3.3 – 45 x 1,5 x 28 (gemäß Tabelle 6.1; $c_{F1}/m = 0{,}12$; $\alpha = 30\,°$; $\rho_{f1}/m = 0{,}48$) (gleicher Maßstab)

6.2   Optimierung ohne Profilmodifizierung

In Kapitel 3.2.3.2.2 wird die Funktion der Profilmodifizierung entwickelt und weiterführend in das in Kapitel 3.3 dargelegte System zur Profilgenerierung evolventisch basierter Zahnwellenverbindungen integriert. Motivation hierfür war die Eröffnung geometrischer Bereiche, um Verbindungen zuvor benannter Art kerbtheoretisch optimal gestalten und somit signifikante Gestaltfestigkeitspotenziale erschließen zu können. So ist durch sie die Vergrößerung des Wellenfußkreisdurchmessers d_{f1} sowie des Wellenfußrundungsradiusverhältnisses ρ_{f1}/m möglich. Realisiert ist dies durch die Veränderung der wirksamen Berührungshöhe h_w auf unterschiedliche Art und Weise. Der Nachweis, dass durch Profilmodifizierung signifikante Gestaltfestigkeitspotenziale realisierbar sind, wird in Kapitel 6.3 geführt. Zudem werden dort Profilformvergleiche durchgeführt. Gegenstand dieses Kapitels ist allerdings die Analyse und Optimierung evolventisch basierter Zahnwellenverbindungen nach Kapitel 3.3 ohne Profilmodifizierung. Hier ändert sich also die wirksame Berührungshöhe h_w nicht. Dies entspricht einem Reduzierfaktor der wirksamen Berührungshöhe R_{hw} von 0. Der Aufteilungsschlüssel der Reduzierung der wirksamen Berührungshöhe A_{hw} ist damit nicht mehr von Relevanz. Über das vorherig Beschriebene hinaus wird die in diesem Kapitel durchgeführte Optimierung evolventisch basierter Zahnwellenverbindungen nach Kapitel 3.3 ohne Profilmodifizierung, wie in Kapitel 1.2 gefordert, in der Art durchgeführt, dass die entsprechend gewonnenen Erkenntnisse für Verbindungen nach [DIN 5480] anwendbar sind. Dies ist dadurch gewährleistet, dass zur zuvor benannten Norm geometrisch kompatible Profilformen Bestandteil des Optimierungsbereichs sind. In diesem Zusammenhang sei auf Kapitel 3.3.5 verwiesen.

Unter Berücksichtigung der zur geometrischen Optimierung evolventisch basierter Zahnwellenverbindungen nach Kapitel 3.3 ohne Profilmodifizierung für das Kriterium der Gestaltfestigkeit zwingend erforderlichen Parametervariationen kann eine Klassifizierung der geometriebestimmenden Parameter vorgenommen werden. So gibt es Größen, deren Definition bei allen relevanten numerischen Analysen unverändert bleibt. Diese fasst Tabelle 6.1 zusammen. Die Definition der übrigen Geometrieparameter wird variiert. Hierauf wird in Kapitel 6.2.1 eingegangen. Darüber hinaus geht dies aus den in den Kapiteln 6.2.2.1 bis 6.2.2.3 angeführten Parameterfeldern hervor. Abschließend sei darauf hingewiesen, dass absolute Geometrieübereinstimmung zwischen evolventisch basierten Zahnwellenverbindungen nach [DIN 5480] und jenen nach Kapitel 3.3 realisierbar ist, wenn für das in Kapitel 3.3 angeführte System zur Profilgenerierung die in Kapitel 3.3.4 angeführten Parameterdefinitionen zugrunde gelegt werden.

Tabelle 6.1: Definition konstanter Geometrieparameter der in diesem Kapitel analysierten evolventisch basierten ZWV nach Kapitel 3.3

Symbol	Einheit	Quantifizierung	Anmerkung
A_{dB}	mm	$-0,1 \cdot m$	
x_{I1}	/	$-0,05 \leq x_{I1} \leq 0,45$	Analog zu [DIN 5480]
$h_w(R_{hw} = 0)$	mm	$0,9 \cdot m$	
R_{hw}	/	0	Nicht Bestandteil der [DIN 5480]
A_{hw}	/	/	

6.2.1 Vorgehensweise

Obwohl evolventisch basierte Zahnwellenverbindungen nach Kapitel 3.3 gemäß Tabelle 6.1, also ohne Profilmodifizierung, hinsichtlich ihrer Gestaltfestigkeit im Vergleich zu ihrem maximalen Potenzial ausgeprägt limitiert sind, ist genau deren Optimierung für das Versagenskriterium der Gestaltfestigkeit Hauptaspekt dieses Werkes. Mit Verweis auf Kapitel 3.3.5 ist dies damit zu begründen, dass hier gewonnene wissenschaftliche Erkenntnisse unmittelbar zur signifikanten Gestaltfestigkeitssteigerung der sich gegenwärtig in breiter Anwendung befindlichen evolventisch basierten Zahnwellenverbindungen nach [DIN 5480] nutzbar sind. Darüber hinaus ist die für die benannten Verbindungen für das Versagenskriterium Verschleiß gegenwärtig zur Verfügung stehende umfangreiche Wissensbasis voraussichtlich nach wie vor gültig. Infolgedessen ist der in diesem Kapitel behandelte Themenkomplex zur Optimierung evolventisch basierter Zahnwellenverbindungen nach Kapitel 3.3 gemäß Tabelle 6.1, also ohne Profilmodifizierung, von erheblichem Umfang und entsprechend hoher Komplexität. Die Beschreibung der hierbei zugrunde gelegten Vorgehensweise ist daher von besonderer Bedeutung und folglich Gegenstand dieses Kapitels. Dabei wird zwischen der Festlegung des Untersuchungsbereichs, vgl. Kapitel 6.2.1.1, zur Analyse und Optimierung, vgl. Kapitel 6.2.1.2, sowie zur mathematischen Formulierung der für diese Dissertation technisch relevanten Sachverhalte, vgl. Kapitel 6.2.1.3, unterschieden.

6.2.1.1   Festlegung des Untersuchungsbereichs

Grundlage zur geometrischen Optimierung evolventisch basierter Zahnwellenverbindungen nach Kapitel 3.3 gemäß Tabelle 6.1 für das Kriterium der Gestaltfestigkeit sind die Ergebnisse einer umfangreichen numerischen Parameterstudie. In dieser wurden der Bezugsdurchmesser d_B sowie, mit einigen Ausnahmen, der Modul m beziehungsweise die Zähnezahlen z konform zur [DIN 5480] variiert. Im Gegensatz hierzu wurden Flankenwinkel α und Wellenfußrundungsradiusverhältnis ρ_{f1}/m überwiegend nicht normkonform verändert. In Gänze nicht konform zur [DIN 5480] wurde das Wellenformübermaßverhältnis c_{F1}/m variiert. Dies geht damit einher, dass dieses Verhältnis in entsprechender Norm zwar quantitativ definiert, aber nicht in ihr System zur Bezugsprofilgenerierung implementiert ist. Die Möglichkeit seiner freien Variation ist erst mit dem in Kapitel 3.2 entwickelten und in Kapitel 3.3 dargelegten System möglich. Es sei ergänzt, dass dies ebenfalls für den Flankenwinkel α und das Wellenfußrundungsradiusverhältnis ρ_{f1}/m gilt. Im Nachfolgenden wird auf die oben benannten, zur Optimierung evolventisch basierter Zahnwellenverbindungen nach Kapitel 3.3 variierten, Parameter beziehungsweise Parameterverhältnisse sowie insbesondere die Festlegung ihres Untersuchungsbereichs eingegangen.

Wie im vorhergehenden Absatz erwähnt, ist die Variation des Bezugsdurchmessers d_B, vgl. Abbildung 6.2, Bestandteil der umfangreichen Parameterstudie zur Optimierung evolventisch basierter Zahnwellenverbindungen nach Kapitel 3.3 gemäß Tabelle 6.1 für das Kriterium der Gestaltfestigkeit. In diesem Zusammenhang sind die Stützstellen so gewählt, dass sie den gesamten normativen Bereich der [DIN 5480] abbilden. In Konsequenz sind die für den Bezugsdurchmesser d_B in der Norm definierten Grenzen, nämlich 6 mm und 500 mm, Bestandteil des Analysefelds. Die weiteren Stützstellen sind, unter Berücksichtigung der direkten Vergleichbarkeit der für diese Dissertation generierten Ergebnisse mit jenen der in der einschlägigen Literatur zu findenden bei technisch vorteilhafter Verteilung, über den gesamten Untersuchungsbereich festgelegt. In Ergänzung der bereits über die Randbereiche der [DIN 5480] definierten Stützstellen wurden damit zusätzlich die Bezugsdurchmesser d_B 25 mm, 45 mm, 65 mm, 100 mm sowie 300 mm numerisch analysiert.

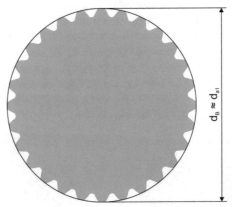

Abbildung 6.2: Variation des Bezugsdurchmessers d_B zur numerisch basierten Einflussbestimmung am Beispiel der ZWV Kapitel 3.3 – 45 x 1,5 x 28 (gemäß Tabelle 6.1; $c_{F1}/m = 0{,}12$; $\alpha = 30\,°$; $\rho_{f1}/m = 0{,}48$)

Im Forschungsvorhaben [FVA 591 I] durchgeführte numerische Untersuchungen an evolventisch basierten Zahnwellenverbindungen nach [DIN 5480] zeigen auf, dass die Gestaltfestigkeit derartiger Verbindungen durch den Modul m beeinflusst werden kann. Darüber hinaus ist vom Autor dieser Dissertation im Forschungsvorhaben [FVA 742 I] für Verbindungen gleicher Norm bei wälzgefräster Welle und geräumter Nabe für den Bezugsdurchmesser d_B von 25 mm numerisch basiert aufgezeigt, dass ein optimaler Modul m_{Opt} zumindest für den entsprechend diskutierten Durchmesser existiert. In diesem Zusammenhang ist aus wissenschaftlicher Sicht zu klären, ob dies auch für evolventisch basierte Zahnwellenverbindungen nach Kapitel 3.3 gilt, und zwar in möglichst allgemeingültiger Form. Vorgreifend, dass dem so ist, ist der optimale Modul m_{Opt} wie

auch die durch dessen Wahl resultierende Gestaltfestigkeit mathematisch zu beschreiben, so dass der entsprechende Sachverhalt technisch nutzbar ist. Hieraus resultierend ist die Variation des Moduls m ,vgl. Abbildung 6.3, Bestandteil der für diese Dissertation durchgeführten numerischen Parameteranalysen.

Mit Verweis auf die für das vorliegende Werk gewählten Stützstellen für den Bezugsdurchmesser d_B, vgl. Abbildung 6.11, wurden zur Analyse des Einflusses des Moduls
m auf die Gestaltfestigkeit evolventisch basierter Zahnwellenverbindungen nach Kapitel 3.3 bezugsdurchmesserspezifisch alle nach der [DIN 5480] definierten Moduln m
numerisch analysiert und die resultierenden Ergebnisse einander gegenübergestellt.
Die hierdurch bestimmbaren optimalen Moduln m_{Opt} sind dabei häufig, jedoch nicht
immer, Bestandteil des normativen Bereichs der [DIN 5480]. Von den für diese Dissertation analysierten Bezugsdurchmessern d_B, vgl. Abbildung 6.11, betrifft dies konkret
die Durchmesser 6 mm und 500 mm. In Konsequenz wurden für diese auch Moduln
m jenseits der Norm analysiert. Hierfür wurde mit einer im Rahmen dieses Werkes
entwickelten Näherungsgleichung zur Beschreibung des optimalen Moduls m_{Opt}, vgl.
Kapitel 6.2.3.5.2.1, das entsprechende Optimum für die Bezugsdurchmesser d_B von
6 mm und 500 mm durch Extrapolation rechnerisch prognostiziert und weiterführend
nach Reihe 1 der [DIN 780] definiert. Um die Gültigkeit der extrapoliert optimalen Moduln m_{Opt} nachzuweisen, wurden nicht nur diese, sondern auch die umliegenden Moduln m numerisch analysiert, vgl. Abbildung 6.12.

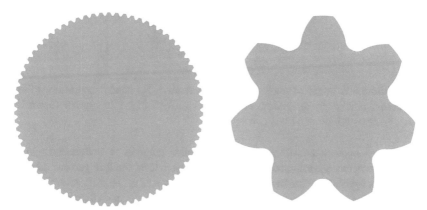

Abbildung 6.3: Variation des Moduls m zur numerisch basierten Einflussbestimmung am Beispiel der ZWV Kapitel 3.3 – 45 x 0,6 x 74 (gemäß Tabelle 6.1; $c_{F1}/m =$
$0,12$; $\alpha = 30\,°$; $\rho_{f1}/m = 0,48$) links sowie Kapitel 3.3 – 45 x 5 x 7 (gemäß Tabelle 6.1;
$c_{F1}/m = 0,12$; $\alpha = 30\,°$; $\rho_{f1}/m = 0,48$) rechts (gleicher Maßstab)

Ein weiterer Parameter, mit dem die Profilform evolventisch basierter Zahnwellenverbindungen nach Kapitel 3.3 signifikant beeinflusst werden kann, ist der Flankenwinkel

α. In Konsequenz der in Kapitel 1.2 definierten Ziele dieser Dissertation zur Bestimmung, mathematischen Beschreibung und Tragfähigkeitscharakterisierung der für das Kriterium der Gestaltfestigkeit optimalen Verbindungen, wurde folglich auch der Einfluss dieses Parameters durch dessen Variation, vgl. Abbildung 6.4, numerisch analysiert. In alten Versionen der [DIN 5480] sowie der gegenwärtig gültigen [ISO 4156] waren beziehungsweise sind die Flankenwinkel α von 30 °, 37,5 ° sowie 45 ° genormt. Diese wurden als Stützstellen für dieses Werk übernommen. Mit Verweis auf das Fachgebiet der Laufverzahnungen wurde zudem der Flankenwinkel α von 20 ° analysiert. Damit entsprechen die für diese Dissertation gewählten Stützstellen jenen des Forschungsvorhabens [FVA 591 I].

Abbildung 6.4: Variation des Flankenwinkels α zur numerisch basierten Einflussbestimmung am Beispiel der ZWV Kapitel 3.3 – 45 x 1,5 x 28 (gemäß Tabelle 6.1; $c_{F1}/m = 0,12$; $\alpha = 20$ °; $\rho_{f1}/m = 0,56$) links sowie Kapitel 3.3 – 45 x 1,5 x 28 (gemäß Tabelle 6.1; $c_{F1}/m = 0,12$; $\alpha = 45$ °; $\rho_{f1}/m = 0,24$) rechts (gleicher Maßstab)

Im Forschungsvorhaben [FVA 591 I] wurde der Einfluss des Wellenfußrundungsradiusverhältnisses ρ_{f1}/m auf die Gestaltfestigkeit evolventisch basierter Zahnwellenverbindungen nach [DIN 5480] am Beispiel der Verbindung [DIN 5480] – 45 x 2 x 21 bei voraussichtlich wälzgefräster Welle und geräumter Nabe numerisch analysiert. Es wurde festgestellt, dass dieses Verhältnis ein Tragfähigkeitsoptimum bei einem Wellenfußrundungsradiusverhältnis ρ_{f1}/m von 0,45 hat. Es sei an dieser Stelle hervorgehoben, dass im Forschungsvorhaben [FVA 591 I] kein ausschließlich linearelastisches Werkstoffmodell zugrunde gelegt wurde. Teilplastische Verformungen wurden explizit zugelassen. Hierauf wird in Kapitel 2.4.4 eingegangen.

Die vom Autor dieser Dissertation im Forschungsvorhaben [FVA 742 I] durchgeführte numerische Parameterstudie an evolventisch basierten Zahnwellenverbindungen nach [DIN 5480] bei wälzgefräster Welle und geräumter Nabe, in der alle nach

[DIN 5480] genormten Moduln m für den Bezugsdurchmesser d_B von 25 mm bei umfangreicher größtenteils nicht normkonformer Variation des Wellenfußrundungsradiusverhältnisses ρ_{f1}/m analysiert wurden, bestätigt, dass für jeden Modul m ein optimales Wellenfußrundungsradiusverhältnis $\left(\rho_{f1}/m\right)_{Opt}$ existiert. Dieses ist allerdings nicht konstant, sondern variiert stützstellenbasiert modulspezifisch im Bereich von 0,40 bis 0,48. Damit ist zumindest die Größenordnung des oben angeführten Ergebnisses des Forschungsvorhabens [FVA 591 I] erwiesen.

Die in den Forschungsvorhaben [FVA 591 I] sowie [FVA 742 I] mit zunächst stark eingeschränktem Gültigkeitsbereich gefundenen optimalen Wellenfußrundungsradiusverhältnisse $\left(\rho_{f1}/m\right)_{Opt}$ entsprechen nicht den in der [DIN 5480] genormten. Insbesondere für durch Zerspanen hergestellte Verzahnungen ergeben sich große geometrische Unterschiede zwischen dem optimalen und dem in der Norm definierten Verhältnis. Folglich ist eine relativ große Tragfähigkeitssteigerung durch dessen geometrische Optimierung zu erwarten. Prinzipiell gilt dies ebenfalls für durch Kaltwalzen hergestellte Verzahnungen, jedoch voraussichtlich bei weitem nicht in dieser Ausprägung. Dies ist damit zu begründen, dass das in der [DIN 5480] für dieses Fertigungsverfahren definierte Wellenfußrundungsradiusverhältnis ρ_{f1}/m deutlich näher am potenziell optimalen liegt. Es wird erwartet, dass das für evolventisch basierte Zahnwellenverbindungen nach [DIN 5480] Herausgefundene grundlegend auch für Verbindungen nach Kapitel 3.3 gilt.

Auf Basis des im vorhergehenden Absatz Angeführten wird im Rahmen dieser Dissertation der Einfluss des Wellenfußrundungsradiusverhältnisses ρ_{f1}/m auf die Gestaltfestigkeit evolventisch basierter Zahnwellenverbindungen nach Kapitel 3.3 durch dessen Variation umfangreich numerisch analysiert, vgl. Abbildung 6.5. Ziel ist die Bestimmung sowie die mathematisch zuverlässige Beschreibung der optimalen Verhältnisse mit möglichst großem Gültigkeitsbereich, so dass ihr gestaltfestigkeitsbezogen positiver Effekt technisch nutzbar wird.

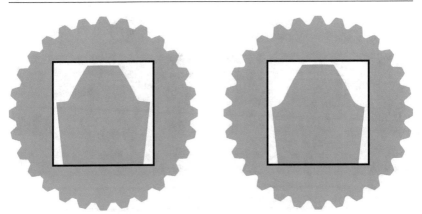

Abbildung 6.5: Variation des Wellenfußrundungsradiusverhältnisses ρ_{f1}/m zur numerisch basierten Einflussbestimmung am Beispiel der ZWV Kapitel 3.3 – 45 x 1,5 x 28 (gemäß Tabelle 6.1; $c_{F1}/m = 0{,}12$; $\alpha = 30\,°$; $\rho_{f1}/m = 0{,}16$) links sowie Kapitel 3.3 – 45 x 1,5 x 28 (gemäß Tabelle 6.1; $c_{F1}/m = 0{,}12$; $\alpha = 30\,°$; $\rho_{f1}/m = it.\,Max.$) rechts (gleicher Maßstab)

Das verbindungspartnerspezifische Formübermaß c_F beschreibt den Abstand zwischen dem Kopfkreis und dem korrespondierenden Berührpunkt zwischen Evolvente und Fußrundungsradius ρ_f, vgl. Abbildung 3.3. Es dient dazu sicherzustellen, dass Welle und Nabe nach deren Fertigung gefügt werden können. Während das Formübermaß c_F im System zur Bezugsprofilgenerierung evolventisch basierter Zahnwellenverbindungen der [DIN 5480] eine abhängige Größe ist, seine Quantität also nicht gewählt werden kann, sondern sich in Abhängigkeit anderer Festlegungen ergibt, vgl. Kapitel 3.1.2, ist es in dem vom Autor dieser Dissertation in Kapitel 3.2 entwickelten und in Kapitel 3.3 dargelegten System vollständig frei wählbar. Damit ist mit diesem auch sein Einfluss auf die Gestaltfestigkeit derartiger Verbindungen analysierbar.

Mit Verweis auf die nun mit dem in Kapitel 3.2 entwickelten und in Kapitel 3.3 dargelegten System zur Profilgenerierung evolventisch basierter Zahnwellenverbindungen gegebene Möglichkeit zur freien Variation der Formübermaße c_F, ist die numerisch gestützte Analyse des Einflusses des Wellenformübermaßverhältnisses c_{F1}/m auf die Gestaltfestigkeit derartiger Verbindungen Gegenstand dieser Dissertation. Ziel hierbei ist es auch für dieses Geometrieparameterverhältnis eine Empfehlung zur vorteilhaften Wahl geben zu können. Seinen geometrischen Einfluss zeigt Abbildung 6.6.

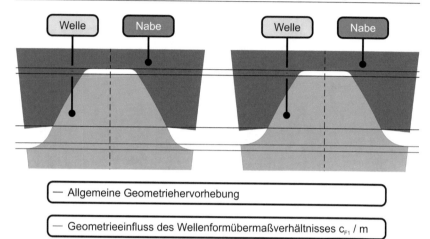

Abbildung 6.6: Variation des Wellenformübermaßverhältnisses c_{F1}/m zur numerisch basierten Einflussbestimmung am Beispiel der ZWV Kapitel 3.3 – 45 x 1,5 x 28 (gemäß Tabelle 6.1; $c_{F1}/m = 0,12$; $\alpha = 30\,°$; $\rho_{f1}/m = 0,48$) links sowie Kapitel 3.3 – 45 x 1,5 x 28 (gemäß Tabelle 6.1; $c_{F1}/m = 0,02$; $\alpha = 30\,°$; $\rho_{f1}/m = 0,48$) rechts (gleicher Maßstab)

6.2.1.2 Analyse und Optimierung

Die Optimierung evolventisch basierter Zahnwellenverbindungen nach Kapitel 3.3 gemäß Tabelle 6.1 erfolgt fünfstufig, vgl. Abbildung 6.7. In der ersten Stufe werden die Ergebnisse der in Kapitel 6.2.2.1 aufgezeigten umfangreichen numerischen Parameterstudie genutzt, um den Einfluss des Moduls m beziehungsweise der Zähnezahlen z, des Flankenwinkels α sowie des Wellenfußrundungsradiusverhältnisses ρ_{f1}/m bei unterschiedlichen Bezugsdurchmessern d_B umfassend zu analysieren. Das Wellenformübermaßverhältnis c_{F1}/m ist dabei zunächst konstant und entspricht der in der [DIN 5480] für das Wälzstoßen und Kaltwalzen getroffenen Definition, vgl. die Gleichungen (81) sowie (82). In diesem Zusammenhang ist jedoch hervorzuheben, dass dies keineswegs dazu führt, dass die hierdurch festgelegten geometrischen Teilbereiche der Profilformen nach zuvor benannter Norm sowie nach Kapitel 3.3 einander entsprechen. Dies ist auf die in Kapitel 3.1.2 dargelegte Problematik zurückzuführen. Die Ergebnisse der in Kapitel 6.2.2.1 aufgezeigten umfangreichen numerischen Parameterstudie werden allerdings nicht nur zur direkten Erfüllung der in Kapitel 1.2 definierten Zielsetzung, nämlich zur Entwicklung von Näherungsgleichungen zur mathematischen Beschreibung optimaler Verbindungen und daran anknüpfend der optimabezogenen mathematischen Tragfähigkeitscharakterisierung, verwendet. Vielmehr werden sie zudem vorab allgemein diskutiert, um das Systemverhalten evolventisch basierter Zahnwellenverbindungen nach Kapitel 3.3 grundlegend herauszubilden. Hierbei wird der axiale Beanspruchungsverlauf analysiert, eine umfangreiche allgemeine Einflussanalyse an einem ausgewählten Beispiel durchgeführt sowie die Gültigkeit der geometrischen Ähnlichkeit überprüft, die entsprechende Gesetzmäßigkeit vervollständigt wie auch in ihrem Gültigkeitsbereich erweitert. Darüber hinaus wird eine zug-/druckseitige Tragfähigkeitsdifferenzierung vorgenommen. Die Motivation hierfür entstammt der [DIN 5466]. Dort wird zur Gestaltfestigkeitsbewertung von Zahn- und Keilwellenverbindungen zwischen Zug- und Druckseite unterschieden. Eine detaillierte Betrachtung der numerischen Ergebnisse hat die Generierung einer Wissensbasis zur Beurteilung des Nutzens dieser Vorgehensweise zum Ziel. Kern der ersten Stufe zur Optimierung evolventisch basierter Zahnwellenverbindungen nach Kapitel 3.3 gemäß Tabelle 6.1 ist die Entwicklung von Näherungsgleichungen zur mathematischen Beschreibung optimaler Verbindungen und daran anknüpfend zur optimabezogenen mathematischen Gestaltfestigkeitscharakterisierung. Abschließend wird das durch die optimale Wahl der Geometrieparameter realisierbare Optimierungspotenzial derartiger Verbindungen aufgezeigt.

Während in der ersten Stufe zur Optimierung evolventisch basierter Zahnwellenverbindungen nach Kapitel 3.3 gemäß Tabelle 6.1 die Definition des Wellenformübermaßverhältnisses c_{F1}/m konstant ist, wird das entsprechende Verhältnis bei der zweiten Stufe variiert, vgl. Kapitel 6.2.2.2. Ziel hierbei ist die Bestimmung seines Einflusses auf die Gestaltfestigkeit derartiger Verbindungen. Zu diesem Zweck wird das Wellenformübermaßverhältnis c_{F1}/m extremwertbezogen und zudem optimabezogen analysiert und diskutiert. Für die Optima wird sein Einfluss weiterführend durch entwickelte Näherungsgleichungen mathematisch beschrieben, so dass dieser nunmehr bei der Verbindungsauslegung berücksichtigt werden kann. Die allgemein für das Wellenformübermaßverhältnis c_{F1}/m gefundenen Einflüsse auf das Systemverhalten werden abschließend auf das Nabenformübermaßverhältnis c_{F2}/m übertragen, so dass auch hier Empfehlungen zur Gestaltung möglich sind.

Der Zusammenhang zwischen den in der ersten und der zweiten Stufe zur Optimierung evolventisch basierter Zahnwellenverbindungen nach Kapitel 3.3 gemäß Tabelle 6.1 entwickelten Gleichungen zur optimabezogen mathematischen Beschreibung der die Gestaltfestigkeit derartiger Verbindungen charakterisierenden Grundgrößen wird in Kapitel 6.2.5 hergestellt. Dies entspricht der dritten Optimierungsstufe.

Gegenstand der vierten Stufe zur Optimierung evolventisch basierter Zahnwellenverbindungen nach Kapitel 3.3 gemäß Tabelle 6.1 ist die Überprüfung der Abbildegenauigkeit der in der ersten und zweiten Stufe entwickelten und in der dritten Stufe zusammengeführten Näherungsgleichungen zur optimabezogenen Charakterisierung der Gestaltfestigkeit derartiger Verbindungen. Eine Gegenüberstellung analytischer Ergebnisse dieser Gleichungen mit den ihrer Entwicklung zugrunde gelegten numeri-

schen Resultaten würde allerdings nur die Qualität des Prozesses zur Gleichungsfindung aufzeigen. Viel wichtiger ist die Überprüfung ihrer allgemeingültigen Abbildegenauigkeit jenseits der zur Gleichungsentwicklung verwendeten Stützstellen. In Konsequenz sind also weitere numerische Analysen erforderlich, um die Treffsicherheit
der im Rahmen dieser Dissertation entwickelten Näherungsgleichungen zur optimabezogenen mathematischen Beschreibung der Gestaltfestigkeit evolventisch basierter
Zahnwellenverbindungen nach Kapitel 3.3 durch anschließende Gegenüberstellung
ihrer Ergebnisse mit ihren analytischen Pendants nachzuweisen. Die Definition des in
diesem Zusammenhang zugrunde gelegten Parameterfeldes ist dabei auf drei verschiedene Szenarien zurückzuführen. Diese sind in Kapitel 6.2.6 beschrieben. Die
konkret analysierten Verbindungen zeigt Abbildung 6.15. Der Nachweis der Treffsicherheit der entsprechenden Näherungsgleichungen ist durch numerisch-analytische
Ergebnisgegenüberstellung in Kapitel 6.2.6 geführt.

Die fünfte und letzte Stufe zur Optimierung evolventisch basierter Zahnwellenverbindungen nach Kapitel 3.3 gemäß Tabelle 6.1 umfasst die Zusammenfassung aller gewonnenen Erkenntnisse, insbesondere der im Rahmen dieser Dissertation entwickelten Gleichungen, vgl. Kapitel 3.3, Abbildung 6.8, Abbildung 6.9 sowie Abbildung 6.10,
in einer Auslegungsroutine. Diese ermöglicht dem geneigten Anwender die Gestaltung
und Auslegung optimaler evolventisch basierter Zahnwellenverbindungen nach Kapitel
3.3 gemäß Tabelle 6.1 auf äußerst einfache Art und Weise. Durch die Beschränkung
auf optimale Verbindungen ist hierbei die Anzahl noch zu wählender Eingangsparameter auf ein Mindestmaß reduziert.

Den Ablauf zur Optimierung evolventisch basierter Zahnwellenverbindungen nach Kapitel 3.3 gemäß Tabelle 6.1 zeigt Abbildung 6.7.

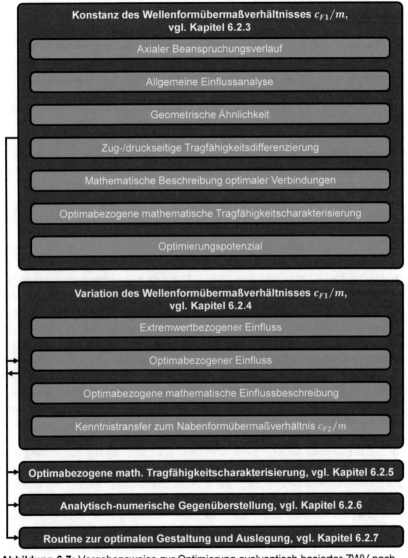

Abbildung 6.7: Vorgehensweise zur Optimierung evolventisch basierter ZWV nach Kapitel 3.3 gemäß Tabelle 6.1

6.2.1.3   Mathematische Formulierung

Übergeordnetes Ziel des Themenkomplexes zur Optimierung evolventisch basierter Zahnwellenverbindungen nach Kapitel 3.3 gemäß Tabelle 6.1 ist die mathematische Formulierung der Optima der die Profilform entsprechender Verbindungen beschreibenden Geometrieparameter sowie der Grundgrößen zur nennspannungsbasierten Gestaltfestigkeitscharakterisierung der entsprechend resultierenden Verbindungen. Werden hierdurch doch erst die in diesem Zusammenhang gewonnenen wissenschaftlichen Erkenntnisse weitreichend technisch nutzbar. Die Darlegung der hierfür zugrunde gelegten Vorgehensweise ist Gegenstand dieses Kapitels. Im Detail wird in Kapitel 6.2.1.3.1 auf jene zur mathematischen Formulierung der parameterspezifischen Optima sowie in Kapitel 6.2.1.3.2 auf jene zur entsprechenden Beschreibung der Grundgrößen zur nennspannungsbasierten Gestaltfestigkeitsbewertung der zugehörigen Verbindungen eingegangen.

6.2.1.3.1   Parameterspezifische Optima

Bestandteil dieser Dissertation ist die Entwicklung von Näherungsgleichungen zur Beschreibung des optimalen Moduls m_{Opt}, vgl. Kapitel 6.2.3.5.2, sowie des optimalen Wellenfußrundungsradiusverhältnisses $(\rho_{f1}/m)_{Opt}$, vgl. Kapitel 6.2.3.5.5. Es sei an dieser Stelle angemerkt, dass entsprechende Entwicklungen auch für den Flankenwinkel α sowie das Wellenformübermaßverhältnis c_{F1}/m vorgesehen waren. Aus der in diesem Kapitel durchgeführten Optimierung evolventisch basierter Zahnwellenverbindungen nach Kapitel 3.3 gemäß Tabelle 6.1 geht jedoch hervor, dass für diese Parameter keine Optima existieren. Dennoch können und werden auf Basis der Ergebnisse numerischer Analysen sowie des allgemeinen technisch-wirtschaftlichen Sachverstands auch für sie Empfehlungen zur günstigen Konzipierung getroffen. Diesbezüglich sei für den Flankenwinkel α auf Kapitel 6.2.3.5.4 und für das Wellenformübermaßverhältnis c_{F1}/m auf Kapitel 6.2.4.2 verwiesen. Es sei allerdings hervorgehoben, dass es bei profilmodifizierten evolventisch basierten Zahnwellenverbindungen nach Kapitel 3.3 geometrische Konstellationen geben muss, bei denen zumindest ein optimaler Flankenwinkel α_{Opt} existiert. Dies wird durch einen Quervergleich zwischen den in Abbildung 6.43 von Kapitel 6.2.3.2.3.1 sowie den in Abbildung 6.165 von Kapitel 6.3.3.3 angeführten numerischen Ergebnissen deutlich. Auf Basis des, insbesondere durch die für diese Dissertation durchgeführten umfangreichen numerischen Analysen, gewonnenen Systemverständnisses für evolventisch basierte Zahnwellenverbindungen nach Kapitel 3.3 werden in Kapitel 6.2.3.5.6 ebenfalls für das Nabenfußrundungsradiusverhältnis ρ_{f2}/m und in Kapitel 6.2.4.4 für das Nabenformübermaßverhältnis c_{F2}/m Gestaltungsempfehlungen ausgesprochen.

Zur Entwicklung von Näherungsgleichungen zur mathematischen Beschreibung des optimalen Moduls m_{Opt} sowie des optimalen Wellenfußrundungsradiusverhältnisses $(\rho_{f1}/m)_{Opt}$ werden jeweils mehrere Strategien verfolgt, so dass mit dieser Dissertation nunmehr gleich mehrere Gleichungen zur Beschreibung identischer Sachverhalte existieren. Dies geht aus Abbildung 6.8 hervor. Die Gründe hierfür sind parameterspezifischer Art. Teils werden Näherungsgleichungen benötigt, um andere entwickeln zu können. In diesem Zusammenhang gibt es sogar iterative Abhängigkeiten zwischen Gleichungen. Die Beweggründe für die Entwicklung von Näherungsgleichungen für die eingangs dieses Absatzes benannten Parameter auf unterschiedliche Art und Weise werden im Detail für den optimalen Modul m_{Opt} in Kapitel 6.2.3.5.2 und für das optimale Wellenfußrundungsradiusverhältnis $(\rho_{f1}/m)_{Opt}$ in Kapitel 6.2.3.5.5 dargelegt.

Ebenfalls sind dort die Vor- und Nachteile der jeweilig zugrunde gelegten Strategien beschrieben. Darüber hinaus wird hier die Treffsicherheit der Gleichungen diskutiert. Abschließend werden spezifische Anwendungsempfehlungen der unterschiedlichen Näherungsgleichungen ausgesprochen.

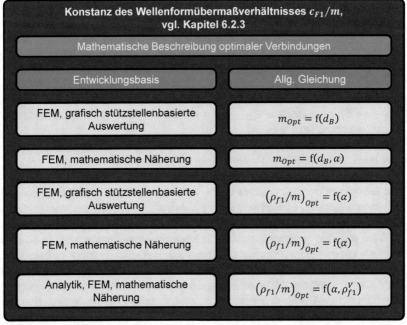

Abbildung 6.8: Übersicht der im Rahmen dieser Dissertation entwickelten Näherungsgleichungen zur mathematischen Beschreibung optimaler evolventisch basierter ZWV nach Kapitel 3.3 gemäß Tabelle 6.1 bei einem konstanten Wellenformübermaßverhältnis c_{F1}/m von 0,12

6.2.1.3.2   Grundgrößen zur Gestaltfestigkeitscharakterisierung

Zur nennspannungsbasierten Bewertung der Gestaltfestigkeit von Bauteilen werden nach dem Stand der Technik die Grundgrößen Formzahl α_k sowie bezogenes Spannungsgefälle G' verwendet, vgl. Kapitel 2.2. Dies ist darauf zurückzuführen, dass diese Größen rein von der Geometrie abhängen, also lasthöhen- sowie werkstoffunabhängig sind, und demzufolge erhebliche Vorteile haben. In Konsequenz werden sie auch in dieser Dissertation für die Charakterisierung der Gestaltfestigkeit evolventisch basierter Zahnwellenverbindungen nach Kapitel 3.3 zugrunde gelegt. Zur Bestimmung der Torsionsformzahlen α_{kt} sind hierbei vorrangig die Gestaltänderungsenergiehypothese, vgl. Kapitel 2.2.1.4, sowie, aus den in Kapitel 3.5 angeführten Gründen, der Bezugsdurchmesser d_B Grundlage. Die entsprechend resultierenden Kennzahlen werden als Torsionsformzahlen $\alpha_{ktGEHdB}$ bezeichnet. Nach dem Stand der Technik wird in diesem Zusammenhang allerdings der Wellenersatzdurchmesser d_{h1} nach [Naka 51], vgl. Kapitel 2.2.3.2, herangezogen. Aus somit gegebener Relevanz wird, obwohl aus den in Kapitel 3.5 dargelegten Gründen nunmehr die Verwendung der Torsionsformzahlen $\alpha_{ktGEHdB}$ ausdrücklich empfohlen wird, in diesem Werk zudem die auf Grundlage des zuvor benannten Durchmessers bei weiterführend ebenfalls der Gestaltänderungsenergiehypothese bestimmte Torsionsformzahl $\alpha_{ktGEHdh1}$ analysiert und diskutiert, dies allerdings mit untergeordneter Bedeutung. Für beide Torsionsformzahlen $\alpha_{ktGEHdB}$ sowie $\alpha_{ktGEHdh1}$ werden Näherungsgleichungen zur optimabezogenen Charakterisierung der Gestaltfestigkeit evolventisch basierter Zahnwellenverbindungen nach Kapitel 3.3 gemäß Tabelle 6.1 entwickelt. Dies wird auch für das bezogene Spannungsgefälle G'_{GEH}, und zwar ebenfalls auf Basis der Gestaltänderungsenergiehypothese, geleistet.

Das numerisch analysierte Parameterfeld zur Optimierung evolventisch basierter Zahnwellenverbindungen nach Kapitel 3.3 gemäß Tabelle 6.1 bei zunächst konstantem Wellenformübermaßverhältnis c_{F1}/m, vgl. Kapitel 6.2.2.1, suggeriert, dass eine hinreichend genaue optimabezogen mathematische Formulierung der Torsionsformzahlen $\alpha_{ktGEHdB}$ und $\alpha_{ktGEHdh1}$ sowie des bezogenen Spannungsgefälles G'_{GEH} als Funktion des Bezugsdurchmessers d_B und des Flankenwinkels α möglich ist. Sind doch alle anderen Geometrieparameter festgelegt. Hierbei ist allerdings zu bedenken, dass sowohl die Zähnezahlen z als auch die ihnen unter anderem definitionsgemäß zugehörigen Initiationsprofilverschiebungsfaktoren x_I der optimalen Verbindungen eine Funktion des Bezugsdurchmessers d_B sind. In diesem Zusammenhang wird, auf Grundlage entsprechender Betrachtungen, eine vereinfachte mathematische Formulierung der Torsionsformzahlen $\alpha_{ktGEHdB}$ und $\alpha_{ktGEHdh1}$ als Funktion des Bezugsdurchmessers d_B und des Flankenwinkels α als nicht hinreichend bewertet. In Konsequenz findet hierfür eine alternative Vorgehensweise Anwendung. Diese wird nachfolgend zusammenfassend dargelegt. Mit dem Ziel der stets konservativen Bauteilauslegung ist die lediglich vom Flankenwinkel α abhängige maximale Torsionsformzahl aller optimalen Verbindungen α_{ktGEH}^{E}, Bewertungsbasis hierfür ist die Grundgesamtheit der in der [DIN 5480] genormten Bezugsdurchmesser d_B, Grundlage zur mathematischen Formulierung der Torsionsformzahlen $\alpha_{ktGEHdB}$ und $\alpha_{ktGEHdh1}$. Ausgehend von ihr werden die Einflüsse der Zähnezahlen z sowie der Initiationsprofilverschiebungsfaktoren x_I wellenbezogen mit den eigens hierfür entwickelten Näherungsgleichungen $K_{\alpha ktGEH}^{z1}$ sowie $K_{\alpha ktGEH}^{xI1}$ korrigiert. Die Korrekturgleichungen können also angewendet werden, müssen dies aber nicht. Führt ihre Anwendung doch lediglich zu einer weniger konservativen, dafür jedoch genaueren, Auslegung. Im Gegensatz zu den Torsionsformzahlen $\alpha_{ktGEHdB}$ und $\alpha_{ktGEHdh1}$ wird die mathematische Formulierung des bezogenen Spannungsgefälles G'_{GEH} in Abhängigkeit des Bezugsdurchmessers d_B und des Flankenwinkels α als hinreichend genau erachtet. In Konsequenz werden die Einflüsse der Zähnezahlen z und der Initiationsprofilverschiebungsfaktoren x_I hier nicht korrigiert. Wäre dies auch, mit Verweis auf die zur Verfügung stehende Datenbasis, vgl. Kapitel 6.2.2.1, mit einem signifikanten Mehraufwand verbunden. Auf die Vorgehensweise zur optimabezogenen mathematischen Formulierung der die Gestaltfestigkeit evolventisch basierter Zahnwellenverbindungen nach Kapitel 3.3 gemäß Tabelle 6.1 charakterisierenden Grundgrößen wird im Detail in Kapitel 6.2.3.6.1 eingegangen.

In Bezug auf die im Rahmen dieser Dissertation entwickelten Möglichkeiten zur optimabezogenen Charakterisierung der Gestaltfestigkeit evolventisch basierter Zahnwellenverbindungen nach Kapitel 3.3 gemäß Tabelle 6.1 wird in den beiden vorhergehenden Absätzen auf einige Besonderheiten verwiesen. Diese begründen die Vielzahl der ebenfalls dort bereits benannten Näherungsgleichungen. Einen Überblick über diese zeigt Abbildung 6.9.

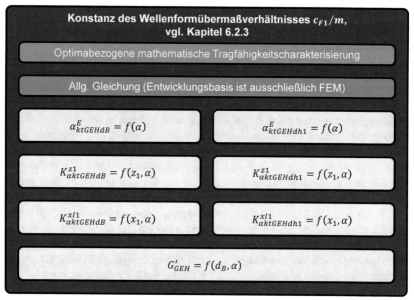

Abbildung 6.9: Übersicht der im Rahmen dieser Dissertation entwickelten Näherungsgleichungen zur mathematischen Tragfähigkeitscharakterisierung optimaler evolventisch basierter ZWV nach Kapitel 3.3 gemäß Tabelle 6.1 bei einem konstanten Wellenformübermaßverhältnis c_{F1}/m von 0,12

Wie Kapitel 2.6 entnommen werden kann, sind die Formübermaße c_F, beziehungsweise mit geringfügig formaler Anpassung die Formübermaßverhältnisse c_F/m, mit dem System zur Bezugsprofilgenerierung evolventisch basierter Zahnwellenverbindungen der [DIN 5480] in Abhängigkeit des Fertigungsverfahrens definiert, vgl. die Gleichungen (79) bis (82). Konkret ist für das Räumen ein Kleinstwert von 0,02 und für das Wälzstoßen beziehungsweise Kaltwalzen ein Größtwert von 0,12 festgelegt. Trotz der in der [DIN 5480] getroffenen Definition der Formübermaßverhältnisse c_F/m, können diese streng genommen nicht, auch nicht in der normativ angedachten Abstufung, gewählt, sondern lediglich rudimentär beeinflusst werden. Die Gründe hierfür werden in Kapitel 3.1.2 erörtert. Unabhängig des vorhergehend Dargelegten, wird die in der [DIN 5480] getroffene Definition der Formübermaßverhältnisse c_F/m in ihrer Quantität als sinnvoll erachtet. So wird sie der in dieser Dissertation durchgeführten Analyse zur Bestimmung des Einflusses des Wellenformübermaßverhältnisses c_{F1}/m auf die Gestaltfestigkeit evolventisch basierter Zahnwellenverbindungen nach Kapitel 3.3 zugrunde gelegt. Auf die Bezugnahme von Fertigungsverfahren wird hierbei allerdings explizit verzichtet.

Zur Bestimmung des Einflusses des Wellenformübermaßverhältnisses c_{F1}/m auf die Gestaltfestigkeit evolventisch basierter Zahnwellenverbindungen nach Kapitel 3.3 gemäß Tabelle 6.1 wurden ergänzende numerische Analysen durchgeführt. Diese beschränken sich auf einen Flankenwinkel α von 30 °. Begründet wird dies mit seiner auf Basis von Abbildung 6.43 dargelegten Bedeutung. Die numerischen Ergebnisse dieser Untersuchungen zeigen dabei nicht nur die Wirkung des Wellenformübermaßverhältnisses c_{F1}/m auf das Systemverhalten, sondern ermöglichen auch die Entwicklung von Näherungsgleichungen zur Einflusskorrektur. Letzteres wird in diesem Werk in Analogie zur Bestimmung der Gleichungen zur Korrektur der Einflüsse der Zähnezahlen z, vgl. Kapitel 6.2.3.6.3, sowie der Initiationsprofilverschiebungsfaktoren x_I, vgl. Kapitel 6.2.3.6.4 für die bezugsdurchmesserbasierte Torsionsformzahl $\alpha_{ktGEHdB}$, die wellenersatzdurchmesserbasierte Torsionsformzahl $\alpha_{ktGEHdh1}$ sowie abschließend das bezogene Spannungsgefälle G'_{GEH} geleistet. Ausgangspunkt hierfür ist ein Wellenformübermaßverhältnis c_{F1}/m von 0,12, das im Übrigen bereits den in Abbildung 6.9 aufgezeigten entwickelten Gleichungen zugrunde liegt. Dies ist ergebnisvorgreifend damit zu begründen, dass für dieses Verhältnis optimabezogen im Intervall $0{,}02 \leq c_{F1}/m \leq 0{,}12$ die größten Torsionsformzahlen $\alpha_{ktGEHdB}$ resultieren. Somit ist die oben geforderte Bedingung der grundlegend konservativen Charakterisierung der Gestaltfestigkeit evolventisch basierter Zahnwellenverbindungen nach Kapitel 3.3 auch für das Wellenformübermaßverhältnis c_{F1}/m erfüllt. Seine Einflusskorrektur ist damit, wie bereits jene der Zähnezahlen z sowie der Initiationsprofilverschiebungsfaktoren x_I, optional und führt lediglich zu einer genaueren Verbindungsauslegung.

Einen Überblick über die im Rahmen dieser Dissertation zur Korrektur des Einflusses des Wellenformübermaßverhältnisses c_{F1}/m entwickelten Näherungsgleichungen zeigt Abbildung 6.10.

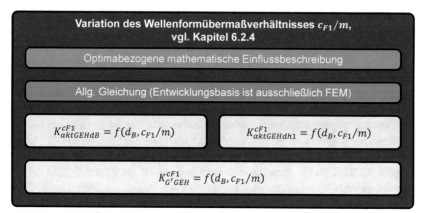

Abbildung 6.10: Übersicht der im Rahmen dieser Dissertation entwickelten Näherungsgleichungen zur mathematischen Berücksichtigung des Gestaltfestigkeitseinflusses des Wellenformübermaßverhältnisses c_{F1}/m bei optimalen evolventisch basierten ZWV nach Kapitel 3.3 gemäß Tabelle 6.1 bei einem Flankenwinkel α von 30 °

6.2.2 Untersuchungsumfang

In diesem Kapitel werden die für die in Kapitel 6.2.1 dargelegte Vorgehensweise zur Optimierung evolventisch basierter Zahnwellenverbindungen nach Kapitel 3.3 gemäß Tabelle 6.1 durchgeführten numerischen Analysen offengelegt.

6.2.2.1   Konstanz des Wellenformübermaßverhältnisses c_{F1}/m

Die bei einem konstanten Wellenformübermaßverhältnis c_{F1}/m von 0,12 durchgeführten umfangreichen numerischen Analysen sind das Fundament dieser Dissertation. Sie dienen dazu, die Einflüsse von Modul m beziehungsweise der Zähnezahlen z, Flankenwinkel α, Wellenfußrundungsradiusverhältnis ρ_{f1}/m bei diversen Bezugsdurchmessern d_B zu bestimmen und auf Grundlage dieser Ergebnisse parameterspezifische Extremwerte zu erkennen sowie diese zu beschreiben. Das diesbezüglich analysierte Parameterfeld zeigt Abbildung 6.11. Es sei angemerkt, dass die Basis für dessen Definition der Gültigkeitsbereich der [DIN 5480] ist. Alle für dieses Werk weiterführend durchgeführten Analysen beschränken sich ausschließlich auf die durch die Untersuchung des in Abbildung 6.11 angeführten Parameterfelds nunmehr bekannten parameterspezifischen Extremwerte beziehungsweise Gestaltungsempfehlungen. Dies ist damit zu begründen, dass der Anspruch dieser Dissertation nicht in der wissenschaftlich vollumfänglichen Einflussbeschreibung besteht. Vielmehr folgt jegliches Handeln, dass zur Entstehung dieses Werkes geführt hat, der Maxime, dass Wissenschaft kein Selbstzweck ist, sondern der Praxis dient.

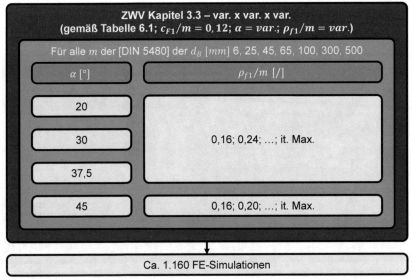

Abbildung 6.11: Untersuchungsumfang zur Analyse des Einflusses des Bezugsdurchmessers d_B, des Moduls m bzw. der Zähnezahlen z, des Flankenwinkels α sowie des Wellenfußrundungsradiusverhältnisses ρ_{f1}/m

Auf Basis der numerischen Ergebnisse des in Abbildung 6.11 definierten Parameterfelds wird ersichtlich, dass für weite Bereiche des Bezugsdurchmessers d_B optimale Moduln m_{Opt} existieren. Diese können jedoch nicht für die Bezugsdurchmesser d_B von 6 mm, 300 mm sowie 500 mm nachgewiesen werden. Allerdings deutet sich an, dass auch für sie optimale Moduln m_{Opt} existieren, diese aber Grenzwert oder sogar nicht Bestandteil des genormten Bereichs der [DIN 5480] sind. Um mit dieser Dissertation den optimalen Modul m_{Opt} mindestens für alle oben benannten Bezugsdurchmesser d_B benennen und in Weiterentwicklung vollumfänglich für die [DIN 5480] beschreiben zu können, wird auf Basis der Ergebnisse des in Abbildung 6.11 aufgezeigten Parameterfelds exklusive jener für die Bezugsdurchmesser d_B von 6 mm, 300 mm sowie 500 mm in Kapitel 6.2.3.5.2.1 Gleichung (222) entwickelt, die anschließend zur Prognose der optimalen Moduln m_{Opt} an den Stützstellen mit noch unbekanntem optimalem Modul m_{Opt} genutzt werden. Der Nachweis erfolgt durch die selektive Durchführung numerischer Analysen. Simuliert wurde diesbezüglich das prognostizierte Optimum sowie die nach [DIN 780], Reihe 1 benachbarten Moduln m. Der Beweis der Zulässigkeit der Extrapolation von Gleichung (222) ist erbracht, wenn der flankenwinkel- und bezugsdurchmesserspezifisch prognostiziert optimale Modul m_{Opt} zur geringsten Torsionsformzahl $\alpha_{ktGEHdB}$, also einem absoluten Minimum führt. Diesbezüglich sei auf Kapitel 6.2.3.5.2.2 verwiesen. Die zum Nachweis der durch Extrapolation von Gleichung (222) prognostiziert optimalen Moduln m_{Opt} für die Bezugsdurchmesser

d_B von 6 mm, 300 mm sowie 500 mm durchgeführten numerischen Analysen zeigt Abbildung 6.12.

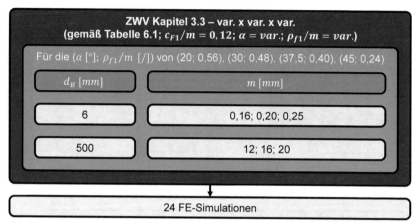

Abbildung 6.12: Untersuchungsumfang zum Nachweis von mit Gleichung (222) prognostiziert optimalen Moduln m_{Opt} für die Bezugsdurchmesser d_B von 6 mm, 300 mm sowie 500 mm

6.2.2.2   Variation des Wellenformübermaßverhältnisses c_{F1}/m

Mit Verweis auf das vom Autor dieser Dissertation in Kapitel 3.2 entwickelte und in Kapitel 3.3 dargelegte System zur Profilgenerierung evolventisch basierter Zahnwellenverbindungen, ist mit den in Kapitel 6.2.2.1 angeführten numerischen Untersuchungen lediglich noch der Einfluss des Wellenformübermaßverhältnisses c_{F1}/m nicht diskutier- beziehungsweise bestimmbar. Hieraus resultierend wurden weiterführende numerische Analysen durchgeführt, in denen genau dieses Verhältnis variiert wurde. Seine Einflussbestimmung beschränkt sich dabei allerdings auf den Flankenwinkel α von 30 °. Ist dies doch der vom Autor des vorliegenden Werkes für evolventisch basierte Zahnwellenverbindungen nach Kapitel 3.3 gemäß Tabelle 6.1 Empfohlene. Die Gründe hierfür sind in Kapitel 6.2.3.5.4 angeführt.

Die Analyse des Einflusses des Wellenformübermaßverhältnisses c_{F1}/m wird auf zwei verschiedene Arten durchgeführt. Die erste ist als Extremwertbetrachtung zu verstehen. Mit Verweis auf Kapitel 6.2.2.1, in dem darauf hingewiesen wird, dass die [DIN 5480] stützstellenbezogen nur für die Bezugsdurchmesser d_B in den Grenzen von 25 mm bis 100 mm optimale Moduln m_{Opt} aufweist, wurde für diese Durchmesser jeweils der kleinste genormte Modul m mit dem kleinsten genormten Wellenfußrundungsradiusverhältnis ρ_{f1}/m und im Umkehrschluss zudem der größte genormte Modul m mit   aus   Gründen   der   Vergleichbarkeit   jeweils   optimalem

Wellenfußrundungsradiusverhältnis $(\rho_{f1}/m)_{Opt}$, als ein dem maximal realisierbaren Wellenfußrundungsradiusverhältnis ρ_{f1}^V/m nahes Verhältnis, numerisch untersucht. Das konkret definierte Analysefeld zur Bestimmung des Einflusses des Wellenformübermaßverhältnisses c_{F1}/m auf Basis einer Extremwertbetrachtung zeigt Abbildung 6.13.

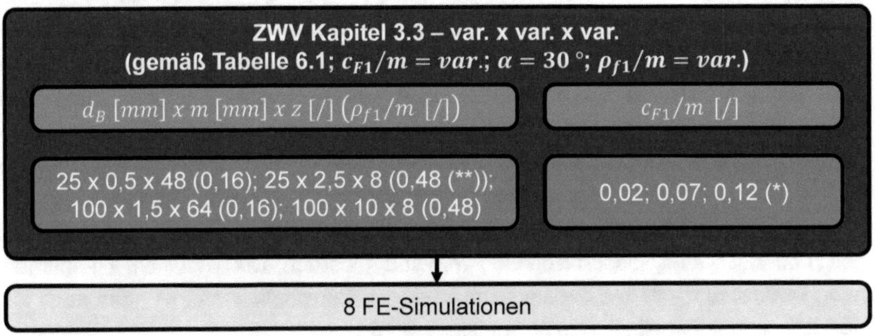

ZWV Kapitel 3.3 – var. x var. x var. (gemäß Tabelle 6.1; $c_{F1}/m = var.$; $\alpha = 30°$; $\rho_{f1}/m = var.$)	
d_B [mm] x m [mm] x z [/] $(\rho_{f1}/m$ [/])	c_{F1}/m [/]
25 x 0,5 x 48 (0,16); 25 x 2,5 x 8 (0,48 (**)); 100 x 1,5 x 64 (0,16); 100 x 10 x 8 (0,48)	0,02; 0,07; 0,12 (*)

8 FE-Simulationen

(*) Bestandteil des mit Abbildung 6.11 aufgezeigten Untersuchungsumfangs

(**) Nicht bei einem Modul m von 3 mm realisierbar

Abbildung 6.13: Untersuchungsumfang zur extremwertbezogenen Analyse des Wellenformübermaßverhältnisses c_{F1}/m

Die zweite Art zur Bestimmung des Einflusses des Wellenformübermaßverhältnisses c_{F1}/m ist die optimabezogene. Das hierfür definierte Parameterfeld zeigt Abbildung 6.14.

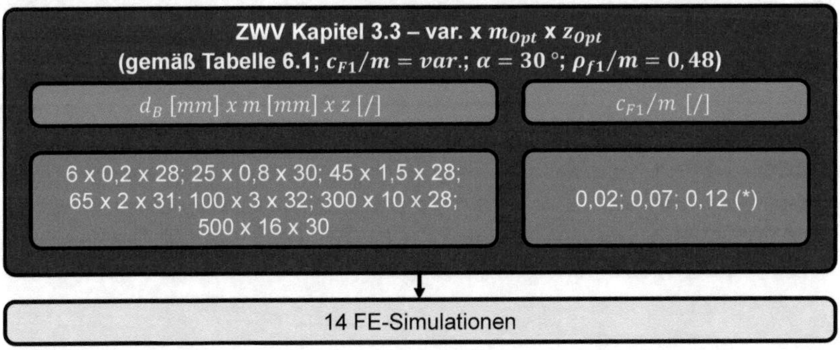

ZWV Kapitel 3.3 – var. x m_{Opt} x z_{Opt} (gemäß Tabelle 6.1; $c_{F1}/m = var.$; $\alpha = 30°$; $\rho_{f1}/m = 0,48$)	
d_B [mm] x m [mm] x z [/]	c_{F1}/m [/]
6 x 0,2 x 28; 25 x 0,8 x 30; 45 x 1,5 x 28; 65 x 2 x 31; 100 x 3 x 32; 300 x 10 x 28; 500 x 16 x 30	0,02; 0,07; 0,12 (*)

14 FE-Simulationen

(*) Bestandteil des mit Abbildung 6.11 aufgezeigten Untersuchungsumfangs

Abbildung 6.14: Untersuchungsumfang zur optimabezogenen Analyse des Wellenformübermaßverhältnisses c_{F1}/m

6.2.2.3   Analytisch-numerische Gegenüberstellung

Im Rahmen dieser Dissertation wurde eine Vielzahl von Näherungsgleichungen entwickelt, um die Gestaltfestigkeit evolventisch basierter Zahnwellenverbindungen nach Kapitel 3.3 bei quasi optimal gewählten Geometrieparametern mathematisch zu beschreiben. Einen Überblick diesbezüglich liefert Abbildung 6.9 gemeinsam mit Abbildung 6.10. In Kapitel 6.2.6 wird die Treffsicherheit beziehungsweise Abbildegenauigkeit dieser Gleichungen beziehungsweise des Gleichungssystems analysiert. Der Quervergleich zwischen Numerik und Analytik wird selbstredend nicht mit den für die Entwicklung der Näherungsgleichungen genutzten numerischen Ergebnissen durchgeführt. Würden diese doch lediglich die Qualität des zur Gleichungsfindung genutzten Systems aufzeigen. Vielmehr wurden hierbei auf Basis definierter Szenarien, vgl. Kapitel 6.2.6, weiterführende numerische Analysen durchgeführt, deren Ergebnisse für den numerisch-analytischen Abgleich verwendet werden. Die in diesem Zusammenhang konkret analysierten evolventisch basierten Zahnwellenverbindungen nach Kapitel 3.3 gemäß Tabelle 6.1 zeigt Abbildung 6.15.

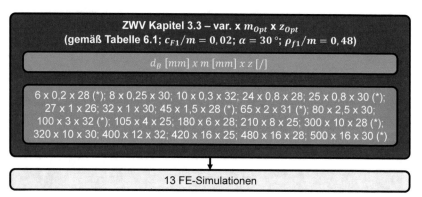

Abbildung 6.15: Untersuchungsumfang zur Diskussion der Abbildegenauigkeit der im Rahmen dieser Dissertation entwickelten Gleichungen zur Charakterisierung der Gestaltfestigkeit evolventisch basierter ZWV nach Kapitel 3.3 gemäß Tabelle 6.1 bei quasi optimal gewählten Geometrieparametern

6.2.3 Konstanz des Wellenformübermaßverhältnisses c_{F1}/m

6.2.3.1 Axialer Beanspruchungsverlauf

Insbesondere die Ergebnisse der in Kapitel 6.2.2.1 dargelegten numerischen Untersuchungen lassen erkennen, dass sich unterschiedliche Beanspruchungsverläufe in axialer Richtung, vgl. Abbildung 4.16, in Abhängigkeit des Moduls m und des Wellenfußrundungsradiusverhältnisses ρ_{f1}/m ergeben. Dieser Effekt wird nachfolgend am Beispiel des Bezugsdurchmessers d_B von 45 mm für die als Grenzwert definierten Moduln m der [DIN 5480] von 0,6 mm und 5 mm sowie den bezugsdurchmesserspezifisch optimalen Modul m_{Opt} exemplarisch für den Flankenwinkel α von 30 ° dargelegt. In Anlehnung an die Definition der Formzahl α_k, vgl. Gleichung (1), deren Besonderheit die Lasthöhenunabhängigkeit ist, erfolgt die Analyse der Beanspruchungsverläufe in axialer Richtung auf Basis des Quotienten $\sigma_{GEH}/\sigma_{GEHdB}$ ausgehend von der Nabenkante, vgl. Abbildung 4.14. Vorab sei angemerkt, dass die Tangentenunstetigkeiten der in Abbildung 6.16 und Abbildung 6.17 angeführten Graphen Resultat des Übergangs zwischen unterschiedlich fein vernetzten Bereichen sind, vgl. Kapitel 4.2.1.1.3.

Abbildung 6.16 zeigt für den Modul m von 0,6 mm bei unterschiedlichen Wellenfußrundungsradiusverhältnissen ρ_{f1}/m die Beanspruchungsverläufe in axialer Richtung. Aus ihr geht hervor, dass ein sehr kleines Wellenfußrundungsradiusverhältnis ρ_{f1}/m, also eine sehr scharfe Kerbe, erwartungsgemäß zu einem ausgeprägten Beanspruchungsmaximum, beziehungsweise, mit Verweis auf Kapitel 4.4.4, zu einer hohen gestaltfestigkeitsrelevanten Lokalbeanspruchung σ_{GEHMax} führt. Auch wenn dies etwas weniger offensichtlich ist, so lässt sich darüber hinaus für ihre Lage in axialer Richtung festhalten, dass sie lasteinleitungsseitig leicht hinter der Nabenkante liegt. Mit zunehmendem Wellenfußrundungsradiusverhältnis ρ_{f1}/m, das heißt mit milder werdender Kerbe, verringert sich seine Höhe und wandert zudem lasteinleitungsseitig vor die Nabenkante.

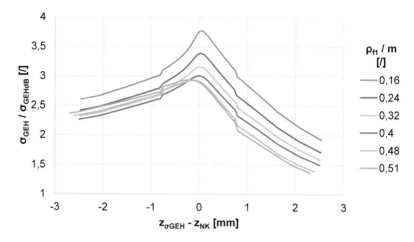

Abbildung 6.16: Beanspruchungsverhältnis $\sigma_{GEH}/\sigma_{GEHdB}$ als Funktion der axialen Lage in Relation zur Nabenkante sowie des Wellenfußrundungsradiusverhältnisses ρ_{f1}/m am Beispiel der ZWV Kapitel 3.3 – 45 x 0,6 x 74 (gemäß Tabelle 6.1; $c_{F1}/m = 0{,}12$; $\alpha = 30\,°$; $\rho_{f1}/m = var.$)

Abbildung 6.17 zeigt für den optimalen Modul m_{Opt} von 1,5 mm des Bezugsdurchmessers d_B von 45 mm und einen Flankenwinkel α von 30 ° qualitativ die gleichen Tendenzen, die bereits auf Basis von Abbildung 6.16 abgeleitet wurden. Jedoch ist bei Vergrößerung des Wellenfußrundungsradiusverhältnisses ρ_{f1}/m die gestaltfestigkeitsrelevante Lokalbeanspruchung σ_{GEHMax} nochmals geringer und seine Verlagerung lasteinleitungsseitig vor die Nabenkante nochmals größer ausgeprägt.

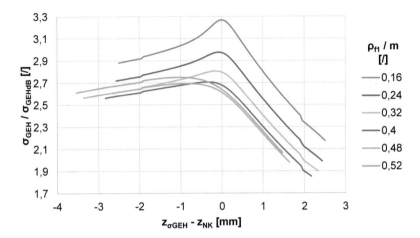

Abbildung 6.17: Beanspruchungsverhältnis $\sigma_{GEH}/\sigma_{GEHdB}$ als Funktion der axialen Lage in Relation zur Nabenkante sowie des Wellenfußrundungsradiusverhältnisses ρ_{f1}/m am Beispiel der ZWV Kapitel 3.3 – 45 x 1,5 x 28 (gemäß Tabelle 6.1; $c_{F1}/m = 0,12$; $\alpha = 30$ °; $\rho_{f1}/m = var$.)

Bei dem nach [DIN 5480] für den Bezugsdurchmesser d_B von 45 mm größten genormten Modul m von 5 mm bei einem Flankenwinkel α von 30 ° ist die gestaltfestigkeitsrelevante Lokalbeanspruchung σ_{GEHMax} in ihrer Höhe nur noch sehr gering ausgeprägt, vgl. Abbildung 6.18. Tendenziell liegt sie zudem lasteinleitungsseitig sehr weit vor der Nabenkante.

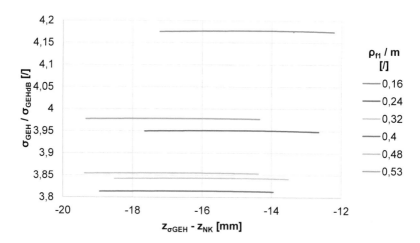

Abbildung 6.18: Beanspruchungsverhältnis $\sigma_{GEH}/\sigma_{GEHdB}$ als Funktion der axialen Lage in Relation zur Nabenkante sowie des Wellenfußrundungsradiusverhältnisses ρ_{f1}/m am Beispiel der ZWV Kapitel 3.3 – 45 x 5 x 7 (gemäß Tabelle 6.1; $c_{F1}/m = 0{,}12$; $\alpha = 30\,°$; $\rho_{f1}/m = var.$)

Aus einem quantitativen Quervergleich zwischen Abbildung 6.16, Abbildung 6.17 und Abbildung 6.18 geht hervor, dass ein optimaler Modul m_{Opt} existiert. Die Kenntnis darüber, dass dies für den Bezugsdurchmesser d_B von 45 mm der Modul m von 1,5 mm ist, entstammt Kapitel 6.2.3.5.2.1, genauer Gleichung (222). Darüber hinaus kann festgehalten werden, dass auch ein optimales Wellenfußrundungsradiusverhältnis $\left(\rho_{f1}/m\right)_{Opt}$ existiert. Auf diese beiden Effekte wird in diesem Kapitel jedoch nicht weiter eingegangen. Werden diese doch an geeigneterer Stelle ausführlich diskutiert. Vielmehr gilt es hier wissenschaftlich abzuleiten, dass größere Moduln m wie auch größere Wellenfußrundungsradiusverhältnisse ρ_{f1}/m bei evolventisch basierten Zahnwellenverbindungen nach Kapitel 3.3 gemäß Tabelle 6.1 tendenziell zu geringer ausgeprägten gestaltfestigkeitsrelevanten Lokalbeanspruchungen σ_{GEHMax} führen und diese zudem lasteinleitungsseitig immer weiter vor der Nabenkante liegen. Abschließend sei darauf hingewiesen, dass bereits in [Garz 96] sowie insbesondere in [Weso 97] für evolventisch basierte Zahnwellenverbindungen nach [DIN 5480] erkannt wurde, dass die Zähnezahlen z Einfluss auf die Ausprägung der gestaltfestigkeitsrelevanten Lokalbeanspruchung σ_{GEHMax} und weiterführend den axialen Beanspruchungsverlauf haben. Die dort abgeleiteten Aussagen bestätigen die auf Basis von Abbildung 6.16, Abbildung 6.17 sowie Abbildung 6.18 angeführten Ausführungen.

6.2.3.2   Allgemeine Einflussanalyse

Wie in Kapitel 6.2.2.1 beschrieben, ist das in Abbildung 6.11 angeführte umfangreiche Parameterfeld absolute Grundlage dieser Dissertation, da viele weitere Untersuchungen und Entwicklungen auf den resultierenden Ergebnissen aufbauen. Die numerischen Resultate sind vollumfänglich im Anhang ergänzt, vgl. Kapitel 11.2.1. Sie werden, vor der Entwicklung von Näherungsgleichungen zur mathematischen Beschreibung optimaler Verbindungen und weiterführend der optimabezogenen mathematischen Tragfähigkeitscharakterisierung, in diesem Kapitel mit dem Charakter einer allgemeinen Einflussanalyse diskutiert. Dies hat die Vertiefung des Verständnisses für das System evolventisch basierter Zahnwellenverbindungen nach Kapitel 3.3 gemäß Tabelle 6.1 zum Ziel. Hierfür sind die im Anhang in Kapitel 11.2.1 ergänzten numerischen Ergebnisse in Abhängigkeit der jeweils diskutierten Parameter aufbereitet.

Die allgemeine Einflussanalyse wird exemplarisch geführt. Sie geht von der optimalen evolventisch basierten Zahnwellenverbindung nach Kapitel 3.3 gemäß Tabelle 6.1 des Bezugsdurchmessers d_B von 45 mm bei einem Flankenwinkel α von 30 ° aus. Für den Bezugsdurchmesser d_B ist dies damit zu begründen, dass sich für ihn stützstellenbezogen der größtmögliche Informationsgehalt ergibt. Ist für ihn doch die maximale Anzahl an Moduln m definiert. Bei der Wahl des Flankenwinkels α wurde berücksichtigt, dass die Bestimmung vieler geometrischer Größen nach [DIN 5480] nur für den Flankenwinkel α von 30 ° möglich ist. Damit können auch nur für diesen Winkel geometrische Gegenüberstellungen zwischen evolventisch basierten Zahnwellenverbindungen nach Kapitel 3.3 gemäß Tabelle 6.1 und entsprechend zuvor benannter Norm durchgeführt werden. Für die Bestimmung der Einflüsse von Flankenwinkel α und Bezugsdurchmesser d_B ist deren Variation erforderlich. Diese wurde ausgehend von der oben benannten Basisverbindung durchgeführt.

In der in diesem Kapitel geführten allgemeinen Einflussanalyse wird zunächst der Wellenfußkreisdurchmesser d_{f1} evolventisch basierter Zahnwellenverbindungen nach Kapitel 3.3 gemäß Tabelle 6.1 diskutiert, und zwar direkt in Gegenüberstellung mit jenem nach [DIN 5480], vgl. Kapitel 6.2.3.2.1. Dies ist damit zu begründen, dass seine gesonderte Detailanalyse nunmehr mit dem vom Autor dieser Dissertation entwickelten und in Kapitel 3.3 zur Verfügung gestellten System zur Profilgenerierung evolventisch basierter Zahnwellenverbindungen trivial ist, jederzeit vom geneigten Anwender durchgeführt werden kann und zu keinem wesentlichen Beitrag für das vorliegende Werk führt. Die eingangs dieses Absatzes benannte geometrische Differenzwertbetrachtung wird unter Berücksichtigung des Fertigungsverfahrens für die Einflussgrößen Modul m, Bezugsdurchmesser d_B bei konstantem Modul m und abschließend Bezugsdurchmesser d_B bei konstanten Zähnezahlen z durchgeführt.

Über die oben angeführte Analyse des Wellenfußkreisverhaltens hinaus wird in der allgemeinen Einflussanalyse die Lage der relevanten Lokalbeanspruchungen σ_{GEHMax} sowie σ^*_{1Max} diskutiert, vgl. Kapitel 6.2.3.2.2. Darüber hinaus wird in Kapitel 6.2.3.2.3 die an ihrem Ort vorherrschende Kerbwirkung analysiert. Diese wird abschließend in Kapitel 6.2.3.2.4 in Differenzierung zwischen dem Querschnitt der gestaltfestigkeitsrelevanten Lokalbeanspruchung σ_{GEHMax} (PGA1) und jenem der Nabenkante (PGA2) betrachtet, vgl. Abbildung 4.14. Bei allen zuvor benannten Analysen, die jeweils für verschiedene Ergebnisgrößen geführt werden, werden auf Basis des Wellenfußrundungsradiusverhältnisses ρ_{f1}/m die weiterführenden Einflüsse von Modul m, Flankenwinkel α, Bezugsdurchmesser d_B bei konstantem Modul m sowie Bezugsdurchmesser d_B bei konstanten Zähnezahlen z betrachtet.

Vorab sei nochmals darauf hingewiesen, dass alle für diese Dissertation mit der Normal- beziehungsweise Hauptspannungshypothese bestimmten Ergebnisgrößen Näherungen darstellen. Um dies hervorzuheben, sind sie mit einem Stern, also *, versehen. Nähere Informationen hierzu können Kapitel 4.5.1 entnommen werden.

6.2.3.2.1   Wellenfußkreisdurchmesser d_{f1}

6.2.3.2.1.1   Absolutwertbetrachtung

Die Geometriegenerierung der für diese Dissertation numerisch analysierten evolventisch basierten Zahnwellenverbindungen erfolgte nach der in Kapitel 4.2.1.1.1 aufgezeigten iterativen Vorgehensweise. In diesem Zusammenhang ist es auf die organische Entstehungsgeschichte zurückzuführen, dass hierbei nicht das vom Autor des vorliegenden Werkes entwickelte System, vgl. Kapitel 3.3, verwendet wurde. Dies ist allerdings von untergeordneter Relevanz. Wird doch in Kapitel 4.2.1.1.3 die hinreichende Äquivalenz beider Vorgehensweisen bewiesen. In Konsequenz werden alle für diese Dissertation analysierten Zahnwellenverbindungen als Verbindungen nach Kapitel 3.3 bezeichnet. Um dem Leser jedoch zumindest einen rudimentären Einblick in die iterativ ermittelten Wellenfußkreisdurchmesser d_{f1} zu ermöglichen, die ohne Zweifel zu den Schlüsselelementen derartiger Profile gehören, sind diese vollständig im Anhang angeführt, vgl. Kapitel 11.2.1. Auf eine detaillierte Einflussanalyse wird an dieser Stelle jedoch verzichtet. Mit Verweis auf Kapitel 3.3 ist diese allerdings sehr einfach durchführbar.

Die wichtigsten Aussagen zur Abhängigkeit des Wellenfußkreisdurchmessers d_{f1} von dem Bezugsdurchmesser d_B, dem Modul m beziehungsweise von den Zähnezahlen z, dem Flankenwinkel α, dem Wellenfußrundungsradiusverhältnis ρ_{f1}/m und dem Wellenformübermaßverhältnis c_{F1}/m werden nachfolgend angeführt. Trivial ist dabei, dass größere Bezugsdurchmesser d_B zu größeren Wellenfußkreisdurchmessern d_{f1} führen. Weniger offensichtlich ist, dass dies ebenfalls für den Flankenwinkel α gilt. Hier ist jedoch hervorzuheben, dass sein Einfluss um Größenordnungen geringer ist als der des Bezugsdurchmessers d_B. Für den Modul m, das Wellenfußrundungsradiusverhältnis ρ_{f1}/m sowie das Wellenformübermaßverhältnis c_{F1}/m gilt im Vergleich zu den bereits oben diskutierten Einflussgrößen das Gegenteil. Je größer diese Parameter gewählt werden, desto kleiner ist der Wellenfußkreisdurchmesser d_{f1}.

6.2.3.2.1.2 Differenzwertbetrachtung

Um die in Kapitel 1.2 definierten Zielsetzungen zu erreichen wird vom Autor dieser Dissertation in Kapitel 3.2 ein System zur Profilgenerierung evolventisch basierter Zahnwellenverbindungen entwickelt und in Kapitel 3.3 dargelegt. Die Gründe hierfür sind in Kapitel 3.1.2 angeführt. Es ist genau dieses System, das die für dieses Werk numerisch analysierten evolventisch basierten Zahnwellenverbindungen hinreichend genau beschreibt, vgl. Kapitel 4.2.1.1.3. Dem Stand der Technik entsprechend, werden derartige Verbindungen gegenwärtig jedoch nach [DIN 5480] ausgeführt. Mit Verweis auf Kapitel 4.5.2 und insbesondere Formulierung (179) stellt sich in Konsequenz die Frage nach der geometrischen Übereinstimmung von Verbindungen nach den zuvor benannten Systemen. Für ihre Beantwortung wird in diesem Kapitel die Differenz der systemspezifischen Wellenfußkreisdurchmesser d_{f1} diskutiert.

In Kapitel 3.1.2 wird beschrieben, dass es bei der [DIN 5480] zu geometrischen Anomalien kommen kann. Möglich sind die geometrische Überschneidung zwischen Welle und Nabe sowie Tangentenunstetigkeit im Zahnfuß. Die Ursache hierfür ist systematisch empirisch bedingt. Mit dem vom Autor dieser Dissertation in Kapitel 3.2 entwickelten und in Kapitel 3.3 dargelegten System zur Profilgenerierung evolventisch basierter Zahnwellenverbindungen treten diese Anomalien nicht auf. So wird in diesem Kapitel, neben der oben benannten Analyse der geometrischen Übereinstimmung zwischen der [DIN 5480] und dem in Kapitel 3.3 angeführten System, ebenfalls geprüft, ob die entsprechenden geometrischen Unregelmäßigkeiten der [DIN 5480] durch die Differenzwertbetrachtung erkennbar sind.

Die [DIN 5480] ist nur für einen Flankenwinkel α von 30 ° definiert. Damit ist, bedingt durch die flankenwinkelspezifisch stark eingeschränkte Gültigkeit dieser Norm, keine entsprechende Einflussanalyse möglich. Weiterführend sind lediglich zwei Wellenfußrundungsradiusverhältnisse ρ_{f1}/m in Abhängigkeit des Fertigungsverfahrens genormt. Den Gleichungen (67) und (68) kann entnommen werden, dass für das zuvor benannte Parameterverhältnis für das Zerspanen ein Wert von 0,16 und für das Kaltwalzen von 0,54 definiert ist. Mit Verweis auf Kapitel 3.4 sei weiterführend erwähnt, dass mit dem in Kapitel 3.3 angeführten System zur Profilgenerierung evolventisch basierter Zahnwellenverbindungen, welches quasi Allgemeingültigkeitscharakter hat, ein Wellenfußrundungsradiusverhältnis ρ_{f1}/m von 0,54 bei einem Flankenwinkel α

von 30 ° sowie einem Wellenformübermaßverhältnis c_{F1}/m von 0,12 technisch nicht realisierbar ist.

Bezugnehmend auf das im vorhergehenden Absatz Angeführte sowie mit Verweis auf Kapitel 6.2.2.1, in dem dargelegt wird, dass die für diese Dissertation fundamentalen numerischen Untersuchungen bei einem Wellenformübermaßverhältnis c_{F1}/m von 0,12 durchgeführt wurden, beschränkt sich die Gegenüberstellung der nach Kapitel 3.3 gemäß Tabelle 6.1 sowie der [DIN 5480] bestimmten Wellenfußkreisdurchmesser d_{f1} durch Differenzwertbetrachtung auf den Flankenwinkel α von 30° sowie das Wellenfußrundungsradiusverhältnis ρ_{f1}/m von 0,16. Für das Wellenformübermaßverhältnis c_{F1}/m gilt diesbezüglich ein Wert von 0,12. Dies ist jedoch nur für evolventisch basierte Zahnwellenverbindungen nach Kapitel 3.3 gemäß Tabelle 6.1 von Relevanz. Ist dieser Parameter bei Verbindungen nach [DIN 5480] doch nicht frei wählbar, sondern eine abhängige, sich ergebende Größe. Es ist hierbei Bestandteil der in Abhängigkeit verschiedener Fertigungsverfahren definierten Fußhöhen h_f. Aus diesem Grund werden bei der Differenzwertbetrachtung seitens der Verbindungen nach [DIN 5480] alle relevanten Fertigungsverfahren berücksichtigt. Abschließend sei darauf hingewiesen, dass mit dem in Kapitel 3.3 angeführten System zur Profilgenerierung evolventisch basierter Zahnwellenverbindungen sehr einfach weitere geometrische Vergleiche durchgeführt werden können.

In der nachfolgend durchgeführten Gegenüberstellung der nach Kapitel 3.3 sowie nach [DIN 5480] bestimmten Wellenfußkreisdurchmesser d_{f1} durch eine Differenzwertbetrachtung bei den oben definierten Randbedingungen, werden die Einflüsse der Parameter Modul m, Bezugsdurchmesser d_B bei konstantem Modul m und Bezugsdurchmesser d_B bei konstanten Zähnezahlen z diskutiert.

Abbildung 6.19 zeigt die Auswertung von Formulierung (179) in Abhängigkeit des Moduls m sowie des der Berechnung des Wellenfußkreisdurchmessers d_{f1} nach [DIN 5480] zugrunde gelegten Fertigungsverfahrens. Für die diskutierten Beispielverbindungen wird offensichtlich, dass die in der [DIN 5480] für das Wälzstoßen hinterlegten Gleichungen sowie das vom Autor dieser Dissertation in Kapitel 3.2 entwickelte und in Kapitel 3.3 dargelegte System bis zu Moduln m von 3 mm relativ gut übereinstimmen. Es zeigt sich jedoch auch, dass der nach [DIN 5480] berechnete Wellenfußkreisdurchmesser d_{f1} ausschließlich größer ist als der nach Kapitel 3.3 mathematisch exakt berechnete. Der Abstand zwischen Wellenfuß- und Nabenkopfkreis ist nach Norm für das gezeigte Beispiel also immer etwas kleiner. Darüber hinaus kann festgehalten werden, dass die gute Übereinstimmung für den Modul m von 4 mm in diesem Maße nicht gilt. Bei gleicher Ergebnistendenz wie bei Moduln m bis einschließlich 3 mm reduziert sich hier der Abstand zwischen Wellenfuß- und Nabenkopfkreis um mehr als 0,2 mm. Es wird erwartet, dass diese geometrische Anomalie noch nicht zu Überschneidungen zwischen Welle und Nabe führt. Allerdings zeigt das Ergebnis auf, dass diese Möglichkeit grundlegend besteht. Hierbei sei erwähnt, dass dieser Effekt beim Bezugsdurchmesser d_B von 65 mm bei einem Modul m von 8 mm, vgl. Abbildung 11.160, deutlich ausgeprägter ist. In Weiterführung ergibt sich für einen Modul m von 5 mm für das hier diskutierte Beispiel wieder eine deutlich bessere Übereinstimmung zwischen dem nach [DIN 5480] sowie nach Kapitel 3.3 berechneten Wellenfußkreisdurchmesser d_{f1}. So sei schlussendlich festgehalten, dass mit dem in Kapitel 3.3 entwickelten System zur Profilgenerierung evolventisch basierter Zahnwellenverbindungen mit Formulierung (179) erwartungsgemäß zumindest kritische Verbindungen der [DIN 5480] bestimmt werden können. Bei diesen sollte überprüft werden, ob es zur Überschneidung zwischen Welle und Nabe kommt.

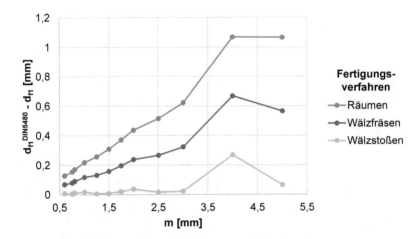

Abbildung 6.19: Wellenfußkreisdurchmesserdifferenz der ZWV nach [DIN 5480] (Zerspanen) sowie der ZWV Kapitel 3.3 (gemäß Tabelle 6.1; $c_{F1}/m = 0{,}12$; $\alpha = 30\,°$; $\rho_{f1}/m = 0{,}16$) am Beispiel des Bezugsdurchmessers d_B von 45 mm als Funktion des Moduls m sowie des Fertigungsverfahrens

Abbildung 6.20 zeigt die Auswertung von Formulierung (179) in Abhängigkeit des Bezugsdurchmessers d_B bei konstantem Modul m sowie des der Berechnung des Wellenfußkreisdurchmessers d_{f1} nach [DIN 5480] zugrunde gelegten Fertigungsverfahrens. Für die diskutierten Beispielverbindungen ergibt sich für das Wälzstoßen eine sehr gute Übereinstimmung zwischen dem nach der Norm sowie dem nach dem in Kapitel 3.3 dargelegten System zur Profilgenerierung evolventisch basierter Zahnwellenverbindungen berechneten Wellenfußkreisdurchmesser d_f.

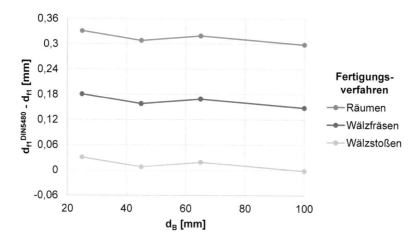

Abbildung 6.20: Wellenfußkreisdurchmesserdifferenz der ZWV nach [DIN 5480] (Zerspanen) sowie der ZWV Kapitel 3.3 (gemäß Tabelle 6.1; $c_{F1}/m = 0{,}12$; $\alpha = 30\,°$; $\rho_{f1}/m = 0{,}16$) bei einem konstanten Modul m von 1,5 mm als Funktion des Bezugsdurchmessers d_B sowie des Fertigungsverfahrens

Abbildung 6.21 zeigt die Auswertung von Formulierung (179) in Abhängigkeit des Bezugsdurchmessers d_B bei konstanten Zähnezahlen z sowie des der Berechnung des Wellenfußkreisdurchmessers d_{f1} nach [DIN 5480] zugrunde gelegten Fertigungsverfahrens. Für die diskutierten Beispielverbindungen ergibt sich für das Wälzstoßen eine sehr gute Übereinstimmung zwischen dem nach der Norm sowie dem nach dem in Kapitel 3.3 dargelegten System zur Profilgenerierung evolventisch basierter Zahnwellenverbindungen berechneten Wellenfußkreisdurchmesser d_f. Zumindest bei einem Bezugsdurchmesser d_B von 100 mm nimmt der Grad der Übereinstimmung geringfügig ab.

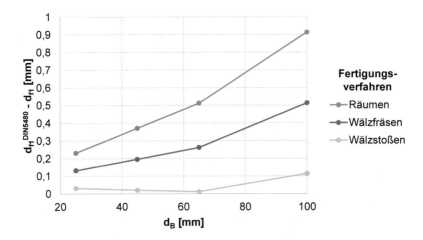

Abbildung 6.21: Wellenfußkreisdurchmesserdifferenz der ZWV nach [DIN 5480] (Zerspanen) sowie der ZWV Kapitel 3.3 (gemäß Tabelle 6.1; $c_{F1}/m = 0,12$; $\alpha = 30°$; $\rho_{f1}/m = 0,16$) bei konstanten Zähnezahlen z von 24 als Funktion des Bezugsdurchmessers d_B sowie des Fertigungsverfahrens

6.2.3.2.2   Lagecharakterisierung relevanter Lokalbeanspruchungen

Wie bereits aufgezeigt, wurden zur Generierung der Ergebnisse für diese Dissertation äußerst umfangreiche numerische Analysen durchgeführt. Insbesondere die in Kapitel 6.2.2.1 angeführten fundamentalen Untersuchungen zeigen, dass zumindest die in diesem Werk betrachteten relevanten Lokalbeanspruchungen σ_{GEHMax} sowie σ_{1Max}^{*} nicht ortsstabil sind, sondern in Abhängigkeit der Geometrie nennenswert in radialer und axialer Richtung wandern. Für die Auswertung numerischer Analysen ist es damit grundlegend erforderlich, den Auswerteort nicht vorzugeben, sondern diesen durch das Auffinden des Ortes der entsprechend betrachteten Beanspruchung zu bestimmen. Für die gestaltfestigkeitsrelevante Lokalbeanspruchung σ_{GEHMax} entspricht dies der in Kapitel 4.2.3.1 als Pfadgenerierungsart 1 (PGA1) definierten Vorgehensweise. Alternative Arten der Auswertung, wie etwa die in Kapitel 4.2.3.1 festgelegte Pfadgenerierungsart 2 (PGA2), können weiterführende wissenschaftliche Erkenntnisse liefern, dürfen aber nicht, zumindest jedoch nicht ohne Weiteres, beispielsweise zur Formzahlbestimmung oder für Profilformvergleiche verwendet werden.

Höhe und Ort der relevanten Lokalbeanspruchungen σ_{GEHMax} sowie σ_{1Max}^{*} von Zahnwellenverbindungen nach Kapitel 3.3 sind von der Kerbsituation abhängig und Resultat der Überlagerung einer Vielzahl verschiedener Kerbeinflüsse. In der allgemeinen Kerbtheorie beschreibt dies der Begriff der Kerbüberlagerung. Im Nachfolgenden wird

der Ort der entsprechenden Beanspruchungsmaxima in Abhängigkeit unterschiedlicher einflussnehmender Faktoren gemäß der in Kapitel 4.5.3 getroffenen Definitionen
in axialer und radialer Richtung analysiert. Die entsprechende Diskussion hat die Klärung des allgemeinen Systemverhaltens zum Ziel und ist damit Grundlage zur Erläuterung weiterführender Effekte und Sachverhalte. Hierbei sei explizit erwähnt, dass auf
den Einfluss der Nabensteifigkeit auf die wellenbezogen relevanten Lokalbeanspruchungen σ_{GEHMax} sowie σ^*_{1Max} nicht eingegangen wird. Dieses Thema wird jedoch kurz
in Kapitel 4.2.1.1.2 aufgegriffen. Die detaillierte Analyse und Beschreibung seines Einflusses ist in weiterführenden Forschungsvorhaben zu eruieren, vgl. Kapitel 9.

6.2.3.2.2.1 Axiale Richtung

Die Lagecharakterisierung der relevanten Lokalbeanspruchungen σ_{GEHMax} sowie
σ^*_{1Max} in axialer Richtung erfolgt gemäß den in Kapitel 4.5.3.1 getroffenen geometrischen Definitionen. Darüber hinaus sei auf die in Abbildung 4.30 und Abbildung 4.31
erläuterten Konventionen verwiesen.

6.2.3.2.2.1.1 Gestaltfestigkeitsrelevante Lokalbeanspruchung σ_{GEHMax}

Abbildung 6.22 zeigt die Auswertung von Formulierung (180), vgl. Titel der Ordinate,
für die Zahnwellenverbindungen Kapitel 3.3 – 45 x var. x var. (gemäß Tabelle 6.1;
$c_{F1}/m = 0,12$; $\alpha = 30\,°$; $\rho_{f1}/m = var.$) in Abhängigkeit des Moduls m sowie des Wellenfußrundungsradiusverhältnisses ρ_{f1}/m. Es wird ersichtlich, dass die gestaltfestigkeitsrelevante Lokalbeanspruchung σ_{GEHMax} bei einem Modul m von 0,6 mm sowie
einem Wellenfußrundungsradiusverhältnis ρ_{f1}/m von 0,16 quasi im Querschnitt der
Nabenkante liegt. Eine genauere Aussage hierzu ist auf Basis von Abbildung 6.22 nur
schwer möglich. Eine Einsichtnahme in die originären Daten zeigt jedoch, dass sie
gemäß Abbildung 4.30 sogar leicht hinter der Nabenkante liegt. In Weiterführung kann
Abbildung 6.22 entnommen werden, dass eine kontinuierliche Vergrößerung der Einflussgrößen Modul m und Wellenfußrundungsradiusverhältnis ρ_{f1}/m dazu führt, dass
die gestaltfestigkeitsrelevante Lokalbeanspruchung σ_{GEHMax} immer weiter in Richtung
der Lasteinleitungsseite wandert. Für die in Abbildung 6.22 gezeigten Beispielverbindungen ergibt sich ein Extremwert für den dort größten Modul m von 5 mm bei einem
iterativ maximal realisierten Wellenfußrundungsradiusverhältnis ρ_{f1}^{itMax}/m von ca.
0,53. Die gestaltfestigkeitsrelevante Lokalbeanspruchung σ_{GEHMax} liegt hier ca.
16,84 mm vor der Nabenkante.

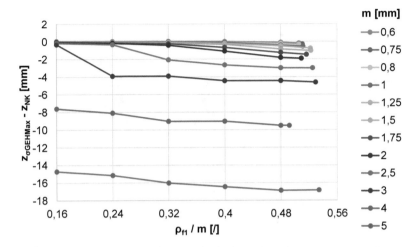

Abbildung 6.22: Absoluter Axialabstand der gestaltfestigkeitsrelevanten Lokalbeanspruchung σ_{GEHMax} von der Nabenkante als Funktion des Moduls m sowie des Wellenfußrundungsradiusverhältnisses ρ_{f1}/m am Beispiel der ZWV Kapitel 3.3 – 45 x var. x var. (gemäß Tabelle 6.1; $c_{F1}/m = 0,12$; $\alpha = 30\,°$; $\rho_{f1}/m = var.$)

Abbildung 6.23 zeigt die Auswertung von Formulierung (180), vgl. Titel der Ordinate, für die Zahnwellenverbindungen Kapitel 3.3 – 45 x 1,5 x 28 (gemäß Tabelle 6.1; $c_{F1}/m = 0,12$; $\alpha = var.$; $\rho_{f1}/m = var.$) in Abhängigkeit des Flankenwinkels α sowie des Wellenfußrundungsradiusverhältnisses ρ_{f1}/m. Ihr kann für die entsprechend analysierten Verbindungen entnommen werden, dass die gestaltfestigkeitsrelevante Lokalbeanspruchung σ_{GEHMax} lediglich bei einem Flankenwinkel α von 20 ° und weiterführend kleinen Wellenfußrundungsradiusverhältnissen ρ_{f1}/m bis exklusive 0,32 gemäß Abbildung 4.30 hinter der Nabenkante liegt. Darüber hinaus ergibt eine Analyse bei konstantem Wellenfußrundungsradiusverhältnis ρ_{f1}/m, dass ihr Abstand von der Lasteinleitungsseite mit steigendem Flankenwinkel α abnimmt. Allerdings sind bei kleineren Winkeln allgemeingültig größere Fußrundungsradiusverhältnisse ρ_f/m realisierbar. Dies kann mit dem vom Autor dieser Dissertation entwickelten System zur Profilgenerierung evolventisch basierter Zahnwellenverbindungen, vgl. Kapitel 3.3, leicht nachvollzogen werden. Die absolute Betrachtung der in Abbildung 6.23 angeführten Ergebnisse liefert damit, dass die gestaltfestigkeitsrelevante Lokalbeanspruchung σ_{GEHMax} den kleinsten Abstand zur Lasteinleitungsseite bei dem kleinsten Flankenwinkel α von 20 ° und dem nach Kapitel 4.2.1.1.1 iterativ maximal realisierten Wellenfußrundungsradiusverhältnis ρ_{f1}^{itMax}/m von ca. 0,61 hat. Sie befindet sich gemäß der originären Daten 1,38 mm vor der Nabenkante.

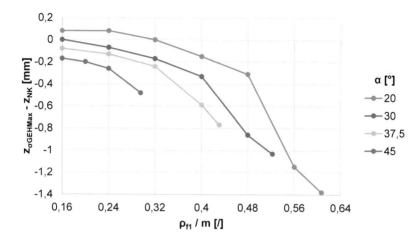

Abbildung 6.23: Absoluter Axialabstand der gestaltfestigkeitsrelevanten Lokalbeanspruchung σ_{GEHMax} von der Nabenkante als Funktion des Flankenwinkels α sowie des Wellenfußrundungsradiusverhältnisses ρ_{f1}/m am Beispiel der ZWV Kapitel 3.3 – 45 x 1,5 x 28 (gemäß Tabelle 6.1; $c_{F1}/m = 0,12$; $\alpha = var.$; $\rho_{f1}/m = var.$)

Abbildung 6.24 zeigt die Auswertung von Formulierung (180), vgl. Titel der Ordinate, für die Zahnwellenverbindungen Kapitel 3.3 – var. x 1,5 x var. (gemäß Tabelle 6.1; $c_{F1}/m = 0,12$; $\alpha = 30\,°$; $\rho_{f1}/m = var.$) in Abhängigkeit des Bezugsdurchmessers d_B bei konstantem Modul m sowie des Wellenfußrundungsradiusverhältnisses ρ_{f1}/m. Aus ihr geht hervor, dass auch hier die gestaltfestigkeitsrelevante Lokalbeanspruchung σ_{GEHMax} sowohl vor als auch hinter der Nabenkante liegen kann, vgl. Abbildung 4.30. Regelfall ist jedoch, dass sie sich vor ihr befindet. Darüber hinaus kann festgehalten werden, dass sie mit kleiner werdendem Bezugsdurchmesser d_B bei konstantem Modul m näher an der Lasteinleitungsseite liegt. Dies gilt ebenfalls für das Wellenfußrundungsradiusverhältnis ρ_{f1}/m. Der maximale Abstand der gestaltfestigkeitsrelevanten Lokalbeanspruchung σ_{GEHMax} ergibt sich für die analysierten Verbindungen bei der Zahnwellenverbindung Kapitel 3.3 – 25 x 1,5 x 15 (gemäß Tabelle 6.1; $c_{F1}/m = 0,12$; $\alpha = 30\,°$; $\rho_{f1}/m = 0,50$). Hier liegt es 1,92 mm vor der Nabenkante.

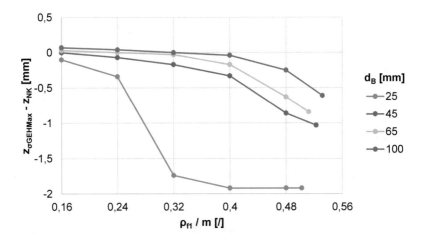

Abbildung 6.24: Absoluter Axialabstand der gestaltfestigkeitsrelevanten Lokalbeanspruchung σ_{GEHMax} von der Nabenkante als Funktion des Bezugsdurchmessers d_B sowie des Wellenfußrundungsradiusverhältnisses ρ_{f1}/m bei konstantem Modul m am Beispiel der ZWV Kapitel 3.3 – var. x 1,5 x var. (gemäß Tabelle 6.1; $c_{F1}/m = 0,12$; $\alpha = 30°$; $\rho_{f1}/m = var.$)

Abbildung 6.25 zeigt die Auswertung von Formulierung (180), vgl. Titel der Ordinate, für die Zahnwellenverbindungen Kapitel 3.3 – var. x var. x 24 (gemäß Tabelle 6.1; $c_{F1}/m = 0,12$; $\alpha = 30°$; $\rho_{f1}/m = var.$) in Abhängigkeit des Bezugsdurchmessers d_B bei konstanten Zähnezahlen z sowie des Wellenfußrundungsradiusverhältnisses ρ_{f1}/m. Ihr kann für die Beispielverbindungen entnommen werden, dass sich die gestaltfestigkeitsrelevante Lokalbeanspruchung σ_{GEHMax} in nur wenigen Fällen gemäß Abbildung 4.30 auf der Nabenkante, im Allgemeinen jedoch vor ihr befindet. Darüber hinaus kann hier genau umgekehrt zu Abbildung 6.24 festgehalten werden, dass ein größerer Bezugsdurchmesser d_B bei konstanten Zähnezahlen z zu einem kleineren Abstand der gestaltfestigkeitsrelevanten Lokalbeanspruchung σ_{GEHMax} von der Lasteinleitungsseite führt. Diese Tendenz gilt ebenfalls für das Wellenfußrundungsradiusverhältnis ρ_{f1}/m. Für Abbildung 6.25 ergibt sich hierbei ein maximaler Abstand zur Nabenkante bei der Zahnwellenverbindung Kapitel 3.3 – 100 x 4 x 24 (gemäß Tabelle 6.1; $c_{F1}/m = 0,12$; $\alpha = 30°$; $\rho_{f1}/m = 0,51$) von - 3,61 mm. Es liegt damit gemäß Abbildung 4.30 auch hier vor der Nabenkante.

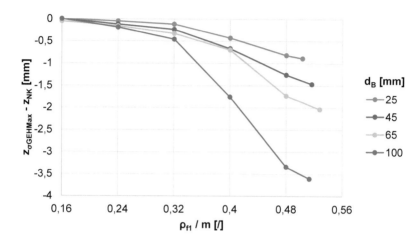

Abbildung 6.25: Absoluter Axialabstand der gestaltfestigkeitsrelevanten Lokalbeanspruchung σ_{GEHMax} von der Nabenkante als Funktion des Bezugsdurchmessers d_B sowie des Wellenfußrundungsradiusverhältnisses ρ_{f1}/m bei konstanten Zähnezahlen z am Beispiel der ZWV Kapitel 3.3 – var. x var. x 24 (gemäß Tabelle 6.1; $c_{F1}/m = 0{,}12$; $\alpha = 30\,°$; $\rho_{f1}/m = var$.)

6.2.3.2.2.1.2 Relevante Lokalbeanspruchung σ^*_{1Max}

Abbildung 6.26 zeigt die Auswertung von Formulierung (181), vgl. Titel der Ordinate, für die Zahnwellenverbindungen Kapitel 3.3 – 45 x var. x var. (gemäß Tabelle 6.1; $c_{F1}/m = 0{,}12$; $\alpha = 30\,°$; $\rho_{f1}/m = var$.) in Abhängigkeit des Moduls m sowie des Wellenfußrundungsradiusverhältnisses ρ_{f1}/m. Die Ergebnisse der Übersteuerungsprüfung, vgl. Kapitel 4.5.1, sind in Kapitel 6.2.3.2.2.1.3 angeführt. Diese gilt es beim Ableiten wissenschaftlicher Erkenntnisse zwingend zu berücksichtigen.

Für die Zahnwellenverbindungen Kapitel 3.3 – 45 x var. x var. (gemäß Tabelle 6.1; $c_{F1}/m = 0{,}12$; $\alpha = 30\,°$; $\rho_{f1}/m = var$.) wird offensichtlich, dass bei kleinen Moduln m und zudem kleinen Wellenfußrundungsradiusverhältnissen ρ_{f1}/m die relevante Lokalbeanspruchung σ^*_{1Max}, als nach der normal- beziehungsweise Hauptspannungshypothese angenäherte Vergleichsspannung, gemäß Abbildung 4.30 hinter der Nabenkante liegt. Ist das Ergebnis von Formulierung (181) doch positiv. Mit steigendem Modul m und Wellenfußrundungsradiusverhältnis ρ_{f1}/m wird ihr Abstand von der Nabenkante nicht nur kleiner, sondern sie wandert sogar vor sie. Der bei der gestaltfestigkeitsrelevanten Lokalbeanspruchung σ_{GEHMax} erkannte Effekt, vgl. Abbildung 6.22, tritt also auch bei der relevanten Lokalbeanspruchung σ^*_{1Max} auf, dies jedoch in deutlich geringerer Ausprägung.

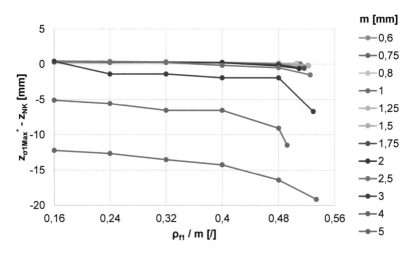

Abbildung 6.26: Absoluter Axialabstand der relevanten Lokalbeanspruchung σ_{1Max}^* von der Nabenkante als Funktion des Moduls m sowie des Wellenfußrundungsradiusverhältnisses ρ_{f1}/m am Beispiel der ZWV Kapitel 3.3 – 45 x var. x var. (gemäß Tabelle 6.1; $c_{F1}/m = 0{,}12$; $\alpha = 30\,°$; $\rho_{f1}/m = var.$)

Abbildung 6.27 zeigt die Auswertung von Formulierung (181), vgl. Titel der Ordinate, für die Zahnwellenverbindungen Kapitel 3.3 – 45 x 1,5 x 28 (gemäß Tabelle 6.1; $c_{F1}/m = 0{,}12$; $\alpha = var.$; $\rho_{f1}/m = var.$) in Abhängigkeit des Flankenwinkels α sowie des Wellenfußrundungsradiusverhältnisses ρ_{f1}/m. Bei den in diesem Diagramm dargestellten Ergebnissen treten keine Übersteuerungen des Auswertebereichs auf. Dies zeigt eine Analyse der in Kapitel 11.2.1 angeführten numerischen Ergebnisse gemäß Kapitel 4.5.2.

Auf Basis von Abbildung 6.27 können für die relevante Lokalbeanspruchung σ_{1Max}^* ähnliche Tendenzen wie auf Grundlage von Abbildung 6.23 für die gestaltfestigkeitsrelevante Lokalbeanspruchung σ_{GEHMax} abgeleitet werden. Somit zeigt eine Betrachtung bei zunächst konstantem Wellenfußrundungsradiusverhältnis ρ_{f1}/m auf, dass sie bei Vergrößerung des Flankenwinkels α immer weiter zur Lasteinleitungsseite wandert, vgl. Abbildung 4.30. Da jedoch bei kleineren Winkeln deutlich größere Wellenfußrundungsradiusverhältnisse ρ_{f1}/m realisierbar sind, vgl. Kapitel 3.3, ergibt sich in absoluter Betrachtung, dass sich bei dem kleinsten Flankenwinkel α von 20 ° bei zudem nach Kapitel 4.2.1.1.1 iterativ maximal realisierten Wellenfußrundungsradiusverhältnis ρ_{f1}^{itMax}/m von 0,61 ein minimaler Abstand zwischen der Lasteinleitungsseite und der relevanten Lokalbeanspruchung σ_{1Max}^* ergibt. Sie befindet sich hierbei gemäß der originären Daten 0,53 mm vor der Nabenkante. Weiterführend zeigt ein Quervergleich zwischen Abbildung 6.23 und Abbildung 6.27, dass die relevante Lokalbeanspruchung

σ^*_{1Max} deutlich häufiger hinter der Nabenkante lokalisiert ist als die gestaltfestigkeitsrelevante Lokalbeanspruchung σ_{GEHMax}.

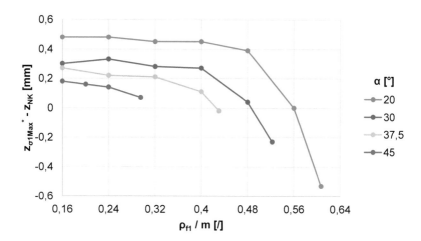

Abbildung 6.27: Absoluter Axialabstand der relevanten Lokalbeanspruchung σ^*_{1Max} von der Nabenkante als Funktion des Flankenwinkels α sowie des Wellenfußrundungsradiusverhältnisses ρ_{f1}/m am Beispiel der ZWV Kapitel 3.3 – 45 x 1,5 x 28 (gemäß Tabelle 6.1; $c_{F1}/m = 0,12$; $\alpha = var.$; $\rho_{f1}/m = var.$).

Abbildung 6.28 zeigt die Auswertung von Formulierung (181), vgl. Titel der Ordinate, für die Zahnwellenverbindungen Kapitel 3.3 – var. x 1,5 x var. (gemäß Tabelle 6.1; $c_{F1}/m = 0,12$; $\alpha = 30\,°$; $\rho_{f1}/m = var.$) in Abhängigkeit des Bezugsdurchmessers d_B bei konstantem Modul m sowie des Wellenfußrundungsradiusverhältnisses ρ_{f1}/m. Bei den in diesem Diagramm dargestellten Ergebnissen treten keine Übersteuerungen des Auswertebereichs auf. Dies zeigt eine Analyse der in Kapitel 11.2.1 angeführten numerischen Ergebnisse gemäß Kapitel 4.5.2.

Die relevante Lokalbeanspruchung σ^*_{1Max} befindet sich bei den gezeigten Beispielverbindungen gemäß Abbildung 4.30 tendenziell hinter der Nabenkante. Die Auswertung von Formulierung (181) führt also häufig zu positiven Ergebnissen. Bei den analysierten Bezugsdurchmessern d_B von 25 mm bis 65 mm und zudem großen Wellenfußrundungsradiusverhältnissen ρ_{f1}/m liegt die relevante Lokalbeanspruchung σ^*_{1Max} jedoch vor der Nabenkante. Es kommt also auch hier bei der Auswertung von Formulierung (181) zu einem Vorzeichenwechsel. Diesbezüglich kann etwas detaillierter festgehalten werden, dass kleinere Bezugsdurchmesser d_B wie auch größere Wellenfußrundungsradiusverhältnisse ρ_{f1}/m dazu führen, dass die relevante Lokalbeanspruchung

σ^*_{1Max} näher an der Lasteinleitungsseite liegt. Der Einfluss des Wellenfußrundungsradiusverhältnisses ρ_{f1}/m steigt hierbei bei kleineren Bezugsdurchmessern d_B. Absolut gesehen ergibt sich ein minimaler Abstand der relevanten Lokalbeanspruchung σ^*_{1Max} von der Lasteinleitungsseite bei der Zahnwellenverbindung Kapitel 3.3 – 25 x 1,5 x 15 (gemäß Tabelle 6.1; $c_{F1}/m = 0,12$; $\alpha = 30\,°$; $\rho_{f1}/m = 0,50$). Sie liegt dabei gemäß der originären Daten 1,92 mm vor der Nabenkante.

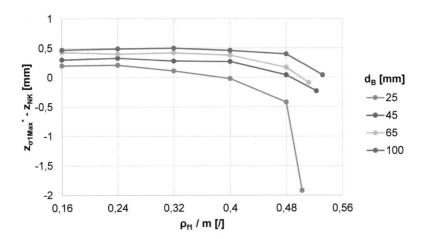

Abbildung 6.28: Absoluter Axialabstand der relevanten Lokalbeanspruchung σ^*_{1Max} von der Nabenkante als Funktion des Bezugsdurchmessers d_B sowie des Wellenfußrundungsradiusverhältnisses ρ_{f1}/m bei konstantem Modul m am Beispiel der ZWV Kapitel 3.3 – var. x 1,5 x var. (gemäß Tabelle 6.1; $c_{F1}/m = 0,12$; $\alpha = 30\,°$; $\rho_{f1}/m = var.$)

Abbildung 6.29 zeigt die Auswertung von Formulierung (181), vgl. Titel der Ordinate, für die Zahnwellenverbindungen Kapitel 3.3 – var. x var. x 24 (gemäß Tabelle 6.1; $c_{F1}/m = 0,12$; $\alpha = 30\,°$; $\rho_{f1}/m = var.$) in Abhängigkeit des Bezugsdurchmessers d_B bei konstanten Zähnezahlen z sowie des Wellenfußrundungsradiusverhältnisses ρ_{f1}/m. Bei den in diesem Diagramm dargestellten Ergebnissen kommt es lediglich bei der Zahnwellenverbindung Kapitel 3.3 – 100 x 4 x 24 (gemäß Tabelle 6.1; $c_{F1}/m = 0,12$; $\alpha = 30\,°$; $\rho_{f1}/m = 0,48$) zur Übersteuerung des Auswertebereichs. Dies zeigt eine Analyse der in Kapitel 11.2.1 angeführten numerischen Ergebnisse gemäß Kapitel 4.5.2.

Neben dem oben bereits mehrfach erwähnten Nulldurchgang bei der Auswertung von Formulierung (181), der bedeutet, dass die relevante Lokalbeanspruchung σ^*_{1Max} gemäß Abbildung 4.30 in Relation zur Nabenkante ihre Lage ändert, wird weiterführend für die Zahnwellenverbindungen Kapitel 3.3 – var. x var. x 24 (gemäß Tabelle 6.1; $c_{F1}/m = 0{,}12$; $\alpha = 30\,°$; $\rho_{f1}/m = var.$) ersichtlich, dass der Bezugsdurchmesser d_B bei konstanten Zähnezahlen z in Zusammenspiel mit dem Wellenfußrundungsradiusverhältnis ρ_{f1}/m sehr wohl einen Einfluss auf ihre Lage hat. Dieser nimmt dabei mit steigendem Bezugsdurchmesser d_B zu. Zudem ist auffällig, dass es bei der relevanten Lokalbeanspruchung σ^*_{1Max}, im Gegensatz zur gestaltfestigkeitsrelevanten Lokalbeanspruchung σ_{GEHMax}, vgl. Abbildung 6.25, Schnittpunkte zwischen den bezugsdurchmesserspezifischen Einflusskurven gibt. Diese liegen ungefähr im Bereich der modulspezifisch optimalen Wellenfußrundungsradiusverhältnisse $\left(\rho_{f1}/m\right)_{Opt}$, vgl. Kapitel 6.2.3.2.3.1.

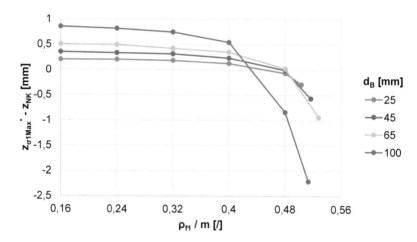

Abbildung 6.29: Absoluter Axialabstand der relevanten Lokalbeanspruchung σ^*_{1Max} von der Nabenkante als Funktion des Bezugsdurchmessers d_B sowie des Wellenfußrundungsradiusverhältnisses ρ_{f1}/m bei konstanten Zähnezahlen z am Beispiel der ZWV Kapitel 3.3 – var. x var. x 24 (gemäß Tabelle 6.1; $c_{F1}/m = 0{,}12$; $\alpha = 30\,°$; $\rho_{f1}/m = var.$)

6.2.3.2.2.1.3 Differenzierung der Lokalbeanspruchungen

Abbildung 6.30 zeigt die Auswertung von Formulierung (182), vgl. Titel der Ordinate, für die Zahnwellenverbindungen Kapitel 3.3 – 45 x var. x var. (gemäß Tabelle 6.1; $c_{F1}/m = 0{,}12$; $\alpha = 30\,°$; $\rho_{f1}/m = var.$) in Abhängigkeit des Moduls m sowie des Wellenfußrundungsradiusverhältnisses ρ_{f1}/m. Wie in Kapitel 4.5.1 dargelegt, muss, vor der Interpretation der in dieser Dissertation angegebenen normal- beziehungsweise hauptspannungshypothesenbasierten Ergebnisgrößen, die Übersteuerung des Auswertebereichs überprüft werden. Für den Bezugsdurchmesser d_B von 45 mm sowie den Flankenwinkel α von 30 ° kann dies auf Basis von Abbildung 6.30 erfolgen. Es sei an dieser Stelle angemerkt, dass sich für alle der für das vorliegende Werk numerisch analysierten Kombinationsmöglichkeiten aus Bezugsdurchmesser d_B und Flankenwinkel α, vgl. Abbildung 6.11, äquivalente Diagramme im Anhang befinden, vgl. Kapitel 11.2.1.

Das Ergebnis der Analyse, ob es zur Übersteuerung des Auswertebereichs bei haupt-beziehungsweise normalspannungshypothesenbasierten Ergebnisgrößen bei den Zahnwellenverbindungen Kapitel 3.3 – 45 x var. x var. (gemäß Tabelle 6.1; $c_{F1}/m = 0{,}12$; $\alpha = 30$ °; $\rho_{f1}/m = var.$) kommt, zeigt Tabelle 6.2. Ihr kann entnommen werden, dass dies bei Moduln m ab 2,5 mm der Fall ist. Bei dem Modul m von 2,5 mm zunächst auf einen kleinen Bereich des Wellenfußrundungsradiusverhältnisses ρ_{f1}/m be-schränkt, vergrößert sich dieser mit steigendem Modul m. Die Übersteuerung des Aus-wertebereichs ist bei der Ergebnisdiskussion zu berücksichtigen.

Tabelle 6.2: Stützstellenbasierte Übersteuerung des auf Basis der GEH definierten Auswertebereichs bei der Bestimmung normal- bzw.- hauptspannungsbasierter Ergebnisgrößen am Beispiel der ZWV Kapitel 3.3 – 45 x var. x var. (gemäß Tabelle 6.1; $c_{F1}/m = 0{,}12$; $\alpha = 30$ °; $\rho_{f1}/m = var.$)

$m\ [mm]$	$\rho_{f1}/m\ [/]$	
	Von	Bis
2,5	0,40	0,48
3	0,24	0,48
4	0,16	0,40
5	0,16	0,40

Auf Basis von Abbildung 6.30 wird exklusive der in Tabelle 6.2 angeführten Zahnwel-lenverbindungen abgeleitet, dass der Abstand zwischen der relevanten Lokalbean-spruchung σ_{1Max}^* und der gestaltfestigkeitsrelevanten Lokalbeanspruchung σ_{GEHMax} sowohl mit steigendem Modul m als auch mit steigendem Wellenfußrundungsradius-verhältnis ρ_{f1}/m zunimmt. Weiterführend weisen die modulspezifischen Graphen zu-dem ein absolutes Maximum auf. Dieses scheint sich jeweils bei dem modulspezifisch optimalen Wellenfußrundungsradiusverhältnis $\left(\rho_{f1}/m\right)_{Opt}$ zu befinden, vgl. Kapitel 6.2.3.2.3.1.

Abschließend sei angemerkt, dass die in Abbildung 6.30 angeführten Ergebnisse der Auswertung von Formulierung (182) überwiegend positiv sind. Mit Verweis auf Abbil-dung 4.31 befindet sich also die gestaltfestigkeitsrelevante Lokalbeanspruchung

σ_{GEHMax} tendenziell näher an der Lasteinleitungsseite als die relevante Lokalbeanspruchung σ_{1Max}^*.

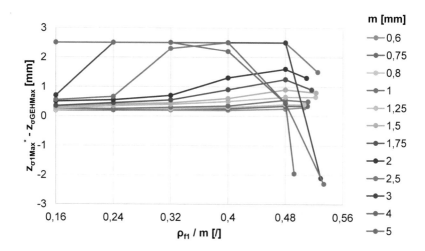

Abbildung 6.30: Absoluter Axialabstand zwischen den Lokalbeanspruchungen σ_{1Max}^* sowie σ_{GEHMax} als Funktion des Moduls m sowie des Wellenfußrundungsradiusverhältnisses ρ_{f1}/m am Beispiel der ZWV Kapitel 3.3 – 45 x var. x var. (gemäß Tabelle 6.1; $c_{F1}/m = 0{,}12$; $\alpha = 30\,°$; $\rho_{f1}/m = var.$)

Abbildung 6.31 zeigt die Auswertung von Formulierung (182), vgl. Titel der Ordinate, für die Zahnwellenverbindungen Kapitel 3.3 – 45 x 1,5 x 28 (gemäß Tabelle 6.1; $c_{F1}/m = 0{,}12$; $\alpha = var.$; $\rho_{f1}/m = var.$) in Abhängigkeit des Flankenwinkels α sowie des Wellenfußrundungsradiusverhältnisses ρ_{f1}/m. Bei den in diesem Diagramm dargestellten Ergebnissen treten keine Übersteuerungen des Auswertebereichs auf. Dies zeigt eine Analyse der in Kapitel 11.2.1 angeführten numerischen Ergebnisse gemäß Kapitel 4.5.2.

Auf Basis der in Abbildung 6.31 angeführten Ergebnisse wird für den Einfluss des Flankenwinkels α auf Ergebnisse der Formulierung (182) festgehalten, dass dieser, wenn überhaupt vorhanden, sehr gering ausgeprägt ist. Bezüglich des Wellenfußrundungsradiusverhältnisses ρ_{f1}/m sei zunächst nochmals erwähnt, dass bei kleinen Flankenwinkeln α deutlich größere Werte technisch realisierbar sind. Dies kann mit dem vom Autor dieser Dissertation entwickelten System zur Profilgenerierung evolventisch basierter Zahnwellenverbindungen, vgl. Kapitel 3.3, nachvollzogen werden.

Die Analyse des Einflusses des Wellenfußrundungsradiusverhältnisses ρ_{f1}/m auf Ergebnisse von Formulierung (182) zeigt, dass der Abstand zwischen der relevanten

Lokalbeanspruchung σ_{1Max}^* und der gestaltfestigkeitsrelevanten Lokalbeanspruchung σ_{GEHMax} mit steigendem Verhältnis zunimmt. Da, wie oben erwähnt, bei kleineren Flankenwinkeln α größere Wellenfußrundungsradiusverhältnisse ρ_{f1}/m realisierbar sind und ein Einfluss des Flankenwinkels α nur schwer erkennbar ist, ergibt sich hierbei ein Maximalwert bei dem kleinsten Winkel.

Es sei weiterführend darauf hingewiesen, dass es Tendenzen für absolute Maxima der in Abbildung 6.31 angeführten Graphen kurz vor dem maximal realisierbaren Wellenfußrundungsradiusverhältnis ρ_{f1}^V/m gibt, vgl. die Flankenwinkel α von 20 ° sowie 30 °. Die technische und wissenschaftliche Bedeutung dieses potenziell existierenden Effekts wird nach gegenwärtigem Kenntnisstand als eher gering eingeschätzt. Um diesen Sachverhalt jedoch sicher klären zu können, sind deutlich mehr Stützstellen für das Wellenfußrundungsradiusverhältnis ρ_{f1}/m im Bereich kurz vor dem maximal realisierbaren Wellenfußrundungsradiusverhältnis ρ_{f1}^V/m erforderlich.

Abschließend sei angemerkt, dass alle der in Abbildung 6.31 angeführten Ergebnisse der Auswertung von Formulierung (182) positiv sind. Mit Verweis auf Abbildung 4.31 befindet sich also die gestaltfestigkeitsrelevante Lokalbeanspruchung σ_{GEHMax} immer näher an der Lasteinleitungsseite als die relevante Lokalbeanspruchung σ_{1Max}^*.

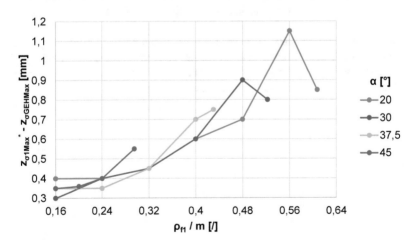

Abbildung 6.31: Absoluter Axialabstand zwischen den Lokalbeanspruchungen σ_{1Max}^* sowie σ_{GEHMax} als Funktion des Flankenwinkels α sowie des Wellenfußrundungsradiusverhältnisses ρ_{f1}/m am Beispiel der ZWV Kapitel 3.3 – 45 x 1,5 x 28 (gemäß Tabelle 6.1; $c_{F1}/m = 0,12$; $\alpha = var.$; $\rho_{f1}/m = var.$)

Abbildung 6.32 zeigt die Auswertung von Formulierung (182), vgl. Titel der Ordinate, für die Zahnwellenverbindungen Kapitel 3.3 – var. x 1,5 x var. (gemäß Tabelle 6.1; $c_{F1}/m = 0{,}12$; $\alpha = 30\,°$; $\rho_{f1}/m = var.$) in Abhängigkeit des Bezugsdurchmessers d_B bei konstantem Modul m sowie des Wellenfußrundungsradiusverhältnisses ρ_{f1}/m. Bei den in diesem Diagramm dargestellten Ergebnissen treten keine Übersteuerungen des Auswertebereichs auf. Dies zeigt eine Analyse der in Kapitel 11.2.1 angeführten numerischen Ergebnisse gemäß Kapitel 4.5.2.

Abbildung 6.32 kann entnommen werden, dass der Abstand zwischen der relevanten Lokalbeanspruchung σ^*_{1Max} und der gestaltfestigkeitsrelevanten Lokalbeanspruchung σ_{GEHMax} bei kleineren Bezugsdurchmessern d_B tendenziell zunimmt. Dies geht mit der Abweichung von einer näherungsweisen linearen Abhängigkeit vom Wellenfußrundungsradiusverhältnis ρ_{f1}/m bei großen Bezugsdurchmessern d_B einher. So bildet sich bei kleineren Durchmessern ein absolutes Maximum ungefähr bei dem modulspezifisch optimalen Wellenfußrundungsradiusverhältnis $(\rho_{f1}/m)_{Opt}$, vgl. Kapitel 6.2.3.2.3.1, aus. Diesbezüglich kann festgehalten werden, dass je kleiner der Bezugsdurchmesser d_B ist, desto ausgeprägter ist das ausgebildete Maximum. Weiterführend gilt für das Wellenfußrundungsradiusverhältnis ρ_{f1}/m, dass größere Verhältnisse zu einem größeren Abstand zwischen der relevanten Lokalbeanspruchung σ^*_{1Max} und der gestaltfestigkeitsrelevanten Lokalbeanspruchung σ_{GEHMax} führen.

Abschließend sei angemerkt, dass alle der in Abbildung 6.32 angeführten Ergebnisse der Auswertung von Formulierung (182) positiv sind. Mit Verweis auf Abbildung 4.31 befindet sich die gestaltfestigkeitsrelevante Lokalbeanspruchung σ_{GEHMax} also immer näher an der Lasteinleitungsseite als die relevante Lokalbeanspruchung σ^*_{1Max}.

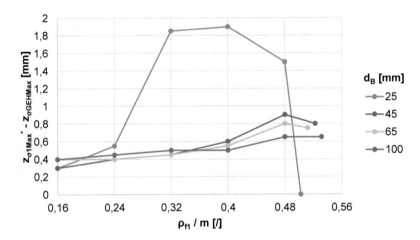

Abbildung 6.32: Absoluter Axialabstand zwischen den Lokalbeanspruchungen σ_{1Max}^* sowie σ_{GEHMax} als Funktion des Bezugsdurchmessers d_B sowie des Wellenfußrundungsradiusverhältnisses ρ_{f1}/m bei konstantem Modul m am Beispiel der ZWV Kapitel 3.3 – var. x 1,5 x var. (gemäß Tabelle 6.1; $c_{F1}/m = 0,12$; $\alpha = 30°$; $\rho_{f1}/m = var.$)

Abbildung 6.33 zeigt die Auswertung von Formulierung (182), vgl. Titel der Ordinate, für die Zahnwellenverbindungen Kapitel 3.3 – var. x var. x 24 (gemäß Tabelle 6.1; $c_{F1}/m = 0,12$; $\alpha = 30°$; $\rho_{f1}/m = var.$) in Abhängigkeit des Bezugsdurchmessers d_B bei konstanten Zähnezahlen z sowie des Wellenfußrundungsradiusverhältnisses ρ_{f1}/m. Bei den in diesem Diagramm dargestellten Ergebnissen kommt es lediglich bei der Zahnwellenverbindung Kapitel 3.3 – 100 x 4 x 24 (gemäß Tabelle 6.1; $c_{F1}/m = 0,12$; $\alpha = 30°$; $\rho_{f1}/m = 0,48$) zur Übersteuerung des Auswertebereichs. Dies zeigt eine Analyse der in Kapitel 11.2.1 angeführten numerischen Ergebnisse gemäß Kapitel 4.5.2.

Anhand von Abbildung 6.33 wird offensichtlich, dass ein größerer Bezugsdurchmesser d_B auch zu einem größeren Abstand zwischen der relevanten Lokalbeanspruchung σ_{1Max}^* und der gestaltfestigkeitsrelevanten Lokalbeanspruchung σ_{GEHMax} führt. Für den Einfluss des Wellenfußrundungsradiusverhältnisses ρ_{f1}/m kann dabei festgehalten werden, dass sich ein absolutes Maximum ungefähr bei dem modulspezifisch optimalen Wellenfußrundungsradiusverhältnis $(\rho_{f1}/m)_{Opt}$ ergibt, vgl. Kapitel 6.2.3.2.3.1.

Abschließend sei angemerkt, dass alle der in Abbildung 6.33 angeführten Ergebnisse der Auswertung von Formulierung (182) positiv sind. Mit Verweis auf Abbildung 4.31

befindet sich die gestaltfestigkeitsrelevante Lokalbeanspruchung σ_{GEHMax} also immer näher an der Lasteinleitungsseite als die relevante Lokalbeanspruchung σ_{1Max}^*.

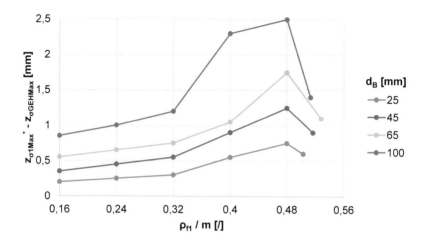

Abbildung 6.33: Absoluter Axialabstand zwischen den Lokalbeanspruchungen σ_{1Max}^* sowie σ_{GEHMax} als Funktion des Bezugsdurchmessers d_B sowie des Wellenfußrundungsradiusverhältnisses ρ_{f1}/m bei konstanten Zähnezahlen z am Beispiel der ZWV Kapitel 3.3 – var. x var. x 24 (gemäß Tabelle 6.1; $c_{F1}/m = 0{,}12$; $\alpha = 30\,°$; $\rho_{f1}/m = var.$)

6.2.3.2.2.2 Radiale Richtung

Die Lagecharakterisierung der relevanten Lokalbeanspruchungen σ_{GEHMax} sowie σ_{1Max}^* in radialer Richtung erfolgt gemäß den in Kapitel 4.5.3.2 getroffenen geometrischen Definitionen.

6.2.3.2.2.2.1 Absoluter Abstand zum Nabenkopfkreis

Abbildung 6.34 zeigt die Auswertung von Formulierung (183), vgl. Titel der Ordinate, für die Zahnwellenverbindungen Kapitel 3.3 – 45 x var. x var. (gemäß Tabelle 6.1; $c_{F1}/m = 0{,}12$; $\alpha = 30\,°$; $\rho_{f1}/m = var.$) in Abhängigkeit des Moduls m sowie des Wellenfußrundungsradiusverhältnisses ρ_{f1}/m. Auf Basis der dort angeführten Ergebnisse wird offensichtlich, dass sowohl ein steigender Modul m als auch ein steigendes Wellenfußrundungsradiusverhältnis ρ_{f1}/m dazu führt, dass der Abstand zwischen der gestaltfestigkeitsrelevanten Lokalbeanspruchung σ_{GEHMax} und der Nabenkante in radialer Richtung zunimmt.

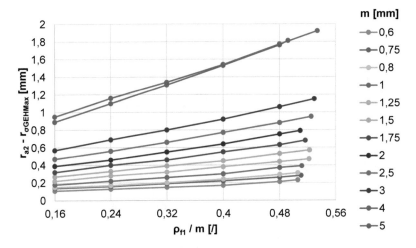

Abbildung 6.34: Absoluter Radialabstand der gestaltfestigkeitsrelevanten Lokalbeanspruchung σ_{GEHMax} vom Nabenkopfkreis als Funktion des Moduls m sowie des Wellenfußrundungsradiusverhältnisses ρ_{f1}/m am Beispiel der ZWV Kapitel 3.3 – 45 x var. x var. (gemäß Tabelle 6.1; $c_{F1}/m = 0,12$; $\alpha = 30\,°$; $\rho_{f1}/m = var.$)

Abbildung 6.35 zeigt die Auswertung von Formulierung (183), vgl. Titel der Ordinate, für die Zahnwellenverbindungen Kapitel 3.3 – 45 x 1,5 x 28 (gemäß Tabelle 6.1; $c_{F1}/m = 0,12$; $\alpha = var.$; $\rho_{f1}/m = var.$) in Abhängigkeit des Flankenwinkels α sowie des Wellenfußrundungsradiusverhältnisses ρ_{f1}/m. Auf Basis der angeführten Ergebnisse kann zunächst festgehalten werden, dass ein kleinerer Flankenwinkel α zu einem größeren radialen Abstand der gestaltfestigkeitsrelevanten Lokalbeanspruchung σ_{GEHMax} von der Nabe führt. Weiterführend bewirkt dies ebenfalls ein größeres Wellenfußrundungsradiusverhältnis ρ_{f1}/m. Hierbei sei an dieser Stelle darauf hingewiesen, dass aus technischen Gründen bei kleineren Flankenwinkeln α größere Wellenfußrundungsradiusverhältnisse ρ_{f1}/m realisierbar sind, vgl. Kapitel 3.3.

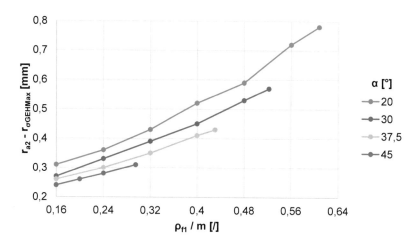

Abbildung 6.35: Absoluter Radialabstand der gestaltfestigkeitsrelevanten Lokalbeanspruchung σ_{GEHMax} vom Nabenkopfkreis als Funktion des Flankenwinkels α sowie des Wellenfußrundungsradiusverhältnisses ρ_{f1}/m am Beispiel der ZWV Kapitel 3.3 – 45 x 1,5 x 28 (gemäß Tabelle 6.1; $c_{F1}/m = 0{,}12$; $\alpha = var.$; $\rho_{f1}/m = var.$)

Abbildung 6.36 zeigt die Auswertung von Formulierung (183), vgl. Titel der Ordinate, für die Zahnwellenverbindungen Kapitel 3.3 – var. x 1,5 x var. (gemäß Tabelle 6.1; $c_{F1}/m = 0{,}12$; $\alpha = 30°$; $\rho_{f1}/m = var.$) in Abhängigkeit des Bezugsdurchmessers d_B bei konstantem Modul m sowie des Wellenfußrundungsradiusverhältnisses ρ_{f1}/m. Das Ableiten des Einflusses des Bezugsdurchmessers d_B auf den radialen Abstand der gestaltfestigkeitsrelevanten Lokalbeanspruchung σ_{GEHMax} zur Nabenkante ist auf Basis der in Abbildung 6.36 angeführten Ergebnisse schwierig, da die Unterschiede zwischen den einzelnen Graphen zumindest abschnittsweise relativ klein sind und zudem Schnittpunkte zwischen ihnen existieren. Es deutet sich aber an, dass sich bei horizontaler Ausrichtung ihrer Ausgleichskurven ein Minimum kurz vor beziehungsweise ungefähr im Bereich des modulspezifisch optimalen Wellenfußrundungsradiusverhältnisses $(\rho_{f1}/m)_{Opt}$ ergibt, vgl. Kapitel 6.2.3.2.3.1. Dieses ist umso ausgeprägter, je größer der Bezugsdurchmesser d_B ist.

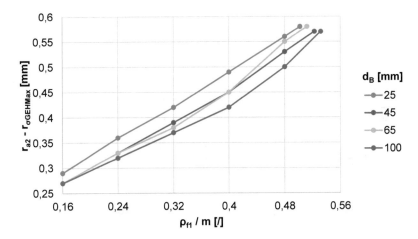

Abbildung 6.36: Absoluter Radialabstand der gestaltfestigkeitsrelevanten Lokalbeanspruchung σ_{GEHMax} vom Nabenkopfkreis als Funktion des Bezugsdurchmessers
d_B sowie des Wellenfußrundungsradiusverhältnisses ρ_{f1}/m bei konstantem Modul m
am Beispiel der ZWV Kapitel 3.3 – var. x 1,5 x var. (gemäß Tabelle 6.1; $c_{F1}/m =$
$0,12;\ \alpha = 30\ °;\ \rho_{f1}/m = var.$)

Abbildung 6.37 zeigt die Auswertung von Formulierung (183), vgl. Titel der Ordinate,
für die Zahnwellenverbindungen Kapitel 3.3 – var. x var. x 24 (gemäß Tabelle 6.1;
$c_{F1}/m = 0,12;\ \alpha = 30\ °;\ \rho_{f1}/m = var.$) in Abhängigkeit des Bezugsdurchmessers d_B
bei konstanten Zähnezahlen z sowie des Wellenfußrundungsradiusverhältnisses
ρ_{f1}/m. Für den Einfluss des Bezugsdurchmessers d_B sowie des Wellenfußrundungsradiusverhältnisses ρ_{f1}/m auf den radialen Abstand der gestaltfestigkeitsrelevanten
Lokalbeanspruchung σ_{GEHMax} zur Nabenkante kann festgehalten werden, dass größere Werte für die Einflussgrößen auch zu größeren Nabenkantendistanzen führen.

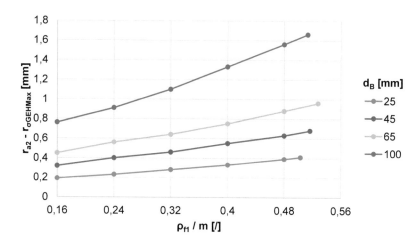

Abbildung 6.37: Absoluter Radialabstand der gestaltfestigkeitsrelevanten Lokalbeanspruchung σ_{GEHMax} vom Nabenkopfkreis als Funktion des Bezugsdurchmessers
d_B sowie des Wellenfußrundungsradiusverhältnisses ρ_{f1}/m bei konstanten Zähnezahlen z am Beispiel der ZWV Kapitel 3.3 – var. x var. x 24 (gemäß Tabelle 6.1;
$c_{F1}/m = 0,12;\ \alpha = 30\,°;\ \rho_{f1}/m = var.$)

6.2.3.2.2.2.2 Relativlage zum Wellenfußkreis

Abbildung 6.38 zeigt die Auswertung von Formulierung (184), vgl. Titel der Ordinate,
für die Zahnwellenverbindungen Kapitel 3.3 – 45 x var. x var. (gemäß Tabelle 6.1;
$c_{F1}/m = 0,12;\ \alpha = 30\,°;\ \rho_{f1}/m = var.$) in Abhängigkeit des Moduls m sowie des Wellenfußrundungsradiusverhältnisses ρ_{f1}/m. Ihr kann entnommen werden, dass die gestaltfestigkeitsrelevante Lokalbeanspruchung σ_{GEHMax} bei maximal realisierbarem
Wellenfußrundungsradiusverhältnis ρ_{f1}^V/m immer am tiefsten Punkt des Wellenfußbereichs liegt. Dies ist der Berührpunkt zwischen Wellenfußrundungsradius ρ_{f1} und Wellenfußkreisradius r_{f1}, vgl. Abbildung 3.3. Diese Aussage gilt zumindest in sehr weiten
Bereichen, voraussichtlich sogar allgemeingültig. Der entsprechende Effekt ist damit
unter anderem auch auf Basis von Abbildung 6.39, Abbildung 6.40 und Abbildung 6.41
ersichtlich.

Über das zuvor Beschriebene hinaus zeigt die Analyse des Einflusses des Moduls m
bei konstantem Wellenfußrundungsradiusverhältnis ρ_{f1}/m, dass sich der anteilsmä-
ßige Abstand der gestaltfestigkeitsrelevanten Lokalbeanspruchung σ_{GEHMax} von der
Nabenkante mit steigendem Modul m immer weiter vergrößert. Damit nimmt der Grad
der Progressivität der in Abbildung 6.38 angeführten Graphen mit steigendem Modul
m ab.

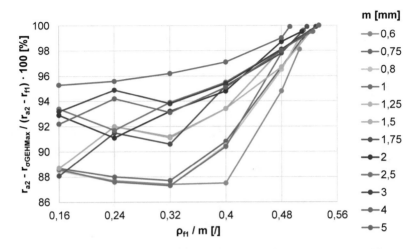

Abbildung 6.38: Radiale Relativlage der gestaltfestigkeitsrelevanten Lokalbeanspruchung σ_{GEHMax} zum Wellenfußkreis als Funktion des Moduls m sowie des Wellenfußrundungsradiusverhältnisses ρ_{f1}/m am Beispiel der ZWV Kapitel 3.3 – 45 x var. x var. (gemäß Tabelle 6.1; $c_{F1}/m = 0{,}12$; $\alpha = 30\,°$; $\rho_{f1}/m = var.$)

Abbildung 6.39 zeigt die Auswertung von Formulierung (184), vgl. Titel der Ordinate, für die Zahnwellenverbindungen Kapitel 3.3 – 45 x 1,5 x 28 (gemäß Tabelle 6.1; $c_{F1}/m = 0{,}12$; $\alpha = var.$; $\rho_{f1}/m = var.$) in Abhängigkeit des Flankenwinkels α sowie des Wellenfußrundungsradiusverhältnisses ρ_{f1}/m. Es wird ersichtlich, dass der relative Abstand zwischen der gestaltfestigkeitsrelevanten Lokalbeanspruchung σ_{GEHMax} und der Nabenkante sowohl mit steigendem Flankenwinkel α als auch mit zunehmendem Wellenfußrundungsradiusverhältnis ρ_{f1}/m zunimmt. Hierbei sind Tendenzen erkennbar, dass die Graphen flankenspezifisch absolute Minima aufweisen. Bezugnehmend auf den absoluten Abstand der gestaltfestigkeitsrelevanten Lokalbeanspruchung σ_{GEHMax} von der Nabenkante, vgl. Abbildung 6.35, bedeutet dies lapidar formuliert, dass der geometrisch zur Gestaltung des Wellenfußbereichs zur Verfügung stehende Raum schneller wächst, als sich die entsprechende Beanspruchung von der Nabenkante entfernt, vgl. Abbildung 4.32.

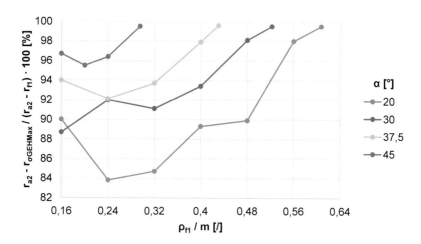

Abbildung 6.39: Radiale Relativlage der gestaltfestigkeitsrelevanten Lokalbeanspruchung σ_{GEHMax} zum Wellenfußkreis als Funktion des Flankenwinkels α sowie des Wellenfußrundungsradiusverhältnisses ρ_{f1}/m am Beispiel der ZWV Kapitel 3.3 – 45 x 1,5 x 28 (gemäß Tabelle 6.1; $c_{F1}/m = 0{,}12$; $\alpha = var.$; $\rho_{f1}/m = var.$)

Abbildung 6.40 zeigt die Auswertung von Formulierung (184), vgl. Titel der Ordinate, für die Zahnwellenverbindungen Kapitel 3.3 – var. x 1,5 x var. (gemäß Tabelle 6.1; $c_{F1}/m = 0{,}12$; $\alpha = 30\,°$; $\rho_{f1}/m = var.$) in Abhängigkeit des Bezugsdurchmessers d_B bei konstantem Modul m sowie des Wellenfußrundungsradiusverhältnisses ρ_{f1}/m. Für den Einfluss des Bezugsdurchmessers d_B bei konstantem Modul m kann jedoch zunächst keine wissenschaftlich eindeutige Aussage abgeleitet werden. Unter Vorbehalt scheint allerdings zu gelten, dass ein kleinerer Bezugsdurchmesser d_B zu einem größeren relativen Abstand der gestaltfestigkeitsrelevanten Lokalbeanspruchung σ_{GEHMax} von der Nabenkante führt. Für das Wellenfußrundungsradiusverhältnis ρ_{f1}/m kann festgehalten werden, dass sich für größere Verhältnisse auch größere relative Distanzen ergeben.

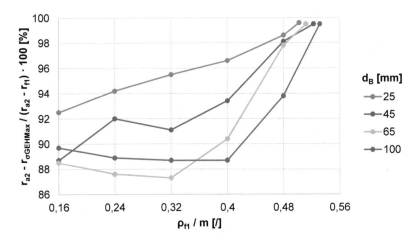

Abbildung 6.40: Radiale Relativlage der gestaltfestigkeitsrelevanten Lokalbeanspruchung σ_{GEHMax} zum Wellenfußkreis als Funktion des Bezugsdurchmessers d_B sowie des Wellenfußrundungsradius ρ_{f1}/m bei konstantem Modul m am Beispiel der ZWV Kapitel 3.3 – var. x 1,5 x var. (gemäß Tabelle 6.1; $c_{F1}/m = 0,12$; $\alpha = 30°$; $\rho_{f1}/m = var.$)

Abbildung 6.41 zeigt die Auswertung von Formulierung (184), vgl. Titel der Ordinate, für die Zahnwellenverbindungen Kapitel 3.3 – var. x var. x 24 (gemäß Tabelle 6.1; $c_{F1}/m = 0,12$; $\alpha = 30°$; $\rho_{f1}/m = var.$) in Abhängigkeit des Bezugsdurchmessers d_B bei konstanten Zähnezahlen z sowie des Wellenfußrundungsradiusverhältnisses ρ_{f1}/m. Auf ihrer Grundlage kann festgehalten werden, dass der Bezugsdurchmesser d_B keinen Einfluss auf den relativen Abstand der gestaltfestigkeitsrelevanten Lokalbeanspruchung σ_{GEHMax} von der Nabenkante hat, wenn sich die Zähnezahlen z der miteinander verglichenen Verbindungen nicht unterscheiden. Für das Wellenfußrundungsradiusverhältnis ρ_{f1}/m kann formuliert werden, dass sich für größere Verhältnisse auch größere relative Distanzen ergeben.

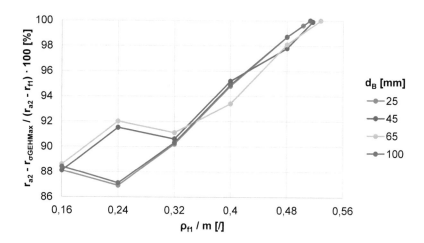

Abbildung 6.41: Radiale Relativlage der gestaltfestigkeitsrelevanten Lokalbeanspruchung σ_{GEHMax} zum Wellenfußkreis als Funktion des Bezugsdurchmessers d_B sowie des Wellenfußrundungsradiusverhältnisses ρ_{f1}/m bei konstanten Zähnezahlen z am Beispiel der ZWV Kapitel 3.3 – var. x var. x 24 (gemäß Tabelle 6.1; $c_{F1}/m = 0{,}12$; $\alpha = 30°$; $\rho_{f1}/m = var.$)

6.2.3.2.3   Charakterisierung der Kerbwirkung

Die wellenbezogene Charakterisierung der Kerbwirkung am Ort der global gestaltfestigkeitsrelevanten Lokalbeanspruchung σ_{GEHMax} erfolgt auf Basis der in Kapitel 4.2.3.1 definierten Pfadgenerierungsart 1 (PGA1). Hierbei beziehen sich die in diesem Kapitel durchgeführten Betrachtungen aus gegebener Praxisrelevanz nur auf den zugseitigen Bereich. Die Auswertung erfolgt nach der in Kapitel 4.5.4 beschriebenen Vorgehensweise.

6.2.3.2.3.1   Torsionsformzahl $\alpha_{ktGEHdB}$

Abbildung 6.42 zeigt die auf Basis der Gestaltänderungsenergiehypothese sowie des Bezugsdurchmessers d_B bestimmte Torsionsformzahl $\alpha_{ktGEHdB}$ der Zahnwellenverbindungen Kapitel 3.3 – 45 x var. x var. (gemäß Tabelle 6.1; $c_{F1}/m = 0{,}12$; $\alpha = 30°$; $\rho_{f1}/m = var.$) in Abhängigkeit des Moduls m sowie des Wellenfußrundungsradiusverhältnisses ρ_{f1}/m. Ihr kann für den Modul m entnommen werden, dass die Torsionsformzahl $\alpha_{ktGEHdB}$ bei entsprechend gerichteter Modulvariation bis zu einem Umkehrpunkt ab- und danach wieder zunimmt. Es existiert also ein Minimum für diesen Parameter. Mit Verweis auf die Bedeutung der Torsionsformzahl $\alpha_{ktGEHdB}$ kann auch formuliert werden, dass es einen Modul m gibt, der zur maximalen Tragfähigkeit evolventisch basierter Zahnwellenverbindungen nach Kapitel 3.3 führt.

In Weiterführung kann über das oben angeführte hinaus für den Einfluss des Wellenfußrundungsradiusverhältnisses ρ_{f1}/m auf die Torsionsformzahl $\alpha_{ktGEHdB}$ festgehalten werden, dass auch hier ein absolutes Minimum und damit ein Tragfähigkeitsoptimum existiert. Diese Aussage gilt für jeden beliebigen Modul m. Allerdings ist die Lage des optimalen Wellenfußrundungsradiusverhältnisses $\left(\rho_{f1}/m\right)_{Opt}$ nicht konstant, sondern modulspezifisch. Tendenziell kann hierbei formuliert werden, dass das optimale Wellenfußrundungsradiusverhältnis $\left(\rho_{f1}/m\right)_{Opt}$ bei größeren Moduln m bei etwas kleineren Verhältnissen liegt. Dies gilt umgekehrt für kleinere Moduln m. Für die in Abbildung 6.42 angeführten Ergebnisse kann angegeben werden, dass das modulspezifisch optimale Wellenfußrundungsradiusverhältnis $\left(\rho_{f1}/m\right)_{Opt}$ zwischen 0,40 und 0,48 liegt. Diese Angabe stimmt mit den vom Autor dieser Dissertation in [FVA 742 I 16-2] für Zahnwellenverbindungen nach [DIN 5480] am Beispiel des Bezugsdurchmessers d_B von 25 mm veröffentlichten Aussagen überein.

Im oberen Absatz wurde der Effekt dargelegt, dass das optimale Wellenfußrundungsradiusverhältnis $\left(\rho_{f1}/m\right)_{Opt}$ nicht jenes der Wellenvollausrundung ist. Vielmehr ist dieses geringfügig kleiner. Dies wurde bereits in stark rudimentärer Form unter anderem in [FVA 591 I] sowie vom Autor dieser Dissertation in [FVA 742 I] festgestellt. Mit Verweis auf die allgemeine Kerbtheorie sowie den Kragarm als Zahnersatzmodell ist dies im Allgemeinen so zunächst nicht zu erwarten. Führt hier doch eine vermeintlich schärfere Kerbe zu einer höheren Tragfähigkeit. In [FVA 591 I] wird der Effekt der Verringerung der Tragfähigkeit bei der Verwendung von Wellenfußrundungsradiusverhältnissen ρ_{f1}/m größer als dem optimalen bis hin zu jenem der Wellenvollausrundung lapidar ausschließlich auf die damit verbundene Verringerung des Wellenfußkreisdurchmessers d_{f1}, also die Abnahme des Torsionswiderstandsmomentes W_t zurückgeführt. Mit dem in Kapitel 3.2 entwickelten und in Kapitel 3.3 dargelegten System zur Profilgenerierung evolventisch basierter Zahnwellenverbindungen kann allerdings leicht nachvollzogen werden, dass der Unterschied zwischen den sich ergebenden Durchmessern gering ist. Unter Berücksichtigung der vom Autor dieser Dissertation in [FVA 742 I] unveröffentlichten geometriebezogen durchgeführten Sensitivitätsstudie wird erwartet, dass dies somit nicht alleinige Ursache für die Existenz eines optimalen Wellenfußrundungsradiusverhältnisses $\left(\rho_{f1}/m\right)_{Opt}$ kleiner als des zur Vollausrundung führenden ist. Vielmehr wird weiterführend davon ausgegangen, dass sich mit größeren Wellenfußrundungsradiusverhältnissen ρ_{f1}/m Zug- sowie Druckbeanspruchung eines eine Wellenzahnlücke bildenden Zahnpaares, durch kleiner werdende Abstände der beiden Einspannungen der als Kragarm verstandenen Zähne, zunehmend überlagern. Darüber hinaus ist zu erwarten, dass mit zunehmendem Wellenfußrundungsradiusverhältnis ρ_{f1}/m der Abstand zwischen dem kerbbedingten und dem durch die

Torsion bedingten Beanspruchungsmaximum im Wellenzahnfuß, vgl. Kapitel 4.4.2, abnimmt und als Folge die resultierende Beanspruchung zunimmt.

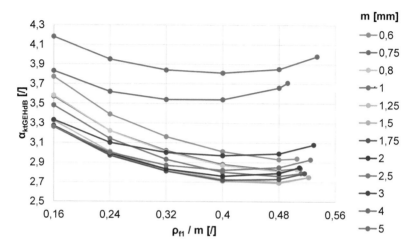

Abbildung 6.42: Torsionsformzahl $\alpha_{ktGEHdB}$ als Funktion des Moduls m sowie des Wellenfußrundungsradiusverhältnisses ρ_{f1}/m am Beispiel der ZWV Kapitel 3.3 – 45 x var. x var. (gemäß Tabelle 6.1; $c_{F1}/m = 0,12$; $\alpha = 30°$; $\rho_{f1}/m = var.$)

Abbildung 6.43 zeigt die auf Basis der Gestaltänderungsenergiehypothese sowie des Bezugsdurchmessers d_B bestimmte Torsionsformzahl $\alpha_{ktGEHdB}$ der Zahnwellenverbindungen Kapitel 3.3 – 45 x 1,5 x 28 (gemäß Tabelle 6.1; $c_{F1}/m = 0,12$; $\alpha = var.$; $\rho_{f1}/m = var.$) in Abhängigkeit des Flankenwinkels α sowie des Wellenfußrundungsradiusverhältnisses ρ_{f1}/m. Die Analyse der mit ihr angeführten Ergebnisse zunächst bei einem konstanten Wellenfußrundungsradiusverhältnis ρ_{f1}/m von 0,24 zeigt, dass für den Flankenwinkel α sehr wohl relative Tragfähigkeitsoptima existieren. So ist die Torsionsformzahl $\alpha_{ktGEHdB}$ bei dem entsprechend betrachteten Verhältnis stützstellenbasiert bei 37,5 ° minimal. Der optimale Flankenwinkel α_{Opt} ist jedoch eine Funktion des Wellenfußrundungsradiusverhältnisses ρ_{f1}/m. Führt doch beispielsweise bei einem Verhältnis von 0,4 ein anderer Winkel zur minimalen Torsionsformzahl $\alpha_{ktGEHdB}$.

Die flankenwinkelbezogen absolute Betrachtung von Abbildung 6.43 zeigt, dass die Torsionsformzahl $\alpha_{ktGEHdB}$ mit sinkendem Flankenwinkel α abnimmt, die Tragfähigkeit evolventisch basierter Zahnwellenverbindungen nach Kapitel 3.3 also zunimmt. Für den untersuchten Bereich erreicht die Torsionsformzahl $\alpha_{ktGEHdB}$ ihr Minimum bei einem Flankenwinkel α von 20 °. Bei dieser Aussage gilt es allerdings zu berücksichtigen, dass das angegebene Minimum auf der Grenze des untersuchten Parameterfelds liegt, vgl. Kapitel 6.2.2.1. In diesem Zusammenhang kann weiterführend auf Basis der in Abbildung 6.43 angeführten numerischen Ergebnisse festgehalten werden, dass der Gradient der Torsionsformzahl $\alpha_{ktGEHdB}$ bei Verringerung des Flankenwinkels α abnimmt. Als Resultat führt eine Verringerung des Flankenwinkels α von 30 ° auf 20 ° lediglich noch zu einer Reduzierung der Torsionsformzahl $\alpha_{ktGEHdB}$ von 0,07. Auf Basis dieses Sachverhalts ist zu erwarten, dass die wellenfußrundungsradiusverhältnisspezifisch absolut minimale Torsionsformzahl $\alpha_{ktGEHdB}$ entweder ein absolutes Minimum bei einem Flankenwinkel kleiner als 20 ° aufweist oder aber asymptotisch von diesem abhängt.

Aus Sicht der Verschleißfestigkeit gilt lapidar formuliert, dass etwaig auftretende Querkräfte beziehungsweise das aus ihnen resultierende Biegemoment M_b die Zentrierwirkung evolventisch basierter Zahnwellenverbindungen nicht überschreiten sollte. Einstellbar ist dies über den Flankenwinkel α. Je geringer dieser ist, desto geringer ist auch die Zentrierwirkung und umgekehrt. Wie bereits im vorhergehenden Absatz erwähnt, kann den in Abbildung 6.43 angeführten numerischen Ergebnissen entnommen werden, dass eine Verringerung des Flankenwinkels α von 30 ° auf 20 ° zu einer Reduzierung der Torsionsformzahl $\alpha_{ktGEHdB}$ um 0,07 führt. Unter dem Aspekt der Gestaltfestigkeit müsste also der kleinere Winkel Anwendung finden. Jedoch ist zu bedenken, dass die relativ geringe Tragfähigkeitssteigerung mit einem relativ großen Verlust an Zentrierwirkung einhergeht. Aus diesem Grund wird erwartet, dass derart kleine Flankenwinkel α praktisch von untergeordneter Bedeutung sind.

Weiterführend ist die Torsionsformzahl $\alpha_{ktGEHdB}$ auch vom Wellenfußrundungsradiusverhältnis ρ_{f1}/m abhängig. Eine flankenwinkelspezifische Betrachtung der in Abbildung 6.43 angeführten numerischen Ergebnisse zeigt, dass die auf Basis von Abbildung 6.42 für einen Flankenwinkel α von 30 ° gewonnenen wissenschaftlichen Erkenntnisse auch für andere Flankenwinkel α gültig sind.

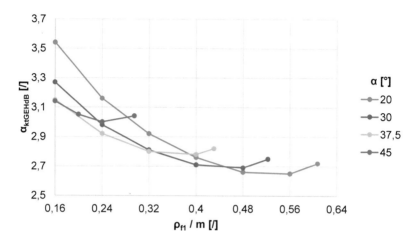

Abbildung 6.43: Torsionsformzahl $\alpha_{ktGEHdB}$ als Funktion des Flankenwinkels α sowie des Wellenfußrundungsradiusverhältnisses ρ_{f1}/m am Beispiel der ZWV Kapitel 3.3 – 45 x 1,5 x 28 (gemäß Tabelle 6.1; $c_{F1}/m = 0{,}12$; $\alpha = var.$; $\rho_{f1}/m = var.$)

Abbildung 6.44 zeigt die auf Basis der Gestaltänderungsenergiehypothese sowie des Bezugsdurchmessers d_B bestimmte Torsionsformzahl $\alpha_{ktGEHdB}$ der Zahnwellenverbindungen Kapitel 3.3 – var. x 1,5 x var. (gemäß Tabelle 6.1; $c_{F1}/m = 0{,}12$; $\alpha = 30\,°$; $\rho_{f1}/m = var.$) in Abhängigkeit des Bezugsdurchmessers d_B bei konstantem Modul m sowie des Wellenfußrundungsradiusverhältnisses ρ_{f1}/m. Auf ihrer Grundlage könnte geschlussfolgert werden, dass ein optimaler Bezugsdurchmesser $(d_B)_{Opt}$ existiert. Dies wäre so nicht richtig. Besagt doch die geometrische Ähnlichkeit, vgl. Kapitel 6.2.3.3, dass die Torsionsformzahlen α_{kt} geometrisch ähnlicher Verbindungen identisch sind. Die in Abbildung 6.44 zueinander in Beziehung gesetzten Verbindungen sind nicht geometrisch ähnlich. Allerdings ist für den Bezugsdurchmesser d_B von 45 mm der optimale Modul m_{Opt} zugrunde gelegt. Mit Verweis auf beispielsweise Gleichung (222) ist folglich bei kleineren Bezugsdurchmessern d_B ein zu großer Modul m und bei größeren Bezugsdurchmessern d_B ein zu kleiner Modul m gewählt. Dass also jene Verbindung mit dem Bezugsdurchmesser d_B von 45 mm die geringste Torsionsformzahl $\alpha_{ktGEHdB}$ beziehungsweise die größte Tragfähigkeit aufweist, bestätigt alle wissenschaftlichen Erkenntnisse.

Weiterführend ist die Torsionsformzahl $\alpha_{ktGEHdB}$ auch vom Wellenfußrundungsradiusverhältnis ρ_{f1}/m abhängig. Eine bezugsdurchmesserspezifische Betrachtung bei konstantem Modul m der in Abbildung 6.44 angeführten numerischen Ergebnisse zeigt, dass die auf Basis von Abbildung 6.42 für einen Bezugsdurchmesser d_B von 45 mm gewonnenen wissenschaftlichen Erkenntnisse auch für andere Bezugsdurchmesser d_B gültig sind.

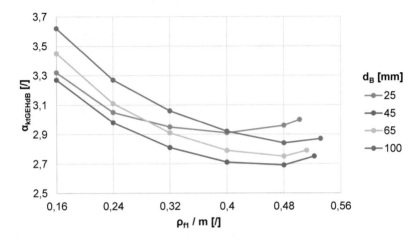

Abbildung 6.44: Torsionsformzahl $\alpha_{ktGEHdB}$ als Funktion des Bezugsdurchmessers d_B sowie des Wellenfußrundungsradiusverhältnisses ρ_{f1}/m bei konstantem Modul m am Beispiel der ZWV Kapitel 3.3 – var. x 1,5 x var. (gemäß Tabelle 6.1; $c_{F1}/m = 0,12$; $\alpha = 30\,°$; $\rho_{f1}/m = var.$)

Abbildung 6.45 zeigt die auf Basis der Gestaltänderungsenergiehypothese sowie des Bezugsdurchmessers d_B bestimmte Torsionsformzahl $\alpha_{ktGEHdB}$ der Zahnwellenverbindungen Kapitel 3.3 – var. x var. x 24 (gemäß Tabelle 6.1; $c_{F1}/m = 0,12$; $\alpha = 30\,°$; $\rho_{f1}/m = var.$) in Abhängigkeit des Bezugsdurchmessers d_B bei konstanten Zähnezahlen z sowie des Wellenfußrundungsradiusverhältnisses ρ_{f1}/m. Mit Verweis auf die bislang getroffene Definition der geometrischen Ähnlichkeit, vgl. Kapitel 6.2.3.3, ist hier zu erwarten, dass sich die Torsionsformzahl $\alpha_{ktGEHdB}$ nicht ändert. Auf Basis von Abbildung 6.45 wird allerdings ersichtlich, dass dies der Fall ist. Grund dafür ist, dass die Initiationsprofilverschiebungsfaktoren x_I bei den analysierten Verbindungen nicht, zumindest jedoch nicht immer, gleich sind, vgl. Tabelle 6.4. Diese Feststellung und auch weitere Aspekte wurden in dieser Dissertation genutzt, um die gegenwärtig gültige Definition der geometrischen Ähnlichkeit zu vervollständigen beziehungsweise zu erweitern. Dies ist Gegenstand von Kapitel 6.2.3.3. Auf seiner Grundlage sei abschließend angemerkt, dass die in Abbildung 6.45 gezeigten numerischen Ergebnisse sehr wohl auf die geometrischen Ähnlichkeit hinweisen.

Weiterführend ist die Torsionsformzahl $\alpha_{ktGEHdB}$ auch vom Wellenfußrundungsradiusverhältnis ρ_{f1}/m abhängig. Eine bezugsdurchmesserspezifische Betrachtung bei konstanten Zähnezahlen z der in Abbildung 6.45 angeführten numerischen Ergebnisse zeigt, dass die auf Basis von Abbildung 6.42 für einen Bezugsdurchmesser d_B von 45 mm gewonnenen wissenschaftlichen Erkenntnisse auch für andere Bezugsdurchmesser d_B gültig sind.

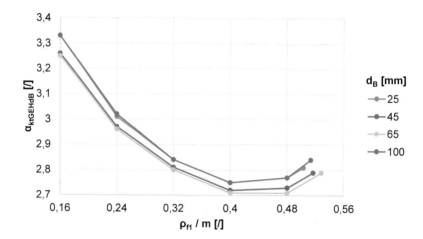

Abbildung 6.45: Torsionsformzahl $\alpha_{ktGEHdB}$ als Funktion des Bezugsdurchmessers d_B sowie des Wellenfußrundungsradiusverhältnisses ρ_{f1}/m bei konstanten Zähnezahlen z am Beispiel der ZWV Kapitel 3.3 – var. x var. x 24 (gemäß Tabelle 6.1; $c_{F1}/m = 0,12$; $\alpha = 30\,°$; $\rho_{f1}/m = var.$)

6.2.3.2.3.2   Torsionsformzahl $\alpha_{ktGEHdh1}$

Aus den in Kapitel 3.5 dargelegten Gründen ist für diese Dissertation nicht der Wellenersatzdurchmesser d_{h1} nach [Naka 51], sondern der Bezugsdurchmesser d_B grundlegender Nenndurchmesser d_{Nenn} zur Berechnung von Torsionsformzahlen α_{kt}. Da der Wellenersatzdurchmesser d_{h1} nach [Naka 51] allerdings dem Stand der Technik entspricht, wird im vorliegenden Werk zudem die auf seiner Basis berechnete Torsionsformzahl $\alpha_{ktGEHdh1}$ angegeben. Mit Verweis auf Kapitel 3.5 werden hierbei jedoch nur in Ausnahmefällen Tragfähigkeitsaussagen getroffen und strikt keine Tragfähigkeitsverleiche durchgeführt. Vielmehr wird lediglich ihr funktionales Verhalten erörtert.

Abbildung 6.46 zeigt die auf Basis der Gestaltänderungsenergiehypothese sowie des Wellenersatzdurchmessers d_{h1} nach [Naka 51] bestimmte Torsionsformzahl $\alpha_{ktGEHdh1}$ der Zahnwellenverbindungen Kapitel 3.3 – 45 x var. x var. (gemäß Tabelle 6.1;

$c_{F1}/m = 0,12$; $\alpha = 30\,°$; $\rho_{f1}/m = var$.) in Abhängigkeit des Moduls m sowie des Wellenfußrundungsradiusverhältnisses ρ_{f1}/m. Aus den hier angeführten Ergebnissen kann für den Einfluss des Moduls m abgeleitet werden, dass größere Moduln m zu kleineren Torsionsformzahlen $\alpha_{ktGEHdh1}$ führen. Darüber hinaus hat das Wellenfußrundungsradiusverhältnis ρ_{f1}/m auf die Torsionsformzahl $\alpha_{ktGEHdh1}$ einen qualitativ ähnlichen Einfluss wie auf die Torsionsformzahl $\alpha_{ktGEHdB}$, vgl. Abbildung 6.42. Es gilt jedoch hervorzuheben, dass sich hier die leichte Variation des modulspezifisch optimalen Wellenfußrundungsradiusverhältnisses $\left(\rho_{f1}/m\right)_{Opt}$ bei großen Moduln m hin zu kleineren Verhältnissen, vgl. Kapitel 6.2.3.2.3.1, nicht, beziehungsweise wenn, dann in deutlich geringerer Ausprägung, zeigt.

Abschließend sei mit Verweis auf Kapitel 3.5 nochmals hervorgehoben, dass das Ableiten von Tragfähigkeitstendenzen ausschließlich auf Basis der Torsionsformzahl $\alpha_{ktGEHdh1}$ zumindest mit exzessiver Unsicherheit behaftet ist und nicht empfohlen wird. Diesbezüglich sei auf die Torsionsformzahl $\alpha_{ktGEHdB}$, vgl. Kapitel 6.2.3.2.3.1, verwiesen.

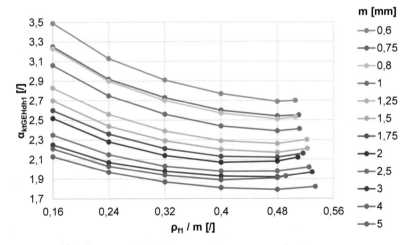

Abbildung 6.46: Torsionsformzahl $\alpha_{ktGEHdh1}$ als Funktion des Moduls m sowie des Wellenfußrundungsradiusverhältnisses ρ_{f1}/m am Beispiel der ZWV Kapitel 3.3 – 45 x var. x var. (gemäß Tabelle 6.1; $c_{F1}/m = 0,12$; $\alpha = 30\,°$; $\rho_{f1}/m = var$.)

Abbildung 6.47 zeigt die auf Basis der Gestaltänderungsenergiehypothese sowie des Wellenersatzdurchmessers d_{h1} nach [Naka 51] bestimmte Torsionsformzahl $\alpha_{ktGEHdh1}$ der Zahnwellenverbindungen Kapitel 3.3 – 45 x 1,5 x 28 (gemäß Tabelle 6.1; $c_{F1}/m = 0,12$; $\alpha = var$.; $\rho_{f1}/m = var$.) in Abhängigkeit des Flankenwinkels α sowie des Wellenfußrundungsradiusverhältnisses ρ_{f1}/m. Aus den hier angeführten numerischen Ergebnissen kann für die Einflüsse von Flankenwinkel α sowie Wellenfußrundungsradiusverhältnis ρ_{f1}/m auf die Torsionsformzahl $\alpha_{ktGEHdh1}$ festgehalten werden, dass diese qualitativ jenen auf die Torsionsformzahl $\alpha_{ktGEHdB}$ entsprechen, vgl. Abbildung 6.43.

Abschließend sei mit Verweis auf Kapitel 3.5 nochmals hervorgehoben, dass das Ableiten von Tragfähigkeitstendenzen ausschließlich auf Basis der Torsionsformzahl $\alpha_{ktGEHdh1}$ zumindest mit exzessiver Unsicherheit behaftet ist und nicht empfohlen wird. Diesbezüglich sei auf die Torsionsformzahl $\alpha_{ktGEHdB}$, vgl. Kapitel 6.2.3.2.3.1, verwiesen.

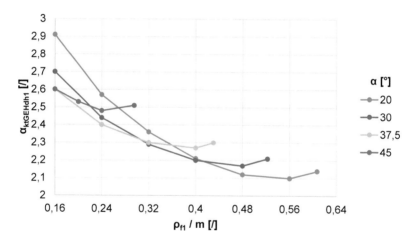

Abbildung 6.47: Torsionsformzahl $\alpha_{ktGEHdh1}$ als Funktion des Flankenwinkels α sowie des Wellenfußrundungsradiusverhältnisses ρ_{f1}/m am Beispiel der ZWV Kapitel 3.3 – 45 x 1,5 x 28 (gemäß Tabelle 6.1; $c_{F1}/m = 0,12$; $\alpha = var.$; $\rho_{f1}/m = var.$)

Abbildung 6.48 zeigt die auf Basis der Gestaltänderungsenergiehypothese sowie des Wellenersatzdurchmessers d_{h1} nach [Naka 51] bestimmte Torsionsformzahl $\alpha_{ktGEHdh1}$ der Zahnwellenverbindungen Kapitel 3.3 – var. x 1,5 x var. (gemäß Tabelle 6.1; $c_{F1}/m = 0,12$; $\alpha = 30°$; $\rho_{f1}/m = var.$) in Abhängigkeit des Bezugsdurchmessers d_B bei konstantem Modul m sowie des Wellenfußrundungsradiusverhältnisses ρ_{f1}/m. Aus zuvor benannter Abbildung geht das in Kapitel 3.5 beschriebene Manko der entsprechenden Kennzahl hervor. Hierbei gilt, dass die Torsionsformzahl $\alpha_{ktGEHdh1}$ nicht, zumindest jedoch nicht ohne Weiteres, für direkte Tragfähigkeitsvergleiche nutzbar ist. Müsste dann doch anhand von Abbildung 6.48 ersichtlich werden, dass sie für die ausschließlich moduloptimierten Zahnwellenverbindungen Kapitel 3.3 – 45 x 1,5 x 28 (gemäß Tabelle 6.1; $c_{F1}/m = 0{,}12$; $\alpha = 30\,°$; $\rho_{f1}/m = var.$), vgl. Gleichung (222), jeweils minimale Werte annimmt. Dem ist nicht so. Vielmehr ist für den Einfluss des Bezugsdurchmessers d_B bei konstantem Modul m ausschließlich auf die Torsionsformzahl $\alpha_{ktGEHdh1}$ und explizit nicht die Tragfähigkeit zu schlussfolgern, dass die Torsionsformzahl $\alpha_{ktGEHdh1}$ mit kleiner werdendem Bezugsdurchmesser d_B ebenfalls kleiner wird.

Weiterführend ist die Torsionsformzahl $\alpha_{ktGEHdh1}$ auch vom Wellenfußrundungsradiusverhältnis ρ_{f1}/m abhängig. Eine bezugsdurchmesserspezifische Betrachtung bei konstantem Modul m der in Abbildung 6.48 angeführten numerischen Ergebnisse zeigt, dass die auf Basis von Abbildung 6.46 für einen Bezugsdurchmesser d_B von 45 mm gewonnenen wissenschaftlichen Erkenntnisse auch für andere Bezugsdurchmesser d_B gültig sind.

Abschließend sei mit Verweis auf Kapitel 3.5 nochmals hervorgehoben, dass das Ableiten von Tragfähigkeitstendenzen ausschließlich auf Basis der Torsionsformzahl $\alpha_{ktGEHdh1}$ zumindest mit exzessiver Unsicherheit behaftet ist und nicht empfohlen wird. Diesbezüglich sei auf die Torsionsformzahl $\alpha_{ktGEHdB}$, vgl. Kapitel 6.2.3.2.3.1, verwiesen.

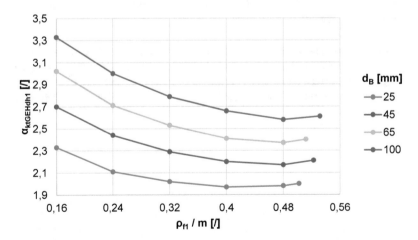

Abbildung 6.48: Torsionsformzahl $\alpha_{ktGEHdh1}$ als Funktion des Bezugsdurchmessers d_B sowie des Wellenfußrundungsradiusverhältnisses ρ_{f1}/m bei konstantem Modul m am Beispiel der ZWV Kapitel 3.3 - var. x 1,5 x var. (gemäß Tabelle 6.1; $c_{F1}/m = 0{,}12$; $\alpha = 30\,°$; $\rho_{f1}/m = var.$)

Abbildung 6.49 zeigt die auf Basis der Gestaltänderungsenergiehypothese sowie des Wellenersatzdurchmessers d_{h1} nach [Naka 51] bestimmte Torsionsformzahl $\alpha_{ktGEHdh1}$ der Zahnwellenverbindungen Kapitel 3.3 – var. x var. x 24 (gemäß Tabelle 6.1; $c_{F1}/m = 0{,}12$; $\alpha = 30\,°$; $\rho_{f1}/m = var.$) in Abhängigkeit des Bezugsdurchmessers d_B bei konstanten Zähnezahlen z sowie des Wellenfußrundungsradiusverhältnisses ρ_{f1}/m. Nach der gegenwärtig in der Literatur zu findenden Definition des Effekts der geometrischen Ähnlichkeit würde auf ihrer Grundlage geschlussfolgert, dass sich die Torsionsformzahl $\alpha_{ktGEHdh1}$ nicht ändert. Sensibilisiert durch die in Abbildung 6.45 festgestellte Varianz der Torsionsformzahl $\alpha_{ktGEHdB}$ trotz gleicher Zähnezahlen z, die auf den Einfluss der Initiationsprofilverschiebungsfaktoren x_I zurückgeführt wird, kann diese jedoch ebenfalls bei der Torsionsformzahl $\alpha_{ktGEHdh1}$, wenn auch in deutlich geringerer Ausprägung, erkannt werden. In Konsequenz wird die Definition der geometrischen Ähnlichkeit in Kapitel 6.2.3.3 erweitert und ihre Gültigkeit in weiten Bereichen abgesichert.

Weiterführend ist die Torsionsformzahl $\alpha_{ktGEHdh1}$ auch vom Wellenfußrundungsradiusverhältnis ρ_{f1}/m abhängig. Eine bezugsdurchmesserspezifische Betrachtung bei konstanten Zähnezahlen z der in Abbildung 6.49 angeführten numerischen Ergebnisse zeigt, dass die auf Basis von Abbildung 6.46 für einen Bezugsdurchmesser d_B von 45 mm gewonnenen wissenschaftlichen Erkenntnisse auch für andere Bezugsdurchmesser d_B gültig sind.

Abschließend sei mit Verweis auf Kapitel 3.5 nochmals hervorgehoben, dass das Ableiten von Tragfähigkeitstendenzen ausschließlich auf Basis der Torsionsformzahl $\alpha_{ktGEHdh1}$ zumindest mit exzessiver Unsicherheit behaftet ist und nicht empfohlen wird. Diesbezüglich sei auf die Torsionsformzahl $\alpha_{ktGEHdB}$, vgl. Kapitel 6.2.3.2.3.1, verwiesen.

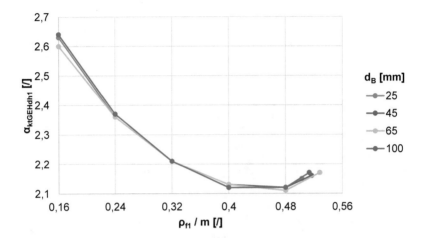

Abbildung 6.49: Torsionsformzahl $\alpha_{ktGEHdh1}$ als Funktion des Bezugsdurchmessers d_B sowie des Wellenfußrundungsradiusverhältnisses ρ_{f1}/m bei konstanten Zähnezahlen z am Beispiel der ZWV Kapitel 3.3 – var. x var. x 24 (gemäß Tabelle 6.1; $c_{F1}/m = 0{,}12$; $\alpha = 30\,°$; $\rho_{f1}/m = var.$)

6.2.3.2.3.3 Bezogenes Spannungsgefälle G'_{GEH}

Abbildung 6.50 zeigt das auf Basis der Gestaltänderungsenergiehypothese bestimmte bezogene Spannungsgefälle G'_{GEH} der Zahnwellenverbindungen Kapitel 3.3 – 45 x var. x var. (gemäß Tabelle 6.1; $c_{F1}/m = 0{,}12$; $\alpha = 30\,°$; $\rho_{f1}/m = var.$) in Abhängigkeit des Moduls m sowie des Wellenfußrundungsradiusverhältnisses ρ_{f1}/m. Ihr kann entnommen werden, dass das bezogene Spannungsgefälle G'_{GEH} mit steigendem Modul m abnimmt. Dabei sei an dieser Stelle hervorgehoben, dass durch die modulbezogene Definition des Wellenfußrundungsradius ρ_{f1} mit größerem Modul m selbstredend ein größerer absoluter Wellenfußrundungsradius ρ_{f1} resultiert. Folglich ist der geschlussfolgerte Einfluss des Moduls m auf das bezogene Spannungsgefälle G'_{GEH} so zu erwarten. Weiterführend gilt erwartungsgemäß, dass mit größerem Wellenfußrundungsradiusverhältnis ρ_{f1}/m das bezogene Spannungsgefälle G'_{GEH} abnimmt. Mit zunehmend geometrisch milderer Kerbgestaltung nähert es sich hierbei asymptotisch einem minimalen theoretischen Grenzwert an. In diesem Bereich bewirkt eine Vergrößerung des Wellenfußrundungsradiusverhältnisses ρ_{f1}/m also nur noch eine geringfügige Veränderung des bezogenen Spannungsgefälles G'_{GEH}. Damit sei schlussendlich angemerkt, dass Abbildung 6.50 der kerbtheoretisch klassische Zusammenhang zwischen Kerbschärfe und dem resultierenden bezogenen Spannungsgefälle G'_{GEH} entnommen werden kann.

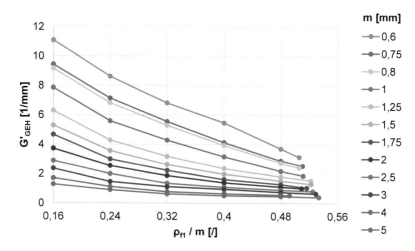

Abbildung 6.50: Torsionsmomentinduziert bezogenes Spannungsgefälle G'_{GEH} als Funktion des Moduls m sowie des Wellenfußrundungsradiusverhältnisses ρ_{f1}/m am Beispiel der ZWV Kapitel 3.3 – 45 x var. x var. (gemäß Tabelle 6.1; $c_{F1}/m = 0{,}12$; $\alpha = 30\,°$; $\rho_{f1}/m = var.$)

Abbildung 6.51 zeigt das auf Basis der Gestaltänderungsenergiehypothese bestimmte bezogene Spannungsgefälle G'_{GEH} der Zahnwellenverbindungen Kapitel 3.3 – 45 x 1,5 x 28 (gemäß Tabelle 6.1; $c_{F1}/m = 0{,}12$; $\alpha = var.$; $\rho_{f1}/m = var.$) in Abhängigkeit des Flankenwinkels α sowie des Wellenfußrundungsradiusverhältnisses ρ_{f1}/m. Dabei kann zunächst festgehalten werden, dass das bezogene Spannungsgefälle G'_{GEH} mit zunehmendem Flankenwinkel α abnimmt. Darüber hinaus resultieren aus größeren Wellenfußrundungsradiusverhältnissen ρ_{f1}/m kleinere bezogene Spannungsgefälle G'_{GEH}. Dies wird so bereits auf Grundlage von Abbildung 6.50 festgestellt. Die hierbei gewonnenen wissenschaftlichen Erkenntnisse können somit auf Abbildung 6.51 übertragen werden.

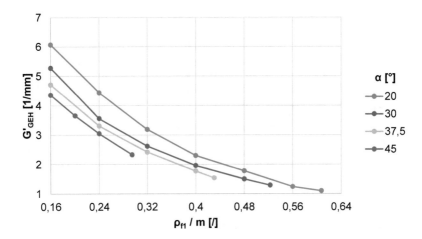

Abbildung 6.51: Torsionsmomentinduziert bezogenes Spannungsgefälle G'_{GEH} als Funktion des Flankenwinkels α sowie des Wellenfußrundungsradiusverhältnisses ρ_{f1}/m am Beispiel der ZWV Kapitel 3.3 – 45 x 1,5 x 28 (gemäß Tabelle 6.1; $c_{F1}/m = 0,12$; $\alpha = var.$; $\rho_{f1}/m = var.$)

Abbildung 6.52 zeigt das auf Basis der Gestaltänderungsenergiehypothese bestimmte bezogene Spannungsgefälle G'_{GEH} der Zahnwellenverbindungen Kapitel 3.3 – var. x 1,5 x var. (gemäß Tabelle 6.1; $c_{F1}/m = 0,12$; $\alpha = 30°$; $\rho_{f1}/m = var.$) in Abhängigkeit des Bezugsdurchmessers d_B bei konstantem Modul m sowie des Wellenfußrundungsradiusverhältnisses ρ_{f1}/m. Dabei deutet sich an, dass größere Bezugsdurchmesser d_B zu leicht größeren bezogenen Spannungsgefällen G'_{GEH} führen. Darüber hinaus resultieren aus größeren Wellenfußrundungsradiusverhältnissen ρ_{f1}/m kleinere bezogene Spannungsgefälle G'_{GEH}. Dies wird so bereits auf Grundlage von Abbildung 6.50 festgestellt. Die hierbei gewonnenen wissenschaftlichen Erkenntnisse können somit auf Abbildung 6.52 übertragen werden.

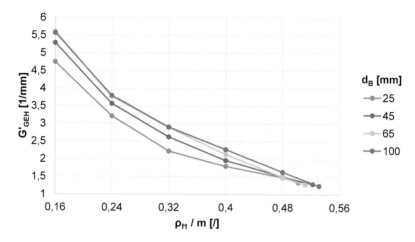

Abbildung 6.52: Torsionsmomentinduziert bezogenes Spannungsgefälle G'_{GEH} als Funktion des Bezugsdurchmessers d_B sowie des Wellenfußrundungsradiusverhältnisses ρ_{f1}/m bei konstantem Modul m am Beispiel der ZWV Kapitel 3.3 – var. x 1,5 x var. (gemäß Tabelle 6.1; $c_{F1}/m = 0,12$; $\alpha = 30°$; $\rho_{f1}/m = var.$)

Abbildung 6.53 zeigt das auf Basis der Gestaltänderungsenergiehypothese bestimmte bezogene Spannungsgefälle G'_{GEH} der Zahnwellenverbindungen Kapitel 3.3 – var. x var. x 24 (gemäß Tabelle 6.1; $c_{F1}/m = 0,12$; $\alpha = 30°$; $\rho_{f1}/m = var.$) in Abhängigkeit des Bezugsdurchmessers d_B bei konstanten Zähnezahlen z sowie des Wellenfußrundungsradiusverhältnisses ρ_{f1}/m. Auf ihrer Grundlage kann abgeleitet werden, dass das bezogene Spannungsgefälle G'_{GEH} mit zunehmendem Bezugsdurchmesser d_B abnimmt. Darüber hinaus resultieren aus größeren Wellenfußrundungsradiusverhältnissen ρ_{f1}/m kleinere bezogene Spannungsgefälle G'_{GEH}. Dies wird so bereits auf Grundlage von Abbildung 6.50 festgestellt. Die hierbei gewonnenen wissenschaftlichen Erkenntnisse können somit auf Abbildung 6.53 übertragen werden.

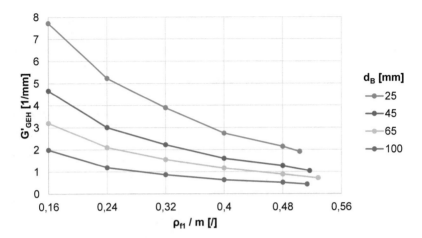

Abbildung 6.53: Torsionsmomentinduziert bezogenes Spannungsgefälle G'_{GEH} als Funktion des Bezugsdurchmessers d_B sowie des Wellenfußrundungsradiusverhältnisses ρ_{f1}/m bei konstanten Zähnezahlen z am Beispiel der ZWV Kapitel 3.3 – var. x var. x 24 (gemäß Tabelle 6.1; $c_{F1}/m = 0{,}12$; $\alpha = 30\,°$; $\rho_{f1}/m = var.$)

6.2.3.2.3.4   Formzahldifferenz $\alpha^*_{kt\sigma1dB} - \alpha_{ktGEHdB}$

Abbildung 6.54 zeigt die Differenz der auf den Bezugsdurchmesser d_B bezogenen Torsionsformzahlen $\alpha^*_{kt\sigma1dB}$ sowie $\alpha_{ktGEHdB}$ der Zahnwellenverbindungen Kapitel 3.3 – 45 x var. x var. (gemäß Tabelle 6.1; $c_{F1}/m = 0{,}12$; $\alpha = 30\,°$; $\rho_{f1}/m = var.$) in Abhängigkeit des Moduls m sowie des Wellenfußrundungsradiusverhältnisses ρ_{f1}/m. Ihr kann entnommen werden, dass die Differenz der Torsionsformzahlen $\alpha^*_{kt\sigma1dB}$ sowie $\alpha_{ktGEHdB}$ mit steigendem Modul m abnimmt. Darüber hinaus wirken sich größere Wellenfußrundungsradiusverhältnisse ρ_{f1}/m verringernd auf sie aus.

In weiterführender Betrachtung wird anhand der in Abbildung 6.54 angeführten numerischen Ergebnisse offensichtlich, dass die Differenz der auf den Bezugsdurchmesser d_B bezogenen Torsionsformzahlen $\alpha^*_{kt\sigma1dB}$ sowie $\alpha_{ktGEHdB}$ nur in Ausnahmefällen, und dann auch nur in marginaler Ausprägung, negative Werte annimmt. Ausnahmen bilden hierbei einige wenige Moduln m bei sehr großen Wellenfußrundungsradiusverhältnissen ρ_{f1}/m. Hieraus resultierend sind die auf Basis der Normal- beziehungsweise Hauptspannungshypothese bestimmten Torsionsformzahlen $\alpha^*_{kt\sigma1dB}$ also quasi immer größer als jene auf Grundlage der Gestaltänderungsenergiehypothese bestimmten. Dies belegt die in Kapitel 2.2.1.1 beschriebene konservative Auslegung bei der Verwendung normal- beziehungsweise hauptspannungshypothesenbasierter Torsionsformzahlen α_{kt} in entsprechenden Gestaltfestigkeitsnachweisen. Mit den in Abbildung

6.54 angeführten numerischen Ergebnisdifferenzen kann jedoch über das gegenwärtig Bekannte hinaus festgehalten werden, dass die Ausprägung der konservativen Auslegung mit größerem Modul m sowie größerem Wellenfußrundungsradiusverhältnis ρ_{f1}/m abnimmt. Im Extremfall ist diese sogar, zumindest bei den in Abbildung 6.54 angeführten Ergebnissen, nicht mehr gegeben.

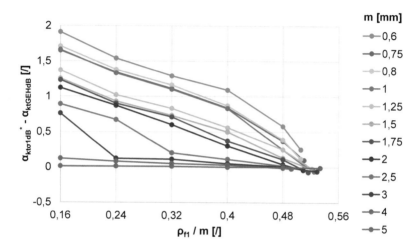

Abbildung 6.54: Differenz der Torsionsformzahlen $\alpha^*_{kt\sigma1dB}$ und $\alpha_{ktGEHdB}$ als Funktion des Moduls m sowie des Wellenfußrundungsradiusverhältnisses ρ_{f1}/m am Beispiel der ZWV Kapitel 3.3 – 45 x var. x var. (gemäß Tabelle 6.1; $c_{F1}/m = 0{,}12$; $\alpha = 30\,°$; $\rho_{f1}/m = var.$)

Abbildung 6.55 zeigt die Differenz der auf den Bezugsdurchmesser d_B bezogenen Torsionsformzahlen $\alpha^*_{kt\sigma1dB}$ sowie $\alpha_{ktGEHdB}$ der Zahnwellenverbindungen Kapitel 3.3 – 45 x 1,5 x 28 (gemäß Tabelle 6.1; $c_{F1}/m = 0{,}12$; $\alpha = var.$; $\rho_{f1}/m = var.$) in Abhängigkeit des Flankenwinkels α sowie des Wellenfußrundungsradiusverhältnisses ρ_{f1}/m. Dabei kann festgehalten werden, dass die Differenz der Torsionsformzahlen $\alpha^*_{kt\sigma1dB}$ sowie $\alpha_{ktGEHdB}$ jeweils mit größerem Flankenwinkel α sowie Wellenfußrundungsradiusverhältnis ρ_{f1}/m abnimmt.

In weiterführender Betrachtung geht aus den in Abbildung 6.55 angeführten numerischen Ergebnissen der bereits auf Basis von Abbildung 6.54 beschriebene konservative Charakter der mit der Normal- beziehungsweise Hauptspannungshypothese bestimmten Torsionsformzahlen $\alpha^*_{kt\sigma1dB}$ bei deren Verwendung im Tragfähigkeitsnachweis zumindest nach [DIN 743] hervor. Auf diesen wird ebenfalls in Kapitel 2.2.1.1 hingewiesen. Die dahingehend bei Abbildung 6.54 abgeleiteten wissenschaftlichen Aussagen gelten somit auch für Abbildung 6.55.

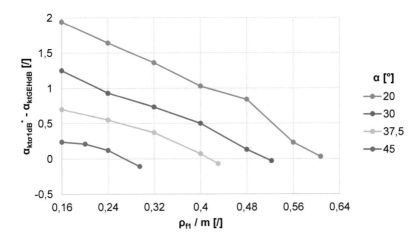

Abbildung 6.55: Differenz der Torsionsformzahlen $\alpha_{kt\sigma1dB}^{*}$ und $\alpha_{ktGEHdB}$ als Funktion des Flankenwinkels α sowie des Wellenfußrundungsradiusverhältnisses ρ_{f1}/m am Beispiel der ZWV Kapitel 3.3 – 45 x 1,5 x 28 (gemäß Tabelle 6.1; $c_{F1}/m = 0{,}12$; $\alpha = var.$; $\rho_{f1}/m = var.$)

Abbildung 6.56 zeigt die Differenz der auf den Bezugsdurchmesser d_B bezogenen Torsionsformzahlen $\alpha_{kt\sigma1dB}^{*}$ sowie $\alpha_{ktGEHdB}$ der Zahnwellenverbindungen Kapitel 3.3 – var. x 1,5 x var. (gemäß Tabelle 6.1; $c_{F1}/m = 0{,}12$; $\alpha = 30\,°$; $\rho_{f1}/m = var.$) in Abhängigkeit des Bezugsdurchmessers d_B bei konstantem Modul m sowie des Wellenfußrundungsradiusverhältnisses ρ_{f1}/m. Auf ihrer Grundlage kann abgeleitet werden, dass ein größerer Bezugsdurchmesser d_B auch zu einer größeren Differenz der Torsionsformzahlen $\alpha_{kt\sigma1dB}^{*}$ sowie $\alpha_{ktGEHdB}$ führt. Für den Einfluss des Wellenfußrundungsradiusverhältnisses ρ_{f1}/m hingegen gilt das Entgegengesetzte. Führt hier doch ein größeres Verhältnis zu einer kleineren Differenz der Torsionsformzahlen $\alpha_{kt\sigma1dB}^{*}$ sowie $\alpha_{ktGEHdB}$.

In weiterführender Betrachtung geht aus den in Abbildung 6.56 angeführten numerischen Ergebnissen der bereits auf Basis von Abbildung 6.54 beschriebene konservative Charakter der mit der Normal- beziehungsweise Hauptspannungshypothese bestimmten Torsionsformzahlen $\alpha_{kt\sigma1dB}^{*}$ bei deren Verwendung im Tragfähigkeitsnachweis zumindest nach [DIN 743] hervor. Auf diesen wird ebenfalls in Kapitel 2.2.1.1 hingewiesen. Die dahingehend bei Abbildung 6.54 abgeleiteten wissenschaftlichen Aussagen gelten somit auch für Abbildung 6.56.

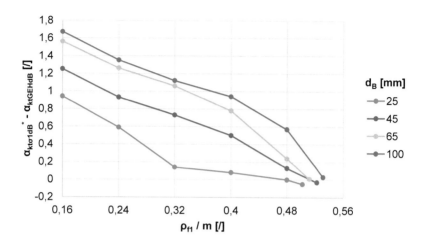

Abbildung 6.56: Differenz der Torsionsformzahlen $\alpha^*_{kt\sigma1dB}$ und $\alpha_{ktGEHdB}$ als Funktion des Bezugsdurchmessers d_B sowie des Wellenfußrundungsradiusverhältnisses ρ_{f1}/m bei konstantem Modul m am Beispiel der ZWV Kapitel 3.3 – var. x 1,5 x var. (gemäß Tabelle 6.1; $c_{F1}/m = 0,12$; $\alpha = 30°$; $\rho_{f1}/m = var.$)

Abbildung 6.57 zeigt die Differenz der auf den Bezugsdurchmesser d_B bezogenen Torsionsformzahlen $\alpha^*_{kt\sigma1dB}$ sowie $\alpha_{ktGEHdB}$ der Zahnwellenverbindungen Kapitel 3.3 – var. x var. x 24 (gemäß Tabelle 6.1; $c_{F1}/m = 0,12$; $\alpha = 30°$; $\rho_{f1}/m = var.$) in Abhängigkeit des Bezugsdurchmessers d_B bei konstanten Zähnezahlen z sowie des Wellenfußrundungsradiusverhältnisses ρ_{f1}/m. Aus ihr geht zunächst hervor, dass die Differenz der Torsionsformzahlen $\alpha^*_{kt\sigma1dB}$ sowie $\alpha_{ktGEHdB}$ der Verbindungen mit einem Bezugsdurchmesser d_B von 25 mm und 100 mm deckungsgleich sind. Dieser Sachverhalt wird vom Autor dieser Dissertation auf die geometrische Ähnlichkeit zurückgeführt, vgl. Kapitel 6.2.3.3. Im Umkehrschluss ist hiermit auch zu erklären, warum die Differenz der auf den Bezugsdurchmesser d_B bezogenen Torsionsformzahlen $\alpha^*_{kt\sigma1dB}$ sowie $\alpha_{ktGEHdB}$ der Verbindungen mit einem Bezugsdurchmesser d_B von 45 mm sowie 65 mm nicht deckungsgleich sind. Haben diese doch, mit Verweis auf Tabelle 6.4, andere, und zwar größere, Initiationsprofilverschiebungsfaktoren x_I in zudem unterschiedlicher Höhe. Außer den Zahnwellenverbindungen mit einem Bezugsdurchmesser d_B von 25 mm sowie 100 mm sind also keine der in Abbildung 6.57 betrachteten Verbindungen geometrisch ähnlich. Hierbei kann zudem festgehalten werden, dass die Differenz der Torsionsformzahlen $\alpha^*_{kt\sigma1dB}$ sowie $\alpha_{ktGEHdB}$ mit größeren Initiationsprofilverschiebungsfaktoren x_I abnimmt. Abschließend wird geschlussfolgert, dass, wenn für die Torsionsformzahl $\alpha_{ktGEHdB}$ und auch die Differenz der Torsionsformzahlen $\alpha^*_{kt\sigma1dB}$ sowie $\alpha_{ktGEHdB}$ die Definition der geometrischen Ähnlichkeit nach Kapitel

6.2.3.3 gilt, diese auch direkt für die im Rahmen dieser Dissertation angenäherte Torsionsformzahl $\alpha^*_{kt\sigma1dB}$ gelten muss. Eine Sichtung der originären Daten bestätigt dies.

In weiterführender Betrachtung geht aus den in Abbildung 6.57 angeführten numerischen Ergebnissen der bereits auf Basis von Abbildung 6.54 beschriebene konservative Charakter der mit der Normal- beziehungsweise Hauptspannungshypothese bestimmten Torsionsformzahlen $\alpha^*_{kt\sigma1dB}$ bei deren Verwendung im Tragfähigkeitsnachweis zumindest nach [DIN 743] hervor. Auf diesen wird ebenfalls in Kapitel 2.2.1.1 hingewiesen. Die dahingehend bei Abbildung 6.54 abgeleiteten wissenschaftlichen Aussagen gelten somit auch für Abbildung 6.57.

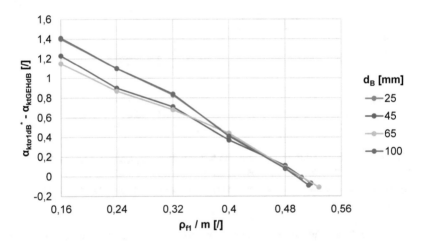

Abbildung 6.57: Differenz der Torsionsformzahlen $\alpha^*_{kt\sigma1dB}$ und $\alpha_{ktGEHdB}$ als Funktion des Bezugsdurchmessers d_B sowie des Wellenfußrundungsradiusverhältnisses ρ_{f1}/m bei konstanten Zähnezahlen z am Beispiel der ZWV Kapitel 3.3 – var. x var. x 24 (gemäß Tabelle 6.1; $c_{F1}/m = 0{,}12$; $\alpha = 30\,°$; $\rho_{f1}/m = var.$)

6.2.3.2.3.5   Formzahldifferenz $\alpha^*_{kt\sigma1dh1} - \alpha_{ktGEHdh1}$

Abbildung 6.58 zeigt die Differenz der auf den Wellenersatzdurchmesser d_{h1} nach [Naka 51] bezogenen Torsionsformzahlen $\alpha^*_{kt\sigma1dh1}$ sowie $\alpha_{ktGEHdh1}$ der Zahnwellenverbindungen Kapitel 3.3 – 45 x var. x var. (gemäß Tabelle 6.1; $c_{F1}/m = 0{,}12$; $\alpha = 30\,°$; $\rho_{f1}/m = var.$) in Abhängigkeit des Moduls m sowie des Wellenfußrundungsradiusverhältnisses ρ_{f1}/m. In ihrem Zusammenhang ist hervorzuheben, dass die auf Grundlage von Abbildung 6.54 für die Differenz der auf den Bezugsdurchmesser d_B bezogenen Torsionsformzahlen $\alpha^*_{kt\sigma1dB}$ sowie $\alpha_{ktGEHdB}$ abgeleiteten wissenschaftlichen Erkenntnisse qualitativ gleichermaßen für sie gelten. Daher werden die Ergebnisse von Abbildung 6.58 nicht explizit diskutiert. Vielmehr wird hierbei auf die Ergebnisdiskussion von Abbildung 6.54 verwiesen.

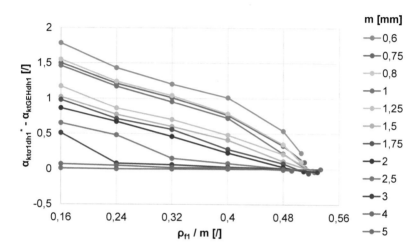

Abbildung 6.58: Differenz der Torsionsformzahlen $\alpha^*_{kt\sigma1dh1}$ und $\alpha_{ktGEHdh1}$ als Funktion des Moduls m sowie des Wellenfußrundungsradiusverhältnisses ρ_{f1}/m am Beispiel der ZWV Kapitel 3.3 – 45 x var. x var. (gemäß Tabelle 6.1; $c_{F1}/m = 0{,}12$; $\alpha = 30°$; $\rho_{f1}/m = var.$)

Abbildung 6.59 zeigt die Differenz der auf den Wellenersatzdurchmesser d_{h1} nach [Naka 51] bezogenen Torsionsformzahlen $\alpha^*_{kt\sigma1dh1}$ sowie $\alpha_{ktGEHdh1}$ der Zahnwellenverbindungen Kapitel 3.3 – 45 x 1,5 x 28 (gemäß Tabelle 6.1; $c_{F1}/m = 0{,}12$; $\alpha = var.$; $\rho_{f1}/m = var.$) in Abhängigkeit des Flankenwinkels α sowie des Wellenfußrundungsradiusverhältnisses ρ_{f1}/m. In ihrem Zusammenhang ist hervorzuheben, dass die auf Grundlage von Abbildung 6.55 für die Differenz der auf den Bezugsdurchmesser d_B bezogenen Torsionsformzahlen $\alpha^*_{kt\sigma1dB}$ sowie $\alpha_{ktGEHdB}$ abgeleiteten wissenschaftlichen Erkenntnisse qualitativ gleichermaßen für sie gelten. Daher werden die Ergebnisse von Abbildung 6.59 nicht explizit diskutiert. Vielmehr wird hierbei auf die Ergebnisdiskussion von Abbildung 6.55 verwiesen.

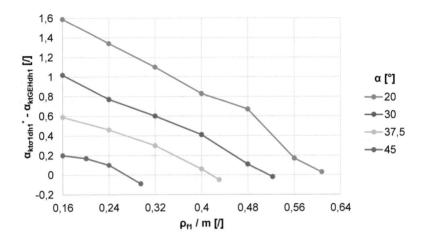

Abbildung 6.59: Differenz der Torsionsformzahlen $\alpha^*_{kt\sigma 1dh1}$ und $\alpha_{ktGEHdh1}$ als Funktion des Flankenwinkels α sowie des Wellenfußrundungsradiusverhältnisses ρ_{f1}/m am Beispiel der ZWV Kapitel 3.3 – 45 x 1,5 x 28 (gemäß Tabelle 6.1; $c_{F1}/m = 0{,}12$; $\alpha = var.$; $\rho_{f1}/m = var.$)

Abbildung 6.60 zeigt die Differenz der auf den Wellenersatzdurchmesser d_{h1} nach [Naka 51] bezogenen Torsionsformzahlen $\alpha^*_{kt\sigma 1dh1}$ sowie $\alpha_{ktGEHdh1}$ der Zahnwellenverbindungen Kapitel 3.3 – var. x 1,5 x var. (gemäß Tabelle 6.1; $c_{F1}/m = 0{,}12$; $\alpha = 30\,°$; $\rho_{f1}/m = var.$) in Abhängigkeit des Bezugsdurchmessers d_B bei konstantem Modul m sowie des Wellenfußrundungsradiusverhältnisses ρ_{f1}/m. In ihrem Zusammenhang ist hervorzuheben, dass die auf Grundlage von Abbildung 6.56 abgeleiteten wissenschaftlichen Erkenntnisse qualitativ gleichermaßen für sie gelten. Daher werden die Ergebnisse von Abbildung 6.60 nicht explizit diskutiert. Vielmehr wird hierbei auf die Ergebnisdiskussion von Abbildung 6.56 verwiesen.

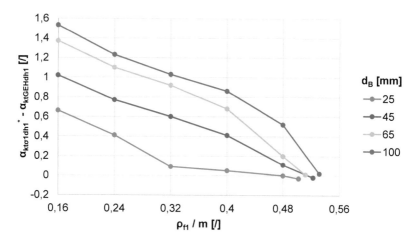

Abbildung 6.60: Differenz der Torsionsformzahlen $\alpha^*_{kt\sigma1dh1}$ und $\alpha_{ktGEHdh1}$ als Funktion des Bezugsdurchmessers d_B sowie des Wellenfußrundungsradiusverhältnisses ρ_{f1}/m bei konstantem Modul m am Beispiel der ZWV Kapitel 3.3 – var. x 1,5 x var. (gemäß Tabelle 6.1; $c_{F1}/m = 0{,}12$; $\alpha = 30°$; $\rho_{f1}/m = var.$)

Abbildung 6.61 zeigt die Differenz der auf den Wellenersatzdurchmesser d_{h1} nach [Naka 51] bezogenen Torsionsformzahlen $\alpha^*_{kt\sigma1dh1}$ sowie $\alpha_{ktGEHdh1}$ der Zahnwellenverbindungen Kapitel 3.3 – var. x var. x 24 (gemäß Tabelle 6.1; $c_{F1}/m = 0{,}12$; $\alpha = 30°$; $\rho_{f1}/m = var.$) in Abhängigkeit des Bezugsdurchmessers d_B bei konstanten Zähnezahlen z sowie des Wellenfußrundungsradiusverhältnisses ρ_{f1}/m. In ihrem Zusammenhang ist hervorzuheben, dass die auf Grundlage von Abbildung 6.57 abgeleiteten wissenschaftlichen Erkenntnisse qualitativ gleichermaßen für sie gelten. Daher werden die Ergebnisse von Abbildung 6.61 nicht explizit diskutiert. Vielmehr wird hierbei auf die Ergebnisdiskussion von Abbildung 6.57 verwiesen.

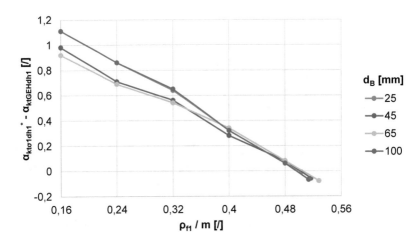

Abbildung 6.61: Differenz der Torsionsformzahlen $\alpha^*_{kt\sigma1dh1}$ und $\alpha_{ktGEHdh1}$ als Funktion des Bezugsdurchmessers d_B sowie des Wellenfußrundungsradiusverhältnisses ρ_{f1}/m bei konstanten Zähnezahlen z am Beispiel der ZWV Kapitel 3.3 – var. x var. x 24 (gemäß Tabelle 6.1; $c_{F1}/m = 0{,}12$; $\alpha = 30\,°$; $\rho_{f1}/m = var.$)

6.2.3.2.3.6 Differenz der bezogenen Spannungsgefälle $G'^*_{\sigma1} - G'_{GEH}$

Abbildung 6.62 zeigt die Differenz der bezogenen Spannungsgefälle $G'^*_{\sigma1}$ sowie G'_{GEH} der Zahnwellenverbindungen Kapitel 3.3 – 45 x var. x var. (gemäß Tabelle 6.1; $c_{F1}/m = 0{,}12$; $\alpha = 30\,°$; $\rho_{f1}/m = var.$) in Abhängigkeit des Moduls m sowie des Wellenfußrundungsradiusverhältnisses ρ_{f1}/m. Die dort angeführten numerischen Ergebnisse zeigen tendenziell die gleichen Abhängigkeiten wie das in Abbildung 6.50 in analoger Form dargestellte bezogene Spannungsgefälle G'_{GEH}. Lediglich das Krümmungsverhalten ist unterschiedlich. Die auf Basis von Abbildung 6.50 getroffenen wissenschaftlichen Aussagen gelten damit ebenfalls für die Differenz der torsionsmomentinduziert bezogenen Spannungsgefälle $G'^*_{\sigma1}$ und G'_{GEH}. Somit wird an dieser Stelle auf die auf Grundlage von Abbildung 6.50 geführte Ergebnisdiskussion verwiesen.

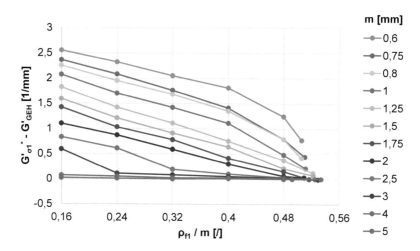

Abbildung 6.62: Differenz der torsionsmomentinduziert bezogenen Spannungsgefälle $G'^*_{\sigma1}$ und G'_{GEH} als Funktion des Moduls m sowie des Wellenfußrundungsradiusverhältnisses ρ_{f1}/m am Beispiel der ZWV Kapitel 3.3 – 45 x var. x var. (gemäß Tabelle 6.1; $c_{F1}/m = 0{,}12$; $\alpha = 30\,°$; $\rho_{f1}/m = var.$)

Abbildung 6.63 zeigt die Differenz der bezogenen Spannungsgefälle $G'^*_{\sigma1}$ sowie G'_{GEH} der Zahnwellenverbindungen Kapitel 3.3 – 45 x 1,5 x 28 (gemäß Tabelle 6.1; $c_{F1}/m = 0{,}12$; $\alpha = var.$; $\rho_{f1}/m = var.$) in Abhängigkeit des Flankenwinkels α sowie des Wellenfußrundungsradiusverhältnisses ρ_{f1}/m. Die dort angeführten numerischen Ergebnisse zeigen tendenziell die gleichen Abhängigkeiten wie das in Abbildung 6.51 in analoger Form dargestellte bezogene Spannungsgefälle G'_{GEH}. Lediglich das Krümmungsverhalten ist unterschiedlich. Die auf Basis von Abbildung 6.51 getroffenen wissenschaftlichen Aussagen gelten damit ebenfalls für die Differenz der torsionsmomentinduziert bezogenen Spannungsgefälle $G'^*_{\sigma1}$ und G'_{GEH}. Somit wird an dieser Stelle auf die auf Grundlage von Abbildung 6.51 geführte Ergebnisdiskussion verwiesen.

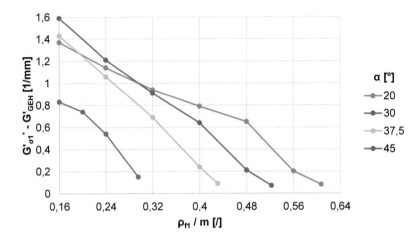

Abbildung 6.63: Differenz der torsionsmomentinduziert bezogenen Spannungsgefälle $G'^{*}_{\sigma 1}$ und G'_{GEH} als Funktion des Flankenwinkels α sowie des Wellenfußrundungsradiusverhältnisses ρ_{f1}/m am Beispiel der ZWV Kapitel 3.3 – 45 x 1,5 x 28 (gemäß Tabelle 6.1; $c_{F1}/m = 0,12$; $\alpha = var.$; $\rho_{f1}/m = var.$)

Abbildung 6.64 zeigt die Differenz der bezogenen Spannungsgefälle $G'^{*}_{\sigma 1}$ sowie G'_{GEH} der Zahnwellenverbindungen Kapitel 3.3 – var. x 1,5 x var. (gemäß Tabelle 6.1; $c_{F1}/m = 0,12$; $\alpha = 30°$; $\rho_{f1}/m = var.$) in Abhängigkeit des Bezugsdurchmessers d_B bei konstantem Modul m sowie des Wellenfußrundungsradiusverhältnisses ρ_{f1}/m. Die dort angeführten numerischen Ergebnisse zeigen tendenziell die gleichen Abhängigkeiten wie das in Abbildung 6.52 in analoger Form dargestellte bezogene Spannungsgefälle G'_{GEH}. Lediglich das Krümmungsverhalten ist unterschiedlich. Die auf Basis von Abbildung 6.52 getroffenen wissenschaftlichen Aussagen gelten damit ebenfalls für die Differenz der torsionsmomentinduziert bezogenen Spannungsgefälle $G'^{*}_{\sigma 1}$ und G'_{GEH}. Somit wird an dieser Stelle auf die auf Grundlage von Abbildung 6.52 geführte Ergebnisdiskussion verwiesen.

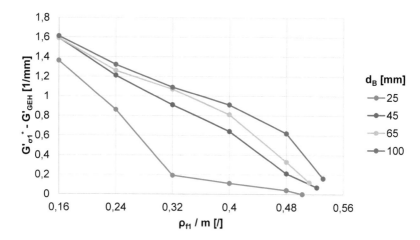

Abbildung 6.64: Differenz der torsionsmomentinduziert bezogenen Spannungsgefälle $G'^*_{\sigma1}$ und G'_{GEH} als Funktion des Bezugsdurchmessers d_B sowie des Wellenfußrundungsradiusverhältnisses ρ_{f1}/m bei konstantem Modul m am Beispiel der ZWV Kapitel 3.3 – var. x 1,5 x var. (gemäß Tabelle 6.1; $c_{F1}/m = 0{,}12$; $\alpha = 30\,°$; $\rho_{f1}/m = var.$)

Abbildung 6.65 zeigt die Differenz der bezogenen Spannungsgefälle $G'^*_{\sigma1}$ sowie G'_{GEH} der Zahnwellenverbindungen Kapitel 3.3 – var. x var. x 24 (gemäß Tabelle 6.1; $c_{F1}/m = 0{,}12$; $\alpha = 30\,°$; $\rho_{f1}/m = var.$) in Abhängigkeit des Bezugsdurchmessers d_B bei konstanten Zähnezahlen z sowie des Wellenfußrundungsradiusverhältnisses ρ_{f1}/m. Die dort angeführten numerischen Ergebnisse zeigen tendenziell die gleichen Abhängigkeiten wie das in Abbildung 6.53 in analoger Form dargestellte bezogene Spannungsgefälle G'_{GEH}. Lediglich das Krümmungsverhalten ist unterschiedlich. Die auf Basis von Abbildung 6.53 getroffenen wissenschaftlichen Aussagen gelten damit ebenfalls für die Differenz der torsionsmomentinduziert bezogenen Spannungsgefälle $G'^*_{\sigma1}$ und G'_{GEH}. Somit wird an dieser Stelle auf die auf Grundlage von Abbildung 6.53 geführte Ergebnisdiskussion verwiesen.

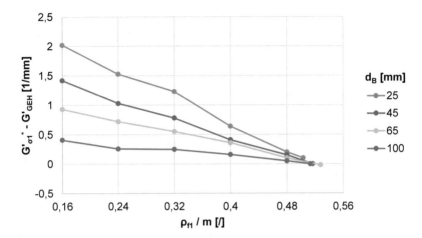

Abbildung 6.65: Differenz der torsionsmomentinduziert bezogenen Spannungsgefälle $G'^*_{\sigma 1}$ und G'_{GEH} als Funktion des Bezugsdurchmessers d_B sowie des Wellenfußrundungsradiusverhältnisses ρ_{f1}/m bei konstanten Zähnezahlen z am Beispiel der ZWV Kapitel 3.3 – var. x var. x 24 (gemäß Tabelle 6.1; $c_{F1}/m = 0,12$; $\alpha = 30°$; $\rho_{f1}/m = var.$)

6.2.3.2.4 Querschnittbezogene Gestaltfestigkeitsdifferenzierung

Die Motivation zur Differenzierung der Kerbwirkung zwischen dem Querschnitt der gestaltfestigkeitsrelevanten Lokalbeanspruchung σ_{GEHMax} (PGA1), vgl. Abbildung 4.27, und jenem der Nabenkante (PGA2) entstammt dem in Kapitel 6.2.3.2.2.1.1 dargelegten Sachverhalt. Dort ist beschrieben, dass die entsprechende Beanspruchung mit größer werdendem Modul m sowie Wellenfußrundungsradiusverhältnis ρ_{f1}/m in immer größerer Distanz vor der Nabenkante liegt. Auf Basis dessen wird in diesem Kapitel mit entsprechender Praxisorientierung grob abgeschätzt, welche Tragfähigkeitsvorteile sich durch die forcierte Verlagerung der gestaltfestigkeitsrelevanten Lokalbeanspruchung σ_{GEHMax} mittels eines gebundenen Auslaufs, vgl. Kapitel 2.7.3, hin zur Nabenkante ergeben. Die grobe Abschätzung dieses Sachverhalts resultiert hierbei daraus, dass alle für diese Dissertation durchgeführten numerischen Analysen an der sogenannten Grundform gemäß Kapitel 6.1, das heißt ohne Einfluss des Auslaufs, durchgeführt wurden.

In der praktischen Anwendung evolventisch basierter Zahnwellenverbindungen, nunmehr vom Autor dieser Dissertation empfohlen nach Kapitel 3.3, ist oftmals ein Auslauf als entsprechender Übergangsbereich zwischen dem verzahnten sowie dem daran anknüpfenden Bereich Wellenbestandteil. In diesem Zusammenhang ermöglichen die in diesem Kapitel angeführten Ergebnisse über die in dem vorgehenden Absatz beschriebene Methode zur weiterführenden Tragfähigkeitssteigerung hinaus die Möglichkeit zur Abschätzung der unter dem Aspekt der Gestaltfestigkeit strategisch günstigen Positionierung des gebundenen Auslaufs. Diesbezüglich gilt, dass der Einfluss des Auslaufs, bedingt durch den Effekt der Kerbüberlagerung, zu keiner Erhöhung der gestaltfestigkeitsrelevanten Lokalbeanspruchung führen sollte. Die Herausforderung besteht also in der Trennung der Kerbeinflüsse.

Aus gegebener Relevanz für dieses Kapitel sei an dieser Stelle auf Kapitel 4.2.3.1 und insbesondere Abbildung 4.14 verwiesen. Dort sind die unterschiedlichen Pfadgenerierungsarten (PGA) definiert.

6.2.3.2.4.1 Formzahldifferenz $\alpha_{ktGEHdBPGA1} - \alpha_{ktGEHdBPGA2}$

Abbildung 6.66 zeigt die Differenz der auf Basis der Gestaltänderungsenergiehypothese sowie des Bezugsdurchmessers d_B bestimmten Torsionsformzahlen $\alpha_{ktGEHdBPGA1}$ und $\alpha_{ktGEHdBPGA2}$ der Zahnwellenverbindungen Kapitel 3.3 – 45 x var. x var. (gemäß Tabelle 6.1; $c_{F1}/m = 0{,}12$; $\alpha = 30\,°$; $\rho_{f1}/m = var.$) in Abhängigkeit des Moduls m sowie des Wellenfußrundungsradiusverhältnisses ρ_{f1}/m. Aus ihr geht hervor, dass die Differenz der Torsionsformzahlen $\alpha_{ktGEHdBPGA1}$ und $\alpha_{ktGEHdBPGA2}$ jeweils mit größerem Modul m sowie Wellenfußrundungsradiusverhältnis ρ_{f1}/m zunimmt. Dies ist so zu erwarten. Befindet sich doch die gestaltfestigkeitsrelevante Lokalbeanspruchung σ_{GEHMax} mit steigendem Modul m und auch mit zunehmendem Wellenfußrundungsradiusverhältnis ρ_{f1}/m immer weiter vor der Nabenkante. Unter weiterführender Berücksichtigung von den in Kapitel 6.2.3.1 analysierten und darüber hinaus diskutierten axialen Beanspruchungsverläufen muss damit die Differenz der Torsionsformzahlen $\alpha_{ktGEHdBPGA1}$ und $\alpha_{ktGEHdBPGA2}$ gemäß der oben festgehaltenen Tendenz zunehmen.

Für das Kriterium der Gestaltfestigkeit wird die optimale geometrische Gestaltung evolventisch basierter Zahnwellenverbindungen nach Kapitel 3.3 empfohlen. Bei den in Abbildung 6.66 angeführten Verbindungen ist dies jene mit einem Modul m von 1,5 mm, vgl. beispielsweise Gleichung (222), sowie einem Wellenfußrundungsradiusverhältnis ρ_{f1}/m von ca. 0,48, vgl. insbesondere Gleichung (238). Für die Differenz der Torsionsformzahlen $\alpha_{ktGEHdBPGA1}$ und $\alpha_{ktGEHdBPGA2}$ ergibt sich hier lediglich ein Wert von 0,06 und damit ein nur geringes Potenzial zur Tragfähigkeitssteigerung durch die in Kapitel 6.2.3.2.4 definierte Maßnahme. Weiterführend wird erwartet, dass sich der geringe Tragfähigkeitszugewinn durch den Einfluss des gebundenen Auslaufs zumindest in Teilen relativiert oder aber sogar geringfügig Gegenteiliges bewirkt. Dem entgegen eröffnet sich allerdings für die in Abbildung 6.66 betrachteten evolventisch basierten Zahnwellenverbindungen nach Kapitel 3.3 ein relativ großes Optimierungspotenzial bei Moduln m größer oder gleich 4 mm, dies auch bereits bei kleinen Wellenfußrundungsradiusverhältnissen ρ_{f1}/m.

Damit wird für die in Kapitel 6.2.3.2.4 definierte Methode zur weiterführenden Optimierung geschlussfolgert, dass Praxisrelevanz hierfür nur dann gegeben ist, wenn Werkzeuge mit entsprechend großen Moduln m und gegebenenfalls zudem großen Wellenfußrundungsradiusverhältnissen ρ_{f1}/m vorhanden sind und diese, beispielsweise aus wirtschaftlichen Gründen oder aber der Modularität geschuldet, beibehalten werden sollen. Zumindest mittel- bis langfristig wird vom Autor dieser Dissertation jedoch die Optimierung der Profilform gemäß den in der Entstehungsgeschichte des vorliegenden Werkes erarbeiteten wissenschaftlichen Erkenntnissen auf Basis des ebenfalls mit ihm entwickelten Systems zur Profilgenerierung evolventisch basierter Zahnwellenverbindungen, vgl. Kapitel 3.3, empfohlen.

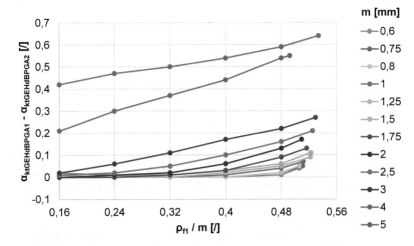

Abbildung 6.66: Differenz der Torsionsformzahlen $\alpha_{ktGEHdBPGA1}$ und $\alpha_{ktGEHdBPGA2}$ als Funktion des Moduls m sowie des Wellenfußrundungsradiusverhältnisses ρ_{f1}/m am Beispiel der ZWV Kapitel 3.3 – 45 x var. x var. (gemäß Tabelle 6.1; $c_{F1}/m = 0{,}12$; $\alpha = 30$ °; $\rho_{f1}/m = var.$)

Abbildung 6.67 zeigt die Differenz der auf Basis der Gestaltänderungsenergiehypothese sowie des Bezugsdurchmessers d_B bestimmten Torsionsformzahlen $\alpha_{ktGEHdBPGA1}$ und $\alpha_{ktGEHdBPGA2}$ der Zahnwellenverbindungen Kapitel 3.3 – 45 x 1,5 x 28 (gemäß Tabelle 6.1; $c_{F1}/m = 0{,}12$; $\alpha = var.$; $\rho_{f1}/m = var.$) in Abhängigkeit des Flankenwinkels α sowie des Wellenfußrundungsradiusverhältnisses ρ_{f1}/m. Ihr kann in gesamtheitlicher Betrachtung entnommen werden, dass die Differenz der Torsionsformzahlen $\alpha_{ktGEHdBPGA1}$ und $\alpha_{ktGEHdBPGA2}$ mit sinkendem Flankenwinkel α zunimmt. Dies gilt ebenfalls für den Einfluss des Wellenfußrundungsradiusverhältnisses ρ_{f1}/m. Er ist dabei zudem stark progressiv ausgeprägt. In quantitativ absoluter Betrachtung von Ab-

bildung 6.67 kann festgehalten werden, dass eine maximale Differenz der Torsionsformzahlen $\alpha_{ktGEHdBPGA1}$ und $\alpha_{ktGEHdBPGA2}$ bei einem Flankenwinkel α von 20 ° sowie
dem iterativ maximal realisierten Wellenfußrundungsradiusverhältnis ρ_{f1}^{itMax}/m von
0,61 gegeben ist. Sie beträgt hier 0,15, ist also relativ niedrig.

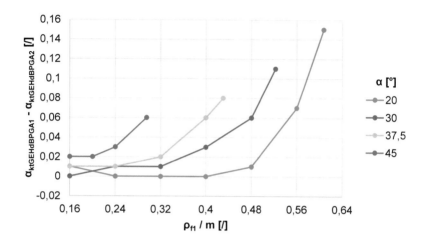

Abbildung 6.67: Differenz der Torsionsformzahlen $\alpha_{ktGEHdBPGA1}$ und $\alpha_{ktGEHdBPGA2}$ als
Funktion des Flankenwinkels α sowie des Wellenfußrundungsradiusverhältnisses
ρ_{f1}/m am Beispiel der ZWV Kapitel 3.3 – 45 x 1,5 x 28 (gemäß Tabelle 6.1; $c_{F1}/m = $
$0,12$; $\alpha = var.$; $\rho_{f1}/m = var.$)

Abbildung 6.68 zeigt die Differenz der auf Basis der Gestaltänderungsenergiehypothese sowie des Bezugsdurchmessers d_B bestimmten Torsionsformzahlen $\alpha_{ktGEHdBPGA1}$
und $\alpha_{ktGEHdBPGA2}$ der Zahnwellenverbindungen Kapitel 3.3 – var. x 1,5 x var. (gemäß
Tabelle 6.1; $c_{F1}/m = 0,12$; $\alpha = 30$ °; $\rho_{f1}/m = var.$) in Abhängigkeit des Bezugsdurchmessers d_B bei konstantem Modul m sowie des Wellenfußrundungsradiusverhältnisses ρ_{f1}/m. Aus ihr geht hervor, dass die Differenz der Torsionsformzahlen
$\alpha_{ktGEHdBPGA1}$ und $\alpha_{ktGEHdBPGA2}$ mit kleiner werdendem Bezugsdurchmesser d_B sowie
größer werdendem Wellenfußrundungsradiusverhältnis ρ_{f1}/m zunimmt. Ihr Einfluss
ist dabei jeweils progressiv.

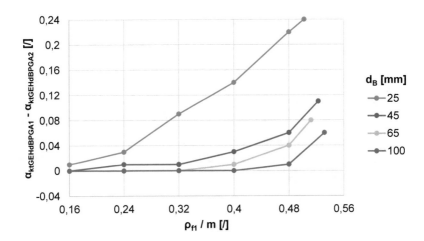

Abbildung 6.68: Differenz der Torsionsformzahlen $\alpha_{ktGEHdBPGA1}$ und $\alpha_{ktGEHdBPGA2}$ als Funktion des Bezugsdurchmessers d_B sowie des Wellenfußrundungsradiusverhältnisses ρ_{f1}/m bei konstantem Modul m am Beispiel der ZWV Kapitel 3.3 – var. x 1,5 x var. (gemäß Tabelle 6.1; $c_{F1}/m = 0,12$; $\alpha = 30°$; $\rho_{f1}/m = var.$)

Abbildung 6.69 zeigt die Differenz der auf Basis der Gestaltänderungsenergiehypothese sowie des Bezugsdurchmessers d_B bestimmten Torsionsformzahlen $\alpha_{ktGEHdBPGA1}$ und $\alpha_{ktGEHdBPGA2}$ der Zahnwellenverbindungen Kapitel 3.3 – var. x var. x 24 (gemäß Tabelle 6.1; $c_{F1}/m = 0,12$; $\alpha = 30°$; $\rho_{f1}/m = var.$) in Abhängigkeit des Bezugsdurchmessers d_B bei konstanten Zähnezahlen z sowie des Wellenfußrundungsradiusverhältnisses ρ_{f1}/m. Auf ihrer Grundlage kann festgehalten werden, dass die Differenz der Torsionsformzahlen $\alpha_{ktGEHdBPGA1}$ und $\alpha_{ktGEHdBPGA2}$ scheinbar nicht, zumindest jedoch nicht wesentlich, vom Bezugsdurchmesser d_B abhängig ist. Ergibt sich doch für die hierbei analysierten Stützstellen ein sehr hoher Überdeckungsgrad. Dies wird auf den Effekt der geometrischen Ähnlichkeit zurückgeführt, vgl. Kapitel 6.2.3.3. Die leichte Varianz der in Abbildung 6.69 dargestellten Graphen resultiert aus unterschiedlichen Initiationsprofilverschiebungsfaktoren x_I, vgl. Tabelle 6.4. Abschließend kann festgestellt werden, dass, wenn die geometrische Ähnlichkeit für die Torsionsformzahlen $\alpha_{ktGEHdBPGA1}$ und auch für die Differenz der Torsionsformzahlen $\alpha_{ktGEHdBPGA1}$ und $\alpha_{ktGEHdBPGA2}$ gilt, diese auch für die Torsionsformzahlen $\alpha_{ktGEHdBPGA2}$ gelten muss. Eine Sichtung der originären Daten bestätigt dies. Es sei hervorgehoben, dass die Beanspruchungsverläufe in axialer Richtung nicht identisch sind, vgl. Kapitel 6.2.3.1.

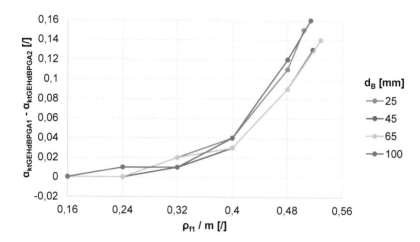

Abbildung 6.69: Differenz der Torsionsformzahlen $\alpha_{ktGEHdBPGA1}$ und $\alpha_{ktGEHdBPGA2}$ als Funktion des Bezugsdurchmessers d_B sowie des Wellenfußrundungsradiusverhältnisses ρ_{f1}/m bei konstanten Zähnezahlen z am Beispiel der ZWV Kapitel 3.3 – var. x var. x 24 (gemäß Tabelle 6.1; $c_{F1}/m = 0{,}12$; $\alpha = 30\,°$; $\rho_{f1}/m = var.$)

6.2.3.2.4.2 Formzahldifferenz $\alpha_{ktGEHdh1PGA1} - \alpha_{ktGEHdh1PGA2}$

Abbildung 6.70 zeigt die Differenz der auf Basis der Gestaltänderungsenergiehypothese sowie des Wellenersatzdurchmessers d_{h1} nach [Naka 51] bestimmten Torsionsformzahlen $\alpha_{ktGEHdh1PGA1}$ und $\alpha_{ktGEHdh1PGA2}$ der Zahnwellenverbindungen Kapitel 3.3 – 45 x var. x var. (gemäß Tabelle 6.1; $c_{F1}/m = 0{,}12$; $\alpha = 30\,°$; $\rho_{f1}/m = var.$) in Abhängigkeit des Moduls m sowie des Wellenfußrundungsradiusverhältnisses ρ_{f1}/m. Die mit ihr dargelegten numerischen Ergebnisse führen qualitativ zu den gleichen wissenschaftlichen Erkenntnissen, wie sie auf Grundlage von Abbildung 6.66 abgeleitet werden. Lediglich bei der quantitativen Ausprägung ergeben sich Unterschiede. Hieraus resultierend werden die Ergebnisse von Abbildung 6.70 nicht explizit diskutiert. Stattdessen wird hierbei auf die Diskussion von Abbildung 6.66 verwiesen.

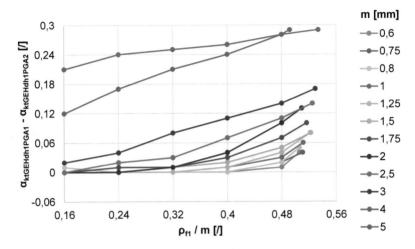

Abbildung 6.70: Differenz der Torsionsformzahlen $\alpha_{ktGEHdh1PGA1}$ und $\alpha_{ktGEHdh1PGA2}$ als Funktion des Moduls m sowie des Wellenfußrundungsradiusverhältnisses ρ_{f1}/m am Beispiel der ZWV Kapitel 3.3 – 45 x var. x var. (gemäß Tabelle 6.1; $c_{F1}/m = 0{,}12$; $\alpha = 30\,°$; $\rho_{f1}/m = var.$)

Abbildung 6.71 zeigt die Differenz der auf Basis der Gestaltänderungsenergiehypothese sowie des Wellenersatzdurchmessers d_{h1} nach [Naka 51] bestimmten Torsionsformzahlen $\alpha_{ktGEHdh1PGA1}$ und $\alpha_{ktGEHdh1PGA2}$ der Zahnwellenverbindungen Kapitel 3.3 – 45 x 1,5 x 28 (gemäß Tabelle 6.1; $c_{F1}/m = 0{,}12$; $\alpha = var.$; $\rho_{f1}/m = var.$) in Abhängigkeit des Flankenwinkels α sowie des Wellenfußrundungsradiusverhältnisses ρ_{f1}/m. Die mit ihr dargelegten numerischen Ergebnisse führen qualitativ zu den gleichen wissenschaftlichen Erkenntnissen, wie sie auf Grundlage von Abbildung 6.67 abgeleitet werden. Lediglich bei der quantitativen Ausprägung ergeben sich Unterschiede. Hieraus resultierend werden die Ergebnisse von Abbildung 6.71 nicht explizit diskutiert. Stattdessen wird hierbei auf die Diskussion von Abbildung 6.67 verwiesen.

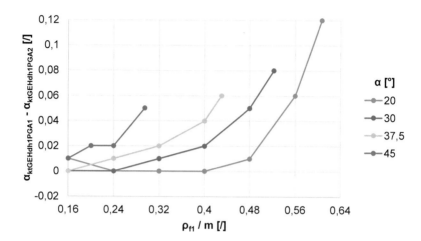

Abbildung 6.71: Differenz der Torsionsformzahlen $\alpha_{ktGEHdh1PGA1}$ und $\alpha_{ktGEHdh1PGA2}$ als Funktion des Flankenwinkels α sowie des Wellenfußrundungsradiusverhältnisses ρ_{f1}/m am Beispiel der ZWV Kapitel 3.3 – 45 x 1,5 x 28 (gemäß Tabelle 6.1; $c_{F1}/m = 0,12$; $\alpha = var$.; $\rho_{f1}/m = var$.)

Abbildung 6.72 zeigt die Differenz der auf Basis der Gestaltänderungsenergiehypothese sowie des Wellenersatzdurchmessers d_{h1} nach [Naka 51] bestimmten Torsionsformzahlen $\alpha_{ktGEHdh1PGA1}$ und $\alpha_{ktGEHdh1PGA2}$ der Zahnwellenverbindungen Kapitel 3.3 – var. x 1,5 x var. (gemäß Tabelle 6.1; $c_{F1}/m = 0,12$; $\alpha = 30$ °; $\rho_{f1}/m = var$.) in Abhängigkeit des Bezugsdurchmessers d_B bei konstantem Modul m sowie des Wellenfußrundungsradiusverhältnisses ρ_{f1}/m. Die mit ihr dargelegten numerischen Ergebnisse führen qualitativ zu den gleichen wissenschaftlichen Erkenntnissen, wie sie auf Grundlage von Abbildung 6.68 abgeleitet werden. Lediglich bei der quantitativen Ausprägung ergeben sich Unterschiede. Hieraus resultierend werden die Ergebnisse von Abbildung 6.72 nicht explizit diskutiert. Stattdessen wird hierbei auf die Diskussion von Abbildung 6.68 verwiesen.

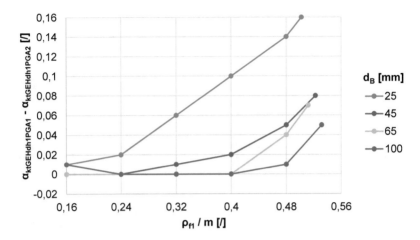

Abbildung 6.72: Differenz der Torsionsformzahlen $\alpha_{ktGEHdh1PGA1}$ und $\alpha_{ktGEHdh1PGA2}$ als Funktion des Bezugsdurchmessers d_B sowie des Wellenfußrundungsradiusverhältnisses ρ_{f1}/m bei konstantem Modul m am Beispiel der ZWV Kapitel 3.3 – var. x 1,5 x var. (gemäß Tabelle 6.1; $c_{F1}/m = 0{,}12$; $\alpha = 30\,°$; $\rho_{f1}/m = var.$)

Abbildung 6.73 zeigt die Differenz der auf Basis der Gestaltänderungsenergiehypothese sowie des Wellenersatzdurchmessers d_{h1} nach [Naka 51] bestimmten Torsionsformzahlen $\alpha_{ktGEHdh1PGA1}$ und $\alpha_{ktGEHdh1PGA2}$ der Zahnwellenverbindungen Kapitel 3.3 – var. x var. x 24 (gemäß Tabelle 6.1; $c_{F1}/m = 0{,}12$; $\alpha = 30\,°$; $\rho_{f1}/m = var.$) in Abhängigkeit des Bezugsdurchmessers d_B bei konstanten Zähnezahlen z sowie des Wellenfußrundungsradiusverhältnisses ρ_{f1}/m. Die mit ihr dargelegten numerischen Ergebnisse führen qualitativ zu den gleichen wissenschaftlichen Erkenntnissen, wie sie auf Grundlage von Abbildung 6.69 abgeleitet werden. Lediglich bei der quantitativen Ausprägung ergeben sich Unterschiede. Hieraus resultierend werden die Ergebnisse von Abbildung 6.73 nicht explizit diskutiert. Stattdessen wird hierbei auf die Diskussion von Abbildung 6.69 verwiesen.

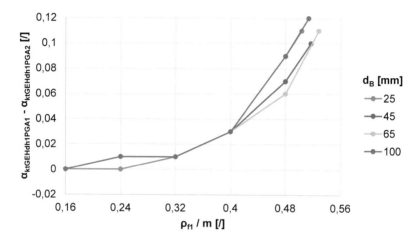

Abbildung 6.73: Differenz der Torsionsformzahlen $\alpha_{ktGEHdh1PGA1}$ und $\alpha_{ktGEHdh1PGA2}$ als Funktion des Bezugsdurchmessers d_B sowie des Wellenfußrundungsradiusverhältnisses ρ_{f1}/m bei konstanten Zähnezahlen z am Beispiel der ZWV Kapitel 3.3 – var. x var. x 24 (gemäß Tabelle 6.1; $c_{F1}/m = 0{,}12$; $\alpha = 30$ °; $\rho_{f1}/m = var.$)

6.2.3.2.4.3 Differenz der bezogenen Spannungsgefälle $G'_{GEHPGA1} - G'_{GEHPGA2}$

Abbildung 6.74 zeigt die Differenz der auf Basis der Gestaltänderungsenergiehypothese bestimmten torsionsmomentinduzierten bezogenen Spannungsgefälle $G'_{GEHPGA1}$ und $G'_{GEHPGA2}$ der Zahnwellenverbindungen Kapitel 3.3 – 45 x var. x var. (gemäß Tabelle 6.1; $c_{F1}/m = 0{,}12$; $\alpha = 30$ °; $\rho_{f1}/m = var.$) in Abhängigkeit des Moduls m sowie des Wellenfußrundungsradiusverhältnisses ρ_{f1}/m. Aus den dort dargestellten numerischen Ergebnissen geht hervor, dass zwar entsprechende Differenzen auftreten, dies aber in für die Praxis unbedeutender Größenordnung. Jenseits dessen verändert sich der modulspezifische Einfluss des Wellenfußrundungsradiusverhältnisses ρ_{f1}/m stark, so dass eine eindeutige allumfassende Tendenz nur schwer formulierbar ist. Es scheint jedoch, dass für dessen Beschreibung eine Fallunterscheidung zielführend ist, wobei hierbei in rudimentärer Formulierung zwischen, im Vergleich zum optimalen Modul m_{Opt}, größeren und kleineren Moduln m zu unterscheiden ist.

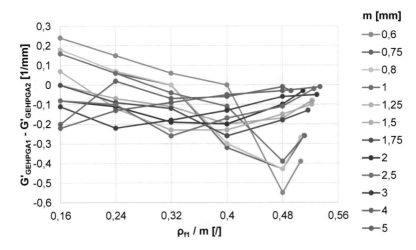

Abbildung 6.74: Differenz der torsionsmomentinduziert bezogenen Spannungsgefälle $G'_{GEHPGA1}$ und $G'_{GEHPGA2}$ als Funktion des Moduls m sowie des Wellenfußrundungsradiusverhältnisses ρ_{f1}/m am Beispiel der ZWV Kapitel 3.3 – 45 x var. x var. (gemäß Tabelle 6.1; $c_{F1}/m = 0{,}12$; $\alpha = 30°$; $\rho_{f1}/m = var.$)

Abbildung 6.75 zeigt die Differenz der auf Basis der Gestaltänderungsenergiehypothese bestimmten torsionsmomentinduzierten bezogenen Spannungsgefälle $G'_{GEHPGA1}$ und $G'_{GEHPGA2}$ der Zahnwellenverbindungen Kapitel 3.3 – 45 x 1,5 x 28 (gemäß Tabelle 6.1; $c_{F1}/m = 0{,}12$; $\alpha = var.$; $\rho_{f1}/m = var.$) in Abhängigkeit des Flankenwinkels α sowie des Wellenfußrundungsradiusverhältnisses ρ_{f1}/m. Aus den dort dargestellten numerischen Ergebnissen geht hervor, dass zwar entsprechende Differenzen auftreten, dies aber in für die Praxis unbedeutender Größenordnung. Jenseits dessen verändert sich der flankenwinkelspezifische Einfluss des Wellenfußrundungsradiusverhältnisses ρ_{f1}/m stark, so dass eine eindeutige allumfassende Tendenz nur schwer formulierbar ist.

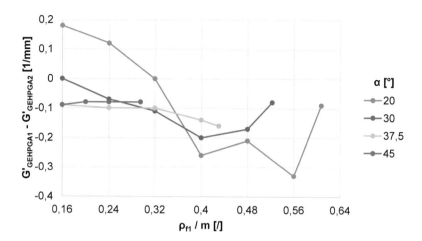

Abbildung 6.75: Differenz der torsionsmomentinduziert bezogenen Spannungsgefälle $G'_{GEHPGA1}$ und $G'_{GEHPGA2}$ als Funktion des Flankenwinkels α sowie des Wellenfußrundungsradiusverhältnisses ρ_{f1}/m am Beispiel der ZWV Kapitel 3.3 – 45 x 1,5 x 28 (gemäß Tabelle 6.1; $c_{F1}/m = 0,12$; $\alpha = var.$; $\rho_{f1}/m = var.$)

Abbildung 6.76 zeigt die Differenz der auf Basis der Gestaltänderungsenergiehypothese bestimmten torsionsmomentinduzierten bezogenen Spannungsgefälle $G'_{GEHPGA1}$ und $G'_{GEHPGA2}$ der Zahnwellenverbindungen Kapitel 3.3 – var. x 1,5 x var. (gemäß Tabelle 6.1; $c_{F1}/m = 0,12$; $\alpha = 30\,°$; $\rho_{f1}/m = var.$) in Abhängigkeit des Bezugsdurchmessers d_B bei konstantem Modul m sowie des Wellenfußrundungsradiusverhältnisses ρ_{f1}/m. Aus den dort dargestellten numerischen Ergebnissen geht hervor, dass zwar entsprechende Differenzen auftreten, dies aber in für die Praxis unbedeutender Größenordnung. Jenseits dessen verändert sich der bezugsdurchmesserspezifische Einfluss des Wellenfußrundungsradiusverhältnisses ρ_{f1}/m stark, so dass eine eindeutige allumfassende Tendenz nur schwer formulierbar ist.

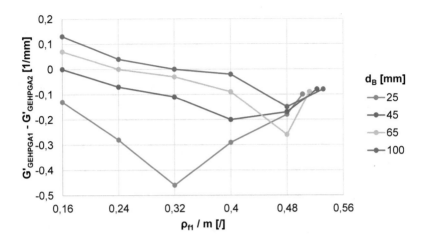

Abbildung 6.76: Differenz der torsionsmomentinduziert bezogenen Spannungsgefälle $G'_{GEHPGA1}$ und $G'_{GEHPGA2}$ als Funktion des Bezugsdurchmessers d_B sowie des Wellenfußrundungsradiusverhältnisses ρ_{f1}/m bei konstantem Modul m am Beispiel der ZWV Kapitel 3.3 – var. x 1,5 x var. (gemäß Tabelle 6.1; $c_{F1}/m = 0{,}12$; $\alpha = 30\,°$; $\rho_{f1}/m = var.$)

Abbildung 6.77 zeigt die Differenz der auf Basis der Gestaltänderungsenergiehypothese bestimmten torsionsmomentinduzierten bezogenen Spannungsgefälle $G'_{GEHPGA1}$ und $G'_{GEHPGA2}$ der Zahnwellenverbindungen Kapitel 3.3 – var. x var. x 24 (gemäß Tabelle 6.1; $c_{F1}/m = 0{,}12$; $\alpha = 30\,°$; $\rho_{f1}/m = var.$) in Abhängigkeit des Bezugsdurchmessers d_B bei konstanten Zähnezahlen z sowie des Wellenfußrundungsradiusverhältnisses ρ_{f1}/m. Aus den dort dargestellten numerischen Ergebnissen geht hervor, dass zwar entsprechende Differenzen auftreten, dies aber in für die Praxis unbedeutender Größenordnung. Jedoch können klare Tendenzen festgehalten werden. So gilt, dass der Einfluss des Bezugsdurchmessers d_B bei konstanten Zähnezahlen z mit sinkendem Bezugsdurchmesser d_B tendenziell zunimmt. Für das Wellenfußrundungsradiusverhältnisses ρ_{f1}/m ergibt sich ein Minimum bei einem Verhältnis von 0,4.

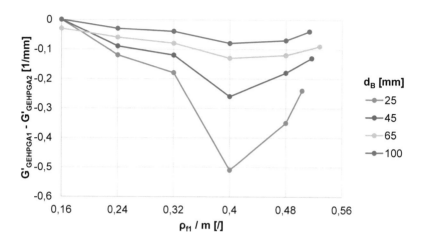

Abbildung 6.77: Differenz der torsionsmomentinduziert bezogenen Spannungsgefälle $G'_{GEHPGA1}$ und $G'_{GEHPGA2}$ als Funktion des Bezugsdurchmessers d_B sowie des Wellenfußrundungsradiusverhältnisses ρ_{f1}/m bei konstanten Zähnezahlen z am Beispiel der ZWV Kapitel 3.3 – var. x var. x 24 (gemäß Tabelle 6.1; $c_{F1}/m = 0{,}12$; $\alpha = 30°$; $\rho_{f1}/m = var.$)

6.2.3.3 Geometrische Ähnlichkeit

Als geometrisch ähnliche evolventisch basierte Zahnwellenverbindungen nach [DIN 5480] werden in der Literatur in lapidarer Formulierung, vgl. diesbezüglich unter anderem [FVA 467 I], Verbindungen bezeichnet, die Bedingung (214) erfüllen.

$$\left(\frac{d}{m}\right)_A = (z)_A \stackrel{\text{def}}{=} (z)_B = \left(\frac{d}{m}\right)_B \qquad (214)$$

Ist Bedingung (214) erfüllt, soll als Besonderheit resultieren, dass die Torsionsformzahlen α_{kt} der Verbindungen A und B gleich sind, vgl. Gleichung (215).

$$(\alpha_{kt})_A = (\alpha_{kt})_B \qquad (215)$$

Mit den für diese Dissertation erarbeiteten numerischen Ergebnissen wird jedoch ersichtlich, dass Bedingung (214) nicht hinreichend genau formuliert ist. Hierfür sind weitere beeinflussbare geometrische Kenngrößen zu berücksichtigen. Dies gilt in besonderer Ausprägung für evolventisch basierte Zahnwellenverbindungen nach Kapitel 3.3. Sind hier doch ausnahmslos alle Geometrieparameter Bestandteil des Systems zur Profilgenerierung und demnach auch variierbar. So kann zunächst für evolventisch basierte Zahnwellenverbindungen nach Kapitel 3.3 gemäß Tabelle 6.1 Gleichung

(216) zur Definition der geometrischen Ähnlichkeit formuliert werden, die ebenfalls für jene nach [DIN 5480] Gültigkeit hat. Hierbei sei hervorgehoben, dass die mit Gleichung (214) getroffene Vereinfachung zur Vernachlässigung der Initiationsprofilverschiebungsfaktoren x_I zunächst beibehalten wird. Auf Gleichung (214) wird nachfolgend nicht weiter eingegangen.

$$\left(\frac{c_F}{m}, \frac{d}{m}, \alpha, \frac{\rho_f}{m}\right)_A = \left(\frac{c_F}{m}, \frac{d}{m}, \alpha, \frac{\rho_f}{m}\right)_B \qquad (216)$$

Abbildung 6.78 zeigt die auf Basis der Gestaltänderungsenergiehypothese sowie des Bezugsdurchmessers d_B bestimmte Torsionsformzahl $\alpha_{ktGEHdB}$ der Zahnwellenverbindungen Kapitel 3.3 – var. x var. x 24 (gemäß Tabelle 6.1; $c_{F1}/m = 0{,}12$; $\alpha = var.$; $\rho_{f1}/m = Opt.$) in Abhängigkeit des Bezugsdurchmessers d_B sowie des Flankenwinkels α bei nach Gleichung (230) optimalem Wellenfußrundungsradiusverhältnis $\left(\rho_{f1}/m\right)_{Opt}$. Ihr kann entnommen werden, dass die Torsionsformzahlen $\alpha_{ktGEHdB}$ jener Verbindungen mit den Bezugsdurchmessern d_B von 25 mm, 100 mm sowie 500 mm, entgegen den Verbindungen bei 45 mm und 65 mm, auf nahezu identischem Niveau liegen. Dieser Sachverhalt ist bei zumindest allen hier analysierten Kombinationen von Flankenwinkel α und nach Gleichung (230) optimalem Wellenfußrundungsradiusverhältnis $\left(\rho_{f1}/m\right)_{Opt}$ gegeben. Die Definition der geometrischen Ähnlichkeit nach Gleichung (216) ist also nur bedingt zutreffend, zumindest nicht, um weiterführend Gleichung (215) zu formulieren.

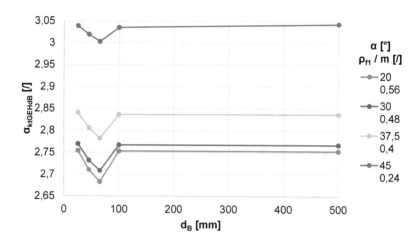

Abbildung 6.78: Torsionsformzahl $\alpha_{ktGEHdB}$ als Funktion des Bezugsdurchmessers d_B sowie des Flankenwinkels α bei nach Gleichung (230) optimalem Wellenfußrundungsradiusverhältnis $(\rho_{f1}/m)_{Opt}$ am Beispiel der ZWV Kapitel 3.3 – var. x var. x 24 (gemäß Tabelle 6.1; $c_{F1}/m = 0{,}12$; $\alpha = var.$; $\rho_{f1}/m = Opt.$) ohne Einflusskorrektur der Initiationsprofilverschiebungsfaktoren x_I durch Stützstellenselektion

Einzig verbleibende Einflussquelle für die oben dargelegten abweichenden Torsionsformzahlen $\alpha_{ktGEHdB}$ jener Verbindungen mit den Bezugsdurchmessern d_B von 45 mm sowie 65 mm von den übrigen sind nunmehr nur noch die Initiationsprofilverschiebungsfaktoren x_I. Die Überprüfung, ob ihre Berücksichtigung bei der Definition der geometrischen Ähnlichkeit dazu führt, dass Gleichung (215) erfüllt ist, ist Gegenstand der nachfolgenden Ausführungen. Als Basis hierfür dient eine Selektion des in Kapitel 6.2.2.1 dargelegten, für diese Dissertation numerisch untersuchten Parameterfelds. Die selektive Auswahl resultiert aus dem Bestreben der Aufwandsbegrenzung und ist darüber hinaus erforderlich, um Zähnezahlen z ausfindig zu machen, bei denen mindestens drei unterschiedliche evolventisch basierte Zahnwellenverbindungen nach Kapitel 3.3 analysiert wurden. Ist hierdurch doch die Analyse der Krümmung des Einflussverhaltens möglich. In Bezug auf die geometrische Ähnlichkeit steht jedoch im Fokus, diese kategorisch auszuschließen und Linearität beziehungsweise genauer Konstanz nachzuweisen. Das Ergebnis der selektiven Voruntersuchung ist im Anhang ergänzt, vgl. Tabelle 11.5 f. von Kapitel 11.2.2. Das daraus abgeleitete Parameterfeld zur weiterführenden Analyse der geometrischen Ähnlichkeit zeigt Tabelle 6.3.

Tabelle 6.3: Parameterfeld zur weiterführenden Analyse der geometrischen Ähnlichkeit nach Bedingung (216)

z [/]	α [°] ρ_{f1}/m [/]			
48				
36				
24	20	30	37,5	45
15	0,56	0,48	0,4	0,24
8				

Für alle der in Tabelle 6.3 angeführten Zahnwellenverbindungen wurden die Ergebnisse zur Analyse der geometrischen Ähnlichkeit aufbereitet. In diesem Kapitel wird jedoch nur auf jene der Verbindungen mit 24 Zähnen eingegangen. Ist hier doch der Informationsgehalt am höchsten. Die übrigen Ergebnisse können dem Anhang entnommen werden, vgl. Kapitel 11.2.2.1 sowie Kapitel 11.2.2.2.

Für die Zähnezahlen z von 24 resultieren die in Tabelle 6.4 aufgezeigten Welleninitiationsprofilverschiebungsfaktoren x_{I1}. Es wird ersichtlich, dass sich für jene der in Abbildung 6.78 betrachteten evolventisch basierten Zahnwellenverbindungen nach Kapitel 3.3 gemäß Tabelle 6.1 gleiche Torsionsformzahlen $\alpha_{ktGEHdB}$ ergeben, die den gleichen Welleninitiationsprofilverschiebungsfaktor x_{I1} aufweisen. Dies erklärt somit die unterschiedlichen Torsionsformzahlen $\alpha_{ktGEHdB}$ jener Verbindungen mit den Bezugsdurchmessern d_B von 45 mm sowie 65 mm. Vorgreifend auf Kapitel 6.2.3.6.4 und insbesondere auf Abbildung 6.126 sei weiterführend angemerkt, dass optimabezogen mit größeren Welleninitiationsprofilverschiebungsfaktoren x_{I1} kleinere Torsionsformzahlen $\alpha_{ktGEHdB}$ zu erwarten sind. Dies ist bereits anhand von Abbildung 6.78 erkennbar.

Tabelle 6.4: Welleninitiationsprofilverschiebungsfaktoren x_{I1} der ZWV Kapitel 3.3 – var. x var. x 24 (gemäß Tabelle 6.1; $c_{F1}/m = 0,12$; $\alpha =/$; $\rho_{f1}/m =/$)

d_B [mm]	m [mm]	α [°]	ρ_{f1}/m [/]	x_{I1} [\]
25	1			-0,05
45	1,75	Nach Gleichung (137) ohne Einfluss auf den Welleninitiationsprofilverschiebungsfaktor x_{I1}		0,31
65	2,5			0,45
100	4			-0,05
500	20			-0,05

Resultierend aus den oben angeführten Erkenntnissen ist die Berücksichtigung der Initiationsprofilverschiebungsfaktoren x_I bei der Definition der geometrischen Ähnlichkeit evolventisch basierter Zahnwellenverbindungen nach Kapitel 3.3 gemäß Tabelle 6.1 erforderlich. Die entsprechend nochmalige Erweiterung von Gleichung (216) um diese Parameter führt zu Gleichung (217). Für diese gilt Gleichung (215).

$$\left(\frac{c_F}{m}, \frac{d}{m}, x_I, \alpha, \frac{\rho_f}{m}\right)_A = \left(\frac{c_F}{m}, \frac{d}{m}, x_I, \alpha, \frac{\rho_f}{m}\right)_B \tag{217}$$

Abbildung 6.79 zeigt die auf Basis der Gestaltänderungsenergiehypothese sowie des Bezugsdurchmessers d_B bestimmte Torsionsformzahl $\alpha_{ktGEHdB}$ der Zahnwellenverbindungen Kapitel 3.3 – var. x var. x 24 (gemäß Tabelle 6.1; $c_{F1}/m = 0,12$; $\alpha = var.$; $\rho_{f1}/m = Opt.$) in Abhängigkeit des Bezugsdurchmessers d_B sowie des Flankenwinkels α bei nach Gleichung (230) optimalem Wellenfußrundungsradiusverhältnis $\left(\rho_{f1}/m\right)_{Opt}$ bei geometrischer Ähnlichkeit nach Gleichung (217). Aus ihr geht zweifelsohne hervor, dass sich die Torsionsformzahl $\alpha_{ktGEHdB}$ quasi nicht ändert. Dies belegt die Gültigkeit von Gleichung (217) in Kombination mit Gleichung (215).

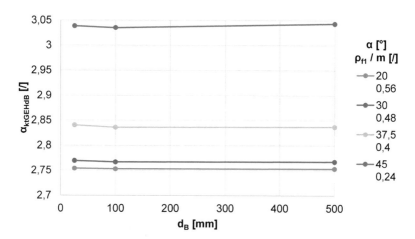

Abbildung 6.79: Torsionsformzahl $\alpha_{ktGEHdB}$ als Funktion des Bezugsdurchmessers d_B sowie des Flankenwinkels α bei nach Gleichung (230) optimalem Wellenfußrundungsradiusverhältnis $\left(\rho_{f1}/m\right)_{Opt}$ am Beispiel der ZWV Kapitel 3.3 – var. x var. x 24 (gemäß Tabelle 6.1; $c_{F1}/m = 0,12$; $\alpha = var.$; $\rho_{f1}/m = Opt.$) mit Einflusskorrektur der Initiationsprofilverschiebungsfaktoren x_I durch Stützstellenselektion

Es sei an dieser Stelle hervorgehoben, dass Gleichung (217) die geometrische Ähnlichkeit nur für evolventisch basierte Zahnwellenverbindungen nach Kapitel 3.3 gemäß

Tabelle 6.1, mit überwältigender Wahrscheinlichkeit aber nicht allgemeingültig, hinreichend formuliert. Existieren hier doch einige weitere geometrische Freiheitsgrade. Hierbei wird prognostiziert, dass die entsprechende Definition in geeigneter Form um den Bezugsdurchmesserabstand A_{dB}, die wirksame Berührungshöhe bei einem Reduzierfaktor der wirksamen Berührungshöhe von 0 $h_w(R_{hw} = 0)$, die Modifizierungsprofilverschiebungsfaktoren x_M sowie die Profilmodifizierungsfaktoren y zu ergänzen ist, vgl. Gleichung (218). Dies gilt es noch zu beweisen.

$$\left(A_{dB}, \frac{c_F}{m}, \frac{d}{m}, h_w(R_{hw} = 0), x_I, x_M, y, \alpha, \frac{\rho_f}{m} \right)_A$$
$$= \left(A_{dB}, \frac{c_F}{m}, \frac{d}{m}, h_w(R_{hw} = 0), x_I, x_M, y, \alpha, \frac{\rho_f}{m} \right)_B \tag{218}$$

Abbildung 6.80 zeigt die auf Basis der Gestaltänderungsenergiehypothese sowie des Wellenersatzdurchmessers d_{h1} nach [Naka 51] bestimmte Torsionsformzahl $\alpha_{ktGEHdh1}$ der Zahnwellenverbindungen Kapitel 3.3 – var. x var. x 24 (gemäß Tabelle 6.1; $c_{F1}/m = 0{,}12$; $\alpha = var.$; $\rho_{f1}/m = Opt.$) in Abhängigkeit des Bezugsdurchmessers d_B sowie des Flankenwinkels α bei nach Gleichung (230) optimalem Wellenfußrundungsradiusverhältnis $\left(\rho_{f1}/m \right)_{Opt}$ bei geometrischer Ähnlichkeit nach Gleichung (216). Anhand der dort angeführten numerischen Ergebnisse wird der gleiche Effekt ersichtlich, der auch bereits auf Grundlage von Abbildung 6.78 erkennbar ist. Die Torsionsformzahl $\alpha_{ktGEHdh1}$ jener Verbindungen mit einem Bezugsdurchmesser d_B von 45 mm sowie 65 mm weichen quantitativ von jenen der anderen Verbindungen ab, wenn auch in geringerer Ausprägung. So wird auch hier deutlich, dass Gleichung (217) und nicht Gleichung (216) die geometrische Ähnlichkeit richtig beschreibt.

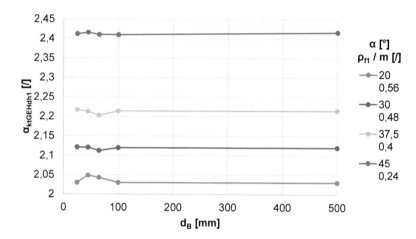

Abbildung 6.80: Torsionsformzahl $\alpha_{ktGEHdh1}$ als Funktion des Bezugsdurchmessers d_B sowie des Flankenwinkels α bei nach Gleichung (230) optimalem Wellenfußrundungsradiusverhältnis $\left(\rho_{f1}/m\right)_{Opt}$ am Beispiel der ZWV Kapitel 3.3 – var. x var. x 24 (gemäß Tabelle 6.1; $c_{F1}/m = 0{,}12$; $\alpha = var.$; $\rho_{f1}/m = Opt.$) ohne Einflusskorrektur der Initiationsprofilverschiebungsfaktoren x_I durch Stützstellenselektion

Abbildung 6.81 zeigt die auf Basis der Gestaltänderungsenergiehypothese sowie des Wellenersatzdurchmessers d_{h1} nach [Naka 51] bestimmte Torsionsformzahl $\alpha_{ktGEHdh1}$ der Zahnwellenverbindungen Kapitel 3.3 – var. x var. x 24 (gemäß Tabelle 6.1; $c_{F1}/m = 0{,}12$; $\alpha = var.$; $\rho_{f1}/m = Opt.$) in Abhängigkeit des Bezugsdurchmessers d_B sowie des Flankenwinkels α bei nach Gleichung (230) optimalem Wellenfußrundungsradiusverhältnis $\left(\rho_{f1}/m\right)_{Opt}$ bei geometrischer Ähnlichkeit nach Gleichung (217). Erwartungsgemäß treten lediglich noch vernachlässigbare Unterschiede zwischen den Torsionsformzahlen $\alpha_{ktGEHdh1}$ aller angeführten Verbindungen auf.

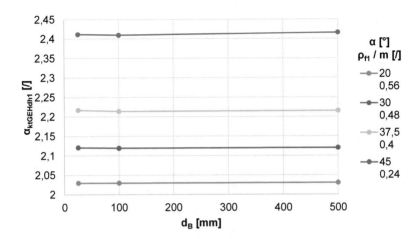

Abbildung 6.81: Torsionsformzahl $\alpha_{ktGEHdh1}$ als Funktion des Bezugsdurchmessers d_B sowie des Flankenwinkels α bei nach Gleichung (230) optimalem Wellenfußrundungsradiusverhältnis $\left(\rho_{f1}/m\right)_{Opt}$ am Beispiel der ZWV Kapitel 3.3 – var. x var. x 24 (gemäß Tabelle 6.1; $c_{F1}/m = 0{,}12$; $\alpha = var.$; $\rho_{f1}/m = Opt.$) mit Einflusskorrektur der Initiationsprofilverschiebungsfaktoren x_{I1} durch Stützstellenselektion

Abbildung 6.82 zeigt das auf Basis der Gestaltänderungsenergiehypothese bestimmte bezogene Spannungsgefälle G'_{GEH} der Zahnwellenverbindungen Kapitel 3.3 – var. x var. x 24 (gemäß Tabelle 6.1; $c_{F1}/m = 0{,}12$; $\alpha = var.$; $\rho_{f1}/m = Opt.$) in Abhängigkeit des Bezugsdurchmessers d_B sowie des Flankenwinkels α bei nach Gleichung (230) optimalem Wellenfußrundungsradiusverhältnis $\left(\rho_{f1}/m\right)_{Opt}$ bei geometrischer Ähnlichkeit nach Gleichung (216). Anhand der dort angeführten numerischen Ergebnisse sind zunächst keine Auffälligkeiten ersichtlich, die darauf hinweisen, dass der Einfluss der Initiationsprofilverschiebungsfaktoren x_I bei der Definition der geometrischen Ähnlichkeit berücksichtigt werden müsste, obwohl dieser gewiss erfass- und mathematisch formulierbar ist. Dies wird darauf zurückgeführt, dass dieser auf das bezogene Spannungsgefälle G'_{GEH} deutlich geringer ist als auf die Torsionsformzahl $\alpha_{ktGEHdB}$, vgl. Abbildung 6.78, beziehungsweise $\alpha_{ktGEHdh1}$, vgl. Abbildung 6.80.

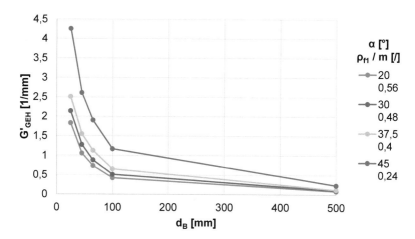

Abbildung 6.82: Torsionsmomentinduziert bezogenes Spannungsgefälle G'_{GEH} als Funktion des Bezugsdurchmessers d_B sowie des Flankenwinkels α bei nach Gleichung (230) optimalem Wellenfußrundungsradiusverhältnis $\left(\rho_{f1}/m\right)_{Opt}$ am Beispiel der ZWV Kapitel 3.3 – var. x var. x 24 (gemäß Tabelle 6.1; $c_{F1}/m = 0{,}12$; $\alpha = var.$; $\rho_{f1}/m = Opt.$) ohne Einflusskorrektur der Initiationsprofilverschiebungsfaktoren x_I durch Stützstellenselektion

Abbildung 6.83 zeigt das auf Basis der Gestaltänderungsenergiehypothese bestimmte bezogene Spannungsgefälle G'_{GEH} der Zahnwellenverbindungen Kapitel 3.3 – var. x var. x 24 (gemäß Tabelle 6.1; $c_{F1}/m = 0{,}12$; $\alpha = var.$; $\rho_{f1}/m = Opt.$) in Abhängigkeit des Bezugsdurchmessers d_B sowie des Flankenwinkels α bei nach Gleichung (230) optimalem Wellenfußrundungsradiusverhältnis $\left(\rho_{f1}/m\right)_{Opt}$ bei geometrischer Ähnlichkeit nach Gleichung (217). Sie ist aus Gründen der Vollständigkeit ergänzt.

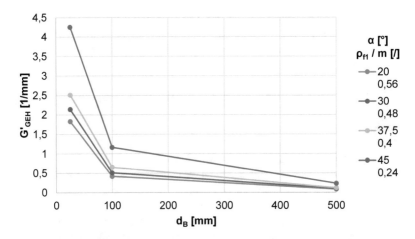

Abbildung 6.83: Torsionsmomentinduziert bezogenes Spannungsgefälle G'_{GEH} als Funktion des Bezugsdurchmessers d_B sowie des Flankenwinkels α bei nach Gleichung (230) optimalem Wellenfußrundungsradiusverhältnis $(\rho_{f1}/m)_{Opt}$ am Beispiel der ZWV Kapitel 3.3 – var. x var. x 24 (gemäß Tabelle 6.1; $c_{F1}/m = 0{,}12$; $\alpha = var$.; $\rho_{f1}/m = Opt$.) mit Einflusskorrektur der Initiationsprofilverschiebungsfaktoren x_I durch Stützstellenselektion

6.2.3.4   Zug-/druckseitige Tragfähigkeitsdifferenzierung

Mit Verweis auf Kapitel 4.5.6 wird in diesem Kapitel die zug-/druckseitige Differenzierung der Tragfähigkeit vorgenommen. Wie in zuvor benanntem Kapitel bereits dargelegt, entstammt die Motivation hierfür der [DIN 5466] zur Berechnung der Tragfähigkeit von Zahn- und Keilwellenverbindungen. In dieser werden Beanspruchungen an unterschiedlichen Orten, sowohl zug- als auch druckseitig bestimmt. Dortige Grundlage zur Bauteilauslegung ist die maximal ermittelte Beanspruchung. Die im Rahmen dieser Dissertation durchgeführte zug-/druckseitige Differenzierung der Tragfähigkeit dient neben der allgemeinen Wissensgenerierung insbesondere als Grundlage zur Bewertung des gegenwärtig in der [DIN 5466] vorgesehenen Mehraufwands bei der Bauteilauslegung durch Berücksichtigung mehrerer dort als potenzielle Schwachstellen angesehener Versagensorte. Betrachtet werden hierfür die in Kapitel 4.5.6 definierten Ergebnisgrößen. Die Differenzierung der zug-/druckseitigen Tragfähigkeit erfolgt auf Basis der Zahnwellenverbindungen Kapitel 3.3 – var. x m_{Opt} x z_{Opt} (gemäß Tabelle 6.1; $c_{F1}/m = 0{,}12$; $\alpha = 30\,°$; $\rho_{f1}/m = var$.) für zwei unterschiedliche Wellenfußrundungsradiusverhältnisse ρ_{f1}/m je Ergebnisgröße. Analysiert werden diesbezüglich eine repräsentativ sehr scharfe sowie sehr milde Kerbe. Konkret werden die Wellenfußrundungsradiusverhältnisse ρ_{f1}/m von 0,16 sowie das nach Gleichung (230) optimale Verhältnis von 0,48 betrachtet. Aus per Definition gegebener Relevanz, vgl. Kapitel 6.2.3.5.4, wird die entsprechende Analyse bei einem Flankenwinkel α von 30 ° durchgeführt.

6.2.3.4.1   Ort der gestaltfestigkeitsrelevanten Lokalbeanspruchung σ_{GEHMax}

Abbildung 6.84 zeigt die Auswertung von Formulierung (180), vgl. Titel der Ordinate, für die Zahnwellenverbindungen Kapitel 3.3 – var. x m_{Opt} x z_{Opt} (gemäß Tabelle 6.1; $c_{F1}/m = 0,12$; $\alpha = 30$ °; $\rho_{f1}/m = 0,16$) in zug-/druckseitiger Differenzierung in Abhängigkeit des Bezugsdurchmessers d_B. Auf ihrer Grundlage zeigt sich für die zugseitig gestaltfestigkeitsrelevante Lokalbeanspruchung σ_{GEHMax} die bereits in Kapitel 6.2.3.2.2.1.1 für kleine Wellenfußrundungsradiusverhältnisse ρ_{f1}/m festgestellte Charakteristik. Mit Verweis auf Abbildung 4.30 ist das Beanspruchungsmaximum σ_{GEHMax} auf der, beziehungsweise in sehr geringem Abstand zur Nabenkante lokalisiert. Genauere wissenschaftliche Erkenntnisse hierzu können Kapitel 6.2.3.2.2.1.1 entnommen werden. Für die druckseitig relevante Lokalbeanspruchung σ_{GEHMax} ergibt sich ein gänzlich anderer Sachverhalt. So ist seine Lage ausgeprägt vom Bezugsdurchmesser d_B abhängig. Dabei liegt es, zumindest für das analysierte Parameterfeld, immer vor der Nabenkante.

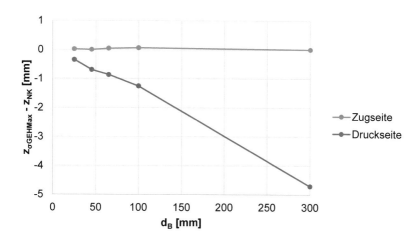

Abbildung 6.84: Absoluter Axialabstand der gestaltfestigkeitsrelevanten Lokalbeanspruchung σ_{GEHMax} von der Nabenkante als Funktion des Bezugsdurchmessers d_B sowie der Beanspruchungsseite bei kleinem Wellenfußrundungsradiusverhältnis ρ_{f1}/m am Beispiel der ZWV Kapitel 3.3 – var. x m_{Opt} x z_{Opt} (gemäß Tabelle 6.1; $c_{F1}/m = 0,12$; $\alpha = 30$ °; $\rho_{f1}/m = 0,16$)

Abbildung 6.85 zeigt die Auswertung von Formulierung (180), vgl. Titel der Ordinate, für die Zahnwellenverbindungen Kapitel 3.3 – var. x m_{Opt} x z_{Opt} (gemäß Tabelle 6.1; $c_{F1}/m = 0{,}12$; $\alpha = 30\,°$; $\rho_{f1}/m = 0{,}48$) in zug-/druckseitiger Differenzierung in Abhängigkeit des Bezugsdurchmessers d_B. Aus ihr geht hervor, dass die zugseitig gestaltfestigkeitsrelevante Lokalbeanspruchung σ_{GEHMax} für Verbindungen mit nach Gleichung (222) optimalem Modul m_{Opt} sowie nach Gleichung (230) optimalem Wellenfußrundungsradiusverhältnis $(\rho_{f1}/m)_{Opt}$ mit steigendem Bezugsdurchmesser d_B immer weiter vor der Nabenkante lokalisiert ist. Dies gilt ebenfalls für die druckseitig relevante Lokalbeanspruchung σ_{GEHMax}. Jedoch ist dieser Effekt im Vergleich zur Zugseite etwas ausgeprägter. Ein Quervergleich der in Abbildung 6.84 sowie in Abbildung 6.85 angeführten numerischen Ergebnisse lässt vermuten, dass der Abstand zwischen der zug- und der druckseitig relevanten Lokalbeanspruchung σ_{GEHMax} in axialer Richtung mit größer werdendem Wellenfußrundungsradiusverhältnis ρ_{f1}/m abnimmt.

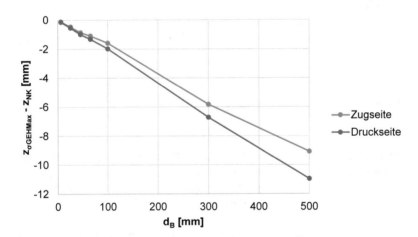

Abbildung 6.85: Absoluter Axialabstand der gestaltfestigkeitsrelevanten Lokalbeanspruchung σ_{GEHMax} von der Nabenkante als Funktion des Bezugsdurchmessers d_B sowie der Beanspruchungsseite bei großem Wellenfußrundungsradiusverhältnis ρ_{f1}/m am Beispiel der ZWV Kapitel 3.3 – var. x m_{Opt} x z_{Opt} (gemäß Tabelle 6.1; $c_{F1}/m = 0{,}12$; $\alpha = 30\,°$; $\rho_{f1}/m = 0{,}48$)

6.2.3.4.2 Torsionsformzahl $\alpha_{ktGEHdB}$

Abbildung 6.86 zeigt die auf Basis der Gestaltänderungsenergiehypothese sowie des Bezugsdurchmessers d_B bestimmte Torsionsformzahl $\alpha_{ktGEHdB}$ der Zahnwellenverbindungen Kapitel 3.3 – var. x m_{Opt} x z_{Opt} (gemäß Tabelle 6.1; $c_{F1}/m = 0{,}12$; $\alpha = 30\,°$;

$\rho_{f1}/m = 0{,}16$) in zug-/druckseitiger Differenzierung in Abhängigkeit des Bezugsdurchmessers d_B. Aus ihr geht für ein Wellenfußrundungsradiusverhältnis ρ_{f1}/m von 0,16 als repräsentativ sehr scharfe Kerbe hervor, dass die Torsionsformzahl $\alpha_{ktGEHdB}$ der Zugseite tendenziell größer ist. Die diesbezüglich auftretenden Unterschiede zwischen Zug- und Druckseite sind jedoch sehr gering, so dass, zumindest für die in Abbildung 6.86 betrachteten evolventisch basierten Zahnwellenverbindungen nach Kapitel 3.3, quasi Deckungsgleichheit festgehalten wird.

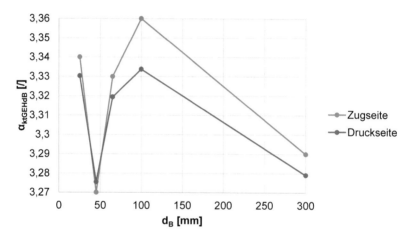

Abbildung 6.86: Torsionsformzahl $\alpha_{ktGEHdB}$ als Funktion des Bezugsdurchmessers d_B sowie der Beanspruchungsseite bei kleinem Wellenfußrundungsradiusverhältnis ρ_{f1}/m am Beispiel der ZWV Kapitel 3.3 – var. x m_{Opt} x z_{Opt} (gemäß Tabelle 6.1; $c_{F1}/m = 0{,}12$; $\alpha = 30\,°$; $\rho_{f1}/m = 0{,}16$)

Abbildung 6.87 zeigt die auf Basis der Gestaltänderungsenergiehypothese sowie des Bezugsdurchmessers d_B bestimmte Torsionsformzahl $\alpha_{ktGEHdB}$ der Zahnwellenverbindungen Kapitel 3.3 – var. x m_{Opt} x z_{Opt} (gemäß Tabelle 6.1; $c_{F1}/m = 0{,}12$; $\alpha = 30\,°$; $\rho_{f1}/m = 0{,}48$) in zug-/druckseitiger Differenzierung in Abhängigkeit des Bezugsdurchmessers d_B. Aus ihr geht für ein Wellenfußrundungsradiusverhältnis ρ_{f1}/m von 0,48 als repräsentativ sehr milde Kerbe hervor, dass die Torsionsformzahl $\alpha_{ktGEHdB}$ der Druckseite immer in nicht unerheblichem Maße größer ist als jene der Zugseite. Damit ist auch dort zuerst die Bauteilschädigung zu erwarten, wenn Belastungen induziert werden, die zu lokalen Beanspruchungen oberhalb der lastartspezifisch zugrunde zu legenden Werkstofffestigkeit führen. Allerdings ist der druckseitig gegebene Rissöffnungsmodus, vgl. Bruchmechanik, im Gegensatz zur Zugseite nicht kritisch, so dass erwartet wird, dass die Zugseite nach wie vor alleinig gestaltfestigkeitsrelevant ist. Hierauf deuten die für diese Dissertation im Zusammenhang mit Kapitel 6.3.4.3.2 bei dynamischer Torsion durchgeführten experimentellen Analysen an der Zahnwellenverbindung Kapitel 3.3 – 25 x 1,25 x 18 (gemäß Tabelle 6.39; $c_{F1}/m = 0,02$; $R_{hw} = 0,46923$; $\alpha = 50,009\,°$; $\rho_{f1}/m = 1,1944$) hin, vgl. diesbezüglich ebenfalls Kapitel 11.3.4. Abschließend lässt ein Quervergleich der in Abbildung 6.86 sowie der in Abbildung 6.87 angeführten numerischen Ergebnisse vermuten, dass mit zunehmendem Wellenfußrundungsradiusverhältnis ρ_{f1}/m der Unterschied zwischen der zug- und der druckseitigen Torsionsformzahl $\alpha_{ktGEHdB}$ zunimmt.

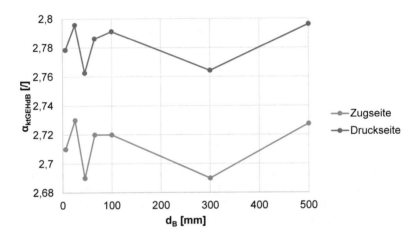

Abbildung 6.87: Torsionsformzahl $\alpha_{ktGEHdB}$ als Funktion des Bezugsdurchmessers d_B sowie der Beanspruchungsseite bei großem bzw. optimalem Wellenfußrundungsradiusverhältnis $\left(\rho_{f1}/m\right)_{Opt}$ am Beispiel der ZWV Kapitel 3.3 – var. x m_{Opt} x z_{Opt} (gemäß Tabelle 6.1; $c_{F1}/m = 0,12$; $\alpha = 30\,°$; $\rho_{f1}/m = 0,48$)

6.2.3.4.3   Torsionsformzahl $\alpha_{ktGEHdh1}$

Abbildung 6.88 zeigt die auf Basis der Gestaltänderungsenergiehypothese sowie des Wellenersatzdurchmessers d_{h1} nach [Naka 51] bestimmte Torsionsformzahl $\alpha_{ktGEHdh1}$ der Zahnwellenverbindungen Kapitel 3.3 – var. x m_{Opt} x z_{Opt} (gemäß Tabelle 6.1; $c_{F1}/m = 0,12$; $\alpha = 30\,°$; $\rho_{f1}/m = 0,16$) in zug-/druckseitiger Differenzierung in Abhängigkeit des Bezugsdurchmessers d_B. Hierbei gelten die auf Grundlage von Abbildung 6.86 abgeleiteten wissenschaftlichen Erkenntnisse zum zug-/druckseitig differenzierten Einfluss des Bezugsdurchmessers d_B auf die mit der Gestaltänderungsenergiehypothese sowie dem Bezugsdurchmesser d_B bestimmte Torsionsformzahl $\alpha_{ktGEHdB}$ qualitativ gleichermaßen für die mit der Gestaltänderungsenergiehypothese sowie dem Wellenersatzdurchmesser d_{h1} nach [Naka 51] ermittelte Torsionsformzahl

$\alpha_{ktGEHdh1}$. Hieraus resultierend wird für die wissenschaftliche Analyse der in Abbildung 6.88 angeführten numerischen Ergebnisse auf jene von Abbildung 6.86 verwiesen.

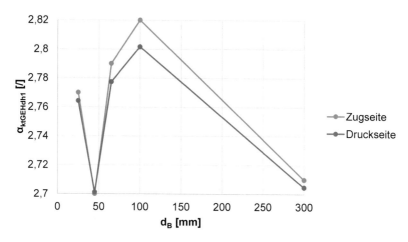

Abbildung 6.88: Torsionsformzahl $\alpha_{ktGEHdh1}$ als Funktion des Bezugsdurchmessers d_B sowie der Beanspruchungsseite bei kleinem Wellenfußrundungsradiusverhältnis ρ_{f1}/m am Beispiel der ZWV Kapitel 3.3 – var. x m_{Opt} x z_{Opt} (gemäß Tabelle 6.1; $c_{F1}/m = 0{,}12$; $\alpha = 30\,°$; $\rho_{f1}/m = 0{,}16$)

Abbildung 6.89 zeigt die auf Basis der Gestaltänderungsenergiehypothese sowie des Wellenersatzdurchmessers d_{h1} nach [Naka 51] bestimmte Torsionsformzahl $\alpha_{ktGEHdh1}$ der Zahnwellenverbindungen Kapitel 3.3 – var. x m_{Opt} x z_{Opt} (gemäß Tabelle 6.1; $c_{F1}/m = 0{,}12$; $\alpha = 30\,°$; $\rho_{f1}/m = 0{,}48$) in zug-/druckseitiger Differenzierung in Abhängigkeit des Bezugsdurchmessers d_B. Hierbei gelten die auf Grundlage von Abbildung 6.87 abgeleiteten wissenschaftlichen Erkenntnisse zum zug-/druckseitig differenzierten Einfluss des Bezugsdurchmessers d_B auf die mit der Gestaltänderungsenergiehypothese sowie dem Bezugsdurchmesser d_B bestimmte Torsionsformzahl $\alpha_{ktGEHdB}$ qualitativ gleichermaßen für die mit der Gestaltänderungsenergiehypothese sowie dem Wellenersatzdurchmesser d_{h1} nach [Naka 51] ermittelte Torsionsformzahl $\alpha_{ktGEHdh1}$. Hieraus resultierend wird für die wissenschaftliche Analyse der in Abbildung 6.89 angeführten numerischen Ergebnisse auf jene von Abbildung 6.87 verwiesen.

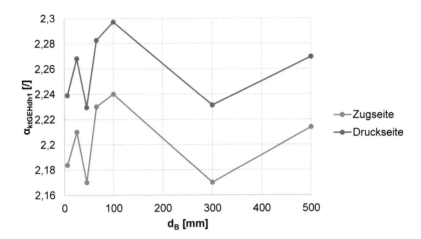

Abbildung 6.89: Torsionsformzahl $\alpha_{ktGEHdh1}$ als Funktion des Bezugsdurchmessers d_B sowie der Beanspruchungsseite bei großem bzw. optimalem Wellenfußrundungsradiusverhältnis $\left(\rho_{f1}/m\right)_{Opt}$ am Beispiel der ZWV Kapitel 3.3 – var. x m_{Opt} x z_{Opt} (gemäß Tabelle 6.1; $c_{F1}/m = 0{,}12$; $\alpha = 30°$; $\rho_{f1}/m = 0{,}48$)

6.2.3.4.4   Bezogenes Spannungsgefälle G'_{GEH}

Abbildung 6.90 zeigt das auf Basis der Gestaltänderungsenergiehypothese bestimmte bezogene Spannungsgefälle G'_{GEH} der Zahnwellenverbindungen Kapitel 3.3 – var. x m_{Opt} x z_{Opt} (gemäß Tabelle 6.1; $c_{F1}/m = 0{,}12$; $\alpha = 30°$; $\rho_{f1}/m = 0{,}16$) in zug-/druckseitiger Differenzierung in Abhängigkeit des Bezugsdurchmessers d_B. Ihr kann für ein Wellenfußrundungsradiusverhältnis ρ_{f1}/m von 0,16 als repräsentativ scharfe Kerbe entnommen werden, dass das zugseitig bezogene Spannungsgefälle G'_{GEH} zumindest für die betrachteten Zahnwellenverbindungen ausnahmslos größer ist. Mit Verweis auf Kapitel 2.2.5.1 ist folglich auch die Stützziffer n und in Weiterführung ebenfalls der Unterschied zwischen Torsionsformzahl α_{kt} und Torsionskerbwirkungszahl β_{kt} größer. Unter Berücksichtigung, dass die Torsionskerbwirkungszahl β_{kt} immer kleiner als die Torsionsformzahl α_{kt} ist, wirkt sich das zugseitig größere bezogene Spannungsgefälle G'_{GEH} bei dynamischer Beanspruchung also positiv aus. Abschließend wird auf Basis der in Abbildung 6.90 angeführten numerischen Ergebnisse festgestellt, dass der oben angeführte Unterschied zwischen dem zug- sowie druckseitig bezogenen Spannungsgefälle G'_{GEH} mit steigendem Bezugsdurchmesser d_B abnimmt.

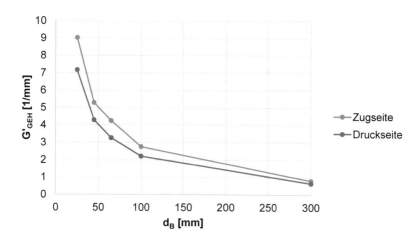

Abbildung 6.90: Torsionsmomentinduziert bezogenes Spannungsgefälle G'_{GEH} als Funktion des Bezugsdurchmessers d_B sowie der Beanspruchungsseite bei kleinem Wellenfußrundungsradiusverhältnis ρ_{f1}/m am Beispiel der ZWV Kapitel 3.3 – var. x m_{Opt} x z_{Opt} (gemäß Tabelle 6.1; $c_{F1}/m = 0{,}12$; $\alpha = 30°$; $\rho_{f1}/m = 0{,}16$)

Abbildung 6.91 zeigt das auf Basis der Gestaltänderungsenergiehypothese bestimmte bezogene Spannungsgefälle G'_{GEH} der Zahnwellenverbindungen Kapitel 3.3 – var. x m_{Opt} x z_{Opt} (gemäß Tabelle 6.1; $c_{F1}/m = 0{,}12$; $\alpha = 30°$; $\rho_{f1}/m = 0{,}48$) in zug-/druckseitiger Differenzierung in Abhängigkeit des Bezugsdurchmessers d_B. Ihr kann für ein Wellenfußrundungsradiusverhältnis ρ_{f1}/m von 0,48 als repräsentativ milde Kerbe entnommen werden, dass sich die zug- sowie druckseitig bezogenen Spannungsgefälle G'_{GEH} quantitativ nahezu vollständig entsprechen. Ein Quervergleich zwischen den in Abbildung 6.90 sowie Abbildung 6.91 angeführten numerischen Ergebnissen lässt abschließend mutmaßen, dass der zug-/druckseitige Unterschied des bezogenen Spannungsgefälles G'_{GEH} mit steigendem Wellenfußrundungsradiusverhältnis ρ_{f1}/m abnimmt.

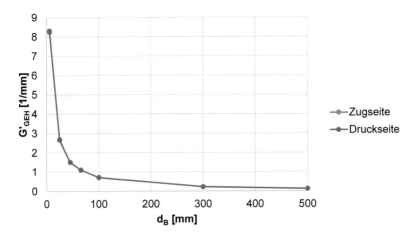

Abbildung 6.91: Torsionsmomentinduziert bezogenes Spannungsgefälle G'_{GEH} als Funktion des Bezugsdurchmessers d_B sowie der Beanspruchungsseite bei großem bzw. optimalem Wellenfußrundungsradiusverhältnis $(\rho_{f1}/m)_{Opt}$ am Beispiel der ZWV Kapitel 3.3 – var. x m_{Opt} x z_{Opt} (gemäß Tabelle 6.1; $c_{F1}/m = 0{,}12$; $\alpha = 30$ °; $\rho_{f1}/m = 0{,}48$)

6.2.3.5 Mathematische Formulierung optimaler Verbindungen

Gegenstand dieses Kapitels ist die mathematische Beschreibung der optimalen Verbindungen beziehungsweise ihrer geometriebestimmenden Parameter. Die für die Entwicklung derartiger Näherungsgleichungen erforderlichen Eingangsdaten werden in dieser Dissertation aus technischer Relevanz auf zwei verschiedene Arten zur Verfügung gestellt, nämlich stützstellenbasiert und darüber hinaus interpolationsbasiert. Selbstredend führen beide Arten zu unterschiedlichen Arbeitsergebnissen.

Bei der stützstellenbasierten Variante erfolgt die Bestimmung der Optima als Grundlage zur Entwicklung von Näherungsgleichungen ausschließlich und direkt auf den für die definierten Stützstellen generierten numerischen Ergebnisse. Die Genauigkeit der Beschreibung der Optima ist damit von der Definition der Stützstellen abhängig. Der Vorteil dieser Methode ist ihre Einfachheit. Bei der interpolationsbasierten Vorgehensweise hingegen werden auf Basis der numerischen Ergebnisse zunächst Näherungsgleichungen bestimmt, die anschließend mathematisch diskutiert werden. Die sich hieraus ergebenden Optima definieren letzten Endes die Datenbasis zur Entwicklung von Näherungsgleichungen. Es werden hier also in aller Regel Werte zwischen den definierten Stützstellen zugrunde gelegt. Diese Vorgehensweise ist selbstredend deutlich

aufwändiger als die stützstellenbasierte. Allerdings eröffnet sie weiterführende wissenschaftliche Möglichkeiten, vgl. diesbezüglich insbesondere Kapitel 6.2.3.5.5.4.

Beide oben dargelegten und im Rahmen dieser Dissertation verfolgten Vorgehensweisen zur Datenerhebung für die mathematische Beschreibung der optimalen Verbindungen beinhalten Unsicherheiten. Während die Genauigkeit der stützstellenbasierten
Variante maßgeblich von der Ablesegenauigkeit und dem Abstand zwischen den
Stützstellen abhängig ist, ergeben sich bei der interpolationsbasierten Methode entsprechende Unsicherheit unter anderem durch die sequenzielle Verwendung von Näherungsgleichungen beziehungsweise deren Ansatzfunktionen. Damit kann nicht pauschal formuliert werden, welche Vorgehensweise zu qualitativ besseren
Arbeitsergebnissen führt. Auf diesen Sachverhalt wird modulspezifisch in Kapitel
6.2.3.5.2.4 sowie wellenfußrundungsradiusverhältnisspezifisch in Kapitel 6.2.3.5.5.3
eingegangen.

6.2.3.5.1   Definition der Bewertungsbasis

Wie in Kapitel 2.1 dargelegt, werden Gestaltfestigkeitsnachweise nach dem Stand der
Technik häufig nach der [DIN 743] oder der FKM-Richtlinie, vgl. [FKM 12], durchgeführt. Die Berücksichtigung der Kerbwirkung erfolgt hierbei ausschließlich im dynamischen Nachweises. Allerdings wird der in diesem Zusammenhang auftretende
Kerbeinfluss auf die Gestaltfestigkeit nicht direkt über die Kerbwirkungszahl β_k, sondern über die Grundgrößen Formzahl α_k und bezogenes Spannungsgefälle G' berücksichtigt. Diese Vorgehensweise wird im Nachfolgenden begründet. So sind zwar die
Formzahl α_k, das bezogene Spannungsgefälle G' als auch die Kerbwirkungszahl β_k
lasthöhenunabhängig. Zudem werkstoffunabhängig sind jedoch nur die Formzahl α_k
und das bezogene Spannungsgefälle G'. Damit zeichnen sich die Grundgrößen zusammenfassend durch Last- und Werkstoffunabhängigkeit aus. Darüber hinaus können Formzahlen α_k sowie bezogene Spannungsgefälle G' mit relativ geringem Aufwand numerisch mit der FEM bestimmt werden. Kerbwirkungszahlen β_k hingegen
werden originär experimentell, also mit exzessiv höherem Aufwand, ermittelt.

Der oben bereits angedeutete Zusammenhang zwischen den Grundgrößen sowie der
eigentlich für den dynamischen Tragfähigkeitsnachweis erforderlichen Kerbwirkungszahl ist in [SiSt 55] formuliert, vgl. Kapitel 2.2.5. Da nach dem Stand der Technik lediglich die Kerbwirkungszahl β_k für die Bauteilauslegung erforderlich ist, müsste streng
genommen auch die Charakterisierung der Tragfähigkeitsoptima über diese erfolgen.
Jedoch wäre dann die werkstoffspezifisch geometrische Optimierung erforderlich.
Jene dieser Dissertation beschränkt sich aus Gründen der Effizienz jedoch auf die Geometrie und ist demnach formzahlbegründet. Sie folgt damit dem Stand der Technik.

Das in Kapitel 1.2 übergeordnet definierte Ziel dieser Dissertation ist die geometrische Optimierung evolventisch basierter Zahnwellenverbindungen nach Kapitel 3.3. In der Praxis erweitert sich die optimale Bauteilkonstruktion jedoch ebenfalls auf die Disziplin der Werkstoffkunde. So werden für die Realisierung der oben benannten Verbindungen tendenziell Werkstoffe entsprechend hoher Festigkeit verwendet. Dies legitimiert zumindest in Teilen die im vorhergehenden Absatz beschriebene Vorgehensweise zur vereinfachten geometrischen Optimierung der Gestaltfestigkeit evolventisch basierter Zahnwellenverbindungen nach Kapitel 3.3 auf Basis der Formzahl α_k, da die Stützziffer n, die den Unterschied zwischen Formzahl α_k und Kerbwirkungszahl β_k beschreibt, für gestaltfestigkeitsrelevant bezogene Spannungsgefälle G' mit zunehmender Streckgrenze σ_s kleiner wird. Auf diesen Sachverhalt wird im Nachfolgenden eingegangen.

Bereits heute finden höher- bis hochfeste Werkstoffe zur Realisierung evolventisch basierter Zahnwellenverbindungen nach [DIN 5480] Anwendung, um die mit ihnen realisierbare Leistungsdichte zu erhöhen. Hierbei ist bekannt, dass sich mit steigender Streckgrenze σ_s der Unterschied zwischen der Formzahl α_k und der Kerbwirkungszahl β_k verringert. Aus mathematischer Sicht muss folglich gelten, dass sich die Stützziffer $n = f(\sigma_s(d))$ bei steigender Streckgrenze σ_s asymptotisch dem Wert 1 annähert. Dies wird nachfolgend durch die Bildung des Grenzwertes von Gleichung (34) bewiesen, vgl. Gleichung (219).

$$\lim_{\sigma_s(d) \to \infty} n = 1 + \sqrt{G' \cdot mm} \cdot 10^{-\left(0,33 + \frac{\sigma_s(d)}{712\,N/mm^2}\right)} = 1\ (q.e.d.) \tag{219}$$

Alternativ zu Gleichung (219) kann äquivalent formuliert werden: Die Steigung der Stützziffer $n' = f(\sigma_s(d))$ muss sich bei steigender Streckgrenze $\sigma_s(d)$ asymptotisch dem Wert 0 annähern. Die Ableitung von Gleichung (34) liefert Gleichung (220).

$$n' = \frac{dn}{d\sigma_s(d)} = \sqrt{G' \cdot mm} \cdot ln(10) \cdot \left(-\frac{1}{712}\right) \cdot 10^{-\left(0,33 + \frac{\sigma_s(d)}{712\,N/mm^2}\right)} \tag{220}$$

Die Bildung des Grenzwertes von Gleichung (220) liefert Gleichung (221).

$$\lim_{\sigma_s(d) \to \infty} n' = \sqrt{G' \cdot mm} \cdot ln(10) \cdot \left(-\frac{1}{712}\right) \cdot 10^{-\left(0,33 + \frac{\sigma_s(d)}{712\,N/mm^2}\right)} = 0\ (q.e.d.) \tag{221}$$

Mit den Gleichungen (219) und (221) ist gezeigt, dass die über die Stützziffer n erfasste Stützwirkung und damit der Unterschied zwischen der Formzahl α_k und der Kerbwirkungszahl β_k mit steigender Streckgrenze σ_s abnimmt. In Ergänzung zeigt dies ebenfalls Abbildung 6.92. Dort sind Ergebnisse der Auswertung von Gleichung (34) für unterschiedliche bezogene Spannungsgefälle G' visualisiert.

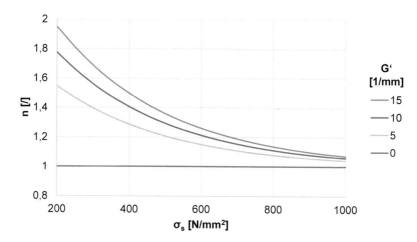

Abbildung 6.92: Stützziffer n als Funktion des bezogenen Spannungsgefälles G' sowie der Streckgrenze σ_s

Wie oben dargelegt, wurde im Rahmen dieser Dissertation entgegen der eigentlich korrekten Vorgehensweise nicht die Kerbwirkungszahl β_k als Basis zur Bewertung optimaler Verbindungen, sondern die Formzahl α_k verwendet. Mit Verweis auf Gleichung (34) korreliert der durch diese Vereinfachung auftretende Fehler mit dem bezogenen Spannungsgefälle G' sowie der Streckgrenze σ_s. Auf Basis von Abbildung 6.92 kann hierbei für die letztgenannte Größe festgehalten werden, dass der Fehler umso kleiner wird, je größer die Streckgrenze σ_s ist. Die Verwendung von Werkstoffen mit hoher Streckgrenze σ_s für evolventisch basierte Zahnwellenverbindungen geht dabei mit dem Ziel der Maximierung ihrer Gestaltfestigkeit einher und gehört folglich zum Stand der Technik. Ein gegenwärtig häufig genutzter Werkstoff ist beispielsweise 42CrMo4+QT. So wurde für ihn, im Rahmen einer in dieser Dissertation nicht angeführten Analyse beziehungsweise deren Ergebnisse, für den Bezugsdurchmesser d_B von 45 mm für alle in Kapitel 6.2.2.1 aufgeführten Flankenwinkel α überprüft, welche Unterschiede sich bei der Bewertung optimaler Verbindungen ergeben, wenn einmal die Formzahl α_k und einmal die Kerbwirkungszahl β_k zugrunde gelegt wird. Quintessenz dieser Untersuchungen ist, dass sich für den Werkstoff 42CrMo4+QT keine Unterschiede bei der Bestimmung der Optima ergeben. Es sei an dieser Stelle weiterführend angemerkt, dass ein potenzieller Fehler bei der Bestimmung der Optima keinen Einfluss auf die Quantifizierung der Gestaltfestigkeit hat. Folge wäre lediglich, dass die mit den in diesem Kapitel entwickelten Näherungsgleichungen prognostizierte optimale Geometrie nicht der tatsächlichen entspricht. In Konsequenz muss damit die Gültigkeit der in diesem Kapitel entwickelten Gleichungen auf Werkstoffe mit hoher Streckgrenze σ_s eingeschränkt werden. Weiterführend sei angemerkt, dass geringe Diskrepanzen zwischen der prognostizierten und der real optimalen Geometrie voraussichtlich zu äußerst geringen Unterschieden bei der Tragfähigkeitsaussage führen. Grund hierfür sind geringe Gradienten im Bereich der Optima.

Das oben Angeführte präzisierend, wurde aus den in den entsprechenden Kapiteln genannten Gründen zur Bewertung der Optima die auf Basis des Bezugsdurchmessers d_B, vgl. Kapitel 3.5, sowie der Gestaltänderungsenergiehypothese, vgl. Kapitel 4.5.1, bestimmte Torsionsformzahl $\alpha_{ktGEHdB}$ verwendet.

6.2.3.5.2   Modul m

Durch die Analyse der Ergebnisse der in Abbildung 6.11 aufgezeigten Parameterstudie zur Bestimmung des stützstellenbezogenen optimalen Moduls m_{Opt} wird ersichtlich, dass lediglich für die Stützstellen im Intervall $25 \leq d_B \leq 100$ Optima nachweisbar sind. Die in Weiterführung unter Verwendung dieser Datenbasis durchgeführten direkten und indirekten Entwicklungen wären in ihrem Definitionsbereich zumindest so lange einzuschränken, bis eine erweiterte Gültigkeit nachgewiesen würde. Ziel dieser Arbeit ist allerdings, zumindest für den vollständig genormten Bereich der [DIN 5480] die optimale Quantifizierung der Geometrieparameter benennen und die Gestaltfestigkeit der in Gänze resultierenden evolventisch basierten Zahnwellenverbindungen nach Kapitel 3.3 gemäß Tabelle 6.1 angeben zu können. Somit werden im Rahmen dieser Dissertation die optimalen Moduln m_{Opt} für all jene gegenwärtig in der [DIN 5480] genormten Bezugsdurchmesser d_B bestimmt, für die diese dort bislang nicht definiert sind. Grundlage hierfür ist Reihe I der [DIN 780]. Die Bestimmung der noch fehlenden optimalen Moduln m_{Opt} erfolgt durch die Generierung einer Näherungsgleichung zur mathematischen Beschreibung mit dem eingangs dieses Absatzes benannten eingeschränkten Gültigkeitsbereich, deren Extrapolation sowie des abschließend numerisch geführten Gültigkeitsnachweises.

Wie bereits oben erwähnt, ist die stützstellenbasierte Formulierung des optimalen Moduls m_{Opt} sehr einfach. Diese ist lediglich vom Bezugsdurchmesser d_B abhängig und darüber hinaus eine Gerade, also sicher extrapolierbar, vgl. Gleichung (222). Auf Grundlage dessen wird die stützstellenbasierte Formulierung zur Prognose durch Extrapolation genutzt. Stützstellen hierfür sind die bezugsdurchmesserspezifischen Randbereiche der [DIN 5480]. Der berechnete potenziell optimale Modul m_{Opt} wird in Übereinstimmung mit Reihe I der [DIN 780] gewählt. Darüber hinaus werden dieser Norm der nächstgrößere sowie der nächstkleinere Modul m entnommen. Das prognostizierte Optimum als auch die beiden benachbarten Moduln m wurden für alle in Abbildung 6.11 angeführten Flankenwinkel α numerisch analysiert. Durch diese Vorgehensweise wird der Nachweis der Extrapolationsgültigkeit geführt. In Weiterführung ist auf Basis der gewonnenen Daten die interpolationsbasierte Formulierung des optimalen Moduls m_{Opt} möglich. Diese wird in zwei Stufen durchgeführt. So wird aus gegebener Relevanz der optimale Modul m_{Opt} zunächst zweidimensional flankenwinkelspezifisch in Abhängigkeit des Bezugsdurchmessers d_B formuliert. Abschließend werden diese Informationen in eine dreidimensionale Formulierung überführt. Sowohl die stützstellenbasierte als auch die interpolationsbasierte Vorgehensweise zur mathematischen Beschreibung des optimalen Moduls m_{Opt} unterliegen Ungenauigkeiten. In Konsequenz wird abschließend deren Treffsicherheit diskutiert, vgl. Kapitel 6.2.3.5.2.4. Abbildung 6.93 zeigt die oben beschriebene Vorgehensweise zur mathematischen Beschreibung des optimalen Moduls m_{Opt}. Auf die dort benannten einzelnen Entwicklungsschritte und die ihnen entstammenden Arbeitsergebnisse wird in den Kapiteln 6.2.3.5.2.1 bis 6.2.3.5.2.4 eingegangen.

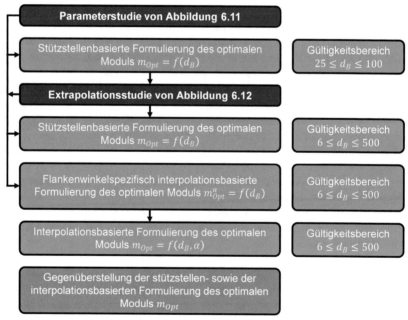

Abbildung 6.93: Vorgehensweise zur mathematischen Beschreibung des optimalen Moduls m_{Opt}

6.2.3.5.2.1   Stützstellenbasierte Formulierung

Grundlage zur stützstellenbasiert mathematischen Beschreibung des optimalen Moduls m_{Opt} ist die numerische Analyse des in Abbildung 6.11 aufgezeigten Parameterfelds. Abbildung 6.42 zeigt für den Bezugsdurchmesser d_B von 45 mm und den Flankenwinkel α von 30 ° die diesen Untersuchungen indirekt entstammenden Torsionsformzahlen $\alpha_{ktGEHdB}$ in Abhängigkeit des Moduls m sowie des Wellenfußrundungsradiusverhältnisses ρ_{f1}/m. Es sei angemerkt, dass sich für alle übrigen stützstellenbezogenen Konstellationen aus Bezugsdurchmesser d_B und Flankenwinkel α Diagramme in analoger Form im Anhang befinden, vgl. Kapitel 11.2.1. Mit Abbildung 6.42 wird aufgezeigt, dass ein Modul m existiert, bei dem die Torsionsformzahl $\alpha_{ktGEHdB}$ absolut minimal wird und zudem nicht Randwert der analysierten Stützstellen ist. Dieser Effekt ist, ohne weitere Vorkehrungen treffen zu müssen, bei den Bezugsdurchmessern d_B von 25 mm, 45 mm, 65 mm sowie 100 mm erkennbar. Bei den Durchmessern 6 mm, 300 mm sowie 500 mm sind zunächst keine optimalen Moduln m_{Opt} nachweisbar, da diese entweder Randwert oder aber gar nicht Bestandteil des genormten Bereichs der [DIN 5480] und damit auch nicht des in Abbildung 6.11 aufgezeigten Parameterfelds sind. Um diesbezüglich Abhilfe zu leisten sind weiterführende Maßnahmen auf Basis der in diesem Kapitel angestrebten Entwicklung zur mathematischen Beschreibung des optimalen Moduls m_{Opt} erforderlich, vgl. diesbezüglich Kapitel 6.2.3.5.2.2.

Grundlegend ist zu erwarten, dass der theoretisch optimale Modul m_{Opt} nicht einem in der [DIN 5480] genormten entspricht, sondern vielmehr einem Zwischenwert. Diesem Sachverhalt wird mathematisch begegnet. So wird, mit Verweis auf beispielsweise Abbildung 6.42, nicht ausschließlich jener Modul m zur Gleichungsentwicklung zugrunde gelegt, bei dem die absolut minimale Torsionsformzahl $\alpha_{ktGEHdB}$ vorliegt, sondern zudem die umliegenden, die ebenfalls zu sehr guten Tragfähigkeiten führen. Je stützstellenbasierter Kombination aus Bezugsdurchmesser d_B und Flankenwinkel α wird also eine Punktewolke mit aus Sicht der Gestaltfestigkeit günstigen Moduln m berücksichtigt. Um die nachfolgend dargelegten wissenschaftlichen Erkenntnisse nachvollziehen zu können, sind die entsprechend zur Gleichungsentwicklung zugrunde gelegten Moduln m je Bezugsdurchmesser d_B und Flankenwinkel α im Anhang ergänzt, vgl. Tabelle 11.7 f. von Kapitel 11.2.3.1.1. Grafisch zeigt diese ebenfalls Abbildung 6.94. Vorgreifend ist in ihr zusätzlich die Auswertung der resultierenden Gleichung (222) zur mathematischen Beschreibung des optimalen Moduls m_{Opt} als Orientierungshilfe dargestellt.

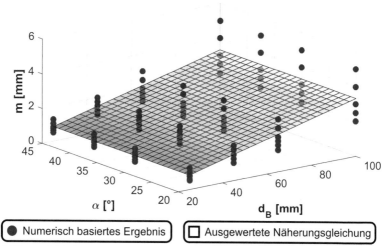

Abbildung 6.94: Numerisch auf Basis der Torsionsformzahl $\alpha_{ktGEHdB}$ bestimmte, dem optimalen Modul m_{Opt} nahe Moduln m als Funktion des Bezugsdurchmessers d_B sowie des Flankenwinkels α zur mathematischen Beschreibung des optimalen Moduls m_{Opt}

Auf Basis von Abbildung 6.94 wird ersichtlich, dass bei der in diesem Kapitel verfolgten Vorgehensweise zur Gleichungsentwicklung der optimale Modul m_{Opt} vom Flankenwinkel α unabhängig ist. Hieraus resultierend wird die dreidimensionale Betrachtung auf eine zweidimensionale reduziert. Diese zeigt Abbildung 6.95. Es sei ergänzend angemerkt, dass der optimale Modul m_{Opt} in geringem Maße sehr wohl vom Flankenwinkel α abhängig ist. Dies kann jedoch nicht mit der hier angewendeten Vorgehensweise zur mathematischen Beschreibung des optimalen Moduls m_{Opt}, sondern erst mit der in Kapitel 6.2.3.5.2.3 beschriebenen interpolationsbasierten Methode herausgebildet werden. Im Zuge der Erarbeitung einer Näherungsgleichung mit hinreichender Abbildegenauigkeit des technischen Sachverhalts auf Basis der in Kapitel 11.2.3.1.1 beziehungsweise Tabelle 11.7 angegebenen Daten, sind Tendenzen eines linearen Verlaufs mit Nulldurchgang erkennbar. So wurde dies über die Ansatzfunktion sowie einen tendenzbasiert ergänzten Punkt im Ursprung des Koordinatensystems forciert. Dies wie auch die resultierende mathematische Beschreibung des optimalen Moduls m_{Opt} als Arbeitsergebnis zeigt Abbildung 6.95.

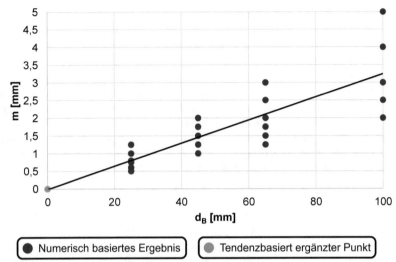

Abbildung 6.95: Numerisch auf Basis der Torsionsformzahl $\alpha_{ktGEHdB}$ bestimmte, dem optimalen Modul m_{Opt} nahe Moduln m als Funktion des Bezugsdurchmessers d_B zur mathematischen Beschreibung des optimalen Moduls m_{Opt}

Unter Berücksichtigung der oben angeführten Randbedingungen kann mit den in Kapitel 11.2.3.1.1 beziehungsweise Tabelle 11.7 angeführten Daten Gleichung (222) entwickelt werden. In Weiterführung wird eine abschließende Approximation zur Maximierung der Praxistauglichkeit durchgeführt. Mit Gleichung (222) ist damit eine sehr einfache Abschätzung des optimalen Moduls m_{Opt} möglich. Die Gültigkeit der Gleichung wird zunächst auf den Bereich der zugrunde gelegten Datenbasis, also auf Bezugsdurchmesser d_B im Intervall $25\ mm \leq d_B \leq 100\ mm$, begrenzt. Es sei jedoch darauf hingewiesen, dass diese zumindest auf den gesamten Gültigkeitsbereich der [DIN 5480] erweitert werden kann. Dies wird in Kapitel 6.2.3.5.2.2 aufgezeigt. Gleichung (222) gilt also mindestens für Bezugsdurchmesser d_B im Intervall $6\ mm \leq d_B \leq 500\ m$.

$$m_{Opt}^r = 0{,}0325954198473282 \cdot d_B \approx \frac{1}{30} d_B \qquad (222)$$

Der aus Gleichung (222) resultierende rechnerisch optimale Modul m_{Opt}^r wird in aller Regel nicht unmittelbar einem genormten Modul m entsprechen. Hierfür ist Runden erforderlich. Vorgesehen ist das Angleichen des mit Gleichung (222) bestimmten Wertes auf den nächstgelegen genormten Modul m. Der auf diese Weise bestimmte Modul m wird als quasi optimal definiert.

6.2.3.5.2.2   Extrapolation auf Basis der stützstellenbasierten Formulierung

Das in Abbildung 6.11 aufgezeigte Parameterfeld ist bezüglich des Bezugsdurchmessers d_B und des Moduls m auf Basis der [DIN 5480] unter Einbindung der parameterspezifisch normativen Randwerte definiert. Wie in Kapitel 6.2.3.5.2.1 dargelegt, geht aus der Analyse der numerisch basiert bestimmten Torsionsformzahlen $\alpha_{ktGEHdB}$ hervor, dass für die Bezugsdurchmesser d_B von 6 mm, 300 mm sowie 500 mm entgegen der übrigen Stützstellen keine optimalen Moduln m_{Opt} bestimmt werden können. Ursache hierfür ist, dass diese entweder Randwert oder aber gar nicht in der [DIN 5480] und damit auch nicht im Analysefeld enthalten sind. Im Sinne einer Extremwertbetrachtung ist hieraus resultierend die Bestimmung der optimalen Moduln m_{Opt} für die Bezugsdurchmesser d_B 6 mm sowie 500 mm Gegenstand dieses Kapitels.

Basis, um das im oberen Absatz definierte Ziel zu erreichen, ist die in Kapitel 6.2.3.5.2.1 entwickelte Gleichung (222) zur stützstellenbasiert mathematischen Beschreibung des optimalen Moduls m_{Opt}. Durch ihre Auswertung bei den Bezugsdurchmessern d_B von 6 mm sowie 500 mm wird sie durch Extrapolation über ihren in Kapitel 6.2.3.5.2.1 definierten Gültigkeitsbereich zur Prognose optimaler Moduln m_{Opt} genutzt. Mit Verweis auf den festgestellten linearen Zusammenhang zwischen dem Bezugsdurchmesser d_B und dem rechnerisch optimalen Modul m_{Opt}^r wird der Bezugsdurchmesser d_B von 300 mm nicht weiter analysiert. Die sich mit Gleichung (222) ergebenden rechnerisch optimalen Moduln m_{Opt}^r werden auf den nächstgelegenen Modul m nach Reihe I der [DIN 780] gerundet und somit zum quasi optimalen Modul m_{Opt} überführt. Um überprüfen beziehungsweise nachweisen zu können, dass der so bestimmte Modul m tatsächlich zu einer minimalen Torsionsformzahl $\alpha_{ktGEHdB}$ und damit zu einem Tragfähigkeitsoptimum führt, werden sowohl sie als auch die in der nach Reihe I der [DIN 780] benachbarten Moduln m numerisch simuliert. Das in diesem Zusammenhang analysierte Parameterfeld ist in Abbildung 6.12 zusammengefasst. Es sei angemerkt, dass die dieser Analyse entstammenden numerischen Ergebnisse nicht nur zum Nachweis des optimalen Moduls m_{Opt}, sondern selbstredend für die Entwicklung der weiterführenden Näherungsgleichungen zur optimabezogen mathematischen Tragfähigkeitscharakterisierung genutzt werden, vgl. Kapitel 6.2.3.6. Es sei vorgegriffen, dass durch die oben beschriebene Vorgehensweise nachgewiesen werden kann, dass mit Gleichung (222) der optimale Modul m_{Opt} für praktische Belange hinreichend genau prognostiziert werden kann. Auf Basis dessen kann sie dazu genutzt werden, um festzustellen, bei welchen Bezugsdurchmessern d_B die optimalen Moduln m_{Opt} nicht mehr Bestandteil der [DIN 5480] sind und um in Weiterführung einen Vorschlag zur normativen Erweiterung zu erarbeiten. Die oben geschilderte Vorgehensweise visualisiert Abbildung 6.96.

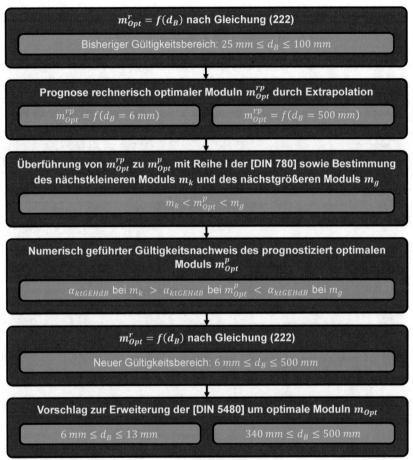

Abbildung 6.96: Ermittlung von in der [DIN 5480] nicht genormt optimalen Moduln m_{Opt} durch Anwendung von Gleichung (222) in Kombination mit Reihe I der [DIN 780]

Abbildung 6.97 zeigt den Einfluss des Moduls m sowie des Flankenwinkels α bei nach Gleichung (230) optimalem Wellenfußrundungsradiusverhältnis $\left(\rho_{f1}/m\right)_{Opt}$ auf die auf Basis der Gestaltänderungsenergiehypothese sowie des Bezugsdurchmessers d_B bestimmte Torsionsformzahl $\alpha_{ktGEHdB}$ am Beispiel der Zahnwellenverbindungen Kapitel 3.3 – 6 x var. x var. (gemäß Tabelle 6.1; $c_{F1}/m = 0{,}12$; $\alpha = var.$; $\rho_{f1}/m = Opt.$). Hierbei sind neben den Ergebnissen für die in der [DIN 5480] genormten Moduln m auch jene des mit Gleichung (222) in Kombination mit Reihe I der [DIN 780] genormt prognostiziert optimalen Moduls m_{Opt} sowie die des nächstkleineren Moduls m_k und des nächstgrößeren Moduls m_g angeführt. Ziel von Abbildung 6.97 ist der grafische Gültigkeitsnachweis der entsprechend zuvor erwähnten Prognose.

Aus der Anwendung von Gleichung (222) in Kombination mit Reihe I der [DIN 780] folgt für den Bezugsdurchmesser d_B von 6 mm ein prognostiziert optimaler Modul m_{Opt} von 0,2 mm. Wie in Abbildung 6.96 dargelegt, muss bei diesem Modul m die Torsionsformzahl $\alpha_{ktGEHdB}$ ein absolutes Minimum aufweisen, damit die Gültigkeit der Prognose nachgewiesen ist. Hierbei kann Abbildung 6.97 entnommen werden, dass dies für alle Flankenwinkel α gegeben ist. Die Gültigkeit der Prognose ist damit hinreichend genau nachgewiesen. Es sei darauf hingewiesen, dass sich eine leichte Abhängigkeit des optimalen Moduls m_{Opt} vom Flankenwinkel α andeutet. Dieser Einfluss ist mit der in Kapitel 6.2.3.5.2.1 entwickelten Möglichkeit zur mathematischen Beschreibung des optimalen Moduls m_{Opt} nicht abbildbar. Diesbezüglich sei auf Kapitel 6.2.3.5.2.3 verwiesen.

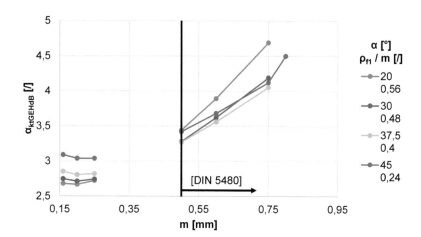

Abbildung 6.97: Torsionsformzahl $\alpha_{ktGEHdB}$ als Funktion des Moduls m sowie des Flankenwinkels α bei nach Gleichung (230) optimalem Wellenfußrundungsradiusverhältnis $\left(\rho_{f1}/m\right)_{Opt}$ am Beispiel der ZWV Kapitel 3.3 – 6 x var. x var. (gemäß Tabelle 6.1; $c_{F1}/m = 0{,}12$; $\alpha = var.$; $\rho_{f1}/m = Opt.$)

Abbildung 6.98 zeigt den Einfluss des Moduls m sowie des Flankenwinkels α bei nach Gleichung (230) optimalem Wellenfußrundungsradiusverhältnis $\left(\rho_{f1}/m\right)_{Opt}$ auf die auf Basis der Gestaltänderungsenergiehypothese sowie des Bezugsdurchmessers d_B bestimmte Torsionsformzahl $\alpha_{ktGEHdB}$ am Beispiel der Zahnwellenverbindungen Kapitel 3.3 – 500 x var. x var. (gemäß Tabelle 6.1; $c_{F1}/m = 0{,}12$; $\alpha = var.$; $\rho_{f1}/m = Opt.$). Hierbei sind neben den Ergebnissen für die in der [DIN 5480] genormten Moduln m

auch jene des mit Gleichung (222) in Kombination mit Reihe I der [DIN 780] genormt prognostiziert optimalen Moduls m_{Opt} sowie die des nächstkleineren Moduls m_k und des nächstgrößeren Moduls m_g angeführt. Ziel von Abbildung 6.98 ist der grafische Gültigkeitsnachweis der entsprechend zuvor erwähnten Prognose.

Aus der Anwendung von Gleichung (222) in Kombination mit Reihe I der [DIN 780] folgt für den Bezugsdurchmesser d_B von 500 mm ein prognostiziert optimaler Modul m_{Opt} von 16 mm. Wie in Abbildung 6.96 dargelegt, muss bei diesem Modul m die Torsionsformzahl $\alpha_{ktGEHdB}$ ein absolutes Minimum aufweisen, damit die Gültigkeit der Prognose nachgewiesen ist. Hierbei kann Abbildung 6.98 entnommen werden, dass dies bedingt für den Flankenwinkel α von 20 ° sowie eindeutig für die Flankenwinkel α von 30 °, 37,5 ° sowie 45 ° gegeben ist. Die Gültigkeit der Prognose ist damit hinreichend genau nachgewiesen. Es sei darauf hingewiesen, dass sich eine leichte Abhängigkeit des optimalen Moduls m_{Opt} vom Flankenwinkel α andeutet. Dieser Einfluss ist mit der in Kapitel 6.2.3.5.2.1 entwickelten Möglichkeit zur mathematischen Beschreibung des optimalen Moduls m_{Opt} nicht abbildbar. Diesbezüglich sei auf Kapitel 6.2.3.5.2.3 verwiesen.

Aus Abbildung 6.97 geht hervor, dass der optimale Modul m_{Opt} im Vergleich zu dem in der [DIN 5480] nächstgelegenen genormten Modul m bei dem Bezugsdurchmesser d_B von 6 mm zu einer ausgeprägten Tragfähigkeitssteigerung führt. Selbstredend resultiert aus der Verwendung des optimalen Moduls m_{Opt} bei dem Bezugsdurchmesser d_B von 500 mm, vgl. Abbildung 6.98, ebenfalls eine entsprechende Tragfähigkeitssteigerung. Diese ist aber sehr viel geringer als bei dem Bezugsdurchmesser d_B von 6 mm.

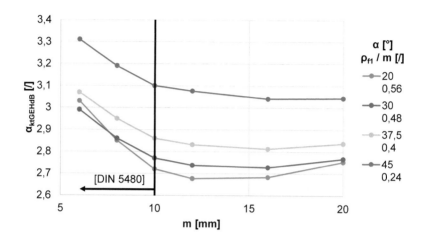

Abbildung 6.98: Torsionsformzahl $\alpha_{ktGEHdB}$ als Funktion des Moduls m sowie des Flankenwinkels α bei nach Gleichung (230) optimalem Wellenfußrundungsradiusverhältnis $\left(\rho_{f1}/m\right)_{Opt}$ am Beispiel der ZWV Kapitel 3.3 – 500 x var. x var. (gemäß Tabelle 6.1; $c_{F1}/m = 0,12$; $\alpha = var.$; $\rho_{f1}/m = Opt.$)

Mit den in Abbildung 6.97 sowie Abbildung 6.98 angeführten numerischen Ergebnissen ist die Gültigkeit von Gleichung (222) zur mathematischen Beschreibung des optimalen Moduls m_{Opt} hinreichend genau für alle in der [DIN 5480] genormten Bezugsdurchmesser d_B nachgewiesen. Die Anwendung entsprechender Gleichung auf die bezugsdurchmesserspezifische Grundgesamtheit der Norm, vgl. Tabelle 11.9 in Kapitel 11.2.3.1.2, zeigt auf, für welche Durchmesser die optimalen Moduln m_{Opt} Bestandteil des normativen Umfangs sind. Dies ist für die Bezugsdurchmesser d_B im Intervall $14\,mm \leq d_B \leq 320\,mm$ gegeben. Der bezugsdurchmesserspezifisch optimale Modul m_{Opt} ist also lediglich in den Randbereichen der [DIN 5480] nicht enthalten. Auf Basis dieses Ergebnisses wird nachfolgend sowohl für den Randbereich kleiner als auch jenen großer Bezugsdurchmesser d_B eine Empfehlung zur normativen Erweiterung ausgearbeitet.

Aus der Anwendung von Gleichung (222) in Kombination mit Reihe I der [DIN 780] auf die Bezugsdurchmesser d_B im Intervall $6\,mm \leq d_B \leq 13\,mm$ resultieren die in Tabelle 6.5 angeführten optimalen Moduln m_{Opt}. In Ergänzung sind jene Moduln m angeführt, die sich nach Reihe I der [DIN 780] zwischen dem optimalen und dem nächstgelegenen nach [DIN 5480] genormten Modul m befinden. In Weiterführung können mit Gleichung (56) in Kombination mit Gleichung (72) die zugehörigen Zähnezahlen z bestimmt werden. Auch diese sind bereits in Tabelle 6.5 für eine potenziell normative Erweiterung angegeben.

Tabelle 6.5: Empfehlung zur modulbezogenen Erweiterung der [DIN 5480] im Randbereich kleiner Bezugsdurchmesser d_B

$d_B \, [mm]$	$m \, [mm]$			
	0,2	0,25	0,3	0,4
6	28	22, 23	18	13
7		26, 27	22	16
8		30, 31	25	18
9			28, 29	21
10			32	23
11				26
12				28
13				31
	$z_{Opt} = f(m_{Opt})$			

Aus der Anwendung von Gleichung (222) in Kombination mit Reihe I der [DIN 780] auf die Bezugsdurchmesser d_B im Intervall $340 \, mm \leq d_B \leq 500 \, mm$ resultieren die in Tabelle 6.6 angeführten optimalen Moduln m_{Opt}. In Ergänzung sind jene Moduln m angeführt, die sich nach Reihe I der [DIN 780] zwischen dem optimalen und dem nächstgelegenen nach [DIN 5480] genormten Modul m befinden. In Weiterführung können mit Gleichung (56) in Kombination mit Gleichung (72) die zugehörigen Zähnezahlen z bestimmt werden. Auch diese sind bereits in Tabelle 6.6 für eine potenziell normative Erweiterung angegeben.

Tabelle 6.6: Empfehlung zur modulbezogenen Erweiterung der [DIN 5480] im Randbereich großer Bezugsdurchmesser d_B

d_B [mm]	m [mm] 12	m [mm] 16
340	27	
360	28	
380	30	
400	32	
420	33, 34	25
440	35	26
450	36	27
460	37	27
480	38, 39	28, 29
500	40	30
	$z_{Opt} = f(m_{Opt})$	

6.2.3.5.2.3 Interpolationsbasierte Formulierung

Der optimale Modul m_{Opt} und das optimale Wellenfußrundungsradiusverhältnis $(\rho_{f1}/m)_{Opt}$ sind eng miteinander verknüpft. Dies wird in der auf Grundlage von Abbildung 6.42 geführten wissenschaftlichen Diskussion dargelegt. Eine Möglichkeit diesem Sachverhalt bei der Entwicklung von Näherungsgleichungen zu begegnen ist die dreidimensionale Analyse ihres Einflusses auf die Torsionsformzahl $\alpha_{ktGEHdB}$. Alternativ hierzu ist eine Iteration problemlösend. Diesbezüglich kann folgende Vorgehensweise angewendet werden. Für ein initiativ optimales Wellenfußrundungsradiusverhältnis $\left[(\rho_{f1}/m)_{Opt}\right]_1$ wird der optimale Modul $\left[m_{Opt}\right]_1$ bestimmt. Für diesen wird anschließend in Weiterführung das zugehörig optimale Wellenfußrundungsradiusverhältnis $\left[(\rho_{f1}/m)_{Opt}\right]_2$ ermittelt. Die sich ergebende Schleife bei fortwährender Ausführung des zuvor Beschriebenen wird so lange ausgeführt, bis die in Abhängigkeit des Moduls m sowie des Wellenfußrundungsradiusverhältnisses ρ_{f1}/m minimale Torsionsformzahl $\alpha_{ktGEHdB}$ mit hinreichender Ergebnisgüte gefunden ist. Diesen Ablauf zeigt Abbildung 6.99. Als Resultat der hohen Stützstellendichte des in Kapitel 6.2.2.1 angeführten Parameterfelds ist der optimale Modul m_{Opt} bereits bei Initiation der in Abbildung 6.99 aufgezeigten Iteration sehr gut abschätzbar. So wird im Rahmen dieser Arbeit zur Aufwandbegrenzung keine weitere Iterationsstufe durchgeführt.

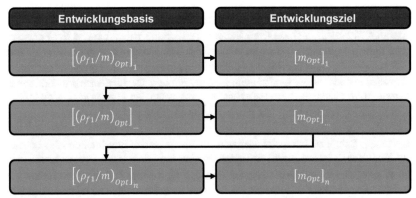

Abbildung 6.99: Iterative Vorgehensweise zur Bestimmung des optimalen Moduls m_{Opt}

Die Ergebnisse der numerischen Analyse der in Abbildung 6.11 sowie Abbildung 6.12 von Kapitel 6.2.2.1 dargelegten Parameterfelder ermöglichen die interpolationsbasiert mathematische Beschreibung des optimalen Moduls m_{Opt} als Funktion des Bezugsdurchmessers d_B sowie des Flankenwinkels α für den bezugsdurchmesserspezifisch gesamten normativen Umfang der [DIN 5480]. Diesbezüglich wird nachfolgend die systematische Vorgehensweise dargelegt.

Der erste Schritt zur interpolationsbasiert mathematischen Beschreibung des optimalen Moduls m_{Opt} besteht in der Bestimmung von Näherungsgleichungen zur Beschreibung der Torsionsformzahl $\alpha_{ktGEHdB}$ in Abhängigkeit des Moduls m für stützstellenbezogen jede mögliche Kombination aus Bezugsdurchmesser d_B und Flankenwinkel α bei optimalem Wellenfußrundungsradiusverhältnis $(\rho_{f1}/m)_{Opt}$. Hierfür wird die Methode der kleinsten Abstandsquadrate, vgl. Kapitel 2.3.3, bei zugrunde gelegtem Polynom als Ansatzfunktion angewendet, vgl. Gleichung (47). In problemspezifischer Adaptierung gilt damit Gleichung (223). Die Eingangsdaten zur Bestimmung der Koeffizienten c_i der entsprechenden Gleichungen sind im Anhang ergänzt, vgl. Tabelle 11.13 ff. von Kapitel 11.2.3.1.3.

$$\alpha_{ktGEHdB} = \sum_{i=0}^{j} c_i \cdot m^i \tag{223}$$

In Gleichung (223) entspricht j dem gewählt maximalen Polynomgrad. In aller Regel ist die Formzahl $\alpha_{ktGEHdB}$ als Funktion des Moduls m durch ein Polynom dritten Grades abbildbar. Bei der Bestimmung der Näherungsfunktionen ist zu beachten, dass die zugrunde gelegten Daten nach dem Stand der Technik einen geringen Einfluss der Initiationsprofilverschiebungsfaktoren x_I beinhalten. Die Forcierung eines zu hohen

Bestimmtheitsmaßes R^2 sollte also nicht das Ziel sein. Vielmehr ist auf einen ausgleichenden Charakter der jeweiligen Näherungsgleichung zu achten und der Polynomgrad demzufolge nicht zu hoch zu wählen. Für fast alle Bezugsdurchmesser d_B und
Flankenwinkel α führt ein Polynom dritter Ordnung zu einer sehr guten Näherung, in
Einzelfällen auch bereits ein Polynom zweiter Ordnung. Die für Gleichung (223) resultierenden Koeffizienten c_i und abschließend die optimalen Moduln m_{Opt} sind im Anhang ergänzt, vgl. Tabelle 11.16 ff. von Kapitel 11.2.3.1.3.

Der zweite Schritt zur interpolationsbasiert mathematischen Beschreibung des optimalen Moduls m_{Opt} ist technisch mathematisch motiviert. Die exakten Gründe hierfür sind
im dritten Schritt der entsprechenden Entwicklung dargelegt. Der zweite Schritt zur
interpolationsbasiert mathematischen Beschreibung des optimalen Moduls m_{Opt} umfasst die Entwicklung von Näherungsgleichungen zur flankenwinkelspezifisch interpolationsbasiert mathematischen Beschreibung des optimalen Moduls m_{Opt}^{α} auf Basis
der im ersten Schritt bestimmten optimalen Moduln m_{Opt}. Diesbezüglich ergeben sich
unter Anwendung der Methode der kleinsten Abstandsquadrate, vgl. Kapitel 2.3.3, aus
der problemspezifischen Adaptierung von Gleichung (47) je Flankenwinkel α ausnahmslos Polynome erster Ordnung, also Geraden gemäß Gleichung (224). Bei ihrer
Entwicklung wurde festgestellt, dass sie lediglich in sehr geringem Abstand zum Koor-
dinatenursprung verlaufen. Aus technischer Sicht scheint ein Nulldurchgang plausibel.
In Konsequenz wurde dies forciert.

$$m_{Opt}^{\alpha} = \sum_{i=0}^{j} c_i \cdot d_B^i = c_0 \cdot d_B^0 + c_1 \cdot d_B^1 = c_0 + c_1 \cdot d_B \qquad (224)$$

Die Koeffizienten c_i der zur flankenwinkelspezifisch interpolationsbasiert mathematischen Beschreibung des optimalen Moduls m_{Opt}^{α} entwickelten Näherungsgleichungen,
vgl. Gleichung (224), sind in Tabelle 6.7 angeführt.

Tabelle 6.7: Koeffizienten c_i der zur flankenwinkelspezifisch interpolationsbasiert mathematischen Beschreibung des optimalen Moduls m_{Opt}^{α} entwickelten Näherungsgleichungen, vgl. Gleichung (224)

α [°]	ρ_{f1}/m [/]	i [/]	c_i $[mm^{-i}]$	R^2 [/]
20	0,56	0	$0{,}0005604400290384 \stackrel{\text{def}}{=} 0$	0,9996
		1	0,0270978611370025	
30	0,48	0	$0{,}0009508823241541 \stackrel{\text{def}}{=} 0$	0,9992
		1	0,0284570429701204	
37,5	0,40	0	$0{,}0012977318069172 \stackrel{\text{def}}{=} 0$	0,9989
		1	0,0300160127560538	
45	0,24	0	$0{,}0004063286180811 \stackrel{\text{def}}{=} 0$	0,9998
		1	0,0360109179108167	

Abbildung 6.100 zeigt die Auswertung der zur flankenwinkelspezifisch interpolations-basiert mathematischen Beschreibung des optimalen Moduls m_{Opt}^{α} entwickelten Näherungsgleichungen, vgl. Gleichung (224) in Kombination mit den in Tabelle 6.7 angeführten Koeffizienten c_i, unter Berücksichtigung der im ersten Schritt zur interpolationsbasiert mathematischen Beschreibung des optimalen Moduls m_{Opt} bestimmten optimalen Moduln m_{Opt}. Wie bereits zuvor beschrieben, sind die aus dieser Abbildung hervorgehenden Abweichungen zwischen den numerischen Ergebnissen und den zur flankenwinkelspezifisch interpolationsbasiert mathematischen Beschreibung des optimalen Moduls m_{Opt}^{α} entwickelten Näherungsgleichungen, vgl. Gleichung (224) in Kombination mit den in Tabelle 6.7 angeführten Koeffizienten c_i, primär auf den Einfluss der Initiationsprofilverschiebungsfaktoren x_I zurückzuführen. Dieser variiert in Abhängigkeit des Bezugsdurchmessers d_B, des Moduls m sowie der Zähnezahlen z, vgl. Gleichung (137).

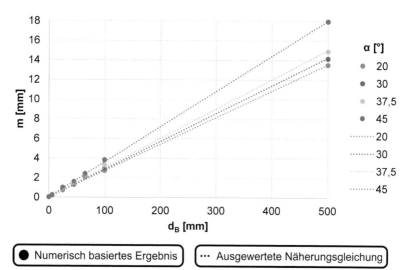

Abbildung 6.100: Auswertung der zur flankenwinkelspezifisch interpolationsbasiert mathematischen Beschreibung des optimalen Moduls m_{Opt}^{α} entwickelten Näherungsgleichungen, vgl. Gleichung (224) in Kombination mit den in Tabelle 6.7 angeführten Koeffizienten c_i, unter Berücksichtigung der zugrunde gelegten optimalen Moduln m_{Opt}

In Weiterführung werden die zur flankenwinkelspezifisch interpolationsbasiert mathematischen Beschreibung des optimalen Moduls m_{Opt}^{α} entwickelten Näherungsgleichungen, vgl. Gleichung (224) in Kombination mit den in Tabelle 6.7 angeführten Koeffizienten c_i, zu einer Näherungsgleichung zur interpolationsbasiert mathematischen Beschreibung des optimalen Moduls m_{Opt} zusammengefasst. Diese beschreibt nunmehr eine Fläche im dreidimensionalen Raum. Es sei an dieser Stelle angemerkt, dass ganz bewusst nicht die numerisch generierten Ergebnisse direkt zur Entwicklung dieser Gleichung verwendet werden. Würde dies doch zu einer entsprechend großen Dynamik der resultierenden Näherungsgleichung, also zu einem relativ schlechten Arbeitsergebnis, führen. Hieraus resultierend werden anstelle dessen die Ergebnisse der Auswertung der zur flankenwinkelspezifisch interpolationsbasiert mathematischen Beschreibung des optimalen Moduls m_{Opt}^{α} entwickelten Näherungsgleichungen, vgl. Gleichung (224) in Kombination mit den in Tabelle 6.7 angeführten Koeffizienten c_i, verwendet. Die Näherungsgleichung zur interpolationsbasiert mathematischen Beschreibung des optimalen Moduls m_{Opt} wird gemäß Gleichung (50) nach der Methode der kleinsten Abstandsquadrate entwickelt. Es resultiert Gleichung (225).

$$m_{Opt} = c_{00} + c_{10} \cdot d_B + c_{11} \cdot \alpha + c_{20} \cdot d_B^2 + c_{21} \cdot d_B \cdot \alpha + c_{22} \cdot \alpha^2$$
$$+ c_{30} \cdot d_B^3 + c_{31} \cdot d_B^2 \cdot \alpha + c_{32} \cdot d_B \cdot \alpha^2 + c_{33} \cdot \alpha^3 \tag{225}$$

Die Koeffizienten c_{ik} der zur interpolationsbasiert mathematischen Beschreibung des optimalen Moduls m_{Opt} entwickelten Näherungsgleichungen, vgl. Gleichung (225), sind in Tabelle 6.8 angeführt.

Tabelle 6.8: Koeffizienten c_{ik} der zur interpolationsbasiert mathematischen Beschreibung des optimalen Moduls m_{Opt} entwickelten Näherungsgleichung, vgl. Gleichung (225)

i [/]	k [/]	c_{ik} $[1/(mm^{i-k-1} \cdot {}^{\circ k})]$
0	0	-1,634039660717640000000
1	0	0,037440243528680000000
1	1	0,166306392809148000000
2	0	-0,000000000498777209043
2	1	-0,000886399295302973000
2	2	-0,005335216380059250000
3	0	-0,000000000001129381528
3	1	0,000000000034458614715
3	2	0,000018867863051107900
3	3	0,000054471863609641200

Abbildung 6.101 zeigt die Auswertung der zur interpolationsbasiert mathematischen Beschreibung des optimalen Moduls m_{Opt} entwickelten Näherungsgleichung, vgl. Gleichung (225) in Kombination mit den in Tabelle 6.8 angeführten Koeffizienten c_{ik}, unter Berücksichtigung der stützstellenbasierten Auswertungsergebnisse der zur flankenwinkelspezifisch interpolationsbasiert mathematischen Beschreibung des optimalen Moduls m_{Opt}^{α} entwickelten Näherungsgleichungen.

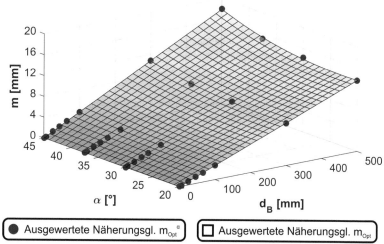

Abbildung 6.101: Auswertung der zur interpolationsbasiert mathematischen Beschreibung des optimalen Moduls m_{Opt} entwickelten Näherungsgleichung, vgl. Gleichung (225) in Kombination mit den in Tabelle 6.8 angeführten Koeffizienten c_{ik}, unter Berücksichtigung der stützstellenbasierten Auswertungsergebnisse der zur flankenwinkelspezifisch interpolationsbasiert mathematischen Beschreibung des optimalen Moduls m_{Opt}^{α} entwickelten Näherungsgleichungen

6.2.3.5.2.4 Gegenüberstellung der stützstellen- sowie interpolationsbasierten Formulierung

Wie bereits dargelegt, unterliegt sowohl die in Kapitel 6.2.3.5.2.1 stützstellenbasiert als auch die in Kapitel 6.2.3.5.2.3 interpolationsbasiert entwickelte mathematische Beschreibung des optimalen Moduls m_{Opt} verfahrenstechnischen Unsicherheiten. Hieraus resultierend ist es Ziel dieses Kapitels zu klären, welche der resultierenden Gleichungen, vgl. Gleichung (222) sowie (225), treffsicherer ist. Aus gegebener Relevanz wird die Betrachtung für den Flankenwinkel α von 30 °, vgl. Kapitel 6.2.3.5.4, durchgeführt. Mit Verweis auf Kapitel 6.2.3.6 ist die Treffsicherheitsbewertung der beiden Ansätze zur mathematischen Beschreibung des optimalen Moduls m_{Opt} Entscheidungsgrundlage dafür, welcher zur optimabezogen mathematischen Tragfähigkeitscharakterisierung zugrunde gelegt wird. Hier wird lediglich der treffsicherere Ansatz berücksichtigt.

Zur Analyse der Treffsicherheit der zur mathematischen Beschreibung des optimalen Moduls m_{Opt} entwickelten Näherungsgleichungen (222) sowie (225) werden diese zunächst stützstellenbasiert ausgewertet. Die hieraus resultierenden rechnerisch optimalen Moduln m_{Opt}^r werden durch Runden auf den nach Reihe I der [DIN 780] nächstgelegenen Modul m in den genormt optimalen Modul m_{Opt} überführt. Das entsprechend analytisch basierte Ergebnis wird dem numerisch bestimmt optimalen Modul m_{Opt} gegenübergestellt. Zur weiterführenden Bewertung der Treffsicherheit wird an dieser Stelle der Stufensprung d eingeführt. Dieser beschreibt normbezogen die Anzahl der Stufen zwischen dem numerisch und dem nach der oben beschriebenen Vorgehensweise analytisch bestimmt optimalen Modul m_{Opt}. Diese Größe ist damit immer eine ganze Zahl. Je größer der Stufensprung d ist, desto schlechter ist die Treffsicherheit des jeweiligen Ansatzes. Bei einem Stufensprung von 0 entsprechen sich der numerisch sowie der analytisch optimale Modul m_{Opt}.

Mit Verweis auf die im vorhergehenden Absatz getroffene Definition des Stufensprungs d sind für dessen Ermittlung, neben den numerisch bestimmt optimalen Moduln m_{Opt}, die mit den Gleichungen (222) sowie (225) in Kombination mit Reihe I der [DIN 780] bestimmten optimalen Moduln m_{Opt} erforderlich. Für die stützstellenbasiert mathematische Beschreibung des optimalen Moduls m_{Opt}, vgl. Gleichungen (222), sind diesbezüglich die entsprechenden Eingangsdaten im Anhang in Tabelle 11.26 von Kapitel 11.2.3.1.4 und jene der interpolationsbasiert mathematischen Beschreibung des optimalen Moduls m_{Opt}, vgl. Gleichung (225), in Tabelle 11.27 von Kapitel 11.2.3.1.4 ergänzt. Abbildung 6.102 zeigt die resultierenden Ergebnisse für einen Flankenwinkel α von 30 °. Aus ihr geht hervor, dass die stützstellenbasiert mathematische Beschreibung des optimalen Moduls m_{Opt}, vgl. Kapitel 6.2.3.5.2.1, geringfügig öfter mit dem numerisch bestimmt optimalen Modul m_{Opt} übereinstimmt. Da sich, aus den in Kapitel 6.2.3.5.4 angeführten Gründen, weite Bereiche dieser Dissertation auf einen Flankenwinkel α von 30 ° beziehen, wird in ihrem Rahmen, auf Grundlage von Abbildung 6.102, ausschließlich Gleichung (222) zur Prognose optimaler Moduln m_{Opt} verwendet.

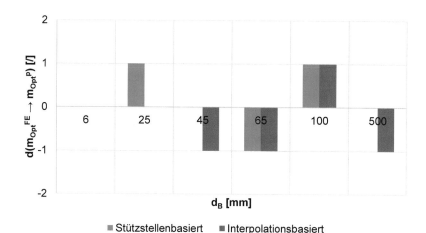

Abbildung 6.102: Stufensprung d der stützstellen- sowie der interpolationsbasiert mathematischen Beschreibung des optimalen Moduls m_{Opt} bei einem Flankenwinkel α von 30 °

In Weiterführung zu dem oben Angeführten zeigt Abbildung 6.103 die Differenz der Torsionsformzahlen $\Delta\alpha_{ktGEHdB}$ des bezugsdurchmesserspezifisch numerisch bestimmt optimalen Moduls m_{Opt}^{FE} und der des analytisch stützstellen- beziehungsweise interpolationsbasiert ermittelt optimalen Moduls m_{Opt}^{p} bei einem Flankenwinkel α von 30 °. Dies formuliert Gleichung (226).

$$\Delta\alpha_{ktGEHdB} = \alpha_{ktGEHdB}\big|_{m_{Opt}^{p}} - \alpha_{ktGEHdB}\big|_{m_{Opt}^{FE}} \tag{226}$$

Auf Basis von Abbildung 6.103 wird der Einfluss des Stufensprungs d auf die Tragfähigkeit evolventisch basierter Zahnwellenverbindungen nach Kapitel 3.3 deutlich. Diesbezüglich kann zunächst festgehalten werden, dass die resultierende Formzahldifferenz definitionsgemäß immer positiv ist. Die analytisch stützstellen- beziehungsweise interpolationsbasiert mathematische Beschreibung des optimalen Moduls m_{Opt} ist also konservativ. In quantitativer Bewertung ist die Formzahldifferenz zudem sehr gering. Dies resultiert aus den geringen Gradienten im Bereich des das Optimum charakterisierenden absoluten Extremwerts. Auf Basis der in Abbildung 6.103 aufgezeigten Tragfähigkeitsabweichungen wird die Unsicherheit der stützstellen- sowie interpolationsbasiert entwickelten Näherungsgleichungen zur mathematischen Beschreibung des optimalen Moduls m_{Opt}, vgl. die Gleichungen (222) sowie (225), als vernachlässigbar bewertet.

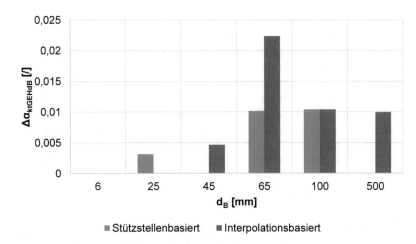

■ Stützstellenbasiert   ■ Interpolationsbasiert

Abbildung 6.103: Differenz der Torsionsformzahlen $\Delta\alpha_{ktGEHdB}$ des numerisch optimalen Moduls m_{Opt}^{FE} und des analytisch stützstellen- bzw. interpolationsbasiert optimalen Moduls m_{Opt}^{p} bei einem Flankenwinkel α von 30 °

6.2.3.5.3   Zähnezahlen z

Wie in Kapitel 3.2.3.2.2 dargelegt, wird bei dem in Kapitel 3.3 vom Autor dieser Dissertation entwickelten System zur Profilgenerierung evolventisch basierter Zahnwellenverbindungen der Zusammenhang zwischen dem Modul m und den Zähnezahlen z bezugsdurchmesserspezifisch mit den Initiationsprofilverschiebungsfaktoren x_I hergestellt. Hierbei gilt Gleichung (137). Es sei an dieser Stelle hervorgehoben, dass diese grundlegend bereits in ähnlicher Form Bestandteil des Systems zur Bezugsprofilgenerierung der [DIN 5480] sind, vgl. Kapitel 2.6. Sie sind nun jedoch allgemeingültig formuliert und zudem funktional erweitert. Nähere Informationen hierzu können Kapitel 3.2.3.2.2 entnommen werden. Mit Gleichung (137) können, unter anderem durch die in Kapitel 6.2.3.5.2.1 entwickelte Näherungsgleichung zur stützstellenbasiert mathematischen Beschreibung des optimalen Moduls m_{Opt}, vgl. Gleichung (222), in Kombination mit Reihe I der [DIN 780], die optimalen Zähnezahlen z_{Opt} bestimmt werden. Wird hierbei weiterführend zudem Ungleichung (138) berücksichtigt, resultieren jene der Verbindungen nach Kapitel 3.3 gemäß Tabelle 6.1. Genau deren Ermittlung ist Gegenstand dieses Kapitels. Aus Gründen der Vollständigkeit sei zudem auf die in Kapitel 6.2.3.5.2.3 entwickelte interpolationsbasiert mathematische Beschreibung des optimalen Moduls m_{Opt} verwiesen.

In Anlehnung an die Terminologie der Statistik können die optimalen Zähnezahlen z_{Opt} für das analysierte Parameterfeld, vgl. Kapitel 6.2.2.1, als Stichprobe oder aber vollumfänglich für die [DIN 5480] als Grundgesamtheit bestimmt werden. Beide Varianten wurden im Rahmen dieser Dissertation angewendet. Die resultierenden Ergebnisse fasst Tabelle 6.9 in konzentrierter Form zusammen. Aus den dort angeführten Daten geht zunächst hervor, dass die optimalen Zähnezahlen z_{Opt} variieren, dies jedoch in einem relativ engen Intervall. Weiterführend kann festgehalten werden, dass die auf Basis der Stichprobe sowie der Grundgesamtheit bestimmten maximal optimalen Zähnezahlen z_{Opt} gleich sind. Dies gilt jedoch nicht für die minimal optimalen Zähnezahlen z_{Opt}. Diesem Sachverhalt ist bei weiterführenden Betrachtungen Sorge zu tragen.

Tabelle 6.9: Minimum, Maximum sowie arithmetisches Mittel der auf Basis der Stichprobe sowie der Grundgesamtheit bestimmten optimalen Zähnezahlen z_{Opt} in Gegenüberstellung

	Parameterfeld (Stichprobe)	[DIN 5480] (Grundgesamtheit)
Minimum	28	25
Maximum	32	32
Arith. Mittel	29,6	28,5

Nachfolgend wird eine Gleichung zur Berechnung der optimalen Zähnezahlen z_{Opt} hergeleitet. Zu diesem Zweck wird in die in Kapitel 6.2.3.5.2.1 entwickelte Gleichung zur stützstellenbasiert mathematischen Beschreibung des optimalen Moduls m_{Opt}, vgl. Gleichung (222), die entsprechend umgestellte Gleichung (137) für den Bezugsdurchmesser d_B eingesetzt. Soweit möglich erfolgt die Herleitung in Übereinstimmung mit der [DIN 5480]. Die wirksame Berührungshöhe der Flanken in radialer Richtung $h_w(R_{hw} = 0)$ sowie der Bezugsdurchmesserabstand A_{dB} werden somit gemäß Tabelle 3.6 gewählt. Es resultiert Gleichung (227).

$$(z_1)_{Opt} = (-z_2)_{Opt} \stackrel{\text{def}}{=} z_{Opt} = 30 \cdot \frac{m_{Opt}^r}{m_{Opt}} - 2 \cdot x_{I1} - 1,1 \qquad (227)$$

Gleichung (227) kann in aller Regel nicht dazu verwendet werden, um die optimalen Zähnezahlen z_{Opt} zu berechnen, da der Welleninitiationsprofilverschiebungsfaktor x_{I1} im Allgemeinen nicht bekannt ist. Zuvor benannte Größen sind eng miteinander verknüpft. Diesbezüglich sei auf Ungleichung (138) verwiesen. Allerdings wird anhand von Gleichung (227) das Verhalten der optimalen Zähnezahlen z_{Opt} deutlich. Davon ausgehend, dass der stützstellenbasiert mathematisch beschriebene rechnerisch optimale Modul m_{Opt}^r mit dem in der Norm definierten Modul m_{Opt} übereinstimmt, kann Gleichung (227) vereinfacht werden. Es folgt Gleichung (228).

$$(z_1)_{Opt} = (-z_2)_{Opt} \stackrel{\text{def}}{=} z_{Opt} = 30 - 2 \cdot x_{l1} - 1{,}1 \tag{228}$$

Der Welleninitiationsprofilverschiebungsfaktor x_{l1} ist gemäß Ungleichung (138) zu wählen. Berücksichtigt man dies im Sinne einer Grenzwertbetrachtung, folgt Gleichung (229) aus Gleichung (228).

$$(z_1)_{Opt} = (-z_2)_{Opt} \stackrel{\text{def}}{=} z_{Opt} = 30 \begin{smallmatrix} -1 \\ -2 \end{smallmatrix} \tag{229}$$

Auf Basis der Gleichungen (227) bis (229) kann festgehalten werden, dass die optimalen Zähnezahlen z_{Opt} in Abhängigkeit des Welleninitiationsprofilverschiebungsfaktors x_{l1} entweder 28 oder 29 betragen, wenn der stützstellenbasiert mathematisch beschriebene rechnerisch optimale Modul m_{Opt}^r exakt einem in der [DIN 5480] genormten und damit optimalen Modul m_{Opt} entspricht. Ist zuvor benannte Bedingung jedoch nicht erfüllt, vergrößern sich die Streubereiche der optimalen Zähnezahlen z_{Opt}, vgl. Tabelle 6.9. Abschließend sei darauf hingewiesen, dass die zuvor getroffenen Aussagen die zur [DIN 5480] konforme Parameterwahl voraussetzen, vgl. Tabelle 3.6.

6.2.3.5.4 Flankenwinkel α

In Kapitel 6.2.3.2.3.1 wird auf Basis von Abbildung 6.43 unter anderem der Einfluss des Flankenwinkels α auf die Torsionsformzahl $\alpha_{ktGEHdB}$ wissenschaftlich diskutiert. Hierbei wird festgestellt, dass, entgegen der absoluten Analyse der dort angeführten Ergebnisse, bei einer relativen Betrachtung sehr wohl optimale Flankenwinkel α_{Opt} existieren. Dieser Sachverhalt ist jedoch auf kleinere Wellenfußrundungsradiusverhältnisse ρ_{f1}/m begrenzt. In absoluter Betrachtung muss auf Grundlage von Abbildung 6.43 für das analysierte Parameterfeld festgehalten werden, dass die Torsionsformzahl $\alpha_{ktGEHdB}$ umso kleiner und damit die Tragfähigkeit umso größer ist, je kleiner der Flankenwinkel α ist. Diese Aussage hat ausschließlich für das analysierte Parameterfeld Gültigkeit, da der absolute Extremwert Randwert ist. Mit Verweis auf die Veränderung des Gradienten der Torsionsformzahl $\alpha_{ktGEHdB}$ bei Verringerung des Flankenwinkels α deutet sich in diesem Zusammenhang weiterführend an, dass jenseits des untersuchten Parameterfelds bei einem Flankenwinkel α kleiner als 20 ° entweder ein unabhängig vom Analysefeld absolutes Optimum oder aber eine Asymptote existiert.

Der Flankenwinkel α definiert die Höhe der Radialkraft F_{rE}, vgl. Kapitel 2.2.3.1. Aus dieser resultiert die Zentrierwirkung evolventisch basierter Zahnwellenverbindungen. Ist das aus ihr resultierende Rückstellmoment kleiner als das durch etwaig auftretende Querkräfte F_Q induzierte Biegemoment M_b, die Verbindung also nicht zentriert, kommt es zum Verkippen der Welle in der Nabe. Bei weiterführend aufgeprägter Rotation bei zudem absoluter Richtungskonstanz der Querkräfte F_Q taumelt die Welle in der Nabe. Dies entspricht aus verschleißtechnischer Sicht einem sehr ungünstigen Zustand, der in aller Regel zu vermeiden ist. In Konsequenz darf der Flankenwinkel α nicht zu klein gewählt werden. Aus Abbildung 6.43 geht hervor, dass die Verringerung des Flankenwinkels α von 30 ° auf 20 ° zwar zu einer Tragfähigkeitssteigerung führt, diese allerdings sehr gering ist. Der Verlust an Zentrierwirkung wird jedoch als verhältnismäßig groß eingeschätzt. Zudem ist in der [DIN 5480] alleinig noch der Flankenwinkel α von 30 ° definiert. Dieser wird als guter Kompromiss aus Zentrierung und Tragfähigkeit eingestuft.

In Kapitel 6.3.3.3 wird der Einfluss des Flankenwinkels α bei stark profilmodifizierter Verbindung auf die Torsionsformzahl $\alpha_{ktGEHdB}$ analysiert. Die in diesem Zusammenhang in Abbildung 6.165 angeführten numerischen Ergebnisse führen im Vergleich zur nicht profilmodifizierten Verbindung in absoluter Betrachtung zu entgegengesetzter Aussage. Hier gilt, dass die Tragfähigkeit mit steigendem Flankenwinkel α zunimmt. Hieraus resultierend müssen optimale Flankenwinkel α_{Opt} bei profilmodifizierten Verbindungen zwischen 20 ° und 45 ° existieren.

6.2.3.5.5   Wellenfußrundungsradiusverhältnis ρ_{f1}/m

Zur Entwicklung von Näherungsgleichungen zur mathematischen Beschreibung des optimalen Wellenfußrundungsradiusverhältnisses $\left(\rho_{f1}/m\right)_{Opt}$ werden unter anderem die gleichen Vorgehensweisen wie bei der Entwicklung von Näherungsgleichungen zur mathematischen Beschreibung des optimalen Moduls m_{Opt} angewendet, vgl. Kapitel 6.2.3.5.2. So wird in Kapitel 6.2.3.5.5.1 ein stützstellenbasierter und in Kapitel 6.2.3.5.5.2 ein interpolationsbasierter Ansatz erarbeitet. Wie bereits in Kapitel 6.2.3.5.2 dargelegt, ist die relativ einfache Vorgehensweise zur Erarbeitung der stützstellenbasierten Formulierung vorteilhaft. Ist sie doch im Vergleich zur interpolationsbasierten Variante wesentlich weniger aufwändig und führt zudem zu sehr ähnlichen Ergebnissen. Mit Verweis auf Kapitel 6.2.3.5.5.4 ist die interpolationsbasierte Formulierung jedoch zwingend erforderlich. Baut doch die dort weiterführend entwickelte, prognostiziert allgemeingültig mathematische Formulierung des optimalen Wellenfußrundungsradiusverhältnisses $\left(\rho_{f1}/m\right)_{Opt}$ auf ihr auf. Rein funktional kann hierfür zwar auch der stützstellenbasierte Ansatz zugrunde gelegt werden. Dieser ist aber in seiner Genauigkeit beziehungsweise seiner Tendenzvorhersage für adäquate Ergebnisse bei der Entwicklung des prognostiziert allgemeingültigen Ansatzes, vgl. Kapitel 6.2.3.5.5.4, nicht ausreichend. Die stützstellen- sowie interpolationsbasiert entwickelten Näherungsgleichungen zur mathematischen Beschreibung des optimalen Wellenfußrundungsradiusverhältnisses $\left(\rho_{f1}/m\right)_{Opt}$ werden in Kapitel 6.2.3.5.5.3 einander gegenübergestellt.

Die Motivation zur Entwicklung der weiteren, prognostiziert allgemeingültigen Näherungsgleichung zur mathematischen Beschreibung des optimalen Wellenfußrundungsradiusverhältnisses $\left(\rho_{f1}/m\right)_{Opt}$, vgl. Kapitel 6.2.3.5.5.4, entstammt den zur Optimierung evolventisch basierter Zahnwellenverbindungen nach Kapitel 3.3 gemäß Tabelle 6.39, also durch Profilmodifizierung, durchgeführten Untersuchungen, vgl. Kapitel 6.3. Wird doch anhand der hier resultierenden Ergebnisse offensichtlich, dass die im vorhergehenden Absatz benannten stützstellen- sowie interpolationsbasierten Ansätze zur Beschreibung des optimalen Wellenfußrundungsradiusverhältnisses $\left(\rho_{f1}/m\right)_{Opt}$ bei profilmodifizierten Verbindungen nicht mehr gültig sind. Dies kann insbesondere der in Kapitel 6.3.3.1 angeführten Abbildung 6.160 entnommen werden. Grundlage bei der prognostiziert allgemeingültigen mathematischen Formulierung des optimalen Wellenfußrundungsradiusverhältnisses $\left(\rho_{f1}/m\right)_{Opt}$, vgl. Kapitel 6.2.3.5.5.4, sind die interpolationsbasiert entwickelte Näherungsgleichung zur Beschreibung des optimalen Wellenfußrundungsradiusverhältnisses $\left(\rho_{f1}/m\right)_{Opt}$, vgl. Kapitel 6.2.3.5.5.2, sowie Gleichung (156) zur Berechnung des maximal realisierbaren Wellenfußrundungsradius ρ_{f1}^{V}. Der Nachweis seiner Allgemeingültigkeit ist hierbei noch für andere Aufteilungsschlüssel der Reduzierung der wirksamen Berührungshöhe h_w zu führen.

6.2.3.5.5.1 Stützstellenbasierte Formulierung

Grundlage zur stützstellenbasiert mathematischen Beschreibung des optimalen Wellenfußrundungsradiusverhältnisses ρ_{f1}/m ist die numerische Analyse des in Abbildung 6.11 aufgezeigten Parameterfelds. Abbildung 6.42 zeigt für den Bezugsdurchmesser d_B von 45 mm und den Flankenwinkel α von 30 ° die diesen Untersuchungen indirekt entstammenden Torsionsformzahlen $\alpha_{ktGEHdB}$ in Abhängigkeit des Moduls m sowie des Wellenfußrundungsradiusverhältnisses ρ_{f1}/m. Es sei angemerkt, dass sich für alle übrigen stützstellenbezogenen Konstellationen aus Bezugsdurchmesser d_B und Flankenwinkel α Diagramme in analoger Form im Anhang befinden, vgl. Kapitel 11.2.1. Mit Abbildung 6.42 wird aufgezeigt, dass ein Wellenfußrundungsradiusverhältnis ρ_{f1}/m existiert, bei dem die Torsionsformzahl $\alpha_{ktGEHdB}$ absolut minimal wird und zudem nicht Randwert der analysierten Stützstellen ist. Dieses wird als optimales Wellenfußrundungsradiusverhältnis $\left(\rho_{f1}/m\right)_{Opt}$ bezeichnet. Seine stützstellenbasiert mathematische Beschreibung ist Gegenstand dieses Kapitels.

Bei der in Kapitel 6.2.3.5.2.1 stützstellenbasiert entwickelten Näherungsgleichung zur mathematischen Beschreibung des optimalen Moduls m_{Opt} wird vorausgesetzt, dass der entsprechende Modul m nicht mit einem genormten übereinstimmt. Um diesem Sachverhalt Sorge zu tragen, wird je Bezugsdurchmesser d_B nicht jeweils ein vermeintlich optimaler Modul m_{Opt}, sondern ein Streubereich zugrunde gelegt. Weiterführend wird im Zuge der wissenschaftlichen Diskussion der in Abbildung 6.42 angeführten numerischen Ergebnisse darauf hingewiesen, dass das optimale

Wellenfußrundungsradiusverhältnis $\left(\rho_{f1}/m\right)_{Opt}$ geringfügig vom Modul m abhängig ist. Als Folge des zuvor Dargelegten werden zur stützstellenbasierten Entwicklung einer Näherungsgleichung zur mathematischen Beschreibung des optimalen Wellenfußrundungsradiusverhältnisses $\left(\rho_{f1}/m\right)_{Opt}$ die optimalen Verhältnisse jener Moduln m zugrunde gelegt, die auch bei der Entwicklung der stützstellenbasiert mathematischen Beschreibung des optimalen Moduls m_{Opt} berücksichtigt werden. Es sei weiterführend darauf hingewiesen, dass mit dem in Abbildung 6.11 aufgezeigten Parameterfeld keine Bestimmung des optimalen Moduls m_{Opt} für die Bezugsdurchmesser d_B von 6 mm, 300 mm sowie 500 mm möglich ist. Hierauf wird ausführlich in Kapitel 6.2.3.5.2.1 eingegangen. Dieser Sachverhalt wirkt sich weiterführend ebenfalls auf die Datenbasis zur stützstellenbasierten Entwicklung einer Näherungsgleichung zur mathematischen Beschreibung des optimalen Wellenfußrundungsradiusverhältnisses $\left(\rho_{f1}/m\right)_{Opt}$ aus.

So ist diese, wie auch bereits bei der stützstellenbasierten Entwicklung der Näherungsgleichung zur mathematischen Beschreibung des optimalen Moduls m_{Opt}, auf die Bezugsdurchmesser d_B von 25 mm, 45 mm, 65 mm, 100 mm beschränkt.

Die konkret zur Entwicklung der Näherungsgleichung zur stützstellenbasiert mathematischen Beschreibung des optimalen Wellenfußrundungsradiusverhältnisses $\left(\rho_{f1}/m\right)_{Opt}$ zugrunde gelegten Wellenfußrundungsradiusverhältnisse ρ_{f1}/m sind im Anhang ergänzt, vgl. Tabelle 11.28 f. von Kapitel 11.2.3.4.1. Grafisch sind sie in Abbildung 6.104 dargestellt.

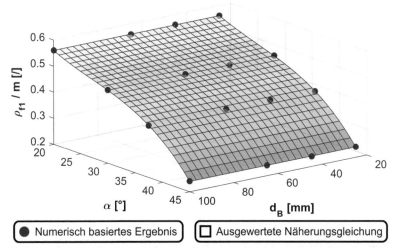

Abbildung 6.104: Stützstellenbasiert optimales Wellenfußrundungsradiusverhältnis $\left(\rho_{f1}/m\right)_{Opt}$ in Abhängigkeit des Bezugsdurchmessers d_B sowie des Flankenwinkels α

Anhand der in Abbildung 6.104 angeführten Ergebnisse kann zunächst festgehalten werden, dass für die betrachteten Moduln m keine Abhängigkeit des optimalen Wellenfußrundungsradiusverhältnisses $\left(\rho_{f1}/m\right)_{Opt}$ vom Modul m erkennbar ist. Es sei explizit hervorgehoben, dass bei entsprechender Betrachtung lediglich der prognostiziert optimale Modul m_{Opt} sowie diesem sehr nahe Moduln m berücksichtigt werden. Die auf Basis von Abbildung 6.42 festgestellte Abhängigkeit des optimalen Wellenfußrundungsradiusverhältnisses $\left(\rho_{f1}/m\right)_{Opt}$ vom Modul m ist in allgemeiner Form selbstredend nach wie vor gültig. Weiterführend kann auf Basis der in Abbildung 6.104 angeführten Ergebnisse festgehalten werden, dass das optimale Wellenfußrundungsradiusverhältnis $\left(\rho_{f1}/m\right)_{Opt}$ nicht vom Bezugsdurchmesser d_B abhängig ist. Hieraus resultierend wird die dreidimensionale Betrachtung auf eine zweidimensionale reduziert. Dies zeigt Abbildung 6.105. Darüber hinaus ist dort bereits vorgreifend die Auswertung der auf Basis der im Anhang in Tabelle 11.28 f. von Kapitel 11.2.3.4.1 angeführten Daten entwickelte Näherungsgleichung zur stützstellenbasiert mathematischen Beschreibung des optimalen Wellenfußrundungsradiusverhältnisses $\left(\rho_{f1}/m\right)_{Opt}$ dargestellt, vgl. Gleichung (230).

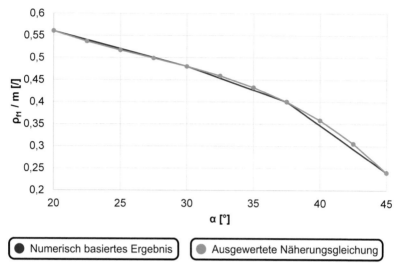

Abbildung 6.105: Stützstellenbasiert optimales Wellenfußrundungsradiusverhältnis $(\rho_{f1}/m)_{Opt}$ in Abhängigkeit des Flankenwinkels α auf Basis der für den Bezugs-durchmesser d_B von 45 mm numerisch bestimmten Ergebnisse

Die stützstellenbasiert mathematische Beschreibung des optimalen Wellenfußrundungsradiusverhältnisses $(\rho_{f1}/m)_{Opt}$ erfolgt nach der Methode der kleinsten Abstandsquadrate, vgl. Kapitel 2.3.3. Hierfür wird ein Ansatz gemäß Gleichung (47) gewählt. Als Faustformel kann für das optimale Wellenfußrundungsradiusverhältnis $(\rho_{f1}/m)_{Opt}$ festgehalten werden, dass dieses geringfügig kleiner als das maximal realisierbare ist. Hieraus resultiert die Herausforderung bei der Entwicklung entsprechender Näherungsgleichungen, dass die aus ihrer Auswertung resultierenden Werte zwar geringfügig streuen, jedoch nicht nennenswert größer sein dürfen. Durch diese Bedingung ist gewährleistet, dass sie stets kleiner als das maximal realisierbare Wellenfußrundungsradiusverhältnis ρ_{f1}^V/m und damit technisch realisierbar sind. Bei linearer und quadratischer Ansatzfunktion wird zuvor Benanntes als nicht sichergestellt erachtet, so dass ein kubischer Ansatz Entwicklungsgrundlage ist. Die fallspezifische Formulierung zeigt Gleichung (230).

$$\left(\frac{\rho_{f1}}{m}\right)_{Opt} = \sum_{i=0}^{3} c_i \cdot \alpha^i \tag{230}$$

Die Eingangsdaten zur Bestimmung der Koeffizienten c_i von Gleichung (230) sind, wie bereits erwähnt, im Anhang ergänzt, vgl. Tabelle 11.28 f. von Kapitel 11.2.3.4.1. Es resultieren die in Tabelle 6.10 angeführten Faktoren.

Tabelle 6.10: Koeffizienten c_i von Gleichung (230) zur stützstellenbasiert mathematischen Beschreibung des optimalen Wellenfußrundungsradiusverhältnisses $\left(\rho_{f1}/m\right)_{Opt}$

i [/]	c_i [$1/^{\circ i}$]
0	1,1314285714284900
1	-0,0556952380952311
2	0,0018031746031744
3	-0,0000223492063492

6.2.3.5.5.2 Interpolationsbasierte Formulierung

Wie bereits in Kapitel 6.2.3.5.2.3 erläutert, sind der optimale Modul m_{Opt} und das optimale Wellenfußrundungsradiusverhältnis $\left(\rho_{f1}/m\right)_{Opt}$ eng miteinander verknüpft. Dies wird in der auf Grundlage von Abbildung 6.42 geführten wissenschaftlichen Diskussion dargelegt. Eine Möglichkeit diesem Sachverhalt bei der Entwicklung von Näherungsgleichungen zu begegnen ist die dreidimensionale Analyse ihres Einflusses auf die Torsionsformzahl $\alpha_{ktGEHdB}$. Alternativ hierzu ist eine Iteration problemlösend. Diesbezüglich kann folgende Vorgehensweise angewendet werden. Für einen initiativen optimalen Modul $[m_{Opt}]_1$ wird das optimale Wellenfußrundungsradiusverhältnis $\left[\left(\rho_{f1}/m\right)_{Opt}\right]_1$ bestimmt. Für dieses wird anschließend in Weiterführung der zugehörig optimale Modul $[m_{Opt}]_2$ ermittelt. Die sich ergebende Schleife bei fortwährender Ausführung des zuvor Beschriebenen wird so lange ausgeführt, bis die in Abhängigkeit des Moduls m sowie des Wellenfußrundungsradiusverhältnisses ρ_{f1}/m minimale Torsionsformzahl $\alpha_{ktGEHdB}$ mit hinreichender Ergebnisgüte gefunden ist. Diesen Ablauf zeigt Abbildung 6.106. Als Resultat der hohen Stützstellendichte des in Kapitel 6.2.2.1 angeführten Parameterfelds, ist das optimale Wellenfußrundungsradiusverhältnis $\left(\rho_{f1}/m\right)_{Opt}$ bereits bei Initiation der in Abbildung 6.106 aufgezeigten Iteration sehr gut abschätzbar. So wird im Rahmen dieser Arbeit zur Aufwandbegrenzung keine weitere Iterationsstufe durchgeführt.

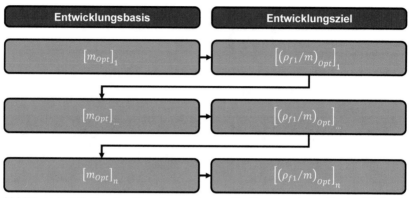

Abbildung 6.106: Iterative Vorgehensweise zur Bestimmung des optimalen Wellen-fußrundungsradiusverhältnisses $\left(\rho_{f1}/m\right)_{Opt}$

Die Ergebnisse der numerischen Analyse des in Abbildung 6.11 von Kapitel 6.2.2.1 dargelegten Parameterfelds ermöglichen die interpolationsbasiert mathematische Be-schreibung des optimalen Wellenfußrundungsradiusverhältnisses $\left(\rho_{f1}/m\right)_{Opt}$ als Funktion des Bezugsdurchmessers d_B sowie des Flankenwinkels α für die Bezugs-durchmesser d_B im Intervall $25\ mm \leq d_B \leq 300\ mm$ der [DIN 5480]. Die Stützstellen der Bezugsdurchmesser d_B bei 6 mm sowie 500 mm sind hierbei also explizit nicht Bestandteil des Wertebereichs. Sie können dies nicht sein. Beeinhaltet doch die [DIN 5480] und damit das entsprechende Analysefeld für sie nicht den optimalen Mo-dul m_{Opt}. Zwar wurde in Weiterführung das in Abbildung 6.12 von Kapitel 6.2.2.1 auf-gezeigte Parameterfeld zur Bestimmung der entsprechenden Moduln m numerisch analysiert, dies allerdings zielgerichtet ohne Variation des Wellenfußrundungsradius-verhältnisses ρ_{f1}/m. Damit sind die aus ihnen resultierenden Daten für eine entspre-chende Berücksichtigung zur Entwicklung einer Näherungsgleichung zur interpolati-onsbasiert mathematischen Beschreibung des optimalen Wellenfußrundungsradiusverhältnisses $\left(\rho_{f1}/m\right)_{Opt}$ in ihrer Qualität, nicht aber in ih-rem Umfang hinreichend. Hierfür müssten zusätzliche Simulationen durchgeführt wer-den. Hiervon wurde jedoch abgesehen, da die durch die numerische Analyse des in Abbildung 6.11 von Kapitel 6.2.2.1 aufgezeigten Parameterfelds vorhandene Daten-basis für die Bezugsdurchmesser d_B im Intervall $25\ mm \leq d_B \leq 300\ mm$ vollkommen ausreichend ist, um die entsprechende Näherungsgleichung zu entwickeln. Nachfol-gend wird die diesbezüglich verfolgte Vorgehensweise dargelegt. Darüber hinaus wer-den die Arbeitsergebnisse angeführt.

Der erste Schritt zur interpolationsbasiert mathematischen Formulierung des optima-len Wellenfußrundungsradiusverhältnisses $\left(\rho_{f1}/m\right)_{Opt}$ besteht in der Bestimmung von

Näherungsgleichungen zur Beschreibung der Torsionsformzahl $\alpha_{ktGEHdB}$ in Abhängigkeit des Wellenfußrundungsradiusverhältnisses ρ_{f1}/m für stützstellenbezogen jede mögliche Kombination aus Bezugsdurchmesser d_B und Flankenwinkel α bei optimalem Modul m_{Opt}. Zur Gleichungsentwicklung wird die Methode der kleinsten Abstandsquadrate angewendet, vgl. Kapitel 2.3.3. Die Eingangsdaten zur Bestimmung der Koeffizienten c_i der entsprechenden Gleichungen sind im Anhang ergänzt, vgl. Tabelle 11.30 ff. von Kapitel 11.2.3.4.2.

$$\alpha_{ktGEHdB} = \sum_{i=0}^{j} c_i \cdot \left(\frac{\rho_{f1}}{m}\right)^i \tag{231}$$

In Gleichung (231) entspricht j dem gewählt maximalen Polynomgrad. Es sei angemerkt, dass bei der Entwicklung der Näherungsgleichungen, entgegen der in Kapitel 6.2.3.5.2.3 entwickelten Näherungsgleichung zur interpolationsbasiert mathematischen Formulierung des optimalen Moduls m_{Opt}, kein Einfluss der Initiationsprofilverschiebungsfaktoren x_I zu beachten ist. Grund hierfür ist, dass der entsprechende Faktor nicht vom Wellenfußrundungsradiusverhältnis ρ_{f1}/m abhängig ist, vgl. Gleichung (137). Je Kombination aus Bezugsdurchmesser d_B und Flankenwinkel α wird bei zudem optimalem Modul m_{Opt} nach Gleichung (222) aber ausschließlich dieses Verhältnis verändert, um die erforderlichen Näherungsgleichungen $\alpha_{ktGEHdB} = f(\rho_{f1}/m)$ zu entwickeln. Die für Gleichung (231) resultierenden Koeffizienten c_i und abschließend die optimalen Wellenfußrundungsradiusverhältnisse $(\rho_{f1}/m)_{Opt}$ sind im Anhang ergänzt, vgl. Tabelle 11.37 ff. von Kapitel 11.2.3.4.2.

Der zweite Schritt zur interpolationsbasiert mathematischen Formulierung des optimalen Wellenfußrundungsradiusverhältnisses $(\rho_{f1}/m)_{Opt}$ umfasst die Entwicklung von Näherungsgleichungen zur flankenwinkelspezifisch interpolationsbasiert mathematischen Formulierung des optimalen Wellenfußrundungsradiusverhältnisses $(\rho_{f1}/m)_{Opt}^{\alpha}$ auf Basis der im ersten Schritt bestimmten optimalen Wellenfußrundungsradiusverhältnisse $(\rho_{f1}/m)_{Opt}$. Diesbezüglich ergeben sich unter Anwendung der Methode der kleinsten Abstandsquadrate, vgl. Kapitel 2.3.3, aus der problemspezifischen Adaptierung von Gleichung (47) je Flankenwinkel α ausschließlich Polynome erster Ordnung, also Geraden gemäß Gleichung (232). Die entsprechenden Gleichungen weisen zudem ausnahmslos sehr geringe Steigungen auf, so dass in Vereinfachung von Konstanten, vgl. den Koeffizienten c_0, ausgegangen wird. Darüber hinaus kann festgehalten werden, dass das optimale interpolationsbasiert formulierte Wellenfußrundungsradiusverhältnis $(\rho_{f1}/m)_{Opt}$ wie auch das stützstellenbasiert formulierte, vgl. Kapitel 6.2.3.5.5.1, lediglich eine Funktion des Flankenwinkels α ist. In problemspezifischer Adaptierung gilt damit Gleichung (232).

$$\left(\rho_{f1}/m_{Opt}\right)^{\alpha}_{Opt} = \sum_{i=0}^{1} c_i \cdot d_B^i \approx c_0 \tag{232}$$

Die Koeffizienten c_i der zur flankenwinkelspezifisch interpolationsbasiert mathematischen Formulierung des optimalen Wellenfußrundungsradiusverhältnisses $\left(\rho_{f1}/m\right)^{\alpha}_{Opt}$ entwickelten Näherungsgleichungen, vgl. Gleichung (232), sind in Tabelle 6.11 angeführt. Zudem ist dort das Bestimmtheitsmaß R^2 ergänzt. Es ist auffällig, dass dieses relativ geringe Werte annimmt. Eine Verbesserung ist durch ein Polynom höherer Ordnung als bei Gleichung (232) angewendet realisierbar. Der technische Sachverhalt scheint dann aber schlechter abgebildet zu sein. Das geringe Bestimmtheitsmaß wird folglich akzeptiert.

Tabelle 6.11: Koeffizienten c_i der zur flankenwinkelspezifisch interpolationsbasiert mathematischen Beschreibung des optimalen Wellenfußrundungsradiusverhältnisses $\left(\rho_{f1}/m\right)^{\alpha}_{Opt}$ entwickelten Näherungsgleichungen, vgl. Gleichung (232)

α [°]	i [/]	c_i [$1/mm^i$]	R^2 [/]
20	0	0,5345373060648800	0,0050
	1	-0,0000027785613540 $\overset{\text{def}}{=}$ 0	
30	0	0,4487475317348380	0,4806
	1	0,0000191819464034 $\overset{\text{def}}{=}$ 0	
37,5	0	0,3706659580898650	0,4997
	1	0,0000186359057022 $\overset{\text{def}}{=}$ 0	
45	0	0,2531218114043930	0,0167
	1	-0,0000011384243401 $\overset{\text{def}}{=}$ 0	

Abbildung 6.107 zeigt die Auswertung der zur flankenwinkelspezifisch interpolationsbasiert mathematischen Formulierung des optimalen Wellenfußrundungsradiusverhältnisses $\left(\rho_{f1}/m\right)^{\alpha}_{Opt}$ entwickelten Näherungsgleichungen, vgl. Gleichung (232) in Kombination mit den in Tabelle 6.11 angeführten Koeffizienten c_i, unter Berücksichtigung der im ersten Schritt zur interpolationsbasiert mathematischen Formulierung des optimalen Wellenfußrundungsradiusverhältnisses $\left(\rho_{f1}/m\right)_{Opt}$ bestimmten optimalen Wellenfußrundungsradiusverhältnisse $\left(\rho_{f1}/m\right)_{Opt}$.

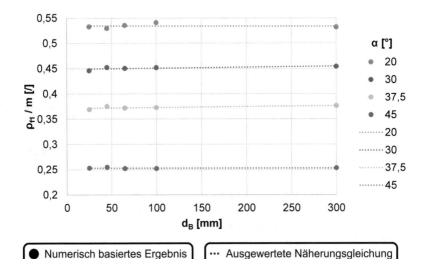

Abbildung 6.107: Auswertung der zur flankenwinkelspezifisch interpolationsbasiert mathematischen Beschreibung des optimalen Wellenfußrundungsradiusverhältnisses $\left(\rho_{f1}/m\right)_{Opt}^{\alpha}$ entwickelten Näherungsgleichungen, vgl. Gleichung (232) in Kombination mit den in Tabelle 6.11 angeführten Koeffizienten c_i, unter Berücksichtigung der zugrunde gelegten Wellenfußrundungsradiusverhältnisse ρ_{f1}/m

In Weiterführung werden die zur flankenwinkelspezifisch interpolationsbasiert mathematischen Beschreibung des optimalen Wellenfußrundungsradiusverhältnisses $\left(\rho_{f1}/m\right)_{Opt}^{\alpha}$ entwickelten Näherungsgleichungen, vgl. Gleichung (232) in Kombination mit den in Tabelle 6.11 angeführten Koeffizienten c_i, zu einer Näherungsgleichung zur interpolationsbasiert mathematischen Beschreibung des optimalen Wellenfußrundungsradiusverhältnisses $\left(\rho_{f1}/m\right)_{Opt}$ unter Verwendung der Methode der kleinsten Abstandsquadrate, vgl. Kapitel 2.3.3, zusammengefasst. Hierfür wird wie bereits in Kapitel 6.2.3.5.5.1 ein Ansatz gemäß Gleichung (47) und weiterführend, aus den ebenfalls in zuvor benanntem Kapitel angeführten Gründen, dritter Ordnung gewählt. Die fallspezifische Formulierung zeigt Gleichung (233). Diese entspricht Gleichung (230).

$$\left(\frac{\rho_{f1}}{m}\right)_{Opt} = \sum_{i=0}^{3} c_i \cdot \alpha^i \tag{233}$$

Für Gleichung (233) resultieren die in Tabelle 6.12 angeführten Koeffizienten c_i.

Tabelle 6.12: Koeffizienten c_i von Gleichung (233) zur interpolationsbasiert mathematischen Beschreibung des optimalen Wellenfußrundungsradiusverhältnisses $(\rho_{f1}/m)_{Opt}$

i [/]	c_i $[1/°^i]$
0	0,8647975202210730
1	-0,0277087297717419
2	0,0007566647381097
3	-0,0000098439392457

Die Auswertung von Gleichung (233) in Kombination mit den in Tabelle 6.12 angeführten Koeffizienten c_i in Gegenüberstellung mit den zur Entwicklung verwendeten Basisdaten, vgl. die in Tabelle 6.11 angeführten Koeffizienten c_0 von Gleichung (232), zeigt Abbildung 6.108.

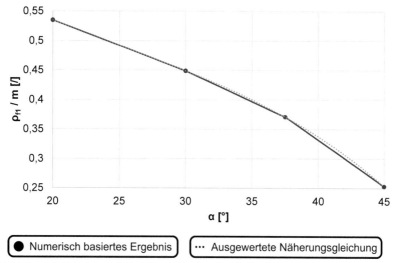

Abbildung 6.108: Interpolationsbasiert optimales Wellenfußrundungsradiusverhältnis $(\rho_{f1}/m)_{Opt}$ in Abhängigkeit des Flankenwinkels α

6.2.3.5.5.3 Gegenüberstellung der stützstellen- sowie interpolationsbasierten Formulierung

Sowohl die stützstellenbasierte als auch die interpolationsbasierte Formulierung von Näherungsgleichungen zur mathematischen Beschreibung des optimalen Wellenfußrundungsradiusverhältnisses $(\rho_{f1}/m)_{Opt}$ unterliegen systematischen Unsicherheiten. Diese entsprechen jenen, die in Kapitel 6.2.3.5.2.4 beschrieben sind. In diesem Zusammenhang ist eine quantitative Fehleranalyse der entsprechenden Ansätze nicht ohne Weiteres durchführbar, da das exakte Ergebnis unbekannt ist. Allerdings kann auf Basis der Torsionsformzahl $\alpha_{ktGEHdB}$ abgeschätzt werden, welcher Ansatz der treffsicherere ist. In Weiterführung können die Unterschiede der in Kapitel 6.2.3.5.5.1 stützstellenbasiert, vgl. Gleichung (230), sowie der in Kapitel 6.2.3.5.5.2 interpolationsbasiert mathematischen Beschreibung des optimalen Wellenfußrundungsradiusverhältnisses $(\rho_{f1}/m)_{Opt}$, vgl. Gleichung (233), diskutiert werden. Zuvor Benanntes ist Gegenstand dieses Kapitels.

Der Unterschied zwischen der stützstellenbasiert und der interpolationsbasiert mathematischen Formulierung des optimalen Wellenfußrundungsradiusverhältnisses $\Delta(\rho_{f1}/m)_{Opt}$ entspricht mathematisch der Differenz der Gleichungen (230) sowie (233). Da dies Polynome nach Gleichung (47) und weiterführend dritter Ordnung sind, ist zu erwarten, dass die aus ihrer Subtraktion resultierende Gleichung die gleichen Eigenschaften hat. Somit kann Gleichung (234) formuliert werden.

$$\Delta\left(\frac{\rho_{f1}}{m}\right)_{Opt} = \left[\left(\frac{\rho_{f1}}{m}\right)_{Opt}\right]_{stützstellenb.} - \left[\left(\frac{\rho_{f1}}{m}\right)_{Opt}\right]_{interpolationsb.} = \sum_{i=0}^{3} c_i \cdot \alpha^i \qquad (234)$$

Die sich konkret für Gleichung (234) ergebenden Koeffizienten c_i sind in Tabelle 6.13 angeführt.

Tabelle 6.13: Koeffizienten c_i von Gleichung (234) zur mathematischen Beschreibung der Unterschiede zwischen der stützstellen- sowie der interpolationsbasiert mathematischen Formulierung des optimalen Wellenfußrundungsradiusverhältnisses $(\rho_{f1}/m)_{Opt}$

i [/]	c_i [$1/^{\circ i}$]
0	0,2666310512074170
1	-0,0279865083234892
2	0,0010465098650647
3	-0,0000125052671035

In Abbildung 6.109 ist die durch Gleichung (234) in Kombination mit den in Tabelle 6.13 angeführten Koeffizienten c_i definierte Differenz der stützstellen- und der interpolationsbasiert mathematischen Beschreibung des optimalen Wellenfußrundungsradiusverhältnisses $\Delta(\rho_{f1}/m)_{Opt}$ dargestellt. Ihr kann zunächst entnommen werden, dass die Unterschiede der beiden Ansätze sehr gering und damit an dieser Stelle noch prognostiziert nicht praxisrelevant sind. Die wissenschaftliche Bestätigung dieser Prognose erfolgt auf Grundlage von Abbildung 6.110. Über das zuvor Benannte hinaus kann festgehalten werden, dass die Differenz der stützstellen- sowie der interpolationsbasierten Formulierung nicht richtungskonstant ist. Dies kann mit Verweis auf Kapitel 6.2.3.5.5.4 damit in Zusammenhang gebracht werden, dass der dort definierte bezogene optimale Wellenfußrundungsradius $(\rho'_{f1})_{Opt}$ unter Verwendung der interpolationsbasiert mathematischen Beschreibung des optimalen Wellenfußrundungsradiusverhältnisses $(\rho_{f1}/m)_{Opt}$ im Gegensatz zur stützstellenbasiert mathematischen Beschreibung des optimalen Wellenfußrundungsradiusverhältnisses $(\rho_{f1}/m)_{Opt}$ klare Tendenzen aufzeigt.

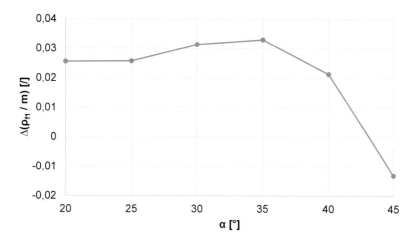

Abbildung 6.109: Differenz der stützstellen- sowie der interpolationsbasiert mathematischen Formulierung des optimalen Wellenfußrundungsradiusverhältnisses $\Delta(\rho_{f1}/m)_{Opt}$

Abbildung 6.109 zeigt lediglich die geometrisch resultierenden Unterschiede zwischen der stützstellen- sowie der interpolationsbasierten Formulierung zur mathematischen Beschreibung des optimalen Wellenfußrundungsradiusverhältnisses $(\rho_{f1}/m)_{Opt}$ auf. Von größerer Relevanz sind jedoch die daraus resultierenden Gestaltfestigkeitsunterschiede. In diesem Zusammenhang kann, wie bereits eingangs dieses Kapitels erwähnt, durch die Analyse der Torsionsformzahl $\alpha_{ktGEHdB}$ festgestellt werden, welcher der beiden Ansätze der treffsicherere ist. Da deren Aufgabe die mathematische Beschreibung des optimalen Wellenfußrundungsradiusverhältnisses $\left(\rho_{f1}/m\right)_{Opt}$ ist, ist folglich jener Ansatz präziser, dessen Ergebnis zu einer geringeren Torsionsformzahl $\alpha_{ktGEHdB}$ führt.

Für die Gegenüberstellung der Gestaltfestigkeiten der durch die beiden Ansätze prognostiziert optimalen Wellenfußrundungsradiusverhältnisse $\left(\rho_{f1}/m\right)_{Opt}$ wird Gleichung (235) definiert. Hierbei besagen positive Ergebnisse, dass die stützstellenbasiert prognostizierten Optima zu einer höheren Torsionsformzahl $\alpha_{ktGEHdB}$ und damit zu einer geringeren Festigkeit führt. Für negative Ergebnisse gilt das Umgekehrte. Den ansatzspezifischen zur Gleichungsentwicklung zugrunde gelegten Vorgehensweisen geschuldet ist zu erwarten, dass die Torsionsformzahl $\alpha_{ktGEHdB}^{stützstellenbasiert}$ im besten Fall der Torsionsformzahl $\alpha_{ktGEHdB}^{interpolationsbasiert}$ entspricht. Regelfall wird allerdings sein, dass sie größer ist.

$$\Delta\alpha_{ktGEHdB} = \alpha_{ktGEHdB}^{stützstellenbasiert} - \alpha_{ktGEHdB}^{interpolationsbasiert} \tag{235}$$

Abbildung 6.110 zeigt die aus der Differenz der stützstellen- sowie der interpolationsbasiert mathematischen Beschreibung des optimalen Wellenfußrundungsradiusverhältnisses $\left(\rho_{f1}/m\right)_{Opt}$ der Torsionsformzahl $\alpha_{ktGEHdB}$, vgl. Gleichung (235). Erwartungsgemäß zeigt sich, dass die dort angeführten Ergebnisse ausschließlich positiv sind. In Konsequenz ist die interpolationsbasiert mathematische Formulierung des optimalen Wellenfußrundungsradiusverhältnisses $\left(\rho_{f1}/m\right)_{Opt}$, vgl. Kapitel 6.2.3.5.5.2, im Vergleich zur stützstellenbasierten Variante, vgl. Kapitel 6.2.3.5.5.1, voraussichtlich die genauere. Jedoch sind die Unterschiede der Torsionsformzahlen $\alpha_{ktGEHdB}$ sehr gering. In Konsequenz können beide Ansätze verwendet werden. Da sie jedoch den gleichen Komplexitätsgrad aufweisen, die interpolationsbasierte Formulierung jedoch die genauere Vorhersage liefert und zudem auf die beiden Ansätze bezogen alleinig dazu geeignet ist, um den in Kapitel 6.2.3.5.5.4 prognostiziert allgemeingültigen Ansatz zu entwickeln, wird die Anwendung der interpolationsbasierten Formulierung als rudimentäre Abschätzung des optimalen Wellenfußrundungsradiusverhältnisses $\left(\rho_{f1}/m\right)_{Opt}$ evolventisch basierter Zahnwellenverbindungen nach Kapitel 3.3 gemäß Tabelle 6.1 empfohlen. Diese Empfehlung ist allerdings durch die in Kapitel 6.2.3.5.5.4 entwickelte Gleichung, deren Anwendung schlussendlich als alleinig sinnvoll erachtet wird, hinfällig.

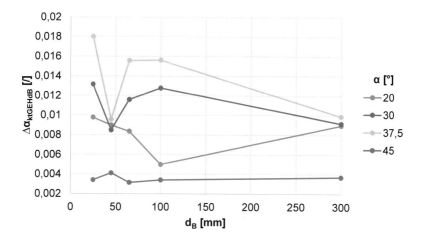

Abbildung 6.110: Die aus den Unterschieden zwischen der stützstellen- sowie der interpolationsbasiert mathematischen Formulierung des optimalen Wellenfußrundungsradiusverhältnisses $(\rho_{f1}/m)_{Opt}$ resultierende Differenz der Torsionsformzahlen $\Delta\alpha_{ktGEHdB}$

6.2.3.5.5.4 Allgemeingültige Formulierung

Unter Berücksichtigung der in Kapitel 6.3.3.1 angeführten Ergebnisse zur Analyse des Einflusses der Profilmodifizierung auf das optimale Wellenfußrundungsradiusverhältnis $(\rho_{f1}/m)_{Opt}$ wird ersichtlich, dass die Gültigkeit der in den Kapiteln 6.2.3.5.5.1 und 6.2.3.5.5.2 ermittelten Näherungsgleichungen auf evolventisch basierte Zahnwellenverbindungen nach Kapitel 3.3 gemäß Tabelle 6.1 eingeschränkt werden muss. Dies wird insbesondere mit Abbildung 6.159 deutlich. Geht aus ihr doch hervor, dass sich das optimale Wellenfußrundungsradiusverhältnis $(\rho_{f1}/m)_{Opt}$ bei Profilmodifizierung verändert. Von besonderer Relevanz ist hierbei, dass bei Verbindungen nach Kapitel 3.3 gemäß Tabelle 6.39 mit zunehmender Profilmodifizierung auch die maximal realisierbaren Wellenfußrundungsradiusverhältnisse ρ_{f1}^{V}/m größer werden. Darüber hinaus kann, entgegen der allgemeinen Tendenz in der Kerbwirkungstheorie, lapidar festgehalten werden, und dies ist essenziell, dass das Wellenfußrundungsradiusverhältnis ρ_{f1}/m nicht bei seinem Maximalwert, sondern bei einem geringfügig kleineren Wert optimal ist, vgl. Gleichung (236).

$$\left(\frac{\rho_{f1}}{m}\right)_{Opt} < \frac{\rho_{f1}^{V}}{m} \tag{236}$$

Auf Basis von Gleichung (236) erscheint, entgegen den gewählten Ansätzen und Vorgehensweisen in den Kapiteln 6.2.3.5.5.1 sowie 6.2.3.5.5.2, eine prozentuale Formulierung des optimalen Wellenfußrundungsradiusverhältnisses $\left(\rho_{f1}/m\right)_{Opt}$ ausgehend vom maximal realisierbaren Wellenfußrundungsradiusverhältnis ρ_{f1}^V/m deutlich einfacher. Zudem ist davon auszugehen, dass dies zu einer Näherungsgleichung mit deutlich größerem Gültigkeitsbereich führt. Ihre Entwicklung ist Gegenstand des Nachfolgenden. Hierbei wird zunächst die Größe des bezogenen Wellenfußrundungsradius ρ_{f1}' definiert, dessen Optimum mathematisch zu beschreiben ist, vgl. Gleichung (237).

$$\left(\rho_{f1}'\right)_{Opt} = f(\alpha) \stackrel{\text{def}}{=} \frac{\left(\rho_{f1}/m\right)_{Opt}}{\rho_{f1}^V/m} = \frac{\left(\rho_{f1}\right)_{Opt}}{\rho_{f1}^V} \tag{237}$$

Die Anwendung von Gleichung (237) ist erst dadurch möglich, dass das geometrisch maximal realisierbare Wellenfußrundungsradiusverhältnis ρ_{f1}^V/m evolventisch basierter Zahnwellenverbindungen nach Kapitel 3.3 exakt berechnet werden kann. Weiterführend können für das optimale Wellenfußrundungsradiusverhältnis $\left(\rho_{f1}/m\right)_{Opt}$ grundlegend sowohl die stützstellenbasiert als auch die interpolationsbasiert entwickelte Näherungsgleichung, vgl. die Kapitel 6.2.3.5.5.1 sowie 6.2.3.5.5.2, eingesetzt werden. Nachfolgend werden beide Varianten diskutiert. Grundlage hierfür sind alle der in Abbildung 6.11 angeführten Bezugsdurchmesser d_B sowie Flankenwinkel α. Diese werden in jeder möglichen Kombination jeweils bei nach Gleichung (222) zugehörig optimalem Modul m_{Opt} durch Auswertung von Gleichung (237) analysiert. Die Eingangsdaten sowie die resultierenden Ergebnisse sind im Anhang ergänzt, vgl. Tabelle 11.44 ff. von Kapitel 11.2.3.4.4. Diesbezüglich kann festgehalten werden, dass die Resultate über dem Bezugsdurchmesser d_B streuen. Der Streubereich ist allerdings immer geringer als 0,01 beziehungsweise 1 %. Die Ergebnisstreuung wird auf unterschiedliche Zähnezahlen z und Initiationsprofilverschiebungsfaktoren x_I zurückgeführt. Hieraus resultierend wird der vermeintliche Einfluss des Bezugsdurchmessers d_B vernachlässigt und für alle weiteren Betrachtungen das arithmetische Mittel als nivellierende Größe zur flankenwinkelspezifischen Beschreibung des optimalen bezogenen Wellenfußrundungsradius $\left(\rho_{f1}'\right)_{Opt}$ verwendet. Die entsprechenden Ergebnisse sind ebenfalls im Anhang hinzugefügt, vgl. Tabelle 11.44 ff. von Kapitel 11.2.3.4.4.

Abbildung 6.111 zeigt flankenwinkelspezifisch das arithmetische Mittel des optimalen bezogenen Wellenfußrundungsradius $\left(\rho_{f1}'\right)_{Opt}$, vgl. Gleichung (237), für den im vorhergehenden Absatz benannten Untersuchungsumfang auf Basis der stützstellenbasiert mathematischen Beschreibung des optimalen Wellenfußrundungsradiusverhältnisses $\left(\rho_{f1}/m\right)_{Opt}$, vgl. Kapitel 6.2.3.5.5.1. Darüber hinaus ist der durch das jeweilige Maximum und Minimum gekennzeichnete Streubereich dargestellt. Die Analyse der in

Abbildung 6.111 angeführten Ergebnisse legt, den Winkel α von 45° als Ausreißer definierend, nahe, dass der bezogene Wellenfußrundungsradius ρ'_{f1} keine Funktion des Flankenwinkels α ist. Dies entspricht allerdings nicht dem realen Sachverhalt und ist Folge der Sensitivität dieses Parameters sowie der gewählten Abstufung der Stützstellen.

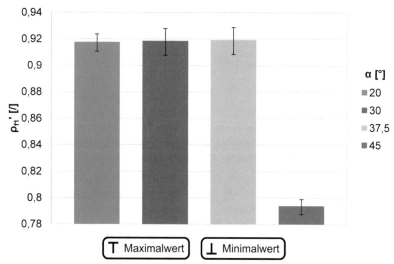

Abbildung 6.111: Flankenwinkelspezifisch arithmetisches Mittel des optimalen bezogenen Wellenfußrundungsradius $\left(\rho'_{f1}\right)_{Opt}$, vgl. Gleichung (237), auf Basis der stütz-

stellenbasiert mathematischen Beschreibung des optimalen Wellenfußrundungsradiusverhältnisses $\left(\rho_{f1}/m\right)_{Opt}$, vgl. Kapitel 6.2.3.5.5.1, unter Angabe des durch das Maximum und Minimum begrenzten Streubereichs

Die zur Bestimmung des Einflusses des Flankenwinkels α auf den optimalen bezogenen Wellenfußrundungsradius $\left(\rho'_{f1}\right)_{Opt}$, vgl. Gleichung (237), zielführendere Betrachtung ist jene auf Basis der interpolationsbasiert mathematischen Beschreibung des optimalen Wellenfußrundungsradiusverhältnisses $\left(\rho_{f1}/m\right)_{Opt}$, vgl. Kapitel 6.2.3.5.5.2. Abbildung 6.112 zeigt für den oben dargelegten Untersuchungsumfang flankenwinkelspezifisch das arithmetische Mittel dieses Parameters. Darüber hinaus ist der durch das jeweilige Maximum und Minimum gekennzeichnete Streubereich dargestellt. Den in zuvor benannter Abbildung angeführten Ergebnissen kann entnommen werden, dass der optimale bezogene Wellenfußrundungsradius $\left(\rho'_{f1}\right)_{Opt}$ mit zunehmendem Flankenwinkel α linear abnimmt. Im Gegensatz zu den in Abbildung 6.111 angeführten Ergebnissen ist also eine klare Tendenz erkennbar.

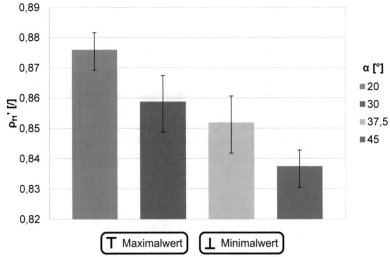

Abbildung 6.112: Flankenwinkelspezifisch arithmetisches Mittel des optimalen bezogenen Wellenfußrundungsradius $\left(\rho'_{f1}\right)_{Opt}$, vgl. Gleichung (237), auf Basis der interpolationsbasiert mathematischen Beschreibung des optimalen Wellenfußrundungsradiusverhältnisses $\left(\rho_{f1}/m\right)_{Opt}$, vgl. Kapitel 6.2.3.5.5.2, unter Angabe des durch das Maximum und Minimum begrenzten Streubereichs

Mit den in Abbildung 6.112 angeführten Ergebnissen kann eine Näherungsgleichung zur mathematischen Beschreibung des optimalen bezogenen Wellenfußrundungsradius $\left(\rho'_{f1}\right)_{Opt}$ entwickelt werden. Hierfür wird die Methode der kleinsten Abstandsquadrate, vgl. Kapitel 2.3.3, mit einem Ansatz gemäß Gleichung (47) und darüber hinaus linearer Form zugrunde gelegt. Die fallspezifische Formulierung zeigt Gleichung (238).

$$\left(\rho'_{f1}\right)_{Opt} = \sum_{i=0}^{1} c_i \cdot \alpha^i \tag{238}$$

Die sich konkret für Gleichung (238) ergebenden Koeffizienten c_i sind in Tabelle 6.14 angeführt.

Tabelle 6.14: Koeffizienten c_i von Gleichung (238) zur mathematischen Beschreibung des optimalen bezogenen Wellenfußrundungsradius $\left(\rho'_{f1}\right)_{Opt}$

i [/]	c_i [$1/°^i$]
0	0,9052581916866740
1	-0,0014875010712173

Abbildung 6.113 zeigt die Auswertung der auf Basis der interpolationsbasiert mathematischen Beschreibung des optimalen Wellenfußrundungsradiusverhältnisses $\left(\rho_{f1}/m\right)_{Opt}$ bestimmten Näherungsgleichung zur mathematischen Beschreibung des optimalen bezogenen Wellenfußrundungsradius $\left(\rho'_{f1}\right)_{Opt}$.

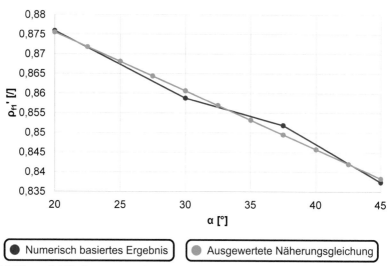

Abbildung 6.113: Auswertung der auf Basis der interpolationsbasiert mathematischen Beschreibung des optimalen Wellenfußrundungsradiusverhältnisses $\left(\rho_{f1}/m\right)_{Opt}$ bestimmten Näherungsgleichung zur mathematischen Beschreibung des optimalen bezogenen Wellenfußrundungsradius $\left(\rho'_{f1}\right)_{Opt}$ unter Angabe der numerisch basierten Ergebnisse als Eingangsdaten

6.2.3.5.6 Nabenfußrundungsradiusverhältnis ρ_{f2}/m

Der Einfluss des Nabenfußrundungsradiusverhältnisses ρ_{f2}/m auf die Gestaltfestigkeit evolventisch basierter Zahnwellenverbindungen nach Kapitel 3.3 gemäß Tabelle 6.1 wird im Rahmen dieser Dissertation nicht analysiert. Um dem geneigten Anwender derartiger Verbindungen jedoch ein möglichst weitreichendes Konzept zur konstruktiven Gestaltung derartiger Verbindungen an die Hand geben zu können, wird auch hierbei eine Empfehlung zur zumindest geometrisch günstigen Gestaltung auf Grundlage der durch die Analyse des Wellenfußrundungsradiusverhältnisses ρ_{f1}/m gewonnenen wissenschaftlichen Erkenntnisse und des daraus resultierenden Systemverständnisses unter Berücksichtigung der allgemeinen Kerbtheorie getroffen. Sie ist somit als noch zu beweisende Prognose zu verstehen und hat darüber hinaus zudem zunächst nur Gültigkeit für evolventisch basierte Zahnwellenverbindungen nach Kapitel 3.3 mit in Abbildung 6.1 definierter Nabencharakteristik.

Zur Prognose eines für das Kriterium der Gestaltfestigkeit zumindest günstigen Nabenfußrundungsradiusverhältnisses ρ_{f2}/m für evolventisch basierte Zahnwellenverbindungen nach Kapitel 3.3 mit in Abbildung 6.1 definierter Nabencharakteristik sind die in Abbildung 6.42 von Kapitel 6.2.3.2.3.1 angeführten numerischen Ergebnisse sowie die resultierenden wissenschaftlichen Schlussfolgerungen von essenzieller Bedeutung. Die auf ihrer Basis getroffenen Aussagen zur Existenz eines optimalen Wellenfußrundungsradiusverhältnisses $(\rho_{f1}/m)_{Opt}$ werden gleichermaßen für die Nabe zugrunde gelegt. Die gegenseitige Beeinflussung des zug- sowie druckbeanspruchten Bereichs korrespondierender Zähne ist nabenbezogen also ebenfalls von Relevanz für die Höhe der gestaltfestigkeitsrelevanten Lokalbeanspruchung. Darüber hinaus ist hierbei auch der Abstand zwischen der im Zahnfuß auftretenden und der sich aus dem Torsionsmoment M_t ergebenden fraktionalen Maximalbeanspruchungen, vgl. Kapitel 4.4.2, für die Gestaltfestigkeit maßgeblich, dies jedoch voraussichtlich in geringerer Ausprägung als bei der Welle. Im Gegensatz zur Welle steht jedoch, dass bei der Nabe, auch wenn dies in der Industrie oftmals keine Option ist, der aus der Vergrößerung des Nabenfußrundungsradiusverhältnisses ρ_{f2}/m zunächst resultierenden Verringerung des Widerstandsmomentes W_t durch Vergrößern des Nabenaußendurchmessers d_{e2} entgegengewirkt werden kann. Erst dann, wenn hierbei entsprechende Restriktionen vorliegen, ist Abstimmung erforderlich.

Auf Basis des im oberen Absatz Beschriebenen wird zur aus Sicht der Gestaltfestigkeit zumindest vorteilhaft konstruktiven Gestaltung, analog zum optimalen Wellenfußrundungsradiusverhältnis $(\rho_{f1}/m)_{Opt}$, vgl. Kapitel 6.2.3.5.5.4, ein Nabenfußrundungsradiusverhältnis ρ_{f2}/m empfohlen, dass geringfügig kleiner ist als das maximal realisierbare. Mit Verweis auf die in Abbildung 6.42 von Kapitel 6.2.3.2.3.1 angeführten Ergebnisse ist der Tragfähigkeitsunterschied zwischen dem optimalen und dem maximal realisierbaren Nabenfußrundungsradius ρ_{f2}^V voraussichtlich jedoch nicht sehr groß, so dass die Anwendung des maximal realisierbaren Nabenfußrundungsradiusverhältnisses ρ_{f2}^V/m prognostiziert ebenfalls zu einer sehr guten Gestaltfestigkeit führt.

6.2.3.6   Optimabezogen mathematische Tragfähigkeitscharakterisierung

Auch wenn es für die praktische Anwendung evolventisch basierter Zahnwellenverbindungen nach Kapitel 3.3 streng genommen wünschenswert wäre, die für den jeweiligen Anwendungsfall optimale Verbindung zu kennen und auch auslegen zu können, so sind die Optima für die verschiedenen Versagenskriterien doch zumindest von besonderer Bedeutung. In diesem Zusammenhang können die für das Kriterium der Gestaltfestigkeit optimalen Verbindungen gemäß Tabelle 6.1 mit den Entwicklungen von Kapitel 6.2.3.5 identifiziert werden. Die mathematische Formulierung ihrer die Gestaltfestigkeit charakterisierenden Größen bei einem zunächst konstanten Wellenformübermaßverhältnis c_{F1}/m von 0,12 ist Gegenstand dieses Kapitels.

Wie bereits in Kapitel 6.2.1.3.2 erwähnt, weist die zur mathematischen Formulierung der die Gestaltfestigkeit evolventisch basierter Zahnwellenverbindungen nach Kapitel 3.3 gemäß Tabelle 6.1 charakterisierenden Grundgrößen zugrunde gelegte Vorgehensweise einige Besonderheiten auf. Diese werden zunächst in Kapitel 6.2.3.6.1 erläutert. Auf sie ist zurückzuführen, dass die Torsionsformzahlen $\alpha_{ktGEHdB}$ und $\alpha_{ktGEHdh1}$ der entsprechenden Verbindungen nunmehr jeweils Summe dreier verschiedener Näherungsgleichungen sind. Formzahlspezifisch sind dies die maximale Torsionsformzahl α_{ktGEH}^{E}, Bewertungsgrundlage hierfür ist die Grundgesamtheit der in der [DIN 5480] genormten Bezugsdurchmesser d_B, der Korrekturwert des Einflusses der Wellenzähnezahl K_{aktGEH}^{z1} sowie jener des Welleninitiationsprofilverschiebungsfaktors K_{aktGEH}^{xI1}. Ihre Entwicklung ist Gegenstand der Kapitel 6.2.3.6.2 bis 6.2.3.6.4. In Ergänzung zu den Torsionsformzahlen $\alpha_{ktGEHdB}$ und $\alpha_{ktGEHdh1}$ ist zur klassisch nennspannungsbasierten Gestaltfestigkeitsbewertung das fallspezifisch bezogene Spannungsgefälle G_{GEH}' erforderlich. Dessen mathematische Formulierung ist Gegenstand von Kapitel 6.2.3.6.5.

6.2.3.6.1   Vorgehensweise

In diesem Kapitel wird die Vorgehensweise zur optimabezogen mathematischen Formulierung der die Gestaltfestigkeit evolventisch basierter Zahnwellenverbindungen nach Kapitel 3.3 gemäß Tabelle 6.1 charakterisierenden Grundgrößen beschrieben. Die grundlegende Systematik wird hierbei in Kapitel 6.2.3.6.1.1 dargelegt. Aus ihr geht hervor, dass die Identifizierung der optimalen Verbindungen von besonderer Bedeutung ist. Ist sie doch Grundlage zur Definition der Entwicklungsbasis aller in den Kapiteln 6.2.3.6.2 bis 6.2.3.6.5 entwickelten Näherungsgleichungen zur optimabezogen nennspannungsbasierten Gestaltfestigkeitscharakterisierung der entsprechend eingangs dieses Absatzes benannten Verbindungen. So wird hierauf in Kapitel 6.2.3.6.1.2 eingegangen.

6.2.3.6.1.1   Grundlegende Systematik

Wie bereits in Kapitel 6.2.1.3.2 aufgezeigt, ist die mathematische Formulierung der Grundgrößen zur nennspannungsbasierten Charakterisierung der Gestaltfestigkeit der optimalen evolventisch basierten Zahnwellenverbindungen nach Kapitel 3.3 gemäß Tabelle 6.1 als Funktion des Bezugsdurchmessers d_B sowie des Flankenwinkels α zwar möglich, jedoch nur bedingt problemlösend. Variieren doch die Zähnezahlen z und die jeweils definitionsgemäß zugehörigen Initiationsprofilverschiebungsfaktoren x_I über die Grundgesamtheit der optimalen Verbindungen in Abhängigkeit des Bezugsdurchmessers d_B. Grundlegend sind deren Einflüsse zu berücksichtigen. Es ist allerdings zu bedenken, dass dies bei den numerischen Analysen, vgl. Kapitel 6.2.2.1, mit einem signifikanten Mehraufwand bei voraussichtlich nur geringem Mehrwert einhergehen würde. In Konsequenz werden zur mathematischen Formulierung der entsprechenden Grundgrößen, in Differenzierung zwischen den Torsionsformzahlen $\alpha_{ktGEHdB}$ und $\alpha_{ktGEHdh1}$ sowie dem bezogenen Spannungsgefälle G'_{GEH}, alternative Vorgehensweisen zugrunde gelegt. In diesem Zusammenhang führt die Beschreibung des bezogenen Spannungsgefälles G'_{GEH} der optimalen evolventisch basierten Zahnwellenverbindungen nach Kapitel 3.3 gemäß Tabelle 6.1 lediglich als Funktion des Bezugsdurchmessers d_B sowie des Flankenwinkels α, also bei Vernachlässigung der Einflüsse der Zähnezahlen z und der Initiationsprofilverschiebungsfaktoren x_I, zu einem hinreichend genauen Ergebnis. Dies belegt die in Kapitel 6.2.6 geführte Diskussion zur Abbildegenauigkeit der in dieser Dissertation entwickelten Näherungsgleichungen. Folglich wird diese Vereinfachung getroffen. Bei der Beschreibung der Torsionsformzahlen $\alpha_{ktGEHdB}$ und $\alpha_{ktGEHdh1}$ hingegen führt diese nach Einschätzung des Autors dieser Dissertation zu nicht hinreichenden Ergebnissen. Dies ist nicht nur mit der erreichbaren Abbildegenauigkeit der resultierenden Näherungsgleichungen zu begründen, sondern insbesondere darauf zurückzuführen, dass eine stets konservative Bauteilauslegung nicht, zumindest jedoch nicht ohne Weiteres, sichergestellt ist. In Konsequenz ist eine alternative Strategie Grundlage zur mathematischen Formulierung der Torsionsformzahlen $\alpha_{ktGEHdB}$ und $\alpha_{ktGEHdh1}$. Diese wird nachfolgend dargelegt.

Bei der mathematischen Formulierung der Torsionsformzahlen $\alpha_{ktGEHdB}$ und $\alpha_{ktGEHdh1}$ der optimalen evolventisch basierten Zahnwellenverbindungen nach Kapitel 3.3 gemäß Tabelle 6.1 ist von besonderer Bedeutung, dass die entsprechenden Kennzahlen, obwohl dies zunächst so erscheinen mag, nicht vom Bezugsdurchmesser d_B abhängig sind. Dies resultiert aus dem Effekt der geometrischen Ähnlichkeit, vgl. Kapitel 6.2.3.3. Durch ihn kann der vermeintliche Einfluss des Bezugsdurchmessers d_B auf die Zähnezahlen z und die Initiationsprofilverschiebungsfaktoren x_I zurückgeführt werden. Damit sind die Torsionsformzahlen $\alpha_{ktGEHdB}$ und $\alpha_{ktGEHdh1}$ der eingangs dieses Absatzes benannten Verbindungen zusammenfassend also eine Funktion der Zähnezahlen z, der Initiationsprofilverschiebungsfaktoren x_I sowie des Flankenwinkels α. Mit den bislang im Rahmen dieser Dissertation genutzten Ansätzen zur mathematischen Formulierung wissenschaftlicher Sachverhalte, vgl. Kapitel 2.3.3, und dort insbesondere die Gleichungen (47) sowie (50), kann der funktionale Zusammenhang zwischen den vorgenannten Größen nicht direkt beschrieben werden. Indirekt ist dies allerdings, unter Berücksichtigung der zusätzlich gestellten Anforderung, dass eine konservative Bauteilauslegung stets gewährleistet sein muss, am Beispiel der Welle wie folgt möglich: Für die Grundgesamtheit der in der [DIN 5480] genormten Bezugsdurchmesser d_B wird innerhalb des Wertebereichs der optimalen Verbindungen, vgl. Abbildung 6.115, zunächst jene Paarung von Wellenzähnezahl z_1 und Welleninitiationsprofilverschiebungsfaktor x_{I1} identifiziert, die zur auf Basis der Gestaltänderungsenergiehypothese sowie des Bezugsdurchmessers d_B bestimmt maximalen Torsionsformzahl $\alpha_{ktGEHdB}$ führt. Das resultierende Wertepaar hat also Extremwertstatus. Ihre flankenwinkelspezifisch zugehörigen Torsionsformzahlen werden demzufolge nunmehr als $\alpha_{ktGEHdB}^{E} = f(\alpha)$ und $\alpha_{ktGEHdh1}^{E} = f(\alpha)$ bezeichnet und mathematisch konsolidiert. Von der entsprechenden Extremwertpaarung ausgehend, werden weiterführend die Einflüsse von Wellenzähnezahl z_1 und Welleninitiationsprofilverschiebungsfaktor x_{I1} mit den ebenfalls durch Näherungsgleichungen zusammengefassten Korrekturwerten $K_{aktGEHdB}^{z1} = f(z_1, \alpha)$, $K_{aktGEHdh1}^{z1} = f(z_1, \alpha)$, $K_{aktGEHdB}^{xI1} = f(x_{I1}, \alpha)$ und $K_{aktGEHdh1}^{xI1} = f(x_{I1}, \alpha)$ bereinigt. Schlussendlich resultieren die Torsionsformzahlen $\alpha_{ktGEHdB}$ und $\alpha_{ktGEHdh1}$ aus der kategoriespezifischen Addition aller zuvor benannten Gleichungen. In diesem Zusammenhang kann den vorherigen Ausführungen entnommen werden, dass die Korrektur der Einflüsse der Zähnezahlen z und der Initiationsprofilverschiebungsfaktoren x_I stets optional ist. Führt diese doch lediglich zu einer weniger konservativen, dafür jedoch genaueren, Auslegung.

Die oben beschriebene Vorgehensweise zur mathematischen Formulierung der Grundgrößen zur nennspannungsbasierten Charakterisierung der Gestaltfestigkeit der optimalen evolventisch basierten Zahnwellenverbindungen nach Kapitel 3.3 gemäß Tabelle 6.1 der in der [DIN 5480] genormten Bezugsdurchmesser d_B bei einem zunächst konstanten Wellenformübermaßverhältnis c_{F1}/m von 0,12 fasst Abbildung 6.114 zusammen.

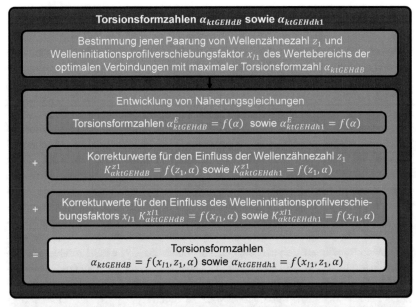

Abbildung 6.114: Vorgehensweise zur mathematischen Formulierung der Grundgrößen zur nennspannungsbasierten Charakterisierung der Gestaltfestigkeit der optimalen evolventisch basierten ZWV nach Kapitel 3.3 gemäß Tabelle 6.1 der in der [DIN 5480] genormten Bezugsdurchmesser d_B bei einem konstanten Wellenformübermaßverhältnis c_{F1}/m von 0,12 unter Berücksichtigung des übergeordneten Ziels der konservativen Bauteilauslegung

6.2.3.6.1.2 Identifizierung der optimalen Verbindungen

Die für das Kriterium der Gestaltfestigkeit optimalen evolventisch basierten Zahnwellenverbindungen nach Kapitel 3.3 gemäß Tabelle 6.1 zeichnen sich durch die Optima der ihre Profilform definierenden Parameter aus. Diese können mit den in Kapitel 6.2.3.5 angeführten Entwicklungen und Ausführungen identifiziert werden. In diesem

Zusammenhang ist anzumerken, dass dort zur Bestimmung der Optima von Modul m und Wellenfußrundungsradiusverhältnis ρ_{f1}/m jeweils mehrere verschiedene Näherungsgleichungen angeführt sind. Mit Verweis auf Kapitel 6.2.2.1 können diese mitunter stützstellenbasiert ermittelt werden. Somit können, je nach zugrunde gelegter Näherungsgleichung zur Bestimmung der optimalen Geometrieparameter, geringfügig unterschiedliche Ergebnisse resultieren. Auch wenn die sich hierdurch ergebenden Gestaltfestigkeitsunterschiede vom Autor dieser Dissertation als für die Praxis unbedeutend eingestuft werden, so begründen diese doch, wieso die akkurate Dokumentation essenzieller Bestandteil der allgemeinen Prinzipien des wissenschaftlichen Arbeitens ist. Sind wissenschaftliche Ergebnisse doch erst hierdurch exakt nachvollziehbar und damit für die weiterführende Forschung vollumfänglich nutzbar. In Konsequenz wird im Nachfolgenden zunächst die in der Entstehungsgeschichte dieser Dissertation zugrunde gelegte Vorgehensweise zur Bestimmung der optimalen Verbindungen beschrieben. Hierbei wird, aus den in Kapitel 6.2.3.5.2.4 benannten Gründen, Gleichung (222) zur Berechnung des rechnerisch optimalen Moduls m_{Opt}^r verwendet. Durch Runden auf den nächstgelegenen, durch die [DIN 5480] beziehungsweise durch Reihe I der [DIN 780] genormten, Modul m wird dieser weiterführend in den optimalen Modul m_{Opt} überführt. Daran anknüpfend ergeben sich nach der in Kapitel 6.2.3.5.2.3 beschriebenen Vorgehensweise die zugehörigen Zähnezahlen z der optimalen Verbindung. Der Flankenwinkel α ist variabler Parameter. Für das optimale Wellenfußrundungsradiusverhältnis $\left(\rho_{f1}/m\right)_{Opt}$ werden die Optima der numerisch analysierten Stützstellen, vgl. Tabelle 11.28, zugrunde gelegt. Damit sind alle die optimalen Verbindungen charakterisierenden Geometrieparameter evolventisch basierter Zahnwellenverbindungen nach Kapitel 3.3 gemäß Tabelle 6.1 bei einem konstanten Wellenformübermaßverhältnis c_{F1}/m von 0,12 eindeutig definiert. Hierbei ist allerdings hervorzuheben, dass die Zähnezahlen z und die Initiationsprofilverschiebungsfaktoren x_I über die Grundgesamtheit der optimalen Verbindungen in Abhängigkeit des Bezugsdurchmessers d_B, wenn auch lediglich in relativ engen Grenzen, variieren. Hieraus resultieren besondere Anforderungen bei der mathematischen Formulierung der Grundgrößen zur nennspannungsbasierten Charakterisierung der Gestaltfestigkeit derartiger Verbindungen. Auf diese wird in Kapitel 6.2.3.6.1.1 detailliert eingegangen. Hierbei ist die Vorgehensweise zur Entwicklung von Näherungsgleichungen für die Torsionsformzahlen $\alpha_{ktGEHdB}$ und $\alpha_{ktGEHdh1}$ besonders hervorzuheben. Wellenbezogen ist hierfür die Bestimmung jener Paarung von Wellenzähnezahl z_1 und Welleninitiationsprofilverschiebungsfaktor x_{I1} des Wertebereichs der optimalen Verbindungen mit der maximalen Torsionsformzahl $\alpha_{ktGEHdB}$ Grundlage. Werden doch, aus den in Kapitel 6.2.3.6.1.1 benannten Gründen, ausgehend von ihr die Torsionsformzahlen $\alpha_{ktGEHdB}$ und $\alpha_{ktGEHdh1}$ mathematisch formuliert. Aus somit gegebener Relevanz ist ihre Ermittlung Gegenstand der Kapitel 6.2.3.6.1.2.1 bis 6.2.3.6.1.2.4.

6.2.3.6.1.2.1 Wertebereich der Grundgesamtheit

Aus der Anwendung der in Kapitel 6.2.3.6.1.2 dargelegten Vorgehensweise zur Identifizierung der optimalen evolventisch basierten Zahnwellenverbindungen nach Kapitel
3.3 gemäß Tabelle 6.1 auf die Grundgesamtheit der in der [DIN 5480] genormten Bezugsdurchmesser d_B resultiert der zugehörige Wertebereich von Wellenzähnezahl z_1
und Welleninitiationsprofilverschiebungsfaktor x_{I1}. Dieser ist im Detail in Tabelle 11.9
dargelegt. Visualisiert ist er in Abbildung 6.115. Ihm kann zunächst entnommen werden, dass Wellenzähnezahl z_1 und Welleninitiationsprofilverschiebungsfaktor x_{I1} in lediglich relativ engen Grenzen variieren. Dies ist auf die für den Welleninitiationsprofilverschiebungsfaktor x_{I1} in Tabelle 6.1 getroffene Definition sowie die in Kapitel 6.2.3.3
beschriebene geometrische Ähnlichkeit zurückzuführen. Es sei an dieser Stelle hervorgehoben, dass Letzteres ebenfalls dazu führt, dass der Bezugsdurchmesser d_B als
Einflussgröße auf die Torsionsformzahlen $\alpha_{ktGEHdB}$ und $\alpha_{ktGEHdh1}$ evolventisch basierter Zahnwellenverbindungen nach Kapitel 3.3 gemäß Tabelle 6.1 entfällt. Folglich existiert je Wertepaar von Wellenzähnezahl z_1 und Welleninitiationsprofilverschiebungsfaktor x_{I1} lediglich eine flankenwinkelspezifische Torsionsformzahl $\alpha_{ktGEHdB}$
beziehungsweise $\alpha_{ktGEHdh1}$.

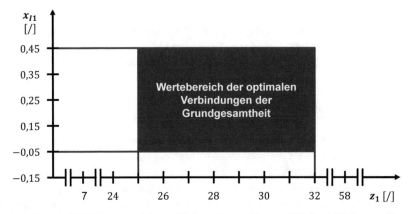

Abbildung 6.115: Wertebereich von Wellenzähnezahl z_1 und Welleninitiationsprofilverschiebungsfaktor x_{I1} der optimalen evolventisch basierten ZWV nach Kapitel 3.3
gemäß Tabelle 6.1 der Grundgesamtheit aller in der [DIN 5480] genormten Bezugsdurchmesser d_B

Mit Verweis auf Kapitel 6.2.3.6.1.1, und dort insbesondere Abbildung 6.114, ist es der
in Abbildung 6.115 aufgezeigte Wertebereich von Wellenzähnezahl z_1 und Welleninitiationsprofilverschiebungsfaktor x_{I1}, der der optimabezogen mathematischen Formu-

lierung der Torsionsformzahlen $\alpha_{ktGEHdB}$ und $\alpha_{ktGEHdh1}$ evolventisch basierter Zahnwellenverbindungen nach Kapitel 3.3 gemäß Tabelle 6.1 mindestens zugrunde zu legen ist. Effizienzmotiviert ist in diesem Zusammenhang zunächst zu überprüfen, ob die aus der numerischen Analyse der in Kapitel 6.2.2.1 dargelegten Parameterfelder resultierende Datenbasis zur Entwicklung der entsprechenden Näherungsgleichungen hinreicht. Hierfür werden in Tabelle 11.48 zunächst die Welleninitiationsprofilverschiebungsfaktoren x_{I1} der analysierten Verbindungen als Funktion des Bezugsdurchmessers d_B und der Wellenzähnezahl z_1 zusammengetragen. Auf ihrer Grundlage wird weiterführend, um die Anzahl der je Wellenzähnezahl z_1 und Welleninitiationsprofilverschiebungsfaktor x_{I1} numerisch untersuchten Verbindungen zu bestimmen, Tabelle 11.50 entwickelt. Aus ihr geht hervor, wie viele unterschiedliche Wellenzähnezahlen z_1 je Welleninitiationsprofilverschiebungsfaktor x_{I1} analysiert wurden. Diese Information ermöglicht schlussendlich die fundierte Festlegung jenes Welleninitiationsprofilverschiebungsfaktors x_{I1}, bei dem der Einfluss der Wellenzähnezahl z_1 auf die Torsionsformzahl $\alpha_{ktGEHdB}$ wissenschaftlich sinnvoll analysiert werden kann. Ist dies doch, mit Verweis auf Kapitel 6.2.3.6.1.1, Grundlagenbestandteil zur Definition der Entwicklungsbasis zur optimabezogen mathematischen Formulierung der Torsionsformzahlen $\alpha_{ktGEHdB}$ sowie $\alpha_{ktGEHdh1}$ evolventisch basierter Zahnwellenverbindungen nach Kapitel 3.3 gemäß Tabelle 6.1. Die entsprechende Einflussanalyse ist Gegenstand von Kapitel 6.2.3.6.1.2.2. Das zuvor Beschriebene wird analog auch für den Welleninitiationsprofilverschiebungsfaktor x_{I1} in Kapitel 6.2.3.6.1.2.3 durchgeführt. Grundlage hierfür ist die aus Tabelle 11.48 entwickelte Tabelle 11.52. Schlussendlich wird in Kapitel 6.2.3.6.1.2.4 die Basis zur optimabezogen mathematischen Formulierung der Torsionsformzahlen $\alpha_{ktGEHdB}$ sowie $\alpha_{ktGEHdh1}$ der entsprechenden Verbindungen definiert.

6.2.3.6.1.2.2 Analyse der Wellenzähnezahl z_1

Aus Tabelle 11.50 geht hervor, dass die optimabezogene Analyse des Einfluss der Wellenzähnezahl z_1 auf die Torsionsformzahlen $\alpha_{ktGEHdB}$ und $\alpha_{ktGEHdh1}$ evolventisch basierter Zahnwellenverbindungen nach Kapitel 3.3 gemäß Tabelle 6.1 bei einem Welleninitiationsprofilverschiebungsfaktor x_{I1} von 0,45 qualitativ hochwertig möglich ist. Dies ist mit der Anzahl der Stützstellen sowie ihrer Verteilung zu begründen. Konkret liegen 16 Stützstellen im Intervall $7 \leq z_1 \leq 58$ vor. Da bei anderen Welleninitiationsprofilverschiebungsfaktoren x_{I1} keine vergleichbaren Möglichkeiten bestehen, wird der oben Benannte zur Einflussanalyse zugrunde gelegt. Diesbezüglich ist hervorzuheben, dass die entsprechende Untersuchung genau genommen nur in deutlich engeren Grenzen erforderlich ist, um die mathematische Formulierung der Torsionsformzahlen $\alpha_{ktGEHdB}$ und $\alpha_{ktGEHdh1}$ evolventisch basierter Zahnwellenverbindungen nach Kapitel 3.3 gemäß Tabelle 6.1 nach der in Kapitel 6.2.3.6.1.1 beschriebenen Vorgehensweise zu realisieren. Beschränkt sich diese doch auf die Optima. Die obigen Ausführungen visualisiert Abbildung 6.116.

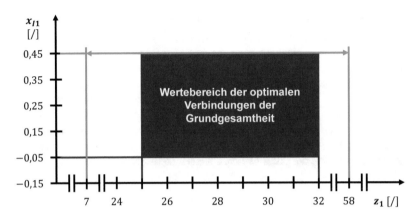

Abbildung 6.116: Wertebereich zur optimabezogenen Analyse, Bestimmung und mathematischen Formulierung des Einflusses der Wellenzähnezahl z_1 auf die Torsionsformzahlen $\alpha_{ktGEHdB}$ und $\alpha_{ktGEHdh1}$ evolventisch basierter ZWV nach Kapitel 3.3 gemäß Tabelle 6.1

Schlussendlich hat die optimabezogene Analyse des Einflusses der Wellenzähnezahl z_1 auf die Torsionsformzahlen $\alpha_{ktGEHdB}$ und $\alpha_{ktGEHdh1}$ seine mathematische Formulierung zum Ziel, so dass er analytisch korrigiert werden kann. Konkret wird dies durch die Entwicklung von Näherungsgleichungen für die Korrekturwerte $K^{z1}_{\alpha ktGEHdB}$ und $K^{z1}_{\alpha ktGEHdh1}$, vgl. Kapitel 6.2.3.6.3, realisiert. Wie Abbildung 6.116 entnommen werden kann, ist Grundlage hierfür lediglich dessen Einfluss bei einem Welleninitiationsprofilverschiebungsfaktor x_{I1} von 0,45. So ist in diesem Zusammenhang hervorzuheben, dass die Anwendung der oben benannten Gleichungen jedoch auch für andere Welleninitiationsprofilverschiebungsfaktoren x_{I1} vorgesehen ist. Nach gegenwärtigem Kenntnisstand ist allerdings nicht sichergestellt, dass der Einfluss der Wellenzähnezahl z_1 keine Funktion des Welleninitiationsprofilverschiebungsfaktors x_{I1} ist. Sollte dem so sein, wird dieser jedoch für den relevanten Definitionsbereich als gering eingeschätzt und demzufolge vernachlässigt. Dass die getroffene Vereinfachung zu hinreichend genauen Ergebnissen führt, belegt der in Kapitel 6.2.6 für verschiedene Szenarien durchgeführte analytisch-numerische Quervergleich.

Abbildung 6.117 zeigt die Torsionsformzahl $\alpha_{ktGEHdB}$ evolventisch basierter Zahnwellenverbindungen nach Kapitel 3.3 gemäß Tabelle 6.1 mit optimalem Wellenfußrundungsradiusverhältnis $(\rho_{f1}/m)_{Opt}$ sowie einem konstanten Welleninitiationsprofilverschiebungsfaktor x_{I1} von 0,45 als Funktion der Wellenzähnezahl z_1 sowie des Flankenwinkels α im Intervall $7 \leq z_1 \leq 58$. Mit Verweis auf Kapitel 6.2.3.5.2 beziehungsweise weiterführend Kapitel 6.2.3.5.3 kann ihr erwartungsgemäß zunächst entnommen werden, dass für alle Flankenwinkel α wellenbezogen optimale Zähnezahlen

z_{Opt} existieren. Darüber hinaus geht aus ihr hervor, dass tendenziell bei kleineren Wellenzähnezahlen z_1, also bei größeren Moduln m, nicht nur die größeren Torsionsformzahlen $\alpha_{ktGEHdB}$, sondern auch die größeren Formzahlgradienten zu erwarten sind. Grundlegend werden die in Abbildung 6.117 angeführten numerischen Ergebnisse zunächst dazu verwendet, die Wellenzähnezahl z_1 mit der maximalen Torsionsformzahl $\alpha_{ktGEHdB}$ des Wertebereichs der optimalen evolventisch basierten Zahnwellenverbindungen nach Kapitel 3.3 gemäß Tabelle 6.1 zu bestimmen. Ist diese Information doch, mit Verweis auf Kapitel 6.2.3.6.1.1, und dort insbesondere auf Abbildung 6.114, essenzieller Bestandteil zur konservativ optimabezogen mathematischen Formulierung der Torsionsformzahlbestandteile $\alpha_{ktGEHdB}^{E}$ und $\alpha_{ktGEHdh1}^{E}$.

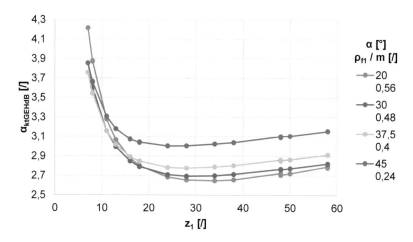

Abbildung 6.117: Torsionsformzahl $\alpha_{ktGEHdB}$ als Funktion der Wellenzähnezahl z_1 sowie des Flankenwinkels α bei optimalem Wellenfußrundungsradiusverhältnis $\left(\rho_{f1}/m\right)_{Opt}$ sowie einem konstanten Welleninitiationsprofilverschiebungsfaktor x_{I1} von 0,45

Zur Bestimmung der Wellenzähnezahl z_1 des Wertebereichs der optimalen evolventisch basierten Zahnwellenverbindungen nach Kapitel 3.3 gemäß Tabelle 6.1 bei einem Welleninitiationsprofilverschiebungsfaktor x_{I1} von 0,45 mit der größten Torsionsformzahl $\alpha_{ktGEHdB}$ wird der entsprechende Bereich nunmehr fokussiert betrachtet. So wird Abbildung 6.117 zu Abbildung 6.118 überführt. Auf Grundlage von Abbildung 6.118 wird ersichtlich, dass bei der Bestimmung der Wellenzähnezahl z_1 mit der maximalen Torsionsformzahl $\alpha_{ktGEHdB}$ streng genommen flankenwinkelspezifisch zwischen zwei Fällen zu differenzieren ist. Während bei kleineren Flankenwinkeln α die Torsionsformzahl $\alpha_{ktGEHdB}$ bei der kleinsten Wellenzähnezahl z_1 maximal ist, so ist dies bei größeren Flankenwinkeln α bei der größten Wellenzähnezahl z_1 gegeben. Die jeweiligen Formzahlunterschiede zwischen der kleinsten und der größten Wellenzähnezahl z_1 sind jedoch jeweils nur sehr gering. So werden diese nicht weiter berücksichtigt. Vielmehr wird abschließend mit Verweis auf die größeren Formzahlgradienten bei kleineren Wellenzähnezahlen z_1, vgl. Abbildung 6.117, die Wellenzähnezahl z_1 von 25 zunächst als Entwicklungsbasis zur mathematischen Formulierung der Torsionsformzahlen $\alpha_{ktGEHdB}$ und $\alpha_{ktGEHdh1}$ festgehalten. Es sei allerdings hervorgehoben, dass diese auf Basis der in Kapitel 6.2.3.6.1.2.3 angeführten Betrachtung geringfügig angepasst wird. Schlussendlich ist die entsprechende Entwicklungsbasis in Kapitel 6.2.3.6.1.2.4 definiert.

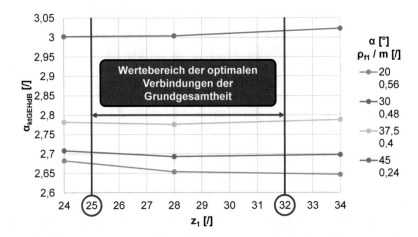

Abbildung 6.118: Torsionsformzahl $\alpha_{ktGEHdB}$ als Funktion der Wellenzähnezahl z_1 sowie des Flankenwinkels α bei optimalem Wellenfußrundungsradiusverhältnis $\left(\rho_{f1}/m\right)_{Opt}$ sowie einem konstanten Welleninitiationsprofilverschiebungsfaktor x_{I1} von 0,45 (Detailbetrachtung von Abbildung 6.117)

6.2.3.6.1.2.3 Analyse des Welleninitiationsprofilverschiebungsfaktors x_{I1}

Die Bestimmung und mathematische Formulierung des Einflusses des Welleninitiationsprofilverschiebungsfaktors x_{I1} auf die Torsionsformzahlen $\alpha_{ktGEHdB}$ und $\alpha_{ktGEHdh1}$ der optimalen evolventisch basierten Zahnwellenverbindungen nach Kapitel 3.3 gemäß Tabelle 6.1 erfolgt analog zu Kapitel 6.2.3.6.1.2.2. Grundlage hierfür ist also lediglich eine Wellenzähnezahl z_1. Dies entspricht einer Vereinfachung, die durch die ebenfalls in Kapitel 6.2.3.6.1.2.2 angeführten Argumente begründet wird. Konkret wird eine Wellenzähnezahl z_1 von 25 als sinnvolle Entwicklungsbasis erachtet. Ist es doch diejenige, die gemäß Kapitel 6.2.3.6.1.2.2 für den Wertebereich der optimalen Verbindungen bei einem Welleninitiationsprofilverschiebungsfaktor x_{l1} von 0,45 zur maximalen Torsionsformzahl $\alpha_{ktGEHdB}$ führt. Mit Verweis auf Kapitel 6.2.2.1 ist allerdings hervorzuheben, dass diese Wellenzähnezahl z_1 nicht Bestandteil der analysierten Parameterfelder ist und folglich keine numerischen Ergebnisse für sie vorliegen. Diesem Sachverhalt wird mit der Wahl einer geeigneten Alternative begegnet. Grundidee hierbei ist, dass Wellenzähnezahlen z_1 kleiner als 25 noch immer die in Kapitel 6.2.3.6.1.1 gestellte Anforderung zur stets konservativen Bauteilauslegung erfüllen. Jenseits dessen wird bei der Definition der entsprechenden Entwicklungsbasis berücksichtigt, dass für sie numerische Ergebnisse für zumindest drei Stützstellen vorliegen. Ist doch erst dann erkennbar, ob der entsprechende Einfluss linear oder nichtlinear ist. Darüber hinaus sollten die Stützstellen den durch Ungleichung (138) festgelegten Wertebereich des Welleninitiationsprofilverschiebungsfaktors x_{l1} vollständig und in sinnvoller Abstufung erfassen. Die Definition der Entwicklungsbasis zur Bestimmung und mathematischen Formulierung des Einflusses des Welleninitiationsprofilverschiebungsfaktors x_{l1} auf die Torsionsformzahlen $\alpha_{ktGEHdB}$ und $\alpha_{ktGEHdh1}$ der optimalen evolventisch basierten Zahnwellenverbindungen nach Kapitel 3.3 gemäß Tabelle 6.1 auf Grundlage der vorherigen Ausführungen ist Gegenstand des nachfolgenden Absatzes.

Aus Tabelle 11.52 geht hervor, dass die optimabezogene Analyse des Einflusses des Welleninitiationsprofilverschiebungsfaktors x_{l1} auf die Torsionsformzahlen $\alpha_{ktGEHdB}$ und $\alpha_{ktGEHdh1}$ evolventisch basierter Zahnwellenverbindungen nach Kapitel 3.3 gemäß Tabelle 6.1 prinzipiell bei zwei Wellenzähnezahlen z_1, nämlich bei 7 und 24, möglich ist. Wurden hier doch jeweils drei unterschiedliche Welleninitiationsprofilverschiebungsfaktoren x_{l1} numerisch betrachtet. Ein potenziell nichtlineares Einflussverhalten ist also erkennbar. Da die Wellenzähnezahl z_1 von 24 deutlich näher am Wertebereich der optimalen Verbindungen liegt und bei ihr zudem, im Gegensatz zur Wellenzähnezahl z_1 von 7, der vollständige Definitionsbereich des Welleninitiationsprofilverschiebungsfaktors x_{l1}, vgl. Tabelle 6.1, abgebildet ist, wird sie als Basis zur entsprechenden Einflussbestimmung definiert. Wie bereits im vorhergehenden Absatz angemerkt, liegt sie leicht außerhalb des Wertebereichs der optimalen Verbindungen. Dies ist bei der optimabezogen mathematischen Formulierung der Torsionsformzahlen $\alpha_{ktGEHdB}$ sowie $\alpha_{ktGEHdh1}$ von untergeordneter Relevanz. Beschreiben die auf ihrer Grundlage entwickelten Näherungsgleichungen dadurch doch lediglich einen geringfügig größeren Wertebereich als jenen der optimalen Verbindungen der Grundgesamtheit. Die obigen Ausführungen visualisiert Abbildung 6.119.

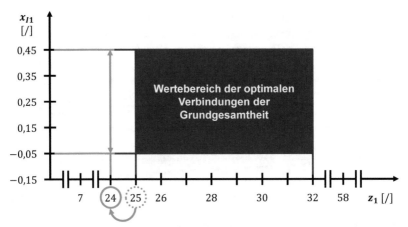

Abbildung 6.119: Wertebereich zur optimabezogenen Analyse, Bestimmung und mathematischen Formulierung des Einflusses des Welleninitiationsprofilverschiebungsfaktors x_{I1} auf die Torsionsformzahlen $\alpha_{ktGEHdB}$ und $\alpha_{ktGEHdh1}$ evolventisch basierter ZWV nach Kapitel 3.3 gemäß Tabelle 6.1

Schlussendlich hat die optimabezogene Analyse des Einflusses des Welleninitiationsprofilverschiebungsfaktors x_{I1} auf die Torsionsformzahlen $\alpha_{ktGEHdB}$ und $\alpha_{ktGEHdh1}$ seine mathematische Formulierung zum Ziel, so dass er analytisch korrigiert werden kann. Konkret wird dies durch die Entwicklung von Näherungsgleichungen für die Korrekturwerte $K^{xl1}_{aktGEHdB}$ und $K^{xl1}_{aktGEHdh1}$, vgl. Kapitel 6.2.3.6.4, realisiert. Wie Abbildung 6.119 entnommen werden kann, ist Grundlage hierfür lediglich dessen Einfluss bei einer Wellenzähnezahl z_1 von 24. So ist in diesem Zusammenhang hervorzuheben, dass die Anwendung der oben benannten Gleichungen jedoch auch für andere Wellenzähnezahlen z_1 vorgesehen ist. Nach gegenwärtigem Kenntnisstand ist allerdings nicht sichergestellt, dass der Einfluss des Welleninitiationsprofilverschiebungsfaktors x_{I1} keine Funktion der Wellenzähnezahl z_1 ist. Sollte dem so sein, wird dieser jedoch für den relevanten Definitionsbereich als gering eingeschätzt und demzufolge vernachlässigt. Dass die getroffene Vereinfachung zu hinreichend genauen Ergebnissen führt, belegt der in Kapitel 6.2.6 für verschiedene Szenarien durchgeführte analytisch-numerische Quervergleich.

Abbildung 6.120 zeigt die Torsionsformzahl $\alpha_{ktGEHdB}$ evolventisch basierter Zahnwellenverbindungen nach Kapitel 3.3 gemäß Tabelle 6.1 mit optimalem Wellenfußrundungsradiusverhältnis $(\rho_{f1}/m)_{Opt}$ sowie einer konstanten Wellenzähnezahl z_1 von 24.

Die entsprechenden numerischen Ergebnisse werden zunächst dazu verwendet, den Welleninitiationsprofilverschiebungsfaktor x_{I1} mit der maximalen Torsionsformzahl

$\alpha_{ktGEHdB}$ des Wertebereichs der optimalen Verbindungen zu bestimmen. Ist diese Information doch, mit Verweis auf Kapitel 6.2.3.6.1.1, und dort insbesondere auf Abbildung 6.114, essenzieller Bestandteil zur konservativ optimabezogen mathematischen Formulierung der Torsionsformzahlbestandteile $\alpha_{ktGEHdB}^{E}$ und $\alpha_{ktGEHdh1}^{E}$. Mit Abbildung 6.120 wird ersichtlich, dass für ausnahmslos alle betrachteten Flankenwinkel α gilt, dass die Torsionsformzahl $\alpha_{ktGEHdB}$ mit steigendem Welleninitiationsprofilverschiebungsfaktor x_{I1} abnimmt. Für das hier relevante Intervall $-0,05 \leq x_{I1} \leq 0,45$ ist folglich der Welleninitiationsprofilverschiebungsfaktor x_{I1} von -0,05 der kritische Fall.

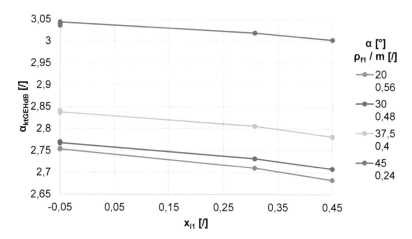

Abbildung 6.120: Torsionsformzahl $\alpha_{ktGEHdB}$ als Funktion des Welleninitiationsprofilverschiebungsfaktors x_{I1} sowie des Flankenwinkels α bei optimalem Wellenfußrundungsradiusverhältnis $\left(\rho_{f1}/m\right)_{Opt}$ sowie einer konstanten Wellenzähnezahl z_{1} von 24

6.2.3.6.1.2.4 Definition der Entwicklungsbasis

In Kapitel 6.2.3.6.1.1 wird unter anderem die in dieser Dissertation angewendete Vorgehensweise zur optimabezogen mathematischen Formulierung der Torsionsformzahlen $\alpha_{ktGEHdB}$ sowie $\alpha_{ktGEHdh1}$ evolventisch basierter Zahnwellenverbindungen nach Kapitel 3.3 gemäß Tabelle 6.1 dargelegt. Grundlegend hierbei ist die Ermittlung jener Paarung von Wellenzähnezahl z_{1} und Welleninitiationsprofilverschiebungsfaktor x_{I1} des Wertebereichs der optimalen Verbindungen, vgl. Abbildung 6.116, bei der die Torsionsformzahl $\alpha_{ktGEHdB}$ maximal wird, also wertebereichsbezogen einen absoluten Extremwert aufweist. Diese wird als Torsionsformzahl $\alpha_{ktGEHdB}^{E}$ bezeichnet. Mit Verweis auf die in Abbildung 6.118 sowie Abbildung 6.120 angeführten numerischen Ergebnisse und die in ihrem Zusammenhang geführten wissenschaftlichen Diskussionen kann zusammenfassend festgehalten werden, dass die Torsionsformzahl $\alpha_{ktGEHdB}^E$ bei einer Wellenzähnezahl z_1 von 25 sowie einem Welleninitiationsprofilverschiebungsfaktor x_{I1} von -0,05 liegt. In Kapitel 6.2.3.6.1.2.3 wird jedoch darauf hingewiesen, dass für diese Kombination die aus der numerischen Analyse der in Kapitel 6.2.2.1 dargelegten Parameterfelder resultierende Datenbasis nicht ausreicht, um die entsprechende Vorgehensweise zur mathematischen Formulierung der Torsionsformzahlen $\alpha_{ktGEHdB}$ sowie $\alpha_{ktGEHdh1}$ zu realisieren. Allerdings ist dies bei einer Wellenzähnezahl z_1 von 24 sowie einem Welleninitiationsprofilverschiebungsfaktor x_{I1} von -0,05 möglich. Hieraus resultierend ist die Verbindung mit der geringsten Tragfähigkeit durch genau diese Eckdaten charakterisiert. Hierbei sei hervorgehoben, dass dies keiner wissenschaftlichen Vereinfachung entspricht. Vielmehr ist hierdurch der Gültigkeitsbereich der entwickelten Näherungsgleichungen lediglich etwas größer und nicht ausschließlich auf den Wertebereich der optimalen Verbindungen beschränkt. Die obigen Ausführungen visualisiert Abbildung 6.121.

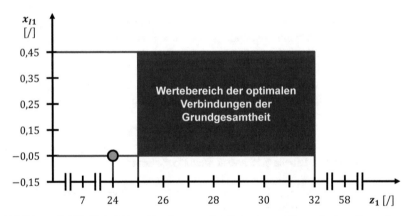

Abbildung 6.121: Entwicklungsbasis zur optimabezogen mathematischen Formulierung der Torsionsformzahlen $\alpha_{ktGEHdB}$ und $\alpha_{ktGEHdh1}$ evolventisch basierter ZWV nach Kapitel 3.3 gemäß Tabelle 6.1

6.2.3.6.2 Torsionsformzahlen $\alpha_{ktGEHdB}^E$ sowie $\alpha_{ktGEHdh1}^E$

Aus den in Kapitel 6.2.3.6 angeführten Gründen erfolgt die mathematische Beschreibung der Torsionsformzahlen $\alpha_{ktGEHdB}^E$ sowie $\alpha_{ktGEHdh1}^E$ ausgehend von der Paarung der Wellenzähnezahl z_1 von 24 sowie des Welleninitiationsprofilverschiebungsfaktors x_{I1} von -0,05, vgl. Abbildung 6.121. Von den in Kapitel 6.2.2.1 dargelegten für diese Dissertation numerisch analysierten Parameterfeldern erfüllen diese Randbedingungen die im Anhang in Tabelle 11.54 beziehungsweise Tabelle 11.55 von Kapitel 11.2.4.2 benannten Verbindungen. Mit Verweis auf die in Kapitel 6.2.3.3 mit Gleichung

(217) respektive Gleichung (218) nunmehr definierte geometrische Ähnlichkeit verbleibt für die Torsionsformzahlen $\alpha^E_{ktGEHdB}$ sowie $\alpha^E_{ktGEHdh1}$ folglich lediglich noch die Abhängigkeit vom Flankenwinkel α. Für ihre mathematische Beschreibung wird die Methode der kleinsten Abstandsquadrate verwendet, vgl. Kapitel 2.3.3. Dabei ist für beide Torsionsformzahlen $\alpha^E_{ktGEHdB}$ sowie $\alpha^E_{ktGEHdh1}$ eine gute analytische Abbildegenauigkeit der numerischen Ergebnisse mit einem Polynom dritter Ordnung nach Gleichung (47) realisierbar. Die fallspezifische Formulierung zeigt Gleichung (239).

$$\alpha^E_{ktGEHdB} \text{ bzw. } \alpha^E_{ktGEHdh1} = \sum_{i=0}^{3} c_i \cdot \alpha^i \qquad (239)$$

Die Eingangsdaten zur Bestimmung der Koeffizienten c_i von Gleichung (239) für die Torsionsformzahlen $\alpha^E_{ktGEHdB}$ sowie $\alpha^E_{ktGEHdh1}$ sind im Anhang ergänzt, vgl. Tabelle 11.54 beziehungsweise Tabelle 11.55 von Kapitel 11.2.4.2. Diesbezüglich sei angemerkt, dass gezielt keine Mittelwerte, sondern die Torsionsformzahlen $\alpha^E_{ktGEHdB}$ sowie $\alpha^E_{ktGEHdh1}$ jener Verbindung zugrunde gelegt werden, die die größte Torsionsformzahl $\alpha^E_{ktGEHdB}$ aufweist. Dies stellt weiterführend die spätere konservative Gestaltfestigkeitsbeurteilung evolventisch basierter Zahnwellenverbindungen nach Kapitel 3.3 sicher. Aus den in Tabelle 11.54 beziehungsweise Tabelle 11.55 von Kapitel 11.2.4.2 angeführten Torsionsformzahlen $\alpha^E_{ktGEHdB}$ sowie $\alpha^E_{ktGEHdh1}$ geht jedoch hervor, dass ihr Streubereich ohnehin sehr gering ist.

Zur mathematischen Beschreibung der Torsionsformzahl $\alpha^E_{ktGEHdB}$ mit Gleichung (239) ergeben sich die in Tabelle 6.15 angeführten Koeffizienten c_i.

Tabelle 6.15: Koeffizienten c_i von Gleichung (239) zur mathematischen Beschreibung der Torsionsformzahl $\alpha^E_{ktGEHdB}$

i [/]	c_i [$1/^{\circ i}$]
0	2,3912584856350700
1	0,0453299031621137
2	-0,0018973060802277
3	0,0000268808612855

Abbildung 6.122 zeigt die Auswertung der für die optimalen Wellenfußrundungsradiusverhältnisse $(\rho_{f1}/m)_{Opt}$ entwickelten Näherungsgleichung zur mathematischen Beschreibung der Torsionsformzahl $\alpha^E_{ktGEHdB}$, vgl. Gleichung (239) in Kombination mit den in Tabelle 6.15 angeführten Koeffizienten c_i, als Funktion des Flankenwinkels α in Gegenüberstellung mit den numerischen Ergebnissen.

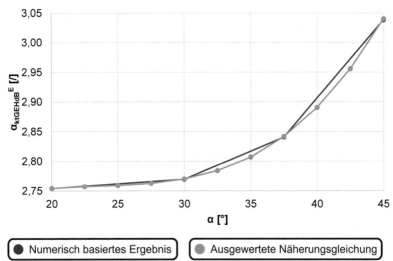

Abbildung 6.122: Torsionsformzahl $\alpha_{ktGEHdB}^{E}$ nach Gleichung (239) sowie den in Tabelle 6.15 angeführten Koeffizienten c_i als Funktion des Flankenwinkels α in Gegenüberstellung mit den numerischen Ergebnissen

Zur mathematischen Beschreibung der Torsionsformzahl $\alpha_{ktGEHdh1}^{E}$ mit Gleichung (239) ergeben sich die in Tabelle 6.16 angeführten Koeffizienten c_i.

Tabelle 6.16: Koeffizienten c_i von Gleichung (239) zur mathematischen Beschreibung der Torsionsformzahl $\alpha_{ktGEHdh1}^{E}$

i [/]	c_i [$1/°^i$]
0	1,3668270140946700
1	0,0653514335930900
2	-0,0021489844688913
3	0,0000269484592448

Abbildung 6.123 zeigt die Auswertung der für die optimalen Wellenfußrundungsradiusverhältnisse $(\rho_{f1}/m)_{Opt}$ entwickelten Näherungsgleichung zur mathematischen Beschreibung der Torsionsformzahl $\alpha_{ktGEHdh1}^{E}$, vgl. Gleichung (239) in Kombination mit den in Tabelle 6.16 angeführten Koeffizienten c_i, als Funktion des Flankenwinkels α in Gegenüberstellung mit den numerischen Ergebnissen.

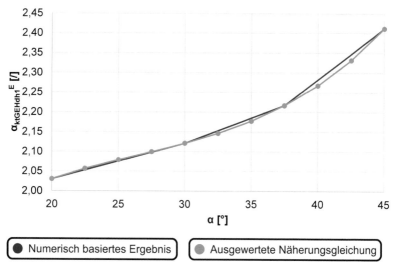

Abbildung 6.123: Torsionsformzahl $\alpha_{ktGEHdh1}^{E}$ nach Gleichung (239) sowie den in Tabelle 6.16 angeführten Koeffizienten c_i als Funktion des Flankenwinkels α in Gegenüberstellung mit den numerischen Ergebnissen

6.2.3.6.3   Einflusskorrektur der Wellenzähnezahl z_1

Gegenstand dieses Kapitels ist die mathematische Beschreibung des Einflusses der Wellenzähnezahl z_1 auf die Torsionsformzahlen $\alpha_{ktGEHdB}$ sowie $\alpha_{ktGEHdh1}$. Ziel hierbei ist dessen Korrektur. Realisiert wird dies über die formzahlspezifischen Korrekturterme $K_{\alpha ktGEHdB}^{z1}$ sowie $K_{\alpha ktGEHdh1}^{z1}$. Von der durch die numerische Analyse der in Kapitel 6.2.2.1 aufgezeigten Parameterfelder vorhandenen Datenbasis wird jene Ergebnisteilmenge zur Entwicklung der Näherungsgleichungen für die entsprechenden Terme zugrunde gelegt, die Bestandteil des Wertebereichs der optimalen Verbindungen sind, vgl. Abbildung 6.115, beziehungsweise diesen unmittelbar eingrenzen. Hieraus resultierend wird der Einfluss der Wellenzähnezahl z_1 im Intervall $24 \leq z_1 \leq 34$ mathematisch beschrieben, vgl. Tabelle 11.56 von Kapitel 11.2.4.3. In Konsequenz ist hierdurch der Gültigkeitsbereich der zu entwickelnden Korrekturterme $K_{\alpha ktGEHdB}^{z1}$ sowie $K_{\alpha ktGEHdh1}^{z1}$ definiert.

Weiterführend ist Basisverbindung zur Berechnung der mathematisch zu beschreibenden Korrekturwerte durch Differenzwertbildung jene Verbindung des im vorhergehenden Absatz benannten Intervalls, die die größte Torsionsformzahl $\alpha_{ktGEHdB}$ aufweist. Resultat dieser Vorgehensweise ist, dass die Korrekturwerte in der Regel negativ sind, die Korrektur des Einflusses der Wellenzähnezahl z_1 also durch Verringerung der Torsionsformzahlen $\alpha_{ktGEHdB}^{E}$ beziehungsweise $\alpha_{ktGEHdh1}^{E}$ erfolgt. Die Motivation für diese

Strategie entstammt dem Bestreben der grundlegend konservativen Bauteilauslegung. Sollte der geneigte Anwender keine Korrektur des Einflusses der Wellenzähnezahl z_1 durchführen beziehungsweise durchführen wollen, geht dies ausschließlich zu Lasten der Wirtschaftlichkeit, nicht aber der realen Bauteilsicherheit. Diese erhöht sich.

Auf Grundlage von Abbildung 6.118 wird dargelegt, dass die maximale Torsionsformzahl $\alpha_{ktGEHdB}$ nicht nur eine Funktion der Wellenzähnezahl z_1, sondern zudem vom Flankenwinkel α ist. Dies geht ebenfalls aus den in Tabelle 11.56 von Kapitel 11.2.4.3 angeführten Daten hervor. Aus den auf Basis von Abbildung 6.118 in Kapitel 6.2.3.6 angeführten Gründen wird der Einfluss des Flankenwinkels α an dieser Stelle vernachlässigt. Per Definition sind Zahnwellenverbindungen mit einer Wellenzähnezahl z_1 von 24 sowie, mit Verweis auf Kapitel 6.2.3.6, einem Welleninitiationsprofilverschiebungsfaktor x_{I1} von 0,45, zur Berechnung der Korrekturwerte durch Differenzwertbildung zugrunde zu legen. Der dem Anhang in Kapitel 11.2.4.1 ergänzten Tabelle 11.48 f. kann entnommen werden, dass diese Parameterkonstellation lediglich bei einem Bezugsdurchmesser d_B von 65 mm numerisch analysiert wurde. Folglich sind die Zahnwellenverbindungen Kapitel 3.3 – 65 x 2,5 x 24 (gemäß Tabelle 6.1; $c_{F1}/m = 0{,}12$; $\alpha = var.$; $\rho_{f1}/m = Opt.$) Grundlage zur Bestimmung der entsprechenden Differenzwerte. Schlussendlich sind diese für die Torsionsformzahl $\alpha_{ktGEHdB}$ im Anhang in Tabelle 11.57 von Kapitel 11.2.4.3, jene für die Torsionsformzahl $\alpha_{ktGEHdh1}$ in Tabelle 11.59 von Kapitel 11.2.4.3 zusammengefasst.

Die Entwicklung der Näherungsgleichungen $K^{z1}_{aktGEHdB}$ sowie $K^{z1}_{aktGEHdh1}$ zur Korrektur des Einflusses der Wellenzähnezahl z_1 auf die Torsionsformzahlen $\alpha_{ktGEHdB}$ sowie $\alpha_{ktGEHdh1}$ evolventisch basierter Zahnwellenverbindungen nach Kapitel 3.3 gemäß Tabelle 6.1 des oben aufgezeigten Definitionsbereichs erfolgt auf Basis der Methode der kleinsten Abstandsquadrate, vgl. Kapitel 2.3.3. Für beide Korrekturterme wird ein Ansatz gemäß Gleichung (50) gewählt. Es zeigte sich, dass eine mathematische Formulierung durch eine Näherungsgleichung gut mit einem Ansatz dritter Ordnung gelingt. Die fallspezifische Formulierung zeigt Gleichung (240).

$$
\begin{aligned}
K^{z1}_{aktGEHdB} \; & \text{bzw.}\; K^{z1}_{aktGEHdh1} \\
& = c_{00} + c_{10} \cdot z_1 + c_{11} \cdot \alpha + c_{20} \cdot z_1^2 + c_{21} \cdot z_1 \cdot \alpha \\
& + c_{22} \cdot \alpha^2 + c_{30} \cdot z_1^3 + c_{31} \cdot z_1^2 \cdot \alpha + c_{32} \cdot z_1 \cdot \alpha^2 \\
& + c_{33} \cdot \alpha^3
\end{aligned}
\tag{240}
$$

Die nach Gleichung (240) zur mathematischen Beschreibung des Korrekturwertes $K^{z1}_{aktGEHdB}$ erforderlichen Koeffizienten c_{ik} sind in Tabelle 6.17 angeführt.

Tabelle 6.17: Koeffizienten c_{ik} von Gleichung (240) zur mathematischen Beschreibung des Korrekturwertes $K^{z1}_{aktGEHdB}$

i [/]	k [/]	c_{ik} [1/$^{\circ k}$]
0	0	0,0000000000000000
1	0	0,0406216080364994
1	1	-0,0193752198537518
2	0	-0,0026628128821937
2	1	0,0010879205047922
2	2	0,0000663904544225
3	0	0,0000408837712780
3	1	-0,0000129317218493
3	2	-0,0000017157816255
3	3	-0,0000002793641905

Die Auswertung der zur mathematischen Beschreibung der Korrekturwerte $K^{z1}_{aktGEHdB}$ entwickelten Näherungsgleichung, vgl. Gleichung (240) in Kombination mit den in Tabelle 6.17 gegebenen Koeffizienten c_{ik}, zeigt Abbildung 6.124. Zudem sind dort die numerisch basierten Eingangsdaten zur Gleichungsbestimmung dargestellt. Die entsprechende Gegenüberstellung zeigt die zumindest für praktische Belange hinreichende Abbildegenauigkeit der entwickelten Näherungsgleichung.

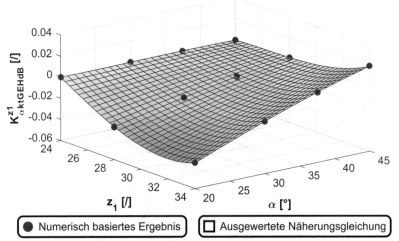

Abbildung 6.124: Korrekturwert $K^{z1}_{\alpha ktGEHdB}$, vgl. Gleichung (240) in Kombination mit den in Tabelle 6.17 gegebenen Koeffizienten c_{ik}, als Funktion der Wellenzähnezahl z_1 sowie des Flankenwinkels α unter Berücksichtigung der numerisch basierten Ergebnisse

Die nach Gleichung (240) zur mathematischen Beschreibung des Korrekturwertes $K^{z1}_{\alpha ktGEHdh1}$ erforderlichen Koeffizienten c_{ik} sind in Tabelle 6.18 angeführt.

Tabelle 6.18: Koeffizienten c_{ik} von Gleichung (240) zur mathematischen Beschreibung des Korrekturwertes $K^{z1}_{\alpha ktGEHdh1}$

i [/]	k [/]	c_{ik} [$1/^{\circ k}$]
0	0	0,0000000000000000
1	0	-0,0205726160408763
1	1	-0,0024983465298968
2	0	0,0011280149080541
2	1	0,0003231053026156
2	2	-0,0001229770657920
3	0	-0,0000120747311939
3	1	-0,0000071381310807
3	2	0,0000035499760066
3	3	0,0000003957456063

Die Auswertung der zur mathematischen Beschreibung der Korrekturwerte $K^{z1}_{\alpha ktGEHdh1}$ entwickelte Näherungsgleichung, vgl. Gleichung (240) in Kombination mit den in Tabelle 6.18 gegebenen Koeffizienten c_{ik}, zeigt Abbildung 6.125. Zudem sind dort die numerisch basierten Eingangsdaten zur Gleichungsbestimmung dargestellt. Die entsprechende Gegenüberstellung zeigt die zumindest für praktische Belange hinreichende Abbildegenauigkeit der entwickelten Näherungsgleichung.

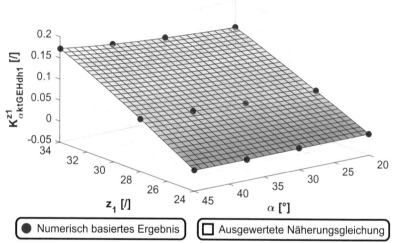

Abbildung 6.125: Korrekturwert $K^{z1}_{\alpha ktGEHdh1}$, vgl. Gleichung (240) in Kombination mit den in Tabelle 6.18 gegebenen Koeffizienten c_{ik}, als Funktion der Wellenzähnezahl z_1 sowie des Flankenwinkels α unter Berücksichtigung der numerisch basierten Ergebnisse

6.2.3.6.4 Einflusskorrektur des Welleninitiationsprofilverschiebungsfaktors x_{l1}

Gegenstand dieses Kapitels ist die mathematische Formulierung des Einflusses des Welleninitiationsprofilverschiebungsfaktors x_{l1} auf die Torsionsformzahlen $\alpha_{ktGEHdB}$ sowie $\alpha_{ktGEHdh1}$. Ziel hierbei ist dessen Korrektur. Realisiert wird dies über die formzahlspezifischen Korrekturterme $K^{xl1}_{\alpha ktGEHdB}$ sowie $K^{xl1}_{\alpha ktGEHdh1}$. Wie bereits in Kapitel 6.2.3.6 dargelegt, wird von der durch die numerische Analyse der in Kapitel 6.2.2.1 aufgezeigten Parameterfelder vorhandenen Datenbasis jene Ergebnisteilmenge zur Entwicklung der Näherungsgleichungen für die entsprechenden Terme zugrunde gelegt, die eine Wellenzähnezahl z_1 von 24 hat. Die Einflussbeschreibung erfolgt für den vollständigen nach Ungleichung (138) festgelegten Definitionsbereich des Welleninitiationsprofilverschiebungsfaktors x_{I1}, also im Intervall $-0{,}05 \leq x_{I1} \leq 0{,}45$. In Konsequenz ist hierdurch der Gültigkeitsbereich der zu entwickelnden Korrekturterme $K_{\alpha ktGEHdB}^{xl1}$ sowie $K_{\alpha ktGEHdh1}^{xl1}$ definiert.

Die Entwicklung der Näherungsgleichungen $K_{\alpha ktGEHdB}^{xl1}$ sowie $K_{\alpha ktGEHdh1}^{xl1}$ zur Korrektur des Einflusses des Welleninitiationsprofilverschiebungsfaktors x_{I1} auf die Torsionsformzahlen $\alpha_{ktGEHdB}$ sowie $\alpha_{ktGEHdh1}$ evolventisch basierter Zahnwellenverbindungen nach Kapitel 3.3 gemäß Tabelle 6.1 des oben aufgezeigten Definitionsbereichs erfolgt auf Basis der Methode der kleinsten Abstandsquadrate, vgl. Kapitel 2.3.3. Für beide Korrekturterme wird ein Ansatz gemäß Gleichung (50) gewählt. Es zeigte sich, dass eine mathematische Formulierung durch eine Näherungsgleichung gut mit einem Ansatz dritter Ordnung gelingt. Die fallspezifische Formulierung zeigt Gleichung (241).

$$
\begin{aligned}
K_{\alpha ktGEHdB}^{xl1} &\text{ bzw. } K_{\alpha ktGEHdh1}^{xl1} \\
&= c_{00} + c_{10} \cdot x_1 + c_{11} \cdot \alpha + c_{20} \cdot x_1^2 + c_{21} \cdot x_1 \cdot \alpha \\
&\quad + c_{22} \cdot \alpha^2 + c_{30} \cdot x_1^3 + c_{31} \cdot x_1^2 \cdot \alpha + c_{32} \cdot x_1 \cdot \alpha^2 \\
&\quad + c_{33} \cdot \alpha^3
\end{aligned}
\tag{241}
$$

Die nach Gleichung (241) zur mathematischen Beschreibung des Korrekturwertes $K_{\alpha ktGEHdB}^{xl1}$ erforderlichen Koeffizienten c_{ik} sind in Tabelle 6.19 angeführt.

Tabelle 6.19: Koeffizienten c_{ik} von Gleichung (241) zur mathematischen Beschreibung des Korrekturwertes $K_{\alpha ktGEHdB}^{xl1}$

i [/]	k [/]	c_{ik} [$1/°^k$]
0	0	-0,1030443639495530
1	0	-0,0589261453353119
1	1	0,0100688482255453
2	0	-0,1688042567108360
2	1	-0,0025282376451319
2	2	-0,0003224331395643
3	0	0,0000000000000000
3	1	0,0009493631252944
3	2	0,0000728224284107
3	3	0,0000033189911111

Die Auswertung der zur mathematischen Beschreibung der Korrekturwerte $K_{\alpha ktGEHdB}^{xl1}$ entwickelten Näherungsgleichung, vgl. Gleichung (241) in Kombination mit den in Tabelle 6.19 gegebenen Koeffizienten c_{ik}, zeigt Abbildung 6.126. Zudem sind dort die numerisch basierten Eingangsdaten zur Gleichungsbestimmung dargestellt. Die entsprechende Gegenüberstellung zeigt die zumindest für praktische Belange hinreichende Abbildegenauigkeit der entwickelten Näherungsgleichung.

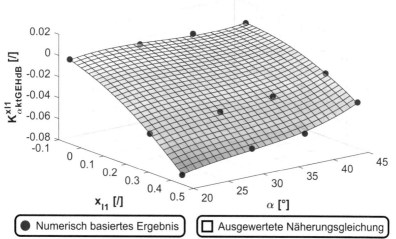

Abbildung 6.126: Korrekturwert $K_{\alpha ktGEHdB}^{xl1}$, vgl. Gleichung (241) in Kombination mit den in Tabelle 6.19 gegebenen Koeffizienten c_{ik}, als Funktion des Welleninitiations-profilverschiebungsfaktors x_{l1} sowie des Flankenwinkels α unter Berücksichtigung der numerisch basierten Ergebnisse

Die nach Gleichung (241) zur mathematischen Beschreibung des Korrekturwertes $K_{\alpha ktGEHdh1}^{xl1}$ erforderlichen Koeffizienten c_{ik} sind in Tabelle 6.20 angeführt.

Tabelle 6.20: Koeffizienten c_{ik} von Gleichung (241) zur mathematischen Beschreibung des Korrekturwertes $K_{aktGEHdh1}^{xI1}$

i [/]	k [/]	c_{ik} [$1/^{\circ k}$]
0	0	-0,0009244985897002
1	0	0,3355459455766770
1	1	0,0010718868255474
2	0	-0,2411038147567900
2	1	-0,0161767558490873
2	2	-0,0000509797047329
3	0	0,0000000000000000
3	1	0,0032883959241174
3	2	0,0002092938663842
3	3	0,0000006353691937

Die Auswertung der zur mathematischen Beschreibung der Korrekturwerte $K_{aktGEHdh1}^{xI1}$ entwickelten Näherungsgleichung, vgl. Gleichung (241) in Kombination mit den in Tabelle 6.20 gegebenen Koeffizienten c_{ik}, zeigt Abbildung 6.127. Zudem sind dort die numerisch basierten Eingangsdaten zur Gleichungsbestimmung dargestellt. Die entsprechende Gegenüberstellung zeigt die zumindest für praktische Belange hinreichende Abbildegenauigkeit der entwickelten Näherungsgleichung.

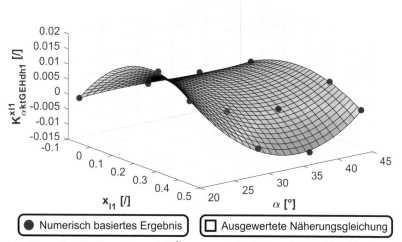

| ● Numerisch basiertes Ergebnis | □ Ausgewertete Näherungsgleichung |

Abbildung 6.127: Korrekturwert $K^{xI1}_{\alpha ktGEHdh1}$, vgl. Gleichung (241) in Kombination mit den in Tabelle 6.20 gegebenen Koeffizienten c_{ik}, als Funktion des Welleninitiations-profilverschiebungsfaktors x_{I1} sowie des Flankenwinkels α unter Berücksichtigung der numerisch basierten Ergebnisse

6.2.3.6.5 Bezogenes Spannungsgefälle G'_{GEH}

Wie bereits in Kapitel 6.2.3.6 erläutert, ist die Erfassung des Einflusses der Wellen-zähnezahl z_1 und des Welleninitiationsprofilverschiebungsfaktors x_{I1} beim bezogenen Spannungsgefälle G'_{GEH} mit der durch die numerische Analyse der in Kapitel 6.2.2.1 aufgezeigten Parameterfeldern gewonnenen Datenbasis zunächst nicht möglich. Hier-für müssten weitere Simulationen durchgeführt werden. Der Nutzen der expliziten Be-rücksichtigung des Einflusses der Wellenzähnezahl z_1 und des Welleninitiationsprofil-verschiebungsfaktors x_{I1} auf das bezogene Spannungsgefälle G'_{GEH} wird allerdings als sehr gering eingeschätzt. Eine entsprechende Abschätzung erlauben hierbei die in Abbildung 6.150 von Kapitel 6.2.6 angeführten numerischen Ergebnisse. Aus ihnen geht hervor, dass das bezogene Spannungsgefälle G'_{GEH} bereits ohne Einflusskorrek-tur der zuvor benannten Parameter lediglich noch eine Abweichung von ca. 0,5 auf-weist. Aus praktischer Sicht ist diese im Allgemeinen problemlos vernachlässigbar.

Wie im vorhergehenden Absatz angeführt, erfolgt die mathematische Formulierung des auf Basis der Gestaltänderungsenergiehypothese bestimmten bezogenen Span-nungsgefälles G'_{GEH} ohne die Korrektur der Einflüsse von Wellenzähnezahl z_1 und Wel-leninitiationsprofilverschiebungsfaktor x_{I1} auf Basis der im Anhang in Tabelle 11.64 von Kapitel 11.2.4.5 angegebenen Daten. Die resultierende Gleichung hat, je nach

Wahl der Ansatzfunktion, mehr oder weniger ausgeprägt ausgleichenden Charakter. Die Entwicklung der Näherungsgleichung erfolgt auf Basis der Methode der kleinsten Abstandsquadrate, vgl. Kapitel 2.3.3. Hierfür wird ein Ansatz gemäß Gleichung (50) gewählt. Eine hinreichend genaue Abbildung gelingt mit einem Polynom dritter Ordnung, wenn eine Fallunterscheidung nach dem Bezugsdurchmesser d_B durchgeführt wird. Unterschieden wird zwischen den Intervallen $6\,mm \leq d_B \leq 65\,mm$ sowie $65\,mm \leq d_B \leq 500\,mm$. Die fallspezifisch mathematische Formulierung des technisch wissenschaftlichen Sachverhalts führt hierbei selbstredend zu keinen Unterschieden der Form der Näherungsgleichung, sondern äußert sich lediglich durch unterschiedliche Koeffizienten c_{ik}. Daher zeigt Gleichung (242) ihre allgemeine Formulierung für beide Fälle.

$$G'_{GEH} = c_{00} + c_{10} \cdot d_B + c_{11} \cdot \alpha + c_{20} \cdot d_B^2 + c_{21} \cdot d_B \cdot \alpha + c_{22} \cdot \alpha^2 \\ + c_{30} \cdot d_B^3 + c_{31} \cdot d_B^2 \cdot \alpha + c_{32} \cdot d_B \cdot \alpha^2 + c_{33} \cdot \alpha^3 \tag{242}$$

Die nach Gleichung (242) zur mathematischen Beschreibung des bezogenen Spannungsgefälles G'_{GEH} für Bezugsdurchmesser d_B im Intervall $6\,mm \leq d_B \leq 65\,mm$ erforderlichen Koeffizienten c_{ik} sind in Tabelle 6.21 angeführt.

Tabelle 6.21: Koeffizienten c_{ik} von Gleichung (242) zur mathematischen Beschreibung des torsionsmomentinduziert bezogenen Spannungsgefälles G'_{GEH} für Bezugsdurchmesser d_B im Intervall $6\,mm \leq d_B \leq 65\,mm$

$i\,[/]$	$k\,[/]$	$c_{ik}\,[1/(mm^{i-k+1} \cdot {}^\circ{}^k)]$
0	0	1,5277610999493700
1	0	-0,5363837708292290
1	1	0,8857157571437820
2	0	0,0112454962079779
2	1	0,0002463567734100
2	2	-0,0308571336971680
3	0	-0,0000895814092345
3	1	0,0000609147485546
3	2	-0,0001119072622237
3	3	0,0004148768019111

Die Auswertung der zur mathematischen Beschreibung des bezogenen Spannungsgefälles G'_{GEH} für Bezugsdurchmesser d_B im Intervall $6\,mm \leq d_B \leq 65\,mm$ entwickelten Näherungsgleichung, vgl. Gleichung (242) in Kombination mit den in Tabelle 6.21

gegebenen Koeffizienten c_{ik}, zeigt Abbildung 6.128. Zudem sind dort die numerisch basierten Eingangsdaten zur Gleichungsbestimmung dargestellt. Die entsprechende Gegenüberstellung zeigt die zumindest für praktische Belange hinreichende Abbildegenauigkeit der entwickelten Näherungsgleichung.

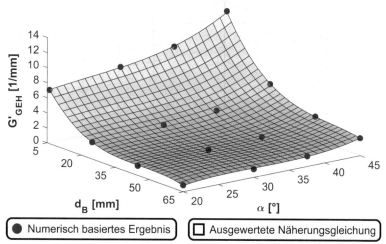

Abbildung 6.128: Torsionsmomentinduziert bezogenes Spannungsgefälle G'_{GEH} für Bezugsdurchmesser d_B im Intervall $6\ mm \leq d_B \leq 65\ mm$, vgl. Gleichung (242) in Kombination mit den in Tabelle 6.21 gegebenen Koeffizienten c_{ik}, als Funktion des Bezugsdurchmessers d_B sowie des Flankenwinkels α unter Berücksichtigung der numerisch basierten Ergebnisse

Die nach Gleichung (242) zur mathematischen Beschreibung des bezogenen Spannungsgefälles G'_{GEH} für Bezugsdurchmesser d_B im Intervall $65\ mm \leq d_B \leq 500\ mm$ erforderlichen Koeffizienten c_{ik} sind in Tabelle 6.22 angeführt.

Tabelle 6.22: Koeffizienten c_{ik} von Gleichung (242) zur mathematischen Beschreibung des torsionsmomentinduziert bezogenen Spannungsgefälles G'_{GEH} für Bezugsdurchmesser d_B im Intervall $65\ mm \leq d_B \leq 500\ mm$

$i\ [/]$	$k\ [/]$	$c_{ik}\ [1/(mm^{i-k+1} \cdot {}^{\circ k})]$
0	0	0,1959355756932270
1	0	-0,0199789652038303
1	1	0,1911706891350220
2	0	0,0000693161697872
2	1	0,0000235372663136
2	2	-0,0069777880025505
3	0	-0,0000000830410995
3	1	0,0000003750298665
3	2	-0,0000051001413086
3	3	0,0000997521513079

Die Auswertung der zur mathematischen Beschreibung des bezogenen Spannungsgefälles G'_{GEH} für Bezugsdurchmesser d_B im Intervall $65\ mm \leq d_B \leq 500\ mm$ entwickelte Näherungsgleichung, vgl. Gleichung (242) in Kombination mit den in Tabelle 6.22 gegebenen Koeffizienten c_{ik}, zeigt Abbildung 6.129. Zudem sind dort die numerisch basierten Eingangsdaten zur Gleichungsbestimmung dargestellt. Die entsprechende Gegenüberstellung zeigt die zumindest für praktische Belange hinreichende Abbildegenauigkeit der entwickelten Näherungsgleichung. Den in Abbildung 6.129 angeführten Ergebnissen kann zudem entnommen werden, dass das bezogene Spannungsgefälle G'_{GEH} für Bezugsdurchmesser d_B im Intervall $65\ mm \leq d_B \leq 500\ mm$ sehr klein ist. Um den Prozess zur Beurteilung der Gestaltfestigkeit evolventisch basierter Zahnwellenverbindungen nach Kapitel 3.3 gemäß Tabelle 6.1 weiter zu vereinfachen, ist es hieraus resultierend naheliegend, das bezogene Spannungsgefälle G'_{GEH} für Bezugsdurchmesser d_B des oben benannten Intervalls per Definition 0 zu setzen. Dies führt zu einer Stützziffer n von 1, vgl. Kapitel 2.2.5.1, wodurch die Torsionsformzahl α_{ktGEH} der Torsionskerbwirkungszahl β_{ktGEH} entspricht. In Konsequenz wird die Auslegung geringfügig konservativer.

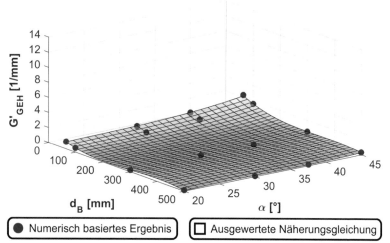

Abbildung 6.129: Torsionsmomentinduziert bezogenes Spannungsgefälle G'_{GEH} für Bezugsdurchmesser d_B im Intervall $65\ mm \le d_B \le 500\ mm$, vgl. Gleichung (242) in Kombination mit den in Tabelle 6.22 gegebenen Koeffizienten c_{ik}, als Funktion des Bezugsdurchmessers d_B sowie des Flankenwinkels α unter Berücksichtigung der numerisch basierten Ergebnisse

6.2.3.7   Optimierungspotenzial

In Kapitel 6.2.3 wird unter anderem bestimmt, wie die geometrischen Parameter evolventisch basierter Zahnwellenverbindungen nach Kapitel 3.3 gemäß Tabelle 6.1 bei zunächst konstantem Wellenformübermaßverhältnis c_{F1}/m von 0,12 zu wählen sind, um die maximale Gestaltfestigkeit bei derartigen Verbindungen zu realisieren. In diesem Zusammenhang stellt sich abschließend die Frage nach der erreichbaren Tragfähigkeitssteigerung. Die Klärung dieses Sachverhalts ist Gegenstand dieses Kapitels. Zu diesem Zweck werden zwei Fälle betrachtet. Im ersten Fall werden in Kapitel 6.2.3.7.1 die Torsionsformzahlen $\alpha_{ktGEHdB}$ sowie $\alpha_{ktGEHdh1}$ in Abhängigkeit des Moduls m sowie des Wellenfußrundungsradiusverhältnisses ρ_{f1}/m exemplarisch für einen Bezugsdurchmesser d_B von 45 mm sowie einen Flankenwinkel α von 30 ° diskutiert. Mit Verweis auf Kapitel 6.2.3.6.2 werden im zweiten Fall in Kapitel 6.2.3.7.2 für die Torsionsformzahlen $\alpha_{ktGEHdB}^{E}$ sowie $\alpha_{ktGEHdh1}^{E}$ Näherungsgleichungen entwickelt, die das Optimierungspotenzial als Funktion des Flankenwinkels α quantitativ beschreiben.

6.2.3.7.1 Beispielbezogene Betrachtung

Um das Potenzial zur Steigerung der Gestaltfestigkeit evolventisch basierter Zahnwellenverbindungen nach Kapitel 3.3 gemäß Tabelle 6.1 durch die optimale Wahl der in Kapitel 6.2.3 analysierten die Geometrie bestimmenden Parameter aufzuzeigen, werden die Torsionsformzahlen $\alpha_{ktGEHdB}$ sowie $\alpha_{ktGEHdh1}$ in Abhängigkeit des Moduls m sowie des Wellenfußrundungsradiusverhältnisses ρ_{f1}/m exemplarisch für einen Bezugsdurchmesser d_B von 45 mm sowie einen Flankenwinkel α von 30 ° mathematisch beschrieben und in Weiterführung durch Auswertung der entsprechend entwickelten Näherungsgleichung dreidimensional dargestellt. Dabei ist für das betrachtete Beispiel eine quantitative, jenseits dessen eine qualitative Einschätzung möglich. Zur quantitativen Potenzialabschätzung mit größerem Gültigkeitsbereich sei auf die in Kapitel 6.2.3.7.2 angeführte Diskussion und insbesondere auf die dort entwickelten Näherungsgleichungen verwiesen.

Die zur mathematischen Beschreibung der Torsionsformzahlen $\alpha_{ktGEHdB}$ sowie $\alpha_{ktGEHdh1}$ in Abhängigkeit des Moduls m sowie des Wellenfußrundungsradiusverhältnisses ρ_{f1}/m für einen Bezugsdurchmesser d_B von 45 mm sowie einen Flankenwinkel α von 30 ° erforderlichen Einzelergebnisse werden in zweidimensionaler Form mit Kurvenscharen in Abbildung 6.42 für die Torsionsformzahl $\alpha_{ktGEHdB}$ sowie in Abbildung 6.46 für die Torsionsformzahl $\alpha_{ktGEHdh1}$ angeführt. Dabei sei zunächst hervorgehoben, dass für alle Stützstellen des in Kapitel 6.2.2.1 mit Abbildung 6.11 definierten Parameterfelds äquivalente Ergebnisse im Anhang ergänzt sind, vgl. Kapitel 11.2.1. Die Entwicklung der Näherungsgleichungen erfolgt mit der Methode der kleinsten Abstandsquadrate, vgl. Kapitel 2.3.3. Als Ansatzfunktion wird ein Polynom vierter Ordnung verwendet. Die fallspezifische Formulierung zeigt Gleichung (243). Es sei erwähnt, dass optional ein Polynom dritter Ordnung bereits zu ähnlichen Ergebnissen führt. Bei der Beschreibung der Torsionsformzahl $\alpha_{ktGEHdh1}$ kommt es dann jedoch bei großen Moduln m zu einem nach gegenwärtigem Kenntnisstand unplausiblen Krümmungsverhalten.

$$
\begin{aligned}
\alpha_{ktGEHdB}\ &bzw.\ \alpha_{ktGEHdh1} \\
&= c_{00} + c_{10} \cdot m + c_{11} \cdot \frac{\rho_{f1}}{m} + c_{20} \cdot m^2 + c_{21} \cdot m \\
&\quad \cdot \frac{\rho_{f1}}{m} + c_{22} \cdot \left(\frac{\rho_{f1}}{m}\right)^2 + c_{30} \cdot m^3 + c_{31} \cdot m^2 \cdot \frac{\rho_{f1}}{m} + c_{32} \\
&\quad \cdot m \cdot \left(\frac{\rho_{f1}}{m}\right)^2 + c_{33} \cdot \left(\frac{\rho_{f1}}{m}\right)^3 + c_{40} \cdot m^4 + c_{41} \cdot m^3 \\
&\quad \cdot \frac{\rho_{f1}}{m} + c_{42} \cdot m^2 \cdot \left(\frac{\rho_{f1}}{m}\right)^2 + c_{43} \cdot m \cdot \left(\frac{\rho_{f1}}{m}\right)^3 + c_{44} \\
&\quad \cdot \left(\frac{\rho_{f1}}{m}\right)^4
\end{aligned}
\tag{243}
$$

Die nach Gleichung (243) zur mathematischen Beschreibung der Torsionsformzahl $\alpha_{ktGEHdB}$ der Zahnwellenverbindungen Kapitel 3.3 – 45 x var. x var. (gemäß Tabelle 6.1; $c_{F1}/m = 0{,}12$; $\alpha = 30\,°$; $\rho_{f1}/m = var.$) erforderlichen Koeffizienten c_{ik} sind in Tabelle 6.23 angeführt.

Tabelle 6.23: Koeffizienten c_{ik} von Gleichung (243) zur mathematischen Beschreibung der Torsionsformzahl $\alpha_{ktGEHdB}$ der ZWV Kapitel 3.3 – 45 x var. x var. (gemäß Tabelle 6.1; $c_{F1}/m = 0{,}12$; $\alpha = 30\,°$; $\rho_{f1}/m = var.$)

i [/]	k [/]	c_{ik} [$1/(mm^{i-k})$]
0	0	5,87309450465979000
1	0	-0,91338946281549800
1	1	-17,18155672482910000
2	0	0,07601277004337160
2	1	0,80183191081596100
2	2	52,11593391312160000
3	0	0,05763451422238730
3	1	0,12526609095626400
3	2	-0,81068302925678500
3	3	-86,91881525871390000
4	0	-0,00790019671999579
4	1	-0,03035144077688350
4	2	-0,02204458012334320
4	3	0,93234895561264900
4	4	60,11145367090560000

Abbildung 6.130 zeigt den Einfluss des Moduls m sowie des Wellenfußrundungsradiusverhältnisses ρ_{f1}/m auf die Torsionsformzahl $\alpha_{ktGEHdB}$ am Beispiel der Zahnwellenverbindungen Kapitel 3.3 – 45 x var. x var. (gemäß Tabelle 6.1; $c_{F1}/m = 0{,}12$; $\alpha = 30\,°$; $\rho_{f1}/m = var.$).

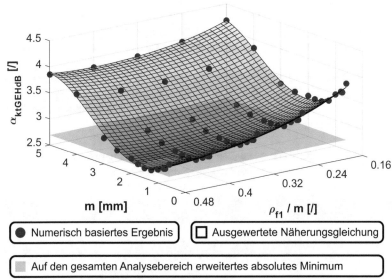

● Numerisch basiertes Ergebnis   □ Ausgewertete Näherungsgleichung

▨ Auf den gesamten Analysebereich erweitertes absolutes Minimum

Abbildung 6.130: Torsionsformzahl $\alpha_{ktGEHdB}$ als Funktion des Moduls m sowie des Wellenfußrundungsradiusverhältnisses ρ_{f1}/m am Beispiel der ZWV Kapitel 3.3 – 45 x var. x var. (gemäß Tabelle 6.1; $c_{F1}/m = 0{,}12$; $\alpha = 30\,°$; $\rho_{f1}/m = var.$)

Wie in Kapitel 2.2 dargelegt, ist zur Bestimmung von Formzahlen α_k im Allgemeinen, und so auch für die Torsionsformzahlen $\alpha_{ktGEHdB}$ sowie $\alpha_{ktGEHdh1}$, ein Nenndurchmesser d_{Nenn} erforderlich. Diesbezüglich wird nach dem Stand der Technik für evolventisch basierte Zahnwellenverbindungen bislang der Wellenersatzdurchmesser d_{h1} nach [Naka 51], vgl. Kapitel 2.2.3.2, verwendet. In [LSW 16] ist vorveröffentlicht, dass hierdurch quasi keine direkten Tragfähigkeitsvergleiche zwischen verschiedenen Zahnwellenverbindungen möglich sind. Dies wird im Detail in [LSW 16] sowie weiterführend in Kapitel 3.5 erläutert. In Konsequenz ist die mathematische Beschreibung der Torsionsformzahl $\alpha_{ktGEHdh1}$ in Abhängigkeit des Moduls m sowie des Wellenfußrundungsradiusverhältnisses ρ_{f1}/m beziehungsweise deren grafische Auswertung ungeeignet, um das Potenzial zur Steigerung der Gestaltfestigkeit evolventisch basierter Zahnwellenverbindungen nach Kapitel 3.3 gemäß Tabelle 6.1 durch die optimale Wahl der in Kapitel 6.2.3 analysierten die Geometrie bestimmenden Parameter zu bewerten. Allerdings offenbart ihre Auswertung in Gegenüberstellung mit Abbildung 6.130 sehr viel anschaulicher als jene von Abbildung 6.42 und Abbildung 6.46, wieso die auf Basis des Wellenersatzdurchmessers d_{h1} nach [Naka 51] ermittelte Torsionsformzahl $\alpha_{ktGEHdh1}$ hierfür nicht geeignet ist. Ergeben sich doch, lapidar formuliert, unterschiedliche wissenschaftliche Aussagen. Wie erläutert, sind die auf Basis der Torsionsformzahl $\alpha_{ktGEHdB}$ Getroffenen korrekt. Für genauere Informationen zu diesem

Sachverhalt sei auf Kapitel 3.5 verwiesen. Und trotzdem werden im vorliegenden Werk die auf Grundlage des Wellenersatzdurchmessers d_{h1} nach [Naka 51] bestimmten Torsionsformzahl $\alpha_{ktGEHdh1}$, vgl. Kapitel 2.2.3.2, analysiert und diskutiert. Dies ist auf die gegenwärtige Bedeutung des entsprechenden Durchmessers zurückzuführen.

Die nach Gleichung (243) zur mathematischen Beschreibung der Torsionsformzahl $\alpha_{ktGEHdh1}$ der Zahnwellenverbindungen Kapitel 3.3 – 45 x var. x var. (gemäß Tabelle 6.1; $c_{F1}/m = 0,12$; $\alpha = 30°$; $\rho_{f1}/m = var.$) erforderlichen Koeffizienten c_{ik} sind in Tabelle 6.24 angeführt.

Tabelle 6.24: Koeffizienten c_{ik} von Gleichung (243) zur mathematischen Beschreibung der Torsionsformzahl $\alpha_{ktGEHdh1}$ der ZWV Kapitel 3.3 – 45 x var. x var. (gemäß Tabelle 6.1; $c_{F1}/m = 0,12$; $\alpha = 30°$; $\rho_{f1}/m = var.$)

i [/]	k [/]	c_{ik} [$1/(mm^{i-k})$]
0	0	6,0177506961022400
1	0	-2,1265244035902100
1	1	-16,0802043252783000
2	0	0,6560769631255800
2	1	2,3225626922647600
2	2	44,9301831355178000
3	0	-0,0992866555392659
3	1	-0,2815908609226940
3	2	-2,1789613004495500
3	3	-71,3842134779995000
4	0	0,0058681844965418
4	1	0,0133495041607492
4	2	0,0445615485749850
4	3	1,2755883658083800
4	4	48,3169171651135000

Abbildung 6.131 zeigt den Einfluss des Moduls m sowie des Wellenfußrundungsradiusverhältnisses ρ_{f1}/m auf die Torsionsformzahl $\alpha_{ktGEHdh1}$ am Beispiel der Zahnwellenverbindungen Kapitel 3.3 – 45 x var. x var. (gemäß Tabelle 6.1; $c_{F1}/m = 0,12$; $\alpha = 30°$; $\rho_{f1}/m = var.$).

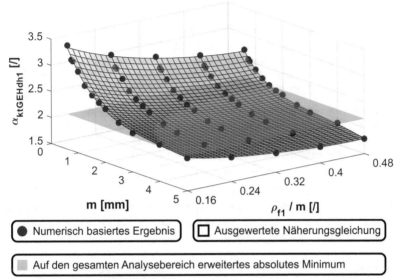

● Numerisch basiertes Ergebnis ☐ Ausgewertete Näherungsgleichung

■ Auf den gesamten Analysebereich erweitertes absolutes Minimum

Abbildung 6.131: Torsionsformzahl $\alpha_{ktGEHdh1}$ als Funktion des Moduls m sowie des Wellenfußrundungsradiusverhältnisses ρ_{f1}/m am Beispiel der ZWV Kapitel 3.3 – 45 x var. x var. (gemäß Tabelle 6.1; $c_{F1}/m = 0{,}12$; $\alpha = 30\,°$; $\rho_{f1}/m = var.$)

6.2.3.7.2 Extremwertbetrachtung

Um die Torsionsformzahlen $\alpha_{ktGEHdB}$ sowie $\alpha_{ktGEHdh1}$ evolventisch basierter Zahnwellenverbindungen nach Kapitel 3.3 gemäß Tabelle 6.1 hinreichend genau mathematisch beschreiben zu können, wird im Rahmen dieser Dissertation eine besondere Vorgehensweise zugrunde gelegt. Diese ist in Abbildung 6.114 von Kapitel 6.2.3.6 dargelegt. Ihr als auch den in ihrem Zusammenhang angeführten Erläuterungen kann entnommen werden, dass die Torsionsextremwertformzahlen $\alpha_{ktGEHdB}^{E}$ sowie $\alpha_{ktGEHdh1}^{E}$ Basis zur Bestimmung der Torsionsformzahlen $\alpha_{ktGEHdB}$ sowie $\alpha_{ktGEHdh1}$ sind. Diese Größen sind für ein klassifiziertes beziehungsweise spezifisches Wellenfußrundungsradiusverhältnis ρ_{f1}/m sowie Wellenformübermaßverhältnis c_{F1}/m gültig. Die in Kapitel 6.2.3.6.2 entwickelten Gleichungen gelten dabei für die flankenwinkelspezifisch optimalen Wellenfußrundungsradiusverhältnisse $(\rho_{f1}/m)_{Opt}$, vgl. Kapitel 6.2.3.5.5, sowie das in diesem Kapitel betrachtete Wellenformübermaßverhältnis c_{F1}/m von 0,12.

Zahnwellen nach [DIN 5480] werden häufig durch Wälzfräsen, also durch Zerspanen hergestellt. Für sie ist ein Wellenfußrundungsradiusverhältnis ρ_{f1}/m von 0,16 definiert, vgl. Gleichung (67). Dieses führt in ihrem Zahnfuß, wie in dieser Dissertation bereits mannigfaltig aufgezeigt, zu einer sehr scharfen und unter dem Aspekt der Gestaltfestigkeit sehr ungünstigen Kerbe. Eine freie Variation des Wellenfußrundungsradiusverhältnisses ρ_{f1}/m ist in der [DIN 5480] nicht vorgesehen und systembedingt auch nicht möglich. Dies wie auch die Gründe hierfür sind in Kapitel 3.1.2 beschrieben. In Konsequenz entspricht ein Vergleich der Torsionsextremwertformzahlen $\alpha_{ktGEHdB}^{E}$ sowie $\alpha_{ktGEHdh1}^{E}$ bei einem Wellenfußrundungsradiusverhältnis ρ_{f1}/m von 0,16 mit jenen bei flankenwinkelspezifisch optimalem Wellenfußrundungsradiusverhältnis $\left(\rho_{f1}/m\right)_{Opt}$ einer praxisnahen Betrachtungsweise zur Beurteilung einer möglichen Tragfähigkeitssteigerung evolventisch basierter Zahnwellenverbindungen nach [DIN 5480] durch die Anwendung des in Kapitel 3.3 vom Autor dieser Dissertation entwickelten Systems mit optimalem Wellenfußrundungsradiusverhältnis $\left(\rho_{f1}/m\right)_{Opt}$ bei einem Wellenformübermaßverhältnis c_{F1}/m von 0,12. Es sei hervorgehoben, dass weiterführende Tragfähigkeitssteigerungen durch die Verwendung des optimalen Moduls m_{Opt}, vgl. Kapitel 6.2.3.5.2, eines günstigen Flankenwinkels, vgl. Kapitel 6.2.3.5.4, sowie Wellenformübermaßverhältnisses c_{F1}/m, vgl. Kapitel 6.2.4, und insbesondere durch Profilmodifizierung, vgl. Kapitel 6.3, möglich sind.

Der oben erwähnte Vergleich der Torsionsextremwertformzahlen $\alpha_{ktGEHdB}^{E}$ sowie $\alpha_{ktGEHdh1}^{E}$ bei einem Wellenfußrundungsradiusverhältnis ρ_{f1}/m von 0,16 mit jenen bei flankenwinkelspezifisch optimalem Wellenfußrundungsradiusverhältnis $\left(\rho_{f1}/m\right)_{Opt}$ erfolgt durch Subtraktion der die entsprechenden Sachverhalte beschreibenden Näherungsgleichungen. Dies formuliert Gleichung (244).

$$\Delta\alpha_{ktGEH}^{E} \text{ bzw. } \Delta\alpha_{ktGEH}^{E}$$
$$= \left(\alpha_{ktGEH}^{E}\right)_{\rho_{f1}/m=0,16} - \left(\alpha_{ktGEH}^{E}\right)_{\rho_{f1}/m=Opt.} \tag{244}$$

Die Näherungsgleichungen zur mathematischen Beschreibung der Extremwertformzahlen $\alpha_{ktGEHdB}^{E}$ sowie $\alpha_{ktGEHdh1}^{E}$ bei flankenwinkelspezifisch optimalem Wellenfußrundungsradiusverhältnis $\left(\rho_{f1}/m\right)_{Opt}$ werden in Kapitel 6.2.3.6.2 entwickelt. Jene für das Wellenfußrundungsradiusverhältnis ρ_{f1}/m von 0,16 werden als ein grundlegender Bestandteil für die in diesem Kapitel geführte Betrachtung in den nachfolgenden Unterkapiteln bestimmt. Die Vorgehensweise hierfür entspricht der in Kapitel 6.2.3.6.2 aufgezeigten, die fallspezifisch allgemeine Formulierung folglich Gleichung (239). Anschließend erfolgt die Bestimmung der Veränderung der Torsionsextremwertformzahlen $\Delta\alpha_{ktGEHdB}^{E}$ sowie $\Delta\alpha_{ktGEHdh1}^{E}$ gemäß Gleichung (244). Da die zu subtrahierenden Gleichungen gemäß (239) Polynome gleichen Grades sind, ist das Ergebnis der Subtraktion eine Näherungsgleichung mit diesbezüglich unveränderten Eigenschaften. Es sei vorgegriffen, dass die resultierenden Differenzgleichungen nahezu Linearität aufweisen. In Konsequenz werden, mit dem Ziel der Vereinfachung des entsprechenden Sachverhalts, weiterführend Näherungsgleichungen mit der Methode der kleinsten Abstandsquadrate, vgl. Kapitel 2.3.3, mit linearer Ansatzfunktion entwickelt. Die fallspezifisch allgemeine Formulierung zeigt Gleichung (245).

$$\Delta\alpha^E_{ktGEHdB} \text{ bzw. } \Delta\alpha^E_{ktGEHdh1} \approx \sum_{i=0}^{1} c_i \cdot \alpha^i \tag{245}$$

6.2.3.7.2.1 Torsionsextremwertformzahl $\alpha^E_{ktGEHdB}$

Zur mathematischen Beschreibung der Extremwertformzahlen $\alpha^E_{ktGEHdB}$ mit Gleichung (239) ergeben sich die in Tabelle 6.25 angeführten Koeffizienten c_i.

Tabelle 6.25: Koeffizienten c_i von Gleichung (239) zur mathematischen Beschreibung der Torsionsformzahl $\alpha^E_{ktGEHdB}$ bei dem Wellenfußrundungsradiusverhältnis ρ_{f1}/m von 0,16

i [/]	c_i [$1/^{\circ i}$]
0	4,7054213141599600
1	-0,0576525521400901
2	0,0001245446801066
3	0,0000088663890893

Abbildung 6.132 zeigt die Auswertung der für ein Wellenfußrundungsradiusverhältnis ρ_{f1}/m von 0,16 entwickelten Näherungsgleichung zur mathematischen Beschreibung der Torsionsformzahl $\alpha^E_{ktGEHdB}$, vgl. Gleichung (239) in Kombination mit den in Tabelle 6.25 angeführten Koeffizienten c_i, als Funktion des Flankenwinkels α in Gegenüberstellung mit den numerischen Ergebnissen. Ihr kann entnommen werden, dass die Torsionsextremwertformzahl $\alpha^E_{ktGEHdB}$ mit steigendem Flankenwinkel α abnimmt. Dies ist bemerkenswert. Wird doch in Kapitel 6.2.3.6.2 für Zahnwellenverbindungen mit flankenwinkelspezifisch optimalem Wellenfußrundungsradiusverhältnis $(\rho_{f1}/m)_{Opt}$ bei sonst gleichen Randbedingungen der genau umgekehrte Verlauf festgestellt.

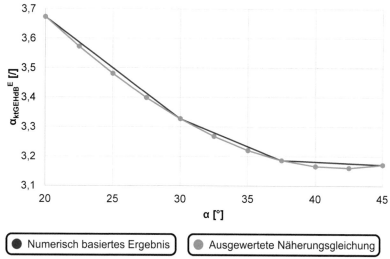

Abbildung 6.132: Torsionsformzahl $\alpha^E_{ktGEHdB}$ des Wellenfußrundungsradiusverhältnisses ρ_{f1}/m von 0,16, vgl. Gleichung (239) in Kombination mit den in Tabelle 6.25 angeführten Koeffizienten c_i, als Funktion des Flankenwinkels α in Gegenüberstellung mit den numerischen Ergebnissen

Mit Gleichung (239) sowie den in Tabelle 6.15 und Tabelle 6.25 angeführten Koeffizienten c_i sind alle Näherungsgleichungen gegeben, um Gleichung (244) anzuwenden. Die sich ergebenden Koeffizienten c_i sind in Tabelle 6.26 angeführt.

Tabelle 6.26: Koeffizienten c_i von Gleichung (244) zur mathematischen Beschreibung der Veränderung der Torsionsextremwertformzahl $\Delta\alpha^E_{ktGEHdB}$

i [/]	c_i [$1/^{\circ i}$]
0	2,3141628285248900
1	-0,1029824553022040
2	0,0020218507603343
3	-0,0000180144721962

Ausgehend von der [DIN 5480] als Stand der Technik und der mit ihr für durch Zerspanen hergestellte Verzahnungen getroffenen Definitionen zeigt Abbildung 6.133 die Veränderung der Torsionsformzahl $\Delta\alpha^E_{ktGEHdB}$ gemäß Gleichung (244), vgl. Gleichung (239) in Kombination mit den in Tabelle 6.26 angeführten Koeffizienten c_i, durch die Verwendung des optimalen Wellenfußrundungsradiusverhältnisses $(\rho_{f1}/m)_{opt}$. Aus ihr geht hervor, dass bei kleinen Flankenwinkeln α relativ große Formzahlunterschiede

$\Delta\alpha^E_{ktGEHdB}$ realisierbar sind. Mit zunehmendem Flankenwinkel α nehmen diese jedoch ab. Dies geht erwartungsgemäß mit dem maximal realisierbaren Wellenfußrundungsradiusverhältnis ρ^V_{f1}/m einher. Dieses weist die gleiche Tendenz auf, vgl. Kapitel 3.4. Wie bereits in Kapitel 6.2.3.7.2 vorgegriffen, hat die Veränderung der Torsionsformzahl $\Delta\alpha^E_{ktGEHdB}$ einen nahezu linearen Verlauf. Dies zugrunde legend, wird eine weiterführende Möglichkeit zur Vereinfachung durch die Entwicklung einer Näherungsgleichung mit der Methode der kleinsten Abstandsquadrate, vgl. Kapitel 2.3.3, mit linearer Ansatzfunktion gemäß Gleichung (245) ausgearbeitet. Tabelle 6.27 zeigt die sich in diesem Zusammenhang zur vereinfachten mathematischen Beschreibung der Veränderung der Torsionsformzahl $\Delta\alpha^E_{ktGEHdB}$ ergebenden Koeffizienten c_i.

Tabelle 6.27: Koeffizienten c_i von Gleichung (245) zur vereinfachten mathematischen Beschreibung der Veränderung der Torsionsformzahl $\Delta\alpha^E_{ktGEHdB}$

$i\,[/]$	$c_i\,[1/^{\circ i}]$
0	1,4968174237500000
1	-0,0306350100000000

Die mit Gleichung (245) sowie den in Tabelle 6.27 angeführten Koeffizienten c_i gegebene Näherungsgleichung zur vereinfachten mathematischen Beschreibung der Veränderung der Torsionsformzahl $\Delta\alpha^E_{ktGEHdB}$ ist ebenfalls in Abbildung 6.133 angeführt. Aus der entsprechenden Gegenüberstellung geht die Treffsicherheit der entwickelten Näherungsgleichung hervor.

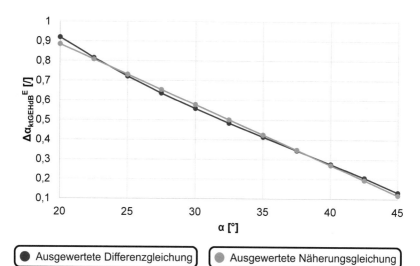

Abbildung 6.133: Veränderung der Torsionsextremwertformzahl $\Delta\alpha^E_{ktGEHdB}$ gemäß Gleichung (244) in Kombination mit den in Tabelle 6.26 sowie Gleichung (245) in Kombination mit den in Tabelle 6.27 gegebenen Koeffizienten c_i als Funktion des Flankenwinkels α

6.2.3.7.2.2   Torsionsextremwertformzahl $\alpha^E_{ktGEHdh1}$

Zur mathematischen Beschreibung der Extremwertformzahl $\alpha^E_{ktGEHdh1}$ mit Gleichung (239) ergeben sich die in Tabelle 6.28 angeführten Koeffizienten c_i.

Tabelle 6.28: Koeffizienten c_i von Gleichung (239) zur mathematischen Beschreibung der Torsionsformzahl $\alpha^E_{ktGEHdh1}$ bei dem Wellenfußrundungsradiusverhältnis ρ_{f1}/m von 0,16

i [/]	c_i [$1/^{\circ i}$]
0	3,5685892948280900
1	-0,0358852222892474
2	-0,0001080024138983
3	0,0000086899809189

Abbildung 6.134 zeigt die Auswertung der für ein Wellenfußrundungsradiusverhältnis ρ_{f1}/m von 0,16 entwickelten Näherungsgleichung zur mathematischen Beschreibung der Torsionsformzahl $\alpha^E_{ktGEHdh1}$, vgl. Gleichung (239) in Kombination mit den in Tabelle

6.28 angeführten Koeffizienten c_i, als Funktion des Flankenwinkels α in Gegenüberstellung mit den numerischen Ergebnissen. Für die wissenschaftliche Diskussion der dort angeführten Ergebnisse sei auf jene von Abbildung 6.132 verwiesen. Die ableitbaren Erkenntnisse sind qualitativ identisch.

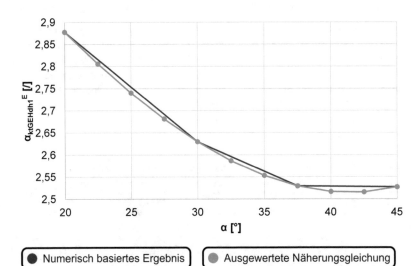

Abbildung 6.134: Torsionsformzahl $\alpha_{ktGEHdh1}^E$ des Wellenfußrundungsradiusverhältnisses ρ_{f1}/m von 0,16, vgl. Gleichung (239) in Kombination mit den in Tabelle 6.28 angeführten Koeffizienten c_i, als Funktion des Flankenwinkels α in Gegenüberstellung mit den numerischen Ergebnissen

Mit Gleichung (239) sowie den in Tabelle 6.16 und Tabelle 6.28 angeführten Koeffizienten c_i sind alle Näherungsgleichungen gegeben, um Gleichung (244) anzuwenden. Die sich ergebenden Koeffizienten c_i sind in Tabelle 6.29 angeführt.

Tabelle 6.29: Koeffizienten c_i von Gleichung (244) zur mathematischen Beschreibung der Veränderung der Torsionsextremwertformzahl $\Delta\alpha_{ktGEHdh1}^E$

i [/]	c_i $[1/^{\circ i}]$
0	2,2017622807334200
1	-0,1012366558823370
2	0,0020409820549930
3	-0,0000182584783259

Ausgehend von der [DIN 5480] als Stand der Technik und der mit ihr für durch Zerspanen hergestellte Verzahnungen getroffenen Definitionen zeigt Abbildung 6.135 die
Veränderung der Torsionsformzahl $\Delta\alpha^E_{ktGEHdh1}$ gemäß Gleichung (244), vgl. Gleichung
(239) in Kombination mit den in Tabelle 6.29 angeführten Koeffizienten c_i, durch die
Verwendung des optimalen Wellenfußrundungsradiusverhältnisses $\left(\rho_{f1}/m\right)_{Opt}$. Für
die wissenschaftliche Diskussion der dort angeführten Ergebnisse sei auf jene von Abbildung 6.133 verwiesen. Die ableitbaren Erkenntnisse sind qualitativ identisch. Auch
für die Veränderung der Torsionsformzahl $\Delta\alpha^E_{ktGEHdh1}$ wird eine weiterführende Möglichkeit zur Vereinfachung durch die Entwicklung einer Näherungsgleichung mit der
Methode der kleinsten Abstandsquadrate, vgl. Kapitel 2.3.3, mit linearer Ansatzfunktion gemäß Gleichung (245) ausgearbeitet. Tabelle 6.30 zeigt die sich in diesem Zusammenhang zur vereinfachten mathematischen Beschreibung der Veränderung der
Torsionsformzahl $\Delta\alpha^E_{ktGEHdh1}$ ergebenden Koeffizienten c_i.

Tabelle 6.30: Koeffizienten c_i von Gleichung (245) zur vereinfachten
mathematischen Beschreibung der Veränderung der Torsionsformzahl $\Delta\alpha^E_{ktGEHdh1}$

i [/]	c_i [1/$^{\circ i}$]
0	1,3818166247500000
1	-0,0284590659999999

Die mit Gleichung (245) sowie den in Tabelle 6.30 angeführten Koeffizienten c_i gegebene Näherungsgleichung zur vereinfachten mathematischen Beschreibung der Veränderung der Torsionsformzahl $\Delta\alpha^E_{ktGEHdh1}$ ist ebenfalls in Abbildung 6.135 angeführt.
Aus der entsprechenden Gegenüberstellung geht die Treffsicherheit der entwickelten
Näherungsgleichung hervor.

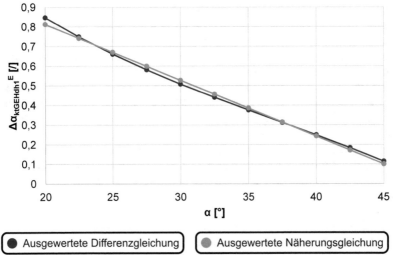

Abbildung 6.135: Veränderung der Torsionsextremwertformzahl $\Delta\alpha^E_{ktGEHdh1}$ gemäß Gleichung (244) in Kombination mit den in Tabelle 6.29 sowie Gleichung (245) in Kombination mit den in Tabelle 6.30 gegebenen Koeffizienten c_i als Funktion des Flankenwinkels α

6.2.4 Variation des Wellenformübermaßverhältnisses c_{F1}/m

Kapitel 6.2.3 basiert auf numerischen Untersuchungen, die bei einem konstanten Wellenformübermaßverhältnis c_{F1}/m von 0,12 durchgeführt wurden, vgl. Kapitel 6.2.2.1. So lange nicht ein größerer Gültigkeitsbereich nachgewiesen wird, sind die dort angeführten Ausführungen und Entwicklungen ausschließlich für dieses Verhältnis gültig. Mit dem vom Autor dieser Dissertation entwickelten System zur Profilgenerierung evolventisch basierter Zahnwellenverbindungen, vgl. Kapitel 3.3, ist, entgegen jenem der [DIN 5480], eine freie Variation des Wellenformübermaßverhältnisses c_{F1}/m möglich. Hieraus resultierend ergibt sich die Herausforderung und auch überhaupt die Möglichkeit zur Bestimmung seines Einflusses sowie seiner mathematischen Beschreibung. In diesem Zusammenhang wird allerdings der Einfluss des Wellenformübermaßverhältnisses c_{F1}/m auf die Optima der die Geometrie evolventisch basierter Zahnwellenverbindungen nach Kapitel 3.3 gemäß Tabelle 6.1 bestimmenden Parameter, vgl. Kapitel 6.2.3.5, vernachlässigt. Es wird erwartet, dass dieser marginal ist. Ziel ist vielmehr die Bestimmung des Einflusses des Wellenformübermaßverhältnisses c_{F1}/m auf die Torsionsformzahlen $\alpha_{ktGEHdB}$ sowie $\alpha_{ktGEHdh1}$ und das bezogene Spannungsgefälle G'_{GEH}, so dass dieser, durch entsprechend mathematische Formulierung, bei der Bewertung der Gestaltfestigkeit evolventisch basierter Zahnwellenverbindungen nach Kapitel 3.3 gemäß Tabelle 6.1 berücksichtigt werden kann.

Um die im vorhergehenden Absatz definierte Zielsetzung zu erreichen, wurden die in Kapitel 6.2.2.2 dargelegten Parameterfelder numerisch analysiert. Aus ihnen geht hervor, dass die Analyse des Einflusses des Wellenformübermaßverhältnisses c_{F1}/m auf das Intervall $0,02 \leq c_{F1}/m \leq 0,12$ bei einem Flankenwinkel α von 30 ° beschränkt ist. Die entsprechend fundiert getroffenen Einschränkungen dienen selbstredend der Aufwandseingrenzung. Diesbezüglich entspricht der Analysebereich des Wellenformübermaßverhältnisses c_{F1}/m dem in der [DIN 5480] in Abhängigkeit des Fertigungsverfahrens definierten normativen Umfang. Die dort benannten Fertigungsverfahren lassen abschätzen, dass mit dem entsprechenden Intervall der praxisrelevante Bereich quasi vollständig abgebildet ist. Ausnahmen bestätigen die Regel. Die Bestimmung des Einflusses des Wellenformübermaßverhältnisses c_{F1}/m bei einem Flankenwinkel α von 30 ° resultiert aus der praktischen Relevanz dieses Winkels. Für weiterführende Informationen diesbezüglich sei auf Kapitel 6.2.3.5.4 verwiesen.

Die Analyse des Einflusses des Wellenformübermaßverhältnisses c_{F1}/m erfolgt in den nachfolgenden Unterkapiteln auf zwei unterschiedliche Arten. So wird in Kapitel 6.2.4.1 auf Basis des normativen Bereichs der [DIN 5480] eine grenzwertbezogene Betrachtung durchgeführt. Als Grenzwerte sind hierbei jene Geometrien definiert, die stützstellenbezogen einen sehr kleinen beziehungsweise sehr großen Abstand zwischen dem Wellenfußkreisdurchmesser d_{f1} und dem Nabenkopfkreisdurchmesser d_{a2} bei zudem stützstellenbezogen größtmöglichem Intervall von Bezugsdurchmesser d_B und Modul m exklusive der Bezugsdurchmesser d_B von 6 mm, 300 mm sowie 500 mm aufweisen. Zuvor angeführte Ausschlüsse werden wegen der geringen Anzahl an genormten Moduln m vorgenommen. Die Grenzwertanalyse umfasst in guter Näherung repräsentative Verbindungen der gegenwärtig in der Praxis häufig verwendeten Geometrien evolventisch basierter Zahnwellenverbindungen nach [DIN 5480] und dient dem allgemeinen Systemverständnis. Mit den nunmehr durch die in dieser Dissertation angeführten Ergebnissen und Entwicklungen gegebenen Möglichkeiten sind diese jedoch zumindest von untergeordneter Bedeutung. In Konsequenz wird das Ziel der mathematischen Beschreibung des Einflusses des Wellenformübermaßverhältnisses c_{F1}/m auf die Torsionsformzahlen $\alpha_{ktGEHdB}$ sowie $\alpha_{ktGEHdh1}$ und das bezogene Spannungsgefälle G'_{GEH} hier nicht verfolgt. Von weit größerer Relevanz ist die optimabezogene Einflussanalyse. Diese wird stützstellenbezogen in Kapitel 6.2.4.2 durchgeführt. Hier erfolgt die vollständige mathematische Beschreibung des Einflusses des Wellenformübermaßverhältnisses c_{F1}/m auf die Torsionsformzahlen $\alpha_{ktGEHdB}$ sowie $\alpha_{ktGEHdh1}$ und das bezogene Spannungsgefälle G'_{GEH}.

6.2.4.1 Grenzwertbezogener Einfluss

Mit Verweis auf die in Kapitel 6.2.4 getroffene Definition der grenzwertbezogenen Einflussanalyse werden konkret die Bezugsdurchmesser d_B von 25 mm sowie 100 mm analysiert. Bezugsdurchmesserspezifisch wird jeweils der nach [DIN 5480] minimal genormte Modul m in Kombination mit einem Wellenfußrundungsradiusverhältnis ρ_{f1}/m von 0,16 untersucht. Dieses Verhältnis entspricht dem des in der [DIN 5480] für durch Zerspanen hergestellte Verzahnungen definierten. Zuvor dargelegte geometrische Konstellation ist Grenzwert mit sehr kleinem Abstand zwischen Wellenfußkreisdurchmesser d_{f1} und dem Nabenkopfkreisdurchmesser d_{a2}. In analoger Vorgehensweise hierzu wird zudem bezugsdurchmesserspezifisch jeweils der nach [DIN 5480] maximal genormte Modul m in Kombination mit einem Wellenfußrundungsradiusverhältnis ρ_{f1}/m von 0,48 analysiert. Dies entspricht dem Grenzwert mit sehr großem Abstand zwischen Wellenfußkreisdurchmesser d_{f1} und Nabenkopfkreisdurchmesser d_{a2}. Hierbei sei angemerkt, dass die iterativ maximal realisierbaren Wellenfußrundungsradiusverhältnisse ρ_{f1}^{itMax}/m aus Gründen der Vergleichbarkeit nicht zugrunde gelegt werden. Unterscheiden sich diese doch von Verbindung zu Verbindung.

Abbildung 6.136 zeigt die Torsionsformzahl $\alpha_{ktGEHdB}$ als Funktion des Wellenformübermaßverhältnisses c_{F1}/m am Beispiel evolventisch basierter Zahnwellenverbindungen nach Kapitel 3.3 gemäß Tabelle 6.1 für die zu Beginn dieses Kapitels konkret definierten Grenzwertverbindungen. Für die Verbindungen mit sehr kleinem Abstand zwischen dem Wellenfußkreisdurchmesser d_{f1} und dem Nabenkopfkreisdurchmesser d_{a2} wird ersichtlich, dass die Torsionsformzahl $\alpha_{ktGEHdB}$ mit steigendem Wellenformübermaßverhältnis c_{F1}/m in nicht unerheblichem Maße abnimmt, die Tragfähigkeit also zunimmt. Tendenziell gilt weiterführend, dass die Realisierung kleiner Wellenformübermaßverhältnisse c_{F1}/m mit höherem wirtschaftlichem Aufwand verbunden ist. Zusammenfassend führen kleine Wellenformübermaßverhältnisse c_{F1}/m bei Verbindungen mit sehr kleinem Abstand zwischen dem Wellenfußkreisdurchmesser d_{f1} und dem Nabenkopfkreisdurchmesser d_{a2} zu einer geringeren Tragfähigkeit und zudem einer geringeren Wirtschaftlichkeit. Bei Verbindungen mit sehr großem Abstand zwischen dem Wellenfußkreisdurchmesser d_{f1} und dem Nabenkopfkreisdurchmesser d_{a2} zeigt sich allerdings, dass die Torsionsformzahl $\alpha_{ktGEHdB}$ mit kleiner werdendem Wellenformübermaßverhältnis c_{F1}/m nennenswert abnimmt, die Tragfähigkeit also zunimmt. Bei unveränderter Wirtschaftlichkeitstendenz sind folglich Kosten und Nutzen bei der konstruktiven Gestaltung abzuwägen.

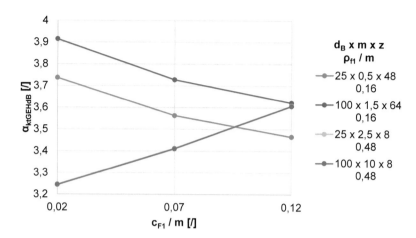

Abbildung 6.136: Torsionsformzahl $\alpha_{ktGEHdB}$ als Funktion des Wellenformübermaß-verhältnisses c_{F1}/m am Beispiel evolventisch basierter ZWV nach Kapitel 3.3 gemäß Tabelle 6.1 mit Extremwertcharakter

Abbildung 6.137 zeigt die Torsionsformzahl $\alpha_{ktGEHdh1}$ als Funktion des Wellenform-übermaßverhältnisses c_{F1}/m am Beispiel evolventisch basierter Zahnwellenverbin-dungen nach Kapitel 3.3 gemäß Tabelle 6.1 für die eingangs dieses Kapitels konkret definierten Grenzwertverbindungen. Wenn auch in deutlich geringerer Ausprägung, zeigen sich hier die gleichen Effekte, die auch auf Basis von Abbildung 6.136 festge-stellt werden. Aus diesem Grund wird für die wissenschaftliche Diskussion der in Ab-bildung 6.137 angeführten numerischen Ergebnisse auf jene von Abbildung 6.136 ver-wiesen.

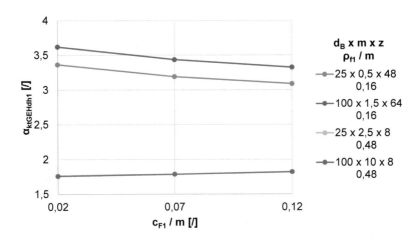

Abbildung 6.137: Torsionsformzahl $\alpha_{ktGEHdh1}$ als Funktion des Wellenformübermaßverhältnisses c_{F1}/m am Beispiel evolventisch basierter ZWV nach Kapitel 3.3 gemäß Tabelle 6.1 mit Extremwertcharakter

Abbildung 6.138 zeigt das bezogene Spannungsgefälle G'_{GEH} als Funktion des Wellenformübermaßverhältnisses c_{F1}/m am Beispiel evolventisch basierter Zahnwellenverbindungen nach Kapitel 3.3 gemäß Tabelle 6.1 für die zu Beginn dieses Kapitels konkret definierten Grenzwertverbindungen. Auf ihrer Grundlage müsste geschlussfolgert werden, dass im Gegensatz zu Verbindungen mit sehr großem Abstand zwischen dem Wellenfußkreisdurchmesser d_{f1} und dem Nabenkopfkreisdurchmesser d_{a2} bei jenen mit kleinem Abstand zwischen dem Wellenfußkreisdurchmesser d_{f1} und dem Nabenkopfkreisdurchmesser d_{a2} das Wellenformübermaßverhältnis c_{F1}/m Einfluss auf das bezogene Spannungsgefälle G'_{GEH} hat. Die Auswertung der originären Daten offenbart jedoch, dass der Einfluss bei beiden Grenzwerten identisch ist. Allerdings ist dieser bei den Verbindungen mit sehr großem Abstand zwischen dem Wellenfußkreisdurchmesser d_{f1} und dem Nabenkopfkreisdurchmesser d_{a2} nur noch äußerst gering ausgeprägt. So kann schlussendlich festgehalten werden, dass der Einfluss des Wellenformübermaßverhältnisses c_{F1}/m auf das bezogene Spannungsgefälle G'_{GEH} mit zunehmendem Abstand zwischen Wellenfußkreisdurchmesser d_{f1} und dem Nabenkopfkreisdurchmesser d_{a2} abnimmt.

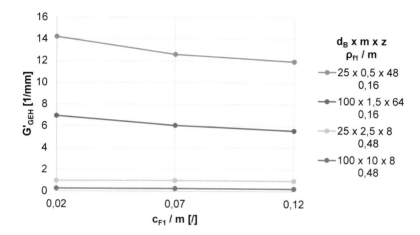

Abbildung 6.138: Torsionsmomentinduziert bezogenes Spannungsgefälle G'_{GEH} als Funktion des Wellenformübermaßverhältnisses c_{F1}/m am Beispiel evolventisch basierter ZWV nach Kapitel 3.3 gemäß Tabelle 6.1 mit Extremwertcharakter

6.2.4.2   Optimabezogener Einfluss

Wie in Kapitel 6.2.3 beschrieben, ist primäres Ziel der Variation des Wellenformübermaßverhältnisses c_{F1}/m, dessen optimabezogenen Einfluss auf die Torsionsformzahlen $\alpha_{ktGEHdB}$ sowie $\alpha_{ktGEHdh1}$ und das bezogene Spannungsgefälle G'_{GEH} mathematisch beschreiben und dadurch technisch berücksichtigen zu können. Die Ergebnisse der hierfür durchgeführten numerischen Untersuchungen, vgl. Kapitel 6.2.2.2, werden vor der Entwicklung entsprechender Näherungsgleichungen, vgl. Kapitel 6.2.4.3, allerdings zunächst dazu genutzt, eine allgemeine Einflussanalyse durchzuführen. Diese dient dem generellen Systemverständnis und ist Gegenstand dieses Kapitels.

Abbildung 6.139 zeigt die Torsionsformzahl $\alpha_{ktGEHdB}$ als Funktion des Wellenformübermaßverhältnisses c_{F1}/m der stützstellenbasiert optimalen evolventisch basierten Zahnwellenverbindungen nach Kapitel 3.3 gemäß Tabelle 6.1. Mit ihr wird zunächst ersichtlich, dass der Einfluss des Wellenformübermaßverhältnisses c_{F1}/m auf die Torsionsformzahl $\alpha_{ktGEHdB}$ relativ gering ist. Nichtsdestotrotz kann festgehalten werden, dass die Torsionsformzahl $\alpha_{ktGEHdB}$ mit kleiner werdendem Wellenformübermaßverhältnis c_{F1}/m abnimmt. Sie hat also für das untersuchte Intervall $0,02 \leq c_{F1}/m \leq 0,12$ ein randwertbedingt absolutes Minimum beziehungsweise Optimum bei einem Wellenformübermaßverhältnis c_{F1}/m von 0,02. Es ist zu erwarten, dass die Tragfähigkeit bei weiterer Verkleinerung des entsprechenden Verhältnisses weiter steigt, dies allerdings in sehr geringem Maße. Beträgt doch die Verringerung der Torsionsformzahl $\alpha_{ktGEHdB}$ bei einer Veränderung des Wellenformübermaßverhältnisses c_{F1}/m von 0,07 auf 0,02 lediglich noch wenige Hundertstel. Ausschließlich die Gestaltfestigkeit zugrunde legend, müsste für das Wellenformübermaßverhältnis c_{F1}/m bei der konstruktiven Gestaltung evolventisch basierter Zahnwellenverbindungen nach Kapitel 3.3 gemäß Tabelle 6.1 geschlussfolgert werden, dass dieses so klein wie möglich zu wählen ist. Allerdings wird erwartet, dass die Herstellkosten mit dem Wellenformübermaßverhältnis c_{F1}/m exponentiell korrelieren. Je kleiner das Wellenformübermaßverhältnis c_{F1}/m ist, desto höher sind die Fertigungskosten. Dies zusätzlich zur Gestaltfestigkeit berücksichtigend wird für das Wellenformübermaßverhältnis c_{F1}/m bei der konstruktiven Gestaltung evolventisch basierter Zahnwellenverbindungen nach Kapitel 3.3 gemäß Tabelle 6.1 ein Verhältnis von 0,07 empfohlen.

Alle in Kapitel 6.2.3 angeführten Inhalte basieren auf der numerischen Untersuchung der in Kapitel 6.2.2.1 dargelegten Parameterfelder. Wie diesen entnommen werden kann, wurden hierbei ausschließlich evolventisch basierte Zahnwellenverbindungen nach Kapitel 3.3 gemäß Tabelle 6.1 bei einem konstanten Wellenformübermaßverhältnis c_{F1}/m von 0,12 analysiert. Die resultierenden Ergebnisse werden unter anderem dazu verwendet, die unter dem Aspekt der Gestaltfestigkeit optimale Geometrie sowie in Weiterführung ihre Tragfähigkeit mathematisch zu beschreiben. Dabei wird zur Entwicklung von Näherungsgleichungen zur Gestaltfestigkeitscharakterisierung für die Torsionsformzahlen $\alpha_{ktGEHdB}$ sowie $\alpha_{ktGEHdh1}$ eine besondere Vorgehensweise angewendet, vgl. Abbildung 6.114 in Kapitel 6.2.3.6. Grundlage dieser sind die Torsionsextremwertformzahlen $\alpha_{ktGEHdB}^{E}$ sowie $\alpha_{ktGEHdh1}^{E}$. Durch diese ist eine spätere konservative Bauteilauslegung sichergestellt. Realisiert ist dies durch entsprechende Berücksichtigung des Einflusses der Wellenzähnezahl z_1 sowie jenes des Welleninitiationsprofilverschiebungsfaktors x_{I1} auf die Torsionsformzahlen $\alpha_{ktGEHdB}$ sowie $\alpha_{ktGEHdh1}$. Genauere Informationen hierzu können Kapitel 6.2.3.6 entnommen werden. Mit Abbildung 6.139 kann dies um den Einfluss des Wellenformübermaßverhältnisses c_{F1}/m erweitert werden.

Die resultierende Lokalbeanspruchung im Wellenzahnfuß als eine grundlegend erforderliche Größe zur Berechnung der Torsionsformzahl $\alpha_{ktGEHdB}$ ist von mannigfaltigen Einflussgrößen abhängig. Durch die Veränderung des Wellenformübermaßverhältnisses c_{F1}/m werden gleich mehrere einflussnehmende Faktoren beeinflusst. Hieraus resultierend ist der auf Basis von Abbildung 6.139 erkannte Effekt der abnehmenden Torsionsformzahl $\alpha_{ktGEHdB}$ bei Verringerung des Wellenformübermaßverhältnisses c_{F1}/m Resultat ihrer Summenwirkung. Er kann nicht direkt einer Einflussgröße oder mehreren Einflussgrößen zugeordnet werden. Unter Anwendung des allgemeinen Systemverständnisses für evolventisch basierte Zahnwellenverbindungen nach Kapitel 3.3 sowie der allgemeinen Kerbtheorie können jedoch Tendenzen aufgezeigt werden. Dies ist Gegenstand der im nachfolgenden Absatz geführten Diskussion.

Ausgehend von einem Wellenformübermaßverhältnis c_{F1}/m von 0,12 bewirkt die Verringerung des entsprechenden Verhältnisses eine Vergrößerung des Torsionswiderstandsmoments W_t der Welle sowie des Abstands zwischen zug- sowie druckbeanspruchtem Bereich eines eine Wellenzahnlücke bildenden Zahnpaares. Beides wirkt sich reduzierend auf die Höhe der resultierenden Lokalbeanspruchung im Wellenzahnfuß aus. Darüber hinaus führt eine Verringerung des Wellenformübermaßverhältnisses c_{F1}/m jedoch auch zu einer Verkleinerung des Abstands zwischen dem Wellenfußkreisdurchmesser d_{f1} und dem Nabenkopfkreisdurchmesser d_{a2}. Dies verursacht tendenziell eine Vergrößerung der resultierenden Lokalbeanspruchung im Wellenzahnfuß durch Kerbüberlagerung. Darüber hinaus entspricht eine Verkleinerung des Wellenformübermaßverhältnisses c_{F1}/m einer Verkürzung des Zahns durch Verschieben der Zahneinspannung in radialer Richtung nach außen. Mit Verweis auf Kapitel 2.2.3.1 ändern sich hierdurch die Hebelarmverhältnisse. Zudem verringert sich tendenziell ebenfalls jener Zahnquerschnitt, in dem die resultierend maximale Lokalbeanspruchung auftritt. In Konsequenz ändern sich die Beanspruchungskomponenten und in letzter Instanz eben auch die resultierend maximale Lokalbeanspruchung. Dem zuvor beschriebenen Komplexitätsgrad geschuldet, kann allerdings für die Verkürzung des Zahns durch die Verkleinerung des Wellenformübermaßverhältnisses c_{F1}/m nicht ohne Weiteres eine Tendenz aufgezeigt werden. Hierfür sind weiterführende Analysen erforderlich, die jedoch nicht mehr Bestandteil dieser Dissertation sind.

Über das oben Beschriebene hinaus führt ein kleineres Wellenformübermaßverhältnis c_{F1}/m dazu, dass größere Wellenfußrundungsradiusverhältnisse ρ_{f1}/m realisierbar sind. Dies kann leicht mit dem vom Autor dieser Dissertation entwickelten System zur Profilgenerierung evolventisch basierter Zahnwellenverbindungen, vgl. Kapitel 3.3, nachvollzogen werden. Mit Verweis auf Gleichung (237) zur prognostiziert allgemeingültigen mathematischen Beschreibung des optimalen Wellenfußrundungsradiusverhältnisses $\left(\rho_{f1}/m\right)_{Opt}$ kann festgehalten werden, dass das entsprechend optimale Verhältnis mit kleiner werdendem Wellenformübermaßverhältnis c_{F1}/m zunimmt. Bei der in Abbildung 6.139 angeführten Betrachtung wird jedoch der Einfluss des Wellenformübermaßverhältnisses c_{F1}/m auf die Torsionsformzahl $\alpha_{ktGEHdB}$ ausgehend von einem Verhältnis von 0,12 durch dessen Verringerung bei konstantem Wellenfußrundungsradiusverhältnis ρ_{f1}/m analysiert. In Konsequenz ist bei den dort angeführten Verbindungen mit einem Wellenformübermaßverhältnis c_{F1}/m kleiner als 0,12 eine weitere Tragfähigkeitssteigerung durch die Verwendung des optimalen Wellenfußrundungsradiusverhältnisses $\left(\rho_{f1}/m\right)_{Opt}$ zum Beispiel nach Gleichung (237) möglich.

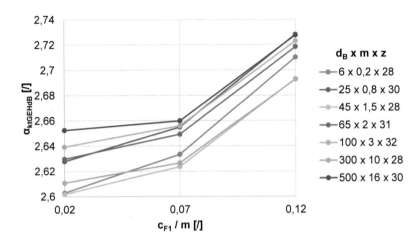

Abbildung 6.139: Torsionsformzahl $\alpha_{ktGEHdB}$ als Funktion des Wellenformübermaß-verhältnisses c_{F1}/m am Beispiel der ZWV Kapitel 3.3 – var. x m_{Opt} x z_{Opt} (gemäß Tabelle 6.1; $c_{F1}/m = var.$; $\alpha = 30$ °; $\rho_{f1}/m = 0{,}48$)

Abbildung 6.140 zeigt die Torsionsformzahl $\alpha_{ktGEHdh1}$ als Funktion des Wellenform-übermaßverhältnisses c_{F1}/m der stützstellenbasiert optimalen evolventisch basierten Zahnwellenverbindungen nach Kapitel 3.3 gemäß Tabelle 6.1. Wenn auch in deutlich geringerer Ausprägung, zeigen sich hier die gleichen Effekte, die auch bereits auf Basis von Abbildung 6.139 festgestellt wurden. Aus diesem Grund wird für die wissen-schaftliche Diskussion der in Abbildung 6.140 angeführten numerischen Ergebnisse auf jene von Abbildung 6.139 verwiesen.

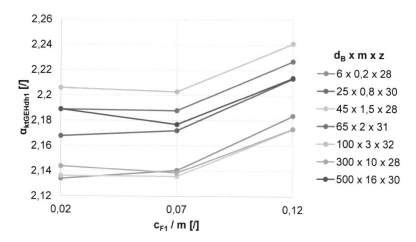

Abbildung 6.140: Torsionsformzahl $\alpha_{ktGEHdh1}$ als Funktion des Wellenformübermaß-verhältnisses c_{F1}/m am Beispiel der ZWV Kapitel 3.3 – var. x m_{Opt} x z_{Opt} (gemäß Tabelle 6.1; $c_{F1}/m = var.$; $\alpha = 30\,°$; $\rho_{f1}/m = 0,48$)

Abbildung 6.141 zeigt das bezogene Spannungsgefälle G'_{GEH} als Funktion des Wellen-formübermaßverhältnisses c_{F1}/m der stützstellenbasiert optimalen evolventisch ba-sierten Zahnwellenverbindungen nach Kapitel 3.3 gemäß Tabelle 6.1. Hier zeigen sich die gleichen Effekte, die auch bereits auf Basis von Abbildung 6.138 festgestellt wur-den. Aus diesem Grund wird für die wissenschaftliche Diskussion der in Abbildung 6.141 angeführten numerischen Ergebnisse auf jene von Abbildung 6.138 verwiesen.

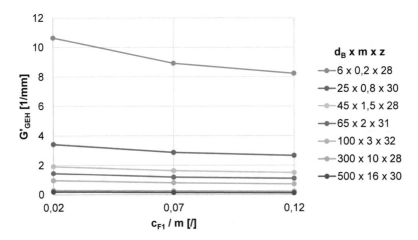

Abbildung 6.141: Torsionsmomentinduziert bezogenes Spannungsgefälle G'_{GEH} als Funktion des Wellenformübermaßverhältnisses c_{F1}/m am Beispiel der ZWV Kapitel 3.3 – var. x m_{Opt} x z_{Opt} (gemäß Tabelle 6.1; $c_{F1}/m = var.$; $\alpha = 30°$; $\rho_{f1}/m = 0,48$)

6.2.4.3 Optimabezogene mathematische Einflussbeschreibung

Gegenstand dieses Kapitels ist das in Kapitel 6.2.4 formulierte Ziel der optimabezogenen mathematischen Beschreibung des Einflusses des Wellenformübermaßverhältnisses c_{F1}/m auf die Torsionsformzahl $\alpha_{ktGEHdB}$, vgl. Kapitel 6.2.4.3.1, die Torsionsformzahl $\alpha_{ktGEHdh1}$, vgl. Kapitel 6.2.4.3.2, sowie das bezogene Spannungsgefälle G'_{GEH}, vgl. Kapitel 6.2.4.3.3. Grundlage hierfür sind die Ergebnisse der numerischen Analyse des in Abbildung 6.14 von Kapitel 6.2.2.2 aufgezeigten Parameterfelds. Diesem kann entnommen werden, dass die Bestimmung des Einflusses des Wellenformübermaßverhältnisses c_{F1}/m im Rahmen dieser Dissertation ausschließlich für einen Flankenwinkel α von 30° erfolgt. Die Begrenzung des Parameterfelds dient der Aufwandsbegrenzung. Bei Bedarf ist selbstredend jederzeit problemlos eine Erweiterung möglich. Die für das vorliegende Werk exemplarisch durchgeführte Bestimmung des Einflusses des Wellenformübermaßverhältnisses c_{F1}/m bei einem Flankenwinkel α von 30° ist auf die Relevanz dieses Winkels für evolventisch basierte Zahnwellenverbindungen nach Kapitel 3.3 zurückzuführen, vgl. diesbezüglich Kapitel 6.2.3.5.4.

Der zu korrigierende optimabezogene Einfluss des Wellenformübermaßverhältnisses c_{F1}/m auf die Torsionsformzahlen $\alpha_{ktGEHdB}$ sowie $\alpha_{ktGEHdh1}$ und das bezogene Spannungsgefälle G'_{GEH} wird durch basisbezogene Differenzwertbildung berechnet. Mit Verweis auf die in Kapitel 6.2.4.2 auf Basis von Abbildung 6.139 geführte wissenschaftliche Diskussion wird das Wellenformübermaßverhältnis c_{F1}/m von 0,12 als Basis definiert. Die aus der oben benannten Differenzwertbildung resultierenden Korrektur-werte $K^{cF1}_{aktGEHdB}$, $K^{cF1}_{aktGEHdh1}$ sowie $K^{cF1}_{G'GEH}$ werden durch die Entwicklung von Nähe-rungsgleichungen mathematisch beschrieben.

6.2.4.3.1 Korrekturwert $K^{cF1}_{aktGEHdB}$

Alle zur mathematischen Beschreibung des Korrekturwertes $K^{cF1}_{aktGEHdB}$ erforderlichen Daten sind im Anhang ergänzt, vgl. Kapitel 11.2.6.1. Im Detail sind in Tabelle 11.71 die numerisch bestimmten Torsionsformzahlen $\alpha_{ktGEHdB}$ des in Abbildung 6.14 von Kapitel 6.2.2.2 aufgezeigten Parameterfelds angeführt. Tabelle 11.72 fasst weiterfüh-rend die berechneten Korrekturwerte zusammen. Abbildung 11.463 visualisiert diese. Es sei vorab angemerkt, dass diesem Diagramm entnommen werden kann, dass der Bezugsdurchmesser d_B einen geringen Einfluss auf den Korrekturwert $K^{cF1}_{aktGEHdB}$ hat. Folglich wird dieser bei der Entwicklung von Näherungsgleichungen berücksichtigt.

Die mathematische Beschreibung des Korrekturwertes $K^{cF1}_{aktGEHdB}$ unter Berücksichti-gung dessen Abhängigkeit vom Bezugsdurchmesser d_B erfolgt auf Basis der Methode der kleinsten Abstandsquadrate, vgl. Kapitel 2.3.3. Hierfür wird ein Ansatz gemäß Glei-chung (50) gewählt. Eine hinreichend genaue Abbildung gelingt mit einem Polynom zweiter Ordnung, wenn eine Fallunterscheidung nach dem Bezugsdurchmesser d_B durchgeführt wird. Unterschieden wird zwischen den Intervallen $6\ mm \leq d_B \leq 65\ mm$ sowie $65\ mm \leq d_B \leq 500\ mm$. Die fallspezifisch mathematische Beschreibung des technisch wissenschaftlichen Sachverhalts führt hierbei selbstredend zu keinen Unter-schieden der Form der Näherungsgleichung, sondern äußert sich lediglich durch un-terschiedliche Koeffizienten c_{ik}. Daher zeigt Gleichung (246) ihre allgemeine Formu-lierung für beide Fälle.

$$
\begin{aligned}
K^{cF1}_{aktGEHdB} = c_{00} &+ c_{10} \cdot d_B + c_{11} \cdot \frac{c_{F1}}{m} + c_{20} \cdot d_B^2 + c_{21} \cdot d_B \cdot \frac{c_{F1}}{m} \\
&+ c_{22} \cdot \left(\frac{c_{F1}}{m}\right)^2
\end{aligned}
\tag{246}
$$

Die nach Gleichung (246) zur mathematischen Beschreibung des Korrekturwertes $K^{cF1}_{aktGEHdB}$ für Bezugsdurchmesser d_B im Intervall $6\ mm \leq d_B \leq 65\ mm$ erforderlichen Koeffizienten c_{ik} sind in Tabelle 6.31 angeführt.

Tabelle 6.31: Koeffizienten c_{ik} von Gleichung (246) zur mathematischen Beschreibung des Korrekturwertes $K^{cF1}_{aktGEHdB}$ für Bezugsdurchmesser d_B im Intervall $6\,mm \leq d_B \leq 65\,mm$ (gemäß Tabelle 6.1; $c_{F1}/m = var.;\ \alpha = 30°;\ \rho_{f1}/m = Opt.$)

i [/]	k [/]	$c_{ik}\ [1/(mm^{i-k})]$
0	0	-0,1082527281215150
1	0	0,0005098065359136
1	1	-0,2437708421155490
2	0	-0,0000017660601415
2	1	-0,0032823906775731
2	2	9,4771091500000000

Die Auswertung der zur mathematischen Beschreibung des Korrekturwertes $K^{cF1}_{aktGEHdB}$ für Bezugsdurchmesser d_B im Intervall $6\,mm \leq d_B \leq 65\,mm$ entwickelten Näherungsgleichung, vgl. Gleichung (246) in Kombination mit den in Tabelle 6.31 gegebenen Koeffizienten c_{ik}, zeigt Abbildung 6.142. Zudem sind dort die numerisch basierten Eingangsdaten zur Gleichungsbestimmung dargestellt. Die entsprechende Gegenüberstellung zeigt die zumindest für praktische Belange hinreichende Abbildegenauigkeit der entwickelten Näherungsgleichung.

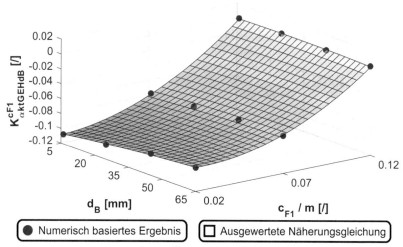

Abbildung 6.142: Korrekturwert $K_{\alpha ktGEHdB}^{cF1}$ als Funktion des Bezugsdurchmessers d_B sowie des Wellenformübermaßverhältnisses c_{F1}/m für Bezugsdurchmesser d_B im Intervall $6\,mm \le d_B \le 65\,mm$ (gemäß Tabelle 6.1; $c_{F1}/m = var.$; $\alpha = 30°$; $\rho_{f1}/m = 0,48$)

Die nach Gleichung (246) zur mathematischen Beschreibung des Korrekturwertes $K_{\alpha ktGEHdB}^{cF1}$ für Bezugsdurchmesser d_B im Intervall $65\,mm \le d_B \le 500\,mm$ erforderlichen Koeffizienten c_{ik} sind in Tabelle 6.32 angeführt.

Tabelle 6.32: Koeffizienten c_{ik} von Gleichung (246) zur mathematischen Beschreibung des Korrekturwertes $K_{\alpha ktGEHdB}^{cF1}$ für Bezugsdurchmesser d_B im Intervall $65\,mm \le d_B \le 500\,mm$ (gemäß Tabelle 6.1; $c_{F1}/m = var.$; $\alpha = 30°$; $\rho_{f1}/m = 0,48$)

i [/]	k [/]	$c_{ik}\ [1/(mm^{i-k})]$
0	0	-0,0805900178176986
1	0	0,0000339029989050
1	1	-0,5896460448159790
2	0	-0,0000000110252124
2	1	-0,0002622648919545
2	2	10,5373170000000000

Die Auswertung der zur mathematischen Beschreibung des Korrekturwertes $K_{\alpha ktGEHdB}^{cF1}$ für Bezugsdurchmesser d_B im Intervall $65\ mm \leq d_B \leq 500\ mm$ entwickelten Näherungsgleichung, vgl. Gleichung (246) in Kombination mit den in Tabelle 6.32 gegebenen Koeffizienten c_{ik}, zeigt Abbildung 6.143. Zudem sind dort die numerisch basierten Eingangsdaten zur Gleichungsbestimmung dargestellt. Die entsprechende Gegenüberstellung zeigt die zumindest für praktische Belange hinreichende Abbildegenauigkeit der entwickelten Näherungsgleichung.

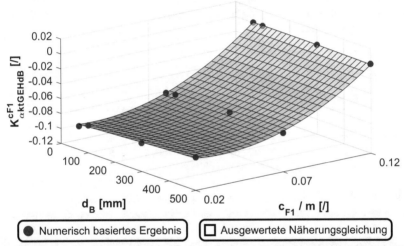

● Numerisch basiertes Ergebnis □ Ausgewertete Näherungsgleichung

Abbildung 6.143: Korrekturwert $K_{\alpha ktGEHdB}^{cF1}$ als Funktion des Bezugsdurchmessers d_B sowie des Wellenformübermaßverhältnisses c_{F1}/m für Bezugsdurchmesser d_B im Intervall $65\ mm \leq d_B \leq 500\ mm$ (gemäß Tabelle 6.1; $c_{F1}/m = var.$; $\alpha = 30°$; $\rho_{f1}/m = 0{,}48$)

6.2.4.3.2 Korrekturwert $K_{\alpha ktGEHdh1}^{cF1}$

Alle zur mathematischen Beschreibung des Korrekturwertes $K_{\alpha ktGEHdh1}^{cF1}$ erforderlichen Daten sind im Anhang ergänzt, vgl. Kapitel 11.2.6.2. Im Detail sind in Tabelle 11.73 die numerisch bestimmten Torsionsformzahlen $\alpha_{ktGEHdh1}$ des in Abbildung 6.14 von Kapitel 6.2.2.2 aufgezeigten Parameterfelds angeführt. Tabelle 11.74 fasst weiterführend die berechneten Korrekturwerte zusammen. Abbildung 11.464 visualisiert diese. Es sei vorab angemerkt, dass diesem Diagramm entnommen werden kann, dass der Bezugsdurchmesser d_B einen geringen Einfluss auf den Korrekturwert $K_{\alpha ktGEHdh1}^{cF1}$ hat. Folglich wird dieser bei der Entwicklung von Näherungsgleichungen berücksichtigt.

Die mathematische Beschreibung des Korrekturwertes $K_{aktGEHdh1}^{cF1}$ unter Berücksichtigung dessen Abhängigkeit vom Bezugsdurchmesser d_B erfolgt auf Basis der Methode der kleinsten Abstandsquadrate, vgl. Kapitel 2.3.3. Hierfür wird ein Ansatz gemäß Gleichung (50) gewählt. Eine hinreichend genaue Abbildung gelingt mit einem Polynom zweiter Ordnung, wenn eine Fallunterscheidung nach dem Bezugsdurchmesser d_B durchgeführt wird. Unterschieden wird zwischen den Intervallen $6\,mm \leq d_B \leq 65\,mm$ sowie $65\,mm \leq d_B \leq 500\,mm$. Die fallspezifisch mathematische Beschreibung des technisch wissenschaftlichen Sachverhalts führt hierbei selbstredend zu keinen Unterschieden der Form der Näherungsgleichung, sondern äußert sich lediglich durch unterschiedliche Koeffizienten c_{ik}. Daher zeigt Gleichung (247) ihre allgemeine Formulierung für beide Fälle.

$$K_{aktGEHdB}^{cF1} = c_{00} + c_{10} \cdot d_B + c_{11} \cdot \frac{c_{F1}}{m} + c_{20} \cdot d_B^2 + c_{21} \cdot d_B \cdot \frac{c_{F1}}{m}$$
$$+ c_{22} \cdot \left(\frac{c_{F1}}{m}\right)^2 \tag{247}$$

Die nach Gleichung (247) zur mathematischen Beschreibung des Korrekturwertes $K_{aktGEHdh1}^{cF1}$ für Bezugsdurchmesser d_B im Intervall $6\,mm \leq d_B \leq 65\,mm$ erforderlichen Koeffizienten c_{ik} sind in Tabelle 6.33 angeführt.

Tabelle 6.33: Koeffizienten c_{ik} von Gleichung (247) zur mathematischen Beschreibung des Korrekturwertes $K_{aktGEHdh1}^{cF1}$ für Bezugsdurchmesser d_B im Intervall $6\,mm \leq d_B \leq 65\,mm$ (gemäß Tabelle 6.1; $c_{F1}/m = var.$; $\alpha = 30°$; $\rho_{f1}/m = 0{,}48$)

i [/]	k [/]	c_{ik} $[1/(mm^{i-k})]$
0	0	-0,0436283737380063
1	0	0,0004041697152142
1	1	-0,5624552197233030
2	0	-0,0000020945930159
2	1	-0,0022065823908283
2	2	7,6269996000000000

Die Auswertung der zur mathematischen Beschreibung des Korrekturwertes $K_{aktGEHdh1}^{cF1}$ für Bezugsdurchmesser d_B im Intervall $6\,mm \leq d_B \leq 65\,mm$ entwickelten Näherungsgleichung, vgl. Gleichung (247) in Kombination mit den in Tabelle 6.33 gegebenen Koeffizienten c_{ik}, zeigt Abbildung 6.144. Zudem sind dort die numerisch basierten Eingangsdaten zur Gleichungsbestimmung dargestellt. Die entsprechende Gegenüberstellung zeigt die zumindest für praktische Belange hinreichende Abbildegenauigkeit der entwickelten Näherungsgleichung.

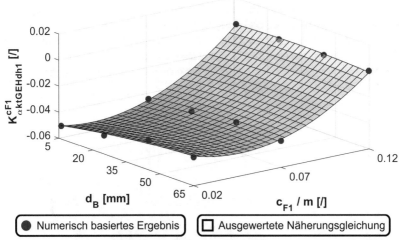

Abbildung 6.144: Korrekturwert $K^{cF1}_{\alpha ktGEHdh1}$ als Funktion des Bezugsdurchmessers d_B sowie des Wellenformübermaßverhältnisses c_{F1}/m für Bezugsdurchmesser d_B im Intervall $6\ mm \leq d_B \leq 65\ mm$ (gemäß Tabelle 6.1; $c_{F1}/m = var.$; $\alpha = 30°$; $\rho_{f1}/m = 0{,}48$)

Die nach Gleichung (247) zur mathematischen Beschreibung des Korrekturwertes $K^{cF1}_{\alpha ktGEHdh1}$ für Bezugsdurchmesser d_B im Intervall $65\ mm \leq d_B \leq 500\ mm$ erforderlichen Koeffizienten c_{ik} sind in Tabelle 6.34 angeführt.

Tabelle 6.34: Koeffizienten c_{ik} von Gleichung (247) zur mathematischen Beschreibung des Korrekturwertes $K^{cF1}_{\alpha ktGEHdh1}$ für Bezugsdurchmesser d_B im Intervall $65\ mm \leq d_B \leq 500\ mm$ (gemäß Tabelle 6.1; $c_{F1}/m = var.$; $\alpha = 30°$; $\rho_{f1}/m = 0{,}48$)

$i\ [/]$	$k\ [/]$	$c_{ik}\ [1/(mm^{i-k})]$
0	0	-0,0270411592570695
1	0	0,0000499561684382
1	1	-0,8085306857161180
2	0	-0,0000000325897666
2	1	-0,0002889813172389
2	2	8,5600661500000100

Die Auswertung der zur mathematischen Beschreibung des Korrekturwertes $K_{\alpha ktGEHdh1}^{cF1}$ für Bezugsdurchmesser d_B im Intervall $65\ mm \leq d_B \leq 500\ mm$ entwickelten Näherungsgleichung, vgl. Gleichung (247) in Kombination mit den in Tabelle 6.34 gegebenen Koeffizienten c_{ik}, zeigt Abbildung 6.145. Zudem sind dort die numerisch basierten Eingangsdaten zur Gleichungsbestimmung dargestellt. Die entsprechende Gegenüberstellung zeigt die zumindest für praktische Belange hinreichende Abbildegenauigkeit der entwickelten Näherungsgleichung.

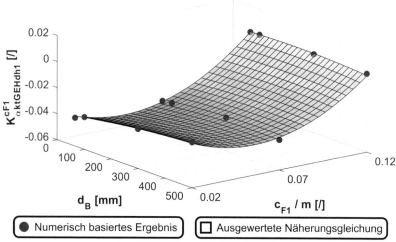

Abbildung 6.145: Korrekturwert $K_{\alpha ktGEHdh1}^{cF1}$ als Funktion des Bezugsdurchmessers d_B sowie des Wellenformübermaßverhältnisses c_{F1}/m für Bezugsdurchmesser d_B im Intervall $65\ mm \leq d_B \leq 500\ mm$ (gemäß Tabelle 6.1; $c_{F1}/m = var.$; $\alpha = 30°$; $\rho_{f1}/m = 0{,}48$)

6.2.4.3.3   Korrekturwert $K_{G\prime GEH}^{cF1}$

Alle zur mathematischen Beschreibung des Korrekturwertes $K_{G\prime GEH}^{cF1}$ erforderlichen Daten sind im Anhang ergänzt, vgl. Kapitel 11.2.6.3. Im Detail sind in Tabelle 11.75 die numerisch bestimmten bezogenen Spannungsgefälle $G_{GEH}^{\prime}$ des in Abbildung 6.14 von Kapitel 6.2.2.2 aufgezeigten Parameterfelds angeführt. Tabelle 11.76 fasst weiterführend die berechneten Korrekturwerte zusammen. Abbildung 11.465 visualisiert diese. Es sei vorab angemerkt, dass diesem Diagramm entnommen werden kann, dass der Bezugsdurchmesser d_B einen geringen Einfluss auf den Korrekturwert $K_{G\prime GEH}^{cF1}$ hat. Folglich wird dieser bei der Entwicklung von Näherungsgleichungen berücksichtigt.

Die mathematische Beschreibung des Korrekturwertes $K_{G'GEH}^{cF1}$ unter Berücksichtigung dessen Abhängigkeit vom Bezugsdurchmesser d_B erfolgt auf Basis der Methode der kleinsten Abstandsquadrate, vgl. Kapitel 2.3.3. Hierfür wird ein Ansatz gemäß Gleichung (50) gewählt. Eine hinreichend genaue Abbildung gelingt mit einem Polynom dritter Ordnung, wenn eine Fallunterscheidung nach dem Bezugsdurchmesser d_B durchgeführt wird. Unterschieden wird zwischen den Intervallen $6\,mm \leq d_B \leq 65\,mm$ sowie $65\,mm \leq d_B \leq 500\,mm$. Die fallspezifisch mathematische Beschreibung des technisch wissenschaftlichen Sachverhalts führt hierbei selbstredend zu keinen Unterschieden der Form der Näherungsgleichung, sondern äußert sich lediglich durch unterschiedliche Koeffizienten c_{ik}. Daher zeigt Gleichung (248) ihre allgemeine Formulierung für beide Fälle.

$$
\begin{aligned}
K_{G'GEH}^{cF1} = {} & c_{00} + c_{10} \cdot d_B + c_{11} \cdot \frac{c_{F1}}{m} + c_{20} \cdot d_B^2 + c_{21} \cdot d_B \cdot \frac{c_{F1}}{m} + c_{22} \\
& \cdot \left(\frac{c_{F1}}{m}\right)^2 + c_{30} \cdot d_B^3 + c_{31} \cdot d_B^2 \cdot \frac{c_{F1}}{m} + c_{32} \cdot d_B \\
& \cdot \left(\frac{c_{F1}}{m}\right)^2 + c_{33} \cdot \left(\frac{c_{F1}}{m}\right)^3
\end{aligned}
\tag{248}
$$

Die nach Gleichung (248) zur mathematischen Beschreibung des Korrekturwertes $K_{G'GEH}^{cF1}$ für Bezugsdurchmesser d_B im Intervall $6\,mm \leq d_B \leq 65\,mm$ erforderlichen Koeffizienten c_{ik} sind in Tabelle 6.35 angeführt.

Tabelle 6.35: Koeffizienten c_{ik} von Gleichung (248) zur mathematischen Beschreibung des Korrekturwertes $K_{G'GEH}^{cF1}$ für Bezugsdurchmesser d_B im Intervall $6\,mm \leq d_B \leq 65\,mm$ (gemäß Tabelle 6.1; $c_{F1}/m = var.$; $\alpha = 30°$; $\rho_{f1}/m = 0,48$)

i [/]	k [/]	$c_{ik}\,[1/(mm^{i-k+1})]$
0	0	4,0992992656557600
1	0	-0,1626706289916220
1	1	-55,0544470100537000
2	0	0,0023600316713894
2	1	1,4585489001888200
2	2	182,8472435874280000
3	0	-0,0000111597196303
3	1	-0,0104216960423107
3	2	-2,7846541457426300
3	3	0,0000000000000000

Die Auswertung der zur mathematischen Beschreibung des Korrekturwertes $K_{G'GEH}^{cF1}$ für Bezugsdurchmesser d_B im Intervall $6\ mm \leq d_B \leq 65\ mm$ entwickelten Näherungsgleichung, vgl. Gleichung (248) in Kombination mit den in Tabelle 6.35 gegebenen Koeffizienten c_{ik}, zeigt Abbildung 6.146. Zudem sind dort die numerisch basierten Eingangsdaten zur Gleichungsbestimmung dargestellt. Die entsprechende Gegenüberstellung zeigt die zumindest für praktische Belange hinreichende Abbildegenauigkeit der entwickelten Näherungsgleichung.

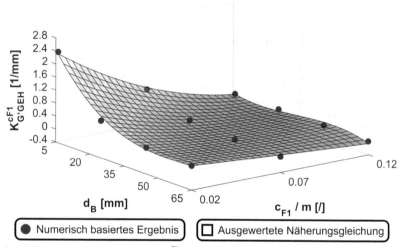

Abbildung 6.146: Korrekturwert $K_{G'GEH}^{cF1}$ als Funktion des Bezugsdurchmessers d_B sowie des Wellenformübermaßverhältnisses c_{F1}/m für Bezugsdurchmesser d_B im Intervall $6\ mm \leq d_B \leq 65\ mm$ (gemäß Tabelle 6.1; $c_{F1}/m = var.$; $\alpha = 30°$; $\rho_{f1}/m = 0{,}48$)

Die nach Gleichung (248) zur mathematischen Beschreibung des Korrekturwertes $K_{G'GEH}^{cF1}$ für Bezugsdurchmesser d_B im Intervall $65\ mm \leq d_B \leq 500\ mm$ erforderlichen Koeffizienten c_{ik} sind in Tabelle 6.36 angeführt.

Tabelle 6.36: Koeffizienten c_{ik} von Gleichung (248) zur mathematischen Beschreibung des Korrekturwertes $K_{G'GEH}^{cF1}$ für Bezugsdurchmesser d_B im Intervall $65\ mm \leq d_B \leq 500\ mm$ (gemäß Tabelle 6.1; $c_{F1}/m = var.$; $\alpha = 30°$; $\rho_{f1}/m = 0,48$)

i [/]	k [/]	$c_{ik}\ [1/(mm^{i-k+1})]$
0	0	0,6477835236460440
1	0	-0,0035501786674444
1	1	-8,2666972032176800
2	0	0,0000075100169249
2	1	0,0282348439297641
2	2	27,1468404654552000
3	0	-0,0000000053505557
3	1	-0,0000264365440422
3	2	-0,0537451867998145
3	3	0,0000000000000000

Die Auswertung der zur mathematischen Beschreibung des Korrekturwertes $K_{G'GEH}^{cF1}$ für Bezugsdurchmesser d_B im Intervall $65\ mm \leq d_B \leq 500\ mm$ entwickelten Näherungsgleichung, vgl. Gleichung (248) in Kombination mit den in Tabelle 6.36 gegebenen Koeffizienten c_{ik}, zeigt Abbildung 6.146. Zudem sind dort die numerisch basierten Eingangsdaten zur Gleichungsbestimmung dargestellt. Die entsprechende Gegenüberstellung zeigt die zumindest für praktische Belange hinreichende Abbildegenauigkeit der entwickelten Näherungsgleichung.

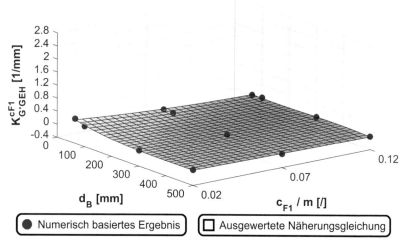

Abbildung 6.147: Korrekturwert $K_{G'GEH}^{cF1}$ als Funktion des Bezugsdurchmessers d_B sowie des Wellenformübermaßverhältnisses c_{F1}/m für Bezugsdurchmesser d_B im Intervall $65\ mm \leq d_B \leq 500\ mm$ (gemäß Tabelle 6.1; $c_{F1}/m = var.$; $\alpha = 30°$; $\rho_{f1}/m = 0{,}48$)

6.2.4.4   Nabenformübermaßverhältnis c_{F2}/m

Der Einfluss des Nabenformübermaßverhältnisses c_{F2}/m auf die Gestaltfestigkeit evolventisch basierter Zahnwellenverbindungen nach Kapitel 3.3 gemäß Tabelle 6.1 wird im Rahmen dieser Dissertation nicht analysiert. Um dem geneigten Anwender derartiger Verbindungen jedoch ein möglichst weitreichendes Konzept zur konstruktiven Gestaltung derartiger Verbindungen an die Hand geben zu können, wird auch hierbei eine Empfehlung zur zumindest geometrisch günstigen Gestaltung auf Grundlage der durch die Analyse des Wellenformübermaßverhältnisses c_{F1}/m gewonnenen wissenschaftlichen Erkenntnisse und des daraus resultierenden Systemverständnisses unter Berücksichtigung der allgemeinen Kerbtheorie getroffen. Sie ist somit als noch zu beweisende Prognose zu verstehen.

Die in Kapitel 6.2.4.2 auf Basis von Abbildung 6.139 geführte Diskussion zum Einfluss des Wellenformübermaßverhältnisses c_{F1}/m auf die Wellengeometrie gilt gleichermaßen für jenen des Nabenformübermaßverhältnisses c_{F2}/m auf die Nabengeometrie. Seine Verringerung führt also zur Vergrößerung des Torsionswiderstandsmoments W_t sowie des Zahnabstands, jedoch zu einer Verringerung des Abstands des Nabenfußbereichs zur äußeren Wellenkante, der Höhe des Nabenzahns sowie tendenziell seiner gestaltfestigkeitsrelevanten Dicke. Dies gilt in umgekehrter Art und Weise für eine

Vergrößerung des Nabenformübermaßverhältnisses c_{F2}/m. Grundlegend kann hier jedoch, und dies steht im Gegensatz zur Welle, der Verringerung des Torsionswiderstandsmoments W_t mit einer Vergrößerung des Nabenaußendurchmessers d_{e2} entgegengewirkt werden.

Auf Grundlage der oben angeführten Ausführungen wird der für das Wellenformübermaßverhältnis c_{F1}/m aufgezeigte Einfluss auf die Torsionsformzahl $\alpha_{ktGEHdB}$, vgl. Abbildung 6.139 von Kapitel 6.2.4.2, qualitativ auch beim Nabenformübermaßverhältnis c_{F2}/m erwartet. Für dessen Wahl bei der konstruktiven Gestaltung evolventisch basierter Zahnwellenverbindungen nach Kapitel 3.3 gemäß Tabelle 6.1 wird folglich die gleiche Empfehlung getroffen.

6.2.5 Optimabezogene mathematische Tragfähigkeitscharakterisierung

Ziel dieser Dissertation ist unter anderem die optimabezogene mathematische Tragfähigkeitscharakterisierung evolventisch basierter Zahnwellenverbindungen nach Kapitel 3.3 gemäß Tabelle 6.1. Zu diesem Zweck werden in Kapitel 6.2.3.6 bei einem Wellenformübermaßverhältnis c_{F1}/m von 0,12 Näherungsgleichungen für die Torsionsformzahlen $\alpha_{ktGEHdB}$ sowie $\alpha_{ktGEHdh1}$ und das bezogene Spannungsgefälle G'_{GEH} entwickelt. Mit dem vom Autor dieser Dissertation entwickelten System zur Profilgenerierung evolventisch basierter Zahnwellenverbindungen, vgl. Kapitel 3.3, ist eine freie Variation des Wellenformübermaßverhältnisses c_{F1}/m möglich und, mit Verweis auf Abbildung 6.139 von Kapitel 6.2.4.2 sowie der in diesem Zusammenhang geführten wissenschaftlichen Diskussion, auch sinnvoll. Hieraus resultierend werden in Weiterführung in Kapitel 6.2.4.3 für die Torsionsformzahlen $\alpha_{ktGEHdB}$ sowie $\alpha_{ktGEHdh1}$ und das bezogene Spannungsgefälle G'_{GEH} Näherungsgleichungen zur Korrektur seines Einflusses entwickelt, dies jedoch zielgerichtet für einen Flankenwinkel α von 30 °. Zu begründen ist dies mit dem Komplexitätsgrad des mathematisch zu beschreibenden Sachverhalts sowie der in Kapitel 6.2.3.5.4 beschriebenen Bedeutung dieses Winkels für evolventisch basierte Zahnwellenverbindungen nach Kapitel 3.3. Gegenstand dieses Kapitels ist die Zusammenführung aller entwickelten Näherungsgleichungen zur optimabezogenen mathematischen Tragfähigkeitscharakterisierung. Diesbezüglich gilt für die Torsionsformzahl $\alpha_{ktGEHdB}$ Gleichung (249), für die Torsionsformzahl $\alpha_{ktGEHdh1}$ Gleichung (250) sowie für das bezogene Spannungsgefälle G'_{GEH} Gleichung (251).

$$
\begin{aligned}
\alpha_{ktGEHdB} = (\alpha^E_{ktGEHdB} + K^{z1}_{aktGEHdB} + K^{xl1}_{aktGEHdB})_{c_{F1}/m=0,12} \\
+ (K^{cF1}_{aktGEHdB})_{\alpha=30\,°}
\end{aligned}
\tag{249}
$$

$$\alpha_{ktGEHdh1} = (\alpha_{ktGEHdh1}^{E} + K_{\alpha ktGEHdh1}^{z1} + K_{\alpha ktGEHdh1}^{xl1})_{c_{F1}/m=0,12} \\ + (K_{\alpha ktGEHdh1}^{cF1})_{\alpha=30°} \tag{250}$$

$$G_{GEH}' = (G_{GEH}')_{c_{F1}/m=0,12} + (K_{G'GEH}^{cF1})_{\alpha=30°} \tag{251}$$

Grundlegend bei der in Kapitel 6.2.3.6 beschriebenen Vorgehensweise zur mathematischen Beschreibung der Torsionsformzahlen $\alpha_{ktGEHdB}$ sowie $\alpha_{ktGEHdh1}$ evolventisch basierter Zahnwellenverbindungen nach Kapitel 3.3 ist das Ziel der formzahlbasiert konservativen Bauteilauslegung. Dies ist dadurch sichergestellt, dass die sogenannte Extremwertverbindung als Basis zur Entwicklung der Näherungsgleichungen definiert ist. Diese zeichnet sich dadurch aus, dass sie eine größere Torsionsformzahl $\alpha_{ktGEHdB}$ als jede andere Zahnwellenverbindung des Wertebereichs der optimalen Verbindungen hat. Von ihr ausgehend werden weiterführend die Tragfähigkeitseinflüsse von Wellenzähnezahl z_1 und Welleninitiationsprofilverschiebungsfaktor x_{l1} durch zusätzliche Näherungsgleichungen korrigiert. Es sei angemerkt, dass diese Vorgehensweise, aus den in Kapitel 6.2.3.6 angeführten Gründen, nicht für das bezogene Spannungsgefälle G_{GEH}' angewendet wurde. Weiterführend werden in Kapitel 6.2.4.3 Näherungsgleichungen entwickelt, die die Korrektur des Einflusses des Wellenformübermaßverhältnisses c_{F1}/m auf die Torsionsformzahlen $\alpha_{ktGEHdB}$ sowie $\alpha_{ktGEHdh1}$ und zudem das bezogene Spannungsgefälle G_{GEH}' erlauben. Dem grundlegenden Ziel zur formzahlbasiert konservativen Bauteilauslegung ist hier ebenfalls Sorge getragen.

Mit Verweis auf das Ziel der konservativen Bauteilauslegung bei der Entwicklung von Näherungsgleichungen zur optimabezogen mathematischen Tragfähigkeitscharakterisierung evolventisch basierter Zahnwellenverbindungen nach Kapitel 3.3 gemäß Tabelle 6.1 ist ebenfalls eine vereinfachte Auslegung möglich, indem die Einflüsse von Wellenzähnezahl z_1, Welleninitiationsprofilverschiebungsfaktor x_{l1} sowie Wellenformübermaßverhältnis c_{F1}/m vernachlässigt werden. Damit resultieren aus den Gleichungen (249) bis (251) die Gleichungen (252) bis (254). Dass diese Vereinfachung zulässig ist, zeigen die in Kapitel 6.2.6.2 angeführten Ergebnisse. Diesen kann ebenfalls der aus der Vereinfachung resultierende Grad der Ungenauigkeit bei der mathematischen Beschreibung der jeweiligen die Tragfähigkeit beschreibenden Größe entnommen werden.

$$\alpha_{ktGEHdB} = (\alpha_{ktGEHdB}^{E})_{c_{F1}/m=0,12} \tag{252}$$

$$\alpha_{ktGEHdh1} = (\alpha_{ktGEHdh1}^{E})_{c_{F1}/m=0,12} \tag{253}$$

$$G_{GEH}' = (G_{GEH}')_{c_{F1}/m=0,12} \tag{254}$$

6.2.6 Analytisch-numerischer Quervergleich

Um die Fähigkeit der in dieser Dissertation entwickelten und in Kapitel 6.2.5 zusammengefassten Näherungsgleichungen zur optimabezogen mathematischen Tragfähigkeitscharakterisierung evolventisch basierter Zahnwellenverbindungen nach Kapitel 3.3 gemäß Tabelle 6.1 abschließend zu überprüfen, wird in diesem Kapitel ein analytisch-numerischer Quervergleich durch eine größenspezifische Differenzwertbildung durchgeführt. In mathematischer Formulierung wird also für die Torsionsformzahl $\alpha_{ktGEHdB}$ Gleichung (255), die Torsionsformzahl $\alpha_{ktGEHdh1}$ Gleichung (256) sowie das bezogene Spannungsgefälle G'_{GEH} Gleichung (257) betrachtet. Hierbei werden für den analytischen Anteil sowohl die Gleichungen (249) bis (251) als auch deren Vereinfachungen, vgl. die Gleichungen (252) bis (254), zugrunde gelegt. Die resultierenden Ergebnisse werden einander gegenübergestellt. Damit sind nicht nur die Abbildegenauigkeiten der entwickelten Näherungsgleichungen des numerischen Sachverhalts erkennbar. Vielmehr kann darüber hinaus die als übergeordnetes Ziel definierte formzahlbasiert konservative Bauteilauslegung nachgewiesen werden. Zudem zeigt die entsprechende Gegenüberstellung den aus der Vereinfachung resultierenden quantitativen Unterschied und ist damit Entscheidungsgrundlage für ihre Anwendung.

$$\Delta\alpha_{ktGEHdB} = \alpha^r_{ktGEHdB} - \alpha^{FE}_{ktGEHdB} \qquad (255)$$

$$\Delta\alpha_{ktGEHdh1} = \alpha^r_{ktGEHdh1} - \alpha^{FE}_{ktGEHdh1} \qquad (256)$$

$$\Delta G'_{GEH} = G'^r_{GEH} - G'^{FE}_{GEH} \qquad (257)$$

Grundlage für die Analyse der Fähigkeit der in dieser Dissertation entwickelten und in Kapitel 6.2.5 zusammengefassten Näherungsgleichungen zur optimabezogen mathematischen Tragfähigkeitscharakterisierung evolventisch basierter Zahnwellenverbindungen nach Kapitel 3.3 gemäß Tabelle 6.1 ist die in Kapitel 6.2.6.1 getroffene Falldefinition. Ihre Ergebnisse sind in Kapitel 6.2.6.2 angeführt.

6.2.6.1 Falldefinition

Für den analytisch-numerischen Quervergleich durch Differenzwertbildung sind seitens der Numerik selbstredend Ergebnisse zugrunde zu legen, die nicht in die Entwicklung der in Kapitel 6.2.5 zusammengefassten Näherungsgleichungen eingeflossen sind. Hieraus resultierend sind weiterführende numerische Analysen erforderlich. Im Sinne einer möglichst strukturierten Vorgehensweise werden zur Festlegung des in diesem Zusammenhang zu analysierenden Parameterfelds unterschiedliche Fälle zugrunde gelegt. Deren Definition ist Gegenstand dieses Kapitels.

Bei der Definition des in Kapitel 6.2.2.3 dargelegten Parameterfelds ist zu berücksichtigen, dass die in Kapitel 6.2.5 angegebenen Gleichungen ausschließlich für optimale Verbindungen nach Kapitel 6.2.3.5 bei einem Flankenwinkel α von 30 ° gültig sind. Die winkelspezifische Einschränkung resultiert aus der Korrektur des Einflusses des Wellenformübermaßverhältnisses c_{F1}/m. Sie ergibt sich aus der Aufwandsbegrenzung sowie der Relevanz des Flankenwinkels α von 30 ° für die entsprechenden Zahnwellenverbindungen, vgl. Kapitel 6.2.3.5.4. Es sei erwähnt, dass eine Erweiterung der Gültigkeit für andere Winkel, nach der im Rahmen dieser Dissertation angewendeten Vorgehensweise, leicht möglich ist. Über das zuvor Benannte hinaus werden zwei Fälle zur Definition des Parameterfelds zugrunde gelegt. Ausgehend von der Extremwertverbindung werden diesbezüglich aus der Wertemenge der optimalen Zahnwellenverbindungen, vgl. Kapitel 6.2.3.6, ausgewählte Verbindungen bei maximaler geometrischer Abweichung sowie maximaler Korrektur der Torsionsformzahl $\alpha_{ktGEHdB}$ betrachtet. Die Extremwertverbindung, vgl. Kapitel 6.2.3.6, hat eine Wellenzähnezahl z_1 von 24 sowie einen Welleninitiationsprofilverschiebungsfaktor x_{l1} von -0,05. Darüber hinaus ist in Kapitel 6.2.4.2 aufgezeigt, dass das Wellenformübermaßverhältnis c_{F1}/m von 0,12 ebenfalls randwertbedingter Extremwert ist. So kann für den Fall der maximalen geometrischen Abweichung von der Extremwertverbindung des Wertebereichs der optimalen Verbindungen, vgl. Kapitel 6.2.3.6, eine Wellenzähnezahl z_1 von 32, ein Welleninitiationsprofilverschiebungsfaktor x_{l1} von 0,45 sowie ein Wellenformübermaßverhältnis c_{F1}/m von 0,02 festgehalten werden. Weiterführend ergibt sich die maximale Formzahlkorrektur, wenn der rechnerisch optimale Modul m_{Opt}^r dem genormten Modul m_{Opt} genau entspricht, vgl. Gleichung (227), und eine Wellenzähnezahl z_1 von 28 beziehungsweise 29 realisiert wird, vgl. Gleichung (229). Darüber hinaus ist der Welleninitiationsprofilverschiebungsfaktor x_{l1} maximal und das Wellenformübermaßverhältnis c_{F1}/m minimal zu wählen. Obiges fasst Tabelle 6.37 zusammen.

Tabelle 6.37: Theoriebasierte Falldefinition zur Überprüfung der Fähigkeit der in Kapitel 6.2.5 angeführten Näherungsgleichungen zur optimabezogen mathematischen Beschreibung der Torsionsformzahlen $\alpha_{ktGEHdB}$ sowie $\alpha_{ktGEHdh1}$ und des bezogenen Spannungsgefälles G'_{GEH} durch analytisch-numerischen Quervergleich

Symbol	Fall	
	Maximale geometrische Abweichung	**Maximale Korrektur der Torsionsformzahl $\alpha_{ktGEHdB}$**
z_1	32	28 bzw. 29
x_{l1}	0,45	0,45
c_{F1}/m	0,02	0,02

Mit Verweis auf Tabelle 11.9 von Kapitel 11.2.3.1.2 gibt es innerhalb des erweiterten Wertebereichs der optimalen Verbindungen der [DIN 5480], vgl. hierbei auch die Kapitel 6.2.3.5.2.2 sowie 6.2.3.6, keine Kombination aus Wellenzähnezahl z_1 und Welleninitiationsprofilverschiebungsfaktor x_{I1}, die die Analyse des in Tabelle 6.37 angeführten Falls der maximalen geometrischen Abweichung von der Extremwertverbindung erlaubt. In Konsequenz wird dieser Fall durch zwei weitere substituiert. Diesbezüglich wird für den Wertebereich der optimalen Verbindungen die maximal mögliche Wellenzähnezahl z_1 in Kombination mit dem größtmöglichen Welleninitiationsprofilverschiebungsfaktor x_{I1} sowie zudem dem maximal möglichen Welleninitiationsprofilverschiebungsfaktor x_{I1} von 0,45 in Kombination mit der größtmöglichen Wellenzähnezahl z_1 zugrunde gelegt. Darüber hinaus geht aus Tabelle 11.9 von Kapitel 11.2.3.1.2 für den Fall der maximalen Korrektur der Torsionsformzahl $\alpha_{ktGEHdB}$ hervor, dass es keine optimale evolventisch basierte Zahnwellenverbindung nach Kapitel 3.3 gemäß Tabelle 6.1 mit einer Wellenzähnezahl z_1 von 29 und zudem einem Welleninitiationsprofilverschiebungsfaktor x_{I1} von 0,45 gibt. Hieraus resultierend wird diese Wellenzähnezahl z_1 nicht weiter berücksichtigt. Durch das zuvor Beschriebene folgt aus Tabelle 6.37 Tabelle 6.38 als Basis zur Definition des in Kapitel 6.2.2.3 angeführten und beschriebenen Parameterfeldes zur Überprüfung der Fähigkeit der in dieser Dissertation entwickelten und in Kapitel 6.2.5 zusammengefassten Näherungsgleichungen zur optimabezogen mathematischen Tragfähigkeitscharakterisierung evolventisch basierter Zahnwellenverbindungen nach Kapitel 3.3 gemäß Tabelle 6.1.

Tabelle 6.38: Praxisbasierte Falldefinition zur Überprüfung der Fähigkeit der in Kapitel 6.2.5 angeführten Näherungsgleichungen zur optimabezogen mathematischen Beschreibung der Torsionsformzahlen $\alpha_{ktGEHdB}$ sowie $\alpha_{ktGEHdh1}$ und des bezogenen Spannungsgefälles G'_{GEH} durch analytisch-numerischen Quervergleich

Symbol	Fall		
	$(z_1)_{Max}$ sowie größtmögl. x_{I1}	$(x_{I1})_{Max}$ sowie größtmögl. z_1	Maximale Korrektur der Torsionsformzahl $\alpha_{ktGEHdB}$
z_1	32	30	28
x_1	0,12	0,45	0,45
c_{F1}/m	0,02	0,02	0,02

6.2.6.2 Ergebnisse

Im Nachfolgenden werden die Ergebnisse des analytisch-numerischen Quervergleichs durch Differenzwertbildung, vgl. die Gleichungen (255) bis (257), dargelegt und diskutiert.

Abbildung 6.148 zeigt den analytisch-numerischen Differenzwert der Torsionsformzahl $\Delta\alpha_{ktGEHdB}$ gemäß Gleichung (255) aus den in Kapitel 6.2.6 benannten Gründen sowohl mit, vgl. Gleichung (249), als auch ohne Korrektur der Einflüsse von Wellenzähnezahl z_1, Welleninitiationsprofilverschiebungsfaktor x_{I1} sowie Wellenformübermaßverhältnis c_{F1}/m, vgl. Gleichung (252). Ihr kann entnommen werden, dass der analytisch-numerische Differenzwert der Torsionsformzahl $\Delta\alpha_{ktGEHdB}$ mit Einflusskorrektur sehr gering ist, Analytik und Numerik also sehr gut übereinstimmen. Es wird allerdings auch ersichtlich, dass die entsprechende Kenngröße, wenn auch nur in äußerst geringer Ausprägung, negative Werte annimmt. Mit Verweis auf Gleichung (255) muss diesbezüglich festgehalten werden, dass das Ziel der konservativen Bauteilauslegung nicht immer realisiert ist. Der äußerst geringen Ausprägung dieses Sachverhalts geschuldet, wird dies jedoch vernachlässigt. Dem entgegen kann auf Basis des Differenzwerts der Torsionsformzahl $\Delta\alpha_{ktGEHdB}$ ohne Einflusskorrektur festgehalten werden, dass hier die konservative Bauteilauslegung immer sichergestellt, die analytische Abbildegenauigkeit der Numerik erwartungsgemäß allerdings deutlich schlechter ist.

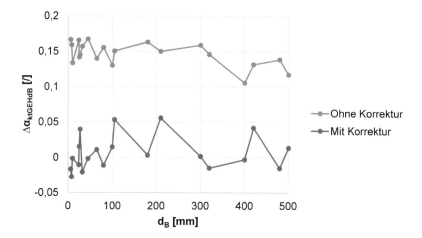

Abbildung 6.148: Analytisch-numerischer Differenzwert der Torsionsformzahl $\Delta\alpha_{ktGEHdB}$ gemäß Gleichung (255) mit, vgl. Gleichung (249), und ohne Korrektur der Einflüsse von Wellenzähnezahl z_1, Welleninitiationsprofilverschiebungsfaktor x_{I1} sowie Wellenformübermaßverhältnis c_{F1}/m, vgl. Gleichung (252)

Abbildung 6.149 zeigt den analytisch-numerischen Differenzwert der Torsionsformzahl $\Delta\alpha_{ktGEHdh1}$ gemäß Gleichung (256) aus den in Kapitel 6.2.6 benannten Gründen sowohl mit, vgl. Gleichung (250), als auch ohne Korrektur der Einflüsse von

Wellenzähnezahl z_1, Welleninitiationsprofilverschiebungsfaktor x_{I1} sowie Wellenform-übermaßverhältnis c_{F1}/m, vgl. Gleichung (253). Ihr kann entnommen werden, dass der analytisch-numerische Differenzwert der Torsionsformzahl $\Delta\alpha_{ktGEHdh1}$ mit Einflusskorrektur sehr gering ist, Analytik und Numerik also sehr gut übereinstimmen. Er liegt in einem engen, symmetrischen Streubereich um die Abszisse. Der analytisch-numerische Differenzwert der Torsionsformzahl $\Delta\alpha_{ktGEHdh1}$ ohne Einflusskorrektur hingegen beschreibt einen deutlich größeren und zudem asymmetrischen Bereich um die Abszisse.

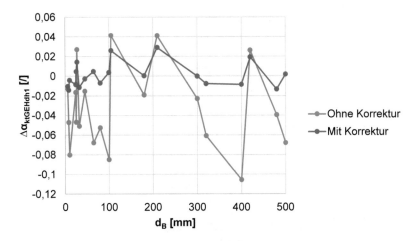

Abbildung 6.149: Analytisch-numerischer Differenzwert der Torsionsformzahl $\Delta\alpha_{ktGEHdh1}$ gemäß Gleichung (256) mit, vgl. Gleichung (250), und ohne Korrektur der Einflüsse von Wellenzähnezahl z_1, Welleninitiationsprofilverschiebungsfaktor x_{I1} sowie Wellenformübermaßverhältnis c_{F1}/m, vgl. Gleichung (253)

Abbildung 6.150 zeigt den analytisch-numerischen Differenzwert des bezogenen Spannungsgefälles $\Delta G'_{GEH}$ gemäß Gleichung (257) aus den in Kapitel 6.2.6 benannten Gründen sowohl mit, vgl. Gleichung (251), als auch ohne Korrektur des Einflusses des Wellenformübermaßverhältnisses c_{F1}/m, vgl. Gleichung (254). Ihr kann entnommen werden, dass der analytisch-numerische Differenzwert des bezogenen Spannungsgefälles $\Delta G'_{GEH}$ mit Einflusskorrektur sehr gering ist, Analytik und Numerik also sehr gut übereinstimmen. Er liegt in einem engen, symmetrischen Streubereich um die Abszisse. Es wird allerdings auch ersichtlich, dass die entsprechende Kenngröße, wenn auch nur in geringer Ausprägung, positive Werte annimmt. Mit Verweis auf Gleichung (257) bedeutet dies, dass die Analytik das bezogene Spannungsgefälle G'_{GEH} und damit die Stützziffer n, vgl. Kapitel 2.2.5.1, überschätzt. Dies führt zu einer unterschätzten Torsionskerbwirkungszahl β_{ktGEH}, vgl. Kapitel 2.2.5.

In Konsequenz resultiert eine geringfügig unsichere Auslegung. Mit Verweis auf die Größenordnung wird davon ausgegangen, dass dies vernachlässigbar ist. Der analytisch-numerische Differenzwert des bezogenen Spannungsgefälles $\Delta G'_{GEH}$ ohne Einflusskorrektur hingegen hat beinahe einen asymptotischen Verlauf. So ist er bei kleinen Bezugsdurchmessern d_B relativ stark negativ ausgeprägt. Mit Verweis auf Gleichung (257) bedeutet dies, dass die Analytik das bezogene Spannungsgefälle G'_{GEH} und damit die Stützziffer n, vgl. Kapitel 2.2.5.1, unterschätzt. Dies führt zu einer überschätzten Torsionskerbwirkungszahl β_{ktGEH}, vgl. Kapitel 2.2.5. In Konsequenz resultiert dies in einer konservativen Auslegung.

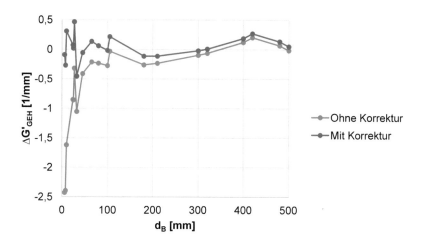

Abbildung 6.150: Analytisch-numerischer Differenzwert des torsionsmomentinduziert bezogenen Spannungsgefälles $\Delta G'_{GEH}$ gemäß Gleichung (257) mit, vgl. Gleichung (251), und ohne Korrektur des Einflusses des Wellenformübermaßverhältnisses c_{F1}/m, vgl. Gleichung (254)

6.2.7 Routine zur optimalen Gestaltung und Auslegung

Die in dieser Dissertation entwickelten Näherungsgleichungen zur mathematischen Beschreibung der Geometrieparameter der optimalen evolventisch basierten Zahnwellenverbindungen nach Kapitel 3.3 gemäß Tabelle 6.1, vgl. Kapitel 6.2.3.5, sowie ihrer Tragfähigkeitscharakterisierung, vgl. Kapitel 6.2.5, können in einer Routine zusammengefasst werden. Mit ihr wird ersichtlich, dass sich der Gestaltungs- und Auslegungsprozess derartiger Verbindungen extrem stark vereinfacht. So verbleibt bei gewähltem Flankenwinkel α, vgl. Kapitel 6.2.3.5.4, Wellenformübermaßverhältnis c_{F1}/m, vgl. Kapitel 6.2.4.2, sowie Nabenformübermaßverhältnis c_{F2}/m, vgl. Kapitel 6.2.4.4, nur noch der Bezugsdurchmesser d_B als freie Variable. Es sei an dieser Stelle hervorgehoben, dass die Routine grundlegend für alle evolventisch basierten Zahnwellenverbindungen nach Kapitel 3.3 anwendbar ist. Jedoch besteht bezüglich der Parameter Bezugsdurchmesserabstand A_{dB}, Aufteilungsschlüssel der Reduzierung der wirksamen Berührungshöhe A_{hw}, wirksame Berührungshöhe bei einem Reduzierfaktor der wirksamen Berührungshöhe von 0 und Reduzierfaktor der wirksamen Berührungshöhe R_{hw} noch Forschungsbedarf, um ihre Optima zu bestimmen sowie ihren Einfluss auf die Gestaltfestigkeit berücksichtigen zu können. Hierbei sei auf Kapitel 6.3 verwiesen, wo bereits die Ergebnisse entsprechender Analysen für ein ausgewähltes Beispiel dargelegt sind und diskutiert werden.

Der Definition der oben erwähnten Eingangsdaten folgt die parameterspezifische Profilformbestimmung. Hier werden alle die Geometrie einer evolventisch basierten Zahnwellenverbindung nach Kapitel 3.3 bestimmenden Parameter quantifiziert. Ist die Verwendung der Torsionsformzahl $\alpha_{ktGEHdh1}$ als Bestandteil der Bestimmung der Auslegungsparameter beabsichtigt, ist die Berechnung der Kopfkreisdurchmesser d_a sowie der Fußkreisdurchmesser d_f zwingend erforderlich. Dies begründet die in Abbildung 6.151 definierte sequenzielle Abfolge. Es sei hervorgehoben, dass bei Verwendung der Torsionsformzahl $\alpha_{ktGEHdB}$ keine weiteren geometrischen Größen zu bestimmen sind.

Der parameterspezifischen Profilformbestimmung folgt die Bestimmung der Auslegungsparameter. Dies sind all jene Größen, die als Eingangsdaten für die vom Anwender gewählte Auslegungsrichtlinie erforderlich sind. Genauer wird hierauf auf Basis von Abbildung 6.153 eingegangen.

Ergebnis der Anwendung einer geeigneten Auslegungsrichtlinie wie beispielsweise der [DIN 743] ist die Bauteilsicherheit S oder aber ein Äquivalent. Ist hierbei die vorhandene Sicherheit S_{vorh} kleiner als die Sollsicherheit S_{Soll}, muss eine Iteration durchgeführt werden, um, die richtige Wahl der Sollsicherheit S_{Soll} vorausgesetzt, als unzulässig definierte Ereignisse während der Bauteilnutzung auszuschließen. Ist die vorhandene Sicherheit S_{vorh} deutlich größer als die Sollsicherheit S_{Soll} ist aus wirtschaftlichen Gründen eine Iteration sinnvoll. Davon ausgehend, dass der Flankenwinkel α, das Wellenformübermaßverhältnis c_{F1}/m und das Nabenformübermaßverhältnis c_{F2}/m den jeweiligen Anforderungen des Anwenders bereits angepasst und demnach quasi anforderungsbedingt nicht veränderbar sind, bleiben diese bei jeder Iteration unverändert. Damit ist die der Auslegungsrichtlinie entstammende Bauteilsicherheit S ausschließlich über den Bezugsdurchmesser d_B manipulierbar. Sobald die vorhandene Sicherheit S_{vorh} nur noch geringfügig größer als die geforderte Sollsicherheit S_{Soll} ist, kann die Routine zur Gestaltung und Auslegung evolventisch basierter Zahnwellenverbindungen nach Kapitel 3.3 gemäß Tabelle 6.1 beendet werden. Das zuvor Beschriebene visualisiert Abbildung 6.151.

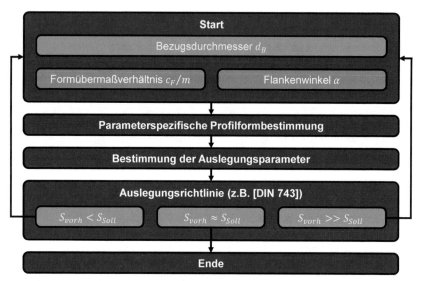

Abbildung 6.151: Routine zur optimalen Gestaltung und Auslegung evolventisch basierter ZWV nach Kapitel 3.3 gemäß Tabelle 6.1

Nachdem bei der Initiation beziehungsweise zu Beginn einer jeden Iteration der in Abbildung 6.151 aufgezeigten Routine zur optimalen Gestaltung und Auslegung evolventisch basierter Zahnwellenverbindungen nach Kapitel 3.3 gemäß Tabelle 6.1 Bezugsdurchmesser d_B, Flankenwinkel α, vgl. Kapitel 6.2.3.5.4, Wellenformübermaßverhältnis c_{F1}/m, vgl. Kapitel 6.2.4.2, und Nabenformübermaßverhältnis c_{F2}/m, vgl. Kapitel 6.2.4.4, festgelegt sind, ist die parameterspezifische Profilformbestimmung vorgesehen. Bestandteil dieser ist zunächst die Ermittlung des optimalen Moduls m_{Opt}, vgl. Kapitel 6.2.3.5.2, und daran anschließend der mit ihm verbundenen optimalen Zähnezahlen z_{Opt}, vgl. Kapitel 6.2.3.5.3. Zudem ist das optimale Wellenfußrundungsradiusverhältnis $(\rho_{f1}/m)_{Opt}$, vgl. Kapitel 6.2.3.5.5, zu berechnen sowie das Nabenfußrundungsradiusverhältnis ρ_{f2}/m, vgl. Kapitel 6.2.3.5.6, zu wählen. Abschließend können alle Geometrieparameter auf Grundlage der Gleichungen des Systems zur Profilgenerierung evolventisch basierter Zahnwellenverbindungen nach Kapitel 3.3 bestimmt werden.

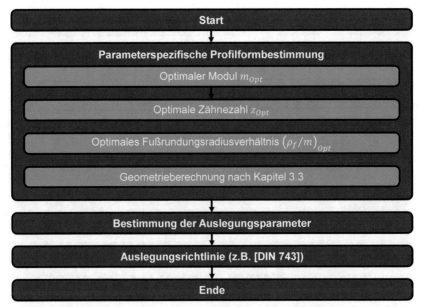

Abbildung 6.152: Bestandteile zur parameterspezifischen Profilformbestimmung der Routine zur optimalen Gestaltung und Auslegung evolventisch basierter ZWV nach Kapitel 3.3 gemäß Tabelle 6.1

Der parameterspezifischen Profilformbestimmung folgt die Bestimmung der Auslegungsparameter. Wie bereits aufgezeigt, umfasst diese Routinestufe die Ermittlung aller für die Anwendung der gewählten nennspannungsbasierten Auslegungsrichtlinie, wie beispielsweise der [DIN 743], benötigten Parameter. Auf das vorliegende Werk bezogen sind hierbei im Allgemeinen die Torsionsformzahl $\alpha_{ktGEHdB}$ beziehungsweise $\alpha_{ktGEHdh1}$ und das bezogene Spannungsgefälle G'_{GEH} grundlegend erforderlich. Diese Größen können für evolventisch basierte Zahnwellenverbindungen nach Kapitel 3.3 gemäß Tabelle 6.1 mit den im Rahmen dieser Dissertation entwickelten Gleichungen, vgl. Kapitel 6.2.5, berechnet werden. Darüber hinaus sind weiterführende, teils von der gewählten Auslegungsrichtlinie abhängige, Parameter zu bestimmen. Im Wesentlichen haben die unterschiedlichen Richtlinien die Berechnung geometrischer Größen als Voraussetzung zur Nennspannungsberechnung, die Berücksichtigung der Belastungscharakteristik, der Werkstoffkenngrößen, der Oberflächenrauheit etc. gemein. Das zuvor Beschriebene visualisiert Abbildung 6.153.

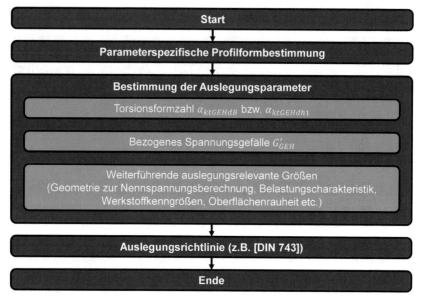

Abbildung 6.153: Bestandteile zur Bestimmung der Auslegungsparameter der Routine zur optimalen Gestaltung und Auslegung evolventisch basierter ZWV nach Kapitel 3.3 gemäß Tabelle 6.1

6.3 Optimierung durch Profilmodifizierung

In Kapitel 3.2.3.2.2 wird die Funktion der Profilmodifizierung entwickelt und weiterführend in das in Kapitel 3.3 dargelegte System zur Profilgenerierung evolventisch basierter Zahnwellenverbindungen integriert. Motivation hierfür war die Eröffnung geometrischer Bereiche, um derartige Verbindungen kerbtheoretisch optimal gestalten und somit signifikante Gestaltfestigkeitspotenziale erschließen zu können. So ist durch sie die Vergrößerung des Wellenfußkreisdurchmessers d_{f1} sowie des Wellenfußrundungsradiusverhältnisses ρ_{f1}/m möglich. Realisiert ist dies durch die Veränderung der wirksamen Berührungshöhe h_w auf unterschiedliche Art und Weise. Der Nachweis, dass durch Profilmodifizierung signifikante Gestaltfestigkeitspotenziale realisierbar sind, ist Gegenstand dieses Kapitels. Zudem werden Profilformvergleiche durchgeführt. Gemäß der in Kapitel 1.2 definierten Zielsetzungen haben die entsprechenden Untersuchungen und Betrachtungen allerdings nicht den Anspruch der vollumfänglich mathematischen Beschreibung der Optima sowie ihrer die Gestaltfestigkeit charakterisierenden Größen. Vielmehr wird diese exemplarisch für einen repräsentativen Bezugsdurchmesser d_B diskutiert. In diesem Zusammenhang sind folglich weiterführende Untersuchungen zu leisten, vgl. Kapitel 9.1.3. Wenn allerdings die in Kapitel 6.2

gewonnenen Erkenntnisse, insbesondere jene zur geometrischen Ähnlichkeit, vgl. Kapitel 6.2.3.3, ebenfalls für profilmodifizierte Verbindungen gelten, sind mit den Ergebnissen des vorliegenden Werkes nichtsdestotrotz bereits weitreichende Quantifizierungen möglich. Dies ist zu überprüfen. Abschließend sei hervorgehoben, dass die in Kapitel 6.2.7 formulierte Auslegungsroutine nicht nur für evolventisch basierte Zahnwellenverbindungen nach Kapitel 3.3 gemäß Tabelle 6.1, sondern allgemein für alle derartigen Verbindungen anwendbar ist.

Die vom Autor dieser Dissertation in Kapitel 3.2.3.2.2 entwickelte und beschriebene Profilmodifizierung umfasst zwei verschiedene Modifizierungsarten. So kann sie über die Modifizierungsprofilverschiebungsfaktoren x_M sowie die Profilmodifizierungsfaktoren y oder aber durch deren Kombination erfolgen. Dem Komplexitätsgrad geschuldet, werden diese Faktoren jedoch nicht direkt, sondern indirekt über den Reduzierfaktor der wirksamen Berührungshöhe R_{hw} sowie den Aufteilungsschlüssel der Reduzierung der wirksamen Berührungshöhe A_{hw} gesteuert. Alle für dieses Kapitel durchgeführten Profilmodifizierungen wurden ausschließlich unter Verwendung der Profilmodifizierungsfaktoren y durchgeführt. Dies entspricht einem Aufteilungsschlüssel der Reduzierung der wirksamen Berührungshöhe A_{hw} von 0. Durch diese Parameterwahl ist gewährleistet, dass der für den Wellenfußrundungsradius ρ_{f1} geometrisch zur Verfügung stehende Raum maximal ist, vgl. Tabelle 3.1, und damit verbunden die wellenseitig größtmögliche Gestaltfestigkeit stets sicher realisiert werden kann. Ist doch die wellenbezogene Optimierung evolventisch basierter Zahnwellenverbindungen nach Kapitel 3.3 für das Kriterium der Gestaltfestigkeit primärer Gegenstand dieser Dissertation.

Die zur Optimierung evolventisch basierter Zahnwellenverbindungen nach Kapitel 3.3 gemäß Tabelle 6.1, also ohne Profilmodifizierung, getroffene Klassifizierung der geometriebestimmenden Parameter wird für jene durch Profilmodifizierung grundlegend beibehalten. So folgt hierbei für die Parameter, deren Definition bei allen relevanten numerischen und experimentellen Analysen unverändert bleibt, Tabelle 6.39. Jene der übrigen Geometrieparameter wird variiert. Hierauf wird in Kapitel 6.3.1 eingegangen. Darüber hinaus geht dies aus den in den Kapiteln 6.3.2.1 und 6.3.2.2 angeführten Parameterfeldern hervor.

Tabelle 6.39: Definition konstanter Geometrieparameter der im Rahmen dieses Kapitels analysierten evolventisch basierten ZWV nach Kapitel 3.3

Symbol	Einheit	Quantifizierung	Anmerkung
A_{dB}	mm	$-0,1 \cdot m$	
x_{I1}	/	$-0,05 \leq x_{I1} \leq 0,45$	Analog zu [DIN 5480]
$h_w(R_{hw} = 0)$	mm	$0,9 \cdot m$	
A_{hw}	/	0	Nicht Bestandteil der [DIN 5480]

6.3.1 Vorgehensweise

In den Forschungsvorhaben [FVA 467 I], [FVA 467 II] sowie [FVA 742 I] wurden viele Profilwellenverbindungen experimentell und numerisch mit einem Bezugsdurchmesser d_B von 25 mm analysiert. Damit die Möglichkeit für Quervergleiche zu den Ergebnissen dieser Vorhaben bestmöglich gegeben ist, wird diese den Wellenbauraum charakterisierende Größe für die in diesem Kapitel durchgeführte Optimierung evolventisch basierter Zahnwellenverbindungen nach Kapitel 3.3 gemäß Tabelle 6.39 identisch definiert. Weiterführend gliedern sich die zur Bestimmung der Leistungsfähigkeit der Profilmodifizierung durchgeführten Untersuchungen in zwei Kategorien. Diese sind die allgemeine Einflussanalyse, vgl. Kapitel 6.3.3, sowie der Profilformvergleich, vgl. Kapitel 6.3.4. Auf deren Inhalt wird im Nachfolgenden eingegangen.

Der allgemeine Einfluss der Profilmodifizierung auf die Grundgrößen zur nennspannungsbasierten Gestaltfestigkeitsquantifizierung evolventisch basierter Zahnwellenverbindungen nach Kapitel 3.3 gemäß Tabelle 6.39 wird ausnahmslos bei einem Wellenformübermaßverhältnis c_{F1}/m von 0,12 analysiert, so dass der größtmögliche Umfang der Ergebnisse der für Kapitel 6.2 durchgeführten numerischen Analysen für Quervergleiche nutzbar ist. In ihrem Rahmen werden in Kapitel 6.3.3.1 bei nach Gleichung (222) optimalem Modul m_{Opt} sowie einem Flankenwinkel α von 30 ° zunächst die Einflüsse des Reduzierfaktors der wirksamen Berührungshöhe R_{hw} bei einem Aufteilungsschlüssel der Reduzierung der wirksamen Berührungshöhe A_{hw} von 0 sowie des Wellenfußrundungsradiusverhältnisses ρ_{f1}/m umfassend diskutiert. Durch diese Untersuchungen ist für die entsprechenden geometrischen Randbedingungen nunmehr unter anderem das optimale Wellenfußrundungsradiusverhältnis $(\rho_{f1}/m)_{Opt}$ bei extremer Profilmodifizierung bekannt. Diese Erkenntnis wird für eine weiterführende optimabezogene Betrachtung mit Extremwertcharakter genutzt. So wird in Kapitel 6.3.3.2 untersucht, ob die Profilmodifizierung Einfluss auf den optimalen Modul m_{Opt} hat. Mit den Ergebnissen der vorher benannten Untersuchungen sind, mit Ausnahme des Wellenformübermaßverhältnisses c_{F1}/m, nunmehr alle optimalen geometriebe-stimmenden Parameter evolventisch basierter Zahnwellenverbindungen nach Kapitel 3.3 gemäß Tabelle 6.39 bei extremer Profilmodifizierung bekannt. Für diese wird in Kapitel 6.3.3.3 abschließend der Einfluss des Flankenwinkels α auf die Grundgrößen zur nennspannungsbasierten Gestaltfestigkeitsquantifizierung derartiger Verbindungen diskutiert.

In Kapitel 6.3.4 wird der in [FVA 742 I] durchgeführte Profilformvergleich aufgegriffen. Dort werden die profilformspezifischen Optima der evolventisch basierten Zahnwellenverbindungen nach [DIN 5480] bei allerdings bereits nicht normkonform optimiertem Wellenfußrundungsradiusverhältnis ρ_{f1}/m sowie der komplexen Trochoiden für das Kriterium der Gestaltfestigkeit bei einem Bezugsdurchmesser d_B von 25 mm einander gegenübergestellt. Resultierend wird festgestellt, dass die komplexe Trochoide eine deutlich höhere Tragfähigkeit hat. Wie in Kapitel 3.1.2 beschrieben, gibt es jedoch signifikante geometrische Unterschiede zwischen den einander gegenübergestellten Profilformen zu Ungunsten der evolventischen Form. So weist die komplexe Trochoide unter anderem deutlich größere Werte für den Wellenfußrundungsradius ρ_{f1} beziehungsweise sein Äquivalent sowie den Wellenfußkreisdurchmesser d_{f1} auf. Zumindest bei den zuvor aufgezählten Einflussgrößen ist bekannt, dass größere Werte positiven Einfluss auf die Gestaltfestigkeit von Profilwellen haben. Es sei an dieser Stelle nochmals hervorgehoben, dass die Realisierung von Geometrieäquivalenz mit dem System zur Bezugsprofilgenerierung der [DIN 5480] nicht möglich ist. Dies ist auf fehlende Funktionen zurückzuführen. Somit mag die im Forschungsvorhaben [FVA 742 I] durchgeführte Gegenüberstellung zwar praktisch relevant sein. Allerdings wird sie vom Autor dieser Dissertation aus wissenschaftlicher Sicht als nicht belastbar erachtet. Mit dem im vorliegenden Werk entwickelten System zur Profilgenerierung evolventisch basierter Zahnwellenverbindungen hingegen, vgl. Kapitel 3.3, ist mit der Funktion der Profilmodifizierung, vgl. Kapitel 3.2.3.2.2, nunmehr die Generierung einer geometrisch äquivalenten evolventischen Verbindung möglich. Die Bestimmung der zur im Forschungsvorhaben [FVA 742 I] für einen Hülldurchmesser von 25 mm als optimal ausgewiesenen komplexen Trochoiden mit der Bezeichnung M – T046, z18 geometrisch äquivalenten evolventisch basierten Zahnwellenverbindung nach Kapitel 3.3 gemäß Tabelle 6.39 unter Anwendung der Profilmodifizierung ist Gegenstand von Kapitel 6.3.4.1. Diese ist Grundlage für die Durchführung numerischer Untersuchungen mit dem Ziel des direkten wissenschaftlich fundierten Gestaltfestigkeitsvergleichs zuvor benannter Profilformen durch Gegenüberstellung ihrer Torsionsformzahlen $\alpha_{ktGEHdB}$. Es sei hervorgehoben, dass zu diesem Zweck für das vorliegende Werk beide Profilformen berechnet wurden. Darüber hinaus wurde die zur oben benannten komplexen Trochoiden geometrisch äquivalente evolventisch basierte Zahnwellenverbindung nach Kapitel 3.3 gemäß Tabelle 6.39 explizit für diese Dissertation experimentell statisch und dynamisch analysiert. Die Versuchsdurchführung und Auswertung erfolgte dabei in absoluter Übereinstimmung zum Forschungsvorhaben [FVA 742 I], so dass

die resultierenden Ergebnisse jenen des Forschungsvorhabens [FVA 742 I] direkt gegenübergestellt werden können. Dies ist Bestandteil von Kapitel 6.3.4.3. Es sei vorgegriffen, dass ein numerisch experimenteller Abgleich, dem Einfluss des zugrunde gelegten Fertigungsverfahrens zur Prüflingsherstellung, vgl. Kapitel 6.3.4.3, nicht ohne
Weiteres möglich ist. Die zur Optimierung evolventisch basierter Zahnwellenverbindungen nach Kapitel 3.3 gemäß Tabelle 6.39 analysierten Parameterfelder sind in Kapitel 6.3.2 dargelegt.

Die oben beschriebene Vorgehensweise zur Optimierung evolventisch basierter Zahnwellenverbindungen nach Kapitel 3.3 gemäß Tabelle 6.39 zeigt Abbildung 6.154.

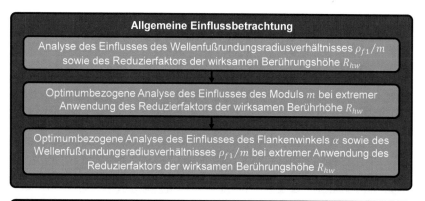

Abbildung 6.154: Vorgehensweise zur Diskussion der Leistungsfähigkeit der Profilmodifizierung zur Optimierung der Gestaltfestigkeit evolventisch basierter ZWV nach
Kapitel 3.3 gemäß Tabelle 6.39

6.3.2 Untersuchungsumfang

In diesem Kapitel werden die für die in Kapitel 6.3.1 dargelegte Vorgehensweise zur Optimierung evolventisch basierter Zahnwellenverbindungen nach Kapitel 3.3 gemäß Tabelle 6.39 durchgeführten numerischen Analysen offengelegt.

6.3.2.1 Allgemeine Einflussanalyse

Die allgemeine Analyse des Einflusses der Profilmodifizierung auf die Gestaltfestigkeit evolventisch basierter Zahnwellenverbindungen nach Kapitel 3.3 gemäß Tabelle 6.39 erfolgt, ausgehend von jenen gemäß Tabelle 6.1, optimabezogen, vgl. Kapitel 6.2.3.5. Mit Verweis auf Kapitel 6.3.1 wird sie exemplarisch für einen Bezugsdurchmesser d_B von 25 mm durchgeführt, um Quervergleiche unter anderem zu Ergebnissen der Forschungsvorhaben [FVA 467 I], [FVA 467 II] sowie insbesondere des Forschungsvorhabens [FVA 742 I] zu ermöglichen. Demzufolge hat sie also, wie bereits in Kapitel 6.3.1 angeführt, nicht die vollumfängliche Gestaltfestigkeitsquantifizierung zum Ziel. Dies ist im Zuge weiterführender Forschungsarbeit zu leisten, vgl. Kapitel 9.1.2. Die allgemeine Einflussanalyse dient vielmehr dazu festzustellen, ob die Profilmodifizierung einen Einfluss auf den optimalen Modul m_{Opt}, vgl. Kapitel 6.2.3.5.2, oder aber das optimale Wellenfußrundungsradiusverhältnis $\left(\rho_{f1}/m\right)_{Opt}$, vgl. Kapitel 6.2.3.5.5, hat. Darüber hinaus gilt es, ihre Auswirkungen auf den Flankenwinkel α zu bestimmen. So wird sie im Sinne einer Extremwertanalyse bei einem Reduzierfaktor der wirksamen Berührungshöhe R_{hw} von 0,9 durchgeführt. Ausnahme hierbei stellt die Analyse des Einflusses der Profilmodifizierung auf das Wellenfußrundungsradiusverhältnis ρ_{f1}/m dar. Sie wird nicht ausschließlich extremwertbezogen, sondern zudem stützstellenbezogen durchgeführt. Aus den in Kapitel 6.2.3.5.1 angeführten Gründen mit weiterführendem Verweis auf Kapitel 3.5 ist die Torsionsformzahl $\alpha_{ktGEHdB}$ Grundlage der allgemeinen Einflussanalyse. In Ergänzung werden jedoch ebenfalls die Torsionsformzahl $\alpha_{ktGEHdh1}$ sowie das bezogene Spannungsgefälle G'_{GEH} diskutiert.

Grundvoraussetzung zur optimabezogenen Analyse des Einflusses der Profilmodifizierung auf die Gestaltfestigkeit evolventisch basierter Zahnwellenverbindungen nach Kapitel 3.3 gemäß Tabelle 6.39 ist, dass die Optima hinreichend genau bekannt sind. Hieraus resultierend wird für die Bestimmung des entsprechenden Optimums des in dieser Dissertation betrachteten Beispiels zunächst der Einfluss der Profilmodifizierung auf das Wellenfußrundungsradiusverhältnis ρ_{f1}/m analysiert. Basis hierfür ist das in Abbildung 6.155 dargelegte Parameterfeld. Die resultierenden Ergebnisse sind in Kapitel 6.3.3.1 angeführt.

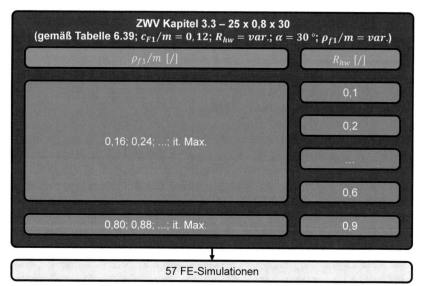

Abbildung 6.155: Untersuchungsumfang zur Analyse des Einflusses des Wellenfuß-rundungsradiusverhältnisses ρ_{f1}/m sowie des Reduzierfaktors der wirksamen Be-rührungshöhe R_{hw}

Durch die Ergebnisse der numerischen Analyse des in Abbildung 6.155 aufgezeigten Parameterfelds ist das optimale Wellenfußrundungsradiusverhältnis $\left(\rho_{f1}/m\right)_{Opt}$ bei ei-nem Reduzierfaktor der wirksamen Berührungshöhe R_{hw} von 0,9 bekannt. Bei diesem wird, wie zu Beginn dieses Kapitels beschrieben, weiterführend der extremwertba-sierte Einfluss der Profilmodifizierung auf den optimalen Modul m_{Opt} analysiert. Basis hierfür ist das in Abbildung 6.156 dargelegte Parameterfeld. Die resultierenden Ergeb-nisse sind in Kapitel 6.3.3.2 angeführt.

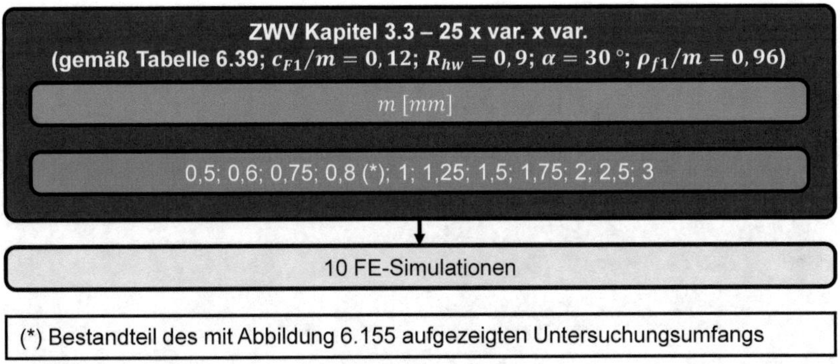

ZWV Kapitel 3.3 – 25 x var. x var.
(gemäß Tabelle 6.39; $c_{F1}/m = 0,12$; $R_{hw} = 0,9$; $\alpha = 30\,°$; $\rho_{f1}/m = 0,96$)

$m\ [mm]$

0,5; 0,6; 0,75; 0,8 (*); 1; 1,25; 1,5; 1,75; 2; 2,5; 3

10 FE-Simulationen

(*) Bestandteil des mit Abbildung 6.155 aufgezeigten Untersuchungsumfangs

Abbildung 6.156: Untersuchungsumfang zur Analyse des Einflusses des Moduls m bei optimalem Wellenfußrundungsradiusverhältnis $\left(\rho_{f1}/m\right)_{Opt}$ bei extremer Anwendung des Reduzierfaktors der wirksamen Berührungshöhe R_{hw}

Durch die Ergebnisse der numerischen Analyse des in Abbildung 6.156 aufgezeigten Parameterfelds ist der optimale Modul m_{Opt} bei einem Reduzierfaktor der wirksamen Berührungshöhe R_{hw} von 0,9 bekannt. Bei diesem wird, wie zu Beginn dieses Kapitels beschrieben, weiterführend der extremwertbasierte Einfluss der Profilmodifizierung auf den Flankenwinkel α analysiert. Basis hierfür ist das in Abbildung 6.157 dargelegte Parameterfeld. Die resultierenden Ergebnisse sind in Kapitel 6.3.3.3 angeführt.

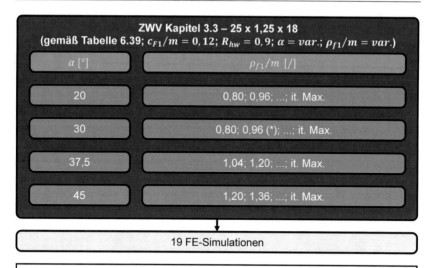

(*) Bestandteil des mit Abbildung 6.156 aufgezeigten Untersuchungsumfangs

Abbildung 6.157: Untersuchungsumfang zur Analyse des Einflusses des Wellenfußrundungsradiusverhältnisses ρ_{f1}/m sowie des Flankenwinkels α bei extremer Anwendung des Reduzierfaktors der wirksamen Berührungshöhe R_{hw}

6.3.2.2   Profilformvergleich

Aus gegebenem Anlass ist die Überführung des im Forschungsvorhaben [FVA 742 I] durchgeführten Gestaltfestigkeitsvergleichs zwischen der für einen Hülldurchmesser von 25 mm als optimal ausgewiesenen komplexen Trochoiden mit der Bezeichnung M – T046, z18 und der vom Autor dieser Dissertation in [FVA 742 I] für den zuvor benannten Durchmesser bestimmten optimalen evolventisch basierten Zahnwellenverbindung nach [DIN 5480] bei jedoch bereits nicht normkonform optimiertem Wellenfußrundungsradiusverhältnis ρ_{f1}/m, vgl. Kapitel 6.3.1, in einen geometrieäquivalenten Vergleich der Kernprofilform Ziel dieses Werkes. Ist dies doch nunmehr mit der in Kapitel 3.2.3.2.2 entwickelten Funktion der Profilmodifizierung möglich. Hierbei wurde das in Abbildung 6.158 dargelegte Parameterfeld analysiert. Die resultierenden Ergebnisse sind in Kapitel 6.3.4.2 angeführt. Um die wissenschaftliche Geschlossenheit dieser Dissertation zu wahren, wird für die entsprechende Gegenüberstellung nicht auf numerische Ergebnisse des Forschungsvorhabens [FVA 742 I] zurückgegriffen. Vielmehr wurden die in diesem Zusammenhang erforderlichen Simulationen eigens für das vorliegende Werk durchgeführt. Abschließend sei darauf hingewiesen, dass die in Kapitel 6.3.4.2 angeführten numerischen Ergebnisse zudem durch experimentelle Untersuchungen, vgl. Kapitel 6.3.4.3, abgesichert sind.

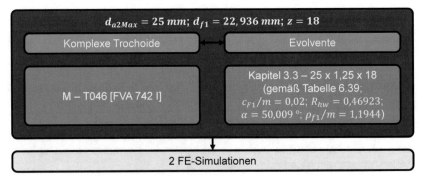

Abbildung 6.158: Untersuchungsumfang für den Gestaltfestigkeitsvergleich zwischen der in [FVA 742 I] für einen Hülldurchmesser von 25 mm als optimal ausgewiesenen komplexen Trochoiden M – T046, z18 und der geometrisch äquivalenten evolventisch basierten ZWV nach Kapitel 3.3

6.3.3 Allgemeine Einflussanalyse

6.3.3.1 Wellenfußrundungsradiusverhältnis ρ_{f1}/m

Abbildung 6.159 zeigt die auf Basis der Gestaltänderungsenergiehypothese sowie des Bezugsdurchmessers d_B bestimmte Torsionsformzahl $\alpha_{ktGEHdB}$ als Funktion des Wellenfußrundungsradiusverhältnisses ρ_{f1}/m sowie des Reduzierfaktors der wirksamen Berührungshöhe R_{hw} der Zahnwellenverbindungen Kapitel 3.3 – 25 x 0,8 30 (gemäß Tabelle 6.39; $c_{F1}/m = 0,12$; $R_{hw} = var.$; $\alpha = 30\,°$; $\rho_{f1}/m = var.$). Mit ihr wird zunächst für den Einfluss des Wellenfußrundungsradiusverhältnisses ρ_{f1}/m ersichtlich, dass der in Kapitel 6.2.3.2.3.1 auf Grundlage von Abbildung 6.42 aufgezeigte Effekt des optimalen Verhältnisses für alle untersuchten Reduzierfaktoren der wirksamen Berührungshöhe R_{hw} auftritt. Zudem ist jedoch festzuhalten, dass das optimale Wellenfußrundungsradiusverhältnis $\left(\rho_{f1}/m\right)_{Opt}$ umso größer ist, je größer der Reduzierfaktor der wirksamen Berührungshöhe R_{hw} ist. Als Folge sind die in den Kapiteln 6.2.3.5.5.1 sowie 6.2.3.5.5.2 auf Basis der für einen Reduzierfaktor der wirksamen Berührungshöhe R_{hw} von 0 absoluten optimalen Verhältnisse entwickelten Näherungsgleichungen in ihrer Gültigkeit auf evolventisch basierte Zahnwellenverbindungen nach Kapitel 3.3 gemäß Tabelle 6.1 einzuschränken. Allerdings wird auf Basis der in Abbildung 6.159 angeführten numerischen Ergebnisse vermutet, dass das optimale Wellenfußrundungsradiusverhältnis $\left(\rho_{f1}/m\right)_{Opt}$ als Funktion des maximal realisierbaren Verhältnisses ρ_{f1}^V/m formuliert werden kann. Dies setzt jedoch voraus, dass das maximal realisierbare Wellenfußrundungsradiusverhältnis ρ_{f1}^V/m auch bekannt ist. Mit dem vom Autor dieser Dissertation entwickelten System zur Profilgenerierung evolventisch basierter Zahnwellenverbindungen, vgl. Kapitel 3.3, ist dies aber nunmehr gegeben.

Dass das optimale Wellenfußrundungsradiusverhältnis $\left(\rho_{f1}/m\right)_{Opt}$ als Funktion des maximal realisierbaren Verhältnisses ρ_{f1}^V/m formuliert werden kann, beweist Kapitel 6.2.3.5.5.4. Der dort entwickelte Ansatz ist prognostiziert allgemeingültig.

Weiterführend kann Abbildung 6.159 für den Einfluss des Reduzierfaktors der wirksamen Berührungshöhe R_{hw} auf die Torsionsformzahl $\alpha_{ktGEHdB}$ entnommen werden, dass die Torsionsformzahl $\alpha_{ktGEHdB}$ mit steigendem Reduzierfaktor der wirksamen Berührungshöhe R_{hw} abnimmt, die Tragfähigkeit also zunimmt. Darüber hinaus wird durch sie das äußerst große Gestaltfestigkeitspotenzial evolventisch basierter Zahnwellenverbindungen nach Kapitel 3.3 ersichtlich.

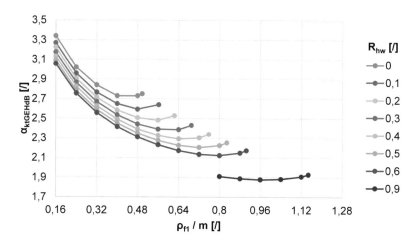

Abbildung 6.159: Torsionsformzahl $\alpha_{ktGEHdB}$ als Funktion des Wellenfußrundungsradiusverhältnisses ρ_{f1}/m sowie des Reduzierfaktors der wirksamen Berührungshöhe R_{hw} am Beispiel der ZWV Kapitel 3.3 – 25 x 0,8 30 (gemäß Tabelle 6.39; $c_{F1}/m = 0{,}12$; $R_{hw} = var.$; $\alpha = 30°$; $\rho_{f1}/m = var.$)

Abbildung 6.160 zeigt die auf Basis der Gestaltänderungsenergiehypothese sowie des Wellenersatzdurchmessers d_{h1} nach [Naka 51] bestimmte Torsionsformzahl $\alpha_{ktGEHdh1}$ als Funktion des Wellenfußrundungsradiusverhältnisses ρ_{f1}/m sowie des Reduzierfaktors der wirksamen Berührungshöhe R_{hw} der Zahnwellenverbindungen Kapitel 3.3 – 25 x 0,8 30 (gemäß Tabelle 6.39; $c_{F1}/m = 0{,}12$; $R_{hw} = var.$; $\alpha = 30°$; $\rho_{f1}/m = var.$). Die dort angeführten numerischen Ergebnisse führen qualitativ zu den gleichen Aussagen wie sie auf Grundlage von Abbildung 6.159 getroffen werden. Allerdings ist die quantitative Ausprägung erwartungsgemäß geringer. Hieraus resultierend wird für die Ergebnisdiskussion von Abbildung 6.160 auf jene von Abbildung 6.159 verwiesen.

Mit Verweis auf Kapitel 3.5 sei jedoch nochmals darauf hingewiesen, dass beim Ableiten wissenschaftlicher Aussagen auf Basis der Torsionsformzahl $\alpha_{ktGEHdh1}$ Vorsicht geboten ist. Dies gilt im Allgemeinen sowohl für die qualitative als auch für die quantitative Bewertung. Schlussfolgerungen zum Verhalten der Torsionsformzahl $\alpha_{ktGEHdh1}$ an sich sind selbstredend zulässig.

Entgegen der Torsionsformzahl $\alpha_{ktGEHdB}$, vgl. Abbildung 6.159, weist die Torsionsformzahl $\alpha_{ktGEHdh1}$ eine weitere Besonderheit auf. So ist sie bei einem Wellenfußrundungsradiusverhältnis ρ_{f1}/m von 0,16 für alle Reduzierfaktoren der wirksamen Berührungshöhe R_{hw} zumindest näherungsweise gleich.

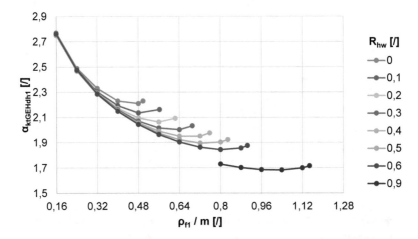

Abbildung 6.160: Torsionsformzahl $\alpha_{ktGEHdh1}$ als Funktion des Wellenfußrundungsradiusverhältnisses ρ_{f1}/m sowie des Reduzierfaktors der wirksamen Berührungshöhe R_{hw} am Beispiel der ZWV Kapitel 3.3 – 25 x 0,8 30 (gemäß Tabelle 6.39; $c_{F1}/m = 0,12$; $R_{hw} = var.$; $\alpha = 30°$; $\rho_{f1}/m = var.$)

Abbildung 6.161 zeigt das auf Basis der Gestaltänderungsenergiehypothese bestimmte bezogene Spannungsgefälle G'_{GEH} als Funktion des Wellenfußrundungsradiusverhältnisses ρ_{f1}/m sowie des Reduzierfaktors der wirksamen Berührungshöhe R_{hw} der Zahnwellenverbindungen Kapitel 3.3 – 25 x 0,8 30 (gemäß Tabelle 6.39; $c_{F1}/m = 0,12$; $R_{hw} = var.$; $\alpha = 30°$; $\rho_{f1}/m = var.$). Mit ihr wird zunächst der allgemeine Effekt einer milder gestalteten Kerbe auf das bezogene Spannungsgefälle G'_{GEH} ersichtlich. So nimmt dieses mit größer werdendem Wellenfußrundungsradiusverhältnis ρ_{f1}/m ab. Weiter kann für den Einfluss des Reduzierfaktors der wirksamen Berührungshöhe R_{hw} auf das bezogene Spannungsgefälle G'_{GEH} bei zunächst konstantem

Wellenfußrundungsradiusverhältnis ρ_{f1}/m geschlussfolgert werden, dass ein größerer Reduzierfaktor der wirksamen Berührungshöhe R_{hw} auch zu einem größeren bezogenen Spannungsgefälle G'_{GEH} führt. In absoluter Betrachtung ist das bezogene Spannungsgefälle G'_{GEH} jedoch bei dem größten analysierten Reduzierfaktor der wirksamen Berührungshöhe R_{hw} minimal. Mit Verweis auf den eingangs dieses Kapitels dargelegten Sachverhalt wird dieser Effekt primär darauf zurückgeführt, dass hier das größte Wellenfußrundungsradiusverhältnis ρ_{f1}/m realisiert werden kann.

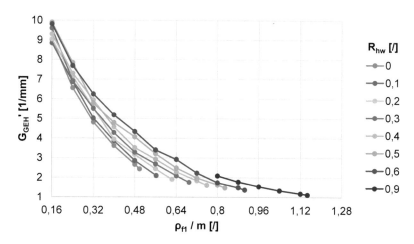

Abbildung 6.161: Torsionsmomentinduziert bezogenes Spannungsgefälle G'_{GEH} als Funktion des Wellenfußrundungsradiusverhältnisses ρ_{f1}/m sowie des Reduzierfaktors der wirksamen Berührungshöhe R_{hw} am Beispiel der ZWV Kapitel 3.3 – 25 x 0,8 30 (gemäß Tabelle 6.39; $c_{F1}/m = 0,12$; $R_{hw} = var.$; $\alpha = 30\,°$; $\rho_{f1}/m = var.$)

6.3.3.2   Modul m

Abbildung 6.162 zeigt die auf Basis der Gestaltänderungsenergiehypothese sowie des Bezugsdurchmessers d_B bestimmte Torsionsformzahl $\alpha_{ktGEHdB}$ als Funktion des Moduls m der Zahnwellenverbindungen Kapitel 3.3 – 25 x var. x var. (gemäß Tabelle 6.39; $c_{F1}/m = 0,12$; $R_{hw} = 0,9$; $\alpha = 30\,°$; $\rho_{f1}/m = 0,96$). Mit ihr wird für den Einfluss des Moduls m auf die Torsionsformzahl $\alpha_{ktGEHdB}$ deutlich, dass stützstellenbasiert ein Optimum bei einem Modul m von 1,25 mm existiert. Mit Verweis auf beispielsweise die in Kapitel 6.2.3.5.2.1 entwickelte Gleichung (222) ergibt sich für evolventisch basierte Zahnwellenverbindungen nach Kapitel 3.3 gemäß Tabelle 6.1, das heißt für einen Reduzierfaktor der wirksamen Berührungshöhe R_{hw} von 0, in Kombination mit Reihe I der [DIN 780] jedoch ein optimaler Modul m_{Opt} von 0,8 mm. Es kann also festgehalten werden, dass die Profilmodifizierung Einfluss auf den optimalen Modul m_{Opt} hat. Allerdings zeigt ein Quervergleich zwischen diesen beiden Moduln m bei exzessiver Profilmodifizierung, vgl. Abbildung 6.162, dass der Unterschied der Torsionsformzahlen $\alpha_{ktGEHdB}$ lediglich 0,06 beträgt. Damit ist er so gering, dass eine Vernachlässigung in Erwägung gezogen werden kann. Zudem wird prognostiziert, dass ein Reduzierfaktor der wirksamen Berührungshöhe R_{hw} von 0,9 aus Gründen der Flankentragfähigkeit sowie der Verschleißfestigkeit nahezu nicht von praktischer Relevanz ist und damit lediglich einen theoretischen Grenzfall darstellt. Darüber hinaus ist für den oben erwähnten Unterschied der Torsionsformzahlen $\alpha_{ktGEHdB}$ ein divergentes Verhalten zu erwarten. Somit gilt folglich, dass der Unterschied zwischen den mit den in Kapitel 6.2.3.5.2 entwickelten Gleichungen in Kombination mit Reihe I der [DIN 780] prognostiziert optimalen Moduln m_{Opt} und dem bei profilmodifizierten Verbindungen tatsächlich optimalen Moduln m_{Opt} bei kleinerem Reduzierfaktor der wirksamen Berührungshöhe R_{hw} ebenfalls geringer ist. Damit sinkt auch der aus der Vernachlässigung dieses Sachverhalts resultierende Fehler, was ihre Anwendung weiter legitimiert. Mit dem zuvor Beschriebenen ist stichprobenartig sichergestellt, dass die in Kapitel 6.2.3.5.2 entwickelten Gleichungen zur mathematischen Beschreibung des optimalen Moduls m_{Opt} für evolventisch basierte Zahnwellenverbindungen nach Kapitel 3.3 gemäß Tabelle 6.1 ebenso für jene gemäß Tabelle 6.39 hinreichend genaue Ergebnisse liefern.

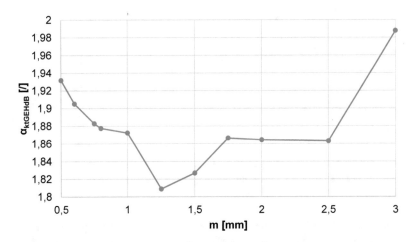

Abbildung 6.162: Torsionsformzahl $\alpha_{ktGEHdB}$ als Funktion des Moduls m am Beispiel der ZWV Kapitel 3.3 – 25 x var. x var. (gemäß Tabelle 6.39; $c_{F1}/m = 0,12$; $R_{hw} = 0,9$; $\alpha = 30°$; $\rho_{f1}/m = 0,96$)

Abbildung 6.163 zeigt die auf Basis der Gestaltänderungsenergiehypothese sowie des Wellenersatzdurchmessers d_{h1} nach [Naka 51] bestimmte Torsionsformzahl $\alpha_{ktGEHdh1}$

als Funktion des Moduls m der Zahnwellenverbindungen Kapitel 3.3 – 25 x var. x var. (gemäß Tabelle 6.39; $c_{F1}/m = 0,12$; $R_{hw} = 0,9$; $\alpha = 30°$; $\rho_{f1}/m = 0,96$). In Kapitel 3.5 wird auf Grundlage von Abbildung 3.19 dargelegt, dass die Torsionsformzahl $\alpha_{ktGEHdh1}$ nicht dazu geeignet ist, Tragfähigkeitsvergleiche durchzuführen. Müsste doch auf Basis der dort angeführten numerischen Ergebnisse die wissenschaftliche Aussage abgeleitet werden, dass die Tragfähigkeit mit steigendem Modul m zunimmt. Da sich ein größerer Modul m verringernd auf den Wellenquerschnitt auswirkt, liefert bereits eine grenzwertbasierte Plausibilitätsanalyse, dass diese Aussage falsch sein muss. Hieraus resultierend ist bei qualitativ und insbesondere bei quantitativ wissenschaftlichen Aussagen auf Basis der Torsionsformzahl $\alpha_{ktGEHdh1}$ zumindest Vorsicht geboten. Aussagen zum Verhalten der entsprechenden Größe sind allerdings stets zulässig. Den entsprechenden Sachverhalt der abnehmenden Torsionsformzahl $\alpha_{ktGEHdh1}$ mit größeren Moduln m zeigt sehr anschaulich Abbildung 6.163.

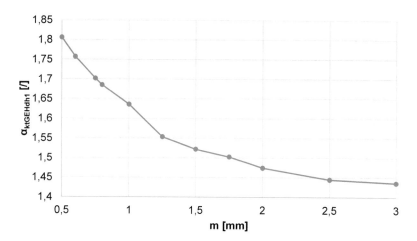

Abbildung 6.163: Torsionsformzahl $\alpha_{ktGEHdh1}$ als Funktion des Moduls m am Beispiel der ZWV Kapitel 3.3 – 25 x var. x var. (gemäß Tabelle 6.39; $c_{F1}/m = 0,12$; $R_{hw} = 0,9$; $\alpha = 30°$; $\rho_{f1}/m = 0,96$)

Abbildung 6.164 zeigt das auf Basis der Gestaltänderungsenergiehypothese bestimmte bezogene Spannungsgefälle G'_{GEH} als Funktion des Moduls m der Zahnwellenverbindungen Kapitel 3.3 – 25 x var. x var. (gemäß Tabelle 6.39; $c_{F1}/m = 0,12$; $R_{hw} = 0,9$; $\alpha = 30°$; $\rho_{f1}/m = 0,96$). Auf ihrer Grundlage wird abgeleitet, dass das bezogene Spannungsgefälle G'_{GEH} mit steigendem Modul m asymptotisch abnimmt. In diesem Zusammenhang sei hervorgehoben, dass sich bei konstantem Wellenfußrundungsradiusverhältnis ρ_{f1}/m der Absolutbetrag des Wellenfußrundungsradius ρ_{f1} bei Variation des Moduls m verändert. So nimmt dieser mit steigendem Modul m zu, die

Kerbschärfe also ab. Mit Verweis auf die allgemeine Kerbtheorie ist die zuvor abgeleitete wissenschaftliche Aussage folglich zu erwarten.

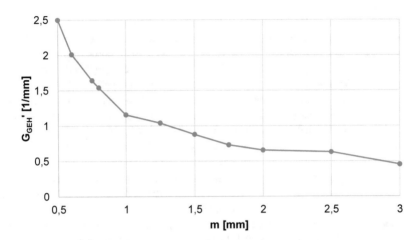

Abbildung 6.164: Torsionsmomentinduziert bezogenes Spannungsgefälle G'_{GEH} als Funktion des Moduls m am Beispiel der ZWV Kapitel 3.3 – 25 x var. x var. (gemäß Tabelle 6.39; $c_{F1}/m = 0{,}12$; $R_{hw} = 0{,}9$; $\alpha = 30\,°$; $\rho_{f1}/m = 0{,}96$)

6.3.3.3   Flankenwinkel α

In Kapitel 3.4 ist für evolventisch basierte Zahnwellenverbindungen nach Kapitel 3.3 gemäß Tabelle 6.1 aufgezeigt, dass das maximal realisierbare Wellenfußrundungsradiusverhältnis ρ^V_{f1}/m mit steigendem Flankenwinkel α abnimmt. Ob diese Aussage auch für Verbindungen gemäß Tabelle 6.39 gültig ist, hängt von der Art und vom Grad der Profilmodifizierung ab und kehrt sich bei entsprechender Wahl dieser Parameter ins Gegenteilige um. So ist hervorzuheben, dass für die im Rahmen dieses Kapitels analysierten Verbindungen mit einem Reduzierfaktor der wirksamen Berührungshöhe R_{hw} von 0,9 sowie einem Aufteilungsschlüssel der Reduzierung der wirksamen Berührungshöhe A_{hw} von 0 bei größerem Flankenwinkel α auch größere maximale Wellenfußrundungsradiusverhältnisse ρ^V_{f1}/m realisierbar sind. Mit Verweis auf den in Kapitel 6.2.3.5.5.4 entwickelten Ansatz gilt dies weiterführend ebenfalls für die optimalen Wellenfußrundungsradiusverhältnisse $\left(\rho_{f1}/m\right)_{Opt}$.

Abbildung 6.165 zeigt die auf Basis der Gestaltänderungsenergiehypothese sowie des Bezugsdurchmessers d_B bestimmte Torsionsformzahl $\alpha_{ktGEHdB}$ als Funktion des Flankenwinkels α sowie des Wellenfußrundungsradiusverhältnisses ρ_{f1}/m der Zahnwellenverbindungen Kapitel 3.3 – 25 x 1,25 18 (gemäß Tabelle 6.39; $c_{F1}/m = 0{,}12$; $R_{hw} =$

0,9; $\alpha = var.$; $\rho_{f1}/m = var.$). In absoluter Betrachtung wird mit ihr ersichtlich, dass die Torsionsformzahl $\alpha_{ktGEHdB}$ mit zunehmendem Flankenwinkel α sinkt, die Tragfähigkeit also steigt. Dies steht im Gegensatz zu dem in Kapitel 6.2.3.2.3.1 mit Abbildung 6.43 für evolventisch basierte Zahnwellenverbindungen nach Kapitel 3.3 gemäß Tabelle 6.1 dargelegten Systemverhalten. In Konsequenz muss bei evolventisch basierten Zahnwellenverbindungen nach Kapitel 3.3 gemäß Tabelle 6.39 für den Reduzierfaktor der wirksamen Berührungshöhe R_{hw} ein Übergangsbereich existieren, bei dem der Flankenwinkel α im Intervall $20\,° \leq \alpha \leq 45\,°$ in Abhängigkeit der Profilmodifizierung unter dem Aspekt der Gestaltfestigkeit Optima aufweist. Den in Abbildung 6.43 von Kapitel 6.2.3.2.3.1 angeführten numerischen Ergebnissen kann entnommen werden, dass der optimale Flankenwinkel α_{Opt} in relativer Betrachtung eine Funktion des Wellenfußrundungsradiusverhältnisses ρ_{f1}/m ist. Dies ist gleichbedeutend mit der Aussage, dass Schnittpunkte zwischen den flankenwinkelspezifischen Verläufen der Torsionsformzahl $\alpha_{ktGEHdB}$ existieren. Mit Verweis auf die kleiner werdenden Abstände zwischen den Graphen bei abnehmendem Wellenfußrundungsradiusverhältnis ρ_{f1}/m, wird dieser Effekt ebenfalls bei den in Abbildung 6.165 angeführten numerischen Ergebnissen, also bei exzessiv profilmodifizierten evolventisch basierten Zahnwellenverbindungen nach Kapitel 3.3 gemäß Tabelle 6.39, erwartet. Nachweisbar ist diese Aussage durch eine geeignete Erweiterung des Analysebereichs des Wellenfußrundungsradiusverhältnisses ρ_{f1}/m.

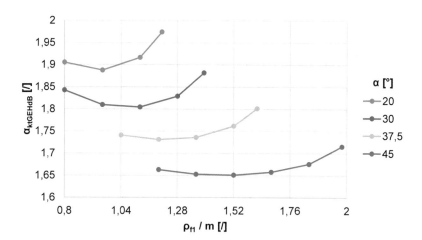

Abbildung 6.165: Torsionsformzahl $\alpha_{ktGEHdB}$ als Funktion des Wellenfußrundungsradiusverhältnisses ρ_{f1}/m sowie des Flankenwinkels α am Beispiel der ZWV Kapitel 3.3 – 25 x 1,25 x 18 (gemäß Tabelle 6.39; $c_{F1}/m = 0,12$; $R_{hw} = 0,9$; $\alpha = var.$; $\rho_{f1}/m = var.$)

Abbildung 6.166 zeigt die auf Basis der Gestaltänderungsenergiehypothese sowie des Wellenersatzdurchmessers d_{h1} nach [Naka 51] bestimmte Torsionsformzahl $\alpha_{ktGEHdh1}$ als Funktion des Flankenwinkels α sowie des Wellenfußrundungsradiusverhältnisses ρ_{f1}/m der Zahnwellenverbindungen Kapitel 3.3 – 25 x 1,25 18 (gemäß Tabelle 6.39; $c_{F1}/m = 0,12$; $R_{hw} = 0,9$; $\alpha = var.$; $\rho_{f1}/m = var.$). Auf ihrer Grundlage kann für die Einflüsse von Flankenwinkel α sowie Wellenfußrundungsradiusverhältnis ρ_{f1}/m auf die Torsionsformzahl $\alpha_{ktGEHdh1}$ festgehalten werden, dass diese qualitativ jenen auf die Torsionsformzahl $\alpha_{ktGEHdB}$ entsprechen, vgl. Abbildung 6.165. Hieraus resultierend wird für die wissenschaftliche Analyse der in Abbildung 6.166 angeführten numerischen Ergebnisse auf jene von Abbildung 6.165 verwiesen.

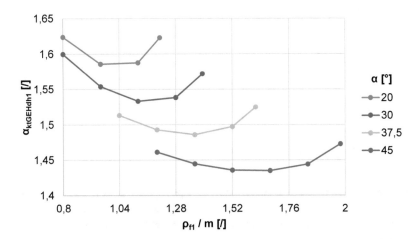

Abbildung 6.166: Torsionsformzahl $\alpha_{ktGEHdh1}$ als Funktion des Wellenfußrundungsradiusverhältnisses ρ_{f1}/m sowie des Flankenwinkels α am Beispiel der ZWV Kapitel 3.3 – 25 x 1,25 18 (gemäß Tabelle 6.39; $c_{F1}/m = 0,12$; $R_{hw} = 0,9$; $\alpha = var.$; $\rho_{f1}/m = var.$)

Abbildung 6.167 zeigt das auf Basis der Gestaltänderungsenergiehypothese bestimmte bezogene Spannungsgefälle G'_{GEH} als Funktion des Flankenwinkels α sowie des Wellenfußrundungsradiusverhältnisses ρ_{f1}/m der Zahnwellenverbindungen Kapitel 3.3 – 25 x 1,25 18 (gemäß Tabelle 6.39; $c_{F1}/m = 0,12$; $R_{hw} = 0,9$; $\alpha = var.$; $\rho_{f1}/m = var.$). In absoluter Betrachtung wird mit ihr zunächst ersichtlich, dass das bezogene Spannungsgefälle G'_{GEH} bei dem maximal analysierten Flankenwinkel α von 45 ° minimal ist. Mit Verweis auf den zu Beginn dieses Kapitels dargelegten Sachverhalt wird dieser Effekt primär auf das bei diesem Winkel für den untersuchten Bereich größtmöglich gestaltbare Wellenfußrundungsradiusverhältnis ρ_{f1}/m zurückgeführt.

Weiter kann für den Flankenwinkel α bei konstantem Wellenfußrundungsradiusverhältnis ρ_{f1}/m geschlussfolgert werden, dass ein größerer Winkel auch zu einem größeren bezogenen Spannungsgefälle G'_{GEH} führt. Darüber hinaus zeigen die flankenwinkelspezifischen Verläufe des bezogenen Spannungsgefälles G'_{GEH} den allgemeinen Effekt einer milder gestalteten Kerbe auf diese Größe. So nimmt das bezogene Spannungsgefälle G'_{GEH} mit größer werdendem Wellenfußrundungsradiusverhältnis ρ_{f1}/m ab.

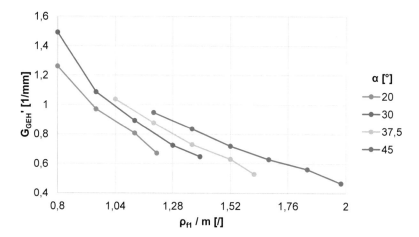

Abbildung 6.167: Torsionsmomentinduziert bezogenes Spannungsgefälle G'_{GEH} als Funktion des Wellenfußrundungsradiusverhältnisses ρ_{f1}/m sowie des Flankenwinkels α am Beispiel der ZWV Kapitel 3.3 – 25 x 1,25 18 (gemäß Tabelle 6.39; $c_{F1}/m = 0{,}12$; $R_{hw} = 0{,}9$; $\alpha = var.$; $\rho_{f1}/m = var.$)

6.3.4 Profilformvergleich

Der im Forschungsvorhaben [FVA 742 I] geführte Tragfähigkeitsvergleich zwischen der optimalen Verbindung der Profilform der komplexen Trochoiden und jener der [DIN 5480] bei allerdings zudem optimiertem Wellenfußrundungsradiusverhältnis ρ_{f1}/m für einen Hülldurchmesser von 25 mm wurde seitens der Evolvente in bestmöglicher Annäherung durchgeführt. Er beschränkt sich jedoch nicht auf die Gegenüberstellung der Kernprofilformen. Grund hierfür sind system- und teils auch normbedingte Restriktionen bei der Bezugsprofilgenerierung evolventisch basierter Zahnwellenverbindungen nach [DIN 5480]. Mit Verweis auf die in Kapitel 3.1.2 auf Basis von Abbildung 3.2 geführte Diskussion haben die resultierenden geometrischen Unterschiede jenseits des Einflusses der Kernprofilform seitens der evolventischen Profilform teils signifikant negativen Einfluss auf das Kriterium der Gestaltfestigkeit. In Konsequenz ist die zu Beginn dieses Absatzes benannte Gegenüberstellung bis zu jenem Zeitpunkt vor der Veröffentlichung des vorliegenden Werkes zwar von praktischer Relevanz, wissenschaftlich jedoch nicht belastbar. Hierfür wäre jenseits der Kernprofilform Geometrieäquivalenz zu generieren. Die zu diesem Zweck erforderlichen Möglichkeiten sind allerdings erst mit dem vom Autor dieser Dissertation in Kapitel 3.2 entwickelten sowie in Kapitel 3.3 dargelegten System zur Profilgenerierung evolventisch basierter Zahnwellenverbindungen gegeben. Infolgedessen ist ein wissenschaftlich fundierter Gestaltfestigkeitsvergleich zwischen der im Forschungsvorhaben [FVA 742 I] für einen Hülldurchmesser von 25 mm als optimal ausgewiesenen komplexen Trochoiden und ihrer geometrisch äquivalenten evolventisch basierten Zahnwellenverbindung nach Kapitel 3.3 Gegenstand dieses Kapitels. Soweit möglich, erfolgt er dabei kompatibel zu jenem des Forschungsvorhabens [FVA 742 I], so dass die dort gewonnen Erkenntnisse bestmöglich verwendet werden können. Hierbei werden nachfolgend Abweichungen bei der geometrischen Abstimmung der beiden Profilformen dargelegt und begründet.

Wie Abbildung 2.11 entnommen werden kann, ist in dem System zur Bezugsprofilgenerierung evolventisch basierter Zahnwellenverbindungen der [DIN 5480] eine technische Freilegung zwischen den jeweils korrespondieren Kopf- und Fußkreisen von Welle und Nabe vorgesehen. Diese ist einerseits zur Einhaltung der konstruktiv grundlegenden Regel der Eindeutigkeit bei flankenzentrierten Zahnwellenverbindungen erforderlich. Darüber hinaus wird dadurch die auf Basis von Abbildung 6.178 dargelegt auftretende Bauteilschädigung vermieden. In Konsequenz ist die selektiv begrenzt geometrische Trennung von Welle und Nabe bei dem vom Autor dieser Dissertation entwickelten System zur Profilgenerierung evolventisch basierter Zahnwellenverbindungen, vgl. Kapitel 3.3 und insbesondere Abbildung 3.13, ebenfalls implementiert. Im Gegensatz hierzu ist die im Forschungsvorhaben [FVA 742 I] für einen Hülldurchmesser von 25 mm als optimal ausgewiesene komplexe Trochoide mit der Bezeichnung M – T046, z18 im Bereich zwischen Welle und Nabe vollumfänglich deckungsgleich gestaltet. Demzufolge ist eine absolute Übereinstimmung zwischen ihr und evolventisch basierten Zahnwellenverbindungen nach Kapitel 3.3 schlichtweg unmöglich, ergo ganzheitliche Geometrieäquivalenz nicht realisierbar.

Wie in Kapitel 2.6 beschrieben, weist die [DIN 5480] über das im vorhergehenden Absatz Dargelegte hinaus die Besonderheit der Profilverschiebung auf. Entgegen ihrer bei den Laufverzahnungen vorgesehenen Funktion dient sie hier selbstredend nicht zur Realisierung geforderter Achsabstände, sondern wird dazu genutzt sicherzustellen, dass der Wellenkopfkreisdurchmesser d_{a1} nach einem fest implementierten Algorithmus immer etwas kleiner als der Bezugsdurchmesser d_B ist, vgl. Abbildung 2.12. Da der Bezugsdurchmesser d_B in Übereinstimmung zu Wälzlagerinnendurchmessern definiert ist, ist folglich gewährleistet, dass Wälzlager stets über die Wellenverzahnung hinweg montierbar sind. Grundlegend ist dies bei der Entwicklung des in Kapitel 3.3

angeführten Systems zur Profilgenerierung evolventisch basierter Zahnwellenverbindungen berücksichtigt. Bei allerdings gänzlich anderer Funktionsweise ist hier die freie Manipulation des Wellenkopfkreisdurchmessers d_{a1} gezielt unabhängig vom zugehörigen Wellenprofilverschiebungsfaktor x_1 möglich. Mit Verweis auf die in Kapitel 6.3 angeführte Tabelle 6.39 wurde in diesem Zusammenhang ebenfalls auf eine Abstimmung der Evolvente mit der komplexen Trochoiden M – T046, z18 verzichtet, sondern Übereinstimmung mit der [DIN 5480] realisiert.

Schlussendlich sind die in dieser Dissertation erarbeiteten Ergebnisse für evolventisch basierte Zahnwellenverbindungen dadurch in sich geschlossen und vergleichbar, dass die analysierten Geometrien ausnahmslos mit dem in Kapitel 3.3 angeführten System generiert wurden, dies, sofern denn möglich, unter Berücksichtigung der [DIN 5480]. Diese Randbedingung war in der Entstehungsgeschichte des vorliegenden Werkes allen anderen überlagert. Die hieraus resultierenden in den vorhergehenden Absätzen benannten Unterschiede zwischen der im Forschungsvorhaben [FVA 742 I] für einen Hülldurchmesser von 25 mm als optimal ausgewiesenen komplexen Trochoiden mit der Bezeichnung M – T046, z18 sowie ihrer geometrisch äquivalenten evolventisch basierten Zahnwellenverbindung nach Kapitel 3.3 sind damit unvermeidlich. Ihr Einfluss auf den in diesem Kapitel geführten Profilformvergleich wird jedoch, mit Verweis auf die in Kapitel 6.3.4.2 benannten Voruntersuchungen des Autors dieser Dissertation für das Forschungsvorhaben [FVA 742 I], als gering eingeschätzt. Zusätzlich zu dem zuvor Dargelegten ist mit Beendigung aller Forschungsarbeiten für das vorliegende Werk allerdings trotzdem eine genauere Abstimmung zwischen den beiden vorbenannten Profilformen möglich. Können hierzu doch auch die, aus den in Kapitel 6.3 benannten Gründen, für diese Arbeit nicht genutzten Modifizierungsprofilverschiebungsfaktoren x_M, dies über den Parameter Bezugsdurchmesserabstand A_{dB}, verwendet werden.

Für den in diesem Kapitel angestrebten Gestaltfestigkeitsvergleich der im Forschungsvorhaben [FVA 742 I] für einen Hülldurchmesser von 25 mm als optimal ausgewiesenen komplexen Trochoiden M – T046, z18 mit ihrer quasi geometrisch äquivalenten evolventisch basierten Zahnwellenverbindung nach Kapitel 3.3 gemäß Tabelle 6.39, vgl. Kapitel 6.3.4.1, wird auf Basis des, durch die für diese Dissertation durchgeführten umfangreichen numerischen Analysen beziehungsweise ihrer Ergebnisse gewonnenen, Systemverständnisses die Hypothese aufgestellt, dass die höhere Gestaltfestigkeit der komplexen Trochoiden primär auf die unterschiedliche Zahnfußgeometrie bei geringem Einfluss der Kernprofilform im Kontaktbereich zwischen Welle und Nabe zurückzuführen ist. Dies wird unter anderem bereits aus der Lage der gestaltfestigkeitsrelevanten Lokalbeanspruchung in Relation zur Kernprofilform, vgl. Kapitel 6.2.3.1, bei optimaler geometrischer Gestaltung abgeleitet. Die geometrischen Unterschiede der Kernprofilform sind ein Minimierungsproblem. So ist die Höhe der gestaltfestigkeitsrelevanten Lokalbeanspruchung im Zahnfuß einer Profilwelle primär eine Frage der

Zahnfußgestaltung. Hierbei sei auf [HSW 15] verwiesen. Dort werden verschiedene Varianten der Zahnfußgestaltung einander gegenübergestellt. Im Detail sind hierbei die Zugdreiecksmethode nach Mattheck, die Ellipse sowie der Kreis zu benennen. Resultat ist, dass die kreisförmige Ausrundung zur höchsten Gestaltfestigkeit führt. Es ist genau diese Ausrundungsart, die allen für diese Dissertation analysierten evolventisch basierten Zahnwellenverbindungen nach Kapitel 3.3 zugrunde gelegt wurde. Mit Verweis auf Kapitel 6.3.4.1 ist dies näherungsweise ebenfalls bei der komplexen Trochoiden der Fall.

6.3.4.1 Geometrieäquivalenz

Um den in Kapitel 6.3.4 beschriebenen Profilformvergleich zwischen der im Forschungsvorhaben [FVA 742 I] für einen Hülldurchmesser von 25 mm als optimal ausgewiesenen komplexen Trochoiden mit der Bezeichnung M – T046, z18 mit der evolventisch basierten Zahnwellenverbindung nach Kapitel 3.3 gemäß Tabelle 6.39 durchführen zu können, sind in einem ersten Schritt die Parameter der geometrisch äquivalenten Profilform jenseits der Kernprofilform zu quantifizieren. Entgegen des Forschungsvorhabens [FVA 742 I] wird seitens der Evolvente also nicht die optimale Geometrie zugrunde gelegt. In diesem Zusammenhang sei auf Kapitel 6.3.3 verwiesen. Die angewendete Vorgehensweise zur Parameterbestimmung wird nachfolgend auf Basis von Abbildung 6.168 dargelegt.

Unter Verwendung des CAD-Systems Catia V5 R18 wird, die vom Autor dieser Dissertation im Forschungsvorhaben [FVA 742 I] zur Bestimmung des Einflusses von Profilabweichungen numerisch analysierten Geometriedaten der komplexen Trochoiden M – T046, z18 in ihrer Ursprungsform zugrunde legend, zunächst ein zur Wellenachse kongruenter und darüber hinaus mit dem in radialer Richtung äußeren Punkt des Profils tangentenstetiger Kreis generiert, vgl. Nummer 1 von Abbildung 6.168. Der Durchmesser dieses Kreises entspricht dem äquivalenten Wellenkopfkreisdurchmesser d_{a1}. Analog zur Generierung des in Abbildung 6.168 mit der Nummer 1 bezeichneten Kreises wird weiterführend ein achskongruenter und in radialer Richtung mit dem innersten Punkt des Profils der komplexen Trochoiden M – T046, z18 tangentenstetiger Kreis generiert, vgl. Nummer 2 von Abbildung 6.168. Dessen Durchmesser entspricht dem Wellenfußkreisdurchmesser d_{f1}. Zur Bestimmung des äquivalenten Wellenfußrundungsradius ρ_{f1} wird ein tangentenstetiger Kreis in den Zahnfuß der komplexen Trochoiden M – T046, z18 eingepasst, vgl. Nummer 3 von Abbildung 6.168. Dessen Radius ist die gesuchte Größe. Um abschließend ein Flankenwinkeläquivalent anzunähern, wird zunächst der in Abbildung 6.168 mit der Nummer 4 bezeichnete Kreis als Hilfsgeometrie tangentenstetig in den Zahnkopf der komplexen Trochoiden eingepasst. Als näherungsweise äquivalenter Flankenwinkel α wird der Winkel zwischen einer zu den Kreisen mit den Nummern 3 und 4 von Abbildung 6.168 unmittelbar

durch die Kernprofilform tangentenstetig verlaufenden Geraden und der Symmetrieebene des Sektors definiert, vgl. Nummer 5 von Abbildung 6.168.

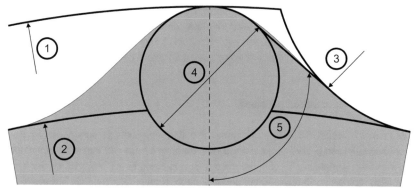

Abbildung 6.168: Vorgehensweise zur vorbereitenden Geometrieerhebung zur Generierung einer zur komplexen Trochoiden M – T046, z18, vgl. [FVA 742 I], geometrisch äquivalenten evolventisch basierten ZWV nach Kapitel 3.3 gemäß Tabelle 6.39

Die Anwendung der in Abbildung 6.168 dargelegten Vorgehensweise zur
vorbereitenden Geometrieerhebung mit dem Ziel der Generierung einer zur komplexen
Trochoiden M – T046, z18, vgl. [FVA 742 I], geometrisch äquivalenten evolventisch
basierten Zahnwellenverbindung nach Kapitel 3.3 gemäß Tabelle 6.39 führt quantitativ
zu den in Tabelle 6.40 angeführten Ergebnissen.

Tabelle 6.40: Ergebnisse der vorbereitenden Geometrieerhebung zur Generierung
einer zur komplexen Trochoiden M – T046, z18, vgl. [FVA 742 I], geometrisch
äquivalenten evolventisch basierten ZWV nach Kapitel 3.3 gemäß Tabelle 6.39

Symbol	Wert	Einheit
r_{a1}	12,5	mm
r_{f1}	11,468	mm
ρ_{f1}/m	1,1944	/
α	50,009	°

Auf Grundlage der in Tabelle 6.40 angeführten quantifizierten Parameter wird weiterführend die geometrisch äquivalente evolventisch basierte Zahnwellenverbindung
nach Kapitel 3.3 gemäß Tabelle 6.39 entwickelt. In diesem Zusammenhang kann zunächst, mit Verweis auf die in Kapitel 6.3.4 getroffenen Näherungen, aus dem in Tabelle 6.40 angeführten Wellenkopfkreisradius r_{a1} der Bezugsdurchmesser d_B von

25 mm abgeleitet werden. Unter Berücksichtigung, dass aus Gründen der Vergleichbarkeit zudem die gleiche Mitnehmerzahl, das heißt Zähnezahlen z von 18 zugrunde gelegt werden, ergibt sich ein Modul m von 1,25 mm. Der in Tabelle 6.40 angeführte geometrisch äquivalente Flankenwinkel α von 50,009 ° sowie das entsprechende Wellenfußrundungsradiusverhältnis ρ_{f1}/m von 1,1944 sind direkt realisierbar. Darüber hinaus ist ein Wellenformübermaßverhältnis c_{F1}/m zu definieren. Grundlage hierfür ist die Maßgabe der maximalen Vergleichbarkeit zwischen der komplexen Trochoiden M – T046, z18, vgl. [FVA 742 I], sowie der zu generierenden geometrisch äquivalenten evolventisch basierten Zahnwellenverbindung nach Kapitel 3.3 gemäß Tabelle 6.39. Hierbei ist die Kontaktfläche zwischen Welle und Nabe der evolventischen Profilform zu maximieren. Folglich wäre für das Wellenformübermaßverhältnis c_{F1}/m das theoretische Grenzverhältnis von 0 zu wählen. Im Gegensatz zum System zur Bezugsprofilgenerierung evolventisch basierter Zahnwellenverbindungen der [DIN 5480] ist dies mit dem vom Autor dieser Dissertation entwickelten System, vgl. Kapitel 3.3, durchaus realisierbar. Unter Berücksichtigung technischer Besonderheiten wird hiervon jedoch abgesehen und das in der [DIN 5480] kleinste definierte Wellenformübermaßverhältnis c_{F1}/m von 0,02 zugrunde gelegt. Um abschließend den in Tabelle 6.40 angeführten geometrisch äquivalenten Wellenfußkreisradius r_{f1} mit einer evolventisch basierten Zahnwellenverbindung nach Kapitel 3.3 gemäß Tabelle 6.39 realisieren zu können, muss profilmodifiziert werden. Bei, aus den in Kapitel 6.3 angeführten Gründen durch den Aufteilungsschlüssel der Reduzierung der wirksamen Berührungshöhe A_{hw} von 0, bereits definierter Profilmodifizierungsart, ist hierfür nur noch der Reduzierfaktor der wirksamen Berührungshöhe R_{hw} zu bestimmen. Hierfür kann die in Kapitel 4.2.1.1.1 beschriebene Vorgehensweise zur iterativen Geometriegenerierung oder aber nunmehr auch das vom Autor dieser Dissertation entwickelte System zur Profilgenerierung evolventisch basierter Zahnwellenverbindungen, vgl. Kapitel 3.3, als vollständig analytische Option, verwendet werden. Bei der zuerst benannten Variante erfolgt hierbei die Bestimmung des Reduzierfaktors der wirksamen Berührungshöhe R_{hw} unter Verwendung programmspezifischer Algorithmen in iterativ manueller Abstimmung. Mit dem oben Beschriebenen ist die zur komplexen Trochoiden M – T046, z18, vgl. [FVA 742 I], quasi geometrisch äquivalente evolventisch basierte Zahnwellenverbindung nach Kapitel 3.3 gemäß Tabelle 6.39 vollständig definiert. Die entsprechende Definition fasst Tabelle 6.41 zusammen. Abschließend geht aus ihr hervor, dass die iterativ und analytisch bestimmten Reduzierfaktoren der wirksamen Berührungshöhe R_{hw} nicht identisch sind. Dies wird auf die Ungenauigkeit des für die Iteration erforderlichen Abbruchkriteriums zurückgeführt. In vernachlässigbarer Größenordnung hat dies ausschließlich Einfluss auf das resultierende Wellenformübermaßverhältnis c_{F1}/m und wird daher nicht weiter berücksichtigt.

Tabelle 6.41: Definition der quasi geometrieäquivalenten evolventisch basierten ZWV nach Kapitel 3.3 gemäß Tabelle 6.39 der komplexen Trochoiden M – T046, z18, vgl. [FVA 742 I]

Symbol	Wert	Einheit	Anmerkung / Quelle
d_B	25	mm	Tabelle 6.40
m	1,25	mm	[DIN 5480] auf Basis von d_B sowie z_1
z_1	18	/	Komplexe Trochoide M – T046, z18, vgl. [FVA 742 I]
α	50,009	°	Tabelle 6.40
ρ_{f1}/m	1,1944	/	Tabelle 6.40
c_{F1}/m	0,02	/	Definition
R_{hw}	0,4692	/	Iteration nach Kapitel 4.2.1.1.1
R_{hw}	0,4675	/	Analytik nach Kapitel 3.3
A_{hw}	0	/	Definition

Mit Tabelle 6.41 ist die zur komplexen Trochoiden M – T046, z18, vgl. [FVA 742], geometrisch äquivalente evolventisch basierte Zahnwellenverbindung nach Kapitel 3.3 gemäß Tabelle 6.39 vollständig charakterisiert, so dass diese nunmehr generiert werden kann. Die sich hierdurch für die Parameter der vorbereitenden Geometrieerhebung, vgl. Tabelle 6.40, ergebenden Werte zeigt Tabelle 6.42 sowohl für die in Kapitel 4.2.1.1.1 beschriebene iterative als auch für die in Kapitel 3.3 dargelegte analytische Möglichkeit zur Generierung evolventisch basierter Zahnwellenverbindungen nach Kapitel 3.3. Mit Verweis auf Kapitel 4.2.1.1.3 geht aus dieser Gegenüberstellung nochmals die hohe geometrische Übereinstimmung zwischen Iteration und Analytik hervor. Weiterführend entspricht ein Quervergleich mit den in Tabelle 6.40 angeführten Ergebnissen einem Soll-/Istwertvergleich. Auch hier zeigt sich eine überaus hohe Übereinstimmung.

Tabelle 6.42: Resultierende Quantifizierung der Parameter der vorbereitenden Geometrieerhebung zur Generierung einer zur komplexen Trochoiden M − T046, z18, vgl. [FVA 742 I]], geometrisch äquivalenten evolventisch basierten ZWV nach Kapitel 3.3 gemäß Tabelle 6.39, vgl. Tabelle 6.40

	Systemspezifische Quantifizierung		
Symbol	**Iteration, vgl. Kapitel 4.2.1.1.1**	**Analytik, vgl. Kapitel 3.3**	**Einheit**
r_{a1}	12,375	12,375	mm
r_{f1}	11,468	11,468	mm
ρ_{f1}/m	1,1943	1,1943	mm
α	50,009	50,009	°
Die den Analysen der Kapitel 6.3.4.2 sowie 6.3.4.3 zugrunde gelegte Geometrie			

Abbildung 6.169 zeigt die in [FVA 742 I] für einen Hülldurchmesser von 25 mm als optimal ausgewiesene komplexe Trochoide M − T046, z18 in Gegenüberstellung mit ihrer in dieser Dissertation ermittelten geometrisch äquivalenten evolventisch basierten Zahnwellenverbindung nach Kapitel 3.3 gemäß Tabelle 6.39, vgl. Tabelle 6.42. Entgegen dem im Forschungsvorhaben [FVA 742 I] durchgeführten Profilformvergleich, vgl. die in Kapitel 3.1.2 angeführte Abbildung 3.2, geht aus ihr hervor, dass bei dem im vorliegenden Werk geführten Gestaltfestigkeitsvergleich die Wellenfußkreise äußerst gut und die Wellenkopfkreise, mit Verweis auf die in Kapitel 6.3.4 beschriebenen technologischen Besonderheiten der evolventischen Profilform, in nahezu bestmöglicher Näherung übereinstimmen.

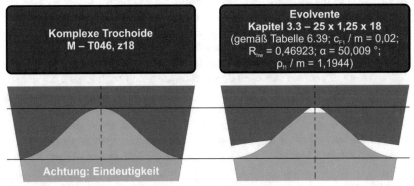

Abbildung 6.169: Gegenüberstellung der komplexen Trochoiden M − T046, z18, vgl. [FVA 742 I], mit ihrer gemäß Tabelle 6.42 geometrisch äquivalenten evolventisch basierten ZWV nach Kapitel 3.3 gemäß Tabelle 6.39 (gleicher Maßstab)

In Weiterführung zu der in Abbildung 6.169 angeführten Gegenüberstellung ist der Grad der Übereinstimmung der Profilformen in Gänze zur überprüfen. Zu diesem Zweck werden die Profilsektoren der im Forschungsvorhaben [FVA 742 I] für einen Bezugsdurchmesser d_B von 25 mm als optimal ausgewiesenen komplexen Trochoiden mit der Bezeichnung M – T046, z18 sowie der in dieser Dissertation als geometrisch quasi äquivalent ausgewiesenen evolventisch basierten Zahnwellenverbindung nach Kapitel 3.3 gemäß Tabelle 6.39 sowie Tabelle 6.41, einander überlagert dargestellt, vgl. Abbildung 6.170.

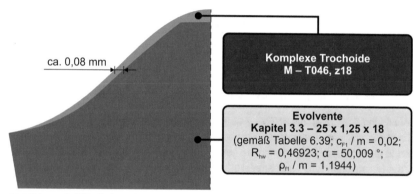

Abbildung 6.170: Sektorüberlagerung der komplexen Trochoiden M – T046, z18, vgl. [FVA 742 I], sowie ihrer gemäß Tabelle 6.42 geometrisch äquivalenten evolventisch basierten ZWV nach Kapitel 3.3 gemäß Tabelle 6.39 (gleicher Maßstab)

Auf Basis von Abbildung 6.170 wird offensichtlich, dass es trotz der geometrischen Abstimmung zu Unterschieden jenseits der Kernprofilform kommt. Mit Verweis auf die vom Autor dieser Dissertation in [FVA 742 I] durchgeführten numerischen Analysen zur Bestimmung des Einflusses von Profilabweichungen auf die Gestaltfestigkeit beider Profilformen sind diese in Art und Quantität als eine Wellenzahndickenabweichung zu verstehen, wobei die Wellenzahndicke der als geometrisch quasi äquivalent ausgewiesenen evolventisch basierten Zahnwellenverbindung nach Kapitel 3.3 gemäß Tabelle 6.39, vgl. Tabelle 6.41, geringer ist. Dass dem so ist, zeigt die Überführung der in Abbildung 6.170 gezeigten Sektorüberlagerung der Profilformen zur in Abbildung 6.171 gezeigten Profilformüberlagerung der Sektoren durch Rotieren der als geometrisch quasi äquivalent ausgewiesenen evolventisch basierten Zahnwellenverbindung nach Kapitel 3.3 gemäß Tabelle 6.39, vgl. Tabelle 6.41, um die Wellenachse um 0,6 °.

Für beispielsweise die Analyse des Einflusses einer Wellenzahndickenabweichung, wie vom Autor dieser Dissertation in [FVA 742 I] durchgeführt, werden die wellen- und nabenspezifischen Toleranzfelder über Verteilungsfunktionen verbindungspartnerspe-zifisch umgelegt. Darüber hinaus werden die Verbindungspartner in definierter Form gefügt. Resultat ist, dass die Mitnehmer zu unterschiedlichen Zeitpunkten und zudem last- beziehungsweise weiterführend verformungsabhängig zum Eingriff kommen. Dies ist bei den für diese Dissertation durchgeführten Analysen nicht der Fall. Trotz der geringeren Wellenzahndicke der zur komplexen Trochoiden M – T046, z18 geo-metrisch äquivalenten evolventisch basierten Zahnwellenverbindung nach Kapitel 3.3 gemäß Tabelle 6.39 kommen alle Zähne exakt zeitgleich in Kontakt. Hieraus resultie-rend wird der Einfluss der geringeren Wellenzahndicke auf die Torsionsformzahl $\alpha_{ktGEHdB}$ um Größenordnungen geringer eingeschätzt als dies bei tatsächlichen Tole-ranzanalysen der Fall ist. Konkret wird ein Einfluss auf die Torsionsformzahl $\alpha_{ktGEHdB}$ von wenigen Hundertstel erwartet. Ob sich die geringere Wellenzahndicke der evol-ventisch basierten Zahnwellenverbindung nach Kapitel 3.3 gemäß Tabelle 6.39 stei-gernd oder verringert auswirkt, kann nach gegenwärtigem Kenntnisstand nicht sicher geschlussfolgert werden. Abschließend sei in diesem Zusammenhang darauf hinge-wiesen, dass mit Beendigung aller Entwicklungsarbeiten nunmehr eine weiterführende Profilangleichung durch die Anpassung des Aufteilungsschlüssels der Reduzierung der wirksamen Berührungshöhe A_{hw}, also der Art der Profilmodifizierung, möglich ist.

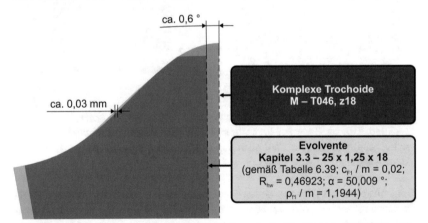

Abbildung 6.171: Profilformüberlagerung der komplexen Trochoiden M – T046, z18, vgl. [FVA 742 I], sowie ihrer gemäß Tabelle 6.42 geometrisch äquivalenten evolven-tisch basierten ZWV nach Kapitel 3.3 gemäß Tabelle 6.39 (gleicher Maßstab)

6.3.4.2 Numerikbasiert

Wie in Kapitel 6.3.1 dargelegt ist der numerisch basierte Profilformvergleich der im Forschungsvorhaben [FVA 742 I] unter dem Aspekt der Gestaltfestigkeit für einen Hüll-durchmesser von 25 mm als optimal ausgewiesenen komplexen Trochoiden

M – T046, z18 mit ihrer quasi geometrisch äquivalenten evolventisch basierten Zahn-wellenverbindung nach Kapitel 3.3 gemäß Tabelle 6.39, vgl. Kapitel 6.3.4.1, Gegen-stand dieses Kapitels. Mit Verweis auf Kapitel 6.3.2.2, in dem das in diesem Zusam-menhang analysierte Parameterfeld dargelegt ist, wurden für diese Betrachtung zwingend erforderlich die Evolvente, jedoch zudem die komplexe Trochoide M – T046, z18 simuliert. Dass für die komplexe Trochoide M – T046, z18 nicht das im Forschungsvorhaben [FVA 742 I] generierte numerische Ergebnis zugrunde gelegt wird, ist mit dem Ziel der Geschlossenheit aller Ergebnisse dieser Dissertation zu be-gründen. Die hierbei jeweils bestimmte Torsionsformzahl $\alpha_{ktGEHdB}$ der beiden Profil-formen zeigt in Gegenüberstellung Abbildung 6.172.

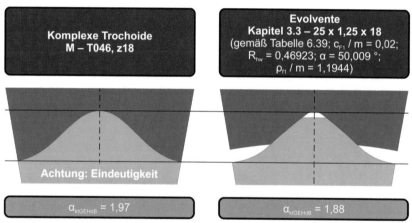

Abbildung 6.172: Gestaltfestigkeitsvergleich der komplexen Trochoiden M – T046, z18, vgl. [FVA 742 I], mit ihrer gemäß Tabelle 6.42 geometrisch äquivalen-ten evolventisch basierten ZWV nach Kapitel 3.3 gemäß Tabelle 6.39 auf Basis der Torsionsformzahl $\alpha_{ktGEHdB}$ (gleicher Maßstab)

Den in Abbildung 6.172 angeführten Ergebnissen kann entnommen werden, dass die Torsionsformzahl $\alpha_{ktGEHdB}$ der komplexen Trochoiden M – T046, z18 um 0,09 höher ist als die der quasi geometrisch äquivalenten evolventisch basierten Zahnwellenver-bindung nach Kapitel 3.3 gemäß Tabelle 6.39, vgl. Kapitel 6.3.4.1. Ein Unterschied dieser Höhe entspricht nicht den Erwartungen des Einflusses der Profilform. Vielmehr wurde davon ausgegangen, dass die Torsionsformzahlen $\alpha_{ktGEHdB}$ näherungsweise gleich sind. Sind doch die Wellenzahnfüße der einander gegenübergestellten Profilfor-men, bei gering erwartetem Einfluss der in Abbildung 6.170 sowie Abbildung 6.171 aufgezeigten geringfügigen geometrischen Unterschiede, quasi identisch. Mit dem Ziel der Aufklärung dieses Sachverhalts ist es jenseits des zuvor Erwähnten allerdings auch denkbar, dass die größere Torsionsformzahl $\alpha_{ktGEHdB}$ der komplexen Trochoiden M – T046, z18 dem Kontakt zwischen Welle und Nabe im Wellenzahnfuß, also dem für die Gestaltfestigkeit der Profilwellenverbindung relevanten Auswertebereich, geschuldet ist. Es sei ergänzend erwähnt, dass dieser jenem der geometrisch äquivalenten evolventisch basierten Zahnwellenverbindung nach Kapitel 3.3 gemäß Tabelle 6.39, vgl. Kapitel 6.3.4.1, sehr ähnlich ist. Zur Klärung des zuvor beschriebenen Sachverhalts sei auf unveröffentlichte Voruntersuchungen des Autors dieser Dissertation zur numerisch gestützten Bestimmung des Einflusses von Profilabweichungen verwiesen. Im Rahmen dieser wurde die komplexe Trochoide M − T046, z18 sowohl ohne als auch mit Kröpfung der Zahnköpfe analog zur technischen Freilegung evolventisch basierter Zahnwellenverbindungen nach Kapitel 3.3, vgl. beispielsweise Abbildung 6.172, numerisch analysiert. Der Unterschied der numerisch gestützt ermittelten Torsionsformzahlen $\alpha_{ktGEHdB}$ war allerdings marginal. In Konsequenz ist der Kontakt zwischen Welle und Nabe im Auswertebereich für den analysierten Fall bei dessen numerischer Untersuchung vernachlässigbar. Es sei jedoch hervorgehoben, dass bei der Auswertung derartiger Analysen im Kontaktbereich im Allgemeinen besondere Vorsicht geboten ist. Weiterführend sei mit Verweis auf die in Kapitel 6.3.4.3.2 auf Basis von Abbildung 6.178 angeführten wissenschaftlichen Ausführungen darauf hingewiesen, dass eine Vernachlässigung des Kontakts zwischen Welle und Nabe bei der experimentellen Analyse von Zahnwellenverbindungen unzulässig ist.

Schlussendlich wird für den in diesem Kapitel geführten Gestaltfestigkeitsvergleich der komplexen Trochoiden M − T046, z18, vgl. [FVA 742 I], mit ihrer gemäß Tabelle 6.42 geometrisch äquivalenten evolventisch basierten Zahnwellenverbindung nach Kapitel 3.3 gemäß Tabelle 6.39 auf Basis der Torsionsformzahl $\alpha_{ktGEHdB}$ unter Berücksichtigung des entsprechend dargelegten Unschärfebereichs zumindest festgehalten, dass die komplexe Trochoide bezüglich des zuvor benannten Versagenskriteriums keine Verbesserung bewirkt. Um sicher zu bestimmen, dass sie profilformbedingt sogar eine etwas geringere Tragfähigkeit hat, wird weiterführend die numerische Analyse einer nochmals genauer abgestimmten geometrisch äquivalenten evolventisch basierten Zahnwellenverbindung nach Kapitel 3.3 empfohlen. In Kapitel 6.3.4.1 wird angemerkt, dass dies mit dem vom Autor dieser Dissertation in Kapitel 3.2 entwickelten und in Kapitel 3.3 dargelegten System zur Profilgenerierung evolventisch basierter Zahnwellenverbindungen nunmehr barrierefrei möglich ist. Es sei erwähnt, dass zur Absicherung der in diesem Kapitel angeführten numerischen Ergebnisse, vgl. Abbildung 6.172, experimentelle Untersuchungen durchgeführt wurden. Diesbezüglich sei auf Kapitel 6.3.4.3 verwiesen. Abschließend ist mit Verweis auf die in Kapitel 6.3.3 angeführten Ergebnisse hervorzuheben, dass die Gestaltfestigkeit evolventisch basierter Zahnwellenverbindungen nach Kapitel 3.3 zielgerichtet, auch unter Einhaltung eines Hülldurchmessers von 25 mm, weiter gesteigert werden kann.

6.3.4.3   Experimentbasiert

Wie in Kapitel 6.3.1 dargelegt ist der experimentell basierte Profilformvergleich der im
Forschungsvorhaben [FVA 742 I] unter dem Aspekt der Gestaltfestigkeit für einen Hülldurchmesser von 25 mm als optimal ausgewiesenen komplexen Trochoiden
M – T046, z18 mit ihrer quasi geometrisch äquivalenten evolventisch basierten Zahnwellenverbindung nach Kapitel 3.3 gemäß Tabelle 6.39, vgl. Kapitel 6.3.4.1, Gegenstand dieses Kapitels. Er dient zur tendenzbasierten Absicherung der in Kapitel 6.3.4.2
auf Basis numerischer Untersuchungen getroffenen wissenschaftlichen Aussagen. Zu
diesem Zweck wurde die in Kapitel 6.3.4.1 geometrisch äquivalente evolventisch basierte Zahnwellenverbindung nach Kapitel 3.3 gemäß Tabelle 6.39 sowohl statisch,
vgl. Kapitel 6.3.4.3.1 sowie weiterführend Kapitel 11.3.3, als auch dynamisch, vgl. Kapitel 6.3.4.3.2 sowie weiterführend Kapitel 11.3.4, analysiert. Die resultierenden Ergebnisse dieser Untersuchungen werden in den zuvor benannten Kapiteln jenen der im
Forschungsvorhaben [FVA 742 I] für die komplexe Trochoide M – T046, z18 ermittelten gegenübergestellt und diskutiert.

Die im vorhergehenden Absatz benannten experimentellen Untersuchungen wurden
aus Gründen der Vergleichbarkeit in absoluter Übereinstimmung zum Forschungsvorhaben [FVA 742 I] durchgeführt. Damit weisen sie einige Besonderheiten auf, durch
die ein direkter Vergleich mit den Ergebnissen des Forschungsvorhabens [FVA 467 II]
unzulässig ist. Dies gilt ebenfalls für eine entsprechende Gegenüberstellung mit den
in Kapitel 6.3.4.2 angeführten numerischen Ergebnissen. Um die unterschiedlichen
Randbedingungen im Detail aufzuzeigen und zu dokumentieren, sind in Tabelle 6.43
die Ergebnisse eines Vergleichs der Randbedingungen der experimentellen Analysen
dieser Dissertation mit jenen der Forschungsvorhaben [FVA 467 II] sowie [FVA 742 I]
angeführt.

Tabelle 6.43: Ergebnisse eines Vergleichs der Randbedingungen der experimentellen Analysen dieser Dissertation mit jenen der Forschungsvorhaben [FVA 467 II] sowie [FVA 742 I]

	Randbedingung	[FVA 467 II]	[FVA 742 I] (*)
Allgemein	Wellenwerkstoff	Gleich	
	Nabenwerkstoff	Gleich	
	Wellenwerkstoffcharge	Ungleich	Gleich
	Nabenwerkstoffcharge	Ungleich	Gleich
	Profilform	Ungleich	
	Fase an Nabenkante	Ungleich ([FVA 467 II: keine)	Gleich (2,5 x 45 °)
	Wellenfertigungs-verfahren	Ungleich ([FVA 467 II: Wälzfräsen)	Gleich (Drahterosion beider Komponenten)
	Nabenfertigungs-verfahren	Ungleich ([FVA 467 II: Räumen)	Gleich (Drahterosion)
	Wellenfügeverfahren	Ungleich ([FVA 467 II: nicht erforderlich)	Gleich (thermisch unterstützter Längspressverband)
	Prüfstand	Gleich	
Dyn. Versuche	Schwingspielzahl N	Ungleich ([FVA 467 II: 5.000.000)	Gleich (10.000.000)
	Versuchsdurchführung	Gleich (Treppenstufenverfahren)	
	Versuchsauswertung	Gleich (IABG bzw. M. Hück)	
	Verteilungsfunktion	Gleich (logarithmisch normalverteilt)	
	Stufensprung d	Ungleich ([FVA 467 II: $d = 10\%$)	Gleich ($d = 5\%$)
(*) Definition ohne Mitwirkung des Autors dieser Dissertation			

Aus Tabelle 6.43 geht hervor, dass im Forschungsvorhaben [FVA 742 I] und somit auch für diese Dissertation für die Prüflingsherstellung das Drahterodieren angewendet wurde. Zu diesem Zweck wurde die Welle konstruktiv in zwei Bauteile unterteilt und nach deren Herstellung thermisch unterstützt durch eine Längspressung gefügt. Sowohl für die Fertigung der Bestandteile des Wellenprüflings als auch für deren Fügeprozess wurden im Vergleich zum Forschungsvorhaben [FVA 742 I] die identischen Prozessparameter zugrunde gelegt. Für die Nabe ergaben sich durch die Umstellung des Fertigungsverfahrens keine konstruktiven Änderungen. Die experimentell analysierte Prüfverbindung zeigt Abbildung 6.173. Im Detail sind die Prüflingsgeometrien durch deren im Anhang in Kapitel 11.3.2 ergänzten Einzelteilzeichnungen, vgl. Abbildung 11.466, Abbildung 11.467 sowie Abbildung 11.468, definiert.

Abbildung 6.173: Prüfverbindung zur experimentellen Bestimmung der Gestaltfestigkeit der ZWV Kapitel 3.3 – 25 x 1,25 x 18 (gemäß Tabelle 6.39; $c_{F1}/m = 0,02$; $R_{hw} = 0,46923$; $\alpha = 50,009\ °$; $\rho_{f1}/m = 1,1944$)

Mit Verweis auf die einschlägige Literatur und insbesondere das Forschungsvorhaben [FVA 742 I] bewirkt das Drahterodieren im konkreten Fall eine Verringerung der Gestaltfestigkeit. Diese resultiert aus der verfahrensbedingten Beeinflussung des Gefüges sowie der Mikrogeometrie. Dies wird, jenseits der in [FVA 742 I] angeführten experimentellen Gegenüberstellung, durch einen Quervergleich der numerischen, vgl. Kapitel 6.3.4.2, und der experimentellen Ergebnisse, vgl. die Kapitel 6.3.4.3.1 sowie 6.3.4.3.2, ersichtlich, der eine relativ große Diskrepanz offenbart. Um diese Lücke zu schließen, muss der Einfluss des Fertigungsverfahrens entweder bei den numerischen Analysen berücksichtigt, oder aber bei den experimentellen Ergebnissen korrigiert werden. Dieser ist allerdings unbekannt. Hieraus resultierend beschränkt sich die experimentelle Absicherung der in Kapitel 6.3.4.2 angeführten numerischen Ergebnisse auf den tendenzbasierten Quervergleich. Ist doch ihre qualitative Gültigkeit genau dann bewiesen, wenn die Gegenüberstellung der experimentellen Resultate des Forschungsvorhabens [FVA 742 I] mit jenen dieser Dissertation die gleiche Tendenz aufweist, vgl. Abbildung 6.172 von Kapitel 6.3.4.2. Mit Verweis auf die in Kapitel 4.2 angeführten Maßnahmen zur Absicherung der numerischen Ergebnisse dieser Dissertation, die ebenfalls die experimentelle Absicherung umfassen, ist dies allerdings auch vollkommen hinreichend.

6.3.4.3.1   Statisch

Die Gegenüberstellung der Gestaltfestigkeit der komplexen Trochoiden M – T046, z18 mit jener der quasi geometrisch äquivalenten evolventisch basierten Zahnwellenverbindung nach Kapitel 3.3 gemäß Tabelle 6.39, vgl. Kapitel 6.3.4.1, erfolgt, unter anderem analog zur Ergebnisdarstellung in den Forschungsvorhaben [FVA 467 I] sowie [FVA 742 I], auf Basis von Diagrammen, in denen das Torsionsmoment M_t in Abhängigkeit des Verdrehwinkels φ dargestellt ist. Grundlegend weisen die entsprechenden Graphen die gleichen charakteristischen Merkmale wie jene des Zugversuchs auf. Dem großen Verdrehwinkel φ und der sich daraus ergebenden Herausforderung seiner messtechnischen Erfassung geschuldet, beschränkt sich deren Diskussion in dieser Dissertation auf den Bereich vor der maximal realisierbaren Bauteilbelastung. Für den experimentellen Profilformvergleich mit dem Ziel der tendenzbasierten Absicherung der numerischen Ergebnisse von Kapitel 6.3.4.2 ist die Erfassung aller charakteristischen Merkmale allerdings auch nicht erforderlich.

Vor der eigentlichen Gegenüberstellung der experimentellen Ergebnisse der komplexen Trochoide M – T046, z18 des Forschungsvorhabens [FVA 742 I] mit jenen der quasi geometrisch äquivalenten evolventisch basierten Zahnwellenverbindung nach Kapitel 3.3 gemäß Tabelle 6.39, vgl. Kapitel 6.3.4.1, dieser Dissertation sei angemerkt, dass die originären Messdaten der Experimente des Forschungsvorhabens [FVA 742 I] mit MATLAB mit einem Tiefpassfilter aufbereitet sind. Dies dient der Beseitigung von Störsignalen und ermöglicht erst den angestrebten experimentellen Quervergleich. Die originären wie auch die gefilterten Messdaten zeigt Abbildung 6.174 exemplarisch für die in [FVA 742 I] als Trochoide 1 benannte Prüfverbindung.

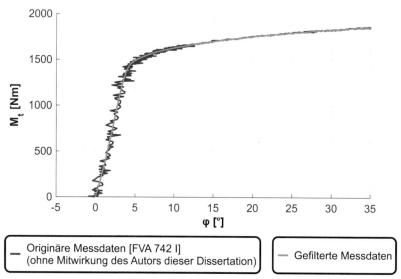

Abbildung 6.174: Aufbereitung der Messdaten des Forschungsvorhabens
[FVA 742 I] der experimentellen Untersuchung der komplexen Trochoiden
M – T046, z18 bei statischer Torsion am Beispiel des in [FVA 742 I] als Trochoide 1
bezeichneten Versuchs

Abbildung 6.175 zeigt die experimentellen Ergebnisse der statischen Torsionsversuche der komplexen Trochoiden M – T046, z18 des Forschungsvorhabens [FVA 742 I]
in bereinigter Form gemäß Abbildung 6.174 sowie jene ihrer quasi geometrisch äquivalenten evolventisch basierten Zahnwellenverbindung nach Kapitel 3.3 gemäß Tabelle 6.39, vgl. Kapitel 6.3.4.1, dieser Dissertation in Gegenüberstellung. Es sei angemerkt, dass, um den Grad der Reproduzierbarkeit der Experimente aufzuzeigen, je
Profilform die Ergebnisse von drei Versuchen angeführt sind. Auf Basis von Abbildung
6.175 kann zunächst für die Resultate der zur komplexen Trochoiden M – T046, z18
quasi geometrisch äquivalenten evolventisch basierten Zahnwellenverbindung nach
Kapitel 3.3 gemäß Tabelle 6.39, vgl. Kapitel 6.3.4.1, festgehalten werden, dass ihr
Streubereich sehr gering ist. Die Graphen sind nahezu deckungsgleich. Dies ist bei
den experimentellen Ergebnissen des Forschungsvorhabens [FVA 742 I] für die komplexe Trochoide M – T046, z18 bei weitem nicht in gleichem Maße gegeben. Der hier
größere Streubereich wird auf stochastisch experimentelle Unsicherheiten während
der Versuchsdurchführung zurückgeführt. Dies resultiert in einer erhöhten Unsicherheit beim Ableiten wissenschaftlicher Erkenntnisse.

Für die wissenschaftliche Diskussion der in Abbildung 6.175 angeführten experimentellen Ergebnisse ist theoretisch zwischen dem durch den Kontakt zwischen Welle und

Nabe beeinflussten sowie dem von diesem unbeeinflussten Wellenabschnitt zu unterscheiden. Für den kontaktbeeinflussten Bereich ist, mit Verweis auf die in Kapitel 6.3.4.2 angeführten numerisch gestützt bestimmten Torsionsformzahlen $\alpha_{ktGEHdB}$, bei der komplexen Trochoiden M – T046, z18 eine lokale Plastifizierung bei niedrigerer Belastung als bei ihrer quasi geometrisch äquivalenten evolventisch basierten Zahnwellenverbindung nach Kapitel 3.3 gemäß Tabelle 6.39, vgl. Kapitel 6.3.4.1, zu erwarten. Da jedoch die numerisch prognostizierten Gestaltfestigkeitsunterschiede relativ gering sind, wird davon ausgegangen, dass dieser Effekt experimentell nicht abgebildet ist. Auf ihn wird daher in dieser Ergebnisdiskussion nicht weiter eingegangen. Für den vom Kontakt zwischen Welle und Nabe unbeeinflussten Bereich gilt mit Verweis auf [Naka 51], vgl. Kapitel 2.2.3.2, die für stabförmige Bauteile allgemein bekannte Gleichung (258). Sie beschreibt die lineare Abhängigkeit des Torsionsmomentes M_t vom Verdrehwinkel φ der in Abbildung 6.175 angeführten experimentellen Ergebnisse. Anhand von Gleichung (258) wird ersichtlich, dass die Steigung der Geraden der Gesamtsteifigkeit des tordierten stabförmigen Bauteils entspricht. Sie berechnet sich aus dem Quotienten $(G \cdot I_t)/l$. Die resultierende Bauteilsteifigkeit setzt sich folglich aus der Steifigkeit des Werkstoffs, erfasst durch den Schubmodul G, sowie jener der Geometrie, berücksichtigt durch den Quotienten I_t/l, zusammen.

$$M_t = \varphi \cdot \frac{G \cdot I_t}{l} \tag{258}$$

Aus dem Quervergleich der experimentellen Ergebnisse der komplexen Trochoiden M – T046, z18 mit jenen der quasi geometrisch äquivalenten evolventisch basierten Zahnwellenverbindung nach Kapitel 3.3 gemäß Tabelle 6.39, vgl. Kapitel 6.3.4.1, geht hervor, dass die Steigung des linearen Bereichs der Evolvente tendenziell größer ist als jene der komplexen Trochoiden. Mit Verweis auf Tabelle 6.43, in der dargelegt wurde, dass für beide Versuche nicht nur der gleiche Werkstoff, sondern sogar die gleiche Charge zur Prüflingsherstellung zugrunde gelegt wurde, ist der Schubmodul G identisch. Weiterführend ist die gleiche Prüflingslänge l leicht zu realisieren und ebenfalls gegeben. Mit Verweis auf Gleichung (258) verbleibt damit zur Erklärung etwaiger Steigungsunterschiede des linearen Ergebnisbereichs lediglich das Torsionsflächenträgheitsmoment I_t. In diesem Zusammenhang sei auf die in Kapitel 6.3.4.1 aufgezeigten geringen geometrischen Unterschiede zwischen der komplexen Trochoiden M – T046, z18 sowie ihrer quasi geometrisch äquivalenten evolventisch basierten Zahnwellenverbindung nach Kapitel 3.3 gemäß Tabelle 6.39, vgl. Kapitel 6.3.4.1, verwiesen. Mit [Naka 51], vgl. Kapitel 2.2.3.2, kann allerdings leicht nachvollzogen werden, dass der Beitrag der Zähne zum Torsionsflächenträgheitsmoment I_t relativ gering ist. Der in Kapitel 6.3.4.1 aufgezeigte ohnehin sehr geringe geometrische Unterschied zwischen den entsprechenden Profilformen wirkt sich also nochmals geringer auf diese Größe aus. In Konsequenz wird dieser Sachverhalt vernachlässigt und das Torsionsflächenträgheitsmoment I_t der komplexen Trochoiden M – T046, z18 sowie ihrer quasi geometrisch äquivalenten evolventisch basierten Zahnwellenverbindung nach Kapitel 3.3 gemäß Tabelle 6.39, vgl. Kapitel 6.3.4.1, näherungsweise gleichgesetzt. Auf Basis der obigen Ausführungen müssten für den linearen Ergebnisbereich näherungsweise die gleichen Verläufe resultieren. Dies ist zumindest bei kleinen Verdrehwinkeln φ bei Lauf 2 der Fall. Der Übergang vom linearen zum nachfolgenden Bereich ist derart unterschiedlich, dass keine wissenschaftlichen Aussagen abgeleitet werden. Für den nachfolgenden Bereich ergibt sich allerdings eine Überdeckung in relativ hoher Güte. Resultierend aus dem oben Angeführten wird in gröbster Näherung als experimentell bestätigt erachtet, dass die Generierung einer geometrisch äquivalenten evolventisch basierten Zahnwellenverbindung nach Kapitel 3.3 gemäß Tabelle 6.39, vgl. Kapitel 6.3.4.1, mit hinreichender Genauigkeit realisiert ist.

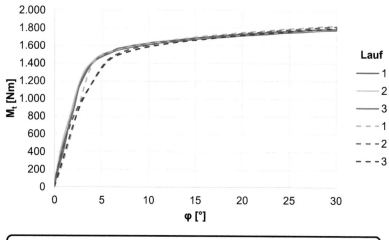

Evolvente Kapitel 3.3 – 25 x 1,25 x 18 (gemäß Tabelle 6.39; c_{F1} / m = 0,02; R_{hw} = 0,46923; α = 50,009 °; ρ_{f1} / m = 1,1944)

Komplexe Trochoide M – T046, z18 (Experimentelle Ergebnisse mit Änderungen entnommen aus [FVA 742 I]

Abbildung 6.175: Experimenteller Profilformvergleich auf Basis statischer Torsionsversuche

6.3.4.3.2 Dynamisch

Gegenstand dieses Kapitels ist die in Kapitel 6.3.1 erwähnte experimentelle Gegenüberstellung der im Forschungsvorhaben [FVA 742 I] für einen Hülldurchmesser von 25 mm als optimal ausgewiesenen komplexen Trochoiden M – T046, z18 mit ihrer quasi geometrisch äquivalenten evolventisch basierten Zahnwellenverbindung nach

Kapitel 3.3 gemäß Tabelle 6.39, vgl. Kapitel 6.3.4.1, bei dynamischer Torsion. Die Versuchsrandbedingungen können hierbei Tabelle 6.43 entnommen werden. Für die entsprechende Gegenüberstellung sind die Ergebnisse der komplexen Trochoiden M – T046, z18 dem Forschungsvorhaben [FVA 742 I] entnommen. Jene ihrer quasi geometrisch äquivalenten evolventisch basierten Zahnwellenverbindung nach Kapitel 3.3 gemäß Tabelle 6.39, vgl. Kapitel 6.3.4.1, wurden eigens für diese Dissertation generiert. Die Versuche wurden nach Kapitel 5.2 durchgeführt sowie weiterführend ausgewertet. Grundlage zur Berechnung der experimentell basierten Torsionskerbwirkungszahlen β_{kt} ist Kapitel 5.3.2. Alle experimentellen Ergebnisse sind dieser Dissertation im Detail im Anhang beigefügt, vgl. Kapitel 11.3.4. Es sei an dieser Stelle nochmals hervorgehoben, dass ein direkter Vergleich zwischen den in Kapitel 6.3.4.2 angeführten numerischen Ergebnissen und den in diesem Kapitel angeführten experimentellen Ergebnissen nicht zulässig ist. Grund hierfür ist der Einfluss des zur Prüflingsherstellung verwendeten Fertigungsverfahrens auf die Gestaltfestigkeit. Hierauf wird im Detail in Kapitel 6.3.4.3 eingegangen.

Wie im vorhergehenden Absatz dargelegt, wurden die Experimente zur Bestimmung der Dauerfestigkeit der zur komplexen Trochoiden M – T046, z18 quasi geometrisch äquivalenten evolventisch basierten Zahnwellenverbindung nach Kapitel 3.3 gemäß Tabelle 6.39, vgl. Kapitel 6.3.4.1, nach Kapitel 5.1, also nach dem Treppenstufenverfahren durchgeführt. Allerdings wurden, in Ergänzung der allgemeinen Strategie dieses Verfahrens mit Verweis auf das ökonomische Prinzip (Maximalprinzip), Prüfverbindungen so lange wiederverwendet, bis es zum Gestaltfestigkeitsversagen kam. Grundidee dieser Vorgehensweise ist, dass kubisch raumzentrierte Werkstoffe entgegen kubisch flächenzentrierter Werkstoffe real dauerfest sind. Dieser Sachverhalt kann im Allgemeinen der einschlägigen Literatur entnommen werden. Bildet sich also kein Anriss bis zu einer Schwingspielzahl N größer als jene der Dauerfestigkeit, kommt es in guter Näherung auch zu keiner versagensrelevanten bauteilinneren Werkstoffschädigung. Für kubisch raumzentrierte Werkstoffe liegt die Schwingspielzahl N der Dauerfestigkeit zwischen 3.000.000 und 5.000.000. Dies kann ebenfalls der Literatur entnommen werden, hat sich aber auch explizit für den Werkstoff 42CrMo4+QT im Forschungsvorhaben [FVA 467 II] bestätigt, in dem vom Autor dieser Dissertation mannigfaltige Dauerfestigkeitsversuche durchgeführt wurden. Mit Verweis auf Tabelle 6.43 wurde, in Analogie zum Forschungsvorhaben [FVA 742 I], allen für das vorliegende Werk durchgeführten experimentellen Untersuchungen bei dynamischer Torsion, eine zu erreichende Schwingspielzahl N von 10.000.000 zugrunde gelegt. Entgegen der vom Autor dieser Dissertation im Forschungsvorhaben [FVA 467 II] durchgeführten Dauerfestigkeitsversuche, kam es jedoch häufig bei Schwingspielzahlen N größer als 5.000.000 zum Versagen der Prüfverbindung. Dies wird auf den Einfluss des Drahterodierens zurückgeführt. Damit ändert sich fertigungsverfahrensbedingt nicht nur die Gestaltfestigkeit, sondern zudem das qualitative Bauteilverhalten.

Bei der Mehrfachverwendung von Prüfverbindungen ergibt sich eine Unschärfe beziehungsweise Unsicherheit durch den mit der Schwingspielzahl N korrelierenden Verschleiß. Ist hierbei doch eine die Gestaltfestigkeit beeinflussende geometrische Veränderung zu erwarten. Mit Verweis auf die allgemein bekannten Verschleißphasen, wird der Einlaufverschleiß ohnehin bei jedem Versuch nach wenigen Schwingspielen erwartet. Um die zu Beginn dieses Absatzes erwähnte Unschärfe möglichst gering zu halten, ist es Ziel der für diese Dissertation durchgeführten Experimente, den im allgemeinen anteilsmäßig ohnehin relativ geringen Verschleißgradienten der Phase des stationären Verschleißes zu minimieren. Dies ist durch die konsequente Trennung der Oberflächen der Kontaktpartner durch ein Ölbad realisiert. Diese Maßnahme war ohnehin zwingend erforderlich, um adhäsiven Verschleiß zwischen Welle und Nabe zu unterbinden. Hier wurde in vorgegebener Definition nicht nur der gleiche, sondern weiterführend ein in besonderem Maße zur Adhäsion neigender Werkstoff, nämlich 42CrMo4+QT, zugrunde gelegt. In diesem Zusammenhang sei auf [WSW 16] verwiesen. Dort wird unter anderem auf Besonderheiten bei der experimentellen Analyse der Gestaltfestigkeit von Zahnwellenverbindungen bei Umlaufbiegung eingegangen. Diese können für Versuche bei anderer Belastungssituation adaptiert werden.

Alle Ergebnisse der experimentellen Untersuchungen zur Bestimmung der Dauerfestigkeit der zur komplexen Trochoiden M – T046, z18 quasi geometrisch äquivalenten evolventisch basierten Zahnwellenverbindung nach Kapitel 3.3 gemäß Tabelle 6.39, vgl. Kapitel 6.3.4.1, sind im Anhang ergänzt, vgl. Kapitel 11.3.4. Im Detail sind dort in Abbildung 11.472 die Resultate bei Mehrfachverwendung der Prüfverbindungen zusammengefasst. Durch Selektion der Experimente kann diese Darstellung zur klassischen Treppenstufenfolge gemäß Kapitel 5.1 überführt werden. Es resultiert Abbildung 11.473. Die dort angeführten Versuche sind Basis der Auswertung, vgl. Kapitel 5.2, und schlussendlich zur Berechnung der Torsionskerbwirkungszahl β_{kt}, vgl. Kapitel 5.3.2.

Die Ergebnisse zur experimentell basierten Gegenüberstellung der Gestaltfestigkeiten der komplexen Trochoiden M – T046, z18 sowie ihrer quasi geometrisch äquivalenten evolventisch basierten Zahnwellenverbindung nach Kapitel 3.3 gemäß Tabelle 6.39, vgl. Kapitel 6.3.4.1, zur tendenzbasierten Absicherung der in Kapitel 6.3.4.2 angeführten numerischen Ergebnisse zeigt Abbildung 6.176. Es sei darauf hingewiesen, dass die Ergebnisdarstellung in Analogie zur im Forschungsvorhaben [FVA 467 II] experimentell geführten Einflussanalyse erfolgt, vgl. Kapitel 7.2 sowie insbesondere Abbildung 7.2. Auf Grundlage der in Abbildung 6.176 angeführten Gegenüberstellung der Gestaltfestigkeiten der eingangs dieses Absatzes benannten Profilformen kann festgehalten werden, dass die zur komplexen Trochoiden M – T046, z18 quasi geometrisch äquivalente Profilform eine nennenswert höhere Tragfähigkeit hat. Mit Verweis auf die in Kapitel 6.3.4.2 angeführten numerischen Ergebnisse wurde zwar tendenziell eine höhere Gestaltfestigkeit der evolventisch basierten Zahnwellenverbindung Kapitel

3.3 – 25 x 1,25 x 18 (gemäß Tabelle 6.39; $c_{F1}/m = 0,02$; $R_{hw} = 0,46923$; $\alpha = 50,009$ °; $\rho_{f1}/m = 1,1944$) erwartet, jedoch nicht in dieser Ausprägung. So wird zur weiterführenden Klärung dieses Sachverhalts nachfolgend eine nachgelagerte Rissanalyse der im Forschungsvorhaben [FVA 742 I] experimentell analysierten Prüfverbindungen der komplexen Trochoiden M – T046, z18 durchgeführt.

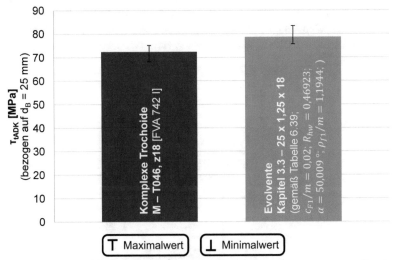

Abbildung 6.176: Experimenteller Profilformvergleich auf Basis dynamischer Torsionsversuche

Mit Verweis auf Abbildung 6.177 offenbart die Sichtung der am Institut für Maschinenwesen der Technischen Universität Clausthal im Forschungsvorhaben [FVA 742 I] experimentell analysierten Prüfverbindungen der komplexen Trochoiden M – T046, z18, dass der Ort des Anrisses zwischen den in diesem Zusammenhang relevanten Querschnitten wechselt. Häufiger jedoch befindet er sich an der Nabenkante. Im Gegensatz hierzu bildet sich der Anriss bei der in dieser Dissertation zur komplexen Trochoiden M – T046, z18 quasi geometrisch äquivalenten evolventisch basierten Zahnwellenverbindung nach Kapitel 3.3 gemäß Tabelle 6.39, vgl. Kapitel 6.3.4.1, immer am sogenannten Wellenende, und damit nicht im gestaltfestigkeitsrelevanten Querschnitt. So ist hierbei festzuhalten, dass die reale Dauerfestigkeit der evolventischen Profilform nochmals höher ist als mit Abbildung 6.176 aufgezeigt. Ist doch ihr Versagen durch geeignete Maßnahmen im gestaltfestigkeitsrelevanten Querschnitt zu erwirken. Damit wird jedoch der Gestaltfestigkeitsunterschied zwischen der komplexen Trochoiden M – T046, z18 sowie ihrer quasi geometrisch äquivalenten evolventisch basierten Zahnwellenverbindung nach Kapitel 3.3 gemäß Tabelle 6.39, vgl. Kapitel 6.3.4.1, nochmals größer.

Mit den obigen Ausführungen sind für die komplexe Trochoide M – T046, z18 im experimentellen Quervergleich mit ihrer quasi geometrisch äquivalenten evolventisch basierten Zahnwellenverbindung nach Kapitel 3.3 gemäß Tabelle 6.39, vgl. Kapitel 6.3.4.1, zunächst die beiden Besonderheiten des wechselnden Ortes der Anrissbildung und der nennenswert geringeren, prognostiziert noch stärker ausgeprägten, Tragfähigkeit zusammenzufassen. Allerdings zeigen die im Forschungsvorhaben [FVA 742 I] analysierten Prüfverbindungen weiterführend auffällige Verschleißmarken in den Wellenzahnfüßen. Mit diesen können beide benannten Effekte zumindest teilweise erklärt werden. Dies ist Gegenstand des Nachfolgenden.

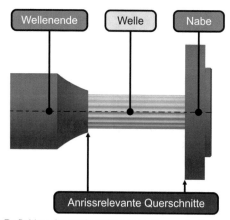

Abbildung 6.177: Definition der anrissrelevanten Querschnitte am Beispiel der ZWV Kapitel 3.3 – 25 x 1,25 x 18 (gemäß Tabelle 6.39; $c_{F1}/m = 0,02$; $R_{hw} = 0,46923$; $\alpha = 50,009\,°$; $\rho_{f1}/m = 1,1944$)

Welle und Nabe werden konstruktiv oftmals statisch überbestimmt eingebunden. Können hierdurch doch gleich mehrere Maschinenelemente eingespart werden. So ist dies auch Besonderheit des zur experimentellen Analyse der komplexen Trochoiden M – T046, z18 sowie ihrer quasi geometrisch äquivalenten evolventisch basierten Zahnwellenverbindung nach Kapitel 3.3 gemäß Tabelle 6.39, vgl. Kapitel 6.3.4.1, bei dynamischer Torsion genutzten Unwuchtmasseprüfstands, vgl. Kapitel 5.1. Und obwohl hierbei die durch Achsversatz zwischen Welle und Nabe resultierend induzierte Querkraft durch zwei um die Prüfstelle angeordnete, bekanntlich torsionssteife, jedoch biegeweiche, Membrankupplungen weitestgehend reduziert wird, verbleiben doch anteilsmäßig Vorzugsrichtung und Querkraft F_Q. Jenseits dessen ist zur Klärung der an den im Forschungsvorhaben [FVA 742 I] experimentell analysierten komplexen Trochoiden M – T046, z18 auftretenden Verschleißmarken von Relevanz, dass, während bei evolventisch basierter Zahnwellenverbindung nach Kapitel 3.3 nennprofilbezogen die technisch relevante Freilegung der Zahnfüße beider Verbindungspartner funktional implementiert ist, dies bei den komplexen Trochoiden bislang nicht gegeben ist. Hier werden Welle und Nabe deckungsgleich gestaltet. Und auch wenn istprofilbezogen hierbei, sofern denn nicht der Sonderfall des Presssitzes oder gegebenenfalls der Übergangspassung gefordert ist, vollumfängliches Spiel resultiert, so führt dies nicht, zumindest jedoch nicht zur eindeutigen Definition des Kontaktbereichs. In Konsequenz ist zwangsläufig einseitiger Kontakt zwischen Welle und Nabe im Wellenzahnfuß zu erwarten. Hieraus resultierend kommt es über den Prüfbetrieb zum Verschleiß im ohnehin kerbkritischen Bereich der komplexen Trochoiden M – T046, z18, vgl. Abbildung 6.178. Resultat ist eine vom Verschleiß abhängig herabgesetzte Tragfähigkeit der Profilwellenverbindung durch Kerbneubildung. Abhängig davon, wie ausgeprägt der Verschleiß im Wellenzahnfuß des Querschnitts der Nabenkante ist, kommt es eben hier oder aber im kritischen Querschnitt des Einflussbereichs des Wellenendes zum wellenbezogenen Verbindungsversagen.

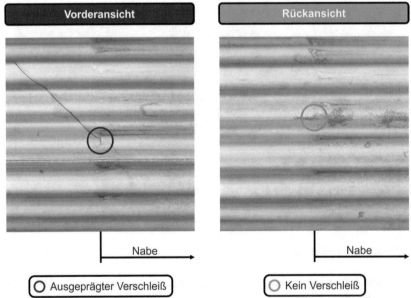

Abbildung 6.178: Repräsentative Schadensbilder der im Forschungsvorhaben [FVA 742 I] experimentell analysierten komplexen Trochoiden M – T046, z18 (Dynamische Torsion ($R_t = 0{,}2$), NL 1, drahterodierte ZW (42CrMo4+QT), drahterodierte ZN (42CrMo4+QT))

Der oben beschriebene, bei den im Forschungsvorhaben [FVA 742 I] experimentell analysierten komplexen Trochoiden M – T046, z18 auftretende, Schädigungsmechanismus, vgl. Abbildung 6.178, kann konstruktiv nach dem Stand der Technik dadurch

entschärft werden, dass verschleißbeanspruchte Bauteilbereiche von den für die Gestaltfestigkeit kritischen Bereichen getrennt werden. Dies ist bei evolventisch basierten
Zahnwellenverbindungen nach Kapitel 3.3 mit Flankenzentrierung durch die Kopfspiele c realisiert. Weitere Möglichkeiten zur konstruktiven Entschärfung des oben dargelegten Sachverhalts können den Keilwellennormen [DIN 5471] und [DIN 5472] entnommen werden. Hierbei sei auf Abbildung 6.179 verwiesen. Zusätzlich zur Trennung
der verschleiß- und gestaltfestigkeitsbeanspruchten Bereiche wirkt sich allerdings
auch die ausreichende Bemessung der aus dem beaufschlagten Torsionsmoment M_t
resultierenden Zentrierwirkung günstig auf die Festigkeit der jeweiligen Profilwellenverbindung aus. Wird hierdurch doch Kantentragen im Kontakt vermieden.

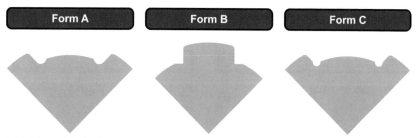

Abbildung 6.179: Formen von Keilwellen mit Innenzentrierung nach [DIN 5471] bzw.
[DIN 5472] am Beispiel des Keilwellenprofils 24 x 28 x 8 [DIN 5471] (mit Änderungen
entnommen aus [DIN 5471] bzw. [DIN 5472])

Schlussendlich wird davon ausgegangen, dass sich die unter anderem mit Abbildung
6.176 aufgezeigte höhere Tragfähigkeit der zur komplexen Trochoiden M – T046, z18
geometrisch äquivalenten evolventisch basierten Zahnwellenverbindung nach Kapitel
3.3 gemäß Tabelle 6.39, vgl. Kapitel 6.3.4.1, unter Anwendung einer der zuvor beschriebenen konstruktiven Besonderheiten zumindest in Teilen relativiert.

6.3.4.4   Schlussfolgerungen

In Kapitel 6.3.4 wird die Hypothese aufgestellt, dass bei geometrischer Äquivalenz die
Gestaltfestigkeitsunterschiede zwischen der Profilform der komplexen Trochoiden und
jener der evolventisch basierten Zahnwellenverbindungen nach Kapitel 3.3 gering
sind. Sind hierbei doch die Zahnfüße nahezu identisch und die Unterschiede der Kernprofilform, die sich spätestens bei optimalen Verbindungen lediglich noch sekundär bis
tertiär auf die in den Zahnfüßen vorherrschende gestaltfestigkeitsrelevante Lokalbeanspruchung auswirken, marginal. Dass dies so ist, belegt ein, von der im Forschungsvorhaben [FVA 742 I] für einen Hülldurchmesser von 25 mm als optimal ausgewiesenen komplexen Trochoiden ausgehender, in Kapitel 6.3.4.2 numerisch sowie in Kapitel

6.3.4.3 experimentell geführter Vergleich von in guter Näherung geometrisch äquivalenter Profile. Die dort verbleibenden geringen Gestaltfestigkeitsunterschiede werden, mit Verweis auf Kapitel 2.2.3.1, auf den Einfluss der Profilform zurückgeführt, dies jedoch nur anteilsmäßig. Kann doch die geometrische Übereinstimmung mit den nunmehr durch das in Kapitel 3.3 dargelegte System zur Generierung evolventisch basierter Zahnwellenverbindungen, das für diese Dissertation noch nicht zur Verfügung stand, weiter verbessert werden. Weiterführend sei angemerkt, dass für die in [DiWa 05] am Institut für Maschinenwesen der Technischen Universität Clausthal für Steckverzahnungen adaptierte kreisbogenbasierte Laufverzahnung nach Wildhaber-Novikov, vgl. [Novi 56] und [Wild 26], Ähnliches erwartet wird. Dies ist noch zu überprüfen. Abschließend ist hervorzuheben, dass weiterführende Optimierungen seitens der evolventisch basierten Zahnwellenverbindung nach Kapitel 3.3 zielgerichtet durch genaue Kenntnis über den parameterspezifischen Einfluss auf die Gestaltfestigkeit möglich sind. Dies geht aus den in Kapitel 6.3.3 angeführten Ergebnissen hervor. Mit Verweis auf die zu Beginn dieses Kapitels dargelegte Hypothese wird jedoch erwartet, dass auch andere Profilformen in vergleichbarer Größenordnung weiter optimiert werden können und mit ihnen ähnliche Gestaltfestigkeiten wie mit jenen nach Kapitel 3.3 realisierbar sind.

Schlussendlich ist der sich aus der Fertigung ergebende enorme wirtschaftliche Vorteil evolventisch basierter Profilformen hervorzuheben. Können diese doch wälzend hergestellt werden. Damit kann zunächst zusammengefasst werden, dass die komplexe Trochoide in guter Näherung keine Gestaltfestigkeitsvorteile und darüber hinaus nach dem Stand der Technik erhebliche wirtschaftliche Nachteile hat. Als Folge wird eine Abkehr von einer evolventisch basierten Profilform, zumindest zum jetzigen Zeitpunkt, nicht als sinnvoll erachtet. Es wird allerdings die Substitution des sich gegenwärtig in breiter Anwendung befindlichen Systems zur Bezugsprofilgenerierung evolventisch basierter Zahnwellenverbindungen der [DIN 5480] durch das in dieser Dissertation in Kapitel 3.2 entwickelte sowie in Kapitel 3.3 dargelegte System ausdrücklich empfohlen.

Es soll an dieser Stelle explizit darauf hingewiesen werden, dass die Sicherheit gegen Verschleiß mit steigendem Grad der Profilmodifizierung, also Reduzierfaktor der wirksamen Berührungshöhe R_{hw}, abnimmt. Bei zu groß gewählter Profilmodifizierung kommt es nicht mehr zum Verbindungsversagen durch Anriss, sondern durch Verschleiß. Das Verschleißverhalten ist also immer zusätzlich zu bewerten. Dieser Sachverhalt trifft andere Profilformen allerdings gleichermaßen. In diesem Zusammenhang besteht Forschungsbedarf, vgl. Kapitel 9.1.2. Bei statischer Anwendung, in der Verbindungsversagen durch Plastifizierung auftritt, ist dies selbstredend nicht der Fall.

7 Weiterführende Optimierung

Im Forschungsvorhaben [FVA 467 II] wurden evolventisch basierte Zahnwellenverbindungen nach [DIN 5480] analysiert. Übergeordnetes Ziel hierbei war es, die zu diesem Zeitpunkt gegebenen Möglichkeiten zur Abschätzung der Kerbwirkung, vgl. unter anderem die [DIN 743] sowie die [DIN 5466], zu präzisieren und zu vervollständigen. Um dies zu erreichen, wurden am Institut für Maschinenwesen der Technischen Universität Clausthal experimentelle und am Institut für Maschinenelemente und Maschinenkonstruktion der Technischen Universität Dresden numerische Untersuchungen durchgeführt. Die Ergebnisse der Experimente wurden hierbei einerseits dazu genutzt, um die Numerik abzusichern. Andererseits wurden mit ihnen auch rein experimentell basierte wissenschaftliche Aussagen qualitativer Art durch Ergebnisgegenüberstellung mehrerer Versuchsreihen abgeleitet und schlussendlich Empfehlungen zur für das Kriterium der Gestaltfestigkeit konstruktiv günstigen Gestaltung evolventisch basierter Zahnwellenverbindungen nach [DIN 5480] getroffen. [FVA 467 II]

Im Rahmen der experimentellen Analysen des Forschungsvorhabens [FVA 467 II] wurden unter anderem mannigfaltige Experimente an Zahnwellenverbindungen nach [DIN 5480] – 25 x 1,75 x 13 bei statischer Torsion ($R_t = 1$) in Kombination mit dynamischer Umlaufbiegung ($R_b = -1$) durchgeführt. Auf diese wird in den nachfolgenden Kapiteln eingegangen. Im Detail wird in Kapitel 7.1 der Untersuchungsumfang dargelegt sowie in Kapitel 7.2 eine experimentelle Gegenüberstellung zur Einflussabschätzung vorgenommen. Abschließend werden in Kapitel 7.3 ergebnisbasiert konstruktive Schlussfolgerungen zur gestaltfestigkeitsbezogen vorteilhaften Konstruktion von Zahnwellenverbindungen nach [DIN 5480] getroffen. Hierbei sei auf Kapitel 11.4 des Anhangs verwiesen. Dort sind alle Daten wie beispielsweise Geometrie und Werkstoffkennwerte angeführt, um die Versuche wissenschaftlich nachvollziehen zu können. Weiterführend sind hier die Einzelergebnisse der Experimente, Schadensbilder sowie unterschiedliche Ergebnisgrößen etc. zu finden. Die Art der Versuchsdurchführung, -auswertung sowie der Berechnung von Ergebnisgrößen kann Kapitel 5 entnommen werden. [FVA 467 II]

7.1 Untersuchungsumfang

Zur Bestimmung des Einflusses von Geometrieparametern, des Lastverhältnisses von Umlaufbiegung und Torsion sowie verschiedener Arten der Oberflächenverfestigung auf das Tragverhalten von Zahnwellenverbindungen nach [DIN 5480] wurde ausgehend von einem als Bezug dienenden Versuch, dieser ist im Nachfolgenden als Standardkonfiguration bezeichnet, der jeweilige Parameter, dessen Einfluss es zu bestimmen galt, variiert. Die Gegenüberstellung des experimentellen Ergebnisses der Standardkonfiguration mit jenem der variierten Verbindung ermöglicht eine Aussage darüber, ob die Modifikation zu einer Verbesserung oder Verschlechterung führt oder

J. Wild, *Optimierung der Tragfähigkeit von Zahnwellenverbindungen*,
https://doi.org/10.1007/978-3-658-36961-2_7

aber keinen Einfluss auf das Tragverhalten von Zahnwellenverbindungen nach [DIN 5480] hat. Einen Überblick darüber, welche Einflüsse im Detail analysiert wurden, zeigt Abbildung 7.1. [FVA 467 II]

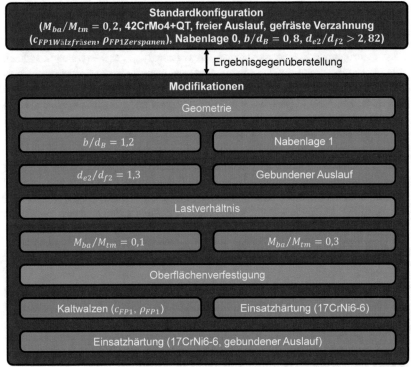

Abbildung 7.1: Untersuchungsumfang der im Forschungsvorhaben [FVA 467 II] bei statischer Torsion in Kombination mit dynamischer Umlaufbiegung experimentell analysierten ZWV nach [DIN 5480] – 25 x 1,75 x 13 (wälzgefräste Welle, geräumte Nabe) [FVA 467 II]

7.2 Ergebnisse

In diesem Kapitel werden die Ergebnisse der in Abbildung 7.1 dargelegten und im Detail in Kapitel 11.4 definierten Experimente angeführt sowie zur entsprechenden Einflussabschätzung einander gegenübergestellt. Mit Verweis auf die analysierte Belastungsart, nämlich statische Torsion in Kombination mit dynamischer Umlaufbiegung, wird als Vergleichsgröße die durch die dynamische Umlaufbiegebelastung induzierte Spannungsamplitude der Bauteildauerfestigkeit für bestimmte Mittelspannungen σ_{bADK} zugrunde gelegt.

Zur Berechnung der oben benannten Größe auf Basis der experimentell ermittelten, statistisch abgesichert ertragenen Bauteildauerbelastung als Resultat der zusammengeführten Versuchseinzelergebnisse, vgl. Kapitel 5.2, ist ein Nenndurchmesser d_{Nenn} erforderlich. Hierfür wurde in [FVA 467 II] jener Durchmesser zugrunde gelegt, der für den jeweiligen Querschnitt, in dem der Anriss seinen Ursprung hat, nach dem Stand der Technik definiert ist. Dass der Ort des Anrisses vom experimentell analysierten Sachverhalt abhängig ist, geht aus Tabelle 7.1 f. hervor. Die ereignisabhängige Definition des zugrunde zu legenden Nenndurchmessers d_{Nenn} zur Berechnung der durch eine Umlaufbiegebelastung induzierten Spannungsamplitude der Bauteildauerfestigkeit für bestimmte Mittelspannungen σ_{bADK} führt zum Verlust der direkten Vergleichbarkeit der einzelnen Experimente. Für eine entsprechende Gegenüberstellung ist es erforderlich, den Bezug der Beanspruchungsberechnung durch Vereinheitlichung zu bereinigen. Hierfür ist prinzipiell jeder Durchmesser verwendbar.

Um die Vergleichbarkeit der in Abbildung 7.1 aufgezeigten experimentellen Versuche des Forschungsvorhabens [FVA 467 II] zu gewährleisten, wird mit Verweis auf Kapitel 3.5 aus Gründen der Einheitlichkeit innerhalb dieser Dissertation, entgegen dem Forschungsvorhaben [FVA 467 II], indem der Wellenersatzdurchmesser d_{h1} nach [Naka 51] zugrunde gelegt wurde, der Bezugsdurchmesser d_B als Nenndurchmesser d_{Nenn} verwendet. Die Gegenüberstellung der experimentellen Ergebnisse der in Abbildung 7.1 aufgezeigten und in Tabelle 7.1 f. vollständig definierten Versuche zeigt Abbildung 7.2.

Vor der Diskussion der in Abbildung 7.2 gezeigten Ergebnisse sei an dieser Stelle auf eine Besonderheit bei der Ergebnisdarstellung hingewiesen. So werden dort nicht nur die, aus den mit [Hück 83] berechneten gemittelten Umlaufbiegebelastungen resultierenden, Spannungsamplituden der Bauteildauerfestigkeit für bestimmte Mittelspannungen σ_{bADK} durch die versuchsspezifischen Balkenniveaus, sondern zudem Streubereiche in schwarz um diese herum angegeben. Diese Bereiche entsprechen jedoch nicht der Standardabweichung. Die Streubereiche sind auf Basis des versuchsspezifischen Maximal- und Minimalwertes bestimmt. Grund für diese Vorgehensweise ist, dass die Anzahl der Versuche je Versuchsreihe deutlich zu gering ist, um die Standardabweichung zuverlässig berechnen zu können. Dies gilt selbstredend nicht für die in Abbildung 7.2 über die Balkenniveaus dargestellten Erwartungswerte der Ergebnisgröße. Diese sind mit einer deutlich geringeren Anzahl an Versuchen je Versuchsreihe zuverlässig bestimmbar, vgl. [Hück 83] für weiterführende Informationen zu diesem Sachverhalt.

Die auf Basis des in Abbildung 7.2 gezeigten Quervergleichs ableitbaren konstruktiven Schlussfolgerungen zur unter dem Aspekt der Gestaltfestigkeit vorteilhaften Konstruktion von Zahnwellenverbindungen nach [DIN 5480] werden in Kapitel 7.3 dargelegt.

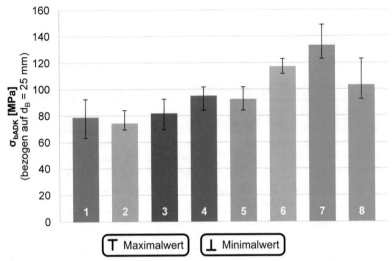

Abbildung 7.2: Gegenüberstellung experimenteller Ergebnisse der im Forschungsvorhaben [FVA 467 II] bei statischer Torsion in Kombination mit dynamischer Umlaufbiegung analysierten ZWV nach [DIN 5480] – 25 x 1,75 x 13 (wälzgefräste Welle, geräumte Nabe) [FVA 467 II]

Tabelle 7.1: Charakterisierung der im Forschungsvorhaben [FVA 467 II] bei statischer Torsion in Kombination mit dynamischer Umlaufbiegung analysierten ZWV nach [DIN 5480] – 25 x 1,75 x 13 (wälzgefräste Welle, geräumte Nabe) unter Angabe des verbindungsspezifischen Versagensorts [FVA 467 II]

Nr.	Charakterisierung der Verbindung	Ort der Anriss-bildung
1	**Standardkonfiguration (Vergleichsbasis)** Dynamische Biegung ($R_b = -1$) sowie statische Torsion ($R_t = 1$) in Kombination ($M_{ba}/M_t = 0,2$), ZWV [DIN 5480] – 25 x 1,75 x 13, NL 0, wälzgefräste ZW (42CrMo4+QT) nach Abbildung 11.475, geräumte ZN (42CrMo4+QT) nach Abbildung 11.478	Verzah-nung
2	**Einfluss der Nabenbreite** Dynamische Biegung ($R_b = -1$) sowie statische Torsion ($R_t = 1$) in Kombination ($M_{ba}/M_t = 0,2$), ZWV [DIN 5480] – 25 x 1,75 x 13, NL 0, wälzgefräste ZW (42CrMo4+QT) nach Abbildung 11.475, geräumte ZN (42CrMo4+QT) nach Abbildung 11.479	Auslauf

Tabelle 7.2: Charakterisierung der im Forschungsvorhaben [FVA 467 II] bei statischer Torsion in Kombination mit dynamischer Umlaufbiegung analysierten ZWV nach [DIN 5480] – 25 x 1,75 x 13 (wälzgefräste Welle, geräumte Nabe) unter Angabe des verbindungsspezifischen Versagensorts [FVA 467 II] (Fortsetzung von Tabelle 7.1)

Nr.	Charakterisierung der Verbindung	Ort der Anriss- bildung
3	**Einfluss der Nabenlage** Dynamische Biegung ($R_b = -1$) sowie statische Torsion ($R_t = 1$) in Kombination ($M_{ba}/M_t = 0{,}2$), ZWV [DIN 5480] – 25 x 1,75 x 13, NL 1, wälzgefräste ZW (42CrMo4+QT) nach Abbildung 11.475, geräumte ZN (42CrMo4+QT) nach Abbildung 11.478	Auslauf
4	**Einfluss des Auslaufs** Dynamische Biegung ($R_b = -1$) sowie statische Torsion ($R_t = 1$) in Kombination ($M_{ba}/M_t = 0{,}2$), ZWV [DIN 5480] – 25 x 1,75 x 13, NL 0, wälzgefräste ZW (42CrMo4+QT) nach Abbildung 11.477, geräumte ZN (42CrMo4+QT) nach Abbildung 11.478	Verzah- nung
5	**Einfluss des Kaltwalzens** Dynamische Biegung ($R_b = -1$) sowie statische Torsion ($R_t = 1$) in Kombination ($M_{ba}/M_t = 0{,}2$), ZWV [DIN 5480] – 25 x 1,75 x 13, NL 0, kaltgewalzte ZW (42CrMo4+QT) nach Abbildung 11.476, geräumte ZN (42CrMo4+QT) nach Abbildung 11.478	Auslauf
6	**Einfluss des Einsatzhärtens** Dynamische Biegung ($R_b = -1$) sowie statische Torsion ($R_t = 1$) in Kombination ($M_{ba}/M_t = 0{,}2$), ZWV [DIN 5480] – 25 x 1,75 x 13, NL 0, wälzgefräste ZW (17CrNi6-6) nach Abbildung 11.475, geräumte ZN (42CrMo4+QT) nach Abbildung 11.478	Verzah- nung
7	**Einfluss des Einsatzhärtens bzw. des Auslaufs** Dynamische Biegung ($R_b = -1$) sowie statische Torsion ($R_t = 1$) in Kombination ($M_{ba}/M_t = 0{,}2$), ZWV [DIN 5480] – 25 x 1,75 x 13, NL 0, wälzgefräste ZW (17CrNi6-6) nach Abbildung 11.477, geräumte ZN (42CrMo4+QT) nach Abbildung 11.478	Verzah- nung
8	**Einfluss der Nabenrestwandstärke** Dynamische Biegung ($R_b = -1$) sowie statische Torsion ($R_t = 1$) in Kombination ($M_{ba}/M_t = 0{,}2$), ZWV [DIN 5480] – 25 x 1,75 x 13, NL 0, wälzgefräste ZW (42CrMo4+QT) nach Abbildung 11.475, geräumte ZN (42CrMo4+QT) nach Abbildung 11.480	Auslauf

7.3   Konstruktive Schlussfolgerungen

Ziel der in Abbildung 7.2 angeführten Gegenüberstellung experimenteller Ergebnisse ist es, tendenzbasierte Empfehlungen zur aus Sicht der Gestaltfestigkeit günstigen Konstruktion evolventisch basierter Zahnwellenverbindungen abzuleiten. Dies erfolgt nachfolgend parameterspezifisch immer im Quervergleich zur Standardkonfiguration. [FVA 467 II]

Zur Charakterisierung der Nabenbreite b wird bei Zahnwellenverbindungen in aller Regel das Verhältnis von Nabenbreite b und Bezugsdurchmesser d_B genutzt, vgl. Kapitel 2.7.1. Ausgehend von der Standardkonfiguration, vgl. Versuch 1, mit einem b/d_B – Verhältnis von 0,8, vgl. Abbildung 11.478, wurde dieses bei Versuch 2 auf einen Wert von 1,2 zur Bestimmung des Einflusses der Nabenbreite b erhöht, vgl. Abbildung 11.479. Bei unverändertem Bezugsdurchmesser d_B wurde also die Nabe verbreitert. Die entsprechende geometrische Veränderung zeigt keinen nennenswerten Tragfähigkeitseinfluss. Dieses experimentelle Ergebnis bestätigt qualitativ, nicht aber quantitativ die in [Weso 97] numerisch basiert getroffene Vorhersage zum Einfluss der Nabenbreite b, vgl. Kapitel 2.5.1.1. In [Weso 97] wird dargelegt, dass sich bei Unterschreitung eines kritischen b/d_B – Verhältnisses die entsprechend geringe Nabenbreite b erwartungsgemäß negativ auf die Tragfähigkeit von Zahnwellenverbindungen nach [DIN 5480] auswirkt. Zur konkret konstruktiven Festlegung der Nabenbreite b wird auf die Ergebnisse von [Weso 97] verwiesen, vgl. Kapitel 2.5.1.1. [FVA 467 II]

Mit Versuch 3 wurde der Einfluss der Nabenlage, vgl. Kapitel 2.7.4, analysiert. Es zeigte sich im Vergleich zur Standardkonfiguration kein nennenswerter Einfluss bei den analysierten Geometrien. Tendenziell gilt trotzdem, dass sich eine Trennung der Kerbeinflüsse günstig auf das Tragverhalten auswirkt. Dies besagt die allgemeine Kerbtheorie. [FVA 467 II]

Einen größeren Einfluss auf die Tragfähigkeit von Zahnwellenverbindungen hat die Form des Auslaufs, vgl. Kapitel 2.7.3. So führt ein gebundener Auslauf, vgl. Versuch 4, zu einer nennenswerten Tragfähigkeitssteigerung im Vergleich zum freien Auslauf der Standkonfiguration, vgl. Versuch 1. [FVA 467 II]

Ebenfalls günstig wirkt sich die Änderung des Fertigungsverfahrens vom Wälzfräsen bei der Standardkonfiguration, vgl. Versuch 1, hin zum Kaltwalzen aus, vgl. Versuch 5. Es gilt allerdings zu berücksichtigen, dass die [DIN 5480] bei einer derartigen Veränderung ebenfalls geometrische Anpassungen vorsieht. Nach der Norm werden die Fußhöhe des Bezugsprofils h_{fP}, vgl. die Gleichungen (60) bis (63), sowie der Fußrundungsradius des Bezugsprofils ρ_{fP}, vgl. die Gleichungen (67) und (68), fertigungsverfahrensspezifisch angepasst. Insbesondere der bei der kaltgewalzten Verbindung, vgl. Versuch 5, im Vergleich zur Standardkonfiguration, vgl. Versuch 1, stark vergrößerte

Wellenfußrundungsradius ρ_{f1} wirkt sich äußerst günstig auf die Tragfähigkeit von Zahnwellenverbindungen nach [DIN 5480] aus, vgl. Kapitel 6.2.3.2.3.1. Und trotzdem bewirkt ein umformendes Verfahren eine Erhöhung der Versetzungsdichte im oberflächennahen Bereich und damit eine Festigkeits- beziehungsweise Tragfähigkeitssteigerung. Dies ist allgemeiner Kenntnisstand der Wissenschaft. Es sei an dieser Stelle angemerkt, dass die Steigerung der Tragfähigkeit durch die Werkstoffverfestigung im Oberflächenbereich im Allgemeinen durch den Einflussfaktor der Oberflächenverfestigung K_V bei der Bauteilauslegung berücksichtigt wird. [FVA 467 II]

Versuch 6 zeigt im Quervergleich mit der Standardkonfiguration, vgl. Versuch 1, dass sich das Einsatzhärten tendenziell äußerst günstig auf das Tragverhalten wälzgefräster Zahnwellenverbindungen nach [DIN 5480] als stark gekerbte Bauteile auswirkt. Dies zeigt ebenfalls die Gegenüberstellung der Versuche 4 und 7 für den gebundenen Auslauf. Es gilt bei den oben angeführten Vergleichen allerdings zu berücksichtigen, dass zwischen den Versuchsreihen nicht nur der Oberflächenzustand, sondern auch der Werkstoff verändert wurde. Für einen wissenschaftlich einwandfreien Vergleich müsste dies bereinigt werden. Hierzu müssten Zahnwellenverbindungen mit un- beziehungsweise blindgehärteten und einsatzgehärteten Zahnwellen bei sonst absolut gleicher Charakteristik einander gegenübergestellt werden. An dieser Stelle sei auf den Einflussfaktor der Oberflächenverfestigung K_V verwiesen, der genau diesen Vergleich vorsieht. Weiterführend zu dem oben Angeführten zeigt ein Quervergleich zwischen den Versuchen 6 und 7, dass eine weitere Tragfähigkeitssteigerung durch die Verwendung eines gebundenen Auslaufs möglich ist. [FVA 467 II]

Die Verringerung der Nabenrestwandstärke, vgl. Abbildung 11.480 sowie Versuch 8, bewirkt ebenfalls eine deutliche Tragfähigkeitssteigerung im Vergleich zur Standardkonfiguration, vgl. Versuch 1. Der Einfluss der Nabenrestwandstärke auf die Tragfähigkeit von Zahnwellenverbindungen nach [DIN 5480] wurde unter anderem von [Mont 15] in Betreuung durch den Autor dieser Dissertation bei unterschiedlichen Belastungsarten numerisch analysiert. Quintessenz dieser Untersuchungen ist, dass Naben bei reiner Torsionsbelastung äußerst dünnwandig sein müssen, damit sich überhaupt Tragfähigkeitsvorteile ergeben. Dies ist bei der kombinierten Belastung von Zahnwellenverbindungen mit einem querkraftinduzierten Biegemoment M_b in Kombination mit Torsion anders. Hier ergeben sich erwartungsgemäß deutliche Tragfähigkeitsvorteile bei der dünnwandigen Gestaltung von Zahnnaben. Zurückgeführt wird dies auf die Verringerung des Kneifens an der Nabenkante durch die Verformungsfähigkeit der Nabe. [FVA 467 II]

Auf Basis des oben Angeführten kann zusammenfassend festgehalten werden, dass zur unter dem Aspekt der Gestaltfestigkeit vorteilhaften Gestaltung von Zahnwellenverbindungen nach [DIN 5480] eine Zahnwelle mit milder Kerbe, vgl. Kaltwalzen, Anwendung finden sollte. Darüber hinaus sollte der gebundene, anstelle des freien Auslaufs verwendet werden. Verfahren zur Oberflächenverfestigung wirken sich ebenfalls tragfähigkeitssteigernd aus. Diesbezüglich wird erwartet, dass dieser Effekt jedoch bei ohnehin mild gestalteter Kerbe geringer ausgeprägt ist als ein Quervergleich der in Abbildung 7.2 angeführten Versuche 1 und 6 erahnen lässt. Es sei weiterführend angemerkt, dass thermochemische Verfahren sich zudem sehr günstig auf das Verschleißverhalten auswirken. Für die Nabe kann festgehalten werden, dass die Nabenbreite b gemäß [Weso 97], vgl. Kapitel 2.5.1.1, ein kritisches b/d_B – Verhältnis von ca. 0,5 bei kleinen bis mittleren Zähnezahlen z, beziehungsweise bei großen Zähnezahlen z ein leicht größeres Verhältnis, nicht unterschreiten sollte, um eine durch eine zu schmale Nabe resultierende Tragfähigkeitsverringerung zu vermeiden. Darüber hinaus kann lapidar festgehalten werden, dass sich die dünnwandige Gestaltung der Nabe bei biegemomentbelasteten Zahnwellenverbindungen deutlich tragfähigkeitssteigernd auswirkt. Hier sei auf den Grundsatz des Maschinenbaus verwiesen, dass es sich immer empfiehlt, Verformungen zuzulassen und eben nicht zu unterbinden, um hohe Beanspruchungen zu vermeiden. [FVA 467 II]

8   Zusammenfassung

Häufige Problemstellung in der Praxis ist die Übertragung hoher und oftmals zudem stoßartig auftretender Torsionsmomente M_t. Für diese Anforderungen stellten evolventisch basierte Zahnwellenverbindungen nach [DIN 5480] bislang den Stand der Technik dar. Der kontinuierlichen Steigerung der Leistungsdichte geschuldet, wurden ihre Gestaltfestigkeitsgrenzen jedoch immer häufiger erreicht. Hierbei war für den Modul m und das Wellenfußrundungsradiusverhältnis ρ_{f1}/m bereits bekannt, dass die Beanspruchungssituation durch ihre vorteilhafte Wahl günstig beeinflusst werden kann. Dies zeigten experimentelle und numerische Analysen. Weiterführend war bekannt, dass mit anderen Profilformen, trotz optimaler Wahl der die Bezugsprofilform evolventisch basierter Zahnwellenverbindungen nach [DIN 5480] bestimmenden Parameter bei zudem bereits nicht normkonform optimiertem Wellenfußrundungsradiusverhältnis ρ_{f1}/m, signifikant höhere Gestaltfestigkeiten realisierbar sind. In diesem Zusammenhang seien allerdings explizit die fertigungsbedingt wirtschaftlichen Vorteile von Profilformen mit Evolvente als Schlüsselelement hervorgehoben. So wurde aus dem zuvor Dargelegten das primäre Ziel dieser Dissertation zur geometrischen Optimierung der Gestaltfestigkeit evolventisch basierter Zahnwellenverbindungen abgeleitet, dem ausgeprägt restriktiven Charakter sowie der eingeschränkt funktionalen Möglichkeiten geschuldet, explizit nicht auf Grundlage der [DIN 5480], sondern des in Kapitel 3.3 dargelegten Systems zur Profilgenerierung derartiger Verbindungen. Sekundäre Ziele waren unter anderem die mathematische Beschreibung parameterspezifischer Optima beziehungsweise, wenn denn nicht existent, das Treffen von Gestaltungsempfehlungen sowie die Entwicklung von Näherungsgleichungen für die Grundgrößen zur nennspannungsbasierten Gestaltfestigkeitsquantifizierung.

Um die Zielsetzungen dieser Dissertation zu erreichen, wurde eine neue Systematik zur Profilgenerierung evolventisch basierter Zahnwellenverbindungen, vgl. Kapitel 3.2.1, und in Weiterführung, durch dessen mathematische Formulierung, ein neues System zur Generierung entsprechender Profilformen entwickelt, vgl. Kapitel 3.2. Dieses erlaubt den Zugriff auf ausnahmslos alle die Geometrie bestimmenden Parameter, vgl. Kapitel 3.3.1, innerhalb der technisch gegebenen Grenzen. Im Vergleich zu jenem der [DIN 5480] wurde es zudem um weitere Funktionen erweitert. Hierbei ist insbesondere jene der Profilmodifizierung zu benennen. Das entwickelte System zur Profilgenerierung evolventisch basierter Zahnwellenverbindungen wurde in Kapitel 3.3 dargelegt.

Zur Realisierung der für diese Dissertation definierten Zielsetzungen waren umfangreiche Ergebnisse erforderlich. Zu deren Bestimmung wurde aus Effizienzgründen die FEM bei geeigneter Ergebnisabsicherung und zudem stark automatisierter Vorgehensweise beim Vorbereitungs-(Preprocessing) und Nachbereitungsprozess (Postprocessing) verwendet. Letzteres wurde hierbei mit einem eigens für das vorliegende

J. Wild, *Optimierung der Tragfähigkeit von Zahnwellenverbindungen*,
https://doi.org/10.1007/978-3-658-36961-2_8

Werk entwickelten APDL-Skript erreicht. Dabei sei angemerkt, dass, dem organischen Entstehungsprozess geschuldet, in dieses nicht das in Kapitel 3.3 entwickelte System zur Profilgenerierung evolventisch basierter Zahnwellenverbindungen implementiert ist. Dieser Sachverhalt wurde dort iterativ gelöst. Das entwickelte APDL-Skript wurde mit dieser Dissertation nicht offengelegt. Allerdings wurden die zur Auswertung der numerisch generierten Ergebnisse definierten Ergebnisgrößen hervorgehoben. Waren diese doch Grundlage für die Durchführung einer weitreichenden Analyse des Einflusses der geometriebestimmenden Parameter evolventisch basierter Zahnwellenverbindungen nach Kapitel 3.3 auf die zuvor benannten Größen.

Zur experimentellen Absicherung wie auch zur weiterführenden Optimierung über die Grundform einer Zahnwellenverbindung hinaus wurden Experimente durchgeführt. Schlussendlich war hierbei die Bestimmung von Kerbwirkungszahl β_k das Ziel. Um diese auf Basis der resultierenden experimentellen Ergebnisse berechnen zu können, wurden lastartspezifische Gleichungen auf Grundlage der [DIN 743] hergeleitet. Aus Gründen der Vollständigkeit wurde dies nicht nur für die für diese Dissertation relevanten Lastarten Biegung und Torsion geleistet, sondern zudem für Zug/Druck.

Die jahrzehntelange Erforschung und Anwendung evolventisch basierter Zahnwellenverbindungen nach [DIN 5480] hat zu einem sehr hohen Kenntnisstand bei zudem weitreichend praktischer Absicherung für die Versagenskriterien Gestaltfestigkeit und Verschleiß geführt. Das im Rahmen dieser Dissertation in Kapitel 3.2 entwickelte sowie in Kapitel 3.3 dargelegte System zur Profilgenerierung evolventisch basierter Zahnwellenverbindungen hat ihm gegenüber jedoch, insbesondere durch die Funktion der Profilmodifizierung, signifikante Vorteile. Folglich ist die Substitution des Systems zur Bezugsprofilgenerierung der [DIN 5480] durch jenes in Kapitel 3.3 einzig logische Konsequenz. Damit jedoch der eingangs dieses Absatzes hervorgehobene Kenntnisstand für Verbindungen nach [DIN 5480] nach wie vor möglichst weitreichend nutzbar und darüber hinaus der Austausch sowie die umgehende Optimierung der sich gegenwärtig im Umlauf befindlichen Verbindungen möglich ist, wurde die in diesem Werk für das Kriterium der Gestaltfestigkeit durchgeführte geometrische Optimierung evolventisch basierter Zahnwellenverbindungen nach Kapitel 3.3 vordergründig in der Art durchgeführt, dass in guter Näherung zur [DIN 5480] geometrisch äquivalente und kompatible Verbindungen Bestandteil des Untersuchungsbereichs waren, vgl. Kapitel 6.2 sowie Kapitel 6.2.2. Dies war insbesondere für das verschleißbedingte Verbindungsversagen von Bedeutung. So wurden hierbei die in Tabelle 6.1 angeführten Parameter eingehalten. Für Verbindungen mit dieser Charakteristik wurde für das allgemeine Systemverständnis zunächst der sich in Abhängigkeit geometrischer Größen verändernde Beanspruchungsverlauf in axialer Richtung diskutiert. Bei gleicher Motivation wurde anschließend eine allgemeine Einflussanalyse durchgeführt. Hierbei wurden mannigfaltige Ergebnisgrößen betrachtet. Kategoriespezifisch wurde der Wellenfußkreisdurchmesser d_{f1},   der   Ort   der   gestaltfestigkeitsrelevanten

Lokalbeanspruchung, die Kerbwirkung sowie der Gestaltfestigkeitsunterschied zwischen dem Querschnitt der gestaltfestigkeitsrelevanten Lokalbeanspruchung und jenem der Nabenkante thematisiert. Aus gegebener Relevanz zur Charakterisierung der Tragfähigkeit derartiger Verbindungen wurde weiterführend die geometrische Ähnlichkeit diskutiert, ihre Definition vervollständigt und ihr Gültigkeitsbereich für den Umfang dieser Dissertation nachgewiesen. Darüber hinaus wurde eine zug-/druckseitige Tragfähigkeitsdifferenzierung durchgeführt.

Die im vorhergehenden Absatz erwähnte allgemeine Einflussanalyse war Grundlage zur parameterspezifischen Optimierung evolventisch basierter Zahnwellenverbindungen nach Kapitel 3.3 gemäß Tabelle 6.1. Legte sie doch die parameterspezifischen Optima offen. Diese existieren hierbei für den Modul m und damit ebenfalls für die Zähnezahlen z sowie das Wellenfußrundungsradiusverhältnis ρ_{f1}/m. Für diese Parameter wurden jeweils verschiedene Näherungsgleichungen für deren mathematische Beschreibung entwickelt. Für den Flankenwinkel α und das Wellenformübermaßverhältnis c_{F1}/m konnten keine Optima bestimmt werden. Hier wurden lediglich Aussagen zur günstigen Gestaltung abgeleitet. Damit waren evolventisch basierte Zahnwellenverbindungen nach Kapitel 3.3 gemäß Tabelle 6.1 aus Sicht der Gestaltfestigkeit nun optimal gestaltbar. Um weiterführend ihre Gestaltfestigkeit mit einem Nennspannungskonzept bewerten zu können, wurden die hierfür erforderlichen Torsionsformzahlen $\alpha_{ktGEHdB}$ sowie $\alpha_{ktGEHdh1}$ und das bezogene Spannungsgefälle G'_{GEH} mathematisch beschrieben. Die optimabezogenen Erkenntnisse und Entwicklungen wurden in einer Auslegungsroutine strukturiert zusammengefasst. Berücksichtigt der Anwender hierbei die vom Autor dieser Dissertation getroffenen parameterspezifischen Empfehlungen, ist für evolventisch basierte Zahnwellenverbindungen nach Kapitel 3.3 gemäß Tabelle 6.1 lediglich noch der Bezugsdurchmesser d_B zu wählen. Die dieser Routine entstammende Sicherheit entspricht immer jener der optimalen Verbindung.

Die im Rahmen dieser Dissertation entwickelten Möglichkeiten zur Gestaltung und Auslegung evolventisch basierter Zahnwellenverbindungen nach Kapitel 3.3 gemäß Tabelle 6.1 wurden unter anderem für Bezugsdurchmesser d_B im Intervall $6\,mm \leq d_B \leq 500\,mm$ sowie für Flankenwinkel α im Intervall $20\,° \leq \alpha \leq 45\,°$ durchgeführt. Hieraus resultierend sind die entsprechenden Arbeitsergebnisse in ihrer Gültigkeit auf diese Bereiche beschränkt. Allerdings ist hervorzuheben, dass die optimalen Geometrieparameter je nach gewähltem mathematischem Ansatz prognostiziert weit über diese Gültigkeitsgrenzen hinaus zuverlässig beschrieben sind. Sind doch die Empfehlungen zur günstigen Gestaltung aller übrigen geometriebestimmenden Parameter prognostiziert unabhängig von Bezugsdurchmesser d_B und Flankenwinkel α. Damit sind die optimalen evolventisch basierten Zahnwellenverbindungen nach Kapitel 3.3 gemäß Tabelle 6.1 geometrisch bereits vollständig bestimmt. Um ihre Tragfähigkeit charakterisieren zu können ist weiterführend die Torsionsformzahl $\alpha_{ktGEHdB}$ beziehungsweise $\alpha_{ktGEHdh1}$ sowie das bezogene Spannungsgefälle G'_{GEH} erforderlich. Unter

Berücksichtigung der für die Initiationsprofilverschiebungsfaktoren x_I definierten Intervalle resultieren für die optimalen evolventisch basierten Zahnwellenverbindungen nach Kapitel 3.3 gemäß Tabelle 6.1 prognostiziert Zähnezahlen z zwischen 24 und 32. Mit Verweis auf die geometrische Ähnlichkeit ist damit ebenfalls die Torsionsformzahl $\alpha_{ktGEHdB}$ beziehungsweise $\alpha_{ktGEHdh1}$ bekannt. Diese sind nach wie vor mit dem im Rahmen dieser Dissertation entwickelten Gleichungssystem berechenbar. Für das bezogene Spannungsgefälle G'_{GEH} allerdings ist eine Einschränkung zu definieren. Mit Verweis auf die in diesem Zusammenhang erarbeiteten Erkenntnisse kann eine prognosebasierte Quantifizierung dieser Größe nur für Bezugsdurchmesser d_B größer als 500 mm durchgeführt werden. Hier ist das bezogene Spannungsgefälle G'_{GEH} 0 zu setzen. Auf Basis des zuvor Beschriebenen haben die im Rahmen dieser Dissertation entwickelten Möglichkeiten zur mathematischen Beschreibung der optimalen evolventisch basierten Zahnwellenverbindungen nach Kapitel 3.3 gemäß Tabelle 6.1 sowie deren Gestaltfestigkeitscharakterisierung eine vielfach höhere Bedeutung.

In Weiterführung des zuvor Beschriebenen wurde am Beispiel einer Zahnwellenverbindung der Einfluss der Profilmodifizierung in allgemeiner Form analysiert. Hierbei wurde die mit dieser Funktion realisierbare exzessive Gestaltfestigkeitssteigerung deutlich. Darüber hinaus wurde im Rahmen von Extremwertbetrachtungen ihr Einfluss auf Modul m und Flankenwinkel α untersucht. Hierbei zeigte sich, dass der optimale Modul m_{Opt} von der Profilmodifizierung abhängig ist, dies jedoch nur in geringem Maße. So wurde geschlussfolgert, dass dieser Effekt voraussichtlich nicht von praktischer Relevanz ist. Für den Flankenwinkel α jedoch zeigte sich eine im Vergleich zu evolventisch basierten Zahnwellenverbindungen nach Kapitel 3.3 gemäß Tabelle 6.1, also ohne Profilmodifizierung, umgekehrte Tendenz. In Konsequenz wurde geschlussfolgert, dass es zwischen Zahnwellenverbindungen ohne Profilmodifizierung und jenen mit extremer Profilmodifizierung einen Bereich geben muss, in dem optimale Flankenwinkel α_{Opt} als Funktion der Profilmodifizierung existieren. Abschließend wurde die nunmehr mit der Profilmodifizierung gegebene Möglichkeit genutzt, um einen Gestaltfestigkeitsvergleich zwischen der im Forschungsvorhaben [FVA 742 I] für einen Hülldurchmesser von 25 mm als optimal ausgewiesenen komplexen Trochoiden M – T046, z18 und ihrer quasi geometrisch äquivalenten evolventisch basierten Zahnwellenverbindung nach Kapitel 3.3 gemäß Tabelle 6.39 durchzuführen. Der Vergleich wurde numerisch durchgeführt und experimentell abgesichert. Resultat dieser Untersuchungen ist, dass die komplexe Trochoide gegenüber ihrem evolventischen Pendant keine Tragfähigkeitsvorteile hat. Vielmehr wurde festgestellt, dass die Evolvente sogar geringfügig tragfähiger ist. Unter Berücksichtigung, dass die wirtschaftlichen Vorteile auf der Seite der evolventischen Profilform liegen, existiert gegenwärtig kein Argument zur Forcierung der Anwendung der komplexen Trochoiden. Sinnvoll ist allerdings die Anwendung des in Kapitel 3.2 entwickelten und in Kapitel 3.3 dargelegten Systems zur Profilgenerierung evolventisch basierter Zahnwellenverbindungen.

Im Forschungsvorhaben [FVA 467 II] wurden zahlreiche Experimente an Zahnwellen-verbindungen nach [DIN 5480] durchgeführt, dies vordergründig, um potenzielle Gestaltfestigkeitseinflüsse jenseits der Grundform zu analysieren. Auf Grundlage ihrer Ergebnisse wurden hierbei Empfehlungen für ihre einflussspezifisch vorteilhafte konstruktive Gestaltung abgeleitet. Diese erlaubten eine weiterführende Optimierung evolventisch basierter Zahnwellenverbindungen nach Kapitel 3.3 gemäß Tabelle 6.1. Hierbei wurde festgehalten, dass derartige Verbindungen mit gebundenem Auslauf und dünnwandiger Nabe ausgeführt sein sollten. Darüber hinaus kann ihre Gestaltfestigkeit über den Einflussfaktor der Oberflächenverfestigung gesteigert werden. Hier empfiehlt sich das Einsatzhärten als thermochemisches Verfahren, da durch dieses auch das Verschleißverhalten signifikant verbessert werden kann. Es ist allerdings zu erwarten, dass der mit den Ergebnissen dieser Dissertation nunmehr geometrisch stark optimierten evolventisch basierten Zahnwellenverbindung nach Kapitel 3.3 gemäß Tabelle 6.1 durch die Einsatzhärtung zu erwartende Gestaltfestigkeitszugewinn nur noch gering ausfällt.

9 Ausblick

Die Gestaltfestigkeit evolventisch basierter Zahnwellenverbindungen ist ein großes und komplexes Themengebiet. Zwar sind durch die mit dieser Dissertation veröffentlichten Ergebnisse, Erkenntnisse und Entwicklungen zahlreiche Fragestellungen beantwortet. Allerdings existieren weiterführende technische Sachverhalte, die wissenschaftliche Klärung erfordern. Ohne Anspruch auf Vollständigkeit werden diese im Nachfolgenden dargelegt.

9.1 Torsionsmomentbezogen

9.1.1 Gültigkeitsnachweis der Ergebnisextrapolation

Essenzielles Arbeitsergebnis dieser Dissertation ist die mathematische Beschreibung aller für das Kriterium der wellenbezogenen Gestaltfestigkeit optimalen Geometrieparameter evolventisch basierter Zahnwellenverbindungen nach Kapitel 3.3 gemäß Tabelle 6.1 sowie der ihre Gestaltfestigkeit charakterisierenden Kenngrößen. Die entwickelten Näherungsgleichungen basieren auf umfangreichen numerisch durchgeführten Parameteranalysen. Hierbei wurde unter anderem der Bezugsdurchmesser d_B im Intervall $6\ mm \leq d_B \leq 500\ mm$ sowie der Flankenwinkel α im Intervall $20\,° \leq \alpha \leq 45\,°$ untersucht. Damit sind die entsprechend entwickelten Gleichungen zunächst in ihrem Gültigkeitsbereich auf die zuvor benannten Intervalle zu begrenzen. Mit Verweis auf die Gleichungen (222) sowie (238) wird jedoch prognostiziert, dass eine zuverlässige Vorhersage des optimalen Moduls m_{Opt} sowie des optimalen Wellenfußrundungsradiusverhältnisses $\left(\rho_{f1}/m\right)_{Opt}$, zumindest weit über den zur Ergebnisgenerierung zugrunde gelegten Analysebereich hinweg, gegeben ist. Zudem wird davon ausgegangen, dass die für jene Parameter ohne Optimum ausgesprochenen konstruktiven Empfehlungen jenseits der oben benannten Grenzen noch zutreffend sind. Sofern das vorherig Beschriebene gültig ist, wären die optimalen Verbindungen evolventisch basierter Zahnwellenverbindungen nach Kapitel 3.3 gemäß Tabelle 6.1 zumindest in guter Näherung allgemeingültig bekannt. Für die ihre Gestaltfestigkeit charakterisierenden Kenngrößen jedoch sind Einschränkungen zu treffen. So ist hierbei zunächst die Gültigkeit der zur mathematischen Beschreibung der Torsionsformzahl $\alpha_{ktGEHdB}$ beziehungsweise $\alpha_{ktGEHdh1}$ auf Flankenwinkel α im Intervall $20\,° \leq \alpha \leq 45\,°$ zu begrenzen. Dies entspricht allerdings bereits einem weitgefassten technischen Bereich. Innerhalb dieses Intervalls ist, mit Verweis auf den Effekt der geometrischen Ähnlichkeit, vgl. Kapitel 6.2.3.3, die Torsionsformzahl $\alpha_{ktGEHdB}$ beziehungsweise $\alpha_{ktGEHdh1}$ der jeweils extrapoliert optimalen Verbindung genau dann bekannt, wenn ihre Zähnezahlen z im Intervall $24 \leq z \leq 32$ und darüber hinaus ihre Initiationsprofilverschiebungsfaktoren x_I im Intervall $-0{,}05 \leq x_{I1} \leq 0{,}45$ beziehungsweise $0{,}05 \geq x_{I2} \geq -0{,}45$ liegen. Zuletzt benannte Bedingung ist bei evolventisch basierten

J. Wild, *Optimierung der Tragfähigkeit von Zahnwellenverbindungen*,
https://doi.org/10.1007/978-3-658-36961-3_9

Zahnwellenverbindungen nach Kapitel 3.3 gemäß Tabelle 6.1 allerdings per Definition immer erfüllt. Für das bezogene Spannungsgefälle G'_{GEH} hingegen wurde festgehalten, dass dieses für Bezugsdurchmesser d_B größer als 500 mm bekannt ist. Für Bezugsdurchmesser d_B kleiner als 6 mm hingegen wird keine Aussage getroffen. Die zuvor beschriebenen Prognosen sind zu überprüfen. Hierfür bieten sich Extremwertbetrachtungen an.

9.1.2 Nabenbezogene Optimierung und Tragfähigkeitsquantifizierung

Als System von Welle und Nabe ist das Versagen einer evolventisch basierten Zahnwellenverbindung eine Frage des schwächeren Verbindungspartners. Bei steifen Naben gemäß Abbildung 6.1 ist dies, selbstredend in Abhängigkeit der gewählten Werkstoffe, oftmals die Welle. Dies begründet, dass der Fokus dieser Dissertation auf der geometrischen Optimierung sowie weiterführend der optimabezogenen Gestaltfestigkeitsquantifizierung dieses Verbindungspartners liegt. Und trotzdem befähigt das durch die in diesem Zusammenhang durchgeführten numerischen Analysen gewonnene Systemverständnis in Kombination mit der allgemeinen Kerbtheorie dazu, Prognosen zur optimalen Wahl der geometriebestimmenden Parameter der Nabe, also für Nabenfußrundungsradiusverhältnis ρ_{f2}/m sowie Nabenformübermaßverhältnis c_{F2}/m, zu treffen. Diese sind zu überprüfen und, sofern diese denn nicht mit hinreichender Genauigkeit zutreffen, anzupassen. Darüber hinaus sind die Optima zu quantifizieren, so dass eine nabenbezogene Gestaltfestigkeitsbeurteilung möglich ist. Dies ist Grundvoraussetzung dafür, dass eine Verbindungsauslegung erfolgen kann. Ist hierfür doch das kritische Bauteil zu bestimmen. Es sei angemerkt, dass der kritische Querschnitt entgegen der universitär allgemein behandelten Vorgehensweise zur Bauteilauslegung nicht ermittelt werden muss. Dieser ist implizit in der Torsionsformzahl α_{kt} enthalten.

9.1.3 Einfluss der Profilmodifizierung

Mit dem im Rahmen dieser Dissertation in Kapitel 3.2 entwickelten sowie in Kapitel 3.3 dargelegten System zur Profilgenerierung evolventisch basierter Zahnwellenverbindungen wurde unter anderem die Funktion der Profilmodifizierung eingeführt. Für die Gestaltfestigkeit derartiger Verbindungen ist diese von besonderer Bedeutung. Sie wurde in diesem Werk jedoch nur bei einem Bezugsdurchmesser d_B von 25 mm analysiert, dies teils zudem lediglich im Sinne einer Extremwertanalyse. Liegt doch der Anspruch dieser Dissertation hierbei im Aufzeigen des Optimierungspotenzials sowie weiterführend einem Profilformvergleich zwischen der im Forschungsvorhaben [FVA 742 I] für einen Hülldurchmesser von 25 mm als optimal ausgewiesenen komplexen Trochoiden M – T046, z18 und ihrer quasi geometrieäquivalenten evolventisch basierten Zahnwellenverbindung nach Kapitel 3.3 gemäß Tabelle 6.39. Nichtsdestotrotz ist, sofern der Effekt der geometrischen Ähnlichkeit bei profilmodifizierten Verbindungen nunmehr in erweiterter Definition, vgl. Gleichung (218), Gültigkeit hat, die Gestaltfestigkeit weiter Bereiche derartiger Verbindungen quantifiziert. Hieraus resultiert zunächst die Forderung nach einer entsprechenden Überprüfung. Unabhängig von der Gültigkeit der geometrischen Ähnlichkeit für profilmodifizierte Verbindungen wird die Weiterführung der im Rahmen dieser Dissertation angewendeten praxisorientierten Vorgehensweisen zur Bestimmung und mathematischen Beschreibung der gestaltfestigkeitsbezogenen Optima sowie darüber hinaus ihrer die Gestaltfestigkeit charakterisierenden Kenngrößen von evolventisch basierten Zahnwellenverbindungen nach Kapitel 3.3 gemäß Tabelle 6.1 empfohlen.

Als Folge ihrer Funktionsweise hat die Profilmodifizierung Einfluss auf das Verschleißverhalten evolventisch basierter Zahnwellenverbindungen nach Kapitel 3.3. In Konsequenz kann zur Bewertung der Verschleißfestigkeit profilmodifizierter Verbindungen nicht auf vorhandenes Wissen zurückgegriffen werden. Dieses ist in Gänze zu erarbeiten.

Abschließend sei angemerkt, dass dem geneigten Anwender mit dem vom Autor dieser Dissertation in Kapitel 3.2 entwickelten und in Kapitel 3.3 dargelegten System zur Profilgenerierung evolventisch basierter Zahnwellenverbindungen zusätzlich zur Profilmodifizierung weitere neue Funktionen zur Verfügung stehen. Die Einflüsse der sie steuernden Parameter sind ebenfalls zu bestimmen. Hierbei sind der Bezugsdurchmesserabstand A_{dB} sowie die wirksame Berührungshöhe $h_w(R_{hw} = 0)$ zu benennen.

9.1.4 Ersatzdurchmesser d_h nach [Naka 51]

Nach dem Stand der Technik wurden bis zu jenem Zeitpunkt vor der Veröffentlichung dieser Dissertation in der Regel die Ersatzdurchmesser d_h nach [Naka 51] zur Gestaltfestigkeitscharakterisierung evolventisch basierter Zahnwellenverbindungen zugrunde gelegt. Zumindest wellenbezogen birgt dies jedoch Risiken beim Ableiten wissenschaftlicher Aussagen. Demzufolge wurden sie hierbei im Rahmen dieser Dissertation nur noch sekundär berücksichtigt. Über das zuvor Benannte hinaus ist ihre Handhabung zudem mit erhöhtem Aufwand verbunden. So ist zu überprüfen, ob die Erhaltung der Ersatzdurchmesser d_h nach [Naka 51] sinnvoll ist. Sofern dies der Fall ist, ist, mit Verweis auf das mit dieser Dissertation nunmehr zur Verfügung stehende System zur Profilgenerierung evolventisch basierter Zahnwellenverbindungen nach Kapitel 3.3, ihre Allgemeingültigkeit zu überprüfen beziehungsweise durch die Anpassung ihrer mathematischen Formulierung herzustellen.

9.1.5 Formulierung sowie Einflussbestimmung der Nabensteifigkeit

Für diese Dissertation wurden evolventisch basierte Zahnwellenverbindungen nach Kapitel 3.3 mit steifer Nabe gemäß Abbildung 6.1 analysiert. Unter anderem durch [Mont 15] ist jedoch bekannt, dass sich eine weiche Nabe erwartungsgemäß günstig auf die Gestaltfestigkeit von Zahnwellenverbindungen auswirkt. Hierbei kann festgehalten werden, dass dieser Effekt bei Torsion sehr gering, bei Biegung hingegen relativ stark ausgeprägt ist. In Konsequenz wird seine Erforschung mit dem Ziel seiner lastartabhängigen mathematischen Formulierung für Formzahl α_k und bezogenes Spannungsgefälle G' vorgeschlagen, so dass er in leichter Zugänglichkeit technisch genutzt werden kann.

Der Einfluss der Nabenbreite b sowie der Nabenrestwandstärke auf die gestaltfestigkeitsrelevante Lokalbeanspruchung wurde bereits häufig analysiert, dies allerdings unabhängig voneinander. Der geometrische Anteil der Nabensteifigkeit ist aber immer ein Zusammenspiel dieser Größen. Hieraus resultierend ist vor der Bestimmung des Einflusses der Nabensteifigkeit dessen korrekte mathematische Beschreibung Grundvoraussetzung. Mit Verweis auf Kapitel 9.1.1 kann in diesem Zusammenhang die Weiterführung der Ersatzdurchmesser d_h nach [Naka 51] beziehungsweise deren Weiterentwicklung sinnvoll sein.

9.1.6 Bestimmung weiterführender geometrischer Einflüsse

Hauptuntersuchungsgegenstand dieser Dissertation war die sogenannte Grundform evolventisch basierter Zahnwellenverbindungen nach Kapitel 3.3. Ihrer in Kapitel 6.1 angeführten Definition kann entnommen werden, dass diese lediglich die Paarung einer endlos verzahnten Welle mit ihrer zugehörigen Nabe gemäß den dort beschriebenen Eigenschaften umfasst. Weitere geometrische Besonderheiten weist diese nicht auf. Über das zuvor Benannte hinaus wurden in Kapitel 7 weiterführende Optimierungen vorgenommen. Die hier angeführten konstruktiven Empfehlungen beziehen sich zum Teil auf geometrische Tragfähigkeitseinflüsse jenseits der Grundform. Grundlage hierfür sind Ergebnisse experimentell durchgeführter Stichversuche an evolventisch basierten Zahnwellenverbindungen nach [DIN 5480] des Forschungsvorhabens [FVA 467 II]. Auf Basis dieser Daten sind allerdings lediglich qualitative Aussagen zum Einfluss der analysierten Sachverhalte möglich. Hieraus resultiert die Empfehlung zur systematisch optimabezogenen Bestimmung weiterführender mutmaßlich praxisrelevanter geometrischer Einflüsse auf die Gestaltfestigkeit evolventisch basierter Zahnwellenverbindungen nach Kapitel 3.3 und deren mathematische Beschreibung. In diesem Zusammenhang sind unter anderem die Auslaufform und damit verbunden die Nabenlage, die Nabenfase, die Flankenlinienkorrektur sowie die Sicherungsringnut zu benennen.

9.1.7 Gestaltfestigkeitssteigerung durch Einsatzhärten

Unter anderem im Forschungsvorhaben [FVA 467 II] zeigte sich für einsatzgehärtete evolventisch basierte Zahnwellenverbindungen nach [DIN 5480], dass der Anriss bei inhomogenen Beanspruchungen seinen Ausgangspunkt im Bauteilinneren haben kann. Dieser Effekt wird auf entsprechende Relation des Gradienten der mit der Werkstoffhärte korrelierenden Werkstofffestigkeit sowie jenes der Beanspruchung zurückgeführt. Auslegungstechnisch bedeutet dies, dass die Sicherheit im Inneren geringer ist als jene an der Oberfläche. Dieser Sachverhalt kann dazu genutzt werden, um einer kerbbedingten Lokalbeanspruchung mit einer harten Randschicht entsprechender Einhärtungstiefe zu begegnen. Aus wissenschaftlicher Sicht ist hierbei der Zusammenhang zwischen der entsprechenden Tiefe und der mit ihr realisierbaren Tragfähigkeitssteigerung bei gegebener Kerbschärfe zu klären. Dabei sei aber darauf hingewiesen, dass ihr Nutzen zur Gestaltfestigkeitssteigerung vom Beanspruchungsgradienten abhängt. Durch die Ergebnisse dieser Dissertation wurde dieser allerdings signifikant verringert, so dass der durch das Einsatzhärten zu erwartende Gestaltfestigkeitszugewinn als gering eingeschätzt wird. Hierbei ist jedoch hervorzuheben, dass sich die thermochemische Behandlung der Oberfläche erfahrungsgemäß äußerst günstig auf die Verschleißfestigkeit auswirkt.

9.2 Biegemomentbezogen

Mit den Ergebnissen, Erkenntnissen und Entwicklungen dieser Dissertation sind aus Sicht der Gestaltfestigkeit für Torsion die optimalen beziehungsweise günstigen geometriebestimmenden Parameter evolventisch basierter Zahnwellenverbindungen nach Kapitel 3.3 gemäß Tabelle 6.1 sowie deren Tragfähigkeit bekannt. Allerdings sind derartige Verbindungen oftmals nicht nur mit einem quasi statischen Torsionsmoment M_t, sondern zudem mit einem dynamischen Biegemoment M_b belastet. Dieses hat häufig parasitären Charakter und kann beispielsweise bei statisch unbestimmter Konstruktionsweise aus dem Achsversatz zwischen Welle und Nabe oder aber den Besonderheiten eines Kreuzgelenks, vgl. leistungsloses Biegemoment M_b, resultieren. In Konsequenz ist eine weiterführende Klärung seines Einflusses quasi unabdingbar. In diesem Zusammenhang wird zunächst empfohlen zu überprüfen, ob das Biegemoment M_b Einfluss auf die optimalen beziehungsweise günstigen geometriebestimmenden Parameter evolventisch basierter Zahnwellenverbindungen nach Kapitel 3.3 gemäß Tabelle 6.1 nimmt. Im Anschluss kann seine optimabezogene Einflussbestimmung auf die Gestaltfestigkeit erfolgen. Hierbei sind die Biegeformzahl $\alpha_{kbGEHdB}$ beziehungsweise $\alpha_{kbGEHdh1}$ sowie das bezogene Spannungsgefälle G'_{GEH} zu bestimmen und mathematisch durch Näherungsgleichungen zu beschreiben. Dabei wird empfohlen, die Erforschung des Einflusses des Biegemomentes M_b nicht auf evolventisch basierte Zahnwellenverbindungen nach Kapitel 3.3 gemäß Tabelle 6.1 zu begrenzen, sondern diese allgemeingültig durchzuführen. Damit ist folglich das in Kapitel

9.1 für Torsion Festgehaltene auch für Biegung von Relevanz. Abschließend wird darauf hingewiesen, dass bei der Bestimmung des Einflusses des Biegemomentes M_b auf die Tragfähigkeit evolventisch basierter Zahnwellenverbindungen zwischen einer Analyse ohne und einer mit sichergestellter Zentrierwirkung zu differenzieren ist. Für weitere Informationen zu diesem Sachverhalt sei auf [WSW 16] verwiesen.

9.3   Mehrfachbelastungsbezogen

In [FVA 700 I] ist aufgezeigt, dass die Bestimmung der Tragfähigkeit von Bauteilen mit komplexer Kerbsituation nach [DIN 743] unter Verwendung von mit der Gestaltänderungsenergiehypothese bestimmten kerbcharakterisierenden Kennwerten genau dann einem relativ großen Fehler unterliegt, wenn mehr als eine Belastungsart dynamisch vorherrscht. Verschärfend kommt hinzu, dass die Bauteiltragfähigkeit dann überschätzt wird, die Auslegung also unsicher ist. Die im Rahmen dieser Dissertation bestimmten Torsionsformzahlen $\alpha_{ktGEHdB}$ beziehungsweise $\alpha_{ktGEHdh1}$ sind, wie dem Index entnommen werden kann, auf Basis der Gestaltänderungsenergiehypothese bestimmt. Mit Verweis auf das in [FVA 700 I] Festgestellte, ist deren Verwendung für die Bestimmung der Tragfähigkeit evolventisch basierter Zahnwellenverbindungen nach Kapitel 3.3 mit der [DIN 743] also auf jene Lastfälle zu beschränken, bei denen maximal eine dynamische Lastart induziert wird. Mit dem Hintergrundwissen, dass das Torsionsmoment M_t für derartige Verbindungen nahezu ausschließlich nicht als dynamisch anzunehmen und damit Bestandteil der Mittellast ist sowie darüber hinaus die Kerbwirkung in entsprechend benannter Norm ausschließlich bei dynamischen Belastungen berücksichtigt wird, stellt sich anwendungsspezifisch in aller Regel nicht das Problem einer dynamischen Mehrfachbelastung. So ist die weiterführende Bestimmung des Biegemomenteinflusses auf die Gestaltfestigkeit evolventisch basierter Zahnwellenverbindungen nach Kapitel 3.3, vgl. Kapitel 9.2, für die meisten Anwendungsfälle derartiger Verbindungen hinreichend. Trotzdem kann es sinnvoll sein, komplexere Belastungssituationen analytisch abbilden zu können. Hierfür sind entsprechende wissenschaftliche Maßnahmen erforderlich.

9.4   Überarbeitung der [DIN 5466]

Wie in Kapitel 2.4.2 mit Verweis auf Kapitel 2.4.3 dargelegt, wurde die [DIN 5466] im Gegensatz zur [DIN 743] explizit zur Tragfähigkeitsberechnung von Zahn- und Keilwellenverbindungen entwickelt. Obwohl es sich bei beiden Normen um Nennspannungskonzepte handelt, gibt es grundlegende systematische Unterschiede. So basiert die [DIN 743] rein auf den äußeren Belastungen und, sofern mehrere Lasten in die Verbindung eingeleitet werden, ihrer abschließenden Zusammenführung zur Bewertung der Bauteilsicherheit S. Die [DIN 5466] hingegen ist grundlegend auf Basis ihrer durch die äußeren Belastungen induzierten Beanspruchungskomponenten definiert.

Ihr gegenwärtig großer Vorteil gegenüber der [DIN 743] ist, dass weiterführende Gestaltfestigkeitseinflüsse wie beispielsweise jene von Nabenbreite b und Nabenrestwandstärke, Verzahnungsungenauigkeiten unterschiedlicher Art etc. berücksichtigt werden können. Gegenwärtig bestehen allerdings Unsicherheiten bei der Bewertung der Gestaltfestigkeit evolventisch basierter Zahnwellenverbindungen nach [DIN 5480] auf Basis der [DIN 5466]. Dies ist Begründung dafür, dass ihr hierfür zwingend erforderlicher Teil 2 zurückgezogen und in Konsequenz die entsprechende Norm für derartige Aufgabenstellungen nicht verwendbar ist. Das Ziel zur Erhaltung der [DIN 5466] vorausgesetzt, leitet sich aus dem zuvor dargelegten Problem zunächst die Forderung nach ihrer Korrektur ab. Mit Verweis auf die systematischen Unterschiede zur [DIN 743] erfolgt jenseits des zuvor Benannten die Berücksichtigung der Spannungsüberhöhung nicht nach der in Kapitel 2.2.1.3 definierten Formzahl α_k. Damit sind die hierbei in dieser Dissertation erarbeiteten Ergebnisse zunächst nicht nutzbar. Im Zuge dessen wird im Rahmen der ohnehin erforderlichen Überarbeitung der [DIN 5466] zur Berechnung der Gestaltfestigkeit von Zahn- und Keilwellenverbindungen empfohlen zu erörtern, ob eine verfahrenstechnische Anpassung sinnvoll ist, so dass konventionell bestimmte Formzahlen α_k, und so eben auch jene dieser Dissertation, verwendbar sind. Selbstredend können auch dann die auf die Tragfähigkeit einflussnehmenden Größen durch Korrekturwerte bestimmt, mathematisch beschrieben und demzufolge korrigiert werden. In diesem Zusammenhang wird es als sinnvoll erachtet, die Zahnwellenverbindungen in ihrer Grundform als Basis zu berechnen und die jeweiligen Einflüsse durch entsprechende Korrekturwerte zu berücksichtigen. Diese Vorgehensweise wurde im vorliegenden Werk verfolgt.

10 Literatur

10.1 Patente

[Novi 56]   Novikov, M. L.: "Helical Gearing" (U.S.S.R. 109.750), 1956.

[Wild 21]   Wild, J.: Verfahren und System zur Profilgenerierung evolventisch basierter Zahnwellenverbindungen (DE 10 2020 104 958.7 bzw. DE 10 2020 120 359.4), 2021.

[Wild 22]   Wild, J.: Verfahren und System zur Profilgenerierung evolventisch basierter Zahnwellenverbindungen (PCT/IB2021/051592), Veröffentlichung folgt.

[Wild 26]   Wildhaber, E.: "Helical Gearing" (U.S. 1.601.750), 1926.

[Ziae 06]   Ziaei, M.: Einstellbare Profilkonturen mit mehreren Exzentrizitäten für formschlüssige Welle-Nabe-Verbindungen (DE 10 2004 056 642 A1), 2006.

10.2 Normen und Richtlinien

[DIN 323]   Norm DIN 323, 1974-08-00: Normzahlen und Normreihen.

[DIN 332]   Norm DIN 332-1, 1986-04-00: Zentrierbohrungen. 60 ° Form R, A, B und C.

[DIN 471]   Norm DIN 471, 1981-09-00: Sicherungsringe (Halteringe) für Wellen. Regelausführung und schwere Ausführung. (Nachfolgedokument: Norm DIN 471, 2011-04-00)

[DIN 743]   Norm DIN 743, 2012-12-00: Tragfähigkeitsberechnung von Wellen und Achsen.

[DIN 780]   Norm DIN 780, 1977-05-00: Modulreihe für Zahnräder. Moduln für Stirnräder.

[DIN 3960]   Norm DIN 3960, 1987-03-00: Begriffe und Bestimmungsgrößen für Stirnräder (Zylinderräder) und Stirnradpaare (Zylinderradpaare) mit Evolventenverzahnung. (Nachfolgedokument: DIN ISO 21771, 2014-08-00)

© Der/die Autor(en) 2022
J. Wild, *Optimierung der Tragfähigkeit von Zahnwellenverbindungen*,
https://doi.org/10.1007/978-3-658-36061-3

[DIN 5466]   Norm DIN 5466, 2000-10-00: Tragfähigkeitsberechnung von Zahn- und Keilwellen-Verbindungen.

[DIN 5471]   Norm DIN 5471, 1974-08-00: Keilwellen- und Keilnaben-Profile mit 4 Keilen. Innenzentrierung. Maße.

[DIN 5472]   Norm DIN 5472, 1980-12-00: Keilwellen- und Keilnaben-Profile mit 6 Keilen. Innenzentrierung. Maße.

[DIN 5480]   Norm DIN 5480, 2006-03-00: Passverzahnungen mit Evolventen- flanken und Bezugsdurchmesser.

[DIN 50125]   Norm DIN 50125, 2009-07-00: Prüfung metallischer Werkstoffe. Zugproben. (Nachfolgedokument: DIN 50125, 2016-12-00)

[DIN ISO 2768]   Norm DIN ISO 2768:1991-04-00: Allgemeintoleranzen.

[EN ISO 18265]   Norm EN ISO 18265:2013-10-00: Metallische Werkstoffe. Umwer- tung von Härtewerten.

[FKM 12]   FKM-Richtlinie: Rechnerischer Festigkeitsnachweis für Maschinen- bauteile. Hg.: Forschungskuratorium Maschinenbau (FKM), 6. Auf- lage, VDMA Verlag GmbH, Frankfurt/Main, 2012.

[ISO 4156]   Norm ISO 4156, 2005-10-00: Passverzahnungen mit Evolventen- flanken. Metrische Module, Flankenzentriert.

10.3 Weitere Literatur

[ANSYS 16]   ANSYS, Inc.: ANSYS 17.1. ANSYS Documentation. Canonsburg, PA, 2016.

[Behn 17]   Behnke, H.: Numerisches Praktikum. Nicht veröffentlichtes Manu- skript, TU Clausthal, Fakultät Mathematik/Informatik und Maschi- nenbau, Clausthal-Zellerfeld, 2017.

[Deub 74]   Deubelbeiss, E.: Dauerfestigkeitsversuche mit einem modifizierten Treppenstufenverfahren. In: Materialprüfung 16, S. 240 – 244, 1974 – 08.

[DFG ZI 1161]   Ziaei, M.; Selzer, M.: Entwicklung kontinuierlicher unrunder Innen-
                 und Außenkonturen für formschlüssige Welle-Nabe-Verbindungen
                 und Ermittlung analytischer Lösungsansätze. DFG-Forschungsvor-
                 haben Nr. DFG ZI 1161, Abschlussbericht, vgl. TIB, 2017.

[Diet 78]   Dietz, P.: Die Berechnung von Zahn- und Keilwellenverbindungen.
                 Selbstverlag des Verfassers, Büttelborn, 1978.

[DiMo 48]   Dixon, W.-J.; Mood, A.-M.: A Method for Obtaining and Analyzing
                 Sensitivity Data. In: Journal of the American Statistical Association
                 43, S. 109 – 126, 1948 – 03.

[DiWa 05]   Dietz, P.; Wächter, M.: Zahnwellenverbindungen mit Novikovprofil.
                 In: Dietz, P. (Hg.): Institutsmitteilung 2005 (Nr. 30), S. 13 – 18,
                 2005.

[Esde 16]   Esderts, A.: Betriebsfestigkeit III. Nicht veröffentlichtes Manuskript,
                 TU Clausthal, Fakultät Mathematik/Informatik und Maschinenbau,
                 Clausthal-Zellerfeld, 2016.

[Finn 47]   Finney, D.-J.: Probit Analysis. Cambridge: Cambridge University
                 Press, 1947.

[FVA 467 I]   Daryusi, A.; Lau, P.: Profilwellen-Kerbwirkung. Ermittlung der Kerb-
                 wirkung bei Profilwellen für die praktische Getriebeberechnung von
                 Zahnwellen. FVA-Forschungsvorhaben Nr. 467 I (FVA-Heft 905),
                 Abschlussbericht, Frankfurt/Main, 2009.

[FVA 467 II]   Wild, J.; Wendler, J.: Tragfähigkeit von Zahnwellenverbindungen.
                 Tragfähigkeit von Profilwellen (Zahnwellen-Verbindungen) unter ty-
                 pischen Einsatzbedingungen. FVA-Forschungsvorhaben Nr. 467 II
                 (FVA-Heft 1224), Abschlussbericht, Frankfurt/Main, 2017.

[FVA 591 I]   Biansompa, E.; Schäfer, G.: Zahnwellenberechnung. FVA-Berech-
                 nungsrichtlinie für Zahnwellen-Verbindungen. FVA-Forschungsvor-
                 haben Nr. 591 I (FVA-Heft 1139), Abschlussbericht, Frankfurt/Main,
                 2015.

[FVA 700 I]   Wendler, J.; Kresinsky, F.: DIN 743 – Kerbspannungen mit FEM.
                 Berechnung von Mehrfachkerben nach DIN 743 durch Einbindung
                 von FEM-Ergebnissen. FVA-Forschungsvorhaben Nr. 700 I (FVA-
                 Heft 1182), Abschlussbericht, Frankfurt/Main, 2016.

[FVA 700 II]   Wendler, J.; Ulrich, C.; Grafinger, M.; Kresinsky, F.: Softwarein-
                tegration + Validierung Mehrfachkerbe. Teil A – Einbindung der Be-
                rechnung von Mehrfachkerben nach FVA 700 I in FVA-WB. Teil B
                – Validierung der in FVA 700 I abgeleiteten Berechnungsvorschrift
                für Mehrfachkerben bei überlagerten dynamischen Belastungen.
                FVA-Forschungsvorhaben Nr. 700 II (FVA-Heft 1311), Abschluss-
                bericht, Frankfurt/Main, 2018.

[FVA 742 I]   Wild, J.; Mörz, F.; Selzer, M.: Zahnwellenprofiloptimierung. Optimie-
                rung des Zahnwellenprofils primär zur Drehmomentübertragung un-
                ter Berücksichtigung wirtschaftlicher Fertigungsmöglichkeiten.
                FVA-Forschungsvorhaben Nr. 742 I (FVA-Heft 1316), Abschluss-
                bericht, Frankfurt/Main, 2018.

[FVA 742 I 16-1] Wild, J.; Selzer, M.: Optimierung des Zahnwellenprofils primär zur
                Drehmomentübertragung unter Berücksichtigung wirtschaftlicher
                Fertigungsmöglichkeiten. FVA-Forschungsvorhaben Nr. 742 I,
                Sachstandbericht, Frankfurt/Main, 2016.

[FVA 742 I 16-2] Wild, J.; Selzer, M.: Optimierung des Zahnwellenprofils primär zur
                Drehmomentübertragung unter Berücksichtigung wirtschaftlicher
                Fertigungsmöglichkeiten. FVA-Forschungsvorhaben Nr. 742 I, Zwi-
                schenbericht, Frankfurt/Main, 2016.

[Garz 96]   Garzke, M.: Beanspruchungsverhalten von Zahnwellen-Verbindun-
                gen unter Drehmomentbelastung. In: Dietz, P. (Hg.): Institutsmittei-
                lung 1996 (Nr. 21), S. 3 – 10, 1996.

[Glock 01]   Glock, H.: Technische Mechanik Band 1. Statik. Nicht veröffentlich-
                tes Manuskript, Bundesakademie für Wehrverwaltung und Wehr-
                technik, Mannheim, 2001.

[Glock 08]   Glock, H.: Technische Mechanik Band 3. Festigkeitslehre. Nicht
                veröffentlichtes Manuskript, Berufsakademie Mannheim, Mann-
                heim, 2008.

[HSW 15]   Herre, M.; Schäfer, G.; Wild, J.: Splined Shaft – Hub Connection
                with optimized Foot Geometry. In: WAIT – World Association of In-
                novative Technologies (Hg.): Proceedings of the IN – TECH Con-
                ference 2015, Dubrovnik, S. 260 – 263, 2015.

[Hück 83]   Hück, M.: Ein verbessertes Verfahren für die Auswertung von Trep-
              penstufenversuchen. In: Materialwissenschaft und Werkstofftech-
              nik 14 (Nr. 12), S. 406 – 417, 1983.

[Klub 95]   Klubberg, F.; Beiss, P.: Modifizierte Prüf- und Auswertemethodik im
              Übergangsgebiet zur Dauerschwingfestigkeit. In: VDI (Hg.): Effi-
              zienzsteigerung durch innovative Werkstofftechnik (VDI – Be-
              richt 1151). VDI – Verlag, Düsseldorf, S. 777 – 780, 1995.

[Liu 01]   Liu, J.: Dauerfestigkeitsberechnung metallischer Werkstoffe. Habi-
              litationsschrift, TU Clausthal, Fakultät Bergbau, Clausthal-Zeller-
              feld, 2001.

[LSW 16]   Lohrengel, A.; Schäfer, G.; Wild, J.: Formzahlbasierte Einflussbe-
              stimmung des Moduls auf die Tragfähigkeit von Zahnwellenverbin-
              dungen. In: Lohrengel, A.; Müller, N. (Hg.): Institutsmitteilung 2016
              (Nr. 41), S. 37 – 46, 2016.

[Maen 77]   Maenning, W.-W.: Das Abgrenzungsverfahren, eine kostenspa-
              rende Methode zur Ermittlung von Schwingfestigkeitswerten. In:
              Materialprüfung 19, S. 280 – 289, 1977 – 08.

[Mänz 17]   Mänz, T.: Auslegung von Pressverbindungen mit gerändelter Welle.
              Dissertation, TU Clausthal, Fakultät Mathematik/Informatik und Ma-
              schinenbau, Clausthal-Zellerfeld, 2017.

[Maiw 08]   Maiwald, A.: Numerische Untersuchungen von unrunden Profilkon-
              turen für Welle-Nabe-Verbindungen (Nr. KTK/20/2008). Diplomar-
              beit, WH Zwickau, 2008.

[MöSc 16]   Mörz, F.; Schäfer, G.: Neuer Prüfstand für zügige Torsionsbean-
              spruchung. In: Lohrengel, A.; Müller, N. (Hg.): Institutsmitteilung
              2016 (Nr. 41), S. 99 – 102, 2016.

[Mont 15]   Montero, M.: Finite Element Analysis of a splined Shaft Hub Con-
              nection regarding the Wall Thickness of the Hub. Nicht veröffent-
              lichte Masterthesis, TU Clausthal, Fakultät Mathematik/Informatik
              und Maschinenbau, Clausthal-Zellerfeld, 2015.

[Müll 15]   Müller, C.: Zur statistischen Auswertung experimenteller Wöhlerli-
              nien. Dissertation, TU Clausthal, Fakultät Mathematik/Informatik
              und Maschinenbau, Clausthal-Zellerfeld, 2015.

[MWW 14]   Mänz, T.; Wendler, J.; Wild, J.: Experimentelle Bestimmung von Kerbwirkungszahlen sowie von Einflussfaktoren der Oberflächenverfestigung. In: Lohrengel, A.; Müller, N. (Hg.): Institutsmitteilung 2014 (Nr. 39), S. 19 – 32, Clausthal-Zellerfeld, 2014.

[Naka 51]   Nakazawa, H.: On the Torsion of Splined Shafts. Tokyo Torizo Univers., Tokyo, 1951.

[Papu 01]   Papula, L.: Mathematik für Ingenieure und Naturwissenschaftler Band 1. Ein Lehr- und Arbeitsbuch für das Grundstudium. 10. Auflage, Verlag Vieweg, Braunschweig/Wiesbaden, 2001.

[Reut 12-1]   Reuter, J.: Report des Instituts für Materialprüfung und Werkstofftechnik Dr. Neubert GmbH mit der Nr. 32338-01. Untersuchung des Werkstoffs 42CrMo4+QT (Rohmaterial) für [FVA 467 II], Clausthal-Zellerfeld, 2012.

[Reut 12-2]   Reuter, J.: Report des Instituts für Materialprüfung und Werkstofftechnik Dr. Neubert GmbH mit der Nr. 32338-03. Untersuchung des Werkstoffs 17CrNi6-6 (Charge 1) für [FVA 467 II], Clausthal-Zellerfeld, 2012.

[Reut 16]   Reuter, J.: Report des Instituts für Materialprüfung und Werkstofftechnik Dr. Neubert GmbH mit der Nr. 36075-01. Untersuchung des Werkstoffs 42CrMo4+QT für FVA 742 I, Clausthal-Zellerfeld, 2016.

[Selk 13]   Selke, P.: Höhere Festigkeitslehre. Grundlagen und Anwendung. 1. Auflage, Oldenbourg Verlag München, 2013.

[SiSt 55]   Siebel, E.; Stieler, M.: Ungleichförmige Spannungsverteilung bei schwingender Beanspruchung. In: VDI-Zeitschrift 97, Nr. 5, S. 121 – 152, 1955.

[Weso 97]   Wesolowski, K.: Fortschrittberichte VDI. Dreidimensionale Beanspruchungszustände und Festigkeitsnachweis drehmomentbelasteter Zahnwellen-Verbindungen unter elastischer und teilplastischer Verformung (Reihe 1, Nr. 286). VDI-Verlag, Düsseldorf, 1997.

[WSW 16]   Wendler, J.; Schlecht, B.; Wild, J.: Numerische und experimentelle
              Analyse der Gestaltfestigkeit von Zahnwellenverbindungen bei Um-
              laufbiegung. In: VDI Wissensforum GmbH (Hg.): 7. VDI-Fachta-
              gung. Welle-Nabe-Verbindungen, S. 139 – 152, VDI Verlag, Düs-
              seldorf, 2016 – 11 – 09./10.

[Zapf 86]   Zapf, R.: Betriebs- und Verschleißverhalten flankenzentrierter
              Zahnwellen-Verbindungen mit Schiebesitz. Dissertation, TU Claust-
              hal, Fakultät für Bergbau, Hüttenwesen und Maschinenwesen,
              Clausthal-Zellerfeld, 1986.

11 Anhang

11.1 Numerikbezogene Definitionen, Entwicklungen und Betrachtungen

11.1.1 Ergebnisabsicherung

11.1.1.1 Modellverifizierung

11.1.1.1.1 Werkstoffkennwerte

Tabelle 11.1: Arithmetische Mittelwerte von mit Zugversuchen an Zugproben nach [DIN 50125] der Form B ermittelte Werkstoffkennwerte (mit Änderungen entnommen aus [FVA 467 II], Quelle der Einzelergebnisse: [Reut 12-1] sowie [Reut 12-2])

Werkstoff	R_m $[MPa]$	$R_{p0,2}$ $[MPa]$	A_5 [%]	Anmerkungen
42CrMo4+QT bzw. 1.7225	954,4 (12)	833,0 (16)	19,2 (2)	Basis: 5 Zugversuche Probenursprung: Kernquerschnitt des Halbzeugs ($d = 60\ mm$)
( ) Maximalwert - Minimalwert				

Tabelle 11.2: Durch die Umwertung des arithmetischen Mittelwertes von Härtemessungen (HV3) nach [EN ISO 18265] (Tabelle B.2, S.21) ermittelte Zugfestigkeit (mit Änderungen entnommen aus [FVA 467 II])

Werkstoff	R_m $[MPa]$	Anmerkungen
42CrMo4+QT bzw. 1.7225	1.007,4 (132,7)	Basis: 30 Härtemessungen (HV3) Messorte: Mehrere Wellenzahnköpfe
( ) Maximalwert - Minimalwert		

© Der/die Autor(en) 2022
J. Wild, *Optimierung der Tragfähigkeit von Zahnwellenverbindungen*,
https://doi.org/10.1007/978-3-658-36961-3

11.1.1.1.2 Geometriedefinition

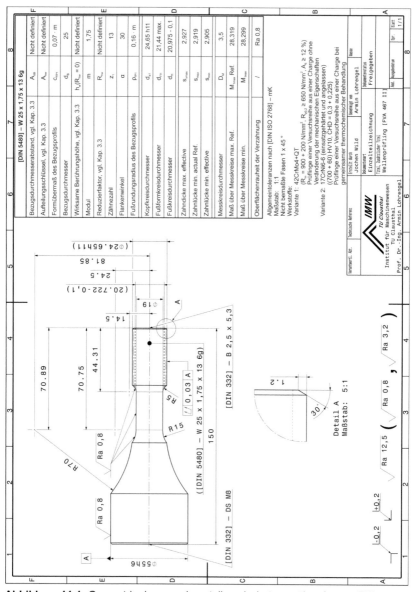

[DIN 5480] – W 25 x 1,75 x 13 6g		
Bezugsdurchmesserabstand, vgl. Kap. 3.3	A_{wB}	Nicht definiert
Aufteilungsschlüssel, vgl. Kap. 3.3	A_{w}	Nicht definiert
Formübermaß des Bezugsprofils	c_{Fmin}	0,07 m
Bezugsdurchmesser	d_{B}	25
Wirksame Berührungshöhe, vgl. Kap. 3.3	$h_{w}(R_{z} = 0)$	Nicht definiert
Modul	m	1,75
Reduzierfaktor, vgl. Kap. 3.3	R_{w}	Nicht definiert
Zähnezahl	z_{1}	13
Flankenwinkel	α	30
Fußrundungsradius des Bezugsprofils	ρ_{fPm}	0,16 m
Kopfkreisdurchmesser	d_{a1}	24,65 h11
Fußformkreisdurchmesser	d_{Ff1}	21,44 max.
Fußkreisdurchmesser	d_{f1}	20,975 - 0,1
Zahndicke max. effective	s_{vmax}	2,927
Zahnlücke min. actual Ref.	s_{max}	2,919
Zahnlücke min. effective	s_{vmin}	2,905
Messkreisdurchmesser	D_{M}	3,5
Maß über Messkreise max. Ref.	M_{rmax} Ref.	28,319
Maß über Messkreise min.	M_{rmin}	28,299
Oberflächenrauheit der Verzahnung	/	Ra 0,8

Allgemeintoleranzen nach [DIN ISO 2768] – mK
Maßstab: 1:1
Nicht bemaßte Fasen 1 x 45°
Werkstoffe:
Variante 1: 42CrMo4+QT
(R_{m} = 900 + 200 N/mm², $R_{p0,2}$ ≥ 650 N/mm², A_{s} ≥ 12 %)
Prüflinge einer Versuchsreihe aus einer Charge ohne
Veränderung der mechanischen Eigenschaften
Variante 2: 17CrNi6-6 (einsatzgehärtet und angelassen)
((700 + 60) HV10, CHD = 0,3 + 0,225)
Prüflinge einer Versuchsreihe aus einer Charge bei
gemeinsamer thermochemischer Behandlung

IMW
TU Clausthal
Institut für Maschinenwesen
Prof. Dr.-Ing. Armin Lohrengel

Erstellt durch: Jochen Wild
Genehmigt von: Armin Lohrengel

Dokument: Einzelteilzeichnung
Dokumentenstatus: Freigegeben

Titel, Zusätzlicher Titel: Wellenprüfling [FVA 467 II]

Maße: 5:1

[DIN 5480] – W 25 x 1,75 x 13 6g

[DIN 332] – B 2,5 x 5,3

[DIN 5480] – W 25 x 1,75 x 13 6g

[DIN 332] – DS M8

Detail A
Maßstab: 5:1

Ra 12,5 (Ra 0,8 , Ra 3,2)

Ra 0,8

Ra 0,8

R 70

R 15

R 5

⌀24,65 h11

81,85

24,5

(20,722 -0,1)

⌀19

14,5

70,89

70,75

44,31

150

⌀55h6

Abbildung 11.1: Geometrie der experimentell analysierten, wälzgefrästen ZW [DIN 5480] – W 25 x 1,75 x 13 mit freiem Auslauf [FVA 467 II]

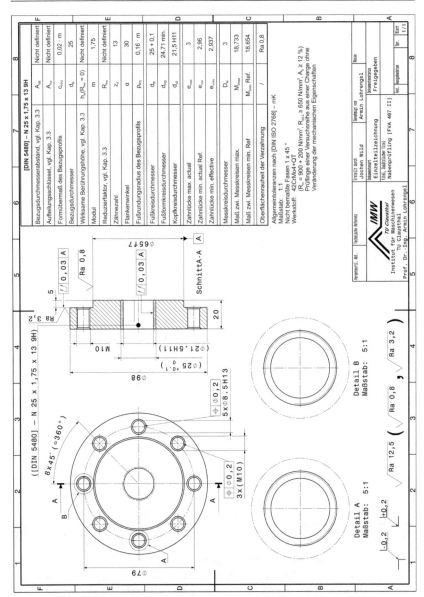

Abbildung 11.2: Geometrie der experimentell analysierten, geräumten ZN [DIN 5480] – N 25 x 1,75 x 13 mit den Verhältnissen Nabenbreite / Bezugsdurchmesser von 0,8 sowie Nabenaußen- / Bezugsdurchmesser größer als 2,8 [FVA 467 II]

11.1.1.1.3   Dynamische Torsion

Abbildung 11.3: Perspektivische Darstellung der experimentell analysierten Geometrie unter Berücksichtigung der Lage der Verbindungspartner (Dynamische
Torsion ($R_t = 0{,}2$), ZWV [DIN 5480] – 25 x 1,75 x 13, NL 1, wälzgefräste ZW
(42CrMo4+QT) nach Abbildung 11.1, geräumte ZN (42CrMo4+QT) nach Abbildung
11.2) [FVA 467 II]

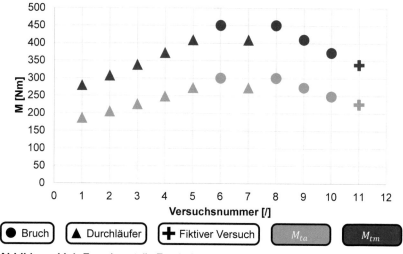

Abbildung 11.4: Experimentelle Ergebnisse (Dynamische Torsion ($R_t = 0{,}2$), ZWV
[DIN 5480] – 25 x 1,75 x 13, NL 1, wälzgefräste ZW (42CrMo4+QT) nach Abbildung
11.1, geräumte ZN (42CrMo4+QT) nach Abbildung 11.2) [FVA 467 II]

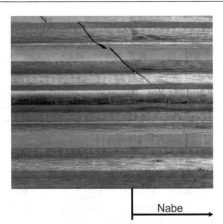

Nabe →

Abbildung 11.5: Repräsentatives Schadensbild (Dynamische Torsion ($R_t = 0{,}2$), ZWV [DIN 5480] – 25 x 1,75 x 13, NL 1, wälzgefräste ZW (42CrMo4+QT) nach Abbildung 11.1, geräumte ZN (42CrMo4+QT) nach Abbildung 11.2) [FVA 467 II]

Tabelle 11.3: Eingangswerte zur nenndurchmesserspezifischen Charakterisierung der Verbindungstragfähigkeit (Dynamische Torsion ($R_t = 0{,}2$), ZWV [DIN 5480] – 25 x 1,75 x 13, NL 1, wälzgefräste ZW (42CrMo4+QT) nach Abbildung 11.1, geräumte ZN (42CrMo4+QT) nach Abbildung 11.2) [FVA 467 II]

Variable	Wert	Einheit	Anmerkung / Quelle
d_{a1}	24,6	mm	Zeichnung
d_{f1}	20,962	mm	Istwerterfassung (arithmetisches Mittel)
(d_{h1})	21,891	mm	Berechnung, vgl. Kapitel 2.2.3.2
d_w	19	mm	Zeichnung
$K_{F\tau}$	1	/	Randbedingung
K_V	1	/	Randbedingung
$K_1(d_{eff})$	1	/	Randbedingung
M_{ta}	262,0	Nm	Treppenstufenversuch (nach IABG ausgewertet)
M_{tm}	392,9	Nm	Treppenstufenversuch (nach IABG ausgewertet)
$R_m = \sigma_B$	1.007,4	MPa	Umgewertete Härtewerte (arith. Mittel)
$\tau_{tW}(d_B)$	302,2	MPa	Abschätzung nach Gleichung (204)

Tabelle 11.4: Nenndurchmesserspezifische Charakterisierung der Verbindungstragfähigkeit (Dynamische Torsion ($R_t = 0{,}2$), ZWV [DIN 5480] – 25 x 1,75 x 13, NL 1, wälzgefräste ZW (42CrMo4+QT) nach Abbildung 11.1, geräumte ZN (42CrMo4+QT) nach Abbildung 11.2) [FVA 467 II]

d_{Nenn}	Variable	Wert	Einheit	Anmerkung
d_B	τ_{ta}	85,4	MPa	τ_{ta} entspricht hier τ_{tADK}.
	τ_{mv}	128,1	MPa	τ_{mv} entspricht hier τ_{tm}.
	τ_{tWK}	91,5	MPa	
	β_τ	3,04	/	Für die [DIN 5466] wäre der Index τ durch kt zu ersetzen.
d_{h1}	τ_{ta}	127,2	MPa	τ_{ta} entspricht hier τ_{tADK}.
	τ_{mv}	190,8	MPa	τ_{mv} entspricht hier τ_{tm}.
	τ_{tWK}	141,6	MPa	
	β_τ	1,98	/	Für die [DIN 5466] wäre der Index τ durch kt zu ersetzen.
d_w	τ_{ta}	194,5	MPa	τ_{ta} entspricht hier τ_{tADK}.
	τ_{mv}	291,8	MPa	τ_{mv} entspricht hier τ_{tm}.
	τ_{tWK}	232,6	MPa	
	β_τ	1,22	/	Für die [DIN 5466] wäre der Index τ durch kt zu ersetzen.

11.2 Optimierung der Grundform ohne Profilmodifizierung

11.2.1 Konstanz des Wellenformübermaßverhältnisses c_{F1}/m

11.2.1.1 Flankenwinkel $\alpha = 20\,°$

11.2.1.1.1 Bezugsdurchmesser $d_B = 6\,mm$

11.2.1.1.1.1 Wellenfußkreisdurchmesser d_{f1}

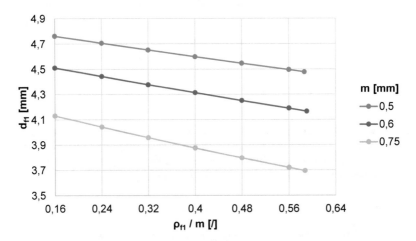

Abbildung 11.6: Wellenfußkreisdurchmesser d_{f1} als Funktion des Moduls m sowie des Wellenfußrundungsradiusverhältnisses ρ_{f1}/m der ZWV Kapitel 3.3 – 6 x var. x var. (gemäß Tabelle 6.1; $c_{F1}/m = 0,12$; $\alpha = 20\,°$; $\rho_{f1}/m = var.$)

11.2.1.1.1.2 Ort der Lokalbeanspruchung

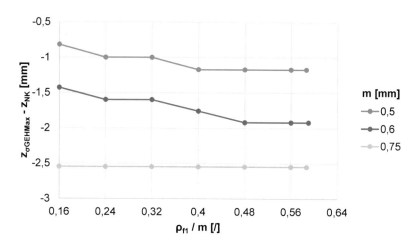

Abbildung 11.7: Absoluter Axialabstand der gestaltfestigkeitsrelevanten Lokalbeanspruchung σ_{GEHMax} von der Nabenkante als Funktion des Moduls m sowie des Wellenfußrundungsradiusverhältnisses ρ_{f1}/m der ZWV Kapitel 3.3 – 6 x var. x var. (gemäß Tabelle 6.1; $c_{F1}/m = 0,12$; $\alpha = 20$ °; $\rho_{f1}/m = var.$)

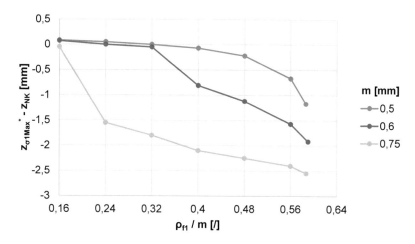

Abbildung 11.8: Absoluter Axialabstand der relevanten Lokalbeanspruchung σ_{1Max}^*
von der Nabenkante als Funktion des Moduls m sowie des Wellenfußrundungsradiusverhältnisses ρ_{f1}/m der ZWV Kapitel 3.3 – 6 x var. x var. (gemäß Tabelle 6.1;
$c_{F1}/m = 0,12$; $\alpha = 20$ °; $\rho_{f1}/m = var.$)

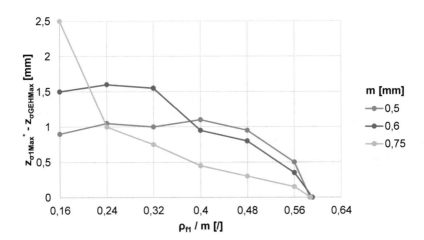

Abbildung 11.9: Absoluter Axialabstand zwischen den Lokalbeanspruchungen σ^*_{1Max} sowie σ_{GEHMax} als Funktion des Moduls m sowie des Wellenfußrundungsradiusverhältnisses ρ_{f1}/m der ZWV Kapitel 3.3 – 6 x var. x var. (gemäß Tabelle 6.1; $c_{F1}/m = 0{,}12$; $\alpha = 20\,°$; $\rho_{f1}/m = var.$)

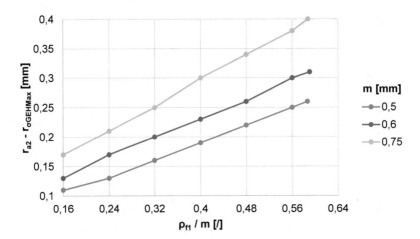

Abbildung 11.10: Absoluter Radialabstand der gestaltfestigkeitsrelevanten Lokalbeanspruchung σ_{GEHMax} vom Nabenkopfkreis als Funktion des Moduls m sowie des Wellenfußrundungsradiusverhältnisses ρ_{f1}/m der ZWV Kapitel 3.3 – 6 x var. x var. (gemäß Tabelle 6.1; $c_{F1}/m = 0{,}12$; $\alpha = 20\,°$; $\rho_{f1}/m = var.$)

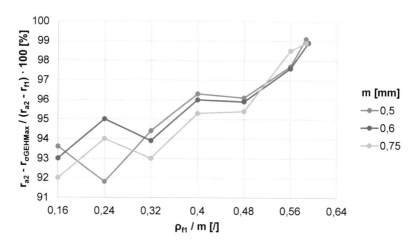

Abbildung 11.11: Radiale Relativlage der gestaltfestigkeitsrelevanten Lokalbeanspruchung σ_{GEHMax} zum Wellenfußkreis als Funktion des Moduls m sowie des Wellenfußrundungsradiusverhältnisses ρ_{f1}/m der ZWV Kapitel 3.3 – 6 x var. x var. (gemäß Tabelle 6.1; $c_{F1}/m = 0{,}12$; $\alpha = 20\,°$; $\rho_{f1}/m = var.$)

11.2.1.1.1.3 Charakterisierung der Kerbwirkung

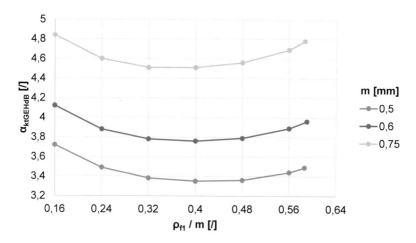

Abbildung 11.12: Torsionsformzahl $\alpha_{ktGEHdB}$ als Funktion des Moduls m sowie des Wellenfußrundungsradiusverhältnisses ρ_{f1}/m der ZWV Kapitel 3.3 – 6 x var. x var. (gemäß Tabelle 6.1; $c_{F1}/m = 0{,}12$; $\alpha = 20\,°$; $\rho_{f1}/m = var.$)

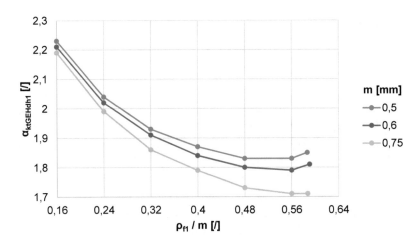

Abbildung 11.13: Torsionsformzahl $\alpha_{ktGEHdh1}$ als Funktion des Moduls m sowie des Wellenfußrundungsradiusverhältnisses ρ_{f1}/m der ZWV Kapitel 3.3 – 6 x var. x var. (gemäß Tabelle 6.1; $c_{F1}/m = 0,12$; $\alpha = 20\,°$; $\rho_{f1}/m = var.$)

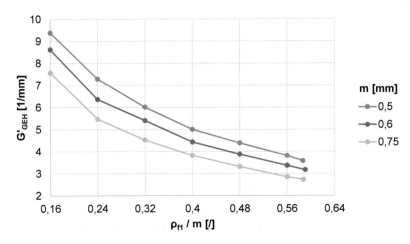

Abbildung 11.14: Torsionsmomentinduziert bezogenes Spannungsgefälle G'_{GEH} als Funktion des Moduls m sowie des Wellenfußrundungsradiusverhältnisses ρ_{f1}/m der ZWV Kapitel 3.3 – 6 x var. x var. (gemäß Tabelle 6.1; $c_{F1}/m = 0,12$; $\alpha = 20\,°$; $\rho_{f1}/m = var.$)

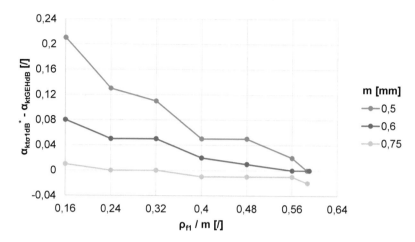

Abbildung 11.15: Differenz der Torsionsformzahlen $\alpha_{kt\sigma1dB}^*$ und $\alpha_{ktGEHdB}$ als Funktion des Moduls m sowie des Wellenfußrundungsradiusverhältnisses ρ_{f1}/m der ZWV Kapitel 3.3 – 6 x var. x var. (gemäß Tabelle 6.1; $c_{F1}/m = 0{,}12$; $\alpha = 20\,°$; $\rho_{f1}/m = var.$)

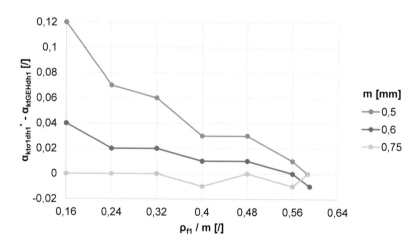

Abbildung 11.16: Differenz der Torsionsformzahlen $\alpha_{kt\sigma1dh1}^*$ und $\alpha_{ktGEHdh1}$ als Funktion des Moduls m sowie des Wellenfußrundungsradiusverhältnisses ρ_{f1}/m der ZWV Kapitel 3.3 – 6 x var. x var. (gemäß Tabelle 6.1; $c_{F1}/m = 0{,}12$; $\alpha = 20\,°$; $\rho_{f1}/m = var.$)

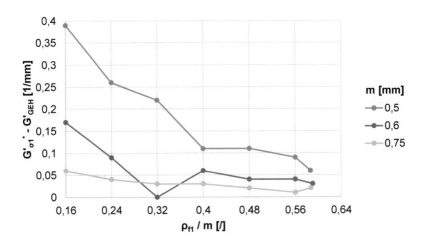

Abbildung 11.17: Differenz der torsionsmomentinduziert bezogenen Spannungsgefälle $G'_{\sigma 1}{}^{*}$ und G'_{GEH} als Funktion des Moduls m sowie des Wellenfußrundungsradiusverhältnisses ρ_{f1}/m der ZWV Kapitel 3.3 – 6 x var. x var. (gemäß Tabelle 6.1; $c_{F1}/m = 0{,}12$; $\alpha = 20\,°$; $\rho_{f1}/m = var.$)

11.2.1.1.1.4 Querschnittbezogene Gestaltfestigkeitsdifferenzierung

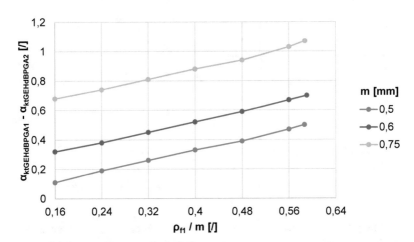

Abbildung 11.18: Differenz der Torsionsformzahlen $\alpha_{ktGEHdBPGA1}$ und $\alpha_{ktGEHdBPGA2}$ als Funktion des Moduls m sowie des Wellenfußrundungsradiusverhältnisses ρ_{f1}/m der ZWV Kapitel 3.3 – 6 x var. x var. (gemäß Tabelle 6.1; $c_{F1}/m = 0{,}12$; $\alpha = 20\,°$; $\rho_{f1}/m = var.$)

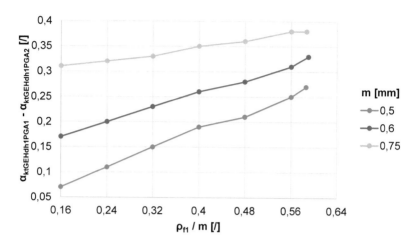

Abbildung 11.19: Differenz der Torsionsformzahlen $\alpha_{ktGEHdh1PGA1}$ und $\alpha_{ktGEHdh1PGA2}$ als Funktion des Moduls m sowie des Wellenfußrundungsradiusverhältnisses ρ_{f1}/m der ZWV Kapitel 3.3 – 6 x var. x var. (gemäß Tabelle 6.1; $c_{F1}/m = 0{,}12$; $\alpha = 20\,°$; $\rho_{f1}/m = var.$)

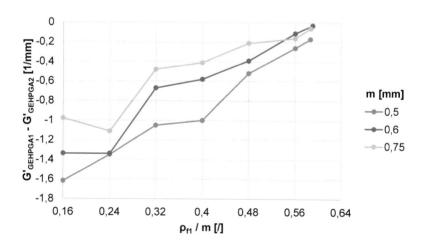

Abbildung 11.20: Differenz der torsionsmomentinduziert bezogenen Spannungsgefälle $G'_{GEHPGA1}$ und $G'_{GEHPGA2}$ als Funktion des Moduls m sowie des Wellenfußrundungsradiusverhältnisses ρ_{f1}/m der ZWV Kapitel 3.3 – 6 x var. x var. (gemäß Tabelle 6.1; $c_{F1}/m = 0{,}12$; $\alpha = 20\,°$; $\rho_{f1}/m = var.$)

11.2.1.1.2 **Bezugsdurchmesser** $d_B = 25\ mm$

11.2.1.1.2.1 Wellenfußkreisdurchmesser d_{f1}

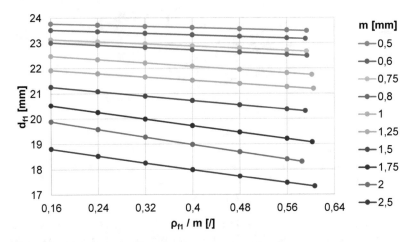

Abbildung 11.21: Wellenfußkreisdurchmesser d_{f1} als Funktion des Moduls m sowie des Wellenfußrundungsradiusverhältnisses ρ_{f1}/m der ZWV Kapitel 3.3 – 25 x var. x var. (gemäß Tabelle 6.1; $c_{F1}/m = 0{,}12$; $\alpha = 20\ °$; $\rho_{f1}/m = var.$)

11.2.1.1.2.2 Ort der Lokalbeanspruchung

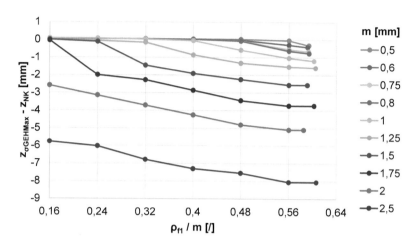

Abbildung 11.22: Absoluter Axialabstand der gestaltfestigkeitsrelevanten Lokalbeanspruchung σ_{GEHMax} von der Nabenkante als Funktion des Moduls m sowie des Wellenfußrundungsradiusverhältnisses ρ_{f1}/m der ZWV Kapitel 3.3 – 25 x var. x var. (gemäß Tabelle 6.1; $c_{F1}/m = 0{,}12$; $\alpha = 20\,°$; $\rho_{f1}/m = var.$)

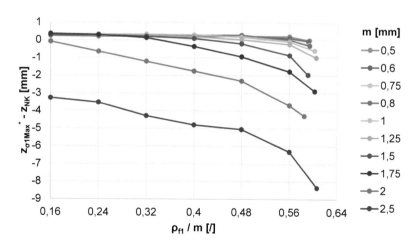

Abbildung 11.23: Absoluter Axialabstand der relevanten Lokalbeanspruchung σ_{1Max}^{*} von der Nabenkante als Funktion des Moduls m sowie des Wellenfußrundungsradiusverhältnisses ρ_{f1}/m der ZWV Kapitel 3.3 – 25 x var. x var. (gemäß Tabelle 6.1; $c_{F1}/m = 0{,}12$; $\alpha = 20\,°$; $\rho_{f1}/m = var.$)

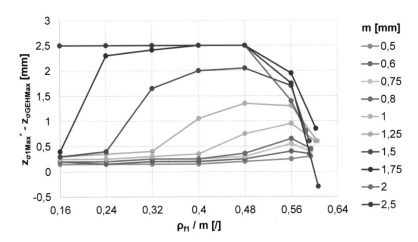

Abbildung 11.24: Absoluter Axialabstand zwischen den Lokalbeanspruchungen σ^*_{1Max} sowie σ_{GEHMax} als Funktion des Moduls m sowie des Wellenfußrundungsradiusverhältnisses ρ_{f1}/m der ZWV Kapitel 3.3 – 25 x var. x var. (gemäß Tabelle 6.1; $c_{F1}/m = 0{,}12$; $\alpha = 20°$; $\rho_{f1}/m = var.$)

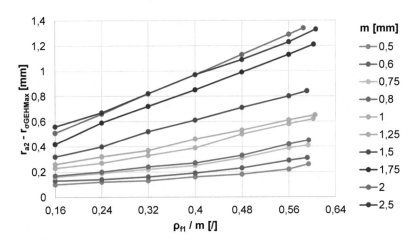

Abbildung 11.25: Absoluter Radialabstand der gestaltfestigkeitsrelevanten Lokalbeanspruchung σ_{GEHMax} vom Nabenkopfkreis als Funktion des Moduls m sowie des Wellenfußrundungsradiusverhältnisses ρ_{f1}/m der ZWV Kapitel 3.3 – 25 x var. x var. (gemäß Tabelle 6.1; $c_{F1}/m = 0{,}12$; $\alpha = 20°$; $\rho_{f1}/m = var.$)

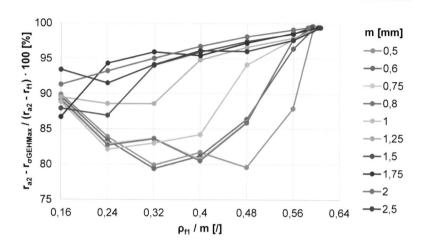

Abbildung 11.26: Radiale Relativlage der gestaltfestigkeitsrelevanten Lokalbeanspruchung σ_{GEHMax} zum Wellenfußkreis als Funktion des Moduls m sowie des Wellenfußrundungsradiusverhältnisses ρ_{f1}/m der ZWV Kapitel 3.3 – 25 x var. x var. (gemäß Tabelle 6.1; $c_{F1}/m = 0{,}12$; $\alpha = 20°$; $\rho_{f1}/m = var.$)

11.2.1.1.2.3 Charakterisierung der Kerbwirkung

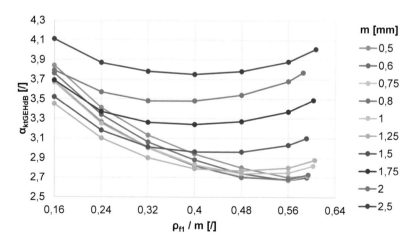

Abbildung 11.27: Torsionsformzahl $\alpha_{ktGEHdB}$ als Funktion des Moduls m sowie des Wellenfußrundungsradiusverhältnisses ρ_{f1}/m der ZWV Kapitel 3.3 – 25 x var. x var. (gemäß Tabelle 6.1; $c_{F1}/m = 0{,}12$; $\alpha = 20°$; $\rho_{f1}/m = var.$)

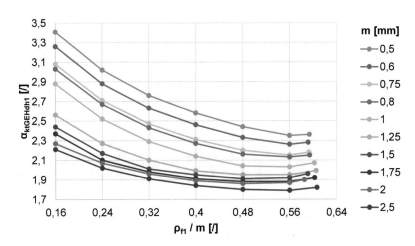

Abbildung 11.28: Torsionsformzahl $\alpha_{ktGEHdh1}$ als Funktion des Moduls m sowie des Wellenfußrundungsradiusverhältnisses ρ_{f1}/m der ZWV Kapitel 3.3 – 25 x var. x var. (gemäß Tabelle 6.1; $c_{F1}/m = 0{,}12$; $\alpha = 20\,°$; $\rho_{f1}/m = var.$)

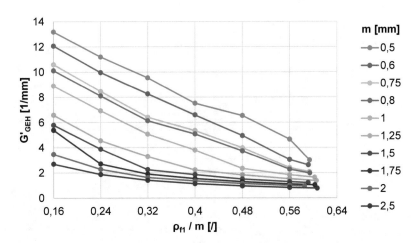

Abbildung 11.29: Torsionsmomentinduziert bezogenes Spannungsgefälle G'_{GEH} als Funktion des Moduls m sowie des Wellenfußrundungsradiusverhältnisses ρ_{f1}/m der ZWV Kapitel 3.3 – 25 x var. x var. (gemäß Tabelle 6.1; $c_{F1}/m = 0{,}12$; $\alpha = 20\,°$; $\rho_{f1}/m = var.$)

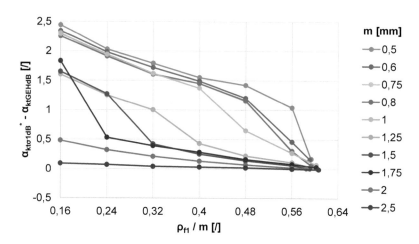

Abbildung 11.30: Differenz der Torsionsformzahlen $\alpha^*_{kt\sigma1dB}$ und $\alpha_{ktGEHdB}$ als Funktion des Moduls m sowie des Wellenfußrundungsradiusverhältnisses ρ_{f1}/m der ZWV Kapitel 3.3 – 25 x var. x var. (gemäß Tabelle 6.1; $c_{F1}/m = 0,12$; $\alpha = 20\,°$; $\rho_{f1}/m = var.$)

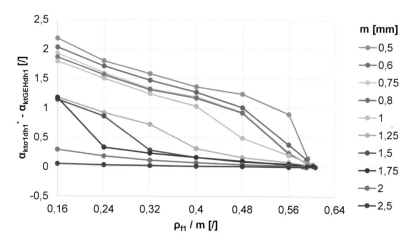

Abbildung 11.31: Differenz der Torsionsformzahlen $\alpha^*_{kt\sigma1dh1}$ und $\alpha_{ktGEHdh1}$ als Funktion des Moduls m sowie des Wellenfußrundungsradiusverhältnisses ρ_{f1}/m der ZWV Kapitel 3.3 – 25 x var. x var. (gemäß Tabelle 6.1; $c_{F1}/m = 0,12$; $\alpha = 20\,°$; $\rho_{f1}/m = var.$)

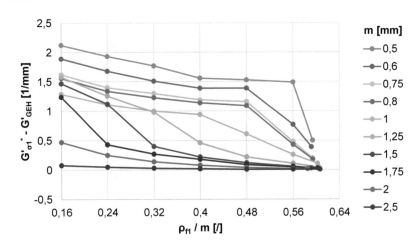

Abbildung 11.32: Differenz der torsionsmomentinduziert bezogenen Spannungsgefälle $G'_{\sigma 1}{}^{*}$ und G'_{GEH} als Funktion des Moduls m sowie des Wellenfußrundungsradiusverhältnisses ρ_{f1}/m der ZWV Kapitel 3.3 – 25 x var. x var. (gemäß Tabelle 6.1; $c_{F1}/m = 0{,}12$; $\alpha = 20\,°$; $\rho_{f1}/m = var.$)

11.2.1.1.2.4 Querschnittbezogene Gestaltfestigkeitsdifferenzierung

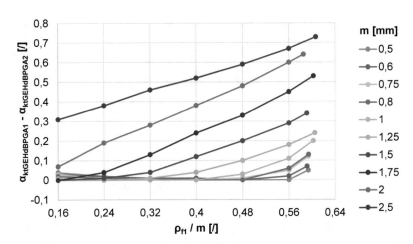

Abbildung 11.33: Differenz der Torsionsformzahlen $\alpha_{ktGEHdBPGA1}$ und $\alpha_{ktGEHdBPGA2}$ als Funktion des Moduls m sowie des Wellenfußrundungsradiusverhältnisses ρ_{f1}/m der ZWV Kapitel 3.3 – 25 x var. x var. (gemäß Tabelle 6.1; $c_{F1}/m = 0{,}12$; $\alpha = 20\,°$; $\rho_{f1}/m = var.$)

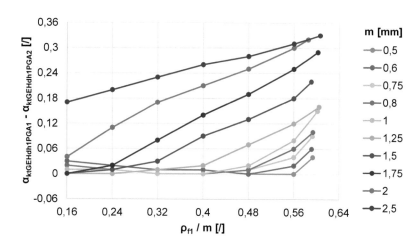

Abbildung 11.34: Differenz der Torsionsformzahlen $\alpha_{ktGEHdh1PGA1}$ und $\alpha_{ktGEHdh1PGA2}$ als Funktion des Moduls m sowie des Wellenfußrundungsradiusverhältnisses ρ_{f1}/m der ZWV Kapitel 3.3 – 25 x var. x var. (gemäß Tabelle 6.1; $c_{F1}/m = 0,12$; $\alpha = 20\,°$; $\rho_{f1}/m = var.$)

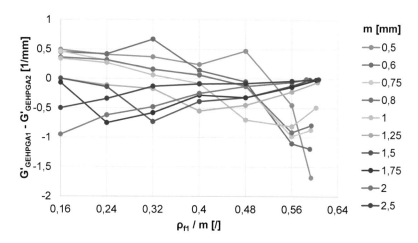

Abbildung 11.35: Differenz der torsionsmomentinduziert bezogenen Spannungsgefälle $G'_{GEHPGA1}$ und $G'_{GEHPGA2}$ als Funktion des Moduls m sowie des Wellenfußrundungsradiusverhältnisses ρ_{f1}/m der ZWV Kapitel 3.3 – 25 x var. x var. (gemäß Tabelle 6.1; $c_{F1}/m = 0,12$; $\alpha = 20\,°$; $\rho_{f1}/m = var.$)

11.2.1.1.3 Bezugsdurchmesser $d_B = 45\,mm$

11.2.1.1.3.1 Wellenfußkreisdurchmesser d_{f1}

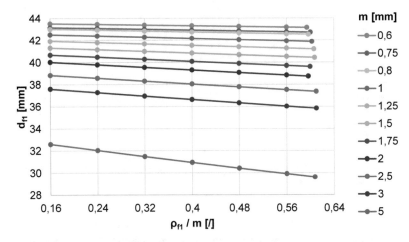

Abbildung 11.36: Wellenfußkreisdurchmesser d_{f1} als Funktion des Moduls m sowie des Wellenfußrundungsradiusverhältnisses ρ_{f1}/m der ZWV Kapitel 3.3 – 45 x var. x var. (gemäß Tabelle 6.1; $c_{F1}/m = 0{,}12$; $\alpha = 20\,°$; $\rho_{f1}/m = var.$)

11.2.1.1.3.2 Ort der Lokalbeanspruchung

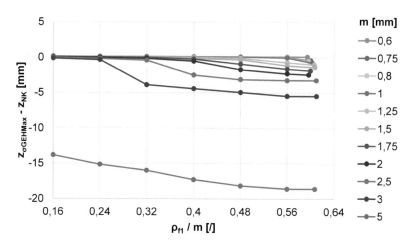

Abbildung 11.37: Absoluter Axialabstand der gestaltfestigkeitsrelevanten Lokalbeanspruchung σ_{GEHMax} von der Nabenkante als Funktion des Moduls m sowie des Wellenfußrundungsradiusverhältnisses ρ_{f1}/m der ZWV Kapitel 3.3 – 45 x var. x var. (gemäß Tabelle 6.1; $c_{F1}/m = 0{,}12$; $\alpha = 20\,°$; $\rho_{f1}/m = var.$)

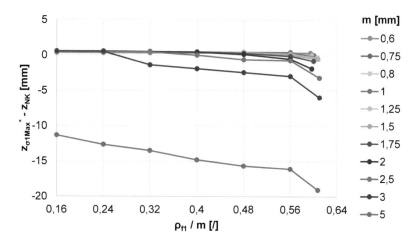

Abbildung 11.38: Absoluter Axialabstand der relevanten Lokalbeanspruchung σ^*_{1Max} von der Nabenkante als Funktion des Moduls m sowie des Wellenfußrundungsradiusverhältnisses ρ_{f1}/m der ZWV Kapitel 3.3 – 45 x var. x var. (gemäß Tabelle 6.1; $c_{F1}/m = 0{,}12$; $\alpha = 20\,°$; $\rho_{f1}/m = var.$)

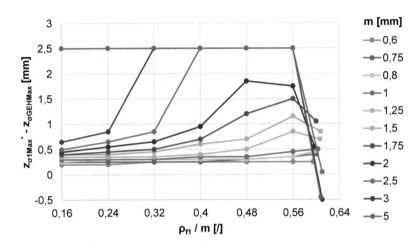

Abbildung 11.39: Absoluter Axialabstand zwischen den Lokalbeanspruchungen σ_{1Max}^{*} sowie σ_{GEHMax} als Funktion des Moduls m sowie des Wellenfußrundungsradiusverhältnisses ρ_{f1}/m der ZWV Kapitel 3.3 – 45 x var. x var. (gemäß Tabelle 6.1; $c_{F1}/m = 0,12$; $\alpha = 20°$; $\rho_{f1}/m = var.$)

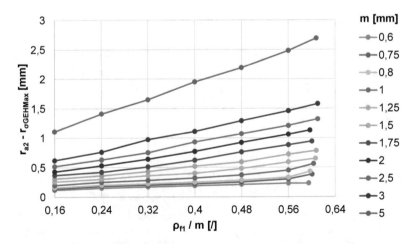

Abbildung 11.40: Absoluter Radialabstand der gestaltfestigkeitsrelevanten Lokalbeanspruchung σ_{GEHMax} vom Nabenkopfkreis als Funktion des Moduls m sowie des Wellenfußrundungsradiusverhältnisses ρ_{f1}/m der ZWV Kapitel 3.3 – 45 x var. x var. (gemäß Tabelle 6.1; $c_{F1}/m = 0,12$; $\alpha = 20°$; $\rho_{f1}/m = var.$)

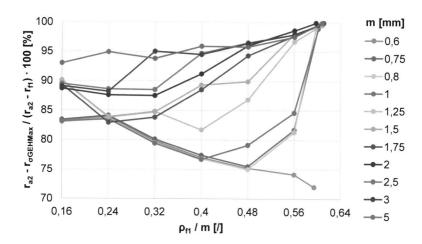

Abbildung 11.41: Radiale Relativlage der gestaltfestigkeitsrelevanten Lokalbeanspruchung σ_{GEHMax} zum Wellenfußkreis als Funktion des Moduls m sowie des Wellenfußrundungsradiusverhältnisses ρ_{f1}/m der ZWV Kapitel 3.3 – 45 x var. x var. (gemäß Tabelle 6.1; $c_{F1}/m = 0,12$; $\alpha = 20°$; $\rho_{f1}/m = var.$)

11.2.1.1.3.3 Charakterisierung der Kerbwirkung

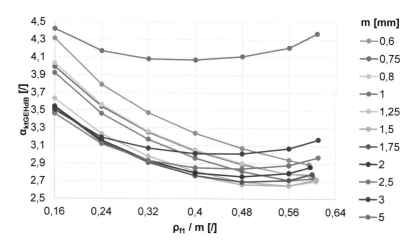

Abbildung 11.42: Torsionsformzahl $\alpha_{ktGEHdB}$ als Funktion des Moduls m sowie des Wellenfußrundungsradiusverhältnisses ρ_{f1}/m der ZWV Kapitel 3.3 – 45 x var. x var. (gemäß Tabelle 6.1; $c_{F1}/m = 0,12$; $\alpha = 20°$; $\rho_{f1}/m = var.$)

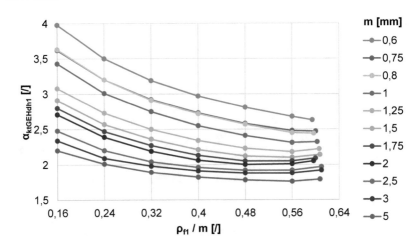

Abbildung 11.43: Torsionsformzahl $\alpha_{ktGEHdh1}$ als Funktion des Moduls m sowie des Wellenfußrundungsradiusverhältnisses ρ_{f1}/m der ZWV Kapitel 3.3 – 45 x var. x var. (gemäß Tabelle 6.1; $c_{F1}/m = 0{,}12$; $\alpha = 20°$; $\rho_{f1}/m = var.$)

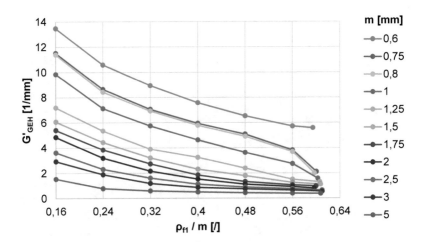

Abbildung 11.44: Torsionsmomentinduziert bezogenes Spannungsgefälle G'_{GEH} als Funktion des Moduls m sowie des Wellenfußrundungsradiusverhältnisses ρ_{f1}/m der ZWV Kapitel 3.3 – 45 x var. x var. (gemäß Tabelle 6.1; $c_{F1}/m = 0{,}12$; $\alpha = 20°$; $\rho_{f1}/m = var.$)

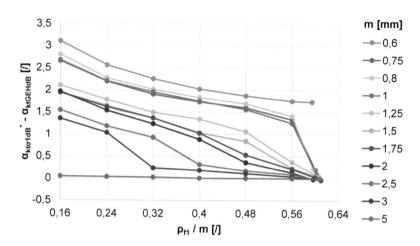

Abbildung 11.45: Differenz der Torsionsformzahlen $\alpha^*_{kt\sigma1dB}$ und $\alpha_{ktGEHdB}$ als Funktion des Moduls m sowie des Wellenfußrundungsradiusverhältnisses ρ_{f1}/m der ZWV Kapitel 3.3 – 45 x var. x var. (gemäß Tabelle 6.1; $c_{F1}/m = 0{,}12$; $\alpha = 20\,°$; $\rho_{f1}/m = var.$)

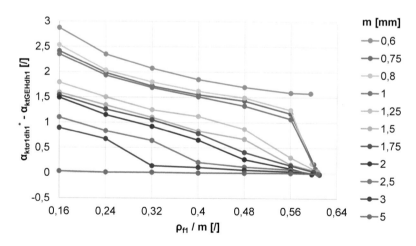

Abbildung 11.46: Differenz der Torsionsformzahlen $\alpha^*_{kt\sigma1dh1}$ und $\alpha_{ktGEHdh1}$ als Funktion des Moduls m sowie des Wellenfußrundungsradiusverhältnisses ρ_{f1}/m der ZWV Kapitel 3.3 – 45 x var. x var. (gemäß Tabelle 6.1; $c_{F1}/m = 0{,}12$; $\alpha = 20\,°$; $\rho_{f1}/m = var.$)

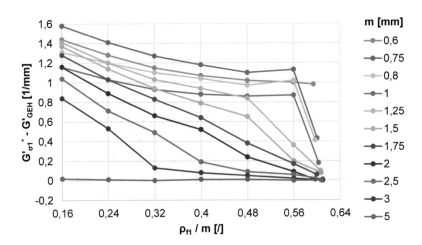

Abbildung 11.47: Differenz der torsionsmomentinduziert bezogenen Spannungsgefälle $G'^*_{\sigma1}$ und G'_{GEH} als Funktion des Moduls m sowie des Wellenfußrundungsradiusverhältnisses ρ_{f1}/m der ZWV Kapitel 3.3 – 45 x var. x var. (gemäß Tabelle 6.1; $c_{F1}/m = 0{,}12$; $\alpha = 20\,°$; $\rho_{f1}/m = var.$)

11.2.1.1.3.4 Querschnittbezogene Gestaltfestigkeitsdifferenzierung

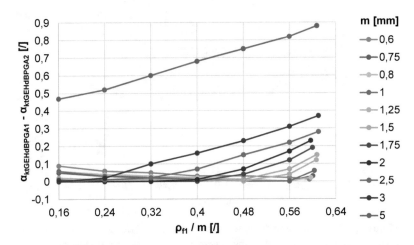

Abbildung 11.48: Differenz der Torsionsformzahlen $\alpha_{ktGEHdBPGA1}$ und $\alpha_{ktGEHdBPGA2}$ als Funktion des Moduls m sowie des Wellenfußrundungsradiusverhältnisses ρ_{f1}/m der ZWV Kapitel 3.3 – 45 x var. x var. (gemäß Tabelle 6.1; $c_{F1}/m = 0{,}12$; $\alpha = 20\,°$; $\rho_{f1}/m = var.$)

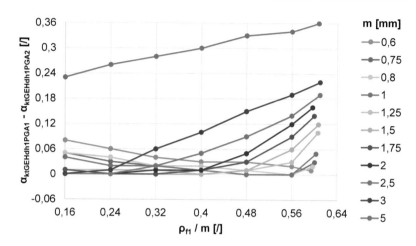

Abbildung 11.49: Differenz der Torsionsformzahlen $\alpha_{ktGEHdh1PGA1}$ und $\alpha_{ktGEHdh1PGA2}$ als Funktion des Moduls m sowie des Wellenfußrundungsradiusverhältnisses ρ_{f1}/m der ZWV Kapitel 3.3 – 45 x var. x var. (gemäß Tabelle 6.1; $c_{F1}/m = 0{,}12$; $\alpha = 20\,°$; $\rho_{f1}/m = var.$)

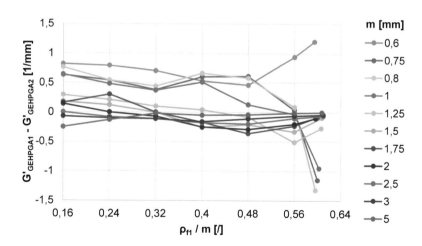

Abbildung 11.50: Differenz der torsionsmomentinduziert bezogenen Spannungsgefälle $G'_{GEHPGA1}$ und $G'_{GEHPGA2}$ als Funktion des Moduls m sowie des Wellenfußrundungsradiusverhältnisses ρ_{f1}/m der ZWV Kapitel 3.3 – 45 x var. x var. (gemäß Tabelle 6.1; $c_{F1}/m = 0{,}12$; $\alpha = 20\,°$; $\rho_{f1}/m = var.$)

11.2.1.1.4 Bezugsdurchmesser $d_B = 65\,mm$

11.2.1.1.4.1 Wellenfußkreisdurchmesser d_{f1}

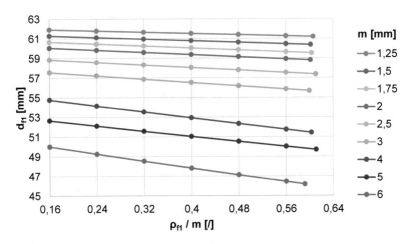

Abbildung 11.51: Wellenfußkreisdurchmesser d_{f1} als Funktion des Moduls m sowie des Wellenfußrundungsradiusverhältnisses ρ_{f1}/m der ZWV Kapitel 3.3 – 65 x var. x var. (gemäß Tabelle 6.1; $c_{F1}/m = 0,12$; $\alpha = 20\,°$; $\rho_{f1}/m = var.$)

11.2.1.1.4.2 Ort der Lokalbeanspruchung

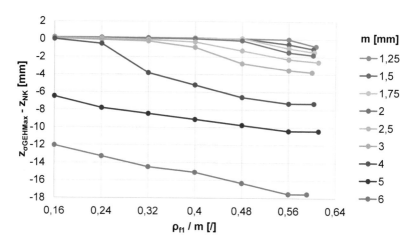

Abbildung 11.52: Absoluter Axialabstand der gestaltfestigkeitsrelevanten Lokalbeanspruchung σ_{GEHMax} von der Nabenkante als Funktion des Moduls m sowie des Wellenfußrundungsradiusverhältnisses ρ_{f1}/m der ZWV Kapitel 3.3 – 65 x var. x var. (gemäß Tabelle 6.1; $c_{F1}/m = 0,12$; $\alpha = 20\,°$; $\rho_{f1}/m = var.$)

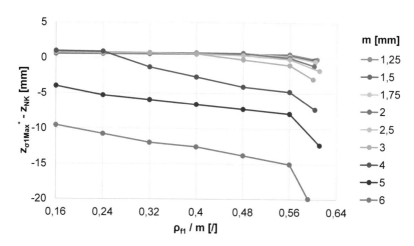

Abbildung 11.53: Absoluter Axialabstand der relevanten Lokalbeanspruchung σ_{1Max}^* von der Nabenkante als Funktion des Moduls m sowie des Wellenfußrundungsradiusverhältnisses ρ_{f1}/m der ZWV Kapitel 3.3 – 65 x var. x var. (gemäß Tabelle 6.1; $c_{F1}/m = 0,12$; $\alpha = 20\,°$; $\rho_{f1}/m = var.$)

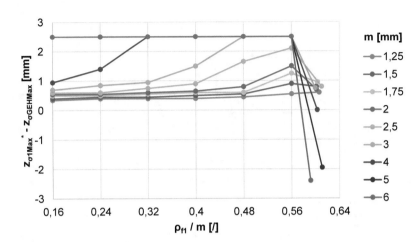

Abbildung 11.54: Absoluter Axialabstand zwischen den Lokalbeanspruchungen σ_{1Max}^* sowie σ_{GEHMax} als Funktion des Moduls m sowie des Wellenfußrundungsradiusverhältnisses ρ_{f1}/m der ZWV Kapitel 3.3 – 65 x var. x var. (gemäß Tabelle 6.1; $c_{F1}/m = 0{,}12$; $\alpha = 20\,°$; $\rho_{f1}/m = var.$)

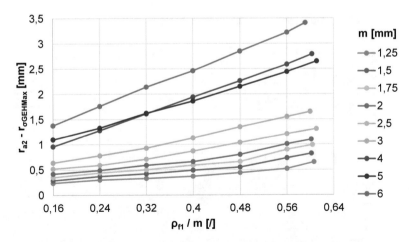

Abbildung 11.55: Absoluter Radialabstand der gestaltfestigkeitsrelevanten Lokalbeanspruchung σ_{GEHMax} vom Nabenkopfkreis als Funktion des Moduls m sowie des Wellenfußrundungsradiusverhältnisses ρ_{f1}/m der ZWV Kapitel 3.3 – 65 x var. x var. (gemäß Tabelle 6.1; $c_{F1}/m = 0{,}12$; $\alpha = 20\,°$; $\rho_{f1}/m = var.$)

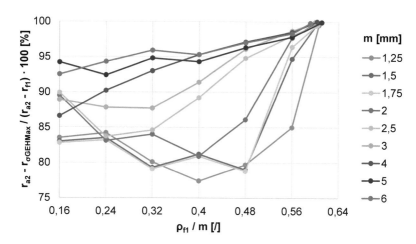

Abbildung 11.56: Radiale Relativlage der gestaltfestigkeitsrelevanten Lokalbeanspruchung σ_{GEHMax} zum Wellenfußkreis als Funktion des Moduls m sowie des Wellenfußrundungsradiusverhältnisses ρ_{f1}/m der ZWV Kapitel 3.3 – 65 x var. x var. (gemäß Tabelle 6.1; $c_{F1}/m = 0{,}12$; $\alpha = 20\,°$; $\rho_{f1}/m = var.$)

11.2.1.1.4.3 Charakterisierung der Kerbwirkung

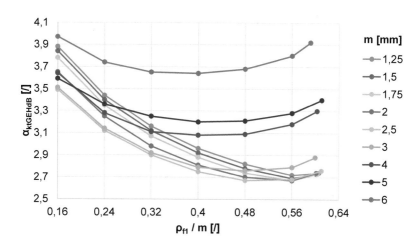

Abbildung 11.57: Torsionsformzahl $\alpha_{ktGEHdB}$ als Funktion des Moduls m sowie des Wellenfußrundungsradiusverhältnisses ρ_{f1}/m der ZWV Kapitel 3.3 – 65 x var. x var. (gemäß Tabelle 6.1; $c_{F1}/m = 0{,}12$; $\alpha = 20\,°$; $\rho_{f1}/m = var.$)

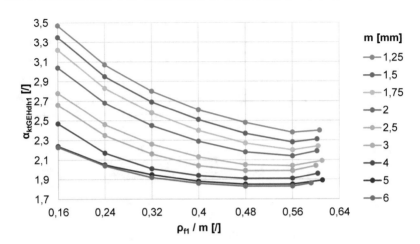

Abbildung 11.58: Torsionsformzahl $\alpha_{ktGEHdh1}$ als Funktion des Moduls m sowie des Wellenfußrundungsradiusverhältnisses ρ_{f1}/m der ZWV Kapitel 3.3 – 65 x var. x var. (gemäß Tabelle 6.1; $c_{F1}/m = 0{,}12$; $\alpha = 20\,°$; $\rho_{f1}/m = var.$)

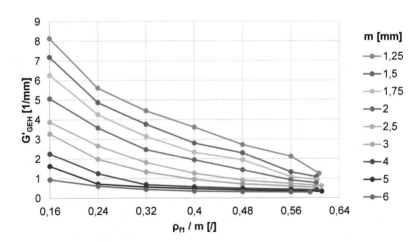

Abbildung 11.59: Torsionsmomentinduziert bezogenes Spannungsgefälle G'_{GEH} als Funktion des Moduls m sowie des Wellenfußrundungsradiusverhältnisses ρ_{f1}/m der ZWV Kapitel 3.3 – 65 x var. x var. (gemäß Tabelle 6.1; $c_{F1}/m = 0{,}12$; $\alpha = 20\,°$; $\rho_{f1}/m = var.$)

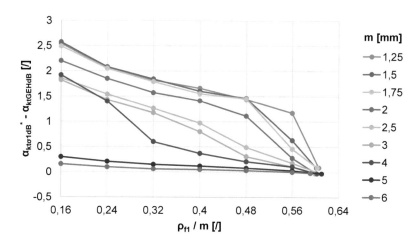

Abbildung 11.60: Differenz der Torsionsformzahlen $\alpha^*_{kt\sigma1dB}$ und $\alpha_{ktGEHdB}$ als Funktion des Moduls m sowie des Wellenfußrundungsradiusverhältnisses ρ_{f1}/m der ZWV Kapitel 3.3 – 65 x var. x var. (gemäß Tabelle 6.1; $c_{F1}/m = 0{,}12$; $\alpha = 20\,°$; $\rho_{f1}/m = var.$)

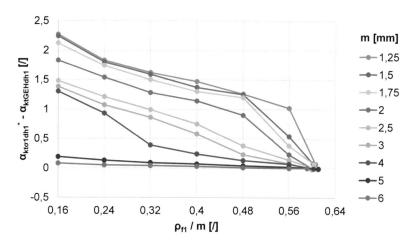

Abbildung 11.61: Differenz der Torsionsformzahlen $\alpha^*_{kt\sigma1dh1}$ und $\alpha_{ktGEHdh1}$ als Funktion des Moduls m sowie des Wellenfußrundungsradiusverhältnisses ρ_{f1}/m der ZWV Kapitel 3.3 – 65 x var. x var. (gemäß Tabelle 6.1; $c_{F1}/m = 0{,}12$; $\alpha = 20\,°$; $\rho_{f1}/m = var.$)

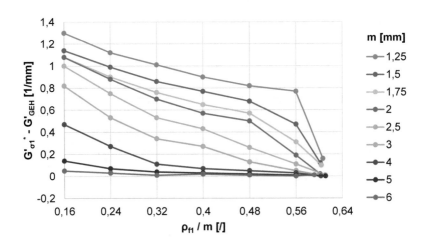

Abbildung 11.62: Differenz der torsionsmomentinduziert bezogenen Spannungsgefälle $G'_{\sigma 1}{}^{*}$ und G'_{GEH} als Funktion des Moduls m sowie des Wellenfußrundungsradiusverhältnisses ρ_{f1}/m der ZWV Kapitel 3.3 – 65 x var. x var. (gemäß Tabelle 6.1; $c_{F1}/m = 0{,}12$; $\alpha = 20°$; $\rho_{f1}/m = var.$)

11.2.1.1.4.4 Querschnittbezogene Gestaltfestigkeitsdifferenzierung

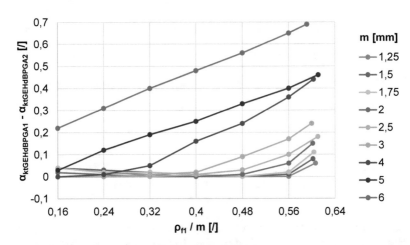

Abbildung 11.63: Differenz der Torsionsformzahlen $\alpha_{ktGEHdBPGA1}$ und $\alpha_{ktGEHdBPGA2}$ als Funktion des Moduls m sowie des Wellenfußrundungsradiusverhältnisses ρ_{f1}/m der ZWV Kapitel 3.3 – 65 x var. x var. (gemäß Tabelle 6.1; $c_{F1}/m = 0{,}12$; $\alpha = 20°$; $\rho_{f1}/m = var.$)

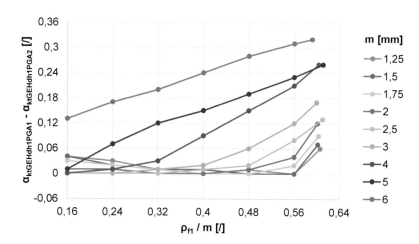

Abbildung 11.64: Differenz der Torsionsformzahlen $\alpha_{ktGEHdh1PGA1}$ und $\alpha_{ktGEHdh1PGA2}$ als Funktion des Moduls m sowie des Wellenfußrundungsradiusverhältnisses ρ_{f1}/m der ZWV Kapitel 3.3 – 65 x var. x var. (gemäß Tabelle 6.1; $c_{F1}/m = 0{,}12$; $\alpha = 20\,°$; $\rho_{f1}/m = var.$)

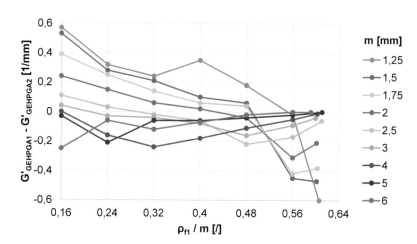

Abbildung 11.65: Differenz der torsionsmomentinduziert bezogenen Spannungsgefälle $G'_{GEHPGA1}$ und $G'_{GEHPGA2}$ als Funktion des Moduls m sowie des Wellenfußrundungsradiusverhältnisses ρ_{f1}/m der ZWV Kapitel 3.3 – 65 x var. x var. (gemäß Tabelle 6.1; $c_{F1}/m = 0{,}12$; $\alpha = 20\,°$; $\rho_{f1}/m = var.$)

11.2.1.1.5   Bezugsdurchmesser $d_B = 100\,mm$

11.2.1.1.5.1   Wellenfußkreisdurchmesser d_{f1}

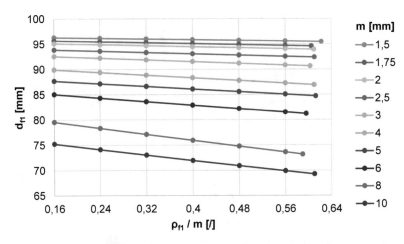

Abbildung 11.66: Wellenfußkreisdurchmesser d_{f1} als Funktion des Moduls m sowie des Wellenfußrundungsradiusverhältnisses ρ_{f1}/m der ZWV Kapitel 3.3 – 100 x var. x var. (gemäß Tabelle 6.1; $c_{F1}/m = 0{,}12$; $\alpha = 20\,°$; $\rho_{f1}/m = var.$)

11.2.1.1.5.2 Ort der Lokalbeanspruchung

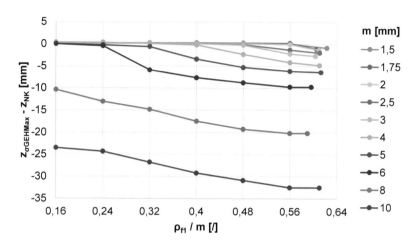

Abbildung 11.67: Absoluter Axialabstand der gestaltfestigkeitsrelevanten Lokalbeanspruchung σ_{GEHMax} von der Nabenkante als Funktion des Moduls m sowie des
Wellenfußrundungsradiusverhältnisses ρ_{f1}/m der ZWV Kapitel 3.3 – 100 x var. x var.
(gemäß Tabelle 6.1; $c_{F1}/m = 0{,}12$; $\alpha = 20\,°$; $\rho_{f1}/m = var.$)

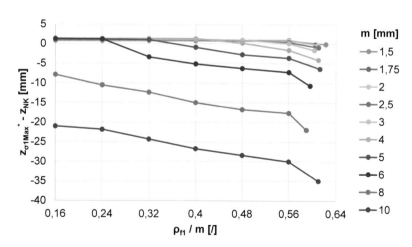

Abbildung 11.68: Absoluter Axialabstand der relevanten Lokalbeanspruchung σ_{1Max}^{*}
von der Nabenkante als Funktion des Moduls m sowie des Wellenfußrundungsradiusverhältnisses ρ_{f1}/m der ZWV Kapitel 3.3 – 100 x var. x var. (gemäß Tabelle 6.1;
$c_{F1}/m = 0{,}12$; $\alpha = 20\,°$; $\rho_{f1}/m = var.$)

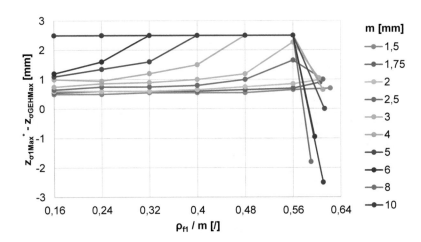

Abbildung 11.69: Absoluter Axialabstand zwischen den Lokalbeanspruchungen σ_{1Max}^* sowie σ_{GEHMax} als Funktion des Moduls m sowie des Wellenfußrundungsradiusverhältnisses ρ_{f1}/m der ZWV Kapitel 3.3 – 100 x var. x var. (gemäß Tabelle 6.1; $c_{F1}/m = 0{,}12$; $\alpha = 20\,°$; $\rho_{f1}/m = var.$)

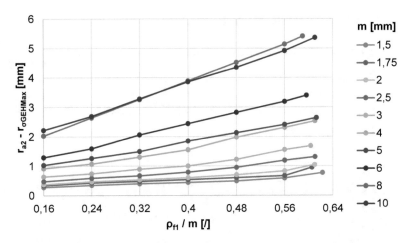

Abbildung 11.70: Absoluter Radialabstand der gestaltfestigkeitsrelevanten Lokalbeanspruchung σ_{GEHMax} vom Nabenkopfkreis als Funktion des Moduls m sowie des Wellenfußrundungsradiusverhältnisses ρ_{f1}/m der ZWV Kapitel 3.3 – 100 x var. x var. (gemäß Tabelle 6.1; $c_{F1}/m = 0{,}12$; $\alpha = 20\,°$; $\rho_{f1}/m = var.$)

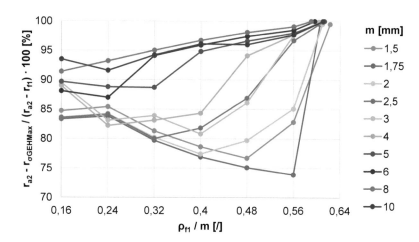

Abbildung 11.71: Radiale Relativlage der gestaltfestigkeitsrelevanten Lokalbeanspruchung σ_{GEHMax} zum Wellenfußkreis als Funktion des Moduls m sowie des Wellenfußrundungsradiusverhältnisses ρ_{f1}/m der ZWV Kapitel 3.3 – 100 x var. x var. (gemäß Tabelle 6.1; $c_{F1}/m = 0{,}12$; $\alpha = 20\,°$; $\rho_{f1}/m = var.$)

11.2.1.1.5.3 Charakterisierung der Kerbwirkung

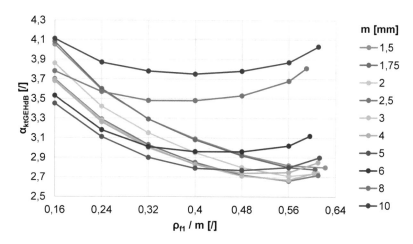

Abbildung 11.72: Torsionsformzahl $\alpha_{ktGEHdB}$ als Funktion des Moduls m sowie des Wellenfußrundungsradiusverhältnisses ρ_{f1}/m der ZWV Kapitel 3.3 – 100 x var. x var. (gemäß Tabelle 6.1; $c_{F1}/m = 0{,}12$; $\alpha = 20\,°$; $\rho_{f1}/m = var.$)

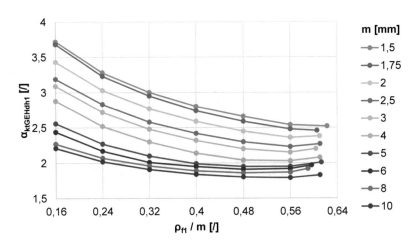

Abbildung 11.73: Torsionsformzahl $\alpha_{ktGEHdh1}$ als Funktion des Moduls m sowie des Wellenfußrundungsradiusverhältnisses ρ_{f1}/m der ZWV Kapitel 3.3 – 100 x var. x var. (gemäß Tabelle 6.1; $c_{F1}/m = 0{,}12$; $\alpha = 20$ °; $\rho_{f1}/m = var.$)

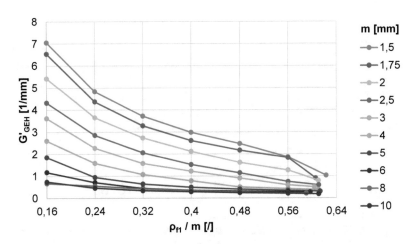

Abbildung 11.74: Torsionsmomentinduziert bezogenes Spannungsgefälle G'_{GEH} als Funktion des Moduls m sowie des Wellenfußrundungsradiusverhältnisses ρ_{f1}/m der ZWV Kapitel 3.3 – 100 x var. x var. (gemäß Tabelle 6.1; $c_{F1}/m = 0{,}12$; $\alpha = 20$ °; $\rho_{f1}/m = var.$)

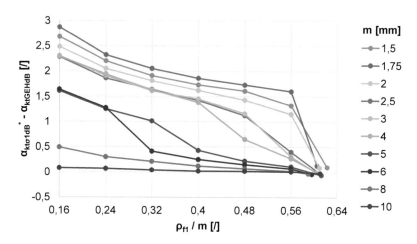

Abbildung 11.75: Differenz der Torsionsformzahlen $\alpha^*_{kt\sigma1dB}$ und $\alpha_{ktGEHdB}$ als Funktion des Moduls m sowie des Wellenfußrundungsradiusverhältnisses ρ_{f1}/m der ZWV Kapitel 3.3 – 100 x var. x var. (gemäß Tabelle 6.1; $c_{F1}/m = 0,12$; $\alpha = 20°$; $\rho_{f1}/m = var.$)

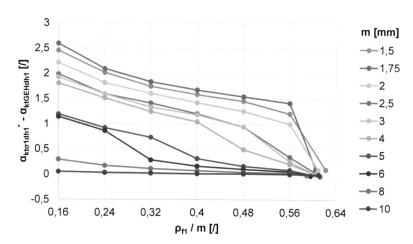

Abbildung 11.76: Differenz der Torsionsformzahlen $\alpha^*_{kt\sigma1dh1}$ und $\alpha_{ktGEHdh1}$ als Funktion des Moduls m sowie des Wellenfußrundungsradiusverhältnisses ρ_{f1}/m der ZWV Kapitel 3.3 – 100 x var. x var. (gemäß Tabelle 6.1; $c_{F1}/m = 0,12$; $\alpha = 20°$; $\rho_{f1}/m = var.$)

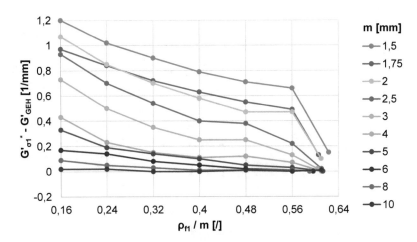

Abbildung 11.77: Differenz der torsionsmomentinduziert bezogenen Spannungsgefälle $G'^{*}_{\sigma 1}$ und G'_{GEH} als Funktion des Moduls m sowie des Wellenfußrundungsradiusverhältnisses ρ_{f1}/m der ZWV Kapitel 3.3 – 100 x var. x var. (gemäß Tabelle 6.1; $c_{F1}/m = 0{,}12$; $\alpha = 20\,°$; $\rho_{f1}/m = var.$)

11.2.1.1.5.4 Querschnittbezogene Gestaltfestigkeitsdifferenzierung

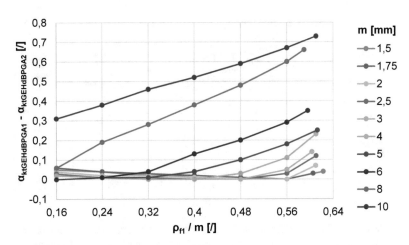

Abbildung 11.78: Differenz der Torsionsformzahlen $\alpha_{ktGEHdBPGA1}$ und $\alpha_{ktGEHdBPGA2}$ als Funktion des Moduls m sowie des Wellenfußrundungsradiusverhältnisses ρ_{f1}/m der ZWV Kapitel 3.3 – 100 x var. x var. (gemäß Tabelle 6.1; $c_{F1}/m = 0{,}12$; $\alpha = 20\,°$; $\rho_{f1}/m = var.$)

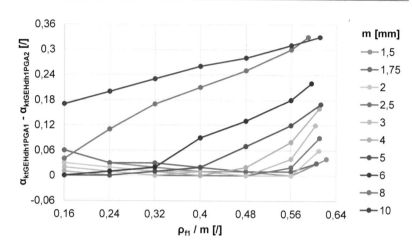

Abbildung 11.79: Differenz der Torsionsformzahlen $\alpha_{ktGEHdh1PGA1}$ und $\alpha_{ktGEHdh1PGA2}$ als Funktion des Moduls m sowie des Wellenfußrundungsradiusverhältnisses ρ_{f1}/m der ZWV Kapitel 3.3 – 100 x var. x var. (gemäß Tabelle 6.1; $c_{F1}/m = 0{,}12$; $\alpha = 20\,°$; $\rho_{f1}/m = var.$)

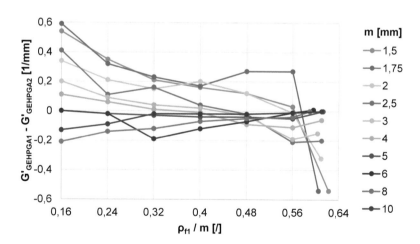

Abbildung 11.80: Differenz der torsionsmomentinduziert bezogenen Spannungsgefälle $G'_{GEHPGA1}$ und $G'_{GEHPGA2}$ als Funktion des Moduls m sowie des Wellenfußrundungsradiusverhältnisses ρ_{f1}/m der ZWV Kapitel 3.3 – 100 x var. x var. (gemäß Tabelle 6.1; $c_{F1}/m = 0{,}12$; $\alpha = 20\,°$; $\rho_{f1}/m = var.$)

11.2.1.1.6   Bezugsdurchmesser $d_B = 300\ mm$

11.2.1.1.6.1   Wellenfußkreisdurchmesser d_{f1}

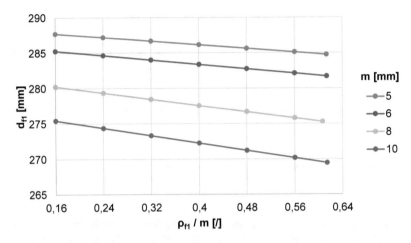

Abbildung 11.81: Wellenfußkreisdurchmesser d_{f1} als Funktion des Moduls m sowie des Wellenfußrundungsradiusverhältnisses ρ_{f1}/m der ZWV Kapitel 3.3 – 300 x var. x var. (gemäß Tabelle 6.1; $c_{F1}/m = 0{,}12$; $\alpha = 20\,°$; $\rho_{f1}/m = var.$)

11.2.1.1.6.2 Ort der Lokalbeanspruchung

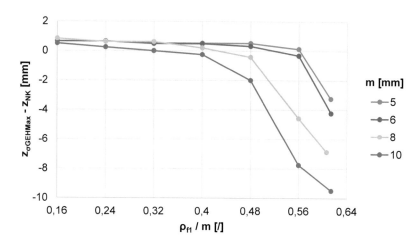

Abbildung 11.82: Absoluter Axialabstand der gestaltfestigkeitsrelevanten Lokalbeanspruchung σ_{GEHMax} von der Nabenkante als Funktion des Moduls m sowie des
Wellenfußrundungsradiusverhältnisses ρ_{f1}/m der ZWV Kapitel 3.3 – 300 x var. x var.
(gemäß Tabelle 6.1; $c_{F1}/m = 0{,}12$; $\alpha = 20$ °; $\rho_{f1}/m = var.$)

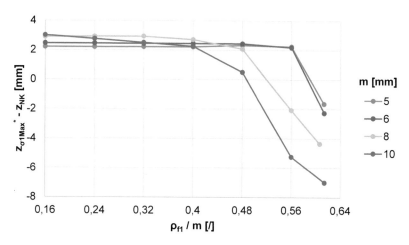

Abbildung 11.83: Absoluter Axialabstand der relevanten Lokalbeanspruchung σ_{1Max}^*
von der Nabenkante als Funktion des Moduls m sowie des Wellenfußrundungsradiusverhältnisses ρ_{f1}/m der ZWV Kapitel 3.3 – 300 x var. x var. (gemäß Tabelle 6.1;
$c_{F1}/m = 0{,}12$; $\alpha = 20$ °; $\rho_{f1}/m = var.$)

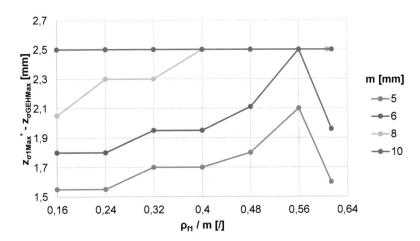

Abbildung 11.84: Absoluter Axialabstand zwischen den Lokalbeanspruchungen σ^*_{1Max} sowie σ_{GEHMax} als Funktion des Moduls m sowie des Wellenfußrundungsradiusverhältnisses ρ_{f1}/m der ZWV Kapitel 3.3 – 300 x var. x var. (gemäß Tabelle 6.1; $c_{F1}/m = 0{,}12;$ $\alpha = 20\,°;$ $\rho_{f1}/m = var.$)

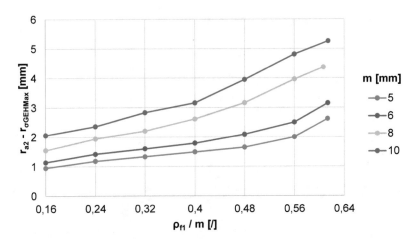

Abbildung 11.85: Absoluter Radialabstand der gestaltfestigkeitsrelevanten Lokalbeanspruchung σ_{GEHMax} vom Nabenkopfkreis als Funktion des Moduls m sowie des Wellenfußrundungsradiusverhältnisses ρ_{f1}/m der ZWV Kapitel 3.3 – 300 x var. x var. (gemäß Tabelle 6.1; $c_{F1}/m = 0{,}12;$ $\alpha = 20\,°;$ $\rho_{f1}/m = var.$)

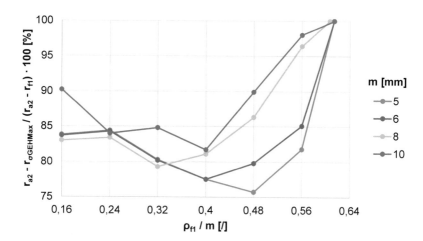

Abbildung 11.86: Radiale Relativlage der gestaltfestigkeitsrelevanten Lokalbeanspruchung σ_{GEHMax} zum Wellenfußkreis als Funktion des Moduls m sowie des Wellenfußrundungsradiusverhältnisses ρ_{f1}/m der ZWV Kapitel 3.3 – 300 x var. x var. (gemäß Tabelle 6.1; $c_{F1}/m = 0,12$; $\alpha = 20°$; $\rho_{f1}/m = var.$)

11.2.1.1.6.3 Charakterisierung der Kerbwirkung

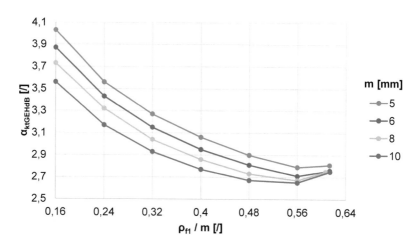

Abbildung 11.87: Torsionsformzahl $\alpha_{ktGEHdB}$ als Funktion des Moduls m sowie des Wellenfußrundungsradiusverhältnisses ρ_{f1}/m der ZWV Kapitel 3.3 – 300 x var. x var. (gemäß Tabelle 6.1; $c_{F1}/m = 0,12$; $\alpha = 20°$; $\rho_{f1}/m = var.$)

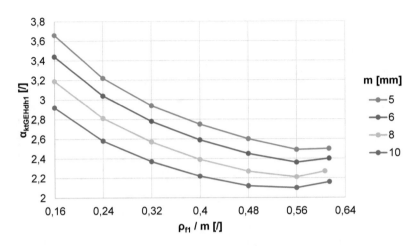

Abbildung 11.88: Torsionsformzahl $\alpha_{ktGEHdh1}$ als Funktion des Moduls m sowie des Wellenfußrundungsradiusverhältnisses ρ_{f1}/m der ZWV Kapitel 3.3 – 300 x var. x var. (gemäß Tabelle 6.1; $c_{F1}/m = 0{,}12$; $\alpha = 20°$; $\rho_{f1}/m = var.$)

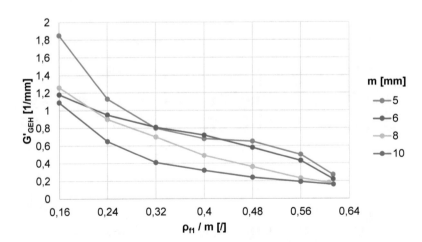

Abbildung 11.89: Torsionsmomentinduziert bezogenes Spannungsgefälle G'_{GEH} als Funktion des Moduls m sowie des Wellenfußrundungsradiusverhältnisses ρ_{f1}/m der ZWV Kapitel 3.3 – 300 x var. x var. (gemäß Tabelle 6.1; $c_{F1}/m = 0{,}12$; $\alpha = 20°$; $\rho_{f1}/m = var.$)

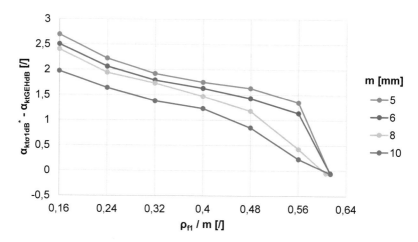

Abbildung 11.90: Differenz der Torsionsformzahlen $\alpha^*_{kt\sigma1dB}$ und $\alpha_{ktGEHdB}$ als Funktion des Moduls m sowie des Wellenfußrundungsradiusverhältnisses ρ_{f1}/m der ZWV Kapitel 3.3 – 300 x var. x var. (gemäß Tabelle 6.1; $c_{F1}/m = 0{,}12$; $\alpha = 20\,°$; $\rho_{f1}/m = var.$)

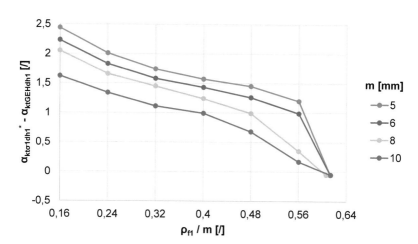

Abbildung 11.91: Differenz der Torsionsformzahlen $\alpha^*_{kt\sigma1dh1}$ und $\alpha_{ktGEHdh1}$ als Funktion des Moduls m sowie des Wellenfußrundungsradiusverhältnisses ρ_{f1}/m der ZWV Kapitel 3.3 – 300 x var. x var. (gemäß Tabelle 6.1; $c_{F1}/m = 0{,}12$; $\alpha = 20\,°$; $\rho_{f1}/m = var.$)

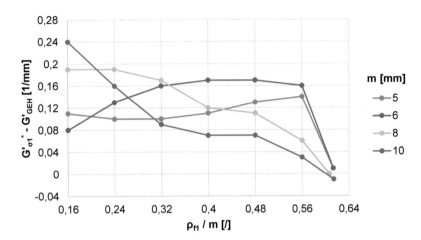

Abbildung 11.92: Differenz der torsionsmomentinduziert bezogenen Spannungsgefälle $G'_{\sigma 1}{}^{*}$ und G'_{GEH} als Funktion des Moduls m sowie des Wellenfußrundungsradiusverhältnisses ρ_{f1}/m der ZWV Kapitel 3.3 – 300 x var. x var. (gemäß Tabelle 6.1; $c_{F1}/m = 0{,}12$; $\alpha = 20\,°$; $\rho_{f1}/m = var.$)

11.2.1.1.6.4 Querschnittbezogene Gestaltfestigkeitsdifferenzierung

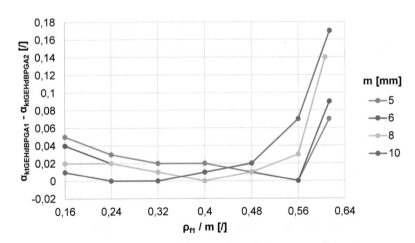

Abbildung 11.93: Differenz der Torsionsformzahlen $\alpha_{ktGEHdBPGA1}$ und $\alpha_{ktGEHdBPGA2}$ als Funktion des Moduls m sowie des Wellenfußrundungsradiusverhältnisses ρ_{f1}/m der ZWV Kapitel 3.3 – 300 x var. x var. (gemäß Tabelle 6.1; $c_{F1}/m = 0{,}12$; $\alpha = 20\,°$; $\rho_{f1}/m = var.$)

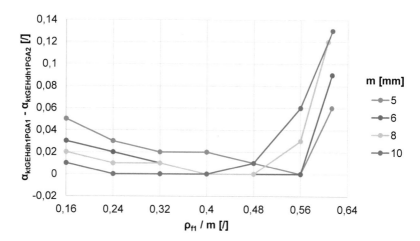

Abbildung 11.94: Differenz der Torsionsformzahlen $\alpha_{ktGEHdh1PGA1}$ und $\alpha_{ktGEHdh1PGA2}$ als Funktion des Moduls m sowie des Wellenfußrundungsradiusverhältnisses ρ_{f1}/m der ZWV Kapitel 3.3 – 300 x var. x var. (gemäß Tabelle 6.1; $c_{F1}/m = 0{,}12$; $\alpha = 20\,°$; $\rho_{f1}/m = var.$)

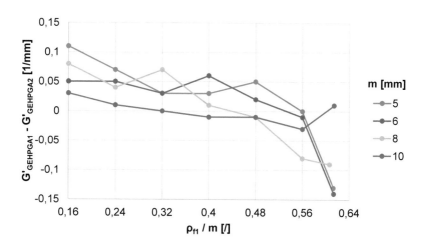

Abbildung 11.95: Differenz der torsionsmomentinduziert bezogenen Spannungsgefälle $G'_{GEHPGA1}$ und $G'_{GEHPGA2}$ als Funktion des Moduls m sowie des Wellenfußrundungsradiusverhältnisses ρ_{f1}/m der ZWV Kapitel 3.3 – 300 x var. x var. (gemäß Tabelle 6.1; $c_{F1}/m = 0{,}12$; $\alpha = 20\,°$; $\rho_{f1}/m = var.$)

11.2.1.1.7 Bezugsdurchmesser $d_B = 500\ mm$

11.2.1.1.7.1 Wellenfußkreisdurchmesser d_{f1}

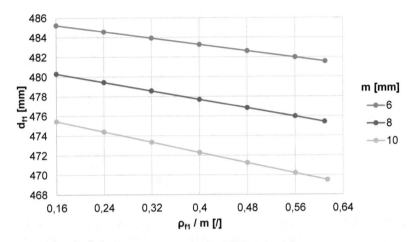

Abbildung 11.96: Wellenfußkreisdurchmesser d_{f1} als Funktion des Moduls m sowie des Wellenfußrundungsradiusverhältnisses ρ_{f1}/m der ZWV Kapitel 3.3 – 500 x var. x var. (gemäß Tabelle 6.1; $c_{F1}/m = 0{,}12$; $\alpha = 20\ °$; $\rho_{f1}/m = var.$)

11.2.1.1.7.2 Ort der Lokalbeanspruchung

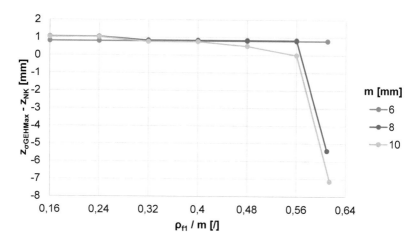

Abbildung 11.97: Absoluter Axialabstand der gestaltfestigkeitsrelevanten Lokalbeanspruchung σ_{GEHMax} von der Nabenkante als Funktion des Moduls m sowie des Wellenfußrundungsradiusverhältnisses ρ_{f1}/m der ZWV Kapitel 3.3 – 500 x var. x var. (gemäß Tabelle 6.1; $c_{F1}/m = 0{,}12$; $\alpha = 20\,°$; $\rho_{f1}/m = var.$)

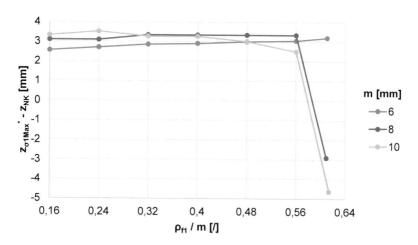

Abbildung 11.98: Absoluter Axialabstand der relevanten Lokalbeanspruchung σ_{1Max}^* von der Nabenkante als Funktion des Moduls m sowie des Wellenfußrundungsradiusverhältnisses ρ_{f1}/m der ZWV Kapitel 3.3 – 500 x var. x var. (gemäß Tabelle 6.1; $c_{F1}/m = 0{,}12$; $\alpha = 20\,°$; $\rho_{f1}/m = var.$)

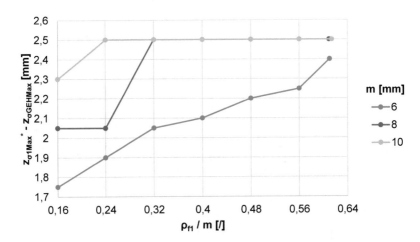

Abbildung 11.99: Absoluter Axialabstand zwischen den Lokalbeanspruchungen σ^*_{1Max} sowie σ_{GEHMax} als Funktion des Moduls m sowie des Wellenfußrundungsradiusverhältnisses ρ_{f1}/m der ZWV Kapitel 3.3 – 500 x var. x var. (gemäß Tabelle 6.1; $c_{F1}/m = 0{,}12$; $\alpha = 20\,°$; $\rho_{f1}/m = var.$)

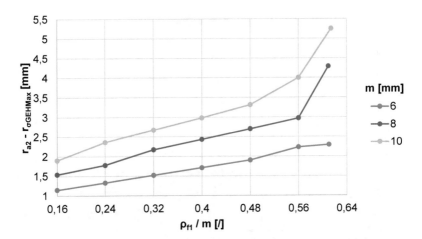

Abbildung 11.100: Absoluter Radialabstand der gestaltfestigkeitsrelevanten Lokalbeanspruchung σ_{GEHMax} vom Nabenkopfkreis als Funktion des Moduls m sowie des Wellenfußrundungsradiusverhältnisses ρ_{f1}/m der ZWV Kapitel 3.3 – 500 x var. x var. (gemäß Tabelle 6.1; $c_{F1}/m = 0{,}12$; $\alpha = 20\,°$; $\rho_{f1}/m = var.$)

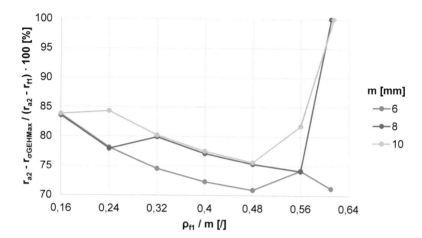

Abbildung 11.101: Radiale Relativlage der gestaltfestigkeitsrelevanten Lokalbeanspruchung σ_{GEHMax} zum Wellenfußkreis als Funktion des Moduls m sowie des Wellenfußrundungsradiusverhältnisses ρ_{f1}/m der ZWV Kapitel 3.3 – 500 x var. x var.
(gemäß Tabelle 6.1; $c_{F1}/m = 0{,}12$; $\alpha = 20°$; $\rho_{f1}/m = var.$)

11.2.1.1.7.3 Charakterisierung der Kerbwirkung

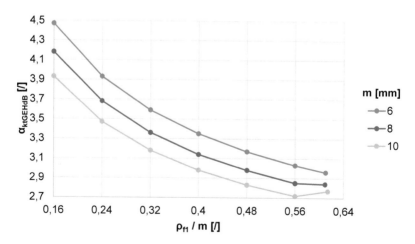

Abbildung 11.102: Torsionsformzahl $\alpha_{ktGEHdB}$ als Funktion des Moduls m sowie des
Wellenfußrundungsradiusverhältnisses ρ_{f1}/m der ZWV Kapitel 3.3 – 500 x var. x var.
(gemäß Tabelle 6.1; $c_{F1}/m = 0{,}12$; $\alpha = 20°$; $\rho_{f1}/m = var.$)

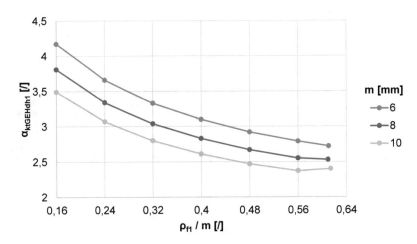

Abbildung 11.103: Torsionsformzahl $\alpha_{ktGEHdh1}$ als Funktion des Moduls m sowie des Wellenfußrundungsradiusverhältnisses ρ_{f1}/m der ZWV Kapitel 3.3 – 500 x var. x var. (gemäß Tabelle 6.1; $c_{F1}/m = 0{,}12$; $\alpha = 20°$; $\rho_{f1}/m = var.$)

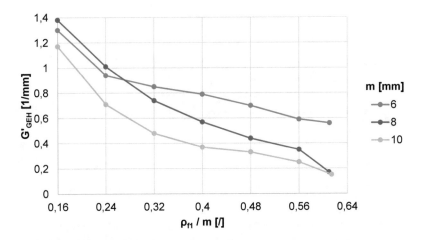

Abbildung 11.104: Torsionsmomentinduziert bezogenes Spannungsgefälle G'_{GEH} als Funktion des Moduls m sowie des Wellenfußrundungsradiusverhältnisses ρ_{f1}/m der ZWV Kapitel 3.3 – 500 x var. x var. (gemäß Tabelle 6.1; $c_{F1}/m = 0{,}12$; $\alpha = 20°$; $\rho_{f1}/m = var.$)

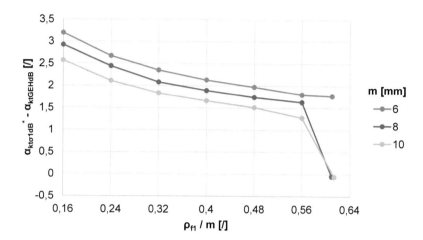

Abbildung 11.105: Differenz der Torsionsformzahlen $\alpha^*_{kt\sigma1dB}$ und $\alpha_{ktGEHdB}$ als Funktion des Moduls m sowie des Wellenfußrundungsradiusverhältnisses ρ_{f1}/m der ZWV Kapitel 3.3 – 500 x var. x var. (gemäß Tabelle 6.1; $c_{F1}/m = 0{,}12$; $\alpha = 20\,°$; $\rho_{f1}/m = var.$)

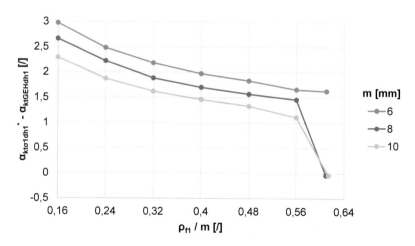

Abbildung 11.106: Differenz der Torsionsformzahlen $\alpha^*_{kt\sigma1dh1}$ und $\alpha_{ktGEHdh1}$ als Funktion des Moduls m sowie des Wellenfußrundungsradiusverhältnisses ρ_{f1}/m der ZWV Kapitel 3.3 – 500 x var. x var. (gemäß Tabelle 6.1; $c_{F1}/m = 0{,}12$; $\alpha = 20\,°$; $\rho_{f1}/m = var.$)

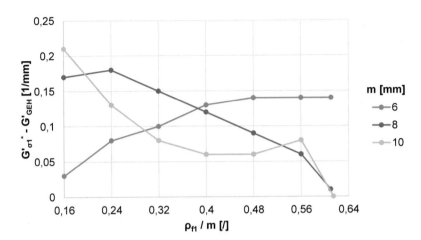

Abbildung 11.107: Differenz der torsionsmomentinduziert bezogenen Spannungsgefälle $G'_{\sigma 1}{}^{*}$ und G'_{GEH} als Funktion des Moduls m sowie des Wellenfußrundungsradiusverhältnisses ρ_{f1}/m der ZWV Kapitel 3.3 – 500 x var. x var. (gemäß Tabelle 6.1; $c_{F1}/m = 0{,}12$; $\alpha = 20\,°$; $\rho_{f1}/m = var.$)

11.2.1.1.7.4 Querschnittbezogene Gestaltfestigkeitsdifferenzierung

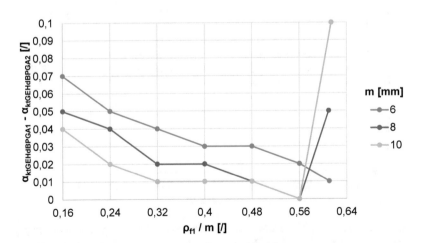

Abbildung 11.108: Differenz der Torsionsformzahlen $\alpha_{ktGEHdBPGA1}$ und $\alpha_{ktGEHdBPGA2}$ als Funktion des Moduls m sowie des Wellenfußrundungsradiusverhältnisses ρ_{f1}/m der ZWV Kapitel 3.3 – 500 x var. x var. (gemäß Tabelle 6.1; $c_{F1}/m = 0{,}12$; $\alpha = 20\,°$; $\rho_{f1}/m = var.$)

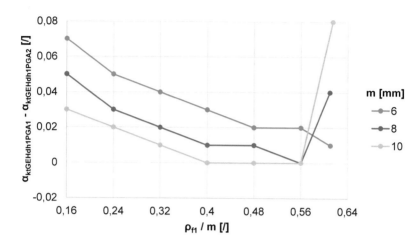

Abbildung 11.109: Differenz der Torsionsformzahlen $\alpha_{ktGEHdh1PGA1}$ und $\alpha_{ktGEHdh1PGA2}$ als Funktion des Moduls m sowie des Wellenfußrundungsradiusverhältnisses ρ_{f1}/m der ZWV Kapitel 3.3 – 500 x var. x var. (gemäß Tabelle 6.1; $c_{F1}/m = 0{,}12$; $\alpha = 20\,°$; $\rho_{f1}/m = var.$)

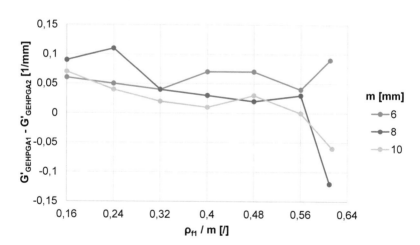

Abbildung 11.110: Differenz der torsionsmomentinduziert bezogenen Spannungsgefälle $G'_{GEHPGA1}$ und $G'_{GEHPGA2}$ als Funktion des Moduls m sowie des Wellenfußrundungsradiusverhältnisses ρ_{f1}/m der ZWV Kapitel 3.3 – 500 x var. x var. (gemäß Tabelle 6.1; $c_{F1}/m = 0{,}12$; $\alpha = 20\,°$; $\rho_{f1}/m = var.$)

11.2.1.2   **Flankenwinkel** $\alpha = 30\,°$

11.2.1.2.1   **Bezugsdurchmesser** $d_B = 6\,mm$

11.2.1.2.1.1   **Wellenfußkreisdurchmesser** d_{f1}

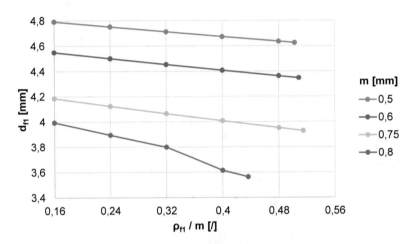

Abbildung 11.111: Wellenfußkreisdurchmesser d_{f1} als Funktion des Moduls m sowie des Wellenfußrundungsradiusverhältnisses ρ_{f1}/m der ZWV Kapitel 3.3 – 6 x var. x var. (gemäß Tabelle 6.1; $c_{F1}/m = 0{,}12$; $\alpha = 30\,°$; $\rho_{f1}/m = var.$)

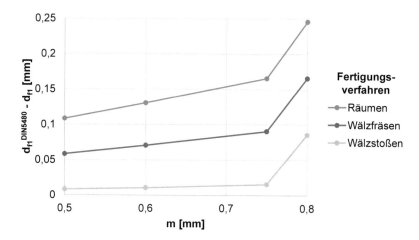

Abbildung 11.112: Wellenfußkreisdurchmesserdifferenz der ZWV nach [DIN 5480] (Zerspanen) sowie der ZWV Kapitel 3.3 (gemäß Tabelle 6.1; $c_{F1}/m = 0{,}12$; $\alpha = 30\,°$; $\rho_{f1}/m = 0{,}16$) des Bezugsdurchmessers d_B von 6 mm als Funktion des Moduls m sowie des Fertigungsverfahrens

11.2.1.2.1.2 Ort der Lokalbeanspruchung

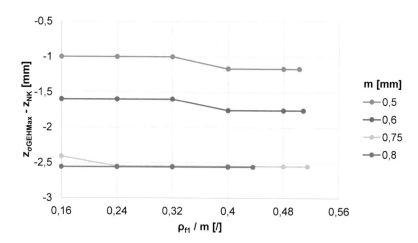

Abbildung 11.113: Absoluter Axialabstand der gestaltfestigkeitsrelevanten Lokalbeanspruchung σ_{GEHMax} von der Nabenkante als Funktion des Moduls m sowie des Wellenfußrundungsradiusverhältnisses ρ_{f1}/m der ZWV Kapitel 3.3 – 6 x var. x var. (gemäß Tabelle 6.1; $c_{F1}/m = 0{,}12$; $\alpha = 30\,°$; $\rho_{f1}/m = var.$)

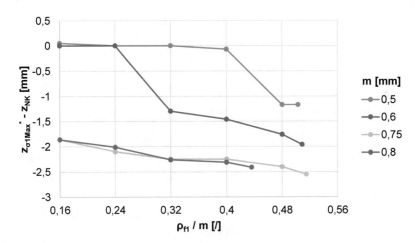

Abbildung 11.114: Absoluter Axialabstand der relevanten Lokalbeanspruchung σ_{1Max}^* von der Nabenkante als Funktion des Moduls m sowie des Wellenfußrundungsradiusverhältnisses ρ_{f1}/m der ZWV Kapitel 3.3 – 6 x var. x var. (gemäß Tabelle 6.1; $c_{F1}/m = 0{,}12$; $\alpha = 30$ °; $\rho_{f1}/m = var.$)

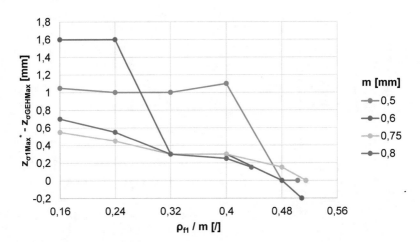

Abbildung 11.115: Absoluter Axialabstand zwischen den Lokalbeanspruchungen σ_{1Max}^* sowie σ_{GEHMax} als Funktion des Moduls m sowie des Wellenfußrundungsradiusverhältnisses ρ_{f1}/m der ZWV Kapitel 3.3 – 6 x var. x var. (gemäß Tabelle 6.1; $c_{F1}/m = 0{,}12$; $\alpha = 30$ °; $\rho_{f1}/m = var.$)

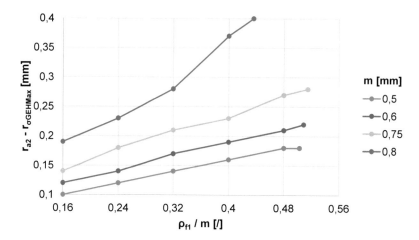

Abbildung 11.116: Absoluter Radialabstand der gestaltfestigkeitsrelevanten Lokal-beanspruchung σ_{GEHMax} vom Nabenkopfkreis als Funktion des Moduls m sowie des Wellenfußrundungsradiusverhältnisses ρ_{f1}/m der ZWV Kapitel 3.3 – 6 x var. x var. (gemäß Tabelle 6.1; $c_{F1}/m = 0,12$; $\alpha = 30°$; $\rho_{f1}/m = var.$)

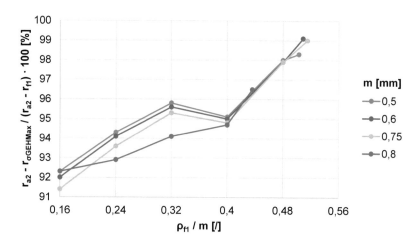

Abbildung 11.117: Radiale Relativlage der gestaltfestigkeitsrelevanten Lokalbean-spruchung σ_{GEHMax} zum Wellenfußkreis als Funktion des Moduls m sowie des Wel-lenfußrundungsradiusverhältnisses ρ_{f1}/m der ZWV Kapitel 3.3 – 6 x var. x var. (ge-mäß Tabelle 6.1; $c_{F1}/m = 0,12$; $\alpha = 30°$; $\rho_{f1}/m = var.$)

11.2.1.2.1.3 Charakterisierung der Kerbwirkung

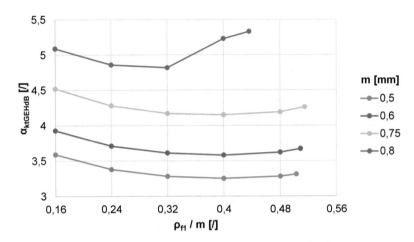

Abbildung 11.118: Torsionsformzahl $\alpha_{ktGEHdB}$ als Funktion des Moduls m sowie des Wellenfußrundungsradiusverhältnisses ρ_{f1}/m der ZWV Kapitel 3.3 – 6 x var. x var. (gemäß Tabelle 6.1; $c_{F1}/m = 0{,}12$; $\alpha = 30\,°$; $\rho_{f1}/m = var.$)

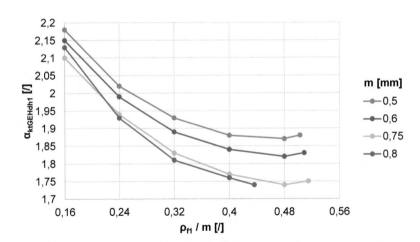

Abbildung 11.119: Torsionsformzahl $\alpha_{ktGEHdh1}$ als Funktion des Moduls m sowie des Wellenfußrundungsradiusverhältnisses ρ_{f1}/m der ZWV Kapitel 3.3 – 6 x var. x var. (gemäß Tabelle 6.1; $c_{F1}/m = 0{,}12$; $\alpha = 30\,°$; $\rho_{f1}/m = var.$)

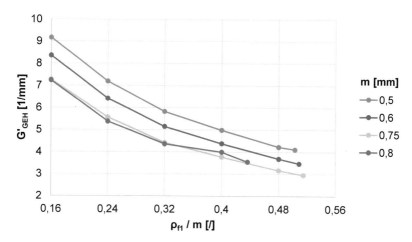

Abbildung 11.120: Torsionsmomentinduziert bezogenes Spannungsgefälle G'_{GEH} als Funktion des Moduls m sowie des Wellenfußrundungsradiusverhältnisses ρ_{f1}/m der ZWV Kapitel 3.3 – 6 x var. x var. (gemäß Tabelle 6.1; $c_{F1}/m = 0{,}12$; $\alpha = 30$ °; $\rho_{f1}/m = var.$)

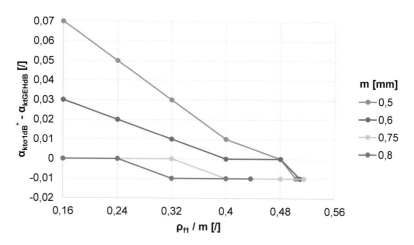

Abbildung 11.121: Differenz der Torsionsformzahlen $\alpha^*_{kt\sigma1dB}$ und $\alpha_{ktGEHdB}$ als Funktion des Moduls m sowie des Wellenfußrundungsradiusverhältnisses ρ_{f1}/m der ZWV Kapitel 3.3 – 6 x var. x var. (gemäß Tabelle 6.1; $c_{F1}/m = 0{,}12$; $\alpha = 30$ °; $\rho_{f1}/m = var.$)

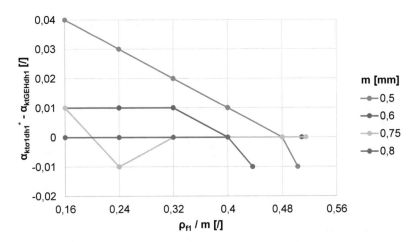

Abbildung 11.122: Differenz der Torsionsformzahlen $\alpha^*_{kt\sigma1dh1}$ und $\alpha_{ktGEHdh1}$ als Funktion des Moduls m sowie des Wellenfußrundungsradiusverhältnisses ρ_{f1}/m der ZWV Kapitel 3.3 – 6 x var. x var. (gemäß Tabelle 6.1; $c_{F1}/m = 0{,}12$; $\alpha = 30°$; $\rho_{f1}/m = var.$)

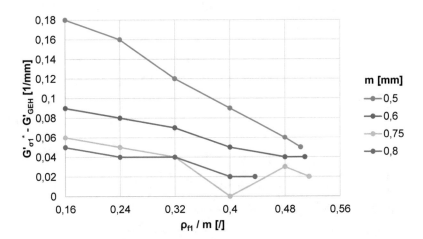

Abbildung 11.123: Differenz der torsionsmomentinduziert bezogenen Spannungsgefälle $G'_{\sigma1}$ und G'_{GEH} als Funktion des Moduls m sowie des Wellenfußrundungsradiusverhältnisses ρ_{f1}/m der ZWV Kapitel 3.3 – 6 x var. x var. (gemäß Tabelle 6.1; $c_{F1}/m = 0{,}12$; $\alpha = 30°$; $\rho_{f1}/m = var.$)

11.2.1.2.1.4 Querschnittbezogene Gestaltfestigkeitsdifferenzierung

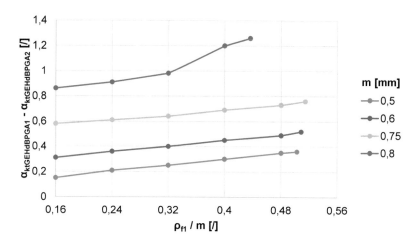

Abbildung 11.124: Differenz der Torsionsformzahlen $\alpha_{ktGEHdBPGA1}$ und $\alpha_{ktGEHdBPGA2}$ als Funktion des Moduls m sowie des Wellenfußrundungsradiusverhältnisses ρ_{f1}/m der ZWV Kapitel 3.3 – 6 x var. x var. (gemäß Tabelle 6.1; $c_{F1}/m = 0,12$; $\alpha = 30\,°$; $\rho_{f1}/m = var.$)

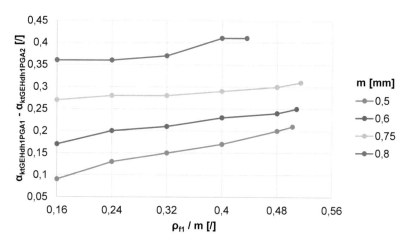

Abbildung 11.125: Differenz der Torsionsformzahlen $\alpha_{ktGEHdh1PGA1}$ und $\alpha_{ktGEHdh1PGA2}$ als Funktion des Moduls m sowie des Wellenfußrundungsradiusverhältnisses ρ_{f1}/m der ZWV Kapitel 3.3 – 6 x var. x var. (gemäß Tabelle 6.1; $c_{F1}/m = 0,12$; $\alpha = 30\,°$; $\rho_{f1}/m = var.$)

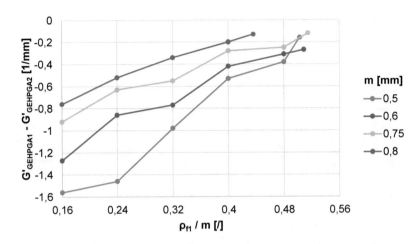

Abbildung 11.126: Differenz der torsionsmomentinduziert bezogenen Spannungsgefälle $G'_{GEHPGA1}$ und $G'_{GEHPGA2}$ als Funktion des Moduls m sowie des Wellenfußrundungsradiusverhältnisses ρ_{f1}/m der ZWV Kapitel 3.3 – 6 x var. x var. (gemäß Tabelle 6.1; $c_{F1}/m = 0{,}12$; $\alpha = 30\,°$; $\rho_{f1}/m = var.$)

11.2.1.2.2   Bezugsdurchmesser $d_B = 25\ mm$

11.2.1.2.2.1 Wellenfußkreisdurchmesser d_{f1}

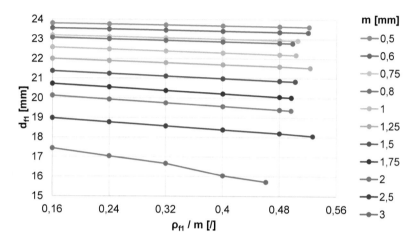

Abbildung 11.127: Wellenfußkreisdurchmesser d_{f1} als Funktion des Moduls m sowie des Wellenfußrundungsradiusverhältnisses ρ_{f1}/m der ZWV Kapitel 3.3 – 25 x var. x var. (gemäß Tabelle 6.1; $c_{F1}/m = 0{,}12$; $\alpha = 30\ °$; $\rho_{f1}/m = var.$)

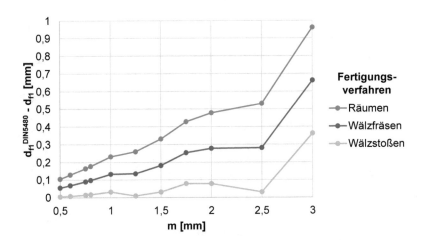

Abbildung 11.128: Wellenfußkreisdurchmesserdifferenz der ZWV nach [DIN 5480] (Zerspanen) sowie der ZWV Kapitel 3.3 (gemäß Tabelle 6.1; $c_{F1}/m = 0,12$; $\alpha = 30\,°$; $\rho_{f1}/m = 0,16$) des Bezugsdurchmessers d_B von 25 mm als Funktion des Moduls m sowie des Fertigungsverfahrens

11.2.1.2.2.2 Ort der Lokalbeanspruchung

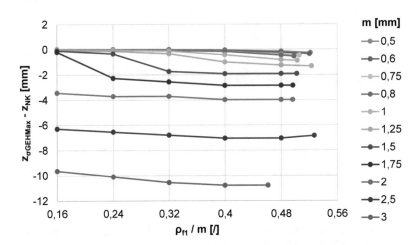

Abbildung 11.129: Absoluter Axialabstand der gestaltfestigkeitsrelevanten Lokalbeanspruchung σ_{GEHMax} von der Nabenkante als Funktion des Moduls m sowie des Wellenfußrundungsradiusverhältnisses ρ_{f1}/m der ZWV Kapitel 3.3 – 25 x var. x var. (gemäß Tabelle 6.1; $c_{F1}/m = 0,12$; $\alpha = 30\,°$; $\rho_{f1}/m = var.$)

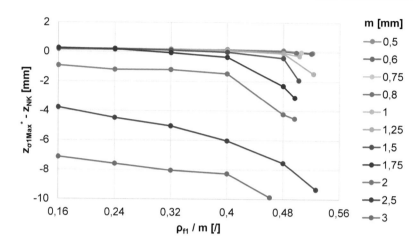

Abbildung 11.130: Absoluter Axialabstand der relevanten Lokalbeanspruchung σ^*_{1Max} von der Nabenkante als Funktion des Moduls m sowie des Wellenfußrundungsradiusverhältnisses ρ_{f1}/m der ZWV Kapitel 3.3 – 25 x var. x var. (gemäß Tabelle 6.1; $c_{F1}/m = 0,12$; $\alpha = 30\,°$; $\rho_{f1}/m = var.$)

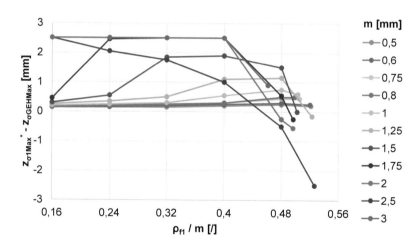

Abbildung 11.131: Absoluter Axialabstand zwischen den Lokalbeanspruchungen σ^*_{1Max} sowie σ_{GEHMax} als Funktion des Moduls m sowie des Wellenfußrundungsradiusverhältnisses ρ_{f1}/m der ZWV Kapitel 3.3 – 25 x var. x var. (gemäß Tabelle 6.1; $c_{F1}/m = 0,12$; $\alpha = 30\,°$; $\rho_{f1}/m = var.$)

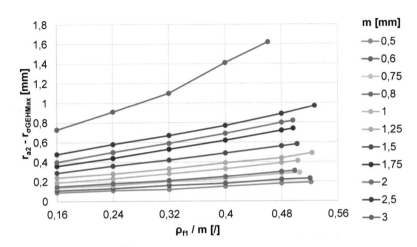

Abbildung 11.132: Absoluter Radialabstand der gestaltfestigkeitsrelevanten Lokalbeanspruchung σ_{GEHMax} vom Nabenkopfkreis als Funktion des Moduls m sowie des Wellenfußrundungsradiusverhältnisses ρ_{f1}/m der ZWV Kapitel 3.3 – 25 x var. x var. (gemäß Tabelle 6.1; $c_{F1}/m = 0{,}12$; $\alpha = 30°$; $\rho_{f1}/m = var.$)

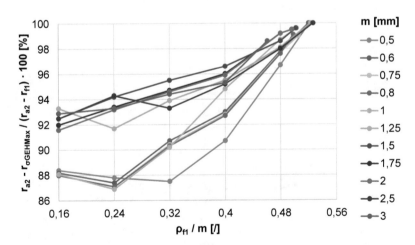

Abbildung 11.133: Radiale Relativlage der gestaltfestigkeitsrelevanten Lokalbeanspruchung σ_{GEHMax} zum Wellenfußkreis als Funktion des Moduls m sowie des Wellenfußrundungsradiusverhältnisses ρ_{f1}/m der ZWV Kapitel 3.3 – 25 x var. x var. (gemäß Tabelle 6.1; $c_{F1}/m = 0{,}12$; $\alpha = 30°$; $\rho_{f1}/m = var.$)

11.2.1.2.2.3 Charakterisierung der Kerbwirkung

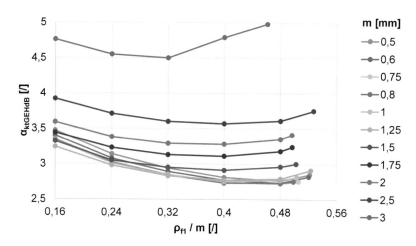

Abbildung 11.134: Torsionsformzahl $\alpha_{ktGEHdB}$ als Funktion des Moduls m sowie des Wellenfußrundungsradiusverhältnisses ρ_{f1}/m der ZWV Kapitel 3.3 – 25 x var. x var. (gemäß Tabelle 6.1; $c_{F1}/m = 0{,}12$; $\alpha = 30°$; $\rho_{f1}/m = var.$)

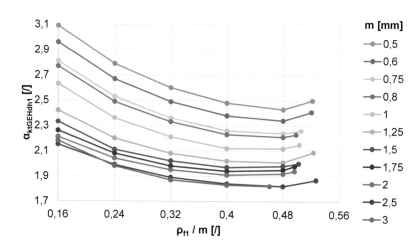

Abbildung 11.135: Torsionsformzahl $\alpha_{ktGEHdh1}$ als Funktion des Moduls m sowie des Wellenfußrundungsradiusverhältnisses ρ_{f1}/m der ZWV Kapitel 3.3 – 25 x var. x var. (gemäß Tabelle 6.1; $c_{F1}/m = 0{,}12$; $\alpha = 30°$; $\rho_{f1}/m = var.$)

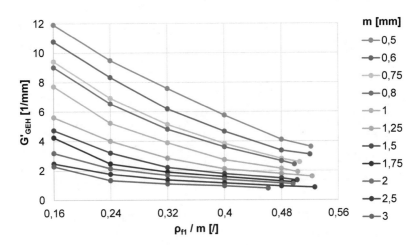

Abbildung 11.136: Torsionsmomentinduziert bezogenes Spannungsgefälle G'_{GEH} als Funktion des Moduls m sowie des Wellenfußrundungsradiusverhältnisses ρ_{f1}/m der ZWV Kapitel 3.3 – 25 x var. x var. (gemäß Tabelle 6.1; $c_{F1}/m = 0{,}12$; $\alpha = 30\,°$; $\rho_{f1}/m = var.$)

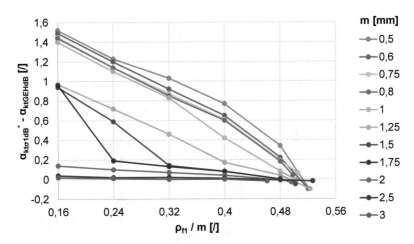

Abbildung 11.137: Differenz der Torsionsformzahlen $\alpha^*_{kt\sigma1dB}$ und $\alpha_{ktGEHdB}$ als Funktion des Moduls m sowie des Wellenfußrundungsradiusverhältnisses ρ_{f1}/m der ZWV Kapitel 3.3 – 25 x var. x var. (gemäß Tabelle 6.1; $c_{F1}/m = 0{,}12$; $\alpha = 30\,°$; $\rho_{f1}/m = var.$)

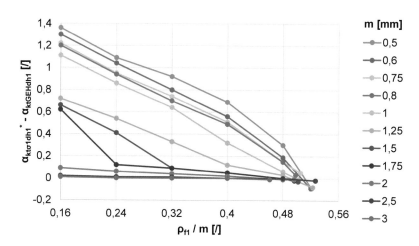

Abbildung 11.138: Differenz der Torsionsformzahlen $\alpha^*_{kt\sigma1dh1}$ und $\alpha_{ktGEHdh1}$ als Funktion des Moduls m sowie des Wellenfußrundungsradiusverhältnisses ρ_{f1}/m der ZWV Kapitel 3.3 – 25 x var. x var. (gemäß Tabelle 6.1; $c_{F1}/m = 0{,}12$; $\alpha = 30\,°$; $\rho_{f1}/m = var.$)

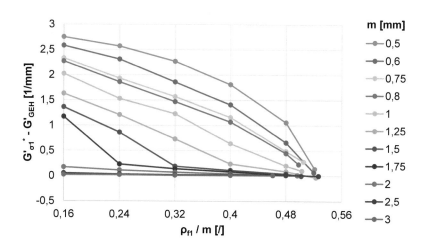

Abbildung 11.139: Differenz der torsionsmomentinduziert bezogenen Spannungsgefälle $G'^*_{\sigma1}$ und G'_{GEH} als Funktion des Moduls m sowie des Wellenfußrundungsradiusverhältnisses ρ_{f1}/m der ZWV Kapitel 3.3 – 25 x var. x var. (gemäß Tabelle 6.1; $c_{F1}/m = 0{,}12$; $\alpha = 30\,°$; $\rho_{f1}/m = var.$)

11.2.1.2.2.4 Querschnittbezogene Gestaltfestigkeitsdifferenzierung

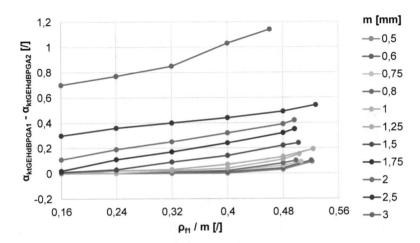

Abbildung 11.140: Differenz der Torsionsformzahlen $\alpha_{ktGEHdBPGA1}$ und $\alpha_{ktGEHdBPGA2}$ als Funktion des Moduls m sowie des Wellenfußrundungsradiusverhältnisses ρ_{f1}/m der ZWV Kapitel 3.3 – 25 x var. x var. (gemäß Tabelle 6.1; $c_{F1}/m = 0,12$; $\alpha = 30\,°$; $\rho_{f1}/m = var.$)

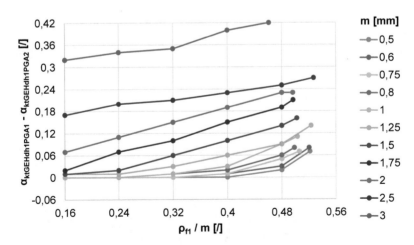

Abbildung 11.141: Differenz der Torsionsformzahlen $\alpha_{ktGEHdh1PGA1}$ und $\alpha_{ktGEHdh1PGA2}$ als Funktion des Moduls m sowie des Wellenfußrundungsradiusverhältnisses ρ_{f1}/m der ZWV Kapitel 3.3 – 25 x var. x var. (gemäß Tabelle 6.1; $c_{F1}/m = 0,12$; $\alpha = 30\,°$; $\rho_{f1}/m = var.$)

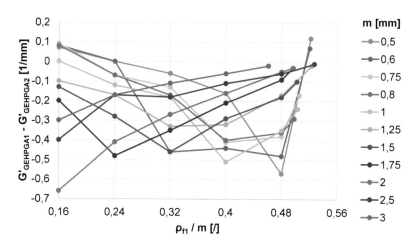

Abbildung 11.142: Differenz der torsionsmomentinduziert bezogenen Spannungsgefälle $G'_{GEHPGA1}$ und $G'_{GEHPGA2}$ als Funktion des Moduls m sowie des Wellenfußrundungsradiusverhältnisses ρ_{f1}/m der ZWV Kapitel 3.3 – 25 x var. x var. (gemäß Tabelle 6.1; $c_{F1}/m = 0{,}12$; $\alpha = 30\,°$; $\rho_{f1}/m = var.$)

11.2.1.2.3 Bezugsdurchmesser $d_B = 45\,mm$

11.2.1.2.3.1 Wellenfußkreisdurchmesser d_{f1}

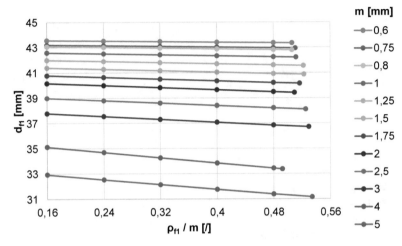

Abbildung 11.143: Wellenfußkreisdurchmesser d_{f1} als Funktion des Moduls m sowie des Wellenfußrundungsradiusverhältnisses ρ_{f1}/m der ZWV Kapitel 3.3 – 45 x var. x var. (gemäß Tabelle 6.1; $c_{F1}/m = 0{,}12$; $\alpha = 30\,°$; $\rho_{f1}/m = var.$)

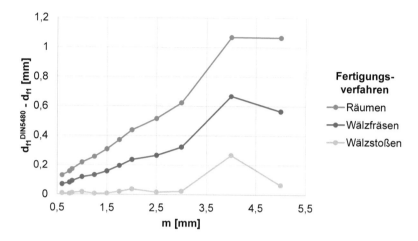

Abbildung 11.144: Wellenfußkreisdurchmesserdifferenz der ZWV nach [DIN 5480] (Zerspanen) sowie der ZWV Kapitel 3.3 (gemäß Tabelle 6.1; $c_{F1}/m = 0,12$; $\alpha = 30°$; $\rho_{f1}/m = 0,16$) des Bezugsdurchmessers d_B von 45 mm als Funktion des Moduls m sowie des Fertigungsverfahrens

11.2.1.2.3.2 Ort der Lokalbeanspruchung

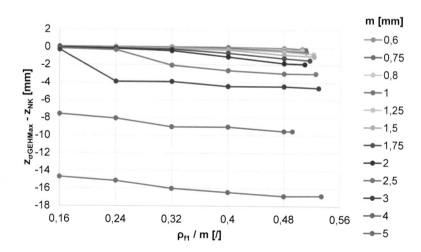

Abbildung 11.145: Absoluter Axialabstand der gestaltfestigkeitsrelevanten Lokalbeanspruchung σ_{GEHMax} von der Nabenkante als Funktion des Moduls m sowie des Wellenfußrundungsradiusverhältnisses ρ_{f1}/m der ZWV Kapitel 3.3 – 45 x var. x var. (gemäß Tabelle 6.1; $c_{F1}/m = 0,12$; $\alpha = 30°$; $\rho_{f1}/m = var.$)

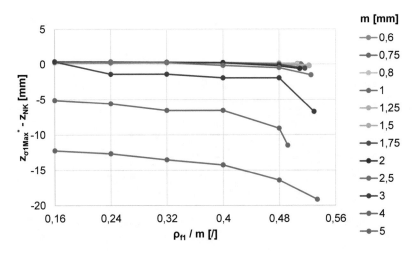

Abbildung 11.146: Absoluter Axialabstand der relevanten Lokalbeanspruchung σ_{1Max}^* von der Nabenkante als Funktion des Moduls m sowie des Wellenfußrundungsradiusverhältnisses ρ_{f1}/m der ZWV Kapitel 3.3 – 45 x var. x var. (gemäß Tabelle 6.1; $c_{F1}/m = 0,12$; $\alpha = 30°$; $\rho_{f1}/m = var.$)

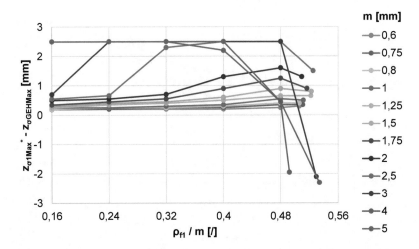

Abbildung 11.147: Absoluter Axialabstand zwischen den Lokalbeanspruchungen σ_{1Max}^* sowie σ_{GEHMax} als Funktion des Moduls m sowie des Wellenfußrundungsradiusverhältnisses ρ_{f1}/m der ZWV Kapitel 3.3 – 45 x var. x var. (gemäß Tabelle 6.1; $c_{F1}/m = 0,12$; $\alpha = 30°$; $\rho_{f1}/m = var.$)

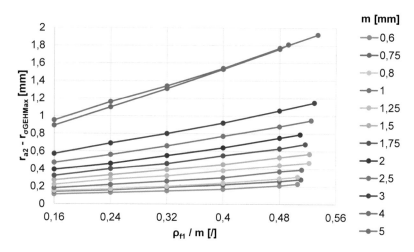

Abbildung 11.148: Absoluter Radialabstand der gestaltfestigkeitsrelevanten Lokal-beanspruchung σ_{GEHMax} vom Nabenkopfkreis als Funktion des Moduls m sowie des Wellenfußrundungsradiusverhältnisses ρ_{f1}/m der ZWV Kapitel 3.3 – 45 x var. x var. (gemäß Tabelle 6.1; $c_{F1}/m = 0,12$; $\alpha = 30\,°$; $\rho_{f1}/m = var.$)

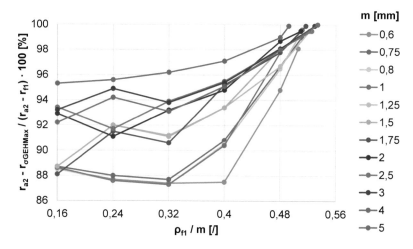

Abbildung 11.149: Radiale Relativlage der gestaltfestigkeitsrelevanten Lokalbean-spruchung σ_{GEHMax} zum Wellenfußkreis als Funktion des Moduls m sowie des Wel-lenfußrundungsradiusverhältnisses ρ_{f1}/m der ZWV Kapitel 3.3 – 45 x var. x var. (ge-mäß Tabelle 6.1; $c_{F1}/m = 0,12$; $\alpha = 30\,°$; $\rho_{f1}/m = var.$)

11.2.1.2.3.3 Charakterisierung der Kerbwirkung

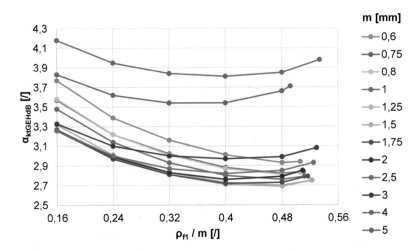

Abbildung 11.150: Torsionsformzahl $\alpha_{ktGEHdB}$ als Funktion des Moduls m sowie des Wellenfußrundungsradiusverhältnisses ρ_{f1}/m der ZWV Kapitel 3.3 – 45 x var. x var. (gemäß Tabelle 6.1; $c_{F1}/m = 0,12$; $\alpha = 30\,°$; $\rho_{f1}/m = var.$)

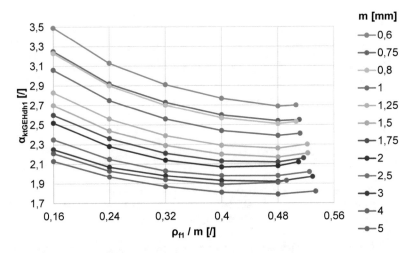

Abbildung 11.151: Torsionsformzahl $\alpha_{ktGEHdh1}$ als Funktion des Moduls m sowie des Wellenfußrundungsradiusverhältnisses ρ_{f1}/m der ZWV Kapitel 3.3 – 45 x var. x var. (gemäß Tabelle 6.1; $c_{F1}/m = 0,12$; $\alpha = 30\,°$; $\rho_{f1}/m = var.$)

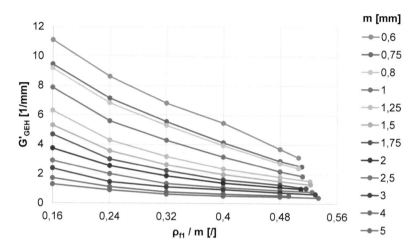

Abbildung 11.152: Torsionsmomentinduziert bezogenes Spannungsgefälle G'_{GEH} als Funktion des Moduls m sowie des Wellenfußrundungsradiusverhältnisses ρ_{f1}/m der ZWV Kapitel 3.3 – 45 x var. x var. (gemäß Tabelle 6.1; $c_{F1}/m = 0{,}12$; $\alpha = 30°$; $\rho_{f1}/m = var.$)

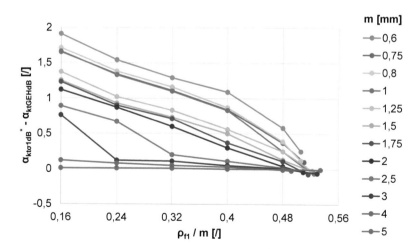

Abbildung 11.153: Differenz der Torsionsformzahlen $\alpha^*_{kt\sigma1dB}$ und $\alpha_{ktGEHdB}$ als Funktion des Moduls m sowie des Wellenfußrundungsradiusverhältnisses ρ_{f1}/m der ZWV Kapitel 3.3 – 45 x var. x var. (gemäß Tabelle 6.1; $c_{F1}/m = 0{,}12$; $\alpha = 30°$; $\rho_{f1}/m = var.$)

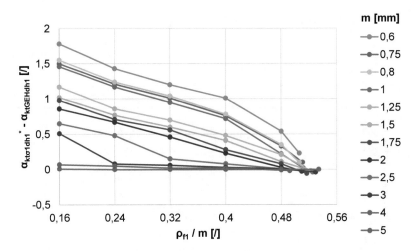

Abbildung 11.154: Differenz der Torsionsformzahlen $\alpha^*_{kt\sigma1dh1}$ und $\alpha_{ktGEHdh1}$ als Funktion des Moduls m sowie des Wellenfußrundungsradiusverhältnisses ρ_{f1}/m der ZWV Kapitel 3.3 – 45 x var. x var. (gemäß Tabelle 6.1; $c_{F1}/m = 0{,}12$; $\alpha = 30\,°$; $\rho_{f1}/m = var.$)

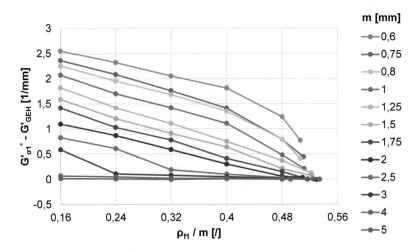

Abbildung 11.155: Differenz der torsionsmomentinduziert bezogenen Spannungsgefälle $G'^*_{\sigma1}$ und G'_{GEH} als Funktion des Moduls m sowie des Wellenfußrundungsradiusverhältnisses ρ_{f1}/m der ZWV Kapitel 3.3 – 45 x var. x var. (gemäß Tabelle 6.1; $c_{F1}/m = 0{,}12$; $\alpha = 30\,°$; $\rho_{f1}/m = var.$)

11.2.1.2.3.4 Querschnittbezogene Gestaltfestigkeitsdifferenzierung

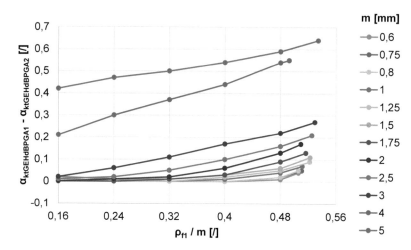

Abbildung 11.156: Differenz der Torsionsformzahlen $\alpha_{ktGEHdBPGA1}$ und $\alpha_{ktGEHdBPGA2}$ als Funktion des Moduls m sowie des Wellenfußrundungsradiusverhältnisses ρ_{f1}/m der ZWV Kapitel 3.3 – 45 x var. x var. (gemäß Tabelle 6.1; $c_{F1}/m = 0{,}12$; $\alpha = 30\,°$; $\rho_{f1}/m = var.$)

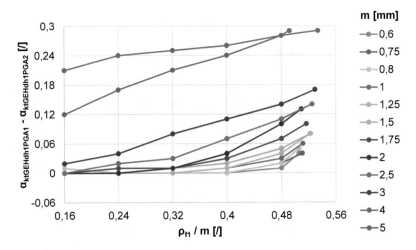

Abbildung 11.157: Differenz der Torsionsformzahlen $\alpha_{ktGEHdh1PGA1}$ und $\alpha_{ktGEHdh1PGA2}$ als Funktion des Moduls m sowie des Wellenfußrundungsradiusverhältnisses ρ_{f1}/m der ZWV Kapitel 3.3 – 45 x var. x var. (gemäß Tabelle 6.1; $c_{F1}/m = 0,12$; $\alpha = 30\,°$; $\rho_{f1}/m = var.$)

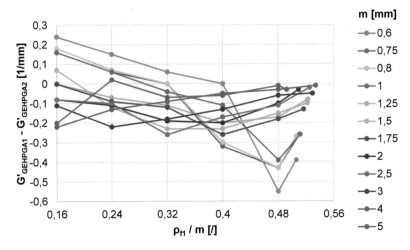

Abbildung 11.158: Differenz der torsionsmomentinduziert bezogenen Spannungsgefälle $G'_{GEHPGA1}$ und $G'_{GEHPGA2}$ als Funktion des Moduls m sowie des Wellenfußrundungsradiusverhältnisses ρ_{f1}/m der ZWV Kapitel 3.3 – 45 x var. x var. (gemäß Tabelle 6.1; $c_{F1}/m = 0,12$; $\alpha = 30\,°$; $\rho_{f1}/m = var.$)

11.2.1.2.4 Bezugsdurchmesser $d_B = 65\ mm$

11.2.1.2.4.1 Wellenfußkreisdurchmesser d_{f1}

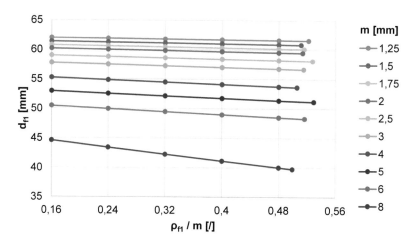

Abbildung 11.159: Wellenfußkreisdurchmesser d_{f1} als Funktion des Moduls m sowie des Wellenfußrundungsradiusverhältnisses ρ_{f1}/m der ZWV Kapitel 3.3 – 65 x var. x var. (gemäß Tabelle 6.1; $c_{F1}/m = 0{,}12$; $\alpha = 30\ °$; $\rho_{f1}/m = var.$)

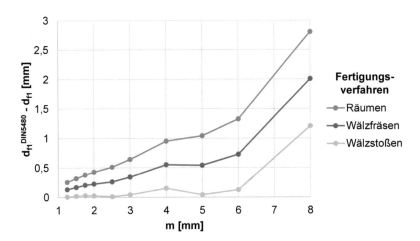

Abbildung 11.160: Wellenfußkreisdurchmesserdifferenz der ZWV nach [DIN 5480] (Zerspanen) sowie der ZWV Kapitel 3.3 (gemäß Tabelle 6.1; $c_{F1}/m = 0,12$; $\alpha = 30°$; $\rho_{f1}/m = 0,16$) des Bezugsdurchmessers d_B von 65 mm als Funktion des Moduls m sowie des Fertigungsverfahrens

11.2.1.2.4.2 Ort der Lokalbeanspruchung

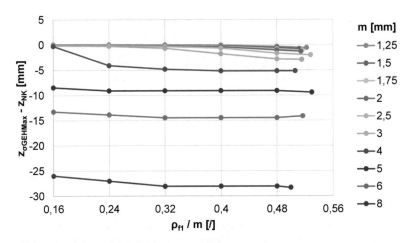

Abbildung 11.161: Absoluter Axialabstand der gestaltfestigkeitsrelevanten Lokalbeanspruchung σ_{GEHMax} von der Nabenkante als Funktion des Moduls m sowie des Wellenfußrundungsradiusverhältnisses ρ_{f1}/m der ZWV Kapitel 3.3 – 65 x var. x var. (gemäß Tabelle 6.1; $c_{F1}/m = 0,12$; $\alpha = 30°$; $\rho_{f1}/m = var.$)

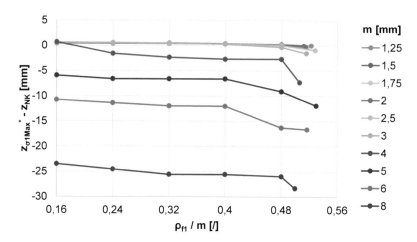

Abbildung 11.162: Absoluter Axialabstand der relevanten Lokalbeanspruchung σ_{1Max}^{*} von der Nabenkante als Funktion des Moduls m sowie des Wellenfußrundungsradiusverhältnisses ρ_{f1}/m der ZWV Kapitel 3.3 – 65 x var. x var. (gemäß Tabelle 6.1; $c_{F1}/m = 0{,}12$; $\alpha = 30°$; $\rho_{f1}/m = var.$)

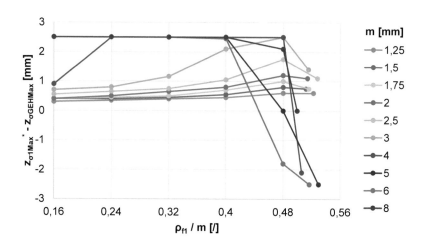

Abbildung 11.163: Absoluter Axialabstand zwischen den Lokalbeanspruchungen σ_{1Max}^{*} sowie σ_{GEHMax} als Funktion des Moduls m sowie des Wellenfußrundungsradiusverhältnisses ρ_{f1}/m der ZWV Kapitel 3.3 – 65 x var. x var. (gemäß Tabelle 6.1; $c_{F1}/m = 0{,}12$; $\alpha = 30°$; $\rho_{f1}/m = var.$)

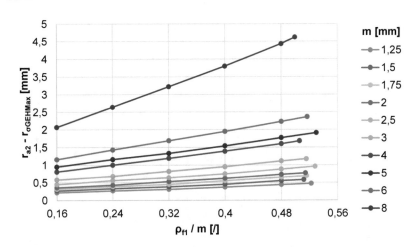

Abbildung 11.164: Absoluter Radialabstand der gestaltfestigkeitsrelevanten Lokalbeanspruchung σ_{GEHMax} vom Nabenkopfkreis als Funktion des Moduls m sowie des Wellenfußrundungsradiusverhältnisses ρ_{f1}/m der ZWV Kapitel 3.3 – 65 x var. x var. (gemäß Tabelle 6.1; $c_{F1}/m = 0{,}12$; $\alpha = 30\,°$; $\rho_{f1}/m = var.$)

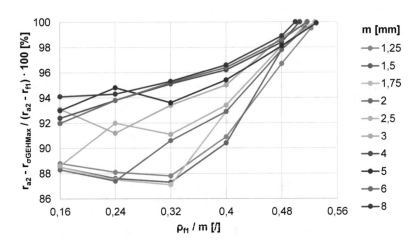

Abbildung 11.165: Radiale Relativlage der gestaltfestigkeitsrelevanten Lokalbeanspruchung σ_{GEHMax} zum Wellenfußkreis als Funktion des Moduls m sowie des Wellenfußrundungsradiusverhältnisses ρ_{f1}/m der ZWV Kapitel 3.3 – 65 x var. x var. (gemäß Tabelle 6.1; $c_{F1}/m = 0{,}12$; $\alpha = 30\,°$; $\rho_{f1}/m = var.$)

11.2.1.2.4.3 Charakterisierung der Kerbwirkung

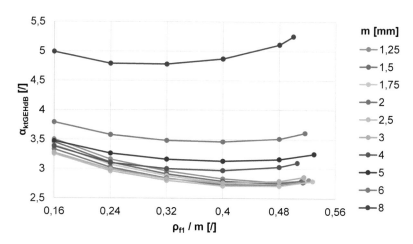

Abbildung 11.166: Torsionsformzahl $\alpha_{ktGEHdB}$ als Funktion des Moduls m sowie des Wellenfußrundungsradiusverhältnisses ρ_{f1}/m der ZWV Kapitel 3.3 – 65 x var. x var. (gemäß Tabelle 6.1; $c_{F1}/m = 0{,}12$; $\alpha = 30°$; $\rho_{f1}/m = var.$)

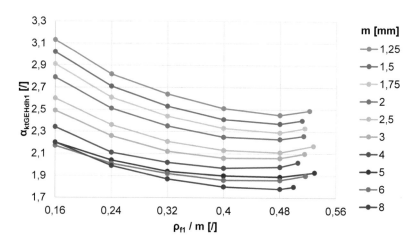

Abbildung 11.167: Torsionsformzahl $\alpha_{ktGEHdh1}$ als Funktion des Moduls m sowie des Wellenfußrundungsradiusverhältnisses ρ_{f1}/m der ZWV Kapitel 3.3 – 65 x var. x var. (gemäß Tabelle 6.1; $c_{F1}/m = 0{,}12$; $\alpha = 30°$; $\rho_{f1}/m = var.$)

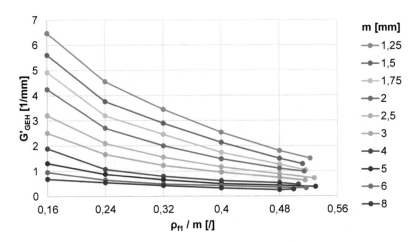

Abbildung 11.168: Torsionsmomentinduziert bezogenes Spannungsgefälle G'_{GEH} als Funktion des Moduls m sowie des Wellenfußrundungsradiusverhältnisses ρ_{f1}/m der ZWV Kapitel 3.3 – 65 x var. x var. (gemäß Tabelle 6.1; $c_{F1}/m = 0,12$; $\alpha = 30°$; $\rho_{f1}/m = var.$)

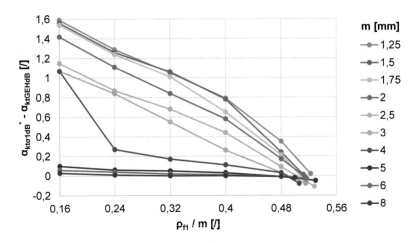

Abbildung 11.169: Differenz der Torsionsformzahlen $\alpha^*_{kt\sigma1dB}$ und $\alpha_{ktGEHdB}$ als Funktion des Moduls m sowie des Wellenfußrundungsradiusverhältnisses ρ_{f1}/m der ZWV Kapitel 3.3 – 65 x var. x var. (gemäß Tabelle 6.1; $c_{F1}/m = 0,12$; $\alpha = 30°$; $\rho_{f1}/m = var.$)

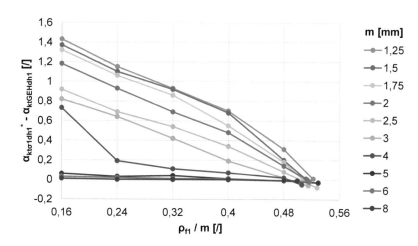

Abbildung 11.170: Differenz der Torsionsformzahlen $\alpha^*_{kt\sigma 1dh1}$ und $\alpha_{ktGEHdh1}$ als Funktion des Moduls m sowie des Wellenfußrundungsradiusverhältnisses ρ_{f1}/m der ZWV Kapitel 3.3 – 65 x var. x var. (gemäß Tabelle 6.1; $c_{F1}/m = 0{,}12$; $\alpha = 30°$; $\rho_{f1}/m = var.$)

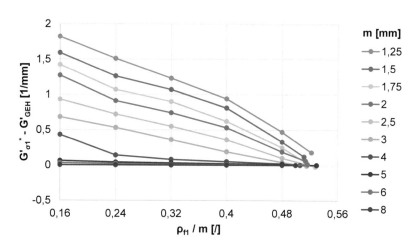

Abbildung 11.171: Differenz der torsionsmomentinduziert bezogenen Spannungsgefälle $G'^*_{\sigma 1}$ und G'_{GEH} als Funktion des Moduls m sowie des Wellenfußrundungsradiusverhältnisses ρ_{f1}/m der ZWV Kapitel 3.3 – 65 x var. x var. (gemäß Tabelle 6.1; $c_{F1}/m = 0{,}12$; $\alpha = 30°$; $\rho_{f1}/m = var.$)

11.2.1.2.4.4 Querschnittbezogene Gestaltfestigkeitsdifferenzierung

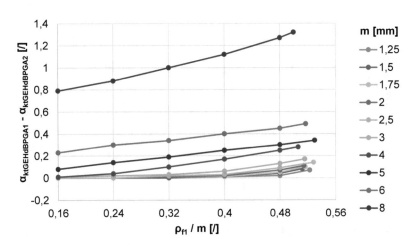

Abbildung 11.172: Differenz der Torsionsformzahlen $\alpha_{ktGEHdBPGA1}$ und $\alpha_{ktGEHdBPGA2}$ als Funktion des Moduls m sowie des Wellenfußrundungsradiusverhältnisses ρ_{f1}/m der ZWV Kapitel 3.3 – 65 x var. x var. (gemäß Tabelle 6.1; $c_{F1}/m = 0,12$; $\alpha = 30°$; $\rho_{f1}/m = var.$)

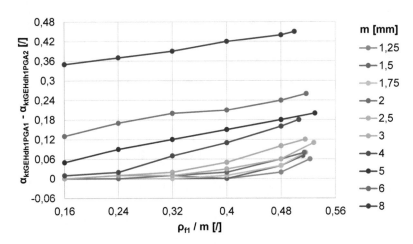

Abbildung 11.173: Differenz der Torsionsformzahlen $\alpha_{ktGEHdh1PGA1}$ und $\alpha_{ktGEHdh1PGA2}$ als Funktion des Moduls m sowie des Wellenfußrundungsradiusverhältnisses ρ_{f1}/m der ZWV Kapitel 3.3 – 65 x var. x var. (gemäß Tabelle 6.1; $c_{F1}/m = 0,12$; $\alpha = 30°$; $\rho_{f1}/m = var.$)

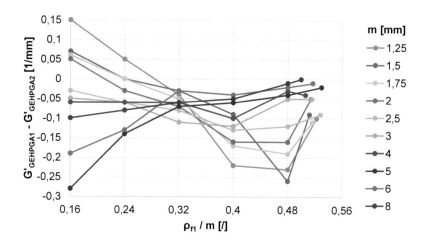

Abbildung 11.174: Differenz der torsionsmomentinduziert bezogenen Spannungsgefälle $G'_{GEHPGA1}$ und $G'_{GEHPGA2}$ als Funktion des Moduls m sowie des Wellenfußrundungsradiusverhältnisses ρ_{f1}/m der ZWV Kapitel 3.3 – 65 x var. x var. (gemäß Tabelle 6.1; $c_{F1}/m = 0,12$; $\alpha = 30°$; $\rho_{f1}/m = var.$)

11.2.1.2.5 Bezugsdurchmesser $d_B = 100\ mm$

11.2.1.2.5.1 Wellenfußkreisdurchmesser d_{f1}

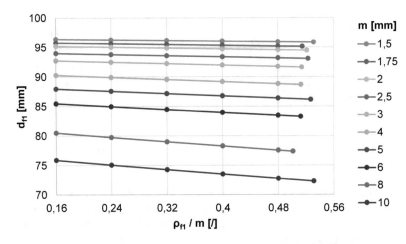

Abbildung 11.175: Wellenfußkreisdurchmesser d_{f1} als Funktion des Moduls m sowie des Wellenfußrundungsradiusverhältnisses ρ_{f1}/m der ZWV Kapitel 3.3 – 100 x var. x var. (gemäß Tabelle 6.1; $c_{F1}/m = 0{,}12$; $\alpha = 30\,°$; $\rho_{f1}/m = var.$)

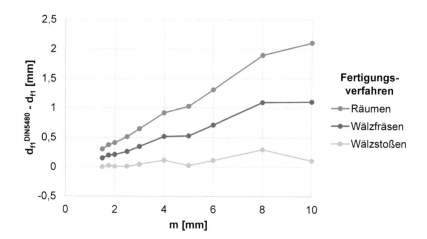

Abbildung 11.176: Wellenfußkreisdurchmesserdifferenz der ZWV nach [DIN 5480] (Zerspanen) sowie der ZWV Kapitel 3.3 (gemäß Tabelle 6.1; $c_{F1}/m = 0,12$; $\alpha = 30\,°$; $\rho_{f1}/m = 0,16$) des Bezugsdurchmessers d_B von 100 mm als Funktion des Moduls m sowie des Fertigungsverfahrens

11.2.1.2.5.2 Ort der Lokalbeanspruchung

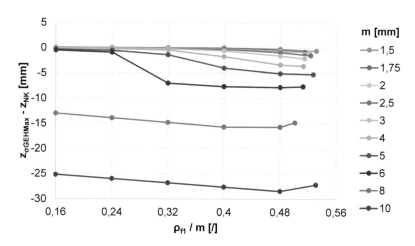

Abbildung 11.177: Absoluter Axialabstand der gestaltfestigkeitsrelevanten Lokalbeanspruchung σ_{GEHMax} von der Nabenkante als Funktion des Moduls m sowie des Wellenfußrundungsradiusverhältnisses ρ_{f1}/m der ZWV Kapitel 3.3 – 100 x var. x var. (gemäß Tabelle 6.1; $c_{F1}/m = 0,12$; $\alpha = 30\,°$; $\rho_{f1}/m = var.$)

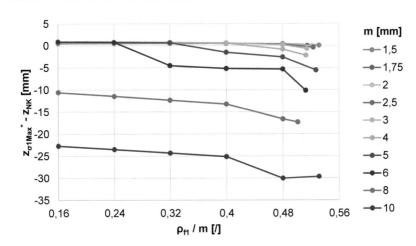

Abbildung 11.178: Absoluter Axialabstand der relevanten Lokalbeanspruchung σ_{1Max}^* von der Nabenkante als Funktion des Moduls m sowie des Wellenfußrundungsradiusverhältnisses ρ_{f1}/m der ZWV Kapitel 3.3 – 100 x var. x var. (gemäß Tabelle 6.1; $c_{F1}/m = 0,12$; $\alpha = 30\,°$; $\rho_{f1}/m = var.$)

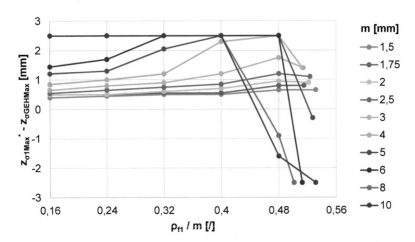

Abbildung 11.179: Absoluter Axialabstand zwischen den Lokalbeanspruchungen σ_{1Max}^* sowie σ_{GEHMax} als Funktion des Moduls m sowie des Wellenfußrundungsradiusverhältnisses ρ_{f1}/m der ZWV Kapitel 3.3 – 100 x var. x var. (gemäß Tabelle 6.1; $c_{F1}/m = 0,12$; $\alpha = 30\,°$; $\rho_{f1}/m = var.$)

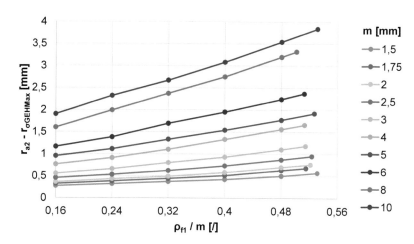

Abbildung 11.180: Absoluter Radialabstand der gestaltfestigkeitsrelevanten Lokalbeanspruchung σ_{GEHMax} vom Nabenkopfkreis als Funktion des Moduls m sowie des Wellenfußrundungsradiusverhältnisses ρ_{f1}/m der ZWV Kapitel 3.3 – 100 x var. x var. (gemäß Tabelle 6.1; $c_{F1}/m = 0{,}12$; $\alpha = 30\,°$; $\rho_{f1}/m = var.$)

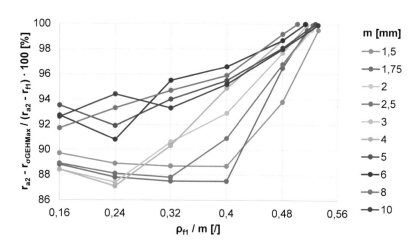

Abbildung 11.181: Radiale Relativlage der gestaltfestigkeitsrelevanten Lokalbeanspruchung σ_{GEHMax} zum Wellenfußkreis als Funktion des Moduls m sowie des Wellenfußrundungsradiusverhältnisses ρ_{f1}/m der ZWV Kapitel 3.3 – 100 x var. x var. (gemäß Tabelle 6.1; $c_{F1}/m = 0{,}12$; $\alpha = 30\,°$; $\rho_{f1}/m = var.$)

11.2.1.2.5.3 Charakterisierung der Kerbwirkung

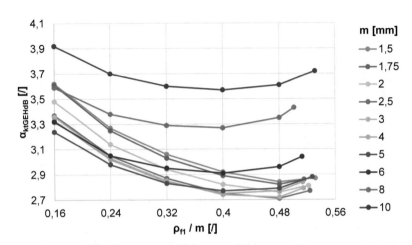

Abbildung 11.182: Torsionsformzahl $\alpha_{ktGEHdB}$ als Funktion des Moduls m sowie des Wellenfußrundungsradiusverhältnisses ρ_{f1}/m der ZWV Kapitel 3.3 – 100 x var. x var. (gemäß Tabelle 6.1; $c_{F1}/m = 0{,}12$; $\alpha = 30\,°$; $\rho_{f1}/m = var.$)

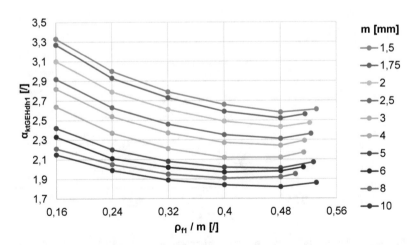

Abbildung 11.183: Torsionsformzahl $\alpha_{ktGEHdh1}$ als Funktion des Moduls m sowie des Wellenfußrundungsradiusverhältnisses ρ_{f1}/m der ZWV Kapitel 3.3 – 100 x var. x var. (gemäß Tabelle 6.1; $c_{F1}/m = 0{,}12$; $\alpha = 30\,°$; $\rho_{f1}/m = var.$)

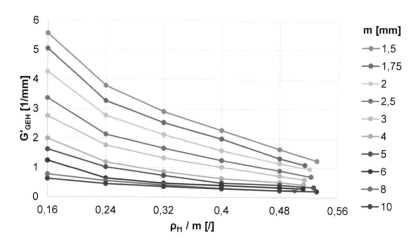

Abbildung 11.184: Torsionsmomentinduziert bezogenes Spannungsgefälle G'_{GEH} als Funktion des Moduls m sowie des Wellenfußrundungsradiusverhältnisses ρ_{f1}/m der ZWV Kapitel 3.3 – 100 x var. x var. (gemäß Tabelle 6.1; $c_{F1}/m = 0{,}12$; $\alpha = 30\,°$; $\rho_{f1}/m = var.$)

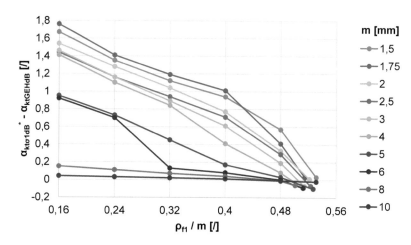

Abbildung 11.185: Differenz der Torsionsformzahlen $\alpha^*_{kt\sigma1dB}$ und $\alpha_{ktGEHdB}$ als Funktion des Moduls m sowie des Wellenfußrundungsradiusverhältnisses ρ_{f1}/m der ZWV Kapitel 3.3 – 100 x var. x var. (gemäß Tabelle 6.1; $c_{F1}/m = 0{,}12$; $\alpha = 30\,°$; $\rho_{f1}/m = var.$)

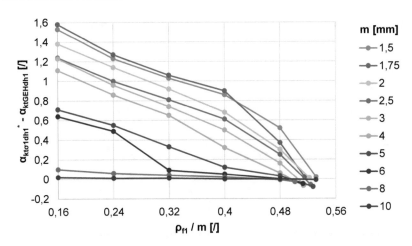

Abbildung 11.186: Differenz der Torsionsformzahlen $\alpha^*_{kt\sigma1dh1}$ und $\alpha_{ktGEHdh1}$ als Funktion des Moduls m sowie des Wellenfußrundungsradiusverhältnisses ρ_{f1}/m der ZWV Kapitel 3.3 – 100 x var. x var. (gemäß Tabelle 6.1; $c_{F1}/m = 0{,}12$; $\alpha = 30°$; $\rho_{f1}/m = var.$)

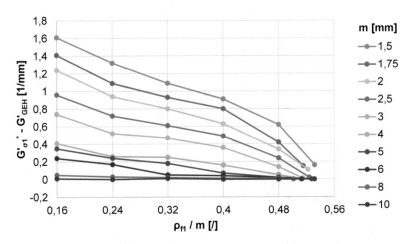

Abbildung 11.187: Differenz der torsionsmomentinduziert bezogenen Spannungsgefälle $G'_{\sigma1}$ und G'_{GEH} als Funktion des Moduls m sowie des Wellenfußrundungsradiusverhältnisses ρ_{f1}/m der ZWV Kapitel 3.3 – 100 x var. x var. (gemäß Tabelle 6.1; $c_{F1}/m = 0{,}12$; $\alpha = 30°$; $\rho_{f1}/m = var.$)

11.2.1.2.5.4 Querschnittbezogene Gestaltfestigkeitsdifferenzierung

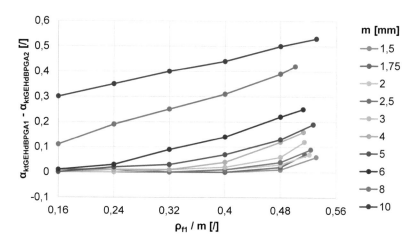

Abbildung 11.188: Differenz der Torsionsformzahlen $\alpha_{ktGEHdBPGA1}$ und $\alpha_{ktGEHdBPGA2}$ als Funktion des Moduls m sowie des Wellenfußrundungsradiusverhältnisses ρ_{f1}/m der ZWV Kapitel 3.3 – 100 x var. x var. (gemäß Tabelle 6.1; $c_{F1}/m = 0{,}12$; $\alpha = 30\,°$; $\rho_{f1}/m = var.$)

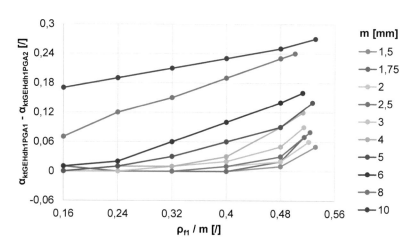

Abbildung 11.189: Differenz der Torsionsformzahlen $\alpha_{ktGEHdh1PGA1}$ und $\alpha_{ktGEHdh1PGA2}$ als Funktion des Moduls m sowie des Wellenfußrundungsradiusverhältnisses ρ_{f1}/m der ZWV Kapitel 3.3 – 100 x var. x var. (gemäß Tabelle 6.1; $c_{F1}/m = 0{,}12$; $\alpha = 30\,°$; $\rho_{f1}/m = var.$)

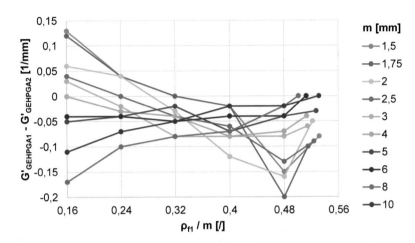

Abbildung 11.190: Differenz der torsionsmomentinduziert bezogenen Spannungsgefälle $G'_{GEHPGA1}$ und $G'_{GEHPGA2}$ als Funktion des Moduls m sowie des Wellenfußrundungsradiusverhältnisses ρ_{f1}/m der ZWV Kapitel 3.3 – 100 x var. x var. (gemäß Tabelle 6.1; $c_{F1}/m = 0{,}12$; $\alpha = 30\,°$; $\rho_{f1}/m = var.$)

11.2.1.2.6   Bezugsdurchmesser $d_B = 300\ mm$

11.2.1.2.6.1   Wellenfußkreisdurchmesser d_{f1}

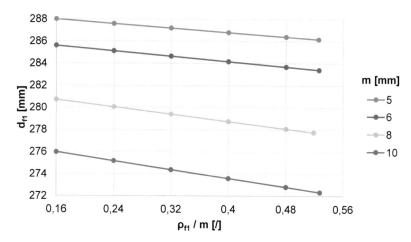

Abbildung 11.191: Wellenfußkreisdurchmesser d_{f1} als Funktion des Moduls m sowie des Wellenfußrundungsradiusverhältnisses ρ_{f1}/m der ZWV Kapitel 3.3 – 300 x var. x var. (gemäß Tabelle 6.1; $c_{F1}/m = 0{,}12$; $\alpha = 30\ °$; $\rho_{f1}/m = var.$)

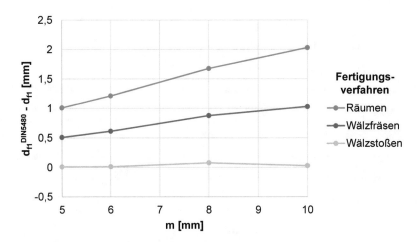

Abbildung 11.192: Wellenfußkreisdurchmesserdifferenz der ZWV nach [DIN 5480] (Zerspanen) sowie der ZWV Kapitel 3.3 (gemäß Tabelle 6.1; $c_{F1}/m = 0,12$; $\alpha = 30°$; $\rho_{f1}/m = 0,16$) des Bezugsdurchmessers d_B von 300 mm als Funktion des Moduls m sowie des Fertigungsverfahrens

11.2.1.2.6.2 Ort der Lokalbeanspruchung

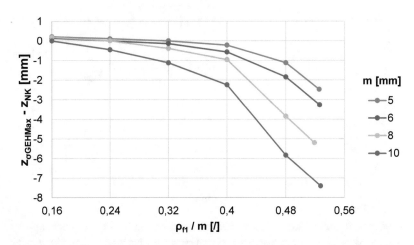

Abbildung 11.193: Absoluter Axialabstand der gestaltfestigkeitsrelevanten Lokalbeanspruchung σ_{GEHMax} von der Nabenkante als Funktion des Moduls m sowie des Wellenfußrundungsradiusverhältnisses ρ_{f1}/m der ZWV Kapitel 3.3 – 300 x var. x var. (gemäß Tabelle 6.1; $c_{F1}/m = 0,12$; $\alpha = 30°$; $\rho_{f1}/m = var.$)

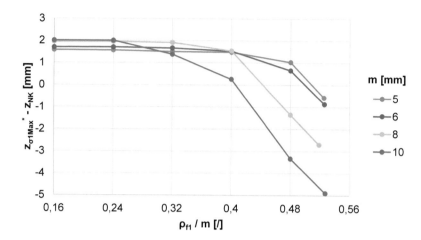

Abbildung 11.194: Absoluter Axialabstand der relevanten Lokalbeanspruchung σ^*_{1Max} von der Nabenkante als Funktion des Moduls m sowie des Wellenfußrundungsradiusverhältnisses ρ_{f1}/m der ZWV Kapitel 3.3 – 300 x var. x var. (gemäß Tabelle 6.1; $c_{F1}/m = 0{,}12$; $\alpha = 30\,°$; $\rho_{f1}/m = var.$)

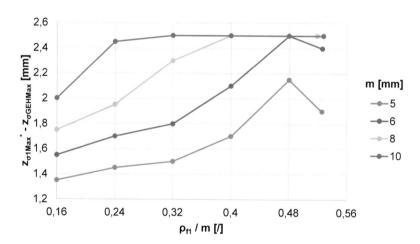

Abbildung 11.195: Absoluter Axialabstand zwischen den Lokalbeanspruchungen σ^*_{1Max} sowie σ_{GEHMax} als Funktion des Moduls m sowie des Wellenfußrundungsradiusverhältnisses ρ_{f1}/m der ZWV Kapitel 3.3 – 300 x var. x var. (gemäß Tabelle 6.1; $c_{F1}/m = 0{,}12$; $\alpha = 30\,°$; $\rho_{f1}/m = var.$)

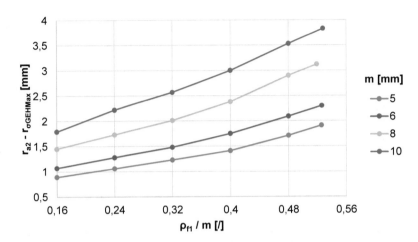

Abbildung 11.196: Absoluter Radialabstand der gestaltfestigkeitsrelevanten Lokalbeanspruchung σ_{GEHMax} vom Nabenkopfkreis als Funktion des Moduls m sowie des Wellenfußrundungsradiusverhältnisses ρ_{f1}/m der ZWV Kapitel 3.3 – 300 x var. x var. (gemäß Tabelle 6.1; $c_{F1}/m = 0{,}12$; $\alpha = 30\,°$; $\rho_{f1}/m = var.$)

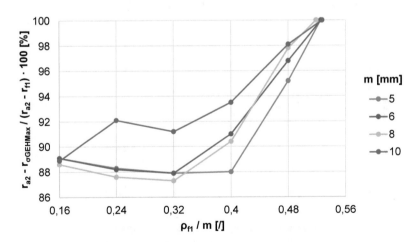

Abbildung 11.197: Radiale Relativlage der gestaltfestigkeitsrelevanten Lokalbeanspruchung σ_{GEHMax} zum Wellenfußkreis als Funktion des Moduls m sowie des Wellenfußrundungsradiusverhältnisses ρ_{f1}/m der ZWV Kapitel 3.3 – 300 x var. x var. (gemäß Tabelle 6.1; $c_{F1}/m = 0{,}12$; $\alpha = 30\,°$; $\rho_{f1}/m = var.$)

11.2.1.2.6.3 Charakterisierung der Kerbwirkung

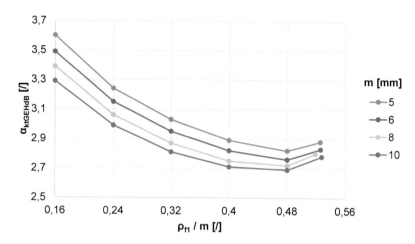

Abbildung 11.198: Torsionsformzahl $\alpha_{ktGEHdB}$ als Funktion des Moduls m sowie des Wellenfußrundungsradiusverhältnisses ρ_{f1}/m der ZWV Kapitel 3.3 – 300 x var. x var. (gemäß Tabelle 6.1; $c_{F1}/m = 0{,}12$; $\alpha = 30°$; $\rho_{f1}/m = var.$)

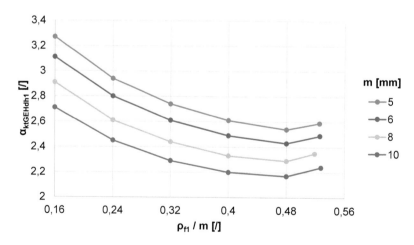

Abbildung 11.199: Torsionsformzahl $\alpha_{ktGEHdh1}$ als Funktion des Moduls m sowie des Wellenfußrundungsradiusverhältnisses ρ_{f1}/m der ZWV Kapitel 3.3 – 300 x var. x var. (gemäß Tabelle 6.1; $c_{F1}/m = 0{,}12$; $\alpha = 30°$; $\rho_{f1}/m = var.$)

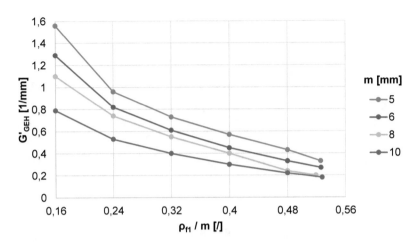

Abbildung 11.200: Torsionsmomentinduziert bezogenes Spannungsgefälle G'_{GEH} als Funktion des Moduls m sowie des Wellenfußrundungsradiusverhältnisses ρ_{f1}/m der ZWV Kapitel 3.3 – 300 x var. x var. (gemäß Tabelle 6.1; $c_{F1}/m = 0{,}12$; $\alpha = 30\,°$; $\rho_{f1}/m = var.$)

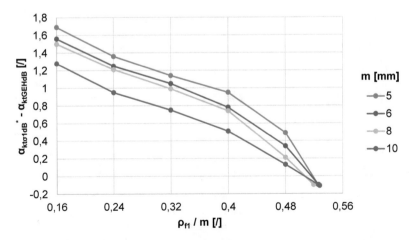

Abbildung 11.201: Differenz der Torsionsformzahlen $\alpha^{*}_{kt\sigma1dB}$ und $\alpha_{ktGEHdB}$ als Funktion des Moduls m sowie des Wellenfußrundungsradiusverhältnisses ρ_{f1}/m der ZWV Kapitel 3.3 – 300 x var. x var. (gemäß Tabelle 6.1; $c_{F1}/m = 0{,}12$; $\alpha = 30\,°$; $\rho_{f1}/m = var.$)

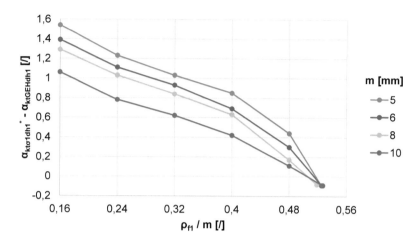

Abbildung 11.202: Differenz der Torsionsformzahlen $\alpha_{kt\sigma1dh1}^{*}$ und $\alpha_{ktGEHdh1}$ als Funktion des Moduls m sowie des Wellenfußrundungsradiusverhältnisses ρ_{f1}/m der ZWV Kapitel 3.3 – 300 x var. x var. (gemäß Tabelle 6.1; $c_{F1}/m = 0,12$; $\alpha = 30\,°$; $\rho_{f1}/m = var.$)

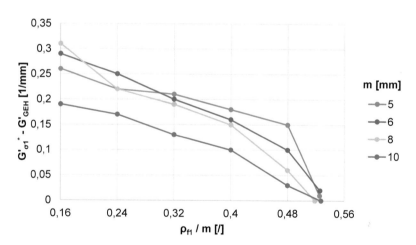

Abbildung 11.203: Differenz der torsionsmomentinduziert bezogenen Spannungsgefälle $G_{\sigma1}^{\prime*}$ und $G_{GEH}^{\prime}$ als Funktion des Moduls m sowie des Wellenfußrundungsradiusverhältnisses ρ_{f1}/m der ZWV Kapitel 3.3 – 300 x var. x var. (gemäß Tabelle 6.1; $c_{F1}/m = 0,12$; $\alpha = 30\,°$; $\rho_{f1}/m = var.$)

11.2.1.2.6.4 Querschnittbezogene Gestaltfestigkeitsdifferenzierung

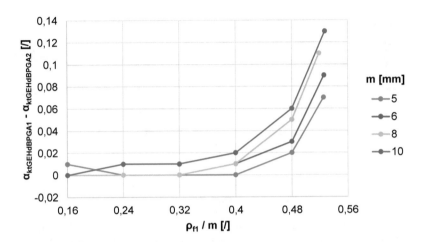

Abbildung 11.204: Differenz der Torsionsformzahlen $\alpha_{ktGEHdBPGA1}$ und $\alpha_{ktGEHdBPGA2}$ als Funktion des Moduls m sowie des Wellenfußrundungsradiusverhältnisses ρ_{f1}/m der ZWV Kapitel 3.3 – 300 x var. x var. (gemäß Tabelle 6.1; $c_{F1}/m = 0{,}12$; $\alpha = 30\,°$; $\rho_{f1}/m = var.$)

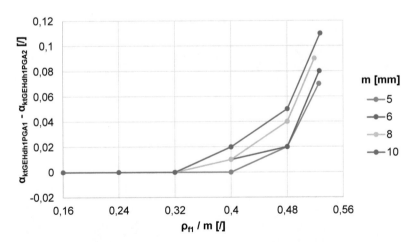

Abbildung 11.205: Differenz der Torsionsformzahlen $\alpha_{ktGEHdh1PGA1}$ und $\alpha_{ktGEHdh1PGA2}$ als Funktion des Moduls m sowie des Wellenfußrundungsradiusverhältnisses ρ_{f1}/m der ZWV Kapitel 3.3 – 300 x var. x var. (gemäß Tabelle 6.1; $c_{F1}/m = 0{,}12$; $\alpha = 30\,°$; $\rho_{f1}/m = var.$)

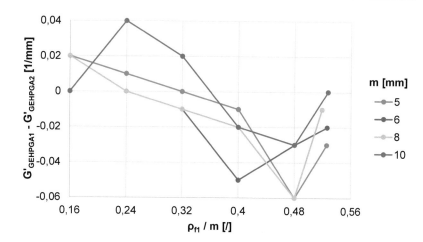

Abbildung 11.206: Differenz der torsionsmomentinduziert bezogenen Spannungsgefälle $G'_{GEHPGA1}$ und $G'_{GEHPGA2}$ als Funktion des Moduls m sowie des Wellenfußrundungsradiusverhältnisses ρ_{f1}/m der ZWV Kapitel 3.3 – 300 x var. x var. (gemäß Tabelle 6.1; $c_{F1}/m = 0{,}12$; $\alpha = 30°$; $\rho_{f1}/m = var.$)

11.2.1.2.7   Bezugsdurchmesser $d_B = 500\ mm$

11.2.1.2.7.1   Wellenfußkreisdurchmesser d_{f1}

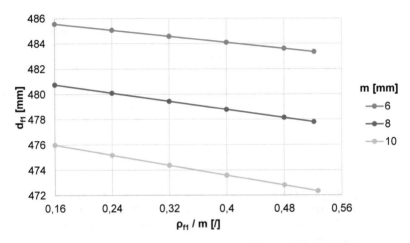

Abbildung 11.207: Wellenfußkreisdurchmesser d_{f1} als Funktion des Moduls m sowie des Wellenfußrundungsradiusverhältnisses ρ_{f1}/m der ZWV Kapitel 3.3 – 500 x var. x var. (gemäß Tabelle 6.1; $c_{F1}/m = 0{,}12$; $\alpha = 30\,°$; $\rho_{f1}/m = var.$)

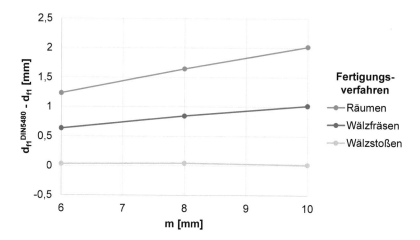

Abbildung 11.208: Wellenfußkreisdurchmesserdifferenz der ZWV nach [DIN 5480] (Zerspanen) sowie der ZWV Kapitel 3.3 (gemäß Tabelle 6.1; $c_{F1}/m = 0,12$; $\alpha = 30°$; $\rho_{f1}/m = 0,16$) des Bezugsdurchmessers d_B von 500 mm als Funktion des Moduls m sowie des Fertigungsverfahrens

11.2.1.2.7.2 Ort der Lokalbeanspruchung

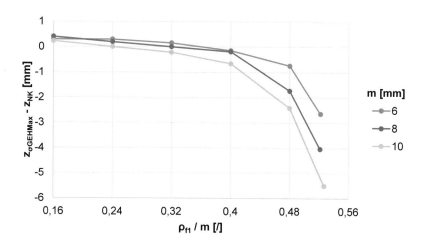

Abbildung 11.209: Absoluter Axialabstand der gestaltfestigkeitsrelevanten Lokalbeanspruchung σ_{GEHMax} von der Nabenkante als Funktion des Moduls m sowie des Wellenfußrundungsradiusverhältnisses ρ_{f1}/m der ZWV Kapitel 3.3 – 500 x var. x var. (gemäß Tabelle 6.1; $c_{F1}/m = 0,12$; $\alpha = 30°$; $\rho_{f1}/m = var.$)

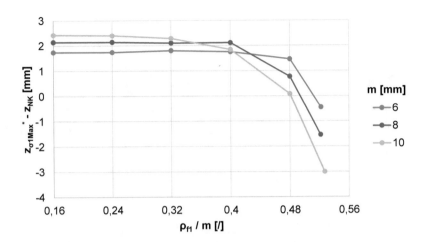

Abbildung 11.210: Absoluter Axialabstand der relevanten Lokalbeanspruchung σ^*_{1Max} von der Nabenkante als Funktion des Moduls m sowie des Wellenfußrundungsradiusverhältnisses ρ_{f1}/m der ZWV Kapitel 3.3 – 500 x var. x var. (gemäß Tabelle 6.1; $c_{F1}/m = 0{,}12$; $\alpha = 30\,°$; $\rho_{f1}/m = var.$)

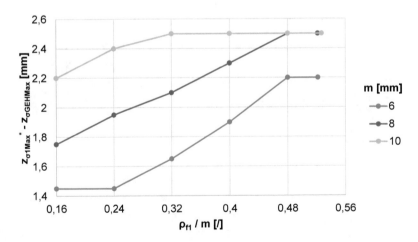

Abbildung 11.211: Absoluter Axialabstand zwischen den Lokalbeanspruchungen σ^*_{1Max} sowie σ_{GEHMax} als Funktion des Moduls m sowie des Wellenfußrundungsradiusverhältnisses ρ_{f1}/m der ZWV Kapitel 3.3 – 500 x var. x var. (gemäß Tabelle 6.1; $c_{F1}/m = 0{,}12$; $\alpha = 30\,°$; $\rho_{f1}/m = var.$)

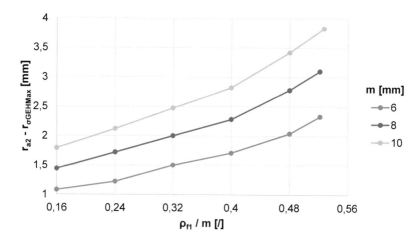

Abbildung 11.212: Absoluter Radialabstand der gestaltfestigkeitsrelevanten Lokal-beanspruchung σ_{GEHMax} vom Nabenkopfkreis als Funktion des Moduls m sowie des Wellenfußrundungsradiusverhältnisses ρ_{f1}/m der ZWV Kapitel 3.3 – 500 x var. x var. (gemäß Tabelle 6.1; $c_{F1}/m = 0{,}12$; $\alpha = 30\,°$; $\rho_{f1}/m = var.$)

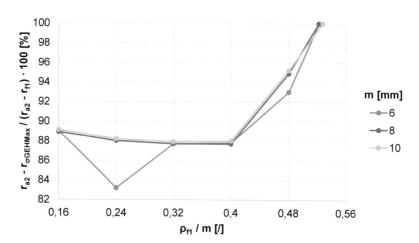

Abbildung 11.213: Radiale Relativlage der gestaltfestigkeitsrelevanten Lokalbean-spruchung σ_{GEHMax} zum Wellenfußkreis als Funktion des Moduls m sowie des Wel-lenfußrundungsradiusverhältnisses ρ_{f1}/m der ZWV Kapitel 3.3 – 500 x var. x var. (gemäß Tabelle 6.1; $c_{F1}/m = 0{,}12$; $\alpha = 30\,°$; $\rho_{f1}/m = var.$)

11.2.1.2.7.3 Charakterisierung der Kerbwirkung

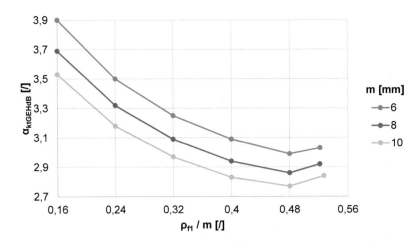

Abbildung 11.214: Torsionsformzahl $\alpha_{ktGEHdB}$ als Funktion des Moduls m sowie des Wellenfußrundungsradiusverhältnisses ρ_{f1}/m der ZWV Kapitel 3.3 – 500 x var. x var. (gemäß Tabelle 6.1; $c_{F1}/m = 0{,}12$; $\alpha = 30\,°$; $\rho_{f1}/m = var.$)

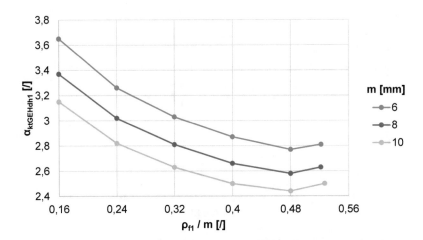

Abbildung 11.215: Torsionsformzahl $\alpha_{ktGEHdh1}$ als Funktion des Moduls m sowie des Wellenfußrundungsradiusverhältnisses ρ_{f1}/m der ZWV Kapitel 3.3 – 500 x var. x var. (gemäß Tabelle 6.1; $c_{F1}/m = 0{,}12$; $\alpha = 30\,°$; $\rho_{f1}/m = var.$)

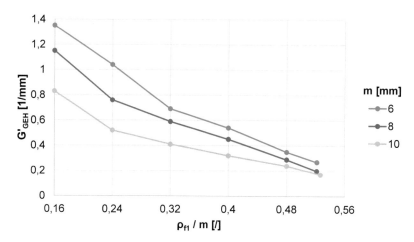

Abbildung 11.216: Torsionsmomentinduziert bezogenes Spannungsgefälle G'_{GEH} als Funktion des Moduls m sowie des Wellenfußrundungsradiusverhältnisses ρ_{f1}/m der ZWV Kapitel 3.3 – 500 x var. x var. (gemäß Tabelle 6.1; $c_{F1}/m = 0,12$; $\alpha = 30\,°$; $\rho_{f1}/m = var.$)

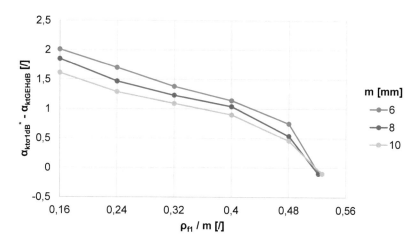

Abbildung 11.217: Differenz der Torsionsformzahlen $\alpha^*_{kt\sigma1dB}$ und $\alpha_{ktGEHdB}$ als Funktion des Moduls m sowie des Wellenfußrundungsradiusverhältnisses ρ_{f1}/m der ZWV Kapitel 3.3 – 500 x var. x var. (gemäß Tabelle 6.1; $c_{F1}/m = 0,12$; $\alpha = 30\,°$; $\rho_{f1}/m = var.$)

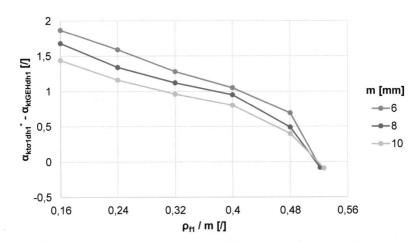

Abbildung 11.218: Differenz der Torsionsformzahlen $\alpha^*_{kt\sigma1dh1}$ und $\alpha_{ktGEHdh1}$ als Funktion des Moduls m sowie des Wellenfußrundungsradiusverhältnisses ρ_{f1}/m der ZWV Kapitel 3.3 – 500 x var. x var. (gemäß Tabelle 6.1; $c_{F1}/m = 0{,}12$; $\alpha = 30\,°$; $\rho_{f1}/m = var.$)

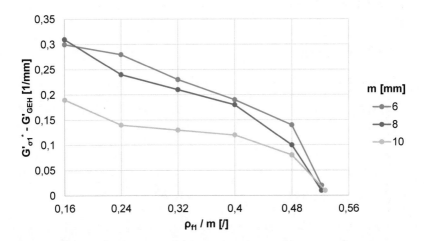

Abbildung 11.219: Differenz der torsionsmomentinduziert bezogenen Spannungsgefälle $G'_{\sigma1}$ und G'_{GEH} als Funktion des Moduls m sowie des Wellenfußrundungsradiusverhältnisses ρ_{f1}/m der ZWV Kapitel 3.3 – 500 x var. x var. (gemäß Tabelle 6.1; $c_{F1}/m = 0{,}12$; $\alpha = 30\,°$; $\rho_{f1}/m = var.$)

11.2.1.2.7.4 Querschnittbezogene Gestaltfestigkeitsdifferenzierung

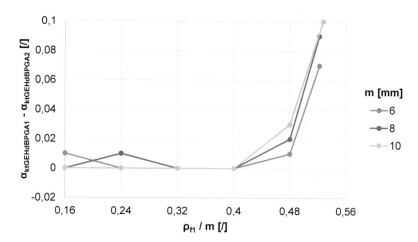

Abbildung 11.220: Differenz der Torsionsformzahlen $\alpha_{ktGEHdBPGA1}$ und $\alpha_{ktGEHdBPGA2}$ als Funktion des Moduls m sowie des Wellenfußrundungsradiusverhältnisses ρ_{f1}/m der ZWV Kapitel 3.3 – 500 x var. x var. (gemäß Tabelle 6.1; $c_{F1}/m = 0{,}12$; $\alpha = 30\,°$; $\rho_{f1}/m = var.$)

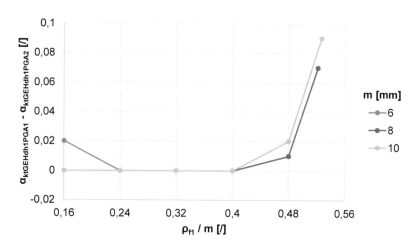

Abbildung 11.221: Differenz der Torsionsformzahlen $\alpha_{ktGEHdh1PGA1}$ und $\alpha_{ktGEHdh1PGA2}$ als Funktion des Moduls m sowie des Wellenfußrundungsradiusverhältnisses ρ_{f1}/m der ZWV Kapitel 3.3 – 500 x var. x var. (gemäß Tabelle 6.1; $c_{F1}/m = 0{,}12$; $\alpha = 30\,°$; $\rho_{f1}/m = var.$)

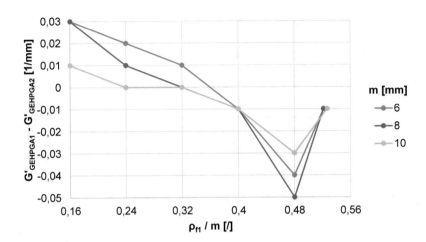

Abbildung 11.222: Differenz der torsionsmomentinduziert bezogenen Spannungsgefälle $G'_{GEHPGA1}$ und $G'_{GEHPGA2}$ als Funktion des Moduls m sowie des Wellenfußrundungsradiusverhältnisses ρ_{f1}/m der ZWV Kapitel 3.3 – 500 x var. x var. (gemäß Tabelle 6.1; $c_{F1}/m = 0{,}12$; $\alpha = 30\,°$; $\rho_{f1}/m = var.$)

11.2.1.3   Flankenwinkel $\alpha = 37,5\,°$

11.2.1.3.1   Bezugsdurchmesser $d_B = 6\,mm$

11.2.1.3.1.1 Wellenfußkreisdurchmesser d_{f1}

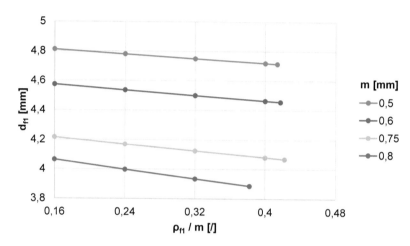

Abbildung 11.223: Wellenfußkreisdurchmesser d_{f1} als Funktion des Moduls m sowie des Wellenfußrundungsradiusverhältnisses ρ_{f1}/m der ZWV Kapitel 3.3 – 6 x var. x var. (gemäß Tabelle 6.1; $c_{F1}/m = 0,12$; $\alpha = 37,5\,°$; $\rho_{f1}/m = var.$)

11.2.1.3.1.2 Ort der Lokalbeanspruchung

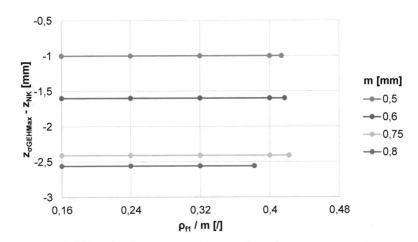

Abbildung 11.224: Absoluter Axialabstand der gestaltfestigkeitsrelevanten Lokalbeanspruchung σ_{GEHMax} von der Nabenkante als Funktion des Moduls m sowie des Wellenfußrundungsradiusverhältnisses ρ_{f1}/m der ZWV Kapitel 3.3 – 6 x var. x var. (gemäß Tabelle 6.1; $c_{F1}/m = 0,12$; $\alpha = 37,5\,°$; $\rho_{f1}/m = var.$)

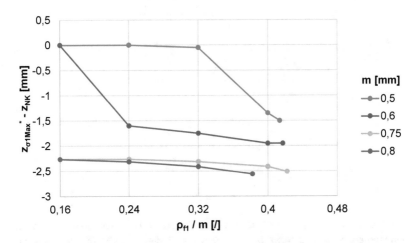

Abbildung 11.225: Absoluter Axialabstand der relevanten Lokalbeanspruchung σ_{1Max}^{*} von der Nabenkante als Funktion des Moduls m sowie des Wellenfußrundungsradiusverhältnisses ρ_{f1}/m der ZWV Kapitel 3.3 – 6 x var. x var. (gemäß Tabelle 6.1; $c_{F1}/m = 0,12$; $\alpha = 37,5\,°$; $\rho_{f1}/m = var.$)

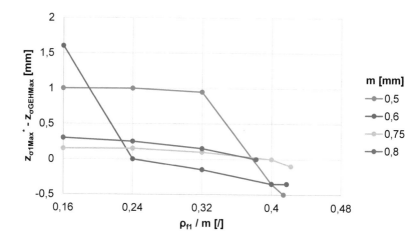

Abbildung 11.226: Absoluter Axialabstand zwischen den Lokalbeanspruchungen σ_{1Max}^* sowie σ_{GEHMax} als Funktion des Moduls m sowie des Wellenfußrundungsradiusverhältnisses ρ_{f1}/m der ZWV Kapitel 3.3 – 6 x var. x var. (gemäß Tabelle 6.1; $c_{F1}/m = 0{,}12$; $\alpha = 37{,}5$ °; $\rho_{f1}/m = var.$)

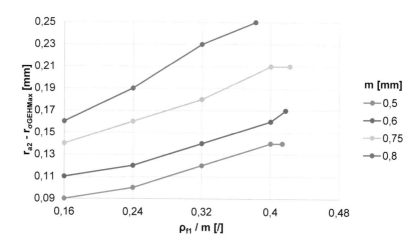

Abbildung 11.227: Absoluter Radialabstand der gestaltfestigkeitsrelevanten Lokalbeanspruchung σ_{GEHMax} vom Nabenkopfkreis als Funktion des Moduls m sowie des Wellenfußrundungsradiusverhältnisses ρ_{f1}/m der ZWV Kapitel 3.3 – 6 x var. x var. (gemäß Tabelle 6.1; $c_{F1}/m = 0{,}12$; $\alpha = 37{,}5$ °; $\rho_{f1}/m = var.$)

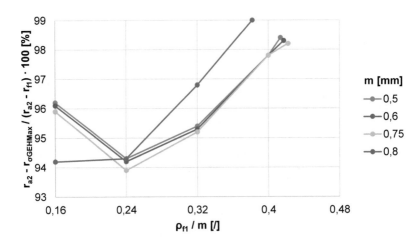

Abbildung 11.228: Radiale Relativlage der gestaltfestigkeitsrelevanten Lokalbeanspruchung σ_{GEHMax} zum Wellenfußkreis als Funktion des Moduls m sowie des Wellenfußrundungsradiusverhältnisses ρ_{f1}/m der ZWV Kapitel 3.3 – 6 x var. x var. (gemäß Tabelle 6.1; $c_{F1}/m = 0{,}12$; $\alpha = 37{,}5\,°$; $\rho_{f1}/m = var.$)

11.2.1.3.1.3 Charakterisierung der Kerbwirkung

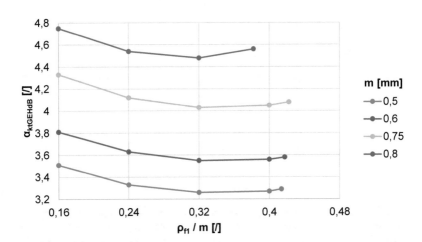

Abbildung 11.229: Torsionsformzahl $\alpha_{ktGEHdB}$ als Funktion des Moduls m sowie des Wellenfußrundungsradiusverhältnisses ρ_{f1}/m der ZWV Kapitel 3.3 – 6 x var. x var. (gemäß Tabelle 6.1; $c_{F1}/m = 0{,}12$; $\alpha = 37{,}5\,°$; $\rho_{f1}/m = var.$)

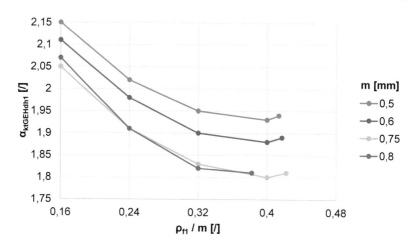

Abbildung 11.230: Torsionsformzahl $\alpha_{ktGEHdh1}$ als Funktion des Moduls m sowie des Wellenfußrundungsradiusverhältnisses ρ_{f1}/m der ZWV Kapitel 3.3 – 6 x var. x var. (gemäß Tabelle 6.1; $c_{F1}/m = 0{,}12$; $\alpha = 37{,}5°$; $\rho_{f1}/m = var.$)

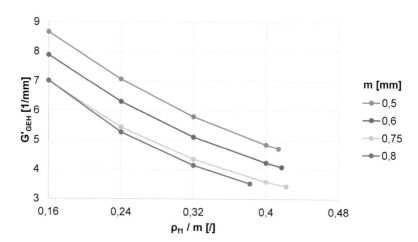

Abbildung 11.231: Torsionsmomentinduziert bezogenes Spannungsgefälle G'_{GEH} als Funktion des Moduls m sowie des Wellenfußrundungsradiusverhältnisses ρ_{f1}/m der ZWV Kapitel 3.3 – 6 x var. x var. (gemäß Tabelle 6.1; $c_{F1}/m = 0{,}12$; $\alpha = 37{,}5°$; $\rho_{f1}/m = var.$)

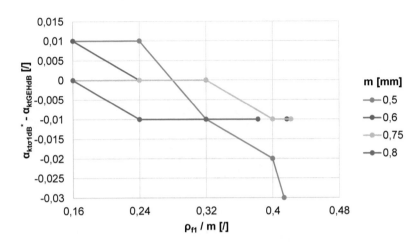

Abbildung 11.232: Differenz der Torsionsformzahlen $\alpha^*_{kt\sigma1dB}$ und $\alpha_{ktGEHdB}$ als Funktion des Moduls m sowie des Wellenfußrundungsradiusverhältnisses ρ_{f1}/m der ZWV Kapitel 3.3 – 6 x var. x var. (gemäß Tabelle 6.1; $c_{F1}/m = 0{,}12$; $\alpha = 37{,}5\,°$; $\rho_{f1}/m = var.$)

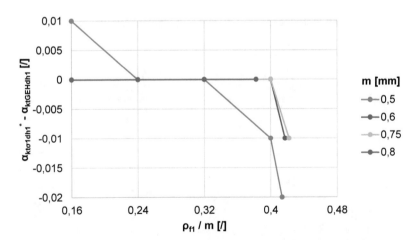

Abbildung 11.233: Differenz der Torsionsformzahlen $\alpha^*_{kt\sigma1dh1}$ und $\alpha_{ktGEHdh1}$ als Funktion des Moduls m sowie des Wellenfußrundungsradiusverhältnisses ρ_{f1}/m der ZWV Kapitel 3.3 – 6 x var. x var. (gemäß Tabelle 6.1; $c_{F1}/m = 0{,}12$; $\alpha = 37{,}5\,°$; $\rho_{f1}/m = var.$)

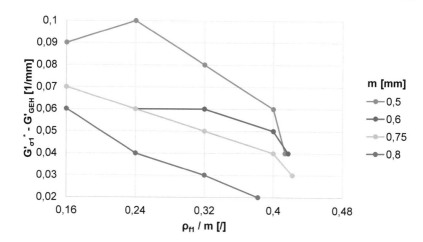

Abbildung 11.234: Differenz der torsionsmomentinduziert bezogenen Spannungsgefälle $G'^*_{\sigma 1}$ und G'_{GEH} als Funktion des Moduls m sowie des Wellenfußrundungsradiusverhältnisses ρ_{f1}/m der ZWV Kapitel 3.3 – 6 x var. x var. (gemäß Tabelle 6.1;
$c_{F1}/m = 0,12$; $\alpha = 37,5\,°$; $\rho_{f1}/m = var.$)

11.2.1.3.1.4 Querschnittbezogene Gestaltfestigkeitsdifferenzierung

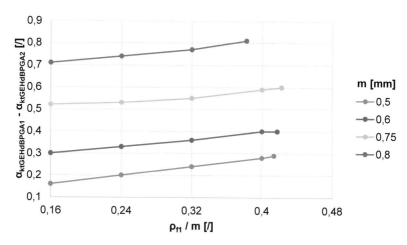

Abbildung 11.235: Differenz der Torsionsformzahlen $\alpha_{ktGEHdBPGA1}$ und $\alpha_{ktGEHdBPGA2}$
als Funktion des Moduls m sowie des Wellenfußrundungsradiusverhältnisses ρ_{f1}/m
der ZWV Kapitel 3.3 – 6 x var. x var. (gemäß Tabelle 6.1; $c_{F1}/m = 0,12$; $\alpha = 37,5\,°$;
$\rho_{f1}/m = var.$)

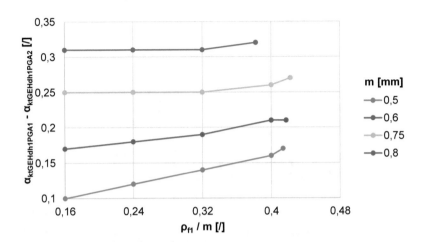

Abbildung 11.236: Differenz der Torsionsformzahlen $\alpha_{ktGEHdh1PGA1}$ und $\alpha_{ktGEHdh1PGA2}$ als Funktion des Moduls m sowie des Wellenfußrundungsradiusverhältnisses ρ_{f1}/m der ZWV Kapitel 3.3 – 6 x var. x var. (gemäß Tabelle 6.1; $c_{F1}/m = 0{,}12$; $\alpha = 37{,}5\,°$; $\rho_{f1}/m = var.$)

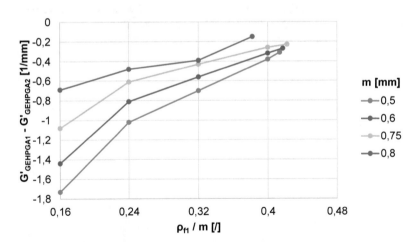

Abbildung 11.237: Differenz der torsionsmomentinduziert bezogenen Spannungsgefälle $G'_{GEHPGA1}$ und $G'_{GEHPGA2}$ als Funktion des Moduls m sowie des Wellenfußrundungsradiusverhältnisses ρ_{f1}/m der ZWV Kapitel 3.3 – 6 x var. x var. (gemäß Tabelle 6.1; $c_{F1}/m = 0{,}12$; $\alpha = 37{,}5\,°$; $\rho_{f1}/m = var.$)

11.2.1.3.2   Bezugsdurchmesser $d_B = 25\ mm$

11.2.1.3.2.1   Wellenfußkreisdurchmesser d_{f1}

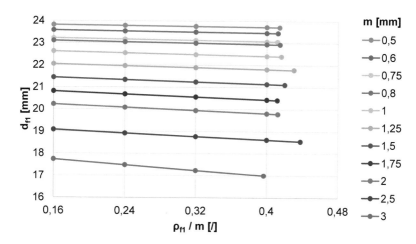

Abbildung 11.238: Wellenfußkreisdurchmesser d_{f1} als Funktion des Moduls m sowie des Wellenfußrundungsradiusverhältnisses ρ_{f1}/m der ZWV Kapitel 3.3 – 25 x var. x var. (gemäß Tabelle 6.1; $c_{F1}/m = 0{,}12$; $\alpha = 37{,}5\ °$; $\rho_{f1}/m = var.$)

11.2.1.3.2.2 Ort der Lokalbeanspruchung

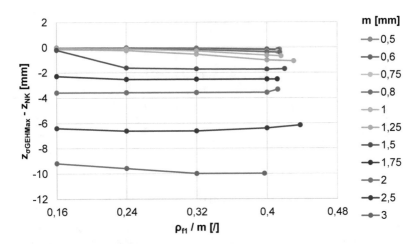

Abbildung 11.239: Absoluter Axialabstand der gestaltfestigkeitsrelevanten Lokalbeanspruchung σ_{GEHMax} von der Nabenkante als Funktion des Moduls m sowie des Wellenfußrundungsradiusverhältnisses ρ_{f1}/m der ZWV Kapitel 3.3 – 25 x var. x var. (gemäß Tabelle 6.1; $c_{F1}/m = 0{,}12$; $\alpha = 37{,}5\,°$; $\rho_{f1}/m = var.$)

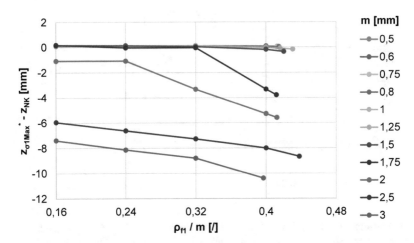

Abbildung 11.240: Absoluter Axialabstand der relevanten Lokalbeanspruchung σ_{1Max}^{*} von der Nabenkante als Funktion des Moduls m sowie des Wellenfußrundungsradiusverhältnisses ρ_{f1}/m der ZWV Kapitel 3.3 – 25 x var. x var. (gemäß Tabelle 6.1; $c_{F1}/m = 0{,}12$; $\alpha = 37{,}5\,°$; $\rho_{f1}/m = var.$)

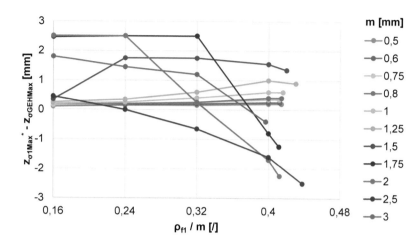

Abbildung 11.241: Absoluter Axialabstand zwischen den Lokalbeanspruchungen σ_{1Max}^* sowie σ_{GEHMax} als Funktion des Moduls m sowie des Wellenfußrundungsradiusverhältnisses ρ_{f1}/m der ZWV Kapitel 3.3 – 25 x var. x var. (gemäß Tabelle 6.1; $c_{F1}/m = 0{,}12$; $\alpha = 37{,}5\,°$; $\rho_{f1}/m = var.$)

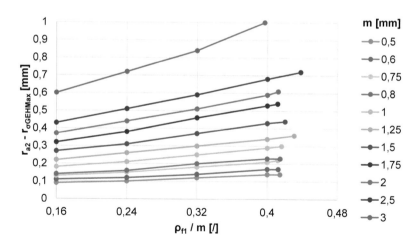

Abbildung 11.242: Absoluter Radialabstand der gestaltfestigkeitsrelevanten Lokalbeanspruchung σ_{GEHMax} vom Nabenkopfkreis als Funktion des Moduls m sowie des Wellenfußrundungsradiusverhältnisses ρ_{f1}/m der ZWV Kapitel 3.3 – 25 x var. x var. (gemäß Tabelle 6.1; $c_{F1}/m = 0{,}12$; $\alpha = 37{,}5\,°$; $\rho_{f1}/m = var.$)

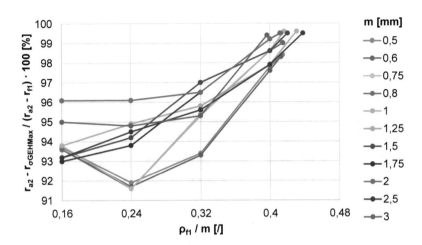

Abbildung 11.243: Radiale Relativlage der gestaltfestigkeitsrelevanten Lokalbeanspruchung σ_{GEHMax} zum Wellenfußkreis als Funktion des Moduls m sowie des Wellenfußrundungsradiusverhältnisses ρ_{f1}/m der ZWV Kapitel 3.3 – 25 x var. x var. (gemäß Tabelle 6.1; $c_{F1}/m = 0{,}12$; $\alpha = 37{,}5\,°$; $\rho_{f1}/m = var.$)

11.2.1.3.2.3 Charakterisierung der Kerbwirkung

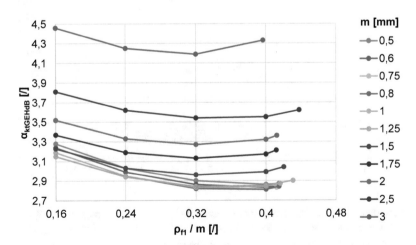

Abbildung 11.244: Torsionsformzahl $\alpha_{ktGEHdB}$ als Funktion des Moduls m sowie des Wellenfußrundungsradiusverhältnisses ρ_{f1}/m der ZWV Kapitel 3.3 – 25 x var. x var. (gemäß Tabelle 6.1; $c_{F1}/m = 0{,}12$; $\alpha = 37{,}5\,°$; $\rho_{f1}/m = var.$)

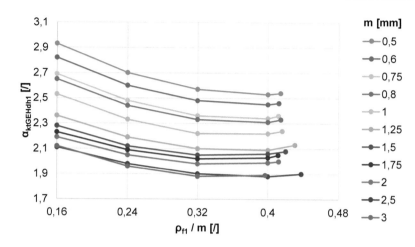

Abbildung 11.245: Torsionsformzahl $\alpha_{ktGEHdh1}$ als Funktion des Moduls m sowie des Wellenfußrundungsradiusverhältnisses ρ_{f1}/m der ZWV Kapitel 3.3 – 25 x var. x var. (gemäß Tabelle 6.1; $c_{F1}/m = 0,12$; $\alpha = 37,5\,°$; $\rho_{f1}/m = var.$)

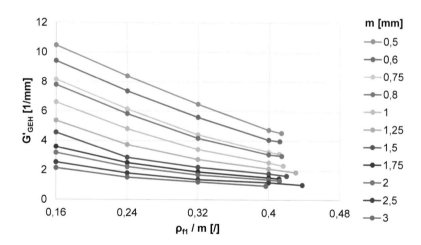

Abbildung 11.246: Torsionsmomentinduziert bezogenes Spannungsgefälle G'_{GEH} als Funktion des Moduls m sowie des Wellenfußrundungsradiusverhältnisses ρ_{f1}/m der ZWV Kapitel 3.3 – 25 x var. x var. (gemäß Tabelle 6.1; $c_{F1}/m = 0,12$; $\alpha = 37,5\,°$; $\rho_{f1}/m = var.$)

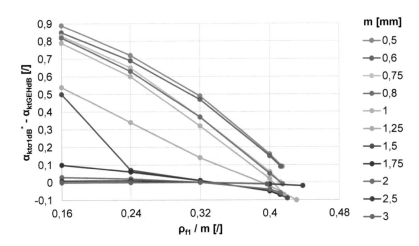

Abbildung 11.247: Differenz der Torsionsformzahlen $\alpha^*_{kt\sigma1dB}$ und $\alpha_{ktGEHdB}$ als Funktion des Moduls m sowie des Wellenfußrundungsradiusverhältnisses ρ_{f1}/m der ZWV Kapitel 3.3 − 25 x var. x var. (gemäß Tabelle 6.1; $c_{F1}/m = 0{,}12$; $\alpha = 37{,}5$ °; $\rho_{f1}/m = var.$)

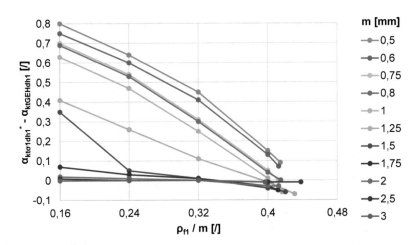

Abbildung 11.248: Differenz der Torsionsformzahlen $\alpha^*_{kt\sigma1dh1}$ und $\alpha_{ktGEHdh1}$ als Funktion des Moduls m sowie des Wellenfußrundungsradiusverhältnisses ρ_{f1}/m der ZWV Kapitel 3.3 − 25 x var. x var. (gemäß Tabelle 6.1; $c_{F1}/m = 0{,}12$; $\alpha = 37{,}5$ °; $\rho_{f1}/m = var.$)

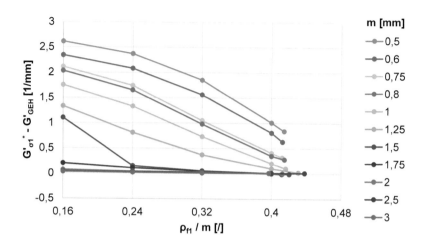

Abbildung 11.249: Differenz der torsionsmomentinduziert bezogenen Spannungsgefälle $G'_{\sigma 1}$ und G'_{GEH} als Funktion des Moduls m sowie des Wellenfußrundungsradiusverhältnisses ρ_{f1}/m der ZWV Kapitel 3.3 – 25 x var. x var. (gemäß Tabelle 6.1; $c_{F1}/m = 0{,}12$; $\alpha = 37{,}5\,°$; $\rho_{f1}/m = var.$)

11.2.1.3.2.4 Querschnittbezogene Gestaltfestigkeitsdifferenzierung

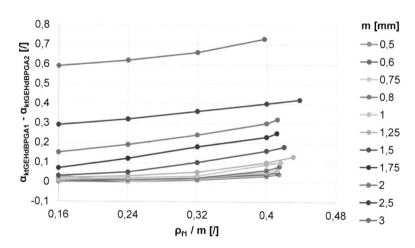

Abbildung 11.250: Differenz der Torsionsformzahlen $\alpha_{ktGEHdBPGA1}$ und $\alpha_{ktGEHdBPGA2}$ als Funktion des Moduls m sowie des Wellenfußrundungsradiusverhältnisses ρ_{f1}/m der ZWV Kapitel 3.3 – 25 x var. x var. (gemäß Tabelle 6.1; $c_{F1}/m = 0{,}12$; $\alpha = 37{,}5\,°$; $\rho_{f1}/m = var.$)

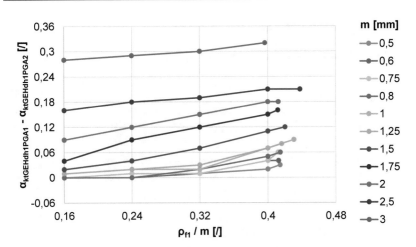

Abbildung 11.251: Differenz der Torsionsformzahlen $\alpha_{ktGEHdh1PGA1}$ und $\alpha_{ktGEHdh1PGA2}$ als Funktion des Moduls m sowie des Wellenfußrundungsradiusverhältnisses ρ_{f1}/m der ZWV Kapitel 3.3 – 25 x var. x var. (gemäß Tabelle 6.1; $c_{F1}/m = 0{,}12$; $\alpha = 37{,}5°$; $\rho_{f1}/m = var.$)

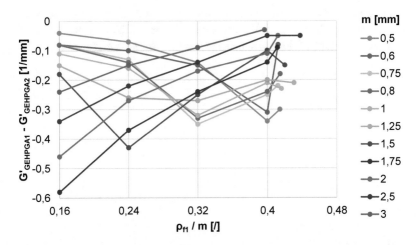

Abbildung 11.252: Differenz der torsionsmomentinduziert bezogenen Spannungsgefälle $G'_{GEHPGA1}$ und $G'_{GEHPGA2}$ als Funktion des Moduls m sowie des Wellenfußrundungsradiusverhältnisses ρ_{f1}/m der ZWV Kapitel 3.3 – 25 x var. x var. (gemäß Tabelle 6.1; $c_{F1}/m = 0{,}12$; $\alpha = 37{,}5°$; $\rho_{f1}/m = var.$)

11.2.1.3.3   Bezugsdurchmesser $d_B = 45\,mm$

11.2.1.3.3.1   Wellenfußkreisdurchmesser d_{f1}

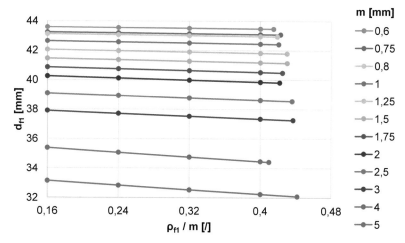

Abbildung 11.253: Wellenfußkreisdurchmesser d_{f1} als Funktion des Moduls m sowie des Wellenfußrundungsradiusverhältnisses ρ_{f1}/m der ZWV Kapitel 3.3 – 45 x var. x var. (gemäß Tabelle 6.1; $c_{F1}/m = 0{,}12$; $\alpha = 37{,}5\,°$; $\rho_{f1}/m = var.$)

11.2.1.3.3.2 Ort der Lokalbeanspruchung

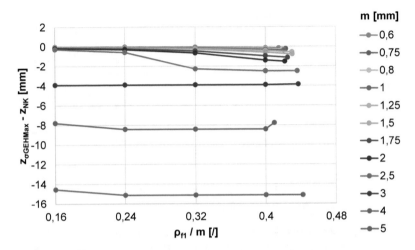

Abbildung 11.254: Absoluter Axialabstand der gestaltfestigkeitsrelevanten Lokalbeanspruchung σ_{GEHMax} von der Nabenkante als Funktion des Moduls m sowie des Wellenfußrundungsradiusverhältnisses ρ_{f1}/m der ZWV Kapitel 3.3 – 45 x var. x var. (gemäß Tabelle 6.1; $c_{F1}/m = 0{,}12$; $\alpha = 37{,}5\,°$; $\rho_{f1}/m = var$.)

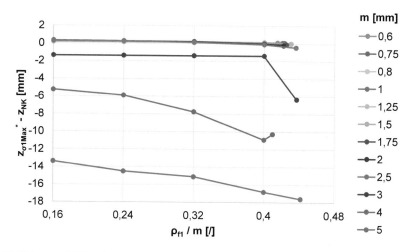

Abbildung 11.255: Absoluter Axialabstand der relevanten Lokalbeanspruchung σ^*_{1Max} von der Nabenkante als Funktion des Moduls m sowie des Wellenfußrundungsradiusverhältnisses ρ_{f1}/m der ZWV Kapitel 3.3 – 45 x var. x var. (gemäß Tabelle 6.1; $c_{F1}/m = 0,12$; $\alpha = 37,5\,°$; $\rho_{f1}/m = var.$)

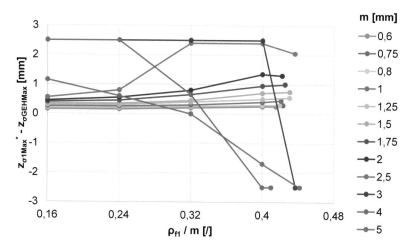

Abbildung 11.256: Absoluter Axialabstand zwischen den Lokalbeanspruchungen σ^*_{1Max} sowie σ_{GEHMax} als Funktion des Moduls m sowie des Wellenfußrundungsradiusverhältnisses ρ_{f1}/m der ZWV Kapitel 3.3 – 45 x var. x var. (gemäß Tabelle 6.1; $c_{F1}/m = 0,12$; $\alpha = 37,5\,°$; $\rho_{f1}/m = var.$)

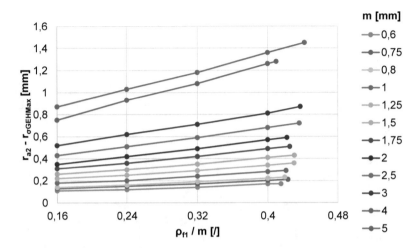

Abbildung 11.257: Absoluter Radialabstand der gestaltfestigkeitsrelevanten Lokalbeanspruchung σ_{GEHMax} vom Nabenkopfkreis als Funktion des Moduls m sowie des Wellenfußrundungsradiusverhältnisses ρ_{f1}/m der ZWV Kapitel 3.3 – 45 x var. x var. (gemäß Tabelle 6.1; $c_{F1}/m = 0,12$; $\alpha = 37,5\,°$; $\rho_{f1}/m = var.$)

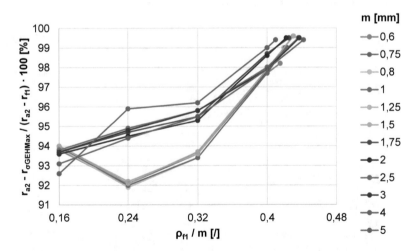

Abbildung 11.258: Radiale Relativlage der gestaltfestigkeitsrelevanten Lokalbeanspruchung σ_{GEHMax} zum Wellenfußkreis als Funktion des Moduls m sowie des Wellenfußrundungsradiusverhältnisses ρ_{f1}/m der ZWV Kapitel 3.3 – 45 x var. x var. (gemäß Tabelle 6.1; $c_{F1}/m = 0,12$; $\alpha = 37,5\,°$; $\rho_{f1}/m = var.$)

11.2.1.3.3.3 Charakterisierung der Kerbwirkung

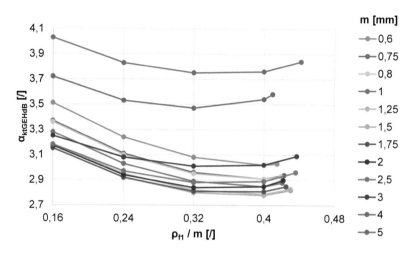

Abbildung 11.259: Torsionsformzahl $\alpha_{ktGEHdB}$ als Funktion des Moduls m sowie des Wellenfußrundungsradiusverhältnisses ρ_{f1}/m der ZWV Kapitel 3.3 – 45 x var. x var. (gemäß Tabelle 6.1; $c_{F1}/m = 0{,}12$; $\alpha = 37{,}5\,°$; $\rho_{f1}/m = var.$)

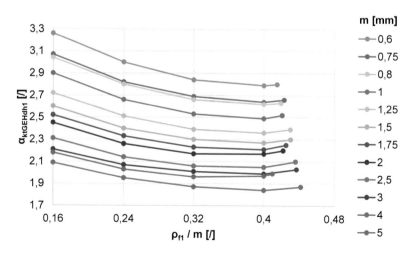

Abbildung 11.260: Torsionsformzahl $\alpha_{ktGEHdh1}$ als Funktion des Moduls m sowie des Wellenfußrundungsradiusverhältnisses ρ_{f1}/m der ZWV Kapitel 3.3 – 45 x var. x var. (gemäß Tabelle 6.1; $c_{F1}/m = 0{,}12$; $\alpha = 37{,}5\,°$; $\rho_{f1}/m = var.$)

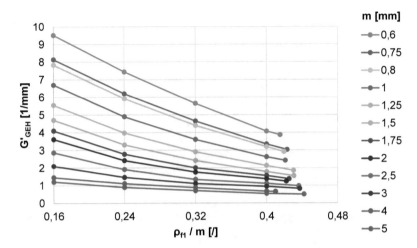

Abbildung 11.261: Torsionsmomentinduziert bezogenes Spannungsgefälle G'_{GEH} als Funktion des Moduls m sowie des Wellenfußrundungsradiusverhältnisses ρ_{f1}/m der ZWV Kapitel 3.3 – 45 x var. x var. (gemäß Tabelle 6.1; $c_{F1}/m = 0{,}12$; $\alpha = 37{,}5\,°$; $\rho_{f1}/m = var.$)

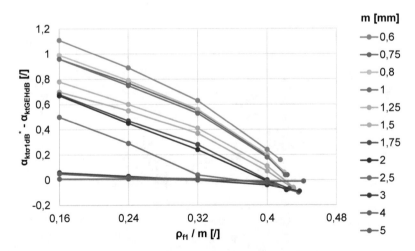

Abbildung 11.262: Differenz der Torsionsformzahlen $\alpha^*_{kt\sigma1dB}$ und $\alpha_{ktGEHdB}$ als Funktion des Moduls m sowie des Wellenfußrundungsradiusverhältnisses ρ_{f1}/m der ZWV Kapitel 3.3 – 45 x var. x var. (gemäß Tabelle 6.1; $c_{F1}/m = 0{,}12$; $\alpha = 37{,}5\,°$; $\rho_{f1}/m = var.$)

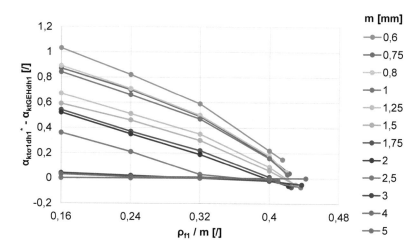

Abbildung 11.263: Differenz der Torsionsformzahlen $\alpha^*_{kt\sigma1dh1}$ und $\alpha_{ktGEHdh1}$ als Funktion des Moduls m sowie des Wellenfußrundungsradiusverhältnisses ρ_{f1}/m der ZWV Kapitel 3.3 – 45 x var. x var. (gemäß Tabelle 6.1; $c_{F1}/m = 0{,}12$; $\alpha = 37{,}5\,°$; $\rho_{f1}/m = var.$)

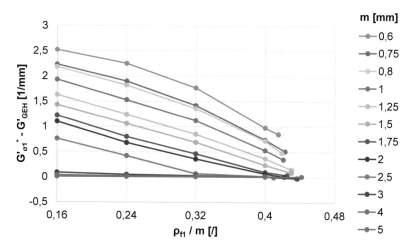

Abbildung 11.264: Differenz der torsionsmomentinduziert bezogenen Spannungsgefälle $G'^*_{\sigma1}$ und G'_{GEH} als Funktion des Moduls m sowie des Wellenfußrundungsradiusverhältnisses ρ_{f1}/m der ZWV Kapitel 3.3 – 45 x var. x var. (gemäß Tabelle 6.1; $c_{F1}/m = 0{,}12$; $\alpha = 37{,}5\,°$; $\rho_{f1}/m = var.$)

11.2.1.3.3.4 Querschnittbezogene Gestaltfestigkeitsdifferenzierung

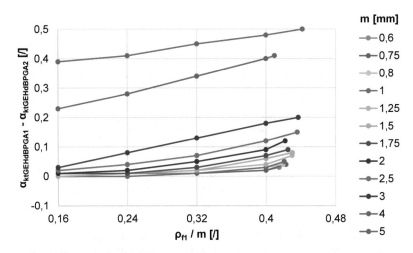

Abbildung 11.265: Differenz der Torsionsformzahlen $\alpha_{ktGEHdBPGA1}$ und $\alpha_{ktGEHdBPGA2}$ als Funktion des Moduls m sowie des Wellenfußrundungsradiusverhältnisses ρ_{f1}/m der ZWV Kapitel 3.3 – 45 x var. x var. (gemäß Tabelle 6.1; $c_{F1}/m = 0,12$; $\alpha = 37,5\,°$; $\rho_{f1}/m = var.$)

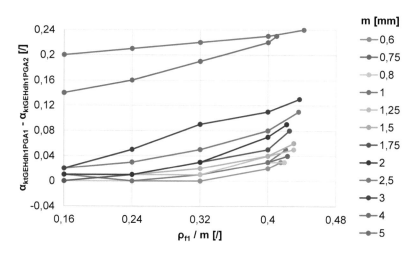

Abbildung 11.266: Differenz der Torsionsformzahlen $\alpha_{ktGEHdh1PGA1}$ und $\alpha_{ktGEHdh1PGA2}$ als Funktion des Moduls m sowie des Wellenfußrundungsradiusverhältnisses ρ_{f1}/m der ZWV Kapitel 3.3 – 45 x var. x var. (gemäß Tabelle 6.1; $c_{F1}/m = 0{,}12$; $\alpha = 37{,}5\,°$; $\rho_{f1}/m = var.$)

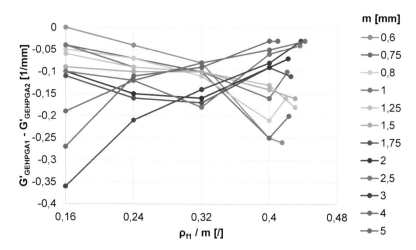

Abbildung 11.267: Differenz der torsionsmomentinduziert bezogenen Spannungsgefälle $G'_{GEHPGA1}$ und $G'_{GEHPGA2}$ als Funktion des Moduls m sowie des Wellenfußrundungsradiusverhältnisses ρ_{f1}/m der ZWV Kapitel 3.3 – 45 x var. x var. (gemäß Tabelle 6.1; $c_{F1}/m = 0{,}12$; $\alpha = 37{,}5\,°$; $\rho_{f1}/m = var.$)

11.2.1.3.4   Bezugsdurchmesser $d_B = 65\ mm$

11.2.1.3.4.1   Wellenfußkreisdurchmesser d_{f1}

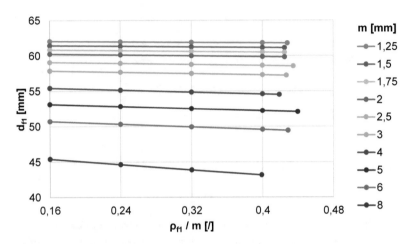

Abbildung 11.268: Wellenfußkreisdurchmesser d_{f1} als Funktion des Moduls m sowie des Wellenfußrundungsradiusverhältnisses ρ_{f1}/m der ZWV Kapitel 3.3 – 65 x var. x var. (gemäß Tabelle 6.1; $c_{F1}/m = 0{,}12$; $\alpha = 37{,}5\ °$; $\rho_{f1}/m = var.$)

11.2.1.3.4.2 Ort der Lokalbeanspruchung

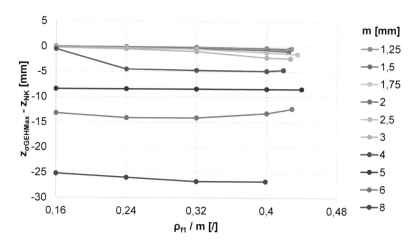

Abbildung 11.269: Absoluter Axialabstand der gestaltfestigkeitsrelevanten Lokalbeanspruchung σ_{GEHMax} von der Nabenkante als Funktion des Moduls m sowie des Wellenfußrundungsradiusverhältnisses ρ_{f1}/m der ZWV Kapitel 3.3 – 65 x var. x var. (gemäß Tabelle 6.1; $c_{F1}/m = 0{,}12$; $\alpha = 37{,}5\,°$; $\rho_{f1}/m = var.$)

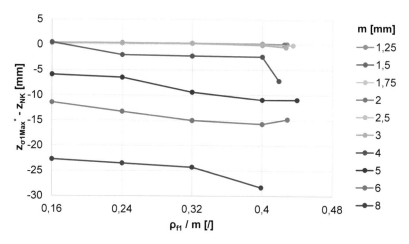

Abbildung 11.270: Absoluter Axialabstand der relevanten Lokalbeanspruchung σ_{1Max}^{*} von der Nabenkante als Funktion des Moduls m sowie des Wellenfußrundungsradiusverhältnisses ρ_{f1}/m der ZWV Kapitel 3.3 – 65 x var. x var. (gemäß Tabelle 6.1; $c_{F1}/m = 0{,}12$; $\alpha = 37{,}5\,°$; $\rho_{f1}/m = var.$)

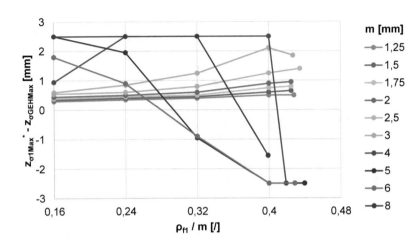

Abbildung 11.271: Absoluter Axialabstand zwischen den Lokalbeanspruchungen σ^*_{1Max} sowie σ_{GEHMax} als Funktion des Moduls m sowie des Wellenfußrundungsradiusverhältnisses ρ_{f1}/m der ZWV Kapitel 3.3 – 65 x var. x var. (gemäß Tabelle 6.1; $c_{F1}/m = 0,12$; $\alpha = 37,5°$; $\rho_{f1}/m = var.$)

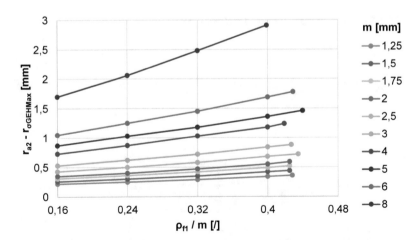

Abbildung 11.272: Absoluter Radialabstand der gestaltfestigkeitsrelevanten Lokalbeanspruchung σ_{GEHMax} vom Nabenkopfkreis als Funktion des Moduls m sowie des Wellenfußrundungsradiusverhältnisses ρ_{f1}/m der ZWV Kapitel 3.3 – 65 x var. x var. (gemäß Tabelle 6.1; $c_{F1}/m = 0,12$; $\alpha = 37,5°$; $\rho_{f1}/m = var.$)

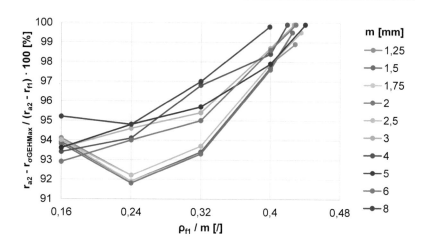

Abbildung 11.273: Radiale Relativlage der gestaltfestigkeitsrelevanten Lokalbeanspruchung σ_{GEHMax} zum Wellenfußkreis als Funktion des Moduls m sowie des Wellenfußrundungsradiusverhältnisses ρ_{f1}/m der ZWV Kapitel 3.3 – 65 x var. x var. (gemäß Tabelle 6.1; $c_{F1}/m = 0,12$; $\alpha = 37,5\,°$; $\rho_{f1}/m = var.$)

11.2.1.3.4.3 Charakterisierung der Kerbwirkung

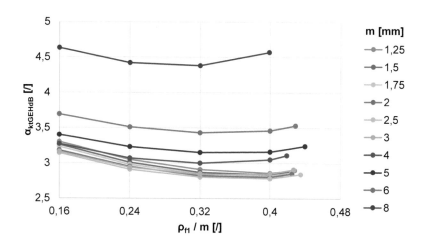

Abbildung 11.274: Torsionsformzahl $\alpha_{ktGEHdB}$ als Funktion des Moduls m sowie des Wellenfußrundungsradiusverhältnisses ρ_{f1}/m der ZWV Kapitel 3.3 – 65 x var. x var. (gemäß Tabelle 6.1; $c_{F1}/m = 0,12$; $\alpha = 37,5\,°$; $\rho_{f1}/m = var.$)

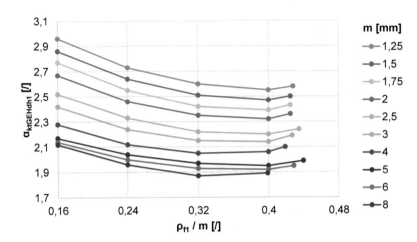

Abbildung 11.275: Torsionsformzahl $\alpha_{ktGEHdh1}$ als Funktion des Moduls m sowie des Wellenfußrundungsradiusverhältnisses ρ_{f1}/m der ZWV Kapitel 3.3 – 65 x var. x var. (gemäß Tabelle 6.1; $c_{F1}/m = 0{,}12$; $\alpha = 37{,}5\,°$; $\rho_{f1}/m = var.$)

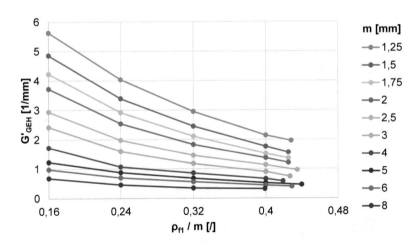

Abbildung 11.276: Torsionsmomentinduziert bezogenes Spannungsgefälle G'_{GEH} als Funktion des Moduls m sowie des Wellenfußrundungsradiusverhältnisses ρ_{f1}/m der ZWV Kapitel 3.3 – 65 x var. x var. (gemäß Tabelle 6.1; $c_{F1}/m = 0{,}12$; $\alpha = 37{,}5\,°$; $\rho_{f1}/m = var.$)

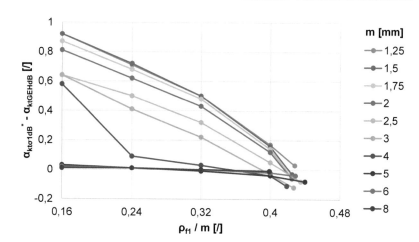

Abbildung 11.277: Differenz der Torsionsformzahlen $\alpha^*_{kt\sigma1dB}$ und $\alpha_{ktGEHdB}$ als Funktion des Moduls m sowie des Wellenfußrundungsradiusverhältnisses ρ_{f1}/m der ZWV Kapitel 3.3 – 65 x var. x var. (gemäß Tabelle 6.1; $c_{F1}/m = 0{,}12$; $\alpha = 37{,}5\,°$; $\rho_{f1}/m = var.$)

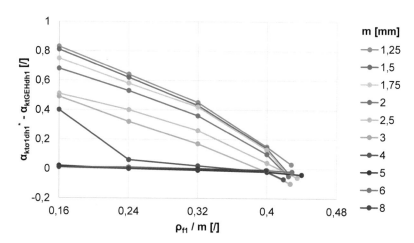

Abbildung 11.278: Differenz der Torsionsformzahlen $\alpha^*_{kt\sigma1dh1}$ und $\alpha_{ktGEHdh1}$ als Funktion des Moduls m sowie des Wellenfußrundungsradiusverhältnisses ρ_{f1}/m der ZWV Kapitel 3.3 – 65 x var. x var. (gemäß Tabelle 6.1; $c_{F1}/m = 0{,}12$; $\alpha = 37{,}5\,°$; $\rho_{f1}/m = var.$)

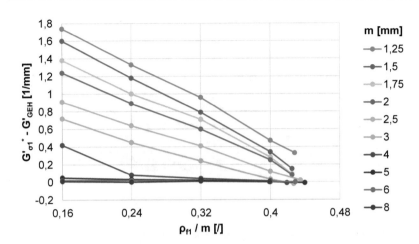

Abbildung 11.279: Differenz der torsionsmomentinduziert bezogenen Spannungsgefälle $G'^{*}_{\sigma 1}$ und G'_{GEH} als Funktion des Moduls m sowie des Wellenfußrundungsradiusverhältnisses ρ_{f1}/m der ZWV Kapitel 3.3 – 65 x var. x var. (gemäß Tabelle 6.1; $c_{F1}/m = 0{,}12$; $\alpha = 37{,}5\,°$; $\rho_{f1}/m = var.$)

11.2.1.3.4.4 Querschnittbezogene Gestaltfestigkeitsdifferenzierung

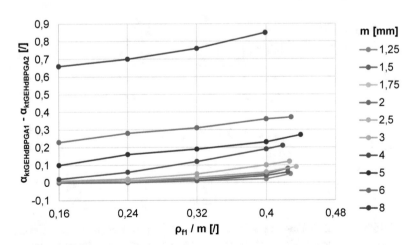

Abbildung 11.280: Differenz der Torsionsformzahlen $\alpha_{ktGEHdBPGA1}$ und $\alpha_{ktGEHdBPGA2}$ als Funktion des Moduls m sowie des Wellenfußrundungsradiusverhältnisses ρ_{f1}/m der ZWV Kapitel 3.3 – 65 x var. x var. (gemäß Tabelle 6.1; $c_{F1}/m = 0{,}12$; $\alpha = 37{,}5\,°$; $\rho_{f1}/m = var.$)

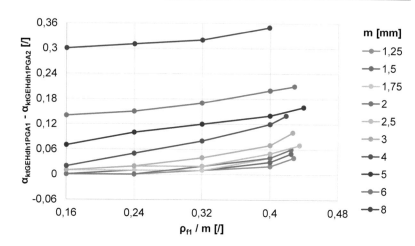

Abbildung 11.281: Differenz der Torsionsformzahlen $\alpha_{ktGEHdh1PGA1}$ und $\alpha_{ktGEHdh1PGA2}$ als Funktion des Moduls m sowie des Wellenfußrundungsradiusverhältnisses ρ_{f1}/m der ZWV Kapitel 3.3 – 65 x var. x var. (gemäß Tabelle 6.1; $c_{F1}/m = 0,12$; $\alpha = 37,5\,°$; $\rho_{f1}/m = var.$)

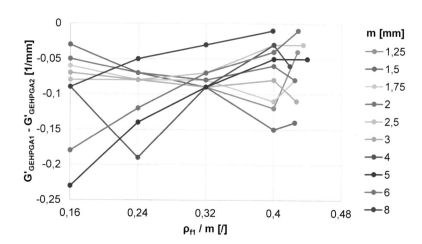

Abbildung 11.282: Differenz der torsionsmomentinduziert bezogenen Spannungsgefälle $G'_{GEHPGA1}$ und $G'_{GEHPGA2}$ als Funktion des Moduls m sowie des Wellenfußrundungsradiusverhältnisses ρ_{f1}/m der ZWV Kapitel 3.3 – 65 x var. x var. (gemäß Tabelle 6.1; $c_{F1}/m = 0,12$; $\alpha = 37,5\,°$; $\rho_{f1}/m = var.$)

11.2.1.3.5 Bezugsdurchmesser $d_B = 100\,mm$

11.2.1.3.5.1 Wellenfußkreisdurchmesser d_{f1}

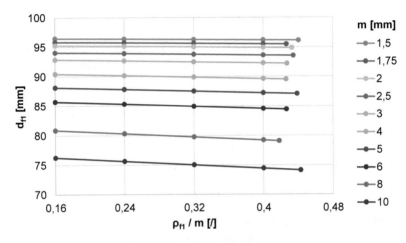

Abbildung 11.283: Wellenfußkreisdurchmesser d_{f1} als Funktion des Moduls m sowie des Wellenfußrundungsradiusverhältnisses ρ_{f1}/m der ZWV Kapitel 3.3 – 100 x var. x var. (gemäß Tabelle 6.1; $c_{F1}/m = 0,12$; $\alpha = 37,5\,°$; $\rho_{f1}/m = var.$)

11.2.1.3.5.2 Ort der Lokalbeanspruchung

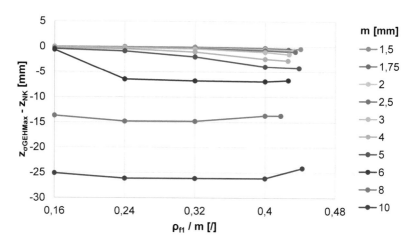

Abbildung 11.284: Absoluter Axialabstand der gestaltfestigkeitsrelevanten Lokalbeanspruchung σ_{GEHMax} von der Nabenkante als Funktion des Moduls m sowie des
Wellenfußrundungsradiusverhältnisses ρ_{f1}/m der ZWV Kapitel 3.3 – 100 x var. x var.
(gemäß Tabelle 6.1; $c_{F1}/m = 0{,}12$; $\alpha = 37{,}5\,°$; $\rho_{f1}/m = var.$)

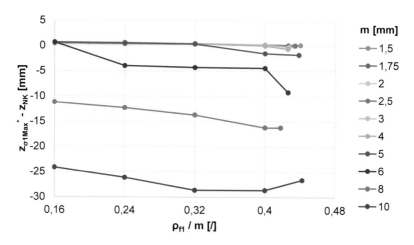

Abbildung 11.285: Absoluter Axialabstand der relevanten Lokalbeanspruchung
σ_{1Max}^{*} von der Nabenkante als Funktion des Moduls m sowie des Wellenfußrundungsradiusverhältnisses ρ_{f1}/m der ZWV Kapitel 3.3 – 100 x var. x var. (gemäß Tabelle 6.1; $c_{F1}/m = 0{,}12$; $\alpha = 37{,}5\,°$; $\rho_{f1}/m = var.$)

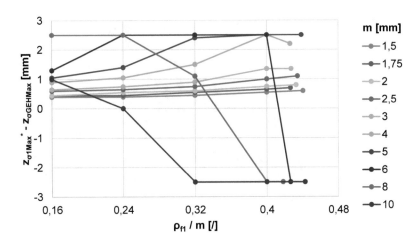

Abbildung 11.286: Absoluter Axialabstand zwischen den Lokalbeanspruchungen σ^*_{1Max} sowie σ_{GEHMax} als Funktion des Moduls m sowie des Wellenfußrundungsradiusverhältnisses ρ_{f1}/m der ZWV Kapitel 3.3 – 100 x var. x var. (gemäß Tabelle 6.1; $c_{F1}/m = 0,12$; $\alpha = 37,5\,°$; $\rho_{f1}/m = var.$)

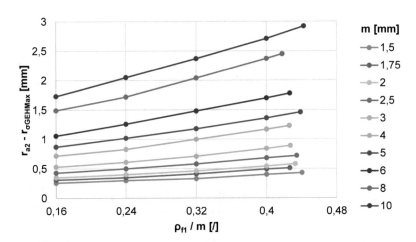

Abbildung 11.287: Absoluter Radialabstand der gestaltfestigkeitsrelevanten Lokalbeanspruchung σ_{GEHMax} vom Nabenkopfkreis als Funktion des Moduls m sowie des Wellenfußrundungsradiusverhältnisses ρ_{f1}/m der ZWV Kapitel 3.3 – 100 x var. x var. (gemäß Tabelle 6.1; $c_{F1}/m = 0,12$; $\alpha = 37,5\,°$; $\rho_{f1}/m = var.$)

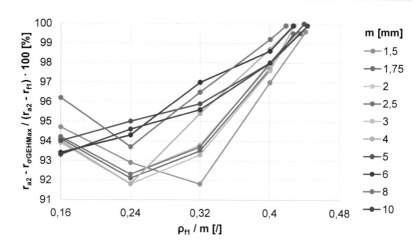

Abbildung 11.288: Radiale Relativlage der gestaltfestigkeitsrelevanten Lokalbeanspruchung σ_{GEHMax} zum Wellenfußkreis als Funktion des Moduls m sowie des Wellenfußrundungsradiusverhältnisses ρ_{f1}/m der ZWV Kapitel 3.3 – 100 x var. x var. (gemäß Tabelle 6.1; $c_{F1}/m = 0{,}12$; $\alpha = 37{,}5\,°$; $\rho_{f1}/m = var.$)

11.2.1.3.5.3 Charakterisierung der Kerbwirkung

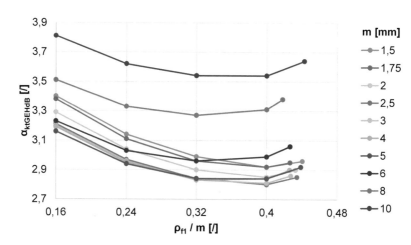

Abbildung 11.289: Torsionsformzahl $\alpha_{ktGEHdB}$ als Funktion des Moduls m sowie des Wellenfußrundungsradiusverhältnisses ρ_{f1}/m der ZWV Kapitel 3.3 – 100 x var. x var. (gemäß Tabelle 6.1; $c_{F1}/m = 0{,}12$; $\alpha = 37{,}5\,°$; $\rho_{f1}/m = var.$)

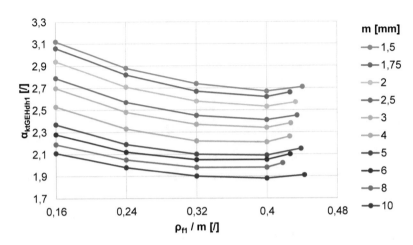

Abbildung 11.290: Torsionsformzahl $\alpha_{ktGEHdh1}$ als Funktion des Moduls m sowie des Wellenfußrundungsradiusverhältnisses ρ_{f1}/m der ZWV Kapitel 3.3 – 100 x var. x var. (gemäß Tabelle 6.1; $c_{F1}/m = 0{,}12$; $\alpha = 37{,}5\,°$; $\rho_{f1}/m = var.$)

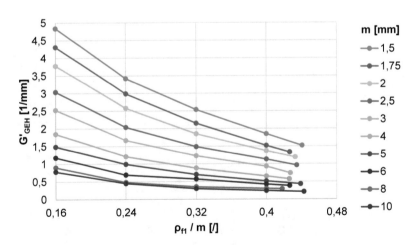

Abbildung 11.291: Torsionsmomentinduziert bezogenes Spannungsgefälle G'_{GEH} als Funktion des Moduls m sowie des Wellenfußrundungsradiusverhältnisses ρ_{f1}/m der ZWV Kapitel 3.3 – 100 x var. x var. (gemäß Tabelle 6.1; $c_{F1}/m = 0{,}12$; $\alpha = 37{,}5\,°$; $\rho_{f1}/m = var.$)

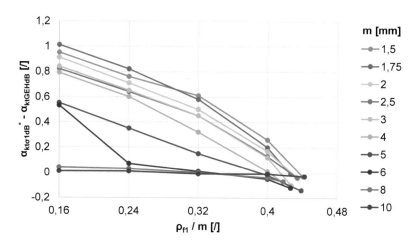

Abbildung 11.292: Differenz der Torsionsformzahlen $\alpha^*_{kt\sigma1dB}$ und $\alpha_{ktGEHdB}$ als Funktion des Moduls m sowie des Wellenfußrundungsradiusverhältnisses ρ_{f1}/m der ZWV Kapitel 3.3 – 100 x var. x var. (gemäß Tabelle 6.1; $c_{F1}/m = 0{,}12$; $\alpha = 37{,}5\,°$; $\rho_{f1}/m = var.$)

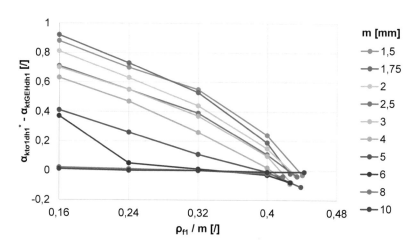

Abbildung 11.293: Differenz der Torsionsformzahlen $\alpha^*_{kt\sigma1dh1}$ und $\alpha_{ktGEHdh1}$ als Funktion des Moduls m sowie des Wellenfußrundungsradiusverhältnisses ρ_{f1}/m der ZWV Kapitel 3.3 – 100 x var. x var. (gemäß Tabelle 6.1; $c_{F1}/m = 0{,}12$; $\alpha = 37{,}5\,°$; $\rho_{f1}/m = var.$)

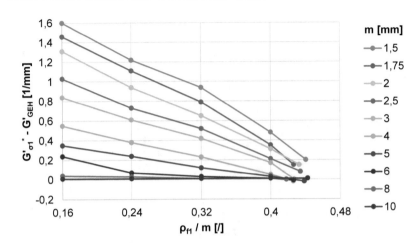

Abbildung 11.294: Differenz der torsionsmomentinduziert bezogenen Spannungsgefälle $G'^*_{\sigma 1}$ und G'_{GEH} als Funktion des Moduls m sowie des Wellenfußrundungsradiusverhältnisses ρ_{f1}/m der ZWV Kapitel 3.3 – 100 x var. x var. (gemäß Tabelle 6.1; $c_{F1}/m = 0{,}12$; $\alpha = 37{,}5\,°$; $\rho_{f1}/m = var.$)

11.2.1.3.5.4 Querschnittbezogene Gestaltfestigkeitsdifferenzierung

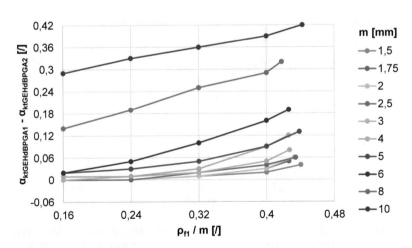

Abbildung 11.295: Differenz der Torsionsformzahlen $\alpha_{ktGEHdBPGA1}$ und $\alpha_{ktGEHdBPGA2}$ als Funktion des Moduls m sowie des Wellenfußrundungsradiusverhältnisses ρ_{f1}/m der ZWV Kapitel 3.3 – 100 x var. x var. (gemäß Tabelle 6.1; $c_{F1}/m = 0{,}12$; $\alpha = 37{,}5\,°$; $\rho_{f1}/m = var.$)

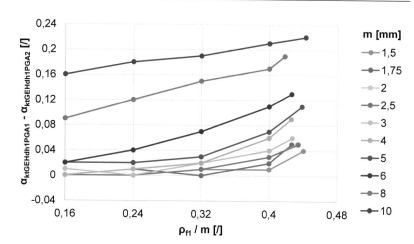

Abbildung 11.296: Differenz der Torsionsformzahlen $\alpha_{ktGEHdh1PGA1}$ und $\alpha_{ktGEHdh1PGA2}$ als Funktion des Moduls m sowie des Wellenfußrundungsradiusverhältnisses ρ_{f1}/m der ZWV Kapitel 3.3 – 100 x var. x var. (gemäß Tabelle 6.1; $c_{F1}/m = 0{,}12$; $\alpha = 37{,}5\,°$; $\rho_{f1}/m = var.$)

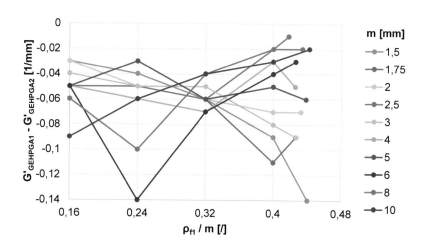

Abbildung 11.297: Differenz der torsionsmomentinduziert bezogenen Spannungsgefälle $G'_{GEHPGA1}$ und $G'_{GEHPGA2}$ als Funktion des Moduls m sowie des Wellenfußrundungsradiusverhältnisses ρ_{f1}/m der ZWV Kapitel 3.3 – 100 x var. x var. (gemäß Tabelle 6.1; $c_{F1}/m = 0{,}12$; $\alpha = 37{,}5\,°$; $\rho_{f1}/m = var.$)

11.2.1.3.6   Bezugsdurchmesser $d_B = 300\ mm$

11.2.1.3.6.1 Wellenfußkreisdurchmesser d_{f1}

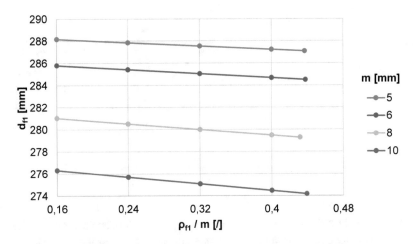

Abbildung 11.298: Wellenfußkreisdurchmesser d_{f1} als Funktion des Moduls m sowie des Wellenfußrundungsradiusverhältnisses ρ_{f1}/m der ZWV Kapitel 3.3 – 300 x var. x var. (gemäß Tabelle 6.1; $c_{F1}/m = 0{,}12$; $\alpha = 37{,}5\,°$; $\rho_{f1}/m = var.$)

11.2.1.3.6.2 Ort der Lokalbeanspruchung

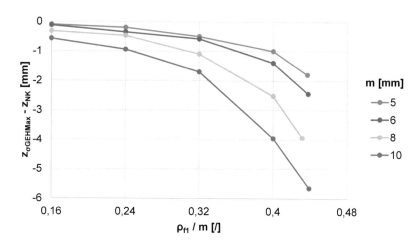

Abbildung 11.299: Absoluter Axialabstand der gestaltfestigkeitsrelevanten Lokalbeanspruchung σ_{GEHMax} von der Nabenkante als Funktion des Moduls m sowie des
Wellenfußrundungsradiusverhältnisses ρ_{f1}/m der ZWV Kapitel 3.3 – 300 x var. x var.
(gemäß Tabelle 6.1; $c_{F1}/m = 0{,}12$; $\alpha = 37{,}5\,°$; $\rho_{f1}/m = var.$)

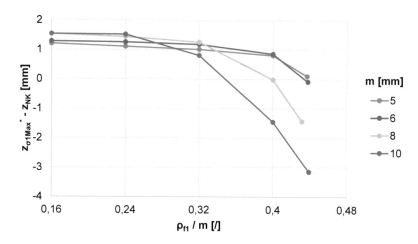

Abbildung 11.300: Absoluter Axialabstand der relevanten Lokalbeanspruchung
σ_{1Max}^* von der Nabenkante als Funktion des Moduls m sowie des Wellenfußrundungsradiusverhältnisses ρ_{f1}/m der ZWV Kapitel 3.3 – 300 x var. x var. (gemäß Tabelle 6.1; $c_{F1}/m = 0{,}12$; $\alpha = 37{,}5\,°$; $\rho_{f1}/m = var.$)

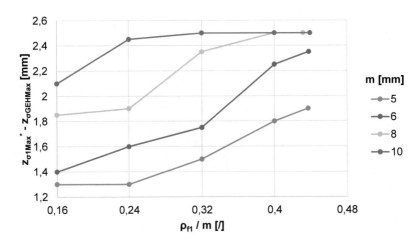

Abbildung 11.301: Absoluter Axialabstand zwischen den Lokalbeanspruchungen σ_{1Max}^{*} sowie σ_{GEHMax} als Funktion des Moduls m sowie des Wellenfußrundungsradiusverhältnisses ρ_{f1}/m der ZWV Kapitel 3.3 – 300 x var. x var. (gemäß Tabelle 6.1; $c_{F1}/m = 0,12$; $\alpha = 37,5\,°$; $\rho_{f1}/m = var.$)

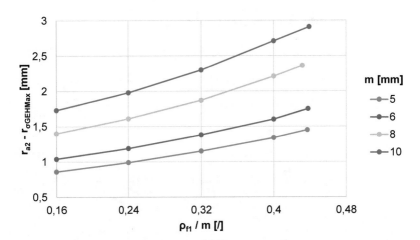

Abbildung 11.302: Absoluter Radialabstand der gestaltfestigkeitsrelevanten Lokalbeanspruchung σ_{GEHMax} vom Nabenkopfkreis als Funktion des Moduls m sowie des Wellenfußrundungsradiusverhältnisses ρ_{f1}/m der ZWV Kapitel 3.3 – 300 x var. x var. (gemäß Tabelle 6.1; $c_{F1}/m = 0,12$; $\alpha = 37,5\,°$; $\rho_{f1}/m = var.$)

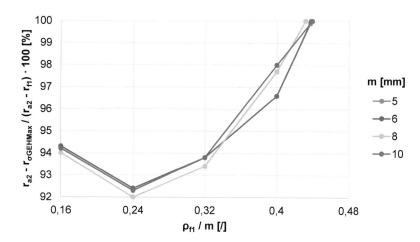

Abbildung 11.303: Radiale Relativlage der gestaltfestigkeitsrelevanten Lokalbeanspruchung σ_{GEHMax} zum Wellenfußkreis als Funktion des Moduls m sowie des Wellenfußrundungsradiusverhältnisses ρ_{f1}/m der ZWV Kapitel 3.3 – 300 x var. x var. (gemäß Tabelle 6.1; $c_{F1}/m = 0{,}12$; $\alpha = 37{,}5\,°$; $\rho_{f1}/m = var$.)

11.2.1.3.6.3 Charakterisierung der Kerbwirkung

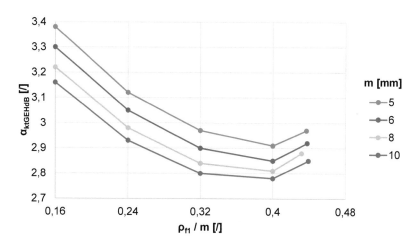

Abbildung 11.304: Torsionsformzahl $\alpha_{ktGEHdB}$ als Funktion des Moduls m sowie des Wellenfußrundungsradiusverhältnisses ρ_{f1}/m der ZWV Kapitel 3.3 – 300 x var. x var. (gemäß Tabelle 6.1; $c_{F1}/m = 0{,}12$; $\alpha = 37{,}5\,°$; $\rho_{f1}/m = var$.)

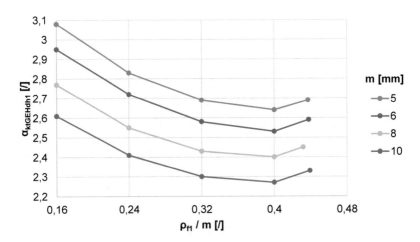

Abbildung 11.305: Torsionsformzahl $\alpha_{ktGEHdh1}$ als Funktion des Moduls m sowie des Wellenfußrundungsradiusverhältnisses ρ_{f1}/m der ZWV Kapitel 3.3 – 300 x var. x var. (gemäß Tabelle 6.1; $c_{F1}/m = 0{,}12$; $\alpha = 37{,}5\,°$; $\rho_{f1}/m = var.$)

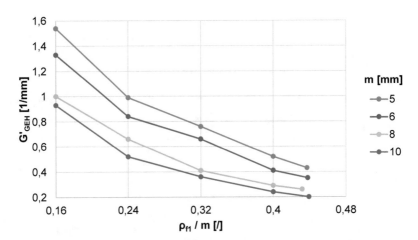

Abbildung 11.306: Torsionsmomentinduziert bezogenes Spannungsgefälle G'_{GEH} als Funktion des Moduls m sowie des Wellenfußrundungsradiusverhältnisses ρ_{f1}/m der ZWV Kapitel 3.3 – 300 x var. x var. (gemäß Tabelle 6.1; $c_{F1}/m = 0{,}12$; $\alpha = 37{,}5\,°$; $\rho_{f1}/m = var.$)

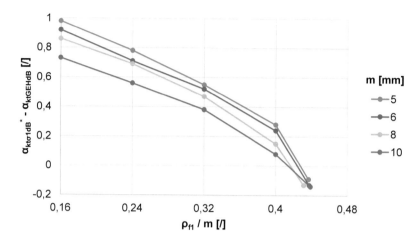

Abbildung 11.307: Differenz der Torsionsformzahlen $\alpha^*_{kt\sigma 1dB}$ und $\alpha_{ktGEHdB}$ als Funktion des Moduls m sowie des Wellenfußrundungsradiusverhältnisses ρ_{f1}/m der ZWV Kapitel 3.3 – 300 x var. x var. (gemäß Tabelle 6.1; $c_{F1}/m = 0{,}12$; $\alpha = 37{,}5$ °; $\rho_{f1}/m = var.$)

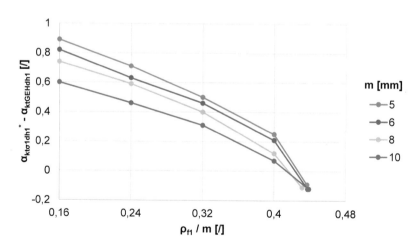

Abbildung 11.308: Differenz der Torsionsformzahlen $\alpha^*_{kt\sigma 1dh1}$ und $\alpha_{ktGEHdh1}$ als Funktion des Moduls m sowie des Wellenfußrundungsradiusverhältnisses ρ_{f1}/m der ZWV Kapitel 3.3 – 300 x var. x var. (gemäß Tabelle 6.1; $c_{F1}/m = 0{,}12$; $\alpha = 37{,}5$ °; $\rho_{f1}/m = var.$)

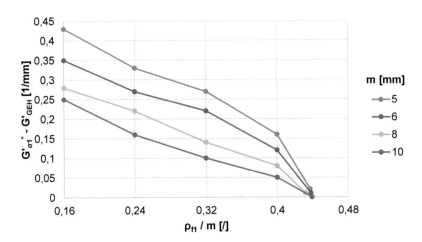

Abbildung 11.309: Differenz der torsionsmomentinduziert bezogenen Spannungsgefälle $G'^*_{\sigma 1}$ und G'_{GEH} als Funktion des Moduls m sowie des Wellenfußrundungsradiusverhältnisses ρ_{f1}/m der ZWV Kapitel 3.3 – 300 x var. x var. (gemäß Tabelle 6.1; $c_{F1}/m = 0,12$; $\alpha = 37,5\,°$; $\rho_{f1}/m = var.$)

11.2.1.3.6.4 Querschnittbezogene Gestaltfestigkeitsdifferenzierung

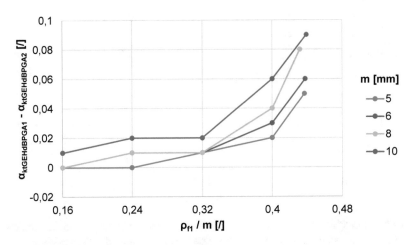

Abbildung 11.310: Differenz der Torsionsformzahlen $\alpha_{ktGEHdBPGA1}$ und $\alpha_{ktGEHdBPGA2}$ als Funktion des Moduls m sowie des Wellenfußrundungsradiusverhältnisses ρ_{f1}/m der ZWV Kapitel 3.3 – 300 x var. x var. (gemäß Tabelle 6.1; $c_{F1}/m = 0,12$; $\alpha = 37,5\,°$; $\rho_{f1}/m = var.$)

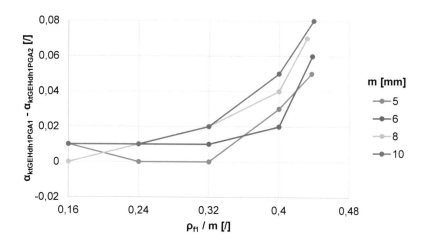

Abbildung 11.311: Differenz der Torsionsformzahlen $\alpha_{ktGEHdh1PGA1}$ und $\alpha_{ktGEHdh1PGA2}$ als Funktion des Moduls m sowie des Wellenfußrundungsradiusverhältnisses ρ_{f1}/m der ZWV Kapitel 3.3 – 300 x var. x var. (gemäß Tabelle 6.1; $c_{F1}/m = 0{,}12$; $\alpha = 37{,}5\,°$; $\rho_{f1}/m = var.$)

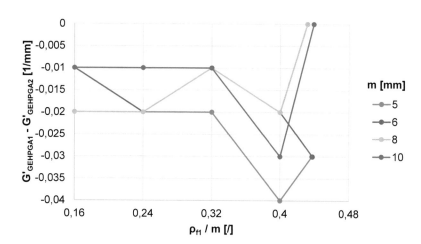

Abbildung 11.312: Differenz der torsionsmomentinduziert bezogenen Spannungsgefälle $G'_{GEHPGA1}$ und $G'_{GEHPGA2}$ als Funktion des Moduls m sowie des Wellenfußrundungsradiusverhältnisses ρ_{f1}/m der ZWV Kapitel 3.3 – 300 x var. x var. (gemäß Tabelle 6.1; $c_{F1}/m = 0{,}12$; $\alpha = 37{,}5\,°$; $\rho_{f1}/m = var.$)

11.2.1.3.7 Bezugsdurchmesser $d_B = 500\ mm$

11.2.1.3.7.1 Wellenfußkreisdurchmesser d_{f1}

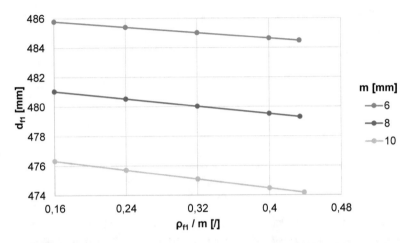

Abbildung 11.313: Wellenfußkreisdurchmesser d_{f1} als Funktion des Moduls m sowie des Wellenfußrundungsradiusverhältnisses ρ_{f1}/m der ZWV Kapitel 3.3 – 500 x var. x var. (gemäß Tabelle 6.1; $c_{F1}/m = 0{,}12$; $\alpha = 37{,}5\ °$; $\rho_{f1}/m = var.$)

11.2.1.3.7.2 Ort der Lokalbeanspruchung

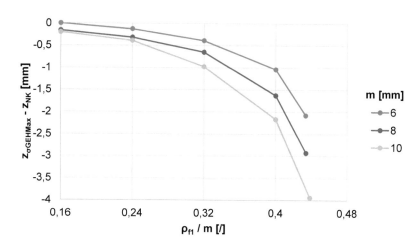

Abbildung 11.314: Absoluter Axialabstand der gestaltfestigkeitsrelevanten Lokalbeanspruchung σ_{GEHMax} von der Nabenkante als Funktion des Moduls m sowie des
Wellenfußrundungsradiusverhältnisses ρ_{f1}/m der ZWV Kapitel 3.3 – 500 x var. x var.
(gemäß Tabelle 6.1; $c_{F1}/m = 0,12$; $\alpha = 37,5\,°$; $\rho_{f1}/m = var.$)

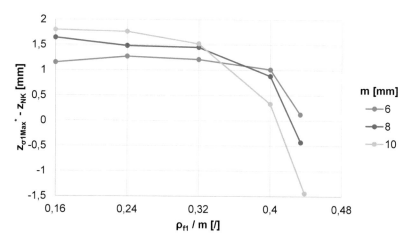

Abbildung 11.315: Absoluter Axialabstand der relevanten Lokalbeanspruchung
σ_{1Max}^{*} von der Nabenkante als Funktion des Moduls m sowie des Wellenfußrundungsradiusverhältnisses ρ_{f1}/m der ZWV Kapitel 3.3 – 500 x var. x var. (gemäß Tabelle 6.1; $c_{F1}/m = 0,12$; $\alpha = 37,5\,°$; $\rho_{f1}/m = var.$)

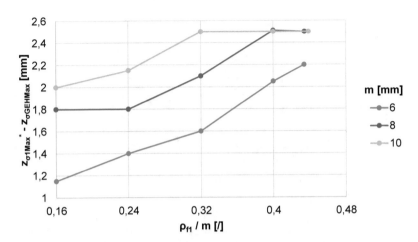

Abbildung 11.316: Absoluter Axialabstand zwischen den Lokalbeanspruchungen σ^*_{1Max} sowie σ_{GEHMax} als Funktion des Moduls m sowie des Wellenfußrundungsradiusverhältnisses ρ_{f1}/m der ZWV Kapitel 3.3 – 500 x var. x var. (gemäß Tabelle 6.1; $c_{F1}/m = 0{,}12$; $\alpha = 37{,}5\,°$; $\rho_{f1}/m = var.$)

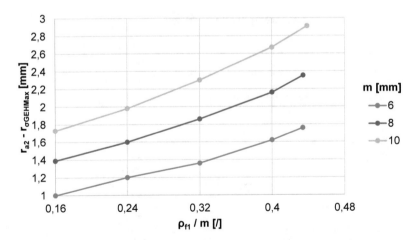

Abbildung 11.317: Absoluter Radialabstand der gestaltfestigkeitsrelevanten Lokalbeanspruchung σ_{GEHMax} vom Nabenkopfkreis als Funktion des Moduls m sowie des Wellenfußrundungsradiusverhältnisses ρ_{f1}/m der ZWV Kapitel 3.3 – 500 x var. x var. (gemäß Tabelle 6.1; $c_{F1}/m = 0{,}12$; $\alpha = 37{,}5\,°$; $\rho_{f1}/m = var.$)

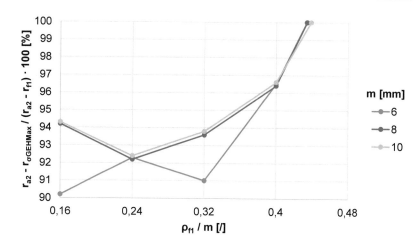

Abbildung 11.318: Radiale Relativlage der gestaltfestigkeitsrelevanten Lokalbeanspruchung σ_{GEHMax} zum Wellenfußkreis als Funktion des Moduls m sowie des Wellenfußrundungsradiusverhältnisses ρ_{f1}/m der ZWV Kapitel 3.3 – 500 x var. x var. (gemäß Tabelle 6.1; $c_{F1}/m = 0,12$; $\alpha = 37,5\,°$; $\rho_{f1}/m = var.$)

11.2.1.3.7.3 Charakterisierung der Kerbwirkung

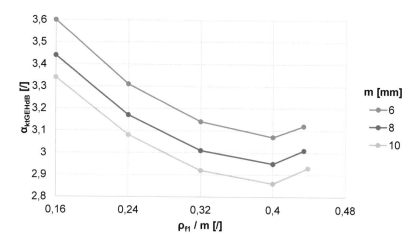

Abbildung 11.319: Torsionsformzahl $\alpha_{ktGEHdB}$ als Funktion des Moduls m sowie des Wellenfußrundungsradiusverhältnisses ρ_{f1}/m der ZWV Kapitel 3.3 – 500 x var. x var. (gemäß Tabelle 6.1; $c_{F1}/m = 0,12$; $\alpha = 37,5\,°$; $\rho_{f1}/m = var.$)

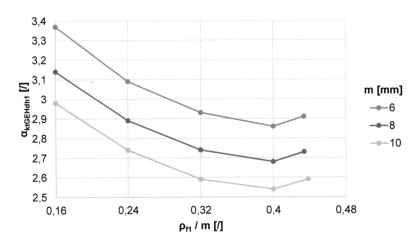

Abbildung 11.320: Torsionsformzahl $\alpha_{ktGEHdh1}$ als Funktion des Moduls m sowie des Wellenfußrundungsradiusverhältnisses ρ_{f1}/m der ZWV Kapitel 3.3 – 500 x var. x var. (gemäß Tabelle 6.1; $c_{F1}/m = 0{,}12$; $\alpha = 37{,}5\,°$; $\rho_{f1}/m = var.$)

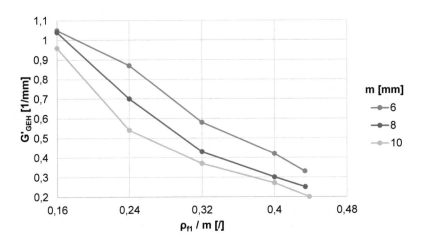

Abbildung 11.321: Torsionsmomentinduziert bezogenes Spannungsgefälle G'_{GEH} als Funktion des Moduls m sowie des Wellenfußrundungsradiusverhältnisses ρ_{f1}/m der ZWV Kapitel 3.3 – 500 x var. x var. (gemäß Tabelle 6.1; $c_{F1}/m = 0{,}12$; $\alpha = 37{,}5\,°$; $\rho_{f1}/m = var.$)

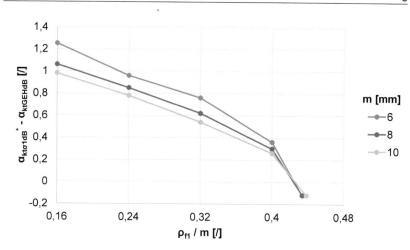

Abbildung 11.322: Differenz der Torsionsformzahlen $\alpha_{kt\sigma1dB}^{*}$ und $\alpha_{ktGEHdB}$ als Funktion des Moduls m sowie des Wellenfußrundungsradiusverhältnisses ρ_{f1}/m der ZWV Kapitel 3.3 – 500 x var. x var. (gemäß Tabelle 6.1; $c_{F1}/m = 0,12$; $\alpha = 37,5\,°$; $\rho_{f1}/m = var.$)

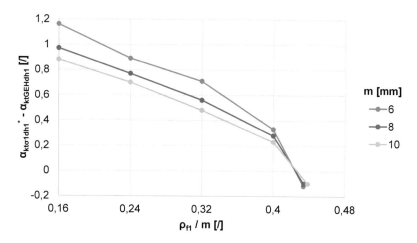

Abbildung 11.323: Differenz der Torsionsformzahlen $\alpha_{kt\sigma1dh1}^{*}$ und $\alpha_{ktGEHdh1}$ als Funktion des Moduls m sowie des Wellenfußrundungsradiusverhältnisses ρ_{f1}/m der ZWV Kapitel 3.3 – 500 x var. x var. (gemäß Tabelle 6.1; $c_{F1}/m = 0,12$; $\alpha = 37,5\,°$; $\rho_{f1}/m = var.$)

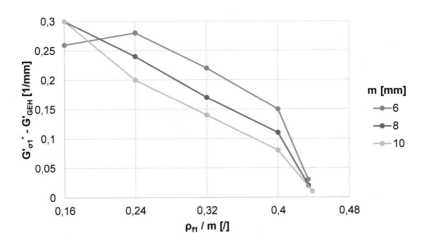

Abbildung 11.324: Differenz der torsionsmomentinduziert bezogenen Spannungsgefälle $G'^{*}_{\sigma 1}$ und G'_{GEH} als Funktion des Moduls m sowie des Wellenfußrundungsradiusverhältnisses ρ_{f1}/m der ZWV Kapitel 3.3 – 500 x var. x var. (gemäß Tabelle 6.1; $c_{F1}/m = 0,12$; $\alpha = 37,5\,°$; $\rho_{f1}/m = var.$)

11.2.1.3.7.4 Querschnittbezogene Gestaltfestigkeitsdifferenzierung

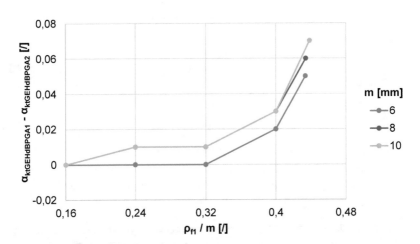

Abbildung 11.325: Differenz der Torsionsformzahlen $\alpha_{ktGEHdBPGA1}$ und $\alpha_{ktGEHdBPGA2}$ als Funktion des Moduls m sowie des Wellenfußrundungsradiusverhältnisses ρ_{f1}/m der ZWV Kapitel 3.3 – 500 x var. x var. (gemäß Tabelle 6.1; $c_{F1}/m = 0,12$; $\alpha = 37,5\,°$; $\rho_{f1}/m = var.$)

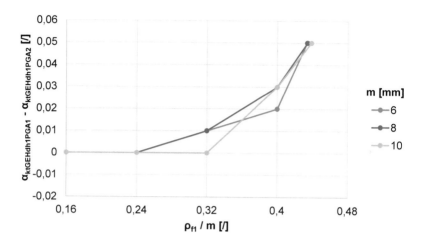

Abbildung 11.326: Differenz der Torsionsformzahlen $\alpha_{ktGEHdh1PGA1}$ und $\alpha_{ktGEHdh1PGA2}$ als Funktion des Moduls m sowie des Wellenfußrundungsradiusverhältnisses ρ_{f1}/m der ZWV Kapitel 3.3 – 500 x var. x var. (gemäß Tabelle 6.1; $c_{F1}/m = 0{,}12$; $\alpha = 37{,}5\,°$; $\rho_{f1}/m = var.$)

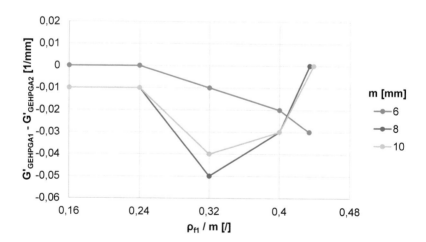

Abbildung 11.327: Differenz der torsionsmomentinduziert bezogenen Spannungsgefälle $G'_{GEHPGA1}$ und $G'_{GEHPGA2}$ als Funktion des Moduls m sowie des Wellenfußrundungsradiusverhältnisses ρ_{f1}/m der ZWV Kapitel 3.3 – 500 x var. x var. (gemäß Tabelle 6.1; $c_{F1}/m = 0{,}12$; $\alpha = 37{,}5\,°$; $\rho_{f1}/m = var.$)

11.2.1.4   Flankenwinkel $\alpha = 45°$

11.2.1.4.1   Bezugsdurchmesser $d_B = 6\ mm$

11.2.1.4.1.1   Wellenfußkreisdurchmesser d_{f1}

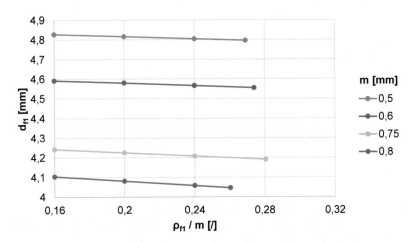

Abbildung 11.328: Wellenfußkreisdurchmesser d_{f1} als Funktion des Moduls m sowie des Wellenfußrundungsradiusverhältnisses ρ_{f1}/m der ZWV Kapitel 3.3 – 6 x var. x var. (gemäß Tabelle 6.1; $c_{F1}/m = 0{,}12$; $\alpha = 45°$; $\rho_{f1}/m = var.$)

11.2.1.4.1.2 Ort der Lokalbeanspruchung

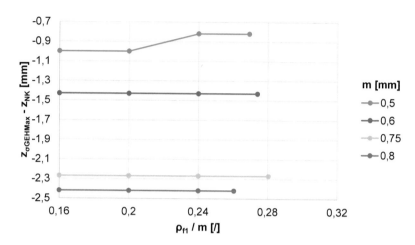

Abbildung 11.329: Absoluter Axialabstand der gestaltfestigkeitsrelevanten Lokalbe-anspruchung σ_{GEHMax} von der Nabenkante als Funktion des Moduls m sowie des Wellenfußrundungsradiusverhältnisses ρ_{f1}/m der ZWV Kapitel 3.3 – 6 x var. x var. (gemäß Tabelle 6.1; $c_{F1}/m = 0{,}12$; $\alpha = 45\,°$; $\rho_{f1}/m = var.$)

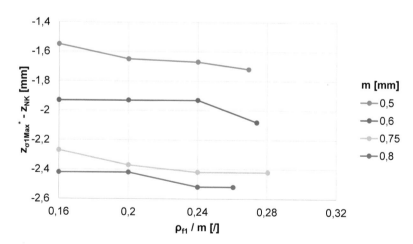

Abbildung 11.330: Absoluter Axialabstand der relevanten Lokalbeanspruchung σ_{1Max}^{*} von der Nabenkante als Funktion des Moduls m sowie des Wellenfußrun-dungsradiusverhältnisses ρ_{f1}/m der ZWV Kapitel 3.3 – 6 x var. x var. (gemäß Ta-belle 6.1; $c_{F1}/m = 0{,}12$; $\alpha = 45\,°$; $\rho_{f1}/m = var.$)

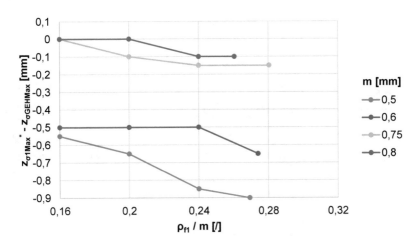

Abbildung 11.331: Absoluter Axialabstand zwischen den Lokalbeanspruchungen σ^*_{1Max} sowie σ_{GEHMax} als Funktion des Moduls m sowie des Wellenfußrundungsradiusverhältnisses ρ_{f1}/m der ZWV Kapitel 3.3 – 6 x var. x var. (gemäß Tabelle 6.1; $c_{F1}/m = 0{,}12$; $\alpha = 45\,°$; $\rho_{f1}/m = var.$)

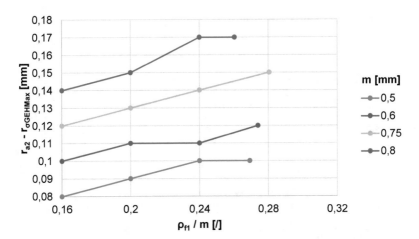

Abbildung 11.332: Absoluter Radialabstand der gestaltfestigkeitsrelevanten Lokalbeanspruchung σ_{GEHMax} vom Nabenkopfkreis als Funktion des Moduls m sowie des Wellenfußrundungsradiusverhältnisses ρ_{f1}/m der ZWV Kapitel 3.3 – 6 x var. x var. (gemäß Tabelle 6.1; $c_{F1}/m = 0{,}12$; $\alpha = 45\,°$; $\rho_{f1}/m = var.$)

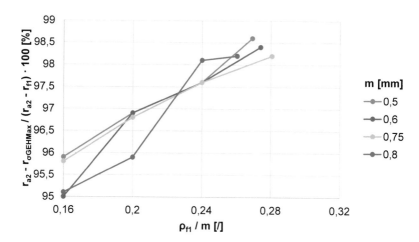

Abbildung 11.333: Radiale Relativlage der gestaltfestigkeitsrelevanten Lokalbeanspruchung σ_{GEHMax} zum Wellenfußkreis als Funktion des Moduls m sowie des Wellenfußrundungsradiusverhältnisses ρ_{f1}/m der ZWV Kapitel 3.3 – 6 x var. x var. (gemäß Tabelle 6.1; $c_{F1}/m = 0{,}12$; $\alpha = 45\,°$; $\rho_{f1}/m = var.$)

11.2.1.4.1.3 Charakterisierung der Kerbwirkung

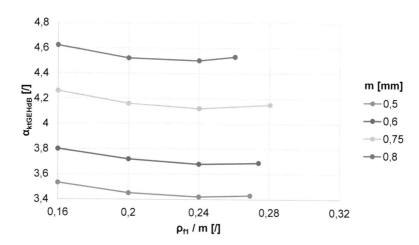

Abbildung 11.334: Torsionsformzahl $\alpha_{ktGEHdB}$ als Funktion des Moduls m sowie des Wellenfußrundungsradiusverhältnisses ρ_{f1}/m der ZWV Kapitel 3.3 – 6 x var. x var. (gemäß Tabelle 6.1; $c_{F1}/m = 0{,}12$; $\alpha = 45\,°$; $\rho_{f1}/m = var.$)

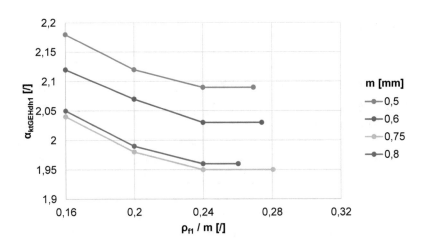

Abbildung 11.335: Torsionsformzahl $\alpha_{ktGEHdh1}$ als Funktion des Moduls m sowie des Wellenfußrundungsradiusverhältnisses ρ_{f1}/m der ZWV Kapitel 3.3 – 6 x var. x var. (gemäß Tabelle 6.1; $c_{F1}/m = 0{,}12$; $\alpha = 45\,°$; $\rho_{f1}/m = var.$)

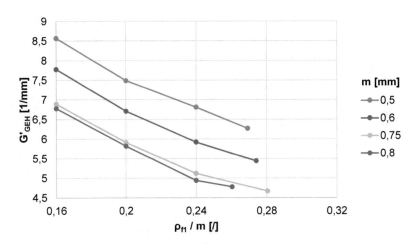

Abbildung 11.336: Torsionsmomentinduziert bezogenes Spannungsgefälle G'_{GEH} als Funktion des Moduls m sowie des Wellenfußrundungsradiusverhältnisses ρ_{f1}/m der ZWV Kapitel 3.3 – 6 x var. x var. (gemäß Tabelle 6.1; $c_{F1}/m = 0{,}12$; $\alpha = 45\,°$; $\rho_{f1}/m = var.$)

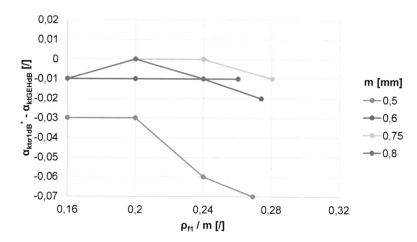

Abbildung 11.337: Differenz der Torsionsformzahlen $\alpha^*_{kt\sigma1dB}$ und $\alpha_{ktGEHdB}$ als Funktion des Moduls m sowie des Wellenfußrundungsradiusverhältnisses ρ_{f1}/m der ZWV Kapitel 3.3 – 6 x var. x var. (gemäß Tabelle 6.1; $c_{F1}/m = 0{,}12$; $\alpha = 45\,°$; $\rho_{f1}/m = var.$)

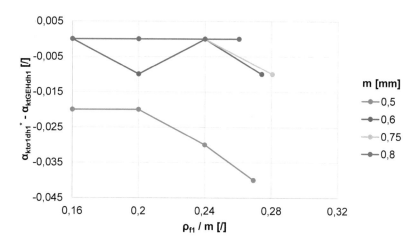

Abbildung 11.338: Differenz der Torsionsformzahlen $\alpha^*_{kt\sigma1dh1}$ und $\alpha_{ktGEHdh1}$ als Funktion des Moduls m sowie des Wellenfußrundungsradiusverhältnisses ρ_{f1}/m der ZWV Kapitel 3.3 – 6 x var. x var. (gemäß Tabelle 6.1; $c_{F1}/m = 0{,}12$; $\alpha = 45\,°$; $\rho_{f1}/m = var.$)

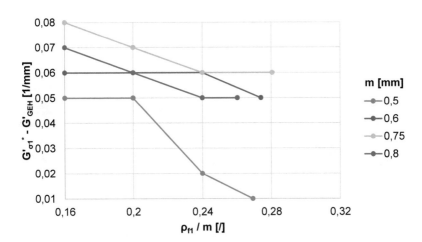

Abbildung 11.339: Differenz der torsionsmomentinduziert bezogenen Spannungsgefälle $G'^*_{\sigma 1}$ und G'_{GEH} als Funktion des Moduls m sowie des Wellenfußrundungsradiusverhältnisses ρ_{f1}/m der ZWV Kapitel 3.3 – 6 x var. x var. (gemäß Tabelle 6.1; $c_{F1}/m = 0,12$; $\alpha = 45\,°$; $\rho_{f1}/m = var.$)

11.2.1.4.1.4 Querschnittbezogene Gestaltfestigkeitsdifferenzierung

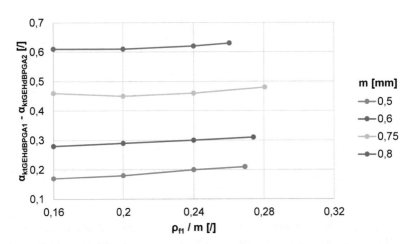

Abbildung 11.340: Differenz der Torsionsformzahlen $\alpha_{ktGEHdBPGA1}$ und $\alpha_{ktGEHdBPGA2}$ als Funktion des Moduls m sowie des Wellenfußrundungsradiusverhältnisses ρ_{f1}/m der ZWV Kapitel 3.3 – 6 x var. x var. (gemäß Tabelle 6.1; $c_{F1}/m = 0,12$; $\alpha = 45\,°$; $\rho_{f1}/m = var.$)

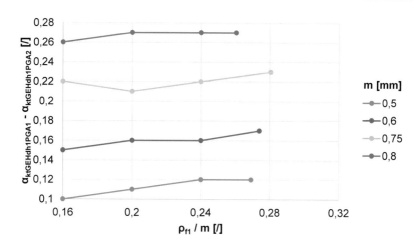

Abbildung 11.341: Differenz der Torsionsformzahlen $\alpha_{ktGEHdh1PGA1}$ und $\alpha_{ktGEHdh1PGA2}$ als Funktion des Moduls m sowie des Wellenfußrundungsradiusverhältnisses ρ_{f1}/m der ZWV Kapitel 3.3 – 6 x var. x var. (gemäß Tabelle 6.1; $c_{F1}/m = 0,12$; $\alpha = 45\,°$; $\rho_{f1}/m = var.$)

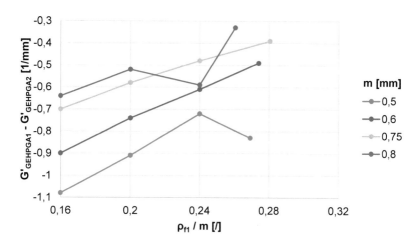

Abbildung 11.342: Differenz der torsionsmomentinduziert bezogenen Spannungsgefälle $G'_{GEHPGA1}$ und $G'_{GEHPGA2}$ als Funktion des Moduls m sowie des Wellenfußrundungsradiusverhältnisses ρ_{f1}/m der ZWV Kapitel 3.3 – 6 x var. x var. (gemäß Tabelle 6.1; $c_{F1}/m = 0,12$; $\alpha = 45\,°$; $\rho_{f1}/m = var.$)

11.2.1.4.2   Bezugsdurchmesser $d_B = 25\,mm$

11.2.1.4.2.1   Wellenfußkreisdurchmesser d_{f1}

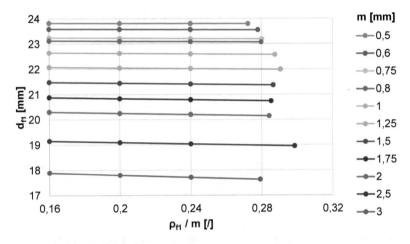

Abbildung 11.343: Wellenfußkreisdurchmesser d_{f1} als Funktion des Moduls m sowie des Wellenfußrundungsradiusverhältnisses ρ_{f1}/m der ZWV Kapitel 3.3 – 25 x var. x var. (gemäß Tabelle 6.1; $c_{F1}/m = 0{,}12$; $\alpha = 45\,°$; $\rho_{f1}/m = var.$)

11.2.1.4.2.2 Ort der Lokalbeanspruchung

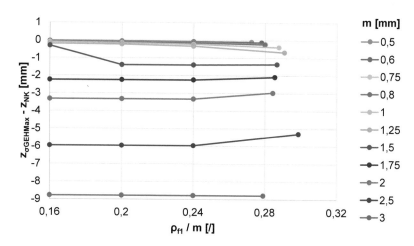

Abbildung 11.344: Absoluter Axialabstand der gestaltfestigkeitsrelevanten Lokalbeanspruchung σ_{GEHMax} von der Nabenkante als Funktion des Moduls m sowie des
Wellenfußrundungsradiusverhältnisses ρ_{f1}/m der ZWV Kapitel 3.3 – 25 x var. x var.
(gemäß Tabelle 6.1; $c_{F1}/m = 0{,}12$; $\alpha = 45\,°$; $\rho_{f1}/m = var.$)

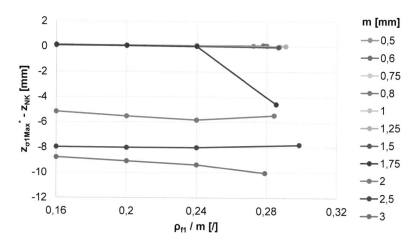

Abbildung 11.345: Absoluter Axialabstand der relevanten Lokalbeanspruchung
σ_{1Max}^{*} von der Nabenkante als Funktion des Moduls m sowie des Wellenfußrundungsradiusverhältnisses ρ_{f1}/m der ZWV Kapitel 3.3 – 25 x var. x var. (gemäß Tabelle 6.1; $c_{F1}/m = 0{,}12$; $\alpha = 45\,°$; $\rho_{f1}/m = var.$)

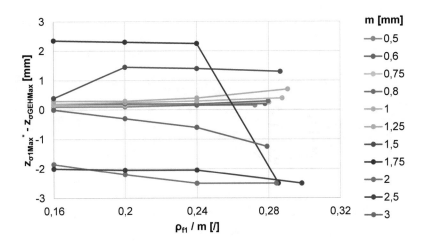

Abbildung 11.346: Absoluter Axialabstand zwischen den Lokalbeanspruchungen σ^*_{1Max} sowie σ_{GEHMax} als Funktion des Moduls m sowie des Wellenfußrundungsradiusverhältnisses ρ_{f1}/m der ZWV Kapitel 3.3 – 25 x var. x var. (gemäß Tabelle 6.1; $c_{F1}/m = 0{,}12$; $\alpha = 45\,°$; $\rho_{f1}/m = var$.)

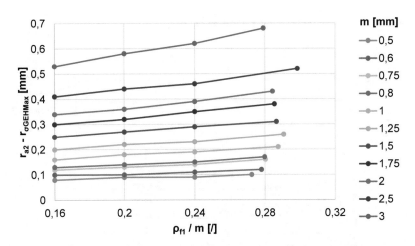

Abbildung 11.347: Absoluter Radialabstand der gestaltfestigkeitsrelevanten Lokalbeanspruchung σ_{GEHMax} vom Nabenkopfkreis als Funktion des Moduls m sowie des Wellenfußrundungsradiusverhältnisses ρ_{f1}/m der ZWV Kapitel 3.3 – 25 x var. x var. (gemäß Tabelle 6.1; $c_{F1}/m = 0{,}12$; $\alpha = 45\,°$; $\rho_{f1}/m = var$.)

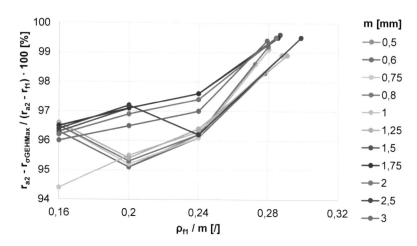

Abbildung 11.348: Radiale Relativlage der gestaltfestigkeitsrelevanten Lokalbeanspruchung σ_{GEHMax} zum Wellenfußkreis als Funktion des Moduls m sowie des Wellenfußrundungsradiusverhältnisses ρ_{f1}/m der ZWV Kapitel 3.3 – 25 x var. x var. (gemäß Tabelle 6.1; $c_{F1}/m = 0{,}12$; $\alpha = 45\,°$; $\rho_{f1}/m = var.$)

11.2.1.4.2.3 Charakterisierung der Kerbwirkung

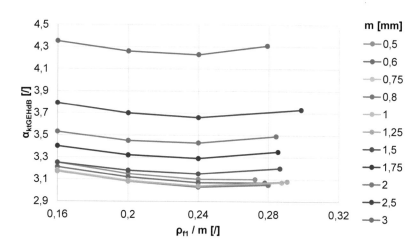

Abbildung 11.349: Torsionsformzahl $\alpha_{ktGEHdB}$ als Funktion des Moduls m sowie des Wellenfußrundungsradiusverhältnisses ρ_{f1}/m der ZWV Kapitel 3.3 – 25 x var. x var. (gemäß Tabelle 6.1; $c_{F1}/m = 0{,}12$; $\alpha = 45\,°$; $\rho_{f1}/m = var.$)

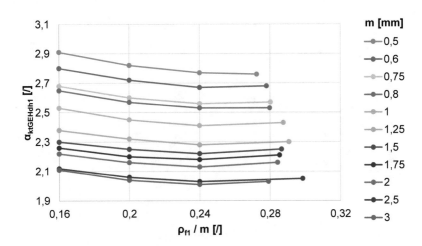

Abbildung 11.350: Torsionsformzahl $\alpha_{ktGEHdh1}$ als Funktion des Moduls m sowie des Wellenfußrundungsradiusverhältnisses ρ_{f1}/m der ZWV Kapitel 3.3 – 25 x var. x var. (gemäß Tabelle 6.1; $c_{F1}/m = 0{,}12$; $\alpha = 45\,°$; $\rho_{f1}/m = var.$)

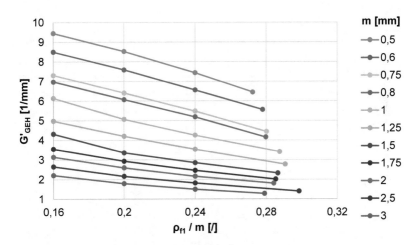

Abbildung 11.351: Torsionsmomentinduziert bezogenes Spannungsgefälle G'_{GEH} als Funktion des Moduls m sowie des Wellenfußrundungsradiusverhältnisses ρ_{f1}/m der ZWV Kapitel 3.3 – 25 x var. x var. (gemäß Tabelle 6.1; $c_{F1}/m = 0{,}12$; $\alpha = 45\,°$; $\rho_{f1}/m = var.$)

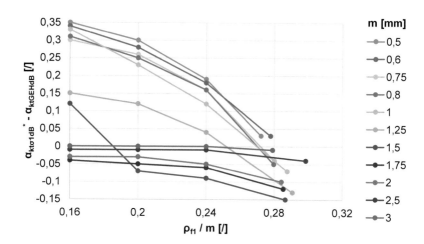

Abbildung 11.352: Differenz der Torsionsformzahlen $\alpha^*_{kt\sigma1dB}$ und $\alpha_{ktGEHdB}$ als Funktion des Moduls m sowie des Wellenfußrundungsradiusverhältnisses ρ_{f1}/m der ZWV Kapitel 3.3 – 25 x var. x var. (gemäß Tabelle 6.1; $c_{F1}/m = 0{,}12$; $\alpha = 45\,°$; $\rho_{f1}/m = var.$)

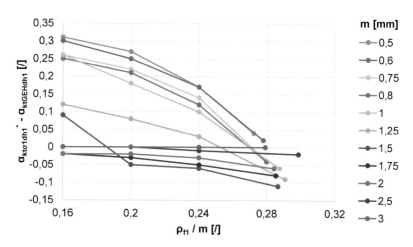

Abbildung 11.353: Differenz der Torsionsformzahlen $\alpha^*_{kt\sigma1dh1}$ und $\alpha_{ktGEHdh1}$ als Funktion des Moduls m sowie des Wellenfußrundungsradiusverhältnisses ρ_{f1}/m der ZWV Kapitel 3.3 – 25 x var. x var. (gemäß Tabelle 6.1; $c_{F1}/m = 0{,}12$; $\alpha = 45\,°$; $\rho_{f1}/m = var.$)

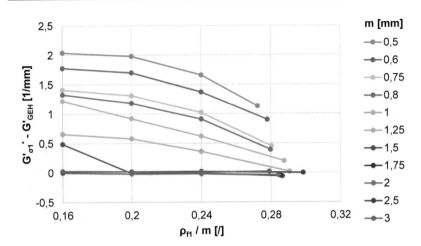

Abbildung 11.354: Differenz der torsionsmomentinduziert bezogenen Spannungsgefälle $G'^*_{\sigma 1}$ und G'_{GEH} als Funktion des Moduls m sowie des Wellenfußrundungsradiusverhältnisses ρ_{f1}/m der ZWV Kapitel 3.3 – 25 x var. x var. (gemäß Tabelle 6.1; $c_{F1}/m = 0{,}12$; $\alpha = 45\,°$; $\rho_{f1}/m = var.$)

11.2.1.4.2.4 Querschnittbezogene Gestaltfestigkeitsdifferenzierung

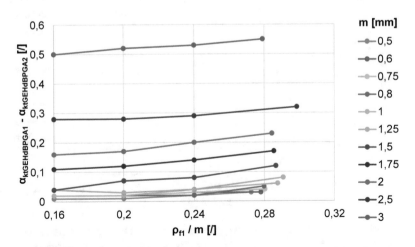

Abbildung 11.355: Differenz der Torsionsformzahlen $\alpha_{ktGEHdBPGA1}$ und $\alpha_{ktGEHdBPGA2}$ als Funktion des Moduls m sowie des Wellenfußrundungsradiusverhältnisses ρ_{f1}/m der ZWV Kapitel 3.3 – 25 x var. x var. (gemäß Tabelle 6.1; $c_{F1}/m = 0{,}12$; $\alpha = 45\,°$; $\rho_{f1}/m = var.$)

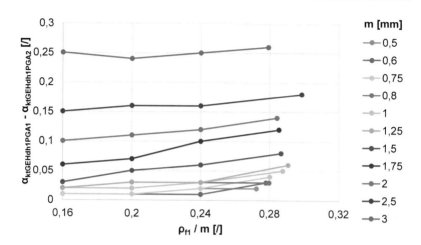

Abbildung 11.356: Differenz der Torsionsformzahlen $\alpha_{ktGEHdh1PGA1}$ und $\alpha_{ktGEHdh1PGA2}$ als Funktion des Moduls m sowie des Wellenfußrundungsradiusverhältnisses ρ_{f1}/m der ZWV Kapitel 3.3 – 25 x var. x var. (gemäß Tabelle 6.1; $c_{F1}/m = 0{,}12$; $\alpha = 45°$; $\rho_{f1}/m = var.$)

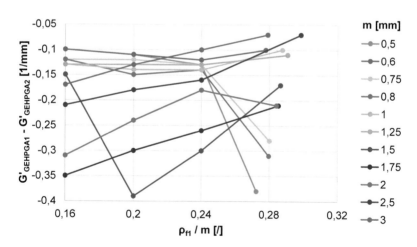

Abbildung 11.357: Differenz der torsionsmomentinduziert bezogenen Spannungsgefälle $G'_{GEHPGA1}$ und $G'_{GEHPGA2}$ als Funktion des Moduls m sowie des Wellenfußrundungsradiusverhältnisses ρ_{f1}/m der ZWV Kapitel 3.3 – 25 x var. x var. (gemäß Tabelle 6.1; $c_{F1}/m = 0{,}12$; $\alpha = 45°$; $\rho_{f1}/m = var.$)

11.2.1.4.3 Bezugsdurchmesser $d_B = 45\ mm$

11.2.1.4.3.1 Wellenfußkreisdurchmesser d_{f1}

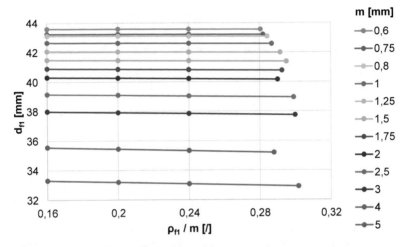

Abbildung 11.358: Wellenfußkreisdurchmesser d_{f1} als Funktion des Moduls m sowie des Wellenfußrundungsradiusverhältnisses ρ_{f1}/m der ZWV Kapitel 3.3 – 45 x var. x var. (gemäß Tabelle 6.1; $c_{F1}/m = 0{,}12$; $\alpha = 45\,°$; $\rho_{f1}/m = var.$)

11.2.1.4.3.2 Ort der Lokalbeanspruchung

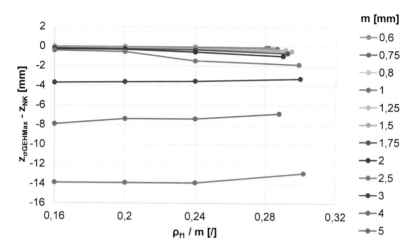

Abbildung 11.359: Absoluter Axialabstand der gestaltfestigkeitsrelevanten Lokalbeanspruchung σ_{GEHMax} von der Nabenkante als Funktion des Moduls m sowie des
Wellenfußrundungsradiusverhältnisses ρ_{f1}/m der ZWV Kapitel 3.3 – 45 x var. x var.
(gemäß Tabelle 6.1; $c_{F1}/m = 0{,}12$; $\alpha = 45\,°$; $\rho_{f1}/m = var.$)

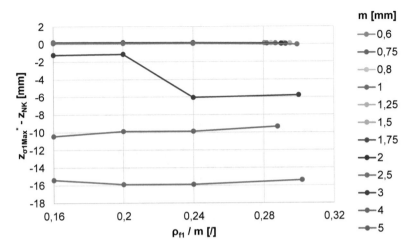

Abbildung 11.360: Absoluter Axialabstand der relevanten Lokalbeanspruchung σ^*_{1Max} von der Nabenkante als Funktion des Moduls m sowie des Wellenfußrundungsradiusverhältnisses ρ_{f1}/m der ZWV Kapitel 3.3 – 45 x var. x var. (gemäß Tabelle 6.1; $c_{F1}/m = 0,12$; $\alpha = 45\,°$; $\rho_{f1}/m = var.$)

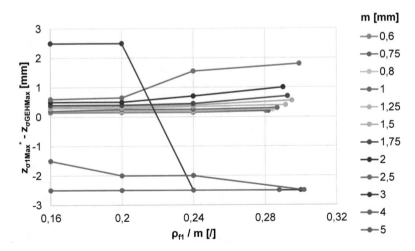

Abbildung 11.361: Absoluter Axialabstand zwischen den Lokalbeanspruchungen σ^*_{1Max} sowie σ_{GEHMax} als Funktion des Moduls m sowie des Wellenfußrundungsradiusverhältnisses ρ_{f1}/m der ZWV Kapitel 3.3 – 45 x var. x var. (gemäß Tabelle 6.1; $c_{F1}/m = 0,12$; $\alpha = 45\,°$; $\rho_{f1}/m = var.$)

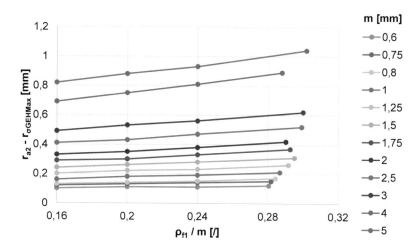

Abbildung 11.362: Absoluter Radialabstand der gestaltfestigkeitsrelevanten Lokalbeanspruchung σ_{GEHMax} vom Nabenkopfkreis als Funktion des Moduls m sowie des Wellenfußrundungsradiusverhältnisses ρ_{f1}/m der ZWV Kapitel 3.3 – 45 x var. x var. (gemäß Tabelle 6.1; $c_{F1}/m = 0{,}12$; $\alpha = 45\,°$; $\rho_{f1}/m = var.$)

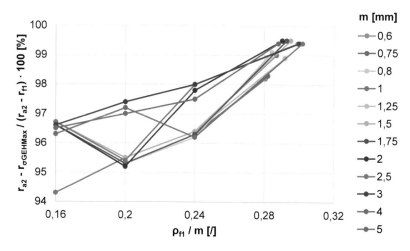

Abbildung 11.363: Radiale Relativlage der gestaltfestigkeitsrelevanten Lokalbeanspruchung σ_{GEHMax} zum Wellenfußkreis als Funktion des Moduls m sowie des Wellenfußrundungsradiusverhältnisses ρ_{f1}/m der ZWV Kapitel 3.3 – 45 x var. x var. (gemäß Tabelle 6.1; $c_{F1}/m = 0{,}12$; $\alpha = 45\,°$; $\rho_{f1}/m = var.$)

11.2.1.4.3.3 Charakterisierung der Kerbwirkung

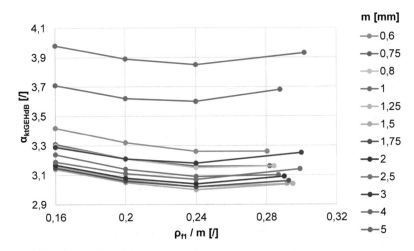

Abbildung 11.364: Torsionsformzahl $\alpha_{ktGEHdB}$ als Funktion des Moduls m sowie des Wellenfußrundungsradiusverhältnisses ρ_{f1}/m der ZWV Kapitel 3.3 – 45 x var. x var. (gemäß Tabelle 6.1; $c_{F1}/m = 0{,}12$; $\alpha = 45\,°$; $\rho_{f1}/m = var.$)

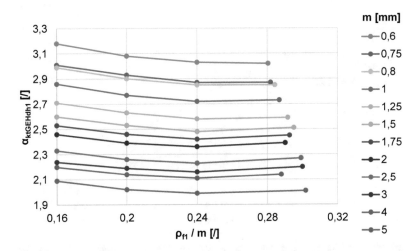

Abbildung 11.365: Torsionsformzahl $\alpha_{ktGEHdh1}$ als Funktion des Moduls m sowie des Wellenfußrundungsradiusverhältnisses ρ_{f1}/m der ZWV Kapitel 3.3 – 45 x var. x var. (gemäß Tabelle 6.1; $c_{F1}/m = 0{,}12$; $\alpha = 45\,°$; $\rho_{f1}/m = var.$)

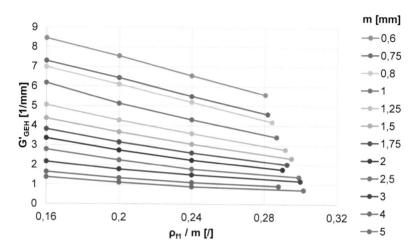

Abbildung 11.366: Torsionsmomentinduziert bezogenes Spannungsgefälle G'_{GEH} als Funktion des Moduls m sowie des Wellenfußrundungsradiusverhältnisses ρ_{f1}/m der ZWV Kapitel 3.3 – 45 x var. x var. (gemäß Tabelle 6.1; $c_{F1}/m = 0{,}12$; $\alpha = 45\,°$; $\rho_{f1}/m = var.$)

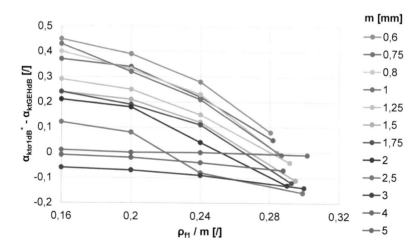

Abbildung 11.367: Differenz der Torsionsformzahlen $\alpha^*_{kt\sigma1dB}$ und $\alpha_{ktGEHdB}$ als Funktion des Moduls m sowie des Wellenfußrundungsradiusverhältnisses ρ_{f1}/m der ZWV Kapitel 3.3 – 45 x var. x var. (gemäß Tabelle 6.1; $c_{F1}/m = 0{,}12$; $\alpha = 45\,°$; $\rho_{f1}/m = var.$)

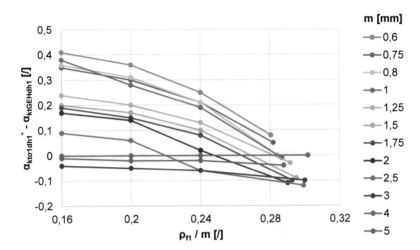

Abbildung 11.368: Differenz der Torsionsformzahlen $\alpha^*_{kt\sigma1dh1}$ und $\alpha_{ktGEHdh1}$ als Funktion des Moduls m sowie des Wellenfußrundungsradiusverhältnisses ρ_{f1}/m der ZWV Kapitel 3.3 – 45 x var. x var. (gemäß Tabelle 6.1; $c_{F1}/m = 0{,}12$; $\alpha = 45\,°$; $\rho_{f1}/m = var.$)

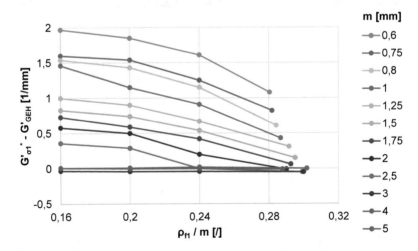

Abbildung 11.369: Differenz der torsionsmomentinduziert bezogenen Spannungsgefälle $G'^*_{\sigma1}$ und G'_{GEH} als Funktion des Moduls m sowie des Wellenfußrundungsradiusverhältnisses ρ_{f1}/m der ZWV Kapitel 3.3 – 45 x var. x var. (gemäß Tabelle 6.1; $c_{F1}/m = 0{,}12$; $\alpha = 45\,°$; $\rho_{f1}/m = var.$)

11.2.1.4.3.4 Querschnittbezogene Gestaltfestigkeitsdifferenzierung

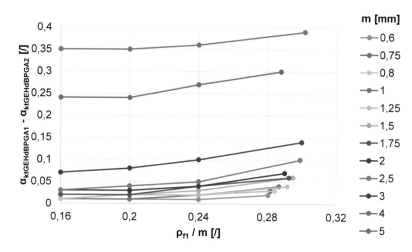

Abbildung 11.370: Differenz der Torsionsformzahlen $\alpha_{ktGEHdBPGA1}$ und $\alpha_{ktGEHdBPGA2}$ als Funktion des Moduls m sowie des Wellenfußrundungsradiusverhältnisses ρ_{f1}/m der ZWV Kapitel 3.3 – 45 x var. x var. (gemäß Tabelle 6.1; $c_{F1}/m = 0{,}12$; $\alpha = 45\,°$; $\rho_{f1}/m = var.$)

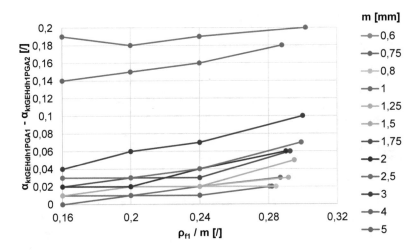

Abbildung 11.371: Differenz der Torsionsformzahlen $\alpha_{ktGEHdh1PGA1}$ und $\alpha_{ktGEHdh1PGA2}$ als Funktion des Moduls m sowie des Wellenfußrundungsradiusverhältnisses ρ_{f1}/m der ZWV Kapitel 3.3 – 45 x var. x var. (gemäß Tabelle 6.1; $c_{F1}/m = 0{,}12$; $\alpha = 45\,°$; $\rho_{f1}/m = var.$)

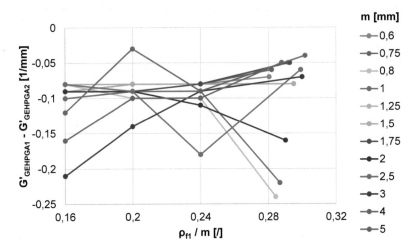

Abbildung 11.372: Differenz der torsionsmomentinduziert bezogenen Spannungsgefälle $G'_{GEHPGA1}$ und $G'_{GEHPGA2}$ als Funktion des Moduls m sowie des Wellenfußrundungsradiusverhältnisses ρ_{f1}/m der ZWV Kapitel 3.3 – 45 x var. x var. (gemäß Tabelle 6.1; $c_{F1}/m = 0{,}12$; $\alpha = 45\,°$; $\rho_{f1}/m = var.$)

11.2.1.4.4   Bezugsdurchmesser $d_B = 65\,mm$

11.2.1.4.4.1 Wellenfußkreisdurchmesser d_{f1}

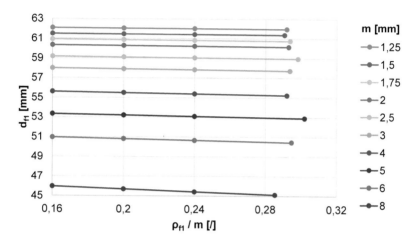

Abbildung 11.373: Wellenfußkreisdurchmesser d_{f1} als Funktion des Moduls m sowie des Wellenfußrundungsradiusverhältnisses ρ_{f1}/m der ZWV Kapitel 3.3 – 65 x var. x var. (gemäß Tabelle 6.1; $c_{F1}/m = 0,12$; $\alpha = 45\,°$; $\rho_{f1}/m = var.$)

11.2.1.4.4.2 Ort der Lokalbeanspruchung

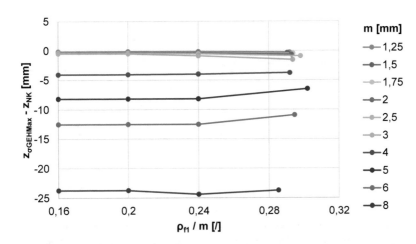

Abbildung 11.374: Absoluter Axialabstand der gestaltfestigkeitsrelevanten Lokalbeanspruchung σ_{GEHMax} von der Nabenkante als Funktion des Moduls m sowie des
Wellenfußrundungsradiusverhältnisses ρ_{f1}/m der ZWV Kapitel 3.3 – 65 x var. x var.
(gemäß Tabelle 6.1; $c_{F1}/m = 0{,}12$; $\alpha = 45\,°$; $\rho_{f1}/m = var.$)

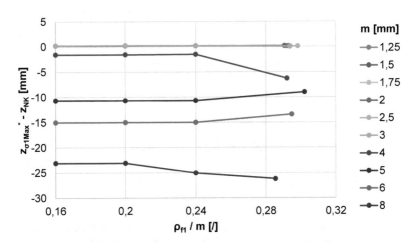

Abbildung 11.375: Absoluter Axialabstand der relevanten Lokalbeanspruchung
σ_{1Max}^{*} von der Nabenkante als Funktion des Moduls m sowie des Wellenfußrundungsradiusverhältnisses ρ_{f1}/m der ZWV Kapitel 3.3 – 65 x var. x var. (gemäß Tabelle 6.1; $c_{F1}/m = 0{,}12$; $\alpha = 45\,°$; $\rho_{f1}/m = var.$)

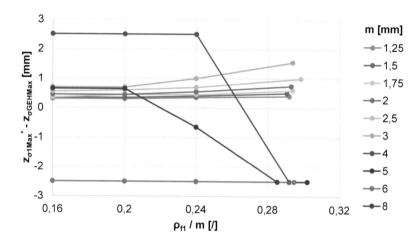

Abbildung 11.376: Absoluter Axialabstand zwischen den Lokalbeanspruchungen σ^*_{1Max} sowie σ_{GEHMax} als Funktion des Moduls m sowie des Wellenfußrundungsradiusverhältnisses ρ_{f1}/m der ZWV Kapitel 3.3 – 65 x var. x var. (gemäß Tabelle 6.1; $c_{F1}/m = 0{,}12$; $\alpha = 45\,°$; $\rho_{f1}/m = var.$)

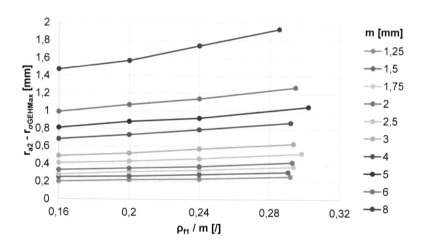

Abbildung 11.377: Absoluter Radialabstand der gestaltfestigkeitsrelevanten Lokalbeanspruchung σ_{GEHMax} vom Nabenkopfkreis als Funktion des Moduls m sowie des Wellenfußrundungsradiusverhältnisses ρ_{f1}/m der ZWV Kapitel 3.3 – 65 x var. x var. (gemäß Tabelle 6.1; $c_{F1}/m = 0{,}12$; $\alpha = 45\,°$; $\rho_{f1}/m = var.$)

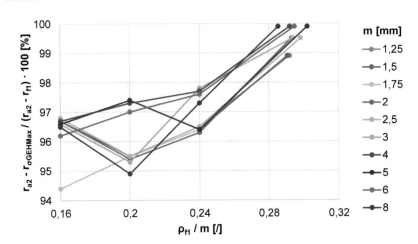

Abbildung 11.378: Radiale Relativlage der gestaltfestigkeitsrelevanten Lokalbeanspruchung σ_{GEHMax} zum Wellenfußkreis als Funktion des Moduls m sowie des Wellenfußrundungsradiusverhältnisses ρ_{f1}/m der ZWV Kapitel 3.3 – 65 x var. x var. (gemäß Tabelle 6.1; $c_{F1}/m = 0,12$; $\alpha = 45\,°$; $\rho_{f1}/m = var.$)

11.2.1.4.4.3 Charakterisierung der Kerbwirkung

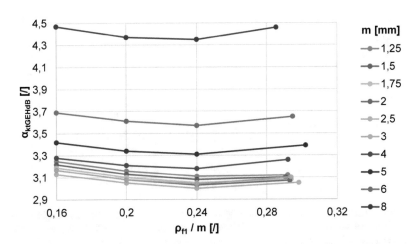

Abbildung 11.379: Torsionsformzahl $\alpha_{ktGEHdB}$ als Funktion des Moduls m sowie des Wellenfußrundungsradiusverhältnisses ρ_{f1}/m der ZWV Kapitel 3.3 – 65 x var. x var. (gemäß Tabelle 6.1; $c_{F1}/m = 0,12$; $\alpha = 45\,°$; $\rho_{f1}/m = var.$)

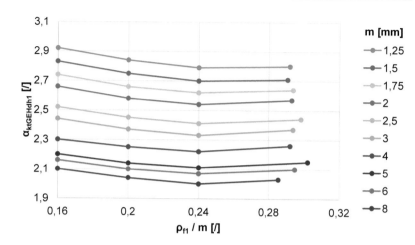

Abbildung 11.380: Torsionsformzahl $\alpha_{ktGEHdh1}$ als Funktion des Moduls m sowie des Wellenfußrundungsradiusverhältnisses ρ_{f1}/m der ZWV Kapitel 3.3 – 65 x var. x var. (gemäß Tabelle 6.1; $c_{F1}/m = 0{,}12$; $\alpha = 45\,°$; $\rho_{f1}/m = var.$)

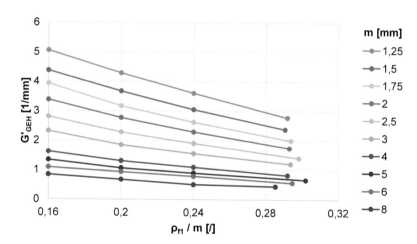

Abbildung 11.381: Torsionsmomentinduziert bezogenes Spannungsgefälle G'_{GEH} als Funktion des Moduls m sowie des Wellenfußrundungsradiusverhältnisses ρ_{f1}/m der ZWV Kapitel 3.3 – 65 x var. x var. (gemäß Tabelle 6.1; $c_{F1}/m = 0{,}12$; $\alpha = 45\,°$; $\rho_{f1}/m = var.$)

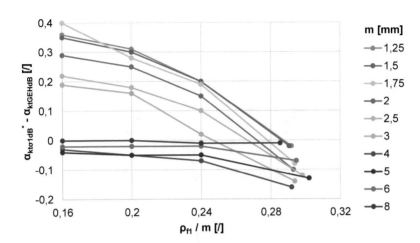

Abbildung 11.382: Differenz der Torsionsformzahlen $\alpha^*_{kt\sigma1dB}$ und $\alpha_{ktGEHdB}$ als Funktion des Moduls m sowie des Wellenfußrundungsradiusverhältnisses ρ_{f1}/m der ZWV Kapitel 3.3 – 65 x var. x var. (gemäß Tabelle 6.1; $c_{F1}/m = 0{,}12$; $\alpha = 45°$; $\rho_{f1}/m = var.$)

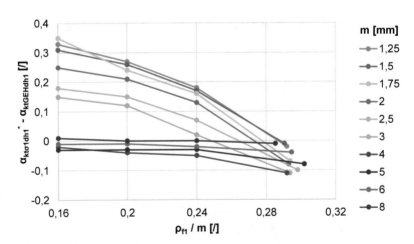

Abbildung 11.383: Differenz der Torsionsformzahlen $\alpha^*_{kt\sigma1dh1}$ und $\alpha_{ktGEHdh1}$ als Funktion des Moduls m sowie des Wellenfußrundungsradiusverhältnisses ρ_{f1}/m der ZWV Kapitel 3.3 – 65 x var. x var. (gemäß Tabelle 6.1; $c_{F1}/m = 0{,}12$; $\alpha = 45°$; $\rho_{f1}/m = var.$)

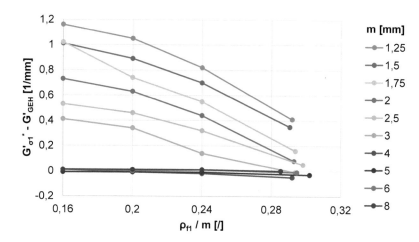

Abbildung 11.384: Differenz der torsionsmomentinduziert bezogenen Spannungsgefälle $G'^{*}_{\sigma 1}$ und G'_{GEH} als Funktion des Moduls m sowie des Wellenfußrundungsradiusverhältnisses ρ_{f1}/m der ZWV Kapitel 3.3 – 65 x var. x var. (gemäß Tabelle 6.1; $c_{F1}/m = 0{,}12$; $\alpha = 45\,°$; $\rho_{f1}/m = var.$)

11.2.1.4.4.4 Querschnittbezogene Gestaltfestigkeitsdifferenzierung

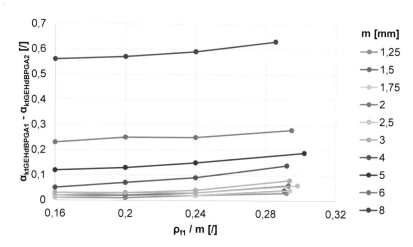

Abbildung 11.385: Differenz der Torsionsformzahlen $\alpha_{ktGEHdBPGA1}$ und $\alpha_{ktGEHdBPGA2}$ als Funktion des Moduls m sowie des Wellenfußrundungsradiusverhältnisses ρ_{f1}/m der ZWV Kapitel 3.3 – 65 x var. x var. (gemäß Tabelle 6.1; $c_{F1}/m = 0{,}12$; $\alpha = 45\,°$; $\rho_{f1}/m = var.$)

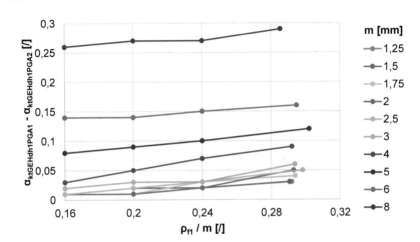

Abbildung 11.386: Differenz der Torsionsformzahlen $\alpha_{ktGEHdh1PGA1}$ und $\alpha_{ktGEHdh1PGA2}$ als Funktion des Moduls m sowie des Wellenfußrundungsradiusverhältnisses ρ_{f1}/m der ZWV Kapitel 3.3 – 65 x var. x var. (gemäß Tabelle 6.1; $c_{F1}/m = 0{,}12$; $\alpha = 45\,°$; $\rho_{f1}/m = var.$)

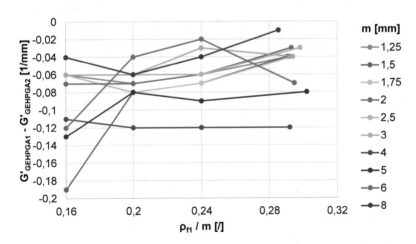

Abbildung 11.387: Differenz der torsionsmomentinduziert bezogenen Spannungsgefälle $G'_{GEHPGA1}$ und $G'_{GEHPGA2}$ als Funktion des Moduls m sowie des Wellenfußrundungsradiusverhältnisses ρ_{f1}/m der ZWV Kapitel 3.3 – 65 x var. x var. (gemäß Tabelle 6.1; $c_{F1}/m = 0{,}12$; $\alpha = 45\,°$; $\rho_{f1}/m = var.$)

11.2.1.4.5   Bezugsdurchmesser $d_B = 100\,mm$

11.2.1.4.5.1   Wellenfußkreisdurchmesser d_{f1}

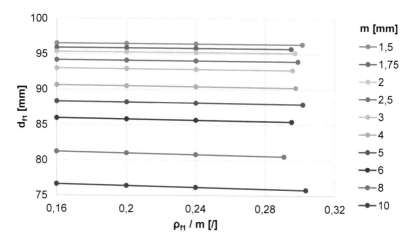

Abbildung 11.388: Wellenfußkreisdurchmesser d_{f1} als Funktion des Moduls m sowie des Wellenfußrundungsradiusverhältnisses ρ_{f1}/m der ZWV Kapitel 3.3 – 100 x var. x var. (gemäß Tabelle 6.1; $c_{F1}/m = 0{,}12$; $\alpha = 45\,°$; $\rho_{f1}/m = var.$)

11.2.1.4.5.2 Ort der Lokalbeanspruchung

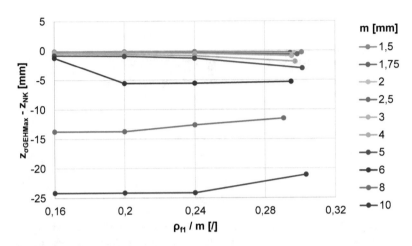

Abbildung 11.389: Absoluter Axialabstand der gestaltfestigkeitsrelevanten Lokalbeanspruchung σ_{GEHMax} von der Nabenkante als Funktion des Moduls m sowie des Wellenfußrundungsradiusverhältnisses ρ_{f1}/m der ZWV Kapitel 3.3 – 100 x var. x var. (gemäß Tabelle 6.1; $c_{F1}/m = 0{,}12$; $\alpha = 45°$; $\rho_{f1}/m = var.$)

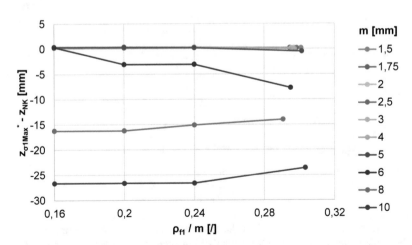

Abbildung 11.390: Absoluter Axialabstand der relevanten Lokalbeanspruchung σ_{1Max}^{*} von der Nabenkante als Funktion des Moduls m sowie des Wellenfußrundungsradiusverhältnisses ρ_{f1}/m der ZWV Kapitel 3.3 – 100 x var. x var. (gemäß Tabelle 6.1; $c_{F1}/m = 0{,}12$; $\alpha = 45°$; $\rho_{f1}/m = var.$)

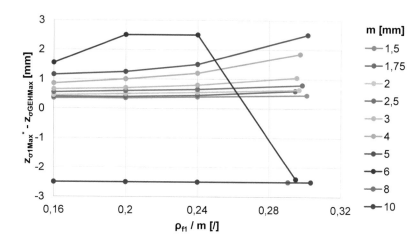

Abbildung 11.391: Absoluter Axialabstand zwischen den Lokalbeanspruchungen σ_{1Max}^* sowie σ_{GEHMax} als Funktion des Moduls m sowie des Wellenfußrundungsradiusverhältnisses ρ_{f1}/m der ZWV Kapitel 3.3 – 100 x var. x var. (gemäß Tabelle 6.1; $c_{F1}/m = 0{,}12$; $\alpha = 45\,°$; $\rho_{f1}/m = var.$)

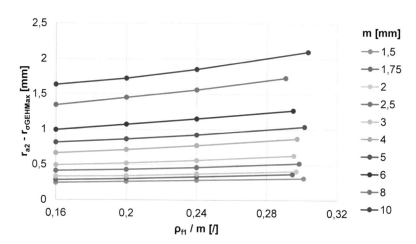

Abbildung 11.392: Absoluter Radialabstand der gestaltfestigkeitsrelevanten Lokalbeanspruchung σ_{GEHMax} vom Nabenkopfkreis als Funktion des Moduls m sowie des Wellenfußrundungsradiusverhältnisses ρ_{f1}/m der ZWV Kapitel 3.3 – 100 x var. x var. (gemäß Tabelle 6.1; $c_{F1}/m = 0{,}12$; $\alpha = 45\,°$; $\rho_{f1}/m = var.$)

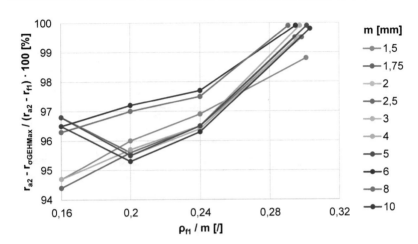

Abbildung 11.393: Radiale Relativlage der gestaltfestigkeitsrelevanten Lokalbeanspruchung σ_{GEHMax} zum Wellenfußkreis als Funktion des Moduls m sowie des Wellenfußrundungsradiusverhältnisses ρ_{f1}/m der ZWV Kapitel 3.3 – 100 x var. x var. (gemäß Tabelle 6.1; $c_{F1}/m = 0{,}12$; $\alpha = 45\,°$; $\rho_{f1}/m = var.$)

11.2.1.4.5.3 Charakterisierung der Kerbwirkung

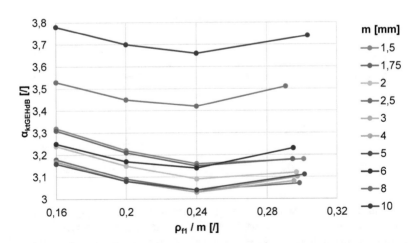

Abbildung 11.394: Torsionsformzahl $\alpha_{ktGEHdB}$ als Funktion des Moduls m sowie des Wellenfußrundungsradiusverhältnisses ρ_{f1}/m der ZWV Kapitel 3.3 – 100 x var. x var. (gemäß Tabelle 6.1; $c_{F1}/m = 0{,}12$; $\alpha = 45\,°$; $\rho_{f1}/m = var.$)

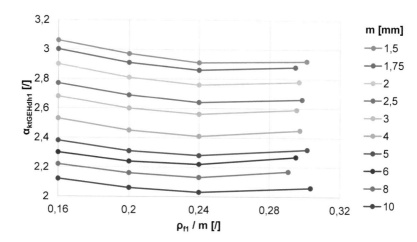

Abbildung 11.395: Torsionsformzahl $\alpha_{ktGEHdh1}$ als Funktion des Moduls m sowie des Wellenfußrundungsradiusverhältnisses ρ_{f1}/m der ZWV Kapitel 3.3 – 100 x var. x var. (gemäß Tabelle 6.1; $c_{F1}/m = 0,12$; $\alpha = 45°$; $\rho_{f1}/m = var.$)

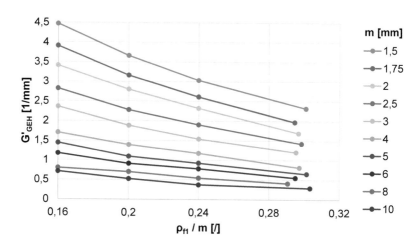

Abbildung 11.396: Torsionsmomentinduziert bezogenes Spannungsgefälle G'_{GEH} als Funktion des Moduls m sowie des Wellenfußrundungsradiusverhältnisses ρ_{f1}/m der ZWV Kapitel 3.3 – 100 x var. x var. (gemäß Tabelle 6.1; $c_{F1}/m = 0,12$; $\alpha = 45°$; $\rho_{f1}/m = var.$)

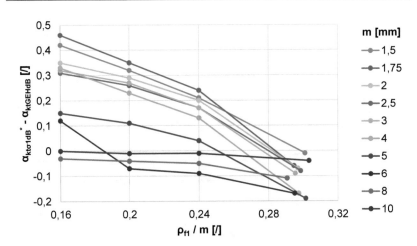

Abbildung 11.397: Differenz der Torsionsformzahlen $\alpha^*_{kt\sigma1dB}$ und $\alpha_{ktGEHdB}$ als Funktion des Moduls m sowie des Wellenfußrundungsradiusverhältnisses ρ_{f1}/m der ZWV Kapitel 3.3 – 100 x var. x var. (gemäß Tabelle 6.1; $c_{F1}/m = 0{,}12$; $\alpha = 45\,°$; $\rho_{f1}/m = var.$)

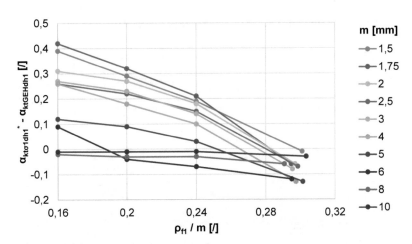

Abbildung 11.398: Differenz der Torsionsformzahlen $\alpha^*_{kt\sigma1dh1}$ und $\alpha_{ktGEHdh1}$ als Funktion des Moduls m sowie des Wellenfußrundungsradiusverhältnisses ρ_{f1}/m der ZWV Kapitel 3.3 – 100 x var. x var. (gemäß Tabelle 6.1; $c_{F1}/m = 0{,}12$; $\alpha = 45\,°$; $\rho_{f1}/m = var.$)

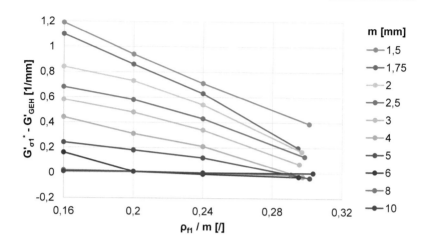

Abbildung 11.399: Differenz der torsionsmomentinduziert bezogenen Spannungsge-fälle $G'^*_{\sigma1}$ und G'_{GEH} als Funktion des Moduls m sowie des Wellenfußrundungsradius-verhältnisses ρ_{f1}/m der ZWV Kapitel 3.3 – 100 x var. x var. (gemäß Tabelle 6.1; $c_{F1}/m = 0{,}12$; $\alpha = 45\,°$; $\rho_{f1}/m = var.$)

11.2.1.4.5.4 Querschnittbezogene Gestaltfestigkeitsdifferenzierung

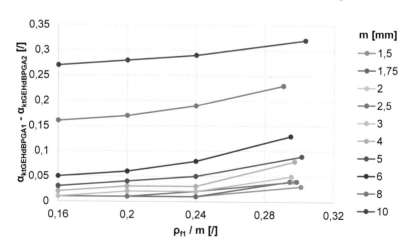

Abbildung 11.400: Differenz der Torsionsformzahlen $\alpha_{ktGEHdBPGA1}$ und $\alpha_{ktGEHdBPGA2}$ als Funktion des Moduls m sowie des Wellenfußrundungsradiusverhältnisses ρ_{f1}/m der ZWV Kapitel 3.3 – 100 x var. x var. (gemäß Tabelle 6.1; $c_{F1}/m = 0{,}12$; $\alpha = 45\,°$; $\rho_{f1}/m = var.$)

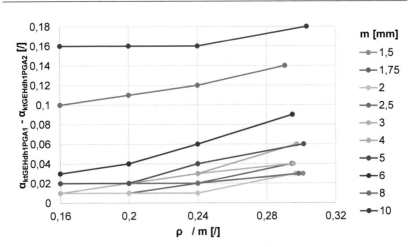

Abbildung 11.401: Differenz der Torsionsformzahlen $\alpha_{ktGEHdh1PGA1}$ und $\alpha_{ktGEHdh1PGA2}$ als Funktion des Moduls m sowie des Wellenfußrundungsradiusverhältnisses ρ_{f1}/m der ZWV Kapitel 3.3 – 100 x var. x var. (gemäß Tabelle 6.1; $c_{F1}/m = 0,12$; $\alpha = 45\,°$; $\rho_{f1}/m = var.$)

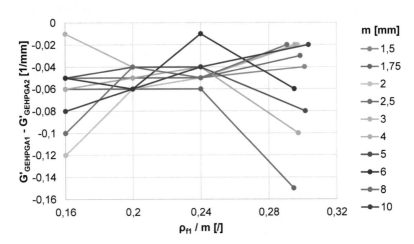

Abbildung 11.402: Differenz der torsionsmomentinduziert bezogenen Spannungsgefälle $G'_{GEHPGA1}$ und $G'_{GEHPGA2}$ als Funktion des Moduls m sowie des Wellenfußrundungsradiusverhältnisses ρ_{f1}/m der ZWV Kapitel 3.3 – 100 x var. x var. (gemäß Tabelle 6.1; $c_{F1}/m = 0,12$; $\alpha = 45\,°$; $\rho_{f1}/m = var.$)

11.2.1.4.6   Bezugsdurchmesser $d_B = 300\ mm$

11.2.1.4.6.1   Wellenfußkreisdurchmesser d_{f1}

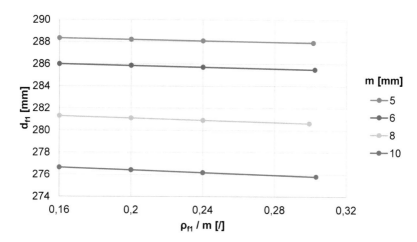

Abbildung 11.403: Wellenfußkreisdurchmesser d_{f1} als Funktion des Moduls m sowie des Wellenfußrundungsradiusverhältnisses ρ_{f1}/m der ZWV Kapitel 3.3 – 300 x var. x var. (gemäß Tabelle 6.1; $c_{F1}/m = 0{,}12$; $\alpha = 45\ °$; $\rho_{f1}/m = var.$)

11.2.1.4.6.2 Ort der Lokalbeanspruchung

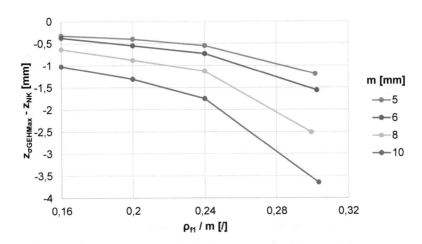

Abbildung 11.404: Absoluter Axialabstand der gestaltfestigkeitsrelevanten Lokalbeanspruchung σ_{GEHMax} von der Nabenkante als Funktion des Moduls m sowie des Wellenfußrundungsradiusverhältnisses ρ_{f1}/m der ZWV Kapitel 3.3 – 300 x var. x var. (gemäß Tabelle 6.1; $c_{F1}/m = 0{,}12$; $\alpha = 45°$; $\rho_{f1}/m = var.$)

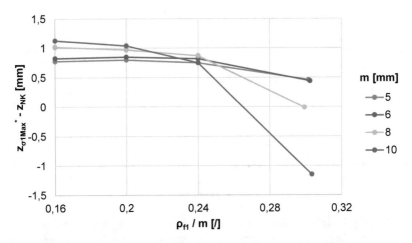

Abbildung 11.405: Absoluter Axialabstand der relevanten Lokalbeanspruchung σ_{1Max}^{*} von der Nabenkante als Funktion des Moduls m sowie des Wellenfußrundungsradiusverhältnisses ρ_{f1}/m der ZWV Kapitel 3.3 – 300 x var. x var. (gemäß Tabelle 6.1; $c_{F1}/m = 0{,}12$; $\alpha = 45°$; $\rho_{f1}/m = var.$)

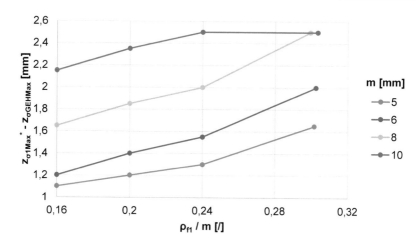

Abbildung 11.406: Absoluter Axialabstand zwischen den Lokalbeanspruchungen σ^*_{1Max} sowie σ_{GEHMax} als Funktion des Moduls m sowie des Wellenfußrundungsradiusverhältnisses ρ_{f1}/m der ZWV Kapitel 3.3 – 300 x var. x var. (gemäß Tabelle 6.1; $c_{F1}/m = 0,12$; $\alpha = 45\,°$; $\rho_{f1}/m = var.$)

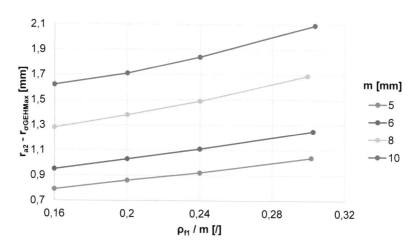

Abbildung 11.407: Absoluter Radialabstand der gestaltfestigkeitsrelevanten Lokalbeanspruchung σ_{GEHMax} vom Nabenkopfkreis als Funktion des Moduls m sowie des Wellenfußrundungsradiusverhältnisses ρ_{f1}/m der ZWV Kapitel 3.3 – 300 x var. x var. (gemäß Tabelle 6.1; $c_{F1}/m = 0,12$; $\alpha = 45\,°$; $\rho_{f1}/m = var.$)

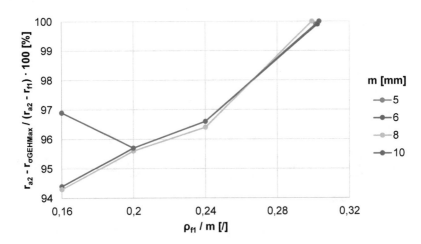

Abbildung 11.408: Radiale Relativlage der gestaltfestigkeitsrelevanten Lokalbeanspruchung σ_{GEHMax} zum Wellenfußkreis als Funktion des Moduls m sowie des Wellenfußrundungsradiusverhältnisses ρ_{f1}/m der ZWV Kapitel 3.3 – 300 x var. x var. (gemäß Tabelle 6.1; $c_{F1}/m = 0,12$; $\alpha = 45\,°$; $\rho_{f1}/m = var.$)

11.2.1.4.6.3 Charakterisierung der Kerbwirkung

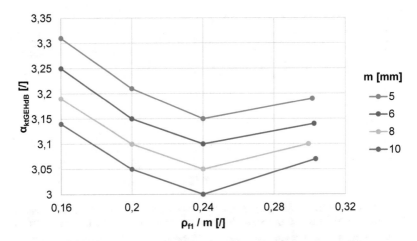

Abbildung 11.409: Torsionsformzahl $\alpha_{ktGEHdB}$ als Funktion des Moduls m sowie des Wellenfußrundungsradiusverhältnisses ρ_{f1}/m der ZWV Kapitel 3.3 – 300 x var. x var. (gemäß Tabelle 6.1; $c_{F1}/m = 0,12$; $\alpha = 45\,°$; $\rho_{f1}/m = var.$)

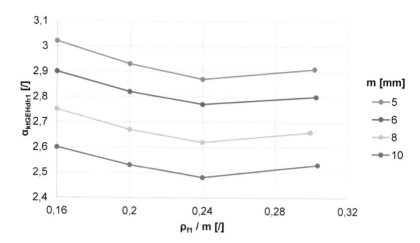

Abbildung 11.410: Torsionsformzahl $\alpha_{ktGEHdh1}$ als Funktion des Moduls m sowie des Wellenfußrundungsradiusverhältnisses ρ_{f1}/m der ZWV Kapitel 3.3 – 300 x var. x var. (gemäß Tabelle 6.1; $c_{F1}/m = 0{,}12$; $\alpha = 45°$; $\rho_{f1}/m = var.$)

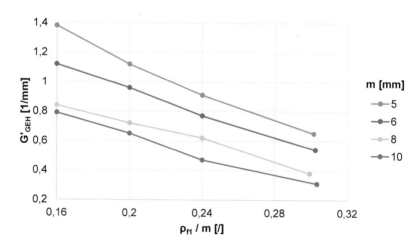

Abbildung 11.411: Torsionsmomentinduziert bezogenes Spannungsgefälle G'_{GEH} als Funktion des Moduls m sowie des Wellenfußrundungsradiusverhältnisses ρ_{f1}/m der ZWV Kapitel 3.3 – 300 x var. x var. (gemäß Tabelle 6.1; $c_{F1}/m = 0{,}12$; $\alpha = 45°$; $\rho_{f1}/m = var.$)

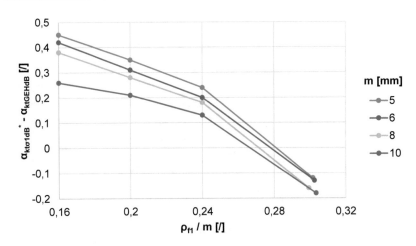

Abbildung 11.412: Differenz der Torsionsformzahlen $\alpha^*_{kt\sigma1dB}$ und $\alpha_{ktGEHdB}$ als Funktion des Moduls m sowie des Wellenfußrundungsradiusverhältnisses ρ_{f1}/m der ZWV Kapitel 3.3 – 300 x var. x var. (gemäß Tabelle 6.1; $c_{F1}/m = 0{,}12$; $\alpha = 45\,°$; $\rho_{f1}/m = var.$)

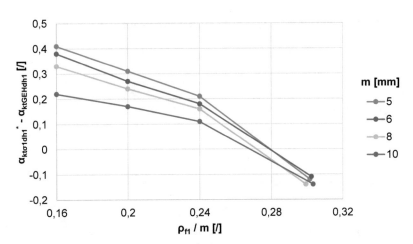

Abbildung 11.413: Differenz der Torsionsformzahlen $\alpha^*_{kt\sigma1dh1}$ und $\alpha_{ktGEHdh1}$ als Funktion des Moduls m sowie des Wellenfußrundungsradiusverhältnisses ρ_{f1}/m der ZWV Kapitel 3.3 – 300 x var. x var. (gemäß Tabelle 6.1; $c_{F1}/m = 0{,}12$; $\alpha = 45\,°$; $\rho_{f1}/m = var.$)

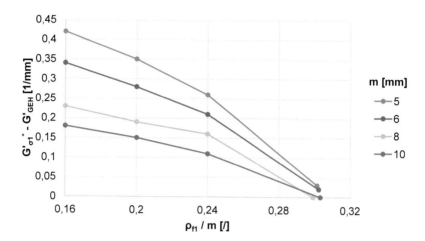

Abbildung 11.414: Differenz der torsionsmomentinduziert bezogenen Spannungsgefälle $G'^{*}_{\sigma1}$ und G'_{GEH} als Funktion des Moduls m sowie des Wellenfußrundungsradiusverhältnisses ρ_{f1}/m der ZWV Kapitel 3.3 – 300 x var. x var. (gemäß Tabelle 6.1; $c_{F1}/m = 0,12$; $\alpha = 45°$; $\rho_{f1}/m = var.$)

11.2.1.4.6.4 Querschnittbezogene Gestaltfestigkeitsdifferenzierung

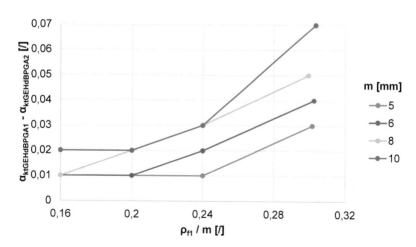

Abbildung 11.415: Differenz der Torsionsformzahlen $\alpha_{ktGEHdBPGA1}$ und $\alpha_{ktGEHdBPGA2}$ als Funktion des Moduls m sowie des Wellenfußrundungsradiusverhältnisses ρ_{f1}/m der ZWV Kapitel 3.3 – 300 x var. x var. (gemäß Tabelle 6.1; $c_{F1}/m = 0,12$; $\alpha = 45°$; $\rho_{f1}/m = var.$)

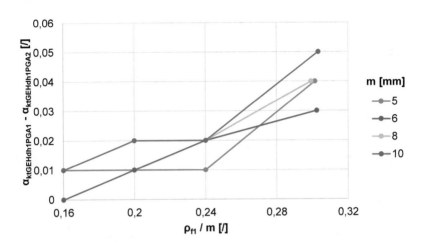

Abbildung 11.416: Differenz der Torsionsformzahlen $\alpha_{ktGEHdh1PGA1}$ und $\alpha_{ktGEHdh1PGA2}$ als Funktion des Moduls m sowie des Wellenfußrundungsradiusverhältnisses ρ_{f1}/m der ZWV Kapitel 3.3 – 300 x var. x var. (gemäß Tabelle 6.1; $c_{F1}/m = 0{,}12$; $\alpha = 45\,°$; $\rho_{f1}/m = var.$)

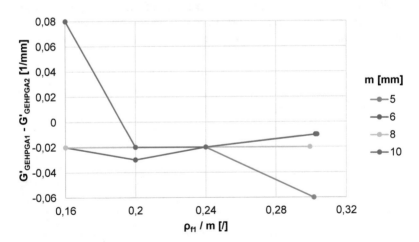

Abbildung 11.417: Differenz der torsionsmomentinduziert bezogenen Spannungsgefälle $G'_{GEHPGA1}$ und $G'_{GEHPGA2}$ als Funktion des Moduls m sowie des Wellenfußrundungsradiusverhältnisses ρ_{f1}/m der ZWV Kapitel 3.3 – 300 x var. x var. (gemäß Tabelle 6.1; $c_{F1}/m = 0{,}12$; $\alpha = 45\,°$; $\rho_{f1}/m = var.$)

11.2.1.4.7   Bezugsdurchmesser $d_B = 500\ mm$

11.2.1.4.7.1 Wellenfußkreisdurchmesser d_{f1}

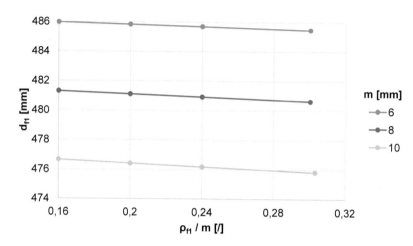

Abbildung 11.418: Wellenfußkreisdurchmesser d_{f1} als Funktion des Moduls m sowie des Wellenfußrundungsradiusverhältnisses ρ_{f1}/m der ZWV Kapitel 3.3 – 500 x var. x var. (gemäß Tabelle 6.1; $c_{F1}/m = 0{,}12$; $\alpha = 45\,°$; $\rho_{f1}/m = var.$)

11.2.1.4.7.2 Ort der Lokalbeanspruchung

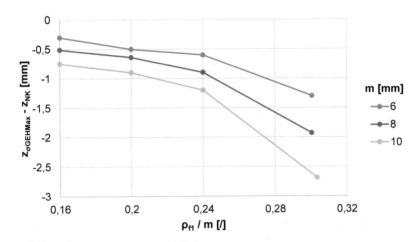

Abbildung 11.419: Absoluter Axialabstand der gestaltfestigkeitsrelevanten Lokalbe-anspruchung σ_{GEHMax} von der Nabenkante als Funktion des Moduls m sowie des Wellenfußrundungsradiusverhältnisses ρ_{f1}/m der ZWV Kapitel 3.3 – 500 x var. x var. (gemäß Tabelle 6.1; $c_{F1}/m = 0{,}12$; $\alpha = 45\,°$; $\rho_{f1}/m = var.$)

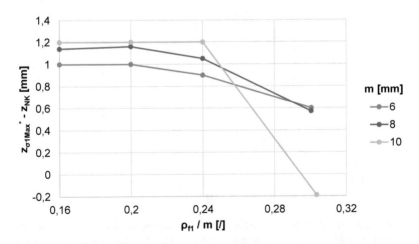

Abbildung 11.420: Absoluter Axialabstand der relevanten Lokalbeanspruchung σ_{1Max}^{*} von der Nabenkante als Funktion des Moduls m sowie des Wellenfußrun-dungsradiusverhältnisses ρ_{f1}/m der ZWV Kapitel 3.3 – 500 x var. x var. (gemäß Tabelle 6.1; $c_{F1}/m = 0{,}12$; $\alpha = 45\,°$; $\rho_{f1}/m = var.$)

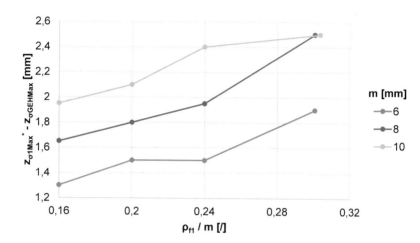

Abbildung 11.421: Absoluter Axialabstand zwischen den Lokalbeanspruchungen σ_{1Max}^* sowie σ_{GEHMax} als Funktion des Moduls m sowie des Wellenfußrundungsradiusverhältnisses ρ_{f1}/m der ZWV Kapitel 3.3 – 500 x var. x var. (gemäß Tabelle 6.1; $c_{F1}/m = 0{,}12$; $\alpha = 45\,°$; $\rho_{f1}/m = var.$)

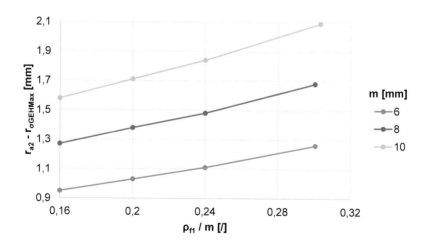

Abbildung 11.422: Absoluter Radialabstand der gestaltfestigkeitsrelevanten Lokalbeanspruchung σ_{GEHMax} vom Nabenkopfkreis als Funktion des Moduls m sowie des Wellenfußrundungsradiusverhältnisses ρ_{f1}/m der ZWV Kapitel 3.3 – 500 x var. x var. (gemäß Tabelle 6.1; $c_{F1}/m = 0{,}12$; $\alpha = 45\,°$; $\rho_{f1}/m = var.$)

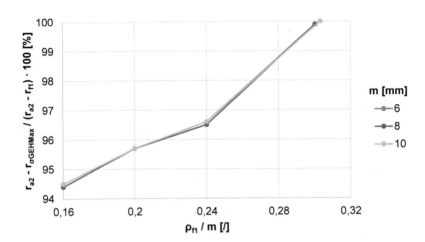

Abbildung 11.423: Radiale Relativlage der gestaltfestigkeitsrelevanten Lokalbeanspruchung σ_{GEHMax} zum Wellenfußkreis als Funktion des Moduls m sowie des Wellenfußrundungsradiusverhältnisses ρ_{f1}/m der ZWV Kapitel 3.3 – 500 x var. x var. (gemäß Tabelle 6.1; $c_{F1}/m = 0{,}12$; $\alpha = 45°$; $\rho_{f1}/m = var.$)

11.2.1.4.7.3 Charakterisierung der Kerbwirkung

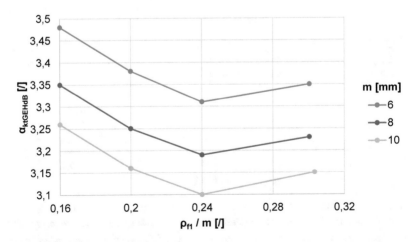

Abbildung 11.424: Torsionsformzahl $\alpha_{ktGEHdB}$ als Funktion des Moduls m sowie des Wellenfußrundungsradiusverhältnisses ρ_{f1}/m der ZWV Kapitel 3.3 – 500 x var. x var. (gemäß Tabelle 6.1; $c_{F1}/m = 0{,}12$; $\alpha = 45°$; $\rho_{f1}/m = var.$)

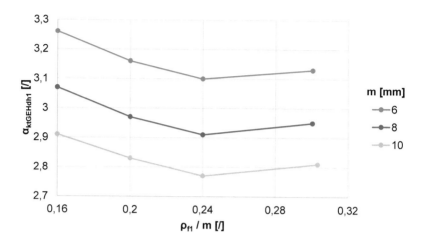

Abbildung 11.425: Torsionsformzahl $\alpha_{ktGEHdh1}$ als Funktion des Moduls m sowie des Wellenfußrundungsradiusverhältnisses ρ_{f1}/m der ZWV Kapitel 3.3 – 500 x var. x var. (gemäß Tabelle 6.1; $c_{F1}/m = 0,12$; $\alpha = 45\,°$; $\rho_{f1}/m = var.$)

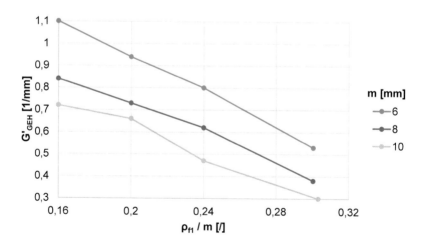

Abbildung 11.426: Torsionsmomentinduziert bezogenes Spannungsgefälle G'_{GEH} als Funktion des Moduls m sowie des Wellenfußrundungsradiusverhältnisses ρ_{f1}/m der ZWV Kapitel 3.3 – 500 x var. x var. (gemäß Tabelle 6.1; $c_{F1}/m = 0,12$; $\alpha = 45\,°$; $\rho_{f1}/m = var.$)

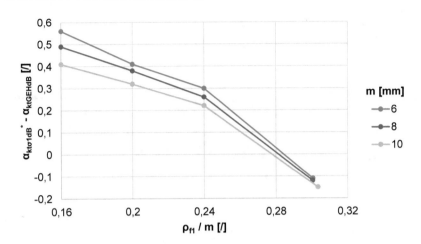

Abbildung 11.427: Differenz der Torsionsformzahlen $\alpha^*_{kt\sigma1dB}$ und $\alpha_{ktGEHdB}$ als Funktion des Moduls m sowie des Wellenfußrundungsradiusverhältnisses ρ_{f1}/m der ZWV Kapitel 3.3 – 500 x var. x var. (gemäß Tabelle 6.1; $c_{F1}/m = 0{,}12$; $\alpha = 45\,°$; $\rho_{f1}/m = var.$)

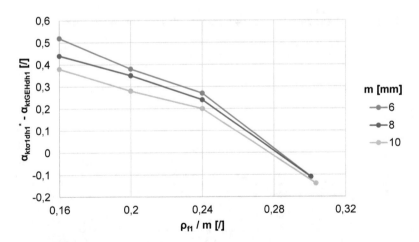

Abbildung 11.428: Differenz der Torsionsformzahlen $\alpha^*_{kt\sigma1dh1}$ und $\alpha_{ktGEHdh1}$ als Funktion des Moduls m sowie des Wellenfußrundungsradiusverhältnisses ρ_{f1}/m der ZWV Kapitel 3.3 – 500 x var. x var. (gemäß Tabelle 6.1; $c_{F1}/m = 0{,}12$; $\alpha = 45\,°$; $\rho_{f1}/m = var.$)

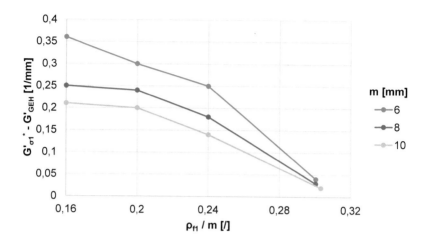

Abbildung 11.429: Differenz der torsionsmomentinduziert bezogenen Spannungsgefälle $G'^{*}_{\sigma 1}$ und G'_{GEH} als Funktion des Moduls m sowie des Wellenfußrundungsradiusverhältnisses ρ_{f1}/m der ZWV Kapitel 3.3 – 500 x var. x var. (gemäß Tabelle 6.1; $c_{F1}/m = 0{,}12$; $\alpha = 45\,°$; $\rho_{f1}/m = var.$)

11.2.1.4.7.4 Querschnittbezogene Gestaltfestigkeitsdifferenzierung

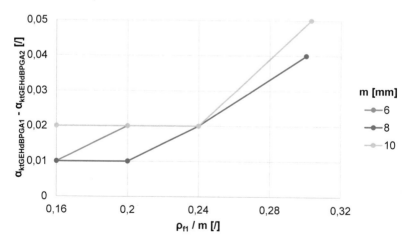

Abbildung 11.430: Differenz der Torsionsformzahlen $\alpha_{ktGEHdBPGA1}$ und $\alpha_{ktGEHdBPGA2}$ als Funktion des Moduls m sowie des Wellenfußrundungsradiusverhältnisses ρ_{f1}/m der ZWV Kapitel 3.3 – 500 x var. x var. (gemäß Tabelle 6.1; $c_{F1}/m = 0{,}12$; $\alpha = 45\,°$; $\rho_{f1}/m = var.$)

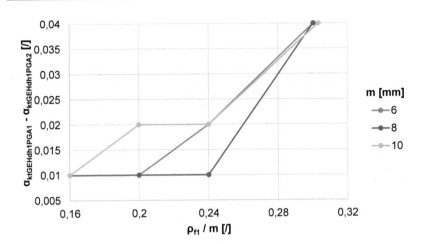

Abbildung 11.431: Differenz der Torsionsformzahlen $\alpha_{ktGEHdh1PGA1}$ und $\alpha_{ktGEHdh1PGA2}$ als Funktion des Moduls m sowie des Wellenfußrundungsradiusverhältnisses ρ_{f1}/m der ZWV Kapitel 3.3 – 500 x var. x var. (gemäß Tabelle 6.1; $c_{F1}/m = 0,12$; $\alpha = 45\,°$; $\rho_{f1}/m = var.$)

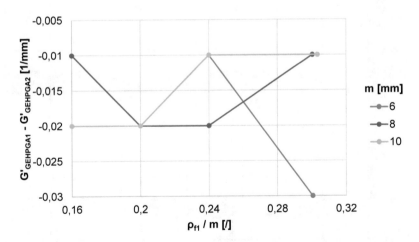

Abbildung 11.432: Differenz der torsionsmomentinduziert bezogenen Spannungsgefälle $G'_{GEHPGA1}$ und $G'_{GEHPGA2}$ als Funktion des Moduls m sowie des Wellenfußrundungsradiusverhältnisses ρ_{f1}/m der ZWV Kapitel 3.3 – 500 x var. x var. (gemäß Tabelle 6.1; $c_{F1}/m = 0,12$; $\alpha = 45\,°$; $\rho_{f1}/m = var.$)

11.2.2 Geometrische Ähnlichkeit

Tabelle 11.5: Stützstellenbezogene Anzahl gleicher Wellenzähnezahlen z_1

	Bezugsdurchmesser d_B [mm]							An-zahl
	6	25	45	65	100	300	500	
z_1							82	1
			74					1
					64			1
							61	1
			58			58		2
					56			1
			55					1
				50				1
		48			48	48	48	4
			44					1
				42				1
		40					40 [(2)]	2
					38			1
	36 [(2)]		36			36		3
			34					1
		32			32			2
				31				1
		30					30 [(2)]	2
	28 [(2)]		28			28		3
		24	24	24	24		24 [(1)(2)]	5
	22 [(1)(2)]							1
			21					1
				20				1
		18			18			2
		16						1

Tabelle 11.6: Stützstellenbezogene Anzahl gleicher Wellenzähnezahlen z_1 (Fortsetzung von Tabelle 11.5)

	Bezugsdurchmesser d_B [mm]							An-zahl
	6	25	45	65	100	300	500	
		15		15	15			3
		13	13 [1]					2
		11		11	11			3
	10		10 [3]					2
z_1				9				1
	8	8			8			3
		7 [3]	7	7 [3]				3
	6							1
	6 [3]							1

[1] Zwei Wellenzähnezahlen z_1 möglich (hier nur numerisch analysierte genannt)

[2] Ergebnis der Extrapolation von Gleichung (222) in Kombination mit Reihe I der [DIN 780]

[3] Stützstellen wegen geometrischer Restriktionen nicht immer realisierbar

11.2.2.1   Geometrisch ähnlich nach Gleichung (217) bzw. (218)

11.2.2.1.1   Wellenzähnezahl $z_1 = 8$

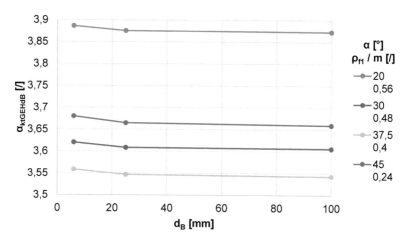

Abbildung 11.433: Torsionsformzahl $\alpha_{ktGEHdB}$ als Funktion des Bezugsdurchmessers d_B sowie des Flankenwinkels α bei nach Gleichung (230) optimalem Wellenfußrundungsradiusverhältnis $\left(\rho_{f1}/m\right)_{Opt}$ der ZWV Kapitel 3.3 – var. x var. x 8 (gemäß Tabelle 6.1; $c_{F1}/m = 0{,}12$; $\alpha = var.$; $\rho_{f1}/m = Opt.$)

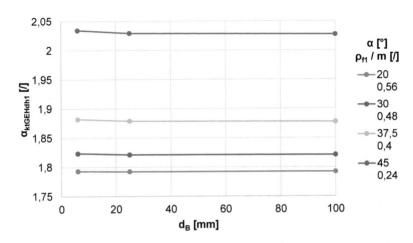

Abbildung 11.434: Torsionsformzahl $\alpha_{ktGEHdh1}$ als Funktion des Bezugsdurchmessers d_B sowie des Flankenwinkels α bei nach Gleichung (230) optimalem Wellenfußrundungsradiusverhältnis $(\rho_{f1}/m)_{Opt}$ der ZWV Kapitel 3.3 – var. x var. x 8 (gemäß Tabelle 6.1; $c_{F1}/m = 0{,}12$; $\alpha = var.$; $\rho_{f1}/m = Opt.$)

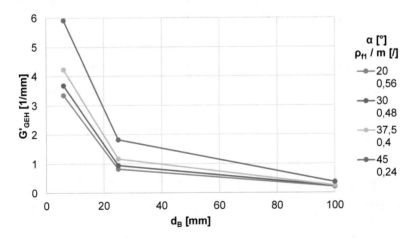

Abbildung 11.435: Torsionsmomentinduziert bezogenes Spannungsgefälle G'_{GEH} als Funktion des Bezugsdurchmessers d_B sowie des Flankenwinkels α bei nach Gleichung (230) optimalem Wellenfußrundungsradiusverhältnis $(\rho_{f1}/m)_{Opt}$ der ZWV Kapitel 3.3 – var. x var. x 8 (gemäß Tabelle 6.1; $c_{F1}/m = 0{,}12$; $\alpha = var.$; $\rho_{f1}/m = Opt.$)

11.2.2.1.2   Wellenzähnezahl $z_1 = 24$

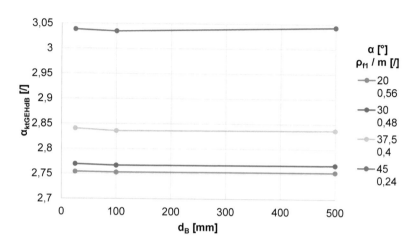

Abbildung 11.436: Torsionsformzahl $\alpha_{ktGEHdB}$ als Funktion des Bezugsdurchmessers d_B sowie des Flankenwinkels α bei nach Gleichung (230) optimalem Wellenfußrundungsradiusverhältnis $\left(\rho_{f1}/m\right)_{Opt}$ der ZWV Kapitel 3.3 – var. x var. x 24 (gemäß Tabelle 6.1; $c_{F1}/m = 0{,}12$; $\alpha = var.$; $\rho_{f1}/m = Opt.$)

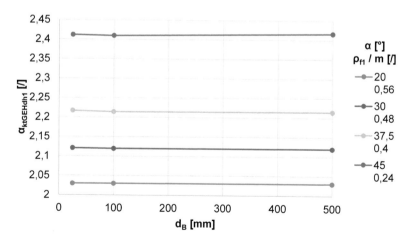

Abbildung 11.437: Torsionsformzahl $\alpha_{ktGEHdh1}$ als Funktion des Bezugsdurchmessers d_B sowie des Flankenwinkels α bei nach Gleichung (230) optimalem Wellenfußrundungsradiusverhältnis $\left(\rho_{f1}/m\right)_{Opt}$ der ZWV Kapitel 3.3 – var. x var. x 24 (gemäß Tabelle 6.1; $c_{F1}/m = 0{,}12$; $\alpha = var.$; $\rho_{f1}/m = Opt.$)

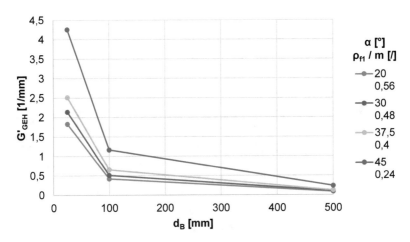

Abbildung 11.438: Torsionsmomentinduziert bezogenes Spannungsgefälle G'_{GEH} als Funktion des Bezugsdurchmessers d_B sowie des Flankenwinkels α bei nach Gleichung (230) optimalem Wellenfußrundungsradiusverhältnis $(\rho_{f1}/m)_{Opt}$ der ZWV Kapitel 3.3 – var. x var. x 24 (gemäß Tabelle 6.1; $c_{F1}/m = 0{,}12$; $\alpha = var.$; $\rho_{f1}/m = Opt.$)

11.2.2.1.3   Wellenzähnezahl $z_1 = 48$

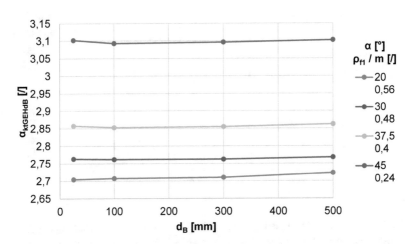

Abbildung 11.439: Torsionsformzahl $\alpha_{ktGEHdB}$ als Funktion des Bezugsdurchmessers d_B sowie des Flankenwinkels α bei nach Gleichung (230) optimalem Wellenfußrundungsradiusverhältnis $(\rho_{f1}/m)_{Opt}$ der ZWV Kapitel 3.3 – var. x var. x 48 (gemäß Tabelle 6.1; $c_{F1}/m = 0{,}12$; $\alpha = var.$; $\rho_{f1}/m = Opt.$)

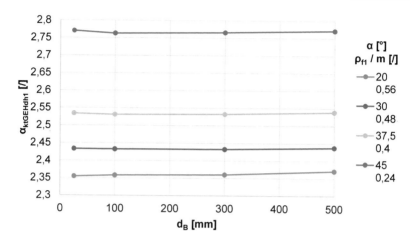

Abbildung 11.440: Torsionsformzahl $\alpha_{ktGEHdh1}$ als Funktion des Bezugsdurchmessers d_B sowie des Flankenwinkels α bei nach Gleichung (230) optimalem Wellenfußrundungsradiusverhältnis $\left(\rho_{f1}/m\right)_{Opt}$ der ZWV Kapitel 3.3 – var. x var. x 48 (gemäß Tabelle 6.1; $c_{F1}/m = 0,12$; $\alpha = var.$; $\rho_{f1}/m = Opt.$)

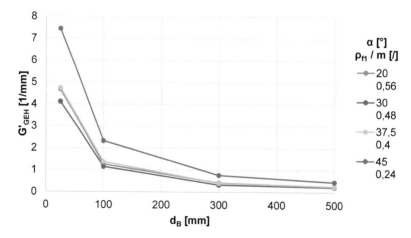

Abbildung 11.441: Torsionsmomentinduziert bezogenes Spannungsgefälle G'_{GEH} als Funktion des Bezugsdurchmessers d_B sowie des Flankenwinkels α bei nach Gleichung (230) optimalem Wellenfußrundungsradiusverhältnis $\left(\rho_{f1}/m\right)_{Opt}$ der ZWV Kapitel 3.3 – var. x var. x 48 (gemäß Tabelle 6.1; $c_{F1}/m = 0,12$; $\alpha = var.$; $\rho_{f1}/m = Opt.$)

11.2.2.2 Nicht geometrisch ähnlich nach Gleichung (217) bzw. (218)

11.2.2.2.1 Wellenzähnezahl $z_1 = 15$

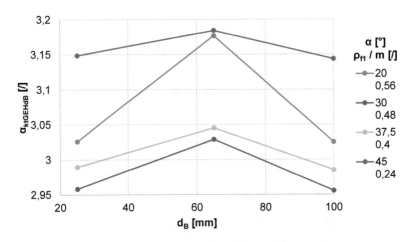

Abbildung 11.442: Torsionsformzahl $\alpha_{ktGEHdB}$ als Funktion des Bezugsdurchmessers d_B sowie des Flankenwinkels α bei nach Gleichung (230) optimalem Wellenfußrundungsradiusverhältnis $\left(\rho_{f1}/m\right)_{Opt}$ der ZWV Kapitel 3.3 – var. x var. x 15 (gemäß Tabelle 6.1; $c_{F1}/m = 0,12$; $\alpha = var.$; $\rho_{f1}/m = Opt.$)

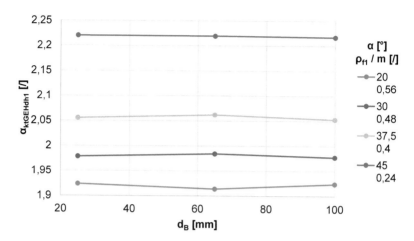

Abbildung 11.443: Torsionsformzahl $\alpha_{ktGEHdh1}$ als Funktion des Bezugsdurchmessers d_B sowie des Flankenwinkels α bei nach Gleichung (230) optimalem Wellenfußrundungsradiusverhältnis $(\rho_{f1}/m)_{Opt}$ der ZWV Kapitel 3.3 – var. x var. x 15 (gemäß Tabelle 6.1; $c_{F1}/m = 0{,}12$; $\alpha = var.$; $\rho_{f1}/m = Opt.$)

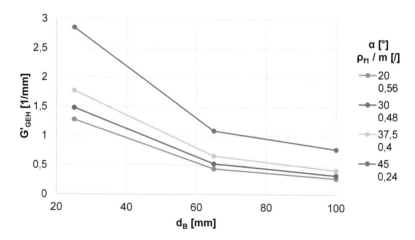

Abbildung 11.444: Torsionsmomentinduziert bezogenes Spannungsgefälle G'_{GEH} als Funktion des Bezugsdurchmessers d_B sowie des Flankenwinkels α bei nach Gleichung (230) optimalem Wellenfußrundungsradiusverhältnis $(\rho_{f1}/m)_{Opt}$ der ZWV Kapitel 3.3 – var. x var. x 15 (gemäß Tabelle 6.1; $c_{F1}/m = 0{,}12$; $\alpha = var.$; $\rho_{f1}/m = Opt.$)

11.2.2.2.2 Wellenzähnezahl $z_1 = 24$

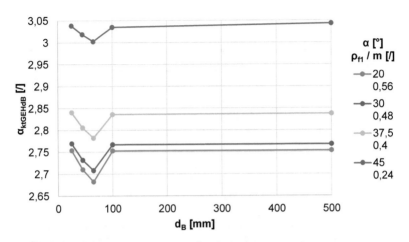

Abbildung 11.445: Torsionsformzahl $\alpha_{ktGEHdB}$ als Funktion des Bezugsdurchmessers d_B sowie des Flankenwinkels α bei nach Gleichung (230) optimalem Wellenfußrundungsradiusverhältnis $(\rho_{f1}/m)_{Opt}$ der ZWV Kapitel 3.3 – var. x var. x 24 (gemäß Tabelle 6.1; $c_{F1}/m = 0{,}12$; $\alpha = var.$; $\rho_{f1}/m = Opt.$)

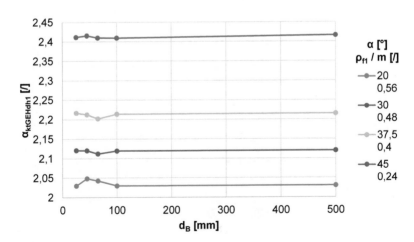

Abbildung 11.446: Torsionsformzahl $\alpha_{ktGEHdh1}$ als Funktion des Bezugsdurchmessers d_B sowie des Flankenwinkels α bei nach Gleichung (230) optimalem Wellenfußrundungsradiusverhältnis $(\rho_{f1}/m)_{Opt}$ der ZWV Kapitel 3.3 – var. x var. x 24 (gemäß Tabelle 6.1; $c_{F1}/m = 0{,}12$; $\alpha = var.$; $\rho_{f1}/m = Opt.$)

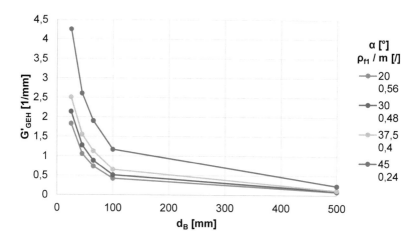

Abbildung 11.447: Torsionsmomentinduziert bezogenes Spannungsgefälle G'_{GEH} als Funktion des Bezugsdurchmessers d_B sowie des Flankenwinkels α bei nach Gleichung (230) optimalem Wellenfußrundungsradiusverhältnis $(\rho_{f1}/m)_{Opt}$ der ZWV Kapitel 3.3 – var. x var. x 24 (gemäß Tabelle 6.1; $c_{F1}/m = 0{,}12$; $\alpha = var.$; $\rho_{f1}/m = Opt.$)

11.2.2.2.3 Wellenzähnezahl $z_1 = 36$

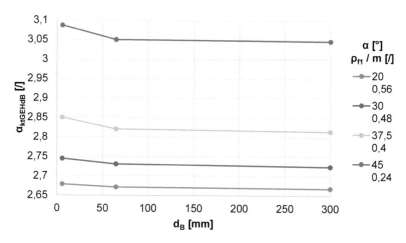

Abbildung 11.448: Torsionsformzahl $\alpha_{ktGEHdB}$ als Funktion des Bezugsdurchmessers d_B sowie des Flankenwinkels α bei nach Gleichung (230) optimalem Wellenfußrundungsradiusverhältnis $(\rho_{f1}/m)_{Opt}$ der ZWV Kapitel 3.3 – var. x var. x 36 (gemäß Tabelle 6.1; $c_{F1}/m = 0{,}12$; $\alpha = var.$; $\rho_{f1}/m = Opt.$)

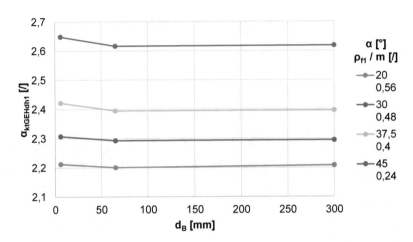

Abbildung 11.449: Torsionsformzahl $\alpha_{ktGEHdh1}$ als Funktion des Bezugsdurchmessers d_B sowie des Flankenwinkels α bei nach Gleichung (230) optimalem Wellenfußrundungsradiusverhältnis $(\rho_{f1}/m)_{Opt}$ der ZWV Kapitel 3.3 – var. x var. x 36 (gemäß Tabelle 6.1; $c_{F1}/m = 0,12$; $\alpha = var.$; $\rho_{f1}/m = Opt.$)

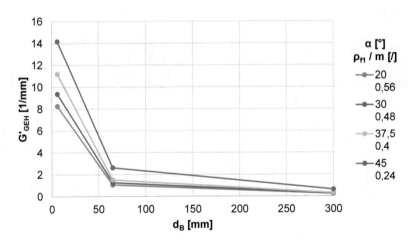

Abbildung 11.450: Torsionsmomentinduziert bezogenes Spannungsgefälle G'_{GEH} als Funktion des Bezugsdurchmessers d_B sowie des Flankenwinkels α bei nach Gleichung (230) optimalem Wellenfußrundungsradiusverhältnis $(\rho_{f1}/m)_{Opt}$ der ZWV Kapitel 3.3 – var. x var. x 36 (gemäß Tabelle 6.1; $c_{F1}/m = 0,12$; $\alpha = var.$; $\rho_{f1}/m = Opt.$)

11.2.3 Mathematische Beschreibung optimaler Verbindungen

11.2.3.1   Modul m

11.2.3.1.1   Stützstellenbasierte Formulierung

Tabelle 11.7: Numerisch bestimmte Formzahlen von Moduln m mit sehr guter Tragfähigkeit zur Bestimmung des optimalen Moduls m_{Opt}

m [mm]	$d_B = 25\ mm$ α [°]			
	20	30	37,5	45
0,50	2,704724735	2,763509715	2,857434171	3,102167356
0,60	2,673772895	2,734897694	2,829767257	3,065678628
0,75	2,674625505	2,724882794	2,813399666	3,037926639
0,80	2,68277732	2,72804899	2,814172036	3,034143202
1,00	2,753981007	2,769363363	2,840588598	3,0385778
1,25	2,800572376	2,792060086	2,846566024	3,041682904

m [mm]	$d_B = 45\ mm$ α [°]			
	20	30	37,5	45
1,00	2,705927351	2,756414695	2,853419218	3,089540124
1,25	2,646679621	2,697604146	2,788105251	3,023175402
1,50	2,653960494	2,692933684	2,776370137	3,003879712
1,75	2,710238561	2,731968019	2,806026386	3,01854234
2,00	2,787617279	2,787476142	2,850661632	3,043225236

Tabelle 11.8: Numerisch bestimmte Formzahlen von Moduln m mit sehr guter Tragfähigkeit zur Bestimmung des optimalen Moduls m_{Opt} (Fortsetzung von Tabelle 11.7)

m [mm]	$d_B = 65\ mm$ α [°]			
	20	30	37,5	45
1,25	2,721292207	2,773463373	2,864612592	3,106309771
1,50	2,685500277	2,7481454	2,84122597	3,076191464
1,75	2,670983638	2,730431825	2,820181531	3,049651444
2,00	2,671998746	2,718276942	2,802864113	3,028317594
2,50	2,682512547	2,708115149	2,781989142	3,002421251
3,00	2,794416166	2,789587297	2,849156126	3,041835811

m [mm]	$d_B = 100\ mm$ α [°]			
	20	30	37,5	45
2,00	2,707732816	2,761818241	2,852897432	3,092968834
2,50	2,655782928	2,712400108	2,802297354	3,039203649
3,00	2,673694462	2,722795419	2,808836225	3,033338063
4,00	2,752827845	2,766798555	2,835905391	3,034970793
5,00	2,799004759	2,789311923	2,842979652	3,037543474

11.2.3.1.2   Extrapolation auf Basis der stützstellenbasierten Formulierung

Tabelle 11.9: Prognose der optimalen Moduln m_{Opt} auf Basis der grafisch stützstellenbasiert entwickelten Näherungsgleichung und der daraus resultierenden Wellenzähnezahlen z_1 nebst weiterer Daten

d_B [mm]	m [mm]	z_1 [/]	x_{l1} [/]	d_{a2} [mm]	d_{a1} [mm]
6	0,2	28	0,45	5,60	5,96
7	0,25	26	0,45	6,50	6,95
7	0,25	27	-0,05	6,50	6,95
8	0,25	30	0,45	7,50	7,95
8	0,25	31	-0,05	7,50	7,95
9	0,3	28	0,45	8,40	8,94
9	0,3	29	-0,05	8,40	8,94
10	0,3	32	0,12	9,40	9,94
11	0,4	26	0,20	10,20	10,92
12	0,4	28	0,45	11,20	11,92
13	0,4	31	0,20	12,20	12,92
14	0,5	26	0,45	13,00	13,90
15	0,5	28	0,45	14,00	14,90
16	0,5	30	0,45	15,00	15,90
17	0,6	27	0,12	15,80	16,88
18	0,6	28	0,45	16,80	17,88
19	0,6	30	0,28	17,80	18,88
20	0,6	32	0,12	18,80	19,88
21	0,75	26	0,45	19,50	20,85
22	0,75	28	0,12	20,50	21,85
23	0,75	29	0,28	21,50	22,85
24	0,8	28	0,45	22,40	23,84
25	0,8	30	0,07	23,40	24,84
26	0,8	31	0,20	24,40	25,84

Tabelle 11.10: Prognose der optimalen Moduln m_{Opt} auf Basis der grafisch stützstellenbasiert entwickelten Näherungsgleichung und der daraus resultierenden Wellenzähnezahlen z_1 nebst weiteren Daten (Fortsetzung von Tabelle 11.9)

d_B [mm]	m [mm]	z_1 [/]	x_{I1} [/]	d_{a2} [mm]	d_{a1} [mm]
27	1	26	-0,05	25,00	26,80
28	1	26	0,45	26,00	27,80
29	1	28	-0,05	27,00	28,80
30	1	28	0,45	28,00	29,80
31	1	30	-0,05	29,00	30,80
32	1	30	0,45	30,00	31,80
33	1	32	-0,05	31,00	32,80
34	1,25	26	0,05	31,50	33,75
35	1,25	26	0,45	32,50	34,75
36	1,25	27	0,35	33,50	35,75
37	1,25	28	0,25	34,50	36,75
38	1,25	29	0,15	35,50	37,75
39	1,25	30	0,05	36,50	38,75
40	1,25	30	0,45	37,50	39,75
42	1,5	26	0,45	39,00	41,70
45	1,5	28	0,45	42,00	44,70
47	1,5	30	0,12	44,00	46,70
48	1,5	30	0,45	45,00	47,70
50	1,75	27	0,24	46,50	49,65
52	1,75	28	0,31	48,50	51,65
55	1,75	30	0,16	51,50	54,65
58	2	28	-0,05	54,00	57,60
60	2	28	0,45	56,00	59,60
62	2	30	-0,05	58,00	61,60
65	2	31	0,20	61,00	64,60
68	2,5	26	0,05	63,00	67,50

Tabelle 11.11: Prognose der optimalen Moduln m_{Opt} auf Basis der grafisch stützstellenbasiert entwickelten Näherungsgleichung und der daraus resultierenden Wellenzähnezahlen z_1 nebst weiteren Daten (Fortsetzung von Tabelle 11.10)

d_B [mm]	m [mm]	z_1 [/]	x_{I1} [/]	d_{a2} [mm]	d_{a1} [mm]
70	2,5	26	0,45	65,00	69,50
72	2,5	27	0,35	67,00	71,50
75	2,5	28	0,45	70,00	74,50
78	2,5	30	0,05	73,00	77,50
80	2,5	30	0,45	75,00	79,50
82	2,5	31	0,35	77,00	81,50
85	3	27	0,12	79,00	84,40
88	3	28	0,12	82,00	87,40
90	3	28	0,45	84,00	89,40
92	3	29	0,28	86,00	91,40
95	3	30	0,28	89,00	94,40
98	3	31	0,28	92,00	97,40
100	3	32	0,12	94,00	99,40
105	4	25	0,08	97,00	104,20
110	4	26	0,20	102,00	109,20
120	4	28	0,45	112,00	119,20
130	4	31	0,20	122,00	129,20
140	5	26	0,45	130,00	139,00
150	5	28	0,45	140,00	149,00
160	5	30	0,45	150,00	159,00
170	6	27	0,12	158,00	168,80
180	6	28	0,45	168,00	178,80
190	6	30	0,28	178,00	188,80
200	6	32	0,12	188,00	198,80
210	8	25	0,08	194,00	208,40
220	8	26	0,20	204,00	218,40

Tabelle 11.12: Prognose der optimalen Moduln m_{Opt} auf Basis der grafisch stützstellenbasiert entwickelten Näherungsgleichung und der daraus resultierenden Wellenzähnezahlen z_1 nebst weiteren Daten (Fortsetzung von Tabelle 11.11)

d_B [mm]	m [mm]	z_1 [/]	x_{I1} [/]	d_{a2} [mm]	d_{a1} [mm]
240	8	28	0,45	224,00	238,40
250	8	30	0,08	234,00	248,40
260	8	31	0,20	244,00	258,40
280	10	26	0,45	260,00	278,00
300	10	28	0,45	280,00	298,00
320	10	30	0,45	300,00	318,00
340	12	27	0,12	316,00	337,60
360	12	28	0,45	336,00	357,60
360	12	29	-0,05	336,00	357,60
380	12	30	0,28	356,00	377,60
400	12	32	0,12	376,00	397,60
420	16	25	0,08	388,00	416,80
440	16	26	0,20	408,00	436,80
450	16	27	0,01	418,00	446,80
460	16	27	0,33	428,00	456,80
480	16	28	0,45	448,00	476,80
480	16	29	-0,05	448,00	476,80
500	16	30	0,08	468,00	496,80
Nicht in [DIN 5480] genormt					

11.2.3.1.3   Interpolationsbasierte Formulierung

Tabelle 11.13: Numerisch bestimmte Torsionsformzahlen $\alpha_{ktGEHdB}$ der Bezugsdurchmesser d_B 6 mm sowie 25 mm als Basis zur Bestimmung der flankenwinkelspezifischen Näherungsgleichungen $\alpha_{ktGEHdB} = f(m)$ für das prognostiziert optimale Wellenfußrundungsradiusverhältnis $(\rho_{f1}/m)_{Opt}$

d_B [mm]	m [mm]	α [°]			
		20	30	37,5	45
		ρ_{f1}/m [/]			
		0,56	0,48	0,40	0,24
6	0,16	2,678135924	2,744327281	2,849829685	3,086437819
	0,2	2,664874296	2,709994468	2,803103698	3,036604036
	0,25	2,718781928	2,739180971	2,817156215	3,036176748
	0,5	3,437303074	3,283053776	3,270626541	3,418093814
	0,6	3,886535043	3,620157555	3,558754512	3,679563443
	0,75	4,691138203	4,194663642	4,047432384	4,122304906
	0,8				4,500963404
25	0,5	2,704724735	2,763509715	2,857434171	3,102167356
	0,6	2,673772895	2,734897694	2,829767257	3,065678628
	0,75	2,674625505	2,724882794	2,813399666	3,037926639
	0,8	2,68277732	2,72804899	2,814172036	3,034143202
	1	2,753981007	2,769363363	2,840588598	3,0385778
	1,25	2,800572376	2,792060086	2,846566024	3,041682904
	1,5	3,025821459	2,958133319	2,989516272	3,148482298
	1,75	3,370436412	3,184603953	3,174715452	3,294824891
	2	3,67811057	3,354791126	3,318068261	3,427073989
	2,5	3,875610312	3,608299009	3,546485417	3,664421645
	3				4,22937017

Tabelle 11.14: Numerisch bestimmte Torsionsformzahlen $\alpha_{ktGEHdB}$ der Bezugsdurchmesser d_B 45 mm sowie 65 mm als Basis zur Bestimmung der flankenwinkelspezifischen Näherungsgleichungen $\alpha_{ktGEHdB} = f(m)$ für das prognostiziert optimale Wellenfußrundungsradiusverhältnis $(\rho_{f1}/m)_{Opt}$

		α [°]			
		20	30	37,5	45
		ρ_{f1}/m [/]			
d_B [mm]	m [mm]	0,56	0,48	0,40	0,24
45	0,6	2,940468347	2,928628179	3,021362391	3,263468791
	0,75	2,780873098	2,818707978	2,913093563	3,156842478
	0,8	2,780489481	2,813792954	2,910481488	3,151132951
	1	2,705927351	2,756414695	2,853419218	3,089540124
	1,25	2,646679621	2,697604146	2,788105251	3,023175402
	1,5	2,653960494	2,692933684	2,776370137	3,003879712
	1,75	2,710238561	2,731968019	2,806026386	3,01854234
	2	2,787617279	2,787476142	2,850661632	3,043225236
	2,5	2,876531424	2,848144215	2,892630036	3,071887924
	3	3,065518637	2,994023953	3,017533069	3,179898773
	4		3,656855941	3,540978402	3,596211834
	5	4,214700315	3,854872616	3,755930631	3,853689041
65	1,25	2,721292207	2,773463373	2,864612592	3,106309771
	1,5	2,685500277	2,7481454	2,84122597	3,076191464
	1,75	2,670983638	2,730431825	2,820181531	3,049651444
	2	2,671998746	2,718276942	2,802864113	3,028317594
	2,5	2,682512547	2,708115149	2,781989142	3,002421251
	3	2,794416166	2,789587297	2,849156126	3,041835811
	4	3,176554262	3,028622176	3,045005611	3,184034909
	5	3,277065325	3,157615185	3,157600253	3,307419151
	6	3,796077149	3,51133674	3,457571626	3,57282189
	8	2,721292207	5,108480834	2,864612592	4,345529167

Tabelle 11.15: Numerisch bestimmte Torsionsformzahlen $\alpha_{ktGEHdB}$ der Bezugsdurchmesser d_B 100 mm, 300 mm sowie 500 mm als Basis zur Bestimmung der flankenwinkelspezifischen Näherungsgleichungen $\alpha_{ktGEHdB} = f(m)$ für das prognostiziert optimale Wellenfußrundungsradiusverhältnis $\left(\rho_{f1}/m\right)_{Opt}$

d_B [mm]	m [mm]	α [°] 20 ρ_{f1}/m [/] 0,56	30 0,48	37,5 0,40	45 0,24
100	1,5	2,817623436	2,838217888	2,923685363	3,164085897
	1,75	2,798690984	2,822528028	2,91586919	3,15324802
	2	2,707732816	2,761818241	2,852897432	3,092968834
	2,5	2,655782928	2,712400108	2,802297354	3,039203649
	3	2,673694462	2,722795419	2,808836225	3,033338063
	4	2,752827845	2,766798555	2,835905391	3,034970793
	5	2,799004759	2,789311923	2,842979652	3,037543474
	6	3,024906721	2,955410618	2,985004242	3,143379703
	8	3,676619118	3,351617518	3,313369272	3,422079239
	10	3,872597731	3,606071773	3,542603701	3,659294527
300	5	2,792197698	2,822271802	2,913980606	3,154821208
	6	2,710016432	2,762154892	2,854874022	3,096128193
	8	2,667694108	2,723901058	2,814726299	3,046310156
	10	2,653505379	2,692638906	2,775840221	3,003801704
500	6	3,028144575	2,988166842	3,072257566	3,311046785
	8	2,852102088	2,85714438	2,948061073	3,189463182
	10	2,722903238	2,767722388	2,861952037	3,102248348
	12	2,676184017	2,737382582	2,831259984	3,075832309
	16	2,682801019	2,727445565	2,812248763	3,040555435
	20	2,753225978	2,767406523	2,837149075	3,04320762

Tabelle 11.16: Koeffizienten der flankenwinkelspezifischen Näherungsgleichungen $\alpha_{ktGEHdB} = f(m)$ des Bezugsdurchmessers d_B von 6 mm zur mathematischen Bestimmung der Minima und damit der optimalen Moduln m_{Opt}

d_B [mm]	ρ_{f1}/m [/]	α [°]	i [/]	c_i [mm^{-i}]	R^2 [/]	m_{Min} [mm]
6	0,56	20	0	3,9110976524663300	1,0000	0,1880
			1	-17,5944157532439000		
			2	87,5870619672412000		
			3	-193,3317568516140000		
			4	215,9977586984630000		
			5	-93,0157601982355000		
	0,48	30	0	4,1262880163952500	1,0000	0,2029
			1	-19,1410536519610000		
			2	93,2513498113942000		
			3	-206,6616160008010000		
			4	229,1512802302840000		
			5	-98,3935322314500000		
	0,40	37,5	0	4,2938183533044800	1,0000	0,2131
			1	-19,6373386097584000		
			2	94,1882371240839000		
			3	-208,4052778567370000		
			4	229,9617148935790000		
			5	-98,3529356122016000		
	0,24	45	0	5,1326594239531400	1,0000	0,2237
			1	-32,8806824333106000		
			2	208,2937385807500000		
			3	-692,9697722650770000		
			4	1.283,8050547599800000		
			5	-1.224,8372314572300000		
			6	467,9622426629060000		

Tabelle 11.17: Koeffizienten der flankenwinkelspezifischen Näherungsgleichungen $\alpha_{ktGEHdB} = f(m)$ des Bezugsdurchmessers d_B von 25 mm zur mathematischen Bestimmung der Minima und damit der optimalen Moduln m_{Opt}

d_B [mm]	ρ_{f1}/m [/]	α [°]	i [/]	c_i [mm^{-i}]	R^2 [/]	m_{Min} [mm]
25	0,56	20	0	2,8478549192878400	0,9982	0,7121
			1	-0,6468253550591500		
			2	1,1676399068233000		
			3	-1,3822706112105200		
			4	0,9284606940336740		
			5	-0,1978752079066910		
	0,48	30	0	2,7635778983723500	0,9971	0,8186
			1	0,3155767387654580		
			2	-1,0669740904732000		
			3	0,9302387122679650		
			4	-0,1999830444583490		
	0,40	37,5	0	2,8877153021285000	0,9966	0,8763
			1	0,2042662362888450		
			2	-0,8965106853687530		
			3	0,7910966485292190		
			4	-0,1692363543281770		
	0,24	45	0	3,5222967040590400	0,9995	0,9702
			1	-1,8324967929875100		
			2	3,3552001834868900		
			3	-3,8423722101142600		
			4	2,5307157028146300		
			5	-0,8064233021577820		
			6	0,0970161960576661		

Tabelle 11.18: Koeffizienten der flankenwinkelspezifischen Näherungsgleichungen $\alpha_{ktGEHdB} = f(m)$ des Bezugsdurchmessers d_B von 45 mm zur mathematischen Bestimmung der Minima und damit der optimalen Moduln m_{Opt}

d_B [mm]	ρ_{f1}/m [/]	α [°]	i [/]	c_i [mm^{-i}]	R^2 [/]	m_{Min} [mm]
45	0,56	20	0	3,6963192161201600	0,9991	1,2683
			1	-1,3441799797490500		
			2	-0,5721449808150350		
			3	1,6072717390261800		
			4	-0,8872790517059910		
			5	0,2008106399836830		
			6	-0,0161503936506051		
	0,48	30	0	3,5502925282704800	0,9993	1,3464
			1	-1,3332215835969500		
			2	0,2962416260257340		
			3	0,4826361394873670		
			4	-0,3278003320147950		
			5	0,0778830510202169		
			6	-0,0063535503491039		
	0,40	37,5	0	3,6532584694046500	0,9988	1,4182
			1	-1,4454246055923200		
			2	0,5900793054145800		
			3	0,1881224172320070		
			4	-0,1969542540172370		
			5	0,0510258024574796		
			6	-0,0043069915941487		

Tabelle 11.19: Koeffizienten der flankenwinkelspezifischen Näherungsgleichungen $\alpha_{ktGEHdB} = f(m)$ des Bezugsdurchmessers d_B von 45 mm zur mathematischen Bestimmung der Minima und damit der optimalen Moduln m_{Opt} (Fortsetzung von Tabelle 11.18)

d_B [mm]	ρ_{f1}/m [/]	α [°]	i [/]	c_i [mm^{-i}]	R^2 [/]	m_{Min} [mm]
45	0,24	45	0	4,0084433825242700	0,9989	1,5666
			1	-1,9320098202065700		
			2	1,3884292488782600		
			3	-0,4403561714269020		
			4	0,0460909372818605		
			5	0,0059285673278282		
			6	-0,0011196510899936		

Tabelle 11.20: Koeffizienten der flankenwinkelspezifischen Näherungsgleichungen $\alpha_{ktGEHdB} = f(m)$ des Bezugsdurchmessers d_B von 65 mm zur mathematischen Bestimmung der Minima und damit der optimalen Moduln m_{Opt}

d_B [mm]	ρ_{f1}/m [/]	α [°]	i [/]	c_i [mm^{-i}]	R^2 [/]	m_{Min} [mm]
65	0,56	20	0	4,6641559249441500	0,9999	2,0469
			1	-4,6967479546403000		
			2	4,6688044467261200		
			3	-2,4502512694763400		
			4	0,6950554010454510		
			5	-0,0982711310706463		
			6	0,0053981106887022		

Tabelle 11.21: Koeffizienten der flankenwinkelspezifischen Näherungsgleichungen $\alpha_{ktGEHdB} = f(m)$ des Bezugsdurchmessers d_B von 65 mm zur mathematischen Bestimmung der Minima und damit der optimalen Moduln m_{Opt} (Fortsetzung von Tabelle 11.20)

d_B [mm]	ρ_{f1}/m [/]	α [°]	i [/]	c_i [mm^{-i}]	R^2 [/]	m_{Min} [mm]
65	0,48	30	0	0,4664552469628500	0,9999	2,2248
			1	5,3660097640146500		
			2	-4,7000458303122400		
			3	1,9569832604727800		
			4	-0,4128649359703400		
			5	0,0427179741760142		
			6	-0,0017095425890830		
	0,40	37,5	0	1,9758907173805000	0,9997	2,3117
			1	2,0640155299039500		
			2	-1,6988027717437000		
			3	0,5967913437453520		
			4	-0,0886252115238193		
			5	0,0038363865381825		
			6	0,0001366192325349		
	0,24	45	0	1,9277381738072100	0,9999	2,3938
			1	2,9067796770707800		
			2	-2,6330807587287400		
			3	1,1038253538394600		
			4	-0,2330584784440540		
			5	0,0241847271430800		
			6	-0,0009741037922026		

Tabelle 11.22: Koeffizienten der flankenwinkelspezifischen Näherungsgleichungen $\alpha_{ktGEHdB} = f(m)$ des Bezugsdurchmessers d_B von 100 mm zur mathematischen Bestimmung der Minima und damit der optimalen Moduln m_{Opt}

d_B [mm]	ρ_{f1}/m [/]	α [°]	i [/]	c_i [mm^{-i}]	R^2 [/]	m_{Min} [mm]
100	0,56	20	0	4,6341014457435800	0,9979	2,6918
			1	-2,4862489355148300		
			2	1,2477088538437500		
			3	-0,3178619922703410		
			4	0,0432164561423907		
			5	-0,0028740537680321		
			6	0,0000724328266344		
	0,48	30	0	4,2522320536080700	0,9974	2,9097
			1	-2,0030831863540500		
			2	1,0668676014747500		
			3	-0,2945591936199750		
			4	0,0439625432786599		
			5	-0,0032801803968425		
			6	0,0000956496462834		
	0,40	37,5	0	4,1650192059593600	0,9959	3,3165
			1	-1,7468734626838700		
			2	0,9300132737875090		
			3	-0,2592660748615570		
			4	0,0391350602831722		
			5	-0,0029542479094289		
			6	0,0000871851896136		

Tabelle 11.23: Koeffizienten der flankenwinkelspezifischen Näherungsgleichungen $\alpha_{ktGEHdB} = f(m)$ des Bezugsdurchmessers d_B von 100 mm zur mathematischen Bestimmung der Minima und damit der optimalen Moduln m_{Opt} (Fortsetzung von Tabelle 11.22)

d_B [mm]	ρ_{f1}/m [/]	α [°]	i [/]	c_i [mm^{-i}]	R^2 [/]	m_{Min} [mm]
100	0,24	45	0	4,0604843479296800	0,9964	3,8172
			1	-1,1815843555462500		
			2	0,5826523157564130		
			3	-0,1562458154402610		
			4	0,0231001569781188		
			5	-0,0017115667956702		
			6	0,0000495502998703		

Tabelle 11.24: Koeffizienten der flankenwinkelspezifischen Näherungsgleichungen $\alpha_{ktGEHdB} = f(m)$ des Bezugsdurchmessers d_B von 300 mm zur mathematischen Bestimmung der Minima und damit der optimalen Moduln m_{Opt}

d_B [mm]	ρ_{f1}/m [/]	α [°]	i [/]	c_i [mm^{-i}]	R^2 [/]	m_{Min} [mm]
300	0,56	20	0	3,3283872212836700	0,9649	-/-
			1	-0,1505382787780690		
			2	0,0083354436259495		
	0,48	30	0	3,1641139187040700	0,9747	-/-
			1	-0,0922886095694802		
			2	0,0045372473790395		
	0,40	37,5	0	3,2293585114782800	0,9771	-/-
			1	-0,0835120691259217		
			2	0,0038392760307557		
	0,24	45	0	3,4878647973464700	0,9878	-/-
			1	-0,0869950492961351		
			2	0,0038775933389594		

Tabelle 11.25: Koeffizienten der flankenwinkelspezifischen Näherungsgleichungen $\alpha_{ktGEHdB} = f(m)$ des Bezugsdurchmessers d_B von 500 mm zur mathematischen Bestimmung der Minima und damit der optimalen Moduln m_{Opt}

d_B [mm]	ρ_{f1}/m [/]	α [°]	i [/]	c_i [mm^{-i}]	R^2 [/]	m_{Min} [mm]
500	0,56	20	0	3,9642430121180300	0,9989	13,5098
			1	-0,1997288875654560		
			2	0,0062055639708554		
			3	0,0002479877601367		
			4	-0,0000105168722855		
	0,48	30	0	3,9155649869360100	0,9988	14,1567
			1	-0,2414243955443350		
			2	0,0175611584430495		
			3	-0,0005498861233821		
			4	0,0000065928266253		
	0,40	37,5	0	3,9591715497393100	0,9988	14,8873
			1	-0,2326980604895330		
			2	0,0173242981765807		
			3	-0,0005692003598075		
			4	0,0000072232533814		
	0,24	45	0	4,2924062916770000	0,9978	17,9572
			1	-0,2717163516014690		
			2	0,0229234485080774		
			3	-0,0008913127278518		
			4	0,0000134131568728		

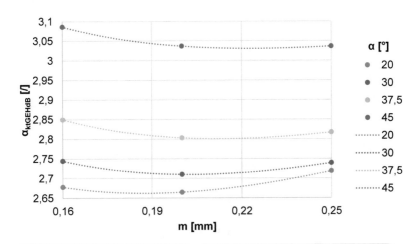

Abbildung 11.451: Torsionsformzahl $\alpha_{ktGEHdB}$ als Funktion des Moduls m sowie des Flankenwinkels α der ZWV Kapitel 3.3 – 6 x var. x var. (gemäß Tabelle 6.1; $c_{F1}/m = 0{,}12$; $\alpha = var.$; $\rho_{f1}/m = Opt.$) (Fokussierung auf absolutes Minimum)

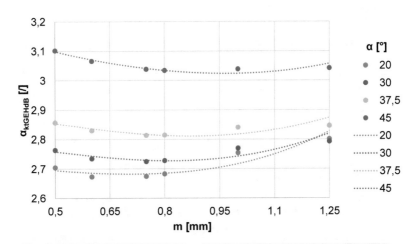

Abbildung 11.452: Torsionsformzahl $\alpha_{ktGEHdB}$ als Funktion des Moduls m sowie des Flankenwinkels α der ZWV Kapitel 3.3 – 25 x var. x var. (gemäß Tabelle 6.1; $c_{F1}/m = 0{,}12$; $\alpha = var.$; $\rho_{f1}/m = Opt.$) (Fokussierung auf absolutes Minimum)

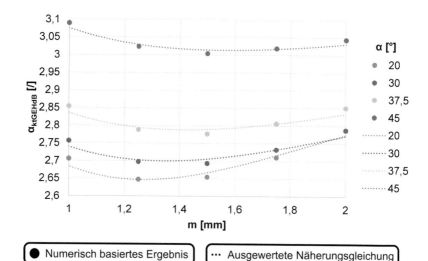

Abbildung 11.453: Torsionsformzahl $\alpha_{ktGEHdB}$ als Funktion des Moduls m sowie des Flankenwinkels α der ZWV Kapitel 3.3 – 45 x var. x var. (gemäß Tabelle 6.1; $c_{F1}/m = 0,12$; $\alpha = var.$; $\rho_{f1}/m = Opt.$) (Fokussierung auf absolutes Minimum)

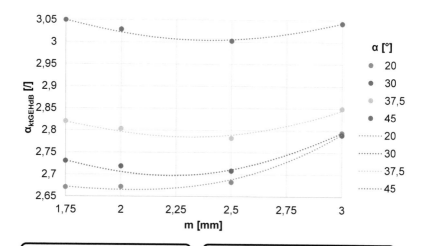

Abbildung 11.454: Torsionsformzahl $\alpha_{ktGEHdB}$ als Funktion des Moduls m sowie des Flankenwinkels α der ZWV Kapitel 3.3 – 65 x var. x var. (gemäß Tabelle 6.1; $c_{F1}/m = 0,12$; $\alpha = var.$; $\rho_{f1}/m = Opt.$) (Fokussierung auf absolutes Minimum)

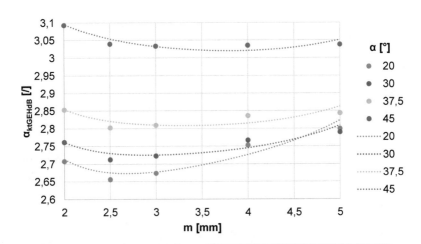

Abbildung 11.455: Torsionsformzahl $\alpha_{ktGEHdB}$ als Funktion des Moduls m sowie des Flankenwinkels α der ZWV Kapitel 3.3 – 100 x var. x var. (gemäß Tabelle 6.1; $c_{F1}/m = 0{,}12$; $\alpha = var.$; $\rho_{f1}/m = Opt.$) (Fokussierung auf absolutes Minimum)

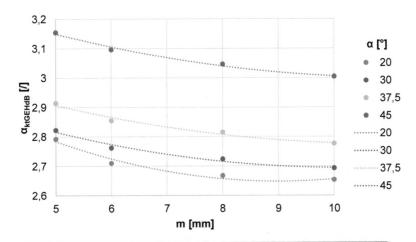

Abbildung 11.456: Torsionsformzahl $\alpha_{ktGEHdB}$ als Funktion des Moduls m sowie des Flankenwinkels α der ZWV Kapitel 3.3 – 300 x var. x var. (gemäß Tabelle 6.1; $c_{F1}/m = 0{,}12$; $\alpha = var.$; $\rho_{f1}/m = Opt.$) (Fokussierung auf absolutes Minimum)

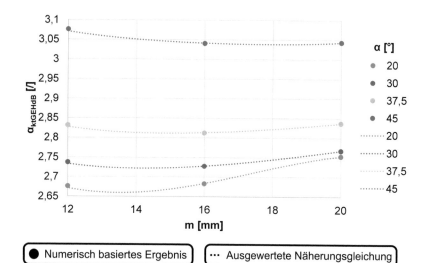

Abbildung 11.457: Torsionsformzahl $\alpha_{ktGEHdB}$ als Funktion des Moduls m sowie des Flankenwinkels α der ZWV Kapitel 3.3 – 500 x var. x var. (gemäß Tabelle 6.1; $c_{F1}/m = 0{,}12$; $\alpha = var.$; $\rho_{f1}/m = Opt.$) (Fokussierung auf absolutes Minimum)

11.2.3.1.4 Gegenüberstellung der stützstellen- sowie interpolationsbasierten Formulierung

Tabelle 11.26: Stützstellenbasierte Auswertung der stützstellenbasiert mathematischen Beschreibung des optimalen Moduls m_{Opt}, vgl. Gleichung (222)

	Analytik			Numerik
d_B [mm]	m_{Opt}^r [mm]	m_{Opt} [mm]	z_1 [/]	$\alpha_{ktGEHdB}$ [/]
0	0	/	/	/
6	0,2	0,2	28	2,709994468
25	0,833	0,8	30	2,72804899
45	1,5	1,5	28	2,692933684
65	2,17	2	31	2,718276942
100	3,33	3	32	2,722795419
300	10	10	28	2,692638906
500	16,67	16	30	2,727445565

Tabelle 11.27: Stützstellenbasierte Auswertung der interpolationsbasiert mathematischen Beschreibung des optimalen Moduls m_{Opt}, vgl. Gleichung (225), bei einem Flankenwinkel α von 30 °

	Analytik			Numerik
d_B [mm]	m_{Opt}^r [mm]	m_{Opt} [mm]	z_1 [/]	$\alpha_{ktGEHdB}$ [/]
0	0,02	/	/	/
6	0,19	0,2	28	2,709994468
25	0,72	0,75	32	2,724882794
45	1,28	1,25	34	2,697604146
65	1,83	1,75	36	2,730431825
100	2,81	3	32	2,722795419
300	8,37	8	36	2,723901058
500	13,94	12	40	2,737382582

11.2.3.2   Wellenzähnezahl z_1

11.2.3.3   Flankenwinkel α

11.2.3.4   Wellenfußrundungsradiusverhältnis ρ_{f1}/m

11.2.3.4.1   Stützstellenbasierte Formulierung

Tabelle 11.28: Stützstellenbasiert optimale Wellenfußrundungsradiusverhältnisse $(\rho_{f1}/m)_{Opt}$ der nach Gleichung (222) in Kombination mit der [DIN 780] bestimmten optimalen Moduln m_{Opt}

m	$d_B = 25\,mm$			
	$\alpha\,[°]$			
$[mm]$	20	30	37,5	45
0,50	0,56	0,48	0,40	0,24
0,60	0,56	0,48	0,40	0,24
0,75	0,56	0,48	0,40	0,24
0,80	0,56	0,48	0,40	0,24
1,00	0,56	0,48	0,40	0,24
1,25	0,56	0,48	0,40	0,24
m	$d_B = 45\,mm$			
	$\alpha\,[°]$			
$[mm]$	20	30	37,5	45
1,00	0,56	0,48	0,40	0,24
1,25	0,56	0,48	0,40	0,24
1,50	0,56	0,48	0,40	0,24
1,75	0,56	0,48	0,40	0,24
2,00	0,56	0,48	0,40	0,24

Tabelle 11.29: Stützstellenbasiert optimale Wellenfußrundungsradiusverhältnisse $(\rho_{f1}/m)_{Opt}$ der nach Gleichung (222) in Kombination mit der [DIN 780] bestimmten optimalen Moduln m_{Opt} (Fortsetzung von Tabelle 11.28)

m [mm]	$d_B = 65\ mm$			
	$\alpha\ [°]$			
	20	30	37,5	45
1,25	0,56	0,48	0,40	0,24
1,50	0,56	0,48	0,40	0,24
1,75	0,56	0,48	0,40	0,24
2,00	0,56	0,48	0,40	0,24
2,50	0,56	0,48	0,40	0,24
3,00	0,56	0,48	0,40	0,24

m [mm]	$d_B = 100\ mm$			
	$\alpha\ [°]$			
	20	30	37,5	45
2,00	0,56	0,48	0,40	0,24
2,50	0,56	0,48	0,40	0,24
3,00	0,56	0,48	0,40	0,24
4,00	0,56	0,48	0,40	0,24
5,00	0,56	0,48	0,40	0,24

11.2.3.4.2 Interpolationsbasierte Formulierung

Tabelle 11.30: Numerisch bestimmte Torsionsformzahlen $\alpha_{ktGEHdB}$ des Bezugsdurchmessers d_B von 6 mm zur Entwicklung der flankenwinkelspezifischen Näherungsgleichungen $\alpha_{ktGEHdB} = f(\rho_{f1}/m)$ für den prognostiziert optimalen Modul m_{Opt}

d_B [mm]	m_{Opt} [mm]	z_1 [/]	α [°]	ρ_{f1}/m [/]	$\alpha_{ktGEHdB}$ [/]
6	0,2	28	20	0,48	keine Daten
				0,56	2,664874296
				(*)	keine Daten
			30	0,40	keine Daten
				0,48	2,709994468
				(*)	keine Daten
			37,5	0,32	keine Daten
				0,40	2,803103698
				(*)	keine Daten
			45	0,2	keine Daten
				0,24	3,036604036
				(*)	keine Daten
(*) Iterativ maximal realisiertes Wellenfußrundungsradiusverhältnis ρ_{f1}^{itMax}/m					

Tabelle 11.31: Numerisch bestimmte Torsionsformzahlen $\alpha_{ktGEHdB}$ des Bezugsdurchmessers d_B von 25 mm zur Entwicklung der flankenwinkelspezifischen Näherungsgleichungen $\alpha_{ktGEHdB} = f(\rho_{f1}/m)$ für den prognostiziert optimalen Modul m_{Opt}

d_B [mm]	m_{Opt} [mm]	z_1 [/]	α [°]	ρ_{f1}/m [/]	$\alpha_{ktGEHdB}$ [/]
25	0,8	30	20	0,16	3,671323887
				0,24	3,260221992
				0,32	2,996147595
				0,4	2,819746618
				0,48	2,702065552
				0,56	2,68277732
				0,5939 (*)	2,727312719
			30	0,16	3,335946433
				0,24	3,020458564
				0,32	2,8387126
				0,4	2,734233036
				0,48	2,72804899
				0,4984 (*)	2,747645728
			37,5	0,16	3,186113055
				0,24	2,947247201
				0,32	2,824844501
				0,4	2,814172036
				0,4148 (*)	2,838182595
			45	0,16	3,170812781
				0,2	3,081557902
				0,24	3,034143202
				0,2798 (*)	3,046432357

(*) Iterativ maximal realisiertes Wellenfußrundungsradiusverhältnis ρ_{f1}^{itMax}/m

Tabelle 11.32: Numerisch bestimmte Torsionsformzahlen $\alpha_{ktGEHdB}$ des Bezugsdurchmessers d_B von 45 mm zur Entwicklung der flankenwinkelspezifischen Näherungsgleichungen $\alpha_{ktGEHdB} = f(\rho_{f1}/m)$ für den prognostiziert optimalen Modul m_{Opt}

d_B [mm]	m_{Opt} [mm]	z_1 [/]	α [°]	ρ_{f1}/m [/]	$\alpha_{ktGEHdB}$ [/]
45	1,5	28	20	0,16	3,539803524
				0,24	3,159085815
				0,32	2,920303158
				0,4	2,758015426
				0,48	2,663954085
				0,56	2,653960494
				0,6072 (*)	2,719285966
			30	0,16	3,268828603
				0,24	2,975741546
				0,32	2,805661181
				0,4	2,70733967
				0,48	2,692933684
				0,5226 (*)	2,749439184
			37,5	0,16	3,146767682
				0,24	2,918690551
				0,32	2,798655417
				0,4	2,776370137
				0,4304 (*)	2,821145466
			45	0,16	3,137664588
				0,2	3,051676726
				0,24	3,003879712
				0,295 (*)	3,036000531

(*) Iterativ maximal realisiertes Wellenfußrundungsradiusverhältnis ρ_{f1}^{itMax}/m

Tabelle 11.33: Numerisch bestimmte Torsionsformzahlen $\alpha_{ktGEHdB}$ des Bezugsdurchmessers d_B von 65 mm zur Entwicklung der flankenwinkelspezifischen Näherungsgleichungen $\alpha_{ktGEHdB} = f(\rho_{f1}/m)$ für den prognostiziert optimalen Modul m_{Opt}

d_B [mm]	m_{Opt} [mm]	z_1 [/]	α [°]	ρ_{f1}/m [/]	$\alpha_{ktGEHdB}$ [/]
65	2	31	20	0,16	3,651733632
				0,24	3,245452263
				0,32	2,98480267
				0,4	2,810641717
				0,48	2,695292181
				0,56	2,671998746
				0,6015 (*)	2,736593553
			30	0,16	3,332172242
				0,24	3,017252169
				0,32	2,837456066
				0,4	2,731300659
				0,48	2,718276942
				0,5141 (*)	2,768905565
			37,5	0,16	3,184116937
				0,24	2,946689139
				0,32	2,8210034
				0,4	2,802864113
				0,4249 (*)	2,849750118
			45	0,16	3,165064525
				0,2	3,076804286
				0,24	3,028317594
				0,293 (*)	3,066881714

(*) Iterativ maximal realisiertes Wellenfußrundungsradiusverhältnis ρ_{f1}^{itMax}/m

Tabelle 11.34: Numerisch bestimmte Torsionsformzahlen $\alpha_{ktGEHdB}$ des Bezugsdurchmessers d_B von 100 mm zur Entwicklung der flankenwinkelspezifischen Näherungsgleichungen $\alpha_{ktGEHdB} = f(\rho_{f1}/m)$ für den prognostiziert optimalen Modul m_{Opt}

d_B [mm]	m_{Opt} [mm]	z_1 [/]	α [°]	ρ_{f1}/m [/]	$\alpha_{ktGEHdB}$ [/]
100	3	32	20	0,16	3,693144921
				0,24	3,278441784
				0,32	3,009567071
				0,4	2,831296269
				0,48	2,708684051
				0,56	2,673694462
				0,6032 (*)	2,742460875
			30	0,16	3,356956783
				0,24	3,033990393
				0,32	2,848208717
				0,4	2,738200802
				0,48	2,722795419
				0,5144 (*)	2,78584948
			37,5	0,16	3,199336715
				0,24	2,958150101
				0,32	2,829483603
				0,4	2,808836225
				0,4272 (*)	2,864562846
			45	0,16	3,170339678
				0,2	3,083043756
				0,24	3,033338063
				0,2954 (*)	3,078776881

(*) Iterativ maximal realisiertes Wellenfußrundungsradiusverhältnis ρ_{f1}^{itMax}/m

Tabelle 11.35: Numerisch bestimmte Torsionsformzahlen $\alpha_{ktGEHdB}$ des Bezugsdurchmessers d_B von 300 mm zur Entwicklung der flankenwinkelspezifischen Näherungsgleichungen $\alpha_{ktGEHdB} = f(\rho_{f1}/m)$ für den prognostiziert optimalen Modul m_{Opt}

d_B [mm]	m_{Opt} [mm]	z_1 [/]	α [°]	ρ_{f1}/m [/]	$\alpha_{ktGEHdB}$ [/]
300	10	28	20	0,16	3,555793689
				0,24	3,171649555
				0,32	2,92983052
				0,4	2,765093947
				0,48	2,666924943
				0,56	2,653505379
				0,614 (*)	2,748006061
			30	0,16	3,288316443
				0,24	2,985002985
				0,32	2,812460104
				0,4	2,710784941
				0,48	2,692638906
				0,5275 (*)	2,780990791
			37,5	0,16	3,15638522
				0,24	2,926168063
				0,32	2,803051542
				0,40	2,775840221
				0,439 (*)	2,853366948
			45	0,16	3,138513265
				0,20	3,05314198
				0,24	3,003801704
				0,3033 (*)	3,066608387

(*) Iterativ maximal realisiertes Wellenfußrundungsradiusverhältnis ρ_{f1}^{itMax}/m

Tabelle 11.36: Numerisch bestimmte Torsionsformzahlen $\alpha_{ktGEHdB}$ des Bezugsdurchmessers d_B von 500 mm zur Entwicklung der flankenwinkelspezifischen Näherungsgleichungen $\alpha_{ktGEHdB} = f(\rho_{f1}/m)$ für den prognostiziert optimalen Modul m_{Opt}

d_B [mm]	m_{Opt} [mm]	z_1 [/]	α [°]	ρ_{f1}/m [/]	$\alpha_{ktGEHdB}$ [/]
500	16	30	20	0,48	keine Daten
				0,56	2,682801019
				(*)	keine Daten
			30	0,40	keine Daten
				0,48	2,727445565
				(*)	keine Daten
			37,5	0,32	keine Daten
				0,40	2,812248763
				(*)	keine Daten
			45	0,20	keine Daten
				0,24	3,040555435
				(*)	keine Daten

(*) Iterativ maximal realisiertes Wellenfußrundungsradiusverhältnis ρ_{f1}^{itMax}/m

Tabelle 11.37: Koeffizienten der flankenwinkelspezifischen Näherungsgleichungen $\alpha_{ktGEHdB} = f(\rho_{f1}/m)$ des Bezugsdurchmessers d_B von 6 mm zur mathematischen Bestimmung der Minima und damit der optimalen Wellenfußrundungsradiusverhältnisse $(\rho_{f1}/m)_{Opt}$

d_B [mm]	m_{Opt} [mm]	α [°]	i [/]	c_i [mm^{-i}]	R^2 [/]	$\left(\dfrac{\rho_{f1}}{m}\right)_{Opt}$ [/]
6	0,2	20	/	/	/	/
		30	/	/	/	/
		37,5	/	/	/	/
		45	/	/	/	/

Tabelle 11.38: Koeffizienten der flankenwinkelspezifischen Näherungsgleichungen $\alpha_{ktGEHdB} = f(\rho_{f1}/m)$ des Bezugsdurchmessers d_B von 25 mm zur mathematischen Bestimmung der Minima und damit der optimalen Wellenfußrundungsradiusverhältnisse $(\rho_{f1}/m)_{Opt}$

d_B [mm]	m_{Opt} [mm]	α [°]	i [/]	c_i [mm^{-i}]	R^2 [/]	$\left(\dfrac{\rho_{f1}}{m}\right)_{Opt}$ [/]
25	0,8	20	0	4,7585248456401100	1,0000	0,5328
			1	-4,5367378812211700		
			2	-42,6088141734903000		
			3	259,3719089590450000		
			4	-604,9731122522350000		
			5	646,7740829658510000		
			6	-254,4262511730190000		
		30	0	5,1216052584397100	1,0000	0,4458
			1	-19,9367237490651000		
			2	77,1363237491936000		
			3	-165,5653229111430000		
			4	173,8072274327270000		
			5	-59,3534061312675000		
		37,5	0	5,1424530045923100	1,0000	0,3685
			1	-24,6925188111720000		
			2	112,8516915504540000		
			3	-254,5357725313310000		
			4	225,8884902447460000		
		45	0	3,5841262390066500	1,0000	0,2530
			1	-1,3558960803986500		
			2	-15,2146201670659000		
			3	47,1494606683264000		

Tabelle 11.39: Koeffizienten der flankenwinkelspezifischen Näherungsgleichungen $\alpha_{ktGEHdB} = f(\rho_{f1}/m)$ des Bezugsdurchmessers d_B von 45 mm zur mathematischen Bestimmung der Minima und damit der optimalen Wellenfußrundungsradiusverhältnisse $(\rho_{f1}/m)_{Opt}$

d_B [mm]	m_{Opt} [mm]	α [°]	i [/]	c_i [mm^{-i}]	R^2 [/]	$\left(\dfrac{\rho_{f1}}{m}\right)_{Opt}$ [/]
45	1,5	20	0	6,0955437171517600	1,0000	0,5297
			1	-33,3148510461306000		
			2	176,3241279780130000		
			3	-571,5086341863920000		
			4	1.082,2530828962300000		
			5	-1.101,8048982048000000		
			6	471,1688175201410000		
		30	0	4,6054138315065700	1,0000	0,4522
			1	-12,8202525885732000		
			2	33,2292579641704000		
			3	-29,7935418121219000		
			4	-30,8675781428814000		
			5	59,6037379205226000		
		37,5	0	4,8146234180880800	1,0000	0,3747
			1	-20,3625451661070000		
			2	89,1015577421503000		
			3	-196,2164655958490000		
			4	172,2019275398920000		
		45	0	3,4771893934442100	1,0000	0,2546
			1	-0,4901671816745070		
			2	-18,2477910858404000		
			3	50,3040515549946000		

Tabelle 11.40: Koeffizienten der flankenwinkelspezifischen Näherungsgleichungen $\alpha_{ktGEHdB} = f(\rho_{f1}/m)$ des Bezugsdurchmessers d_B von 65 mm zur mathematischen Bestimmung der Minima und damit der optimalen Wellenfußrundungsradiusverhältnisse $(\rho_{f1}/m)_{Opt}$

d_B [mm]	m_{Opt} [mm]	α [°]	i [/]	c_i [mm^{-i}]	R^2 [/]	$\left(\dfrac{\rho_{f1}}{m}\right)_{Opt}$ [/]
65	2	20	0	5,2326851687949900	1,0000	0,5356
			1	-14,4299243067270000		
			2	35,6290167850741000		
			3	-54,5582558363152000		
			4	75,5255210771561000		
			5	-111,9998823738100000		
			6	86,5325710773468000		
		30	0	4,8241587793379500	1,0000	0,4504
			1	-14,4674871824871000		
			2	37,9740420689248000		
			3	-30,6872397631407000		
			4	-49,2136894911527000		
			5	82,2406072169542000		
		37,5	0	5,2113937881251500	1,0000	0,3716
			1	-25,9436684601098000		
			2	120,6888424112290000		
			3	-274,8972859600190000		
			4	244,2245790958400000		
		45	0	3,4291283243435600	1,0000	0,2521
			1	0,8224562942085050		
			2	-25,5951903453120000		
			3	63,3740395713830000		

Tabelle 11.41: Koeffizienten der flankenwinkelspezifischen Näherungsgleichungen $\alpha_{ktGEHdB} = f(\rho_{f1}/m)$ des Bezugsdurchmessers d_B von 100 mm zur mathematischen Bestimmung der Minima und damit der optimalen Wellenfußrundungsradiusverhältnisse $\left(\rho_{f1}/m\right)_{Opt}$

d_B [mm]	m_{Opt} [mm]	α [°]	i [/]	c_i [mm^{-i}]	R^2 [/]	$\left(\dfrac{\rho_{f1}}{m}\right)_{Opt}$ [/]
100	3	20	0	5,1616497314254100	1,0000	0,5411
			1	-12,4555848534763000		
			2	23,6695415057398000		
			3	-26,0994276733112000		
			4	58,2444370689392000		
			5	-141,5217865562440000		
			6	120,4205844402310000		
		30	0	4,4660878429883400	1,0000	0,4516
			1	-7,2984543292418000		
			2	-12,7157262799147000		
			3	138,8501919782460000		
			4	-322,0205940544610000		
			5	252,2779117822640000		
		37,5	0	5,3495591422731000	1,0000	0,3724
			1	-27,8261266886862000		
			2	131,1635574138740000		
			3	-300,4884138934690000		
			4	266,9850414441890000		
		45	0	3,3352457580624600	1,0000	0,2523
			1	2,2248080298986400		
			2	-32,0171087746893000		
			3	72,9400928377872000		

Tabelle 11.42: Koeffizienten der flankenwinkelspezifischen Näherungsgleichungen $\alpha_{ktGEHdB} = f(\rho_{f1}/m)$ des Bezugsdurchmessers d_B von 300 mm zur mathematischen Bestimmung der Minima und damit der optimalen Wellenfußrundungsradiusverhältnisse $(\rho_{f1}/m)_{Opt}$

d_B [mm]	m_{Opt} [mm]	α [°]	i [/]	c_i [mm^{-i}]	R^2 [/]	$\left(\dfrac{\rho_{f1}}{m}\right)_{Opt}$ [/]
			0	6,2018465115569500		
			1	-35,1359531452673000		
			2	191,6235406068200000		
		20	3	-639,6311041275790000	1,0000	0,5320
			4	1.247,6221090421700000		
			5	-1.308,6919525528000000		
			6	575,2276518344870000		
			0	4,3964884621035400		
			1	-8,0037567920851700		
			2	-4,2797886225171400		
		30	3	105,1990321964030000	1,0000	0,4540
300	10		4	-260,6560573726890000		
			5	209,0451546013350000		
			0	5,1156902957712300		
			1	-25,0028219685586000		
		37,5	2	115,7149753825520000	1,0000	0,3761
			3	-261,7664088197980000		
			4	230,4661256168030000		
			0	3,2890193676946300		
			1	2,3112700870718000		
		45	2	-31,8097728774243000	1,0000	0,2530
			3	71,7824387730798000		

Tabelle 11.43: Koeffizienten der flankenwinkelspezifischen Näherungsgleichungen $\alpha_{ktGEHdB} = f(\rho_{f1}/m)$ des Bezugsdurchmessers d_B von 500 mm zur mathematischen Bestimmung der Minima und damit der optimalen Wellenfußrundungsradiusverhältnisse $(\rho_{f1}/m)_{Opt}$

d_B [mm]	m_{Opt} [mm]	α [°]	i [/]	c_i [mm^{-i}]	R^2 [/]	$\left(\dfrac{\rho_{f1}}{m}\right)_{Opt}$ [/]
500	16	20	/	/	/	/
		30	/	/	/	/
		37,5	/	/	/	/
		45	/	/	/	/

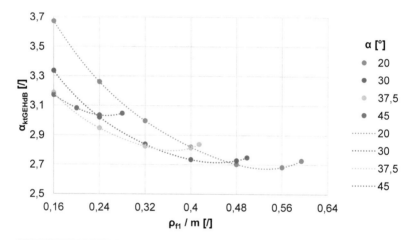

Abbildung 11.458: Torsionsformzahl $\alpha_{ktGEHdB}$ als Funktion des Flankenwinkels α sowie des Wellenfußrundungsradiusverhältnisses ρ_{f1}/m der ZWV Kapitel 3.3 – 25 x m_{Opt} x z_{Opt} (gemäß Tabelle 6.1; $c_{F1}/m = 0,12$; $\alpha = var.$; $\rho_{f1}/m = var.$)

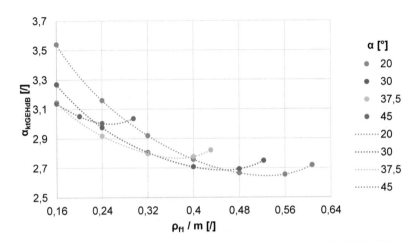

Abbildung 11.459: Torsionsformzahl $\alpha_{ktGEHdB}$ als Funktion des Flankenwinkels α sowie des Wellenfußrundungsradiusverhältnisses ρ_{f1}/m der ZWV Kapitel 3.3 – 45 x m_{Opt} x z_{Opt} (gemäß Tabelle 6.1; $c_{F1}/m = 0{,}12$; $\alpha = var.$; $\rho_{f1}/m = var.$)

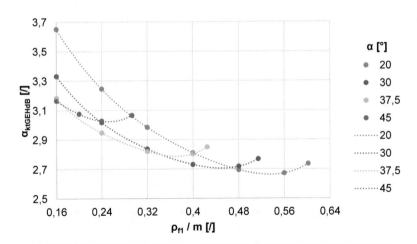

Abbildung 11.460: Torsionsformzahl $\alpha_{ktGEHdB}$ als Funktion des Flankenwinkels α sowie des Wellenfußrundungsradiusverhältnisses ρ_{f1}/m der ZWV Kapitel 3.3 – 65 x m_{Opt} x z_{Opt} (gemäß Tabelle 6.1; $c_{F1}/m = 0{,}12$; $\alpha = var.$; $\rho_{f1}/m = var.$)

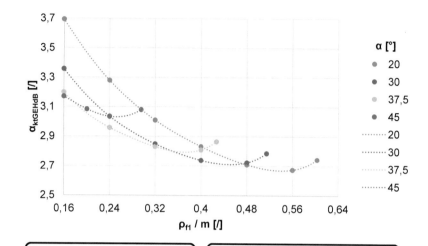

Abbildung 11.461: Torsionsformzahl $\alpha_{ktGEHdB}$ als Funktion des Flankenwinkels α sowie des Wellenfußrundungsradiusverhältnisses ρ_{f1}/m der ZWV Kapitel 3.3 – 100 x m_{Opt} x z_{Opt} (gemäß Tabelle 6.1; $c_{F1}/m = 0{,}12$; $\alpha = var.$; $\rho_{f1}/m = var.$)

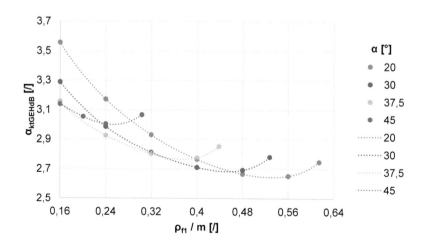

Abbildung 11.462: Torsionsformzahl $\alpha_{ktGEHdB}$ als Funktion des Flankenwinkels α sowie des Wellenfußrundungsradiusverhältnisses ρ_{f1}/m der ZWV Kapitel 3.3 – 300 x m_{Opt} x z_{Opt} (gemäß Tabelle 6.1; $c_{F1}/m = 0{,}12$; $\alpha = var.$; $\rho_{f1}/m = var.$)

11.2.3.4.3 Gegenüberstellung der stützstellen- sowie interpolationsbasierten Formulierung

11.2.3.4.4 Allgemeingültige Formulierung

Tabelle 11.44: Bestimmung des optimalen bezogenen Wellenfußrundungsradius $\left(\rho'_{f1}\right)_{Opt}$ bei einem Flankenwinkel α von 20 °

d_B [mm]	α [°]	Stützstellenbasiert, vgl. Abbildung 6.111			Interpolationsbasiert, vgl. Abbildung 6.112	
		$\dfrac{\rho^V_{f1}}{m_{Opt}}$ [/]	$\left(\dfrac{\rho_{f1}}{m}\right)_{Opt}$ [/]	$\left(\rho'_{f1}\right)_{Opt}$ [/]	$\left(\dfrac{\rho_{f1}}{m}\right)_{Opt}$ [/]	$\left(\rho'_{f1}\right)_{Opt}$ [/]
6		0,615	0,56	0,9106	0,53	0,8692
25		0,607	0,56	0,9226	0,53	0,8806
45		0,615	0,56	0,9106	0,53	0,8692
65	20	0,606	0,56	0,9236	0,53	0,8816
100		0,607	0,56	0,9229	0,53	0,8809
300		0,615	0,56	0,9106	0,53	0,8692
500		0,607	0,56	0,9226	0,53	0,8806
$\bar{x}$		0,610	0,56	0,9176	0,53	0,8759
s		0,004	0,00	0,0066	0,00	0,0063
Max		0,615	0,56	0,9236	0,53	0,8816
Min		0,606	0,56	0,9106	0,53	0,8692
$Max - \bar{x}$		0,005	0,00	0,0059	0,00	0,0057
$\bar{x} - Min$		0,004	0,00	0,0070	0,00	0,0067

Tabelle 11.45: Bestimmung des optimalen bezogenen Wellenfußrundungsradius $\left(\rho'_{f1}\right)_{Opt}$ bei einem Flankenwinkel α von 30 °

d_B [mm]	α [°]	$\dfrac{\rho^v_{f1}}{m_{Opt}}$ [/]	Stützstellenbasiert, vgl. Abbildung 6.111		Interpolationsbasiert, vgl. Abbildung 6.112	
			$\left(\dfrac{\rho_{f1}}{m}\right)_{Opt}$ [/]	$\left(\rho'_{f1}\right)_{Opt}$ [/]	$\left(\dfrac{\rho_{f1}}{m}\right)_{Opt}$ [/]	$\left(\rho'_{f1}\right)_{Opt}$ [/]
6		0,529	0,48	0,9078	0,45	0,8487
25		0,517	0,48	0,9278	0,45	0,8674
45		0,529	0,48	0,9078	0,45	0,8487
65	30	0,519	0,48	0,9246	0,45	0,8644
100		0,518	0,48	0,9263	0,45	0,8660
300		0,529	0,48	0,9078	0,45	0,8487
500		0,517	0,48	0,9278	0,45	0,8674
$\bar{x}$		0,523	0,48	0,9186	0,45	0,8588
s		0,006	0,00	0,0101	0,00	0,0095
Max		0,529	0,48	0,9278	0,45	0,8674
Min		0,517	0,48	0,9078	0,45	0,8487
$Max - \bar{x}$		0,006	0,00	0,0093	0,00	0,0087
$\bar{x} - Min$		0,005	0,00	0,0108	0,00	0,0101

Tabelle 11.46: Bestimmung des optimalen bezogenen Wellenfußrundungsradius $\left(\rho'_{f1}\right)_{Opt}$ bei einem Flankenwinkel α von 37,5 °

d_B [mm]	α [°]	$\dfrac{\rho^V_{f1}}{m_{Opt}}$ [/]	Stützstellenbasiert, vgl. Abbildung 6.111		Interpolationsbasiert, vgl. Abbildung 6.112	
			$\left(\dfrac{\rho_{f1}}{m}\right)_{Opt}$ [/]	$\left(\rho'_{f1}\right)_{Opt}$ [/]	$\left(\dfrac{\rho_{f1}}{m}\right)_{Opt}$ [/]	$\left(\rho'_{f1}\right)_{Opt}$ [/]
6		0,440	0,40	0,9084	0,37	0,8418
25		0,431	0,40	0,9287	0,37	0,8606
45		0,440	0,40	0,9084	0,37	0,8418
65	37,5	0,432	0,40	0,9253	0,37	0,8574
100		0,431	0,40	0,9271	0,37	0,8591
300		0,440	0,40	0,9084	0,37	0,8418
500		0,431	0,40	0,9287	0,37	0,8606
$\bar{x}$		0,435	0,40	0,9193	0,37	0,8519
s		0,005	0,00	0,0102	0,00	0,0095
Max		0,440	0,40	0,9287	0,37	0,8606
Min		0,431	0,40	0,9084	0,37	0,8418
$Max - \bar{x}$		0,005	0,00	0,0094	0,00	0,0087
$\bar{x} - Min$		0,004	0,00	0,0109	0,00	0,0101

Tabelle 11.47: Bestimmung des optimalen bezogenen Wellenfußrundungsradius $\left(\rho'_{f1}\right)_{Opt}$ bei einem Flankenwinkel α von 45 °

d_B [mm]	α [°]	$\dfrac{\rho^V_{f1}}{m_{Opt}}$ [/]	Stützstellenbasiert, vgl. Abbildung 6.111		Interpolationsbasiert, vgl. Abbildung 6.112	
			$\left(\dfrac{\rho_{f1}}{m}\right)_{Opt}$ [/]	$\left(\rho'_{f1}\right)_{Opt}$ [/]	$\left(\dfrac{\rho_{f1}}{m}\right)_{Opt}$ [/]	$\left(\rho'_{f1}\right)_{Opt}$ [/]
6		0,305	0,24	0,7874	0,25	0,8305
25		0,300	0,24	0,7991	0,25	0,8428
45		0,305	0,24	0,7874	0,25	0,8305
65	45	0,300	0,24	0,7987	0,25	0,8424
100		0,300	0,24	0,7988	0,25	0,8424
300		0,305	0,24	0,7874	0,25	0,8305
500		0,300	0,24	0,7991	0,25	0,8428
$\bar{x}$		0,302	0,24	0,7940	0,25	0,8374
s		0,002	0,00	0,0061	0,00	0,0065
Max		0,305	0,24	0,7991	0,25	0,8428
Min		0,300	0,24	0,7874	0,25	0,8305
$Max - \bar{x}$		0,003	0,00	0,0051	0,00	0,0053
$\bar{x} - Min$		0,002	0,00	0,0066	0,00	0,0069

11.2.4 Optimabezogene mathematische Tragfähigkeitscharakterisierung

11.2.4.1 Datenanalyse zur Bestimmung des Einflusses der Wellenzähnezahl z_1 und des Welleninitiationsprofilverschiebungsfaktors x_{I1} auf die Formzahl

Tabelle 11.48: Welleninitiationsprofilverschiebungsfaktoren x_{I1} der numerisch analysierter ZWV

z_1 [/]	d_B [mm]							Anzahl unterschiedlicher x_{I1}
	6	25	45	65	100	300	500	
6	0,200	/	/	/	/	/	/	1
6	0,450	/	/	/	/	/	/	1
7	/	0,117	0,450	0,013	/	/	/	3
8	0,450	0,450	/	/	0,450	/	/	1
9	/	/	/	0,367	/	/	/	1
10	0,450	/	0,075	/	/	/	/	2
11	/	0,200	/	0,450	0,200	/	/	2
13	/	0,093	0,450	/	/	/	/	2
15	/	0,283	/	0,075	0,283	/	/	2
16	/	/	0,450	/	/	/	/	1
18	/	0,450	/	/	0,450	/	/	1
20	/	/	/	0,283	/	/	/	1
21	/	/	0,200	/	/	/	/	1
22	0,450	/	/	/	/	/	/	1
24	/	-0,050	0,307	0,450	-0,050	/	-0,050	3
28	0,450	/	0,450	/	/	0,450	/	1
30	/	0,075	/	/	/	/	0,075	1
31	/	/	/	0,200	/	/	/	1
32	/	0,117	/	/	0,117	/	/	1
34	/	/	0,450	/	/	/	/	1
36	0,200	/	/	0,021	/	0,200	/	2
38	/	/	/	/	0,450	/	/	1

Tabelle 11.49: Welleninitiationsprofilverschiebungsfaktoren x_{I1} der numerisch analysierten ZWV (Fortsetzung von Tabelle 11.48)

| z_1 | d_B [mm] | | | | | | | Anzahl unter- |
[/]	6	25	45	65	100	300	500	schiedlicher x_{I1}
40	/	0,283	/	/	/	/	0,283	1
42	/	/	/	0,117	/	/	/	1
44	/	/	-0,050	/	/	/	/	1
48	/	0,450	/	/	0,450	0,450	0,450	1
50	/	/	/	0,450	/	/	/	1
55	/	/	0,075	/	/	/	/	1
56	/	/	/	/	0,021	/	/	1
58	/	/	0,450	/	/	0,450	/	1
61	/	/	/	/	/	/	0,200	1
64	/	/	/	/	0,783	/	/	1
74	/	/	-0,050	/	/	/	/	1
82	/	/	/	/	/	/	0,117	1

Tabelle 11.50: Festlegung des Welleninitiationsprofilverschiebungsfaktors x_{I1} zur Einflussbestimmung der Wellenzähnezahl z_1

z_1 [/]	x_{I1} [/]						
	-0,050	0,021	0,075	0,117	0,200	0,283	0,450
6	0	0	0	0	1	0	0
6	0	0	0	0	0	0	1
7	0	0	0	1	0	0	1
8	0	0	0	0	0	0	3
9	0	0	0	0	0	0	0
10	0	0	1	0	0	0	1
11	0	0	0	0	2	0	1
13	0	0	0	0	0	0	1
15	0	0	1	0	0	2	0
16	0	0	0	0	0	0	1
18	0	0	0	0	0	0	2
20	0	0	0	0	0	1	0
21	0	0	0	0	1	0	0
22	0	0	0	0	0	0	1
24	3	0	0	0	0	0	1
28	0	0	0	0	0	0	3
30	0	0	2	0	0	0	0
31	0	0	0	0	1	0	0
32	0	0	0	2	0	0	0
34	0	0	0	0	0	0	1
36	0	1	0	0	2	0	0
38	0	0	0	0	0	0	1
40	0	0	0	0	0	2	0
42	0	0	0	1	0	0	0
44	1	0	0	0	0	0	0

Tabelle 11.51: Festlegung des Welleninitiationsprofilverschiebungsfaktors x_{I1} zur Einflussbestimmung der Wellenzähnezahl z_1 (Fortsetzung von Tabelle 11.50)

z_1 [/]	x_{I1} [/]						
	-0,050	0,021	0,075	0,117	0,200	0,283	0,450
48	0	0	0	0	0	0	4
50	0	0	0	0	0	0	1
55	0	0	1	0	0	0	0
56	0	1	0	0	0	0	0
58	0	0	0	0	0	0	2
61	0	0	0	0	1	0	0
64	0	0	0	0	0	0	0
74	1	0	0	0	0	0	0
82	0	0	0	1	0	0	0
Anzahl unterschiedlicher z_1	3	2	4	4	6	3	16

Tabelle 11.52: Festlegung der Wellenzähnezahl z_1 zur Einflussbestimmung des Welleninitiationsprofilverschiebungsfaktors x_{I1}

z_1 [/]	Anzahl unterschiedlicher Welleninitiationsprofilverschiebungsfaktoren x_{I1}	Intervallgröße $x_{I1Max} - x_{I1Min}$
6	1	/
6	1	/
7	3	0,450 − 0,013 = 0,437
8	1	/
9	1	/
10	2	0,450 − 0,075 = 0,375
11	2	0,450 − 0,200 = 0,250
13	2	0,450 − 0,093 = 0,357
15	2	0,283 − 0,075 = 0,208
16	1	/
18	1	/
20	1	/
21	1	/
22	1	/
24	3	0,450 − (−0,05) = 0,50
28	1	/
30	1	/
31	1	/
32	1	/
34	1	/
36	2	0,200 − 0,021 = 0,179
38	1	/
40	1	/
42	1	/
44	1	/

Tabelle 11.53: Festlegung der Wellenzähnezahl z_1 zur Einflussbestimmung des Welleninitiationsprofilverschiebungsfaktors x_{I1} (Fortsetung von Tabelle 11.52)

z_1 [/]	Anzahl unterschiedlicher Welleninitiationsprofilverschie-bungsfaktoren x_{I1}	Intervallgröße $x_{I1Max} - x_{I1Min}$
48	1	/
50	1	/
55	1	/
56	1	/
58	1	/
61	1	/
64	1	/
74	1	/
82	1	/

11.2.4.2 $\alpha_{ktGEHdB}^{E}$ sowie $\alpha_{ktGEHdh1}^{E}$

Tabelle 11.54: Basisdaten zur Bestimmung der Formzahl $\alpha_{ktGEHdB}^{E}$ ($z_1 = 24$; $x_{I1} = -0,05$; $c_{F1}/m = 0,12$)

d_B [mm]	m [mm]	α [°]			
		20	**30**	**37,5**	**45**
		ρ_{f1}/m [/]			
		0,56	**0,48**	**0,40**	**0,24**
25	1	2,753981007	2,769363363	2,840588598	3,038577800
100	4	2,752827845	2,766798555	2,835905391	3,034970793
500	20	2,753225978	2,767406523	2,837149075	3,043207620
Minimum		2,752827845	2,766798555	2,835905391	3,034970793
Maximum		2,753981007	2,769363363	2,840588598	3,043207620
Max - Min		0,001153162	0,002564808	0,004683207	0,008236828
Basisverbindung zur Bestimmung der Näherungsgleichung					

Tabelle 11.55: Basisdaten zur Bestimmung der Formzahl $\alpha_{ktGEHdh1}^{E}$ ($z_1 = 24$; $x_1 = -0,05$; $c_{F1}/m = 0,12$)

d_B [mm]	m [mm]	α [°]			
		20	**30**	**37,5**	**45**
		ρ_{f1}/m [/]			
		0,56	**0,48**	**0,40**	**0,24**
25	1	2,029849572	2,120892399	2,216606520	2,411626325
100	4	2,029796630	2,119604643	2,213698003	2,409514029
500	20	2,030377698	2,120263311	2,214816658	2,416233030
Minimum		2,029796630	2,119604643	2,213698003	2,409514029
Maximum		2,030377698	2,120892399	2,216606520	2,416233030
Max - Min		0,000581068	0,001287756	0,002908517	0,006719001
Basisverbindung gemäß Tabelle 11.54 zur Bestimmung der Näherungsgleichung					

11.2.4.3 $K_{aktGEHdB}^{z1}$ sowie $K_{aktGEHdh1}^{z1}$

Tabelle 11.56: Formzahlen $\alpha_{ktGEHdB}$ als Basis zur Bestimmung der Korrekturgleichung $K_{aktGEHdB}^{z1}$ ($x_{l1} = 0{,}45$; $c_{F1}/m = 0{,}12$)

d_B [mm]	z_1 [/]	α [°] 20	30	37,5	45
		ρ_{f1}/m [/] 0,56	0,48	0,40	0,24
45	34	2,646679621	2,697604146	2,788105251	3,023175402
45	28	2,653960494	2,692933684	2,776370137	3,003879712
300	28	2,653505379	2,692638906	2,775840221	3,003801704
65	24	2,682512547	2,708115149	2,781989142	3,002421251
Minimum		2,646679621	2,692638906	2,775840221	3,002421251
Maximum		2,682512547	2,708115149	2,788105251	3,023175402
Max - Min		0,035832926	0,015476243	0,012265030	0,020754151
Basisverbindung zur Bestimmung der Korrekturwerte, vgl. Tabelle 11.57					

Tabelle 11.57: Korrekturwerte zur Bestimmung der Korrekturgleichung $K_{aktGEHdB}^{z1}$ ($x_{l1} = 0{,}45$; $c_{F1}/m = 0{,}12$)

d_B [mm]	z_1 [/]	α [°] 20	30	37,5	45
		ρ_{f1}/m [/] 0,56	0,48	0,40	0,24
45	34	-0,035832926	-0,010511003	0,006116108	0,020754151
45	28	-0,028552054	-0,015181465	-0,005619005	0,001458461
300	28	-0,029007169	-0,015476243	-0,006148922	0,001380454
65	24	0,000000000	0,000000000	0,000000000	0,000000000

Tabelle 11.58: Formzahlen $\alpha_{ktGEHdh1}$ als Basis zur Bestimmung der Korrekturgleichung $K^{z1}_{\alpha ktGEHdh1}$ ($x_{l1} = 0{,}45$; $c_{F1}/m = 0{,}12$)

d_B [mm]	z_1 [/]	α [°]			
		20	**30**	**37,5**	**45**
		ρ_{f1}/m [/]			
		0,56	**0,48**	**0,40**	**0,24**
45	34	2,17922614	2,258224892	2,358067094	2,581934272
45	28	2,098527907	2,173191097	2,268788897	2,484110324
300	28	2,098667637	2,173392569	2,268790813	2,484504286
65	24	2,042470286	2,112159569	2,202031521	2,409850289
Minimum		2,042470286	2,112159569	2,202031521	2,409850289
Maximum		2,179226140	2,258224892	2,358067094	2,581934272
Max - Min		0,136755854	0,146065323	0,156035573	0,172083983
Basisverbindung gemäß Tabelle 11.56 zur Bestimmung der Korrekturwerte, vgl. Tabelle 11.59					

Tabelle 11.59: Korrekturwerte zur Bestimmung der Korrekturgleichung $K^{z1}_{\alpha ktGEHdh1}$ ($x_{l1} = 0{,}45$; $c_{F1}/m = 0{,}12$)

d_B [mm]	z_1 [/]	α [°]			
		20	**30**	**37,5**	**45**
		ρ_{f1}/m [/]			
		0,56	**0,48**	**0,40**	**0,24**
45	34	0,136755854	0,146065324	0,156035573	0,172083983
45	28	0,056057622	0,061031528	0,066757376	0,074260034
300	28	0,056197351	0,061233000	0,066759292	0,074653997
65	24	0,000000000	0,000000000	0,000000000	0,000000000

11.2.4.4 $K_{aktGEHdB}^{xl1}$ **sowie** $K_{aktGEHdh1}^{xl1}$

Tabelle 11.60: Formzahlen $\alpha_{ktGEHdB}$ zur Bestimmung der Korrekturgleichung $K_{aktGEHdB}^{xl1}$ ($z_1 = 24$; $c_{F1}/m = 0{,}12$)

d_B [mm]	x_{l1} [/]	α [°]			
		20	**30**	**37,5**	**45**
		ρ_{f1}/m [/]			
		0,56	**0,48**	**0,40**	**0,24**
25	-0,05	2,753981007	2,769363363	2,840588598	3,038577800
100	-0,05	2,752827845	2,766798555	2,835905391	3,034970793
500	-0,05	2,753225978	2,767406523	2,837149075	3,043207620
arith. Mittel	-0,05	2,753344943	2,767856147	2,837881021	3,038918738
45	0,31	2,710238561	2,731968019	2,806026386	3,018542340
65	0,45	2,682512547	2,708115149	2,781989142	3,002421251
Minimum		2,682512547	2,708115149	2,781989142	3,002421251
Maximum		2,753344943	2,767856147	2,837881021	3,038918738
Max - Min		0,070832396	0,059740998	0,055891879	0,036497487
Basisverbindung zur Bestimmung der Korrekturwerte, vgl. Tabelle 11.61					

Tabelle 11.61: Korrekturwerte zur Bestimmung der Korrekturgleichung $K_{aktGEHdB}^{xl1}$ ($z_1 = 24$; $c_{F1}/m = 0{,}12$)

d_B [mm]	x_{l1} [/]	α [°]			
		20	**30**	**37,5**	**45**
		ρ_{f1}/m [/]			
		0,56	**0,48**	**0,40**	**0,24**
arith. Mittel	-0,05	0,000000000	0,000000000	0,000000000	0,000000000
45	0,31	-0,043106383	-0,035888128	-0,031854636	-0,020376397
65	0,45	-0,070832396	-0,059740998	-0,055891879	-0,036497487

Tabelle 11.62: Formzahlen $\alpha_{ktGEHdh1}$ zur Bestimmung der Korrekturgleichung $K_{aktGEHdh1}^{xl1}$ ($z_1 = 24$; $c_{F1}/m = 0,12$)

d_B [mm]	x_{l1} [/]	α [°]			
		20	30	37,5	45
		ρ_{f1}/m [/]			
		0,56	0,48	0,40	0,24
25	-0,05	2,029849572	2,120892399	2,21660652	2,411626325
100	-0,05	2,02979663	2,119604643	2,213698003	2,409514029
500	-0,05	2,030377698	2,120263311	2,214816658	2,41623303
arith. Mittel	-0,05	2,030007967	2,120253451	2,215040394	2,412457795
45	0,31	2,048367773	2,12052359	2,212483326	2,415325693
65	0,45	2,042470286	2,112159569	2,202031521	2,409850289
Minimum		2,030007967	2,112159569	2,202031521	2,409850289
Maximum		2,048367773	2,12052359	2,215040394	2,415325693
Max - Min		0,018359806	0,008364021	0,013008873	0,005475404
Basisverbindung gemäß Tabelle 11.60 zur Bestimmung der Korrekturwerte, vgl. Tabelle 11.63					

Tabelle 11.63: Korrekturwerte zur Bestimmung der Korrekturgleichung $K_{aktGEHdh1}^{xl1}$ ($z_1 = 24$; $c_{F1}/m = 0,12$)

d_B [mm]	x_{l1} [/]	α [°]			
		20	30	37,5	45
		ρ_{f1}/m [/]			
		0,56	0,48	0,40	0,24
arith. Mittel	-0,05	0,000000000	0,000000000	0,000000000	0,000000000
45	0,31	0,018359806	0,000270139	-0,002557067	0,002867899
65	0,45	0,012462319	-0,008093882	-0,013008873	-0,002607505

11.2.4.5   Bezogenes Spannungsgefälle G'_{GEH}

Tabelle 11.64: Numerische Ergebnisse zur mathematischen Charakterisierung des bezogenen Spannungsgefälles G'_{GEH} $(c_{F1}/m = 0{,}12)$

d_B [mm]	m [mm]	α [°]			
		20	30	37,5	45
		ρ_{f1}/m [/]			
		0,56	0,48	0,40	0,24
6	0,2	7,160929	8,231606	9,514241	12,751790
25	0,8	2,271604	2,663086	3,057646	5,188393
45	1,5	1,237985	1,499384	1,767990	3,049168
65	2	0,909277	1,098439	1,374600	2,289390
100	3	0,589614	0,720343	0,932645	1,543880
300	10	0,186494	0,219369	0,244590	0,470802
500	16	0,107860	0,122275	0,157037	0,309511

11.2.5 Optimierungspotenzial

11.2.5.1 Beispielverbindung

Tabelle 11.65: Formzahlen$\alpha_{ktGEHdB}$ für den Bezugsdurchmesser d_B von 45 mm sowie den Flankenwinkel α von 30 ° (Anmerkung: Vollausrundung nicht aufgeführt, da unterschiedlich und damit schwer realisierbar und zudem nicht von Relevanz)

ρ_{f1}/m [/]	m [mm]			
	0,6	0,75	0,8	1,0
0,16	3,767497844	3,571159323	3,576561824	3,483084140
0,24	3,387208760	3,223505317	3,221178597	3,136524976
0,32	3,158985835	3,017491913	3,010194541	2,931270879
0,40	3,005448888	2,880956908	2,871825261	2,801629915
0,48	2,928628179	2,818707978	2,813792954	2,756414695

ρ_{f1}/m [/]	m [mm]			
	1,25	1,5	1,75	2,0
0,16	3,322020200	3,268828603	3,261750924	3,274255689
0,24	3,013549610	2,975741546	2,974936885	2,987611703
0,32	2,834910335	2,805661181	2,809557290	2,828994408
0,40	2,725997794	2,707339670	2,723938547	2,758939552
0,48	2,697604146	2,692933684	2,731968019	2,787476142

ρ_{f1}/m [/]	m [mm]			
	2,5	3,0	4,0	5,0
0,16	3,261905451	3,330689019	3,831819518	4,176471500
0,24	3,002272436	3,103429302	3,619194558	3,950921068
0,32	2,866309239	3,001969227	3,537499033	3,843048867
0,40	2,824782320	2,966151782	3,541197094	3,814147382
0,48	2,848144215	2,994023953	3,656855941	3,854872616

Tabelle 11.66: Formzahlen$\alpha_{ktGEHdh1}$ für den Bezugsdurchmesser d_B von 45 mm sowie den Flankenwinkel α von 30 ° (Anmerkung: Vollausrundung nicht aufgeführt, da unterschiedlich und damit schwer realisierbar und zudem nicht von Relevanz)

ρ_{f1}/m [/]	m [mm]			
	0,6	0,75	0,8	1,0
0,16	3,490719647	3,246530879	3,229563232	3,063807955
0,24	3,131510110	2,922775344	2,900077250	2,748246323
0,32	2,914243386	2,728931971	2,702249498	2,558608016
0,40	2,766722385	2,598821799	2,570658179	2,436274454
0,48	2,690415250	2,536328914	2,511589072	2,388058815

ρ_{f1}/m [/]	m [mm]			
	1,25	1,5	1,75	2,0
0,16	2,830705622	2,695689774	2,600757520	2,522878208
0,24	2,556189307	2,440361830	2,355723957	2,282659506
0,32	2,393892839	2,288361176	2,209669380	2,143613706
0,40	2,291862999	2,196326529	2,128179861	2,073637063
0,48	2,258224892	2,173191097	2,120523590	2,078434968

ρ_{f1}/m [/]	m [mm]			
	2,5	3,0	4,0	5,0
0,16	2,354661019	2,246665418	2,208684894	2,131571704
0,24	2,145693512	2,067456075	2,033183111	1,967202037
0,32	2,028557558	1,975557108	1,937491283	1,867950042
0,40	1,980122786	1,928793040	1,891785283	1,811214436
0,48	1,977846835	1,924388183	1,906501045	1,789383940

11.2.5.2 Extremwertbetrachtung

Tabelle 11.67: Auf Basis der GEH sowie des Bezugsdurchmessers d_B bestimmte Torsionsformzahlen $\alpha_{ktGEHdB}$ der ZWV Kapitel 3.3 – 25 x 1 x 24 (gemäß Tabelle 6.1; $c_{F1}/m = 0{,}12$; $\alpha = var.$; $\rho_{f1}/m = Opt.$)

α [°]			
20	30	37,5	45
ρ_{f1}/m [/]			
0,56	0,48	0,40	0,24
2,753981007	2,769363363	2,840588598	3,038577800

Tabelle 11.68: Auf Basis der GEH sowie des Bezugsdurchmessers d_B bestimmte Torsionsformzahlen $\alpha_{ktGEHdB}$ der ZWV Kapitel 3.3 – 25 x 1 x 24 (gemäß Tabelle 6.1; $c_{F1}/m = 0{,}12$; $\alpha = var.$; $\rho_{f1}/m = 0{,}16$)

α [°]			
20	30	37,5	45
3,673119256	3,327327467	3,186155052	3,171209151

Tabelle 11.69: Auf Basis der GEH sowie des Wellenersatzdurchmessers d_{h1} nach [Naka 51] bestimmte Torsionsformzahlen $\alpha_{ktGEHdh1}$ der ZWV Kapitel 3.3 – 25 x 1 x 24 (gemäß Tabelle 6.1; $c_{F1}/m = 0{,}12$; $\alpha = var.$; $\rho_{f1}/m = Opt.$)

α [°]			
20	30	37,5	45
ρ_{f1}/m [/]			
0,56	0,48	0,40	0,24
2,029849572	2,120892399	2,216606520	2,411626325

Tabelle 11.70: Auf Basis der GEH sowie des Wellenersatzdurchmessers d_{h1} nach [Naka 51] bestimmte Torsionsformzahlen $\alpha_{ktGEHdh1}$ der ZWV Kapitel 3.3 – 25 x 1 x 24 (gemäß Tabelle 6.1; $c_{F1}/m = 0{,}12$; $\alpha = var.$; $\rho_{f1}/m = 0{,}16$)

α [°]			
20	30	37,5	45
2,877203731	2,629459938	2,529275777	2,526923915

11.2.6 Einfluss des Formübermaßes c_{F1}

11.2.6.1 $K_{aktGEHdB}^{cF1}$

Tabelle 11.71: Formzahlen $\alpha_{ktGEHdB}$ als Basis zur Bestimmung der Korrekturwerte $K_{aktGEHdB}^{cF1}$ ($\alpha = 30\,°$; $\rho_{f1}/m = 0{,}48$; $c_{F1}/m = var.$; $R_{hw} = 0$; $A_{hw} =/$)

d_B [mm]	m [mm]	c_{f1}/m [/]		
		0,02	0,07	0,12
6	0,2	2,602896152	2,633318748	2,709994468
25	0,8	2,627870061	2,654865064	2,728048990
45	1,5	2,601824576	2,623625434	2,692933684
65	2	2,629735228	2,649209712	2,718276942
100	3	2,639285794	2,655808532	2,722795419
300	10	2,610770610	2,626562151	2,692638906
500	16	2,652442429	2,659741882	2,727445565
Zugrunde gelegtes Wellenformübermaßverhältnis c_{F1}/m zur Bestimmung der Korrekturwerte, vgl. Tabelle 11.72				

Tabelle 11.72: Eingangsgrößen zur Bestimmung der Näherungsgleichung des Korrekturfaktors $K_{aktGEHdB}^{cF1}$ ($\alpha = 30\,°$; $\rho_{f1}/m = 0{,}48$; $c_{F1}/m = var.$; $R_{hw} = 0$; $A_{hw} =/$)

d_B [mm]	m [mm]	c_{f1}/m [/]		
		0,02	0,07	0,12
6	0,2	-0,107098316	-0,076675720	0,000000000
25	0,8	-0,100178929	-0,073183926	0,000000000
45	1,5	-0,091109108	-0,069308249	0,000000000
65	2	-0,088541714	-0,069067230	0,000000000
100	3	-0,083509625	-0,066986887	0,000000000
300	10	-0,081868296	-0,066076755	0,000000000
500	16	-0,075003137	-0,067703684	0,000000000

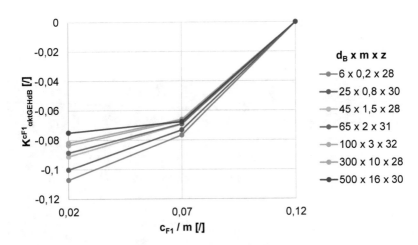

Abbildung 11.463: Korrekturwert $K^{cF1}_{aktGEHdB}$ als Funktion des Wellenformübermaßverhältnisses c_{F1}/m der ZWV Kapitel 3.3 – var. x m_{Opt} x z_{Opt} (gemäß Tabelle 6.1; $c_{F1}/m = var.$; $\alpha = 30\,°$; $\rho_{f1}/m = 0{,}48$)

11.2.6.2 $K_{aktGEHdh1}^{cF1}$

Tabelle 11.73: Formzahlen $\alpha_{ktGEHdh1}$ als Basis zur Bestimmung der Korrekturwerte $K_{aktGEHdh1}^{cF1}$ ($\alpha = 30\,°$; $\rho_{f1}/m = 0,48$; $c_{F1}/m = var.$; $R_{hw} = 0$; $A_{hw} =/$)

d_B [mm]	m [mm]	c_{f1}/m [/]		
		0,02	0,07	0,12
6	0,2	2,133781975	2,140306371	2,183734387
25	0,8	2,167666551	2,171902171	2,213340094
45	1,5	2,136097771	2,135603989	2,173191097
65	2	2,188645587	2,187617896	2,226943384
100	3	2,205735573	2,202668902	2,240909278
300	10	2,143810064	2,138372823	2,173392569
500	16	2,188766157	2,176729465	2,213776884
Zugrunde gelegtes Wellenformübermaßverhältnis c_{F1}/m zur Bestimmung der Korrekturwerte, vgl. Tabelle 11.74				

Tabelle 11.74: Eingangsgrößen zur Bestimmung der Näherungsgleichung des Korrekturfaktors $K_{aktGEHdh1}^{cF1}$ ($\alpha = 30\,°$; $\rho_{f1}/m = 0,48$; $c_{F1}/m = var.$; $R_{hw} = 0$; $A_{hw} =/$)

d_B [mm]	m [mm]	c_{f1}/m [/]		
		0,02	0,07	0,12
6	0,2	-0,049952412	-0,043428016	0,000000000
25	0,8	-0,045673543	-0,041437923	0,000000000
45	1,5	-0,037093326	-0,037587108	0,000000000
65	2	-0,038297797	-0,039325488	0,000000000
100	3	-0,035173705	-0,038240376	0,000000000
300	10	-0,029582505	-0,035019746	0,000000000
500	16	-0,025010726	-0,037047418	0,000000000

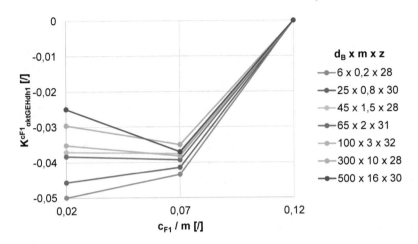

Abbildung 11.464: Korrekturwert $K^{cF1}_{aktGEHdh1}$ als Funktion des Wellenformübermaßverhältnisses c_{F1}/m der ZWV Kapitel 3.3 – var. x m_{Opt} x z_{Opt} (gemäß Tabelle 6.1; $c_{F1}/m = var.$; $\alpha = 30\,°$; $\rho_{f1}/m = 0,48$)

11.2.6.3 $K^{cF1}_{G'GEH}$

Tabelle 11.75: Torsionsmomentinduziert bezogene Spannungsgefälle G'_{GEH} als Basis zur Bestimmung der Korrekturwerte $K^{cF1}_{G'GEH}$ ($\alpha = 30\,°$; $\rho_{f1}/m = 0,48$; $c_{F1}/m = var.$; $R_{hw} = 0$; $A_{hw} =/$)

d_B [mm]	m [mm]	c_{f1}/m [/] 0,02	0,07	0,12
6	0,2	10,633258466	8,917926162	8,231605966
25	0,8	3,416369629	2,868098592	2,663085646
45	1,5	1,913726398	1,632329500	1,499383587
65	2	1,445294619	1,185345463	1,098438823
100	3	0,956016355	0,802539549	0,720343393
300	10	0,291613210	0,249920087	0,219368595
500	16	0,191840879	0,142982156	0,122274920
Zugrunde gelegtes Wellenformübermaßverhältnis c_{F1}/m zur Bestimmung der Korrekturwerte, vgl. Tabelle 11.76				

Tabelle 11.76: Eingangsgrößen zur Bestimmung der Näherungsgleichung des Korrekturfaktors $K_{G'GEH}^{cF1}$ ($\alpha = 30\,°$; $\rho_{f1}/m = 0{,}48$; $c_{F1}/m = var.$; $R_{hw} = 0$; $A_{hw} =/$)

d_B [mm]	m [mm]	c_{f1}/m [/]		
		0,02	0,07	0,12
6	0,2	2,401652500	0,686320196	0,000000000
25	0,8	0,753283983	0,205012946	0,000000000
45	1,5	0,414342811	0,132945913	0,000000000
65	2	0,346855795	0,086906640	0,000000000
100	3	0,235672962	0,082196156	0,000000000
300	10	0,072244615	0,030551492	0,000000000
500	16	0,069565959	0,020707236	0,000000000

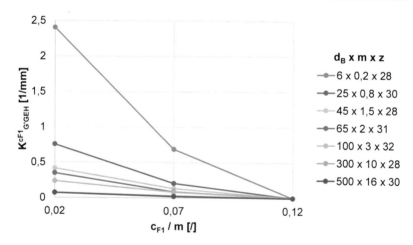

Abbildung 11.465: Korrekturwert $K_{G'GEH}^{cF1}$ als Funktion des Wellenformübermaßverhältnisses c_{F1}/m der ZWV Kapitel 3.3 – var. x m_{Opt} x z_{Opt} (gemäß Tabelle 6.1; $c_{F1}/m = var.$; $\alpha = 30\,°$; $\rho_{f1}/m = 0{,}48$)

11.3 Optimierung der Grundform durch Profilmodifizierung

11.3.1 Werkstoffkennwerte

Tabelle 11.77: Arithmetische Mittelwerte von mit Zugversuchen an Zugproben nach [DIN 50125] der Form B ermittelte Werkstoffkennwerte (mit Änderungen entnommen aus [FVA 742 I], Quelle der Einzelergebnisse: [Reut 16])

Werkstoff	R_m [MPa]	$R_{p0,2}$ [MPa]	A_5 [%]	Anmerkungen
42CrMo4+QT bzw. 1.7225	1.041,0 (69)	927,8 (104)	20,2 (3,6)	Basis: 5 Zugversuche Probenursprung: Kernquerschnitt des Halbzeugs ($d = 60\ mm$)
( ) Maximalwert - Minimalwert				

Tabelle 11.78: Durch die Umwertung des arithmetischen Mittelwertes von Härtemessungen (HV3) nach [EN ISO 18265] (Tabelle B.2, S.21) ermittelte Zugfestigkeit (mit Änderungen entnommen aus [FVA 742 I])

Werkstoff	R_m [MPa]	Anmerkungen
42CrMo4+QT bzw. 1.7225	992,0 (150,5)	Basis: 18 Härtemessungen (HV3) Messorte: Gestaltfestigkeitsrelevante Bereiche am Halbzeug ($d = 60\ mm$)
( ) Maximalwert - Minimalwert		

11.3.2 Geometriedefinition experimentell analysierter Prüflinge

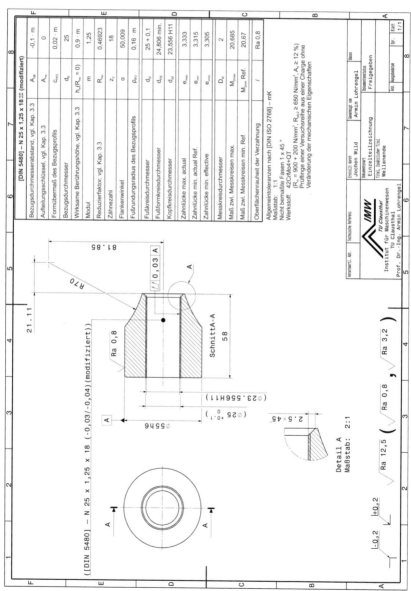

Abbildung 11.466: Geometrie der experimentell analysierten, profilmodifizierten ZN [DIN 5480] – N 25 x 1,25 x 18 (modifiziert)

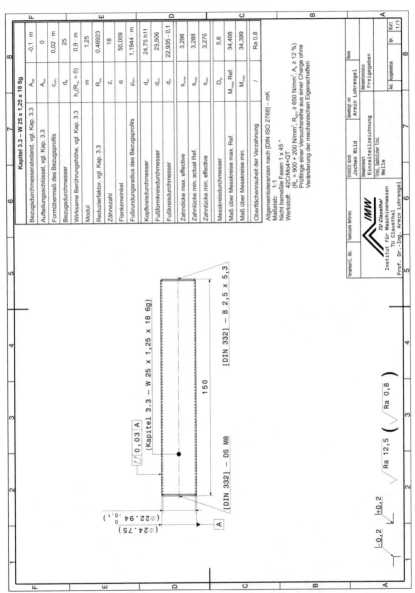

Abbildung 11.467: Geometrie der experimentell analysierten, profilmodifizierten ZW Kapitel 3.3 – W 25 x 1,25 x 18

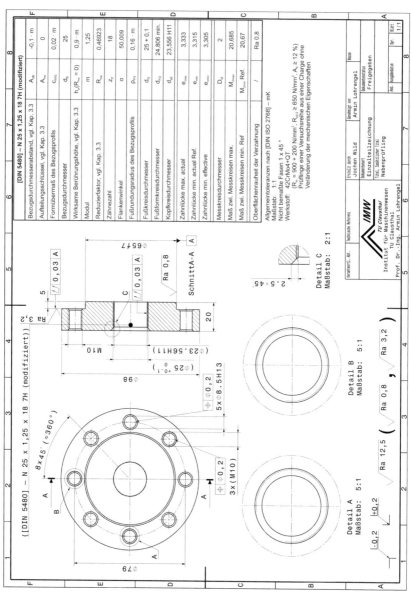

Abbildung 11.468: Geometrie der experimentell analysierten, profilmodifizierten ZN [DIN 5480] – N 25 x 1,25 x 18 (modifiziert)

11.3.3 Statische Torsion

Abbildung 11.469: Perspektivische Darstellung der experimentell analysierten Geometrie unter Berücksichtigung der Lage der Verbindungspartner (Statische Torsion, ZW Kapitel 3.3 – W 25 x 1,25 x 18 (42CrMo4+QT) nach Abbildung 11.467, ZN [DIN 5480] – N 25 x 1,25 x 18 (modifiziert) (42CrMo4+QT) nach Abbildung 11.466 sowie Abbildung 11.468)

Nabe

Abbildung 11.470: Repräsentatives Schadensbild nach einem maximalen Torsionsmoment M_t von 1.950 Nm (Statische Torsion, ZW Kapitel 3.3 – W 25 x 1,25 x 18 (42CrMo4+QT) nach Abbildung 11.467, ZN [DIN 5480] – N 25 x 1,25 x 18 (modifiziert) (42CrMo4+QT) nach Abbildung 11.466 sowie Abbildung 11.468)

11.3.4 Dynamische Torsion

Abbildung 11.471: Perspektivische Darstellung der experimentell analysierten Geometrie unter Berücksichtigung der Lage der Verbindungspartner (Dynamische Torsion ($R_t = 0{,}2$), ZW Kapitel 3.3 – W 25 x 1,25 x 18 (42CrMo4+QT) nach Abbildung
11.467, ZN [DIN 5480] – N 25 x 1,25 x 18 (modifiziert) (42CrMo4+QT) nach Abbildung 11.466 sowie Abbildung 11.468)

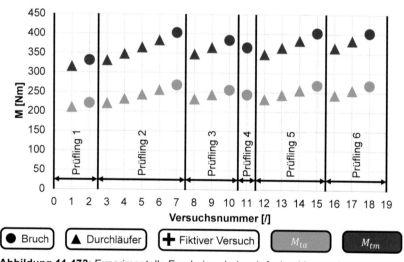

Abbildung 11.472: Experimentelle Ergebnisse bei mehrfacher Verwendung der Prüflinge bis zur Anrissbildung (Dynamische Torsion ($R_t = 0{,}2$), ZW Kapitel 3.3 –
W 25 x 1,25 x 18 (42CrMo4+QT) nach Abbildung 11.467, ZN [DIN 5480] –
N 25 x 1,25 x 18 (modifiziert) (42CrMo4+QT) nach Abbildung 11.466 sowie Abbildung 11.468)

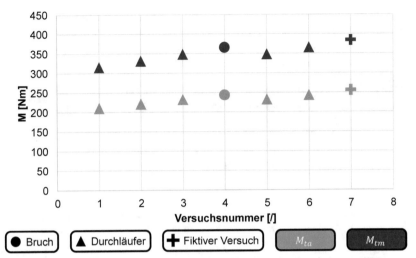

Abbildung 11.473: Experimentelle Ergebnisse bei einfacher Verwendung der Prüflinge (Dynamische Torsion ($R_t = 0{,}2$), ZW Kapitel 3.3 – W 25 x 1,25 x 18 (42CrMo4+QT) nach Abbildung 11.467, ZN [DIN 5480] – N 25 x 1,25 x 18 (modifiziert) (42CrMo4+QT) nach Abbildung 11.466 sowie Abbildung 11.468)

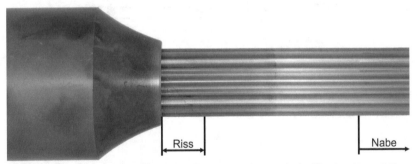

Abbildung 11.474: Repräsentatives Schadensbild (Dynamische Torsion ($R_t = 0{,}2$), ZW Kapitel 3.3 – W 25 x 1,25 x 18 (42CrMo4+QT) nach Abbildung 11.467, ZN [DIN 5480] – N 25 x 1,25 x 18 (modifiziert) (42CrMo4+QT) nach Abbildung 11.466 sowie Abbildung 11.468)

Tabelle 11.79: Eingangswerte zur nenndurchmesserspezifischen Charakterisierung der Verbindungstragfähigkeit (Dynamische Torsion ($R_t = 0,2$), ZW Kapitel 3.3 – W 25 x 1,25 x 18 (42CrMo4+QT) nach Abbildung 11.467, ZN [DIN 5480] – N 25 x 1,25 x 18 (modifiziert) (42CrMo4+QT) nach Abbildung 11.466 sowie Abbildung 11.468)

Variable	Wert	Einheit	Anmerkung / Quelle
d_{a1}	24,75	mm	Zeichnung
d_{f1}	22,935	mm	Zeichnung
(d_{h1})	23,511	mm	Berechnung, vgl. Kapitel 2.2.3.2
(d_w)	$= d_{a1}$	mm	Zeichnung
$K_{F\tau}$	1	/	Randbedingung
K_V	1	/	Randbedingung
$K_1(d_{eff})$	1	/	Randbedingung
M_{ta}	241,2	Nm	Treppenstufenversuch (nach IABG ausgewertet)
M_{tm}	361,7	Nm	Treppenstufenversuch (nach IABG ausgewertet)
$R_m = \sigma_B$	1.041,0	MPa	Zugversuche (arith. Mittel)
$\tau_{tW}(d_B)$	312,3	MPa	Abschätzung nach Gleichung (204)

Tabelle 11.80: Nenndurchmesserspezifische Charakterisierung der Verbindungstragfähigkeit (Dynamische Torsion ($R_t = 0{,}2$), ZWV [DIN 5480] – 25 x 1,75 x 13, NL 1, wälzgefräste ZW (42CrMo4+QT) nach Abbildung 11.1, geräumte ZN (42CrMo4+QT) nach Abbildung 11.2) [FVA 467 II]

d_{Nenn}	Variable	Wert	Einheit	Anmerkung
d_B	τ_{ta}	78,6	MPa	τ_{ta} entspricht hier τ_{tADK}.
	τ_{mv}	117,9	MPa	τ_{mv} entspricht hier τ_{tm}.
	τ_{tWK}	83,5	MPa	
	β_τ	3,44	/	Für die [DIN 5466] wäre der Index τ durch kt zu ersetzen.
d_{h1}	τ_{ta}	94,5	MPa	τ_{ta} entspricht hier τ_{tADK}.
	τ_{mv}	141,8	MPa	τ_{mv} entspricht hier τ_{tm}.
	τ_{tWK}	101,8	MPa	
	β_τ	2,83	/	Für die [DIN 5466] wäre der Index τ durch kt zu ersetzen.
d_w	τ_{ta}	81,0	MPa	τ_{ta} entspricht hier τ_{tADK}.
	τ_{mv}	121,5	MPa	τ_{mv} entspricht hier τ_{tm}.
	τ_{tWK}	86,3	MPa	
	β_τ	3,33	/	Für die [DIN 5466] wäre der Index τ durch kt zu ersetzen.

11.4 Weiterführende Optimierung

11.4.1 Werkstoffkennwerte

Tabelle 11.81: Arithmetische Mittelwerte von mit Zugversuchen an Zugproben nach [DIN 50125] der Form B ermittelte Werkstoffkennwerte [FVA 467 II], Quelle der Einzelergebnisse: [Reut 12-1] sowie [Reut 12-2]

Werkstoff	R_m [MPa]	$R_{p0,2}$ [MPa]	A_5 [%]	Anmerkungen
42CrMo4+QT bzw. 1.7225	954,4 (12)	833,0 (16)	19,2 (2)	Basis: 5 Zugversuche Probenursprung: Kernquerschnitt des Halbzeugs ($d = 60\ mm$)
17CrNi6-6 bzw. 1.5918	721,7 (5)	613,3 (11)	14,7 (1)	Basis: 3 Zugversuche Probenursprung: Kernquerschnitt der Vorformlingreststücke (blind-gehärtet)
( ) Maximalwert - Minimalwert				

Tabelle 11.82: Durch die Umwertung des arithmetischen Mittelwertes von Härtemessungen (HV3) nach [EN ISO 18265] (Tabelle B.2, S.21) ermittelte Zugfestigkeit [FVA 467 II]

Werkstoff	R_m [MPa]	Anmerkungen
42CrMo4+QT bzw. 1.7225	1.007,4 (132,7)	Basis: 30 Härtemessungen (HV3) Messorte: Mehrere Wellenzahnköpfe
( ) Maximalwert - Minimalwert		

11.4.2 Geometriedefinition experimentell analysierter Prüflinge

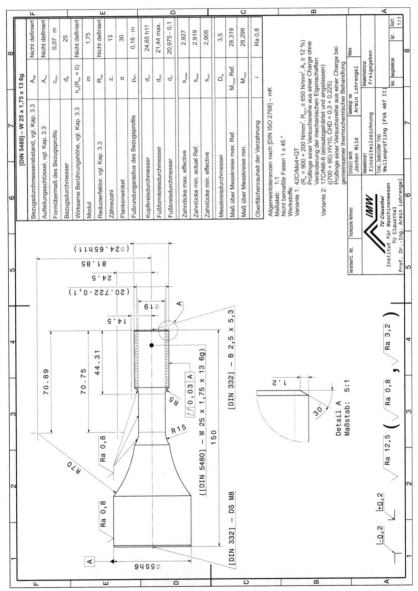

[DIN 5480] – W 25 x 1,75 x 13 6g		
Bezugsdurchmesserabstand, vgl. Kap. 3.3	A_e	Nicht definiert
Aufteilungsschlüssel, vgl. Kap. 3.3	A_v	Nicht definiert
Formübermaß des Bezugsprofils	c_{Fm}	0,07 · m
Bezugsdurchmesser	d_B	25
Wirksame Berührungshöhe, vgl. Kap. 3.3	$h_w(R_{ref} = 0)$	Nicht definiert
Modul	m	1,75
Reduzierfaktor, vgl. Kap. 3.3	R_{red}	Nicht definiert
Zähnezahl	z_i	13
Flankenwinkel	α	30
Fußrundungsradius des Bezugsprofils	ρ_{Fm}	0,16 · m
Kopfkreisdurchmesser	d_{a1}	24,65 h11
Fußformkreisdurchmesser	d_{Ff1}	21,44 max.
Fußkreisdurchmesser	d_{f1}	20,975 - 0,1
Zahndicke max. effective	s_{vmax}	2,927
Zahnlücke min. actual Ref.	s_{vmin}	2,919
Zahnlücke min. effective	s_{min}	2,905
Messkreisdurchmesser	D_M	3,5
Maß über Messkreise max. Ref.	M_{max} Ref.	28,319
Maß über Messkreise min.	M_{min}	28,299
Oberflächenrauheit der Verzahnung	$/$	Ra 0,8

Allgemeintoleranzen nach [DIN ISO 2768] – mK
Maßstab: 1:1
Nicht bemaßte Fasen 1 x 45 °
Werkstoffe:
Variante 1: 42CrMo4+QT
Variante 1: ($R_e = 900 + 200$ N/mm²; $R_{m,0.2} \geq 650$ N/mm²; $A_s \geq 12$ %)
Prüflinge einer Versuchsreihe aus einer Charge ohne
Veränderung der mechanischen Eigenschaften
Variante 2: 17CrNi6-6 (einsatzgehärtet und angelassen)
((700 + 60) HV10, CHD = 0,3 + 0,225)
Prüflinge einer Versuchsreihe aus einer Charge bei
gemeinsamer thermochemischer Behandlung

IMW
TU Clausthal
Institut für Maschinenwesen
TU Clausthal
Prof. Dr.-Ing. Armin Lohrengel

Erstellt durch: Jochen Wild
Gesehen von: Armin Lohrengel
Benennung: Einzelteilzeichnung
Titel, Zusätzlicher Titel: Wellenprüfling [FVA 467 II]

Freigegeben

Bl. 1/1

70.89
70.75
44.31
14.5
Ø19
24.5
81.85
(Ø24.65h11)
(20.722-0,1)
150
R70
R8
R15
Ra 0,8
Ra 0,8
∠ 0,03 A
[DIN 5480] – W 25 x 1,75 x 13 6g
([DIN 5480] – W 25 x 1,75 x 13 6g)
[DIN 332] – B 2,5 x 5,3
[DIN 332] – DS M8
A
Ø55h6
Detail A
Maßstab: 5:1
1,2
30°
Ra 12,5 (√ Ra 0,8 , √ Ra 3,2)
+0,2
-0,2

Abbildung 11.475: Geometrie der experimentell analysierten, wälzgefrästen ZW
[DIN 5480] – W 25 x 1,75 x 13 mit freiem Auslauf [FVA 467 II]

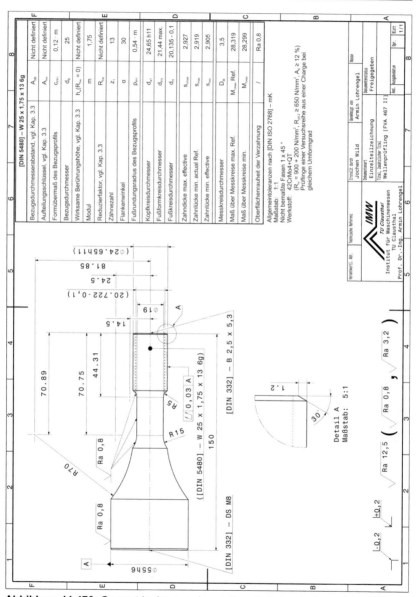

Abbildung 11.476: Geometrie der experimentell analysierten, kaltgewalzten ZW [DIN 5480] – W 25 x 1,75 x 13 mit freiem Auslauf [FVA 467 II]

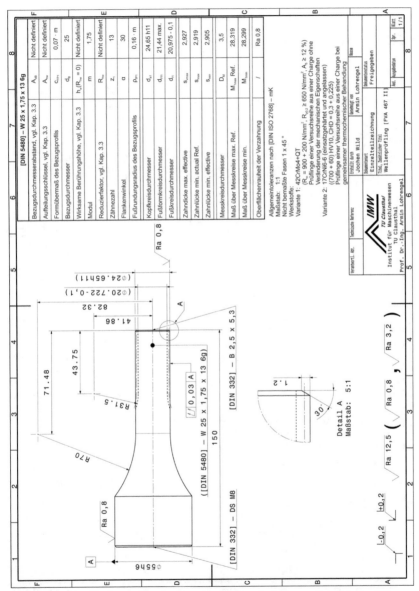

Abbildung 11.477: Geometrie der experimentell analysierten, wälzgefrästen ZW [DIN 5480] – W 25 x 1,75 x 13 mit gebundenem Auslauf [FVA 467 II]

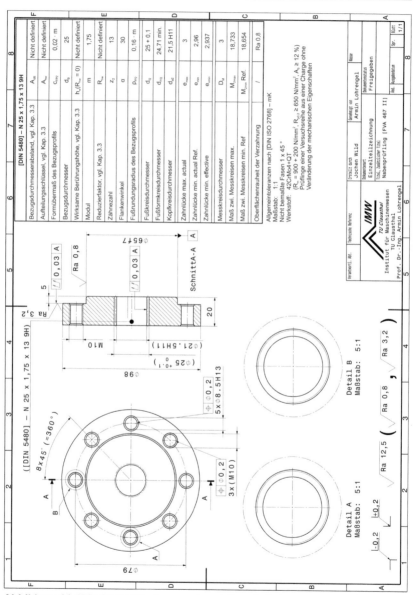

Abbildung 11.478: Geometrie der experimentell analysierten, geräumten ZN [DIN 5480] – N 25 x 1,75 x 13 mit den Verhältnissen Nabenbreite / Bezugsdurchmesser von 0,8 sowie Nabenaußen- / Bezugsdurchmesser größer als 2,8 [FVA 467 II]

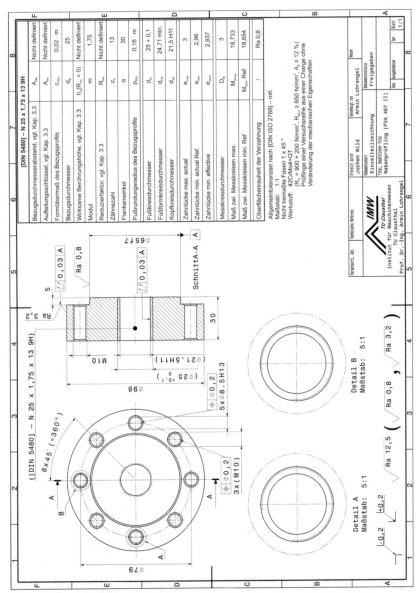

Abbildung 11.479: Geometrie der experimentell analysierten, geräumten ZN [DIN 5480] – N 25 x 1,75 x 13 mit den Verhältnissen Nabenbreite / Bezugsdurchmesser von 1,2 sowie Nabenaußen- / Bezugsdurchmesser größer als 2,8 [FVA 467 II]

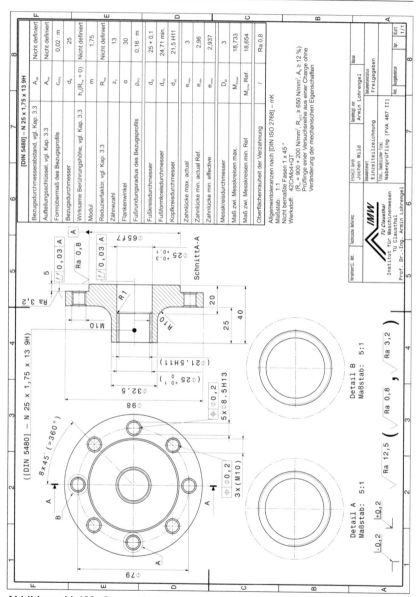

Abbildung 11.480: Geometrie der experimentell analysierten, geräumten ZN [DIN 5480] – N 25 x 1,75 x 13 mit den Verhältnissen Nabenbreite / Bezugsdurchmesser von 0,8 sowie Nabenaußen- / Bezugsdurchmesser größer als 1,3 [FVA 467 II]

11.4.3 Statische Torsion in Kombination mit dynamischer Biegung

11.4.3.1 Standardkonfiguration

Abbildung 11.481: Perspektivische Darstellung der experimentell analysierten Geometrie unter Berücksichtigung der Lage der Verbindungspartner (Dynamische
Biegung ($R_b = -1$) sowie statische Torsion ($R_t = 1$) in Kombination ($M_{ba}/M_t = 0{,}2$),
ZWV [DIN 5480] – 25 x 1,75 x 13, NL 0, wälzgefräste ZW (42CrMo4+QT) nach Abbildung 11.475, geräumte ZN (42CrMo4+QT) nach Abbildung 11.478) [FVA 467 II]

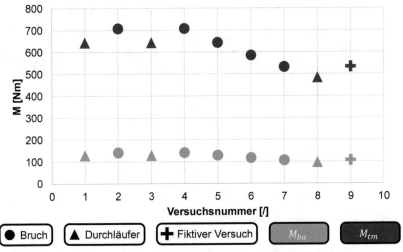

Abbildung 11.482: Experimentelle Ergebnisse (Dynamische Biegung ($R_b = -1$)
sowie statische Torsion ($R_t = 1$) in Kombination ($M_{ba}/M_t = 0{,}2$), ZWV [DIN 5480] –
25 x 1,75 x 13, NL 0, wälzgefräste ZW (42CrMo4+QT) nach Abbildung 11.475,
geräumte ZN (42CrMo4+QT) nach Abbildung 11.478) [FVA 467 II]

Nabe →

Abbildung 11.483: Repräsentatives Schadensbild (Dynamische Biegung ($R_b = -1$) sowie statische Torsion ($R_t = 1$) in Kombination ($M_{ba}/M_t = 0{,}2$), ZWV [DIN 5480] – 25 x 1,75 x 13, NL 0, wälzgefräste ZW (42CrMo4+QT) nach Abbildung 11.475, geräumte ZN (42CrMo4+QT) nach Abbildung 11.478) [FVA 467 II]

Tabelle 11.83: Eingangswerte zur nenndurchmesserspezifischen Charakterisierung der Verbindungstragfähigkeit (Dynamische Biegung ($R_b = -1$) sowie statische Torsion ($R_t = 1$) in Kombination ($M_{ba}/M_t = 0{,}2$), ZWV [DIN 5480] – 25 x 1,75 x 13, NL 0, wälzgefräste ZW (42CrMo4+QT) nach Abbildung 11.475, geräumte ZN (42CrMo4+QT) nach Abbildung 11.478) [FVA 467 II]

Variable	Wert	Einheit	Anmerkung / Quelle
d_{a1}	24,6	mm	Zeichnung
d_{f1}	20,962	mm	Istwerterfassung (arith. Mittel)
(d_{h1})	21,891	mm	Berechnung, vgl. Kapitel 2.2.3.2
d_w	19	mm	Zeichnung
$K_{F\tau}$	1	/	Randbedingung
K_V	1	/	Randbedingung
$K_1(d_{eff})$	1	/	Randbedingung
M_{ba}	120,9	Nm	Treppenstufenversuch (nach IABG ausgewertet)
M_t	604,4	Nm	Treppenstufenversuch (nach IABG ausgewertet)
$R_m = \sigma_B$	1.007,4	MPa	Umgewertete Härtewerte (arith. Mittel)
σ_{bW}	503,7	MPa	Abschätzung nach Gleichung (192)

Tabelle 11.84: Nenndurchmesserspezifische Charakterisierung der Verbindungtragfähigkeit (Dynamische Biegung ($R_b = -1$) sowie statische Torsion ($R_t = 1$) in Kombination ($M_{ba}/M_t = 0{,}2$), ZWV [DIN 5480] – 25 x 1,75 x 13, NL 0, wälzgefräste ZW (42CrMo4+QT) nach Abbildung 11.475, geräumte ZN (42CrMo4+QT) nach Abbildung 11.478) [FVA 467 II]

d_{Nenn}	Variable	Wert	Einheit	Anmerkung
d_B	σ_{ba}	78,8	MPa	σ_{ba} entspricht hier σ_{bADK}.
	σ_{mv}	341,2	MPa	Die Vergleichsspannung wurde mit der GEH gebildet.
	σ_{bWK}	95,9	MPa	
	β_σ	4,83	/	Für die [DIN 5466] wäre der Index σ durch kb zu ersetzen.
d_{h1}	σ_{ba}	117,4	MPa	σ_{ba} entspricht hier σ_{bADK}.
	σ_{mv}	508,3	MPa	Die Vergleichsspannung wurde mit der GEH gebildet.
	σ_{bWK}	161,8	MPa	
	β_σ	2,89	/	Für die [DIN 5466] wäre der Index σ durch kb zu ersetzen.
d_w	σ_{ba}	179,6	MPa	σ_{ba} entspricht hier σ_{bADK}.
	σ_{mv}	777,3	MPa	Die Vergleichsspannung wurde mit der GEH gebildet.
	σ_{bWK}	334,1	MPa	
	β_σ	1,41	/	Für die [DIN 5466] wäre der Index σ durch kb zu ersetzen.

11.4.3.2   Einfluss der Nabenbreite

Abbildung 11.484: Perspektivische Darstellung der experimentell analysierten Geometrie unter Berücksichtigung der Lage der Verbindungspartner (Dynamische Biegung ($R_b = -1$) sowie statische Torsion ($R_t = 1$) in Kombination ($M_{ba}/M_t = 0{,}2$), ZWV [DIN 5480] – 25 x 1,75 x 13, NL 0, wälzgefräste ZW (42CrMo4+QT) nach Abbildung 11.475, geräumte ZN (42CrMo4+QT) nach Abbildung 11.479) [FVA 467 II]

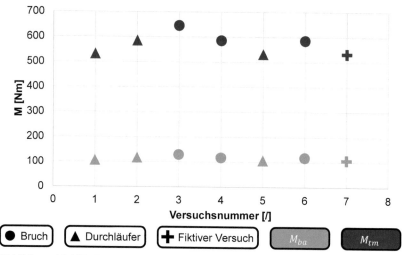

Abbildung 11.485: Experimentelle Ergebnisse (Dynamische Biegung ($R_b = -1$) sowie statische Torsion ($R_t = 1$) in Kombination ($M_{ba}/M_t = 0{,}2$), ZWV [DIN 5480] – 25 x 1,75 x 13, NL 0, wälzgefräste ZW (42CrMo4+QT) nach Abbildung 11.475, geräumte ZN (42CrMo4+QT) nach Abbildung 11.479) [FVA 467 II]

Nabe ⟶

Abbildung 11.486: Repräsentatives Schadensbild (Dynamische Biegung ($R_b = -1$) sowie statische Torsion ($R_t = 1$) in Kombination ($M_{ba}/M_t = 0{,}2$), ZWV [DIN 5480] – 25 x 1,75 x 13, NL 0, wälzgefräste ZW (42CrMo4+QT) nach Abbildung 11.475, geräumte ZN (42CrMo4+QT) nach Abbildung 11.479) [FVA 467 II]

Tabelle 11.85: Eingangswerte zur nenndurchmesserspezifischen Charakterisierung der Verbindungstragfähigkeit (Dynamische Biegung ($R_b = -1$) sowie statische Torsion ($R_t = 1$) in Kombination ($M_{ba}/M_t = 0{,}2$), ZWV [DIN 5480] – 25 x 1,75 x 13, NL 0, wälzgefräste ZW (42CrMo4+QT) nach Abbildung 11.475, geräumte ZN (42CrMo4+QT) nach Abbildung 11.479) [FVA 467 II]

Variable	Wert	Einheit	Anmerkung / Quelle
d_{a1}	24,6	mm	Zeichnung
d_{f1}	20,962	mm	Istwerterfassung (arith. Mittel)
(d_{h1})	21,891	mm	Berechnung, vgl. Kapitel 2.2.3.2
d_w	19	mm	Zeichnung
$K_{F\tau}$	1	/	Randbedingung
K_V	1	/	Randbedingung
$K_1(d_{eff})$	1	/	Randbedingung
M_{ba}	113,9	Nm	Treppenstufenversuch (nach IABG ausgewertet)
M_t	569,5	Nm	Treppenstufenversuch (nach IABG ausgewertet)
$R_m = \sigma_B$	1.007,4	MPa	Umgewertete Härtewerte (arith. Mittel)
σ_{bW}	503,7	MPa	Abschätzung nach Gleichung (192)

Tabelle 11.86: Nenndurchmesserspezifische Charakterisierung der Verbindungstragfähigkeit (Dynamische Biegung ($R_b = -1$) sowie statische Torsion ($R_t = 1$) in Kombination ($M_{ba}/M_t = 0{,}2$), ZWV [DIN 5480] – 25 x 1,75 x 13, NL 0, wälzgefräste ZW (42CrMo4+QT) nach Abbildung 11.475, geräumte ZN (42CrMo4+QT) nach Abbildung 11.479) [FVA 467 II]

d_{Nenn}	Variable	Wert	Einheit	Anmerkung
d_B	σ_{ba}	74,2	MPa	σ_{ba} entspricht hier σ_{bADK}.
	σ_{mv}	321,5	MPa	Die Vergleichsspannung wurde mit der GEH gebildet.
	σ_{bWK}	89,1	MPa	
	β_σ	5,20	/	Für die [DIN 5466] wäre der Index σ durch kb zu ersetzen.
d_{h1}	σ_{ba}	110,6	MPa	σ_{ba} entspricht hier σ_{bADK}.
	σ_{mv}	478,9	MPa	Die Vergleichsspannung wurde mit der GEH gebildet.
	σ_{bWK}	148,8	MPa	
	β_σ	3,14	/	Für die [DIN 5466] wäre der Index σ durch kb zu ersetzen.
d_w	σ_{ba}	169,1	MPa	σ_{ba} entspricht hier σ_{bADK}.
	σ_{mv}	732,4	MPa	Die Vergleichsspannung wurde mit der GEH gebildet.
	σ_{bWK}	294,5	MPa	
	β_σ	1,60	/	Für die [DIN 5466] wäre der Index σ durch kb zu ersetzen.

11.4.3.3   Einfluss der Nabenlage

Abbildung 11.487: Perspektivische Darstellung der experimentell analysierten Geometrie unter Berücksichtigung der Lage der Verbindungspartner (Dynamische
Biegung ($R_b = -1$) sowie statische Torsion ($R_t = 1$) in Kombination ($M_{ba}/M_t = 0,2$),
ZWV [DIN 5480] – 25 x 1,75 x 13, NL 1, wälzgefräste ZW (42CrMo4+QT) nach Abbildung 11.475, geräumte ZN (42CrMo4+QT) nach Abbildung 11.478) [FVA 467 II]

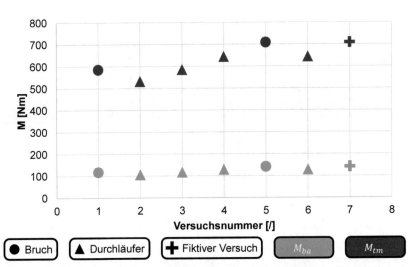

Abbildung 11.488: Experimentelle Ergebnisse (Dynamische Biegung ($R_b = -1$)
sowie statische Torsion ($R_t = 1$) in Kombination ($M_{ba}/M_t = 0,2$), ZWV [DIN 5480] –
25 x 1,75 x 13, NL 1, wälzgefräste ZW (42CrMo4+QT) nach Abbildung 11.475,
geräumte ZN (42CrMo4+QT) nach Abbildung 11.478) [FVA 467 II]

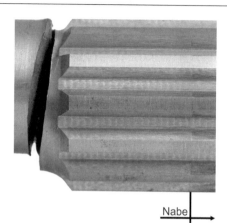

Nabe

Abbildung 11.489: Repräsentatives Schadensbild (Dynamische Biegung ($R_b = -1$) sowie statische Torsion ($R_t = 1$) in Kombination ($M_{ba}/M_t = 0{,}2$), ZWV [DIN 5480] – 25 x 1,75 x 13, NL 1, wälzgefräste ZW (42CrMo4+QT) nach Abbildung 11.475, geräumte ZN (42CrMo4+QT) nach Abbildung 11.478) [FVA 467 II]

Tabelle 11.87: Eingangswerte zur nenndurchmesserspezifischen Charakterisierung der Verbindungstragfähigkeit (Dynamische Biegung ($R_b = -1$) sowie statische Torsion ($R_t = 1$) in Kombination ($M_{ba}/M_t = 0{,}2$), ZWV [DIN 5480] – 25 x 1,75 x 13, NL 1, wälzgefräste ZW (42CrMo4+QT) nach Abbildung 11.475, geräumte ZN (42CrMo4+QT) nach Abbildung 11.478) [FVA 467 II]

Variable	Wert	Einheit	Anmerkung / Quelle
d_{a1}	24,6	mm	Zeichnung
d_{f1}	20,962	mm	Istwerterfassung (arith. Mittel)
(d_{h1})	21,891	mm	Berechnung, vgl. Kapitel 2.2.3.2
d_w	19	mm	Zeichnung
$K_{F\tau}$	1	/	Randbedingung
K_V	1	/	Randbedingung
$K_1(d_{eff})$	1	/	Randbedingung
M_{ba}	125,3	Nm	Treppenstufenversuch (nach IABG ausgewertet)
M_t	626,4	Nm	Treppenstufenversuch (nach IABG ausgewertet)
$R_m = \sigma_B$	1.007,4	MPa	Umgewertete Härtewerte (arith. Mittel)
σ_{bW}	503,7	MPa	Abschätzung nach Gleichung (192)

Tabelle 11.88: Nenndurchmesserspezifische Charakterisierung der Verbindungstragfähigkeit (Dynamische Biegung ($R_b = -1$) sowie statische Torsion ($R_t = 1$) in Kombination ($M_{ba}/M_t = 0{,}2$), ZWV [DIN 5480] – 25 x 1,75 x 13, NL 1, wälzgefräste ZW (42CrMo4+QT) nach Abbildung 11.475, geräumte ZN (42CrMo4+QT) nach Abbildung 11.478) [FVA 467 II]

d_{Nenn}	Variable	Wert	Einheit	Anmerkung
d_B	σ_{ba}	81,7	MPa	σ_{ba} entspricht hier σ_{bADK}.
	σ_{mv}	353,7	MPa	Die Vergleichsspannung wurde mit der GEH gebildet.
	σ_{bWK}	100,2	MPa	
	β_σ	4,62	/	Für die [DIN 5466] wäre der Index σ durch kb zu ersetzen.
d_{h1}	σ_{ba}	121,7	MPa	σ_{ba} entspricht hier σ_{bADK}.
	σ_{mv}	526,8	MPa	Die Vergleichsspannung wurde mit der GEH gebildet.
	σ_{bWK}	170,3	MPa	
	β_σ	2,75	/	Für die [DIN 5466] wäre der Index σ durch kb zu ersetzen.
d_w	σ_{ba}	186,1	MPa	σ_{ba} entspricht hier σ_{bADK}.
	σ_{mv}	805,6	MPa	Die Vergleichsspannung wurde mit der GEH gebildet.
	σ_{bWK}	363,3	MPa	
	β_σ	1,30	/	Für die [DIN 5466] wäre der Index σ durch kb zu ersetzen.

11.4.3.4 Einfluss des Auslaufs

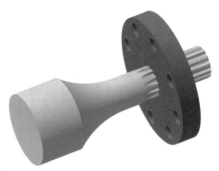

Abbildung 11.490: Perspektivische Darstellung der experimentell analysierten Geometrie unter Berücksichtigung der Lage der Verbindungspartner (Dynamische Biegung ($R_b = -1$) sowie statische Torsion ($R_t = 1$) in Kombination ($M_{ba}/M_t = 0{,}2$), ZWV [DIN 5480] – 25 x 1,75 x 13, NL 0, wälzgefräste ZW (42CrMo4+QT) nach Abbildung 11.477, geräumte ZN (42CrMo4+QT) nach Abbildung 11.478) [FVA 467 II]

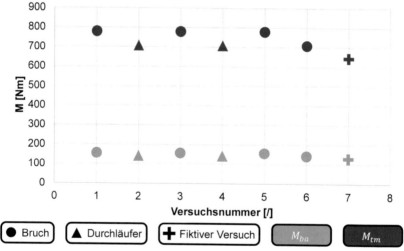

Abbildung 11.491: Experimentelle Ergebnisse (Dynamische Biegung ($R_b = -1$) sowie statische Torsion ($R_t = 1$) in Kombination ($M_{ba}/M_t = 0{,}2$), ZWV [DIN 5480] – 25 x 1,75 x 13, NL 0, wälzgefräste ZW (42CrMo4+QT) nach Abbildung 11.477, geräumte ZN (42CrMo4+QT) nach Abbildung 11.478) [FVA 467 II]

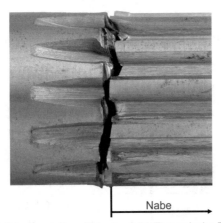

Nabe

Abbildung 11.492: Repräsentatives Schadensbild (Dynamische Biegung ($R_b = -1$) sowie statische Torsion ($R_t = 1$) in Kombination ($M_{ba}/M_t = 0{,}2$), ZWV [DIN 5480] – 25 x 1,75 x 13, NL 0, wälzgefräste ZW (42CrMo4+QT) nach Abbildung 11.477, geräumte ZN (42CrMo4+QT) nach Abbildung 11.478) [FVA 467 II]

Tabelle 11.89: Eingangswerte zur nenndurchmesserspezifischen Charakterisierung der Verbindungstragfähigkeit (Dynamische Biegung ($R_b = -1$) sowie statische Torsion ($R_t = 1$) in Kombination ($M_{ba}/M_t = 0{,}2$), ZWV [DIN 5480] – 25 x 1,75 x 13, NL 0, wälzgefräste ZW (42CrMo4+QT) nach Abbildung 11.477, geräumte ZN (42CrMo4+QT) nach Abbildung 11.478) [FVA 467 II]

Variable	Wert	Einheit	Anmerkung / Quelle
d_{a1}	24,6	mm	Zeichnung
d_{f1}	20,962	mm	Istwerterfassung (arith. Mittel)
(d_{h1})	21,891	mm	Berechnung, vgl. Kapitel 2.2.3.2
(d_w)	$= d_{a1}$	mm	Zeichnung
$K_{F\tau}$	1	/	Randbedingung
K_V	1	/	Randbedingung
$K_1(d_{eff})$	1	/	Randbedingung
M_{ba}	145,5	Nm	Treppenstufenversuch (nach IABG ausgewertet)
M_t	727,5	Nm	Treppenstufenversuch (nach IABG ausgewertet)
$R_m = \sigma_B$	1.007,4	MPa	Umgewertete Härtewerte (arith. Mittel)
σ_{bW}	503,7	MPa	Abschätzung nach Gleichung (192)

Tabelle 11.90: Nenndurchmesserspezifische Charakterisierung der Verbindungstragfähigkeit (Dynamische Biegung ($R_b = -1$) sowie statische Torsion ($R_t = 1$) in Kombination ($M_{ba}/M_t = 0,2$), ZWV [DIN 5480] – 25 x 1,75 x 13, NL 0, wälzgefräste ZW (42CrMo4+QT) nach Abbildung 11.477, geräumte ZN (42CrMo4+QT) nach Abbildung 11.478) [FVA 467 II]

d_{Nenn}	Variable	Wert	Einheit	Anmerkung
d_B	σ_{ba}	94,8	MPa	σ_{ba} entspricht hier σ_{bADK}.
	σ_{mv}	410,7	MPa	Die Vergleichsspannung wurde mit der GEH gebildet.
	σ_{bWK}	121,1	MPa	
	β_σ	3,82	/	Für die [DIN 5466] wäre der Index σ durch kb zu ersetzen.
d_{h1}	σ_{ba}	141,3	MPa	σ_{ba} entspricht hier σ_{bADK}.
	σ_{mv}	611,8	MPa	Die Vergleichsspannung wurde mit der GEH gebildet.
	σ_{bWK}	213,9	MPa	
	β_σ	2,19	/	Für die [DIN 5466] wäre der Index σ durch kb zu ersetzen.
d_w	σ_{ba}	99,5	MPa	σ_{ba} entspricht hier σ_{bADK}.
	σ_{mv}	431,1	MPa	Die Vergleichsspannung wurde mit der GEH gebildet.
	σ_{bWK}	129,0	MPa	
	β_σ	3,59	/	Für die [DIN 5466] wäre der Index σ durch kb zu ersetzen.

11.4.3.5   Einfluss des „Kaltwalzens"

Abbildung 11.493: Perspektivische Darstellung der experimentell analysierten Geometrie unter Berücksichtigung der Lage der Verbindungspartner (Dynamische Biegung ($R_b = -1$) sowie statische Torsion ($R_t = 1$) in Kombination ($M_{ba}/M_t = 0{,}2$), ZWV [DIN 5480] – 25 x 1,75 x 13, NL 0, kaltgewalzte ZW (42CrMo4+QT) nach Abbildung 11.476, geräumte ZN (42CrMo4+QT) nach Abbildung 11.478) [FVA 467 II]

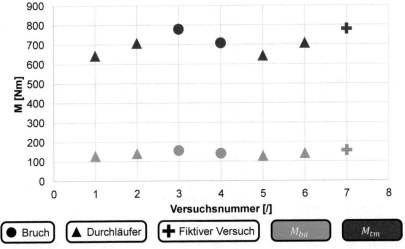

Abbildung 11.494: Experimentelle Ergebnisse (Dynamische Biegung ($R_b = -1$) sowie statische Torsion ($R_t = 1$) in Kombination ($M_{ba}/M_t = 0{,}2$), ZWV [DIN 5480] – 25 x 1,75 x 13, NL 0, kaltgewalzte ZW (42CrMo4+QT) nach Abbildung 11.476, geräumte ZN (42CrMo4+QT) nach Abbildung 11.478) [FVA 467 II]

Nabe

Abbildung 11.495: Repräsentatives Schadensbild (Dynamische Biegung ($R_b = -1$) sowie statische Torsion ($R_t = 1$) in Kombination ($M_{ba}/M_t = 0,2$), ZWV [DIN 5480] – 25 x 1,75 x 13, NL 0, kaltgewalzte ZW (42CrMo4+QT) nach Abbildung 11.476, geräumte ZN (42CrMo4+QT) nach Abbildung 11.478) [FVA 467 II]

Tabelle 11.91: Eingangswerte zur nenndurchmesserspezifischen Charakterisierung der Verbindungstragfähigkeit (Dynamische Biegung ($R_b = -1$) sowie statische Torsion ($R_t = 1$) in Kombination ($M_{ba}/M_t = 0,2$), ZWV [DIN 5480] – 25 x 1,75 x 13, NL 0, kaltgewalzte ZW (42CrMo4+QT) nach Abbildung 11.476, geräumte ZN (42CrMo4+QT) nach Abbildung 11.478) [FVA 467 II]

Variable	Wert	Einheit	Anmerkung / Quelle
d_{a1}	24,6	mm	Zeichnung
d_{f1}	20,135	mm	Zeichnung
(d_{h1})	21,313	mm	Berechnung, vgl. Kapitel 2.2.3.2
d_w	19	mm	Zeichnung
$K_{F\tau}$	1	/	Randbedingung
$K_1(d_{eff})$	1	/	Randbedingung
M_{ba}	141,7	Nm	Treppenstufenversuch (nach IABG ausgewertet)
M_t	708,4	Nm	Treppenstufenversuch (nach IABG ausgewertet)
$R_m = \sigma_B$	1.007,4	MPa	Umgewertete Härtewerte (arith. Mittel)
σ_{bW}	503,7	MPa	Abschätzung nach Gleichung (192)

Tabelle 11.92: Nenndurchmesserspezifische Charakterisierung der Verbindungstragfähigkeit (Dynamische Biegung ($R_b = -1$) sowie statische Torsion ($R_t = 1$) in Kombination ($M_{ba}/M_t = 0{,}2$), ZWV [DIN 5480] – 25 x 1,75 x 13, NL 0, kaltgewalzte ZW (42CrMo4+QT) nach Abbildung 11.476, geräumte ZN (42CrMo4+QT) nach Abbildung 11.478) [FVA 467 II]

d_{Nenn}	Variable	Wert	Einheit	Anmerkung
d_B	σ_{ba}	92,4	MPa	σ_{ba} entspricht hier σ_{bADK}.
	σ_{mv}	399,9	MPa	Die Vergleichsspannung wurde mit der GEH gebildet.
	σ_{bWK}	117,0	MPa	
	β_σ	/	/	Für die [DIN 5466] wäre der Index σ durch kb zu ersetzen.
d_{h1}	σ_{ba}	149,1	MPa	σ_{ba} entspricht hier σ_{bADK}.
	σ_{mv}	645,5	MPa	Die Vergleichsspannung wurde mit der GEH gebildet.
	σ_{bWK}	233,8	MPa	
	β_σ	/	/	Für die [DIN 5466] wäre der Index σ durch kb zu ersetzen.
d_w	σ_{ba}	210,4	MPa	σ_{ba} entspricht hier σ_{bADK}.
	σ_{mv}	911,1	MPa	Die Vergleichsspannung wurde mit der GEH gebildet.
	σ_{bWK}	568,6	MPa	
	β_σ	/	/	Für die [DIN 5466] wäre der Index σ durch kb zu ersetzen.

11.4.3.6   Einfluss des „Einsatzhärtens"

Abbildung 11.496: Perspektivische Darstellung der experimentell analysierten Geometrie unter Berücksichtigung der Lage der Verbindungspartner (Dynamische Biegung ($R_b = -1$) sowie statische Torsion ($R_t = 1$) in Kombination ($M_{ba}/M_t = 0{,}2$), ZWV [DIN 5480] – 25 x 1,75 x 13, NL 0, wälzgefräste ZW (17CrNi6-6) nach Abbildung 11.475, geräumte ZN (42CrMo4+QT) nach Abbildung 11.478) [FVA 467 II]

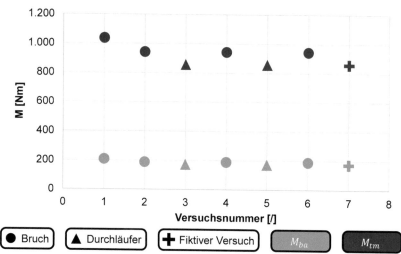

Abbildung 11.497: Experimentelle Ergebnisse (Dynamische Biegung ($R_b = -1$) sowie statische Torsion ($R_t = 1$) in Kombination ($M_{ba}/M_t = 0{,}2$), ZWV [DIN 5480] – 25 x 1,75 x 13, NL 0, wälzgefräste ZW (17CrNi6-6) nach Abbildung 11.475, geräumte ZN (42CrMo4+QT) nach Abbildung 11.478) [FVA 467 II]

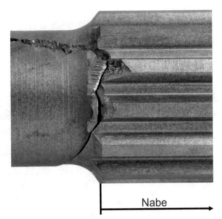

Nabe ⟶

Abbildung 11.498: Repräsentatives Schadensbild (Dynamische Biegung ($R_b = -1$))
sowie statische Torsion ($R_t = 1$) in Kombination ($M_{ba}/M_t = 0{,}2$), ZWV [DIN 5480] –
25 x 1,75 x 13, NL 0, wälzgefräste ZW (17CrNi6-6) nach Abbildung 11.475, geräumte
ZN (42CrMo4+QT) nach Abbildung 11.478) [FVA 467 II]

Tabelle 11.93: Eingangswerte zur nenndurchmesserspezifischen Charakterisierung
der Verbindungstragfähigkeit (Dynamische Biegung ($R_b = -1$) sowie statische
Torsion ($R_t = 1$) in Kombination ($M_{ba}/M_t = 0{,}2$), ZWV [DIN 5480] – 25 x 1,75 x 13,
NL 0, wälzgefräste ZW (17CrNi6-6) nach Abbildung 11.475, geräumte ZN
(42CrMo4+QT) nach Abbildung 11.478) [FVA 467 II]

Variable	Wert	Einheit	Anmerkung / Quelle
d_{a1}	24,6	mm	Zeichnung
d_{f1}	20,923	mm	Istwerterfassung (arith. Mittel)
(d_{h1})	21,859	mm	Berechnung, vgl. Kapitel 2.2.3.2
d_w	19	mm	Zeichnung
$K_{F\tau}$	1	/	Randbedingung
$K_1(d_{eff})$	1	/	Randbedingung
M_{ba}	179,7	Nm	Treppenstufenversuch (nach IABG ausgewertet)
M_t	898,5	Nm	Treppenstufenversuch (nach IABG ausgewertet)
$R_m = \sigma_B$	721,7	MPa	Zugversuche (arith. Mittel)
σ_{bW}	360,9	MPa	Abschätzung nach Gleichung (192)

Tabelle 11.94: Nenndurchmesserspezifische Charakterisierung der Verbindungstragfähigkeit (Dynamische Biegung ($R_b = -1$) sowie statische Torsion ($R_t = 1$) in Kombination ($M_{ba}/M_t = 0{,}2$), ZWV [DIN 5480] – 25 x 1,75 x 13, NL 0, wälzgefräste ZW (17CrNi6-6) nach Abbildung 11.475, geräumte ZN (42CrMo4+QT) nach Abbildung 11.478) [FVA 467 II]

d_{Nenn}	Variable	Wert	Einheit	Anmerkung
d_B	σ_{ba}	117,1	MPa	σ_{ba} entspricht hier σ_{bADK}.
	σ_{mv}	507,3	MPa	Die Vergleichsspannung wurde mit der GEH gebildet.
	σ_{bWK}	/	MPa	Die Wechselfestigkeit des gekerbten Bauteils σ_{bWK} kann nicht berechnet werden.
	β_σ	/	/	Für die [DIN 5466] wäre der Index σ durch kb zu ersetzen.
d_{h1}	σ_{ba}	175,2	MPa	σ_{ba} entspricht hier σ_{bADK}.
	σ_{mv}	758,8	MPa	Die Vergleichsspannung wurde mit der GEH gebildet.
	σ_{bWK}	/	MPa	Die Wechselfestigkeit des gekerbten Bauteils σ_{bWK} kann nicht berechnet werden.
	β_σ	/	/	Für die [DIN 5466] wäre der Index σ durch kb zu ersetzen.
d_w	σ_{ba}	266,8	MPa	σ_{ba} entspricht hier σ_{bADK}.
	σ_{mv}	1.155,6	MPa	Die Vergleichsspannung wurde mit der GEH gebildet.
	σ_{bWK}	/	MPa	Die Wechselfestigkeit des gekerbten Bauteils σ_{bWK} kann nicht berechnet werden.
	β_σ	/	/	Für die [DIN 5466] wäre der Index σ durch kb zu ersetzen.

11.4.3.7 Einfluss des „Einsatzhärtens" bzw. des Auslaufs

Abbildung 11.499: Perspektivische Darstellung der experimentell analysierten Geometrie unter Berücksichtigung der Lage der Verbindungspartner (Dynamische Biegung ($R_b = -1$) sowie statische Torsion ($R_t = 1$) in Kombination ($M_{ba}/M_t = 0{,}2$), ZWV [DIN 5480] – 25 x 1,75 x 13, NL 0, wälzgefräste ZW (17CrNi6-6) nach Abbildung 11.477, geräumte ZN (42CrMo4+QT) nach Abbildung 11.478) [FVA 467 II]

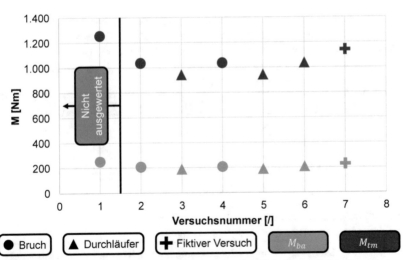

Abbildung 11.500: Experimentelle Ergebnisse (Dynamische Biegung ($R_b = -1$) sowie statische Torsion ($R_t = 1$) in Kombination ($M_{ba}/M_t = 0{,}2$), ZWV [DIN 5480] – 25 x 1,75 x 13, NL 0, wälzgefräste ZW (17CrNi6-6) nach Abbildung 11.477, geräumte ZN (42CrMo4+QT) nach Abbildung 11.478) [FVA 467 II]

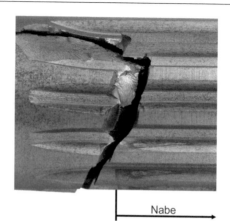

Nabe

Abbildung 11.501: Repräsentatives Schadensbild (Dynamische Biegung ($R_b = -1$) sowie statische Torsion ($R_t = 1$) in Kombination ($M_{ba}/M_t = 0{,}2$), ZWV [DIN 5480] – 25 x 1,75 x 13, NL 0, wälzgefräste ZW (17CrNi6-6) nach Abbildung 11.477, geräumte ZN (42CrMo4+QT) nach Abbildung 11.478) [FVA 467 II]

Tabelle 11.95: Eingangswerte zur nenndurchmesserspezifischen Charakterisierung der Verbindungstragfähigkeit (Dynamische Biegung ($R_b = -1$) sowie statische Torsion ($R_t = 1$) in Kombination ($M_{ba}/M_t = 0{,}2$), ZWV [DIN 5480] – 25 x 1,75 x 13, NL 0, wälzgefräste ZW (17CrNi6-6) nach Abbildung 11.477, geräumte ZN (42CrMo4+QT) nach Abbildung 11.478) [FVA 467 II]

Variable	Wert	Einheit	Anmerkung / Quelle
d_{a1}	24,6	mm	Zeichnung
d_{f1}	20,923	mm	Istwerterfassung (arith. Mittel)
(d_{h1})	21,859	mm	Berechnung, vgl. Kapitel 2.2.3.2
(d_w)	$= d_{a1}$	mm	Zeichnung
$K_{F\tau}$	1	/	Randbedingung
$K_1(d_{eff})$	1	/	Randbedingung
M_{ba}	204,1	Nm	Treppenstufenversuch (nach IABG ausgewertet)
M_t	1.020,3	Nm	Treppenstufenversuch (nach IABG ausgewertet)
$R_m = \sigma_B$	721,7	MPa	Zugversuche (arith. Mittel)
σ_{bW}	360,9	MPa	Abschätzung nach Gleichung (192)

Tabelle 11.96: Nenndurchmesserspezifische Charakterisierung der Verbindungstragfähigkeit (Dynamische Biegung ($R_b = -1$) sowie statische Torsion ($R_t = 1$) in Kombination ($M_{ba}/M_t = 0{,}2$), ZWV [DIN 5480] – 25 x 1,75 x 13, NL 0, wälzgefräste ZW (17CrNi6-6) nach Abbildung 11.477, geräumte ZN (42CrMo4+QT) nach Abbildung 11.478) [FVA 467 II]

d_{Nenn}	Variable	Wert	Einheit	Anmerkung
d_B	σ_{ba}	133,0	MPa	σ_{ba} entspricht hier σ_{bADK}.
	σ_{mv}	576,0	MPa	Die Vergleichsspannung wurde mit der GEH gebildet.
	σ_{bWK}	/	MPa	Die Wechselfestigkeit des gekerbten Bauteils σ_{bWK} kann nicht berechnet werden.
	β_σ	/	/	Für die [DIN 5466] wäre der Index σ durch kb zu ersetzen.
d_{h1}	σ_{ba}	199,0	MPa	σ_{ba} entspricht hier σ_{bADK}.
	σ_{mv}	861,7	MPa	Die Vergleichsspannung wurde mit der GEH gebildet.
	σ_{bWK}	/	MPa	Die Wechselfestigkeit des gekerbten Bauteils σ_{bWK} kann nicht berechnet werden.
	β_σ	/	/	Für die [DIN 5466] wäre der Index σ durch kb zu ersetzen.
d_w	σ_{ba}	139,6	MPa	σ_{ba} entspricht hier σ_{bADK}.
	σ_{mv}	604,6	MPa	Die Vergleichsspannung wurde mit der GEH gebildet.
	σ_{bWK}	/	MPa	Die Wechselfestigkeit des gekerbten Bauteils σ_{bWK} kann nicht berechnet werden.
	β_σ	/	/	Für die [DIN 5466] wäre der Index σ durch kb zu ersetzen.

11.4.3.8   Einfluss der Nabenrestwandstärke

Abbildung 11.502: Perspektivische Darstellung der experimentell analysierten Geometrie unter Berücksichtigung der Lage der Verbindungspartner (Dynamische Biegung ($R_b = -1$) sowie statische Torsion ($R_t = 1$) in Kombination ($M_{ba}/M_t = 0,2$), ZWV [DIN 5480] – 25 x 1,75 x 13, NL 0, wälzgefräste ZW (42CrMo4+QT) nach Abbildung 11.475, geräumte ZN (42CrMo4+QT) nach Abbildung 11.480) [FVA 467 II]

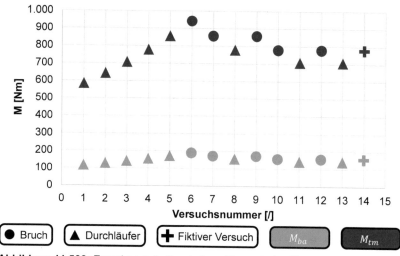

Abbildung 11.503: Experimentelle Ergebnisse (Dynamische Biegung ($R_b = -1$) sowie statische Torsion ($R_t = 1$) in Kombination ($M_{ba}/M_t = 0,2$), ZWV [DIN 5480] – 25 x 1,75 x 13, NL 0, wälzgefräste ZW (42CrMo4+QT) nach Abbildung 11.475, geräumte ZN (42CrMo4+QT) nach Abbildung 11.480) [FVA 467 II]

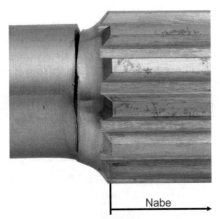

Nabe

Abbildung 11.504: Repräsentatives Schadensbild (Dynamische Biegung ($R_b = -1$) sowie statische Torsion ($R_t = 1$) in Kombination ($M_{ba}/M_t = 0{,}2$), ZWV [DIN 5480] – 25 x 1,75 x 13, NL 0, wälzgefräste ZW (42CrMo4+QT) nach Abbildung 11.475, geräumte ZN (42CrMo4+QT) nach Abbildung 11.480) [FVA 467 II]

Tabelle 11.97: Eingangswerte zur nenndurchmesserspezifischen Charakterisierung der Verbindungstragfähigkeit (Dynamische Biegung ($R_b = -1$) sowie statische Torsion ($R_t = 1$) in Kombination ($M_{ba}/M_t = 0{,}2$), ZWV [DIN 5480] – 25 x 1,75 x 13, NL 0, wälzgefräste ZW (42CrMo4+QT) nach Abbildung 11.475, geräumte ZN (42CrMo4+QT) nach Abbildung 11.480) [FVA 467 II]

Variable	Wert	Einheit	Anmerkung / Quelle
d_{a1}	24,6	mm	Zeichnung
d_{f1}	20,962	mm	Istwerterfassung (arith. Mittel)
(d_{h1})	21,891	mm	Berechnung, vgl. Kapitel 2.2.3.2
d_w	19	mm	Zeichnung
$K_{F\tau}$	1	/	Randbedingung
K_V	1	/	Randbedingung
$K_1(d_{eff})$	1	/	Randbedingung
M_{ba}	158,3 (*)	Nm	Treppenstufenversuch (nach IABG ausgewertet)
M_t	791,3	Nm	Treppenstufenversuch (nach IABG ausgewertet)
$R_m = \sigma_B$	1.007,4	MPa	Umgewertete Härtewerte (arith. Mittel)
σ_{bW}	503,7	MPa	Abschätzung nach Gleichung (192)

(*) Achtung: Bei der Bestimmung des Biegemomentes M_b wurden durch den Prüfaufbau notwendige Vereinfachungen getroffen, die eine zu Teilen scheinbare Tragfähigkeitssteigerung bewirken. (siehe Tabelle 26 auf Seite 68 in [FVA 467 II])

Tabelle 11.98: Nenndurchmesserspezifische Charakterisierung der Verbindungstragfähigkeit (Dynamische Biegung ($R_b = -1$) sowie statische Torsion ($R_t = 1$) in Kombination ($M_{ba}/M_t = 0,2$), ZWV [DIN 5480] – 25 x 1,75 x 13, NL 0, wälzgefräste ZW (42CrMo4+QT) nach Abbildung 11.475, geräumte ZN (42CrMo4+QT) nach Abbildung 11.480) [FVA 467 II]

d_{Nenn}	Variable	Wert	Einheit	Anmerkung
d_B	σ_{ba}	103,2	MPa	σ_{ba} entspricht hier σ_{bADK}.
	σ_{mv}	446,7	MPa	Die Vergleichsspannung wurde mit der GEH gebildet.
	σ_{bWK}	/	MPa	Die Wechselfestigkeit des gekerbten Bauteils σ_{bWK} kann nicht berechnet werden.
	β_σ	/	/	Für die [DIN 5466] wäre der Index σ durch kb zu ersetzen.
d_{h1}	σ_{ba}	153,7	MPa	σ_{ba} entspricht hier σ_{bADK}.
	σ_{mv}	665,4	MPa	Die Vergleichsspannung wurde mit der GEH gebildet.
	σ_{bWK}	/	MPa	Die Wechselfestigkeit des gekerbten Bauteils σ_{bWK} kann nicht berechnet werden.
	β_σ	/	/	Für die [DIN 5466] wäre der Index σ durch kb zu ersetzen.
d_w	σ_{ba}	235,0	MPa	σ_{ba} entspricht hier σ_{bADK}.
	σ_{mv}	1.017,6	MPa	Die Vergleichsspannung wurde mit der GEH gebildet.
	σ_{bWK}	/	MPa	Die Wechselfestigkeit des gekerbten Bauteils σ_{bWK} kann nicht berechnet werden.
	β_σ	/	/	Für die [DIN 5466] wäre der Index σ durch kb zu ersetzen.

Printed in the United States
by Baker & Taylor Publisher Services